FINAL | Professional Engineer Transportation Vehicles

차량기술사
기출문제 및 해설

박 수 종
차량기술사

KB174991

YEAMOONSA
예문사

근래 들어 자동차산업은 규모 면에서뿐 아니라 기술적으로도 괄목할 만한 성장과 발전을 이루고 있다.

석유에너지의 고갈에 따른 고유가(高油價)와 환경오염으로 인한 각종 규제의 시행으로 자동차 제조사에서는 첨단기술이 도입된 저연비 자동차와 유해가스 배출이 적은 자동차를 생산하고, 날로 다양화·고급화되는 소비자들의 요구에 맞춰 고안전자동차와 첨단제어장치가 장착된 자동차가 시판되고 있다. 또한 기존의 내연기관 자동차의 연비나 지구온난화를 유발하는 온실가스 등 여러 문제점들을 인식하고 그 대안으로 하이브리드 자동차와 전기자동차, 연료전지자동차의 개발과 상용화에 박차를 가하고 있다.

이처럼 자동차 기술의 급속한 발전에 따라 자동차의 개발과 생산, 그리고 정비 과정에서의 고급기술 인력에 대한 요구는 날로 높아져가고 있으며 국내에서도 다양한 직급의 자격을 갖춘 기술인력 양성을 위해 다양한 교육훈련과정이 제도화되어 기술인력들을 배출하고 있다.

본서는 자동차 분야 최고의 기술자격인 차량기술사에 응시하는 전문가들을 위해 기획된 것으로 다음과 같은 특징을 가지고 있다.

- ✔ 최근 10년간의 기출문제를 대상으로 하여 충분한 해설을 수록하였다.
- ✔ 각 문항에 관한 답안은 물론 관련 기술과 이론까지 수록하여 완벽한 학습이 되도록 하였다.
- ✔ 최근에 부각되는 주제들, 즉 첨단기술이 적용된 엔진, 고안전자동차, 대체에너지 그리고 첨단 섀시 문제에 대해서도 충분한 해설을 수록하였다.
- ✔ 차량기술사의 시험범위를 포괄하면서도 일부 문제를 변형하여 최근 경향을 학습할 수 있도록 하였다.

본서를 충분히 활용한다면 기술사 자격시험을 준비하는 데 많은 도움을 받을 것이라 기대하며 혹시 있을 오류와 미비점에 대해서는 독자들의 성원에 따라 추후 수정 보완을 할 것을 약속드리며 출간과정에서 도움을 주신 분들과 도서출판 예문사에 감사의 뜻을 전한다.

2021. 2

박 수 종

출제경향분석(최근 20회)

디젤 연소	• EGR Valve 열림량 • 디젤노킹 • 연료분사시기 • 착화지연 원인 • 확산연소 개념 • Bio + 디젤혼합연료특성	• 가변터보차저 • 디젤연소과정 • 연료액적/확산연소 • 트윈터보차저 • 흡기관성/맥동효과	• 디젤 다중분사 • 솔레노이드 인젝터 • 열해리현상 • 피에조인젝터 • CRDI 단다분사	• 디젤 과급효과 • 시퀀셜터보차저 • 저/고압 EGR • 확산/예혼합연소 • NOx의 생성기구
가솔린 연소	• 2점 점화 • 공연비 제어 • 전자제어 MBT • 희박연소와 Swirl • GDI의 압축비 • LBT 희박공연비 MBT • 압축착화 가솔린엔진	• 가솔린 과급 • 성층연소 • 점화파형 • Block Learn • GDI 혼합기 형성 • Lean Burn 엔진 • Idle Speed Control	• 가솔린 노킹 • 연소속도 영향요인 • 층상(성층)급기 • Feed-back 제어이론 • GDI 배기가스 특성 • 와류비/Swirl Ratio	• 가솔린 연소과정 • 열정산 • 흡기관성/맥동효과 • GDI 성능/연비 • Integrator • Swirl과 Tumble
엔진 일반	• 가변밸브리프터 • 밸브타이밍과 성능 • 연소실 설계 고려사항 • 크랭킹 저항 • 행정-보어비 • Down Speeding • Hydraulic Valve Lifter • Square Engine	• 가변 압축비 엔진 • 최소 시동 회전속도 • 연소실 S/V 비 • 플라이휠 기능, 구조 • CGU 재료 특징 • Down Sizing • VVT 구조와 효과	• 과급의 주요 효과 • 엔진 과열/과랭 • 윤활 Tribology • 피스톤링 이상 동작 • CNG Tank • EGR Cooler 기능 • OBD 1-2 비교	• 밸브오버랩 • 엔진오일 첨가제 • 전자제어 스로틀 • 실린더 라이너 마모 • DOHC의 목적 • ETCS의 Fail Safe • Piston 마모현상
연료와 연비성능	• 5-사이클 보정식 • 공연비와 연비 • 복합연비시험 • 연료의 HCR • 옥탄가 표시방법 • CAFÉ 제도 • Febate 제도	• 가솔린 증발손실 • 디젤과 LPG 경제성 • 압축비와 연비 • 연료의 PN • 운전조건과 연비 • Carbon Balance • Gasohol	• 가솔린 디젤 연비 차이 • 디젤 연료 구비조건 • 연료의 발열량 • 연료펌프 특성 • 정지, 운행, 모드연비 • CVS-75 모드	• 경량화와 연비 • 디젤지수 DI • 연료의 휘발성 • 연비계산 • 제동 연료소비율 • ECO Drive
Diesel Engine	• 윤활유 첨가제 • CRDI PTC 히터 • Super Charger	• 2-Stage Turbo • CRDI 구성요소 • Turbo Charger	• 부실식 연소실 압축비 • CRDI 압력조절기 • VGT 원리	• CRDI IM Valve • CRDI 효과
Gasoline Engine	• 가솔린/디젤 연소 차이 • 異常 연소 원인 • LPG Tank 구조 • Valve Surging 현상	• 노킹 억제 설계 • Auxiliary Plug • O2 Sensor 파형 분석	• 듀티 결정 요소 • GDI 연소실 구성 • Spark Plug 자기청정	• 엔진고장진단 • Knock Sensor • VVT System
열/유체역학	• 가솔린 디젤 출력 비교 • 로터리엔진 • 열에너지-기계에너지 • 오토 디젤 사이클 비교 • 체적효율계산	• 디젤 사이클 PV 선도 • 밀러 사이클 • 열정산과 방열량 • 오토 사이클 PV 선도 • 평균유효압력 향상	• 랭킨 사이클 • 스털링엔진 • 열정산과 효율 • 이론/실제 사이클 • Fumigation	• 복합 Cycle 열효율 • 연료 연소 공기량 • 열효율 향상 방안 • 제동평균유효압력 향상

엔진 성능	• 가솔린/디젤 BMEP 차이 • 엔진의 출력 계산 • 제동력과 구동력	• 연비시험방법 • Hesitation 현상	• 엔진동력계 종류 특성 • 엔진동력계시험 • 저속/고속 토크 저하 원인 • Surge 현상	• 배압과 출력
조향장치	• 전차륜정렬 • 동력조향의 종류 • 원심력과 코너링포스 • 코너링포스 • Reverse Steer	• 4륜 조향각 설정 • 드래그토크 • 전자제어 조향장치 • 핸들 복원력 • Scrub Radius	• 4륜 조향 제어방식 • 속도감응식 동력조향 • 조향각 비례 제어 • Direct Feeling • W. Alignment	• 가역/비가역 조향장치 • 요레이트 비례 제어 • 컴플라이언스 스티어 • MDPS 특성
파워트레인	• 4륜구동 TOD • 종감속비와 주행저항 • LSD 차동제한장치	• 4/2륜 구동특성 비교 • 차동제한장치 LSD • Torque Vectoring	• 4륜구동/파트-풀타임 • 파워트레인 신기술 • Torsen LSD 특징	• 구동력 계산 • Hump 현상 • Torsion Damper
현가장치	• 전자제어 현가장치 • 차고 센서 • Compliance Steer • Self Aligning Torque	• 독립현가장치 특징 • 차량안전주행장치 • Double Wishbone • Shock Absorber	• 전자제어 공기현가장치 • 현가장치의 기능 • Macpherson • 차체안정화코일스프링	• Active Suspension • Rear End Torque • Stabilizer-bar
변속기	• 기어식 변속비 • 토크컨버터 필요성 • ATF 역할 • ATM 유성기어 원리 • CVT 입출력 요소 • 다단화의 효과 설명	• 드래그토크 • 토크컨버터 효율 • ATF 온도와 주행거리 • ATM 효율 개선 • DCT의 효과	• 상시4륜구동 • AMT 작동특성 • ATM 발진구동력 • Capacity Factor • CVT의 특징	• 킥다운브레이크 • ATF 가속성능, 연비 • ATM 댐퍼클러치 • CVT의 가변풀리 • TM의 다단화
제동장치	• 경사로 주차제동력 • 브레이크 성능시험 • 이상제동 • 제동과 차륜하중변화 • 제동토크 • EBD • Peak Brake 계수	• 공기식 브레이크 • 브레이크 저더 • 전기식 리타더 • 제동성능 영향요인 • 회생제동브레이크 • EPB 원리	• 리타더브레이크 • 브레이크 Judder • 전자식 파킹브레이크 • 제동성능관련인자 • BAS • Jake 브레이크	• 배력식 브레이크 • 서보브레이크 • 제동거리 • 제동장치의 발열량 • BOS • Parking 일체형 캘리퍼
휠과 타이어	• 림 종류와 특징 • 스틸, 알루미늄 휠 • 편평비 • Heat Seperation • Self Sealing	• 설계와 Trade-off • 에너지효율등급 • 회전저항 • Impact Harshness • TPMS	• 소음패턴 • 정/동적 평형 • Conicity • Lateral Force • Tread 패턴 마모	• 수막현상 • 타이어 규격 • Envelope • Run Flat • Wheel Balance
전기/제어 일반	• 납축전지 충방전 • 제너다이오드 • CAN Network • Immobilizer 시스템 • Multi ST Motor	• 암전류 • 주행거리계오차 • Fusible Link • IPS 스위치 • PWM 제어원리	• 자동차 발전기 종류 • 플러그 방전전압 • H/Light Leveling • LED 전조등 • TR 스위치 회로	• 전조등 Cut-off 라인 • AMG 배터리 • IC 전압조정기 • MF Battery
센서와 전자제어	• 냉각수온 센서 • 홀효과스위치 • O$_2$ 센서	• 밀리파레이더 • Air Flow 센서 • OBD 모니터링	• 배기가스화학발광법 • Front G 센서 • Yaw-Rate 센서	• 스테핑모터 • MAP 센서

보기류	• 에어컨 압축기	• 전자동 에어컨 FATC	• Heat Pump	• $CO_2(R-744)$ 냉매
지능형 신기술 자동차	• 진공형 VDC • 사고회피기술 • 지능형 냉각장치 • 차선이탈경보장치 • Advance Airbag • Smart Airbag • VOCs 새차증후군	• 고안전도차량 • 안전장치의 종류 • 차간거리제어시스템 • 첨단안전자동차 • AQS 특성/기능 • Telematics • VSM 자세제어	• 고안전자동차 • 액티브전자제어현가 • 차량자세제어장치 • 첨단운전자지원 ADAS • Head Up Display • TPMS • X-By-Wire의 종류	• 보행자피해경감대책 • 운전자지원시스템 • 차선변경보조장치 • 휴먼팩터 지능형 자동차 • Shift By Wire • VDC 입출력요소
배출가스	• 내부 EGR 효과 • 삼원촉매와 O_2 센서 • 자동차온실가스대책 • 흑연의 원인 • EGR의 열적 효과 • PM • SCR	• 디젤 후처리장치 • 삼원촉매장치 • 증발가스와 OBD • 희석, 화학효과 • Monolith • PM의 후처리 • UREA-SCR	• 디젤배출가스저감 • 온실가스대책 • 촉매 귀금속 • ASM2525모드 • O_2 센서 신호 • PMP • UREA-SCR	• 디젤유해배기가스 • 온실효과이론 • 황(S) 입자상 물질 • DPF/CPF • OBD-2 촉매감시 • RSD 배기가스검사
설계-생산관리	• 동시공학(同時工學) • 원가절감 설계 • 추적성 관리 • ISO 인증제도 • PDM 데이터관리 • 3D Printer	• 리사이클링 설계 • 자동차 생산과정 • 휴먼팩터 고려 설계 • JIT(Just In Time) • PL 법과 Recall	• 부품 단조공법 • 자동차 Recycling • Hemming 공법 • Module화의 장점 • Platform	• 액압성형법 • 제작자식별부호 • Hydro Forming • MTBSF • Recall 조사과정
대체에너지 자동차	• 고/저온 연료전지 • 수소 연료전지 • 자동차용 대체에너지 • BMS 배터리관리장치 • EV 배터리 종류 • HEV 동력전달 종류 • HEV의 연비향상요인 • LPG 엔진 HEV • Solar Cell 원리 • 무선전력전송 충전	• 리튬이온배터리 • 수소탑재방법 • Battery Saver • CNG/LPG 특성 • FCEV의 작동원리 • HEV 레인지익스텐더 • HEV 종류와 특징 • LPG의 계절별 조성 • 메탄올의 특징 • 회생제동	• 메탄 연료전지 특징 • 연료전지의 문제점 • Bio-fuel • CNG 차량성능 • FCEV 효율 • HEV 모터시동금지 • HEV 파워어시스트 • Soft/Hard HEV • FC의 장점	• 병렬형 HEV 특징 • 연료전지의 전해질 • Bio-fuel 환경/연비 • DME Fuel와 엔진 • HEV 회생제동 • HEV 연비향상요인 • IN-wheel Motor • Bio-diesel • PEMFC 고분자전해질
소음/진동	• 노면의 진동전달 • 엔진토크 진동 • Idle 진동 대책 • Shimmy • Turbo Surge 소음	• 배기관소음진동 • 자동차 소음 구분 • Kick Back • Shimmy 진동 • Unsprung Mass	• 엔진냉각장치소음 • Booming Noise • NVH • Sprung Mass	• 엔진소음저감기술 • Harshness • Shake 진동 • Surung Mass 진동
주행역학	• 가속능력 • 등판능력 • 주행저항-주행마력	• 공기력 모멘트 • 여유구동력/가속성능 • 항력계수	• 경량화와 주행저항 • 주행성능 향상 • Thrust Angle	• 공기저항과 항력계수 • 주행저항

차체/도장	• 하도도장 • 안전띠 • 차체 수정 • Crush Safety • Front G 센서 • Space Frame	• 보수도장 • 자동차의 부식 • 차체의 역할/기능 • Crush Zone • Mg 합금재 특성	• 섀시 경량화 기술 • 차체 경량화 • Al 차체의 특성 • Frame의 종류 • Recycling	• 신차도장공정 • 차체 고유진동수 • Bio 플라스틱 • Front End 형상 • Safety Zone
자동차시험	• 슬라롬테스트 • 보행자보호기준 • 와전류 동력계 • 정지/동 마찰계수 • 충돌안전성평가 • 회전상당중량 • Off-set 충돌 • 견인동력계 시험	• 경유윤활성시험 • 선회성능 • 응력측정법 • 최대안전경사각 • 타행성능시험 • AIS • PG Test	• 노면미끄럼시험 • 안전기준 국제조화 • 자동차강도시험 • 충돌과 반발계수 • 특수주행시험로 • FTP-75 모드 • 피로강도향상표면처리	• 동력성능시험 • 에어백 성능 • 자동차성능시험 • 충돌시험 Dummy • 피로강도와 시험 • Full Lap 충돌

출제빈도분석(최근 20회)

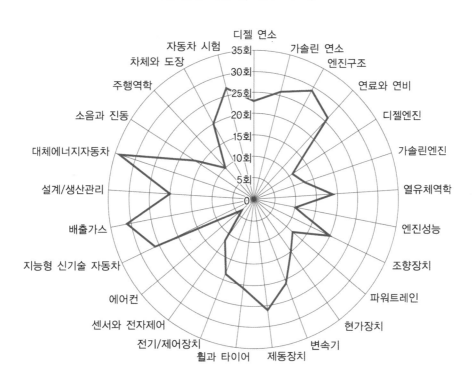

CONTENTS
Transportation Vehicles

93회

Transportation Vehicles

1교시

2교시

3교시

4교시

CONTENTS
Transportation Vehicles

95회
Transportation Vehicles

1교시

2교시

CONTENTS
Transportation Vehicles

96회

Transportation Vehicles

1교시

2교시

CONTENTS
Transportation Vehicles

98회
Transportation Vehicles

1교시

2교시

3교시

4교시

CONTENTS
Transportation Vehicles

99회
Transportation Vehicles

1교시

2교시

CONTENTS
Transportation Vehicles

101회

Transportation Vehicles

1교시

2교시

CONTENTS

Transportation Vehicles

102회

Transportation Vehicles

1교시

2교시

CONTENTS
Transportation Vehicles

104회
Transportation Vehicles

1교시

2교시

CONTENTS
Transportation Vehicles

105회
Transportation Vehicles

1교시

2교시

3교시

4교시

CONTENTS
Transportation Vehicles

107회
Transportation Vehicles

1교시

2교시

CONTENTS
Transportation Vehicles

108회
Transportation Vehicles

1교시

2교시

CONTENTS
Transportation Vehicles

110회
Transportation Vehicles

1교시

2교시

CONTENTS
Transportation Vehicles

111회
Transportation Vehicles

1교시

2교시

3교시

4교시

CONTENTS
Transportation Vehicles

113회
Transportation Vehicles

1교시

2교시

114회

Transportation Vehicles

CONTENTS
Transportation Vehicles

116회

Transportation Vehicles

1교시

CONTENTS
Transportation Vehicles

117회
Transportation Vehicles

CONTENTS
Transportation Vehicles

119회

Transportation Vehicles

1교시

2교시

CONTENTS
Transportation Vehicles

120회

Transportation Vehicles

1교시

2교시

CONTENTS
Transportation Vehicles

122회

Transportation Vehicles

1교시

2교시

CONTENTS
Transportation Vehicles

부록

Transportation Vehicles

93_회

93회

차량기술사
기출문제 및 해설

01 하이브리드(Hybrid) 자동차의 연비 향상 요인을 설명하시오.

QUESTION

1. 하이브리드 자동차의 개요

하이브리드 자동차는 기존의 석유 연료를 사용하는 엔진과 전기자동차의 배터리를 전원으로 이용하는 전동기를 동시에 장착하여 기존의 일반 차량에 비해 석유 연료의 소모를 저감하여 연비를 향상하고 유해 가스 배출량을 획기적으로 줄인 친환경 자동차이다.

엔진과 전동기의 동력을 운전 조건에 따라 적절히 절환(切換)하여 주행 성능과 연비성능 및 유해가스의 배출을 억제하는 구조이다.

배터리 전원을 이용하는 전동기와 엔진의 구동 동력을 사용하는 방법에 따라 직렬(Serial)식, 병렬(Parallel)식, 복합(Combine)식이 있으며 외부 전원으로 배터리를 충전할 수 있도록 한 플러그인(Plug-In)식의 하이브리드 자동차가 개발·보급되고 있다.

2. 하이브리드 자동차의 연비 향상 요인

하이브리드 자동차는 전기자동차(EV) 또는 연료전지자동차(FCEV)로 가는 중간 과정의 자동차로 인식되고 있으며 하이브리드 자동차의 엔진은 가장 연비가 우수하고 연소효율이 좋은 운전 조건에만 가동하고 발진과 등판 및 가속 시에는 모터와 엔진이 동시에 가동되는 방식으로 연비가 향상된다.

또한 운전 중 감속 및 제동 시에 자동차의 운동에너지를 회생 에너지로 흡수하는 회생 제동 및 감속 기능을 포함하여 높은 에너지 효율을 보이고 있어 연비성능은 더욱 향상되고 있으며 고성능배터리의 적용으로 제한된 주행거리 등의 사용자들 불편도 많이 개선되고 있다.

QUESTION 02 디젤엔진에서 EGR(Exhaust Gas Recirculation)의 배출가스 저감 원리를 희석, 열, 화학적 효과 측면에서 설명하시오.

1. 배기가스 재순환(EGR ; Exhaust Gas Recirculation)의 개요

배출되는 NOx의 대부분은 이론 공연비에 가까운 혼합기의 연소에 따른 고온 분위기에서 NO 형태의 성분이 주로 발생한다. 이를 저감하기 위해서는 분사 시기나 점화시기를 지각(遲角)하는 것과 배출가스 중 일부를 연소실로 재도입하는 EGR이 효과적인데, EGR 시 재순환되는 배출가스의 주성분은 N_2, CO_2 및 수증기이며 이들은 연소과정에 영향을 미쳐 다음과 같은 효과로 NOx의 생성을 저감한다.

2. EGR에 의한 NOx 생성 저감 효과

(1) 희석 효과(稀釋 效果, Dilution Effect)

희석에 의한 영향으로는 EGR에 의하여 O_2를 N_2, CO 및 수증기 등으로 대체하여 흡기에서 산소 농도를 감소시킨다.

여러 가지 실험에서 산소 농도가 연소 시간과 착화 지연에 영향을 미치는 것으로 알려져 있으며 산소 농도가 높으면 화염 온도가 상승하며 열해리 현상에 의하여 NOx의 생성이 증가하는 것으로 확인되었다. 따라서, 흡기 중에 배기가스 중의 일부를 재순환시켜 산소(O_2) 대신 N_2, CO를 도입하여 희석함으로써 산소 농도를 낮추고 NOx의 생성을 억제하는 효과이다.

(2) 열 효과(熱 效果, Thermal Effect)

EGR에 의하여 연소실 내로 수증기와 CO_2를 도입하는데, 흡기의 비열이 증가하게 되며 실린더 최고 온도가 낮아지고 NOx의 생성이 억제된다.

이것은 흡입 공기를 대체하는 EGR의 흡열용량이 공기보다 높기 때문에 연소 상황과 배출 가스에 영향을 주기 때문이며, EGR에 의한 열효과로 NOx를 저감하기 위해서는 연소 상황에 따라 정밀한 EGR율 제어가 필요하다.

(3) 화학적 효과(化學的 效果, Chemical Efficiency)

EGR에 의한 화학적 영향으로는 CO_2와 수증기의 열해리가 있다. 이는 고온에서만 일어나는 활발한 흡열과정이므로 연소실에서 연소 열에너지를 흡수하여 연소 최고온도를 낮추게 된다.

실제에 있어서는 수증기의 열해리가 더 높은 연소 온도를 필요로 하므로 수증기보다 CO_2의 화학적 효과가 더 크다.

위에서 설명한 EGR에 의한 NOx 생성 억제 효과 중에서 희석에 의한 효과가 가장 큰 것으로 알려져 있으며 흡기 중의 산소 농도의 감소(희석효과)가 NO 생성 억제에 큰 효과가 있으며 CO_2에 의한 화학적 효과는 그 효과가 적고 EGR 가스에 의한 열용량 변화에 의한 열 효과도 NO의 생성 억제에 큰 영향을 미치지 못하는 것으로 알려져 있다.

03 QUESTION 자동차 리타더(Retarder) 브레이크의 종류 및 특징을 설명하시오.

1. 리타더 브레이크의 개요

긴 언덕길이나 고속 주행 중에 브레이크를 작동 시 발생하는 페이드(Fade) 현상을 억제하기 위하여 자동차의 운동에너지의 일부를 본래의 마찰 브레이크 이외의 것으로 흡수하는 장치로서, 가장 간단한 것으로는 배기 구멍을 닫고 엔진 브레이크를 강화한 배기 브레이크가 있다. 이 밖에 맴돌이 전류(Eddy Current)나 유체 마찰을 이용한 것 등이 있다. 주로 감속에 사용되고 차를 정지시킬 수는 없으나, 안전성을 높여 주는 보조 브레이크로서 트럭이나 버스 등의 대형 자동차에 사용되고 있다.

(1) 엔진 브레이크(Engine Brake)

고속 주행 중 감속하거나 정지할 경우에 액셀러레이터를 늦추고 클러치를 밟지 않으면 엔진은 압축기의 작용을 하므로 큰 에너지를 흡수하여 제동력이 얻어지는 보조 브레이크이다.

(2) 배기 브레이크(Exhaust Brake)

배기 계통(Exhaust System)의 배기가스를 압축하는 동시에 인젝션 펌프의 공급 유량을 줄이거나, 배기가스를 차단하는 동시에 흡입 공기를 차단하여 실린더 내 피스톤이 상하 운동에 저항하는 대항 압력을 급속히 발생시키는 것으로 엔진 브레이크에 비하여 빠르고 큰 제동력을 얻을 수 있다.

(3) 유체(Hydraulic)식 리타더 브레이크

유체식 리타더 브레이크는 토크 컨버터를 역이용하는 방식이며 주로 변속기와 차동장치 사이의 추진축에 설치되어 추진축을 통하여 전달되어 오는 리타더 내부의 로터(Rotor)를 회전시키고 유체의 운동에너지가 스테이터(Stator)에서 열에너지로 변환시켜 에너지를 흡수하여 제동효과를 발휘한다.

(4) 전기식 와전류(Eddy Current) 리타더 브레이크

작은 공극(Air Gap)을 사이에 두고 회전하는 자성체 사이에 흐르는 와전류(Eddy Current)에 의하여 제동 효과를 얻는 방식이며 제동 에너지는 열에너지로 변환되므로 냉각수 또는 공기식의 냉각장치가 필요하다.

 자동차의 부밍 소음(Booming Noise)의 원인과 대책을 설명하시오.

1. 자동차 소음(Noise)의 구분

자동차의 소음은 일반적으로 고체 전달음(Structure-Borne Noise)과, 공기 전달음(Air-Borne Noise)으로 구분한다.

자동차 실내에서 발생하는 소음에는 부밍 소음(Booming Noise), 럼블링 소음(Rumbling Noise), 기어 소음(Gear Noise), 엔진 소음(Engine Noise), 타이어 소음(Tire Noise), 풍절음(Wind Noise) 등이 있다.

2. 부밍 소음의 발생 원인

부밍 소음은 발생 주파수 대역이 20~200Hz 부근으로 주로 자동차의 실내 공명에 의하여 발생하며 사람의 귀를 압박하는 듯한 느낌을 주며 소음이 80dBA 이상이면 심한 소음으로 느끼게 된다.

이는 자동차의 가속과 감속하는 주행 상태에서 주로 흡기, 배기 음이 자동차 실내에서 발생하는 소음을 부밍 소음(Booming Noise)이라고 하며 주행속도 증가에 따른 실내 소음의 완만한 증가 범위를 넘어서 특정한 주행 속도나 엔진의 회전수 영역에서 실내 소음이 급격히 증가한다.

부밍 소음을 유발하는 주요 원인은 주로 엔진의 기동에 따른 가진력이며, 구동장치나 흡·배기계 또는 차체가 엔진의 가진력에 의하여 공진함으로써 부밍 소음을 발생한다.

배기계가 원인이 되는 부밍음은 배기계의 토출음이 차량 실내로 대기를 통하여 전달되는 경우와 배기계의 진동이 차체를 진동시켜 소음을 발생하는 경우가 있는데, 배기계의 토출음이 원인인 경우 자동차의 실내 공명 주파수와 일치하는 배기계 토출음의 주파수 성분 레벨이 공진함으로써 발생한다. 일반적인 부밍 소음의 발생 특징은 다음과 같다.

- 저속, 가속, 감속 등과 같은 다양한 주행 상태에서 발생할 수 있지만 일반적으로 가속하는 경우에 더 크게 발생한다.
- 엔진의 특정한 회전수나 주행속도에 도달할 때마다 반복적으로 발생하고 변속 조건과는 관계없이 발생한다.
- 부밍 소음이 발생하는 주파수 범위는 비교적 좁은 주파수 영역이며 특정한 주행 속도에서 발생하는 경우에도 속도 편차가 좁은 구역에서 발생·소멸된다.
- 부밍음은 자동차의 부하에 의하여 증가하며 동일한 속도에서 정속 주행 중에는 정도가 약하다.
- 엔진의 폭발주기(회전수의 2차, 4차 성분)와 동일한 경우가 대부분이다.

2. 부밍 소음의 저감대책

차 실내의 부밍 소음을 유발하는 자동차의 실내 공명 주파수는 차 실내의 공간 크기와 형상에 의하여 변하며, 부밍 소음의 발생 원인이 다양하므로 차체의 강성(强性)과 방진(防振) 정도에 의해서도 변한다.

특히 배기계의 설계 시점에서 부밍 소음의 정도를 판단하기는 쉽지 않으나 배기 소음을 줄이는 방법으로 배기계의 위치와 방향, 배압 등을 고려한 배기계의 개선과 배기계의 진동을 저감하는 설치방법을 강구해야 한다.

또한 배기계를 포함한 차체의 구조 강도를 보강하고 흡음재 선택과 대기를 통한 소음의 전달을 억제하기 위하여 기밀 유지를 위한 대책이 필요하다.

승용차에 사용되는 보행자 피해 경감장치에 대하여 설명하시오.

1. 고안전도 차량(ASV ; Advanced Safety Vehicle)의 사고 피해 경감 기술

보행자 피해 경감장치는 고안전도 차량(ASV)의 사고 피해 경감 기술 중 한 가지이며 일반적으로 고안전도 차량은 차량의 보호, 탑승자의 보호, 보행자의 보호 측면에서 개발되어 적용되고 있다.

(1) 차량 보호 기술

충돌 및 전도(顚倒) 시 충돌 에너지를 흡수하여 차체 및 승객실의 변형을 최소화한 차체를 채택한다.

- CFRP(Carbon Fiber Reinforced Plastic)와 강판 재질의 이중 구조로 하고 발포재로 충진한 범퍼 및 사이드 멤버를 채택한다.
- 충격을 흡수하고 승객실의 변형을 억제하는 고강성 차체를 구성한다.

(2) 승객 보호 기술

사고 충격으로부터 승객을 보호하기 위한 기술이다.
- 모든 방향에서 오는 충격으로부터 승객을 보호하기 위한 에어백을 설치한다.
- 프리로더(Free Loader) 시트 벨트를 설치한다.
- 추돌 시 승객 및 운전자의 목을 보호하기 위해 승객의 탑승 여부에 자동 조절되는 헤드 레스트레인트(Head Restraint)를 설치한다.

(3) 보행자 피해 경감 시스템

보행자와의 사고 예방 및 충돌 시 피해를 줄이는 시스템이다.
- 후드 에어백 : 보행자의 충돌을 감지하여 후드 위의 에어백을 폭발시켜 보행자의 손상을 경감하는 장치이다.
- CFRP 허니콤 후드 : 카본 파이버 플라스틱 같은 강성 재료의 허니콤 타입으로 충돌의 충격을 흡수하여 보행자의 피해를 줄이는 장치이다.
- 충격 흡수 차체 : 범퍼, 보닛, 전면부 필러 등을 충격 흡수 재질과 구조로 만들어 보행자 충돌 시 피해를 경감하는 기술이다.

06 QUESTION **자동차용 엔진이 고속과 저속에서 축 토크가 저하되는 원인을 설명하시오.**

1. 저속, 고속에서의 왕복형 엔진의 토크(Torque) 특성

토크 곡선상에서 토크 최대점(Tmax)이 엔진의 회전 속도가 높은 고회전 영역에 존재할수록 출력(Power)은 증대되고 연료 소비율을 증가하고 반대로 저회전 영역으로 치우쳐 있으면 출력보다 엔진의 운전성이 좋아지나 연료 소비율은 증대되는 등 토크의 형성과 엔진의 회전속도 그리고 연료 소비율과의 상호관계는 밀접하며 왕복형 내연기관의 특성이기도 하다.

엔진의 회전속도가 낮을 때는 가스의 누출과 피스톤 운동속도의 저하로 흡기의 흡입 능력이 떨어져 체적효율이 저하되며 연소실 내에서의 스월(Swirl)이나 스쿼시(Squash) 등이 약해짐으로써 혼합기의 불균질에 따른 불완전연소와 연소속도 저하로 토크(Torque)가 낮아진다. 또한 엔진의 회전속도가 높은 고회전 영역에서 흡기의 유속이 지나치게 빠르면 흡기 시의 초킹(Chocking) 현상의 발생과 밸브의 빠른 개폐에 따른 흡기의 유동관성(流動慣性)을 활용하지 못하므로 체적효율이 저하되고 고출력에 충분한 토크를 얻지 못한다. 또한 고속에서는 마찰 손실이 증가하여 기계효율이 저하되어 토크 손실이 커진다.

이처럼 저속과 고속에서 토크가 저하되는 현상을 개선하기 위하여 밸브의 유효 단면적을 키우고 멀티 밸브 시스템(Multi Valve System) 등을 적용하여 충전효율(充塡效率)의 향상을 도모하였으며 전자제어식 연료 분사형 엔진이 도입되면서 과급(Super Charging)과 인터쿨러(Inter Cooler) 장치를 적용하여 충전효율을 향상시키고 있으며 토크 특성과 출력의 향상을 이루고 있다.

다음은 왕복형 내연기관의 일반적인 성능선도이며 엔진의 회전속도에 따른 토크(Torque) − 연료소비율 − 출력(Power)의 상관관계를 보여준다.

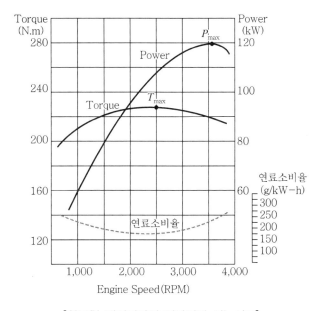

[왕복형 내연기관의 일반적인 성능선도]

07 메탄올 연료전지(Fuel Cell)에 대하여 설명하시오.

QUESTION

1. 연료전지의 종류

연료전지는 연료전지의 연료인 수소를 얻는 방법에 따라 수소(H_2) 연료전지, 탄화수소(C_mH_n) 개질형 연료전지, 메탄올(CH_4) 개질형 연료전지 등으로 구분된다. 이들의 각 특징은 다음과 같다.

- 수소(H_2) 연료전지 : 저장된 수소를 연료로 하므로 배출가스는 수증기와 산소를 소비한 공기뿐이며, 셀 성능이 우수하고 별도의 개질기를 수반하지 않으므로 시스템이 간소하다.
- 탄화수소(C_mH_n) 개질형 연료전지 : 석유계 연료인 가솔린, 경유, LPG 등의 연료를 사용하며 연료의 개질 반응이 약 800℃ 정도로 고온이므로 에너지 소비가 따르며 촉매의 내구성 등에 문제가 있다.
- 메탄올(CH_3OH) 개질형 연료전지 : 메탄올을 개질하여 연료로 사용하며 개질 반응 온도가 낮아 수소를 얻기가 용이하고 탄화수소 연료전지에 비하여 발전 효율이 높다.

2. 메탄올(CH_3OH) 개질형 연료전지

메탄올은 300℃ 정도의 온도에서 개질되고 수소를 추출하기가 용이하며 연소 발열량은 가솔린과 같은 석유계 연료에 비하여 작지만 발전 효율은 뛰어나다.

메탄올의 개질 촉매에는 주로 $Cu-Zn$계 촉매가 사용되며 비용이 저렴하고 개질 반응($CH_3OH + H_2O \rightarrow CO_2 + 2H_2$)에 의해 수소($2H_2$)를 발생한다.

이 반응은 흡열 반응으로 외부로부터의 열 공급이 필요하지만 메탄올의 발열량 27kJ/mol(HHV)에 비해 개질 반응으로 발생한 수소의 발열량은 286kJ/mol×3＝856kJ/mol이 되어 개질에 의하여 연료의 에너지는 증가한다. 이 반응은 흡열 반응이므로 외부로부터의 열 공급은 일반적으로 연료전지의 잔여 연료를 촉매 연소 등에 의해 얻은 열을 이용한다.

또한 메탄올에서 수소를 추출하는 반응으로 부분 산화에 의한 개질 반응이 있는데 이것은 $CH_3OH + \frac{1}{2}O_2 + 2N_2 \rightarrow CO_2 + 2H_2 + 2N_2$에 의한 것이지만 이 반응은 발열 반응이며 에너지의 손실을 수반한다.

반응에서의 N_2는 산화제로서 대기 중의 공기를 사용하는 것에 의해서 생성되는 것이다.

부분 산화 반응은 반응이 자발적으로 진행되고 시동성·응답성이 뛰어나다는 장점이 있으나 급속하게 반응이 일어나면 개질기 부분의 온도가 상승하고 촉매의 내열성에 문제가 될 수도 있다.

3. 직접(Direct) 메탄올 개질형 연료전지

메탄올(CH_3OH)을 개질하고 수소(H_2)를 추출하여 연료전지의 연료로 사용하는 방식은 개질기의 시동성·응답성 및 개질기 자체의 무게와 크기 등에 문제가 된다.

직접 메탄올 연료전지는 개질기 없이 메탄올(CH_3OH)을 직접 연료전지에 공급하여 발전을 하는 방식이며 개질기의 문제점을 배제한 방식이다.

08 자동차의 휠 얼라인먼트에서 스크럽 레이디어스(Scrub Radius)를 정의하고 정(+), 제로(0), 부(−)의 스크럽 레이디어스 반경의 특성을 설명하시오.

QUESTION

1. 스크럽 레이디어스

자동차의 앞에서 보았을 때 킹핀의 중심 연장선과 타이어의 중심선이 노면에서 오프셋된 거리를 스크럽 레이디어스(Scrub Radius) 또는 킹핀 오프셋(Kingpin Off−set)이라고 하고 정(Positive, +), 제로(Zero, 0) 및 부(Negative, −) 스크럽 레이디어스로 분류된다.

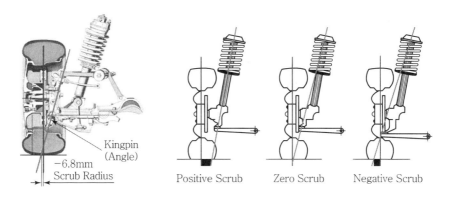

[스크럽 레이디어스]

스크럽 레이디어스가 작을수록 조향장치의 각 부품에 가해지는 작용력은 작지만, 조향에 필요한 힘(조타력)은 증가하게 된다. 승용자동차에서의 일반적인 스크럽 레이디어스량은 후륜 구동방식에서는 30~70mm, 전륜 구동방식에서는 10~35mm 정도이며 차륜의 시미(Shimmy) 현상을 감소시키고, 차륜으로부터 조향장치에 전달되는 토크를 작게 유지하기 위해서는 스크럽 레이디어스를 작게 유지하는 것이 유리하다. 스크럽 레이디어스의 효과는 다음과 같다.

(1) 정(+)의 스크럽 레이디어스(Positive Scrub Radius)

타이어의 중심 수직선이 킹핀 중심선의 연장선보다 바깥쪽에 있는 상태를 말한다.
정(+)의 스크럽 레이디어스는 제동할 때, 차륜이 안쪽으로부터 바깥쪽으로 벌어지도록
작용한다. 노면과 양측 차륜 사이의 마찰계수가 서로 다를 경우에는 마찰계수가 큰 차륜
이 접지 마찰력이 커지므로 바깥쪽으로 더 많이 조향되어 의도한 조향 노선으로부터 차선
이 이탈할 수 있다.

(2) 제로 스크럽 레이디어스(Zero Scrub Radius)

타이어의 중심 수직선과 킹핀 중심선의 연장선이 어긋남 없이 노면의 한 점에서 만나는
상태를 말한다. 조향 시 차륜은 킹핀을 중심으로 원의 궤적을 그리지 않고 두 선이 오프셋
없이 만난 점을 중심으로 직접 조향된다. 따라서 정차 중에 조향할 때, 큰 힘을 필요로 하
게 된다. 그러나 주행 중 외력에 의한 조향 간섭은 적다.

(3) 부(−)의 스크럽 레이디어스(Negative Scrub Radius)

타이어의 중심 수직선이 킹핀 중심선의 연장선보다 안쪽에 있는 상태를 말한다.
회전 중심점이 타이어의 중심보다 바깥쪽에 위치하므로 제동 시 차륜은 제동력에 의해 바
깥쪽으로부터 안쪽으로 조향되는 효과가 있다.
노면과 좌우 차륜의 마찰계수가 서로 다를 경우 접지마찰력이 차이가 생기고 마찰계수가
큰 쪽의 차륜이 안쪽으로 더 크게 조향되는 효과를 나타내므로 자동차는 의도된 주행차선
을 유지할 수 있게 된다.

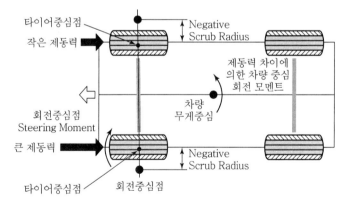

[Negative Scrub Radius의 효과]

09 QUESTION 디젤엔진의 후처리제어장치에서 차압센서와 배기가스 온도센서의 기능을 설명하시오.

1. 디젤엔진의 후처리제어장치(DPF ; Diesel Particulate Filter)

후처리제어장치(DPF ; Diesel Particulate Filter)는 디젤 배기가스 중의 미립자(PM ; Particulate Mater)를 포집하여 자기청정 혹은 자연재생 과정을 통해 정화하여 배출하는 장치이다. 자기청정 혹은 자연 재생 과정만으로 PM이 연소 배출되지 못하면 추가 연료를 분사하여 배기 온도를 높이고 입자상 물질을 재연소하여 배출하는 기능으로 정화한다. 이 과정에서는 가속을 하지 않아도 엔진의 소음과 진동이 커지게 된다.

필터에 배기가스 중의 입자상 물질이 누적되면 배기가스의 배출이 원활하지 못하고 여과 기능도 저하되기 때문에 필터의 앞뒤에 차압센서(Differential Pressure Sensor)를 설치하여 오염 물질의 누적을 검출하여 필터 재생 시점을 감지하고 ECU에서는 연료의 추가 분사 신호를 출력한다.

자기 청정이 되려면 600℃ 이상으로 10분 이상 유지되어야 하며 대부분의 경우에 저속, 저부하 운전 등으로 자기 청정온도에 도달하는 경우가 많지 않으므로 온도센서(Temperature Sensor)를 설치하여 온도를 검출하고 운행 중 온도와 유지 시간을 검출하여 차압 센서 신호를 참고로 하여 연료 분사에 의한 강제 재생 프로세스를 판단한다.

일반적으로 DPF는 자기청정 조건에 도달하지 못하면 미립자들이 필터 내에 쌓이고 DPF 용량의 45% 정도까지 누적되면 DPF 경고등이 점등되고 연료가 추가 분사되어 강제 재생이 시작된다.

10 QUESTION 자동변속기의 댐퍼 클러치(록업 클러치)가 작동하지 않는 경우를 5가지 이상 설명하시오.

1. 자동 변속기의 댐퍼 클러치(록업 클러치)

수동 변속기에 비해서 자동 변속기의 연비가 나쁘다고 하는 것은 토크 컨버터 내의 슬립 때문이며, 토크 컨버터의 변환기 레인지(스테이터 정지 시)에서와 커플링 레인지(스테이터 회전 시)에서는 슬립을 일으키지 않으나 실제는 유체를 사용하기 때문에 슬립이 발생하는 것이다. 이 슬립은 펌프 임펠러와 터빈 런너 사이에서 회전수의 차이를 발생시키고 기관의 회전수보다 입력축의 회전수가 적어진다. 이 차이가 연비에 영향을 주는 것으로서 이 회전 차이를 없애기 위해서는 기계적 클러치판을 설치한다. 클러치판을 입력축과 스플라인으로 결합하여 유압에 의해서 왼쪽의 앞 커버에 압착시켜 토크 컨버터를 직결 상태로 하여 기관과 입력축의 회전수를 동일한 회전속도로 유지하도록 한 것이 록업 기구이다.

록업을 사용함으로써 토크 변환기가 일체화되는데 여기에는 장단점이 존재한다. 저속 시에 록업하면 원활한 발진이 어렵고 록업 상태에서 스로틀을 전개 또는 전폐하면 수동 변속기 차량과 같이 울렁거림이 발생하는 단점을 가지므로 운전 상태에 따라서 여러 가지 방법으로 제어한다.

그러나 저속, 저온, 후진 등의 운전 조건에서는 록업(댐퍼) 클러치를 작동하지 않는다, 록업(댐퍼) 클러치를 사용하지 않는 조건들은 다음과 같다.

(1) 제1속 및 후진할 경우

저속 단 및 후진 시에는 출발 가속성을 우선 확보하기 위하여 큰 구동력이 필요하므로 토크 변환기를 작동시켜야 하므로 댐퍼 클러치는 작동하지 않는다.

(2) 엔진 회전속도 800rpm 이하인 경우

엔진 회전 속도 저속에서 댐퍼 클러치가 작동하면 엔진의 회전력이 부족하여 출발이 불가능하게 되므로 댐퍼 클러치는 작동시키지 않아야 한다.

(3) 엔진 회전수 2,000rpm 이하에서 스로틀 밸브의 개도가 큰 경우

스로틀 밸브의 열림이 큰 경우에는 큰 부하가 작용하는 경우이므로 댐퍼 클러치는 자동하지 않는다.

(4) 3 → 2로 시프트 다운하는 경우

고속에서 저속으로 시프트 다운하면 주행속도 변화에 따른 충격을 토크 변환기의 오일이 흡수하도록 하기 위해 댐퍼 클러치는 해제된다.

(5) 엔진 브레이크를 작동하는 경우

엔진 브레이크 작동 시에 발생하는 충격을 완화하기 위하여 댐퍼 클러치는 해제된다.

(6) 엔진 냉각수 온도가 50℃ 이하인 경우

엔진 온도가 낮은 경우 조속한 워밍업을 위하여 댐퍼 클러치는 해제된다.

QUESTION 11 전자제어 스로틀 시스템(ETCS ; Electronic Throttle Control System)의 페일 세이프(Fail Safe) 기능을 설명하시오.

1. ETCS(Electronic Throttle Control System)의 개요

① ETCS(전자제어 스로틀 밸브 시스템)는 흡입 공기량 및 엔진 회전속도(rpm)를 전자적으로 제어하여 최적의 운전 성능을 구현하기 위한 시스템이다.

② 기존의 가속 페달과 스로틀 밸브를 케이블에 의해 기계적으로 연결한 것과는 달리 가속 페달의 동작속도 및 밟음 양에 따라 스로틀 밸브 모터를 ETS ECU에 의해 전기적으로 제어하고 구동하는 시스템이며 By-Wire 시스템의 일종이다.

③ 흡입 공기량을 정밀하게 측정하고 연소효율을 향상시켜 유해 배출가스의 배출을 저감시키고 연비성능을 향상시킬 수 있는 시스템이며 기계적인 장치를 다수 생략하여 간소화하며 촉매 활성화 시간 단축, 촉매 보호 기능과 함께 엔진의 최적 운전 조건을 실현하고 주행 안정성을 확보하기 위하여 개발·적용한 시스템이다.

④ ETS는 흡입 공기량 제어, 유해 배출가스의 발생을 제어, 억제, 통합제어로 인한 부품 수의 감소, 구조의 단순화로 고장률 감소, 운전 및 주행의 신뢰성 확보를 목적으로 적용되는 시스템이며 ETS와 기존 케이블 방식을 비교하면 다음과 같다.

ETS의 제어항목	기존 제어방식	ETS의 제어방식
Throttle Valve Control	가속페달-케이블 연결 구조	ETS에 의한 통합제어
Idle Speed Control	ISCA로 제어	
TCS Control Traction Control System	보조 스로틀 밸브를 설치하여 TCS 제어	
Cruise Control	보조 가속페달 케이블을 설치한 크루즈 컨트롤 및 진공을 이용한 크루즈 컨트롤	

2. ETS(Electronic Throttle Valve System)의 구성

(1) 스로틀 모터(Throttle Motor)

ECU로부터 전류를 공급받아 스로틀밸브 축을 구동하며, 스로틀밸브 축을 구동하기 위한 기어드 모터(Geared Motor)로, 스로틀 밸브의 위치를 검출하기 위한 TPS 1/2(Throttle Position Sensor 1/2)이 있다.

ECU에서는 스로틀 모터의 초기 위치 학습값과 TPS의 전압 변화치를 비교하여 현 상태에서의 스로틀 모터 위치를 검출하고 전류를 모터에 공급할 때에는 PWM 듀티제어로 정밀하게 제어한다.

스로틀 모터가 고장일 경우에는 일종의 페일 세이프(Fail Safe) 기능인 림프 홈 기능으로 스로틀밸브를 17도로 고정하여 엔진 회전속도를 2500rpm으로 상승시켜 시동 꺼짐을 방지하고 주행을 가능케 한다.

(2) 액셀러레이터 포지션 센서(APS ; Acceleration Position Sensor)

운전자가 가속 페달을 밟은 량을 검출하여 ECU로 신호를 전달하는 기능을 하며 내부에는 가변저항 타입의 APS 1/2 센서가 가속 페달 상단에 장착되어 있다.

주행 중 APS 1/2 센서 중 하나의 센서에 고장이 발생하면 다른 하나의 센서로 정상 동작이 가능하나 두 센서가 모두 고장이면 공회전 상태를 유지하여 시동 꺼짐을 방지하여 안전 조치가 가능하도록 한다.

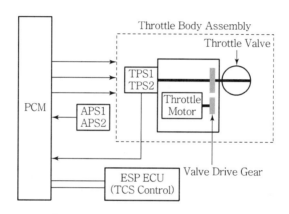

[Electronic Throttle Control System]

(3) 스로틀 포지션 센서(TPS ; Throttle Position Sensor)

스로틀밸브의 개도(열림량)를 검출해 ECU로 신호를 전달하며 TPS 신호는 스로틀밸브의 목표 개도를 피드백하는 데 중요한 데이터로서의 역할을 한다.

차량 주행 중 TPS 1/2 센서 중 하나가 고장나면 다른 하나의 센서로 전압 제어가 가능하나 두 센서가 동시에 고장나면 흡입 공기량 센서의 공기량 신호를 이용해서 TPS의 위치를 판단하고 스로틀 모터를 제어한다.

3. ETS의 페일 세이프

ETS의 페일 세이프(Fail Safe) 기능은 다른 제어장치의 페일세이프에 비하여 중요한 기능이며 ETS가 고장일 때 ECU가 제어하는 고장 대처 안전장치 및 기능을 말하며 스로틀 모터 고장 또는 통신 고장(엔진 ECU↔ETS), TPS 1/2와 APS 1/2의 고장인 경우에는 페일 세이프 모드(Fail Safe Mode)가 동작한다.

페일 세이프 모드는 고장이 발생하면 자동차가 더 이상 출력을 발휘하지 못하고 안전 조치를 위한 최소한의 출력만 내도록 공기량을 강제적으로 제어하는 것이며 페일 세이프 모드가 작동하면 스로틀 밸브의 열림각을 17도로 강제 제어한다.

각 고장에 따른 페일 세이프 모드의 동작은 다음과 같다.

〈전원 케이블의 단선 및 단락인 경우〉

• 스로틀 모터 구동－출력 단선
• 스로틀 밸브의 전개 상태로 고착
• 스로틀 모터 단선 및 단락

〈통신고장 및 센서 고장인 경우〉

• 엔진 ECU ETS 통신 고장
• APS 1/2와 TPS 1/2 고장

(1) 페일 세이프 동작 1 기능

① TPS2 전압이 2.0V보다 클 때 페일 세이프 모터 전원 차단
② 상시 3기통 연료 차단(Fuel Cut)
③ EGR 제어 금지
④ 연료 차단 제어(주행 모드에서 엔진 회전속도에 따라 연료 차단)
⑤ 에어컨 전원 차단
⑥ 점화시기 지각(10~20°)

(2) 페일 세이프 동작 2 기능

① 전진 주행 중－APS2 전압이 1.5V보다 클 때 전 실린더 분사
   • APS2 전압이 1.5V 이하일 때 3개 실린더 연료 차단
   • APS2 고장일 때 3개 실린더 연료 차단
   • 브레이크 동작 때 3개 실린더 연료 차단
② 페일 세이프 모터 전원 차단
③ 브레이크를 동작 후 2초간 페일 세이프 모터 전원 공급

(3) 페일 세이프 동작 3 기능(엔진 출력 강제 제한)

연료 차단 제어 : 주행 변속 상태에서 차속이 최저이거나 아이들 상태에서 엔진 회전속도가 규정 rpm 이상인 경우 연료 차단

12 QUESTION

자동차에서 X(종축방향), Y(횡축방향), Z(수직축방향) 진동을 구분하고 진동현상과 원인을 설명하시오.

1. 차체의 진동

차체의 진동은 현가(Suspension)장치인 스프링을 중심으로 스프링 위 진동과 스프링 아래 진동으로 구분한다.

차체는 새시 스프링에 의하여 지지되어 있기 때문에 다음 두 그림과 같이 상하 진동 외에 X, Y, Z축을 중심으로 진동이 발생하며 독립적으로 진동이 발생하는 것이 아니라 반드시 복합적으로 발생한다.

(1) 스프링 위의 진동

① 상하 진동(Bouncing)

차체는 스프링에 의하여 지지되어 있기 때문에 Z축 상하방향으로 차체가 충격을 받으면 스프링 정수와 차체의 중량에 따라 정해지는 고유진동주기가 생기고 이 고유진동주기와 주행 중 노면에서 차체에 전달되는 진동의 주기가 일치하면 공진이 발생하고 진폭이 현저하게 커진다. 탑승자의 승차 안락감을 위하여 고유진동 수를 80~150Cycle/min 정도가 되도록 스프링 정수를 설계한다.

② 피칭(Pitching)

Y축을 중심으로 차체가 진동하는 경우를 말하며 자동차가 노면상의 돌출부를 통과할 때 먼저 앞부분에 상하 진동이 오고 뒷바퀴는 축간거리만큼 늦게 상하 진동을 시작하므로 피칭이 생기게 된다. 뒷부분의 진동주기가 앞부분 진동주기의 1/2만큼 늦어지면 앞뒤의 진동이 반대가 되므로 피칭은 최대가 된다.

③ 롤링(Rolling)

X축을 중심으로 한 차체의 옆 방향 진동을 말한다. 롤링은 차체 내부의 어떤 점을 중심으로 하여 일어나는데, 이 점을 롤 중심(Roll Center)이라고 한다.

롤링이 발생하는 원인은 자동차가 선회 주행할 때 원심력은 자동차의 중심에 작용하며 자동차의 중심은 보통 롤 중심보다 높기 때문인데, 그 차이(h)와 원심력(F)이 롤링 작용력(h×F)을 발생시킨다. 따라서 자동차의 중심이 높을수록, 롤 중심이 낮을수록 롤링의 경사각은 크게 되며 롤링 경사각을 적게 하려면 현가 스프링의 정수를 크게 하고, 스프링 설치 간격을 넓게 하여야 한다.

④ 요잉(Yawing)

Z축을 중심으로 하여 회전운동을 하는 고유 진동을 말하며 고속 선회 주행, 급격한 조향, 노면의 슬립 등에 의하여 발생한다.

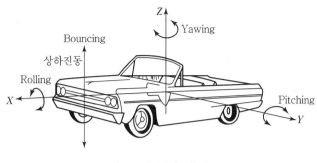

[스프링 위의 진동]

(2) 스프링 아래 진동

스프링 아래 진동은 스프링 위 진동과 연계하여 발생하며 다음과 같은 진동이 발생한다.

① 상하진동(Wheel Hop)

　Z방향의 상하 평행운동을 하는 진동이다.

② 휠 트램프(Wheel Tramp)

　X축을 중심으로 한 회전운동으로 인하여 생기는 진동이다.

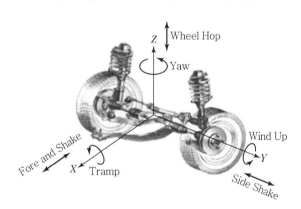

[스프링 아래 진동]

동일한 자동차 B, C가 브레이크가 풀린 채 정지하고 있다. 이때 같은 모델의 자동차 A가 2.5m/s의 속도로 B와 충돌하면 이후 B와 C가 다시 충돌하게 되어 결국 3대의 자동차가 연쇄 충돌한다. 이때 B와 C가 충돌한 직후의 C의 속도(m/s)를 구하시오.(단, B, C 사이의 거리는 무시하며, 범퍼 사이의 반발계수(e)는 0.75이다.)

1. 반발계수(反撥係數)

반발계수는 두 물체의 충돌 전의 상태속도와 충돌 후의 상대속도 비를 말하며 물체의 무게, 속도에 상관없이 충돌 재질에 의해 결정된다.

(1) 자동차 A−B 충돌 시 반발계수

충돌 전 자동차 A의 속도 : V_A(m/s),   충돌 후 자동차 A의 속도 : $V_A{'}$(m/s),

충돌 전 자동차 B의 속도 : V_B(m/s),   충돌 후 자동차 B의 속도 : $V_B{'}$(m/s)라고 하면

$$\text{반발계수 } e = \frac{V_A{'} - V_B{'}}{V_A - V_B} \text{에서}$$

$$V_A = 2.5(\text{m/s}), \quad V_A{'} = 0, \quad V_B = 0, \quad e = 0.75 \text{이므로}$$

$$e = |\frac{-V_B{'}}{V_A}| \text{에서} \quad V_B{'} = e\,V_A = 0.75 \times 2.5 = 1.875\,(\text{m/s})$$

(2) 자동차 B−C 충돌 시 반발계수

충돌 전 자동차 B의 속도 : $V_B{'}$(m/s),   충돌 후 자동차 B의 속도 : $V_A{''}$(m/s),

충돌 전 자동차 C의 속도 : V_C(m/s),   충돌 후 자동차 C의 속도 : $V_C{'}$(m/s)라고 하면

$$\text{반발계수 } e = \frac{V_B{''} - V_C{'}}{V_B{'} - V_C} \text{에서}$$

$$V_B{'} = 1.875(\text{m/s}), \quad V_C = 0, \quad V_B{''} = 0, \quad e = 0.75 \text{이므로}$$

$$e = \left|\frac{-V_C{'}}{V_B{'}}\right| \text{에서} \quad V_C{'} = e\,V_B{'} = 0.75 \times 1.875 = 0.75 \times 1.875 = 1.406\,(\text{m/s})$$

따라서 자동차 A−B 충돌 직후 자동차 B의 속도는 $V_B{'} = 1.875$(m/s),

자동차 B−C 충돌 직후 자동차 C의 속도는 $V_C{'} = 1.406$(m/s)이다.

01
QUESTION

최대동력시점(Power Timing)이 ATDC10°인 4행정 사이클 가솔린엔진이 2,500rpm으로 다음과 같이 작동할 때 최적 점화시기, 흡배기 밸브의 총 열림 각도를 계산하고 밸브 개폐시기 선도에 도시하시오.

- 점화신호 후 최대 폭발압력에 도달하는 시간 : 3ms
- 흡기밸브 열림 : BTDC 15°
- 흡기밸브 닫힘 : ABDC 20°
- 배기밸브 열림 : BBDC 30°
- 배기밸브 닫힘 : ATDC 30°

1. 점화시기(Ignition Timing)

분당 엔진 회전수 $n = 2,500$rpm

초당 엔진 회전수 $n_s = \dfrac{n}{60} = \dfrac{2,500}{60}$

3ms 동안 회전각도 $\alpha = 0.003 \times 360 \times \dfrac{2,500}{60} = 45°$

엔진 회전속도 2,500rpm 조건에서 점화 후 최대 압력점에 도달하는 시간은 3ms이고 각도는 45°이다. 따라서 TDC 후 10°에서 최대 폭발압력에 도달하기 위해서는 TDC 전 35°에서 점화하면 된다.

2. 흡기 · 배기 행정각

① 흡기 행정각 : $15 + 180 + 20 = 215°$
② 배기 행정각 : $30 + 180 + 25 = 235°$

상사점 근처에서 흡기 · 배기밸브가 동시에 열려 있는 기간, 밸브 오버랩(Valve Over Lap)은 45°이다.
다음 그림은 점화시기 선도이며 문제의 조건에서 점화시기는 BTDC 35°, 밸브 오버랩(Valve Over Lap)은 45°, 흡기 행정각 215°, 배기 행정각 235°이다.

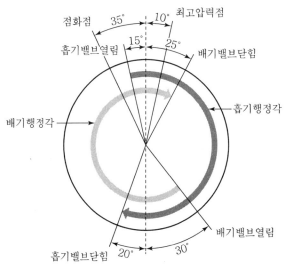

점화점　35°　10°　최고압력점

흡기밸브열림　15°　25°　배기밸브닫힘

배기행정각　흡기행정각

배기밸브열림

흡기밸브닫힘　20°　30°

[점화시기 선도]

 하이브리드 전기자동차용 배터리를 니켈수소, 리튬이온, 리튬이온 폴리머 전지로 구분하고 각각의 특성을 설명하시오.(단, 자기방전, 수소가스의 발생, 장단점을 중심으로)

1. 리튬 – 이온(Li – ion) 전지

(1) 리튬 – 이온 전지의 원리

Li – ion 전지는 Ni – Cd, Ni – MH 전지와는 성격이 다르다. 일단 전압이 3.6V로 기존 전지의 3배나 된다. 전해질로는 수용액 대신에 유기 용매를 사용한다. 그 이유는 전지 내부의 전해질에서 산화·환원 반응이 일어날 때, 전해액이 수용액일 경우 1.35V에서 분해가 일어나므로 대신에 4V 이상의 전위차에서도 분해 없이 안정한 유기 용매를 전해질로 사용하는 것이다. Li – ion 전지는 현재 양극으로는 $LiCoO_2$를 사용하고, 음극으로 카본이나 그라파이트(Graphite)를 사용한다.

충전 시에는 $LiCoO_2$ 속에 있는 Li 이온이 빠져 나와서 음극의 결정 속으로 들어가고 방전 시에는 역반응이 일어난다. Graphite 격자구조 속에 있는 Li 이온이 빠져 나와 전해질 속을 이동하여 양극의 결정구조 속으로 들어간다. 즉, 충·방전 시에 Li 이온이 양극과 음극 사이를 왕복하게 된다.

Li 금속은 매우 반응성이 높은 금속이며, 물에 닿으면 폭발적인 반응을 일으켜 위험할 수 있으므로 Li-ion 전지에는 순수한 Li 금속은 포함되어 있지 않다.

리튬이온 전지의 구조 리튬이온 전지의 구조는 다음과 같다.

- 음극(Anode, Negative electrode) : 전자와 양이온이 빠져나오는 전극
- 양극(Cathode, Positive electrode) : 전자와 양이온이 들어가는 전극
- 전해질 : 액체 유기용매 전해질이며 양극과 음극 사이에서 이온의 이동 통로 역할을 함
- 분리막 : 양극과 음극 사이의 물리적으로 야기되는 전지 접촉을 방지하며, 이온의 이동은 자유로움

(2) 리튬-이온(Li-ion) 전지의 특징

리튬-이온 전지는 자기 방전율이 적고 전압 강하가 적다는 장점이 있으며 자기 방전율이 월 10% 이하로 니켈-수소 전지의 자기 방전율 월 40%에 비하여 현저하게 낮으며 방전 시 전압의 변화가 적어 회로의 안정도를 높일 수 있다.

에너지 밀도가 높고 충·방전 수명이 가장 길다. 또한 기억효과 현상이 없어 완전히 방전 시키지 않고도 어느 정도 충전이 되어 있는 상태에서도 재충전이 가능하여 전기 자동차용 배터리로 가장 적합하다.

2. 리튬 폴리머(Li-ion Polymer) 전지의 원리와 특징

(1) 리튬 이온 폴리머 전지의 원리

리튬 전지는 전해질 형태에 따라 액체의 유기 용매 전해질을 사용하면 리튬이온 전지이고 고분자 전해질을 사용하면 리튬 폴리머 전지라고 한다.

리튬 폴리머 전지는 폴리머를 전해질로 사용한 전지이다. Polyethylene Glycol이나 Polyethylene Fluoride로 구성된 폴리머에 전기 분해액을 포함시켜 교질화(膠質化, Gel 상태)한 것으로 양극과 음극 사이에 분리막이 리튬 이온 전지에서 전극의 분리 역할 외에 이온 전도의 매개체인 전해질의 역할을 하는 전지이다.

음극으로 리튬 금속을 사용하는 경우와 카본을 사용하는 경우를 구별하여 리튬이온 폴리머 전지라고 한다.

(2) 리튬 이온 폴리머 전지의 특징

리튬 폴리머 전지는 액체 전해질을 사용하지 않기 때문에 전지 파손 시 누액이 없고 박막 전지에서 적층에 따른 대용량화가 용이하다는 장점이 있으며, 제조 공정이 단순하고 디자인을 자유롭게 할 수 있다.

에너지 밀도가 높아 리튬 이온 전지와 유사한 정도이나 화재 등의 안전성이 문제이며 보호 회로를 필요로 한다.

고분자 전해질은 필름의 지지체 역할을 하는 고분자에 리튬염을 혼합하고 리튬 이온의 전도성을 증가시키기 위한 가소체로서 액체 전해질과 같은 유기용매를 사용한다.

중량이 다른 전지에 비해 상당히 가볍고 기억효과 현상도 적어 일부만 방전된 상태에서도 충전이 가능하다.

구분	니카드전지 (Ni－Cd)	니켈－수소 (Ni－MH)	리튬－이온 (Li－ion)	리튬 폴리머 (Li Polymer)
평균전압(V)	1.2	1.2	3.8	3.8
에너지밀도 (wh/L)	160	240	350~400	250~350
수명(충방·전/회)	1,000	1,000	1,200	1,000
자가방전율(%)	20~25	20~25	10 미만	10 미만
환경친화도	나쁨	나쁨	양호	양호
저온특성	양호	양호	양호	나쁨
안전성	아주 양호	아주 양호	폭발	화재
보호회로	불필요	불필요	필요	필요

3. 니켈－수소(Ni－MH) 전지

(1) 니켈－수소 전지의 원리

양극에 니켈(Ni)을 사용하고 음극에 수소흡장합금을 사용하며 전해질로 알칼리 수용액을 사용한 전지이다.

고용량화가 가능하고 작고 가벼우며 과방전, 과충전에 잘 견디고 충·방전 수명이 길어지며 단위부피당 에너지 밀도가 니켈－카드뮴전지에 비해 2배에 가깝다. 니켈－카드뮴전지보다 고용량화가 가능하고 급속 충전과 방전, 소형·경량화가 가능하다.

그러나 급속하게 충전할 때에 니켈－카드뮴전지보다 높은 열을 발생하는 단점이 있다. 기억효과가 있어 완전 방전보다는 얕은 방전을 이용하는 것이 효율적이다.

다른 배터리에 비하여 단위 부피당 용량이 크다는 것이 장점이며 전기자동차나 하이브리드 자동차용 배터리로 적용된다.

(2) 니켈－수소 전지의 특성

충전 시의 전지 전압은 충전 전류의 크기만큼 높게 된다. 충전 말기에 양극판에서 산소가스가 발생하기 때문에 전압이 더욱 상승하지만 전지의 온도 상승으로 평형이 되면 전압은 서서히 저하하여 평형에 도달한다.

또한 충전 시의 주위 온도가 높게 되면 충전 효율이 저하되고 방전 용량은 감소한다.
니켈-수소며, 전지는 내부 저항이 낮아 대전류 방전이 가능하고 넓은 온도 범위에서 방전이 가능하고 전지 전압은 방전 전류와 온도에 의해서 변한다.

03 가솔린엔진에서 증발가스 제어장치의 OBD(On Board Diagnostic) 감시 기능을 6단계로 구분하고 설명하시오.

QUESTION

1. 연료 증발가스 제어의 개요

연료 증발가스 제어는 연료 탱크에서 발생하는 연료 증기가 대기 중으로 증발, 배출되지 않도록 하여 탄화수소(HC) 증발가스 규제에 대응하기 위한 시스템으로 캐니스터라는 용기 안에 포집되어 있는 연료 증발가스를 엔진으로 유입시켜 연소시키는 장치의 제어를 말한다.

캐니스터에서 엔진으로 공급되는 연료 증발가스는 연료 성분 그대로이므로 캐니스터에서 소량이 공급되어도 피드백(Feed-Back) 제어에 미치는 영향은 매우 크므로 엔진 시동 전에는 퍼지 컨트롤 솔레노이드 밸브(PCSV)는 통로를 막고 있어서 증발 가스는 연소실로 유입되지 않는다.

엔진이 시동되어 회전하면 흡기 매니폴드의 흡기 라인에 부압이 형성되고 캐니스터와 흡기 매니폴드 사이의 퍼지 컨트롤 솔레노이드밸브는 ECU에 의하여 제어되며 통로를 개방하여 흡기 매니폴드의 부압과 대기압의 차이로 활성탄에 포집되어 있던 증발가스는 연소실로 유입된다.

퍼지 솔레노이드 밸브는 엔진회전수(CPS), 냉각수온(WTS), 흡입공기량(AFM), 스로틀밸브 개도(TPS), 탱크 압력 센서 등의 신호를 ECU에서 입력받아 퍼지 컨트롤 밸브의 열림을 제어한다.

OBD(On Board Diagnostic) 증발가스 제어 시스템에서 실제로 연소실로의 퍼지 유무를 지속적으로 감지하기 위하여 퍼지 가스량을 감지할 수 있는 장치인 흐름감지 오리피스를 캐니스터와 PCSV 사이에 두어 ECU에서 흐름 신호를 감지하고 연료 탱크에 압력 센서를 장착하여 연료 탱크의 압력이 규정대로 유지되는지를 감시한다.

다음은 연료 증발 가스의 제어 기능과 목적 그리고 EVAP 시스템의 상태를 평가하기 위한 진단 항목들을 요약한 것이다.

(1) 연료 증발가스 제어장치의 기능과 목적

① 연료 증발가스는 활성탄이 채워진 캐니스터에 저장된다.

② 캐니스터에 포집된 증발가스는 특정 조건에서만 연소실로 보내 연소시킨다.

③ 증발가스는 캐니스터로 정화되므로 이것을 퍼징이라고 한다.

④ 캐니스터 솔레노이드 밸브는 퍼지 밸브(Purge Valve)의 기능을 한다.

⑤ OBD 캐니스터, 연료탱크 압력센서, 캐니스터 벤트 솔레노이드, 서비스 포트, 연료 레벨 센서, 연료캡 등으로 구성된다.

(2) EVAP 시스템의 상태 평가를 위한 6단계 검사항목

① 파워 업 진공 검사(Power Up Vacuum Test)

② 실행 진공 검사(Excess Vacuum Test)

③ 채워진 캐니스터 검사(Loaded Canister Test)

④ 낮은 진공 검사(Weak Vacuum Test)

⑤ 적은 누출 검사(Small Leak Test)

⑥ 정화 솔레노이드 누출 검사(Purge Solenoid Leak Test)

04 QUESTION 가변밸브 타이밍 시스템(VVT ; Variable Valve Timing System)의 특성과 효과에 대하여 설명하시오.

1. 전자가변밸브 타이밍 시스템(EMVT)의 개요

일반 엔진에서 많이 사용하는 고정식 캠축과 일반 밸브 시스템은 저속이나 고속 영역 중 일정 영역에 맞춘 밸브 개폐 시기(흡기/배기밸브 열림/닫힘시기)만을 사용할 수밖에 없는 단점이 있어 엔진의 출력 성능과 유해 배기가스의 배출 요구에 능동적으로 대처할 수 없었다. 이에 대응하기 위하여 최근의 자연 흡기 엔진은 체적효율 향상을 목적으로 가변밸브 시스템을 적용하고 점화시기를 조절하여 엔진의 비출력(比出力) 향상을 도모하고 있다.

슈퍼 차저(Super Charger)나 터보 차저(Turbo Charger)를 적용한 엔진은 EMVT에서 추구하는 체적효율 이상을 얻을 수 있어 가변밸브 시스템을 사용할 필요가 없지만 부스트 압력이 낮은 일부 슈퍼 차저 시스템에서 가변밸브 시스템을 사용하기도 한다.

2. 전자가변밸브 타이밍 시스템(EMVT)의 장점

고정된 밸브 개폐시기를 가지는 일반 엔진은 엔진의 적용 용도에 따라 저속 또는 고속에 유리한 밸브 개폐시기로 고정되어 설치되어 있다. 그러나 자동차의 경우에는 저속부터 고속까지 엔진의 가동 조건이 수시로 변하므로 엔진의 모든 영역에서 최고의 성능을 발휘하는 것이 요구되며 이에 대응하기 위한 것이 밸브 개폐 시기를 엔진의 가동 조건에 따라 변화시켜 항상 최대의 체적효율을 얻기 위한 것이다.

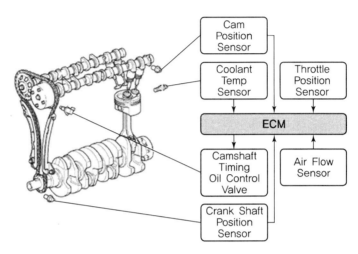

[전자가변밸브 타이밍 시스템]

3. 전자가변밸브 타이밍 시스템(EMVT)의 구성

(1) 캠 페이징(Cam Phasing) 가변식 밸브 타이밍 제어식

일반적인 OHC(Over Head Camshaft) 엔진은 실린더 블록의 크랭크축과 실린더 헤드의 캠축이 타이밍 벨트나 체인으로 연결되고 캠축에 설치된 타이밍 기어 풀리나 체인 스프로켓이 캠축과 일체형으로 고정되어 회전하지만 캠 페이징식 가변밸브시스템은 캠축 스프로켓에 유압식 회전기구(VVT Actuator)를 설치한 형식이다.

엔진 윤활 펌프압력을 이용하여 VVT 액추에이터에 공급되는 엔진오일의 유압을 이용하여 오일의 흐름 방향을 조절하여 캠축을 회전시켜 밸브의 열림 시기를 조절하게 된다.

캠 페이징(Cam Phasing) 가변식 밸브 타이밍 제어식은 유압식 VVT 액추에이터, 오일 플로우 컨트롤 밸브(OCV), 오일 필터, 오일 통로, 캠축 위치 센서(CMPS)와 엔진의 운전 상태를 검출하는 온도센서 및 스로틀 밸브 위치센서와 센서신호를 연산하여 듀티(Duty) 제어 출력을 내주는 ECM으로 구성된다.

다음은 흡기 · 배기밸브의 열림 시기에 따른 엔진의 성능 변화를 정리한 것이며, 이러한 다양한 조건 변화에 대응하여 최대의 성능을 얻기 위한 방안이 캠 페이징 가변식 밸브 타이밍 제어식이다.

엔진 회전수 및 부하조건	VVT 제어 작동위치 (Variable Valve Timing)	VVT 제어 효과
공회전	밸브 오버랩 없음	안정된 저속회전 및 연비 향상
저부하	밸브 오버랩이 작음	엔진 안정성 유지
중부하	밸브 오버랩을 증가시켜 내부 EGR 효과를 이용한 펌핑 손실 감소	연비 향상 및 배기가스 저감
저/중속 고부하	체적효율 향상을 위한 최대 진각 유지	토크 최대화
고속 고부하	체적효율 향상 범위 내에서 지각	출력 향상
낮은 엔진온도	밸브 오버랩을 없애고 혼합기의 역류를 줄이며 희박한 공연비에 엔진 회전수를 높여 엔진 워밍업 시간을 단축	엔진 안정성 유지 및 연비성능 향상
엔진정지	최대 지각 상태로 유지	시동대기

 05 **QUESTION** 스털링 엔진(Stirling Engine)의 작동 원리와 특성을 설명하고 P−V 선도로 나타내시오.

1. 스털링 엔진의 개요

스털링 엔진은 서로 다른 온도의 작동유체가 연속적으로 압축, 팽창 과정을 갖는 열역학적 밀폐 재생 사이클에 의해 열에너지를 기계적 일로 변환시켜 주는 원동기로서 고효율 재생기를 이용하여 카르노 사이클(Carnot Cycle)에 가장 가까운 높은 열효율을 가지는 외연기관(外燃機關)이다.

또한, 내연기관 특유의 폭발 행정이 없으므로 소음과 진동이 적고 연료 분사 밸브 등과 같은 기관의 부속장치가 생략되므로 기계 구조가 간단하고 고장 및 수리 요인이 적다는 장점을 가지고 있어 최근 기존 내연기관의 대체 원동기로 관심받고 있다.

2. 스털링 사이클(Stirling Cycle)의 작동원리

스털링 사이클은 등온압축, 등적가열, 등온팽창, 등적방열 과정으로 이루어지며 고효율 재생기로 변환되는 W_{out} 과정의 손실열량(Q_{41})을 사이클의 일에 투입되는 W_{in}과정에 필요한 열량

Q_{23}으로 사용할 수 있다면 Carnot Cycle에 가까운 높은 이론적 열효율을 얻을 수 있다.

스털링 엔진에 밀폐된 작동 유체는 압축 실린더(Compression Cylinder)에서 외부 동력에 의해 압축되고 외부 열원이 팽창 실린더(Expansion Cylinder)를 가열하면 내부 압력은 최고 압력에 도달하게 된다.

높아진 압력과 커넥팅 로드에 연결된 플라이 휠의 회전력으로 압축 실린더의 피스톤이 팽창 되면서 외부로 출력을 발생하게 된다.

이때 발생된 출력은 기구학적 결합에 의해 작동유체를 압축시키는 동력으로 사용되며 압축, 가열, 팽창, 방열의 4가지 단계를 연속적으로 반복하게 된다.

다음은 압축 실린더, 재생기, 팽창 실린더의 3부분으로 구성된 알파 스티어링 사이클에서의 동작 과정이다. 양 실린더 내의 작동 유체는 외부 누수가 전혀 없는 완전 밀폐상태로 가정하고 이상적인 압축, 팽창 행정과 재생기 효율을 100%로 가정하면 사이클의 동작 과정은 다음과 같다.

(1) 등온 압축 과정

T－S 선도의 1 → 2 과정으로, 전체 체적이 감소하고 내부 작동 유체에서 외부로 방열 (Q_L)이 발생하는 단계이다.

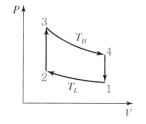

[스털링 사이클의 P－V 선도]   [스털링 사이클의 T－S 선도]

(2) 등적 가열 과정

P－V 선도의 2 → 3 과정으로, 작동 유체의 전체 체적은 일정하게 유지되며 재생기의 축 열재와 작동 유체 사이의 열교환으로 인해 압력이 증가하는 과정이다.

열교환으로 작동 유체에 투입된 열량은 Q_{23}이다.

(3) 등온 팽창 과정

T－S 선도의 3 → 4 과정으로, 팽창 실린더로 이동한 작동 유체의 전체 체적이 증가하고 온도는 T_H로 일정하게 유지되며 외부 열원에서 작동 유체로 열이 투입되는 과정이다. 사이클의 진행 방향은 등온 압축 과정과 반대이고 사이클에 투입된 열량은 Q_H이다.

(4) 등적 방열 과정

T−S 선도의 4 → 1 과정으로, 작동 유체의 체적이 최대로 팽창된 상태이고 고온(T_H)의 작동 유체에서 재생기의 축열재로 열전달이 일어나고 외기로의 방열도 함께 일어나는 과정이다. 작동 유체에서 이동된 열량은 Q_{41}이다.

스털링 사이클의 열효율은 다음과 같이 표시된다.

공급열량 $Q_S = Q_H + q_{23}$
방출열량 $Q_e = Q_L + q_{41}$이므로

스털링 사이클의 열효율 $\eta_s = \dfrac{Q_e}{Q_S} = 1 - \dfrac{T_L}{T_H}$ 로, Carnot Cycle의 열효율과 같다.

06 QUESTION 점화플러그의 불꽃 요구 전압(방전전압)을 압축압력, 혼합기 온도, 공연비, 습도, 급가속 시에 따라 구분하고 그 사유를 설명하시오.

1. 점화플러그의 방전 원리

점화플러그의 전극 사이에서 불꽃(Spark)이 발생한다는 것은 전극 사이의 전기적 절연이 파괴된다는 의미이며 연소실을 채우고 있는 혼합기 층의 전기적 절연을 파괴할 정도의 전위차가 필요하다. 파괴된 전극 사이로 고전압의 전류가 흐르면서 전자가 파괴된 절연 통로를 따라가면서 흐르게 된다.

이처럼 전극 사이의 절연이 파괴되는 전압을 'Break−Down'이라고 하며 그 이후에 지속되는, 상대적으로 낮은 전압의 통전 시간을 'Glow Discharge'라고 한다.

혼합기 중에서 전극 사이의 절연을 파괴하고 스파크를 발생시킬 수 있는 전극 간의 전위차를 요구 전압(Ignition Voltage Requirement)이라고 한다.

이 요구 전압은 여러 가지 인자들에 의하여 영향을 받는데 전극 간극, 전극의 모양, 전극의 온도, 전극의 재질 등과 같은 점화플러그 자체의 요인뿐만 아니라 혼합비, 혼합기의 유속, 혼합기의 난류 정도, 압력 등의 연소 조건에 의해서도 달라진다. 따라서 이러한 연소 조건과 운전 조건에 대한 고려가 필요하다.

2. 점화플러그의 방전(요구) 전압

점화플러그는 혼합기에 안정적인 점화를 위하여 충분한 강도의 스파크가 필요하며 전극 간격은 점화 성능에 중요한 영향을 미친다. 전극의 간격이 작으면 방전 전압은 낮아도 되나 스파크 불꽃의 화염핵이 전극에 의해서 냉각되기 때문에 점화 가능한 혼합비 범위가 좁아지고 특히 희박 혼합기에 대한 점화 성능이 현저히 저하된다.

점화플러그의 전극이 넓어지면 혼합기의 점화에 대해서는 유리하나 요구 전압이 높아지므로 공급 전압을 높게 유지해야 한다.

일반적으로 대기압 이상에서는 스파크의 방전 전압이 전극 간의 크기와 혼합기의 압력 상승과 함께 증가하고 온도가 높아지면 저하한다.

전극의 간격을 d, 혼합기가스의 온도를 T, 압력을 P라고 할 때 방전접압 V_s는 다음과 같은 관계가 있으며 이를 파센(Paschen)의 법칙이라고 한다. 방전 전압은 공기 중에서 보다 가솔린 혼합기 중에서 방전할 때가 낮고 또 전극 온도의 상승에 따라 방전 전압이 저하한다.

$$V_s = f \cdot \frac{P \cdot d}{T}$$

여기서, f : 상수

각 연소 조건에 따른 방전 전압(요구전압)의 특징을 설명하면 다음과 같다.

① 압축 압력 : 대기압 이상의 압력에서는 압력이 높아지면 방전(요구) 전압도 높아지며 이는 공기밀도가 증가하면 Break Down 전압이 높아지는 것이 원인이다.

② 혼합기 온도 : 혼합기 온도가 높을수록 방전(요구) 전압은 낮아지나 지나치게 높은 온도는 전극의 온도 상승으로 조기 점화 등의 이상연소(異常燃燒)의 원인이 되기도 한다.

③ 공연비 : 혼합기가 희박하면 Break Down 전압이 높아져서 방전(요구) 전압은 높아지나 지나치게 높아도 전극의 온도가 저하되어 방전(요구) 전압은 높아진다. 공연비는 약 11 : 1 정도에서 가장 안정적인 스파크를 발생하며 이때는 방전(요구) 전압이 가장 낮은 상태이다.

④ 습도 : 습도가 높으면 연소실 내 온도는 저하되고 방전(요구) 전압은 높아진다. 온도가 낮을수록 Break Down 전압은 높아지고 방전(요구) 전압이 높아지는 원인이다.

⑤ 급가속 : 급가속 시에는 급속한 혼합기의 다량 유입으로 연소실 내 분위기 및 점화플러그 전극의 온도 저하로 방전(요구) 전압은 상승한다.

⑥ 엔진회전수 : 전부하(Full Throttling) 조건에서 엔진 회전수가 높아지면 방전(요구) 전압은 낮아진다.

⑦ 점화 진각 : 점화시기가 진각(Advance)되면 압축 압력이 낮은 상태이므로 방전(요구) 전압은 낮아진다.

01 **자동차의 공기저항을 줄일 수 있는 방법을 공기저항계수와 투영면적의 관점에서 설명하시오.**

QUESTION

1. 공기저항(空氣抵抗, Air Resistance)

자동차가 주행 시에는 공기력의 저항을 받게 되는데 그중에서 진행방향과 반대방향으로 작용하는 공기력을 공기저항(空氣抵抗, Air Resistance)이라고 한다.

자동차가 진행할 때 많은 공기량이 부딪히면 공기저항은 증가하며 차체 뒷부분의 와류 등에 의하여 다음과 같은 저항이 작용한다.

① 형상저항 및 압력저항 : 차체 형상에 의한 저항과 기류 변화에 의한 차체 앞부분의 압력과 차체 뒷부분에서 발생하는 부압(負壓)과의 압력 차이에 의한 저항이 발생한다.
② 표면저항 : 차체 표면의 넓이와 거칠기에 따른 공기와의 마찰저항이 발생한다.
③ 마찰저항 : 엔진 라디에이터 그릴, 라디에이터 통과 기류 및 차체 환기저항, 유도저항에 의한 마찰로 기인한 저항이 작용한다.
④ 유도저항 : 자동차가 고속 주행하면 비행기와 같이 양력(Lift Force)이 작용하여 저항으로 작용한다.

이러한 공기력은 공기저항 외에도 차량에 양력, 횡력, 요잉 모멘트 등을 발생시키며 이는 고속 주행에서 주행 안전성 및 조종성에 크게 영향을 준다. 이러한 공기저항에 대한 특성은 실측이나 관찰이 간단하지 않으며 실차 주행시험이나 풍동시험에서 해석 가능하다.

투영 면적이 같은 차체라고 할지라도 차체의 형상에 따라 공기저항은 크게 변화하며 가능한 공기저항을 적게 받도록 유선형으로 차체를 설계하고 표면의 거칠기 및 외부 돌출물에 대한 최소화와 차체 형사에 따른 앞뒤 부분에서의 압력 차이에 의한 부압의 발생을 막는 설계가 필요하다. 고속에서의 양력이 발생하면 직진 주행이 불안정해지므로 양력에 대한 저항도 고려하는 설계가 필요하다.

일반적으로 공기저항은 주행속도 $V(\mathrm{m/s})$의 제곱에 비례하고 차체의 횡단면적인 투영면적 $A(\mathrm{m^2})$에 비례한다. 즉, 공기밀도가 $\rho(\mathrm{kg \cdot s^2/m^2})$라고 할 때 다음 식으로 공기저항 $R_a(\mathrm{kg})$는 표시된다.

$$R_a = C_a \frac{\rho V^2}{2} A$$

여기서 C_a는 무차원 수이며 공기저항계수 또는 항력계수(Drag Coefficient)라고 한다. 대기 온도 20℃, 압력 1기압인 상태에서 공기밀도는 $\rho_a = 0.122990 \, (\mathrm{kg \cdot s^2/m^2})$이므로 자동차공학에서는 $\dfrac{\rho}{2} = 0.0615$와 관련시켜 공기저항계수 $\mu_a = C_a \dfrac{\rho}{2}$로 정의하여 공기저항을 다음 식으로 나타낸다.

$$R_a = \mu_a A V^2$$

위 식에서 공기저항은 투영면적과 속도의 함수이므로 투영면적을 줄이고 차체를 통과하여 흐르는 기류에 대한 저항이 최소화되도록 설계하여야 한다.

공기저항계수 μ_a의 산출은 보통 고속주행을 하면서 기어 중립의 상태로 타행 주행할 때 감속되는 비율에서 전체 주행저항 R을 구하고 이 값에서 구름저항 R_r을 뺀 값을 공기저항 R_a로 한다.

전 저항을 R이라고 하면 구름저항 R_r은 구름 저항계수를 μ라고 할 때 차량 중량과의 곱으로 나타내며, 공기저항은 다음과 같은 식에서 구할 수 있다.

$$R = R_r + R_a = \mu W + \mu_a A V^2$$

일반적으로 실차 주행시험에서 얻은 공기저항계수 μ_a를 적용하며 풍동시험에서는 공기 밀도 ρ를 고려하여 산출하기 때문에 그 값이 다르게 된다.

일반적으로 적용하는 차종별 공기저항계수 μ_a는 다음과 같이 주어진다.

자동차의 종류	공기저항계수(μ_a)
승용차	0.012
버스	0.040
트럭	0.050

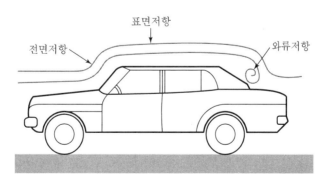

[자동차의 공기저항]

02 QUESTION 자동차의 대체연료 중 바이오디젤, 바이오 에탄올, DME, 수소 연료의 전망과 문제점에 대하여 설명하시오.

1. 자동차의 대체연료

석유 에너지의 고가화(高價化)와 더불어 석유 에너지의 고갈에 따른 자동차용 대체에너지를 개발하고 적용하는 기술은 다양한 방면에서 수행되고 있으며 근래 들어 온실가스의 발생을 억제하는 차원에서의 하이브리드(Hybrid) 자동차와 수소 엔진, 수소 연료전지 자동차 등의 상용화가 이루어지는 실정이다.

지금까지 석유 연료 자동차를 위한 대체 연료와 특징은 다음과 같다.

2. 수소(H_2) 연료(水素燃料)

수소 가스 엔진(Hydrogen Engine)은 수소(H_2)를 연료로 사용하는데, 수소는 물(H_2O)이나 탄화수소 연료 등으로부터 얻을 수 있으며 산소(O_2)와 화합하여 완전연소시킬 수 있는 연료이다. 특히 온실가스(CO_2)를 전혀 생성하지 않는 청정 연료이다.

그러나 수소 제조는 경제성, 저장, 운반 등의 면에서 아직 미흡한 부분이 있는데 수소를 기체 상태로 저장하면 탱크 용량이 지나치게 커지게 되어 액화하여 저장하려면 액화 온도가 $-253℃$ 이하인 초저온이 되어야 한다. 액화 수소를 그대로 엔진의 연료로 사용하면 동결 문제가 있어 사용이 불가능하므로 $-30 \sim -50℃$ 정도로 높여 주어야 하는 불합리한 점이 있다.

(1) 수소의 안전성

① 수소의 비중이 공기의 1/14.4 정도로 낮으므로 확산성이 높아서 옥외에서는 곧 점화 한계 이하의 농도가 되므로 점화, 폭발 등으로부터 안전하다.

② 수소는 다른 연료에 비하여 복사열이 없으므로 연소하고 있는 부분의 옆면, 아래쪽으로는 가열되지 않는다.

③ 자기 착화 온도가 230K 정도로 쉽게 착화되지 않으므로 안전한 연료이다.

④ 점화 희박 한계 농도가 매우 희박하고 최소 점화 에너지가 매우 낮으므로 작은 에너지에서도 점화하여 점화 조절이 어렵다.

⑤ 수소는 액체(LH_2)나 기체(GH_2) 또는 화염에서도 무색, 무취, 투명하여 연료 관리와 누출에 대한 검출이 어렵다.

(2) 수소 연료 저장법

수소 연료를 이동형 엔진의 연료로 사용하기 위해서는 저장방법에 대한 고려가 중요하다. 가스 상태로 저장하는 것은 부피가 너무 커져서 불합리하므로 액화하여 고압 탱크에 저장한다.

① 수소 흡장 금속(水素吸藏金屬, Metal Hybrid MH)

금속을 작은 입자로 만들어 표면을 활성화하여 고압의 수소가스를 접촉시키면 화학적 결합에 의해 수소가 금속 중에 흡수되어 대기압하에서 가열하면 다시 수소가스를 방출하는 원리를 이용한 저장법이다.

② 액체 수소

액체 수소의 비중은 0.071로 가솔린의 1/10이고, 액화 온도는 −253℃의 저온이기 때문에 증발을 막기 위하여 단열구조로 제작해야 한다.

액체로 수소를 저장하면 부피는 흡장금속을 이용하는 방법에 비하여 1/10 이하로 줄일 수 있어 실용적이나 수소 액화에 비용이 많이 들어 경제성에 대한 고려가 필요하고 완전 단열이 어렵고 점성이 낮으므로 누출의 우려 때문에 밸브 등을 정밀한 것으로 선정하여야 한다.

(3) 수소 엔진의 연소를 위한 혼합기 생성방법

① 외부 혼합법

흡기계에 수소를 공급하는 방식으로 점화플러그 같은 고온 점화원에 의한 점화는 혼합비가 넓은 범위에서 안정되므로 기화기와 같은 정교한 혼합 조절기가 필요하다. 혼합기의 발열량은 가솔린에 비하여 낮으며 출력은 가솔린의 1/2 정도이다.

② 실린더 내 분사법

밸브가 닫힌 상태에서 수소 연료를 실린더 내에 직접 분사하는 방법이며 압축 초기나 압축행정 후에 분사하는 방법이다. 역화의 우려가 없으며 자기 발화 온도가 높으므로 고온의 점화원(點火源)이 필요하다.

(4) 수소 연료 엔진의 역화(逆火)와 이상연소(異常燃燒)

가솔린 연료의 안전 점화 희박한계 공기비는 $\lambda = 1.3$이나 수소는 $\lambda = 10$ 정도로 매우 넓어 외부 혼합 부분 부하 시 안정된 연소로 높은 열효율을 얻을 수 있다. 하지만 부하가 증가하여 수소량이 많아지면 흡기관 내 폭발하는 역화(逆火, Back Fire)가 있어 부하에 따른 연료 공급방법의 개선이 필요하다.

(5) 수소 연료의 점화법

외부 혼합 수소 공급방식에서는 점화플러그의 불꽃 방전을 이용하며, 고압 분사방식에서는 압축 착화하여 연소시키나 안정적인 점화를 위해서는 약 900℃ 이상의 고온이 필요하다.

3. DME(Dimethly Ether) 연료

(1) DME 연료의 성질

디메틸에테르(DME)는 화학식이 CH_3OCH_3인 가장 간단한 에테르로서 비점이 $-25.1℃$이고 무색의 기체이다.

화학적으로 안정하고 포화증기압이 25℃에서 6.1기압 정도로 낮고 압력을 가하면 쉽게 액화된다. DME는 LPG와 유사하여 LPG 기술을 그대로 적용 가능한 연료이다. 현재 대부분의 스프레이 분사체로 많이 적용되며 무독성이므로 대기 중의 분해시간은 수십 시간 정도로 온실효과(溫室效果)는 없다.

(2) DME 연료의 특징

① 발열량이 프로판, 메탄보다 낮으나 메탄올보다는 높다.
② 폭발 하한계가 프로판보다 높고 누설의 우려도 적다.
③ 화염은 천연가스와 같이 가시 청염(可視 靑炎)이고 천연가스 연소기를 그대로 사용할 수 있다.
④ 세탄가가 55~60 정도로 경유와 유사하고, 디젤 연소기기나 엔진에 사용이 가능하며, 배출가스의 생성이 거의 없다.

(3) DME 연료의 디젤 연료 대체성

엔진의 최소한의 개조인 연료 분사계의 개조만으로 적용 가능하며 다음과 같은 특징을 가진다.

① 배기 매연이 발생하지 않는다.
② 착화성이 양호하여 정숙한 운전이 가능하다.
③ 디젤 연료 대비 20~30% 정도의 NOx 저감이 가능하다.
④ 확산연소속도가 빠르므로 연소시간이 짧으며 열효율이 개선될 수 있다.
⑤ 실 주행에서 디젤과 유사한 주행성을 갖는다.

(4) DME 엔진

DME는 LPG와 물성과 연료로서의 특성이 유사하여 기존의 LPG 저장시설의 활용이 가능하며, 기존 디젤엔진의 연료계를 개조하여 사용할 수 있다.

세탄가가 높아서 연소효율이 우수하고 탄소 간의 결합이 없으므로 연소 배출물 중에 PM은 거의 발생하지 않는다.

DME 연료 사용을 위한 엔진 연료계의 개조 부분은 다음과 같다.

① 연료 라인 내의 실(Seal) 재료의 변경
② 연료 순환계의 고압화(高壓化)

③ 연료 순환량의 증가에 따른 연료분사펌프의 냉각

④ 윤활 향상을 위한 엔진오일의 개선과 윤활 향상제 첨가

4. 바이오디젤(Bio - Diesel) 연료

바이오디젤은 동물성·식물성 기름에 있는 지방성분을 경유와 비슷한 물성을 갖도록 가공하여 만든 바이오 연료로, 바이오 에탄올과 함께 가장 널리 사용되며 주로 경유를 사용하는 디젤자동차의 경유와 혼합하여 사용하거나 그 자체로 차량 연료로 사용된다.

바이오디젤은 BD로 표기하는데 BD 다음의 숫자는 바이오디젤의 혼합 비율을 나타낸다. 예를 들어, BD5의 경우 경유 95%에 바이오디젤 5%가 함유되었다는 것을 의미한다.

바이오디젤의 자동차 연료로서의 연소효율성, 연료 경제성, 배기가스의 배출, 사용 안정성과 수급 안정성 등의 특징은 다음과 같다.

(1) 석유계 디젤과 유사한 화학적 성상

바이오디젤의 화학적 성상은 경유와 거의 유사하며 유동점이 $-3℃$로 경유($-23℃$)보다 높아 동결의 불리한 점이 있으므로 동절기에는 반드시 경유와 혼합해 사용해야 하며 인화점은 150℃ 이상으로 경유(55℃)보다 높아 안전하다.

(2) 연료소비율의 감소

바이오디젤 100%를 사용할 경우 경유 사용 대비 연비가 5~8% 감소하는 것으로 보고되고 있다.

(3) 바이오디젤 연료의 배기가스의 공해 저감

바이오디젤의 가장 큰 장점은 유해 배출가스 중의 매연을 저감시킬 수 있다는 점이다. 바이오디젤은 CO의 배출량이 아주 낮으며 BD100의 경우 CO(-50%), THC(-93%), PM(-30%), SOx(-100%)%)로 석유계 연료의 경유보다 현저히 적게 배출된다.

(4) 수입 연료 대체와 수급 안정성

바이오디젤을 생산하는 데 소요되는 비용은 화석연료를 생산하는 데 소요되는 비용의 31%에 불과하지만 국내의 경우 식물성 연료를 대량으로 생산하지는 않아 이미 사용된 식용유를 수거하여 사용할 경우 해외에서 수입하는 화석연료 보다 저렴한 가격에 수급이 가능하다.

(5) 사용 편의성

바이오디젤은 기존 경유 차량에 별도의 차량 구조변경 없이 사용할 수 있으며, 기존 경유 차량에 주유만 하면 되고 별도의 혼합장치 없이 경유와 혼합하여 사용이 가능하다.

(6) 청정연료/부식성 연료

바이오디젤은 불순물이나 침전물에 대한 용제 역할을 하게 되어 기존 경유에 의한 침전물을 연료탱크, 연료펌프, 연료호스로부터 제거하여 차량의 내구성에 도움이 될 수도 있으나 연료계통의 고무 및 금속재료를 부식, 변형시킬 우려가 있다.

(7) 산화성과 수분함량의 증가

바이오디젤의 대표적인 단점으로 인정되는 점은 산화 안정성이 경유에 비해 좋지 않으므로 산도(酸度) 및 수분함량 증가와 같은 연료품질 악화를 유발하여 엔진 연료계 부품의 부식 또는 손상을 발생시킬 수 있으며, 연료분사 인젝터의 막힘이나 연소실 내 침적물 증가의 원인이 될 수 있다.

5. 바이오 에탄올(Bio – Ethanol)

바이오 에탄올은 설탕이나 녹말로 만든 옥탄가가 높은 알코올이며 화학식은 CH_3CH_2OH이다. 비중은 0.789, 폭발한계는 3.3~19%(Vol.%)로서 석유와 유사한 성상을 가진다.

따라서 바이오 에탄올은 가솔린 연료의 대체 에너지로 각광받고 있으며 옥탄가가 높고 산소를 가지고 있어 주로 휘발유의 함산소화합물(含酸素化合物)로 사용되었으나 바이오 연료라는 측면에서 중요성이 높아지고 있다.

기존 차량의 큰 개조 없이 사용이 가능한 것으로 알려져 있으나, 에탄올 혼합비율이 증가할수록 차량 연료계통상의 부식 발생 우려 등으로 인해 엔진 및 연료시스템과 관련된 부품의 개선이 요구되므로, 통상적으로 일반 가솔린 차량에 10% 이상의 에탄올 배합은 피할 것을 권고하고 있다.

자동차 연료 공급 측면에서도 에탄올은 수분 분리 문제로 인해 기존 가솔린과는 별도의 수송·저장·출하시설을 구축하여야 하고, 주유소의 설비를 보완하여야 한다. 또한 에탄올 혼합에 의한 가솔린 증기압 상승효과 및 기타 품질문제 해결이 요구된다.

결과적으로 에탄올을 자동차연료로 사용하기 위해서는 자동차 연료와 관련된 인프라 보완 및 구축이 필수적이므로 초기 도입 단계에서는 상당한 비용을 유발할 것으로 예상된다. 자동차 연료로서 에탄올의 특징은 다음과 같다.

(1) 바이오 에탄올의 장점

① 고옥탄가의 가솔린 대체 연료로서 연소효율이 높다.
② 가솔린에 비하여 이산화탄소(CO_2)의 배출이 저감된다.
③ 대체 에너지로서 석유 에너지 고갈에 대응할 수 있다.

(2) 바이오 에탄올의 단점

① 공급 · 저장 · 운송 및 유통단계의 수분관리에 어려움이 있다.

② 자동차, 주유기, 저장탱크, 송유관의 고무 및 금속재료의 부식 · 팽윤 · 변형 등을 발생 시킨다.

③ NOx 및 알데히드의 배출농도가 증가되는 등 대기오염을 유발한다.

④ 대중적 보급을 위한 인프라 구축 비용이 많이 소요된다.

03
QUESTION

직접분사식 가솔린엔진이 간접분사식보다 출력성능, 연료 소모, 배기가스, 충전효율, 압축비 면에서 어떤 특성을 보이며, 그 원인이 무엇인지 설명하시오.

1. 직접분사식(GDI) 가솔린엔진의 개요

GDI 엔진은 환경적인 측면에서 CO_2 발생을 억제하고 연비성능을 향상시키기 위하여 고정밀 분사제어에 따라 연소 제어가 가능하며 안정된 희박연소를 가능케 한다. 고속 고부하 영역에서는 출력 향상, 저속 중부하 부분부하 영역에서는 초희박 연소를 실현하여 연비 저감과 고출력이라는 상충되는 요소를 모두 만족하기 위한 방법이다.

GDI 엔진은 더욱 엄격해지는 배기가스의 규제에 대응하고 성능 향상을 위하여 기관의 다운 사이징(Down Sizing), 고성능 터보 차저, 높은 EGR율, 고압분사 제어기술 등이 적용된다. GDI의 연소 개선 방향은 충전효율(充塡效率)의 향상과 더불어 연료 분무의 미립화가 양호한 혼합기를 형성하고 연소속도의 저하 없이 안정된 희박 연소를 구현하여 연비와 출력 성능의 향상, 온실가스 및 유해 배출가스의 생성을 억제하기 위한 것이다.

가솔린 직접분사(GDI) 엔진의 일반적인 효과는 다음과 같다.

(1) GDI 엔진의 연비성능

GDI 엔진은 고속 고부하 영역에서는 출력 향상, 저속 중부하 부분부하 영역에서는 초희박 연소로 연비 저감을 실현한다.

연료 분사 시기는 엔진에 작용하는 부하에 따라 변화하는데 도심 주행과 같은 중속 중부하에서는 압축행정 말기에 연료를 분사하여 이상적인 균일 혼합기를 형성하고 고속 주행 상태에서 연료분사는 흡입행정과 동시에 이루어지도록 하여 균일 혼합기를 형성하여 연소속도의 향상을 이룬다.

일반적으로 주행속도가 120km/h 이상이 되면 GDI 엔진은 연비를 줄이기 위하여 초희박 연소를 시작하며 이때 연료분사는 압축 행정 후기에 이루어지고 혼합비는 30~40 정도이며 연비성능의 향상을 이룰 수 있다.

GDI 엔진에서의 연비성능 향상 요인은 다음과 같다.

① 초희박(40 : 1)으로 공연비를 제어하므로 간접분사방식에 비하여 많은 공기를 필요로 하고, Throttle Valve Open 량을 크게 해야 되며 이는 저부하 영역에서의 흡입 시 발생하는 펌핑 로스를 감소시켜 연비성능이 향상된다.

② 초희박 상태에서 연소되기 때문에 연소 온도가 낮아지고 냉각 손실이 저감되어 열효율 및 연비성능이 향상된다.

③ 연료의 연소실 직접 분사에 따라 증발 잠열에 의한 냉각효과로 충전효율이 향상되고 흡기밀도가 향상되므로 노킹의 발생 우려를 낮추고 압축비를 향상시킬 수 있다.

④ 실린더 내 고압 직접 분사와 성층 연소 기술이 GDI 엔진의 핵심기술이며, 이것은 압축 행정 후기에 연료를 분사하고, 피스톤에 의한 Tumble 유동에 의한 분무 확산이 억제되어 점화플러그 근처에 농후한 혼합기를 형성하여 혼합기의 성층화가 가능하여 초희박 연소를 가능케 하고 연소속도의 저하를 개선한다.

(2) GDI 엔진의 출력

GDI 엔진에는 액체 연료의 직접 분사방식에 의한 연소실의 냉각 효과로 노킹의 발생이 없는 한계 내에서 압축비를 향상시킬 수 있으며 열효율의 향상과 엔진 사이즈의 소형화(다운 사이징)로 엔진의 비출력(比出力, Specific Power)이 향상된다.

고압 연료 펌프는 실린더 내에 가솔린을 직접 분사하며 연료의 무화와 기화를 조절하고, 안정된 연소와 함께 연속속도가 향상되어 저속부터 고속 영역에서의 부하조건에 따른 연료량의 공급으로 엔진의 토크 성능을 개선하고 출력의 증강을 가져온다. 따라서 디젤엔진보다 더 낮은 연료소비율과 기존의 MPI 엔진에 비하여 더 높은 출력과 항속거리를 확보할 수 있다.

(3) GDI 엔진의 충전효율(充塡效率, Charging Efficiency)

GDI 엔진은 초희박(40 : 1)으로 공연비를 제어하므로 간접분사 방식에 비하여 많은 공기를 필요로 하고, Throttle Valve Open 량을 크게 해야 된다.

연료의 연소실 직접 분사에 따라 증발 잠열에 의한 냉각효과로 충전효율이 향상되고 흡기밀도가 향상되므로 노킹의 발생 우려를 낮추고 압축비를 향상 시킬 수 있다.

또한 GDI 엔진에서는 간접 분사방식의 엔진과는 다르게 실린더와 거의 수직으로 흡기 매니폴드를 설치하여 최적의 공기 흐름을 유도하여 충전효율을 향상시킨다.

(4) GDI 엔진의 압축비

연료의 연소실 직접 분사에 따라 증발 잠열에 의한 냉각효과로 충전효율이 향상되고 흡기 밀도가 향상되므로 노킹의 발생 우려를 낮추고 압축비를 향상시킬 수 있다.

그러나 압축비를 높이면 노킹이 발생하므로 압축비를 높이는 데는 한계가 있다. 이러한 문제를 해결하기 위하여 PFI(Piezo Fuel Injector)처럼 균질 분사 엔진을 적용하였으나 연비 및 배출가스 규제에 부응할 수 없으므로 여기에 터보 차저를 적용시켜 터보압축에 의한 온도 상승을 GDI 분사에 의한 증발 잠열로 상쇄시켜 터보 차저에 의한 실제 압축비 상승에 따른 노킹을 억제하고 출력, 연비, 배출가스 등을 개선한다.

(5) GDI 엔진의 배기가스

GDI 엔진은 연비의 향상으로 온실가스(CO_2)를 근본적으로 저감하며 CO, HC, NOx 및 PM의 생성을 억제하기 위한 엔진이며 각 유해 배출가스의 생성, 배출 특성은 다음과 같다.

① 일산화탄소(CO)

점화플러그 근처에 농후한 혼합기를 분사하여 확실한 착화와 강력한 화염을 형성한다. 이때 연소실 바깥부분의 혼합기는 연료가 없는 상태이거나 초희박 상태이지만 이미 형성된 화염에 의해 모두 완전연소가 가능하다. 따라서 완전연소에 의해 열효율의 향상과 함께 일산화탄소(CO)를 포함하여 30% 정도의 배출가스 감소가 가능하다.

② 탄화수소(HC)

저속 저부하 조건에서의 성층연소 시 분사된 연료가 실린더 벽에 충돌하여 다량의 HC를 발생하며, 성층 혼합기 내의 공연비 경계지역에서 지나친 희박 혼합기의 실화(失火)로 HC가 증가한다.

고속에서도 HC의 생성이 증가하나 이것은 충분한 혼합기 형성을 위한 시간이 부족하기 때문이며 성층연소를 위한 분사 시 정밀한 제어가 필요하고 점화플러그의 오염에 의한 실화가 발생할 수 있으므로 적합한 점화플러그의 선정도 중요하다.

농후한 혼합기에서 모든 탄소와 반응할 수 있을 만큼의 산소량이 충분하지 않을 때, 특히 시동 시에는 혼합비 농후로 인해 다량으로 HC가 발생하는데 이는 GDI 엔진에서는 분할 분사를 통해 촉매 활성화 온도에 도달하는 시간을 단축하여 산화ㆍ환원 촉매의 조기 활성화를 이루어 HC의 배출량을 억제하며 백금(Pt), 로듐(Rd), 팔라듐(Pd) 등의 촉매 사용량을 줄여 전체적인 비용을 저감한다.

③ 질소산화물(NOx)

GDI 엔진에서의 공연비는 전체적으로 희박하더라도 일부 농후한 부분이 있어 여기에서 높은 연소 온도와 NOx를 생성하므로 전체적으로 NOx의 배출 농도는 높다.

아이들 시에도 NOx의 배출이 많은데, 이것은 부분적으로 이론 공연비 근처에서의 연소가 이루어지므로 높은 열 발생률에 기인한 것이다.

NOx의 저감기술로 EGR이 매우 유용하나 희박 연소 영역에서는 실화를 유발하기 때문에 성층화 연소를 사용하는 GDI 엔진에서는 EGR이 점화플러그 근처의 혼합기 농도에 영향을 주지 않기 때문에 더 높은 EGR율을 사용할 수 있고 NOx의 생성과 배출을 억제한다.

실제의 현황을 보면 30% 정도의 EGR율에서 90% 이상의 NOx 저감이 가능하며 NOx의 저감에 후처리 방법이 효과적이나 GDI 엔진과 같은 희박 연소 엔진에서는 현재의 3원 촉매를 사용할 수 없으므로 대용량의 촉매(Lean NOx Catalyst)를 적용하여 NOx의 배출을 감소시킬 수 있다.

④ 입자상 물질(PM)

희박 연소를 구현하는 GDI 엔진에서는 연소 영역이 제한적이고 고온·고압의 분위기에서 국부적으로 PM이 다량 발생한다. 고부하 및 과도 운전 영역 등의 고온·고압의 분위기에서 PM이 발생하며 황산염(Sulfates), 유기입자(Soot 등) 등이 주성분이다. 공연비가 너무 농후하면 Soot가 발생하나 가솔린엔진에서는 잘 조정되므로 거의 발생이 없고 고속 고부하 조건에서의 조기 분사(Early Injection) 시 분무의 도달 거리가 길어 연소실 벽면에 연료 액막이 형성되면 이것의 미연소로 PM의 발생이 있을 수 있다.

전자제어 디젤엔진의 커먼레일 시스템에서 다단분사(Multi-Injection)를 5단계로 구분하고 다단분사의 효과와 그 원인을 설명하시오.

1. CRDI 엔진의 다단분사(多段噴射)

다단분사는 분사 단계를 여러 단계로 나누어 분사함으로써 디젤엔진의 급격한 연소를 억제하고 연소 상황을 제어하기 위한 방법이다.

분사의 시기와 분사의 횟수와 각 단계의 분사에서 분사량의 최적화에 의해서 배기가스의 저감 그리고 연소 성능의 개선뿐만 아니라 특히 최근의 승용 자동차용 디젤엔진에서의 소음과 진동 감소 측면에서도 크게 개선되고 있다. 이러한 다단분사방법은 분사량을 제어할 수 있으며 분사 시기와 분사 횟수를 더 나누어 완전연소와 유해 배기가스의 저감 및 연비성능의 향상을 도모할 수 있다.

다음 그림은 커먼레일 시스템의 다단분사의 분사 전략에 대한 설명이다.

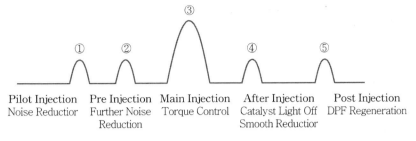

[CRDI 엔진의 다단분사]

2. 다단분사 5단계

(1) 파일럿 분사(Pilot Injection)

연료를 미소량 분사하여 연소 분위기를 조성하는 역할을 한다.

(2) 사전 분사(Pre – Injection)

착화지연시간을 고려하여 실린더 하부까지 완전연소를 유도하기 위하여 주 분사(Main Injection)에 앞서 연료를 분사하는 역할을 한다.

파일럿 분사(Pilot Injection)와 사전 분사(Pre–Injection)는 디젤 노킹과 유사한 급격한 연소에 의한 압력 상승률을 제어하기 위한 연소이며, 소음과 진동을 억제해 준다. 또한 좀 더 완전한 연소가 가능케 하는 주 분사(Mail Injection)의 보조연소 역할을 한다.

(3) 주 분사(Main Injection)

가장 많은 연료량의 분사가 이루어지며 이때의 분사량이 엔진 토크와 비례한다. 주 분사로 엔진의 최고 출력이 결정된다.

(4) 후분사(After Injection)

연소 중에 미처 연소되지 못한 잔류 연료를 완전연소되도록 연소실 내 온도를 유지시켜 주는 역할을 한다.

(5) 포스트 분사(Post Injection)

연소 후 배기가스 중의 PM(Particulate Mater)의 저감을 위하여 적은 량의 분사를 하며, 배기온도를 높여 디젤엔진 후처리 장치인 DPF(Diesel Particulate Filter)에서의 필터 재생을 유도하는 역할을 한다.

05 QUESTION **휘발유, 경유, LPG, 하이브리드 자동차의 에너지 소비효율을 FTP-75 모드 측정법에 따라 설명하시오.**

1. 자동차의 에너지 소비효율

자동차연비는 운전자의 운전습관, 차량 중량(탑승인원), 도로조건 등 다양한 여건에 의해 차이가 발생하기 때문에 세계 각국에서는 일정한 시험기준을 마련하여 연비를 측정하고 있으며 배기가스 중의 탄소(Carbon)를 분석하여 탄화수소 연료의 소비량을 산출하는 것이 카본 밸런스(Carbon Balance)법이다.

우리나라에서는 2012년부터 연비시험방법으로 시가지 주행패턴(FTP-75 모드)과 고속도로 주행패턴(HWFET)을 조합한 미국식 시험방법으로 연비를 측정한 후 실주행 여건을 고려한 보정식을 적용하여 공인연비를 산출하여 표시하고 있다.

2. 자동차의 에너지 소비효율 및 등급 표시

정부의 에너지 이용 합리화법에 의거 운영되고 있는 자동차 연비표시제도와 녹색성장기본법에 의거 운영되고 있는 평균 연비 및 평균 온실가스 배출 수준을 동시에 권장하는 목적이며 이의 현황은 아래와 같다.

① 고효율 자동차 개발과 보급을 촉진시키고 에너지 소비효율 및 등급에 대한 정보를 소비자에게 제공하기 위함

② 연비와 온실가스(CO_2) 배출수준 산출은 FTP-75(도심주행) 모드 측정값과 HWFET(고속도로 주행) 측정값을 복합하여 산출하고 표시

③ 표시연비는 도심모드 측정값, 고속도로 주행모드 측정값에 각각 실주행 여건을 반영한 보정식을 적용하여 산출(측정값 대비 약 20% 정도 감소)

④ 연비 및 연비등급 표시 의무
  • 적용대상 : 승용자동차, 15인승 이하 승합자동차, 특수용도형을 제외한 경형 및 소형 화물자동차
  • 연비(km/l) 표시내용 : 도심 연비, 고속도로 연비, 복합 연비, CO_2 배출량 및 연비 등급 (1~5 등급) 표시
  • 자동차의 에너지소비효율에 따른 등급부여 표시 : 승용, 소형 승합 및 화물자동차 경형 자동차(승용, 승합)
  • 하이브리드 자동차, 저속 전기자동차, 고속 전기자동차 : 평균 연비 및 온실가스 배출량 기준 준수의무(적용차종 : 승용차 및 10인 이하 승합차)
  • 기준 : 연간 판매차량의 평균연비 17.0l/km 또는 평균 온실가스 140g/km

3. FTP - 75, HWFET 모드에 의한 연비시험방법

기존 시내에서만 측정했던 연비를 시내(FTP-75)와 고속도로 모드(HWFET)에서 각각 측정하고 측정된 연비를 다섯 가지 실제 주행 여건(5-Cycle, 주행 축적 거리 3,000km 이상)을 고려하여 만든 보정식에 대입하여 최종 연비를 표시하는 방법이다.

구 분	시내 주행 모드	복합 주행 모드
주행패턴	시가지 주행	시가지 및 고속도로
측정방법	시내 주행 조건	① 시내주행조건+② 고속도로 주행조건+③ 보정식 적용(고속 및 급가속, 에어컨 가동, 외부 저온조건 주행)
예비 주행 거리	160km 이내	3,000km 이상

5-Cycle 보정식은 다섯 가지(① 시내, ② 고속도로, ③ 고속 및 급가속, ④ 에어컨 가동, ⑤ 외부 저온조건 주행) 항목이 반영된 연비시험 결과를 도출할 수 있는 환산방식이며 다음의 계산식에 의하여 복합 모드 연료소비율을 계산한다.

(1) 복합 연료소비율(km/l)

$$\cfrac{1}{\cfrac{0.55}{\text{도심주행 연료소비율}} + \cfrac{0.45}{\text{고속도로주행 연료소비율}}}$$

(2) 도심주행 연료소비율(km/l)

$$\cfrac{1}{0.007639 + \cfrac{1.1886}{FTP-75\ \text{모드 측정 연료소비율}}}$$

(3) 고속도로주행 연료소비율(km/l)

$$\cfrac{1}{0.004425 + \cfrac{1.3425}{HWFET\ \text{모드 측정 연료소비율}}}$$

FTP-75(도심주행) 모드의 경우 차대 동력계(Chassis Dynamometer)상에서 자동차 운전은 기존 내연기관 자동차의 경우 3단계(3-Bag 시험)로 나누어진 주행계획에 의해 운전되며 각 주행 단계별 시간(Sec), 거리는 다음과 같다.

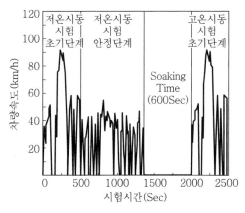

[FTP-75 모드]

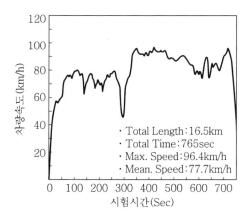

· Total Length : 16.5km
· Total Time : 765sec
· Max. Speed : 96.4km/h
· Mean. Speed : 77.7km/h

[HWFET 모드]

단계	시간(Sec)	거리	비고
저온시동시험 초기단계	505	5.78km (3.59mile)	저온시동
저온시동시험 안정단계	865	6.29km (3.91mile)	저온시동
주차(Soaking)	9~11분	—	—
고온시동 시험단계	505	5.78km(3.59mile)	고온시동
계	44분	17.85km (11.59mile)	—

06 가솔린엔진의 연소에서 연소기간에 영향을 미치는 요인을 다음 측면에
QUESTION 서 설명하시오.(공연비, 난류, 연소실 형상, 연소압력과 온도, 잔류가스)

1. 가솔린엔진에서의 연소기간의 영향

정상연소 시에 점화지연은 공연비의 영향을 주로 받으며 점화지연은 농후(濃厚, Rich), 희박
(稀薄, Lean) 공연비에서는 커진다.

기관의 성능을 지배하는 것은 열 발생률(연소기간)이고, 일반적으로 연소기간이 짧을수록 열
효율의 향상과 연소 안전성이 개선된다.

연소기간에 영향을 미치는 인자들은 주로 다음과 같다.

연소기간 (열발생률)	화염속도 – 연소속도	• 난류(스월, 스쿼시) • 공연비 • 온도, 압력 • 잔류가스의 비율
	화염전파거리	• 연소실 형상 • 점화위치 • 점화점 수

2. 연소기간에 영향을 미치는 인자

(1) 공연비(空燃比, Air – Fuel Ratio)

공연비에 의하여 연소속도는 달라지고 농후할수록 연소속도는 빨라지며 희박하면 연소속
도는 지연된다.

연소속도는 최대 출력 공연비인 12~13 부근에서 연소온도 및 연소속도가 최대로 된다.

(2) 난류(亂流, Turbulent)

연소 시의 화염속도는 혼합기의 난류현상의 강도에 따라 영향을 받는데 흡입 시에 생기는
스월(Swirl), 압축 시 피스톤의 운동에 의한 스쿼시(Squash) 그리고 연소가스에 의한 미
연소가스에 대한 난류 등이 영향을 준다.

회전속도가 증가하면 난류의 강도가 커지고 연소기간이 단축되어 그만큼 점화시기를 진
각(Advance)할 수 있으며 엔진의 고속회전이 가능해지고 출력은 향상된다.

(3) 연소실 형상(燃燒室 形狀, Combustion Chamber)

연소실 형상은 화염 전파 거리를 단축하는 형상이어야 한다. 연소실의 형상을 반구형으로 하고 연소실 중심에 점화플러그를 위치시키면 다점(多点) 점화가 유리하며 단행정 엔진 (短行程 機關, Over Square Engine)을 적용하면 화염 전파거리가 짧아지고 연소지연을 단축할 수 있다.

(4) 연소 압력과 온도(Pressure & Temperature)

혼합기의 온도가 상승하면 연소 반응속도는 증가되고 연소속도는 빨라진다. 또한 일반적으로 연료의 경우 압력의 상승과 더불어 연소속도는 증가한다.

(5) 잔류가스(殘留Gas, Residual Gas)

저부하 운전 시에는 연소속도가 늦어지는데 이때는 흡기 부압이 커지고 연소 가스의 잔류 비율이 커지며 연소온도가 낮아지기 때문이다. 따라서 정상 연소를 위하여 흡기 부압이 커지면 점화시기를 진각시킬 필요가 있다.

01
QUESTION

가솔린과 디젤엔진의 연소과정을 연소압력과 크랭크 각도에 따라 도시하고 연소특성을 비교하여 설명하시오.

1. 가솔린(Gasoline) 엔진의 연소

전기 점화기관의 실린더 내에서의 정상 연소는 전기 스파크에 의하여 화염핵이 형성되고 화염이 열전달이나 확산에 의하여 순차적으로 인접 분자로 전달된다. 즉, 온도파에 의하여 전달되는 경우로 화염이 매초 수 미터 내지 수십 미터의 속도로 전파하여 혼합기 전체가 연소하는 것이다. 그러나 정상적인 화염이 순차적으로 전달되기 전에 말단의 혼합기(End Gas)가 압축 착화하는 경우가 있는데 이것이 가솔린 노킹(Gasoline Knocking)이다.

연소실의 일부가 고온으로 되어 이 부분에서 혼합기가 가열되어 자연발화하게 되면 표면점화로 되고 그 점화의 시기가 스파크의 점화시기보다 빠르면 조기점화로 된다.

근래에는 가솔린을 연소실에 직접 분사하여 연소시키는 GDI(Gasoline Direct Injection) 엔진이 개발·적용되고 있는데, 압축비는 향상시키면서도 노킹을 억제하고 연비성능을 향상시키며 온실가스(CO_2)를 포함한 유해가스의 배출을 억제한다.

(1) 가솔린엔진의 연소 압력 선도

여기서는 GDI 엔진이 아닌 MPI 엔진을 기준으로 설명하면 흡입된 혼합기는 압축 행정에서의 압축열을 받아 가열된다. 기화된 혼합기는 고온 분위기에서 완만한 산화를 일으켜 과산화물, 알데히드 등이 생성되고 이 과정에서 약간의 열도 발생한다.

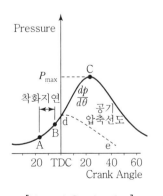

[Normal Combustion]

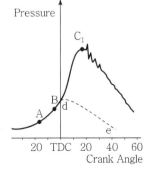

[Gasoline Knocking]

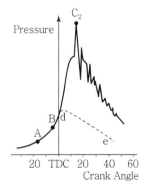

[Gasoline Intense Knocking]

① 점화지연기간(點火遲延期間)

A점은 스파크에 의한 점화시기이며 혼합기의 기화와 고온 분위기에서 부분적으로 생성된 분해 생성물을 포함한 혼합기는 점화되기 쉽도록 되어 있으나 전기 스파크로 점화하여도 즉시 스스로 전파될 만큼의 화염은 발생되지 못하고 점화 후 화염핵이 형성되고 화염이 발달하는 B점까지 약간의 점화지연(Ignition Delay) 기간을 거친다.

점화지연 기간은 연료의 성질, 공연비(Air-Fuel Ratio), 연소실의 온도, 압력 등에 관계 있으며 열의 발생은 미미하므로 이 시기에는 공기 압축선도(A-B-d-e)와 유사한 경로를 따른다.

점화시기 A점은 열효율이 최대로 되는 점화시기, MBT(Minimum Spark Advance for Best Torque) 지점으로 TDC 후 15~20° 사이에서 연소 최고압력이 발생하도록 선정하는 것이 일반적이다.

② 열 발생기간(熱 發生期間)

화염이 발달하여 스스로 전파될 수 있는 B점에 이르러서 비로소 압력의 상승이 나타난다. 압력이 최대인 점에서 열 발생량과 평형이 되지만 연소는 아직 완료된 상태가 아니며, 열의 발생은 팽창행정까지 이어진다.

B점에서 화염이 전파되어 급격한 압력 상승률($dP/d\theta$)을 나타내며 C점에서 연소 최고 압력($P_{\max}$)을 나타낸다.

점화 지연(A-B)과 압력 상승률($dP/d\theta$)은 연소속도와 관련이 되고 이는 엔진의 회전속도와 관계 있으며 완전연소를 유도하며 빠른 연소속도를 갖는 것이 가솔린엔진의 열효율의 향상과 연비성능의 향상을 가져온다.

연소 최고압력($P_{\max}$)은 엔진의 토크와 출력 향상 요인이며 혼합비, 압축비와 직접적으로 관계된다.

2. 디젤(Diesel) 엔진의 연소

디젤엔진의 연소에서는 대기압의 공기를 스로틀링(Throttling) 없이 실린더 내로 흡입하고 높은 압축비로 압축하여 고온ㆍ고압이 된 상태에서 연료를 분사한다.

부하에 따른 출력 제어는 연료의 분사량에 따라 결정되며 디젤엔진은 스로틀 개도(開度) 대신 연료 분사 기간 중에 연료의 분사량을 가감하여 출력 조정을 하며 가솔린엔진의 점화시기에 상당하는 것이 연료분사 개시 시기이다.

디젤엔진의 압축비는 보통 15~23 : 1 정도로 가솔린엔진보다 훨씬 높아 압축행정의 말기에는 실린더 내 온도와 압력이 40기압, 700℃ 정도이므로 연료의 자기착화온도 이상이므로 연료를 분사하면 자기착화한다.

(1) 디젤엔진(Diesel Engine)의 연소 압력선도

디젤엔진의 연소도 가솔린엔진과 같이 연료의 분사 즉시 착화, 연소하지 못하고 다음과 같은 과정을 거쳐 연소가 이루어진다.

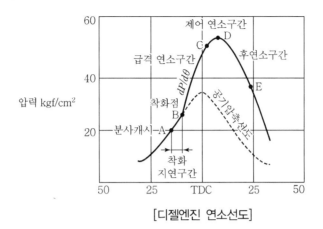

[디젤엔진 연소선도]

① 착화지연 기간(着火遲延 期間, Ignition Delay Period)

연소 선도의 A−B 구간으로, 연료는 상사점 직전에 고압으로 분사노즐(Injector)을 통하여 고온 · 고압의 공기 중에 분사하며 분무 상태로 된다.

분사가 개시되고 자기 착화하여 연소가 시작되고 실린더 내에 압력이 상승되기까지 수 ms의 시간이 소요되는 데, 이것이 착화지연기간(Ignition Delay Period)이고 연소의 준비기간이다.

분사된 연료는 압축된 공기 중에서 가열, 표면으로부터의 기화 과정을 거쳐 연료증기와 공기가 혼합되면서 혼합기층을 형성한다.

이 기간은 연료의 자기 착화성(Cetane가)과 연소실 내의 분위기에 따라 달라지며 디젤 노킹(Diesel Knocking)의 발생 여부와 관련이 있다.

② 급격연소 기간(急激燃燒 期間, Rapid Combustion Period)

선도의 B−C 구간이며 착화지연 기간 동안에 형성된 혼합기층 가운데 혼합비의 형성이 적절한 곳에서부터 공기 중의 산소와 연료 증기의 산화반응이 진행되어 반응열에 의하여 온도가 상승하고 자기착화가 일어나는데 이 기간을 화학적 지연(化學的 遲延)이라고 한다.

일단 착화가 되면 지금까지 분사된 연료가 연쇄반응적으로 급격하게 연소하여 압력이 급상승한다. 이때의 압력 상승률 $dP/d\theta$는 착화지연 기간에 분사된 연료의 양이 많을수록 커지며 압력 상승률이 커지면 충격적인 연소를 하게 되는데 이때가 급격연소기(Rapid Combustion Period)이다.

이 기간의 급격한 압력 상승률은 디젤 노킹(Diesel Knocking)을 발생시키며 충격음과 진동을 발생시킨다. 또한 엔진 각부에 응력을 증가시켜 내구성 저하를 가져오며 가솔린엔진과는 다르게 연소 초기에 발생하는 것이 특징이다. 또한 가솔린 노킹과는 다르게 쉽게 개선되고 연소에 미치는 폐해가 작으며 연료의 착화성(세탄가)을 개선하고 자기착화하기 용이한 연소실 분위기를 형성하는 것이 유효한 대책이다.

③ 제어연소 기간(制御燃燒 期間, Controlled Combustion Period)

선도의 C-D 구간이며 일단 착화하여 화염이 실린더 내에 확산되면 고온이 되므로 그 뒤에 분사된 연료는 분사와 거의 동시에 기화하고 연소한다. 즉, 이 기간에는 연료의 분사율이 그대로 연료소비율을 결정하므로 제어연소 기간(Controlled Combustion Period)이라고 한다.

④ 후연소 기간(後燃燒 期間, After Burning Period)

선도의 D-E 구간이며 연료 분사는 팽창행정의 상사점 후 20~30°에서 완료되고 분사가 종료되어도 잠시 동안은 실린더 내의 여러 부분에 연소되지 못한 연료가 연소를 계속하는데, 이것을 후연소 기간(After Burning Period)이라고 한다.

 02 QUESTION **자동차 부식(Corrosion)에 대하여 정의하고 부식 환경과 형태에 대하여 설명하시오.**

1. 자동차 부식(Corrosion)의 환경적 요인

(1) 염류(鹽類)에 의한 부식

자동차가 염류(鹽類)로부터 받는 부식 손상은 해안지역의 해수를 포함한 도로 동결방지제(凍結防止製) 살포로 인한 염류 등에 의한 것이다.

염류에 의한 부식 중에 더 크게 작용하는 것은 도로 동결방지제의 염분류이며, 이의 대안으로 차체 강판의 도금, 전착도장, 코팅 등의 방법뿐만 아니라 형상에 대한 고려도 하고 있다.

동결방지제에 사용되는 염류는 염화나트륨($NaCl$), 염화칼슘($CaCl_2$), 염화마그네슘($MgCl_2$) 등이 있으며 가격적인 요인으로 염화칼슘($CaCl_2$)이 가장 많이 사용된다.

동결 방지 목적으로 살포하는 염류는 종류에 따라 빙점을 -10℃부터 -34℃까지 낮출 수 있어 도로 결빙에 대한 가장 효과적인 동결방지제로 이용되고 있다.

(2) 온도와 습도에 의한 부식

부식현상은 산소에 의하여 산화하는 화학적 반응이며 온도가 높아지면 일정한 산소농도 조건에서 온도가 30℃ 상승하고 부식 속도는 2배로 되며 일반적으로 용존(溶存) 산소가 충분한 개방용기에서는 약 80℃까지 부식속도가 증가한다.

따라서 자동차는 온도와 습도가 크게 변하는 환경에 놓여 있으므로 배기계에서처럼 고온에 노출되어 발생하는 부식을 고온부식이라고 한다.

특히 배기계에서 발생하는 응축수에는 NO_3^-, SO_4^{2-}, CL^-, HCHO(Formaldehde) 등의 부식 촉진 성분에 의하여 부식이 증가한다.

(3) 대기오염에 의한 부식

대기오염 물질에는 CO, NOx, HC, Ox, SOx 등이 주류이며 특히 황산화물(SOx)과 질소산화물(NOx)은 대기 중에서 광화학적 산화를 받게 되어 SO_3 및 수용화된 H_2SO_4 또는 활성산소 O 상태로 존재한다.

이러한 산화물은 pH 2 정도의 강산성 비를 내리기도 하며 pH 4 이하부터는 급격한 용식 용해가 나타난다. 특히 아연 같은 경우 산성 부식에 취약하므로 더욱 부식 환경에 노출된다.

2. 자동차 부식(腐蝕)의 형태

자동차의 부식은 자동차의 안전성과 내구성 등에 큰 영향을 미치며 부식의 부위, 종류, 원인 등에 따라 다음과 같이 구분한다.

(1) 전면부식(全面腐蝕, General Corrosion)

금속이 노출된 표면 전체에서 부식이 발생하는 현상이며, 도장막(塗裝幕)의 손상에 의하여 주로 발생한다.

(2) 틈새부식(Crevice Corrosion)

강판이 중첩되는 부분에서 발생하는데, 주로 강판을 점용접(Spot) 등으로 접합한 구조물의 틈새에서 발생한다. 틈새에서의 도막 형성 부족과 모세관현상, 즉 좁은 틈새로 유입된 수분 등이 잔류하면서 부식을 촉진한다.

(3) 공식(空蝕, Pitting)

표면에 구멍 형태로 부식이 이루어지는 것을 말하며, 깊이 방향으로 침식하는 속도가 커서 강도를 저하시킨다. 튕겨진 돌에 의하여 도막(塗幕)이 파손되는 것을 치핑(Chipping)이라 하며 이 부분에서 주로 공식이 시작된다.

(4) 부착물부식(Deposite Attack)

진흙, 벌레의 사체, 조류의 분비물 등이 부착되면 부착물 자체의 부식성 및 수분의 흡수로 인하여 부식이 촉진된다.

(5) 점녹(Rust Spot)

차체의 외표면에 발생하는 한 점에서의 녹 발생을 말하며 점녹이 발생하면 도막과 철판 사이에 간격이 생긴다. 이러한 현상이 방사선 형태로 발전하는 형태를 반점형 부식(Scab Corrosion)이라 하고 점녹 부분을 기점으로 섬유형태로 발전하는 것을 섬유상 부식(Filiform Corrosion)이라고 한다.

(6) 이중금속 접촉부식(Galvanic Corrosion)

이온화 경향이 다른 이종(異種)의 금속이 접촉하였을 때 접촉면에서 전지효과(電池效果)가 발생하여 부식이 촉진된다. 이를 전식(電蝕)이라고도 하며 특히 부분적인 전식은 강도의 저하를 초래한다.

(7) 응력부식 손상(Stress Corrosion Cracking)

부식 환경에서 기계적 부하로 응력(應力, Stress)이 반복적으로 작용하면 부식과 응력의 상호작용으로 기계적 강도를 크게 저하시키는 현상이다. 이러한 현상을 부식피로(腐蝕疲勞)라고 하며 내식(耐蝕) 재료인 스테인리스강이나 알루미늄에서도 발생하는 것이 특징이며 설계 시의 중요한 요소이다.

연료분사 인젝터의 솔레노이드 인젝터(Solenoid Injector)와 피에조 인젝터(Piezo Injector)를 비교하고 그 특징을 설명하시오.

1. CRDI 디젤엔진(Common Rail Direct Injection Diesel Engine)

CRDI 디젤엔진은 분사된 연료와 공기가 혼합되는 속도에 의해 연소속도가 결정되므로 이 시간이 짧아지도록 연소실 내부의 유동 특성과 연료의 분사율, 분무형태, 미립화 상태가 중요하다. 따라서 연료 분무의 특성은 엔진의 소음과 배출가스의 저감 및 연소 개선을 통한 연비 성능에도 큰 영향을 미치므로 다중 분사(Multiple Injection)방식에 대응할 수 있는 정밀하고 빠른 응답 특성의 인젝터가 요구된다.

CRDI 엔진의 도입 초기에는 솔레노이드(Solenoid) 구동 방식의 적용이 대부분이었으나 낮은 동작부하 응답성으로 인해 분사량, 분사시기, 분사압력을 정밀하게 제어하는 데 한계가 있었다. 이의 개선을 위하여 피에조 인젝터(Piezo Injector)가 도입되어 연소 특성과 배기가스, 소음과 진동, 연비성능 측면에서 많은 효과를 내고 있다.

다음은 솔레노이드 인젝터(Solenoid Injector)와 피에조 인젝터(Piezo Injector)의 구동 원리와 특성을 비교한 설명이다.

(1) 솔레노이드 인젝터(Solenoid Injector)

대부분의 커먼레일 분사 시스템에 있어서는 솔레노이드 방식을 이용하고 있다.

노즐, 니들, 컨트롤 플런저, 볼 오리피스, 컨트롤 체임버, 작동부, 연료 주입부, 연료 리턴 부로 구성되어 있으며 솔레노이드 코일에 전류가 인가되어 플런저가 움직이면 밸브제어 체적에서 압력 차이가 발생하고 이로 인해 니들(Needle)이 움직이면서 분사가 이루어진다. 따라서 밸브제어 체적 내부의 연료 압력이 분사의 거동을 결정짓는 중요한 인자로 작용하며 니들의 반응 블리드 오리피스와 피드 오리피스의 유량에 따라서 결정된다.

솔레노이드 인젝터는 전압 구동형과 전류 구동형이 있으며 전압 구동형 중에 저전압 구동형 인젝터는 코일의 저항이 낮으므로 빠른 응답성과 내구성을 개선하기 위하여 외부 저항을 같이 사용한다.

전류 구동형은 대부분 ECU 내에 인젝터 전류 구동회로가 있어 ECU에서 직접 분사 전류 신호를 출력하며, 인젝터의 구동 초기에는 큰 전류가 흘러 솔레노이드의 자력 강화 및 관성을 감소시켜 원활하도록 하고 니들밸브가 열린 후에는 작은 전류로 구동하는 방식이다. 전류 구동형은 회로 구성이 복잡하나 회로 임피던스가 작아 동 특성이 우수하여 정밀한 분사 제어가 가능하다.

이러한 전압, 전류 구동형 솔레노이드 인젝터의 특성을 살려 전압을 80V 정도로 높이고 전류제어로 인젝터 코일을 제어하여 빠른 응답성과 자력을 강화하는 방법을 취하고 있다. 그러나 솔레노이드 인젝터는 피에조 인젝터에 비하여 전력의 소모가 많고 응답성도 저하되어 적용이 점차 줄어드는 경향을 가진다.

(2) 피에조 인젝터(Piezo Injector)

피에조 스택(Piezo Stack)에 물리적인 힘을 가하면 가해진 힘의 방향과 크기에 따라 전압이 발생하는데 이것을 압전 효과(Piezo Electric Effect)라고 한다. 또 피에조 스택에 전압을 가하면 그 극과 크기에 따라 스택의 길이가 변하는데 이를 역압전효과(逆壓電效果, Inverse Piezoelectric Effect)라고 한다.

피에조 스택은 제조 과정에서 영구적 극성을 가지도록 만들어지므로 동일 극성의 전류가 같은 방향으로 흐르면 스택이 팽창하여 지름이 축소되고 이와 반대로 피에조 스택과 다른 극의 전류가 같은 방향으로 흐르면 스택의 길이는 줄어들고 지름은 증가한다.

다음 그림은 가해지는 전압의 극에 따라 스택의 변화가 발생함을 나타낸 것이며 피에조 스택의 변위는 인장계수, 스택의 층수, 작동 전압에 따라 결정되고 다음과 같은 관계가 있다.

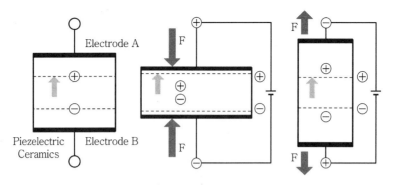

[Inverse Piezoelectric Effect]

스택의 변위 : P_d(m), 인장계수 : C_n(m/V), 스택의 적층수 : N

인가전압 : V(V)라 하면

$$P_d = C_n \cdot N \cdot V$$

이에 따라 밸브 제어 체적의 오리피스를 열게 되고 내부 압력의 차이가 발생하면 니들은 들어 올려져 분사가 이루어진다.

역압전효과(逆壓電效果)를 이용한 피에조 인젝터는 빠른 동적 응답성(Response)과 큰 작동력을 나타내는 특성을 가지므로 고압 연료에 대한 효과적인 분사시기 및 분사량 제어가 가능하며 충전과 방전이 이루어지면서 전력의 소모가 적다는 장점이 있다.

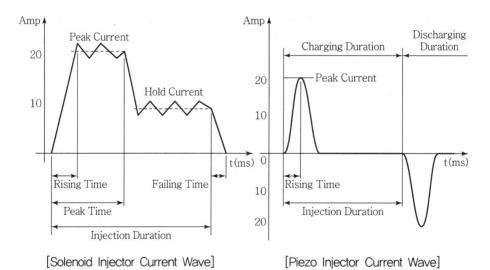

[Solenoid Injector Current Wave]　　[Piezo Injector Current Wave]

이러한 특성을 이용한 피에조 인젝터(Piezo Injector)의 적용으로 분사시기와 분사량의 정밀한 제어가 가능해지고 디젤 연료의 연소 특성을 고려한 다중 분사(Multiple Injection)가 가능해져 소음과 진동의 저감, 유해 배출가스의 저감, 연비성능의 향상과 더불어 고출력화가 가능해진다.

(3) 솔레노이드 인젝터와 피에조 인젝터의 비교

아래 그림은 디젤엔진의 연소에서 연소효율과 더불어 소음, 진동의 저감, 배기가스의 생성 억제, 연비성능의 향상을 위하여 행해지고 있는 다중분사(Multiple Injection)의 분사 단계를 나타내는 선도이며 이러한 요구 성능에 만족하기 위하여 피에조 인젝터의 적용이 요구된다.

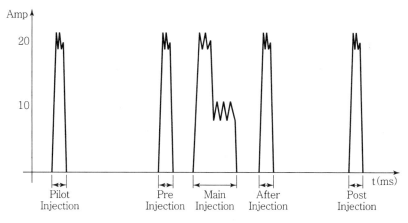

[인젝터의 다단분사]

다음은 솔레노이드 구동 방식의 인젝터와 비교한 피에조 인젝터의 특징을 설명한 것이다.

• 솔레노이드 인젝터가 코일의 전자력(Electromagnetic Inductive)을 이용한 것에 비해 피에조 인젝터는 역압전효과(Inverse Piezoelectric Effect)를 이용하므로 응답성이 빠르고 다중 분사가 가능하며 분사량과 분사압력의 정밀제어가 가능하다.
• 솔레노이드 인젝터에 비하여 고압의 연료분사 제어가 가능하므로 1,800~2,000bar 정도까지 연료분사 제어가 가능하다.
• 피에조 소자의 충전과 방전 시에만 전류를 소모하므로 전력 소비가 적다.
• 솔레노이드 인젝터에 비하여 전류량이 적다.
• 연비성능이 우수하고 유해 배출가스의 생성이 적다.
• 소음과 진동이 적다.

전자제어 점화장치의 점화 1차 파형을 그리고 다음 측면에서 설명하시오.
(1) 1차 코일의 전류 차단 시 자기유도전압
(2) 점화플러그 방전 구간
(3) 점화 1차 코일의 잔류에너지 손실 구간
(4) 방전 후의 감쇠진동 구간

1. 점화 1차 파형

점화 코일의 마이너스(−) 측에 흐르는 전압의 변화 또는 TR의 컬렉터의 전압 변화가 점화 1차 파형이다.

점화 코일에서 생성된 점화에너지는 정상적인 경우 일정하기 때문에 실린더 내의 변화에 따라 서지 전압과 연소기간도 달라질 수 있다. 접점이 열리거나 ECU에서 파워 TR의 베이스에 공급되는 전류가 차단되면 점화 코일에서는 서지 전압이 발생된다.

다음은 일반적인 점화 1차 코일에 발생하는 점화 파형을 나타낸 것이다.

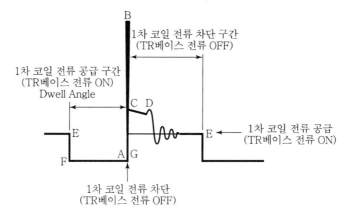

[점화 1차 파형]

(1) 1차 코일의 전류 차단 시 자기유도전압

A부분은 점화 1차 코일에서 전류의 흐름이 차단되는 위치이며 점화 1차 코일에서는 자기 유도작용에 의하여 약 수백 볼트 정도의 역기전력이 발생하고 점화 2차 코일 측에 고전압을 유도한다.

A−B 부분은 점화 1차 코일에서 발생하는 자기유도전압의 크기이며 점화1차 코일의 인덕턴스와 점화 1차 코일에서의 전류 변화율의 곱으로 나타난다.

따라서 점화 1차 코일의 출력이 너무 낮게 되는 원인은 점화 1차 코일의 인덕턴스가 기준 값보다 작은 경우나 전류의 변화율이 너무 작은 경우이다.

전류의 변화율이 작아지는 원인은 전자제어식 점화장치인 경우 TR이 1차 전류를 차단하는 순간 내부 저항이 지나치게 크거나 배터리 전압이 규정보다 낮아서 전류가 너무 낮거나 순간적으로 1차 전류를 차단하지 않는 경우이다. 또는 2차 코일 측의 전기적 잡음(Noise) 등의 영향을 받는 경우도 해당된다.

(2) 점화플러그 방전 구간

B−D 부분은 점화플러그에서 불꽃이 지속되는 구간이며 점화플러그 방전 구간이다. 어떤 점화플러그의 간극이 규정값보다 크면 방전 부분의 전압이 높게 나타나고 방전 시간은 짧게 나타난다.

(3) 점화 1차 코일의 잔류에너지 손실 구간

D−E−F 부분을 중간 부분이라고 하며 점화 2차 파형에서와 같이 점화 1차 코일의 잔류에너지가 진동에너지로 방출·소멸된다.

전압 파형 진동이 소멸하면 전압의 변화는 없어지고 TR이 ON되어 있으므로 점화 코일의 마이너스 단자에는 배터리 전압이 작용한다.

E−F−A(G) 부분은 TR이 ON되어 점화 1차 코일에는 전류가 흐르고 있는 구간이며 드웰각(Dwell Angle)이라고 한다.

전자제어 점화장치에서는 드웰각이 제어되므로 운전조건에 따라 변화하나 단속기식 같은 기계식에서는 캠의 형상에 따라 정해져 있으므로 저속 때보다는 고속 운전 시에 드웰각이 짧아지고 점화 코일의 에너지 축적 기간도 짧아 부족하다.

(4) 방전 후의 감쇠진동 구간

점화플러그의 간극이 규정 값보다 큰 경우는 저항이 커지므로 다른 점화플러그에 비해서 방전 부분의 전압이 높게 나타나고 방전시간은 짧게 나타나며 파형에서는 우측 윗 방향으로 올라가는 것으로 나타나고 방전 완료 후의 감쇠 진동 D−E 부분이 길게 나타난다.

또 저항이 작은 경우 방전 부분의 전압이 낮게 나타나고 방전시간도 길며 오른쪽 아랫 방향으로 처지는 파형을 나타낸다.

점화플러그 코드가 단선되거나 연결 접촉이 불완전하면 점화 2차 측이 완전히 단선되어 방전되는 경우는 방전 부분이 없어지고 다음 사이클의 중간부분인 D−E부분의 감쇠진동과 연결된다.

05 피스톤링에서 스커핑(Scuffing), 스틱(Stick), 플러터(Flutter) 현상을
QUESTION 설명하고 발생원인과 방지책을 설명하시오.

1. 피스톤의 이상(異常) 현상

실린더 내에서 왕복운동을 하면서 연소실과 크랭크실 사이의 기밀을 유지하며 폭발 행정 중에 발생하는 폭발 가스의 압력을 커넥팅 로드를 통해 크랭크축에 전달하여 직선운동 및 회전운동을 한다. 연소실의 온도를 직접적으로 받으며 피스톤 헤드에 전달된 열의 대부분을 빠르게 실린더 벽에 전달하므로 실린더 라이너와의 간극 및 윤활이 적합하지 않으면 다양한 고장을 유발한다. 일반적으로 엔진의 가동 시 정상적으로 작동될 때까지는 불가피하게 윤활상태가 불량하여 피스톤은 부하를 크게 받으므로 마찰을 감소시키고 윤활 불량에 의한 문제를 개선하기 위하여 보호 피막을 하기도 한다.

피스톤과 피스톤 링 사이에서 과도한 부하, 윤활 상태의 불량, 고속 회전에 의한 대표적인 이상(異常)은 다음과 같다.

(1) 스커핑(Scuffing)

스커핑은 높은 압력과 고온으로 접촉하는 부품 간에는 통상 오일로 윤활하고 있는데 윤활막의 끊김이나 과도한 부하 및 압력으로 금속 표면의 국부적인 융착에 의하여 발생되는 표면의 상처로서 스코어링(Scoring)이라고도 한다.

일반적으로 엔진의 피스톤 주위나 캠에서 볼 수 있는 상처이며 강한 금속마찰 등에 의한 피스톤링과 실린더 벽 사이의 긁힌 상처와 같은 마모 손상을 말한다.

대부분은 과도한 부하에 따른 윤활이 적절하지 못하여 발생하며 엔진 내부의 퇴적물에 의해서도 발생한다.

(2) 스틱(Stick)

고온ㆍ고압 상태에서 실린더 벽과 피스톤 사이에는 충분한 윤활이 요구되나 특정의 원인에 의하여 윤활막이 파손되어 실린더와 피스톤의 직접적인 마찰로 인해 피스톤이 부분적으로 융착되는 현상을 말한다.

유막이 파손되는 원인은 다양하나 대부분 과열되어 오일의 점도가 떨어지거나 과도한 엔진 회전수에 의하여 유막의 형성이 완전하지 못하여 발생한다.

(3) 플러터(Flutter)

피스톤 링이 링 홈 속에서 진동하는 현상을 말하며 엔진의 회전속도가 높아지면 피스톤 링이 링 홈 내에서 상하 방향으로 완전하게 안착하지 못하거나 지름 방향으로 진동하여 가스가 누설되어 엔진의 출력 저하 등이 발생되는 현상이다.

피스톤 링의 플러터 현상을 억제하기 위해서는 과도한 마찰력과 유막이 파손되지 않는 한도 내에서 피스톤 지름 방향의 폭을 증가시키거나 피스톤 링의 장력을 높이며 링의 중량을 감소시켜 관성력을 감소시켜야 한다.

06 자세제어장치(VDC, ESP)의 입·출력 요소를 유압과 진공방식에 따라
QUESTION 구분하시오.

1. VDC(Vehicle Dynamic Control)의 개요

VDC 또는 ESP(Electronic Stability Program) 장치는 위험한 운전 상황에서 사고를 미연에 방지하기 위하여 전자제어 현가장치에 ABS, TCS 기능이 추가된 새시 통합 제어장치를 말한다.

자동차가 스핀(Spin)이나 언더스티어(Understeer)가 발생하는 상황이 되면 여러 가지 센서로 이러한 상황을 감지하여 ABS(Anti-Lock Brake System)와 연계되어 자동차의 자세를 안정되게 유지한다.

또한 TCS(Traction Control System)와 연계하여 스핀 한계 직전의 경우에는 자동적으로 감속하고 이미 스핀이 발생한 경우에는 각 휠(Wheel)별로 제동력을 제어하여 스핀이나 언더스티어의 발생을 미연에 방지하고 안전운행을 도모한다.

ABS 장치와의 차이점은 ABS는 브레이크를 직접 작동시켜 제동하는 과정에서만 효과를 발휘하지만 VDC는 브레이크를 동작시키지 않아도 스스로 최적의 차량 제동과 운행 조건을 찾아주는 것이다.

주행 중 운전자가 통제하기 어려운 속도로 선회운전을 하는 경우 VDC는 각종 센서의 데이터로부터 차량 운동량과 추정을 통하여 얻어진 노면 상태 정보 등을 이용하여 정해진 안정 기준값보다 실제 차량 운동이 큰 경우에 적절하게 차륜을 제어함으로써 안정성을 확보해 준다.

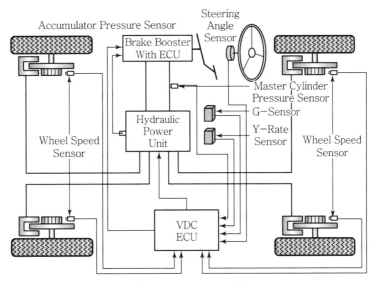

[자세제어장치의 구성]

2. VDC의 작동원리

요-모멘트(Yaw-Moment)는 차체의 앞뒤가 좌·우측 또는 선회 시의 내륜 측, 외륜 측으로 이동하려는 힘으로서 요-모멘트로 인하여 언더스티어나 오버스티어 현상이 발생하여 주행 중이나 선회 시 안정성이 저해된다.

VDC에 의한 자세제어는 주행 안정성을 저해하는 요-모멘트가 발생하면 제동을 제어하여 반대방향의 요-모멘트를 발생시켜 서로 상쇄되도록 하고 주행 안정성을 확보하며 필요에 따라서는 엔진의 출력을 제어하여 선회 안정성을 향상시킨다.

① 타이어와 노면 사이에 접착 한계에 도달하는 경우 오버스티어 현상이 발생하고 이때 VDC가 전륜의 제동장치를 제어하여 전륜에 의해 발생되는 과도한 선회 모멘트를 줄여준다.

② 전륜에서 먼저 타이어와 노면 사이에서 접착한계에 도달하면 언더스티어 현상이 발생하고 이때 차량은 미끄러지면서 정상적인 선회반경을 넘어서게 된다.

③ VDC는 이러한 모든 현상을 요-모멘트 제어에 의하여 위급한 상황에서 운전자가 원하는 방향으로 차량을 제어하여 안정성과 조향 성능을 유지하도록 한다.

3. VDC 제어장치의 구성

VDC는 유압 유닛(Hydraulic Units), ECU, Yaw-Rate Sensor, 횡가속도 센서, 조향각 센서, 마스터실린더 센서, 휠 스피드 센서 등으로 구성된다.

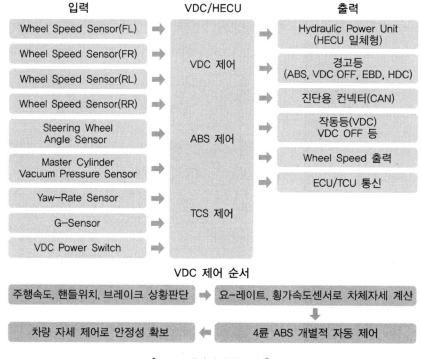

[VDC 제어장치의 구성]

4. VDC 제어의 종류와 효과

ECU에서는 Yaw-Rate Sensor, 횡가속도 센서, 조향각 센서, 마스터실린더 센서, 휠 스피드 센서 등으로부터 신호를 입력받아 연산하여 자세 제어의 기준이 되는 요-모멘트와 자동 감속 제어의 기준이 되는 감속도를 산출하여 이를 기초로 하여 4륜 각각의 제동 압력과 엔진의 출력을 제어한다.

VDC는 요-모멘트 제어, 자동 감속 제어, ABS 제어, TCS 제어 등에 의해 스핀 방지, 오버스티어 제어, 굴곡로에서의 요잉(Yawing) 발생 방지, 제동 시의 조종 안정성 향상, 가속 시 조종 안정성 향상 등의 효과가 있다.

현재 상용화된 일반적인 VDC는 브레이크 제어식 TCS 시스템에 요-레이트 센서, 횡가속도 센서, 마스터실린더 압력센서를 추가한 구성이다.

5. 요-모멘트와 요-모멘트 제어

① 요-모멘트는 차체의 앞뒤가 좌우 또는 선회 시의 내·외륜 측으로 이동하려는 힘이다.

② 요-모멘트로 인하여 언더스티어, 오버스티어, 횡력 등이 발생한다.

③ 이로 인하여 주행 시 및 선회 시 차량의 주행안정성이 확보된다.

④ VDC 제어는 주행 안정성을 저해하는 요-모멘트가 발생하면 제동제어로 반대 방향의 요-모멘트를 발생시켜 서로 상쇄되게 하여 차량의 주행 및 선회안정성을 향상시킨다.

⑤ 필요에 따라 엔진 출력을 제어하여 선회 안정성을 향상시킨다.

요-모멘트의 제어는 속도센서, 조향각 센서, 마스터실린더 압력센서로부터 운전자의 의도를 판단하고 요-레이트 센서, G-센서로부터 차체의 자세를 계산하여 운전자가 별도의 제동조작을 하지 않아도 4륜을 개별적으로 자동 제동하여 차량의 자세를 제어하고 차량의 모든 방향에 대한 안전성을 확보한다.

MEMO

95회

차량기술사

기출문제 및 해설

01 **엔진의 압축비와 연료공기비가 연비에 어떻게 연관되는지 설명하시오.**

QUESTION

1. 엔진 연비(燃比)의 개요

엔진의 연비는 엔진의 경제 성능이며 일반적으로 엔진의 연비 및 연료소비율을 향상시킨다는 것은 연료소비율을 낮추어 연료 경제성을 향상시키는 것이다.

엔진에서의 연료소비율은 보통 단위 시간당 연료소비량(kg/h 또는 L/hr)으로 표시하며 이것을 연료소비량(燃料消費量, Fuel Consumption)이라고 한다. 특별히 엔진의 성능을 비교하기 위하여 단위 시간 마력당의 연료소비량(gr/ps-h)으로 표시하는데 이를 엔진의 연료소비율(燃料消費率, Fuel Consumption Ratio)이라고 하고 엔진의 동력계 시험 성능 선도에 표시하는 방법이다.

엔진에서의 연료 소비율을 낮춘다는 것은 엔진의 열효율을 향상시키는 것과 같은 의미이다. 다음은 내연기관의 부분부하에서 열효율을 향상시키는 방법을 나타낸 것이다.

내연기관의 제동 연료소비율 향상		
도시 연료소비율의 향상	압축비 향상	노킹이 일어나지 않는 범위
	흡입효율 향상	과급, 멀티밸브 시스템
	냉각손실 저감	희박연소 구현
	펌프손실 저감	EGR 채택
	시간손실 저감	급속연소
기계효율의 향상	마찰손실 저감	윤활 및 보기류 성능 향상

(1) 압축비(壓縮比)와 연비(燃比)

가솔린엔진과 디젤엔진의 열효율은 일반적으로 압축비가 높을수록 향상되며 연비가 향상된다. 일반적으로 압축비가 향상되면 연소속도가 빨라지고 연소 최고 압력이 향상되며 연비와 출력이 향상된다. 가솔린엔진의 이론 사이클인 오토 사이클(Otto Cycle)과 디젤엔진의 기본 사이클인 디젤 사이클(Diesel Cycle)의 이론 열효율은 다음과 같으며 모두 압축비가 높을수록 열효율이 향상된다.

압축비 $\varepsilon\left(=\dfrac{V_1}{V_2}\right)$, 체절비 $\gamma_c\left(=\dfrac{V_3}{V_2}\right)$, (공기) 비열비 $k\left(=\dfrac{c_p}{c_v}=1.4\right)$ 라고 하면

① Otto Cycle의 열효율 $\eta_{otto} = 1 - \dfrac{1}{\varepsilon^{k-1}}$

② Diesel Cycle의 열효율 $\eta_{diesel} = 1 - \dfrac{1}{\varepsilon^{k-1}}\left[\dfrac{\gamma_c^k - 1}{k(\gamma_c - 1)}\right]$

특히 가솔린엔진에서 정해진 사용연료에 대하여 일정 이상의 압축비에서는 노킹(Knocking)을 일으키며 노킹이 발생하면 현실적으로 점화시기를 늦추는 방법이 유효하나 점화시기를 늦추면 연소 최고 압력이 낮아지고 배기 온도가 높아지며 냉각수로의 방열량도 증가하여 열효율은 저하한다.

따라서 가솔린엔진에서 연비를 향상시킬 수 있는 압축비는 한계가 있으며 정해진 연료의 내폭성(耐爆性, Octan價)에서 압축비는 한계가 있다.

디젤엔진의 연소 열효율은 압축비(ε)와 체절비(γ_c)에 비례하며, 고압축에 의한 자기착화(自己着火) 방식이므로 가솔린엔진에 비하여 압축비가 높은 것이 연소효율과 연비 향상에도 유리하다.

다음 그림은 오토 사이클과 디젤 사이클의 P−V선도와 압축비$\left(\varepsilon = \dfrac{V_1}{V_2}\right)$, 체절비$\left(\gamma_c = \dfrac{V_3}{V_2}\right)$ 에 따른 열효율을 나타낸다.

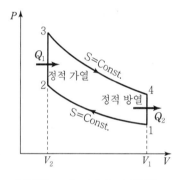

[정적(Otto Cycle) P−V선도]

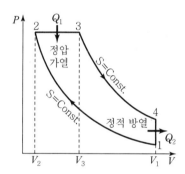

[정압(Diesel Cycle) P−V선도]

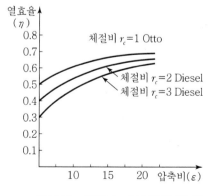

[압축비 − 체절비 − 열효율의 관계]

(2) 공연비(空燃比)와 연비(燃比)

엔진에 공급되는 공기와 연료의 중량비(重量比)를 공연비(空燃比, Air Fuel Ratio)라고 하고 공연비가 같을 때에는 열효율이 높으면 연비가 향상되며 출력도 증가한다.

그러나 엔진에서 공연비를 변화시키는 경우 이론 공연비(약 14.75)보다 좀 더 희박한 근처까지는 연비도 향상되고 출력도 향상되지만 지나치게 희박한 공연비에서는 출력과 연비성능이 낮아진다.

그 이유는 고온에 의한 연소 가스의 열해리(熱解離) 영향으로 연소 온도가 최고로 되는 공연비가 이론 공연비보다 농후한 쪽으로 옮겨지고, 농후한 공연비에서는 공기 부족으로 불완전연소가 일어나며, 일산화탄소(CO)의 생성이 증가하고 분자수 증가에 의해 압력이 상승하기 때문이다. 따라서 최대 연비성능과 최고 출력은 이론 공연비보다 다소 농후(濃厚, Rich)한 12.5~13 근처에서 얻어지고 이 공연비를 출력 공연비(出力 空燃比)라고 한다.

또한, 희박(稀薄/Lean) 혼합기에서는 연소속도와 연소온도의 저하로 냉각 손실이 저감되고 비열비(k)의 증대 효과 등으로 이론 공연비보다 열효율과 연비가 향상된다.

다음 그림은 공연비와 축출력(Torque), 연료소비율(g/ps－h)의 관계를 나타낸다.

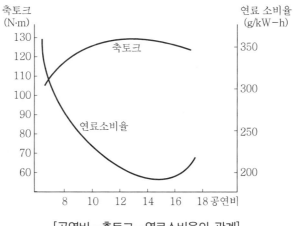

[공연비－축토크－연료소비율의 관계]

LPG의 주요 성분은 무엇이고 여름과 겨울에 성분은 어떻게 구성하며 그 이유는 무엇인지 설명하시오.

1. LPG(Liquefied Petroleum Gas) 연료의 개요

액화석유가스로 일반적으로는 석유 채굴 시 유전에서 원유와 함께 천연가스가 분출하기도 한다. LPG는 석유를 정제할 때 나오는 가스와 석유화학 공장에서 나프타를 분해할 때 나오는 가스를 $-200℃$에서 냉각, 혹은 상온에서 7~10기압의 고압으로 압축하여 액화시킨 연료이다. LPG는 액화·기화가 용이하고, 기체가 액체로 변하면 체적이 작아진다. 상온(15℃)에서 액화하면 프로판은 1/260의 부피로, 부탄은 1/230의 부피로 줄어들어 저장과 운송에 편리하다. 일반적으로 프로판 가스라 불리며 액화한 석유계 연료이며 프로판(C_3H_8)과 부탄(C_4H_{10})을 주성분으로 하는 액화석유가스이며, 기화된 것도 포함한다.

프로판(C_3H_8)과 부탄(C_4H_{10})의 성분 및 물성의 비교는 다음과 같다.

구분	프로판	부탄	구분		프로판	부탄
분자식	C_3H_8	C_4H_{10}	완전연소 공연비		15.1	15.49
비중/공기	1.522	2,006	증기압(kg/cm²) 20℃		8.35	2.10
비점(℃)	-42.1	-0.5	옥탄가		125	91
발열량(kcal/kg)	12,030	11,690	조성 (Mol.%)	여름	10 이하	85 이상
연소범위(Vol.%)	2.1~9.5	1.8~8.4		겨울	15~35	60 이상

자동차용 LPG의 증기압은 프로판과 부탄의 혼합 비율과 온도에 따라 변한다. 증기압이 낮아지면 기화가 어려우므로 계절에 따라 프로판과 부탄의 혼합비율을 조정하여 필요한 증기압을 확보해야 한다.

따라서 온도가 낮은 겨울철에는 증기압이 낮은 부탄의 함량이 더 많도록 LPG의 함량을 조성해야 하는데 일반적으로 겨울철에는 부탄 70%, 프로판 30% 정도의 조성으로 한다.

03
QUESTION

플러그인 하이브리드 차량(Plug-In Hybrid Vehicle)과 순수 전기차 (Battery Electric Vehicle)의 장단점에 대해 비교하시오.

1. 플러그 인 하이브리드 자동차(PHV)와 전기 자동차(EV)

자동차 구동력의 일부 또는 전부를 전기에너지로 사용하는 자동차는 HEV(Hybrid Electric Vehicle), PHEV(Plug-in HEV), EV 및 FCEV(Fuel Cell EV)가 있다.

HEV는 엔진에서 발생하는 동력을 기계적 에너지로 직접 사용하거나 저속 운전 시나 제동 시 운동에너지를 전기에너지로 회생(回生)하여 배터리에 저장한 후 출발 시 등 필요할 때 재사용 하므로 엔진의 특성을 향상시켜 연비도 크게 향상시킬 뿐만 아니라 차량의 출발 시 많이 발생 하는 유해 배출가스의 배출도 크게 저감한다.

HEV는 엔진의 전기에너지의 변환과 사용 방법에 따라 직렬형(Series), 병렬형(Parallel)으 로 구분한다.

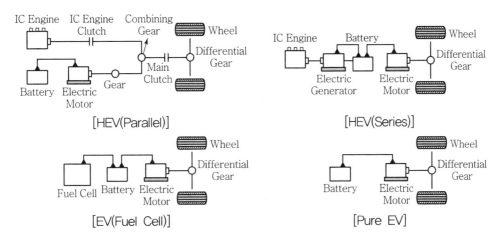

[HEV(Parallel)]   [HEV(Series)]

[EV(Fuel Cell)]   [Pure EV]

PHEV는 HEV와 달리 외부 전원에서 차량 내부에 있는 배터리에 전기에너지를 충전하여 사 용하므로 HEV보다는 큰 배터리 용량을 필요로 한다. 이의 목적은 도심 등 환경 규제가 심한 지역에서는 저장된 전기에너지를 사용하고 도심 밖에서는 엔진을 사용하도록 하기 위함이다. EV는 전기에너지만으로 구동되므로 내연기관 없이 운전되지만 요구되는 배터리의 용량이 크고 고가이면서 배터리 수명과도 연관된다.

FCEV의 경우 수소 충전소 등 인프라를 필요로 하며 아직까지는 대중적 보급에는 해결할 문 제들이 많다.

2. PHEV와 EV의 특징

HEV, PHEV 및 EV 자동차는 공통적으로 전기에너지를 자동차 구동에 활용하게 된다. HEV는 전기에너지를 자동차 내에서 발전하여 사용하며 PHEV와 EV는 외부로부터 전력을 공급받게 된다. 따라서 모두 전기에너지를 저장하는 배터리가 필요하며 배터리 용량은 HEV의 경우 1~2kWh, PHEV의 경우 5~15kWh, EV는 40kWh 이상을 필요로 한다. 또한, PHEV는 소용량 경량형의 충전기로 교류 전력을 공급할 수 있는 충전 포스트로 가능하며 3kW 정도의 전력을 공급하면 된다. 그러나 EV의 경우 100kVA 정도의 큰 전력을 필요로 하므로 대중적 보급이 이루어지면 사회적 인프라가 중요한 문제이다.

다음은 PHEV와 EV의 일반적인 특징을 비교한 것이다.

(1) PHEV의 특징

장점	단점
• 배터리 용량이 작아도 된다. • 충전 전력이 작아도 되므로 특별한 충전 인프라를 필요로 하지 않는다. • 엔진을 비상용 동력으로 사용할 수 있어 주행 거리에 제한을 덜 받는다.	• EV에 비해 유해 배출가스의 오염이 발생한다. • 동력전환장치 등 정밀한 제어가 필요하다. • 충전과 주유로 에너지 보충이 번거롭다.

(2) EV의 특징

장점	단점
• 유해 배출가스가 없는 그린카(Green Car)이다. • 소음과 진동이 없어 운전 편의성이 좋다. • 엔진 없이 배터리 전원과 모터의 구동력을 이용하므로 구조가 간단하다. • 엔진이 없으므로 차실 등 공간 활용도가 크다. • In Wheel 모터 등의 적용으로 지능형 자동차 구현에 유리하다. • 석유에너지 유가 상승 및 고갈에 대비할 수 있는 대체 에너지 자동차이다.	• 배터리의 전력에만 의존하므로 대용량의 배터리를 필요로 한다. • 충전 전력이 커야 하고 사회적 인프라로 해결해야 할 정도이다. • 빈번한 충·방전으로 배터리 수명이 짧고 고가이다. • 엔진이 없어 폐열을 활용할 수 없으므로 별도의 난방장치를 필요로 한다.

CNG 차량과 LPG 차량의 장단점을 비교하시오.

1. LPG 엔진

(1) LPG 엔진의 구분

LPG는 액화석유가스로 프로판(C_3H_8)과 부탄(C_4H_{10})을 일정 비율로 혼합한 연료다. LPG를 연료로 하는 엔진은 다음과 같이 구분된다.
- LPG Engine : LPG를 연료로 사용하는 엔진
- LPI Engine : LPG를 액화한 상태로 사용하며 ECU에서 인젝터를 통하여 분사하여 공급하는 방식의 엔진

(2) LPG 엔진의 특징

LPG 엔진은 가솔린엔진과 같은 전기 점화식 엔진이므로 가솔린엔진과 같은 구조와 형식의 엔진이다. 가솔린엔진과 비교한 LPG 엔진의 특징은 다음과 같다.
- 가솔린보다 옥탄(Octane)가가 높아 노킹의 발생 우려가 적다. 또한 연료의 높은 발열량으로 열효율이 높아 연비성능이 좋다.
- 연소실에 카본 퇴적물 등이 적어 스파크 플러그 등의 수명이 길다.
- 한랭 시동성이 불안정하며 여름과 겨울에 연료의 성상이 다른 연료를 사용한다.
- 고온연소에 따른 질소산화물(NOx)의 배출량이 많다.
- 고압의 연료 탱크를 이용하므로 가솔린에 비하여 주의 깊은 관리가 필요하다.
- 연료 중의 타르 성분이 퇴적되어 연료 공급라인에 문제를 일으킬 수 있다.

2. CNG 엔진

(1) CNG 엔진의 구분

CNG는 천연가스(Natural Gas)를 고압으로 압축 저장하여 연료로 사용하는 엔진이며 천연가스는 메탄(CH_4)이 주성분이고 이 연료를 사용하는 엔진은 다음과 같은 종류가 있다.
- CNG Engine : 200bar 이상의 압력으로 충전한 압축천연가스를 연료로 사용하는 엔진
- LNG Engine : 액화천연가스를 연료로 사용하는 엔진으로 CNG에 비하여 에너지 저장 밀도가 높다.

(2) CNG 엔진의 특징

CNG 연료는 높은 옥탄가 및 연소 배출물이 거의 없는 청정 연료이며, CNG를 연료로 하는 엔진의 특징은 다음과 같다.

- 옥탄가가 높아 기존 디젤엔진의 구조를 적용 가능하다.
- 연소 생성물인 매연, 미세먼지 및 CO, CO_2, NOx 배출량이 적다.
- 디젤엔진에서의 고압 연료 분사펌프를 필요로 하지 않는다.
- 연소 소음이 적고 고속 운전이 가능하다.
- 고압의 연료 탱크를 탑재하므로 안전에 세심한 관리가 필요하다.
- 연료를 충전하는 인프라를 구축하는 데 비용과 관리가 필요하다.
- LNG 엔진에 비하여 저장 에너지 밀도가 낮아 1회 충전당 주행거리가 짧다.
- LNG에 비하여 연료저장탱크의 크기와 중량이 크다.

3. LPG 자동차와 CNG 자동차의 비교

연료로 모두 가스를 사용하는 엔진이지만 연료의 성상과 특성이 다르므로 이들을 연료로 하는 엔진과 자동차도 그 특성이 다르다. 특성을 비교하면 다음과 같다.

구 분	LPG 엔진 자동차	CNG 엔진 자동차
사용연료	프로판(C_3H_8)과 부탄(C_4H_{10})의 혼합 연료이다.	천연가스(NG)이며 메탄(CH_4)이 주성분이다.
연료의 옥탄가	옥탄가가 110 정도이며 압축비를 높일 수 있고 노킹 발생 우려가 적다.	옥탄가가 130 정도로 디젤엔진의 압축비에 정상 연소가 가능하여 연소효율이 좋다.
연소생성물	고온 연소로 NOx의 배출 우려가 많다.	NOx, CO, CO_2, 미세먼지 등의 발생이 적다.
연비성능	가솔린엔진과 유사하며 낮은 압축비에서는 연비가 저하된다.	고압축비 엔진에 적용 가능하며 연소효율이 좋다.
연료탱크	비교적 낮은 압력인 7~10bar 정도로 액화하여 저장하므로 탱크의 구조가 간단하고 내압이 작다.	200bar 정도로 압축 저장하므로 탱크의 크기와 중량이 크고 내압이 높은 견고한 탱크가 필요하다.
적용엔진	가솔린엔진의 구조와 장치를 적용할 수 있다.	옥탄가가 높아 디젤엔진의 구조를 적용할 수 있다.
연료충전	액체 상태이므로 고속 충전이 가능하고 충전 인프라가 다양하다.	충전 속도가 느리고 충전 인프라 구축이 어렵다.
시동/연소특성	분사 연료의 응축으로 한랭 시동성이 불량하다.	디젤엔진에 비하여 시동, 연소특성이 좋다.
1회 충전 주행거리	가솔린과 유사하며 충전 인프라가 잘 갖춰져 있다.	1회 충전거리가 짧고 충전 인프라 구축이 어렵다.
안전성	저압의 탱크이므로 구조가 간단하고 탱크의 중량과 크기가 작다.	고압의 탱크이고 LNG에 비하여 충전 에너지 밀도가 낮다. 탱크의 구조가 복잡하고 부피가 크다.

05 QUESTION 프리 크래시 세이프티(Pre-Crash Safety)에 대하여 설명하시오.

1. 프리 크래시 세이프티(Pre-Crash Safety)

충돌하지 않는 자동차라고 알려진 시스템이며 충돌회피 및 경감 자동 브레이크 시스템을 말한다.

프리 크래시 세이프티(Pre-Crash Safety)는 언제 어디서나 자동차 전방을 감시하여 전방의 차량뿐만 아니라 이동, 고정 물체 장애물을 감지하여 충돌이 우려되는 상황이 되면 자동으로 브레이크를 작동시켜 충돌을 방지하여 안전성 확보와 더불어 피해를 경감할 수 있는 시스템이다.

야간과 악천후에서의 감지 능력을 향상시키기 위하여 스테레오 카메라와 GHz 영역의 고주파를 송수신하는 장애물 감지 장치(Millimeter Wave Sensing System)를 적용하여 경보하며 필요에 따라 제동장치를 작동시키고 안전벨트를 조절하며 자동차의 자세도 수정해 주는 지능형 자동차의 사고 회피 시스템이다.

자동차 제조사마다 기능과 명칭이 다르지만 최근에 이 시스템의 감지 기능을 이용하여 차선이탈 경보 기능(LDW ; Lane Departure Warning)을 포함한 시스템도 있으며 고속에서의 감지 능력을 향상시키기 위한 밀리파 레이더(Millimeter Wave Radar) 방식의 시스템은 고속 영역에서의 높은 신뢰도를 가진다.

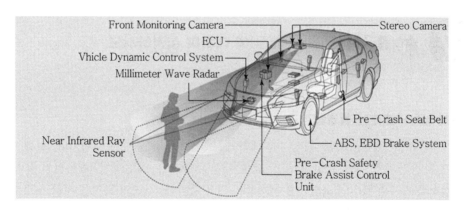

[Pre-Crash Safety System의 일반적 구성도]

06 QUESTION 회생 브레이크 시스템(Brake Energy Re-generation System)에 대하여 설명하시오.

1. 회생제동의 개념

회생제동(回生制動)이란 제동 및 감속 시 주행 중인 자동차의 운동에너지를 전기에너지로 회생(回生)하여 배터리에 저장한 후 출발 시 등 필요할 때 재사용하므로 엔진의 특성을 향상시켜 연비를 크게 향상시킬 뿐만 아니라 차량의 출발 시 많이 발생하는 유해 배출가스의 배출도 크게 저감한다.

브레이크를 밟는다는 건 자동차에겐 일시 정지, 하이브리드에게는 충전이라는 개념일 것이다. 하지만 일반 브레이크 성능을 모두 만족시키면서 모터 발전량 변화에 대응할 수 있는 브레이크 유압 제어는 복잡한 조건을 만족시켜야 하며 유압식 부스터와 브레이크 액추에이션 유닛으로 구성된 회생제동을 위한 협조제어 브레이크 시스템을 필요로 한다.

또한, 발전량의 모터/발전기의 역률과 발전 효율에 영향을 받으며 최근에는 충전 효율을 높이기 위하여 배터리 대신 커패시터(축전기, Capacitor)를 사용한다.

07 QUESTION 슬라롬 시험(Slalom Test)에 대하여 설명하시오.

1. 주행 실차시험(走行 實車試驗, Driving Dynamic Test)

주행 실차시험(實車試驗)은 완성차에 대하여 주행성능을 확인하는 시험이다. 실제 차량으로 일정 조건의 주행로(走行路) 및 노상(路上)에서 주행장치, 조향장치, 제동장치 등에 대하여 시험하여 성능과 품질의 균일성을 시험하는 것을 말한다. 시험의 목적은 시험 결과를 설계에 반영하거나 공정 및 품질관리의 자료로 활용하기 위함이다.

2. 실차시험의 종류와 방법

주행장치, 조향장치, 제동장치에 대한 실차주행시험은 자동차의 주행 안전성의 중요한 요소이며 다음과 같은 다양한 시험을 수행한다.

(1) 고속 조향 성능 시험(Slalom Test)

고속에서의 조향 성능을 시험하는 방법이며 18m 간격으로 고속으로 커브를 교대로 그려 가며 조향 궤적 유지성, 조향 특성 및 주행 안정성에 대해 시험한다.
시험방법은 공차상태와 적차상태에서 조향 안정성과 운전자의 조향 편의성을 시험한다.

(2) 급차선 변경 안정성 시험(VDA Test)

급차선 변경 후 바로 다시 원래의 차선으로 복귀할 때 차체의 기울기 경향성을 시험하는 것이며 자동차의 차고와 무게 중심의 위치에 대한 평가시험이다.

(3) 선회 주행 안정성 시험(Curve Stability Test)

건조한 노면과 젖은 노면에서 선회 주행 시험하며 오버-스티어링(Over Steering) 또는 언더-스티어링(Under Steering) 특성을 시험한다.

(4) 접지면의 마찰계수 제동성능 시험(Split Braking Test)

좌우 제동륜의 접지면 마찰계수가 다른 경우 제동 성능을 시험하는 방법이며 ABS, EBD 와 ESP 등의 성능을 포함하여 제동거리와 제동 안전성을 시험하는 방법이다.

(5) 고속 차선 변경 시험(Wedel Test)

주행속도 110km/h 이상의 고속 주행에서 주행 안정성, 조향 성능 등을 시험하는 방법이며 보통 속도를 변경해 주면서 적차 상태에서 시험한다.

(6) 젖은 노면 이중차선 변경시험(Road Turn Out Test)

급차선 변경시험(VDA Test)과 유사하나 젖은 노면에서 장애물 회피 성능을 시험하는 방법이며 조향장치와 제동장치 및 타이어 등의 주행 장치에 대한 시험방법이다.

08 QUESTION 하시니스(Harshness)에 대하여 설명하시오.

1. 하시니스(Harshness)

자동차가 노면의 연결부위나 단차부위 등 비교적 큰 요철을 고속으로 통과할 때 발생하는 단시간 동안의 충격음과 진동현상을 말한다.

주행속도가 비교적 낮은 30~50km/h에서는 낮은 쇼크음과 충격이 발생하나 고속주행에서는 고주파의 충격음이 발생한다.

일반적으로 타이어의 변형에서 발생하는 소음과 충격이며 타이어에서는 트레드 폭이 넓고 공기압이 높을수록 하시니스(Harshness)는 커지는 경향이 있다.

레이디얼 타이어는 트레드 강성이 높고, 굴곡하기 어려운 구조이기 때문에 고속으로 달릴수록 하시니스는 점점 작아지는 경향이 있다.

09 QUESTION 슈퍼 소닉 센서(Super Sonic Sensor)를 이용한 현가장치에 대하여 설명하시오.

1. 전자제어 현가장치(ECS ; Electronic Control Suspension System)

슈퍼 소닉 센서(Super Sonic Sensor)는 전자제어 현가장치(ECS)에서 차고를 검출하는 센서이며 ECS는 주행 속도와 도로 조건에 따라서 차고와 진동 상태, 조향 각도 등을 감지하여 스프링 상수, 쇼크업소버의 감쇠력, 차고 등을 제어하여 주행 노면의 상태에 따라 발생하는 충격을 적절히 흡수하고 차체의 진동을 최소화할 수 있도록 제어하여 주행 안정성과 승차감을 동시에 향상시키는 것을 목적으로 하는 전자제어 시스템이다.

2. 전자제어식 현가장치(ECS)의 제어

(1) 스프링 상수와 감쇠력(Spring Constant and Damping Control)

자동차의 주행속도, 조향휠 각속도, 주행속도, 차고, 롤링 및 진동 상태에 따라 스프링 상수와 쇼크업소버에서의 감쇠력을 조절한다.

(2) 차고 제어(Vehicle Hight Control)

자동차 정지 시에는 표준 높이, 주행속도가 규정 이상이면 차고를 낮게 제어하여 공기저항을 감소시키고, 선회 시에는 원심력에 의한 롤링을 방지하는 등의 자동차 자세를 제어한다. 또한, 비포장 요철 노면의 주행 시에는 차고를 높게 유지하여 최저 지상고(地上高)를 확보하기 위한 제어이다.

3. 전자제어식 현가장치(ECS)용 센서

ECS에서의 센서는 다음과 같으며 주행 상태와 노면 상태 및 운전자의 조향 상태를 감지하기 위한 센서들이다.

① 차속센서(Vehicle Speed Sensor) : 자동차의 주행 속도를 감지하여 스프링 상수 및 쇼크업소버의 감쇠력을 제어한다.
② 차고센서(Vehicle Height Sensor) : 자동차의 앞뒤 현가장치에 설치되며 차체와 차축의 위치를 감지하여 차체와 노면 사이의 거리를 검출한다. 차체의 지상고(地上高)를 검출하는 초음파 센서(Super Sonic Sensor)와 차체의 서브 프레임에 장착되어 현가장치의 신축량을 검출하는 발광 다이오드식 차고 센서가 적용된다.
③ 조향륜 각속도 센서(Steering Wheel Angular Sensor) : 직진 위치를 기준으로 조향륜의 회전각, 회전 각속도를 검출하여 자동차의 롤링 여부를 판정한다.
④ 중력 센서(Gravity Sensor) : 대부분 피에조 타입(Piezo Type) 센서를 이용하여 주행 노면의 요철에 의한 자동차의 바운싱(Bouncing)을 검출한다.

4. 전자제어식 현가장치(ECS)의 제어

전자제어식 현가장치(ECS)는 자동차의 주행 안정성과 차체의 진동을 억제하고 승차감을 확보하기 위한 장치로서 주요 제어 항목은 다음과 같다.

① 안티 롤링(Anti-Rolling) 제어 : 자동차의 선회 시 발생하는 롤링을 횡가속도 센서로 감지하여 차체의 자세를 제어한다.
② 안티 스쿼트(Anti-Squart) 제어 : 급발진 및 급가속 시 차체의 앞쪽이 들리는 스쿼트(Nose Up) 현상을 억제하기 위하여 쇼크업소버의 감쇠력을 제어한다.
③ 안티 다이브(Anti-Dive) 제어 : 주행 중 급제동에 의하여 차체의 앞쪽이 낮아지는 다이브(Nose Down) 현상을 억제하기 위하여 쇼크업소버의 감쇠력을 제어한다.
④ 안티 피칭(Anti-Pitching) 제어 : 주행 노면의 요철에 따라 주행 속도를 고려하여 차고와 감쇠력을 제어한다.
⑤ 안티 바운싱(Anti-Bouncing) : 중력(Gravity) 센서로 차체의 바운싱이 검출되면 감쇠력을 제어한다.

⑥ 차속 감응(Vehicle Speed Response) 제어 : 고속 주행 시 차체의 안전성 확보를 위하여 감쇠력을 증대시키는 제어를 한다.

⑦ 안티 셰이크(Anti-Shake) 제어 : 승차 인원이 승하차할 경우 차체의 흔들림을 감지하여 감쇠력을 제어한다.

 10 **리타더 브레이크(Retarder Brake)에 대하여 설명하시오.**
QUESTION

1. 리타더 브레이크(Retarder Brake)

자동차의 대형화와 고속화에 따라 특히 대형버스와 트럭 같은 자동차의 제동장치에서 휠 브레이크만으로는 큰 제동력과 제동 열에 의하여 페이드(Fade)와 같은 이상제동(異常制動) 현상이 발생하므로 안정된 제동력 확보를 위하여 다른 보조 브레이크를 적용한다.

급경사 및 내리막길 주행 시에는 미리 휠 브레이크와 함께 배기 브레이크, 엔진 브레이크 및 별도의 리타더 브레이크 등 보조제동장치를 병행 사용하여 최대한 제동력을 분산시키는 것이 안전에 유리한 것으로 일반화되어 있다.

대형 자동차에 주로 적용되는 리타더 브레이크는 다음과 같다.

(1) 엔진 브레이크(Engine Brake)

고속 주행 중 감속하거나 정지할 경우에 액셀러레이터를 늦추고 클러치를 밟지 않으면 엔진은 압축기의 작용을 하므로 큰 에너지를 흡수하여 제동력이 얻어지는 보조 브레이크이다.

(2) 배기 브레이크(Exhaust Brake)

배기 계통(Exhaust System)의 배기가스를 압축하는 동시에 인젝션 펌프의 공급 유량을 줄이거나, 배기가스를 차단하는 동시에 흡입 공기를 차단하여 실린더 내 피스톤이 상하운동에 저항하는 대항 압력을 급속히 발생시키는 것으로 엔진 브레이크에 비하여 빠르고 큰 제동력을 얻는다.

(3) 별도의 리타더 브레이크(Retarder Brake)

변속기 또는 변속기와 추진축 사이에 설치된다. 차륜(車輪)의 회전력이 차동장치와 추진축에 의해 구동되는 회전자(Rotor)의 회전을 고정자(Stator)에 충돌시켜 제동 효과를 발생시키는 유체 브레이크 방식, 맴돌이 전류를 이용한 와전류 브레이크 방식 등이 주로 사용된다.

2. 추가 설치되는 리타더 브레이크(Retarder Brake)의 종류

엔진 브레이크 및 배기 브레이크 외에 추가로 설치하는 리타더는 유체식과 와전류식이 주로 사용되며 모두 제동력을 열로 변환하여 제동하므로 냉각수 및 공기 냉각 장치가 필요하다.

(1) 유체(Hydraulic)식 리타더 브레이크

유체식 리타더 브레이크는 주로 변속기와 차동장치 사이의 추진축에 설치되어 추진축을 통하여 전달되어 오는 리타더 내부의 로터(Rotor)를 회전시키고 유체의 운동에너지가 스테이터(Stator)에서 열에너지로 변환시켜 에너지를 흡수하여 제동 효과를 발휘한다.

(2) 와전류(Eddy Current)식 리타더 브레이크

작은 공극(Air Gap)을 사이에 두고 회전하는 자성체 사이에 흐르는 와전류(Eddy Current)에 의하여 제동 효과를 얻는 방식이며 제동에너지는 열에너지로 변환되므로 냉각수 또는 공기식 냉각장치가 필요하다.

3. 리타더 브레이크(Retarder Brake)의 장점

보조 브레이크의 적용에 따른 효과와 장점은 다음과 같다.

① 제동거리를 단축시킬 수 있다.
② 휠 브레이크의 사용 빈도와 제동 부하를 경감하여 라이닝 수명을 연장시킨다.
③ 제동장치의 온도 상승에 의한 이상제동(異常制動)을 방지한다.
④ 비상시 휠 브레이크의 과도한 사용 빈도가 적어 타이어의 편마모와 파손을 방지한다.
⑤ 큰 제동력을 분산하여 안정된 제동을 유지한다.
⑥ 제동 소음과 운전자의 제동에 의한 피로감을 저감한다.

11
QUESTION

자동차의 응력 측정법에서 광탄성 피막법(Photoelastic Film Method), 취성 도료법(Brittle Lacquer Method), 스트레인 게이지법(Strain Gage)에 대하여 설명하시오.

1. 응력(Stress) 측정방법

부재(部材)에 작용하는 하중에 의하여 변형(Strain)이 발생하고 물체 및 재료는 응력(Stress)을 받는다. 작용하는 변형(Strain) 및 응력(Stress)을 측정하는 방법은 다음과 같으며, 비파괴적으로 변형률, 응력의 집중 상황만 관찰할 수 있는 방법과 작용 응력을 수치적 데이터로 정확하게 측정할 수 있는 방법이 있다.

(1) 광탄성 피막법(Photoelastic Film Method)

광탄성 피막(Photoelastic Film) 응력 시험법은 응력 집중도가 큰 부위를 검출하는 시험법으로 물체에 입사, 반사된 두 편광의 간섭에 의해서 응력 상태와 정도에 따라 만들어지는 무늬를 나타내는 에폭시 수지 등의 투명한 피막재를 시험 대상 물체에 부착시키고 부재의 변형(Strain)에 따른 응력(Stress)을 측정하는 광학적 방법이다.

장점으로는 시험 대상 부재에 인장, 압축, 비틀림 등의 하중을 작용시키면 비교적 넓은 영역의 변형과 응력 상태를 정성(定性)적으로 직접 관찰할 수 있고, 단점으로는 실험실 내에서 행해야 한다는 것과 비교적 큰 장치를 필요로 한다는 것이다.

(2) 취성 도료법(脆性 塗料法, Brittle Lacquer Method)

취성 도료법(Brittle Lacquer Method)에 의한 응력 측정법은 통상의 도료로는 검출할 수 없는 작은 변형에도 갈라진 균열 틈에 스며드는 무른 도료를 이용하여 응력(Stress) 집중 부위를 파악하는 방법이다.

도료의 도포 시 어느 정도의 기술력을 필요로 하지만 특별한 계측기를 필요로 하지 않고 모든 실부하 조건에서 부재에 발행한 최대 변형에 의해 갈라진 균열 틈에 도료가 잔류하므로 정성(定性)적으로 응력 집중 부위를 검출하는 데 편리한 방법이다.

(3) 스트레인 게이지법(Strain Gage Method)

복잡하고 정밀한 작업이지만 가장 정밀하게 응력(Stress) 데이터를 정량(定量) 수치적으로 시험할 수 있는 방법이다.

일종의 저항인 스트레인 게이지(Strain Gage)를 응력 측정 부위에 접착제(Adhesive) 및 용접(Spot Welding)으로 부착하고 하중이나 비틀림 등을 작용시키며 스트레인 게이지(Strain Gage)의 변형으로 스트레인 데이터(ε)를 직접 얻는 방법이다.

스트레인 값을 크게 얻기 위하여 휘트스톤 브리지(Wheatstone Bridge)를 사용하며 후크의 법칙을 이용한 방법이다.

후크의 법칙은 응력(Stress)과 변형률(Strain)의 관계를 나타내는 법칙이며 다음과 같이
표시된다.

작용응력(Stress) : $\sigma(kg/mm^2)$, 변형률(Strain) : ε,

재료의 탄성계수(Young's Modulus) : $E(kg/mm^2)$라고 할 때

$\sigma(kg/mm^2) = \varepsilon \cdot E$로 표시된다.

따라서 스트레인 게이지(Strain Gage)로 변형률(變形率, Strain)을 직접 측정하면 작용
응력(應力, Stress)를 수치적 데이터로 측정 가능한 시험방법이다.
스트레인 게이지의 부착 위치와 방향에 따라 인장, 압축, 비틀림 등의 응력을 측정, 시험
한다.

QUESTION 12 인터그레이터(Integrator)와 블록 런(Block Learn)에 대하여 설명하시오.

1. 인터그레이터(Integrator)와 블록 런(Block Learn)

산소센서 출력값을 기준으로 인터그레이터(Integrator)는 연료분사(농후, 희박)량에 대한 장
단기 보정방법이며 블록런(Block Run)은 이론 공연비(14.75 : 1)를 유지하기 위한 판단기
준이 되는 데이터를 제공한다.

(1) 인터그레이터(Integrator)

산소센서에 대한 응답으로 ECU에서 제어되는 연료 분사량에 대한 단기 보정을 의미한다.
산소센서는 출력 전압이 450mV를 기준으로 높거나 낮을 경우 분사량을 증량 또는 감량
보정하는 데 450mV 이하이면 혼합기가 희박하다고 판정하고 인테그레이터(Integrator)
는 증가하여 분사량을 증량 보장하며 450mV 이상이면 연료공급 분사량을 감량 보정한다.
산소센서값이 600mV 이상으로 유지되면 ECU에서는 감량 보정하여 혼합기가 농후하게
되는 것을 억제하여 혼합기가 희박해지도록 보정 역할을 한다.

(2) 블록런(Block Learn)

산소센서 출력값을 기준으로 연료 분사량 보정에 대한 장기 보정 요소이며 이론 공연비 (14.75 : 1)를 기준으로 분사량의 증량과 감량 보정을 나타내 주는 값이다.

블록런은 인터그레이터 값에 따라 변하기도 하는데 블록런 셀은 아이들 상태부터 전부하 상태까지 보통 4개의 블록런 셀 중에서 하나가 선택되며, 부하 상태(TPS ; Throttle Position Sensor)와 엔진 속도(CPS ; Crank Position Sensor)를 기준으로 정해진다.

자동차의 연료소비율과 관련된 피베이트(Feebate) 제도에 대하여 설명하시오.

1. 피베이트(Feebate) 제도

지구 온난화의 주요 원인이 되는 CO_2의 배출 저감과 석유 에너지의 사용을 억제하고자 하는 목적으로 2008년 프랑스에서 도입한 CO_2 배출에 대한 보조금 제도이다.

자동차의 CO_2 배출량에 따라 세금을 차등 부과하거나 보조금을 지급하는 방식이므로 CO_2의 배출량이 적을수록 더 많은 지원과 보조금을 돌려받을 수 있는 제도이다.

이 제도의 도입으로 CO_2 배출량이 낮은 자동차의 판매가 급증하고 CO_2 배출량도 획기적으로 감소되었음이 입증되었다고 한다.

이와 더불어 CO_2의 배출량이 적은 하이브리드(HEV) 및 전기 자동차(EV)의 판매량이 급증하였고 CO_2와 유해 배기가스의 배출량이 적은 소형, 경량 자동차의 개발과 판매도 증가하는 경향을 보였다고 한다.

프랑스의 피베이트(Feebate) 제도의 성공에 영향을 받아 독일에서도 신차 구입 보조금 제도를 도입하여 CO_2의 배출량을 저감하고 있으며, 일본도 스크랩 인센티브라고 하는 제도의 도입으로 CO_2를 포함한 배출가스 폐해가 적은 자동차의 구입을 유도하고 있다. 우리나라의 경우 노후 차량 교체 지원금 및 전기 자동차 구입 지원금을 제공함으로써 CO_2 배출량 저감을 위해 노력하고 있다.

01
QUESTION

한국 정부는 최근에 이산화탄소의 저감 목표를 설정하였다. 2020년 목표가 무엇인지 설명하고 차량 부문에서 이를 달성하기 위하여 정부, 기업, 소비자가 취해야 할 역할에 대하여 설명하시오.

1. 우리나라 정부의 온실가스 저감 목표

대기권에서 지표에서 방사되는 적외선의 일부를 흡수함으로써 지구에 온실 효과를 일으키는 원인이 되는 기체를 총칭하여 온실가스라고 한다.

주로 수증기, 이산화탄소, 아산화질소, 메탄, 오존, CFCs 등이 온실효과를 일으키는 일반적인 지구 대기의 온실가스 성분이나 이산화탄소의 영향이 지배적이며 급격한 배출량 증대를 보이고 있다.

우리나라 정부는 2020년 국가 온실가스 감축 목표를 배출 전망치(BAU) 대비 30% 감축키로 결정했다. 전망치 BAU(Business As Usual)는 온실가스 저감을 위한 특별한 조치를 취하지 않을 경우 배출될 것으로 예상되는 미래 전망치이다. 즉, 감축을 위한 특별한 노력이나 조치를 취함이 없이 국민경제의 통상적 경제 행위와 성장관행을 전제로 유가변동, 인구변동, 경제성장률 등에 따라 영향을 받을 미래에 배출될 온실가스의 추정 전망치를 말한다.

2. 온실가스의 감축을 위한 자동차와 교통 부문에서의 정부의 역할

(1) 세제 정책 개편과 도입으로 참여 확대

탄소세 도입 등 환경 친화적인 세제 개편을 통해 환경 보전과 자원 절약을 유도하면서 온실가스 배출 등 환경오염에 대한 세금은 강화하되, 법인세 일부 감면 등을 통해 기업과 단체에서 자발적으로 온실가스 감축에 관심을 가지고 참여하도록 유도한다.

(2) 탄소 배출권 거래제 도입과 활성화

탄소 배출권 거래제 도입으로 각 기업에서 자발적으로 석유에너지의 사용을 억제하고 억제에 대한 보상으로 참여를 유도하며 에너지 절감과 에너지 관련 시설에 대한 투자가 경영에 큰 도움이 된다는 인식을 유도한다.

또한, 기후 친화적 산업을 집중 지원하고 육성하는 정책을 다양하게 도입하여 석유에너지의 의존도를 낮추고 신재생에너지 산업을 육성한다.

(3) 환경 친화적 신재생에너지 기술 개발과 사업유도

학계와 연구기관 및 기업들을 동원하여 신재생에너지 기술 개발을 다양화하고 각 산업 현
장에 에너지원으로 적용하여 온실가스의 저감에 대응하며 미래의 유망한 고부가가치 산
업분야임을 실감하도록 국가적 차원에서의 기술지도와 금융, 세제 등의 지원으로 적극적
육성 방안을 수립하고 시행한다.

(4) 대중적 참여를 위한 인센티브 제도 도입과 SOC 구축

프랑스의 피베이트(Feebate) 제도처럼 자동차의 CO_2 배출량에 따라 세금을 차등 부과하
거나 보조금을 지급하는 방식이므로 CO_2의 배출량이 적을수록 더 많은 지원과 보조금을
돌려받을 수 있는 제도를 도입하여 대중적 참여를 유도하고 현재 시행 중인 노후 차량 교
체 지원금과 친환경 에코 차량 구입 지원금 제도를 전국적으로 활성화한다.
또한 철도 및 경전철과 같은 환경 친화적 대중 교통망을 적극 개발하고 건설하여 개인 자
동차의 사용을 억제하며 정밀한 교통 조사로 미래에 대비하는 교통망을 구축하여 혼잡,
정체구간을 줄이고 대중교통 이용을 유도하는 인프라를 구축한다.

3. 온실가스의 감축을 위한 자동차 업계 역할

(1) 친환경 신재생에너지 자동차 개발

기존의 석유에너지를 연료로 사용하는 내연기관 자동차의 개발과 생산을 줄이고 정부 시
책과 목표에 적극적으로 참여하는 기업 정책의 수립으로 수소 엔진 자동차, 연료전지 전
기 자동차(FCEV), 하이브리드 자동차(HEV), 전기 자동차(EV)의 개발과 대중적 보급이
가능한 양산체제 준비로 가격을 인하하는 노력을 한다.

(2) 자동차의 경량화와 다운 사이징(Down Sizing)

점차 대형화되고 고속주행을 원하는 소비자들의 요구에 맞서 자동차의 경량화와 다운 사
이징으로 에너지 소비를 줄이며 안전도와 성능을 향상하는 노력이 요구된다.

(3) 연소기술 개발과 첨단 제어기술 적용으로 온실가스 배출 억제

석유에너지를 연료로 사용하는 엔진에서의 CO_2 저감에는 한계가 있으나 정밀한 제어와
높은 연비효율의 자동차를 개발하고 적용하여 연료의 소모를 최소화한다.

(4) 모듈화 플랫폼 적용과 공정 단순화

부품의 모듈화와 플랫폼의 공통 적용으로 부품의 수를 줄이고 공정을 단순화하여 에너지
사용을 최소화하며 부품의 이동거리를 줄이도록 부품 업체와 완성차 업체의 입지도 고려
하는 노력이 필요하다.

4. 온실가스의 감축을 위한 소비자의 역할

(1) 자동차에 대한 인식 전환

이미 자동차는 생활필수품이 되었으며 필요 이상의 대형자동차를 소비하는 행태는 바람직하지 않다. 이용 목적에 맞으며 안전하고 경제성을 고려한 자동차를 선택하고 소비하는 자세가 요구된다.

(2) 지구 온난화에 의한 폐해 인식 및 에코드라이브 시행

온실가스로부터 야기되는 지구 온난화와 그에 따른 이상기후, 해수면 상승, 많은 생태계의 파괴와 멸종 등이 자신의 문제라는 인식을 가져야 한다.
개인 자동차의 운행을 가능한 억제하고 대중교통을 이용하며 급가속, 고속주행 등을 피하는 에코드라이브(ECO Drive)를 시행한다.

(3) 정부의 친환경 정책의 적극 활용과 동참

온실가스 감축을 위한 정부와 관련 단체의 정책을 적극 이해하고 동참하려는 노력을 경주하며 각종 세제, 자금 등의 지원 및 인센티브 제도를 활용하는 자세가 필요하다.

연비를 개선하기 위하여 다운 사이징(Down Sizing)과 다운 스피딩(Down Speeding)이 채택되고 있다. 연비가 개선되는 원리를 예를 들어서 설명하시오.

1. 다운 사이징과 다운 스피딩의 정의

다운 사이징(Down Sizing)의 목표는 성능은 그대로 유지하거나 향상하면서, 크기와 무게는 줄여 비출력(비출력, Specific Power)을 향상시키는 것으로 핵심요소가 바로 출력 향상과 연비효율 향상이다.
다운 사이징을 하려면 필수적으로 엔진 배기량을 줄여야 하며 높은 연비효율과 친환경, 비용 절감을 동시에 구현해야 한다.
또한, 다운 스피딩(Down Speeding)은 저속 영역에서의 토크(Torque) 향상과 더불어 변속 기어비의 개선으로 저속에서도 출력 성능과 주행성능을 저하시키지 않는 기술의 총칭으로 연비효율 향상과 더불어 온실가스의 저감이 목적이다.

아래 그림은 기존 엔진의 저속과 고속 영역에서 토크가 저하되는 특성을 개선하기 위하여 과급 등으로 저속 영역에서의 토크 향상과 이에 대응하여 기어비를 확장하여 최적의 변속비를 제공하고 주행 연비를 향상시키는 내용을 보여준다.

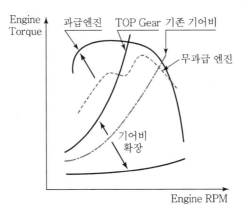

[다운 스피딩의 효과]

2. 다운 사이징과 연비효율

다운 사이징은 배기량을 줄여 고부하 영역에서 운전하는 개념으로, 저속 고부하 영역의 연비가 저부하 영역의 연비보다 우수하다는 원리를 이용하여 연비효율을 향상시키고자 하는 목적이며 저속에서의 토크를 개선하고 안정된 연소를 구현하는 것을 선결 과제로 인식하고 있다. 다운 사이징과 같이 운전 영역의 변경을 통해 연비를 향상시키는 방식은 다운 스피딩(Down Speeding)이 있는데 기어비 변경을 통해 운전 영역을 고부하 및 저회전수 영역으로 이동시켜 연비효율의 향상을 실현하고자 하는 것이다.

다운 사이징을 실현하기 위한 실제적 방안으로 배기량을 줄이고 연소 시스템 자체를 개선하여 연비효율을 향상시키며, 출력의 저하를 막고, NOx 등의 유해가스의 배출을 억제하는 방향으로의 개선이 필요하다.

현재 적용되는 다운 사이징을 위한 연소 시스템 개선 방법들은 다음과 같으며 모두 저속 영역에서의 토크를 증대하고 완전연소를 구현하여 연소 열효율의 향상으로 연비효율을 높이고자 하는 방법이다.

① 과급기(Super Charger)와 인터쿨러(Inter Cooler)의 도입으로 저속에서의 흡입 효율 저하를 개선하며 저속에서의 토크저하 특성을 개선하기 위하여 2단 터보 시스템을 도입한다.
② 연속가변 밸브 리프트(CVVT) 및 가변 압축비 방식의 도입으로 연소효율과 열효율의 향상을 도모한다.
③ 직접분사 방식의 채택으로 운전조건에 따른 정밀한 연비 조성으로 연소효율과 열효율 향상을 기하고 연비효율을 향상시킨다.

④ 기통휴지 시스템을 개발하여 저부하 시에는 실린더 중의 일부를 휴지시켜 연비효율을 향상시킨다.

3. 다운 스피딩(Down Speeding)과 연비효율

다운 스피딩을 구현한다는 것은 엔진의 출력 성능 변화에 따른 최적의 변속비를 제공하는 것이며 저속 영역으로 운전 영역이 확대되는 엔진의 출력에 대응하는 변속비가 요구된다.

다운 스피딩으로 연비효율을 개선하기 위해서는 변속단의 다단화와 기어비 폭을 증대시키며 전동효율을 향상시키는 방법이 효율적이다. 또한 자동 변속기에서의 변속 자동화와 소형 경량화가 필요하다. 이러한 방법들의 구체적효율 개선 방법은 다음과 같다.

(1) 변속기의 다단화와 기어비 폭의 확장

엔진의 운전 영역을 저속 영역까지 확대되는 것을 활용하기 위해서는 변속기에서 TOP단 기어비를 낮춰야 하며 이는 기어비의 폭을 확대하는 결과를 가져오게 된다. 확대된 기어비 폭을 운전 조건에 따라 세밀하게 제어하기 위해서는 더 많은 기어단을 제공하는 변속기의 적용이 필요하다.

(2) 변속기 다단화의 효과

주행 조건에 따라 원하는 엔진 회전수로 제어할 수 있으며 엔진의 다운 스피딩을 가능케한다는 점이다. 이를 통해 연비효율을 개선할 수 있다.

(3) 발진장치와 댐핑 시스템

자동 변속기 효율에 가장 지배적인 요소는 토크 컨버터(Torque Converter)이다. 유체 손실에 의한 슬립 손실은 매우 큰 비효율적 장치이므로 록업 클러치(댐퍼 클러치)의 작동 영역을 확대하는 기술 개발과 적용이 필요하며 엔진의 최저 속도에서부터 전 회전 영역에 대응하는 록업 클러치의 적용이 유효한 방법이다.

03 밸브 타이밍(Valve Timing)에 대해 설명하고 타이밍이 엔진에 미치는
QUESTION 영향에 대하여 설명하시오.

1. 밸브의 개폐시기

이론 사이클에서 압축비는 상사점(TDC)에서의 연소실 체적으로 하사점(BDC)에 있어서의
체적을 나눈 것으로 흡·배기 밸브의 개폐 시기도 상·하사점과 일치한다.

그러나 현재 자동차용 엔진에 적용되는 밸브의 대부분은 포핏 밸브(Poppet Valve)이며 실제
기관에서는 밸브 개폐 시기에 밸브의 가속도에 대한 제한으로 밸브의 양정 곡선(Lift Curve)
은 정현파에 가까운 곡선으로 된다.

따라서 이로 인하여 체적효율(Volumetric Efficiency)과 충진효율(Charging Efficiency)이
최적으로 되는 밸브의 개폐 시기도 상·하사점으로부터 벗어나게 된다.

(1) 흡기밸브의 열림 시기(SVO ; Suction Valve Open)

피스톤 속도가 빠른 위치에서 밸브의 열림 면적을 크게 하기 위해서 흡기 밸브는 일반적
으로 상사점 전 5~20℃A에서 열게 되어 있다. 이 값을 크게 하면 밸브 오버랩(Valve
Over Lap)이 증대되고 저속에서는 잔류가스의 증가로 체적효율(Volumetric Efficiency)
이 저하되지만 고속 영역에서는 가스 흡기의 유동 관성(流動慣性)에 의한 동적 효과로 체
적효율은 증대된다.

(2) 흡기밸브의 닫힘 시기(SVC ; Suction Valve Close)

흡기행정의 초기에는 밸브 전후의 차압이 크나 밸브의 양정(Lift)이 커지게 되면 실린더
벽으로부터의 가열 등으로 압력은 대기압에 가까워진다.

흡기밸브의 닫힘이 빠르면 스로틀링으로 인하여 압력이 회복되지 못하므로 흡기밸브의
닫힘 시기는 하사점 후 30~50℃A 정도로 한다. 이보다 닫힘 시기가 빠르면 체적효율은
저하되고 늦으면 이미 흡입된 신기(新氣)가 역류하는 현상을 보이며 빠른 경우와 같이 체
적효율은 저하한다.

흡기의 관성 영향으로 흡기밸브의 닫힘 시기의 최적치는 회전속도에 의하여 달라지며 흡
기 관성(吸氣慣性)은 저속에서는 작고 고속에서는 커지게 된다.

(3) 배기밸브의 열림 시기(EVO ; Exhaust Valve Open)

배기밸브의 열림값은 흡입 효율의 영향이 비교적 적다. 그러나 팽창일을 크게 하고 배출
가스의 밀어내기 손실을 저감시킨다고 하는 양자의 형평에서 하사점 전 50℃A 전후의 값
이 적당하다.

(4) 배기밸브의 닫힘 시기(EVC ; Exhaust Valve Close)

배기행정 중의 실린더 내 압력은 배기밸브의 스로틀링으로 배기포트 압력보다 조금 높다. 잔류 가스량을 감소시켜 체적효율을 향상시키기 위하여 배기밸브 닫힘 시기는 상사점 후 5~20°CA의 값으로 한다.

지나치게 빠르면 배기가 충분하지 못하여 잔류 가스량이 증가하고 최적효율은 저하되며 닫힘 시기가 지나치게 늦어지면 배출가스가 배기 포트로부터 실린더로 역류되는 현상으로 잔류가스가 증가된다.

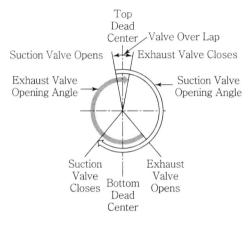

[Valve Over Lap]

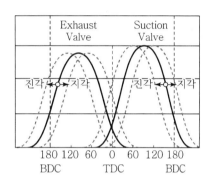

[Valve Over Lap의 기간]

2. 밸브 오버랩(Valve Over Lap)

밸브 오버랩 기간은 상사점 근처에서 흡기·배기밸브가 동시에 열려 있는 기간이며 고속인 경우에는 흡기의 관성으로 배기를 밀어냄으로써 체적효율은 향상되고 저속과 아이들 시에는 배기가스가 흡기 쪽으로 역류하는 현상으로 잔류가스의 양이 증가한다.

아이들링 시에는 근본적으로 흡입 공기가 적어서 연소가 불안정한 상태에서 잔류가스가 혼입되므로 운전 상태는 한층 불안정한 상태가 된다.

특히 4밸브 엔진은 밸브 면적이 커서 2밸브 엔진과 오버랩 기간이 같아도 실질적으로는 그 기간이 커지는 것과 다를 바 없다.

근래 들어 NOx 같은 유해 배출가스의 문제가 대두되면서 밸브 오버랩을 조정하여 내부 EGR 효과를 기대하는 엔진도 적용되며 저속에서의 출력저하를 개선하는 방법으로 과급(過給, Super Charging) 방법을 도입하고 있으며 가변 밸브 방식 등으로 체적효율을 향상시키고 있다.

3. 밸브 개폐 시기와 엔진의 출력

왕복형 내연기관의 특성인 저속과 고속에서의 회전력(Torque) 저하는 해결해야 할 최대의 과제이다. 이것의 근본적 이유는 저속과 고속에서의 체적효율이 저하되는 문제였으며 이의 개선을 위하여 밸브의 대형화, 단행정 엔진(Over Square Engine)의 개발, 멀티 밸브(Multi Valve), 가변 밸브 타이밍(Variable Valve Timing) 시스템, 과급과 인터쿨링 시스템(Super Charging & Inter Cooling System) 등을 도입하였다.

전자제어식 연료 분사형 엔진에서 이 문제는 더 큰 문제로 인식되었으며 열효율과 연비성능의 향상과 함께 유해 배출가스의 생성과 배출을 억제한다는 목적이었다. 따라서 최적의 밸브 개폐 시기와 그에 따른 연소 열효율 향상하고자 다양한 밸브 제어 방법들이 개발·적용되고 있다.

 04 QUESTION 터보 차저에서 용량 가변 터보 차저(VGT ; Variable Geometry Turbo Charger), 시퀀셜 터보 차저(Sequential Turbo Charger), 트윈 터보 차저(Twin Turbo Charger)의 특징과 작동원리를 설명하시오.

1. 터보 차저(Turbo Charger)의 개요

터보 차저는 엔진의 체적효율을 높여 토크와 출력을 높이기 위한 방법으로 강제적으로 공기를 압축해 공급하는 장치이다.

왕복형 엔진은 저속과 고속에서 체적효율의 저하로 토크가 저하되는 특성이 있는데 이를 극복하고 부스트압을 높여 체적효율을 높이고 가능한 많은 연료를 공급하여 엔진의 비출력(比出力)을 높인다. 부스트압이 높고 체적효율이 향상되면 연소실의 실제 압축비는 상승하는 효과가 있으며 완전연소로 열효율과 출력이 향상된다.

가솔린엔진의 경우 노킹의 우려가 있으나 엔진의 속도에 따라 과급량의 제어로 부스트압을 조절하는 다양한 과급 장치들이 적용되고 있다. 다음은 대표적인 터보 차저의 종류와 특징이다.

(1) 용량 가변 터보차저(VGT ; Variable Geometry Turbocharger)

가변식 베인을 제어하여 과급량이 제어되는 터보차저이며 ECU에서 엔진 회전 속도, 액셀러레이터 페달 센서, 부스트 압력 센서, 냉각수 온도, 차속센서 등의 신호를 받아 목표로 하는 부스트 압력을 결정하고 이 압력을 형성하기 위하여 진공 솔레노이드 밸브를 작동시키고 진공 압력에 따라 터보차저의 베인 컨트롤 액추에이터가 밀리고 당겨지면서 터보차저의 베인이 움직여 유로가 변경되고 과급량이 제어된다.

엔진의 고속 영역에서는 배기가스의 통로가 확대되어 터보차저의 배기 유량이 최대화되고 배압은 감소한다. 저속 영역에서는 배기 통로를 축소하여 속도에너지를 최대화함으로써 저속에서의 부스트압을 확보하고 터보 래그(Turbo Lag)가 감소하여 저속에서의 체적효율을 높여 회전력과 출력이 향상된다.

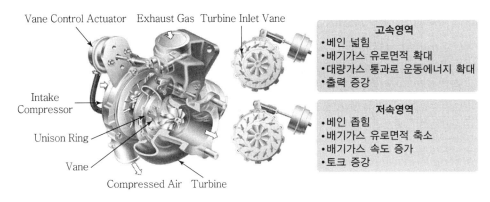

[VGT(Variable Geometry Turbocharger)]

2. 시퀀셜 터보차저(Sequential Turbo Charger)

일반적으로 자동차 엔진에서는 1개의 터보를 주로 사용하지만 그 이상의 비출력을 얻기 위하여 2개의 저속~고속에 작용하는 2개의 터보를 흡기통로와 배기통로로 연속적으로 연결한 터보 시스템을 시퀀셜 터보차저(Sequential Turbo Charger)라고 한다.

시퀀셜 터보차저는 흡배기 유로의 구성 방법과 제어 방법에 따라 직렬(Serial)형과 병렬(Parallel)형으로 구분한다.

직렬형 시퀀셜 터보차저(Sequential Turbo Charger) 시스템은 터빈 휠이 작은 소형 터보 시스템과 휠의 사이즈가 큰 대형 터보 시스템이 조합된 방식의 터보차저이며 'Dual(Two) Stage Turbo System'이라고도 한다.

소형 터보는 고압 터보(High Pressure Turbo)이며 터보의 휠 사이즈가 작아 회전관성이 작으므로 급가속에 민첩한 반응을 하도록 한 것이다.

터보차저의 전후에 바이패스 유로를 만들어 컨트롤 밸브를 설치하여 저속 영역에서는 양쪽의 컨트롤 밸브를 닫아 배기 전량을 소형 터보로 보내고 중 · 고속 영역에서는 두 밸브를 열어 배기가스를 모두 대형 터보로 보내서 저속과 중 · 고속에서의 부스트압을 확보하는 방식의 터보차저이다.

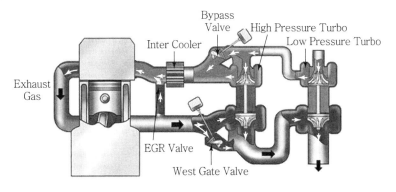

[Sequential Turbo Charger(Serial Type)]

3. 트윈 터보차저(Twin Turbo Charger)

배기량이 큰 다 실린더 엔진에서 주로 사용하는 터보차저 시스템이며 터보차저가 대형화되는 것을 피하고 흡기 매니폴드의 유로(流路)가 길어 터보 래그(Turbo Lag)를 줄이기 위하여 대형 터보차저 대신 소형 터보차저 2개를 설치한 시스템이다.

각 터보차저는 흡기의 간섭이 없는 실린더 끼리 연결되며 대용량의 터보 하나를 적용하는 것보다 소형 터보차저 2개를 사용하는 것이 저속 영역에서 유리하고 6실린더 이상의 대형엔진에 주로 적용한다.

액티브 전자제어 현가장치(AECS ; Active Electronic Control Suspension)의 기능 중 스카이 훅 제어(Sky Hook Control), 퍼지 제어(Fuzzy Control), 프리뷰 제어(Preview Control)에 대하여 설명하시오.

1. 액티브 전자제어 현가장치(AECS)의 제어

스카이 훅 제어(Sky Hook Control), 퍼지 제어(Fuzzy Control), 프리뷰 제어(Preview Control)는 자동차의 전자제어 현가장치에서의 감쇠력(Damping Force)을 제어하는 방법이며 단순히 감쇠력의 강약만을 제어하는 방법에서 자동차의 자세까지 제어하기 위한 서스펜션의 감쇠력 제어 방법이다.

(1) 스카이 훅 제어(Sky Hook Control)

유체 댐퍼에 적용되는 제어 알고리즘의 하나로 1974년 Karnopp에 의하여 제안된 제어 법칙이다.

스프링상 질량(Sprung Mass)의 진동을 제어하기 위하여 추가적인 관성 댐퍼(Inertial Damper)를 스프링상 질량에 장착하여 요구되는 감쇠력(Damping Force)을 발생시킨다는 개념으로 스프링상 질량의 절대 속도와 스프링상 질량과 스프링하 질량(Unsprung Mass) 사이의 상대 속도에 따라 감쇠계수를 설정하게 된다. 스카이 훅 제어(Sky Hook Control) 개념을 구현하기 위한 가장 간단한 방법으로 스프링상 질량의 절대 속도와 스프링상 질량과 스프링하 사이의 상대 속도, 즉 댐퍼 속도에 따라 2가지로 설정된 감쇠계수를 설정하는 것이다.

전자제어 현가장치에서는 노면의 진동이 차체의 진동에 미치는 영향을 줄이기 위한 한 방법으로 차체를 고정된 천장에다 가장의 댐퍼로 연결하고 이 가상의 댐퍼에서 필요한 감쇠력을 실체의 댐퍼로써 구현하는 개념이다.

스카이 훅 제어는 모든 상황에 피드백 제어를 하는 최적 제어와는 달리 현가장치의 상대 속도와 차체의 절대 속도만을 이용하여 능동, 반능동으로 제어하는 방법으로 스프링상 질량의 진동만을 제어하므로 구조가 간단하고 ECU의 설계가 간단하다.

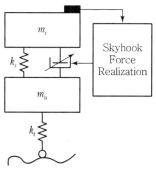

[스카이 훅 제어의 개념]

(2) 퍼지 제어(Fuzzy Control)

퍼지 제어는 시스템의 동적 거동을 충분히 알지 못하거나 불확실할 때도 제어가 가능하다는 장점이 있으나 경험자적 입장에서 예측하고 제어 파라미터를 설정해야 한다는 불확실성을 가진다는 단점이 있다.

그러나 이러한 단점은 사전에 제어 룰(Rule)이 정해져 있지 않아 퍼지 룰을 자기 학습 과정에 의하여 결정되므로 퍼지 제어는 가변구조의 형태를 가지며 제어 형태를 자기 스스로 구성한다는 특징을 가진다.

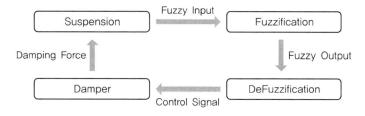

[Fuzzy Control의 제어 개념]

(3) 프리뷰 제어(Preview Control)

프리뷰 제어(Preview Control) 액티브 전자 제어 서스펜션의 기능은 스카이 훅(Sky hook) 제어 기능과 퍼지 제어(Fuzzy Control) 기능을 추가하여 더 높은 레벨의 승차감과 조정 안정성을 향상시킨 서스펜션을 말한다.

스카이 훅 제어는 고속도로에서의 큰 주기의 진동을 에어 스프링 내의 급배기를 고속으로 세밀하게 제어하여 평탄한 주행 감각이 실현되도록 한다.

프리뷰 제어 전자제어 서스펜션은 퍼지 제어에 의하여 노면 상태, 도로 환경의 판단을 가능하게 하고 적합한 제어 모드를 자기 스스로 결정하고 제어하는데, 초음파 센서에 의하여 주행 노선 전방에 돌기 및 진동을 유발하는 요소의 검출 시 감쇠력(Damping Force)과 차고를 제어한다.

06 4WS(4-Wheel Steering)의 제어에서 조향각 비례 제어와 요-레이트(Yaw Rate) 비례 제어에 대하여 설명하시오.

QUESTION

대부분의 자동차는 전륜(2륜) 조향으로 주행하지만 4륜 조향장치는 전륜 조향과 더불어 후륜도 역위상으로 조향하여 선회반경을 작게 하거나 고속에서 동위상으로 조향하여 차선 변경과 선회 시 조향 안정성을 향상시키기 위한 것이다.

4륜 구동에서 후륜의 조향각을 제어하는 방법은 조향각 비례 제어식과 요-레이트 비례 제어식으로 구분할 수 있다.

1. 조향각 비례 제어식 4륜 조향

(1) 조향각 비례 제어식의 개요

조향각 비례 제어(Steering Angle Proportional Control) 방식은 조향 휠의 조향각에 비례하여 저속에서는 역위상으로 조향각을 제어하고, 중·고속에서는 동위상으로 후륜을 조향하는 것이다.

조향각 비례 제어식은 중·고속에서는 조향할 때 전·후 조향륜의 균형이 안정적이며 정상 선회 상태가 되었을 때 자동차의 진행 방향과 차체의 방향이 일치되어 안정된 선회 성능을 얻을 수 있다. 조향 조작 초기에 과도한 조작을 하면 전·후 조향륜 모두에 코너링 포스(Cornering Force)가 발생되므로 차체가 자전(自轉)보다 공전(空轉)을 하게 되어 차체가 선회 외측을 향하는 경향이 있으나 전륜(2륜) 조향식 자동차의 선회와 비교하면 선회 반경 차이를 알 수 있다.

(2) 조향각(Steering Angle) 비례 제어식의 구조와 작용

후륜 타각을 전륜 조향각과 비례시켜 조향하는 방식이므로 전·후륜 조향기구는 서로 기계적으로 연결되어 있으며 운전자의 조향 휠의 회전은 전륜 조향기어 박스로 전달되고 래크가 전륜 조향용 타이로드를 좌우로 이동시켜 전륜을 조향시킴과 동시에 출력 피니언을 회전시켜 후륜 조향축을 경유하여 후륜 조향 기어 박스에도 전달된다. 이때 동작하는 조향 기구는 다음과 같다.

① 조향 피벗(Steering Pivot) 기구

후륜 조향 기어 박스의 조향 피벗 기구는 큰 베어링이며, 아우터 레이스(Outer Race)는 섹터 기어(Sector Gear)와 일체가 되어 피벗 축 주위에 좌우로 기울어지는 구조로 되어 있다.

② 4륜 조향 컨버터(4-Wheel Steering Converter)

컨버터는 메인 모터(Main Motor)와 서보 모터(Servo Motor)의 구동부와 유성기어 및 릴레이 로드를 회전시키는 웜으로 구성되어 있다.

보통 때에는 메인 모터가 작동하고 서보 모터는 정지되어 있다. 서보 모터의 출력축은 유성 기어의 선기어에 연결되어 있고 메인 모터의 출력축은 유성 기어와 연결되며 링기어는 컨버터의 출력축으로 되어 있다. 통상 시에는 선기어와 고정되어 있기 때문에 메인 모터에 연결된 유성기어 축이 회전한다.

따라서 유성기어가 선기어의 주위를 공전 및 자전하여 컨버터 출력축인 링 기어를 회전시킨다. 메인 모터가 작동하지 않을 경우 유성기어는 공전기어가 되어 서보모터의 회전을 링기어로 전달하여 릴레이 로드를 동위상 방향으로 회전시킨다.

2. 요-레이트(Yaw-Rate) 비례 제어식 4륜 조향

(1) 요-레이트(Yaw-Rate) 비례 제어식의 개요

차량 운동의 상태량인 요 각속도에 비례시켜서 후륜을 조타하는 방식으로, 요-레이트(Yaw-Rate)란 요 각속도라고 하며, 자동차의 중심을 통하는 수직선 주위에 회전각(Yaw Angle)이 변하는 속도를 말한다.

요-레이트 비례 제어(Yaw-Rate Proportional Control)는 요-레이트를 감지함에 따라 후륜 조향을 제어하는 것이다.

요-레이트의 의한 자동차의 자전운동의 증감을 직접 검출할 수 있기 때문에 뒷바퀴의 조향각을 증감시켜 주면 자전과 공전의 알맞은 시기가 정해지면서 선회 초기부터 차체의 방향과 진행방향과의 차이를 아주 작게 할 수 있다.

(2) 요-레이트(Yaw-Rate) 비례 제어식의 구조와 작동

요-레이트 비례 제어식은 뒷바퀴에 조향각을 주는 후륜 조향 기구의 제어밸브 유로(流路)를 변환시켜 동력 피스톤을 좌우로 움직여 작동시킨다.

제어 밸브의 조절은 전륜 조향에 연동되어 뒷바퀴의 최대 조향각을 5도까지 제어하는 전달 케이블에 의한 기계식 조향방식과 전륜 조향과는 관계없이 최대 1도까지 제어하는 펄스 모터에 의한 모터 조향방식이 있다. 후륜의 조향각은 기계식과 전자식이 합성된 것이다.

① 전륜 조향기구

운전자의 조향 휠 회전이 조향 기어 박스의 래크와 피니언으로 전달되고 래크 엔드의 작동으로 제어 래크가 직선 운동을 하면서 피니언을 회전시킨다. 이에 따라 피니언과 일체로 된 프런트 풀리(Front Pulley)를 양방향으로 회전시킨다.

② 후륜 조향기구

기계식 조향의 경우 케이블의 스트로크가 리어 풀리(Rear Pulley)로 전달되어 제어 캠이 회전하면서 유로(流路) 방향을 바꾸어 주며 펄스 모터의 회전으로 스풀을 좌우로 이동시키면서 동력 피스톤이 움직여 후륜을 조향한다.

3교시

PROFESSIONAL ENGINEER TRANSPORTATION VEHICLES

01 QUESTION 스파크 점화기관에서 노킹(Knocking)의 발생 원인과 방지를 위하여 엔진 설계 시 고려할 사항을 설명하시오.

1. 스파크 점화기관의 연소

전기 스파크 점화기관에서의 정상적인 연소는 전기적 스파크에 의해서 착화되고 온도파와 화염이 고속으로 전파되면서 순차적인 연소가 이루어지며 전체가 연소하는 것이다. 그러나 정상적인 화염 전파가 끝나기 전에 노킹(Knocking)과 같은 이상 연소(異常燃燒)가 발생한다.

가솔린 노킹(Gasoline Knocking) 연소실 말단의 가연 혼합기(可燃 混合氣)가 기연(旣燃)가스의 압력과 온도 또는 이상(異常)적인 고온 열원에 의하여 압축되고 가열되어 자기 착화하는 현상을 말하며 주로 연소과정의 후기에 발생한다.

2. 노킹의 발생 원인

가솔린 노킹은 연료의 옥탄가, 공연비, 회전수, 압축비, 점화시기, 화염 전파 거리 등이 원인이 될 수 있으며 이러한 원인들은 독립적 또는 복합적으로 작용하여 가솔린 노킹을 유발한다. 노킹을 일으키는 원인과 과정은 다음과 같다.

(1) 연료의 옥탄가(Octane價)

옥탄가는 스파크와 같은 전기 점화로 착화하는 가솔린 및 가스 연료의 자기 착화하기 어려운 성질, 내폭성(耐爆性)을 나타내는 지수(指數)이며 옥탄가가 낮으면 쉽게 자기 착화(自己着火)한다. 따라서 순차적인 화염 전파에 의한 정상 연소를 위하여 연료의 옥탄가는 정상 연소와 연소 열효율을 고려하여 정해진 압축비에서 높은 것이 유리하다.

최근의 가솔린 연료에는 옥탄가 향상을 위하여 MTBE(Methyl-Tertiary-Butyl-Ether)를 안티노크제로 사용한 무연(無鉛) 가솔린(Un-Leaded Gasoline)이 사용되며 옥탄가는 95~100 정도이다.

(2) 공연비(空燃比, Air-Fuel Ratio)

공연비에 의하여 연소속도는 달라진다. 이론 공연비(14.75 : 1)보다 다소 농후한 12~13 : 1 정도의 공연비에서 연소온도가 최대로 되고 연소속도도 최대가 된다.

따라서 희박한 공연비에서는 연소속도가 느리고 기연가스의 온도와 압력이 미연가스에 전달될 수 있는 시간적 여유가 있으므로 노킹을 발생하기 쉽다. 실제적으로 노킹 발생 시 혼합기의 농도는 변경하지는 않으며 점화시기를 늦춘다.

(3) 엔진 회전수(Engine RPM)

엔진의 회전수와 부하는 국부적인 고온열원을 만들어 표면점화의 원인이 되기도 하지만 직접적인 원인이라고 볼 수는 없다. 다만, 회전속도를 높이면 기연가스의 압력과 온도가 미연가스에 전달되는 시간적 여유를 줄여 가솔린 노킹을 억제할 수 있다.

(4) 압축비(壓縮比)

오토 사이클(Otto Cycle)을 이론 사이클로 하는 정적연소(定積燃燒) 엔진의 열효율은 압축비에 따라 달라지며 다음과 같이 표시된다.

$$\text{오토 사이클의 열효율 } \eta_o = 1 - \frac{1}{\varepsilon^{k-1}}$$

여기서, ε : 압축비, k : 비열비(1.4)

위의 식에서 압축비(ε)가 증가하면 열효율도 증가하는 것으로 인식되지만 실제로는 한계를 가지며 연료의 옥탄가와 관련이 있다. 즉, 정해진 연료의 옥탄가에서 노킹을 일으키지 않는 압축비는 한계가 있으므로 정해진 압축비에서 지나치게 높은 옥탄가도 열효율 향상 및 연비성능 향상에 크게 영향을 주지 못한다.

(5) 점화시기(點火時期)

일반적으로 점화시기를 빠르게 하면 연소 최고 압력이 상승하여 열효율은 향상되나 가솔린 노킹이 발생할 수 있는 분위기에서 점화시기가 지나치게 빠르면 기연가스의 온도와 압력이 미연(未燃)가스에 전달되고 미연가스는 압축·가열되어 일시에 착화·폭발하면서 노킹이 발생한다.

실제로 전자제어식 연료 분사형 엔진에서는 노킹이 발생하며 노크 센서로 노킹을 감지하고 점화시기를 늦추어(點火遲角) 노킹을 억제하고 일정시간 후에 다시 정상적인 점화시기로 복귀하는 방법을 사용한다.

또한, 지나치게 빠른 점화시기는 중고속의 고부하에서 조기 점화의 원인이 되며 출력의 저하와 함께 엔진에 열부하를 증가시킨다.

(6) 화염 전파 거리(火炎傳播距離)

가솔린 연소과정은 위에서 설명한 바와 같이 온도파와 화염이 점화원(점화플러그)으로부터 시작하여 연소실 전체로 순차적 전파되는 형식이다. 따라서 화염의 전파거리가 지나치게 길면 연소시간의 지연과 함께 기연소(旣燃燒) 가스의 온도와 압력이 미연소(未燃燒) 가스에 전달되어 노킹의 발생 가능성이 증가한다.

3. 가솔린 노킹(Knocking) 회피를 위한 설계 방안

(1) 적정 압축비 선정

사용 연료의 내폭성인 옥탄가를 고려하여 노킹을 일으키지 않는 범위에서의 압축비를 선정하여야 한다. 사용 연료의 안티 노크성(Anti-Knocking) 한계를 초과하는 압축비는 연료에 의한 자기착화를 일으키며 노킹의 중요한 원인이 된다.

(2) 연소실의 냉각 개선

노킹의 발생을 억제하기 위해 연소실 내의 온도를 낮게 유지하도록 한다. 온도를 저하시키기 위한 방법으로 연소실 주변의 냉각수 유속을 높게 하여 열전달률을 높이는 방법이 있다. 그러나 지나치게 낮은 온도는 열효율에 영향을 미치므로, 80℃ 수준을 유지하는 것이 적정하다.

(3) 화염전파거리가 단축되는 연소실 채택

화염이 순차적으로 전파되어 연소가 종료되는 가솔린엔진의 특성을 고려하여 화염전파거리가 짧은 연소실을 채택한다. 이를 실현하기 위하여 실린더 보어(Bore)와 행정(Stroke)이 같은 정방형 엔진(Square Engine)이나 실린더 보어(Bore)보다 행정이 더 짧은 단행정 엔진(Over Square)을 채택하여 배기량의 희생 없이 화염 전파 거리를 단축하여 노킹의 발생을 억제하고 연소속도를 향상시킬 수 있다.

(4) 연료 공급 방식의 개선

연료 분사형 엔진에서는 흡기 매니폴드에 인젝터(Injector)가 위치하며 분사된 연료는 흡기매니폴드에서 기화하여 가연혼합기로 형성되어 연소실에 도입된다. 그러나 연소실에 액체 상태의 연료를 직접 분사(GDI ; Gasoline Direct Injection)하여 연료가 가진 증발 잠열에 의하여 연소실 분위기 온도를 낮추고 노킹을 억제하며 일정량만큼의 압축비를 높일 수 있고 열효율의 향상과 연비성능의 향상을 기대할 수 있다.

02
QUESTION

압축착화기관에서 커먼레일(Common Rail)을 이용하여 연료를 분사할 때 연비, 배출가스, 소음이 개선되는 이유를 설명하시오.

1. 커먼레일(Common Rail) 디젤엔진의 연소 개요

기존의 직접 분사식 디젤엔진의 문제점인 소음과 진동뿐만 아니라 NOx, Soot 등의 배기가스와 입자상 물질의 배출에 따른 폐해를 줄이고 연료 소비율의 저감을 목적으로 개발된 디젤 압축 착화 엔진이 커먼레일(Common Rail) 디젤엔진이다.

커먼레일 디젤엔진은 연료소비율의 저감, 소음과 진동의 저감 및 배출가스의 저감 등을 함께 만족시킬 수 있는 엔진이다.

연료의 고압분사장치에 전자제어장치가 결합된 커먼레일 디젤엔진은 배기가스 재순환장치(EGR), 터보차저(Turbo Charger), 디젤 배기가스 저감장치인 DPF(Diesel Particulate Filter) 등의 결합으로 배기가스는 가솔린엔진보다 더 낮은 수준에 있고 연비와 출력도 개선되었으며 연료 분사와 연소 방식의 개선으로 소음과 진동도 많이 개선된 상태이다.

커먼레일 디젤엔진은 기존의 연료분사방식으로는 여러 가지 요구에 대처할 수 없으므로 각 실린더마다 동일한 고압의 연료 라인을 통하여 연료를 공급하는 것이다. 커먼레일이라는 고압 연료 저장용 어큐뮬레이터(Accumulator)를 이용한 방식이며 특수 고압 연료 공급 시스템, 전자 제어가 가능한 인젝터 및 압력 센서를 비롯한 다양한 센서들과 이것들을 정교하게 제어하는 엔진 ECU(Engine Electronic Control Unit) 등을 포함한다.

2. 커먼레일(Common Rail) 디젤엔진의 연비

압축 착화 방식의 디젤엔진은 연료의 분사 시기와 분사량의 제어가 연비뿐만 아니라 배기가스 배출 정도, 소음과 진동 정도에 영향을 미친다.

연료의 분사량과 분사시기의 제어가 자유로운 커먼레일(Common Rail) 디젤엔진은 이 모든 것들을 함께 해결하기 위한 방안이며, 대표적으로 고려된 방법이 부분 예혼합(Partially Premixed) 원리와 효과를 이용한 파일럿 분사와 주분사(主噴射)를 구분하여 분사하는 방식이다.

특히, 실린더 내 고압 직접 분사 방식은 유립의 미립화와 균일한 분포로 균질 혼합기(Homo-geneous)가 형성되도록 하고 착화 지연을 억제하면서 연소실 내에서 다점발화(多点發火)를 유도하여 연소속도를 빠르게 하며 높은 회전 속도를 나타내고 출력의 향상을 가져와 연비성능을 향상시킨다.

또한 고압축비 운전으로 열효율이 향상되고 부분 부하에서의 희박연소(稀薄燃燒)를 통한 연비성능을 개선한다.

3. 커먼레일(Common Rail) 디젤엔진의 배기가스

커먼레일(Common Rail) 디젤엔진에서의 흡입 공기량에 따라 제어되는 고압으로 분사되는 연료의 분사량은 균일한 분포와 빠른 연소속도를 가지며 급격한 열 발생률, 압력 상승률과 함께 연소 최고 온도의 상승으로 NOx의 생성량이 증가하는 경향을 보이나 분사 초기 조기 파일럿 분사에 의하여 착화지연시간을 줄임과 함께 완전연소가 이루어지고 온도와 압력 상승률($dP/d\theta$)을 낮추며 연소 최고 온도도 낮아져 PM의 저감과 NOx의 생성을 억제한다.

또한 부분 부하에서의 분사량 제어에 의한 희박연소는 연소 최고 온도를 낮추며 밸브 타이밍의 가변 등에 의한 잔류 배기가스의 혼입에 따른 내부 EGR과 외부 EGR 효과에 의하여 연소 최고 온도를 낮추는 방법으로 NOx의 생성을 억제하고 디젤 배기가스 저감 장치인 DPF(Diesel Particulate Filter) 등의 결합으로 유해 배출가스의 배출을 정화한다.

4. 커먼레일(Common Rail) 디젤엔진의 소음

디젤엔진에서의 소음은 기계 소음을 제외하면 대부분은 연소 폭발음이다. 이 연소 폭발음은 분사된 연료가 분사 즉시 착화, 연소되지 못하고 착화 지연이 있어 분사된 연료가 일시에 급격히 연소하면서 높은 압력 상승률($dP/d\theta$)에 의한 소음이 대부분이다.

커먼레일(Common Rail) 디젤엔진에서는 분사시기와 분사량이 엔진의 여러 가지 조건에 따라 제어되는 파일럿 분사와 주분사로 나뉘어 분사되므로 완만한 압력 상승률을 가지며 그만큼 연소 폭발음도 저감된다.

또한 공통된 연료라인(Common Rail)을 가지므로 각 실린더 마다 보다 균일한 연소 압력과 압력 상승률을 갖게 된다. 각 실린더 간 토크(Torque) 맥동도 낮아지고 진동이 감소하여 진동에 의한 방사소음이 감소하는데, 이는 소음이 저감되는 중요한 요인이 된다.

실제로 파일럿 분사 후 주분사를 행하는 경우 TDC 근처에서의 연소 최고 압력은 다소 높게 나타나지만 압력 상승률($dP/d\theta$)이 완만한 것이 소음 저감의 요인이다.

03 QUESTION 자동차 프레임 중 백본형(Back Bone Type), 플랫폼형(Platform Type), 페리미터형(Perimeter Type), 트러스형(Truss Type)의 특징을 각각 설명하시오.

1. 자동차의 프레임(車骨, Frame)

자동차의 프레임은 섀시를 구성하는 각 장치와 보디(車體, Body)를 부착하는 골격으로서 각 부품과 보디로부터 작용하는 모든 힘과 진동에 충분히 견딜 수 있는 강성을 유지해야 하며 버스, 트럭 등 대형차의 기본 골격으로 적용된다.

자동차의 강도와 안전성을 결정 짖는 중요한 장치이며 경량화를 위한 다양한 디자인과 소재들이 적용되고 있으며 승용차 및 RV, SUV 차량 등에는 강도와 중량을 경감하고 공간 활용에 유리한 모노코크(Monocoque) 보디를 일반적으로 적용한다.

일반적으로 적용되는 프레임(Frame)의 종류와 특징은 다음과 같다.

(1) 백본형(Back Bone Type) 프레임

굵은 강관을 중심으로 그것에 엔진이나 보디를 장착하기 위한 뼈대나 브래킷을 고정한 것이다. 프레임 재료의 단면은 일반적으로 원형의 것이 사용되지만 직사각형 단면의 것이 사용되는 경우도 있다. 이 프레임을 사용하면 바닥의 중앙에 터널이 생기는데 사이드 멤버가 없으므로 바닥을 낮게 할 뿐만 아니라 전고(全高) 및 중심을 낮게 할 수 있다. 따라서 주로 트럭보다는 승용차에 적용된다.

(2) 플랫폼형(Platform Type) 프레임

차체(Body)의 바닥 판과 프레임을 일체화한 구조의 프레임이며 그 위에 보디를 장착한 구조이므로 큰 상자형의 강성이 큰 차체를 구성할 수 있으며 외관상으로는 H형 프레임과 유사하다. 또한 플로어(Floor)가 평탄하기 때문에 하부에서의 공기 저항이 적고 지상고(地上高)도 확보 된다.

플랫폼형(Platform Type) 프레임은 프레임 리스 구조와의 중간적 프레임이며 여러 차종 간 공유가 유리하다.

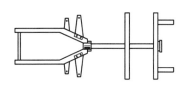

[Back Bone Frame]

[Platform Frame]

(3) 페리미터형(Perimeter Type) 프레임

자동차의 플로어(Floor) 주위를 사이드 레일(Side Rail)로 보강한 구조로서 중간 부분에는 좌우로 설치되는 크로스 멤버(Cross Member)가 없으므로 차체를 낮출 수 있고 경량 단순한 구조로 제작이 가능하다.

사이드 레일이 보강되어 전후면 및 측면 충돌 시 에너지 흡수가 커서 자동차 실내부분의 변형을 막아주고 실내를 보호한다. 그러나 차축 간의 굽힘, 비틀림 강성이 낮아 보디와 일체로 되는 부재를 사용하여 강도를 보강하는 구조로 할 필요가 있다.

(4) 트러스형(Truss Type) 프레임

스페이스 프레임(Space Frame)이라고도 하며 강관을 용접해 트러스 구조로 만들어 프레임으로 한다. 일반적으로 직경 20~30mm의 강관이 사용되고 있다. 중량을 가볍게 할수 있고 강성이 풍부하지만 대량 생산에는 부적합하다. 따라서 스포츠카, 경주용차 등의 소량 생산으로 고성능을 요구하는 자동차에 사용되는 경우가 많다.

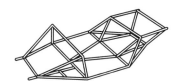

[Truss Frame] [Perimeter Frame]

04 QUESTION 자동 중심 조성 토크(SAT ; Self Aligning Torque)에 대하여 설명하시오.

1. 자동차의 선회 성능(旋回 性能)

자동차가 선회할 때 선회 중심으로부터 바깥쪽으로 향하여 원심력이 작용하고 이 원심력에 대항하여 자동차의 타이어에는 사이드 슬립(Side Slip)이 발생하며 휠의 중심면의 방향과 타이어의 진행 방향이 일치하지 않고 이 휠의 중심 방향과 타이어의 진행 방향과의 각도를 슬립각(Slip Angle)이라고 한다. 노면과의 접촉저항에 의하여 변형된 타이어의 형상을 변형 전의 처음 상태로 되돌리려고 하는 힘이 작용하고 바퀴의 안쪽으로 향하는 반력으로 작용한다.

이 반력을 선회 구심력(旋回 求心力) 또는 코너링 포스(Cornering Force)라고 한다.

이 선회 구심력의 중심은 타이어의 접지 중심으로부터 조금 뒤쪽에 위치하며 코너링 포스의
작용선은 차축의 방향을 향하므로 타이어를 진행 방향으로 되돌리려는 힘이 작용한다. 이와
같은 힘을 셀프 얼라이닝 토크(Self Aligning Torque) 또는 자기 복원 토크라고 한다.

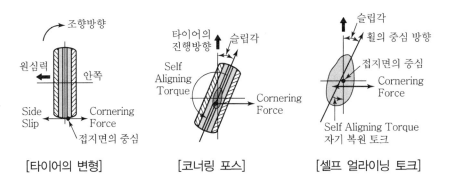

[타이어의 변형]　　　　[코너링 포스]　　　　[셀프 얼라이닝 토크]

05 QUESTION 오버 스티어(Over Steer), 언더 스티어(Under Steer) 발생 시 차량 주행 안정 장치 제어 시스템(Vehicle Stability Management System)에 대하여 설명하시오.

1. 차량 주행 안정 장치의 조향제어

주행 노면이 미끄러워 정상적 주행이 어렵거나 급가속 등에 의한 차량 불안정 시 차체 자세 제어 장치(Vehicle Dynamic Control System)와 전동식 파워 스티어링 시스템(Motor Drive Power Steering System)이 제동 및 조향 기능을 통합적으로 제어함으로써 차량의 안정적인 자세를 유지시켜주는 새시 통합 제어 시스템을 차체 자세 제어 시스템(VSM ; Vehicle Stability Management)이라고도 한다.

여기에는 구동 중일 때 바퀴가 미끄러지는 것을 적절히 조절하는 TCS(Traction Control System), ABS(Anti-Lock Brake System), EBD(Electronic Brake Force Distribution), 자동감속제어, 요-모멘트 제어(Yaw-Moment Control) 등이 모두 연계되어 제어하게 된다.

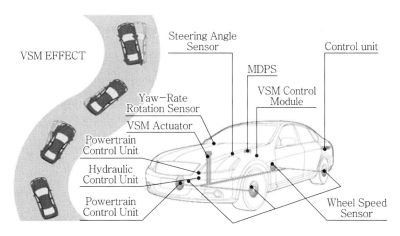

[차량 주행 안정 장치 제어 시스템]

VSM의 가장 큰 역할은 스핀 또는 언더 · 오버 스티어 따위가 발생하는 것을 제어해, 이로 인해 일어날 수 있는 사고를 미연에 방지하는 것이다.

실제로 스핀이나 언더스티어 현상이 발생하면 VDC는 이를 감지해 안쪽 또는 바깥쪽 바퀴에 제동을 가해 차량의 자세를 제어함과 동시에 MDPS에서의 조향력을 발생시켜 능동적으로 안정된 상태를 유지시켜 준다.

차량 주행 안정 장치는 VSM(Vehicle Stability Management)이라 불리기도 하며, 휠 스피드, 조향 각속도, 조향각, 제동 유압 등의 데이터를 입력받아 ECU에서 운전자의 조향 의도에 따른 조향 휠(핸들)의 회전 정도와 조향륜(전륜)의 실제 조향 각도를 비교하고 자동차의 주행 속도를 검출하여 언더스티어, 오버스티어를 검출하는 역할을 한다. 이에 따라서 ABS(Anti-Lock Brake System), TCS(Traction Control System) 및 EBD(Electronic Brake Force Distribution) 시스템 등의 기능으로 자동차의 자세가 흐트러지지 않고 언더스티어(Under Steer), 오버스티어(Over Steer) 같은 위험한 상황에서 탈출할 수 있도록 제어해 준다.

06 지능형 안전 자동차에서 주요 시스템 10가지를 설명하시오.

QUESTION

1. 지능형 안전 시스템의 개요

지능형 자동차란 여러 기술 융합을 통하여 안전성 및 편의성을 획기적으로 향상시킨 자동차라 정의할 수 있다. 지능형, 자동형 또는 능동형이라는 표현이 매우 넓은 의미를 갖고 현재 자동차에 적용되는 각종 장치들은 단독적 또는 상호 협조 제어를 하기 때문에 간단하게 독립적으로 설명하기도 어렵다.

지능형 또는 능동형이라고 불리는 여러 가지 시스템들은 대부분 주행 안전성을 강화하는 시스템들로 다음과 같이 구분할 수 있다.

(1) 예방 안전 기술

사고가 나지 않도록 사전에 예방하는 기술로서 수동안전(ABS, VDC 등)과 능동안전(충돌 예방 시스템 등) 시스템이 있다.

① UWS(Ultrasonic Warning System) : 초음파 센서를 이용하여 전(全) 방위적으로 근거리 내에 있는 물체를 감지하고 경고하는 시스템으로서 주차 시와 좁은 골목길 등에서 활용도가 높으며 후방 감지 시스템은 이미 많이 실용화되어 있다.

② SOWS(Side Obstacle Warning System) : 주행 중 차선 변경 시 후측방 접근 차량의 유무를 감지하여 경고하는 시스템으로서 FRMS와는 달리 고속 주행 시에 후측방의 차량을 검지한다.

③ BLIS(Blind Spot Information System) : 사각지역의 물체나 자동차의 접근을 검지하여 모니터링하고 경보해 주는 시스템이다.

④ LDWS(Lane Departure Warning System) : 전방 영상 처리를 통하여 차선 이탈 여부를 판단하고 이를 운전자에게 경고하는 시스템이다.

⑤ TPMS(Tyre Pressure Monitoring System) : 타이어의 공기 압력을 감지하여 표시해 줌으로써 타이어로 인한 사고를 예방하는 시스템이다.

(2) 사고 회피 기술

사고가 발생하더라도 피해를 최소화하기 위해 자동으로 차량을 제어하는 능동 안전 시스템으로 비상 제동을 포함하는 운전자 지원 시스템이다.

① PCS(Pre-Crash Safety) : 레이더, 카메라 융합을 통해 전후방 교통 상황을 판단하여 충돌 사고 가능성이 있을 경우 운전자에게 경고하고 전동 안전벨트 및 Headrest 등을 제어하여 운전자 및 탑승자 상해를 최소화하기 위한 시스템이다.

② LKS(Lane Keeping Support) : 차선 이탈 시 Steer-by-Wire 시스템을 이용하여 주행 차선을 유지하는 시스템으로서 LDWS(Lane Departure Warning System)에서 진보된 기술이다.

③ CAS(Collision Avoidance System) : 레이더, 카메라 융합을 통해 전후측방 교통 상황 및 주변 차량의 상대 속도 등을 검지하여 사고 가능성이 있을 경우 Brake-by-Wire, Throttle-by-Wire 시스템 등과 연동하여 사고를 미리 예방하는 시스템이다.

④ ACC(Advanced Cruise Control) : 전방 레이더를 이용하여 일정 속도를 유지하고 긴급 상황에서는 비상 제동을 수행하는 시스템으로서 근래에는 CAS(Collision Avoidance System)로 통합되고 있다.

⑤ 스태빌리티 시스템(Stability System) : 새시 통합 제어 시스템이 가장 대표적인 기술이다. 차량의 동적 특성을 제어함으로써 주행 안정성과 안전성을 확보하는 기술로 ABS가 그 시초라고 할 수 있다. ABS, TCS, VDC 등이 통합되어 동작하는 것이 특징이다.

(4) 충돌 안전 기술

충돌 시 차량 및 탑승자를 보호하고 피해 최소화를 위한 능동형 안전 시스템이다.

① 스마트 에어백(Smart Airbag) : 운전자 및 탑승자의 탑승 여부 및 탑승위치를 인식하여 에어백 전개 압력, 전개 위치 등을 조절하는 시스템으로서 어린아이, 여자, 노약자 등을 대상으로 에어백으로 인한 2차 상해를 방지하기 위한 시스템이다.

② 보행자 보호 시스템 : 사고 시 보행자를 보호하기 위한 제반 시스템으로 후드 리프팅(Hood Lifting) 시스템, 보행자용 에어백, 액티브 범퍼(Active Bumper) 등이 적용되고 있다.

(5) 편의성 향상 기술

자동 주차, 내비게이션 시스템 등 운전자의 편의성을 지원하는 시스템이지만 단순 편의성보다는 안전과 밀접한 연관이 있다.

① 나이트 비전(Night Vision) : 야간 주행 시 운전자 시각을 대신하여 전방의 영상을 보여주는 시스템으로서 여러 환경 변수에 따라 NIR(Near Infrared) 또는 FIR(Far Infrared) 방식을 사용한다.

② FRMS(Front Rear Monitoring System) : 카메라를 이용하여 전후측방의 사각 지역 영상을 운전자에게 제공함으로써 좁은 길에서의 저속 주행이나 주차 시 운전자의 시각을 보조하는 시스템이다.

③ HUD : 주행 중 운전자의 시야를 하향하면서 초점을 바꾸어야 하는 지금의 클러스터를 대체하기 위하여 개발되고 있는 디스플레이 장치이다.

④ FW(Full Windshield Display) : 자동차 전면 유리 전체에 정보를 디스플레이하는 시스템으로서 HUD와는 사용 목적이 다르다. HUD는 주행에 필요한 필수 정보를 항상 운전자에게 보여주는 반면 FWD는 내비게이션 정보나 기타 필요한 정보를 필요한 시기에만 잠깐 보여주는 시스템이다.

⑤ PAS(Parking Assist System) : 카메라, 근거리 센서 등을 융합하여 주차 시 주변 공간과 주변 차량 등을 검지하고 이 정보를 바탕으로 운전자의 주차를 보조하는 시스템이다.

⑥ 스마트 에어 컨디셔닝 시스템(Smart Air Conditioning System) : 운전자 및 탑승자의 체온을 직접 검지하여 각각의 사람들에게 최적의 온도 환경을 만들어 주는 시스템으로서 온도 조절뿐만 아니라 공기 청정 기능 등도 포함한다.

⑦ Comfort Seat : 운전자 및 탑승자의 체형에 맞추어 시트를 자동제어하는 시스템으로서 시트 내에 조절 가능한 에어쿠션을 내장하여 각각의 사람에게 최적의 승차감을 제공한다.

01
QUESTION

GDI(Gasoline Direct Injection) 엔진에서 희박 연소를 할 때 삼원촉매를 사용하기 어려운 이유와 NOx를 줄일 수 있는 방법을 설명하시오.

1. GDI(Gasoline Direct Injection) 연소의 개요

GDI 엔진은 고속 주행 상태가 되면 연료 소비율을 낮추기 위하여 초희박 연소를 시작한다. 이때의 연료는 압축 행정 후기에 분사되며 더 높은 부하나 고속에서 작동할 때는 연료의 분사가 흡입 행정에서 이루어지는데 이것은 분사된 연료의 증발잠열을 이용하여 엔진 노킹 유발 가능성을 최소화하기 위한 것이다.

이와 같이 GDI 엔진은 정밀한 연소 제어 및 초희박 혼합비에서도 높은 효율의 연소가 가능하므로 고속 고부하 영역에서는 출력 향상, 저속 부분부하 영역에서는 안정된 연소로 연비 저감과 고출력이라는 상충되는 요소를 모두 만족하였으며 엔진 다운 사이징(Downsizing)의 대표적인 실행 예이며 지구 온난화 가스의 저감에 획기적인 성과를 보이는 엔진이다.

GDI 엔진에서의 일반적인 연소 현상은 연료 분무의 미립화가 양호할수록 혼합기 형성이 촉진되어 연소 안정화 및 연비 저감과 유해 배출가스의 배출 저감에 기여하며 이상적(理想的)인 연소라는 측면에서 연료의 무화(霧化)뿐만 아니라 연소실 내의 균일한 분포와 기화 상태도 큰 영향을 미치는 것으로 알려져 있다.

다음은 GDI 엔진에서의 연비성능이 향상되는 연소 측면에서의 이유들을 설명한 것이다.

① 공연비를 초희박(40 : 1) 혼합비로 제어하므로 MPI보다 많은 공기가 필요하고 밸브의 양정과 밸브 타이밍, 스로틀 밸브의 개도를 크게 하여야 하므로 흡기 행정 중의 펌핑 로스(흡기손실)를 저감할 수 있다.

② 초희박 상태에서 연소되기 때문에 연소 온도가 낮아져 냉각 손실이 감소하고 열효율이 향상된다.

③ 연료를 연소실에 직접 분사하므로 연료의 증발잠열에 의해 연소실 냉각 효과로 충진 효율이 향상되므로 흡기 밀도가 향상되고 노킹의 발생을 억제하므로 압축비를 높여 열효율이 향상되고 연비성능이 향상된다.

④ 실린더 내 고압 직접 분사와 성층급기 연소 기술이 GDI 엔진의 핵심 기술이며 이것은 압축 행정 후기에 연료를 분사, 연소실 내 가스의 Thumble 유동에 의해 분무 확산이 억제되어 점화 플러그 근처에 농후한 혼합기를 형성하는 혼합기의 성층화가 가능하므로 안정된 희박 연소를 구현하여 연비성능이 향상된다.

2. GDI 엔진의 배출가스 특성

(1) 일산화탄소(CO)

성층화된 농후한 혼합기에 점화플러그에서 스파크가 발생하면 혼합기가 연소하기 시작하여 강력한 화염이 형성된다. 이때 연소실 바깥 부분의 혼합기는 연료가 없는 상태이거나 초희박 상태이지만 이미 형성된 화염에 의해 모두 완전연소된다.

이때 유해 배출가스는 완전연소에 의해 30% 정도 감소하게 된다. 이와 같이 희박 연소로 인한 열효율의 증가는 배출가스의 저감뿐만 아니라 연비의 개선에도 영향을 미친다.

(2) 탄화수소(HC)

저속 저부하 조건에서 성층 연소 시 분사된 연료가 실린더 벽에 충돌하여 HC가 다량 발생하며 또한 성층 혼합기 내의 공연비 경계지역에서 공연비가 너무 희박하면 화염의 소실로 실화(失火)되어 HC가 다량 발생할 수 있다.

고속 부분 부하 시에도 HC가 증가하나 이것은 충분한 혼합기 형성을 위한 시간이 부족한 것에 기인한다.

일반적으로 공연비 제어 및 실화 문제에 있어서 성층화 연소 시 점화 플러그 주변이 가연(可燃) 한계인 27 : 1을 넘어서는 경우 실화가 발생하므로 정밀한 공연비 제어가 필요하다. 또한 성층화 연소 시 점화플러그가 오염되는 문제로 인해 실화가 발생될 수 있다.

농후한 혼합기에서 모든 탄소와 반응할 수 있을 만큼의 산소량이 충분하지 않을 때, 특히 기관 시동 시에는 공기와 연료의 혼합비 농후로 인한 다량의 HC가 발생하는데 현재 GDI의 경우 분할 분사를 통해 촉매의 활성화 온도 상승 시간을 짧게 개선할 수 있으므로 대표적인 귀금속 중의 하나인 Pt(Platinum), Rd(Rhodium), Pd(Palladium) 등과 같은 촉매의 사용량을 줄일 수 있어 획기적인 비용 개선 및 성능 향상을 가능케 한다.

(3) 질소산화물(NOx)

기존의 PFI 엔진과 같은 균일 혼합기의 희박연소에서는 화학반응 영역의 온도가 낮아 NOx의 생성이 줄어드나 성층 혼합기가 형성되는 GDI 엔진에서는 전체 혼합기의 공연비는 희박하더라도 농후한 부분이 있어서 높은 연소 온도로 NOx를 생성하기 때문에 전체적으로 NOx의 배출 농도는 PFI 엔진과 비슷하거나 높게 나타난다. 또한 아이들링 시 NOx 배출도 많으며 이것은 PFI가 느린 균일 혼합기 연소 과정으로 연소 온도가 낮은 것에 비해 GDI 엔진은 부분적으로 이론 공연비 혼합기 연소가 발생하여 높은 열 발생률을 생성하는 데에 기인한다.

3. GDI 엔진에서의 삼원 촉매

NOx 저감 기술로 EGR이 매우 유용한 방법이나 PFI 엔진에서는 EGR 사용이 상당히 제한되어 있는데 이는 EGR에 의한 균일 혼합기의 공연비가 너무 희박하여 실화를 유발하기 때문이다. 그러나 GDI 엔진에서는 EGR이 점화플러그 근처의 혼합기 농도에 영향을 주지 않기 때문에 높은 EGR율로 NOx의 대폭적인 저감을 이룰 수 있다.

그러나 NOx의 저감에는 후처리 기술이 가장 효과적이나 GDI 엔진과 같은 희박연소 엔진에서는 배기가스 중의 높은 산소 농도와 낮은 온도로 촉매의 활성화 온도 450℃에 이르지 못하거나 활성화 온도까지의 시간적 지연으로 현재의 삼원촉매를 적용할 수 없어 대용량의 촉매(Lean NOx Catalyst)를 적용하여 GDI 같은 희박연소 엔진의 NOx 저감을 가져올 수 있다.

삼원 촉매(3-Way Catalytic Converter)는 3가지 유해 물질(HC, CO, NOx)이 동시에 산화 또는 환원 반응하여 정화하는 산화·환원 활성화 물질이며 삼원 촉매에서의 화학 반응은 공연비가 이론 공연비에 가까워야만 정화율이 높다.

환원 반응에 의해 질소산화물(NOx)로부터 분리된 산소가 일산화탄소(CO)와 탄화수소(HC)를 모두 산화 반응시킬 수 있도록 충분한 특성을 가져야 한다. 따라서 공연비가 이론 혼합비보다 낮으면 산소가 부족하여 CO와 HC의 생성이 높아진다.

반대로 공연비가 이론 공연비보다 높으면 산소 과잉이 되어 CO와 HC의 생성은 낮아지지만 NOx의 생성은 증가한다.

02 QUESTION 대형 디젤 차량에 적용되는 유레아 SCR(Urea Selective Catalytic Reduction)의 작동원리와 장단점에 대하여 설명하시오.

1. 디젤엔진에서의 질소산화물(NOx) 배출

디젤엔진의 배출가스 규제 수준은 점차 높아지고 있으며 엔진 연소 기술의 개선만으로는 규제치를 만족시키기에 어려움이 많다. 따라서 후처리 시스템에 대한 기술 개발이 요구되고 있다. 디젤엔진에서 주요 저감 대상 배출 가스는 질소산화물(NOx)과 입자상 물질인데 입자상 물질은 DPF(Diesel Particulate Filter)의 적용으로 대폭 저감하고 있다.

또한, 질소산화물(NOx)은 LNT(Lean NOx Traps), LNC(Lean NOx Catalysts), SCR(Selective Catalytic Reduction)과 같은 저감 기술이 제시되고 있다. 이들 중 Urea-SCR이 가장 NOx의 저감에 유효하며 적용이 활성화되고 있다.

디젤엔진의 질소산화물(NOx)을 저감하기 위해서는 EGR(Exhaust Gas Recirculation) 시스템이 주로 적용되나 효과가 적고 저감 효과가 일정하지 않으며 엔진의 내구성 및 성능 저하 문제가 있어 한계임이 인식되고 있다.

이러한 이유로 콤팩트한 Urea-SCR 시스템의 개발로 디젤엔진 자동차에 탑재되어 NOx의 저감 효과가 뛰어나다.

2. 디젤엔진에서의 NOx 생성 과정

질소산화물에는 안정한 N_2O, NO, N_2O_3, NO_2, N_2O_5 등과 불안정한 NO_3가 존재하며 대기환경에 문제가 될 만큼 존재하는 것들은 NO 및 NO_2로 통상 이들 물질을 대기오염 측면에서 질소산화물이라고 한다.

NO는 물과 황산에 약간 용해되는 자극성 냄새의 무색 기체로서 비수용성이고 공기와 반응하여 NO_2로 산화하며, NO_2는 알칼리(Alkali) 및 클로로포름(Chloroform)에 용해되는 자극성 냄새의 적갈색 기체이다. 질소산화물은 연소용 공기 중에 함유되어 있는 N_2가 고온에서 산화하여 발생되며 생성온도는 1,000℃ 이상의 고온이고, 온도가 상승할수록 생성 속도는 급격히 증가하는 경향을 가진다.

질소산화물의 생성 반응은 다음과 같다.

$$O + N_2 \ \rightarrow \ NO + N$$

$$2NO + O_2 \ \rightarrow \ 2NO_2$$

$$NO_2 + OH \ \rightarrow \ HNO_2$$

3. 질소산화물(NOx) 배출 저감기술

디젤엔진에서의 질소산화물(NOx)의 생성을 억제하고 배출을 저감하는 방법으로 분사 방법의 개선과 연소 온도의 저하 및 EGR 방법이 적용되어 왔으나 강해지는 배출가스 규제 수준을 만족하지 못하였다.

따라서 불가피하게 선택된 방법이 후처리 방법으로서 배기가스 속에 있는 NOx를 N_2로 전환하기 위하여 촉매를 이용하는 선택적 촉매 환원법(SCR ; Selective Catalytic Reduction)과 비선택적 촉매 환원법(SNCR ; Selective Non-Catalytic Reduction)이 있으며, 이 중 선택적 촉매 환원법(SCR)이 가장 안정적인 기술로 사용되고 있다.

4. 선택적 촉매 환원법(SCR)의 개요

SCR의 화학적 반응 과정은 선택적 촉매 환원법으로 NOx에 대해 환원제(NH_3 또는 Urea 등)를 배기가스 중에 분사, 혼합하여 이 혼합가스를 $200 \sim 400\,^\circ\mathrm{C}$ 온도하에서 운전되는 반응기 상부로부터 촉매층을 통과시킴으로써 NOx를 환원하여 인체에 무해한 질소(N_2)와 수증기(H_2O)로 분해하는 공정이다.

이 공정은 환원제가 산소보다는 우선적으로 NOx와 반응하는 선택적 환원 방식이며 촉매는 보통 티타늄과 바나듐 산화물의 혼합물을 사용한다. 촉매는 화학적 · 물리적 변화에 대한 내구성이 강하고 기체 – 고체와의 접촉을 위해 큰 표면적을 갖고 있어야 하며 최대의 Activity(활성)와 Selectivity(선택성)를 띤 재질들이 잘 분산되어 있어야 한다.

이 공정에 의한 NOx 제어효율은 촉매의 유형, 주입 암모니아량, 초기 NOx 농도 및 촉매의 수명에 따라 차이는 있지만 최적 운전 조건에서 $80 \sim 90\%$의 효율성을 갖고 있다.

5. 디젤엔진의 Urea – SCR(Selective Catalytic Reduction) 후처리 장치

배기 후처리 장치를 적용한 배출물 저감 기술은 엔진의 연소 과정을 통해 배출되는 배기계에서 장치와 물질을 추가하여 저감하는 것을 말하며, 질소산화물을 저감하기 위한 대표적인 배기 후처리 장치로는 SCR(Selective Catalytic Reduction)과 LNT(Lean NOx Trap) 기술이 적용되고 있다.

SCR(Selective Catalytic Reduction)은 요소수 첨가 선택적 촉매반응 제거장치인 Urea – SCR이 실용화되고 있으며 Urea와 같은 별도의 첨가물로부터 공급되는 암모니아(NH_3)를 이용하여 질소산화물을 정화하는 것으로 높은 정화율을 보인다.

고온의 배기관으로 분사되는 UREA 용액은 가수분해 및 열분해 과정을 거치면서 암모니아 가스로 변환되고 최종적으로 질소산화물을 질소(N_2)와 수증기(H_2O)로 변환되는 과정을 거치게 된다.

Urea와 NOx의 화학적 반응 과정은 다음과 같다.

$$UREA : (NH_2)_2CO$$

$$4NO + 4NH_3 + O_2 \longrightarrow 4N_2 + 6H_2O$$

$$2NO_2 + 4NH_3 + O_2 \longrightarrow 3N_2 + 6H_2O$$

$$NO + NO_2 + 2NH_3 \longrightarrow 2N_2 + 3H_2O$$

$$4NO + 2(NH_2)_2CO \longrightarrow 4N_2 + 4H_2O + 2CO_2$$

LNT(Lean NOx Trap)란 디젤엔진의 통상 연소 상태인 희박(Lean) 조건에서는 촉매에 질소산화물을 흡장시킨 후 포화 상태에 이르게 되면 연료의 후분사(後噴射)를 통하여 농후한 상태로 만들어서 환원제로 탄화수소(HC)를 공급함으로써 흡장되어 있던 질소산화물과 환원 반응을 일으킴으로써 질소산화물을 정화시키는 기술이다.

6. Urea–SCR(Selective Catalytic Reduction)의 특징

디젤엔진 자동차에 요소수 첨가 선택적 촉매 반응 제거 장치를 부착하여 NOx의 저감에 큰 효과를 보이고 있으나 다음과 같은 장단점을 가진다.

① Urea–SCR은 반응 후 부산물의 발생이 없고 기기의 구성이 단순하여 엔진 내부 및 주변 장치의 큰 변경 없이 설치가 가능하다.
② EGR과 같은 다른 저감장치에 비하여 DPF(Diesel Particulate Filter) 등의 매연 저감장치가 없어도 NOx의 저감 효과를 방해하지 않는다.
③ 촉매를 사용함으로써 처리 효율을 최대 90%까지 높였으며 250~350℃의 낮은 온도에서 처리가 가능하다.
④ 높은 설치비, 촉매 교환비, 요소수(암모니아) 보충 등으로 유지관리비가 많이 소요되고 관리의 불편이 있다.

자동차에 사용하는 마그네슘 합금의 특성과 장단점에 대하여 설명하시오.

1. 마그네슘 합금의 특성

마그네슘 합금은 비중이 알루미늄 합금의 2/3, 철강의 1/5 수준으로 현재까지 개발된 합금 중 가장 낮은 비중을 가지고 있으며 다른 경량 재료와 비교하여도 손색이 없는 비강도 및 비탄성계수를 가지고 있다. 이외에 진동, 충격뿐만 아니라 전자파에 대한 흡수성이 탁월하고 전기전도도, 열전도도, 가공성 및 고온에서의 내피로성(耐疲勞性), 내충격성(耐衝擊性), 피삭성(被削性)이 우수하여 자동차의 각 부품에 경량화 재료로서 적용되고 있다. 또한 마그네슘은 용접 가공 시 낮은 입열량과 빠른 속도로 용접되지만 용접 시 다량의 스패터(Spatter)가 발생하고 용접에 따른 열변형이 심하며 열영향부의 강도 저하로 용접 가공과 성형에 제한을 받는다.

또한 마그네슘 합금은 절삭 저항성, 충돌 변형성, 리사이클 효용성 등에 우수한 특징을 나타내고 있어 자동차의 경량화라는 목적으로 자동차의 각 부품에 적극적으로 도입되고 있으며 철강이나 알루미늄의 대체 소재로 적용되고 있다.

2. 마그네슘 합금의 장단점

마그네슘 합금을 자동차에 적용할 경우의 장단점을 요약하면 다음과 같다.

〈자동차 부품용 마그네슘 합금〉

장 점	단 점
• 비중이 알루미늄의 2/3, 철강의 1/5 정도로 작아 자동차 경량화에 유리하다. • 고온에서의 피로 내구성과 내충격성이 우수하여 엔진 및 구동계 부품의 대체 소재로 적용이 가능하다. • 진동과 충격에 대한 흡수성이 우수하여 진동이 많은 부품의 적용에 적합하다. • 열전도도가 높아 내열부품에 적용이 가능하다. • 절삭성이 우수하여 기계가공에 가공비가 절감된다. • 제조 과정과 리사이클링에 대한 친환경 소재이며 환경 규제에 대응할 수 있는 소재이다.	• 용접 스패터의 발생, 열영향부의 강도 저하 등으로 용접 가공성이 좋지 않다. • 소재 가격이 고가이므로 원가 상승의 요인이 된다. • 표면 가공성이 좋지 않아 정밀 부품의 소재로는 다소 부적합하다. • 염수 부식에 취약하며 냉간가공에 불가능하다.

마그네슘 합금은 스티어링 컬럼 브래킷(Steering Column Braket), 시트 백 프레임(Seat Back Frame), 스티어링 휠(Steering Wheel) 등 자동차 부품(엔진 부품, 구동 부품 포함)에 많이 이용되고 있다. 특히, 알루미늄보다 32% 정도 가볍고, 차체의 소음 및 진동을 흡수해 저감시키는 효과가 있으며, 리사이클링에 의한 환경규제에 대처하고 있어 자원 재활용 측면에서의 장점도 크다. 이와 같은 여러 이유로 마그네슘 합금의 이용률은 점차 확대되고 있다.

자동차에 적용되는 연료전지(Fuel Cell)에 대하여 설명하시오.

1. 연료전지(燃料電池)의 개념

- 연료가 가진 화학적 에너지를 직접 전기적 에너지로 변환시키는 전지이며 일종의 발전장치이다.
- 화학적으로 산화와 환원반응을 이용한 점 등은 기본적으로 보통의 화학전지와 유사하지만 정해진 내부계(內部係)에서 전지반응(電池反應)을 하는 화학전지와는 달라서 반응물이 외부에서 연속적으로 공급되고 반응물질은 계외부(係外部)로 제거된다.
- 기본적으로 수소의 산화반응이지만 저장된 순수소 외에 메탄, 메탄올, 천연가스, 석유계 연료에서 개질반응을 이용하여 수소를 추출하고 전지의 연료로 활용한다.
- 연료전지의 반응은 발열 반응이며 사용 전해질의 종류에 따라 작동 온도 300℃를 기준으로 저온형과 고온형으로 구분한다.

2. 연료전지의 발전 원리

- 연료 중의 수소와 공기 중의 산소가 전기적 화학반응에 의해 직접 전기적 에너지로 변화하는 원리이다.
- 연료극(양극)에 공급된 수소는 수소이온과 전자로 분리된다.
- 수소 이온은 전해질 층을 통해 공기극으로 이동하고 전자는 외부 회로를 통해 공기극으로 이동한다.
- 공기극(음극) 쪽에서 산소이온과 수소이온이 결합하여 반응 생성물인 물(H_2O)을 생성한다.
- 종합적인 반응은 수소와 산소가 결합하여 발열반응을 일으키고 전기와 물(H_2O)을 생성한다.

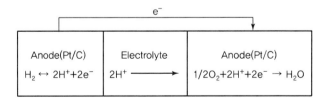

[연료전지의 원리]

3. 연료전지의 특징

- 발전효율이 40~60%이며 열을 회수하여 활용하는 열병합 발전에서는 열효율이 80% 이상 가능하다.
- 순수소 외에 메탄, 메탄올, 천연가스, 석유계 연료 등 다양한 연료를 이용할 수 있다.
- 석유계 연료를 사용할 때 CO, HC, NOx, CO_2 등의 유해가스 생성이 적다.
- 회전부가 없어 소음이 없고 기계적 손실이 없다.
- 전기적 에너지를 직접 동력원으로 사용하므로 부하 변동에 신속하게 대응할 수 있는 고밀도 에너지로 활용이 가능하다.

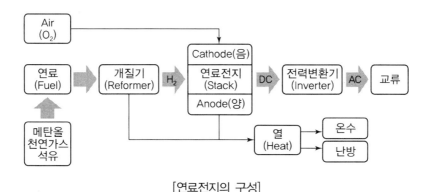

[연료전지의 구성]

4. 연료전지의 구성

(1) 개질기(Reformer)

수소는 지구상에 다량으로 존재하는 원소지만 단독으로 존재하지 않고 다른 원소와 결합하여 존재하므로 다양한 연료로부터 수소를 추출하는 장치이다.

(2) 단위전지(Unit Cell)

연료전지의 단위전지는 기본적으로 전해질이 함유된 전해질판, 연료극(Anode), 공기(산소)극(Cathode), 양극을 분리하는 분리판으로 구성된다.

(3) 스택(Stack)

원하는 전기 출력을 얻기 위하여 단위전지를 중첩하여 구성한 연료전지 반응이 일어나는 본체이다.

(4) 전력변환기(Inverter)

연료전지에서의 전기 출력은 직류전원(DC)이며 배터리를 충전하거나 필요에 따라 교류(AC)로 변환하는 장치이다.

5. 연료전지의 종류

연료전지는 기본적으로 수소(H_2)와 산소(O_2)의 반응으로 전기를 얻는 장치이므로 수소 연료전지(Hydrogen Fuel Cell)이다. 수소를 얻기 위한 연료에 따라 메탄올(CH_3OH) 전지, 메탄(CH_4) 연료전지 등으로 구분되며, 사용 전해질과 이에 따른 반응 온도를 기준으로 고온형·저온형으로 구분한다.

종류	고온형 연료전지		저온형 연료전지		
	용융탄산염 연료전지 (MCFC)	고체 산화물 연료전지 (SOFC)	인산형 연료전지 (PAFC)	고분자형 연료전지 (PEMFC)	알칼리 연료전지 (AFC)
전해질	탄산염	세라믹 산화물	인산	고분자막	알칼리
반응온도	약 650℃	약 1,000℃	약 200℃	약 80℃	약 80~100℃
적용 분야	대용량 화력 발전소 대체용 (수 MW)	대용량 화력 발전소 대체용 (수 MW)	소규모 화력 발전소 (MW급 이하)	이동형 발전기 (자동차, 선박 등)	군사용 우주선 및 특수용

05 QUESTION 풀랩(Full Lap) 충돌과 오프셋(Off – Set) 충돌에 대하여 설명하시오.

1. 정면충돌시험(Full Lap Test)

(1) 정면충돌시험의 개요

정면충돌(Full Lap) 안전성 평가시험은 국내에서 자동차 안전기준에 관한 규칙에서 규정한 충돌 안전성 평가시험 중의 한 가지이며, 운전자석과 전방 탑승자석에 인체모형을 탑재한 시험차를 법규상의 시험 속도(시속 48km)보다 15% 빠른 시속 56km(에너지로 환산 시 36% 증가)로 콘크리트 고정벽에 정면충돌시켰을 때 머리와 흉부의 충격량을 인체모형에 설치한 센서로부터 측정하여 평가한다.

이 시험은 반대방향으로부터 시속 56km로 달려오는 같은 종류의 자동차와 정면충돌한 경우와 동일한 상황을 재현한 것이다.

자동차 안전기준에 관한 규칙 제102조에서 시험방법을 규정하고 있는데 그 내용은 다음과 같다.

승용자동차의 경우, 시속 48.3km의 속도로 고정 벽에 정면충돌시킬 때에 운전자석 및 전방탑승자석에 착석시킨 인체모형의 머리, 흉부, 대퇴부 등이 받는 충격이 아래의 값을 초과하지 않아야 한다.

- 머리 상해 기준값(HIC ; Head Injury Criteria) : 1,000
- 흉부 가속도 : 60g(g : 중력 가속도)
- 대퇴부 압축 하중 : 1,020kgf

(2) 정면충돌시험 방법

- 안전 기준에서 규정한 시험 속도는 시속 48km보다 8km 빠른 시속 56km(에너지로 환산 시 36% 증가)로 자동차 콘크리트 고정벽에 정면충돌하는 것으로서 이것은 반대방향으로부터 시속 56km로 달려오는 같은 종류의 자동차와 정면충돌한 경우와 동일한 상황을 재현하는 것이다.
- 운전자석 및 전방탑승자석에 정면충돌용 인체모형을 탑재한다.
- 인체모형의 머리, 흉부 등의 충격량을 측정하기 위한 센서를 설치한다.
- 정면충돌용 인체모형 : 운전석에는 남성인체모형(77.7kg)의 하이브리드 Ⅲ를, 전방 탑승자석에는 여성인체모형(49kg)의 하이브리드 Ⅲ를 탑재한다.

(3) 정면충돌시험 평가결과 판정법

① 상해기준

운전자석과 전방탑승자석에 탑승한 사람이 머리, 흉부와 상부다리에 받게 되는 상해값을 측정하여 점수로 산출하고 합산한 후 산술평균값을 산출한다.
인체 각 부위별 산출된 점수에 따라 승객보호 정도를 열등~우수의 5단계로 구분하여 운전자 및 탑승자의 상해 등급을 표시한다.

② 충돌 시 문열림 여부

충돌하는 순간에 문이 열릴 경우 탑승자가 밖으로 튕겨 나갈 수 있으므로 충돌하는 순간에 문이 열렸는지 여부를 확인한다.

③ 충돌 후 문열림 용이성

충돌한 후에는 문이 쉽게 열려야 탑승자 스스로 밖으로 나오거나 외부에서 쉽게 구조할수 있으므로 충돌 후 차실 밖에서 손으로 문을 여는 데 소요되는 힘의 크기를 측정한다.

④ 충돌 후 연료 누출 여부

충돌로 인해 연료가 새어 나오게 되면 엔진 열로 인해 화재가 발생할 위험이 있으므로 연료 누출 여부를 확인한다.

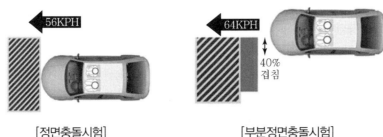

[정면충돌시험]   [부분정면충돌시험]

2. 부분정면충돌시험(Off-Set Test)

(1) 부분정면충돌시험

부분정면충돌시험 안정성 평가시험의 한 방법으로서 운전자석과 전방탑승자석에 인체모형을 탑재한 시험차를 64km로 40% Off-Set 상태로 부분정면충돌시켰을 때 머리와 흉부, 상부다리 및 하부다리의 충격량을 인체모형에 설치한 센서로부터 측정하여 평가한다.

(2) 부분정면충돌시험 시험방법

- 시속 64km 40% Off-Set 상태로 부분정면충돌시킨다.
- 운전자석 및 전방탑승자석에 정면충돌용 인체모형을 탑재한다.
- 인체모형의 머리, 흉부, 상부다리 및 하부다리 등의 충격량을 측정하기 위한 센서를 설치한다.
- 정면충돌용 인체모형 : 미국에서 개발한 것으로 키 178cm, 체중 75kg의 하이브리드Ⅲ라고 불리는 성인남자 인체모형을 적용한다.

(3) 부분정면충돌 평가결과 판정법

① 상해기준

인체 각 부위별 상해값을 5단계로 구분하여 표시한다.

② 충돌 시 문열림 여부

충돌하는 순간에 문이 열릴 경우 탑승자가 밖으로 튕겨 나갈 수 있으므로 충돌하는 순간에 문이 열렸는지 여부를 확인한다.

③ 충돌 후 문열림 용이성

충돌한 후에는 문이 쉽게 열려야 탑승자 스스로 밖으로 나오거나 외부에서 쉽게 구조할 수 있으므로 충돌 후 차실 밖에서 손으로 문을 여는 데 소요되는 힘의 크기를 측정한다.

④ 충돌 후 연료 누출 여부

충돌로 인해 연료가 새어 나오게 되면 엔진 열로 인해 화재가 발생할 위험이 있으므로 연료 누출 여부를 확인한다.

06
QUESTION

차동제한장치(LSD ; Limited Slip Differential)에서 토센(Torsen)형의 주요 특성에 대하여 설명하시오.

1. 차동제한장치(LSD ; Limited Slip Differential)의 필요성

차동장치는 좌우 차륜의 회전수에 차이를 두어 스핀 없이 원활한 선회를 가능케 하며 구동 토크를 분배하는 역할을 한다.

최소 회전반경에 가까운 급격한 선회 운행을 한다든가 미끄러운 노면에서 운행하는 경우에 타이어의 스핀은 피할 수 없다.

이때 한쪽의 차륜이 견인력을 잃어버리면 일반적인 차동장치는 거의 대부분이 구동력을 미끄러지는 바퀴로 공급하게 되어 미끄러지는 바퀴는 더 빠른 속도로 회전하고 구동력을 받는 바퀴는 구동 토크가 공급되지 못해 차륜이 공회전하는 상황을 벗어나지 못한다.

이러한 문제는 4륜 구동이든 2륜 구동이든 상관없이 발생하는데 이는 험로 주행이나 급격한 선회 주행의 필요에 의해 설계되는 4륜 구동 차량에서 2륜 구동의 경우보다 상대적으로 더 중요하게 된다.

따라서 4륜 구동 자동차의 경우 차동제한장치(Limited Slip Differential)가 필요하게 된다. LSD는 타이어 슬립이 발생하는 경우 차동장치의 양쪽 구동 차축(Axle)을 고정해서 차의 구동력이 스핀이 발생하는 구동 바퀴로 전달되는 것을 방지한다.

2. 토센(Torsen) 차동제한장치

토센(Torsen) 차동제한장치의 역할은 앞축과 뒤축의 잠김을 방지하기 위해 두 축의 회전 속도를 다르게 조절하는 것이다.

스퍼기어에 의해 서로 연접된 2개의 웜기어 시스템이며 기어의 조합을 통해 자동으로 내부에서 잠금장치의 기능을 수행하고 휠의 접지력을 향상시킬 수 있도록 필요한 동력 분배의 기능을 하며 중간 차동장치로 사용되는 차동제한 시스템이다.

기어 메커니즘의 원리에 따라 기어와 기어 사이에 마찰력이 발생하는데 휠의 회전 속도에 차이가 커지면 마찰력도 더 커지고 그에 따라 잠금 효과도 더 커지게 된다. 휠의 회전 차이와 잠김을 민감하게 작용하며 신뢰성이 크다.

커브 선회 시 전 · 후 차축 간의 회전 속도차를 보상하고 구동토크를 견인력에 따라 전 · 후 차축에 분배한다.

토센-차동장치는 타행 주행 시에 구동축들을 서로 분리시키므로 ABS 시스템, TCS 시스템 및 EBD의 동작에 제한이 없다.

3. 토센(Torsen) 차동제한장치의 동작

(1) 구동 토크의 분배

변속기 → 추진축 → 하우징 → 웜기어 축 → 웜기어 스퍼기어 → 웜 → 차축으로 전달하고 분배한다.

(2) 커브 선회 시의 동작

웜기어가 부가된 스퍼기어가 회전(자전)해 차동기능을 하며 앞뒤 차축 간의 회전 속도차를 보상하고 구동 토크를 견인력에 따라 앞뒤 차축에 분배한다.

모든 휠의 회전 속도가 동일하면 스퍼기어와 웜기어는 회전하지 않는데 쐐기작용을 하므로 하우징과 일체로 되며 이때 구동 토크는 앞뒤 차축에 같은 비율로 분배된다.

(3) 1개의 구동 차륜이 접지력을 상실해도 접지력이 유지되고 있는 구동축의 웜기어 상의 스퍼기어가 버팀목 역할을 하므로 스핀을 방지할 수 있다.

(4) 순간적으로 큰 회전력 차이의 저항에 의해 차동이 제한되므로 노면과의 접지력이 정상적인 구동륜에 더 큰 구동력을 전달한다.

속도 차이에 의한 저항은 웜기어의 나사선 리드 형상과 그 마찰 특성 때문에 저항으로 나타나는 것이다.

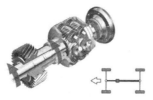

[4륜 구동 정상주행 시]
토크배분 : 전륜＝후륜
속도배분 : 전륜＝후륜

[4륜 구동 선회주행 시]
토크배분 : 전륜＜후륜
속도배분 : 전륜＞후륜

[4륜 구동 후축슬립]
토크배분 : 전륜＜후륜
속도배분 : 전륜＞후륜

[4륜 구동 전축슬립]
토크배분 : 전륜＞후륜
속도배분 : 전륜＜후륜

96회

차량기술사
기출문제 및 해설

1 교시

01 QUESTION 이중 점화장치에 대하여 설명하시오.

1. 이중 점화장치(i-DSI/Intelligent Dual/Sequential Ignition System)의 개요

i-DSI 시스템은 실린더 하나당 2개의 점화 플러그를 설치하여 점화 제어로 위상 차이를 두고 점화시키는 시스템이다.

엔진의 운전상태, 특히 혼합기의 농후도와 엔진의 회전 속도에 따라 정확하게 제어되는 점화시기가 중요하며 연비 개선과 유해 배출가스의 저감에 큰 효과를 내고 있다.

2. 이중 점화장치(i-DSI System)의 효과

i-DSI System은 급격한 연소율로 연소속도가 향상되고 고속형 엔진으로 출력이 향상되고 연비성능 또한 향상된다. 이는 일차 점화에 의한 연소실 전체 미연가스로의 급속한 화염전파가 있어 가능하고 연소 최고 압력도 상승한다.

따라서 일점 점화(Single Point Ignition) 방식에 비하여 점화시기를 더 지연시킬 수 있는 근거가 되며 점화시기를 지연시킴으로써 노킹 발생 우려가 감소하고 압축비를 더 높여 연소시킬 수 있다.

이로 인하여 열효율의 향상, 출력 증강, 완전연소에 의한 유해가스의 배출도 저감된다.

02 QUESTION 일반 타이어의 림 종류와 구조에 대하여 설명하시오.

1. 타이어 림(Tire Rim)의 종류

휠의 일부로 타이어가 부착된 부분을 말하며 휠 림은 그 형상에 따라 분류한다.

(1) 분할형 림(Divided Type Rim)

림과 디스크를 일체로 한 것이며 좌우 동일 형상으로 제작한다. 이것은 주로 프레스 가공하여 제작하고 타이어의 탈착도 간단하여 경자동차에 많이 사용한다.

(2) 드롭 센터형 림(Drop Center Type Rim)

승용차에 많이 사용되는 것으로 림의 중앙부가 들어가 있어서 타이어의 비드가 끼워지도록 되어 있다. 림과 디스크는 용접 또는 리베팅(Riveting)하여 조립한다.

(3) 와이드 베이스 드롭 센터형 림(Wide Base Drop Center Type Rim)

분할형 림과 같으나 타이어의 공기량을 많게 림의 폭을 넓게 만든 것으로 저압 타이어에 주로 적용한다.

(4) 세미 드롭 센터형 림(Semi Drop Center Type Rim)

삼륜차나 경자동차와 같이 안지름이 작은 타이어에 적용한다. 주로 지름이 400mm 이내인 소형 트럭용 타이어에 적용한다.

(5) 인터 림(Inter Rim)

트럭, 버스 등과 같은 대형 중부하용 자동차에 적용되며 비드 시트부를 넓게 하고 사이드 링의 형상을 바꾸어 링과 사이드 링이 확실하게 물리도록 한 형식이다.

(6) 센터 플랫형 림(Center Flat Type Rim)

트럭, 버스, 튜블리스 타이어에 주로 적용하는 것으로서 센터부에 플랫부를 두어 비드 시트부를 넓게 한 형식이다.

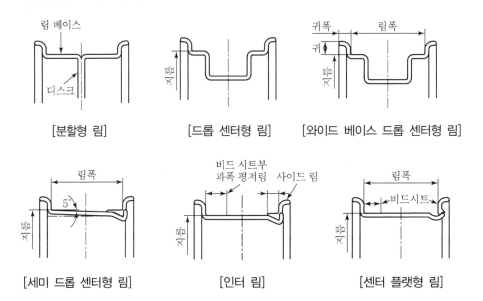

[분할형 림]   [드롭 센터형 림]   [와이드 베이스 드롭 센터형 림]

[세미 드롭 센터형 림]   [인터 림]   [센터 플랫형 림]

03 스크럽 레이디어스(Scrub Radius)에 대하여 설명하시오.

QUESTION

1. 스크럽 레이디어스(Scrub Radius)

자동차의 앞에서 보았을 때 킹핀의 중심 연장선과 타이어의 중심선이 노면에서 오프셋된 거리를 스크럽 레이디어스(Scrub Radius) 또는 킹핀 오프셋(Kingpin Off-set)이라 하고 정(Positive), 제로(Zero) 및 부(Negative) 스크럽 레이디어스로 분류된다.

스크럽 레이디어스가 작을수록 조향장치의 각 부품에 가해지는 작용력은 작지만, 조향에 필요한 힘(조타력)은 증가하게 된다. 승용자동차에서의 일반적인 스크럽 레이디어스양은 후륜 구동방식에서는 30~70mm, 전륜 구동방식에서는 10~35mm 정도이며 차륜의 시미 현상을 감소시키고, 차륜으로부터 조향장치에 전달되는 토크를 작게 유지하기 위해서는 스크럽 레이디어스를 작게 유지하는 것이 유리하다. 스크럽 레이디어스의 효과는 다음과 같다.

(1) 정(+)의 스크럽 레이디어스(Positive Scrub Radius)

타이어의 중심 수직선이 킹핀 중심선의 연장선보다 바깥쪽에 있는 상태이다.

정(+)의 스크럽 레이디어스는 제동할 때, 차륜이 안쪽으로부터 바깥쪽으로 벌어지도록 작용한다. 노면과 양측 차륜 사이의 마찰계수가 서로 다를 경우에는 마찰계수가 큰 차륜이 접지 마찰력이 커지므로 바깥쪽으로 더 많이 조향되어 자동차가 의도한 조향 노선으로부터 이탈할 수 있다.

(2) 제로 스크럽 레이디어스(Zero Scrub Radius)

타이어의 중심 수직선과 킹핀 중심선의 연장선이 노면의 한 점에서 어긋남 없이 한 점에서 만나는 상태를 말한다. 조향 시 차륜은 킹핀을 중심으로 원의 궤적을 그리지 않고 두 선이 오프셋 없이 만난 점을 중심으로 직접 조향된다. 따라서 정차 중에 조향할 때, 큰 힘을 필요로 하게 된다. 그러나 주행 중 외력에 의한 조향 간섭은 작다.

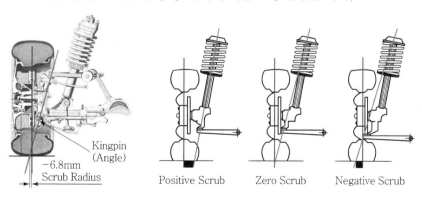

[스크럽 레이디어스]　　　　　[스크럽 레이디어스의 분류]

(3) 부(－)의 스크럽 레이디어스(Negative Scrub Radius)

타이어의 중심 수직선이 킹핀 중심선의 연장선보다 안쪽에 있는 상태를 말한다.

회전 중심점이 타이어의 중심보다 바깥쪽에 위치하므로 제동 시 차륜은 제동력에 의해 바깥쪽에서 안쪽으로 조향되는 효과가 있다.

노면과 좌우 차륜의 마찰계수가 서로 다를 경우 접지마찰력이 차이가 생기고 마찰계수가 큰 쪽의 차륜이 안쪽으로 더 크게 조향되는 효과를 나타내므로 자동차는 의도된 주행차선을 유지할 수 있게 된다.

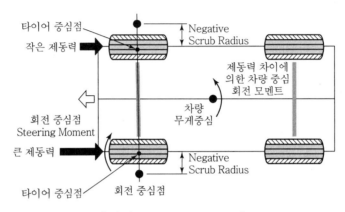

[부(－)의 스크럽 레이디어스]

 04 QUESTION **리튬－이온 배터리에 대하여 설명하시오.**

1. 리튬－이온 전지(Li－ion Battery)의 개요

전지는 자발적인 화학반응으로 생성되는 에너지를 전기에너지로 이용할 수 있도록 고안된 장치이다. 자발적인 화학반응이 진행될 때 전지는 방전(Discharge)된다고 표현한다. 1차 전지(Primary Battery)는 완전 방전된 후에는 다시 사용할 수 없어서 버린다. 그러나 2차 전지(Secondary Battery)는 충전(Charge)을 해서 다시 사용할 수 있다.

충전이란 전기에너지를 전지에 주입하여 방전할 때 일어나는 화학반응을 역으로 진행시키는 작업이다. 따라서 충전이 완료된 전지 내부에는 자발적인 화학반응을 일으킬 준비가 완료된 화학물질이 들어 있다.

2. 리튬 이온 2차 전지의 구성

(1) 양극(Cathode or Positive Electrode)

전자와 양이온이 들어가는 전극이며, 리튬 이온 전지 역시 다른 전지와 마찬가지로 2개의 전극(+/-극), 분리막, 전해질로 구성되어 있다. 양(+)극으로 이용되는 전극물질은 리튬 이온이 쉽게 출입할 수 있는 공간을 포함하는 결정 구조(Crystal Structure)를 지녀야 되고, 산화와 환원이 될 수 있는 금속 이온이 포함되어 있는 특징을 가지고 있다. 금속 이온이 포함된 산화물, 인산염들이 양(+)극에 알맞은 특징을 지니고 있다. 대표적인 양(+)극으로 사용되는 물질로는 리튬코발트산화물($LiCoO_2$), 리튬철인산염($LiFePO_4$), 리튬망간산화물($LiMn_2O_4$) 등이 있다. 성질이 다른 금속 이온을 첨가하여 만든 복합 물질들이 순수한 물질보다 전지의 성능이 우수하다.

(2) 음극(Anode or Negative Electrode)

전자와 양이온이 빠져나오는 전극이며 음(-)극으로 이용되는 전극물질은 금속 리튬, 흑연(Graphite)등이 있다. 또한 리튬티탄(Lithium-Titanate) 결정, 실리콘-흑연 복합물(Composite)을 음(-)극으로 사용한 전지(電池)들이 개발되기도 하였다.

리튬 금속을 음(-)극으로 사용하면 충/방전을 반복할 때 본래의 전극 모양을 유지하기 힘들고, 그 결과 양(+)극과 접촉이 되면 전지회로에 이상(異常)을 일으킨다.

흑연 혹은 결정 격자를 가진 물질을 이용하여 이런 문제를 해결하기도 한다. 충전할 때 결정격자 내에 금속 리튬을 석출하면 음(-)극의 전극 모양을 유지할 수 있고, 양(+)극과의 접촉으로 인한 전지 파괴 문제도 해결할 수 있기 때문이다. 또한 나노 크기의 결정을 이용하여 전극면적을 넓히면 충·방전 속도 증가, 에너지 밀도의 상승과 같은 효과가 나타난다. 그렇지만 전극물질이 달라지면, 충·방전 속도도 달라지고, 전압과 용량이 변할 수 있다.

(3) 전해질(Electrolyte)과 분리막(Separator)

전해질은 양/음극 사이에서 이온이 자유롭게 이동할 수 있는 통로 역할을 하며, 분리막은 양극과 음극의 물리적 접촉을 방지한다.

전해질은 리튬 이온 염(예 $LiPF_6$)을 물이 전혀 없는 유기용매에 녹인 것을 사용한다. 전해질에 물이 있다면 리튬 금속과 폭발적인 반응이 일어나므로 전지를 사용하기도 전에 망가진다. 또, 전기가 통하지 않는 고분자 분리막으로 양(+)극과 음(-)극이 직접 접촉이 되는 일을 막는다. 만약에 분리막이 없으면 양(+)극과 음(-)극이 직접 접촉되고, 단락(쇼트)이 일어나 전지를 사용할 수 없다.

(4) 리튬 – 이온 전지(Li – ion Battery)의 특징

   ① Li – ion 전지는 용량이 커서 충전 후 오래 사용할 수 있고 다른 전지보다 가볍다.

   ② 다른 전지보다 위험하며, 안전성 문제로 인하여 보호회로를 적용해야 하며 고전류를 흘릴 수 있는 고출력(High Power) 전지를 만들기가 어렵다.

   ③ 에너지 밀도가 높고 충·방전이 비교적 빠르며 전기자동차용 전지로 사용할 경우 회생 제동 전류 흡수율이 우수하다.

엔진에서 내부 EGR을 정의하고 효과를 설명하시오.

1. 내부 EGR(Exhaust Gas Recirculation)의 개요

내부 EGR은 흡배기 밸브의 오버랩(Over Lap) 기간 중에 배기가스의 일부가 배기밸브를 통해 또는 흡기 밸브 쪽으로 역류되는 배기가스를 다시 연소실로 유입시키는 것이다. 내부 EGR양은 흡배기 밸브의 개폐 타이밍에 따른 오버랩의 정도와 배압에 크게 관계되며 이는 공회전 시의 안정된 출력과 NVH(Noise, Vibration, and Harshness) 등에 매우 민감하게 작용하므로 캠 프로파일의 형상과 더불어 흡배기 밸브의 개폐 시기를 결정하는 데 중요한 요소이다.

2. 부분부하 시의 내부 EGR의 효과

부분부하 시에는 밸브 타이밍에 따라 연소 특성이 변화하고 연료 소비율 및 배기가스의 배출 특성도 변화한다. 흡배기 밸브의 개폐시기뿐만 아니라 밸브 오버랩의 영향도 크게 작용을 한다. 밸브 오버랩(Valve Over Lap)은 실린더 내 잔류 가스량과 밀접한 관계가 있으며 흡기밸브 열림 시점이 상사점보다 충분히 진각되고 배기밸브 닫힘 시점이 상사점으로부터 충분히 지연되어 오버랩이 증가되는 경우에는 배기행정 후반기에 실린더와 배기 포트에 있는 연소 가스가 열려 있는 흡기 밸브 쪽으로 역류되었던 배기가스가 다시 신기(新氣)와 함께 실린더로 유입된다.

내부 EGR의 영향은 부하에 따른 스로틀 밸브의 열림 정도에 따라 영향과 효과가 다소 다르지만 부분부하 시의 효과에 대하여 설명하면 다음과 같다.

(1) 펌프 손실(Pumping Loss)의 저감

잔류 가스량이 증가하면 동일한 부하를 유지하기 위해 요구되는 흡기압(MAP ; Manifold Absolute Pressure)이 커지게 되므로 흡입행정 시의 펌프 손실은 감소한다. 이러한 펌프 손실의 감소는 연료 소비율의 감소 효과를 나타내지만 잔류 가스량이 과다하면 연소 안정성이 급격히 떨어지므로 연비성능도 저하할 수 있다.

(2) 질소산화물(NOx)의 배출량 감소

실린더 내부의 잔류 가스는 연소속도를 낮추고 연소 최고 온도를 낮춘다. 따라서 NOx의 발생 원인인 열해리(熱解離) 현상의 감소로 NOx의 배출량은 감소한다. 이러한 효과는 (외부) EGR의 효과와 동일하다.

(3) 탄화수소(HC) 배출량의 감소

일반적으로 잔류 가스가 증가하면 연소 안정성이 저하되고 HC의 배출량도 늘어나지만 오버랩이 커지면 배기행정 후기의 HC 농도가 높은 배기가스가 부분적으로 다시 실린더 내로 유입되어 재연소되므로 HC의 총 배출량은 감소한다.
따라서 오버랩이 증가하면 연소 안정성 저하에 따른 HC의 배출량 증가와 배기가스 재유입(再流入)과 재연소(再燃燒)에 의한 HC의 배출량 감소라는 두 가지 효과가 동시에 나타나므로 대체적으로 저부하 시에는 연소 안정성에 의한 영향이 크고 부하가 증가할수록 재유입, 재연소에 의한 HC 저감 효과가 커진다.

(4) 혼합기의 온도 상승

잔류 가스는 고온의 배기가스이므로 잔류 가스량이 증가하면 실린더로 유입되는 공기의 온도가 상승하게 되고 분사된 연료의 기화를 촉진하여 HC의 배출량을 감소시켜 연소 안정성도 향상된다. 그러나 압축 말기의 가연 혼합기 온도가 상승하여 가솔린 노킹을 발생시킬 우려가 크고 NOx의 생성률도 커지지만 가연 혼합기의 온도 상승에 의한 영향은 미미한 것으로 알려져 있다.

06 **QUESTION** 가솔린엔진에서 옥탄가, 공연비, 회전수, 압축비 및 점화시기가 이상연소에 미치는 영향을 설명하시오.

1. 가솔린엔진의 이상연소

전기점화 착화기관인 가솔린엔진의 정상적인 연소는 전기적 스파크에 의해서 착화되고 온도파와 화염이 고속으로 전파되면서 순차적인 연소가 이루어지고 전체가 연소하는 것이다. 그러나 정상적인 화염 전파가 끝나기 전후에 다음과 같은 이상연소(異常燃燒)가 발생한다.

(1) 가솔린 노킹(Gasoline Knocking)

연소실 말단의 가연 혼합기(可燃 混合氣)가 기연(旣燃)가스의 압력과 온도, 또는 이상(異常)적인 고온 열원에 의하여 압축·가열되어 자기착화하는 현상이 생기는데 이를 가솔린 노킹이라고 하며 연소과정의 후기에 발생한다.

(2) 표면점화(Surface Ignition)

연소실의 일부가 고온의 상태가 되면 정상적인 화염전파에 앞서 가연 혼합기가 가열되어 자기 착화하는 현상을 표면점화(表面點火, Surface Ignition)라고 한다.
런-온(Run-On), 와일드 핑(Wild Ping) 등으로 불리는 것도 표면점화의 일종이다.

(3) 조기점화(Pre Ignition)와 지연점화(Post Ignition)

표면점화에 의한 자기착화 현상이 점화시기보다 앞서 나타나는 현상을 조기점화(早期點火, Pre Ignition), 뒤에 일어나는 현상을 지연점화(遲延點火, Post Ignition)라고 한다.

(4) 역화(Back Fire)와 후연(After Burning)

연료를 흡기 매니폴드에 분사하는 경우 흡기 매니폴드에는 항상 가연혼합기가 존재하며 밸브 오버랩(Valve Over Lap) 시기에 연소실로부터 역으로 브로 아웃되는 화염이나 고온의 기연(旣燃)가스에 의해 연소하는 현상을 역화(逆火, Back Fire)라고 한다.
실화(失火, Miss Fire)에 의하여 배출된 미연(未然)의 혼합기가 다음의 연소 사이클에서 배기가스에 의하여 점화, 연소되는 현상을 후연(後燃, After Burning)이라 한다.

2. 이상연소(異常燃燒)의 원인

이상연소의 종류, 현상과 발생 원인에 대하여는 위에서 설명한 바와 같으며 옥탄가, 공연비, 회전수, 압축비 및 점화시기가 표면점화, 조기점화와 같은 이상연소에도 영향을 미치지만 제시된 조건들은 대부분 가솔린 노킹의 직접적인 원인이 된다.

(1) 옥탄가, 공연비, 회전수, 압축비 및 점화시기가 노킹 발생에 미치는 영향

가솔인 노킹의 발생 원인은 연료의 낮은 내폭성(耐爆性, Anti-Knock)과 고온열원, 연소실의 고온 분위기가 일반적인 원인이다. 주어진 조건들이 노킹에 미치는 영향은 다음과 같다.

① 옥탄가(Octane價)

옥탄가는 스파크와 같은 강제 점화로 착화하는 가솔린 및 가스 연료의 자기 착화하기 어려운 성질, 내폭성(耐爆性)을 나타내는 지수(指數)이며 옥탄가가 낮으면 쉽게 자기 착화(自己着火)한다. 따라서 순차적인 화염 전파에 의한 정상 연소를 위하여 연료의 옥탄가는 정상 연소와 연소 열효율을 고려하여 정해진 압축비에서 옥탄가는 높은 것이 유리하다.

최근의 가솔린 연료에는 옥탄가 향상을 위하여 MTBE(Methyl-Tertiary-Butyl-Ether)를 안티노크제로 사용한 무연(無鉛) 가솔린(Un-Leaded Gasoline)이 사용되며 옥탄가는 95~100 정도이다.

② 공연비(空燃比, Air-Fuel Ratio)

공연비에 의하여 연소속도는 달라진다. 이론 공연비(14.75 : 1)보다 다소 농후한 12~13 : 1 정도의 공연비에서 연소 온도가 최대로 되고 연소속도도 최대가 된다.

따라서 희박한 공연비에서는 연소속도가 느리고 기연가스의 온도와 압력이 미연가스에 전달될 수 있는 시간적 여유가 있으므로 노킹을 발생하기 쉽다.

실제적으로 노킹 발생 시 혼합기의 농도를 변경하지는 않는다.

③ 엔진 회전수(Engine RPM)

엔진의 회전수와 부하는 국부적인 고온 열원을 만들어 표면점화의 원인이 되기도 하지만 직접적인 원인이라고 볼 수는 없다. 다만, 회전속도를 높이면 기연가스의 압력과 온도가 미연가스에 전달되는 시간적 여유를 줄여 가솔린 노킹을 억제할 수 있다.

④ 압축비(壓縮比)

오토 사이클(Otto Cycle)을 이론 사이클로 하는 정적연소(定積燃燒) 엔진의 열효율은 압축비에 따라 달라지며 다음과 같이 표시된다.

$$\text{오토 사이클의 열효율 } \eta_o = 1 - \frac{1}{\varepsilon^{k-1}}$$

여기서, ε : 압축비, k : 공기 비열비 1.4

위의 식에서 압축비(ε)가 증가하면 열효율도 증가하는 것으로 인식되지만 실제로는 한계를 가지며 연료의 옥탄가와 관련이 있다. 즉, 정해진 연료의 옥탄가에서 노킹을 일으키지 않는 압축비는 한계가 있으므로 정해진 압축비에서 지나치게 높은 옥탄가도 효율 향상에 크게 영향을 주지 못한다. 연료의 옥탄가 95 정도에서 가솔린 노킹을 일으키지 않는 압축비는 9 정도인 것으로 알려져 있다.

⑤ 점화시기(點火時期)

일반적으로 점화시기를 빠르게 하면 연소 최고 압력이 상승하여 열효율은 향상되나 가솔린 노킹이 발생할 수 있는 분위기에서 점화시기가 지나치게 빠르면 기연가스의 온도와 압력이 미연(未燃)가스에 전달되고 미연가스는 압축, 가열되어 일시에 착화, 폭발하면서 노킹이 발생한다.

실제로 전자제어식 연료 분사형 엔진에서는 노킹이 발생하며 노크 센서로 노킹을 감지하고 점화시기를 늦추어(點火遲角) 노킹을 억제하고 일정시간 후에 다시 정상적인 점화시기로 복귀하는 방법을 사용한다. 또한, 지나치게 빠른 점화시기는 중고속의 고부하에서 조기 점화의 원인이 되며 출력의 저하와 함께 엔진에 열부하를 증가시킨다.

압축 천연가스(CNG), 액화 천연가스(LNG), 액화 석유가스(LPG)의 특성을 비교·설명하시오.

1. 연료용 가스의 종류

연료용으로 사용되는 가스는 다음과 같으며 각각의 특성에 맞게 활용되고 있다.

(1) 액화 석유가스(LPG ; Liquified Petroleum Gas)

석유계 연료로서 원유의 정제과정에서 추출되며 기체상태의 탄화수소화합물(C_mH_n)을 액화시킨 혼합물로서 프로판(C_3H_8)과 부탄(C_4H_{10})을 혼합한 연료이다.

액화 압력이 낮아 경제적이며 저장과 운송이 용이하여 활용도가 높으며 발열량이 높고 옥탄가가 높아서 가솔린 연료 대용으로 활용하기에 유리하다.

(2) 액화 천연가스(LNG ; Liquified Natural Gas)

지하에 저장된 가스를 채취하여 정제한 뒤 −162℃로 냉각시켜 액화하여 부피가 1/600 정도로 축소된 액화가스이다. 메탄(CH_4)이 주성분이며 수분의 함유량이 거의 없는 청정 연료이다.

비중이 작고 발열량이 크고 발화온도가 높으며 특히 옥탄가가 130 정도로 매우 높아 고압축비인 디젤엔진의 압축비에서 정상 연소가 가능하여 디젤엔진을 사용하는 버스 및 트럭용 대체 연료로 활용도가 높다.

(3) 압축 천연가스(CNG ; Compressed Natural Gas)

천연가스(Natural Gas)를 200~250bar 정도로 압축하여 운송과 저장이 용이하도록 한 가스로서 자동차용 연료로 활용하는 천연가스이다. 특성과 성상은 LNG와 같으며 비중이 0.6 정도로 낮아 누출되어도 쉽게 확산되어 안전하고, 옥탄가가 130 정도로 높아 열효율이 좋으며 질소산화물(NOx)과 황산화물(SO_2) 등의 유해 연소 생성물이 없어 자동차용 청정 연료로 적합하다.

구분	LPG (액화석유가스)		NG (천연가스)	Gasoline (휘발유)
주성분/분자식	C_3H_8	C_4H_{10}	CH_4	C_8H_{18}
비중/공기대비	1.52	2.01	0.55	702
연소범위(%)	2.0~9.5	1.5~9.0	5~15	1.5~9.0
액화온도(℃)	−42.1	−0.5	−162	−
발화온도(℃)	450	287	650	508
발열량(kcal/kg)	10,500	10,000	11,900	10,500
옥탄가	94~100		120~136	90~100

08 QUESTION 새차 증후군의 발생 원인과 인체에 미치는 영향을 설명하시오.

1. 휘발성 유기 화합물(VOCs ; Volatile Organic Compounds)의 개요

휘발성 유기 화합물(VOCs ; Volatile Organic Compounds, 揮發性 有機化合物)은 증기압이 높아 대기 중으로 쉽게 증발되는 액체 또는 기체상 유기 화합물을 말한다.

벤젠, 아세틸렌, 휘발유 등을 비롯하여 공업제품 및 제조 공정에서 사용되는 용매 등 다양하다. 대기 중에서 질소산화물과 공존하면 햇빛의 작용으로 광화학 반응을 일으켜 오존 및 광화학 산화성 물질을 생성시켜 광화학 스모그를 유발하는 대기오염 물질이며 발암성을 지닌 독성 화학 물질들을 말한다.

국내의 대기환경보전법 시행령에서는 석유화학제품 · 유기용제 또는 기타 물질로 정의하는데 벤젠, 아세틸렌, 휘발유 등 31개 물질 및 제품이 규제대상이며 비등점이 낮은 액체연료, 파라핀, 올레핀, 방향족 화합물 등 생활주변에서 흔히 사용하는 탄화수소(炭化水素)류가 거의 해당된다.

2. 자동차의 VOCs 발생

자동차 실내는 거의 모든 표면이 섬유나 플라스틱이며 일부 접착제와 방수제, 도포제를 포함하고 있다. 이러한 물질로부터 방출되는 잔류 용매와 화학물질에서 나오는 가스는 대부분이 휘발성 유기 화합물(VOCs)이며 새차 증후군의 원인으로 알려지고 있다.

국내에서는 신차의 실내 공기질(空氣質) 기준을 도입했으며 신차 실내 공기질 검사 항목은 포름알데히드, 벤젠, 톨루엔, 에틸벤젠, 자일렌, 스티렌, 아크로레인 등이다.

3. 신차 실내 공기질(空氣質) 기준

국내에서는 신규 제작 자동차의 실내 공기질 기준을 정하여 관리하고 있으며 그 관리 대상은 포름알데히드(Formaldehyde), 벤젠(Benzene), 톨루엔(Toluene), 자일렌(Xylene), 에틸벤젠(Ethylbenzene), 스티렌(Styrene)이다.

관리 VOCs	포름알데히드	벤젠	톨루엔	에틸벤젠	자일렌	스티렌
권고기준 ($\mu g/m^3$)	250	30	1,000	1,600	870	300

또한 자동차의 제작 시 고려할 사항을 정하여 권고하고 있으며 내용은 다음과 같다.

① 자동차의 설계·제작 시 내부 마감재는 포름알데히드 및 벤젠 등 휘발성 유기 화합물(VOCs)의 함량과 방출량이 최소화된 자재를 사용한다.

② 자동차 제작사는 신규 제작 자동차의 실내 공기질을 측정하여 기록·보존하고 양산 자동차에 대하여 VOCs 관리 기준 이하가 되도록 적절한 조치를 취하여야 한다.

③ 자동차 사용자가 실내 공기질 유지를 위해 환기 등 적정의 조치를 행할 수 있도록 자동차 취급 설명서를 통해 안내하여야 한다.

4. 자동차의 VOCs 영향

VOCs 중에서 특히 톨루엔은 사람의 중추신경계에 영향을 미치는 독극물로 정신착란, 졸음, 현기증, 구토 등을 유발하며 대부분의 VOCs 물질들이 인체에 유해하며 발암 물질로 분류되어 있다. 따라서 최근에는 이들의 관리 기준을 강화하였으나 해외 주요국 기준에 비하여 미흡한 상태이다.

포름알데히드($250\mu g/m^3 \rightarrow 210\mu g/m^3$), 에틸벤젠($1,600\mu g/m^3 \rightarrow 1,000\mu g/m^3$), 스티렌($300\mu g/m^3 \rightarrow 220\mu g/m^3$) 등 3종의 기준치를 강화했다.

09 윤활장치에서 트라이볼로지(Tribology)를 정의하고 특성을 설명하시오.
QUESTION

1. 윤활 트라이볼로지(Tribology)의 개요

트라이볼로지(Tribology)란 '문지르다'라는 뜻의 그리스어 'Tribios'에서 유래된 말이며 사전적 의미로는 'Science and technology of Interacting surface in relative motion and the practices related thereto(상대운동을 하면서 상호작용의 영향을 받는 표면에서의 거동과 관련된 제반 문제에 관한 과학 기술)'라고 설명된다.

상대접촉 운동을 하는 윤활에 국한하여 고려해보면 마찰(Friction), 마멸(Were) 그리고 윤활(Lubrication) 사이에서 일어나는 물리 · 화학적 상호작용과 그 영향까지 고려하는 것이 윤활에서의 트라이볼로지(Tribology)이다.

2. 윤활에서의 트라이볼로지

많은 부분과 분야에 트라이볼로지가 존재하지만 자동차, 특히 엔진은 윤활의 대표적인 구조적 기능을 가지고 있고 '트라이볼로지'적 거동을 하는 장치이다.

우선, 윤활과 출력 사이에 트라이볼로지가 존재하며 윤활 성능이 출력성능과 직접적인 관계가 있음은 익히 알고 있을 것이다.

또한 온도, 점도, 하중과 윤활 사이의 거동은 트라이볼로지의 대표적인 예이며 온도가 상승하면 윤활유가 열화되고, 점도가 저하하며, 마찰계수가 커지고 따라서 마찰력도 커지며, 마모가 증가하고, 동력 손실이 커진다. 이처럼 윤활이 이루어지는 과정에서 화학적 변화와 물리적 변화가 나타나고 그 과정과 결과에 영향을 미친다. 이러한 과정 전체에서의 상호 작용과 영향 및 결과를 고려하는 것이 윤활의 트라이볼로지이다.

10 전동식 전자제어 동력조향장치(MDPS ; Motor Drive Power Steering)를 정의하고 특성을 설명하시오.
QUESTION

1. MDPS의 개요 및 특성

동력조향장치(MDPS ; Motor Drive Power Steering)는 조향륜에 작용하는 조향력을 모터의 회전력으로부터 얻는 것이며 운전자의 의도대로 스티어링 휠을 조작하면 조향 기둥(Steering Column)의 토크와 회전 각도를 검출하여 ECU에서 모터의 동작을 제어하는 원리이다.

조향 조작을 위하여 엔진의 동력을 직접 사용하지 않으며 필요시에만 전원이 소모되므로 상시 유압펌프가 구동되는 기존의 유압식 동력조향장치에 비하여 3~5% 정도의 연비성능이 향상된다.

모터의 위치와 구조에 따른 일반적인 MDPS의 형식은 다음과 같다.

(1) Column 타입 MDPS

구동모터와 관련 장치들이 조향기둥(Steering Column)에 설치된 구조이며 엔진룸에 설치 공간을 확보하기 어려운 경우에 이용되고 주로 소형자동차용으로 적용된다.

조향력은 조향륜까지 전달되는데 중간 부품이 많고 회전방향이 바뀌는 이유 등으로 랙타입에 비하여 출력과 성능, 효율이 낮다.

(2) Pinion 타입 MDPS

피니언 축에 구동 모터가 설치되며 엔진룸 공간을 최소로 차지한다.

(3) Direct Drive Rack 타입 MDPS

랙(Rack)이 모터의 중심축을 관통하는 구조이며 성능과 출력이 우수하여 대형 자동차에 적용이 가능하나 다른 타입에 비해 설치공간이 크고 중량과 사이즈가 크다. 다음의 그림은 MDPS의 동작을 설명하고 있으며 운전자의 조향조작 의도를 토크센서와 각도센서로 검출하고 ECU에 입력되어 차속, 차량상태 등의 신호를 받아 조향 모터 구동 신호를 출력한다.

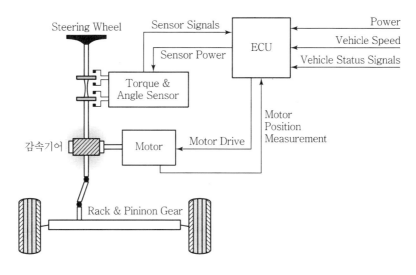

[MDPS의 작동원리]

 AMG(Absorptive Mat Glass) 배터리와 그 특성을 설명하시오.

QUESTION

1. AMG(Absorptive Mat Glass) 배터리

AMG(Absorptive Mat Glass) 배터리는 유리 섬유 매트(Absorptive Glass Mat)에 전해액을 흡수시켜 배터리 내부에서의 전해액 유동(流動)을 방지한 것이다.

AGM 배터리는 대부분 전해액 주입구나 통기구(通氣口) 대신 일방통행밸브(One Way Valve)를 사용하는 VR(Valve Regulated) 전지(電池)이다.

이렇게 하면 충·방전 중 발생한 가스가 전조 밖으로 빠져 나가지 못하고 방전 중에 재결합하여 전해액으로 다시 돌아간다.

또 외기가 전지 내부의 화학반응에 영향을 주지 않음으로써 전지 내부에 불순물이 침입하지 못하며 배터리의 자기 방전량도 감소시킬 수 있다.

특히 심한 진동으로 불순물에 의한 극판 단락 현상(쇼트)으로 인한 배터리의 손상을 최소화할 수 있으며 충격에 의한 파손 시에도 전해액이 흘러내리지 않아 또 다른 2차 피해를 줄일 수 있다.

12 **QUESTION** 엔진의 회전수가 저속 또는 고속 운행 시에 오버랩이 작은 경우와 큰 경우를 특성(출력, 연소성, 공회전 안정성) 면에서 설명하시오.

1. 밸브 오버랩(Valve Over Lap)의 영향

밸브 오버랩(Valve Over Lap)은 상사점(TDC) 부근에서 흡기, 배기 밸브가 동시에 열려 있는 기간을 말하며 미세하게는 흡기 밸브의 열림 시기, 배기 밸브의 닫힘 시기를 고려한 밸브 오버랩에 따른 효과를 고려하여야 하나 여기서는 일반적인 밸브 오버랩의 출력, 연소특성, 공회전 안정성에 대하여 설명한다.

2. 저속과 고속에서 밸브 오버랩(Valve Over Lap)의 영향

(1) 저속에서 밸브 오버랩의 영향

저속 및 아이들 시에는 배기 행정 후반에 배기가스가 흡기 쪽으로 역류하는 현상이 발생하며 밸브 오버랩이 클수록 잔류 가스량(내부 EGR 효과)이 증가하고 근본적으로 흡입공기량이 적어 연소 상황이 불리한 상황에서 잔류 가스가 혼합되므로 연소 상황은 더욱 불안정하고 출력도 저하한다.

이 밖에도 내부 EGR 효과로 인하여 혼합기 온도가 상승하여 NOx와 HC의 발생이 저감되는 경향도 있다.

(2) 고속에서 밸브 오버랩의 영향

중저속 이하에서는 흡기 행정 초기에 배기 포트로부터 실린더로 배기가스가 유입되어 잔류 가스량이 증가하고 체적효율이 감소하는 경향이 나타나지만 고속 영역에서는 배기가스의 유동관성(流動慣性)이 커지므로 배기 효율은 높아지고 따라서 체적효율이 향상되는 경향이 있다.

가연(可燃) 혼합기는 농후해질 수 있으므로 연소효율과 특성은 좋아진다.

일반적으로 오버랩이 큰 기관은 고속형 엔진, 작은 경우는 중저속형 엔진이라고 이해하고 있지만 이는 밸브 오버랩을 충분히 설명하지 못하는 표현이다.

고속을 중시하는 기관은 실제적으로는 캠의 프로파일과 캠축의 작동각을 크게 함으로써 밸브 리프트가 커져서 자연 오버랩이 커지는 것이다. 따라서 밸브의 작동각은 작은 채 밸브 오버랩을 크게 하여도 고속에서의 출력은 증가하지 않고 오히려 출력이 감소하는 경향을 가진다.

이러한 상황을 고려하여 저속에서부터 고속까지 밸브 오버랩을 자동 조정하여 연소 상황과 출력, 배기가스의 배출 특성을 개선하기 위하여 가변 흡기 시스템(Variable Induction Control System)이나 가변 밸브 타이밍 장치(CVVT ; Continuous Variable Valve Timing)를 적용한 엔진이 실용화되고 있다.

13 QUESTION 자동차 제조물 책임법(PL)과 리콜(Recall)제도를 비교하여 설명하시오.

1. 제조물 책임법의 정의

제조물 책임법(PL ; Product Liability Law)은 생산한 제품의 안전성 미흡으로 소비자가 피해를 입었을 경우, 제조 기업이 손해배상 책임을 부담하도록 규정한 법률이다.

통상 제품에 결함이 발생했을 때 당해 제품의 수리, 교환, 환불은 제조자의 기본 의무라고 생각하고 더 나아가 제조물 책임은 제품의 결함으로 발생한 인적·물적·정신적 피해까지 제조. 공급자가 부담하는 한 차원 높은 손해배상제도다.

제조물 책임법에서는 사용자의 과실 입증 없이 제조물의 결함만 입증하면(무과실 책임) 제조자는 무거운 배상 책임을 지게 된다.

자동차를 대상으로 적용하면, 완성차 업체가 결함 상품을 만들지 않도록 책임을 요구하는 것이다. 소비자에 대한 배려와 제조업체에서의 부품에서부터 제조와 관련한 제반 품질과 성능에 대한 관리를 요구하는 제도이며 제품의 안전성 미흡으로 인한 소비자 및 사회적 비용을 저감하기 위한 법이다.

제조물 책임법의 적용범위를 살펴보면 다음과 같다.

(1) 소비자의 소송 부담 감소

소비자가 직접 제품의 결함을 입증하지 않아도 되며 PL법에서는 제조업자의 과실에 대하여 소비자가 증명 없이도 제반 손해에 대하여 배상을 청구할 수 있다.

(2) 배상 대상 범위의 확대

PL법 시행으로 소비자는 당해 제품에 대한 교환, 환불뿐만 아니라 PL 대상 제품으로 가공된 모든 제품, 반제품, 원자재에 대해서 배상 책임을 물을 수 있다.

(3) 결함에 대한 연대 책임 강조

PL법에서의 배상 책임은 제조가공업자, 수입업자, 판매업자, 표시제조업자 등이 질 수 있으며 결함에 대한 연대 책임이 있음을 강조하고 있다.

만일 자동차의 경우 완성차에 결함이 있으면 부품 제조업체와 완성차 업체 모두에게 연대 책임을 지도록 한다.

(4) 결함으로 인한 피해가 발생했을 때에만 PL법 적용 가능

PL법은 단지 제품에 대한 결함으로 인한 반품 혹은 리콜과는 그 적용 범위가 다르다. PL법이 적용되기 위해서는 당해 제품에 대한 결함이 있어야 하며, 그로 인해 여타 다른 피해가 발생하였을 때만 적용할 수 있다.

2. 리콜(Recall)제도의 정의

리콜(Recall)은 제품의 결함으로 인하여 우리의 생명, 신체, 재산상의 위해가 발생하거나 발생할 우려만 있어도 해당 물품에 대하여 수리, 교환, 환불 등의 방법으로 신속한 조치를 취해 소비자 위해와 손해를 사전에 확산을 방지하고 예방하기 위한 제도이다.

자동차의 경우 제품의 기능적 안정성 위해뿐만 아니라 배기가스나 소음 같은 공공적 환경 위해 문제도 리콜의 대상이 된다.

리콜은 다음과 같이 두 가지 종류가 있으며, 안전이 완벽하게 확보되어야 하는 자동차의 경우 소비자의 신체상의 위해, 재산상의 피해를 적극적으로 보호한다는 차원에서 빈번히 도입되어 활용되고 있다.

(1) 자발적 리콜(Voluntary Product Recalls)

사업자가 물품의 결함을 발견한 경우 사업자 스스로 수거, 파기하거나 소비자에게 수리, 교환, 환급 등의 조치를 취하는 리콜을 말한다. 제도의 정착으로 전체 리콜의 대부분은 자발적 리콜이다.

(2) 리콜 명령(Mandatory Product Recalls)

정부(지방자치단체 포함)가 리콜 대상이 되는 제품의 해당 사업자에게 리콜을 명령하여 실시는 것으로 리콜제도는 1991년 국내에 처음 도입되었으며 주로 자동차나 가전제품 등에서 많이 이루어지고 있지만 최근에는 서비스와 유통 부문으로 확대되어 실시되고 있다.

01 **QUESTION** 로터리 엔진(Rotary Engine)의 작동원리와 극복해야 할 문제점에 대하여 설명하시오.

1. 로터리 엔진의 개요

로터리 엔진(Rotary Engine)은 왕복 운동 시 피스톤 대신 연소가스의 폭발에 의해 회전형 피스톤을 직접 회전시키는 기관이다. 실용화되고 있는 것은 1959년에 독일의 F. 방켈(Wankel)이 발명한 로터리 엔진이며 방켈 엔진(Wankel Engine)이라고 한다.

흡입, 압축, 연소, 배기의 4행정이 로터의 회전으로 독립하여 순차로 이루어진다. 로터가 1회전하는 동안에 각 행정이 3회씩 행해지며 이 동안에 중심의 편심축은 3회전하고 편심축의 1회전에 대해 1회의 폭발 팽창행정이 있게 된다.

2. 로터리 엔진의 구조

(1) 로터 하우징(Rotor Housing)

왕복운동기관의 실린더에 해당하는 로터 하우징(Rotor Housing)의 내면은 단면이 에피트로코이드(Epitrochoid) 곡선이라고 불리는 형상을 하고 있다.

여기에 로터가 조립되면 3개의 작동실이 형성되고 점화플러그와 배기포트와 흡기포트가 설치된다.

(2) 로터(Rotor)

로터 하우징 가운데에 피스톤에 해당하는 3각형 모양의 로터(Rotor)가 있으며, 로터와 로터 하우징 벽 사이에 3개의 공간이 구성되어 있고, 이들 공간은 로터의 회전에 따라서 회전방향으로 주기적으로 용적을 변화시키면서 회전하여 흡기·배기포트를 열고 막는다.

(3) 사이드 하우징 및 편심축

사이드 하우징에는 흡기 포트가 있으며 고정 기어가 부착되어 있다. 양쪽의 사이드 하우징이 편심축을 지지한다.

3. 로터리 엔진의 작동원리

로터리 엔진(Rotary Engine)은 로터 세변이 각각 작동실을 형성하며 편심축의 회전에 따라 각 작동실은 흡입, 압축, 연소 및 배기의 과정을 거치고, 로터 1회전에 대하여 3회의 연소과정이 있으며 그 과정은 다음과 같다.

(1) 흡입 – 압축 행정

로터의 회전으로 흡기포트가 열리면 흡입행정이 시작되고 아래 그림에서 ①의 용적이 최대가 된다. ① → ② → ③의 과정으로 압축하며 ③의 용적이 최소가 되고 최대 압축압력이 된다.

(2) 연소 – 팽창 행정

③의 위치는 최소 용적이며 최대 압축 압력의 상태에서 점화플러그로부터 점화가 된다. ③ → ④ 과정으로 연소–팽창하여 로터의 표면에 압력이 전달되어 회전한다.

(3) 배기 행정

로터의 회전으로 배기 포트가 열리면 ④ → ⑤ → ⑥의 과정으로 배기가 이루어진다. 로터의 각 변마다 이와 같은 행정을 가지면서 매 회전당 1회의 흡입–압축–연소(팽창)–배기의 행정이 일어난다.

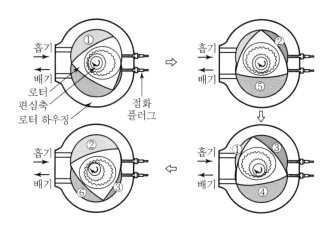

[로터리 엔진의 작동원리]

4. 로터리 엔진의 극복할 문제점

로터리 엔진은 훌륭한 착안으로 완성된 고출력 엔진이지만 많이 실용화되지 못하였으며 관련 기술이 왕복형 내연기관만큼 발전하지를 못했다.
특별한 목적의 열기관으로 관심받는 엔진이지만 다음과 같은 극복할 문제점이 있다.

① 특히, 로터와 하우징 내면의 연속적인 마찰로 인한 압축, 팽창 과정에서 가스가 누출되는 것을 막기 위한 로터와 하우징 사이에서의 기밀(氣密) 유지에 어려움이 있다.

② 연소가 하우징의 한쪽 편에서만 행해지기 때문에 국부적으로 열응력(熱應力)의 불균형이 발생하므로 이 부분의 냉각과 윤활에 문제가 있다.

③ 소형이며 큰 출력을 얻을 수 있어 비출력은 크지만 연료 소비율이 커서 특수한 목적 이외에 일반적 적용에는 어려움이 있다.

02 QUESTION 공기식 브레이크의 작동원리와 제어밸브에 대하여 설명하시오.

1. 에어브레이크의 개요 및 구성

에어브레이크는 브레이크 슈를 압축공기의 압력으로 드럼에 밀착시켜 제동하는 것으로 브레이크 페달의 조작력이 작아도 큰 제동력을 얻을 수 있으므로 대형 버스, 트럭용 제동장치로 이용된다.

에어 브레이크는 다음과 같은 구성과 기능을 가진다.

(1) 공기 압축기(Air Compressor)

비교적 고압을 필요로 하므로 왕복형(Reciprocating Piston Type) 압축기가 적용된다. 압축기의 헤드에는 언로더 밸브(Unloader Valve)가 있어 압력 조절기와 더불어 공기 탱크 내의 압력에 따라 자동적으로 압력이 일정하게 조정된다.

(2) 압력 조정기와 언로더 밸브(Unloader Valve)

압력 조정기는 압축기의 언로더를 작동시켜 공기 탱크 내의 압력이 규정압력(약 7bar)이 되도록 조정하는 것으로 작동은 공기 탱크 내의 압력에 의하여 이루어진다.

(3) 공기 탱크(Air Tank)

공기 탱크에는 안전 밸브가 설치되어 있어 압력이 규정치 이상으로 상승하면 공기를 자동으로 방출하고 탱크와 각부의 안전을 유지한다.

(4) 브레이크 밸브(Brake Valve)

브레이크 페달의 작동에 따라 공기 압력을 앞뒤의 릴레이 밸브로 보내는 동작을 한다. 이 밸브는 앞뒤의 2계통의 공기 통로를 동시에 조작하도록 2조의 밸브가 조립되어 있다.

(5) 릴레이 밸브(Relay Valve)

브레이크 체임버와 브레이크 밸브 사이에 설치되며 브레이크 밸브로부터 공기 압력에 의하여 작동한다. 이 밸브는 브레이크 체임버로 공기 통로를 개폐하여 브레이크 작동 지연을 적게 함과 동시에 브레이크의 개방 작용을 빠르게 한다.

(6) 브레이크 체임버(Brake Chamber)

브레이크 체임버는 접시 모양의 케이스와 보디 사이에 다이어프램이 조립되어 있는 것으로 각 휠마다 설치되어 있다. 다이어프램 앞에는 푸시로드가 있고 브레이크가 작용하지 않을 때에는 스프링에 의하여 케이스 쪽에 밀어 붙여져 있다가 브레이크 페달을 밟으면 브레이크 밸브에 의하여 제어된 공기압이 앞쪽에는 직접, 뒤쪽에는 릴레이 밸브를 거쳐서 브레이크 체임버로 보내진다.
이 공기는 스프링의 힘을 이기고 다이어프램을 밀고 푸시로드를 밀어 브레이크 캠을 작동시킨다. 다시 페달을 놓으면 다이어프램은 스프링의 힘에 의해서 원래 위치로 되돌아와 브레이크는 풀리고 공기는 배출된다.

(7) 체크 밸브(Check Valve)

이 밸브는 공기 탱크 입구 부근에 설치되며 공기의 역류를 방지한다. 체크 밸브는 공기 압축기로부터 압축공기가 보내질 때는 열리고 공기 탱크로 흐르나 탱크 내의 압력이 7bar에 달하여 공기 압축기가 작동하지 않을 때에는 밸브를 닫아서 공기 탱크에 저장된 압축공기의 누설을 방지한다.

2. 공기 브레이크의 작동 원리

(1) 브레이크 밸브(Brake Valve)

브레이크 페달에 의해 개폐되며 페달의 작동거리에 따라 공기탱크 내의 압축공기를 도입하여 제동력을 조절하며 페달을 밟으면 플런저가 메인 스프링을 누르고 배출 밸브를 닫은 후 공기 밸브를 연다. 이에 따라 공기 탱크 내의 압축공기가 퀵 릴리즈 밸브(앞 브레이크)와 릴레이 밸브(뒷 브레이크) 그리고 브레이크 체임버로 보내져서 제동하게 된다. 다시 페달을 놓으면 플런저가 원위치로 복귀하고 배출 밸브가 열리면서 공기가 배출된다.

(2) 퀵 릴리즈 밸브(Quick Release Valve)

브레이크 페달을 밟으면 브레이크 밸브로부터 압축공기가 공기 입구를 통하여 작동되고 밸브가 열려 앞 브레이크 체임버에 압축공기가 유입되어 제동이 된다. 다시 페달을 놓으면 브레이크 밸브로부터 공기가 배출되어 공기 입구의 압력이 낮아진다. 이에 따라 브레이크 밸브는 스프링의 장력에 의해 원위치로 복귀되어 배출구를 열고 앞 브레이크 체임버 내의 공기를 신속하게 제동을 해제한다.

(3) 릴레이 밸브(Relay Valve)

릴레이 밸브는 브레이크 페달을 밟아 브레이크 밸브로부터 공기 압력이 작용되면 다이어프램이 아래쪽으로 이동하여 배출 밸브를 닫고 공급 밸브를 열어 공기 탱크 내의 공기가 뒤 브레이크 체임버로 보내진다.

다시 페달을 놓으면 브레이크 밸브로부터의 공기압이 낮아지고 다이어프램 윗부분과의 압력이 평형이 될 때까지 밸브를 열고 공기를 방출시켜 뒤 브레이크를 신속하게 해제시킨다.

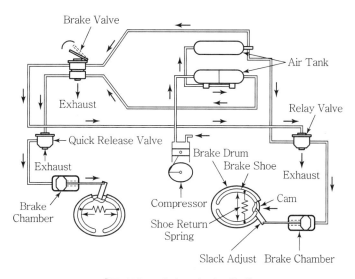

[공기식 브레이크의 작동원리]

(4) 브레이크 체임버(Brake Chamber)

브레이크 페달을 밟아 브레이크 밸브에서 조절된 압축공기가 체임버 내로 유입되면 다이어프램은 스프링을 누르고 이동한다.

이에 따라 푸시로드가 슬랙 조정기를 거쳐 캠을 회전시키면 브레이크 슈를 확장하여 드럼과의 마찰로 제동이 된다.

03 QUESTION 연료전지 자동차의 전지를 고온형과 저온형으로 구분하고 특징을 설명하시오.

1. 연료전지(燃料電池, Fuel Cell)의 구성

연료전지는 저장 수소를 사용하는 방법과 탄수소화합물(C_mH_n)을 연료로 사용하여 개질 반응($H_2 - Rich$)을 통해 수소(H_2)를 얻어 연료전지에서의 반응으로 전기를 얻는 시스템이다. 이를 위한 기본적 구성과 기능은 다음과 같다.

(1) 연료 개질기(Fuel Reformer)

수소를 함유한 일반 탄수소화합물 연료(LPG, LNG, 메탄, 석탄가스, 메탄올 등)로부터 수소를 많이 포함하는 가스로 변환($H_2 - Rich$)하는 장치이다.

(2) 연료전지 본체(Fuel Cell Stack)

연료 개질장치에서 나오는 수소와 공기 중의 또는 저장된 산소의 반응으로 직류 전기와 물 및 열이 발생하는 장치이며 여기서의 수소와 산소의 반응식은 다음과 같다.

$$(-극) : 2H_2 + 2OH^- \longrightarrow 2H_2O + 2H^+ + 4e^-$$

$$(+극) : O_2 + 2H^+ + 4e^- \longrightarrow 2OH^-$$

$$전체 \ 반응 : 2H_2 + O_2^- \longrightarrow 2H_2O - DC \ Power$$

(3) 전해질(Electrolyte)

연료전지 본체 내부는 양자를 전도하는 플라스틱 재질의 고체 전해질 박막이며 양면에는 백금 촉매가 코팅되어 있고, 그 위에 흑연 코팅된 전극이 있다.
양쪽 각각 2극 극판과 촉매 사이에는 아주 미세한 산소, 수소 통로가 있으며 이 통로를 통해 한쪽에는 수소가, 다른 한쪽에는 산소가 공급된다.

(4) 전력변환장치(Power Inverter)

연료전지에서 나오는 직류 전원을 활용방법에 따라 교류전원으로 변환하는 장치이다.

(5) 폐열회수장치(Recuperator)

연료 개질 장치와 연료전지 반응에서 나오는 반응열을 흡수하여 활용하기 위한 장치이다.

2. 고온 · 저온형 연료전지(燃料電池, Fuel Cell)의 특징

연료전지는 주로 사용하는 전해질의 종류에 따라 반응 온도가 달라지며 고온형과 저온형으로 구분된다. 그러나 이온이 전해질을 통과하고 교환으로 전극 사이에 전기가 흐른다는 근본 원리는 모두 같다. 저온형과 고온형 연료전지의 특징은 다음과 같다.

(1) 고온형 연료전지

고온형 연료전지는 보통 $500 \sim 1000\,℃$ 정도의 고온에서 반응이 일어나며 고온에서 반응이 일어나므로 화학반응의 속도가 빨라지고 촉매가 없어도 된다. 따라서 전해질 박막에 백금이 사용되지 않아도 되므로 비용이 절감되고 폐열의 회수로 효율을 높일 수 있다.

고온에서 반응이 일어나므로 외부에 연료 개질장치가 없어도 되며 연료의 직접 사용이 가능하다. 고온에서 반응이 일어나므로 장치를 위한 재료의 선택과 설계에 세심한 고려가 필요하다.

고온형 연료전지에는 전해질에 따라 다음과 같은 종류가 있다.

① 용융탄산염형 연료전지(MCFC ; Molten Carbonate Fuel Cell)
- 용융탄산염을 전해질로 사용한다.
- 석탄을 이용하거나 석탄가스, 천연가스를 직접 연료로 사용 가능하다.
- 반응 온도가 $650\,℃$ 이상으로 고온이며 열효율이 높다.

② 고체 산화물형 연료전지(SOFC ; Solid Oxide Fuel Cell)
- 전해질로 고체 산화물인 지르코니아 세라믹을 사용한다.
- $1,000\,℃$ 정도의 고온 반응이므로 내부에서의 직접 개질이 가능하며 열효율이 높다.

(2) 저온형 연료전지

저온형 연료전지는 고온형에 비하여 $200\,℃$ 이하의 저온에서 반응하므로 연료전지의 시동이 조속히 이루어질 수 있다는 장점이 있고 장치의 크기가 소형화될 수 있다. 그러나 전해질 박막에 백금 전극을 필요로 하므로 장치 비용이 고가이다.

고온형에 비하여 열효율은 낮으나 소형이며 전지의 시동이 빠르다는 장점 때문에 소형 및 자동차용 연료전지로 적합하다.

저온형 연료전지는 사용하는 전해질에 따라 다음과 같은 종류가 있다.

① 고체 분자형 연료전지(PEMFC ; Proton Exchange Membrane Fuel Cell)
- 고분자 전해질을 사용하며 전력요구 정도에 따라 민첩하게 출력 조정이 가능하고 시동이 빠르다.
- 반응온도가 약 $80\,℃$ 정도로 가장 낮으며 에너지 밀도가 높다.
- 자동차용 연료전지로 현재는 가장 유리하다.

② 인산형 연료전지(PAFC ; Phosphoric Acid Fuel Cell)
- 액체 인산염을 전해질로 사용한다.
- 저온형이며 약 200℃ 정도에서 반응하고 연료전지 외부에 연료를 수소 가스로 개질 (H_2-Rich)하는 외부 개질 방식을 사용한다.

04 QUESTION 타이어의 회전저항(Rolling Resistance)과 젖은 노면 제동(Wet Grip) 규제에 대응한 고성능 타이어 기술을 설명하시오.

1. 고성능 타이어의 개요

타이어의 성능에 따른 일반적인 분류는 GP급(General Performance Tire), HP급(High Performance Tire), UHP급(Ultra Performance Tire)으로 구분되며 최고허용속도와 조향, 조종 안정성을 기준으로 분류한다.

고성능 타이어는 내마모성보다는 노면 점착성, 그립(Grip) 성능을 우선 중요시하며 보통 노면과 젖은 노면에서의 탁월한 견인-제동 성능을 발휘하지만 보통 타이어의 트레드 깊이가 낮아 눈길이나 미끄러운 노면에서는 견인(Traction) 능력과 내마모 성능은 어느 정도 저하되는 것으로 인정되어 왔다.

고성능 타이어는 일반적으로 형상과 재질 그리고 트레드 패턴의 개선으로 성능을 향상시킨 타이어이며 각 제조사마다 그 방법과 기준 또한 명확하지 못하다.

고성능 타이어의 일반적 성능 개선 방법을 설명하면 다음과 같다.

(1) 고성능 타이어의 형상 개선

고성능 타이어의 편평비는 일반 타이어에 비하여 낮으며 이와 함께 휠(림)의 직경도 커진 형상이다.

일반적인 고성능 타이어는 조종안정성, 고속주행성, 웨트-그립 특성을 중요시한다. 고성능 타이어의 구조상 특징은 트레드 형상을 플래트(Flat)로 폭을 넓혀 그립 성능이 좋은 컴파운드를 사용하고 있으며 트레드 패턴도 홈 면적을 적게 하고 블록을 크게 함으로써 그립 성능을 향상시키고 있다.

트레드 패턴의 형상은 대부분 타이어가 중심에 대하여 대칭인 모양이 일반적이었으나 배수성 향상으로 젖은 노면에서의 그립력을 향상하기 위한 목적으로 양쪽 트레드의 패턴 형상이 비대칭인 고성능 타이어도 적용되고 있고 젖은 노면에서 사용할 목적으로 성형의 홈이 파여 있는 웨트 타이어(Wet Tire)도 있으나 슬랙 타이어에 비하여 접지력이 낮아 많이 사용되지는 못하는 실정이다.

또한 일반 타이어의 트레트부는 스틸 벨트층과 보강 벨트층으로 구성되고 보강 벨트층을 구상하는 단위 보강 벨트가 내부에 코드를 설치하고 보강 벨트층을 형성하는 단위 보강 벨트층 중 하나 이상의 중앙부 걸침 벨트는 다른 보강 벨트보다 코드를 더욱 조밀하게 하는 방법으로, 조밀 보강벨트로 형성된 것과 같이 트레드의 벨트층을 개량한 고성능 타이어가 적용되기도 한다.

이 밖에도 방향 성형 패턴의 형상 변경으로 배수성과 조종 안정성, 제동 성능을 향상시키고 타이어 표면의 커프를 개선하여 고속에서의 소음과 충격을 줄이고 승차감을 높인 타이어도 다수 적용되고 있다.

(2) 고성능 타이어의 재질 개선

고성능 타이어에서의 회전저항, 젖은 노면에서의 그립력(Grip Force) 향상을 위하여 다양한 형상의 변경들이 이루어지고 있으나 고무 및 코드 등의 재질 개선 효과가 더 중요한 것으로 인정하고 있다. 비중이 작고 고온 성능이 우수하며 접지력이 향상되는 재질로의 개선이 여러 가지 방법으로 이루어지고 있다.

고성능 합성 고무를 바탕으로 회전저항 및 적은 노면에서의 그립력을 향상시키기 위하여 Nd-PBR(Neodymium Polybutadiene Rubber), SSBR(Solution-Polymerized Styrene Butadiene) 및 고무 첨가제를 사용하여 회전 저항을 줄여 연비를 저감시키거나 내구성 및 접지력을 크게 향상시킨 것이 대표적인 것이다.

또한 기본적인 고무 보강재로 카본 대신 실리카를 주로 사용하는데, 실리카는 고무 배합은 어렵지만 타이어의 강성과 내구성, 접지력 등에서 큰 효과를 발휘하므로 회전저항을 최소화할 수 있는 타이어 고무 보강재로 인정되고 있다.

일반 타이어의 코드를 구성하는 시트는 나일론 또는 폴리에스터를 사용하고 있지만 고성능 타이어에서는 이를 레이온 재질의 코드로 교체하여 타이어의 고온 내구성을 보강하였다. 특히 레이온 코드는 고온에서의 특성이 우수하여 고온 사용 조건에서도 타이어의 성능과 안전성을 유지해 주는 것으로 알려져 있다.

05 **자동차용 엔진 재료 중 CGI(Compacted Graphite Cast Iron)를 정의하고 장점에 대하여 설명하시오.**

QUESTION

1. CGI(Compacted Graphite Cast Iron)의 일반적 특성

흑연의 형상이 벌레 모양을 한 주철로 버미큘러 주철(Vermicular Graphite Cast Iron)이라고 한다. CGI는 최근 개발된 주철로서, 흑연의 형상에 큰 영향을 받으며, 구상흑연주철(Nodular Graphite Cast Iron, 球狀黑鉛鑄鉄)과 편상흑연주철(Graphite Flake, 片狀黑鉛鑄鉄)의 중간적인 성질을 띤다. 강도, 인성, 내열성은 편상흑연주철보다 우수하고, 주조성, 열전도성, 진동에 대한 감쇠 능력은 구상흑연주철보다 양호하며 내구성이 뛰어나 자동차용 부품의 소재로 쓰인다.

특히, 강도와 내열성 그리고 진동에 대한 감쇠 능력이 뛰어나 소음의 유발이 적으므로 디젤엔진의 블록 소재로 적용되고 있으며 추후 콤팩트화되고 고출력화되어가는 엔진 블록 및 배기 매니폴드 등의 재료로 점차 적용이 확대되어 가고 있다.

2. CGI(Compacted Graphite Cast Iron)의 성분과 기계적 성질

CGI의 제조법으로는 흑연 구상화를 저해하는 원소인 알루미늄, 티타늄 등을 배합한 CGI 흑연화 처리제를 첨가하고 흑연 구상화 작용이 약한 원소인 칼슘, Ce 등을 함유한 희토류(Rare Earth Metal)를 첨가·제조하며 마그네슘(Mg) 원소의 특성이 중요하게 발휘되는 특별한 등급의 주철이다.

CGI의 기계적 성질은 인장강도가 35~40kgf/mm², 항복강도가 20~30kgf/mm²이며 특히 연신율이 7~11%로서 다른 주철에 비하여 매우 크고 구상흑연주철(球狀黑鉛鑄鉄)에 가깝다.

06
QUESTION

자동차의 소음 중 엔진과 냉각장치의 소음 저감대책을 설명하시오.

1. 엔진 소음의 발생 개요

엔진의 소음 형태는 크게 기계 소음과 폭발 소음으로 구분된다. 엔진의 폭발 소음은 실린더 내 연료의 연소에 의한 폭발음이며 기계 소음은 폭발에 의한 진동이 엔진 전체에 전달되어 나타나는 소음과 엔진 각 부위의 진동과 작동에 따른 진동에서 발생한다고 볼 수 있다.

2. 엔진에서 발생하는 소음원(騷音源)과 저감대책

엔진에서의 소음은 진동과 직접적인 관련이 있으며 따라서 진동의 저감대책이 소음의 저감대책과 일치하는 경우가 대부분이다.
엔진에 발생하는 소음의 종류와 저감하는 방법은 다음과 같다.

(1) 엔진 자체의 진동과 소음

엔진은 최저 부하부터 최고 부하까지 연속적으로 반복하고 급가속에 의한 연소 상황의 변화에 따라 폭발음이 발생하며 이 폭발음의 방사 소음이 엔진 소음의 큰 부분을 차지한다. 또한, 엔진 자체가 진동을 하게 되며 엔진 블록 및 헤드부에 부착된 보기류 그리고 차체에까지 가진력(加振力)으로 작용하고 각 부품들이 진동하여 소음을 발생시킨다.
엔진은 대부분 고무제 엔진 마운트를 통하여 차체 및 프레임에 고정되는데 이의 방진 감쇠 기능이 충분하지 못할 경우 진동과 소음은 더 크게 발생할 것이므로 유압 또는 공압식 능동형 엔진 마운트를 적용하여 진동과 소음을 저감할 수 있다.
엔진에서 피스톤 슬랩 음은 주요한 소음원이며 피스톤 슬랩에 의하여 생성되는 진동은 피스톤과 피스톤 벽 사이의 상호작용과 관계가 있다.
피스톤 슬랩은 크랭크 축의 회전 운동이 커넥팅 로드를 통하여 피스톤의 직선 왕복 운동으로 바뀌는 순간 피스톤과 실린더 라이너 사이의 충격을 말한다.
피스톤 슬랩 음을 저감하기 위해서는 피스톤의 형상과 피스톤 스커트, 피스톤 핀, 커넥팅 로드의 재질과 형상을 개선하여야 하지만 엔진의 성능과 관련된 사항이므로 변경과 개선이 용이하지 않다.

(2) 흡기 · 배기계의 소음

자동차의 소음은 실외, 특히 엔진에서의 발생 소음이며 Air Borne Noise와 Structure Noise로 구분한다. 그중에서도 차체 진동, 엔진 소음, 흡기, 배기계에서의 Booming Noise는 주로 200Hz 이하의 낮은 주파수인 것이 특징이다.

엔진의 흡기·배기계를 통하여 주위로 방사되는 소음과 진동에 의한 소음은 자동차에서 저감해야 할 중요한 소음원(騷音源)이다.

최근의 디젤엔진에서 채택되는 CRDI엔진의 고압연료 펌프에서의 마찰 진동과 연료 파이프 라인에서의 진동과 소음 그리고 고속으로 회전하는 터보차저의 진동과 베어링부에서의 마찰음도 중요한 소음원이 된다.

지금까지 흡기계의 소음을 저감하기 위해서는 공명기와 같은 소음기가 주로 사용되며 소음 발생 특성과 음향 특성을 고려한 소음기의 설계가 필수적이다.

배기계의 소음은 고압의 연소가스가 방출되면서 발생하는 방사 소음과 배기 매니폴드의 진동 소음이 대부분이며 이를 저감하기 위해서는 엔진 배기가스의 배압과 소음기의 구조를 개선하여야 하지만 이는 엔진의 성능과 관련되고 고온의 부품이므로 재료의 선정과 부품의 배치 그리고 배기가스 정화를 위한 촉매 등의 영향으로 변경과 개선이 자유롭지 못하다.

(3) 기계 마찰음

엔진 피스톤의 슬랩 음(Piston Slap Noise)도 기계 마찰음의 대표적인 것이며 엔진에서는 이 밖에도 다양한 부위에서의 기계 소음이 발생한다.

특히, 기어를 통한 동력 전달 부분에서는 고속 회전하는 기어의 모듈이 크거나 백래시가 지나치게 크면 마찰음과 충격에 의한 소음이 발생하며 벨트와 체인 등의 장력이 부적합하거나 지나치게 길게 설계된 경우 치간(齒間) 마찰 및 진동에 의하여 소음을 발생한다.

또한 엔진 블록 하부의 오일 팬으로부터 방사되는 소음은 피스톤의 급속한 방향 전환에 따른 관성저항 및 피스톤의 왕복에 의한 내부 공기 진동에 의한 소음이며 오일 펌프의 흡입음도 포함된다.

따라서 이들의 소음 저감을 위해서는 정밀한 부품의 설계와 소음·진동을 고려한 배치 및 적합한 윤활방법이 필요하다.

(4) 냉각계의 소음

자동차에는 엔진 냉각수를 포함하여 에어컨 및 엔진 오일 등의 냉각 시스템이 있으며 이들의 냉각 효율 향상을 위하여 팬을 적용하고 있다.

이들의 냉각 시스템에는 주로 축류형 팬이 사용되는데 팬 설치 공간의 협소와 이에 따른 팬 크기의 소형화, 고속 회전에 따른 냉각 팬의 소음 문제는 더욱 가중되고 있다.

특히, 팬에서 발생하는 소음은 500Hz 이내의 저주파 소음이며 많은 변수들에 의해 영향을 받는데 팬 주변의 각 부품 간의 간격과 슈라우드(Shroud)의 형상 및 팬의 성능에 따라 소음 발생에 크게 영향을 준다.

팬에서 발생하는 소음이 크기 때문에 팬 날개(Fan Blade)의 직경, 날개 수, 날개의 설치 각, 익현(翼弦)의 길이, 캠버 각, 현절비(Soildity, 弦節比) 등을 고려한 설계와 적용이 필요하다.

또한, 열 교환기인 콘덴서(Condensor)와 라디에이터(Radiator)는 내부 유체의 열을 유입되는 외부 공기로 방출하기 위하여 튜브와 방열 핀(Fin)을 설치하게 되는데 이러한 핀에 의해서 유입되는 외부 공기는 압력 강하가 발생하고 이는 팬을 통과하는 유량과 유속에 관계있으므로 이 유속의 변화가 팬 소음을 가중시키는 원인이다. 따라서 팬 소음의 종합적인 저감을 위해서는 팬뿐만 아니라 냉각 관련 부품의 형상과 기능 개선이 필요하다.

01
QUESTION

하이브리드 자동차에서 회생제동을 이용한 에너지 회수와 아이들 - 스톱(Idle - Stop)에 대하여 설명하시오.

1. 회생제동(回生制動, Regenerative Brake)의 개념

회생제동이란 주행 중인 자동차가 제동 및 감속할 때 모터가 발전기로 동작하여 차량의 운동에너지를 전기에너지로 변환시켜 배터리를 충전시키는 기술로, 이때 배터리에 충전된 전기를 재사용하기 때문에 차량 연비를 향상시킬 수 있는 것이다.

제동을 하는 것은 자동차에겐 일시 정지, 하이브리드에게는 충전이라는 개념일 것이다.

하지만 일반 브레이크 성능을 모두 만족시키면서 모터 발전량 변화에 대응할 수 있는 브레이크 유압 제어는 복잡한 조건을 만족시켜야 하며 유압식 부스터와 브레이크 액추에이션 유닛으로 구성된 회생제동 협조제어 브레이크 시스템을 필요로 한다.

브레이크 페달 조작 시 운전자가 원하는 제동력 수준을 파악한 후 유압식 부스터에서 압력을 생성하여 브레이크 액추에이션 유닛으로 전달하고, 그 압력이 마스터실린더를 거쳐서 각 바퀴의 브레이크로 전달된다. 일반적으로 하이브리드 및 전기자동차의 유압식 부스터는 전기로 작동하기 때문에 엔진이 정지했을 경우에도 제동력 확보가 가능하며, 회생제동만으로 운전자가 원하는 제동력을 만들어낼 수 없을 경우에 부족한 제동력을 보충하여 각 바퀴를 안정적으로 제어하게 된다.

2. 회생제동 결정과 제동력 제어

회생제동이 이루어지고 있는 동안, 즉 모터가 발전기로 동작할 때에는 브레이크 효과를 같이 발생시키기 때문에 운전자가 원하는 제동력을 확보하기 위해서는 모터 발전량에 대응하여 제동력을 제어할 수 있는 회생제동 협조제어 브레이크 시스템이 필요하게 된다.

브레이크 페달의 답력(踏力)과 주행속도 등을 검출하여 제동력이 결정되면 모터에서의 회생제동력을 결정하는데 주행속도, 운전자의 제동 의지, 모터의 발전 효율 등을 고려하여 한다. 이때는 운전자의 요구 제동력보다 더 큰 회생제동이 발생하지 않도록 회생제동 토크를 제한하고 운전자가 브레이크 페달을 놓는 정속 주행 시에도 다시 가속 시 자동차의 가속성능을 저하시키지 않는 범위 내에서 회생제동을 수행하여야 한다.

(1) 회생제동 제한 로직

회생제동 토크의 제어는 모터의 효율과 특성, 배터리의 충전 상태, 온도에 따라 제어되고 전기 자동차에서의 회생제동은 연비 및 효율에 중요한 요소이나 정밀한 조건과 제어방법이 적합하지 않으면 모터나 배터리에 큰 손상을 가져 올 수도 있다. 회생제동 토크로 인하여 엔진이 정지하는 상황을 피하기 위하여 엔진 속도에 따라 회생제동을 제한하여야 한다. 회생제동을 제한하는 대표적인 조건들은 다음과 같다.

① 배터리 충전 상태에 따른 회생제동 제한

배터리의 충전 상태를 파악하여 배터리 보호를 위하여 회생제동 토크를 제한하는데, 일반적으로 SOC(State of Charge)가 90% 이상에서는 회생제동을 하지 않는다.

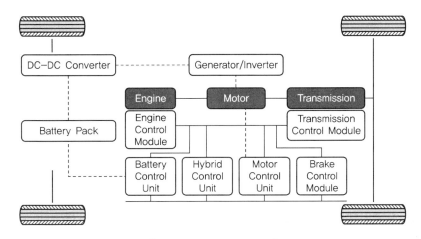

[회생제동 시스템의 구성]

② 엔진속도에 따른 회생제동(回生制動) 제한

회생제동 시 회생제동 토크로 인하여 엔진속도가 아이들 속도 이하로 떨어져 엔진이 정지하는 것을 방지하기 위하여 회생제동을 제한한다.

③ 브레이크 유압 모듈 상태에 따른 회생제동 제한

회생제동이 여러 가지 조건에 따라 제한되면 유압 제동력은 요구 제동력에 맞추어 증가되어야 한다. 이는 회생제동이 이루어지지 않으면 제동 능력을 전부 유압 제동에 의존해야 하기 때문이다.

따라서, 회생제동 제한 시 회생제동 토크가 감소하는 만큼 유압 제동력이 증가하여야 한다. 그러므로 회생제동은 브레이크 유압 제어와 동시에 제어되는 것이 반드시 필요하다.

3. 하이브리드 자동차의 아이들 – 스톱(Idle – Stop)

하이브리드 자동차의 주행 상태에 따라 엔진과 모터의 특징을 이용하여 최적의 조건에 맞도록 조합시켜 배출가스의 저감, 소음과 진동의 저감, 연비 향상의 운전을 실현하는 것이 목표이다.

자동차가 정지 시에는 엔진을 가동할 필요가 없기 때문에 병렬 하이브리드 자동차는 자동차의 감속 또는 정지 시 엔진을 정지시키고 다시 출발할 때는 엔진을 지원하기 위하여 모터를 사용하며 급가속 시에는 모터의 구동력을 보조 동력으로 이용한다.

제동 시에는 모터를 발전기로 작동시켜 에너지를 회생하거나 일지 정지 시의 아이들 스톱 (Idle – Stop) 기능을 활용하여 연비의 향상을 도모한다.

아이들 – 스톱 시스템의 경우 수동 변속기 자동차는 클러치 페달을 작동시킬 때와 자동 변속기 장착 자동차의 경우 변속기 레버의 위치를 P나 N에서 D나 R로 변속할 때, D 레인지에서는 브레이크 페달에서 가속 페달로 작동이 변화하였을 때이다.

그러나 아이들 – 스톱기능은 엔진의 온도가 규정온도 이하인 경우 촉매 활성화를 위하여 아이들 – 스톱 기능이 작용하지 않으며 또한 배터리의 방전량이 많아 충전이 필요한 때는 아이들 – 스톱 기능이 작용하지 않는다.

02 4WD(Wheel Steering) 시스템에서 조향각 비례제어와 요 – 레이트 (Yaw – Rate) 비례제어에 대하여 설명하시오.
QUESTION

대부분의 자동차는 전륜(2륜) 조향으로 주행하지만 4륜 조향장치는 전륜 조향과 더불어 후륜도 역위상으로 조향하여 선회반경을 작게 하거나 고속에서 동위상으로 조향하여 차선 변경과 선회 시 조향 안정성을 향상시키기 위한 것이다.

4륜 구동에서 후륜의 조향각을 제어하는 방법에 따라 조향각 비례 제어식과 요레이트 비례 제어식이 있다.

1. 조향각 비례 제어식 4륜 조향

(1) 조향각 비례 제어식의 개요

조향각 비례제어 방식은 조향 휠의 조향각에 비례하여 저속에서는 역위상으로 조향각을 제어하고, 중ㆍ고속에서는 동위상으로 후륜을 조향하는 것이다.

조향각 비례 제어식은 중ㆍ고속에서는 조향할 때 전후 조향륜의 균형이 안정적이며 정상 선회 상태가 되었을 때 자동차의 진행 방향과 차체의 방향이 일치되어 안정된 선회 성능을 얻을 수 있다. 조향 조작 초기에 과도한 조작을 하면 전후 조향륜 모두에 코너링 포스 (Cornering Force)가 발생되므로 차체가 자전(自轉)보다 공전(空轉)을 하게 되어 차체가 선회 외측을 향하는 경향이 있으나 전륜(2륜) 조향식 자동차의 선회와 비교하면 선회 반경 차이를 알 수 있다.

(2) 조향각 비례 제어식의 구조와 작용

후륜 타각을 전륜 조향각과 비례시켜 조향하는 방식이므로 전, 후륜 조향기구는 서로 기계적으로 연결되어 있으며 운전자의 조향 휠의 회전은 전륜 조향기어 박스로 전달되고 래크가 전륜 조향용 타이로드를 좌우로 이동시켜 전륜을 조향시킴과 동시에 출력 피니언을 회전시켜 후륜 조향축을 경유하여 후륜 조향 기어 박스에도 전달된다. 이때 동작하는 조향기구는 다음과 같다.

① 조향 피벗(Steering Pivot) 기구
   후륜 조향 기어 박스의 조향 피벗 기구는 큰 베어링이며 아우터 레이스(Outer Race)는 섹터기어(Sector Gear)와 일체가 되어 피벗 축 주위에 좌우로 기울어지는 구조로 되어 있다.

② 4륜 조향 컨버터(4 Wheel Steering Converter)
   컨버터는 메인 모터(Main Motor)와 서보 모터(Servo Motor)의 구동부와 유선기어 및 릴레이 로드를 회전시키는 웜으로 구성되어 있다.
   보통 때에는 메인 모터가 작동하고 서보 모터는 정지되어 있다. 서보 모터의 출력축은 유성 기어의 선기어에 연결되어 있고 메인 모터의 출력축은 유성 기어와 연결되며 링 기어는 컨버터의 출력축으로 되어 있다. 통상 시에는 선기어와 고정되어 있기 때문에 메인 모터에 연결된 유성 기어 축이 회전한다.
   따라서 유성 기어가 선기어의 주위를 공전 및 자전하여 컨버터 출력축인 링 기어를 회전시킨다. 메인 모터가 작동하지 않을 때에는 유성 기어는 공전 기어가 되어 서보 모터의 회전을 링기어로 전달하여 릴레이 로드를 동위상 방향으로 회전시킨다.

2. 요-레이트(Yaw-Rate) 비례 제어식 4륜 조향

(1) 요-레이트 비례 제어식의 개요

차량 운동의 상태량인 요 각속도에 비례시켜서 후륜을 조타하는 방식이며 요-레이트란 요 각속도라고 하며, 자동차의 중심을 통하는 수직선 주위에 회전각(Yaw Angle)이 변하는 속도를 말한다. 요-레이트 비례 제어는 요-레이트를 감지함에 따라 후륜 조향을 제어하는 것이다.
요-레이트에 의한 자동차의 자전운동의 증감을 직접 검출할 수 있기 때문에 뒷바퀴의 조향각을 증감시켜 자전과 공전의 알맞은 시기가 정해지면 선회 초기부터 차체의 방향과 진행방향과의 차이를 아주 작게 할 수 있다.

(2) 요 – 레이트 비례 제어식의 구조와 작동

요 – 레이트 비례 제어식은 뒷바퀴에 조향각을 주는 후륜 조향 기구의 제어밸브 유로(流路)를 변환시켜 동력 피스톤을 좌우로 움직여 작동시킨다.

제어 밸브의 조절은 전륜 조향에 연동되어 뒷바퀴의 최대 조향각을 5도까지 제어하는 전달 케이블에 의한 기계식 조향방식과 전륜 조향과는 관계없이 최대 1도까지 제어하는 펄스 모터에 의한 모터 조향방식이 있다. 후륜의 조향각은 기계식과 전자식이 합성된 것이다.

① 전륜 조향기구

운전자의 조향 휠 회전이 조향 기어 박스의 래크와 피니언으로 전달되고 래크 엔드의 작동으로 제어 래크가 직선 운동을 하면서 피니언을 회전시킨다.

이에 따라 피니언과 일체로 된 프런트 풀리(Front Pulley)를 양방향으로 회전시킨다.

② 후륜 조향기구

기계식 조향의 경우 케이블의 스트로크가 리어 풀리(Rear Pulley)로 전달되어 제어 캠이 회전하면서 유로(流路) 방향을 바꾸어 주며 펄스 모터의 회전으로 스풀을 좌우로 이동시키면서 동력 피스톤이 움직여 후륜을 조향한다.

지능형 자동차 적용 기술을 예방안전, 사고회피, 자율주행, 충돌안전 및 편의성 향상 측면에서 설명하시오.

1. 지능형 자동차(Intelligent, Smart Vehicle)의 개요

지능형 자동차란 전기전자 및 IT 기술의 융합을 통하여 안전성 및 편의성을 획기적으로 향상시킨 자동차를 말한다. 이러한 기술은 자동차의 주행 안전성 제고와 자동차 상태의 정상적인 유지, 운전자의 편의성 제공과 더불어 대중화되면 교통문제와 환경문제까지 포함하여 개인적·사회적 비용을 줄이고자 하는 시도라고 볼 수 있다. 지능형 자동차의 최대 목표인 안전 관련 기술은 크게 두 분야로 나눌 수 있다.

(1) 수동적 안전 확보 기술

자동차의 주행 안정성과 충돌 안전성을 확보하기 위한 기술로서 사고를 유발할 수 있는 결함을 최소화하고 사고 발생 시에는 인적·물적 피해를 최소화하기 위한 기술이다.

(2) 능동적 안전 확보 기술

운전자의 감각과 습관을 대신하는 센서와 제어기, 액추에이터를 이용하여 사고를 미리 적극적으로 예방하거나 운전자의 안전 운전을 지원하는 기술로서 수동 안전기술, IT 기술 등 여러 기술과 융합되어 기능과 성능이 고도화되어 가고 있다.

지능형 자동차가 갖춰야 할 기본적인 개념의 구분이 명확하지는 않지만 이러한 기술을 분류하여 설명하면 다음과 같다.

(3) 지능형 자동차의 예방안전(Preventive Safety) 기술

사고 위험성을 미리 감지하여 운전자에게 정보를 제공하거나 경고하는 기술로서 능동적으로 사고를 예방하고 적극적으로 피해를 경감하기 위하여 센서를 적용하여 시스템 간의 상호 연동 제어에 따라 예상되는 모든 안전과 피해 경감에 대비하고 있다. 적용되고 있는 예방 안전 목적용시스템들은 다음과 같다.

① UWS 시스템(Ultrasonic Warning System) : 초음파 센서를 이용하여 근거리 내에 있는 보행자나 방해 물체를 감지하고 경고하는 시스템
② SOWS(Side Obstacle Warning System) : 차선 변경 시 후측방과 시야 사각 지역에 있는 접근 차량의 유무를 감지하여 경고하는 시스템
③ BLIS(Blind Spot Information System) : 초음파 센서와 영상 센서를 적용하여 시야 사각 지역의 보행자나 접근하는 자동차를 감지하고 모니터링하는 시스템
④ LDWS(Lane Departure Warning System) : 전방 영상 처리를 통하여 차선 이탈 여부를 판단하고 이를 운전자에게 음성이나 진동으로 경고하는 시스템
⑤ TPMS(Tire Pressure Monitoring System) : 타이어의 압력을 감지하여 운전자에게 알려줌으로써 타이어로 인한 사고를 예방하는 시스템

(4) 지능형 자동차의 사고회피(Accident Avoidance) 기술

사고와 연결될 수 있는 상황에서 능동적으로 사고를 회피하도록 제어하는 기술이며 사고가 나더라도 피해를 최소화하기 위해 자동으로 차량을 제어하는 능동안전 시스템으로 비상제동을 포함하는 운전자 지원 시스템이 대표적이다.

① CAS(Collision Avoidance System) : 레이더, 카메라 융합을 통해 전후측방 교통 상황 및 주변 차량의 상대 속도 등을 검출하여 사고 가능성이 있을 경우 Brake-by-Wire, Throttle-by-Wire 시스템 등과 연동하여 사고를 미리 예방하는 시스템

② LKS(Lane Keeping Support) : 차선 이탈 시 Steer−by−Wire 시스템을 이용하여 주행 차선을 유지하는 시스템

③ ACC(Advanced Cruise Control) : 전방 레이더를 이용하여 일정 속도를 유지하고 긴급 상황에서는 비상 제동을 수행하는 시스템

(5) 자율 주행 기술

운전자의 지시만으로 원하는 목적지까지 주행하는 기술로서 컴퓨터를 기반으로 하여 센서 기술, 내비게이션 기술, IT 기술, 교통망에 대한 인프라 등을 적용하여야 완성될 수 있는 기술로 사회적 기반 시설과 합의가 요구된다.

아직까지는 시험되는 과정의 기술이며 고안전 지능형 자동차의 핵심 시스템으로서 궁극적으로는 운전자 종합 지원 시스템으로 발전시키는 것이 최종 목표일 것이다.

(6) 충돌 안전 기술

충돌 시 피해 최소화를 위한 능동, 수동 안전 시스템으로서 액티브 헤드레스트 등이 대표적인 기술이며 운전자 및 탑승자 상해를 최소화하기 위한 시스템을 구현하는 기술이다. 운전자에게 경고하고 전동 안전벨트 및 헤드 레스트 레인트 등을 제어하는 기술이다.

① 스마트 에어백(Smart Airbag) : 운전자 및 탑승자를 인식하여 에어백 전개 압력, 전개 위치 등을 조절하는 시스템

② 보행자 보호 시스템 : 사고 시 보행자를 보호하기 위한 제반 시스템으로 후드 리프팅 (Hood Lifting) 시스템, 보행자용 에어백, 액티브 범퍼(Active Bumper) 등이 적용

③ PCS(Pre−Crash Safety) : 레이더, 카메라 등과 IT 기술을 융합하여 전후방 교통 상황을 판단하여 충돌사고 가능성이 있을 경우 운전자에게 경고하고 전동 안전벨트 및 헤드 레스트 등을 제어하는 기술

(7) 편의성 향상 기술

편의성 향상 기술은 사실 차량 안전 시스템과 명확히 구분하기 어려운 측면이 있다. 운전자에게 여러 정보를 제공하거나 주행 중 편의성을 향상시키는 것은 곧 주행 안전에 영향을 미치기 때문이다.

자동 주차, 내비게이션 시스템 등 운전자의 편의성을 지원하는 시스템이지만 단순 편의성보다는 안전과 밀접한 연관이 있다.

① 차량 정보화 기술 : 차량 자체의 네트워크(In−Vehicle Network)와 교통망의 정보화 인프라를 이용하여 외부와의 통신으로 운전자에게 필요한 정보를 실시간으로 전달하는 기본 기능과 IT 산업과 연계한 확장 기능

② FRMS(Front Rear Monitoring System) : 카메라를 이용하여 전후 측방의 사각 지역 영상을 운전자에게 제공함으로써 좁은 길에서의 저속 주행이나 주차 시 운전자의 시각을 보조하는 시스템

③ HUD(Head Up Display) : 주행 중 운전자의 시야를 하향하면서 관찰해야 하는 불편과 불안전성을 대체하기 위하여 개발되고 있는 디스플레이 장치

④ FWD(Full Windshield Display) : 자동차 전면 유리 전체에 정보를 디스플레이하는 시스템으로서 HUD와는 사용 목적이 다르다. HUD는 주행에 필요한 필수 정보를 항상 운전자에게 보여주는 반면 FWD는 내비게이션 정보나 기타 필요한 정보를 필요한 시기에만 잠깐 보여주는 시스템

⑤ PAS(Parking Assist System) : 카메라, 근거리 센서 등을 융합하여 주차 시 운전자의 주차를 보조하는 시스템

⑥ SACS(Smart Air Conditioning System) : 운전자 및 탑승자의 체온을 직접 검지하여 각각의 사람들에게 최적의 온도 환경을 만들어 주는 시스템

QUESTION 04 지능형 냉각 시스템(Intelligent Cooling System)의 필요성과 제어방법을 설명하시오.

1. 지능형 냉각 시스템(Intelligent Cooling System)의 개요

기존의 자동차에서 냉각 시스템의 구성은 일방적으로 냉각효율 향상만을 위주로 하여 설계, 제작하고 가능한 많은 양의 공기를 도입하는 데 치중하여 왔으며 엔진의 상황이나 냉각으로 열효율을 높이고 연비성능을 향상시킨다는 개념의 도입에는 미흡한 점이 많았다.

현재 대부분의 엔진의 냉각 시스템 설계는 고부하 및 극한 운전 조건에서 엔진 연소실에 접한 금속면들과 각 부품들이 열로 인한 이상(異常)을 일으키지 않는 조건 정도로 이루어지고 있다. 그러나 이러한 극한의 조건으로의 실제 자동차 운행은 전체 운전 시간의 5% 미만이다. 냉각 펌프가 엔진과 연결되어 함께 작동하기 때문에 냉각수의 유량이 엔진 회전수에 따라 변하게 되므로 엔진 회전수 외의 엔진 상황인 부하 및 주변 온도에 따른 능동적인 대응을 할 수 없다.

그러나 최근 들어 첨단 제어가 도입된 엔진의 연소는 온도에 매우 민감하며 정밀한 온도의 관리가 중요하다는 인식을 하게 되었다.

2. 지능형 냉각 시스템의 구성

실제 차량 운행 시 가장 많이 사용되는 저부하 운전 조건에서는 엔진의 온도가 과도하게 낮아지는 경향이 있다. 그러므로 지능형 냉각 시스템은 전방 범퍼 그릴 안쪽에 자동 개폐가 가능한 플랩(Flap, 덮개)을 설치한 것이 특징이다.

플랩은 자동차의 냉각이 불필요한 경우 자동차 내부로 유입되는 공기를 차단하여 주행 저항을 감소시키고 공력(Aerodynamic, 공기역학) 성능을 개선하여 차량의 연비를 향상시키는 장치이다.

이 시스템은 냉각수 및 엔진 오일의 온도 변화에 따라 차량의 냉각 필요 여부를 판단하고, 냉각이 필요한 경우에만 외부 공기가 유입되도록 작동한다. 이에 따라 엔진 구동손실 저감, Viscous Waste 저감 등을 통해 연비 개선효과를 기대한 시스템이다.

지능형 냉각시스템(Intelligent Cooling System)은 전기구동(Electric Actuators)식 워터펌프, 3-Way 방향제어 냉각수 밸브, 전동 팬 등을 적용하여 냉각수와 엔진오일의 온도 변화에 따라 냉각 여부를 판단하고, 필요한 경우에만 외부 공기가 유입되도록 작동하여 엔진 냉각 시스템을 최적으로 제어할 수 있도록 한 시스템이다.

3. 지능형 냉각 시스템의 효과

엔진의 상황을 고려하지 않은 과도한 냉각은 실린더 라이너의 마찰 손실 증가 및 연소온도 저하, 히터 코어(Heater Core)의 성능 저하 등이 나타난다.

실제로 엔진 오일의 경우 온도에 따라 그 점도가 변하기 때문에 마찰 손실에 의한 기계적 에너지 손실에 직접적으로 영향을 받게 된다. 한랭시동 조건과 웜업(Warm-Up) 조건에서 마찰도시 평균 유효 압력의 차이는 약 0.5에서 1bar 정도 나타난다. 따라서 엔진의 웜업 시간을 단축하게 되면 그만큼의 엔진의 열효율과 연비성능도 증가시킬 수 있는 것이다.

공기 저항에 의한 주행 저항을 줄이고 고속에서 엔진 아래로 고속으로 유입되는 공기에 의한 양력(揚力, Lift Force)의 발생과 같은 공기역학 성능을 개선해 연비성능을 높이고 자동차의 진동 저감에도 효과를 낸다.

지능형 냉각 시스템을 적용하면 주행 저항 감소와 엔진 작동 조건 개선에 따라 연비가 2~3% 개선되고, 엔진 예열 시간이 단축되어 오염 물질 배출이 약 15% 저감된다는 것으로 인정된다.

05 QUESTION 배기가스 재순환장치(EGR)의 NOx 저감원리를 열적 효과, 희석 효과 및 화학적 효과 측면에서 설명하시오.

1. 배기가스 재순환(EGR ; Exhaust Gas Recirculation)의 개요

배출되는 NOx의 대부분은 이론 공연비에 가까운 혼합기의 고온 분위기에서 NO 형태의 성분이 주로 발생하며 연소 초기, 연소 최고 압력에 도달하기 전에 NO 생성이 완료되는 것으로 알려져 있다.

이를 저감하기 위해서는 분사 시기나 점화시기를 지각(遲角)하는 것과 배출가스 중 일부를 연소실로 도입하는 것이 효과적인 것으로 인정하고 있으며 다량의 질소 원소는 무해한 N_2 형태로 배출하게 된다.

EGR 시 재순환되는 배출가스의 주성분은 N_2, CO_2 및 수증기로서 이들은 연소과정에 영향을 미치며 다음과 같은 효과로 NOx의 생성을 저감한다.

2. EGR에 의한 NOx 생성 저감 효과

(1) 희석 효과(稀釋 效果, Dilution Effect)

희석에 의한 영향으로는 EGR에 의하여 O_2를 N_2, CO 및 수증기 등으로 대체하여 흡기에서 산소 농도를 감소시킨다.

여러 가지 실험에서 산소 농도가 연소 시간과 착화 지연에 영향을 미치는 것으로 알려져 있으며, 산소 농도가 높으면 화염 온도가 상승하고 열해리 현상에 의하여 NOx의 생성이 증가하는 것으로 확인되었다.

따라서 흡기 중에 배기 가스 중의 일부를 재순환시켜 산소(O_2) 대신 N_2, CO를 도입하여 희석함으로써 산소 농도를 낮추고 NOx의 생성을 억제하는 효과이다.

(2) 열 효과(熱 效果, Thermal Effect)

EGR에 의하여 연소실 내로 수증기와 CO_2를 도입하고 흡기의 비열이 증가하게 되며 실린더 최고 온도가 낮아지고 NOx의 생성이 억제된다. 이것은 흡입 공기를 대체하는 EGR의 흡열용량이 공기보다 높기 때문에 연소 상황과 배출 가스에 영향을 주기 때문이다.

그러나 일반적으로 EGR률이 25% 이상이 되면 흡기 온도의 상승 영향으로 서로 상쇄되어 흡기 비열의 증가는 미미한 영향을 미치는 것으로도 인정되고 있으므로 EGR에 의한 열효과로 NOx를 저감하기 위해서는 연소 상황에 따라 정밀한 EGR률 제어가 필요하다.

(3) 화학적 효과(化學的 效果, Chemical Efficiency)

EGR에 의한 화학적 영향으로는 CO_2와 수증기의 열해리가 있다. 이는 고온에서만 일어나는 활발한 흡열과정이므로 연소실에서 연소 열에너지를 흡수하여 연소 최고 온도를 낮추게 된다.

실제에 있어서는 수증기의 열해리가 더 높은 연소 온도를 필요로 하므로 수증기보다 CO_2의 화학적 효과가 더 크다.

위에서 설명한 EGR에 의한 NOx 생성 억제 효과 중에서 희석에 의한 효과인 것으로 알려져 있고 흡기 중의 산소 농도의 감소(희석 효과)가 NO 생성 억제에 큰 효과가 있으며 CO_2에 의한 화학적 효과는 그 효과가 적고 EGR 가스에 의한 열용량 변화에 의한 열효과도 NO의 생성 억제에 큰 영향을 미치지 못하는 것으로 알려져 있다.

06 QUESTION 자동차 부품 리사이클링 재제조(Remanufacturing), 재활용(Material Recycling) 및 재이용(Reusing)을 정의하고 설명하시오.

1. 자동차 부품의 리사이클링(Recycling) 개요

국내 자원의 빈약과 경제성, 그리고 지구 온실가스 등의 저감을 위하여 자동차뿐만 아니라 다양한 산업분야에서 리사이클링의 도입이 활발해지고 있다.

자동차는 다양하고 고가의 자원과 소재가 합쳐져 생산되는 것이니만큼 폐차 부품의 리사이클링은 고부가가치를 가지며 자원의 절약, 대기환경의 보전이라는 차원에서 중요한 의미를 가진다고 할 수 있다.

자동차 부품의 리사이클링을 세분화하면 다음과 같다.

(1) 재제조(再製造, Remanufacturing)

재제조의 목적은 중고, 폐제품을 새제품과 동일한 품질 기준에 맞도록 다시 제조하는 것이다.

폐제품을 체계적으로 회수하여 분해, 세척, 검사, 보수, 조정, 재조립 등의 과정을 거쳐서 원래 신제품의 기능 및 성능과 같은 수준의 성능과 품질이 나오도록 회복시키는 과정을 말한다. 자동차 부품의 등속조인트(CV Joint), 제너레이터(Generator), 컴프레서(Compressor) 등이 해당된다. 신제품에 대하여 70~80% 이상의 자원과 에너지를 절감할 수 있으며 가격도 저렴하여 중요한 산업의 한 분야로 발전할 수 있다.

(2) 재활용(再活用, Material Recycling)

폐부품을 수거하여 제품의 기능은 상실하더라도 원재료의 잔존 가치를 활용하기 위하여 물리적 가공을 거친 후 재생산될 제품의 원재료로 생산하는 일련의 과정을 말한다.

이때 재활용된 원재료의 특성이나 품질이 만족할 정도로 높다면 원래의 제품 생산에 활용되지만 폐제품의 노후 및 재활용 과정에서 품질의 저하가 있다면 다른 용도로 사용하기도 하며 경제성 등을 고려하여 여러 가지 방법으로 후처리하여 활용도를 높인다.

자동차 부품 중에서는 차체 등의 고철, 비철금속 함유 부품, 플라스틱, 유리 등이 해당된다.

(3) 재이용(再利用, Reusing)

폐자동차에서 회수한 중고 부품을 원형 그대로 잔존 수명만큼 동일한 용도로 재사용하는 것을 말한다.

자동차 부품 중에서는 배터리, 타이어, 범퍼, 램프류, 도어류 및 도어 미러, 펜더 등 안전과 수명에 문제가 없으며 세정, 도장 및 표면처리 등으로 다시 사용할 수 있는 부품들이 포함된다.

01 수소 자동차의 수소 탑재법의 특징과 수소 생성방법의 종류에 대하여 설명하시오.

1. 수소 연료전지 자동차의 수소 탑재(저장) 방법

수소는 지구상에 가장 많이 존재하는 원소로 공해 물질을 배출하지 않으며 에너지 밀도가 큰 연료이지만 다른 원소와 결합해서 존재하므로 필요로 하는 수소를 분리해 내고 저장하는 것은 아직 극복해야 할 과제가 많다.

수소를 자동차용 연료로 활용하기 위해서는 고밀도로 저장하여야 하며 수소의 저장과 방출 속도가 빨라야 한다.

지금까지의 수소저장기술은 압축 기체수소저장(Compressed Gas Hydrogen Storage)과 액체수소저장(Liquid Hydrogen Storage)으로 나눌 수 있으며, 안전성 관점에서 기술적으로 해결할 문제점이 아직 많다.

수소 연료전지 자동차에 수소를 저장−탑재하는 방법은 액체, 기체, 고체(수소저장 매체)로 저장하는 방법들이 있는데 이들의 종류와 특징은 다음과 같다.

(1) 액체수소 저장

수소를 액화하기 위해서는 많은 에너지가 필요하여 제조가격이 고가이며, −253℃의 저온으로 보관하여야 하기 때문에 극저온 용기가 필요하다. 또한 용기를 통해 하루 1~2%의 연료가 증발하는 문제점이 있다.

(2) 고압가스 수소 저장

200bar 이상의 고압으로 압축하여 저장하며 용기의 안전성이 확보되어야 하므로 중량이 무거운 단점이 있으며 운송과 저장에 안전 측면에서도 제약 조건이 많다. 최근에는 복합재료를 사용하여 용기가 경량화되고 안전성이 확보되고 있다.

(3) 수소저장매체 저장

수소저장 밀도가 높고 고압용기나 극저온 단열용기가 필요 없으며 감압 또는 승온의 간단한 조작으로 수소가스의 방출이 용이하여 가장 우수한 저장방식으로 알려져 있다. 그러나 시스템이 복잡하고 연료 재충전 시간이 길며 중량 면에서도 불리한 점 등이 있으나 수소 저장매체를 이용한 수소 저장방법이 수소 연료전지 자동차용 수소 저장−탑재 방법으로 실용화되고 있다.

고체매체를 이용한 수소 저장, 탑재방법은 다음과 같으며 대부분 나노물질을 이용한 방법이다.

- 탄소나노튜브(CNTs ; Carbon Nanotubes)
- 유기금속구조물(MOFs ; Metal-Organic Frameworks)
- 금속수소화합물(Metal Hydrides)
- 금속착수소화물(Complex Chemical Hydrides)
- 클래스레이트수화물(Clathrate Hydretes)

2. 수소 생성방법

수소(H_2, Hydrogen)는 가장 많이 존재하는 원소지만 다른 원소와 결합해서 존재하므로 필요로 하는 수소를 분리해 내고 저장하는 것은 간단한 공정이 아니다.

다음은 대량으로 수소를 분리하고 생산하는 방법들에 대한 설명이다.

① 수증기 개질법(Steam Reforming) : 탄화수소화합물 연료 중에서 비중이 작은 천연가스(Natural Gas, CH_4) 등을 고온에서 니켈 촉매를 이용하여 수증기를 반응시켜 수소와 일산화탄소를 생성하여 밀도가 높은 개질 수소가스를 얻는 방법이다.

② 부분 산화법(Partial Oxidation) : 고온에서 탄화수소화합물 원료에 산소를 공급함으로써 부분적으로 산화를 시키고 개질 가스를 얻는 방법이다. 반응 온도가 높고 수소 생성 효율이 낮으며 고가의 설비가 필요하다는 단점이 있다.

③ 수전해법 : 물(H_2O)의 전기분해방법을 이용하여 수소를 얻는 방법이다. 비교적 조작이 쉽다는 장점이 있지만 전기에너지 비용이 많이 소요된다.

전기분해가 일어나는 전해조는 대기압에서 작동하여 압축에너지를 줄이기 위해서 압력을 10MPa 이상, 온도를 60~145℃로 높여야 하므로 조작이 어렵다.

④ 열화학 분해법 : 800℃ 이상의 고온에서 여러 단계의 화학 반응을 거쳐 물을 수소와 산소로 분해하는 방법이다.

⑤ 광 촉매법 : 광전기를 발생하는 반도체와 태양광으로 물을 수소와 산소로 분해하는 방법이나 에너지 효율이 낮아 실용화가 어렵다.

⑥ 미생물법(바이오매스) : 수소를 생성하는 미생물을 사용하는 방법이며 유전자 조작 등을 통해 연구 중이고 메탄을 미생물을 사용하여 생성하는 것과 유사한 방법이다.

⑦ 석탄가스화 및 열분해법 : 20세기 초부터 사용된 방법으로 석탄을 코크스로 만드는 과정에서 부산물로 수소를 얻는 방법이다.

⑧ 부생 수소 : 전적으로 수소를 얻기 위한 방법은 아니지만 원유를 정제하는 과정에서 부산
물로 수소를 얻는 방법이다.

랭킨 사이클을 이용한 배기 열 회수 시스템을 정의하고 기술 동향을 설명하시오.

1. 랭킨 사이클(Rankine Cycle)의 원리와 배기가스 열 회수 원리

엔진에 공급된 열에너지의 약 30%가 배기가스의 열로 배출된다. 운전 조건에 따라 다르지만
온도는 600℃에 달하며, 이 배기가스의 열을 회수할 수 있는 에너지 재생 시스템을 자동차에
적용하여 연비성능을 향상시킬 수 있다.

폐기되는 열을 회수할 수 있는 시스템은 대표적으로 열전소자(熱電素子)를 이용한 발전, 터
보 컴파운드 시스템, 랭킨 사이클 시스템으로 크게 구분할 수 있고 이들 중 가장 효과적이고
적용 가능한 시스템이 랭킨 사이클에 의한 폐열 회수 시스템이다.

랭킨 사이클 시스템은 작동 유체를 통해 엔진에서 방출되는 열에너지를 회수하여 기계적 혹
은 전기적 에너지로 변화하는 장치나 열에너지 그대로 활용하는 것이 가장 효과적인 것으
로 알려져 있고 배기가스뿐만 아니라 냉각수로 배출되는 열에너지도 흡수 가능하여 다른 폐
열 회수방법에 비하여 유리한 것으로 알려져 있다.

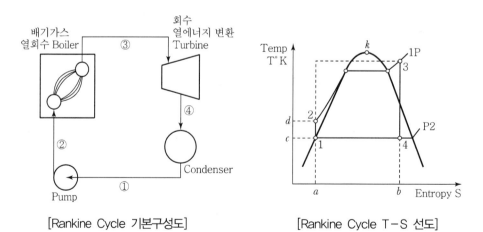

[Rankine Cycle 기본구성도]   [Rankine Cycle T-S 선도]

랭킨 사이클은 작동 유체를 통해 고온의 에너지를 회수하여 팽창기를 통해 일을 발생시키는
사이클이다.

기본적으로 랭킨 사이클은 펌프, 보일러(배기가스 열흡수), 팽창기(터빈), 콘덴서(응축기)로 구성되고 작동 유체는 일반적으로 물이나 R-134a 등의 냉매를 사용한다.

랭킨 사이클은 다음과 같은 과정을 통해 일을 생성한다.

액상(液狀)의 작동 유체는 펌프에서 히터로(1 → 2) 보내지고 히터(보일러)에서 액상의 작동 유체는 외부 열원으로부터 에너지를 회수하여 기상(氣狀)으로(2 → 3) 변한다. 그리고 고온, 고압이 된 작동 유체는 팽창기(터빈)에서 팽창하여(3 → 4) 일을 발생시킨다. 이때 팽창기에 부착된 발전기 또는 동력전달장치를 통하여 전기적 또는 기계적 에너지가 발생한다.

팽창기에서 감압된 작동 유체는 콘덴서에서 응축되어 다시 액상으로 변하고 펌프로 유입되어 하나의 사이클을 이루게 된다.

여기서 배기가스 열을 흡수하는 것은 보일러이며 터빈에서 기계적인 일로 변환하는 경우와 열에너지 그대로 활용하여 배기가스 열을 재활용하는 것이다.

랭킨 사이클의 열효율은 다음과 같이 나타낸다.

$$\text{랭킨 사이클의 열효율 } \eta_R = \frac{\text{Cycle에서 이용된 열량}}{\text{Cycle에서의 가열량(흡수열량)}}$$

$$= \frac{\text{Turbine에서의 변환 에너지} - \text{Pump 가동 에너지}}{\text{Boiler에서의 가열(흡수) 에너지}}$$

배기가스의 온도가 높을수록 회수 열량은 증가하며 랭킨 사이클 열효율도 상승한다. 회수된 열량을 기계적·전기적 에너지로 활용하는 다양한 개발이 있으며 회수한 열을 엔진의 예열이나 웜업(Warm-Up)을 위한 엔진의 오일이나 냉각수의 예열 하이브리드 자동차에서의 난방용 열에너지로 활용하기도 한다.

2. 랭킨 사이클을 이용한 배기가스 열 회수 기술 동향

현재 다양한 랭킨 사이클을 적용한 폐열 회수 시스템의 개발이 이루어지고 있다. 자동차 기업 중에서는 독일의 BMW사와 일본의 Honda사에서 승용 차량에 랭킨 사이클을 적용한 폐열 회수 시스템을 개발 중에 있으며, 15% 이상의 연비효율을 향상시키는 것을 목표로 하고 있다.

일본의 Honda사의 경우 하이브리드 자동차에 랭킨 사이클을 적용한 폐열 회수 시스템을 개발하여 열에너지 및 전기에너지로 변환하는 기술을 축적하고 있으며 근래에 상용화되어 큰 효과를 낼 것으로 기대하고 있다.

03 QUESTION 타이어 소음을 패턴(Pattern), 스퀼(Squeal), 험(Hum), 럼블(Rumble) 및 섬프 노이즈(Thump Noise)로 구분하고 그 원인을 설명하시오.

1. 타이어 소음의 분류와 발생원인

주행 중 타이어의 소음(Noise)은 타이어와 노면 사이에서 마찰, 미끄러짐, 타어의 변형에 의해 발생하는 소음과 타이어 자체에서의 직접적으로 발생하는 소음, 타이어 진동이 간접적으로 작용하여 차 내에 발생하는 간접적인 소음 등으로 분류된다.

(1) 패턴 노이즈(Pattern Noise)

트레드 패턴(모양)의 배열에 의해 트레드가 접지할 때 나오는 일정 주파수의 소음을 말한다. 패턴 사이에 존재하던 공기가 타이어 패턴이 접지 시 타이어가 변형되면서 공기가 압축되고 회전에 따라 팽창하여 발생하는 소음이다. 타이어 소음은 대부분이 패턴 노이즈이며 이를 저감하기 위하여 다양한 타이어 패턴이 개발·적용되고 있다.

(2) 스퀼 노이즈(Squeal Noise)

타이와 노면 간의 슬립에 의해 발생하는 소음이며 특히, 급발진, 급제동, 급선회 시 트레드와 노면 사이에서의 미끄러짐에 의해 발생하는 소음이다.

(3) 험 노이즈(Hum Noise)

직진 주행 시 발생되는 소음으로 트레드 디자인에 같은 간격으로 배열된 피치가 노면을 규칙적으로 타격하는 원인으로 발생되는 소음이다.

(4) 럼블 노이즈(Rumble Noise)

거친 노면을 주행할 때 타이어가 노면이나 자갈 등을 타격하는 소리이며 자동차의 현가장치나 차체를 통하여 차 내에 전달되는 진동음이다.

(5) 섬프 노이즈(Thump Noise)

섬프란 평활한 도로를 주행하는 차량에서 타이어가 회전하면서 진동과 함께 발생하는 소음의 일종으로 보통 타이어 1회전에 1회 주기로 소음이 발생하는 것이 특징이다.

QUESTION **EPB(Electronic Parking Brake)의 기능과 작동원리를 설명하시오.**

1. EPB(Electronic Parking Brake)의 개요

전자 제어식 주차 브레이크는 주차 레버의 당김으로 캘리퍼의 브레이크 패드 및 슈를 밀착시켜 제동력을 발생토록 하던 기존의 방법 대신 스위치 작동으로 전동 모터를 구동시켜 주차 제동력을 발생시키는 장치이다.

모터와 케이블을 이용한 방식과 캘리퍼 일체형 브레이크에서 모터와 감속기를 이용하여 캘리퍼의 휠 실린더 피스톤을 밀어 브레이크 패드를 디스크에 밀착시켜 주차 제동력을 유지하는 형식이 있다.

전자제어식 주차브레이크의 특징과 일반적 동작은 다음과 같다.

① 승차하여 안전벨트를 매고 시동을 걸고 출발하면 주차 브레이크는 자동으로 해제 된다.

② 주차 시에는 엔진 전원을 Off하면 자동으로 주차브레이크가 작동한다.

③ 주행 중 정차 시에 자동으로 주차 브레이크가 동작한다.

④ 언덕이나 경사로에 주차하면 기울기 센서로 경사를 감지하여 주차 제동력을 보상한다.

⑤ 언덕길에서 정차 후 출발 시 뒤로 밀리지 않는다.

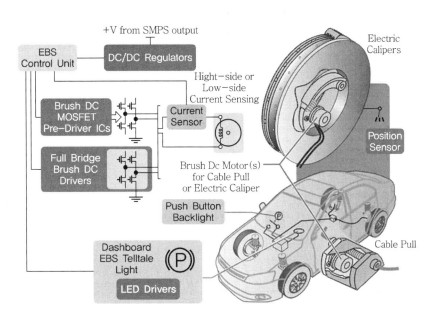

[EPB의 구조]

2. 전자제어식 주차 브레이크(EPB)의 작동

캘리퍼형 전자식 주차 브레이크 시스템은 운전 조작의 편의성 및 주차 안전성 향상을 위해 적용되는 것으로, 캘리퍼 디스크 브레이크에 전동식 액추에이터를 장착하여 전동 모터에서 발생한 토크를 스크류/너트의 직선운동으로 변환하고, 감속되어 토크가 증대된 모터의 회전력은 직선으로 작용하는 압축력으로 변환 · 작용하여 브레이크 피스톤을 밀어붙여 브레이크 패드를 디스크에 압착하게 된다.

① 캘리퍼 내부의 피스톤은 브레이크 오일에 의하여 작동하는 피스톤과 기계적으로 일체화되어 연결되어 있지는 않고, 브레이크 페달을 밟아 유압 발생 시에 패드 쪽으로 이동하는 피스톤과 별도로 작동한다.

② 캘리퍼 일체형 전자제어식 주차 브레이크 시스템에서는 피스톤의 전진에 의한 제동력 발생 후, 운전자가 브레이크 페달에서 발을 떼내면 가압된 유압이 빠지면서 브레이크 패드를 디스크에 압착시켰던 피스톤이 캘리퍼 내부 실 구조에 의해 뒤로 밀려나오게 된다.

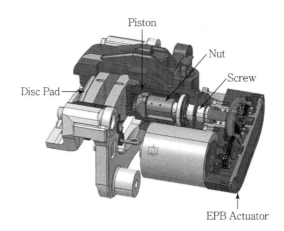

[EPB의 세부 구조]

③ 이때는 피스톤의 복원 정도에 따라 유압 브레이크의 드래그 포스가 형성된다.

④ 캘리퍼형 전자제어식 주차 브레이크는 브레이크 페달을 밟아서 발생하는 유압 없이 모터의 구동력으로 볼트와 너트에 의하여 직선 운동하는 너트가 피스톤을 패드에 밀어붙여 원하는 주차 제동력을 발생시킨다.

⑤ 주차 제동력이 해제되면 피스톤이 복원되는 힘은 브레이크 작동 시보다 감소하여 드래그 포스(Drag Force)가 증가하고 제동력 해제 후 차량을 재출발시킬 때에 이질감을 느끼게 되며, 브레이크 디스크와 패드의 마찰력이 존재함으로 이상 진동 및 소음을 발생시키는 문제점이 있는데 드래그 저감 마그넷(Magnet)이나 스프링의 힘으로 드래그 포스를 감소시킨다.

QUESTION 05 차체 제조기술에서 액압 성형(Hydro Forming) 방식을 정의하고 장점을 설명하시오.

1. 하이드로 포밍(Hydro Forming)의 개요

근래 들어 자동차에 대한 요구는 외관, 주행 성능, 승차감, 운전 편의성, 안전성, 연비 및 환경 문제 등 다양한 면으로 확대되고 있다. 이에 부응하기 위하여 차체의 설계, 경량화, 내구성, 외형 디자인 등의 기술에 대한 첨단 가공 및 공정 기술을 개발하고 있는데 하이드로 포밍(Hydro Forming), 용접 블랭킹(Tailer Welded Blanking), 경량 알루미늄 차체 등이 대표적인 예이다.

자동차 새시(Chassis) 부품 및 차체(Body) 부품은 강도뿐만 아니라 외형 디자인에도 관련 있으므로 하이드로 포밍 기술이 적극적으로 도입·적용되고 있다.

하이드로 포밍 기술은 종래의 프레스 성형 방법과는 완전히 다른 개념이며 원형 강관의 내부에 수압을 가하여 관재(管材)나 판재(板材)를 팽창시켜 성형하여 원하는 모양의 차체 골격을 제작하는 방식으로 기존의 프레스 가공에서 얻을 수 없었던 차체 강성의 증가, 제조 공정 단축 및 부품 수 감소, 금형 비용의 절감 등 다양한 장점이 있다.

차체 부품 중에 Lower Arm, Sub-frame, Cross Member, Piller류 등, 자동차의 차체(Body) 부품과 새시(Chassis) 부품들의 공정에 하이드로 포밍 기술이 적용되어 경량화와 품질 향상, 강도 상승, 원가절감에 기여하고 있다.

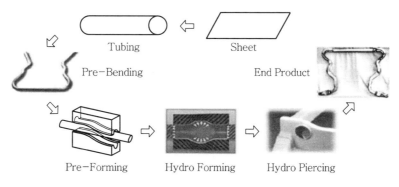

[Hydro Forming Process]

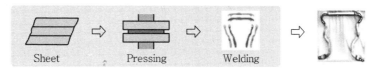

[Pressing-Welding Process]

2. 하이드로 포밍 설계

하이드로 포밍 기술을 적용하기 위한 설계는 제품설계와 공정설계로 구분할 수 있는데, 공정 설계는 벤딩(Bending), Pre-Forming, Hydro Forming, Piercing 등 제품에 따라 다양한 공정이 설계되어야 한다.

완성하고자 하는 제품의 설계 시 하이드로 포밍 공법으로의 성형성을 고려하여 설계하여야 하고 하이드로 포밍 공법의 특성상 고압의 물을 이용하므로 공정 시운전에서는 반드시 발생 될 제반 문제점들을 금형의 설계에서부터 고려하고 검토하여야 한다.

하이드로 포밍 공정에서 중요한 공정 변수인 내부 압력과 이송(Feed)량을 최적의 성형 조건 으로 선정하여야 하고 형상이 급격히 변화되는 복잡한 형상의 제품은 절곡(Bending)부에서 내압의 상승 시 발생할 수도 있는 부분적 트임(Burst) 현상은 내부 압력과 이송량이 적정하도 록 공정설계를 하여야 한다.

3. 하이드로 포밍의 특징

하이드로 포밍은 강관 및 튜브 형상의 부품 성형에 유리한 공법이며 다음과 같은 특징이 있다.

- 복잡한 형상의 튜브형 부품을 압력을 이용하여 정밀하게 성형할 수 있다.
- 프레스 공정에서의 복잡한 공정을 단순화하여 공정 수를 줄일 수 있다.
- 강도의 증가와 정밀한 성형을 할 수 있다.
- 일체형으로 성형이 가능하므로 부품 수를 줄일 수 있고 금형 비용을 줄일 수 있다.
- 제품의 경량화와 균일한 품질의 제품을 생산할 수 있고 원가를 절감할 수 있다.

06 QUESTION 차세대 전기 자동차에서 인 휠 모터(In Wheel Motor)의 기능과 특성을 설명하시오.

1. 인 휠 모터(In Wheel Motor)의 개요

자동차의 휠 안쪽의 허브 부품(Hub Ass'y) 위치에 설치되는 모터로서 허브 부품 위치 또는 허브와 일체화되어 같은 축에 연결되도록 설치된 것을 인 휠 모터(In Wheel Motor)라고 한다. 구동 모터만 휠 안에 장착하여 기존의 서스펜션(Suspension) 시스템과 공존하는 기본적인 형태를 단순 휠 인 모터라고 하며 구동 모터와 함께 ABS, TCS, 조향(Steering), 현가(Suspension) 시스템 전체를 휠 안에 설치하는 방법을 통합 인 휠 모터 시스템이라고 한다.

휠 내부에 모든 구동장치가 설치되어 엔진이나 모터 설치 공간이 별도로 필요하지 않아 넓은 공간을 활용할 수 있다.

인 휠 모터(In Wheel Motor)는 2개 또는 4개의 휠이 직접구동방식이라 각 휠을 독립적으로 제어 가능하므로 조향각을 크게 할 수 있어 회전 반경이 작아지고 동력전달 부품이 단순화되므로 동력전달 효율이 높고 순간 가속과 감속 성능이 뛰어나다.

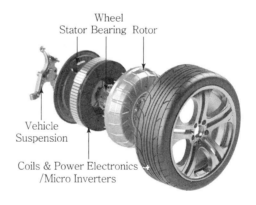

[인 휠 모터의 구조]

2. 인 휠 모터의 장점

각 구동 휠을 직접 구동하고 제어하므로 구동력 전달과 제어에는 유리한 점이 많아 연료전지 자동차 및 하이브리드 자동차용 동력원(動力源)으로 활용되며 다음과 같은 유리한 점이 있다.

① 모터의 구동력이 휠에 직접 전달되기 때문에 기존의 동력전달 부품이 필요하지 않으므로 동력전달 손실이 적고 자동차의 중량, 활용 공간, 비용, 고장과 수리 측면에서 유리하다.

② 2, 4개의 각 차륜을 독립적으로 구동하고 제어하는 것으로 구동력, 제동력 배분과 제어가 자유롭기 때문에 정밀하게 제어되는 ABS, TCS 등 지능형 자동차의 구현에 유리하다.

③ 조향륜에서의 조향각을 크게 할 수 있으므로 4륜 구동과 4륜 조향의 구현과 제어에 유리하다.

④ 각 휠을 직접 구동하므로 민첩한 가속과 제동이 가능하고 동력전달계 부품에서 발생하는 소음과 진동을 줄일 수 있다.

⑤ 동력 전달 효율과 중량의 감소로 에너지 효율이 우수하다.

3. 인 휠 모터의 문제점

인 휠 모터는 정밀한 제어와 소형이면서 큰 구동력을 필요로 하므로 다음과 같은 해결할 과제들이 있다.

① 스프링 아래 질량과 회전 모멘트(Inertia)가 증가하여 승차감과 조작성이 저하될 수 있다.

② 노면에서 오는 충격과 진동을 직접 받으므로 모터 및 감속기의 내구성과 높은 방수성을 필요로 한다.

③ 휠 내부 공간을 고려하여 모터와 관련 부품을 설계하고 설치하는 데 제약이 많다.

④ 모터와 브레이크 구성품이 가까이 설치되므로 방열에 대한 대책이 필요하다.

⑤ ABS, TCS 및 지능형 자동차에 대응하기 위하여 정밀한 제어를 필요로 하므로 제어 로직과 전기적 잡음(Noise) 등에 철저히 대응하여야 한다.

98회

차량기술사
기출문제 및 해설

01 아래 회로에서 스위치가 ON 또는 OFF일 때 TR₁, TR₂, 표시등이 어떻게
QUESTION 작동하는지 설명하시오.

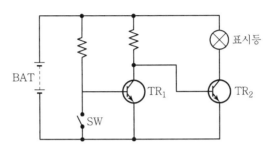

1. TR을 이용한 스위치 회로

회로는 스위치의 기능에 따른 TR의 동작원리를 설명하는 회로이다.

(1) 스위치가 OFF인 경우

스위치 접점이 열린 상태에서는 TR_1의 베이스에 연결된 저항을 통해 TR_1이 동작하여 TR_2의 베이스 전압이 걸리지 않아 표시등은 OFF(소등) 상태이다.

(2) 스위치가 ON인 경우

스위치 접점이 닫히면 TR_1의 베이스 전압이 없으므로 TR_1이 동작을 하지 않아 TR_2에 베이스 전압이 걸리면서 표시등이 ON(점등) 상태가 된다.

02 AQS(Air Quality System)의 특성과 기능을 설명하시오.

1. AQS(Air Quality System)의 개요

AQS(Air Quality System)는 유해가스 감지용 센서를 이용하여 배기가스를 비롯한 대기 중에 있는 유해가스를 감지하여 이들 가스의 실내 유입을 자동차단하고, 승차 공간의 밀폐로 인한 산소 결핍 등의 현상이 발생하므로 청정공기만을 유입시킴으로써 승차 공간 내의 공기 청정도와 환기 상태를 최적으로 유지하는 외부공기 유입 제어장치이다.

2. AQS 센서

AQS 센서는 차량의 라디에이터 그릴 부위에 장착되어 있는 장치로 배기가스를 비롯한 대기 중에 함유되어 있는 유해 악취 가스를 감지하여 FATC ECU(에어컨 컨트롤러)로 입력시키는 역할을 한다. 유해가스를 검출하는 센서부와 신호처리를 위한 마이크로 프로세서가 하나의 유닛(Unit)으로 구성되어 있다.

일반적인 AQS의 감지 대상 가스는 다음과 같다.

- 디젤엔진 배기가스 : NO, NO_2, SO_2
- 가솔린 및 LPG 엔진 배기가스 : HC, CO

3. AQS의 제어와 작동

FATC ECU는 AQS 스위치 상태 및 AQS 센서 신호에 따라 자동 또는 수동으로 제어된다. AQS 작동모드(ON) 상태에서 센서에 입력된 값이 기준값 이하일 때는 외기 모드로 작동하다가 기준값 이상(유해가스 감지)으로 입력되면 곧바로 내기 모드로 전환한다. 만약 AQS 작동모드(OFF) 상태라도 센서에 입력된 값이 기준값 이상(유해가스 감지)으로 입력되면 역시 자동으로 내기 모드로 전환한다. AQS 작동모드(OFF) 상태에서 센서에 입력된 값이 기준값 이하일 때는 수동 모드로 내·외기(內外氣)는 제어된다.

AQS 스위치가 ON 상태에서도 MIX나 디프로스트(Defrost) 작동 시(성애 제거 모드)에는 내·외기 액추에이터는 외기로 고정되고, 또한 최대 냉방, 최대 난방 선택 시에도 내기 또는 외기로 고정된다.

내·외기 전환 시 동작을 수행하는 모터를 액추에이터라고 한다. 내·외기 액추에이터는 블로어 유닛에 장착되어 있으며, 운전자의 내·외기 선택 스위치 신호가 입력되거나 AQS센서가 감지한 외부 공기의 오염 정도 신호를 FATC ECU가 입력받아 액추에이터의 전원 및 접지 출력을 제어한다.

03 배터리 세이버(Battery Saver)의 기능을 설명하시오.

QUESTION

1. 배터리 세이버(Battery Saver)의 기능

배터리 세이버(Battery Saver)는 ETACS(Electronic Time and Alarm Control System) 의 한 가지 기능으로 시동키의 ON/OFF 신호, 미등 스위치 ON/OFF 신호, 운전석 도어의 Open/Close 신호 등을 감지하여 미등을 자동으로 OFF함으로써 배터리의 불필요한 전류 소모를 방지한다.

배터리 세이버는 구체적으로는 다음과 같은 동작을 한다.

① 키리스(Keyless) 스위치가 ON 후 미등 스위치가 ON인 경우에 키리스 스위치를 OFF하고 운전석 도어가 OPEN일 경우 미등(Tail Lamp)을 자동으로 소등한다.

② 운전석 도어를 먼저 OPEN한 후 키리스 스위치를 OFF한 경우에도 미등을 자동으로 소등한다.

③ 자동 소등 후에 다시 미등 스위치를 ON하면 미등은 점등되고 자동 소등 기능은 해제된다.

④ 자동 소등 후에 키를 삽입한 경우 미등은 점등되고 자동 소등 기능은 해제된다.

 04 CFRP(Carbon Fiber Reinforced Plastic)에 대하여 설명하시오.

QUESTION

1. CFRP(Carbon Fiber Reinforced Plastic)의 개요

자동차 및 여러 가지 수송 수단의 연비를 높이기 위해서는 차량 중량을 줄이는 것이 가장 효과적이다. 자동차는 철강 재료가 대부분이며 이를 낮은 비중이면서 강도가 보장되는 다른 재료로 바꾸려는 노력이 계속되어 왔다. 이러한 노력 중에 효과적인 것이 탄소 섬유를 활용하는 것이다. CFRP(Carbon Fiber Reinforced Plastic)는 이미 1940년대부터 개발이 시작되었다. 탄소섬유 강화 플라스틱으로 강성과 내구성이 뛰어나 인장강도(Tensile Strength)는 강철의 5~10배에 이르고 비중은 알루미늄보다 작으며 부식성이 없어 자동차용 재료로 이용할 경우 연비를 높일수 있는 장점이 있는 주목받는 첨단소재로서 이미 부분적으로 실용화되었다.

CFRP는 화학섬유(폴리아크릴로니트릴)에 가스화 작업을 통해 필요 없는 성분을 하나씩 모두 제거해 버리고 안정된 흑연(Carbon) 구조를 가진 100% 탄소섬유를 만든다. 탄소섬유는 머리카락 직경의 10분의 1 정도의 것은 수만 개를 얽히지 않게 타래로 엮어 이를 플라스틱에 적절히 결합시켜 플라스틱의 부족한 기계적 성질을 개선한 재료이다.

CFRP의 특징을 요약하면 다음과 같다.

- 인장강도가 강철의 5~10배 정도로 자동차 및 높은 강도를 필요로 하는 부품용 재료로 적용이 가능하다.
- 부식성이 없어 수중, 해양, 항만 등의 설비 및 구조물 재료로 활용이 가능하다.
- 응력부식과 지연파괴가 없어 내구성이 우수하다.
- 피로 내구성(疲勞 耐久性)이 우수하여 판스프링 같은 반복응력이 작용하는 부품의 소재로 적용이 가능하다.
- Creep, Relaxation 등 장기 변형 손실이 없거나 매우 적다.
- 가볍고 시공이 용이하여 보강 후 자중의 증가가 경미하고 제한된 장소에서도 용이한 시공성(施工性)을 갖는다.
- 환경 오염이 없어 친환경 재료이다.
- 미관이 수려하고 유지 보수 비용이 없거나 매우 적다.

 05 QUESTION 스페이스 프레임 타입(Space Frame Type) 차체의 구조와 특징을 설명하시오.

1. 스페이스 프레임 타입 차체

강관 또는 판재를 절곡하여 강도를 보강한 부재를 용접하여 골격을 구성한 프레임으로 공간형 프레임이라고도 한다. 스포츠카 또는 경기용 자동차 전용 프레임이며 강성이 뛰어나다. 알루미늄 재료를 적용한 스페이스 프레임 차체는 경량으로 강성은 높지만 대량 생산에 적합하지 않기 때문에 일부의 고급 소량생산의 경주용, 스포츠카에 사용되고 있는 실정이다.

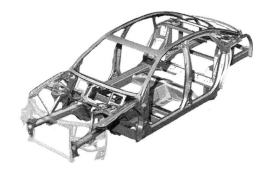

[스페이스 프레임 타입 차체]

06 QUESTION 셀프 실링(Self Sealing) 타이어와 런 플랫(Run Flat) 타이어를 비교·설명하시오.

1. 셀프 실링 타이어(Self-Sealing Tire)

셀프 실링 타이어는 지름 5mm 이내의 타이어 손상물로 인해 타이어에 구멍형 손상이 생겼을 때 내부에 충진되어 있는 보형물로 메워서 스스로 공기압의 누출을 차단해 주는 타이어이다. 펑크가 나도 스스로 손상을 복구하고 무리 없이 달릴 수 있어 '셀프 실링(Self-Sealing) 타이어'로 불린다. 셀프 실링 타이어는 타이어 자체를 강화하거나 형상을 변형시키는 것이 아니고 내부에 보형 물질을 넣는 방식이다.

타이어의 중량이 크게 증가하지 않아 연비의 저하가 없으며 구동력이나 제동력에도 아무런 영향을 주지 않는다는 것이 장점이다. 주행 안전과 운행의 신뢰도를 준다는 의미에서 최근 들어 관심 받는 타이어가 되었다.

셀프 실링 타이어는 가격이 일반 타이어보다 2배 정도로 고가이며 점차 고급화되어 가는 프리미엄 소비자 시장에 효과 있는 타이어이다.

2. 런 플랫 타이어(Run-Flat Tire)

런 플랫 타이어(Run Flat Tire)는 사이드 월(Side Wall) 또는 비드 충전재와 비드 와이어를 보강하여 타이어의 압력이 저하되더라도 일정 거리의 주행이 가능한 타이어를 말한다. 일반 타이어는 타이어의 내압이 0이 되면 붕괴되어 주행이 불가능한 상태가 되지만 런 플랫 타이어는 내압이 0이 되더라도 최고 80km/h의 속도로 150km까지 주행 가능한 것으로 알려져 있다.

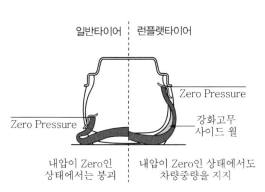

[일반 타이어와 런 플랫 타이어의 구조 비교]

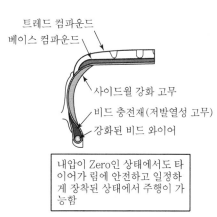

[런 플랫 타이어 구조]

런 플랫 타이어는 크게 '사이드 월(Side Wall) 보강형'과 '서포트 링(Support Ring) 장착형' 그리고 '사이드 월·서포트 링 보강형'으로 구분할 수 있다. 사이드 월을 보강하면 사이드 월이 두꺼워서 승차감이 떨어지고 중량이 커서 연비에도 불리하다. 서포트 링 장착형은 서포트 링과 휠이 결합된 형태의 일체형과 서포트 링이 휠에서 분리되어 장착과 탈착이 가능한 분리형으로 구분된다.

07 QUESTION SBW(Shift by Wire) 시스템에 대하여 설명하시오.

1. SBW(Shift by Wire) 시스템의 개요

기계적인 연결 장치로 동작을 전달하는 대신 전자적으로 제어하고 조종하는 기술을 통칭하여 by-Wire 기술을 들 수 있다. 본래 항공기로부터 유래된 이 기술은 자동차와 접목되면서 Brake, Throttle, Steer, Shift, Clutch 등 자동차의 여러 부분에 조금씩 적용되고 있으며 통칭 X-by-Wire 기술로 불리고 있다. X-by-Wire 기술의 장점은 중앙 컴퓨터에 의한 능동적인 제어가 가능하고 기존의 기계적인 링크나 유압시스템에 비해 부품 수가 감소하고 이에 따른 설치 공간에 대한 자유도가 크고 부피가 크게 감소하므로 자동차의 생산에 필요한 비용 및 시간의 단축과 생산성의 향상을 가져올 수 있다.

Drive-by-Wire라는 아이디어는 자동차의 제어기구와 실제로 동작하는 장치 사이에 위치한 기계적인 연결부를 제거하고 대신 중앙 컴퓨터에 의해서 동작명령을 작동부에 전달함으로써 조향(Steering), 제동(Braking), 변속(Shift Gear) 등의 동작이 전기적 신호에 의하여 직접 장치를 구동하는 방법이다.

Drive-by-Wire은 조향장치, 현가장치, 변속장치 그리고 제동장치 등이 함께 작동함으로써 더 나은 조종 성능을 가지고 연료 소비율도 향상시키고 위급상황에 대한 민첩한 대처로 더욱 안전한 운행을 보장한다.

일반 자동 변속기 레버는 레버 아래에 와이어 같은 기계적인 장치로 연결되어 변속 동작을 전달하였다. 최근 들어 변속 동작에 Drive-by-Wire 개념과 기술을 접목한 것이 Shift-by-Wire이다.

전자식 변속 레버(Shift-by-Wire)는 자동변속기 레버의 각 변속 위치에 홀센서 또는 전압이 변화하는 센서를 설치하여 레버의 위치로 변속 조작 신호를 감지하고 이 센서 신호를 이용하여 중앙 컴퓨터에서 자동 변속기의 유압을 제어하는 솔레노이드 밸브(Solenoid Valve)를 전기신호로 직접 구동하고 단속하는 시스템이다.

08
QUESTION

디젤엔진이 2,000rpm으로 회전할 때 상사점 후방 10도 위치에서 최대 폭발 압력이 형성된다면 연료 분사 시기는 언제 이루어져야 하는지 계산하시오.(단, 착화지연 시간은 1/600초이며, 다른 조건은 무시한다.)

1. 연료 분사 시기

엔진의 분당 회전속도 : 2,000(rpm), 점화지연 : $\dfrac{1}{600}$(sec)

최대 연소 압력 발생점 : 상사점(TDC) 후 10(deg)이며 연소시간과 분사시간을 무시할 때 분사시기를 구하는 것이다.

엔진의 초당 회전속도 : $\dfrac{2,000}{60}$(rps) 따라서 초당 회전 각도 : $\dfrac{2,000}{60} \times 360$(deg)

착화 지연 시간 $\dfrac{1}{600}$(sec) 동안의 회전 각도 : $\dfrac{2,000 \times 360}{60 \times 600} = 20$(deg)

착화 지연 시간 동안 회전하는 각도는 20(deg)이므로 상사점(TDC) 후 10(deg)에서 연소 최고 폭발 압력이 발생하도록 하려면 TDC 후 10(deg)로부터 20(deg) 진각한 위치, TDC 전 10(deg) 위치에서 분사하여야 한다.

09
QUESTION

LPG 자동차의 연료 탱크에 설치된 충전밸브에서 안전밸브와 과충전 방지밸브의 기능을 설명하시오.

자동차 LPG 연료용 탱크는 일반적으로 3.2mm 이상의 고압 가스용 탄소강판을 원통형으로 용접 제작한 것으로 인장강도는 41kgf/cm² 이상, 30kgf/cm² 이상의 내압(耐壓) 시험과 18.6kgf/cm²의 기밀시험, 용접부의 비파괴 시험, 생산 LOT별 샘플 파괴 시험을 만족하도록 규정하고 있다.

탱크는 LPG 연료를 저장하고 연료 펌프가 없어도 내부의 증기압(3kgf/cm², 20℃ 기준)을 통해 연료를 연료 라인으로 압송하는 역할을 한다.

내압이 높은 이유는 비점이 높은 LPG를 상온에서 액체 상태로 보관하기 위해서다.

LPG탱크의 안전을 확보하기 위하여 다음과 같은 밸브와 구조로 되어 있다.

1. 충전/안전밸브(Charge/Safety Valve)

충전 밸브는 LPG를 충전할 때 사용하는 밸브로 내부에 안전 밸브가 일체화되어 있다. 안전 밸브는 탱크의 주변 온도가 상승하여 탱크의 내압이 $24kgf/cm^2$ 이상되면 자동으로 열려서 LPG를 방출시킨다.

내압이 $16kgf/cm^2$ 정도로 저하되면 스프링 힘에 의하여 닫히고 외부 누출을 차단하여 탱크 내부의 압력을 일정하게 유지하는 역할을 한다.

2. 과충전 방지밸브(Over Charge Valve)

과충전 방지밸브는 플로트(Float)와 함께 충전밸브 연속선상에 조립되어 있으며 탱크 내부에 조립되어 있다.

LPG 주입 시 이 밸브를 통하여 탱크 내로 LPG가 유입되고 과충전 방지장치 내의 플로트가 85% 이상을 감지하면 연료의 유입을 기계적으로 차단하여 더 이상 연료가 충전되지 못하게 한다.

(1) 충전 상태

- 연료가 소비되어 가스량이 줄어들면 배압밸브는 플로트 암에 의해 우측으로 움직여 배압밸브 통로를 열어준다.
- LPG 충전 시 연료의 일부는 오리피스 → 배압 밸브 통로 → 탱크로 유입된다.
- 연료 유동 밸브에 걸리는 압력은 연료가 주입되는 압력보다 낮기 때문에 유동밸브는 좌측으로 이동한다.
- 유동밸브가 좌측으로 이동하면 주입구가 열려 다량 충전된다.

(2) 완료 상태

- 충전이 완료됨에 따라 압력밸브는 스프링의 힘에 의해 좌측으로 이동한다.
- 배압밸브가 닫히면 유동밸브 내의 압력이 상승하고 연료 충전 때와는 반대로 오른쪽으로 작동하여 연료 공급을 차단하게 된다.

(3) 송출밸브와 과류 방지밸브

송출밸브는 탱크 내의 LPG를 엔진에 공급하기 위한 밸브로 기상(氣狀) 및 액상(液狀) 송출 밸브로 구성되며 황색(氣狀), 적색(液狀)으로 표시되어 있다.

기상 송출밸브는 냉간 시동 시에 시동성을 좋게 하기 위한 밸브로 냉각수의 온도가 낮은 경우에만 송출 기능을 하므로 기상 송출 밸브에는 과류 방지밸브가 없고 액상밸브에만 있다. 과류 방지밸브는 사고에 의하여 엔진으로 공급되는 배관이 파손되었을 때 탱크 내의 LPG가 급격히 방출되어 발생할 수 있는 사고와 위험을 방지하는 장치이다.

10 QUESTION 병렬형 하드 타입 하이브리드 자동차의 특징을 설명하시오.

하이브리드 자동차란 두 개 이상의 전혀 다른 동력원을 사용하여 차량을 추진하는 자동차로 일반적으로 가솔린, LPG, 디젤 등을 사용하는 내연기관과 배터리로 작동되는 전기모터가 혼합되어 구성된다.

1. 하이브리드 자동차의 형식

(1) 직렬형 하이브리드 자동차(Series HEV)

주로 전기모터만 이용해서 구동력을 제공하고 엔진은 주로 배터리를 충전하는 데 동력을 공급한다. 따라서 엔진의 출력이 크지 않아도 된다. 전기모터와 배터리 중량이 커지고 설치 공간이 커진다.

(2) 병렬형 하이브리드 자동차(Parallel HEV)

주로 엔진의 동력으로 자동차를 구동하고 모터는 보조 동력원 역할을 한다.
큰 동력을 필요로 할 때는 전기모터를 구동하여 엔진의 구동력과 같이 사용하므로 큰 출력을 낼 수 있다. 전기모터가 구동하지 않을 때는 발전기가 되어 배터리를 충전하고 주행 중 동력의 교체에 복잡한 제어가 필요하다.

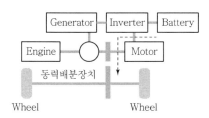

발진 · 저속주행

발진과 저속에서는 모터로만 주행하며, 후진 시에도 모터만 역회전시켜 운전

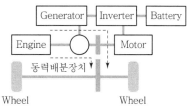

정속주행

정상주행 시는 엔진동력을 두 개의 경로로 분할하며 바퀴를 직접 구동하거나 발전기를 구동하여 발생한 전력으로 모터를 구동

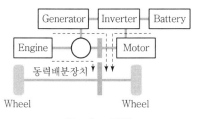

최고속도주행

가속 시에는 축전지의 전력을 합하여 모터에 구동력을 추가

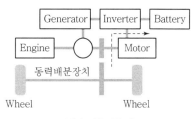

감속 및 정지

감속 및 제동 시는 제동력을 회수하여 축전지에 저장

(3) 복합형 하이브리드 자동차(Combined HEV)

한 개의 엔진과 두 개의 모터로 구동되며 직렬, 병렬형의 기능을 모두 가지고 있다. 두 개의 모터 중 하나의 모터는 엔진의 동력을 전기로 전환하는 발전기 역할을 하며 배터리를 충전하거나 전기모터를 구동하여 동력을 얻는 데 사용된다.

엔진, 모터와 발전기를 효율적으로 이용하므로 효율이 우수하고 연비가 좋다.

2. 전기주행(EV ; Electric Vehicle) 모드에 따른 종류

(1) 소프트 타입 하이브리드 자동차(Soft Type HEV)

소프트 타입은 전기모터가 1개이며 전기모터는 엔진을 어시스트하는 방식이고 모터가 1개이므로 작동 시 구동과 충전이 동시에 이루어질 수 없는 시스템이다. EV(전기주행) 모드가 없는 방식이다.

(2) 하드 타입 하이브리드 자동차(Hard Type HEV)

하드 타입은 전기모터가 2개이며 차량 구동은 엔진 또는 모터에 의해 개별적으로 구동된다. 모터가 2개이므로 EV(전기주행) 모드가 가능하고 운전 모드에 따라 모터는 충전과 구동이 동시에 가능하다.

(3) 병렬형 하드 타입 하이브리드(Parallel Hard Type HEV) 시스템의 개요 및 특징

병렬형 하드 타입 하이브리드 시스템은 엔진과 모터 사이에서 동력 단속을 담당하는 엔진 클러치를 적용해 더욱 간단한 구조와 작은 모터 용량으로도 구동 효율을 극대화할 수 있게 되어 있다.

특히 다양한 주행 상태에서 엔진과 모터 구동의 정밀제어기술이 크게 요구되는 엔진 클러치를 설치하여 연비효율이 크게 향상되며, 차량 출발 및 저속 주행 시에는 엔진 클러치가 개방된 엔진 정지 상태에서 모터만으로 구동하는 전기 주행 모드(EV Mode)로 주행하고, 고속 주행이나 오르막길에서의 가속 시에는 엔진 클러치가 연결되어 엔진과 모터를 동시에 구동하는 하이브리드 모드로 주행한다.

제동 시 손실되는 에너지를 전기에너지로 변환하는 회생제동 시스템을 통해 배터리를 충전하고, 차량 정차 시에는 엔진과 모터가 자동으로 멈춰 유해 배출가스의 배출을 억제하고 연비효율이 우수하며 재출발 시에는 다시 모터만으로 구동하는 전기 주행 모드(EV Mode)로 출발하게 된다.

11 QUESTION

TPMS(Tire Pressure Monitoring System)에서 로 라인(Low Line)과 하이 라인(High Line)을 비교 · 설명하시오.

1. 타이어 공기압 모니터링 장치(TPMS)의 개요

타이어 공기압 모니터링 시스템(TPMS ; Tire Pressure Monitoring System)은 4개의 타이어 압력 상태를 모니터링하여 주행 중 타이어 공기압에 변화로 주행 안정성에 방해가 될 경우 운전자에게 경고하여 주행 안정성을 확보하기 위한 시스템이다. 또한 타이어 공기압의 상태를 항상 정상 상태로 유지하도록 함으로써 구동, 제동력뿐만 아니라 타이어의 비정상적인 마모를 막고 연비의 저하를 억제하기 위한 장치이다.

2. TPMS의 구성품

TPMS는 다음과 같은 부품들로 구성되며 LS−GMLAN 통신회로를 사용하여 시스템을 작동시킨다.

(1) 타이어 압력센서 : 타이어 공기압을 검출하고 전송(내장 배터리 전원)

(2) RFA 리시버 : 무선 전송된 압력 신호를 수신

(3) 보디 컨트롤 모듈(BCM) : 센서 신호 처리 모듈

(4) 운전자 정보센터(DIC) : 전송된 타이어 압력 데이터를 지시

3. TPMS의 작동원리

차량이 정지했을 때는 센서 내부의 (압전소자)가속도계가 활성화되지 않아 센서를 정지 상태로 유지한다. 차량 속도가 증가하면, 원심력으로 인하여 센서 내부의 가속도계가 활성화 되어 센서를 롤링 모드로 전환한다.

RFA 리시버는 전파를 무선으로 수신하여 각 센서의 데이터를 타이어 압력으로 전환한다. RFA 리시버에서 수신된 타이어 위치별 공기압, 온도 데이터는 신호 처리 모듈(BCM)을 거쳐 LS−LAN 통신으로 DIC에 전달되며 DIC는 타이어 위치별 공기압, 온도를 지시한다.

4. 타이어 공기압 검출과 경고

TPMS는 각 타이어의 공기압을 차축(Axle)별로 비교하고 계산하는데 이는 승차인원, 적재상태 등으로 인해 규정압력 이내에서 전후 차축의 타이어 공기압을 다르게 주입할 수 있기 때문이다.

권장 기준 압력을 기준으로 계기판에는 공기압 확인(Check), 공기압 부족(Warning−Low), 공기압 과대(Warning−High), 공기압 불균형(Imbalance) 등으로 표시한다.

5. 로 라인(Low-Line)과 하이 라인(High-Line)

타이어 공기압이 규정 압력 이하로 저하되면 경고등을 점등하여 이상 여부만을 운전자에게 경고하여 주는 시스템을 Low-Line Type이라고 하며 타이어 공기압에 이상 발생 시 이상이 발생한 타이어의 위치까지 모니터링하도록 지시해주는 시스템을 High-Line Type이라고 한다. High-Line Type은 타이어 내부의 센서로부터 통신으로 송신받을 때 타이어의 위치를 구분하도록 채널이 독립적으로 존재한다.

 자동차의 연비 향상을 위하여 오토 스톱(Auto Stop)이 적용된다. 오토 스톱의 만족 조건 5가지를 설명하시오.

1. 오토 스타트/스톱(Auto Start/Stop)

오토 스타트/스톱(Auto Start/Stop) 기능은 교통 신호등에 걸렸을 때와 같이 자동차가 완전히 정지할 때마다 엔진을 정지시키고 엔진을 자동으로 다시 시작함으로써 연료 소모와 배기가스 모두를 줄일 수 있도록 한다. 연료 소모의 감소량이 도심지 교통일 경우에 약 8%를 저감할 수 있는 것으로 인정되고 있다. 더불어 이산화탄소 및 기타 유해 배출가스의 발생량을 줄일 수 있는 장점이 있다.

이 시스템의 원리는 간단해서, 엔진이 작동하지 않을 때는 연료를 소모하지 않는 것이다. 오토 스타트/스톱 기능은 엔진을 작동할 필요가 없을 때마다 엔진을 정지시킨다. 교통이 정체되거나 서행해야 하는 상황에서 자동차를 중립으로 전환하고 클러치에서 발을 떼거나 저속에서 브레이크 페달을 밟는 것만으로 이 기능은 작동한다. 정보를 표시하는 디스플레이에는 '스타트/스톱' 메시지가 표시되면서 엔진이 정지했다는 것을 알려준다.

엔진을 재가동시키기 위해서는 클러치나 액셀러레이터를 밟아 자동차를 다시 기어 상태로 전환시켜 주면 된다.

중요한 점은 운전 편의성이나 안전성이 오토 스타트/스톱 기능의 영향을 받지 않는다는 것이다. 예를 들어서 이 기능은 엔진이 이상적인 작동 온도에 도달하기 전까지는 작동하지 않는다. 에어컨 캐빈이 원하는 온도가 되지 않았거나, 배터리가 적절하게 충전되지 않았거나, 운전자가 운전대를 움직이는 경우에도 마찬가지다.

오토 스타트/스톱 기능은 중앙 제어 장치(Central Control Unit)가 통제하는 것으로서 중앙 제어 장치가 스타터 모터와 발전기를 비롯해서 모든 해당 센서들로부터의 데이터를 모니터링한다.

편의성이나 안전성을 위해서 필요하다면 이 제어 유닛이 자동으로 엔진을 재가동한다. 예를 들면 자동차가 굴러가거나, 배터리 전하가 너무 낮게 떨어지거나, 앞 유리에 응결이 생기거나 할 때를 들 수 있다. 또한 대부분의 시스템은 일시적인 정지와 운전을 끝냈을 때의 차이를 인식할 수 있다.

그러므로 만약 운전자의 좌석벨트가 채워지지 않았거나 문이나 트렁크가 열려 있으면 엔진을 재가동하지 않는다. 또한 원한다면 버튼을 누르는 것만으로 오토 스타트/스톱 기능을 완전히 정지시킬 수 있다.

다음의 경우에는 오토 스타트/스톱 기능을 ON하고 설정하더라도 자동으로 정지하지 않는다.

- 외부 온도가 약 3℃ 이하인 경우
- 외부 온도가 30℃ 이상이며 냉방 시스템을 사용 시
- 엔진의 온도가 적정 온도에 도달하지 않은 경우
- 조향각이 크게 조정되어 있거나 조향 중인 경우
- 에어컨이 가동 중이고 유리에 김이나 성애가 검출될 때
- 배터리 충전 수준이 규정보다 낮은 경우
- 차량이 후진하는 경우
- 차량이 서행해도 브레이크를 작동하지 않은 경우
- 차량이 구배율 12% 이상의 도로에 주차한 경우
- ABS(Anti-Lock Brake System)이 동작하는 경우

13 QUESTION 터보 차저(Turbo Charger)와 슈퍼 차저(Super Charger)의 장단점을 설명하시오.

1. 과급기(過給器)의 특징

과급기는 구동방식에 따라 기계 구동 방식인 슈퍼 차저(Super Charger)와 배기가스 터빈 구동 방식인 터보 차저(Turbo Charger)로 분류한다.

(1) 슈퍼 차저(Super Charger)

엔진 크랭크축에 의하여 기계적으로 구동하는 방식으로 루츠 블로어(Roots Blower)와 스크루 압축기(Screw Compressor)식, 원심(Centrifugal)식 압축기가 주로 사용된다. 루츠 블로어는 하우징 속에서 2개의 로터가 회전하면서 혼합기 또는 공기를 강제공급

하는 방식의 과급기이다. 이 방식은 엔진의 출력을 이용하여 구동하므로 기계적 손실이 발생하고 별도의 압축기가 있어야 하므로 설치 공간 및 중량 문제로 불리한 점이 있다.

(2) 터보 차저(Turbo Charger)

배기가스의 유동 에너지를 이용하여 터빈을 고속으로 회전시켜 흡기를 압축하는 배기 터빈 구동 방식으로 배기가스로 구동되는 터빈(구동) 측의 터빈 휠과 압축기 휠이 동일 축으로 되어 있다. 터빈은 고온에 직접 노출되어 고속으로 회전하므로 내열성이 좋은 내열 합금 재료를 사용하며 압축기 휠은 알루미늄 합금으로 제작된다. 또한 회전축은 고속으로 회전하므로 베어링부의 냉각과 윤활에 특별한 고려가 필요하다.

터보 차저로부터 나오는 압축 공기는 고온으로 가열된 상태이므로 충전 효율을 고려하여 중간 냉각기를 설치하여 가열된 공기를 냉각하는데 이를 인터쿨러(Inter Cooler)라고 한다.

2. 슈퍼 차저와 터보 차저의 장단점

① 슈퍼 차저는 터보 차저에 비하여 스로틀(액셀)에 대한 반응이 빠르다.
② 터보 차저는 특성과 원리상 터보 래그(Turbolag) 현상이 있어 원하는 부스트압까지 얻기 위하여 시간이 걸리고 과급 반응이 느리다.
③ 슈퍼 차저는 저속 회전 상태에서도 과급 효과가 높다.
④ 동력 단속 기구가 없는 슈퍼 차저는 항상 과급 부하가 작용하므로 연비가 저하된다.
⑤ 슈퍼 차저는 엔진의 구동력을 이용하므로 연비가 저하되고 중량과 부피가 비교적 크고 설치에 대한 자유도가 작다.
⑥ 슈퍼 차저는 저속부터 고속까지 전 회전 영역에서 충분한 과급이 가능하나, 터보 차저는 엔진 속도에 따라 과급압이 변하여 저속에서는 배기가스의 양과 압력이 낮아 충분한 과급이 곤란하다.

01 QUESTION 오토 헤드 램프 레벨링 시스템(AHLS ; Auto Head Lamp Leveling System)의 기능과 구성 부품에 대하여 설명하시오.

1. 오토 헤드 램프 레벨링 시스템(AHLS)의 개요

오토 헤드 램프 레벨링 시스템(AHLS ; Auto Head Lamp Leveling System)은 자동차의 주행 환경과 화물이나 승객의 적재 상태에 따라 헤드 램프의 조사(照射) 방향을 자동으로 조절하여 운전자의 야간 시야를 확보하고 상대방 도로 운전자의 눈부심을 방지하여 운행 안전성을 확보하기 위한 시스템이다.

차량의 중량이 앞부분보다 뒷부분에 더 많이 가해지면 차량의 앞부분이 올라가서 조사 방향이 상향으로 되고 상대 도로 운전자의 시야에 방해가 되므로 자동으로 헤드램프의 조사 방향을 하향으로 조정한다.

차량 뒤쪽 서스펜션 부위에 오토 헤드 램프 레벨링 유닛을 구동하여 조사 방향을 바꾼다.

2. 오토 헤드 램프 레벨링 시스템(AHLS)의 구성품과 기능

(1) 차고 센서(Vehicle Height Sensor)

차량의 승차인원 및 적재량에 의한 중량 변동에 따라 리어 서스펜션의 변위가 발생하는데 어시스트 암의 상하이동에 따라 링크가 이동하면서 센서 신호가 출력(전압)되고 AHLS ECU에 입력된다.

(2) 오토 헤드 램프 레벨링 시스템(AHLS) ECU

차속과 헤드램프 ON/OFF 신호를 입력 받아 시스템을 제어하는 컨트롤러이다. 차고 센서의 출력 신호(전압) → 레벨링 조정 각도 계산 → HLLD(Head Lamp Leveling Device) 구동 전압을 출력하고 영점 조정과 자기진단을 위한 파라미터별 신호 출력 터미널이 있다.

(3) 헤드 램프 레벨링 디바이스/액추에이터(Head Lamp Leveling Device/Actuator)

AHLS ECU의 출력 신호를 받아 반사경을 상하 방향으로 구동하고 구동량 전압을 출력하여 차량 기울기에 대한 레벨을 보상하는 회로를 포함하고 있다.

Fail-Safe 제어는 ECU 출력에 고장이 있을 때 초기 원점 위치로 자동 복귀시키는 제어 기능을 포함하고 있다.

3. 오토 헤드 램프 레벨링 시스템(AHLS)의 동작 조건과 동작 순서

(1) AHLS 동작 조건

- 점화 스위치 ON 상태
- 헤드 램프 로 빔(Low Beam) 스위치 ON
- 정차 중에는 센서 레버가 2도 이상 변화하고 최대 1.5초 후에 헤드 램프를 보정하며 주행 중에는 주행속도가 4km/h 이상이고 차량 가속이 초당 0.8~1.6km/h 이상 속도 변화가 없고 로드 조건에 변화가 없을 시 보정한다.

(2) AHLS 동작 순서

- 자동차 중량 변화에 따른 후축 서스펜션 각도 변화
- 센서의 각도 변화와 검출 신호 출력
- AHLS ECU에서의 각도 조절량 계산과 HLLD 제어 신호 출력
- HLLD(Actuator)에서의 램프 반사경 상하 조절

 02 QUESTION 저압 EGR 시스템의 구성 및 특성을 기존의 고압 EGR과 비교하여 설명하시오.

1. 저압, 고압 EGR의 특성

(1) 저압(Low Pressure) EGR의 개요

최근 디젤엔진에서 엔진 성능 향상 및 배출 가스 저감을 위해 저압 EGR 시스템이 적용되고 있다. EGR(Exhaust Gas Re-Circulation)은 디젤엔진의 유해 배출가스 중의 하나인 NOx를 저감시키기 위하여 보편적으로 적용되는 기술의 하나이다.

혼합기의 희석 효과를 통해서 전체적인 질소산화물 배출량을 감소시키는 기존의 배기가스 재순환 기술을 개선하기 위하여 EGR 유량 및 온도 제어가 용이하고 내열성이 좋은 EGR의 새로운 방법이다.

일반적으로 고압 EGR(High Pressure EGR)의 가스는 터보 차저 이전에서 고온 고압의 가스 상태로 유입되며 저압 EGR(Low Pressure) 가스는 다음 그림에서와 같이 DPF(Diesel Particulate Filter)를 지나 저온 저압의 상태인 가스를 채취하여 터보 차저 직전의 흡기라인으로 유입된다.

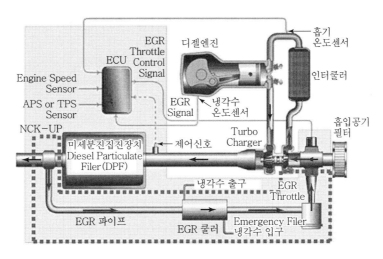

[저압 EGR 시스템]

(2) 저압(Low Pressure) EGR의 특징

저압 EGR(Low Pressure EGR) 시스템은 EGR률에 따라 과급 압력이 영향을 받지 않기 때문에 PM(Particulate Matter)을 최소화하면서 NOx를 저감할 수 있는 장점을 갖고 있다. 기존의 고압 EGR 시스템에 비하여 저압 EGR 시스템은 NOx 배출특성은 큰 차이가 없지만 연비 및 열효율이 향상되고 PM의 생성과 배출이 감소되며 연비성능이 향상된다.

EGR 가스를 배기가스 그대로 고온·고압의 상태로 흡기계로 재순환시키는 고온 EGR은 도입 가스의 온도가 높아서 체적효율이 감소되므로 열효율과 연비에 악영향을 끼치므로 이러한 문제점을 배제하기 위하여 EGR 가스를 냉각시키는 Cooled EGR을 적용하고 있고 고압(High Pressure) EGR과 저압(Low Pressure) EGR로 구분된다.

고압 EGR은 터보 차저의 터빈 전단의 고압인 배기가스를 터보 차저 압축기 후단의 고압의 흡기계로 유입시키는 구조를 가진 EGR방식이다.

고압 EGR은 빠른 응답성이 장점이지만 EGR 가스의 비율이 일정하지 못하고 오염문제가 있어 이를 개선한 LP EGR이 개발되어 실용화되고 있다.

저압 EGR은 저압의 EGR 가스를 도입하는 EGR 시스템으로서 터보 차저의 압축기 전단에 EGR 가스를 유입시키므로 EGR 가스와 신기(新氣)가 섞이는 시간이 고압 EGR 방법에 비하여 충분하여 각 실린더로 흡입되는 EGR 가스량이 균일하다. 또한, DPF(Diesel Particulate Filter)를 통과한 EGR 가스는 온도가 낮기 때문에 흡입 효율과 유해 배출가스 개선에 유리하다.

저압 EGR 시스템은 EGR 가스가 터보 차저를 통과하여 압축되므로 ERG 가스가 내포하고 있는 오염 물질이 엔진의 내구성에 영향을 줄 위험성이 있고, EGR 가스가 연소실로 도입되기까지 걸리는 시간이 길어 응답성이 다소 저하되는 문제점이 있다. 이러한 문제점들 때문에 운전 상황과 엔진 속도에 따라 고압 EGR과 저압 EGR을 선택적으로 EGR을 하는 하이브리드(Hybrid) EGR 시스템이 개발되고 있다.

03
QUESTION

동력조향장치(Power Steering System)에 대하여 종류별로 구분하고 구성요소 및 작동원리를 설명하시오.

1. 동력조향장치(Power Steering System)의 개요

자동차의 대형화 및 저압 타이어의 사용으로 조향륜의 접지 압력과 면적이 증가하여 신속하고 경쾌한 조향이 어렵고 차량 주행 속도의 향상으로 조향 장치의 민첩성과 안정성은 더욱 중요하다.

동력조향장치는 조향력 경감, 페일세이프, 조향 조작의 민첩성, 조향력의 유연성, 소음과 진동을 방지할 수 있도록 배력 장치를 갖춘 조향 시스템을 말한다.

동력조향장치의 특징은 다음과 같다.

(1) 동력조향장치의 장점

- 조향 조작력이 작아 조향이 원활하다.
- 조향 조작력에 관계없이 조향 기어비를 선정할 수 있다.
- 노면으로부터의 충격 및 진동을 흡수한다.
- 앞바퀴의 시미(Shimmy) 현상을 방지할 수 있다.
- 조향 조작이 경쾌하고 민첩하다.

(2) 동력조향장치의 단점

- 구조가 복잡하고 고가이다.
- 고장이 발생하면 정비가 어렵다.
- 오일 펌프 및 전동 모터의 구동에 에너지를 필요로 한다.

2. 동력조향장치의 종류

(1) 유압식(Hydraulic Power Steering System)

엔진의 동력을 이용하여 유압 펌프를 구동하고 스티어링 휠의 조향에 따라 유압 밸브로 방향을 제어하여 동력 실린더를 구동하여 조향하는 방식이다.

(2) 전자제어식(Electronic Power Steering)

주행 조건의 변화에 따라 엔진의 아이들(Idle)이나 저속 주행 중에는 가벼운 조향력이 작용하고 고속 주행 중에는 안정성을 얻을 수 있는 무거운 조향력을 필요로 한다. 이를 실현하기 위해서 엔진으로 구동되는 유압 펌프의 압력 및 유량을 전자적으로 제어하는 방식이다.

(3) 전동식(Motor Drive Power Steering)

전동 모터의 구동력을 조향축과 래크에 전달하여 배력시키고 조향하는 방식이다. 유압식 동력조향장치에 비하여 구조가 간단하고 전기자동차용 조향 장치로 적합하다.

3. 동력조향장치의 기능과 작동

(1) 유압식(Hydraulic Power Steering System)

동력조향장치는 동력 실린더(Power Cylinder)의 위치에 따라, 동력 실린더를 조향 링키지의 중간에 둔 링키지형(Linkage Type)과 동력 실린더를 조향 기어 박스 내에 설치한 일체형(Integrate Type)이 있다.

동력조향장치는 동력부, 제어부, 작동부로 구분할 수 있으며 조향 방향과 조향력의 조절을 위하여 유량 제어 밸브, 유압 제어 밸브, 안전(체크) 밸브 등으로 구성된다.

① 동력부(유압 펌프, Hydraulic Pump)

유압 펌프는 오일을 가압하여 유압을 발생하고 엔진의 구동력을 이용하여 벨트로 구동된다. 오일 펌프는 주로 베인 펌프(Vane Pump)가 적용되고 발생된 유압은 유량 조절 밸브에서 유량이 제어되며 제어 밸브로 전달된다.

② 제어부(제어 밸브, Hydraulic Control Valve)

제어 밸브는 조향 핸들의 조작력을 조절하는 기구이며 조향 핸들을 회전시켜 피트먼 암에 힘이 작용하면 유압이 작동하도록 밸브 스풀(Valve Spool)이 이동하면서 오일 통로를 변환시켜 조향륜에서 조향 방향을 바꾼다.

엔진이 정지되거나 펌프 및 유압 라인에서 고장이 발생할 경우 수동(Manual)으로 조향 조작이 가능하도록 동력 실린더 내의 유압을 유지시켜 주는 안전 체크 밸브(Safety Check Valve)가 있다.

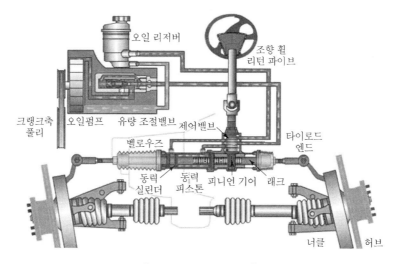

[동력조향장치의 구조]

③ 작동부(동력 실린더, Power Cylinder)

동력 실린더는 실린더 내에 피스톤과 피스톤 로드가 들어 있으며 오일펌프에서 발생된 유압은 제어 밸브에서 유로(流路)의 방향이 제어되어 동력 실린더로 유입되고 조향력을 발생한다.

실린더의 한쪽 방에 유압유가 도입되면 반대쪽 방의 유압유(오일)는 저장 탱크로 복귀한다.

(2) 전자제어식(Electronic Power Steering System)

주행속도의 상승에 따라 조향력의 변화를 전자적으로 제어하는 동력조향장치로서 저속에서는 조향력을 작게, 고속에서는 조향력을 크게 하여 조향의 편의성과 안정성을 확보하고자 하는 동력조향방식이다.

전자제어식 동력조향장치는 유량, 유압제어 방식에 따라 다음과 같이 구분된다.

① 속도감응(速度感應) 제어방식

유압식의 솔레노이드 밸브나 전동 모터식의 전동기를 주행속도와 조향조작력에 필요한 정보에 의해 전자적으로 제어하여 고속과 저속, 주행속도에 따라 유량과 회전력을 제어하여 적절한 조향 특성을 얻을 수 있는 방식의 동력조향방식이다.

② 유압반력(油壓反力) 제어방식

동력조향장치의 밸브 부분에 유압 반력 제어기구를 두고 유압반력 제어 밸브에 의해 주행속도가 상승하면 유압 반력기구의 강성을 제어하여 직접적으로 조향력을 제어하는 방식이다.

직접 조향력을 제어하고 조향조작에 대한 응답지연이 없어 승용차용 조향장치에 적합하다.

③ 실린더 바이패스 제어방식

조향기어박스에 동력 실린더 양쪽을 연결하는 바이패스 밸브와 통로를 두고 주행속도의 상승에 따라 바이패스 밸브의 통로 면적을 확대하여 동력 실린더에 작용 압력을 감소시켜 제어하는 방식이다.

(3) 전동식(Motor Drive Power Steering System)

조향 핸들을 통한 운전자의 조향 의도를 토크센서(Torque Sensor)에서 감지하고 ECU에서 입력받아 주행속도 및 조향각에 따라 조향력과 조향 방향, 조향 각도를 제어하는 동력 조향 방식이다.

전동 모터를 사용하므로 구조가 간단하고 정밀한 제어가 가능하여 조향 성능이 향상되고 유압식 동력 조향장치의 펌프는 상시 가동되어 엔진 동력의 손실이 있는 것에 비하여 조향 시에만 전기에너지가 필요하므로 연비에 유리하다.

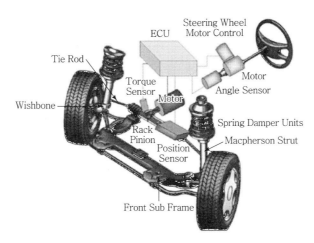

[MDPS의 구조도]

MDPS에서의 제어 요소와 제어 기능은 다음과 같다.

① 차속에 따른 전류 제어

조향력을 토크센서(Torque Sensor)로 검출하여 전동 모터의 회전력을 규정된 전류값으로 제어한다.

② 관성 보상 제어

MDPS에서는 브러시 타입의 전동 모터가 적용되어 전기적 관성을 보상하지 않으므로 ECU에서는 모터 관성을 제어하여 조향조작 신호보다 추가적으로 더 조향하지 않도록 하는 제어이다. 이것은 속도에 따른 조향 각도를 정밀하게 제어하기 위한 것이다.

③ 댐핑 보상제어

모터의 속도와 속도에서 발생할 수 있는 진동을 억제하기 위한 제어이다.

④ 마찰 보상 제어

모터의 회전과 기구에서 발생할 수 있는 마찰력을 보상하기 위한 제어이며 보상값은 모터의 구동 전류에 추가되어 충분한 조향력을 얻게 되며, 특히 조향 조작 초기에 정지 마찰력과 관성력을 보상하는 데 중요한 보상 제어이다.

⑤ 과열 보상 제어

차량 정지 시에 불필요한 조향 조작은 모터에 큰 전류를 소비하도록 하므로 모터의 발열도 심해지고 모터의 고장 원인이 되므로 온도 센서를 이용하여 모터의 온도를 감지하고 ECU에서는 모터 전류를 제한한다.

⑥ 연동 회로 보상 제어

모터는 양방향성을 가지므로 모터의 이상(異常) 동작을 제한하는 보상 제어이며 조향 모터에 일정한 토크가 작용할 때는 한쪽 방향의 회로만 동작하도록 하고 반대 방향의 회로는 동작하지 않도록 하는 보상 제어이다.

⑦ 아이들 업 보상 제어

자동차의 정지 아이들 시 MDPS가 작동하면 발전기에 걸리는 부하가 증가하여 아이들 속도가 저하되거나 엔진의 부조 현상을 유발할 수 있으므로 모터에 흐르는 전류가 일정 전류값 이상이 되면 ECU에서는 아이들 업(Idle Up) 신호를 준다.

모터에 흐르는 전류가 일정값 이하이거나 주행속도가 약 5km/h 이상일 때는 아이들 업(Idle Up) 보상을 하지 않는다.

QUESTION 04 자동차 연비를 나타내는 방법에서 복합 에너지 소비 효율과 5 – Cycle 보정식에 대하여 설명하시오.

1. 자동차의 연비 표시

현재 내연기관 자동차 연료소비율 측정방법은 '탄소 균형법'을 사용하고 있다. 측정 방법은 항온항습을 유지한 시험실 내에서, 도로 주행 저항을 구현해 주는 차대동력계(Chassis Dynamo – meter), 배출가스분석기 등을 사용하여 차대동력계 상에서 규정된 주행 모드로 차량을 시험하여 시험차량이 연비측정모드(FTP–75)를 추적하여 주행할 때에 배출되는 CO_2, CO, THC, NOx, PM 등의 배출가스를 측정하고 이 중 탄소성분을 함유한 CO_2, CO, THC의 단위 주행 거리당 배출량(g/km)을 탄소 균형법에 의해 산출하고 탄수소화합물인 석유계 연료의 소비량으로 환산하는 방식이다.

그러나 이 방법으로 연료 소비율을 표시하는 것은 다분히 기술적이고 이론적인 방법이므로 소비자의 연비 체감수준과 자동차 업계의 기술 수준을 쉽게 비교하고 반영할 수 있도록 자동차 복합 연비 표시 방식이 도입되었으며 실제 주행 여건을 최대한 반영하여 일반 소비자가 실감할 수 있도록 미국과 유사한 새로운 연비 표시 방식을 적용하고 있다.

기존 시내에서만 측정했던 연비를 시내(FTP–75)와 고속도로 모드(HWFET)에서 각각 측정하고 측정된 연비를 다섯 가지 실제 주행 여건(5–Cycle, 주행 축적 거리 3,000km 이상)을 고려하여 만든 보정식에 대입하여 최종 연비를 표시하는 방법이다.

구분	시내 주행 모드	복합 주행 모드
주행패턴	시가지 주행	시가지 및 고속도로
측정방법	시내 주행 조건	① 시내 주행 조건＋② 고속도로 주행 조건＋③ 보정식 적용(고속 및 급가속, 에어컨 가동, 외부 저온조건 주행)
예비 주행 거리	160km 이내	3,000km 이상

5-Cycle 보정식은 다섯 가지(① 시내, ② 고속도로, ③ 고속 및 급가속, ④ 에어컨 가동, ⑤ 외부 저온조건 주행) 항목이 반영된 연비 시험 결과를 도출할 수 있는 환산 방식이며 다음의 계산식에 의하여 복합 모드 연료소비율을 계산한다.

(1) 복합 연료소비율(km/l) = $\dfrac{1}{\dfrac{0.55}{도심주행\atop 연료소비율} + \dfrac{0.45}{고속도로주행\atop 연료소비율}}$

(2) 도심 주행 연료소비율(km/l) = $\dfrac{1}{0.007639 + \dfrac{1.1886}{FTP-75모드\atop 측정 연료소비율}}$

(3) 고속도로 주행 연료소비율(km/l) = $\dfrac{1}{0.004425 + \dfrac{1.3425}{HWFET모드\atop 측정 연료 소비율}}$

FTP-75(도심 주행) 모드의 경우 차대 동력계(Chassis Dynamometer) 상에서 자동차 운전은 기존 내연기관 자동차의 경우 3단계(3-Bag 시험)로 나누어진 주행 계획에 의해 운전되며 각 주행 단계별 시간(Sec), 거리는 아래와 같다.

단계	시간(sec)	거리	비고
저온시동시험 초기단계	505	5.78km(3.59mile)	저온시동
저온시동시험 안정단계	865	6.29km(3.91mile)	
주차(Soaking)	9~11분	-	
고온시동 시험단계	505	5.78km(3.59mile)	고온시동
계	44분	17.85km(11.59mile)	

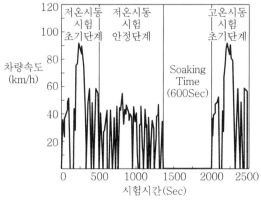

[FTP-75 모드]

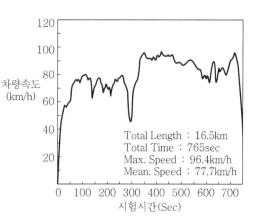

[HWFET 주행시험 모드]

엔진 토크 12.5kgf · m, 총 감속비 14.66, 차량 중량 900kgf, 타이어 반경 0.279m인 자동차의 최대 등판 각도를 계산하시오.(단, 마찰 저항은 무시한다.)

1. 등판능력(登板能力)의 계산

엔진토크 $T_e = 12.5$kgf · m, 총 감속비 $G_t = 14.66$, 타이어 유효반경 $r_e = 0.279$m,

차량중량 $W = 900$kgf이므로

구동축의 최대 토크 $T_{max} = T_e G_t = 12.5 \times 14.66 = 183.25$ kgf · m

최대 구동력 $F_{max} = \dfrac{T_{max}}{r_e} = \dfrac{183.25}{0.279} = 656.8$kgf

경사로를 주행 시에는 구배저항과 구름저항의 합이 구동축의 최대 구동력(F_{max})과 같을 때의 각도가 최대 등판 각도(등판능력)가 된다.

최대 구동력 $F_{max} = W\sin\theta + \mu W\cos\theta$

양변을 $\cos\theta_{max}$로 나누면 $\dfrac{F_{max}}{\cos\theta_{max}} = W\tan\theta_{max} + \mu W$

일반적으로 θ값이 작을 때는 $\cos\theta_{max} = 1$로 할 수 있으므로

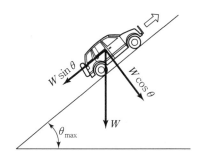

최대 등판 각도 $\theta_{max} = \sin^{-1}\left(\dfrac{F_{max} - \mu W\cos\theta_{max}}{W}\right) = \tan^{-1}\left(\dfrac{F_{max} - \mu W}{W}\right)$

문제의 조건에서 구름 저항은 무시하므로

최대 등판 각도 $\theta_{max} = \tan^{-1}\left(\dfrac{F_{max} - \mu W}{W}\right) = \tan^{-1}\left(\dfrac{F_{max}}{W}\right) = \tan^{-1}\left(\dfrac{656.8}{900}\right) = 36$

따라서 최대 등판 각도(登板 能力)는 36도이다.

HEV(Hybrid Electric Vehicle), PHEV(Plug-In Hybrid Electric Vehicle), EV(Electric Vehicle)의 특성을 설명하시오.

1. 전기 자동차(HEV/PHEV/EV)의 특성

(1) 엔진 필요 여부

① HEV : 엔진과 전기모터의 동력을 이용하여 자동차가 주행하므로 엔진이 필요하다. 직렬형 HEV는 주로 전기모터만 이용해서 구동력을 제공하고 엔진은 주로 배터리를 충전하는 데 동력을 공급한다. 병렬형 HEV는 엔진의 동력으로 자동차를 구동하고 모터는 보조 동력원 역할을 한다. 복합형 HEV는 한 개의 엔진과 두 개의 모터로 구동되며 직렬·병렬형의 기능을 모두 가지고 있다.

② PHEV : 엔진과 모터의 동력을 이용하여 주행 동력을 얻는 HEV에 배터리를 외부 전원으로 충전할 수 있는 HEV를 말한다. 모터의 구동력으로 주행하다가 배터리의 전원이 소진되면 엔진으로 구동하는 형태이다.

③ EV : 현재 상용화된 전기 자동차(EV)는 배터리의 전원을 이용한 모터의 동력을 이용하여 주행 동력을 얻는 자동차이며 엔진은 없고 전적으로 배터리의 전원이 EV의 주행 동력이 된다.

(2) 모터 유무(有無)

① HEV : 엔진과 전기모터의 동력을 이용하여 자동차가 주행하므로 모터가 필요하다. 주행 동력을 모터와 엔진 중 어느 것을 사용하느냐에 따라서 직렬형, 병렬형, 복합형으로 구분한다.

② PHEV : 엔진과 모터의 구동력을 이용하여 주행하며 HEV는 엔진의 동력으로 주행 모드에 따라 발전기를 구동하여 모터를 충전하지만 PHEV는 배터리를 외부의 전원으로 주행하다가 배터리 전원 소진 시 엔진을 가동한다.

③ EV : 배터리의 전원을 이용한 모터만의 동력을 이용하여 주행 동력을 얻는 자동차이므로 영구 자석형 전동기가 주로 적용된다.

(3) 배터리 용량(대, 중, 소)

① HEV : 엔진과 모터의 동력을 상호 보완적으로 사용하고 엔진의 동력으로 배터리를 충전하므로 배터리의 용량은 PNEV, EV에 비해 가장 작아도 된다.

② PHEV : 직렬형 HEV에 주로 적용되며 대부분의 주행 동력을 모터의 출력에 의존하므로 배터리 용량이 커야 하고(HEV와 EV의 중간 정도) 외부 충전으로 배터리를 충전하여 모터 주행 거리를 늘리고 엔진의 가동을 최소화하여 에너지 소모를 줄이고자 하는 HEV이다.

③ EV : 배터리의 전원을 이용한 모터의 동력으로 주행 동력을 얻는 자동차이므로 동력
　　에너지원은 배터리에 의존한다. 배터리의 용량이 주행 거리와 관계되므로 대용량의
　　고효율 배터리를 필요로 한다.

(4) 충전기 필요 여부
① HEV : 엔진의 동력 또는 주행 관성을 이용한 에너지로 배터리를 충전하므로 외부 전
　　원을 이용한 충전 장치는 필요치 않다.
② PHEV : 우선적으로 모터의 구동력을 이용하여 주행하고 배터리 전원이 소진되면 엔진
　　의 동력을 이용한다. 에너지의 소모와 그린카(Green Car) 개념을 도입한 HEV로서 외
　　부 전원으로 충전하므로 충전 장치가 필요하다.
③ EV : 배터리의 전원을 이용한 모터만의 동력을 이용하여 주행 동력을 얻는 자동차이
　　므로 큰 용량의 충전 장치가 필요하다.

3교시

01
QUESTION

차선 변경 보조 시스템(BSD ; Blind Spot Detection System & LCA ; Lane Change Assistant System)의 특징과 구성에 대하여 설명하시오.

1. 차선 변경 보조 시스템의 개요

차선 변경 보조 시스템(LCA ; Lane Change Assistant System)은 사각지역 감시 장치 (BSD ; Blind Spot Detection System)라고도 하며 기존의 자동차에 센서나 통신 등 첨단 IT 기술을 융합하여 교통사고를 획기적으로 감소시킬 수 있는 안전성이 뛰어난 자동차인 첨 단 안전 자동차(Advanced Safety Vehicle)의 일종으로 개발되었다.

이러한 첨단 안전 자동차(ASV)는 자동차 충돌 등 사고 발생 시 안전성 확보 기술에서 사고 자 체를 회피하는 기술에 대하여 연구 개발이 진행되고 있다.

사각지역 감시 장치는 접근하는 자동차 그리고 사각지역에 위치한 자동차에 대한 정보를 운 전자에게 제공하는 장치로서 사각지역에 있는 자동차 등을 인지하지 못하고 차선을 변경하거 나 근접하는 자동차로 인해 사고위험이 감지되는 경우 사고를 미연에 방지하기 위한 안전장 치를 의미한다.

사각지역 감시 장치는 근접하는 자동차를 감지하는 센서부와 감지 사항을 경고하여 표시하는 장치부로 구성되어 있으나 기존에 있는 후사경의 크기를 줄이거나 실내외 후사경을 대신하는 것은 아니고 안전 보조 장치의 하나일 뿐이다.

2. 사각지역 감시장치(BSD)의 구성과 작동

사각지역 감시장치는 감지 센서 타입별, 경고 표시 방식 등으로 크게 구분할 수 있다. 사용하 는 감지센서 타입은 레이더, 초음파, 카메라 등이 적용되고 있으며, 대부분의 레이더 타입의 감지 센서가 목적상 효과적이다.

경고 표시 방식은 소리를 통한 알람 방식과 후사경 등에 시각적으로 표시하는 방법 그리고 시 트 떨림 등을 통한 촉각적 방법으로 표시하는 방법이 있고 시각적인 방법은 실외 후사경 유리 면에 표시된 형태, 실외 후사경 프레임에 표시된 형태 및 실내 프레임(A-필라)에 표시된 형 태로 적용되고 있다.

사각지역 감시장치 작동조건은 일정속도 이상으로 주행 중일 때 사각지역을 감시하게 되며 사각지역 내에 자동차가 진입하면 1차적으로 경고등 점등으로 운전자에 위험성을 경고한다. 1차 경고에도 불구하고 운전자가 방향지시등을 작동시키고 차선 변경을 시도할 때에는 경고

등 점멸, 경고음, 시트 떨림 등 2차 경고를 제공하여 충돌에 대한 위험성을 확실하게 알려주어 사고의 위험을 예방하는 시스템이다.

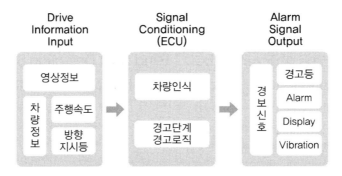

[BSD(Blind Spot Detection System)]

 02 플러그인 하이브리드 자동차에 요구되는 배터리의 특징과 BMS (Battery Management System)에 대하여 설명하시오.
QUESTION

1. 플러그인 전기자동차(Plug – In Hybrid Electric Vehicle)

플러그인 하이브리드(PHEV) 자동차는 석유 에너지의 소비와 배출 가스의 배출을 저감하려는 그린카(Green Car) 개념으로 개발된 자동차로서 가정용 전기나 외부 전원을 이용하여 충전한 전기에너지로 주행하다가 충전한 전기가 모두 소모되면 가솔린엔진으로 움직이는 전기자동차이다. 내연기관 엔진과 배터리의 전기 동력을 동시에 이용하는 자동차로 기존의 하이브리드 자동차보다 진일보한 방식이다. 플러그인 하이브리드카(PHEV)는 여전히 가솔린엔진을 쓴다는 점에서 탄소 제로의 그린카 개념에 완벽한 대안은 될 수 없지만 수소 연료전지 자동차(Hydrogen Fuel Cell Vehicle)의 완성을 위한 전 단계로 인식된다.

PHEV는 HEV에 비하여 배터리 전원에 의한 모터의 동력에 의존하는 비중이 더 크므로 HEV의 배터리보다 용량이 더 큰 용량의 배터리가 요구되나 전적으로 배터리에 의존하는 EV에 비해 작다.

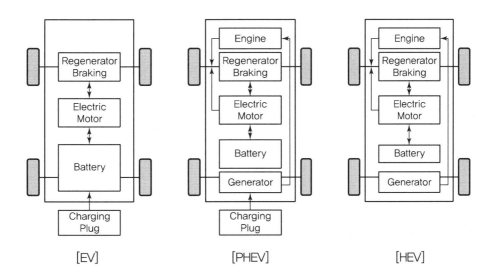

[EV]   [PHEV]   [HEV]

2. 배터리 관리 시스템(BMS ; Battery Management System)

현재 전기자동차의 배터리는 리튬-이온(Lithium-ion Battery) 배터리가 주로 적용되며 2차 전지의 일종으로서 방전 과정에서 리튬 이온이 음극에서 양극으로 이동하는 전지이다. 충전 시에는 리튬 이온이 양극에서 음극으로 다시 이동하여 제자리를 찾게 된다.

리튬 이온 배터리는 에너지 밀도가 높고 사용하지 않을 때에도 자연방전이 일어나는 정도가 작기 때문에 큰 용량의 배터리를 구성하는 데 유리하다.

전기 자동차의 전기에너지 이용 효율을 높이기 위해서는 배터리의 효율적 관리가 중요하므로 BMS(Battery Management System)를 적용하여 배터리의 상태를 모니터링하여 충·방전 시 과충전과 과방전을 억제하며 셀(Cell) 간의 전압을 균일하게 해줌으로써 에너지 효율 및 배터리의 수명을 연장하는 데 도움이 된다.

(1) BMS의 필요성

① 대용량 배터리 관리를 위한 에너지 능력 측정 필요성이 대두됨

② 배터리의 사용 시간 증가와 유지비 절감을 위한 배터리 관리가 요구됨

③ 온도, 습도 등의 외부 환경에 따른 안정성 확보

④ 배터리의 수명 연장을 위한 과충전, 과방전을 억제하고 자연 방전 억제

(2) BMS의 역할

① 배터리의 전압, 전류 및 온도 모니터링(Monitering)

② 셀 균일화 및 과충전, 과방전 회로

③ 잔존 용량 측정으로 사용 시간, 주행 가능 시간 예측

④ 방열관리 시스템 및 배터리 온도 자동 보상

⑤ 데이터의 보존 및 사전 안전 예방 – 경보

⑥ 배터리 교체 시기 예측 및 배터리 이상(異常) 감지

⑦ BMS 자체 진단 및 외부 진단 기능

가솔린 노킹(Gasoline Knocking)과 디젤 노킹(Diesel Knocking)의 원인과 저감대책에 대해 설명하시오.

1. 가솔린 노킹과 디젤 노킹

(1) 가솔린 노킹

가솔린엔진은 혼합기를 흡입, 압축한 후 전기적 스파크에 의하여 연소가 시작되며 가솔린 엔진에서의 연소 형태를 화염 전파 연소라고 한다. 화염 전파에 의하여 순차적으로 가열·착화하여 연소되는 과정이다. 그러나 연소실 내의 이상(異常) 고온, 고온 열원 또는 연료의 낮은 내폭성(耐爆性), 기연 가스의 압력과 온도에 의하여 미연소 혼합기가 자기 착화하여 발생하는 이상연소(異常燃燒)를 가솔린 노킹(Gasoline Knocking)이라 한다. 가솔린 노킹이 발생하면 연소실 내에 압력 불균형을 일으키고 연소실 벽에 충격으로 작용하여 소음과 진동을 유발하며 출력 저하와 더불어 연비가 불량해지며 충격에 의한 기관 각부의 응력이 증가하여 마모와 엔진 내구성에 악영향을 끼친다.

가솔린 노킹은 연소과정의 후기에 발생하며 연소실 내 온도를 낮게 유지하고 내폭성이 큰 연료를 사용하는 것이 유효한 중요대책이 된다.

연료의 자기 착화성(自己 着火性)을 나타내는 옥탄(Octane)가는 연료의 자기 착화를 일으키기 어려운 성질, 내폭성 지수(耐爆性 指數)를 말하며 옥탄가가 높을수록 자기착화하기 어려운 연료이며 고옥탄가 연료라 한다. 연료의 옥탄가를 높이기 위하여 연료 중에 첨가하는 물질을 안티 노크(Anti – Knock)제라고 하는데 유효한 안티노크제는 메탄올, 에탄올, 4 – 에틸납$((C_2H_5)_4Pb)$, MTBE(Methyl, Tertiary, Butyl, Ether)와 같은 함산소 화합물(含酸素化合物)과 그 혼합물이며 예전에 첨가하던 제폭제(制爆劑)인 4 – 에틸납이 유해한 중금속이므로 이를 첨가하지 않고 내폭성을 향상시킨 가솔린을 무연(無鉛) 가솔린(Un – Leaded Gasoline)이라 한다.

시판 중인 가솔린 연료의 옥탄가는 90~95 정도이며 전기 점화기관의 가스상 연료인 LPG는 부탄(C_4H_{10})과 프로판(C_3H_8)의 혼합 연료로 옥탄가는 110 정도이다. 최근 들어

청정연료로 사용하는 압축천연가스(CNG)의 옥탄가는 130 이상으로 가장 이상적인 자동차용 연료로 인정받고 있다.

(2) 디젤 노킹(Diesel Knocking)

고압으로 분사된 연료는 분무상태의 연료와 주위 공기가 만나는 경계 부분에서는 $10 \sim 30\mu m$ 정도 되는 연료액적(燃料液滴, Fuel Droplet)으로 분열되는데 이 연료액적은 고온의 분위기에 의하여 가열되고 증발하면서 분자량이 작은 메탄(CH_4)이나 에틸렌(C_2H_4)과 같은 탄화수소(Hydro Carbon)로 열분해되어 공기와의 가연 혼합기(可燃 混合氣)로 형성된다. 이 가연 혼합기는 착화에 필요한 자기착화온도(自己着火溫度)와 농도에 도달한 특정 부분에서 자기착화(自己着火)하여 화염핵(火炎核)을 형성하고 이 화염핵으로부터 화염이 연소실 전체로 확산되면서 연소가 이루어진다. 이러한 연소 형태를 확산연소(擴散燃燒, Diffusion Combustion)라고 한다.

이러한 디젤 연료의 연소과정 중에 분사된 연료가 쉽게 가열되고 착화하기 어려운 상태에서는 분사 후 착화되기까지의 시간이 길어지고 이 시간을 착화지연기간(着火遲延其間)이라고 한다. 착화지연기간이 길어지면 분사된 연료는 착화 후 일시에 급격히 연소하게 되어 높은 압력 상승률을 나타내며 이로 인하여 소음과 진동, 충격을 유발하고 엔진의 온도 상승과 연비를 저하시키는 이상연소(異常燃燒)를 디젤 노킹이라고 한다.

디젤 노킹은 연소과정의 초기에 발생하며 정상 연소와 크게 구분되지 않으며 쉽게 개선, 정상화된다.

디젤 노킹을 억제하기 위해서는 연료의 착화성을 좋게 하기 위하여 연소실 내 분위기를 고온으로 유지하고 착화성이 좋은 연료를 사용하는 것이 유효하다.

디젤 연료의 착화성을 나타내는 지수(指數)를 세탄가(Cetane價)라고 하는 데 세탄($C_{16}H_{34}$)을 첨가하여 착화성을 높인 것으로 세탄가가 높을수록 자기착화 온도가 낮고 착화성이 좋은 연료이며 쉽게 착화하여 착화지연기간이 짧고 디젤 노킹을 일으키지 않는다. 시판 중인 디젤 연료의 세탄가는 60 내외이다.

2. 노킹(Knocking)의 저감대책

위에서 살펴본 바와 같이 가솔린 노킹과 디젤 노킹의 발생 원인은 서로 상반되고 그 대책 또한 상반된다. 일반적으로 가솔린 노킹은 자기착화를 억제하는 방향에서 대책이 수립되어야 하고 디젤노킹은 쉽게 자기 착화하여 착화지연 시간을 단축하는 방향에서 대책이 수립되어야 한다. 다음 표는 가솔린, 디젤 노킹의 일반적인 저감 대책을 나타내고 있다.

노킹 저감 인자	가솔린 노킹	디젤 노킹	구체적 저감방법
연소 시 착화지연	길다.	짧다.	착화(분사) 후 착화까지의 시간
연료의 착화 온도	높다.	낮다.	고옥탄가(고세탄가)연료 사용
흡기의 온도/압력	낮다.	높다.	연소실 분위기, 착화온도와 관련
연소실 분위기	저온/저압	고온/고압	내폭성(착화성)과 관련
압 축 비	낮다.	높다.	연소실 분위기(온도/압력)와 관련
옥탄(세탄)가	높다.	높다.	연료의 내폭성(착화성) 지수
회 전 속 도	높다.	낮다.	노킹 발생 시간적 여유와 관련

04 QUESTION 4륜 구동방식의 특성과 장단점을 2륜 구동방식과 비교하여 설명하시오.

1. 4륜 구동 자동차의 개요

최근 들어 SUV, RV용 자동차의 증가로 4WD 자동차의 수요를 가중시키고 있으며 한편 승용 차에도 경량화 고출력화에 따른 구동륜의 슬립과 주행 안정성의 저하가 문제시되고 있어 전 자제어장치를 포함한 4WD 차량의 등장을 가져왔다.

마찰계수가 낮은 도로에서도 모든 차륜을 구동시킴으로써 이륜구동방식에 비해 보다 큰 견인 력(Traction Force)을 전달할 수 있기 때문이다.

이륜구동 자동차에 비해 4륜구동 자동차의 특징 및 장단점은 다음과 같다.

(1) 슬립 특성(Slip 特性)

동력전달계(Power Train)의 엔진, 클러치, 변속기, 종감속장치, 타이어 등이 동일한 경 우 일정한 크기의 구동 토크가 2륜 구동 방식에서는 구동륜 두 개의 바퀴에 전달되고, 4 륜 구동 방식에서는 4개의 바퀴에 분산되어 전달된다.

그렇다면 같은 최대 구동력이 4륜구동 방식에서는 2륜 구동 방식에서의 1/2에 해당되는 구동력으로 구동된다. 따라서 구동륜 각각의 구동력이 대부분 노면과 타이어 사이에서 발 생하는 점착 마찰력보다 작기 때문에 눈이나 빙판 또는 비포장 같은 미끄러운 도로에서 스핀(Spin) 없이 구동 · 발진하게 되는 유리한 점이 있다.

(2) 공간 경제성(空間 經濟性) 및 안정성(安定性)

기존의 이륜 구동방식, 특히 후륜 구동 추진축 터널이 없는 FF-Car(Front Engine-Front Wheel Drive)에 비해 공간 체적 점유율이 크기 때문에 차실 공간 및 적재공간이 감소할 수 있다. 그러나 충돌 시에는 추가된 동력 전달계로 충돌에너지의 일부가 분산, 흡수하기 때문에 안전성은 증가하는 것으로 인정되고 있다.

설계 개념에 따라 다소 차이는 있으나 일반적으로 조향 차축의 부가 하중이 증가하므로 조향력이 증가한다. 그리고 연료 탱크 등의 부피가 큰 부품이나 장치들의 설치 자유도가 낮아져서 충돌 위험 지역에 설치하게 된다거나 특수 구조로 설계하여 설치할 수밖에 없게 된다. 이러한 이유로 최근의 4륜구동 차량에 적용되는 각종 장치들은 소형, 경량화 및 디자인의 개선으로 이러한 문제들을 해소하고 있다.

(3) 중량(重量)과 적재량(積載量)

구동방식에 따라 다소 차이는 있으나 추진축, 차동장치, 동력 분배 장치 등 새로운 장치가 추가되므로 2륜 구동 차량에 비하여 작게는 수십~수백 킬로그램 정도의 차량 중량 증가를 가져온다. 이는 차량 중량(공차중량)에 대해 5~15% 정도에 해당된다.

차량 중량의 증가는 연비성능 측면에서 불리한 요소이므로 이에 대한 대비 방안으로 파트 타임(Part Time), 풀 타임(Full Time) 4륜 구동 방식을 채택하기도 한다.

스핀(Spin) 없이 최대 견인력을 전부 활용할 수 있어서 유리하나 적재 하중은 허용축 하중과 타이어의 허용하중과 관련이 있으므로 제한된다. 4륜 구동에 의한 추가 중량은 기존의 가벼운 축에 더 많이 분배하는 방법이 되므로 축 하중의 분포는 상대적으로 균일해지고 구동력과 제동력의 균일화에도 유리한 방안이다.

(4) 구동력

어떠한 도로 조건하에서도 구동력이 균일하게 분배되고 크게 나타난다는 점이 4륜 구동의 가장 큰 장점이다. 여기서 말하는 구동력은 그립력(Grip Force)으로 결정된다. 이를 상회하는 구동력이 있어도 타이어 슬립을 일으킬 뿐 타이어와 노면 사이에 충분한 그립력이 없으면 발진과 주행이 불가능해지는 이유다. 이 점착력은 타이어의 수직방향으로 가해진 하중과 노면 간의 마찰계수로 결정된다.

(5) 4WD의 현가장치

4WD 자동차의 현가장치는 우선, Off-Road, On-Road 중에서 어떤 주행 능력에 중점을 둘 것인가에 따라 크게 달라진다. 이것에 따라 현가장치의 형식과 사양이 결정되고 목적에 따른 특별한 설계가 가능하다.

Off-Road 주행에 중점을 둔다면 현가장치뿐만 아니라 차체의 형식도 적합해야 하며 내구성도 고려할 사항이다.

(6) 4WD의 주행 역학

대부분의 자동차에서 구동력은 노면과 타이어 사이에서 발생하는 점착력보다 충분히 크다. 즉, 견인력은 노면과 타이어 사이의 점착력에 의존하게 된다.

따라서 충분히 큰 구동력을 2륜보다는 4륜에 분산하여 마찰계수에 따른 점착력을 활용하는 것이 발진과 주행에 유리하다.

자동차의 엔진토크 $T_e(\text{N} \cdot \text{m})$, 총 감속비 γ, 구동타이어의 유효반경 r_e, 전달효율 η, 차량중량 $W(\text{kg})$, 노면과 타이어 사이의 마찰계수를 μ라고 하면

$$최대 \ 구동력(F_{\max}) = \frac{T_e \gamma \eta}{r_e}(\text{N})가 \ 된다.$$

2륜, 4륜 구동의 경우 하나의 차륜에 작용하는 구동력은

$$F_{2w} = \frac{T_e \gamma \eta}{2 r_e}(\text{N}), \ \ F_{4w} = \frac{T_e \gamma \eta}{4 r_e}이고 \ F_{2w} > F_{4w}이다.$$

하나의 차륜을 고려하면 차륜에 작용하는 점착력은 2륜, 4륜 구동 모두 $F_f = \mu \dfrac{W}{4}(\text{N})$이다.

대부분의 자동차에서 최대 구동력($F_{\max}$)은 발진 및 저속에서의 주행 저항보다 충분히 크므로 2륜 구동보다 4륜 구동이 점착력의 활용에 유리하고 스핀(Spin)에 대한 저항이 크다.

05 가변 밸브 타이밍 장치(CVVT ; Continuous Variabe Valve Timing)를 적용한 엔진에서 운전 시 밸브 오버랩을 확대할 경우 배출가스에 미치는 영향과 그 이유를 설명하시오.

QUESTION

1. 가변 밸브 타이밍 장치(CVVT ; Continuous Variable Valve Timing)의 개요

엔진의 흡배기 효율은 캠의 형상과 여닫힘 위상각에 의해 좌우되며 연소효율과 배기가스의 배출에 큰 영향을 준다.

흡기 및 가스의 유동(流動)에는 관성이 있으므로 흡기와 배기밸브의 타이밍을 통해 밸브 오버랩(Valve Over Lap) 기간을 조절함으로써 흡배기 효율 향상과 더불어 연소효율을 높여 출력을 향상하고 유해 배출가스의 배출을 저감하기 위한 개발이 있어 왔다. 그러나 이러한 목적의 구현을 위해서는 엔진의 회전 속도와 부하에 따라 밸브 타이밍은 달라져야 하므로 엔진의 가동 조건에 따라 밸브 타이밍을 다르게 하고 밸브 오버 랩이 달라진다.

일반적으로 밸브 타이밍을 빠르게 하면 저속에서는 안정된 회전과 토크(Torque) 향상을 가져오지만 고속에서는 흡입효율의 저하 등으로 토크 및 최고 출력의 저하를 가져오고 CO, HC, NOx 등의 유해 배출가스를 억제할 수 없다.

따라서 엔진 회전 전 영역에서 밸브 타이밍을 최적화하여 출력의 향상과 더불어 배출가스의 저감을 목적으로 적용하는 것이 가변 밸브 타이밍 장치(CVVT)이다.

2. 가변 밸브 타이밍 장치(CVVT)의 효과

실제로 부분 부하 상태에서는 밸브 오버 랩을 확대하여 흡기 밸브 열림 시기가 진각(Advance)될 경우 흡기 쪽으로 배기가스의 역류가 발생하고 새로운 공기와 혼합된 상태로 유입되므로 배기가스 잔류량이 증가하는 내부 EGR 효과에 의하여 연소속도를 낮추고 연소 최고 온도와 연소 최고 압력을 낮추어 미연(未燃) 탄화수소 HC와 질소산화물 NOx의 발생을 억제할 수 있다.

(1) 배기가스 저감

중부하 영역에서는 밸브 오버랩(Valve Over Lap)을 크게 해 내부 EGR률을 높여 연소속도 저하와 최고온도 저하로 질소산화물(NOx) 발생을 억제하고 미연탄화수소(HC)도 저감할 수 있다.

(2) 연비 저감

중부하 영역에서는 밸브 오버랩을 크게 해 흡기관 부압을 저하시켜 흡·배기 행정에서의 펌핑 로스(Pumping Loss)를 줄여 연비효율이 향상된다.

(3) 성능 향상

고부하 중·저속회전 영역에서는 밸브 오버랩을 크게 하여 체적효율을 향상시켜 완전연소를 유도하여 토크와 출력 성능을 향상시킨다.

(4) 아이들 안정화

아이들 저속 회전 영역 및 시동 시에는 밸브 오버랩을 최소로 하여 배기가스의 역류를 막고 혼합비를 농후하게 하여 연소 상태의 안정화를 도모한다.

3. 가변 밸브 타이밍 장치(CVVT)의 종류

밸브 타이밍을 가변하는 방법에 따른 종류는 다음에서 설명하는 바와 같다. 각각의 방법마다 특징이 있으며 엔진의 회전 속도와 부하에 따라 출력을 향상하고 유해 배출가스를 저감할 수 있도록 밸브 타이밍을 제어한다.

(1) 가변 밸브 타이밍 시스템

캠축의 중심각을 가변하여 위상각을 변화시켜 주는 시스템으로 밸브 리프트 양은 변하지 않고 개폐 시기만을 변화시키는 장치이다.

크랭크축과 캠축의 위상을 어긋나게 하는 비교적 간단한 구조이므로 적용이 용이하고 신뢰성이 높은 장점이 있다.

(2) 가변 밸브 타이밍/리프트 시스템

작동각, 리프트, 중심각의 모든 것을 변화시키는 시스템으로 밸브 타이밍과 밸브 리프트(Lift)양 모두 가변되는 시스템이다.

저회전영역에서는 밸브 개도를 작게 하고 리프트양을 낮게 하여 농후한 혼합기로, 고회전영역에서는 밸브를 여는 각도를 넓게 하고 밸브 리프트양을 높게 하여 흡입 효율을 향상시키는 방향으로 밸브 타이밍이 가변된다. 구체적으로 캠 프로파일(Cam Profile)을 저속용과 고속용 두 가지로 구성하여 저속과 고속에서 전환해 사용하여 저속에서 고속까지 토크와 출력을 높이고자 하는 방안이다.

(3) 가변 밸브 작동각 시스템

밸브의 전체적인 작동각만을 변화시키는 장치로 적용에 어려움이 있어 실용화에는 아직 미진하다.

4. 가변 밸브 타이밍 장치(CVVT)의 효과

가변 밸브 타이밍 장치 엔진은 기존의 DOHC 엔진에 비하여 CVVT의 동작 응답속도가 30~40%가량 빠르며 최대출력은 3% 내외 향상되고 연비는 약 2% 정도 개선될 수 있다. 특히 질소산화물 배출량은 40~50%, 탄화수소 배출량은 10%가량 감소한 환경친화적 엔진 효율과 성능 개선 장치로 인정받고 있다.

06 QUESTION GDI 시스템에서의 최적 혼합기 형성 및 최적 연소가 가능하도록 하는 운전 모드 중 층상 급기, 균질 혼합기, 균질-희박 급기, 균질-층상 급기, 균질-노크 방지 모드에 대하여 설명하시오.

1. 직접 분사식 가솔린엔진(GDI ; Gasoline Direct Injection)의 개요

GDI 엔진은 기존의 가솔린엔진이 사용하던 흡기포트 연료 공급 방식(PFI ; Port Fuel Injection)에서 진전하여 CRDI 디젤엔진과 같이 인젝터를 통하여 연소실 내에 연료를 직접 공급하는 방식으로서 지금까지 디젤엔진에 비해 취약점으로 지적되어 오던 높은 연료 소비율 문제를 획기적으로 개선할 수 있는 가솔린 연료 공급방법이다.

압축 행정 중에 연소실에 연료를 직접 분사함으로써 가솔린엔진에서 흔히 발생하는 노크와 자기 착화 같은 이상연소(異常燃燒)를 방지하고, 분사되는 연료의 양으로 엔진 출력을 조절할 수 있어 엔진의 스로틀 개도(開度)를 항상 최대 상태로 운전하므로 공기 흡입 시 발생하는 펌핑 로스(Pumping Loss)를 줄일 수 있다.

GDI 엔진의 최대 목적은 안정된 희박연소를 실현하기 위한 것으로 공연비는 희박하지만 점화 플러그 근처는 농후한 혼합기를 공급함으로써 희박연소 엔진에서 발생하기 쉬운 실화를 방지하며 연소 초기의 연소속도를 증가시켜 주도록 하였다.

엔진 내부에서 공기의 성층화를 도모하고 배기가스 개선을 위하여 연료 분사각도, 액적 크기, 분사 기간 요소들의 최적화가 중요하다.

(1) GDI의 공연비 제어 모드

- Low Load : 공연비 30~40 : 1 이상의 희박공연비 공급으로 성층연소시키며 연료 분사 시기는 지연(Late Injection)시킨다.
- High Load : 이론공연비 또는 매우 농후한 혼합기를 공급하고 혼합기가 균일 혼합되도록 하며 연료 분사 시기는 앞당긴다.(Early Injection)
- Part Load : 20~25 : 1 정도의 희박공연비가 균일하게 연소(Homogeneous Lean Burn)되도록 하며 연료분사는 앞당긴다.

(2) GDI 엔진의 장점

- 연비가 최고 30% 이상 향상되며 아이들링 시에는 40%까지도 향상된다.
- 저옥탄가 연료도 11 : 1 정도의 높은 압축비에서도 정상 연소가 가능하다.
- 연손실 및 펌핑 로스(Pumping Loss)가 감소된다.
- 저온 시동 시 HC, CO가 감소되고 정밀한 공연비 제어가 가능하다.
- 엔진의 민첩성이 향상되어 가속 능력과 향상된 과도기 운전이 가능하다.
- 감속 시 연료 차단 효과가 즉시 나타난다.

(3) GDI 엔진의 단점

- 정밀한 성층 연소 제어가 어렵다.
- 인젝터가 연소실에 노출되어 연소 물질의 퇴적과 분사능력이 저하된다.
- 저부하에서의 HC, 고부하에서의 NOx 배출이 증가한다.
- 삼원촉매 적용의 한계와 NOx 환원촉매의 적용이 어렵다.
- 실린더 외경의 마모가 증가되고 입자상 물질의 생성이 많다.

2. GDI 엔진의 혼합기 형성 모드

(1) 층상급기 모드(Stratified Mode)

안정된 연소를 위해서는 최적의 혼합기 형성과 함께 안정된 화염 전파가 관건이다. 이것은 연료의 성층화(Stratification)와 관련 있으며 스월(Swirl)과 텀블(Tumble) 등의 난류 유동(亂流 流動)을 이용한 급기방법이 있다.

흡기밸브가 열려 있는 특정 부분에 연료를 분사함으로써 연료 입자들이 흡기의 다른 희박한 부분과의 혼합을 제한하여 압축 말기까지도 연료의 성층화가 유지되는 원리이다. 이를 위해서는 점화 플러그 주위에는 농후한 혼합기가 형성되지만 연소실 전체적으로는 희박한 혼합비를 갖게 된다.

하지만 점화 플러그 주위에 분사된 농후한 혼합기가 실화(失火) 없는 안정된 점화와 강력한 초기 화염을 형성해 이 화염이 나머지 희박 혼합기를 급속 연소시켜 24 : 1 정도의 희박 혼합기도 안정된 연소가 가능하게 된다. 따라서 희박 혼합기의 완전연소와 더불어 연소 최고 온도의 저하로 연비 향상과 CO, HC와 NOx의 배출이 억제된다.

(2) 균질 혼합기 모드(Homogeneous Mixture Mode)

고속, 고부하 상태에서 연료는 흡입 행정 중에 일찍 분사되고 분사된 연료는 흡입 행정 중에 무화가 촉진되고 균일한 혼합기가 형성된다.

혼합기가 점화될 때까지 시간적인 여유가 충분하기 때문에 분사된 연료는 흡입된 공기와 잘 혼합되어 연소실 전체에 균일하게 분포될 수 있다.

균질 혼합기 모드에서는 분사량을 제어하여 출력이 제어되며 고출력 조건에서의 혼합기 형성 모드이다.

(3) 균질 – 희박 모드(Homogeneous – Lean Mode)

GDI 엔진에서 중속, 중부하 상태의 과도기 영역에서의 급기 모드이며 층상급기 모드와 균질 혼합기 모드 사이의 과도기 영역에서 균질, 희박한 혼합기로 운전 되는 급기 모드이다. 이 모드는 희박연소의 특징인 연비성능의 향상과 더불어 CO, HC, NOx 등의 유해가스 배출이 최소화되는 급기 모드이다.

(4) 균질 – 층상급기 모드(Homogeneous – Stratified Mode)

균질 – 층상급기 모드는 흡기행정 초기에 분사량의 대부분(전체 분사량의 약 75% 내외)을 분사하여 균일한 희박 혼합기를 형성할 수 있다. 제어된 분사량의 잔여 분사량은 압축행정 중에 분사하는데 이를 통해 스파크 플러그 주위에는 농후한 혼합기가 형성되는 층상의 혼합기 형성이 가능해진다. 이 혼합기는 연소효율이 좋으며 연소실 내에서의 완전연소와 높은 최고 압력을 형성하여 고출력을 위한 급기방법이다.

이 급기 모드는 균질 혼합기 모드에서 층상급기 모드로 전환하는 과정에서 연소 안정성과 출력을 제어하기 위한 목적으로 적용되는 급기 모드이다.

(5) 균질 – 노크방지 모드(Homogeneous – Antiknock Mode)

GDI 엔진의 특징인 연료의 연소실 내 직접 분사와 압축행정 중 분사량 제어를 통하여 안정된 정상 연소와 노킹 억제, 성능 향상을 유지하는 모드이다.

GDI 엔진은 연소실에 분사된 연료의 분무가 실린더에 넓게 분포하게 되고 기화하면서 주위 공기로부터 증발 잠열을 흡수하므로 급기가 약 15도 정도 냉각되어 흡입 공기 질량으로는 약 5% 정도 증가하는 효과를 나타낸다. 이러한 효과로 GDI 엔진은 충전 효율의 증가와 점화시기의 진각에 의해 출력이 약 10% 정도 증가한다. 또한 2단계 혼합이라는 노킹제어 기술로 개발되었는데 제어된 전체 분사량의 1/4 정도를 흡기행정 중에 분사하여 초희박(超稀薄) 혼합기를 형성한다. 나머지 연료는 압축 행정 말기에 분사하여 연소 과정을 직접 제어할 수 있도록 하여 노킹을 억제하고 혼합비를 자유롭게 변화시킬 수 있다는 장점이 있다.

01 QUESTION 다음 그림은 IC식 전압 조정기를 이용한 자동차 충전장치의 작동회로를 나타낸 것이다. 전압조정회로에 대하여 설명하시오.

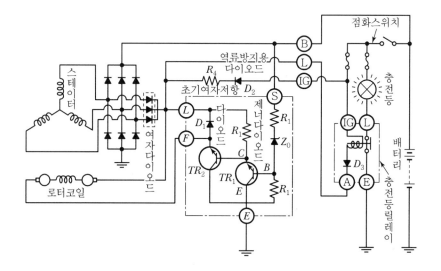

1. 발전기의 IC식 전압 조정기 회로

(1) 점화스위치 ON(엔진이 가동되지 않는 상태) 시 작동회로

점화 스위치를 켜면 축전지의 전류가 발전기로 흐르게 된다. 전류의 흐름 순서는 다음과 같다.

축전지 → 발전기 IG단자 → 역류방지 다이오드(D_2) → 초기 여자저항(R_4) → IC 조정기 Tr_2베이스로 흐르고 또 축전지 → 충전등 릴레이 → 발전기 L단자 → IC조정기 Tr_2베이스로 흐르게 된다.

이렇게 되어 Tr_2는 동작하고 로터 코일에 전류가 흐르고 충전등이 점등한다.

(2) 엔진이 가동되어 정상 충전 시 작동회로

엔진이 회전하면 발전기의 회전이 상승하면서 발전 전압도 상승한다. 출력 정류용 다이오드와 여자용 다이오드로부터 출력 전압은 같고 여자용 다이오드의 출력 전압이 엔진 정지 시의 L단자 전압보다 높아지면 여자 다이오드로부터 계자 전류가 흘러 다시 출력 전압은 상승한다. 이때 L단자 전압도 상승하여 충전등 릴레이의 IG단자와 A단자 사이의 전위차가 없어지고 접점이 열려 충전 램프는 소등된다.

(3) 엔진이 고속 운전 시 과충전 방지 작동회로

출력 전압이 조정 전압(제너 다이오드의 설정 전압)을 넘으면 제너 다이오드가 통전하고 Tr_1이 동작 ON하고 Tr_2는 OFF가 된다. 계자전류가 차단되어 발생 전압은 하강한다. 이처럼 Tr_2가 ON/OFF를 반복하며 계자전류를 제어함으로써 출력 전압은 일정하게 유지된다.

02 QUESTION 자동차 엔진 소음을 저감하기 위하여 엔진 본체에 적용된 기술의 예를 들고, 그 특성을 설명하시오.

1. 자동차 엔진의 소음 발생 개요

자동차 엔진의 소음은 진동 특성의 영향을 크게 받으며 직접 차실 내로 투과하는 소음이다. 차음(遮音)과 흡음(吸音)은 차체 설계상 중요한 과제이다.

엔진 소음의 차실 내로의 침입 개소는 대시 패널(Dash Panel) 및 프런트 플로어(Front Floor) 부가 대부분이며, 이 부분에 차음재(遮音材) 및 흡음재(吸音材)를 사용한다. 그 효과는 주로 고주파 대역에 효과가 크고 저주파의 음압 레벨의 저감은 곤란한 것으로 알려져 있으나 귀로 느끼는 고주파가 감소하기 때문에 실감으로는 정숙하다고 느낄 수 있다. 엔진에서 소음을 유발하는 개소 및 부품 중에서 일반적인 소음 발생 기여도가 큰 순서로 열거하면, 흡기 매니폴드, 프런트 커버, 실린더 블록, 배기 매니폴드, 연료펌프 및 인젝터, 벨트 및 체인, 헤드 커버, 오일 팬, 인젝션 펌프, 냉각수 펌프, 스트레이너, 실린더 헤드의 순서이다.

2. 주요 소음원(騷音源)의 발생 원인과 저감대책

(1) 흡기, 배기 매니폴드의 소음

흡기매니폴드는 제작성과 중량을 고려하여 주로 알루미늄 소재 주물로 제작되는데 알루미늄 소재의 부품들은 소음에 민감한 공진 주파수 대역을 가지며 소음 방사효율도 커서 주요한 소음원이 된다.

이는 엔진의 폭발력과 연소에 따른 폭발음이 가진력(加振力)으로 작용하여 부착된 부품들을 진동시키며 공진하여 소음을 발생하므로 이를 저감하기 위한 대책으로는 엔진 블록으로부터 전달되는 진동 절연 방법이 유효하다.

또한 재질의 변경과 형상의 변경으로 민감한 소음으로 느끼는 공진 주파수 대역을 벗어나도록 설계하고 제작하는 방법이 유효하다.

(2) 프런트 커버의 소음

프런트 커버의 소음은 커버의 자체 진동보다는 엔진룸 내의 벨트, 기어 등에 의해 발생하는 소음이 원인이 된다. 커버의 내부에 흡음재를 부착·설치하여 흡음하는 방법으로의 대책이 유효하다.

(3) 실린더 블록의 소음

실린더 블록에서의 소음은 폭발 가진력에 의한 진동이며 커버류 등의 가진력으로 작용하여 진동과 소음을 유발한다. 실린더 블록 자체에서의 소음은 대부분이 피스톤 슬랩(Slap)음이며 고속으로 회전하는 왕복형 기관의 피스톤 관성력의 급격한 변화에 의한 피스톤의 요동과 실린더 라이너와 부딪히는 피스톤 슬랩음이 주요 원인이다.

이의 저감을 위해서는 피스톤의 형상을 변경해야 하지만 엔진의 성능과 관계되는 중요한 설계 요소이므로 설계 변경과 구조의 변경이 자유롭지 못하다.

(4) 벨트 기어류의 소음

엔진 보기류와 캠축은 대부분 벨트 및 기어류에 의하여 동력이 전달되고 기어와 타이밍 벨트류에서의 마찰음이 중요한 소음원이다. 이의 저감을 위하여 기어의 모듈을 변경하고 구동이 원활한 범위 내에서 기어의 백래시를 작게 하는 것이 효과적인데 구동기어가 피동기어를 고속에서 충격하는 것이 원인이다. 이는 저속에서 큰 효과를 나타내는 것으로 알려져 있다.

벨트 및 체인에서의 소음은 마찰음이 대부분이며 벨트의 재질, 장력, 타이밍 벨트의 피치 등을 조절하여 소음을 저감할 수 있다.

(5) 펌프류 및 인젝터의 소음

연료 펌프, 냉각수 펌프, 오일펌프 등에서의 소음이며 고압 연료 펌프에서의 자체 마찰음과 고압 연료 압송에 의한 파이프 라인의 진동이 중요한 소음원이 된다. 이는 재질의 변경, 부착위치, 방법 및 굴곡도 변경 등으로 소음을 저감할 수 있다.

(6) 팬 소음

냉각계통의 팬에서 발생되는 소음이 중요한 엔진룸의 소음원이며 팬 소음은 팬의 날개가 공기에 주는 압력변동에 의해 생기는 회전음과 유로(流路)나 날개 끝부분 등에 생기는 공기의 난류(亂流)에 의한 외음(外音)으로 분류된다.

팬 날개(Blade) 형상 변경, 공기의 유로 저항을 줄이는 설계와 구조를 적용하면 소음을 줄일 수 있다.

3. 소음의 차단 및 흡음 기술

소음의 발생은 진동과 특별히 구분되지 않는다. 진동이 소음의 근원이므로 진동의 근본적 저감을 위해서는 설계·구조 및 재질의 변경이 필요하고 이것들은 엔진의 성능과 내구성에 관련되므로 자유롭지 못하다. 따라서 엔진룸의 소음 저감은 흡음과 방음에 일정부분 의존할 수밖에 없으며 최근 이들의 효과 있는 방법들은 다음과 같다.

(1) 유압식 엔진 마운트

엔진은 저속부터 고속까지 빈번하게 변화하므로 소음을 전 영역에서 저감하는 것은 한계가 있다. 엔진의 진동을 억제하는 것이 여러 가지 소음원에서의 소음을 저감하는 대책이 되므로 3점 유압식 엔진 마운팅을 적용하여 큰 효과를 나타내고 있다. 특히 소음, 진동 저감을 위한 능동제어 기술을 유압식 엔진 마운트에 적용하여 엔진 마운트의 감쇠력을 능동적으로 제어하고 능동 제어 흡기계, 능동 소음 제어가 있으며 획기적으로 진동과 소음을 저감할 수 있다. 특히 엔진의 공회전부터 저속 시 소음을 최소화할 수 있는 것으로 인정된다. 이와 더불어 엔진룸 인슐레이션 패드 적용으로 엔진 소음 차단, 방음 재질을 경량화하고 직물 흡기 호스 적용으로 공기흡입 소음을 저감하여 방음 효과를 배가할 수 있다.

(2) 흡음, 차음 구조

음 차단 효과가 탁월한 샌드위치 구조의 5중 7겹 엔진 소음 차단기와 날개 모양의 엔진룸 측면 흡음재를 적용하여 엔진 소음을 최대한 차단할 수 있으며, 흡기 소음을 차단하기 위한 대형 에어크리너와 진동흡수가 뛰어난 마그네슘 소재 엔진 부품을 채택하여 소음을 저감한다.

(3) 능동제어 소음 소거

능동제어 소음, 진동 저감 기술은 발생하는 소음에 대하여 역 위상의 음파를 스피커를 통하여 발생시켜 소음을 소거하는 방법으로 특성상 300Hz 이하의 부밍 소음 제어에 한정적으로 사용되고 있다. 음의 제거 외에 임의의 주행음 제거에도 능동 제어 기술의 이용이 가능하다.

03 타이어 설계 시 타이어가 만족해야 할 주요 특성과 대표적인 트레이드 오프(Trade-Off) 성능에 대하여 설명하시오.

1. 타이어 설계 요소

타이어는 자동차의 하중을 지지하는 기능, 구동력과 제동력을 노면에 전달하는 기능, 노면으로부터의 충격을 완화하는 기능, 자동차의 방향을 전환하거나 유지하는 기능을 담당한다. 따라서 타이어 설계에 요구되는 성능과 고려할 요소는 매우 다양하며 복잡하다.

특히 Trade-Off는 성능 향상과 타이어 형상 설계에 자유롭지 못한 요인이 되며 다양한 시뮬레이션과 시험으로 최적의 타이어 구현을 위한 노력이 필요하다.

일반적으로 타이어 설계 시 고려할 사항들은 다음과 같다.

(1) 타이어 형상

타이어의 형상은 운전성능, 회전저항성, 내구성, 승차감, 소음, 내마모성 등과 같은 자동차 타이어 주요 성능에 직접적인 영향을 미치는 중요한 설계 인자이다.

타이어의 형상 설계에서 가장 중요한 것은 트레드(Tread) 형상 설계와 사이드 월(Side Wall) 형상 설계이다.

(2) 타이어 구조

타이어의 구조는 자동차의 구조와 목적에 따라 다양하며 최적의 타이어 구조를 설계하는 것은 자동차의 주행 안정성과 더불어 연비와 주행 성능에 큰 영향을 준다. 타이어의 구조는 트레드(Tread), 브레이커(Breaker), 카커스(Carcass), 사이드 월(Side Wall), 비드 및 비드 와이어(Bead with Bead Wire) 등으로 구분된다.

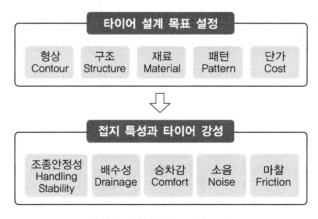

[타이어 설계 시 고려사항]

① 트레드(Tread)

노면과 직접 접촉하는 부분으로서, 카커스(Carcass)와 브레이커(Breaker)의 외부에 접착된 강력한 고무층이다. 트레드에 가공된 길이방향 그루브(Groove)는 선회 안정성을 부여하고, 가로방향 그루브는 구동력을 전달하는 데 기여한다.

② 사이드 월(Side Wall)

타이어의 옆 부분으로서, 카커스를 보호하고, 굽힘 동작을 반복하면서 승차감을 높여준다. 사이드 월의 높이가 낮으면 타이어의 강성(Rigidity)이 증가하여 조향 정밀성이 개선되나 승차감은 불량해진다.

③ 카커스(Carcass)

강도가 강한 코드벨트(Cord Belt)를 겹쳐서 제작되며 코드의 재질로는 나일론, 레이온, 폴리에스테르, 아라미드 또는 스틸이 사용된다. 타이어의 골격을 형성하는 중요한 부분으로서, 전체 원주에 걸쳐서 안쪽 비드에서 바깥쪽 비드까지 연결된다. 타이어가 받는 하중을 지지하고, 충격을 흡수하며, 공기압을 유지시켜 주는 기능을 한다.

④ 브레이커(Breaker)

트레드와 카커스의 중간에 위치한 코드 벨트로서 외부로부터의 충격이나 외부의 간섭에 의한 내부 코드(Cord)의 손상을 방지한다. 고속 고부하용 타이어에서는 브레이커를 여러 겹 사용한다. 브레이커 코드의 재질로는 스틸(Steel), 텍스타일(Textile) 또는 아라미드 섬유(Aramid fiber)가 사용된다.

⑤ 비드(Bead) 및 비드 와이어

카커스 코드 벨트의 양단이 감기는 철선(Steel Wire)이다. 강력한 철선에 고무 막을 입히고, 나일론 코드 벨트(Nylon Cord Belt)로 감싼 다음에 다시 카커스로 감싼다. 타이어를 림에 강력하게 고정시켜 구동력·제동력 및 횡력을 노면에 전달한다.

⑥ 튜브(Tube)

타이어 내부의 공기압을 유지시켜 주는 역할을 한다. 최근 대부분의 타이어는 튜브를 따로 사용하지 않고 타이어의 카커스 층 안쪽 공기가 누설되지 않도록 특수설계하여, 림에 직접 설치하는 튜블리스－타이어(Tubeless Tire)를 사용한다.

(3) 타이어의 재료

타이어는 기본적으로 고무계 복합재료로 제작하며 기본적인 재료는 고무와 보강재인 섬유(Cord)로 구성된다.

① 타이어용 고무

원료 고무가 기본적으로 사용되지만 최근에는 합성고무가 주로 사용되며 SBR이 주류를 차지하고 있다. 원료 고무를 단독으로 사용하면 강성과 내마모성 등의 문제가 있으므로 천연고무＋SBR, SBR＋BR 고무를 혼합해서 사용하는 것이 일반적이다.

② 타이어용 섬유

현재 타이어에 사용되고 있는 섬유로 Rayon, Nylon, Polyester, Aramid 및 Steel Wire가 있다.

종류	특징	용도
천연고무	• 발열이 적음 • 내 Cut성 양호 • 강도가 높음	Truck, Bus용 타이어
SBR	• 열 노화 양호 • 가혹한 사용조건에서 마모 양호 • Cut되기 쉬움	승용차용 타이어 특수 Truck, Bus용 타이어
BR	• 내 Crack성 양호 • 가혹한 사용조건에서 마모 양호 • Chipping 발생 용이함 • Cut되기 쉬움	승용차용 타이어 특수 Truck, Bus용 타이어

타이어 코드는 타이어 제조 시 그 형상의 흐트러짐이 적도록 신율(伸率)이 안정되고 크리프(Creep) 특성이 적은 코드가 효과적이다.

합성섬유는 대부분 신율이 강선(鋼線) 보다 크기 때문에 고온 연신처리를 한다. 나일론은 열수축률이 커서 사전에 열처리를 하고 치수 안정화 작업(PCI ; Post Cure Inflation)을 한다.

레이온은 나일론 등의 합성섬유에 비해서 흡수성이 높기 때문에 제조 공정에서 함수율 조절이 필요하다. 벨트부의 코드로서는 신율이 작은 것이 필요하므로 아라미드(Aramid) 섬유와 강선(Steel Wire) 코드가 최적의 재료이다.

물성 섬유 종류	인장강도 (g/d)	신율 (%)	비중	수분율 (%)	열의 영향
RAYON	3.4~4.8	7~15	1.50	11.0	연화 분해되지 않음
NYLON 6	6.1~10.5	16~25	1.14	4.5	• 연화점 180℃ • 용융점 215~220℃
STEEL 경강선재	3.5~4.5	1.8~2.2	7.86	0	• 변태점 A3－910℃ • 용융점 1530℃
POLYSTER	6.3~9.5	7~17	1.38	0.4	• 연화점 238~240℃ • 용융점 255~260℃
ARAMID 섬유	22~23	3~4	1.44	7.0	500℃에서 분해 개시

(4) 타이어 패턴

타이어 패턴의 설계 시에는 시각적인 신뢰감과 더불어 미적인 면과 기능적인 면, 최신 자동차 스타일과의 조화도 고려해야 한다.

특히, 설계 시 가장 고려할 사항으로는 고속주행능력, 다양한 노면조건과 기후에서 조종 안정성을 확보하여야 하므로 젖은 노면에서의 그립력(Grip Force), 스탠딩 웨이브(Standing Wave)에 대응할 수 있는 배수능력 등이 있다.

타이어 패턴은 개발하고자 하는 타이어의 차종, 제품군, 주요 판매지역 및 수요층과 적용 차량에 따라 설계와 디자인 방향이 달라진다. 예를 들어, 겨울용 타이어에는 사이프(Sipe)라고 하는 미세한 홈들이 있어야 하며, 사계절용 타이어는 크고 작은 홈들이 적절히 배치되어야 한다.

2. 타이어 트레이드 오프(Trade – Off)

트레이드 오프(Trade – Off)란 설계 시 한 가지를 보강하면 다른 부분이 취약해지거나 성능이 저하되는 특성을 일컫는다. 타이어에는 이런 요소들이 특히 많으며 최적의 설계를 위하여 다양한 시뮬레이션과 테스트가 필요한 복잡한 과정이다. 타이어에서 서로 대립되는 요소의 균형화 작업이라 하는 것이 적합한 표현일 것이다.

타이어에서 가장 대표적인 트레이드 오프는 타이어 내압과 회전저항이다. 타이어 내압을 높이면 회전(구름)저항이 감소하여 연비성능에 유리해지지만 접지면의 감소로 접지력이 감소하고 충격과 진동을 흡수하는 능력이 저하된다.

타이어 강성을 보강하기 위하여 트레이드와 사이드 월을 두껍게 하면 중량의 증가로 가속능력과 연비 등이 불리해지는 것과 같은 원리이다. 타이어의 안전성과 주행 성능을 고려한 타이어와 서로 대립되는 성능요소가 회전(구름)저항이다.

(1) 회전(구름)저항의 정의

자동차 주행 중에는 회전(구름)저항(Rolling Resistance), 가속저항, 등판저항, 공기저항의 4가지 주행저항이 작용하는데, 이 중 타이어와 가장 관련이 깊은 것이 회전저항이다. 회전저항은 타이어가 노면을 주행할 때 발생하는 저항으로서 타이어의 변형, 굴곡 그리고 주행 시 타이어 자체 또는 타이어와 노면 사이에서의 에너지 손실, 즉 가해진 기계적 에너지의 일부가 열로 전환되는 에너지 손실이 발생되는데 이를 회전저항이라 한다.

(2) 타이어의 회전저항 발생 원인

① 타이어 구성 재료의 내부에 있는 코드와 고무 사이에서 발생하는 마찰에 의하여 발생하는 저항이다.

② 주행 중 타이어와 노면의 접지부분에서는 끊임없이 반복 굴곡운동을 하므로 여기에서 생기는 에너지의 손실이 회전저항의 대부분을 차지한다.(80~95%)

③ 타이어가 회전하여 나아가는 것에 따른 공기저항이며 자동차의 타이어가 회전하는 것에 의해 발생하는 공기마찰저항이 발생하지만 시가지 주행 시와 같이 저속에서는 거의 무시될 정도이다.

④ 타이어와 노면 간의 미끄러짐에 의한 마찰저항이며 곡률을 가진 타이어가 이론적으로 평면 접지를 하기 때문에 접지 처음부터 접지 끝까지의 사이에 노면과 미끄러짐을 일으킬 때 발생하는 마찰저항이다.

(3) 타이어의 회전저항에 영향을 미치는 요인

타이어의 회전저항은 타이어의 변형이 주요한 원인이므로 타이어의 하중, 공기압, 구조, 노면의 굴곡 및 요철 상황, 주행 속도 등에 밀접한 관계가 있다.

일반적으로 회전저항은 마찰법칙과 같은 형태이며 차량 중량과 노면과 타이어의 변형, 마찰에 의하여 결정되는 구름저항 계수의 곱으로 결정된다. 타이어의 회전(구름)저항계수에 비례하여 회전(구름)저항이 증가한다.

04 자동차의 연비 향상 및 배출가스 저감을 위하여 재료 경량화, 성능 효율화, 주행저항 감소 측면에서의 대책을 설명하시오.

1. 자동차 연비 향상 대책

(1) 자동차 재료의 경량화

자동차의 중량 증가는 엔진의 대형화와 이에 따른 연비성능의 저하와 유해 배출가스가 증가된다. 따라서 자동차 재료를 포함한 경량화에 의한 차량중량의 감소는 연비 향상과 유해 배출가스의 저감을 가져올 수 있는 방법인 것은 모두가 인정하는 방안이다.

물론 자동차의 경량화는 차체 및 각 모듈의 강도와 안전성에 관련 있지만 합리적인 경량화는 필수적이다. 차체 및 모듈을 통한 차량 경량화 방법은 다음과 같다.

① 자동차 구조 자체의 설계를 합리화하여 경량화를 추구하는 방법
② 자동차 재료를 첨단 신재료를 적용하여 강화하고 중량은 줄이는 방법
③ 조립, 제조 프로세스에서 신공법을 적용해 경량화를 추구하는 방법

차량의 경량화는 재료 선정과 합리적인 설계를 통한 구조 경량화, 조립 등의 프로세스를 통하여 가능한 대책이며 이를 세분화하여 표시하면 다음과 같다.

첨단 신소재 채택	설계 구조의 경량화	프로세스에서의 경량화

• 알루미늄, 마그네슘
• 고장력강
• 금속거품(Metal Foams)
• 탄소 강화 플라스틱
• 샌드위치 시트 패널
  (Sandwich Sheets)
	• 튜브 구조
	• 최적 용접 설계
	• 복합 결합구조
	• 공간 프레임
	  (Space Frames)
		• 맞춤형 블랭킹(TWB)
		• 최신 용접 프로세스
		• 경량화 소재 용접기술
		• 하이드로 포밍
		  (Hydro Forming)

(2) 엔진 연비성능의 고율화

대형화되는 자동차의 내연기관의 연비성능 향상은 전적으로 연소 열효율의 향상과 관련이 있으나 유해 배출가스의 저감이라는 공통의 목표에서 연비의 무한정 향상에는 제한을 받는다. 석유 에너지의 고가, 고갈 그리고 지구 온난화에 따른 배기가스의 규제 강화 등의 문제로 최근 하이브리드 자동차, 수소연료 자동차, 연료전지(燃料電池, Fuel Cell) 자동차의 대중화가 근본적인 대책으로 주목받고 있다.

연비성능을 향상시키는 방법으로 다음과 같은 방안들이 적용되고 있다.

① 열효율의 향상-고옥탄가 연료의 채택으로 압축비의 증가
  • 고옥탄가 연료인 LPG, CNG 등의 적용으로 연료비 저감
  • 연소실 형상을 개량(S/V비)으로 냉각 손실 감소
  • 배기가스 에너지의 이용(Turbo Charger)

② 소형, 경량화 엔진으로 연비성능 향상
③ 고성능 보기류의 채택과 기계효율 향상
④ 희박연소(Lean Burn) 엔진의 실용화
⑤ GDI(Gasoline Direct Injection) 엔진 채택
⑥ 디젤엔진에서 CRDI(Common Rail Direct Injection) 채택

(3) 자동차 주행저항 감소

주행저항이 증가하면 연비성능은 저하되고 운전자의 의도와 주행 여건에 따라 주행하는 자동차는 항상 주행 저항만큼의 출력을 필요로 한다. 일반적으로 작용하는 주행 저항에는 구름저항, 공기저항, 구배저항, 가속저항이 있으며 주행 여건과 운전자의 의도에 따라 작용하는 주행저항은 다르다. 주행저항을 감소시키는 일반적 방안은 다음과 같다.

① 고효율 타이어의 채택과 적정 공기압 유지로 구름저항 저감
② 공기저항이 작은 차체의 설계와 고속 주행 자제
③ 마찰부의 마찰저항을 줄이기 위한 고성능 부품 채택
④ 급가속 운전을 자제하고 차량 중량을 최소화

2. 배출가스의 저감을 위한 대책

(1) 자동차 재료의 경량화

차량의 대형화와 중량의 증가는 연료의 소모를 가중시키고 배출가스의 배출량을 증가시킨다. 따라서 재료 및 차체의 경량화로 차량 중량을 감소시키는 것은 유해 배출가스의 저감과 더불어 연비성능의 향상과 직결되는 문제이다.

재료의 경량화 대책은 위에서 설명한 엔진의 연비성능 향상대책과 일치하며 최근 들어 자동차의 중량에서 큰 비중을 차지하는 차체의 재료와 구조에 각별한 관심이 있으며 승용차용 모노 콕(Mono-Coke) 보디, 경주용 특수 자동차에 적용되는 스페이스 프레임(Space Frame) 구조와 알루미늄 합금재료 및 탄소섬유 강화 플라스틱(CFRP ; Carbon Fiber Reinforced Plastic) 등의 적용이 증가하고 있다.

(2) 엔진 연비성능의 효율화

엔진의 유해 배출가스는 엔진의 연료 소모량과 연비성능에 직접적인 관련이 있으며 일산화탄소(CO), 탄화수소(HC), 질소산화물(NOx) 및 미세먼지(PM)의 배출을 억제하기 위한 연소 개선 방법이 다양하게 개발되어 적용되고 있다.

배기가스의 배출억제대책 또한 연비성능 향상대책과 대부분 일치한다.

유해 배출가스의 우려뿐만 아니라 지구온난화에 대비한 대책으로 그린카(Green Car) 개념을 도입하여 LPG, CNG 엔진과 하이브리드 자동차, 전기 자동차, 수소엔진 자동차 및 연료전지 자동차의 개발과 대중적 실용화에 집중하는 추세이다.

(3) 자동차 주행저항 감소

주행저항은 자동차가 주행 중 발생하는 저항이며 주행 여건에 따라 다르게 나타난다. 일반적으로 고려하는 주행저항은 다음과 같다.

- 구름저항 : 타이어의 변형과 노면의 굴곡, 노면의 요철 그리고 마찰부의 저항과 차량 중량에 비례하여 발생하는 저항이다.
- 공기저항 : 자동차가 공기 중을 주행함으로써 발생하는 저항이며 형상계수와 전면 투영면적 그리고 주행속도의 제곱에 비례하는 저항이다.
- 가속저항 : 정속 주행에서는 발생하지 않으며 가속 시 발생하는 저항으로 차량 중량과 가속도에 비례하여 발생하는 저항이다.
- 구배저항 : 구배 도로를 주행 시 발생하는 저항이며 차량 중량과 도로의 구배율에 비례하여 발생하는 저항이다.

정속 주행과 평탄로 주행에서는 가속저항과 구배저항은 발생하지 않으며 주행저항의 총합을 전 주행저항이라고 한다.

운전자의 의도대로 자동차가 주행할 때 자동차의 필요 출력은 전 주행저항과 같으며 주행

저항의 감소는 필요한 구동력의 감소와 엔진 출력의 감소로 이어진다.

따라서 유해배기가스의 저감을 위해서는 주행저항의 감소는 필수적이며 주행저항의 저감 대책은 앞에서 설명한 연비성능을 위한 대책과 같다.

 QUESTION 05 고안전도 차량기술 중, 사고예방기술, 사고회피기술, 사고피해저감기술을 예로 들고 그 특성을 설명하시오.

1. 고안전도 차량(ASV ; Advanced Safety Vehicle)의 개념

고안전도 차량이란 차량 내부센서 및 액추에이터를 포함하는 전기 · 전자 시스템을 장착하여 지능화되고 통신 및 교통 운영 시스템과 같은 인프라(Infrastructure)와 연결을 통해 주행 자동차의 안전성 및 운전 효율성을 제고하고 극대화하기 위한 지능형 안전자동차를 말하며 ASV(Advanced Safety Vehicle) 또는 ITS(Intelligent Transport System)라고 한다.

이러한 기술들을 현실화하기 위해서는 다양한 전자제어 IT기술이 필요하고 아울러 인지기술의 개발과 정착이 선행되어야 하며 현재의 도로상황과 자동차의 주행성능을 고려할 때 차량 약 200m 반경의 주변 환경 인지와 차량 내부 운전자의 상태인지, 더 나아가서는 통신을 통하여 수 km 전방의 도로 상태와 교통환경을 인지하는 기술이 필요하다.

현재 개발 상용화되는 고안전 자동차를 구현하기 위한 기술은 주변 환경 인지 기술, 차량 내부 운전자의 상태 인지 기술, 차량 간 그리고 차량과 인프라 간 통신을 이용한 광범위 환경 인지 기술들로 구분할 수 있다.

(1) 주변 환경 인지 기술

운전의 안전성과 편의성을 제고하기 위하여 횡방향 안전시스템으로 차선이탈경고시스템, 차선 유지 시스템 등이 상용화되고 종방향 안전을 위한 전방 추돌 경보 시스템 등이 있으며 차량 내에 장착된 센서를 이용하여 전방의 차량과 보행자를 인지하고 차선 이탈 및 운전자의 졸음운전에 대한 경고를 하여 추돌 피해를 방지하고 경감하기 위한 능동적인 시스템을 말한다.

(2) 통신 기반 인지 기술

차량, 인프라, 보행자의 IT기기를 연결하여 안전성, 이동성 그리고 친환경성의 효율을 최대화하기 위한 기술을 말한다.

(3) 차량 및 운전자 인지 기술

운전자의 졸음 상태를 인지하는 기술이며 졸음운전 여부를 감지하고 경고를 주는 기술과 안전운전에 방해가 되는 부분에 대하여 자동차의 고장 여부나 이상 징후를 인지하여 경고해 주는 시스템을 말한다.

2. 사고 예방, 회피, 피해 경감에 따른 분류

이러한 안전 확보 기술을 사고와 관련하여 사고 예방, 사고 회피, 사고 피해 경감 기술로 구분할 수 있으며 그 종류와 기능을 설명하면 다음과 같다.

(1) 고안전도 차량(ASV)의 사고 예방 기술

① 졸음운전 경보 시스템

주로 비전 센서를 기반으로 하여 운전자의 눈꺼풀을 감지하거나 운전자의 상태를 감지하고 경보하는 시스템이다. 일반적인 인지방법과 경보방법은 다음과 같다.

- 핸들 조향각이나 요-레이트(Yaw-Rate) 센서로 운전자의 각성도(覺醒度)에 따라 자동차의 주행 시 사행(斜行) 여부를 판단하고 경보하거나 운전자의 심장박동센서를 이용하기도 한다.
- 카메라로 운전자의 눈꺼풀을 촬영하고 판단하여 졸음 여부를 판단하고 경보한다.
- 경보방법은 알람이나 시트의 진동, 비상시에는 자동차를 강제로 감속시키거나 비상등 점멸, 강제 정차 등의 방법으로 안전을 확보한다.

② 차량 모니터링 시스템

안전 운전과 관련된 자동차의 상태를 모니터링하는 시스템으로 타이어 공기압의 부족, 엔진룸에서의 화재 발생, 엔진 온도의 이상 상승 등을 감지하여 운전자에게 경보하여 안전운전과 차량의 보전에 유용한 시스템이다.

③ 운전시계 확보 시스템

운전자의 시계를 확보하여 주행 여건 및 교통 상황에 대한 판단을 정확하게 하기 위하여 개발, 적용된 시스템이다.

- 오토 헤드 램프 레벨링 시스템(AHLS)을 적용하여 운전자와 상대방 차선의 운전자 시야도 확보해 준다.
- 우천 시에 시야 확보를 위한 발수(撥水) 윈드 실드를 적용하고 한랭 시 성애를 방지하는 안티 프로스트(Anti-Frost) 시스템을 적용하거나 발열체 코팅으로 유리면의 동결이나 김서림을 방지한다.
- 사각지역 감시장치(BSD ; Blind Spot Detection System)를 적용하여 사각지대의 인지능력을 확보한다.
- 액티브 헤드라이트 시스템을 적용하여 커브길이나 교차로에서도 광범위한 조광으로 넓은 시야를 확보하고 안전운전을 확보한다.

④ 야간장애물 감지 시스템

야간에 차량 주변의 보행자나 다른 자동차 등의 장애물을 감지하고 그 존재 여부를 운전자에게 알려 주는 시스템이다.

- 야간 보행자 경보 시스템은 적외선 센서를 이용하여 주변 보행자의 유무를 운전자에게 알려준다.
- 교차로에서의 좌우 회전 시 횡단 중인 보행자나 자전거, 오토바이 등을 초음파 센서나 레이저 센서로 감지하여 운전자에게 알려 준다.

⑤ 경보 등화 자동 점등 시스템

차량과 차량 사이 또는 차량과 보행자 사이의 정보 전달을 신속히 하여 급제동 시 추돌 등의 사고를 예방하기 위한 시스템이다.

- 후방으로부터 접근하는 자동차를 감지하는 기능
- 추돌의 위험성이 있는 경우 자기 차량과 후속 차량의 근접 상태를 알려주는 접근 경보 기능

⑥ 전방 교통, 도로 상황을 알려주는 스마트 내비게이션

전방의 도로 상황이나 일기 상태 등을 알려주는 스마트 내비게이션 등으로 운전자의 부담을 경감시켜 주고 교통 정보 부족에서 오는 사고를 미연에 방지하여 안전운전을 확보하기 위한 시스템이다.

(2) 고안전도 차량(ASV)의 사고 회피 기술

① 사각지역 감시장치(BSD ; Blind Spot Detection)

접근하는 자동차 그리고 사각지역에 위치한 자동차에 대한 정보를 운전자에게 제공하는 장치로 사각지역에 있는 자동차 등을 인지하지 못하고 차선을 변경하거나 근접하는 자동차로 인해 사고위험이 감지되는 경우 사고를 미연에 방지하기 위한 안전장치이다.

② 차선 이탈 경고장치(LDWS ; Lane Departure Warning System)

운전 중 졸음운전이나 부주의로 차선을 이탈해 발생할 수 있는 사고를 예방하는 안전장치이다.

③ 자동 비상 제동장치(AEBS ; Advanced Emergency Braking System)

주행 차선의 전방에 위치한 자동차와의 충돌 가능성을 감지하여 운전자에게 경고를 주고 운전자의 반응이 없거나 충돌이 불가피하다고 판단되는 경우, 충돌을 완화 및 회피시킬 목적으로 자동차를 자동적으로 감속시키기 위한 장치로서 최근 카-토크(Car-Talk) 시스템으로 상용화되고 있다.

④ 전방 충돌 경고장치(FCW ; Forward Collision Warning System)

주행 차선의 전방에서 동일한 방향으로 주행 중인 자동차를 감지하여 전방 자동차와의 충돌 회피를 목적으로 운전자에게 시각적 · 청각적 · 촉각적 경고를 주기 위한 장치이다.

⑤ 적응 순항 제어장치(ACC ; Adaptive Cruise Control)

운전자의 설정조건에 의해 주행차선의 전방에서 동일한 방향으로 주행 중인 자동차를 자동으로 감지하여 그 자동차의 속도에 따라 자동적으로 가·감속하며 안전거리를 유지하고 목표 속도로 자동 주행하기 위한 장치이다.

⑥ 차선 유지 보조장치(LKAS ; Lane Keeping Assist System)

주행하고 있는 차로를 운전자의 의도와 무관하게 이탈하려는 것을 감지하여 운전자에게 경고를 주고 운전자의 반응이 없거나 차선을 이탈한다고 판단되는 경우, 차선 이탈 방지를 위한 목적으로 본래 주행 중이던 차로로 복귀하도록 제어하는 장치이다.

⑦ 후방 충돌 경고장치(RCW ; Rear-End Collision Warning System)

주행 차선의 후방에서 동일한 방향으로 주행 중인 자동차를 감지하고, 후방 자동차와의 충돌을 회피하거나 완화를 목적으로 운전자에게 시각적·청각적·촉각적 경고를 주기 위한 장치이다.

(3) 고안전도 차량(ASV)의 사고 피해 경감 기술

① 차량 보호 차체 구조

충돌 및 전도 시 충돌에너지를 흡수하여 차체 및 승객실의 변형을 최소화한 차체를 채택한다.

- CFRP(Carbon Fiber Reinforced Plastic)와 강판 재질의 이중 구조로 하고 발포재로 충진한 범퍼 및 사이드 멤버를 채택한다.
- 충격을 흡수하고 승객실의 변형을 억제하는 고강성 차체를 구성한다.

② 승객 보호 기술

사고 충격으로부터 승객을 보호하기 위한 기술이다.

- 모든 방향에서 오는 충격으로부터 승객을 보호하기 위한 에어백 설치
- 프리로더(Free Loader) 시트 벨트 설치
- 추돌 시 승객 및 운전자의 목을 보호하기 위해 승객의 탑승 여부에 자동 조절되는 헤드 레스트레인트(Head Restraint) 설치

③ 보행자 피해 경감 시스템

보행자와의 사고 예방 및 충돌 시 피해를 줄이는 시스템이다.

- 후드 에어백 : 보행자의 충돌을 감지하여 후드 위에 에어 백을 폭발시켜 보행자의 손상을 경감하는 장치이다.
- CFRP 허니콤 후드 : 카본 파이버 플라스틱 같은 강성 재료로 허니콤 타입으로 충돌의 충격을 흡수하여 보행자의 피해를 줄이는 장치이다.
- 충격 흡수 차체 : 범퍼, 후드, 전면부 필러 등을 충격 흡수 재질과 구조로 보행자 충돌 시 피해를 경감하는 기술이다.

④ 충돌 후 추가 재해 확대 방지 기술
  - 엔진룸 화재 자동소화시스템 : 엔진룸 화재 발생을 감지하여 자동으로 소화하여 화재의 확대를 방지하는 시스템이다.
  - 도어 록 자동해제시스템 : 충돌을 감지하면 자동으로 도어 록을 해제하여 긴급 탈출과 부상자의 구조를 용이하게 하는 시스템이다.
  - 사고발생 자동통보시스템 : 사고 발생 시 응급구조기관 등에 자동으로 사고의 발생을 통보하는 시스템이다.

⑤ 운행 기록계 및 영상 저장 장치
  운행 조건을 기록하거나 영상으로 저장하여 사고 후 사고 원인 및 사고 수습에 자료로 활용하여 사고 피해를 경감하는 기술이다.

VSM(Vehicle Stability Management) 장치의 주기능 및 부가기능에 대하여 설명하시오.

1. VSM(Vehicle Stability Management)의 개요

VSM은 주행 노면이 미끄럽거나 좌 · 우 바퀴의 노면마찰계수가 다른 경우 제동 시 차체 자세 제어장치(VDC)와 전동 파워 스티어링(MDPS/EPS)이 협력 제어하여 제동 안전성 및 주행 안정성을 확보하고자 하는 시스템이다.

VSM의 원리와 동작은 VDC(Vehicle Dynamic Control)와 MDPS(Motro Drive Power Steering)의 동시 제어 동작이라고 할 수 있다.

(1) 차량 자세 제어(VDC/Vehicle Dynamic Control)

VDC(Vehicle Dynamic Control)는 차량 자세 제어장치로서 의도되지 않은 방향으로 차량이 스티어링되는 것을 방지해 주는 안전장치이다.

VDC는 제동에 의한 정상 노선 이탈과 조향능력 상실을 억제하는 ABS(Anti−Lock Brake System) 기능을 포함하며, 여러 가지 센서의 데이터를 ECU에서 입력받아 정상 주행 노선을 이탈하지 않도록 하는 시스템이다. 또한 이와 같은 기능을 하는 장치는 다음과 같이 다양하지만 원리와 목적은 유사하다.

- VDC(Vehicle Dynamic Control)
- SESC(Sensitive Electronic Stability Control)
- ESP(Electronic Stability Program)
- BMW는 DSC(Dynamic Stability Control)

① VDC(Vehicle Dynamic Control)의 동작

VDC의 필수 요소로 차량의 회전을 감지하는 요레이트 센서, 조향각을 감지하는 조향각 센서 및 각 바퀴의 회전을 감지하는 휠 센서(Wheel Speed Sensor)가 있다.

급제동, 급선회 등 운전자가 차량을 제어하기 힘든 상황에서 전자제어장치(ECU)와 함께 엔진과 차량 바퀴의 제동력을 능동적으로 제어하는 차체 자세제어장치로 운전자가 의도한 조향이 되지 않았을 경우 차량의 회전을 감지하여 4개의 휠에 제동력을 분배하여 의도된 대로 차량이 조향되고 선회하도록 제동해준다.

② 언더/오버 스티어링(Under/Over steering)과 스핀(Spin)

차량이 코너링 시 가장 이상적인 경우는 조향한 만큼 차량이 움직여주는 것이지만, 차량의 관성 및 원심력으로 인하여 의도된 것과는 다르게 회전하게 된다.

의도된 선회 주행 노선보다 작게 선회하는 것을 오버스티어링(Oversteering), 의도된 것보다 크게 선회하는 것을 언더스티어링(Understeering)이라고 한다.

이러한 오버 · 언더 스티어링, 스핀(Spin)과 같은 돌발상황 발생 시 차량이 운전자의 의도와 다르게 움직여서 차량사고의 원인이 되기도 한다.

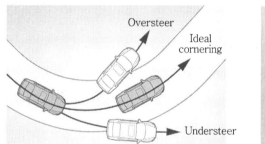

[Vehicle Dynamic Control의 효과]

③ VDC(Vehicle Dynamic Control)의 구성요소
- 차량회전감지 센서(Rotation Rate Sensor)
- 조향각 센서(Steering Angle Sensor)
- 4바퀴의 회전속도 센서(Wheel Speed Sensor)
- 제어장치(Control Unit)

(2) 전동 파워 스티어링(MDPS ; Motor Drive Power Steering)의 기능과 작동

조향 핸들을 통한 운전자의 조향 의도를 토크센서(Torque Sensor)에서 감지하고 ECU에서 입력받아 주행속도 및 조향각에 따라 조향력과 조향방향, 조향각도를 제어하는 동력 조향방식이다.

전동모터를 사용하므로 구조가 간단하고 정밀한 제어가 가능하여 조향성능이 향상되고

전동모터를 이용한 조향 창치이므로 위급 시 ECU의 신호를 받아 능동적으로 자동 조향될 수 있어 VSM(Vehicle Stability Management) 시스템과 연동제어가 가능하다.

2. VSM(Vehicle Stability Management)

주행 노면이 미끄러워 정상적 주행이 어렵거나 급가속 등에 의한 차량 불안정 시 차체 자세제어장치(VDC)와 전동식 파워 스티어링(MDPS)이 제동 및 조향 기능을 통합적으로 제어함으로써 차량의 안정적인 자세를 유지시켜주는 새시 통합제어시스템을 차체 자세제어시스템(VSM ; Vehicle Stability Management)이라고도 한다.

여기에는 구동 중일 때 바퀴가 미끄러지는 것을 적절히 조절하는 TCS(Traction Control System), ABS(Anti-Lock Brake System), EBD(Electronic Brake Force Distribution), 자동감속 제어, 요-모멘트제어(Yaw-Moment Control) 등이 모두 연계 제어하게 된다.

VSM의 가장 큰 역할은 스핀 또는 언더 · 오버 스티어 따위가 발생하는 것을 제어해, 이로 인해 일어날 수 있는 사고를 미연에 방지하는 것이다.

실제로 스핀이나 언더스티어 현상이 발생하면 VDC는 이를 감지해 안쪽 또는 바깥쪽 바퀴에 제동을 가해 차량의 자세를 제어함과 동시에 MDPS에서 조향력을 발생시켜 능동적으로 안정된 상태를 유지시켜 주는 시스템이다.

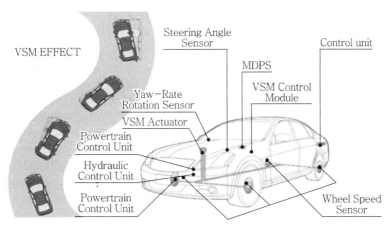

[차체 자세제어시스템의 구조]

MEMO

99_회

99회

차량기술사
기출문제 및 해설

01 **지능형 냉각시스템의 특징을 기존 냉각방식과 비교하여 설명하시오.**

QUESTION

1. 지능형 냉각시스템(Intelligent Cooling System)의 개요

기존의 자동차에서 냉각시스템의 구성은 일반적으로 냉각효율 향상만을 위주로 하여 설계, 제작하여 가능한 많은 양의 공기를 도입하는 데 치중하여 왔으며 엔진의 상황이나 냉각으로 열효율을 높이고 연비성능을 향상시킨다는 개념의 도입에는 미흡한 점이 많았다.

현재 대부분의 엔진 냉각시스템 설계는 고부하 및 극한운전조건에서 엔진 연소실에 접한 금속면들과 각 부품들이 열로 인한 이상(異常)을 일으키지 않는 조건 정도로 이루어지고 있다. 그러나 이러한 극한의 조건으로의 실제 자동차 운행은 전체 운전 시간의 5% 미만이다.

냉각 펌프가 엔진과 연결되어 함께 작동하기 때문에 냉각수의 유량이 엔진 회전수에 따라 변하게 되므로 엔진 회전수 외의 엔진 상황인 부하 및 주변 온도에 따른 능동적인 대응을 할 수 없다. 그러나 최근 들어 첨단 제어가 도입된 엔진의 연소는 온도에 매우 민감하며 정밀한 온도의 관리가 중요하다는 인식을 하게 되었다.

2. 지능형 냉각시스템의 구성

실제 차량 운행 시 가장 많이 사용되는 저부하 운전 조건에서는 엔진의 온도가 과도하게 낮아지는 경향이 있다. 그러므로 지능형 냉각시스템은 전방 범퍼 그릴 안쪽에 자동 개폐가 가능한 플랩(Flap, 덮개) 을 설치한 것이 특징이다.

플랩은 자동차의 냉각이 불필요한 경우 자동차 내부로 유입되는 공기를 차단하여 주행 저항을 감소시키고 공력(Aerodynamic, 공기역학) 성능을 개선하여 차량의 연비를 향상시키는 장치이다.

이 시스템은 냉각수 및 엔진 오일의 온도 변화에 따라 차량의 냉각 필요 여부를 판단하고, 냉각이 필요한 경우에만 외부 공기가 유입되도록 작동한다. 이에 따라 엔진 구동손실 저감, Viscous Waste 저감 등을 통해 연비 개선효과를 기대한 시스템이다.

지능형 냉각시스템(Intelligent Cooling System)은 전기구동(Electric Actuators)식 워터펌프, 3−Way 방향제어 냉각수밸브, 전동 팬 등을 적용하여 냉각수와 엔진오일의 온도 변화에 따라 냉각 여부를 판단하고, 필요한 경우에만 외부 공기가 유입되도록 작동하여 엔진 냉각시스템을 최적으로 제어할 수 있도록 한 시스템이다.

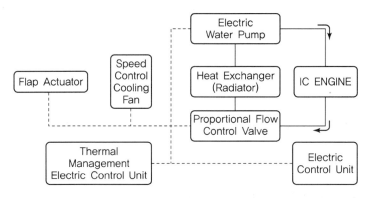

[Intelligent Cooling System]

3. 지능형 냉각시스템의 효과

엔진의 상황을 고려하지 않은 과도한 냉각은 실린더 라이너의 마찰 손실 증가 및 연소온도 감소, 히터 코어(Heater Core)의 성능 저하 등이 나타난다.

실제로 엔진 오일의 경우 온도에 따라 그 점도가 변하기 때문에 마찰 손실에 의한 기계적 에너지 손실에 직접적으로 영향을 준다. 한랭 시동 조건과 웜업(Warm-up) 조건에서 도시 평균 유효 압력의 차이는 약 0.5~1bar 정도 나타난다. 따라서 엔진의 웜업(Warm Up) 시간을 단축하게 되면 그 만큼 엔진의 열효율과 연비성능도 증가시킬 수 있는 것이다.

공기 저항에 의한 주행 저항을 줄이고 고속에서 차체 하부 엔진 아래로 고속으로 유입되는 공기에 의한 양력(揚力, Lift Force)의 발생과 같은 공기역학 성능을 개선해 연비성능을 높이고 자동차의 진동 저감에도 효과를 낸다.

지능형 냉각 시스템을 적용하면 주행 저항 감소와 작동 조건 개선에 따라 연비가 2~3% 개선되고, 엔진 예열 시간이 단축되어 오염 물질 배출이 약 15% 저감된다는 것으로 인정된다.

02 친환경 차량에 적용하는 히트펌프 시스템(Heat Pump System)을 정의하고 특성을 설명하시오.

1. 전기자동차 히트펌프(Heat Pump) 시스템

전기자동차는 엔진에서 발생하는 폐열을 이용할 수 없기 때문에 자동차 실내를 난방할 수 있는 방안이 필요하다. 따라서 배터리 전력의 소모를 최소화하면서 난방할 수 있는 히트펌프 (Heat Pump) 시스템이 대안으로 적용된다.

히트펌프는 저온의 열원으로부터 고온의 열원으로 에너지를 전달함으로써 높은 성능계수를 가지며 성능계수가 1인 전기히터보다 높은 효율을 갖는다. 또한 차량 내에 추가적인 공간이나 비용을 요구하는 전기 히터와는 달리 기존의 에어컨 시스템에 방향절환밸브를 추가함으로써 간단히 히트 펌프 시스템을 구현할 수 있다.

자동차 에어컨이나 히트펌프에 주로 사용되는 냉매 R-134a는 다른 냉매에 비하여 매우 낮은 포화압력을 갖는 데, 포화온도가 $-26℃$ 이하로 떨어지면 포화압력은 일반적인 대기압 100kPa보다 낮아진다.

따라서 극한 외기 조건에서 난방 운전 시 냉매의 특성은 높은 압축비, 낮은 냉매 유량 및 난방 용량의 부족을 야기하며 이를 극복하기 위하여 부가적인 난방장치가 필요하다. 이를 보완하기 위하여 전기자동차에서는 발열이 있는 전기모터, 인버터 등으로부터 폐열을 이용하여 난방을 하는 히트펌프가 적용되고 있다.

2. 연료전지(Fuel Cell) 자동차의 히트펌프

별다른 난방장치가 없는 연료전지 자동차에서 난방을 위하여 히트펌프가 적용되고 있다.

냉각수를 사용하여 연료전지의 스택(Stack)에서 나오는 열원(熱源)을 이용하는 CO_2 히트펌프가 가장 효율이 높은 것으로 나타나 전기자동차 난방장치의 대안으로 여기고 있다.

일반적으로 전기자동차의 히트펌프 시스템이 동작하기 위한 실질적인 구성품은 전기구동 압축기, 실내측 열교환기, 외기측 열교환기, 전자팽창장치, 폐열측 열교환기이나 기존의 에어컨의 시스템을 적용하고 냉매 작동 유체의 방향 절환만 필요하므로 4방향 절환 밸브만 추가하면 히트펌프 시스템으로 구동된다.

03 QUESTION 자동차 암전류의 발생 특성과 측정 시 유의사항을 설명하시오.

1. 암전류의 개요

암전류는 누설 전류(漏洩電流)라고 해석을 하며 흔히 배선의 노후화, 단락, 접지로 인해 발생이 되거나 시계 및 ECU, 블랙박스 등과 같이 상시 전류를 필요로 하는 메모리가 있는 회로가 포함된 전기기기에서 소비되는 전류로서 자동차를 사용하지 않아도 소비되는 전류를 말한다.

암전류를 측정하는 방법으로는 후크 타입의 전류계를 쓰는 방법, 그리고 아날로그 또는 디지털 테스터기를 사용하는 방법이 있다. 후크타입의 전류계는 피에조 소자를 사용해서 맴돌이 전류, 즉 자력선을 측정해서 전류값으로 변환하기 때문에 오차가 많이 발생하므로 흔히 10A 이상 큰 전류를 측정할 때 많이 사용한다.

그러나 후크 타입의 전류계 중 미세 전류를 측정할 수 있는 계측기도 있으며 자동차 전용 OBD장비를 사용하여도 무방하다.

2. 암전류의 측정

먼저 배터리 접지단자(-)를 차체에서 분리하고 테스터기의 검침봉에 직렬로 연결한다. 이때 자동차 시동키는 반드시 Off 상태에 있어야 한다.

보통 누설전류가 정상적인 자동차는 200~300mA 미만으로 측정되며 차종에 따라 누설전류 측정치는 일정하지 않다.

누설전류가 200~300mA 이상으로 측정되면 +쪽에 있는 퓨즈를 하나씩 탈거하면서 전류값이 변하는 것을 확인한 후 전류값이 크게 변하는 기기의 라인을 중점적으로 누전, 단락 등을 점검하여 정상화하는 것이 중요하다.

04
QUESTION

전자제어 무단변속기(CVT) 시스템에서 ECU에 입력과 출력되는 요소를 각 5가지씩 기술하고 기능을 설명하시오.

1. CVT의 개요

CVT(Continuously Variable Transmission)는 기존 단수가 있는 변속기에 비하여 다음과 같은 장점이 있다.

- 차량 주행 조건에 알맞도록 변속되어 동력성능이 향상된다.
- 정해진 변속단이 없으므로 변속 충격이 없고 구조가 간단하다.
- 변속 패턴에 따라 운전하여 연비가 향상된다.
- 엔진 출력 특성을 최대한 이용하는 파워트레인(Power Train) 통합 제어로 엔진 출력의 활용도가 높다.

무단 변속기의 단점은 다음과 같다.

- 높은 엔진 출력을 이겨내지 못하는 약한 내구성
- 높은 수리비용
- 변속기 이상 시 응급조치 곤란

2. CVT의 구동방식

(1) CVT의 구동방식에 따른 특징

① 트랙션 구동방식(Traction Drive Type)
- 변속 범위가 넓고 효율이 높으며 운전이 정숙하다.
- 큰 추력과 회전면의 높은 정밀도와 강성이 필요하다.
- 무겁고 전용오일을 사용해야 한다.
- 마멸에 따른 출력 저하 가능성이 크다.

② 벨트 구동방식(Belt Drive Type)
고정 풀리와 이동 풀리를 입·출력 축에 조합하여 1, 2차 풀리(Primary, Secondary Pulley)의 유효 피치를 변화시켜 벨트, 체인이 이동하면서 변속하고 동력을 전달하는 방식이다.

다음 그림은 CVT의 구조이며 일반적인 동력 전달 경로는 엔진→토크 컨버터 → 유성기어 → 1차 풀리 – 벨트 → 2차 풀리 → 출력 축 → 종 감속기어 → 차축이며 전·후진 동력 변환은 유성 기어 박스에서 이루어진다.

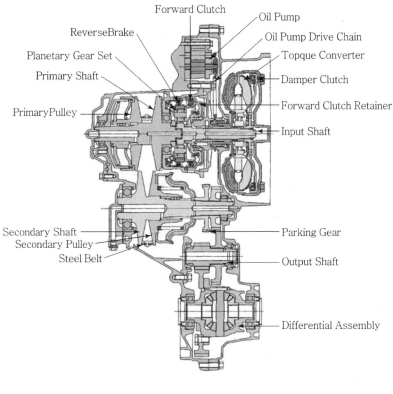

[CVT 구조]

3. CVT 제어에 적용되는 센서 및 스위치류

(1) 입력축 풀리 회전 센서(Primary Pulley Speed Sensor)

변속기 케이스에 장착되어 있는 입력축 풀리 회전 센서는 입력축 풀리의 회전속도를 검출하며, 전자 픽업 자석의 무접점 센서로서 영구자석과 코일로 구성되어 있다.

(2) 출력축 풀리 회전 센서(Secondary Pulley Speed Sensor)

변속기 케이스에 장착되어 있는 출력축 풀리 회전 센서는 출력축 풀리의 회전속도를 검출하며, 전자 픽업 자석의 무접점 센서로서 영구 자석과 코일로 구성되어 있다.

(3) 풀리 포지션 센서(Pulley Position Sensor)

입력축 구동 풀리 측면에 설치되어 있으며 구동 풀리의 이동량을 감지하여 신호를 CVT 컨트롤러로 전송한다. CVT 컨트롤러에서 DC 모터를 제어함에 따라 액추에이터 기어가 구동하면 가동 풀리가 축 방향으로 이동하며 이 이동값은 풀리 포지션 센서 내부의 로드가 움직임으로써 변화된 저항 값이 CVT 컨트롤러로 전송되어 변속비를 검출한다.

(4) P/N 스위치(P/N Switch)

P/N 스위치는 변속기 케이스에 장착되어 있으며, 운전자가 선택한 셀렉터 레버의 상태를 CVT 컨트롤러에 전달해 주는 일종의 매개체 역할을 하는 스위치이다.

(5) 브레이크 스위치(Brake Switch)

주 브레이크 신호를 CVT 컨트롤러에 전송하며 CVT 컨트롤러는 크리프 상태와 같이 전자 마그네틱 파우더 클러치(Magnetic Powder Clutch)를 제어하는 신호로 사용한다.

(6) 주차 브레이크 스위치(Parking Brake Switch)

주차 브레이크 신호를 CVT 컨트롤러에 전송한다. 주차 브레이크 신호는 무단 변속기 결함 코드를 소거하는 기능을 한다.

4. CVT의 제어 모드

다음 그림은 CVT의 제어 과정을 나타낸 것으로 각 제어장치와 유압밸브, 유압의 전달 과정을 나타내고 무단 변속기의 CVT Controller는 각 센서로부터 신호를 입력받아 각 밸브의 압력을 제어하며, 유압 제어는 라인압 제어(Line Pressure Control), 변속비 제어(Shift Control), 클러치 제어(Clutch Control), 댐퍼 클러치 발진제어(Damper Clutch) 등이 있고 이들의 제어 목적과 기능은 아래와 같다.

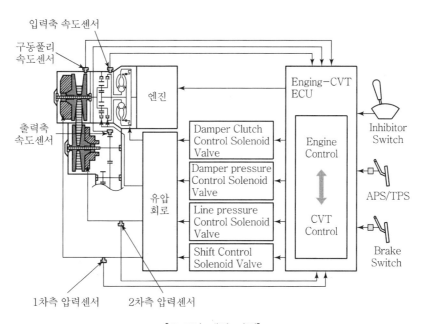

[CVT의 제어 과정]

① Damper Clutch Control Solenoid Valve : 댐퍼 클러치의 직결, 슬립직결, 비직결 상태를 제어한다.

② Clutch Pressure Control Solenoid Valve : 전진, 후진 클러치에 작용하는 압력을 제어 한다.

③ Line Pressure Control Solenoid Valve : 전체 라인 압력과 2차 풀리로 전달되는 압력을 제어한다.

④ Shift Control Solenoid Valve : 1차 풀리에 작용하는 압력을 제어하여 변속비를 제어한다.

(1) 라인압 제어(Line Pressure Control)

벨트와 풀리 사이의 마찰력으로 동력을 전달하므로 풀리에 작용하는 토크는 20~30Bar 정도의 높은 압력을 유지하기 위하여 오일펌프의 구동 토크가 커야 하고 전달 효율을 높이기 위해서는 전달되는 토크의 크기에 비례하는 적절한 라인압으로 제어해 줄 필요가 있다.

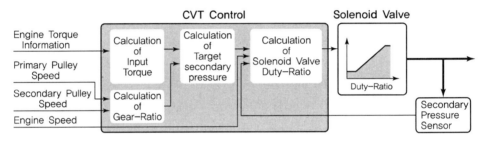

[라인압 제어 모드]

(2) 변속비 제어(Shift Control)

CVT는 1, 2차 풀리(Primary, Secondary Pulley)의 유효직경 변화에 따라 변속비가 결정되므로 변속을 위해서 풀리의 이동 시브(Sheave)가 축방향으로 이동한다.

풀리의 축방향 이동은 원하는 변속비의 위치로 신속하게 이동하여야 하므로 단면적이 큰 풀리 피스톤이 적용되고 순간적으로 큰 유량을 필요로 한다.

따라서 변속비 제어(Shift Control)는 1차 풀리가 원하는 변속비의 위치로 신속하게 움직이도록 필요한 유량과 유압을 제어한다.

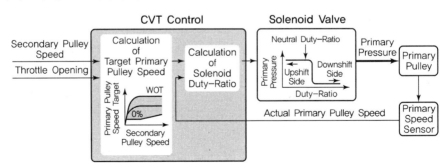

[변속비 제어 모드]

(3) 댐퍼 클러치 제어(Damper Clutch Control)

발진장치인 댐퍼 클러치를 제어하는 유압제어회로이다. CVT의 변속 폭은 자동 변속기보다 넓으므로 댐퍼 클러치를 일찍 작동시켜도 발진 성능에는 문제가 없으므로 연비 개선과 정상적인 발진을 위하여 댐퍼 클러치를 작동시키는 것이 유리하다.

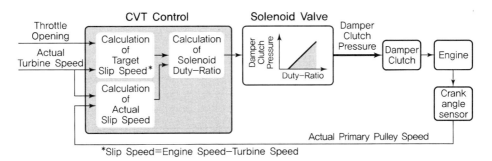

[댐퍼 클러치 제어 모드]

(4) 클러치 제어(Clutch Pressure Control)

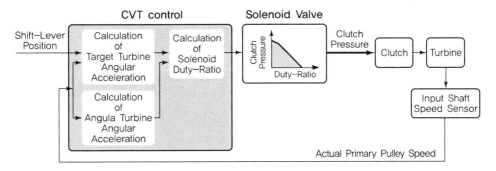

[클러치 제어 모드]

변속 레버의 조작에 따라 충격제어를 위하여 클러치와 브레이크로 전달되는 유압을 제어한다.

05 MF(Maintenance Free) 배터리가 일반 배터리에 비해 다른 점을 납판의
QUESTION 재질과 충·방전 측면에서 설명하시오.

1. 자동차용 배터리(蓄電池, Battery)

자동차용 배터리는 충·방전이 가능한 2차전지이며 극판군(極板郡, Cell), 격리판(Seperator), 전해액(Electrolyte), 전조(Electrolytic Cell)로 구성되어 있다.

자동차용 배터리는 취급이 간편하고 성능이 우수한 고성능 배터리가 개발되고 있으며 성능 향상을 위한 기본적인 방법은 다음과 같다.

① 극판을 얇게 하여 극판 수를 늘려 극판의 전체 표면적을 증가시킨다.
② 격리판을 개선하여 축전지의 내부 저항을 감소시킨다.

배터리의 종류는 극판의 재질과 전해액에 따라 다음과 같이 구분한다.

① 납(산) 축전지 : 양극판에는 과산화납과(PbO_2), 음극판에는 순납(Pb)을 사용하고 전해액 으로는 묽은 황산(H_2SO_4)을 사용한다.
② 알칼리 축전지 : 전해액으로 수산화나트륨(NaOH)을 사용한다.
③ MF 배터리 : 극판에 납칼슘(Pb-Ca)을 사용하여 방전 시 수소가스의 발생이 적다.

납(산) 축전지의 충·방전 화학식은 다음과 같다.

$$\underset{(+)}{\underset{\text{(과산화납)}}{PbO_2}} + \underset{\text{(전해액)}}{\underset{\text{(묽은황산)}}{2H_2SO_4}} + \underset{(-)}{\underset{\text{(순납)}}{Pb}} \underset{\text{충전}}{\overset{\text{방전}}{\rightleftharpoons}} \underset{(+)}{\underset{\text{(황산납)}}{PbSO_4}} + \underset{\text{(전해액)}}{\underset{\text{(물)}}{2H_2O}} + \underset{(-)}{\underset{\text{(황산납)}}{PbSO_4}}$$

2. MF(Maintenance Free) 배터리의 특성

MF(Maintenance Free) 배터리는 보통 축전지의 단점이라고 할 수 있는 자기 방전을 최소화한 배터리이다. 자기 방전의 화학반응으로 인한 산소(O_2)와 수소(H_2)가 발생할 때 이것을 촉매제로 이용하여 다시 물로 환원시키므로 전해액의 감소가 적어 취급이 용이하며 최근 많이 사용되고 있다.

일반 배터리의 격자(Grid)의 재질은 납(Pb)과 안티몬(Sb) 합금으로 되어 있다. 이 안티몬이 배터리의 사용 중 극판의 표면에서 서서히 석출되어 국부 전지를 형성하므로 자기 방전을 촉진시키고 충전 전압을 저하시키는 요소로 작용한다.

이에 비하여 MF(Maintenance Free) 배터리의 격자는 안티몬의 함량이 적은 납과 저안티몬 합금이나 안티몬이 전혀 들어 있지 않은 납(Pb)과 칼슘(Ca)의 합금을 사용하여 자기 방전을 감소시키기 때문에 정비와 보수가 자유롭고 내구성이 좋다.

06 QUESTION 자동차에서 적용하는 헤밍(Hemming) 공법과 적용 사례를 설명하시오.

1. 헤밍(Hemming) 공법

헤밍(Hemming)은 자동차의 도어(Door)용 내외 패널, 보닛(Bonnet), 트렁크 리드(Trunk Lid) 등의 제조 시, 외판(Outer Panel)과 내판(Inner Panel)을 접합하기 위해서 외판의 가장자리를 내측으로 접고, 접힌 부분에 내판을 밀어 넣은 것으로서, 이러한 구조를 헤밍 구조라 하고 이러한 공정을 헤밍(Hemming) 공법이라고 한다.

헤밍 부위의 접합방법으로는 에폭시계 접착제가 사용되기도 하며 차체공정에서 도포된 헤밍용 접착제는 다음의 도장 공정에서 경화될 때까지는 미경화(未硬化) 상태이므로 임시적으로 스폿(Spot) 용접을 하기도 한다. 하지만 공정의 번거로움과 열변형 및 표면 상태를 고려하여 글라스 비드(Glass Beads) 공법이 주로 적용된다. 이는 접합제 중에 배합된 글라스 비드가 헤밍 시의 압착력에 의해 패널에 파고 들어가 기계적 체결력(締結力)으로 내판과 외판의 어긋남을 방지해 주는 공법으로서, 공정의 합리화와 제품의 표면상태 품질 유지와 제품의 완성도, 그리고 제조공정 축소 등으로 품질관리와 원가절감에 유리하다.

07 QUESTION 자동차 하도 도장의 목적과 특성에 대하여 설명하시오.

1. 자동차의 도장(塗裝)

자동차 도장의 하도(下塗)는 우수한 상도(上塗) 품질을 확보하기 위한 도장이며, 소지(素地)의 상태가 만족하지 못하면 우수한 도장 품질을 얻을 수 없다.

하도 공정은 피도물(被塗物)과 중도, 상도 도료의 중간에 있는 것으로 마감도료가 필요한 기능과 품질을 나타낼 수 있도록 사전 준비 작업 공정으로서 피도물(素地)을 조정하는 역할을 하는 기초 공정 또는 그 도료(塗料)를 뜻한다.

요구되는 상도의 품질, 상도 도료의 종류, 상도 클리어 공정 여부 및 피도물 표면의 재질이나 상태에 따라 적절한 하도 도료와 도장방법을 선택해야 한다.

(1) 하도 공정에 따른 도료의 종류

하도 도료는 그 기능이나 역할에 의해 프라이머(Primer), 퍼티(Putty), 서페이서(Surfacer), 실러(Sealer) 등으로 구분된다.

① 프라이머 : 피도물의 녹을 방지하며, 피도물 또는 프라이머 이후의 도막과의 부착을 좋게 한다.

② 퍼티 : 판금면의 요철이나 기존 도장과의 단을 낮추기 위하여 사용한다. 퍼티는 건조 후 샌드 페이퍼 등으로 잘 연마하여 표면을 평활하게 한다.

③ 서페이서 : 퍼티면에 존재할 수 있는 홈을 메워주며 연마를 하여 도장면을 평활하게 한다. 서페이서를 한번 도포함으로써 프라이머와 서페이서의 기능을 만족할 수 있게 설계된 도료로서 평활한 피도물에 대하여 적용된다.

④ 실러 : 구도막 또는 하도와의 색을 분리해 주는 기능을 하는 일종의 도장 장벽이다.

(2) 하도 도료의 품질

하도 도료는 그 도막 형성 요소(전색제)의 종류에 따라 유성계, 래커계, 합성 수지계(1액형, 다액형)로 구분된다.

① 유성계 : 에스텔고무, 페놀수지 등의 고형 수지와 아마인유 등의 건성유를 가열 반응으로 얻어지는 유성 바니시에 안료를 혼합한 것으로 비교적 값이 저렴하다.

② 래커계 : 니트로 셀룰로오즈와(가소성 수지의 혼합에 의한) 투명 바니시에 안료를 혼합한 것으로 속건형인 것이 특징이다.

③ 합성 수지계 : 1액형에서는 알키드 수지 바니쉬를 주체로 하는 것이 많다.

강인한 도막을 얻을 수 있고 다액형은 경화제, 촉진제 등의 기능을 향상시키기 위한 첨가제가 있으므로 도장작업 전에 혼합하여 사용한다.

08 동일한 배기량인 경우 디젤과급이 가솔린과급보다 효율적이며 토크가
QUESTION 크고 반응이 좋은 이유를 설명하시오.

1. 과급(過給, Super Charging)의 개요

과급(過給, Super Charging)은 흡입 효율과 공기량을 늘려 연료 분사량을 증가시킴으로써 비출력(比出力)의 향상과 더불어 연료 소비율을 낮추고 완전연소를 유도하여 유해 배출가스의 배출을 저감할 목적을 가지고 있다.

근래까지는 디젤기관의 터보 차저(Turbo Charger)에 의한 과급과 인터쿨러(Inter Cooler)가 주로 적용되어 큰 효과를 내고 있으나 가솔린엔진에서는 과급이 적극적으로 도입되지 않았다. 다만 가솔린엔진의 흡입 효율 향상을 위하여 단행정(短行程) 기관(Square Engine)의 구성으로 밸브 단면적을 키우거나 멀티 밸브 시스템(Multi Valve System)을 적용하는 정도였다.

물론 가솔린, 디젤엔진 모두 압축비의 향상이 열효율 향상의 대표적인 방법이지만, 가솔린엔진은 이상연소 등의 문제로 압축비를 높이는 데 한계가 있다.

근래 개발되고 상용화된 가솔린 직접 분사 엔진(Gasoline Direct Injection)의 경우 과급을 하지만 압축비는 무과급 엔진과 유사하며 오히려 압축비를 무과급(無過級) 엔진보다 약간 낮게 설정하여 설계하는 실정이다. 이는 연소 최고 압력과 연소 최고 온도의 상승에 따른 열부하의 증가와 소음, 진동 문제, 배기가스 문제 등의 유발을 막기 위한 방편이다. 다만 가솔린 직접 분사 엔진에서의 과급은 흡입 효율 향상과 더불어 연료의 분사시기를 자유롭게 하여 연소효율의 향상을 꾀하고자 하는 목적이 더 크다고 하겠다.

2. 가솔린엔진과 디젤엔진의 과급 효과

다음은 가솔린엔진의 기본 사이클인 정적 사이클(Otto Cycle)과 디젤기관의 기본 사이클인 디젤 사이클(Diesel Cycle)의 P−V선도이다.

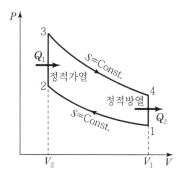

[정적(Otto) Cycle P−V선도]

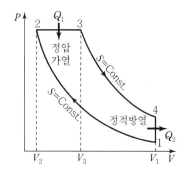

[정압(Diesel) Cycle P−V선도]

두 사이클 모두 압축비(ε)는 다음과 같이 표시된다.

$\varepsilon = \dfrac{V_1}{V_2}$ 이며 디젤 사이클에서 $\dfrac{V_3}{V_2} = \sigma$ 체절비(締切比, Cut Off Ratio)이다.

$k = \dfrac{C_p}{C_v}$ 이며 비열비이고 공기의 경우 $k = 1.4$ 이다.

정적(Otto Cycle)의 이론 열효율은

$\eta_{tho} = 1 - \dfrac{1}{\varepsilon^{k-1}}$ 로 주어지는데 압축비(ε)가 증가함에 따라 열효율은 향상된다. 압축비를 높이면 압축온도도 상승하고 가연 혼합기(可燃 混合氣)의 자연발화와 이에 따른 노킹(Knocking)과 같은 이상연소(異常燃燒)를 고려하면 일정 수준 이상으로 압축비를 높이는 것은 허용되지 않는다.

따라서 현재 사용 가솔린 연료의 옥탄가 등을 고려하여 압축비는 6~9의 범위 이내로 제한을 받는 것이 현실이다. 또한 정적 사이클에서 압축 후의 온도는 다음의 식으로 주어진다.

$$T_2 = T_1 \cdot \varepsilon^{k-1}$$

따라서 초온도(T_1)를 낮추면 압축비를 높여 효율을 향상시킬 수도 있지만 초온도(T_1)를 낮춘다는 것은 현실적으로 불가능하므로 고려할 사항이 아닌 것으로 인정된다.

또한 정압 사이클(Diesel Cycle)의 이론 열효율은

$$\eta_{thd} = 1 - \frac{1}{\varepsilon^{k-1}} \cdot \frac{\sigma^k - 1}{k(\sigma - 1)} = 1 - \frac{1}{\varepsilon^{k-1}} \cdot C$$

$$\text{여기서, } C = \frac{\sigma^k - 1}{k(\sigma - 1)}$$

C 값이 항상 1보다 크므로 압축비가 동일한 경우 정적 사이클의 열효율이 높다. 그러나 정압 사이클을 기준으로 하는 디젤 사이클은 압축착화에 의하여 연소시키는 엔진이므로 연료의 착화온도 이상으로 공기를 압축하여야 하므로 현실적으로 최소한 8 : 1 이상으로 올려야 한다. 현실적으로 디젤엔진에서의 압축비는 12~25 : 1의 범위에 있으며 가솔린엔진의 열효율에 비하여 현저하게 높고, 디젤엔진은 자기착화방식으로 압축비가 높아 흡입 공기량이 많다. 디젤 과급 엔진은 연료의 분사량을 높일 수 있고, 착화 지연기간이 짧아지고, 압력 상승률이 낮아지고, 연소 최고 압력이 향상되어 토크가 크고 엔진의 비출력은 향상되어 소형 디젤엔진에 효과적이다.

전자식 파킹 브레이크(EPB ; Electronic Parking Brake)의 제어모드 5가지를 들고 설명하시오.

1. 전자식 파킹 브레이크(EPBS ; Electric Parking Brake System)의 개요

기존의 레버 조작식 파킹 브레이크에서와 같은 레버 조작 없이 간단한 스위치 조작만으로 파킹 브레이크를 작동시킴으로써 운전자의 피로감을 최소화하고 안정된 주차를 가능케 하는 시스템이다. 여기서는 대형 자동차 공압식 전자 파킹 브레이크에 대하여 설명하기로 한다.

대형자동차의 전자제어식 파킹 브레이크는 공압을 제동력 원(制動力 源)으로 사용하며 파킹 스위치로부터 신호를 받아 제동력을 제어한다. 파킹 ECU에서는 에어 탱크 내의 압축 공기를 솔레노이드밸브로 압축 공기의 흐름 방향을 제어해서 브레이크 액추에이터를 작동시켜 파킹 제동하는 원리이다.

다음의 그림은 공기압을 동력원으로 하는 대형 자동차 전자식 파킹 브레이크의 구성도이다.

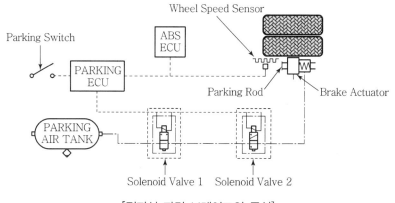

[전자식 파킹 브레이크의 구성]

2. 전자식 파킹 브레이크의 제어방법

전자식 파킹 브레이크를 이용하여 안정된 제동과 주차 시의 안전성을 확보하기 위하여 다음과 같은 방법으로 제어한다.

(1) 일반 주행 모드

운전자가 주행을 위하여 파킹을 해제하기 위하여 파킹 스위치를 Off하면 노말 오픈(NO ; Normal Open) 타입의 솔레노이드 밸브 1, 2는 개방 상태로 되며 액추에이터에서는 파킹 로드(Parking Rod)를 이동시켜 파킹 상태를 해제한다.

(2) 파킹 모드

운전자가 파킹을 위하여 파킹 스위치를 ON시키면 ECU에서는 솔레노이드 밸브 1, 2는 폐쇄 상태로 제어하며 압축공기는 솔레노이드 밸브 1에서 차단되고 솔레노이드 밸브 2에서는 배출된다. 이때 액추에이터로부터 솔레노이드 밸브 2를 통하여 압축공기가 리턴되어 배출되고 액추에이터는 압축공기의 배출로 파킹 로드가 이동하여 제동력을 발생하고 파킹 상태를 유지한다.

(3) 요구 감속도 > 차량 감속도 경우의 파킹 모드

파킹 모드가 계속된 상태이며 ECU가 휠 스피드 센서를 통해 감속도(α)와 파킹 스위치를 통해 입력되는 요구 감속도(A)를 비교하고 그래주얼(Gradual) 타입 스위치인 파킹 스위치를 이용하여 운전자는 차량 속도를 조절할 수 있다.

이때 ECU는 스위치의 요구 감속도 전류 신호를 입력받아 요구 감속도(A)로 변환하고 제동력을 제어한다.

차량 감속도는 일반적으로 다음 식으로 결정된다.

$$감속도(\alpha) = \frac{(V_2 - V_1)}{\Delta T}$$

여기서, V_1 : 제동 중의 초속도

V_2 : 검출시간 경과 후의 속도

ΔT : 속도검출 시작 → 속도검출 완료 시까지의 시간경과

요구 감속도가 실제 감속도보다 더 큰 경우 솔레노이드 밸브 1은 압축 공기의 흐름을 차단하고 솔레노이드 밸브 2는 압축공기를 배출시켜 액추에이터로부터 압축공기를 리턴 시키고 제동력을 증대시켜 실제 주행 감속도가 요구 감속도가 되도록 제어한다.

(4) 요구 감속도 < 차량 감속도 경우의 파킹 모드

요구 감속도가 실제 감속도보다 더 작은 경우 솔레노이드 밸브 1, 2는 압축공기의 흐름을 개방하고 솔레노이드 밸브1, 2를 통하여 액추에이터에는 압축공기가 공급된다. 이에 따라 액추에이터의 파킹 로드를 이동시켜 제동력을 감소시키고 실제 감속도를 요구 감속도로 감소시킨다.

(5) 요구 감속도 = 차량 감속도 경우의 파킹 모드

요구 감속도가 실제 감속도와 동일한 경우 솔레노이드 밸브 1은 압축공기의 흐름을 차단하고 솔레노이드 밸브 2는 압축공기의 유로를 개방한다.

따라서 압축공기가 액추에이터에 공급되지 못하고 솔레노이드 밸브 2는 공기 배출 없이 공압 회로를 개방하고 있으므로 액추에이터 내의 공기압은 변하지 않고 액추에이터 로드도 고정된 상태이므로 제동력이 일정하게 유지된다.

10 QUESTION 타이어의 코니시티(Conicity)를 정의하고 특성을 설명하시오.

1. 타이어 코니시티(Conicity)의 개요

Radial Tire에서는 내부의 공기압을 유지하기 위한 카카스(Cacas)라고 불리는 강철제 코드(Cord)가 타이어의 원주 방향과 직각(단면 방향)으로 붙어있는 구조를 갖고 있어 단면 방향의 힘을 지지한다.

원주 방향의 힘은 브레이커(Braker)라고 하는 견고한 코드(Cord)로 지지되어 있다. 레이디얼 타이어(Radial Tire)에서는 바이어스(Bias) 타이어와의 기본적인 구조의 차이에 따라 코니시티(Conicity), 플라이 스티어(Ply Steer)라고 불리는 레이디얼 타이어 고유 발생의 힘에 의한 현상이 있어 자동차의 직진 시의 성능에 영향을 미치는 경우가 있다.

(1) 타이어 코니시티(Conicity)

Tire가 거의 원추(圓錐)의 형상을 하고 있는 것과 같이 횡 방향에 힘이 발생하여 자동차가 횡 방향으로 흐른다. 캠버 트러스트(Camber Thrust)가 발생하는 메커니즘과 흡사하다.

(2) 플라이 스티어(Ply Steer)

타이어가 직진으로 굴러감에도 불구하고, 횡 방향으로 힘과 모멘트가 발생한다. 타이어에 슬립각이 주어져 있는 것같이 보이는 현상으로 플라이 스티어(Ply Steer)라고 하며 타이어(Tire)를 구성하는 벨트 중 가장 외측에 붙어 있는 벨트 각도의 영향을 받아서 힘이 발생하는 것으로 코니시티(Conicity)와 다르게 타이어의 회전방향에서 발생하는 힘의 방향이 변한다.

 11 QUESTION CNG 용기를 4가지로 구분하고 각각의 구조와 특징을 설명하시오.

1. 천연가스(Natural Gas)의 개요

천연가스(Natural Gas)는 메탄(CH_4)이 주성분인 화석연료로서 석유계 연료와 조성은 비슷하나 화학적 특성이 다르다.

가스 상태로 채굴된 천연가스는 저장방법에 따라 다음과 같이 분류한다.

(1) CNG(압축 천연가스, Compressed Natural Gas)

$200\sim250$kgf/cm^{2}의 고압으로 압축한 천연가스이며 압축된 가스 상태이므로 액화된 LNG에 비하여 단위중량당 부피가 약 3배 정도 크다.

(2) LNG(액화 천연가스, Liquified Natural Gas)

천연가스를 -161.5℃ 이하로 냉각시켜 액화한 것

(3) ANG(흡착 천연가스, Absorbed Natural Gas)

활성탄 등의 흡착제에 천연가스를 $30\sim60$kgf/cm^2 정도로 압축한 것

천연가스 연료는 발열량이 크고 옥탄(Octane)가가 높아 자동차용 연료로 적합하다. 특히 높은 옥탄가이므로 고압축비 전기 점화 기관에 최적의 연료이다.
또한 황산화물(SOx)과 질소산화물(NOx)의 배출이 적고 이산화탄소의 배출량도 적어 친환경 연료 및 석유 대체에너지로서 기대되는 연료이다.
천연가스는 고압의 상태이므로 보관과 이동 시의 안전과 용기에 대한 특별한 고려와 안전기준이 있다. CNG 용기는 다음과 같이 Type 1~4로 구분하며 그 구조적 특징은 다음과 같다.

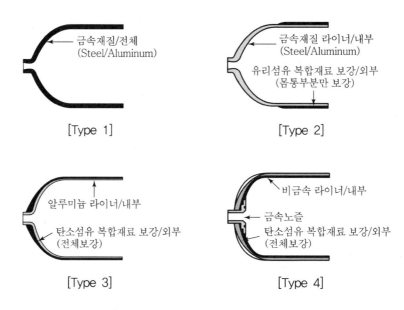

[CNG 용기의 종류와 구조]

각 타입별 재질 및 구조적 특징과 장단점은 다음과 같다.

구분	구조 및 특징	재질	장점 및 단점
Type 1	Steel 및 Aluminum 단일재질로 구조가 간단하다.	Steel/Aluminum	• 구조가 간단함 • 무겁고 가격이 저렴함 • 연비, 차실 공간 활용에 불리함
Type 2	Steel재질 라이너에 몸통부위를 유리섬유 복합재료로 보강한 구조이다.	Steel/복합재료	• 안전성 강화로 가격이 저렴함 • 무겁고 연비에 불리함 • 빈번한 충전에 적합함
Type 3	내부 Aluminum 라이너로 제작하고 표면 전체를 탄소섬유 복합재료로 보강한 구조이다.	비철금속/복합재료	• 높은 안전성과 가벼움 • 가격이 가장 높고 연비에 유리함
Type 4	내부 금속 라이너로 제작하고 표면은 탄소섬유 복합재료로 보강한 구조이다.	비금속/복합재료	• 가격이 고가임 • 가장 가볍고 연비에 유리함 • 용기를 다양한 형상으로 제작 가능함

 12 QUESTION 엔진 흡기관의 관성 및 맥동효과를 최대화하는 방안을 설명하시오.

1. 흡기관성(吸氣慣性)과 맥동효과(脈動效果)

일반적으로 극히 저속의 경우를 제외하고는 흡기 밸브 바로 앞의 압력은 흡입행정 중에 변하는데 피스톤의 흡입행정에 의해 흡기관의 밸브 근처에 부압이 발생한다.

이 부압은 압력파로 되어 흡기관 내로 전달되며 흡기관 입구에서 반사된 후 정압파로 되어 밸브 쪽으로 되돌아온다. 이와 같은 현상이 반복되면서 흡기관 내에는 압력의 맥동이 발생한다. 흡기 밸브가 개방된 상태에서 정압파(正壓波)가 도착하면 체적효율(體積效率)은 증가하고 부압파(負壓波)가 도착하면 체적효율은 저하된다.

이와 같이 흡기관 내를 전파하는 압력파가 흡기행정에 미치는 영향을 흡기의 맥동효과(脈動效果, Pulse Effect)라고 하며 흡기관 내의 맥동 주기는 엔진의 회전속도가 낮을수록 길고 회전속도가 높을수록 짧아진다. 따라서 엔진이 저속으로 가동될 때는 흡기관의 공기 유동 거리를 길게 하고, 고회전 시에는 공기의 유동 거리를 짧게 하여 넓은 회전 범위에서 공기 밀도를 높임으로써 흡입 효율을 향상시킬 수 있다.

이처럼 엔진의 회전속도에 따라 흡기관의 공기 유동 거리를 자동으로 제어하는 것이 가변 흡기 시스템(Variable Induction Control System)이다.

또한, 흡기 밸브가 열려 흡기관 내의 신기(新氣)가 연소실에 유입될 때 신기의 유동 관성(流動慣性) 때문에 신기(新氣)의 유입은 계속되는데 이것을 흡기의 관성효과(慣性效果, Inertia Effect)라고 한다.

흡기의 관성효과를 유효화하면 체적효율을 향상시킬 수 있다. 이러한 효과를 기대하면서 흡기행정이 끝나는 하사점(BDC) 후 40~70도까지 흡기밸브가 열려 있도록 밸브 타이밍을 조정하고 있으며 상사점과 하사점 근처에서 흡·배기 밸브가 동시에 열려 있는 밸브 오버 랩(Valve Over Lap)을 두고 있다.

흡기의 맥동효과와 관성효과를 극대화하기 위하여 흡기관로 중에 서지탱크(Surge Tank)를 설치하기도 한다.

자동차용 엔진의 과열과 과랭의 원인을 설명하시오.

1. 엔진의 과열(過熱)과 과랭(過冷)

내연기관 자동차 엔진의 연소 최고 온도는 2,000℃가 넘는다. 이 정도의 고온으로부터 엔진을 보호하기 위하여 냉각은 필수적이며 냉각장치의 어떠한 이상이 발생하여 과열되면 엔진 각부의 열부하가 증가하여 변형되고 윤활유의 유막이 파괴되어 마모와 손상을 일으킨다. 또한 노킹(Knocking) 등의 이상연소(異常燃燒)를 유발하여 엔진의 출력도 저하된다.

과열(過熱)과 과랭(過冷)의 원인에 대하여 냉각장치를 구성하는 부품들의 성능과 상태를 기준으로 설명하기로 한다.

(1) 엔진의 온도를 조절해주는 서모스탯(Thermostat)

수압 형성을 목적으로 냉각수 순환 펌프는 엔진의 앞쪽에 설치되어 라디에이터에서 냉각된 냉각수를 엔진으로 유입시킨다. 대부분의 냉각수 펌프는 기관의 크랭크 축의 회전력을 벨트를 통하여 전달받아 구동되며 벨트의 이완이나 절손은 냉각수의 순환을 방해하여 과열의 원인이 된다.

펌프에 의하여 엔진으로 유입되는 냉각수는 엔진의 상부 냉각수 유출 통로에 설치되어 냉각수의 온도를 조절하는 서모스탯을 통과하게 되는데 온도가 낮을 경우 유출을 막아 정상

온도인 85℃ 정도까지 조속히 상승하도록 한다. 서모스탯은 내부의 온도에 따라 신축이 자유로운 재질의 부품으로 제작되어 온도에 따라 자동으로 개폐하도록 되어 있다.

서모스탯의 성능에 이상이 생겨 항상 열려 있으면 엔진은 과랭되고 또한 항상 닫혀 있으면 엔진 과열이 발생한다.

(2) 냉각수 냉각 열을 외부로 방출하는 라디에이터(Radiator)

엔진에서 가열된 냉각수는 알루미늄이나 구리로 된 라디에이터 코어를 상부에서 하부로 유동하면서 냉각되고 펌프를 통하여 다시 엔진의 물재킷으로 재유입된다.

라디에이터 코어가 막히거나 변형으로 냉각수의 흐름에 저항이 생기면 엔진 과열의 원인이 되기도 한다.

냉각수 라인에는 항상 냉각수가 충만해 있어야 하나 증발과 부분적인 누수로 냉각수가 부족하게 되면 엔진 냉각수 라인의 부압에 의하여 자동으로 보충되도록 하고 비등하여 팽창하면 유출되는 냉각수를 저장하는 보조 탱크(Reserver Tank)가 설치되어 있다.

이 탱크에는 적당량의 냉각수가 저장되어 있어야 하는데 엔진 냉각수의 부족으로 자동으로 유입될 냉각수가 없으면 엔진 과열의 원인이 될 수도 있으므로 평상시에 유지관리에 유념하여야 할 사항이다.

(3) 냉각수의 비등을 방지하고 라인을 보호하는 라디에이터 캡(Radiator Cap)

엔진 냉각수는 100℃ 근처에서 비등하여 냉각수 라인에 압력을 가하게 되므로 압력을 자동적으로 배출하도록 설치된 것이 라디에이터 캡의 안전밸브 기능이다.

스프링 힘에 의하여 일정 압력 이상이 되면 냉각수나 증기를 자동으로 배출하는 기능을 담당한다. 라디에이터 캡 안전밸브의 스프링 장력으로 가압되는 냉각수 라인의 압력은 0.9 kgf/cm² 정도이며 냉각수의 비등점을 약 120℃ 정도까지 높여 준다. 안전 캡의 고장으로 냉각수가 가압되지 못하고 규정 온도보다 낮은 온도에서 비등하면 냉각 성능의 저하와 더불어 엔진 과열의 원인이 될 수도 있다.

(4) 냉각수의 냉각효과를 배가해 주는 냉각 팬(Cooling Fan)

엔진의 냉각수온 센서(Water Temperature Sensor)는 엔진 냉각수의 온도를 검출하여 설정 온도보다 높으면 팬 모터를 구동시켜 유입공기량을 증가시키고 라디에이터를 통과하는 냉각수를 냉각시킨다.

냉각수 온도 스위치가 고장이거나 결선 문제로 팬이 정상적으로 동작하지 않으면 엔진 과열의 원인이 된다.

또한, 한랭 시에 라디에이터 팬이나 온도 스위치의 고장으로 팬의 전원이 단속되지 못하고 연속 동작할 경우에는 엔진 가동 조건(낮은 부하상태)에서는 엔진 과랭의 원인이 될 수도 있다.

01 QUESTION 디젤엔진이 가솔린엔진보다 연비가 좋은 이유를 P−V선도를 그려서 비교하고 설명하시오.

1. 가솔린엔진과 디젤엔진의 연비

다음은 가솔린엔진의 기본 사이클인 정적 사이클(Otto Cycle)과 디젤기관의 기본 사이클인 디젤 사이클(Diesel Cycle)의 P−V선도이다. 디젤엔진의 실용화된 이론 사이클은 정적가열과 정압가역이 모두 있는 복합 사이클(Sabathe Cycle)이나 연비의 비교를 위하여 디젤 사이클과 비교 설명한다.

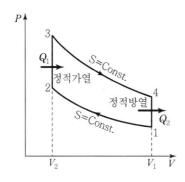

[정적(Otto) Cycle P−V 선도]

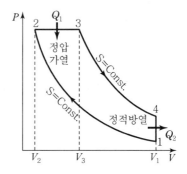

[정압(Diesel) Cycle P−V 선도]

두 사이클 모두 압축비(ε)는 다음과 같이 표시된다.

- $\varepsilon = \dfrac{V_1}{V_2}$ 이며 디젤 사이클에서 $\dfrac{V_3}{V_2} = \sigma$ 체절비(締切比, Cut Off Ratio)이다.

- $k = \dfrac{C_p}{C_v}$ 이며 비열비이고 공기의 경우 $k = 1.4$ 이다.

정적 사이클(Otto Cycle)의 이론 열효율은

$\eta_{tho} = 1 - \dfrac{1}{\varepsilon^{k-1}}$ 로 주어지는데 압축비(ε)가 증가함에 따라 열효율은 향상된다. 압축비를 높이면 압축온도도 상승하고 가연 혼합기(可燃 混合氣)의 자연발화와 이에 따른 노킹(Knocking)과 같은 이상연소(異常燃燒)를 고려하면 일정 수준 이상으로 압축비를 높이는 것은 허용되지 않는다.

따라서 현재 사용 가솔린 연료의 옥탄가 등을 고려하여 압축비는 6~9의 범위 이내로 제한을 받는 것이 현실이다. 또한 정적 사이클에서 압축 후의 온도는 다음의 식으로 주어진다.

$$T_2 = T_1 \cdot \varepsilon^{k-1}$$

따라서 초온도 T_1을 낮추면 압축비를 높여 효율을 향상시킬 수도 있지만 초온도 T_1을 낮춘다는 것은 현실적으로 불가능하므로 고려할 사항이 아닌 것으로 인정된다.

또한 정압 사이클(Diesel Cycle)의 이론 열효율은

$$\eta_{thd} = 1 - \frac{1}{\varepsilon^{k-1}} \cdot \frac{\sigma^k - 1}{k(\sigma-1)} = 1 - \frac{1}{\varepsilon^{k-1}} \cdot C$$

$$\text{여기서, } C = \frac{\sigma^k - 1}{k(\sigma-1)}$$

C 값이 항상 1보다 크므로 압축비가 동일한 경우 정적 사이클의 열효율이 높다. 그러나 정압 사이클을 기준으로 하는 디젤 사이클은 압축착화에 의하여 연소시키는 엔진이므로 연료의 착화온도 이상으로 공기를 압축하여야 하므로 현실적으로 최소한 8 : 1 이상으로 올려야 한다. 현실적으로 디젤엔진에서의 압축비는 12~25 : 1의 범위에 있으며 가솔린 기관의 이론 사이클인 정적 사이클의 열효율에 비하여 현저하게 높다.

02 QUESTION 차량에서 아이들 진동, 평가 및 문제점 개선방법에 대하여 설명하시오.

1. 아이들(空轉/Idle) 진동현상

아이들 진동은 엔진의 공회전 시 발생하는 자동차의 진동을 말하며 엔진 공회전 시 간헐적으로 또는 연속적으로 진동이 발생되지만 엔진의 회전수에 변화가 있으면 사라지기도 한다. 자동차의 각 기능 부품들은 엔진이 회전하고 있는 동안에는 수Hz~수십Hz 정도의 낮은 주파수 대역에서 1차 공진 주파수를 갖게 되는데 아이들 저속 운행 시에 차체의 공진 주파수와 일치하여 공진이 발생하고 차체 또는 일부 조립 부분품이 진동하는 현상이다. 특히 조향 휠, 각종 패널 그리고 배기장치의 공진이 발생하기 쉬우며 공진이 발생하는 경우에는 진폭이 증대되어 승차감과 안락성을 방해한다. 또한 자동변속기를 장착한 차량에서는 제동 페달을 밟은 상태에서 선택 레버를 구동력이 전달되는 D 혹은 R 모드로 전환하면 시트, 플로어, 조향 휠 및 대시 패널 등이 더 넓은 영역과 많은 부분품들이 급격히 진동한다.

2. 아이들(空轉, Idle) 진동의 발생조건과 원인

아이들 진동은 엔진 공회전 시 폭발 및 실화(失火) 그리고 압축의 부조화 등에 의해 엔진의 롤링이 커지면 엔진 마운팅을 통하여 차체(Body)로 진동이 전달된다. 그리고 동력 전달계통을 통해 롤링이 발생한다. 또한, 배기관의 변형이나 배기장치의 장착 행거 고무가 노후 또는 불량하여 고무의 동특성이 바뀌면 엔진의 진동과 배기관이 공진(共振)하여 차체로 전달되기도 한다.

그리고 엔진의 상태가 정상이어도 엔진 설치용 마운팅 고무(Rubber)가 경화되거나, 롤 스토퍼 등이 변형되면 진동 절연 특성이 저하되므로 엔진에서 발생된 진동이 차체로 전달되어 문제가 된다. 특히 아이들 진동에 의한 가진력(加振力)과 차체의 공진주파수가 일치하게 되면 조향 휠, 플로어, 각종 차체 패널 및 대시 패널 등의 진폭이 급격히 상승하고 차량 실내 소음을 상승시켜 안락성을 방해한다.

아이들 진동의 발생원인과 대책을 정리하면 다음과 같다.

구분	발생원인	저감대책
엔진	엔진의 연소 부조현상 등으로 엔진 자체의 불규칙적인 진동 발생	엔진의 아이들 안정화로 엔진 자체의 진동을 최소화한다.
엔진 마운트	엔진 마운트의 체결 불량이나 브라켓, 고무의 열화로 진동 발생	정상 규격의 엔진 마운트를 사용하고 브라켓과 고무의 불량을 점검하며 정상적으로 체결한다.
배기장치	배기장치의 부식, 변형에 의한 진동과 배기라인 고정용 고무 행거의 불량, 체결 불량으로 진동 발생	배기장치의 변형과 부식 등의 노후 부분을 개선하고 행거 고무의 열화 상태를 점검한다.
보기류	엔진 보기류의 베어링 등의 구동부 불량과 벨트, 기어 등의 구동계 불량이 진동을 발생	보기류의 베어링, 벨트, 기어 등의 불량을 제거하고 보기류 자체의 정상화로 진동을 저감한다.
댐퍼류	조향 휠, 트랜스미션, 크로스 멤버에서의 진동발생과 배기계의 체결 불량	조향 휠, 변속기, 라디에이터 등의 정상적인 체결과 댐퍼의 불량상태를 점검한다.

03
QUESTION

자동차 제조에서 적용되고 있는 단조(Forging)를 정의하고 단조방법을 3가지로 분류하여 설명하시오.

1. 단조(鍛造, Forging)의 개요

단조(鍛造, Forging)는 두 개의 금형(金型)을 이용하여 가공물에 충격이나 압력을 가하여 필요한 형상으로 성형·가공하는 소성가공법의 일종이다.

단조는 기계가공으로 제작하기 곤란하거나 기계강도적 특성을 요구할 때 적용하는 가공법이며 재료의 기포, 필요이상으로 성장한 조직 등을 큰 압축 압력으로 미세조직으로 변화시켜 재료 강도의 향상을 기대할 수 있다. 이러한 단조 성형방법의 장점을 이용하여 자동차 부품 중 크랭크 축, 캠축 등을 비롯한 여러 가지 축, 요크, 허브, 플랜지, 풀리 등의 가공에 적용하고 있다.

단조는 가공물의 온도 및 금형의 형태에 따라 다음과 같이 분류된다.

2. 단조의 종류

(1) 가공물의 온도에 따른 분류

① 열간 단조(熱間 鍛造, Hot Forging)

재료를 재결정 온도 이상으로 가열하여 가공하는 것으로 온간 단조나 냉간 단조에 비하여 정밀도(精密度)는 떨어지지만 제작비가 저렴하고 단조품의 형상에 대한 제약이 적으므로 일반적으로 가장 많이 적용되는 단조방법이다.

② 온간 단조(溫間 鍛造, Warm Forging)

열간 단조와 냉간 단조의 중간 온도에서 실시하는 단조방법이며, 정밀도(精密度)에서 열간 단조보다는 우수하고 냉간단조보다는 떨어진다.

③ 냉간 단조(冷間 鍛造, Cold Forging)

재료를 가열하지 않고 상온 또는 상온에 가까운 온도에서 실시하는 단조방법으로 정밀도(精密度)와 표면 완성도 측면에서는 가장 우수한 단조품을 얻을 수 있다. 그러나 상온에서 변형 저항이 크므로 단조용 소재는 중·저 탄소강 또는 저합금강으로 한정되며, 대부분의 경우 형상 또한 축 대칭으로 제약을 받게 되는 단점이 있다.

(2) 금형(金型)에 따른 분류

① 자유 단조(Free Forging)

특정한 금형을 사용하지 않고 성형하는 것으로 형단조와 구분된다. 자유 단조는 금형에 의한 제약을 받지 않으므로 성형에 필요한 에너지가 형단조에 비하여 적게 소요된다. 따라서 금형을 사용할 수 없는 대형 단조품에 적합하며, 또한 별도의 금형이 필요하지 않으므로 소형 제품의 수량이 많지 않은 경우에 적합한 단조방법이다. 그러나 형단조에 비하여 작업속도가 느리고, 치수 정도가 정밀하지 못하여 후 공정에서 절삭가공 시 많은 시간과 비용이 소요되는 단점이 있다.

② 형단조(Die Forging)

특정한 금형을 사용하여 성형하는 단조방법으로 자유 단조와 구분된다. 재료를 변형시키기 위하여 많은 에너지를 필요로 하기 때문에 보통 재료의 변형 저항이 가장 적은 고온(高溫) 상태에서 성형하게 되며 압연 강재를 사용하여 다시 단련하게 되므로 우수한 단련 효과를 얻을 수 있으며, 동일 금형으로 많은 양의 단조품을 생산할 수 있다. 따라서 정밀도가 우수한 단조품을 얻을 수 있으므로 후공정에서 절삭가공 시간과 비용을 절감할 수 있다. 그러나 형단조는 자유 단조에 비하여 단조 장비가 고가이며, 소정의 금형을 제작해야 하므로 소량 생산에는 적합하지 않고 자동차 부품이나 농기계 부품 등의 동일 제품 대량 생산에 유리하다.

③ 해머 단조(Hammer Forging)

원하는 형상을 얻기 위하여 여러 차례의 타격을 해야 한다. 일반적인 형단조의 경우 각 공정별로 1회 이상의 타격이 이루어진다. 해머 단조에서 단조품의 생산성과 품질은 작업자(Hammer Operator)의 숙련 정도가 크게 작용한다.

④ 프레스 단조(Press Forging)

각 공정마다 한 번씩의 작업으로 이루어진다. 또한 프레스 단조는 해머 단조에 비하여 예비 성형 작업을 할 수 있는 범위가 좁다. 따라서 예비 성형이 필요한 경우에는 별도의 장비를 사용하여야 하는 경우가 많다. 프레스 단조는 해머 단조에 비하여 작업자의 숙련도에 의지하는 비율이 낮으므로 미숙련자도 작업이 가능하다는 장점이 있다.

⑤ 업셋터 단조(Upsetter Forging)

상하 또는 좌우로 개폐되는 그립다이(Grip Die)와 전후로 운동하는 펀치(Heading Tool)로 구성된 단조기계이다. 업셋 단조는 긴축의 끝단에 플랜지(Flange)가 있는 형상의 성형에 가장 많이 사용되며, 중간 부분에 플랜지가 있는 제품, 관통된 구멍이 있는 제품, 관통하지 않은 큰 구멍을 가진 제품 등의 단조에 사용되며 파이프의 단조도 가능하다. 업셋 단조에 의하여 만들어지는 단조품으로는 자동차용 리어 액슬 샤프트(Rear Axle Shaft)가 대표적이다. 그리고 드라이브 피니언(Drive Pinion), 허브케이싱(Hub Casing), 드래그 링크(Drag Link), 스템(Stem) 등도 업셋 방법으로 생산되고 있다.

⑥ 롤 단조(Roll Forging)

롤 단조는 서로 반대방향으로 회전하는 한쌍의 롤(Roll) 사이에 롤의 회전방향과 직각방향으로 환봉(Round Bar)이나 각재(Square Bar)를 통과시켜 소재의 단면적을 감소시키고, 길이방향으로 인발하는 작업이다.

롤 단조는 자동차의 프런트 액슬(Front Axle)과 같이 긴 제품, 또는 연접봉 등의 성형에 적용되므로 리어 액슬 샤프트(後車軸)의 축부 인발용으로 사용되기도 한다.

⑦ 링 롤링(Ring Rolling)

링 롤링은 메인 롤(Main Roll), 롤링 맨드럴(Rolling Mandrel)과 상하 각 하나의 Axle Roll로 구성된 단조 기계로서 링(Ring) 형상의 소재를 가압하여 링의 직경을 키워서 원하는 형상을 만드는 단조 공정을 말한다.

자동차 브레이크 제어장치에서 PV(Proportioning Valve), BAS(Brake Assist System), EDB(Electronic Brake Force Distribution) 시스템의 필요성과 작동원리를 설명하시오.

1. PV(Proportioning Valve)

마스터 실린더와 휠 실린더 사이에 설치되어 브레이크 라인의 압력을 조절하여 앞바퀴와 뒷바퀴의 유압에 의한 제동력의 평행을 유지시켜주는 장치이다.

브레이크 페달을 밟게 되면 마스터 실린더에 의해 유압이 발생하는데 유압이 규정 값 이상이 되면 PV(Proportioning Valve) 내에 있는 피스톤이 유압에 의해 압축되어 스프링의 압축력과 휠 실린더의 유압이 평형 상태가 된다.

이때 밸브가 닫히게 되어 마스터 실린더의 유압이 상승하면 유압의 증가된 양만큼 밸브 내의 피스톤이 밀려가서 밸브가 다시 열리게 되면서, 휠 실린더의 유압이 증가하게 되는 원리를 이용하여, 전후륜의 제동력이 일정하게 유지되는 유압식 비례제어 밸브이다.

PV(Proportioning Valve)에서 압력 평형을 유지하지 못하면 각 제동륜으로 전달되는 유압이 일정하지 않기 때문에 브레이크 작동 시 각 제동륜에 걸리는 제동력이 달라지며 주행 중인 자동차의 자세가 불안정해진다.

2. BAS(Brake Assist System)

BAS(Brake Assist System)는 브레이크 답력(踏力)을 보상하는 장치이며 급제동 시 브레이크 압력을 보상해 준다.

브레이크 페달의 작동 압력 상승 상황 등을 감지하여 급제동 상태임을 파악하면 브레이크 부스터의 스프링 장력에 의하여 제동 압력이 급격히 상승하고 제동능력을 향상시켜 제동거리를 단축하는 등 미흡한 제동페달동작을 보상해주는 시스템이다.

3. EDB(Electronic Brake Force Distribution)

승차인원이나 적재하중에 맞추어 앞뒤 바퀴에 적합한 제동력을 자동으로 분배함으로써 안정된 브레이크 성능을 발휘할 수 있도록 하는 전자식 제동력 분배 시스템이다.

일반적으로 ABS는 제동륜의 고착으로 인한 스키트(Skit)를 억제하는 시스템, EBD는 전후 제동륜의 제동력을 전자 제어하는 분배장치를 말한다. 그러나 서로 별개의 개념이 아니라, ABS에 전자제어 제동력 분배장치가 장착된 시스템이 EBD 시스템이다.

지금까지의 고정식 비례제어형 유압밸브(Proportioning Valve) 대신 ABS와 함께 장착되며, ABS 성능을 향상시키고 안전성을 높이기 위한 안전장치이다. 브레이크 압력을 노면에 유효하게 전달하기 위하여 차량의 적재 상태에 따른 전후 제동륜과 감속에 의한 무게 이동에 따라 앞뒤 제동력을 적절하게 조절하여 분배하기 위한 시스템이다.

EBD는 후륜 제동력을 확보하기 위하여 전후륜의 속도 차이를 검출한 뒤 ABS의 액추에이터를 통해 뒷바퀴에 최적의 제동력을 분배하며, 일반적으로 자동차의 제동력은 접지력과 비례한다. 따라서 일반 차량의 경우 앞바퀴에 제동력이 집중되게 마련이다. 하지만 화물이나 탑승 인원이 많아 차량 뒷부분의 무게가 증가하게 되면 제동력을 다시 조정해야 하는 문제가 생긴다.

EBD는 이러한 문제가 생길 때 차륜의 속도를 검출해 후륜의 제동력을 제어함으로써 전후 제동륜의 제동력을 최적의 상태로 배분해 주는 제동 안정성 확보 시스템이다.

 내연기관에 비해서 연료전지 자동차의 효율이 높은 이유를 기술하고 연료 저장기술방식을 구분하여 설명하시오.

1. 내연기관(內燃機關)과 연료전지(燃料電池)의 에너지 변환 비교

내연기관(Internal Combustion Engine)과 연료전지(Fuel Cell)의 에너지 효율 비교는 에너지 변환 과정과 원리가 다르기 때문에 화학식이나 수식으로 간단히 비교하여 우열을 나타내기는 간단하지 않다. 따라서 여기서는 이 두 가지 에너지 변환과정과 그에 따른 목적으로 하는 활용 가능한 에너지가 어떤 형태(전기, 회전력)로 출력되는가를 비교함으로써 에너지 변환에서 어떤 방법이 더 효율적인가를 알 수 있을 것으로 판단된다.

내연기관과 연료전지의 에너지 변환과정을 설명하면 다음과 같다.

(1) 내연기관(Internal Combustion Engine)의 에너지 변환

현재의 대부분의 내연기관은 석유계 연료인 탄화수소(C_mH_n)를 이용하여 연료를 연소(Combustion)라는 산화 반응을 통하여 연소열 에너지를 기계적인 에너지로 출력을 얻어 활용하는 것이다. 이때의 산화 반응은 탄소(Carbon)의 산화이며 수소의 반응은 기대하지 않는다.

연료의 연소에 의한 열에너지는 열역학 제2법칙에 따라야 하듯이 에너지의 변환에는 반드시 비가역적인 요소 때문에 엔트로피(Entropy)의 증가가 있으며 일정량의 에너지 손실은 불가피하다. 실제 내연기관에서는 일정한 열을 저온 열원(대기)으로 방출하여야 하며 일부만이 유용한 기계적인 에너지, 회전속도와 회전력으로 변환되는 복잡한 에너지 변환 과정을 거친다.

이처럼 내연기관은 일정 열량이 손실이 있을 수밖에 없고 연료의 연소 열에너지 중에서 유효하게 변환되는 에너지는 30~40% 수준이다. 이를 열기관에서의 열효율(Thermal Efficiency)이라고 한다. 이 과정을 요약하면, 연료(화합물/내부에너지) → 연소(화학반응) → 기계적 에너지(회전속도/회전력) → 전기에너지(발전기)처럼 복잡한 에너지 변환 과정을 거치고 필요로 하는 에너지를 얻게 되는데 변환하는 과정마다 손실이 당연히 존재하며 일반적으로 에너지의 변화과정이 많을수록 전체적인 에너지 효율은 저하된다고 볼 수 있다.

$$\frac{석유연료}{(C_mH_n)} \xrightarrow{\substack{\nearrow \ 배기가스 \\ \searrow \ 냉각수}} \frac{연소 \rightarrow 발열량}{(Combustion)} \rightarrow \frac{왕복운동 \rightarrow 회전운동}{(기계적 에너지)} \xrightarrow{\searrow \ 기계적 손실} \frac{출력(Power)}{(회전속도 \times 회전력)}$$

(2) 연료전지(Fuel Cell)의 에너지 변환

연료전지(燃料電池, Fuel Cell)도 화학적 반응을 거치지만 내연기관에서와 같은 연소(燃燒, Combustion)라는 과정을 거치지는 않는다. 연료가 가지고 있는 화학적 에너지 중의 열량(내부에너지, Internal Energy)을 활용하는 것이 아니므로 연소라는 에너지 변환과정에서의 열손실은 없다.

연료전지는 탄화수소(C_mH_n) 연료의 개질반응(改質反應, H_2-Rich)을 통하여 수소(H_2)를 얻거나 또는 직접 저장된 수소와 대기 중 또는 저장된 산소(O_2)를 반응시켜 전기에너지와 열에너지를 얻는 에너지 변환장치이다.

따라서 에너지 변환과정이 단순하여 에너지의 손실이 매우 적으며 폐열 회수장치를 이용하여 개질반응과 연료전지반응에서 발생하는 열을 재흡수하여 활용하므로 연료전지의 효율을 향상시킬 수 있다.

연료전지의 에너지 변환과정을 요약하여 표현하면 다음과 같다.

$$\begin{array}{c} \quad\quad\quad \text{산소}(O_2) \quad\quad \text{물}(H_2O) \\ \quad\quad\quad\quad \searrow \quad\quad \nearrow \\ \dfrac{\text{연 료}}{(\text{Fuel}/H_2)} \rightarrow \dfrac{\text{연료전지}}{(\text{Fuel Cell})} \rightarrow \dfrac{\text{전기 에너지}}{(\text{전압} \times \text{전류})} \rightarrow \dfrac{\text{전동기}}{(\text{Battery})} \\ \quad\quad\quad\quad \searrow \\ \quad\quad\quad \text{열}(\text{Heat}) \end{array}$$

위에 나타낸 바와 같이 연료전지의 에너지 변환 과정은 매우 단순하여 에너지 변환 효율이 매우 높다. 내연기관의 열효율(熱效率, Thermal Efficiency)처럼 명시적으로 표현할 수 없는 이유는 연료전지의 연료가 되는 수소를 어떤 방법으로 얻는가가 에너지 변환 효율과 관련이 깊기 때문이다. 일반적으로 60% 이상의 에너지 변환 효율을 가지는 것으로 인정하고 있다.

이러한 이유와 유리한 장점 때문에 전기 자동차용 에너지원으로 적용에 가장 효과있고 기대되는 방안이다. 현재 수소는 저장된 수소를 활용하는 것이 가장 반응 효율이 좋은 것으로 알려져 있으나 수소의 높은 발열량 및 핵융합 반응 등의 위험성 때문에 저장과 수송에 많은 방법이 제안·연구되고 있다.

2. 연료전지 연료(H_2)의 저장방식

수소는 무색, 무취, 무미, 무독성의 가연성 기체로서 단위 질량당 에너지 밀도가 매우 크고 무한한 양이 존재하나 높은 반응성 때문에 순수한 형태로 존재하지 않으므로 연료전지와 같은 수송기계의 에너지원으로 사용하려면 물리적 상태의 변환이 필요하다.

수소를 이동하는 수송기계의 연료로 사용하기 위한 탑재형 수소 저장기술의 경우 수소를 고밀도로 저장하여야 하며 저장과 방출 속도가 빨라야 하고 이를 위한 조작이 간단하고 안전하여야 한다. 이러한 조건을 만족하는 수소 저장 기술은 압축기체수소저장(Compressed Gas Hydrogen Storage)과 액체수소저장(Liquid Hydrogen Storage)이다. 최근 들어 안전하면서도 가역적으로 고밀도 수소저장이 가능한 연료전지용 수소 저장매체의 실용화 기술에 많은 진전이 있다.

탄소나노튜브(CNTs, Carbon Nanotubes), 유기금속구조물(MOFs, Metal-Organic Frame-works), 금속수소화합물(Metal Hydrides), 금속착수소화물(Complex Chemical Hydrides), 클래스레이트수화물(Clathrate Hydrates) 등이 저장매체기술로 개발되고 있다.

다음 표는 수소를 저장하기 위한 물리적 상태 변화 방법에 따른 종류와 각 방법의 장단점을 나타내고 있다.

저장방법	장점	단점
압축수소	• 실용화 기술이 정립됨 • 수소의 무게 밀도가 높음 • 장기간 저장에 적합	• 압축비용이 많이 소요 • 수소의 부피밀도가 낮음 • 고압으로 인한 안전성 문제
액화수소	무게밀도와 부피밀도가 높음	• 기화로 장기간 저장에 부적합 • 액화에너지가 많이 소요됨 • 소형 시스템에 부적합
금속수소 화합물	• 수소의 부피밀도가 높음 • 사용 안정성의 위험성	• 수소의 무게밀도가 낮음 • 수소방출을 위해 가열이 필요 • 사용횟수가 제한적임
흡 착	• 무게밀도와 부피밀도가 적합함 • 소재비용이 낮음	• 압축과 냉각이 필요 • 시스템이 복잡
수소화합물	수소의 부피밀도가 높음	• 수소의 무게 밀도가 낮음 • 수소의 흡 · 방출이 비가역적 • 수소의 방출을 위해 고온이 필요

06 QUESTION 자동차용 DCT(Double Clutch Transmission)에 대하여 정의하고 전달효율과 연비 향상효과에 대하여 설명하시오.

1. 더블 클러치 트랜스미션(Double Clutch Transmission)의 개요

더블 클러치 트랜스미션은 자동화 수동 변속기이며 우수한 연비성능, 스포티한 주행감 등과 같은 수동변속기의 장점과 운전 편의성 등 자동변속기의 장점을 동시에 실현한 신개념 변속기이다. 더블 클러치 트랜스미션은 홀수 기어를 담당하는 클러치와 짝수 기어를 담당하는 클러치 등 총 2개의 클러치를 적용한 것이며 하나의 클러치가 단수를 바꾸면 다른 클러치가 곧바로 다음 단의 기어에 연결됨으로써 변속 시 소음이 적고 빠른 변속이 가능하며, 변속 충격 또한 적다는 장점을 가지고 있다.

변속 신호에 따라 ECU와 TCU에 의해 클러칭(Engaged, Disengaged) 및 기어 변속을 자동으로 제어함으로써 편리한 운전 조작이 가능하다.

2. 더블 클러치 트랜스미션(Double Clutch Transmission)의 특징

더블 클러치 트랜스미션은 수동 변속기의 장점과 자동 변속기의 장점을 동시에 구현한 변속기로 자동형 수동 변속기라고 할 수 있으며 이의 장점을 열거하면 다음과 같다.

① 수동 변속기의 변속 조작의 번거로움과 변속 타이밍을 맞추지 못하는 데서 오는 동력 전달 손실을 저감할 수 있다.

② DCT에서는 변속 타이밍을 ECU/TCU에서 제어하므로 항상 최고 토크점에서 변속을 하므로 동력전달효율이 좋고 연비성능 또한 향상된다.

③ 자동변속기에서의 슬립에 의한 동력전달효율의 저하가 없고 따라서 연비성능도 우수하다.

④ 연비의 저감에 따라 유해 배출가스의 배출도 저감된다.

⑤ 변속 시점이 자동으로 제어되므로 변속 조작이 빠르고 변속 단수를 늘릴 수 있어서 자동차의 주행 시 요구되는 주행 속도 – 필요 구동력 선도에 근접한 구동력을 얻을 수 있다.

01
QUESTION

어드밴스 에어백(Advanced Air‐Bag)의 구성장치를 기술하고, 일반 에어백과의 차이점을 설명하시오.

1. 어드밴스 에어백(Advanced Airbag)의 개요

디파워드 에어백(Depowered Airbag)은 충돌 가속도 센서만 있으며 따라서 에어백의 일방적 전개(展開) 여부만 제어되고 듀얼 스테이지 에어백과 어드밴스 에어백은 벨트 착용 감지센서에 의해서 탑승 여부를 판단하고 에어백의 전개 여부를 조절하며 2단 점화방식으로 탑승자의 체형, 착석 위치에 따라 에어백의 팽창 압력을 조절하는 에어백 시스템이다. 다음은 Depowered Airbag, Dualstage Airbag, Advaced Airbag의 구성과 특징을 요약한 표이다.

2. 어드밴스 에어백(Advanced Airbag)의 특징

다음 표는 Depowered Airbag, Dualstage Airbag, Advaced Airbag의 구성과 특징을 요약한 것이다.

구분		Depowered Airbag	Dual Stage Airbag	Advanced Airbag
개요 및 정의		기존 보급 모델	Advanced Airbag으로 발전하는 중간 단계	FMVSS 적용 규격의 Airbag
성능 및 기능 비교	Airbag	1단계 점화 Single Stage	2단계 점화 Dual Stage	2단계 점화 Dual Stage
	소요 센서	충돌 가속도 감지센서	충돌 가속도 감지센서＋벨트 착용 감지센서 좌석위치 감지센서	충돌 가속도 감지센서＋ 벨트 착용 감지센서 좌석위치 감지센서 ＋승객 구분센서
	동작 Logic	전개 여부만 판단	벨트 착용 여부와 속도에 따라 점화시기 및 전개압력제어	탑승자의 체형 및 착석 자세에 따라 다양한 제어
특징	장단점	탑승자의 체형 및 압력제어 없이 전개	충돌속도에 따라 에어 팽창압력 제어	충돌속도, 탑승위치, 체격 등을 감지해 팽창압력 자동조절

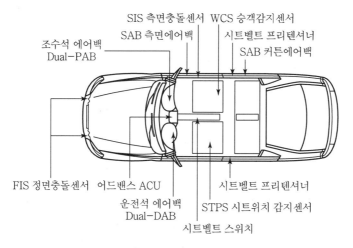

[Advanced Air Bag system]

 엔진을 시동할 때 걸리는 크랭킹 저항을 3가지로 분류하고 설명하시오.

QUESTION

1. 크랭킹 저항

엔진을 시동하기 위해서는 크랭크축을 최저 시동 회전수 이상으로 구동하여야 하며 스타트 모터의 구동력은 피니언과 링 기어를 통하여 엔진의 크랭크축을 회전시킨다.

스타트 모터는 엔진의 구동, 시동을 위하여 일정 이상의 회전력(Torque)과 속도(RPM)를 가져야 하는데 정지된 엔진의 관성력, 압축 압력, 마찰 저항, 보기류의 구동력 등이 스타트 모터의 저항으로 작용한다.

엔진의 시동 시 스타트 모터에 작용하는 크랭킹 저항은 다음과 같이 구분할 수 있다.

(1) 정지 엔진의 관성저항(慣性抵抗)

크랭크축과 커넥팅 로드의 운동에 의해 운동 부분에 작용하는 힘으로 왕복 운동하는 피스톤, 커넥팅 로드 등이 운동 질량으로 작용하며 관성력은 총 운동 질량과 구동 각속도의 제곱에 비례한다,

(2) 압축압력저항(壓縮壓力抵抗)

압축 압력에 의한 저항은 실린더의 압력(P), 실린더 체적(V)일 때 $P \times V$로 주어지며 크랭크 축 회전각도에 따라 일정 주기로 변동된다.

실제 4-행정 기관에서는 실린더 수가 n개일 때 $4\pi/n(\mathrm{rad})$마다 압축 및 팽창 행정이 있으며 시동 전의 크랭킹 시에는 팽창 행정이 없으므로 다기통 엔진에서는 압축시키기 위한 일과 압축공기의 팽창 일은 상쇄된다. 그러나 흡배기 밸브의 여닫힘 타이밍과 관련이 있으므로 압축시키기 위한 일이 공기 팽창 일보다 크고 구동 모터에는 그 차이만큼 저항력으로 작용한다.

(3) 마찰 저항(摩擦 抵抗)

피스톤 링과 실린더라이너 내벽, 피스톤 핀, 크랭크 핀, 크랭크축의 저널과 여러 가지 베어링에서 마찰 저항이 작용한다. 또한 마찰 부분에는 고유 마찰력과 더불어 마찰 부분에 존재하는 윤활유의 점도에 의한 저항도 존재한다.

크랭킹 저항은 위에서 서술한 3가지가 저항의 합성으로 작용하나 균일하게 작용하지 않고 큰 변동과 함께 복잡하게 작용한다.

이 밖에도 보기류(補機類)에 의한 저항, 자동 변속기의 토크 컨버터의 저항도 작용한다.

03 자동차용 부축 기어식 변속기에서 변속비를 결정하는 요소를 자동차 속도로부터 유도하여 설명하시오.

QUESTION

1. 기어식 변속기의 변속비

자동차의 주행속도는 타이어의 슬립이 없다고 생각하면 기관의 회전속도, 변속비, 최종 감속비 및 타이어의 치수 등에 따라 결정된다. 전진 4단, 후진 1단의 변속기 자동차에서

n : 기관의 회전속도(rpm), D : 타이어의 지름(m)
V_1 : 제1속의 주행속도(km/h), i_1 : 제1속의 변속비
V_2 : 제2속의 주행속도(km/h), i_2 : 제2속의 변속비
V_3 : 제3속의 주행속도(km/h), i_3 : 제3속의 변속비
V_4 : 제4속의 주행속도(km/h), i_4 : 제4속의 변속비
$$i_f : 종감속비$$
라고 하면, 각 속도에 대한 변속비는 다음 식으로 구할 수 있다.

$$\text{제1속도의 주행속도} \quad V_1 = \pi D \times \frac{n}{i_1 i_f} \, \mathrm{m/min} = \pi D \times \frac{n}{i_1 i_f} \times \frac{60}{1000} \, \mathrm{km/h} \ \text{에서}$$

$$제1속의\ 변속비\ i_1 = \frac{60\pi Dn}{1000\,i_f\,V_1}\ 이\ 된다.$$

$$같은\ 방법으로\ 제2속의\ 변속비\ i_2 = \frac{60\pi Dn}{1000\,i_f\,V_2}$$

$$제3속의\ 변속비\ i_3 = \frac{60\pi Dn}{1000\,i_f\,V_3}$$

$$제4속의\ 변속비\ i_4 = \frac{60\pi Dn}{1000\,i_f\,V_4}\ 로\ 구해진다.$$

 04 QUESTION 밀러 사이클(Miller Cycle) 엔진의 특성과 자동차에 적용되는 사례를 설명하시오.

1. 밀러 사이클(Miller Cycle) 엔진의 원리

종래 가솔린 기관의 Otto Cycle은 흡입, 압축, 팽창, 배기 4행정의 길이가 같아서 압축비와 팽창비가 동일하였다. 이에 비해 저 압축, 고 팽창비 기관은 4행정 중 압축 행정을 짧게 하여 낮은 압축비와 높은 팽창비를 실현할 수 있다.

일반적으로 기관의 회전력(Torque)은 흡입 공기량에 비례하기 때문에 배기량을 크게 하거나 보다 많은 공기를 연소실 내에 공급하고 많은 양의 연료를 공급하여 연소시켜야 높은 회전력을 얻을 수 있다. 배기량을 크게 하는 경우는 강제적으로 많은 공기를 공급하는 경우보다 압축을 위한 공업일(압축일, Technical Work)이 커지기 때문에 연비가 저하된다. 따라서 배기량이 적은 엔진의 실린더에 보다 많은 공기를 공급하면 높은 회전력에 의해 큰 출력과 우수한 연비를 얻을 수 있다.

그리고 소배기량 기관으로 고출력을 내기 위해서는 터보 차저(Turbo Charger) 등의 과급기를 사용하여 강제 과급하는 방법이 필요하나 저속 부하 시의 과급량 저하(Turbo Lag) 등에 의한 발진 가속성이 나빠진다.

또한, 오토 사이클(Otto Cycle) 기관에 강제 과급을 할 경우 압축 후에 공기가 고온이 되어 노킹(Knocking)의 발생이 우려되어 압축비를 낮춰야 하며 여기서 팽창비까지 낮게 할 경우 팽창에서 발생하는 열에너지가 기계적 에너지로 충분히 전환되지 못하고 대기에 방출되어 에너지 이용 효율이 떨어진다. 따라서 노킹의 발생을 억제하고 열효율을 높이기 위해서는 저압축 고팽창비 기관이 필수적이다.

고 팽창기관은 흡입밸브의 닫힘 시기를 하사점(BDC) 전 또는 하사점 후(밀러사이클 P−V선도의 점7)로 하여 고팽창비를 유지하면서 압축비를 낮게 하여 노킹을 방지하고 에너지 효율을 높인다. 이때 흡입 공기량을 충분히 확보하기 위해 특수 과급기를 활용하여 과급 영역을 저속과 고속영역에 이르기까지 광범위하게 사용할 수 있도록 하면 비과급(Natural Aspiration) 기관에 비해 큰 출력 증가를 얻을 수 있는 것이다.

밀러 사이클 엔진(Miller Cycle Engine)은 고압축비에서 발생할 수 있는 노킹으로 인한 압축비 제한을 극복하면서 팽창비(절대일, Absolute Work)를 향상시킴으로써 열효율을 높이려는 발상이다.

아래 그림은 가솔린엔진의 기본 사이클인 오토 사이클(Otto Cycle)과 밀러 사이클(Miller Cycle)의 이론적 비교이다.

그림에서 두 사이클 모두 팽창일은 면적 TDC−4−5−BDC로 동일하다. 그러나 밀러 사이클은 점 7에서 압축이 시작되고 압축일(Technical Work)은 면적 71′3′37이 되고 오토 사이클의 압축일은 면적 21′3′32가 된다.

오토 사이클, 밀러 사이클 두 사이클 모두 팽창비(γ_e)는 $\gamma_e = \dfrac{V_5}{V_3} = \dfrac{V_5}{V_4}$ 로 동일하다.

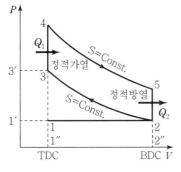

[정적(Otto Cycle) P−V선도]

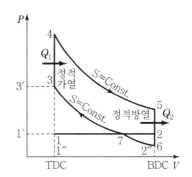

[밀러 사이클(Miller Cycle) P−V선도]

이처럼 밀러 사이클은 오토 사이클과 팽창일은 동일하지만 흡기 밸브의 닫힘 시기를 행정 중간 또는 압축 행정 중간(밀러 사이클 P−V선도의 점7)에 두어 실질적인 압축비를 낮추는 효과가 있다.

오토 사이클(Otto Cycle)에서의 압축비(ε_o)는

$$\varepsilon_o = \frac{V_2}{V_3} = \frac{V_5}{V_4} \text{ 이며}$$

밀러 사이클(Miller Cycle)의 압축비(ε_m)는

$$\varepsilon_m = \frac{V_7}{V_3} = \frac{V_7}{V_4} \text{로 표시되고 } \varepsilon_o \geq \varepsilon_m \text{ 이다.}$$

따라서 밀러 사이클은 오토 사이클보다 유효 흡입 행정이 짧으므로 저속~고속 구간까지 효율이 좋은 과급기로 과급하지 않으면 출력을 향상시킬 수 없다. 또한 터보형 과급기(Turbo Charger)를 적용하는 경우 흡입 공기의 온도를 낮추는 중간 냉각기(Inter Cooler)를 적용하여 과급 효율을 충분히 발휘하도록 해야 한다.

실제 자동차에서는 로터리 밸브(Rotary Valve)를 적용한 가변 밀러 사이클 엔진과 피스톤이 하사점(BDC)을 지난 압축 행정 중에 흡기 밸브를 닫는 고정 흡기 밀러 사이클 엔진이 실용화되어 있다.

(1) 가변 밀러 사이클(Miller Cycle) 엔진

가변 밀러 사이클 엔진은 로터리 밸브를 사용하여 흡입 행정 중에 흡입 밸브를 닫아 저압축 고팽창을 유도하는 방식으로 일본에서는 「K-Miller System」이라고도 불린다.

이 방식은 단열팽창에 의한 연소실 내 연소온도의 저하로 NOx 저감 및 노킹을 억제하며 흡입 손실이 줄어들어 연비가 좋아지는 장점이 있는 반면, 고회전 영역에서 흡입 공기량의 감소로 부스트압(Boost Pressure)이 너무 높게 되고 로터리 밸브의 제어가 복잡한 단점을 갖고 있다.

(2) 고정 밀러 사이클(Miller Cycle) 엔진

고정 밀러 사이클 엔진은 흡기밸브를 압축행정 중에 닫아 저압축 고팽창을 유지하는 방식으로 MAZDA Miller System이 이 방식에 해당된다.

고정 밀러 사이클 방식은 고회전 영역에서 흡기량 감소가 적고 중 · 저속에서 유효 압축비 감소에 의한 노킹(Knocking) 방지 효과가 커서 전 운전 영역에서 효율을 높일 수 있으며 단열팽창에 의한 연소실 내 온도의 저하로 NOx가 줄어들고 특수 과급기를 개발, 적용하여 소형 고성능화는 물론 완전연소를 유도하여 일산화탄소(CO) 등의 유해 배출가스 저감에도 효과를 거두고 있다.

저압축 고팽창 밀러 사이클의 대중적 실용화에 성공할 수 있는 것은 목적에 맞는 과급기의 개발, 적용이라 볼 수 있다.

05
QUESTION

자동차 소음을 구분하여 특성을 설명하고 자동차 시스템별로 소음 발생 원인과 방지책을 설명하시오.

1. 소음의 발생 원인

자동차의 소음원(騷音源)은 엔진 블록, 냉각계통, 배기계통, 구동계통, 타이어 및 기타 소음 발생원이 있으며 특수 목적으로 제작된 자동차를 제외하고는 소음의 발생원과 그 종류는 거의 유사하다. 그러나 자동차의 크기나 구조에 따라 소음원의 크기는 차종에 따라 다를 수 있고 따라서 소음을 저감하기 위한 대책이 다르다.

각 소음원이 차외 소음(車外 騷音)에 대하여 어느 정도의 영향을 끼치는지를 파악한다는 것은 소음저감대책을 세우는 데 매우 중요하다. 소음발생 기준을 법으로 규제하고 구체적으로 자동차 안전기준에 관한 규칙으로 측정 방법과 소음 강도를 정하고 관리함에 따라 과거에 비하여 현저히 낮아지고 있으며 자동차 진동문제와 더불어 자동차 설계에서부터 승차감과 안락성, 편의성 제고와 상품의 경쟁력이라는 측면에서 매우 중요하게 고려하는 항목이 되고 있다.

자동차에서 발생할 수 있는 각 소음 발생원에서의 소음 발생원인 및 저감대책은 다음과 같다.

(1) 엔진 소음

엔진 자체와 발전기, 콤프레서, 냉각수 펌프 등의 보기류(補機類)로부터 방사되는 소음이며, 실린더 내에서 반복되는 폭발적 연소에 기인하는 연소 소음과 왕복 운동부분의 관성력이나 밸브 기구, 타이밍 체인이나 벨트, 기어 등의 작동에 의한 충격력과 마찰음에 기인하는 기계소음으로 크게 나뉜다.

(2) 냉각계통의 소음

냉각계통의 소음은 팬에서 발생되는 소음이 가장 지배적이며, 팬 소음은 다시 팬의 날개가 공기에 주는 압력변동에 의해 생기는 회전음과 유로(流路)나 날개 끝부분 등에 생기는 공기의 난류(亂流)에 의하여 발생하는 외음(外音)으로 분류된다.

(3) 배기계통의 소음

배기계통의 소음은 배기음과 방사음으로 나뉜다.

배기음은 배기관 끝에서 대기 중으로 배기가스가 팽창하면서 발생하는 소음이며, 이것은 다시 기관의 배기행정에 따라 배기가스가 주기적으로 압출되는 것에 의해 발생하는 맥동음(脈動音)과 배기계통 내부를 흐르는 배기가스의 흐름이 균일하지 못하여 발생하는 기류음(氣流音)으로 분류된다.

방사음은 배기가스의 흐름 자체나 기관의 진동으로 배기관이나 소음기 자체의 표면이 진동하여 발생한다.

(4) 흡기계통의 소음

흡기계 소음의 발생 기구는 배기소음의 발생 메커니즘과 유사하며, 흡기음과 방사음으로 구분된다. 흡기음은 흡기계에 있는 크고 작은 흡기구로부터 나는 소음이며, 공기를 단속적으로 흡입하고 교축(較縮)하는 과정에서 공기의 유속 차이에 의해 발생하는 맥동음과, 흡입공기가 공기청정기(Air Filter)의 입구나 내부의 밸브 등을 통과할 때의 난류와 교축 과정에서 발생하는 기류음으로 분류된다. 흡기계 방사음은 흡기계의 음압변화나 기관의 진동에 의해 흡기계통 부품들의 표면이 진동하여 발생한다.

(5) 구동계통의 소음

구동계 소음은 클러치, 변속기, 추진축, 구동 차축 등의 회전 마찰 진동음과 자체의 진동이나 충격에 의한 기계음과 방사되는 소음이며, 구동계가 무겁고 긴 대형 차량에서는 무시할 수 없는 소음이다.

(6) 현가, 제동계통의 소음

주로 자동차의 주행 중에 발생하는 소음이며 현가장치(Suspension System)와 제동장치 (Brake System)에서 발생하는 소음이다.
판 스프링의 판간 마찰(板間 摩擦)과 쇼크업소버에서의 마찰음이나 오일 및 가스 유동음 (流動音), 그리고 코일 스프링의 선간 마찰음이 있으며 스태빌라이저 – 바(Stabilizer – Bar) 등의 연결 링크와 고무제 부쉬(Bush)에서의 미끄럼 마찰음이 있다.
제동계통의 브레이크에서는 브레이크 패드(Pad)나 슈(Shoe)의 마찰음이 대부분이며 마찰재의 마찰계수의 변화, 드럼 및 디스크의 편마모 등이 발생 원인이다.

(7) 타이어 소음

타이어 소음은 자동차의 주행 중에 타이어와 노면의 마찰음과 타이어 트레드 패턴의 홈 속의 공기가 방출될 때 발생한다.

(8) 주행 공기 마찰음

자동차가 공기 중을 고속으로 주행할 때의 공기의 충돌과 자동차 표면 부착물의 저항으로 공기의 맥동과 충격으로 발생하는 바람소리와 같은 소음이다. 또한 경음기의 경적음도 자동차의 소음원이다.

2. 소음방지대책

위에서 설명한 바와 같이 자동차의 소음은 진동과 밀접한 관련이 있고 그 원인들도 다양하여 소음방지대책 또한 단순할 수 없으며 일반적으로 진동을 감쇄시킬 수 있는 방법, 차폐 방법, 흡음 방법 등이 많이 적용된다.

(1) 방음(防音)을 고려한 구조 개선 및 방진(防振) 설계

강성(剛性)의 향상, 저소음 재료의 채택, 진동을 감쇠시키는 진동흡수 댐퍼의 사용 및 방진 고무를 삽입하는 등 설계 단계에서부터 저소음화를 기하는 방법이 효과적이다.

(2) 차음식(遮音式) 방음

발생한 소음을 감쇠시켜 전파되지 않도록 하는 차폐방법이 있는데, 이는 소음 발생원 측과 소음이 전달되는 공간 사이를 밀폐하여 분리하는 격벽을 두고 음파의 전달을 차단하는 방음 방식이다.

(3) 흡음식(吸音式) 방음

공기의 유동(流動)에 의한 표면 마찰이나 유동음을 다공질(多空質) 재료의 적절한 배치 및 부착을 통해 음의 운동에너지를 열에너지로 변화시킴으로써 음을 흡수하는 방식이다.

QUESTION 06 바이오 연료를 자동차에 적용할 때 환경과 연료 절약 측면에서 득과 실에 대하여 설명하시오.

1. 바이오 에너지(Bio Energy)의 개요

바이오 에너지란 식물과 미생물의 광합성에 의하여 생성되는 식물체, 균체와 이를 먹고 살아가는 동물체를 포함하는 생물 유기체와 같은 바이오매스(Biomass) 자원을 에너지화한 것을 의미하며 우리나라 대체에너지 개발 및 이용보급 촉진법 제 2조 2항의 정의에 의하면 바이오 에탄올(Bio-Etanol), 바이오 가스(Bio-Gas), 바이오디젤(Bio-Diesel)을 포함한다.

자동차용 연료로 적용되는 바이오 연료(Bio-Fuel)의 특성과 환경, 에너지 경제성 측면에서의 효과는 다음과 같다.

(1) 바이오디젤(Bio-Diesel)

바이오디젤은 동물성, 식물성 기름에 있는 지방성분을 경유와 비슷한 물성을 갖도록 가공하여 만든 바이오 연료로 바이오에탄올과 함께 가장 널리 사용된다. 주로 경유를 사용하는 디젤자동차에 경유와 혼합하여 사용하거나 그 자체로 차량 연료로 사용된다.

바이오디젤의 제조 반응은 알칼리(또는 산, 효소) 촉매하에서 3개의 메탄올(알코올류) 중 1개의 메탄올과 동/식물성 유지의 지방 성분인 트리글리세리드가 전이 에스테르 반응에 의해 디글리세리드와 1개의 지방산 메틸에스테르를 생성하며 순차적으로 모노글리세리드, 글리세린이 생성되면서 각각 지방산 메틸에스테르가 만들어져 총 3개의 지방산 메틸에스테르가 생성되는데 이것이 바이오디젤이다.

바이오디젤은 BD로 표기하는데 BD 다음의 숫자는 바이오디젤의 비율을 나타낸다. 예를 들어 BD5의 경우 경유 95%에 바이오디젤 5%가 함유된 것을 의미한다.

바이오디젤의 원료로는 콩기름, 유채유 등과 같은 모든 식물성 유지뿐만 아니라 다양한 동물성 유지를 사용할 수 있다. 바이오디젤의 원료로 할 수 있는 것은 다음과 같다.

- 식물성 기름(Virgin Oil Feedstock) : 콩(Soybean), 옥수수(Corn), 유채유(Rapeseed), 폐식용유(Used Cooking Oil), 해바라기(Sunflower), 팜(Palm), 카놀라(Canola), 코코넛(Coconut), 올리브(Olive)
- 동물성 기름 : 우지(Tallow), 돼지기름(Lard), 닭기름(Chicken Fat)

바이오디젤의 자동차 연료로서의 연소효율성, 연료 경제성, 배기가스의 배출, 사용 안정성과 수급 안정성 등의 특징은 다음과 같다.

① 석유계 디젤과 유사한 화학적 성상

　바이오디젤의 화학적 성상은 경유와 거의 유사하며 유동점이 −3℃로 경유 (−23℃) 보다 높아 동결의 불리한 점이 있으므로 동절기에는 반드시 경유와 혼합해서 사용해야 하며 인화점은 150℃ 이상으로 경유(55℃)보다 높아 안전하다.

② 연료소비율의 감소

　바이오디젤 100%를 사용할 경우 경유 사용 대비 연비가 5~8% 감소하는 것으로 실험·보고되고 있다. 따라서 BD20을 사용할 경우 연비가 1~1.6% 감소하게 된다.

③ 바이오디젤 연료 배기가스의 공해저감

　바이오디젤의 가장 큰 장점은 유해 배출가스 중의 매연을 저감시킬 수 있다는 점이다. 바이오디젤은 CO_2의 산출량이 아주 낮으며 BD100의 경우 CO(일산화탄소 : −50%), THC(총 미연소탄화수소 : −93%), PM(분진 : −30%), SOx(황산화물 : −100%), OFP(오존발생잠재도 : −50%), PAH(발암성 방향족 화합물 : −80%), nPAH(질화 발암성 화합물 : −90%)로 석유계 연료의 경유보다 현저히 적게 배출된다.

④ 수입 연료 대체와 수급 안정성

　국제 곡물가격에 영향을 받지만 대두유 생산국인 미국의 경우 바이오디젤을 생산하는 데 소요되는 비용은 화석연료를 생산하는 데 드는 비용의 31%에 불과하다고 한다. 국내의 경우 식물성 연료를 대량으로 생산하지는 않지만 이미 사용된 식용유를 수거하여 사용할 경우 해외에서 수입하는 화석연료보다 싼 가격에 바이오디젤을 생산 보급할 수 있을 것으로 판단하고 있다.

⑤ 사용 편의성

　바이오디젤은 기존 경유 차량에 별도의 차량구조 변경 없이 사용할 수 있으며 기존 경유 차량에 주유만 하면 되고, 별도의 혼합장치 없이도 경유와 혼합하여 사용이 가능하다.

⑥ 청정연료/부식성 연료

바이오디젤은 청정연료이기 때문에 BD50 이상의 바이오디젤을 연료로 사용할 경우 이 바이오디젤은 불순물이나 침전물에 대한 용제 역할을 하게 되어 기존 경유에 의한 침전물을 연료탱크, 연료펌프, 연료호스로부터 제거하여 차량의 내구성에 도움이 될 수도 있으나 연료계통의 고무 및 금속재료를 부식, 변형시킬 우려가 있다.

⑦ 산화성과 수분함량의 증가

바이오디젤의 대표적인 단점으로 인정되는 점은 산화안정성이 경유에 비해 좋지 않으므로 산도(酸度) 및 수분함량 증가와 같은 연료품질 악화를 유발하여 엔진 연료계 부품의 부식 또는 손상을 발생시킬 수 있으며, 연료분사 인젝터의 막힘이나 연소실 내침적물 증가의 원인이 될 수 있다.

2. 바이오 에탄올(Bio‒Ethanol)

바이오 에탄올은 설탕이나 녹말로 만든 옥탄가가 높은 알코올로, 석유를 소모하는 제품에 사용할 수 있는 중요한 대체 연료로 고려되고 있다. 자동차에 사용된 최초의 연료 중 하나인 바이오 에탄올은 가솔린과 혼합하거나 단독으로 자동차 연료로 사용할 수 있어 바이오디젤과 더불어 대표적인 재생자원에너지로 꼽힌다.

화학식은 CH_3CH_2OH이며 수소 원자 1개가 히드록시기로 치환된 대표적인 1가 알코올이다. 비중은 0.789, 폭발한계는 3.3~19%(Vol.%)이다.

따라서 바이오 에탄올은 가솔린 연료의 대체 에너지로 각광 받고 있으며 옥탄가가 높고 산소를 가지고 있어 주로 휘발유의 함산소화합물(含酸素化合物)로 사용되었으나 바이오 연료라는 측면에서 중요성이 높아지고 있다.

자동차 측면에서는 휘발유의 에탄올 함량이 5% 이하로 존재하는 경우, 기존 차량의 큰 개조 없이 사용이 가능한 것으로 알려져 있으나, 에탄올 혼합비율이 증가할수록 차량연료계통상의 부식발생 우려 등으로 인해 엔진 및 연료시스템과 관련된 부품의 개선이 요구되므로, 통상적으로 일반 가솔린 차량에 10% 이상의 에탄올 배합은 피할 것을 권고하고 있다.

에탄올 보급 확대를 위해서는 궁극적으로 에탄올 혼합비율에 영향을 받지 않는 FFV(Flexible Fuel Vehicle)의 보급이 필요하다.

자동차 연료 공급 측면에서도 에탄올은 수분 분리 문제로 인해 기존 가솔린과는 별도의 수송 · 저장 · 출하시설을 구축하여야 하고, 주유소의 설비를 보완하여야 한다. 또한 에탄올 혼합에 의한 가솔린 증기압 상승효과 및 기타 품질문제 해결이 요구된다.

결과적으로 에탄올을 자동차 연료로 사용하기 위해서는 자동차 연료와 관련된 인프라 보완 및 구축이 필수적이므로, 초기 도입단계에서는 상당한 비용을 유발할 것으로 예상된다. 자동차 연료로서 바이오 에탄올의 장단점은 다음과 같다.

(1) 바이오 에탄올의 장점

- 고옥탄가의 연료이며 가솔린 대체 연료로서 연소효율이 높다.
- 가솔린에 비하여 이산화탄소(CO)의 배출이 저감된다.
- 석유 에너지의 대체 연료로서 석유 에너지 고갈에 대응할 수 있다.

(2) 바이오 에탄올의 단점

- 공급, 저장, 운송 및 유통단계의 수분관리에 어려움이 있다.
- 자동차, 주유기, 저장탱크, 송유관의 고무 및 금속재료 부식/팽윤/변형 등을 발생시킨다.
- NOx 및 알데히드의 배출농도가 증가되는 등 대기오염을 유발한다.
- 대중적 보급을 위한 인프라 구축비용이 많이 소요된다.

3. 바이오 메탄올(Bio − Methane)

바이오 에탄올이 주로 식물체나 균체와 같은 바이오매스(Bio − mass)를 이용하여 합성 추출하는 데 비해 바이오 메탄올은 유기성 폐기물로부터 발생하는 합성가스나 바이오 가스로부터 생산이 가능하다. 합성된 바이오 메탄올은 자동차 연료나 화학물질의 원료 등의 탄소원(炭素源)으로 활용이 가능하다.

바이오메탄은 대부분 천연가스, 석탄이나 바이오매스로부터 생산하지만 이산화탄소(CO_2)에 재생성 수소를 첨가하는 화학적 합성으로 생산하기도 한다.

또 메탄(CH_4)을 생물학적 산화에 의한 메탄올로 전환하기도 하지만 고온 · 고압이 필요하고 수율이 낮아 경제성이 낮다.

화학식은 CH_3OH이며 가솔린과 혼합하여 엔진 구조 변경 없이 연료로 사용할 수 있다.

다음에서 바이오 메탄올의 특징을 설명하고 있다.

(1) 연료로서의 바이오 메탄올

- 기술 · 화학적으로 문제없이 석유 연료 대체 에너지로 사용할 수 있다.
- 기존 가솔린, 디젤보다 성능 환경적으로 우수하다.
- 옥탄가가 월등히 높아 고압축비 엔진에 적용이 가능하며 연소효율이 높아 직접 엔진 연료로 사용 가능하다.
- 자동차 연료로 사용할 경우 유해 배출가스의 배출이 적다.
- 바이오디젤 생산의 탄소원(炭素源)으로 활용 가능하다.
- 수소에너지의 공급원으로 가능하며 높은 수소 전환율로 연료전지 자동차 등의 수소 공급원으로 적용 가능하다.
- 메탄올은 생분해도가 높은 단일 물질로 균일한 성분이므로 탄소 및 수소 에너지 공급원으로 활용이 가능하다.
- 메탄올의 대부분은 다양한 화학제품의 원료로 사용되지만 가격이 높고 대량 생산에 장치 비용이 많이 소요된다.

01
QUESTION

타이어의 발열 원인과 히트 세퍼레이션(Heat Separation) 현상을 설명하시오.

1. 타이어의 발열과 온도 상승현상

타이어는 주행 중 노면과 접촉하고 차량 중량을 지지하게 되므로 변형과 복원이 주기적으로 반복된다. 또한 타이어의 재료는 고무, 강제(鋼製) 코드 등으로 탄성체이기 때문에 하중에 의한 변형 동작이 반복되면 이력현상(履歷現想, Hysteresis Loss)에 의해 발열하게 된다. 그럼에도 타이어의 주된 재료인 고무는 열전달률이 낮은 재료이기 때문에 방열량이 적고 타이어 내에 축적되어 적정의 온도는 타이어 손상을 초래하지 않는다.

그러나 공기압 부족, 과적으로 인한 과도한 부가 하중으로 타이어의 능력을 초과한 속도로 주행하는 경우 타이어의 내부 온도는 높아지고 임계 온도를 넘어 타이어를 구성하는 고무, 강제 코드 등의 재료 강도 및 구성 물질 간의 접착력과 타이어의 내구력이 저하되며 돌발적인 세퍼레이션(Separation) 현상이나 파열을 일으킨다.

타이어의 손상과 파손은 중대한 사고를 유발함으로써 타이어에는 규격을 표시하고 있으며 최고 허용하중의 한계를 나타내는 하중지수와 최고 허용속도를 나타내는 속도기호를 포함하고 있다.

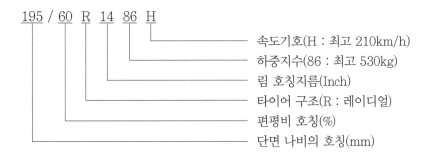

타이어의 파손은 과도한 하중의 부가나 방열의 미흡이 원인이고 이밖에도 여러 가지 원인이 있으며 벨트 주위 온도가 125℃ 부근부터 손상이 발생하기 시작하여 158℃에서는 50% 정도가 손상되는 것으로 알려져 있다. 타이어의 과열 원인을 나열하면 다음과 같다.

2. 타이어의 발열과 온도 상승의 원인

(1) 공기압과 타이어의 발열

타이어의 공기압이 부족할 경우는 타이어의 굴곡운동이 과다하게 커져 이 굴곡에 의하여 되돌아오려는 복원력이 증가하게 되고 스탠딩 웨이브현상의 원인이 되어 타이어를 구성하고 있는 고무나 타이어 코드 등의 피로, 접착력의 저하를 불러 타이어 코드가 분리되는 현상이 발생하고 온도가 상승한다.

(2) 하중과 타이어의 발열

하중이 증가하면 타이어의 변형량이 커져 내부 온도가 상승한다. 과적재한 경우는 일반적으로 높은 공기압이 충전되어 있는 경우가 많기 때문에 타이어의 숄더(Shoulder)부나 비드부에 강한 스트레스(Stress)가 발생, 이상 발열(異常 發熱)이 비드부의 분리나 과열을 일으킨다.

(3) 속도와 타이어의 발열

자동차의 주행속도가 빨라지면 주행 중의 타이어 굴곡운동도 심해지고 타이어의 발열량도 많아지게 되므로 허용하중과 노면 온도의 상태를 고려하여 주행 속도를 결정해야 한다.

(4) 자동차의 주행시간과 타이어의 발열

타이어는 주행 중에 반복되는 굴곡운동에 의해 발열하고 그것이 타이어 내부에 축적되는 한편, 끊임없이 외부를 향해 방열도 하고 있기 때문에 열적 평형이 잡혔을 때 타이어 온도는 포화상태가 되어 거의 변화하지 않게 된다.

물론 이 온도는 주행조건에 따라 다르며 고속으로 될수록 높아진다. 고온 상태로 장시간 주행을 계속하면 타이어를 구성하고 있는 고무, 타이어 코드 등이 노화되고 재료 사이의 접착력도 저하된다.

(5) 트레드 홈 깊이와 타이어의 발열

대형 자동차 타이어는 승용차용 타이어와는 달리 트레드의 두께도 두껍고 카카스의 플라이 수도 많다. 타이어 각부의 두께가 두꺼워질수록 방열효과가 적고 타이어 내부에 축적되는 열도 많아져 온도가 상승한다.

대형 자동차용 타이어는 홈 깊이에 의해 HW(High Way), HT(Heavy Tread), EHT(Extra Heavy Tread)로 분류되어 있으므로 사용 조건에 맞는 타이어를 선택해야 한다.

(6) 타이어의 구조와 발열

레이디얼 타이어는 바이어스 타이어와 달리 벨트의 효과에 의해 접지부 트레드의 변형과 움직임이 적으며 방열성이 좋은 강철 코드를 사용하고 카카스가 레이디얼 구조이기 때문에 내부 재료 간 마찰이 적어 주행 시 타이어 온도 상승 문제에 유리하다.

튜블리스(Tubeless) 타이어는 튜브타입과 비교하면 타이어 내부의 공기가 직접 휠에 접해 있기 때문에 휠에서의 방열이 쉬워 타이어의 온도 상승 문제에 유리하다.

(7) 복륜 타이어의 외경 차와 타이어 온도

장착된 복륜(複輪) 타이어에 외경차가 있을 경우 외경이 큰 타이어에 보다 많은 하중이 작용하고 더 많이 발열하게 되므로 공기압을 동일하게 유지해 주는 것이 유리하다.

(8) 발열 온도와 위치

타이어의 부위별 온도는 숄더(Shoulder)부가 가장 높고 손상 시작 부위도 숄더부가 대부분이다. 숄더부의 고무 두께가 가장 두껍고 다른 부위에 비하여 방열이 나쁘며, 열을 축적하기가 쉽기 때문이다.

3. 히트 세퍼레이션(Heat Separation) 현상

타이어가 발열에 견딜 수 있는 일반적인 벨트의 온도는 125℃ 정도이며 이 이상 발열했을 경우는 고무나 코드의 열화나 접착력의 저하가 심하고, 발열에 의한 세퍼레이션 손상 위험률이 높아진다.

타이어의 내부온도가 일정 온도 이상을 상승하면 타이어를 구성하는 고무, 타이어 코드 등 재료의 강도 저하나 재료 간의 접착력 저하를 불러 타이어의 강도와 내구력을 급격히 저하시키고 결국에는 타이어의 파손을 일으킨다.

이와 같이 심한 발열과 온도의 상승에 의해 발생하는 현상을 히트 세퍼레이션(Heat Separation)이라 하고 중대한 사고의 원인이 되므로 주행 중에는 항상 타이어의 발열과 온도 상승에 유념하여야 한다.

02 QUESTION

자동차에 적용하는 텔레매틱스(Telematics)를 정의하고 시스템의 기능을 설명하시오.

1. 텔레매틱스(Telematics) 정의

텔레매틱스(Telematics)란 통신(Telecommunication)과 정보과학(Informatics)의 합성어로 "통신정보과학" 정도로 이해하면 될 것이다. 이러한 광범위한 의미의 텔레매틱스는 점차 분화되어 차량용 텔레매틱스(Automotive Telematics), 의료 텔레매틱스(Healthcare Telematics), 교육 텔레매틱스(Education Telematics) 등으로 사용되고 있으며 앞으로도 다양한 방향으로 발전할 것으로 예견되며 국내에서는 현재 차량용 텔레매틱스가 곧 텔레매틱스로 인식되고 있다. 텔레매틱스는 위치정보와 이동통신망을 이용해 운전자와 탑승자에게 교통안내, 긴급구난, 원격차량진단, 인터넷 등 Mobile Office 환경을 제공하는 서비스로, 통신을 매개로 텔레매틱스 센터의 강력한 서버시스템의 정보를 차량 내 텔레매틱스 단말기로 전송하여 다양한 서비스를 제공하는 것이다.

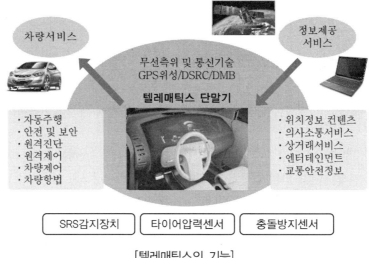

[텔레매틱스의 기능]

텔레매틱스는 이동통신 서비스, 초고속 인터넷 인프라와 GIS/LBS/ITS 등 다양한 정보시스템을 기반으로 제공되는 종합 서비스로 이동통신사업, 자동차사업, SI, 컨텐츠, 단말기산업, 보험, 중고차 등 다양한 Off-Line 산업에도 막대한 파급효과가 있으며 교통, 안전, 게임, 온라인 쇼핑, 모바일 오피스 등 다양한 서비스를 종합한 정보통신산업으로 급부상하고 있다.

2. 텔레매틱스(Telematics)의 기능과 서비스

최근에는 통신 환경에 따라 다르지만 텔레매틱스는 무선통신, 내비게이션, 멀티미디어 콘텐츠 제공뿐만 아니라 개인용 PC 이상의 기능을 서비스하고 있다.

차량용 텔레매틱스는 차량에 내장된 단말기 시스템을 통한 자동차 안전 및 보안과 관련된 서비스가 강조되고 있으며 최근 들어 자동차 원격진단과 운행정보, 보안에 많은 요구와 이에 대한 정보 제공 노력이 다양해지고 있다.

텔레매틱스의 주요 기능과 서비스 유형은 다음과 같다.

(1) 교통정보 : 경로 안내, 정체 정보, 주차 공간 안내
(2) 보안 : 차량도난 감시, 원격 차량도어 개폐, 차량 위치 추적
(3) 안전 : 운행 제어 정보, 주행 위험 경고, 비상사태 지원, 원격 차량사고통지
(4) 원격고객관리 : 차량운행상태 이력, 차량정비 이력, 차량회사 서비스보험
(5) 생활정보 : 행사 정보 안내, 지역 정보 안내, 상가 안내
(6) 커뮤니케이션 : e-mail, 화상전화, 화상 메일, 이동전화
(7) 엔터테인먼트 : AOD/VOD, 인터넷 검색, 게임, 원격 교육
(8) M-Commerce : 물품 구매 정산, 개인 정보관리, 음성 메모, 전화 기록
(9) 비서기능 : 개인비서기능, 개인정보관리시스템, 음성 메모, 전화 기록

03 QUESTION **차량속도를 높이기 위해 종감속 기어비(Final Gear Ratio) 설정 및 주행 저항의 감소방법에 대하여 설명하시오.**

1. 주행 저항(走行 抵抗)

자동차의 주행 중에는 주행 저항을 연속적으로 작용하는데 운전자는 주행저항을 이기고 주행 의도대로 주행하기 위하여 출력증강장치(액셀러레이터)를 밟아 출력을 높여 운전하는 것이다. 어떤 주행 조건에서 운전자의 의도대로 주행할 때의 자동차의 출력은 작용한 전 주행저항 만큼이며 주행 중 작용하는 주행저항은 다음과 같다.

(1) 구름저항(Rolling Resistance)

노면의 굴곡, 돌출물 및 타이어의 변형에 의하여 작용하는 저항이며 차량 중량에 비례한다.

차량 중량 : $W(\mathrm{kgf})$, 구름저항계수 : μ 라고 할 때

주행저항은 $R_r = \mu W(\mathrm{kgf})$

(2) 공기저항(Air Resistance)

자동차 주행 방향의 투영면적에 비례하고 주행속도(공기의 상대속도)의 제곱에 비례하는 저항이다.

전면투영면적 : $A(\text{m}^2)$, 주행속도 : $V(\text{m/sec})$, 공기저항계수 : f 라고 할 때

공기저항 $R_f = f\,A\,V^2\,(\text{kgf})$

(3) 가속저항(Acceleration System)

자동차가 가속 시에 발생하는 저항이며 차량의 질량과 가속도에 비례하여 작용하는 저항이다.

차량 중량 : $W(\text{kgf})$, 회전부분상당중량 : W', 가속도 : $a(\text{m/sec}^2)$
중력가속도 : $g(9.8\text{m/sec}^2)$이라 할 때

가속저항 $R_a = \dfrac{(W+W')}{g} \times a\,(\text{kgf})$

(4) 구배저항(Grade Resistance)

구배 노면을 주행 시 차량 중량에 의하여 구배면과 평행한 저항 분력이 작용하여 발생하는 저항이다. 차량 중량과 구배면의 구배율에 비례하는 저항이다.

차량 중량 : $W(\text{kgf})$, 구배각도 : $\theta(\text{도})$, 구배율 : $G(\%)$라고 할 때

구배저항 $R_S = W\sin\theta = W\dfrac{G}{100}\,(\text{kgf})$

전 주행 저항은

$$R_t = R_r + R_f + R_a + R_s$$

$$= (\mu \cdot W) + (f \cdot A \cdot V^2) + \left(\dfrac{(W+W')}{g} \cdot a\right) + W \cdot \sin\theta\,(\text{kgf})$$

평탄로를 정속도로 주행할 경우에는

구배저항 $R_s = 0$, 가속저항 $R_a = 0$가 된다.

2. 최고 주행 속도

최대 구동력을 $F_{\max}$ 라고 할 때 최대 구동력과 전 주행 저항(全走行抵抗)의 차이($F_{\max} - R_t$)를 여유 구동력(Excess Force)이라 하고 가속 여유가 된다. 여유 구동력이 클수록 가속여유가 크다고 하며 민첩한 가속이 가능하다.

주행속도가 빠를수록 전 주행 저항은 증가하고 전 주행 저항 R_t와 최대 구동력 $F_{\max}$가 같아지면 더 이상 가속과 최고 주행 속도 상승은 기대할 수 없게 된다.

아래의 그림은 각 구배율별 주행 저항과 구동축의 구동 출력을 나타내는 주행 성능 선도이다.

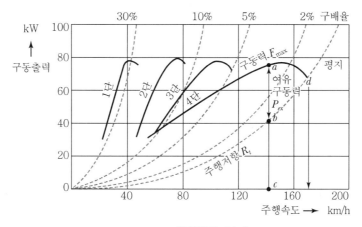

[주행성능선도]

전 주행 저항(R_t)과 최대 구동력($F_{\max}$)이 같을 때 최고 주행 속도가 되며 위 그림에서 a점은 구배 저항이 없는 평지를 주행할 때, 변속비 4단 주행속도 140km/h일 때의 최대 구동력, b점은 주행저항이며 (a−b)는 여유 구동력이 되고 가속여유(가속능력)가 된다.

주행 속도가 증가하면 전주행저항은 증가하며 최대 구동력은 최대점을 지나 감소하여 d점에서 만나게 되는데 이 점이 바로 최대 구동력($F_{\max}$)과 전주행저항(R_t)이 같아지는 점이며 구동력 부족으로 더 이상 주행 속도의 상승은 불가능하다.

따라서 최대 주행 속도는 d점의 주행속도 약 175km/h가 된다.

최고 주행 속도는 총감속비(변속비×종감속비)와 타이어의 직경에 의해 다음과 같이 결정된다.

$$V = \frac{2\pi r \times 60n}{i_m i_f \times 1,000} = 0.377 \frac{rn}{i_m i_f}$$

여기서, V : 주행속도(km/h)

　　　　i_m : 각 변속단에서의 기어비(변속비)

　　　　i_f : 종감속비

　　　　r : 구동타이어의 유효반경(m)

　　　　n : 엔진회전속도(rpm)

3. 주행저항 저감방법

주행 성능 선도에서 알 수 있듯이 최고 속도의 상승을 위해서는 전 주행 저항(R_t)을 감소시켜야 하는 것은 명백하다. 따라서 주행저항을 줄이면 최고 속도가 향상됨과 더불어 여유 구동력이 커져서 가속능력도 좋아진다. 전 주행 저항을 줄이기 위해서는 다음과 같은 방법이 유효하다.

- 차량 (총)중량을 줄이고 타이어의 공기압을 적정으로 유지하여 구름 저항을 줄인다.
- 자동차의 전면 투영 면적을 작게 하고 공기마찰저항이 작도록 설계하여 공기저항을 줄인다.
- 공기저항은 주행 속도의 제곱에 비례하여 증가하므로 저속주행을 하여 공기저항을 감소시킨다.
- 회전 상당 중량을 줄이기 위하여 타이어, 휠 및 구동계의 회전 부분 중량을 작게 하여 주행저항을 줄인다.

현가장치의 주요 기능을 3가지로 구분하고 이상적인 현가장치를 실현하기 위한 방안을 설명하시오.

QUESTION

1. 현가장치(懸架裝置, Suspension System)의 기능

현가장치는 액슬과 연결된 휠과 타이어와 차체(Body) 또는 프레임(車骨, Frame) 사이에 설치되며 다음과 같은 기능을 한다.

(1) 차량중량 지지와 접지력 확보

현가장치의 주요부품은 차체와 바퀴에 걸리는 하중을 지지하는 부품들과 스프링(Spring), 쇼크업소버(Shock Absorber)로 구성된다.

스프링 아래에 있는 부품들(휠과 타이어, 차축관, 브레이크 드럼 또는 디스크)을 승용차와 같이 프레임(車骨, Frame)이 없는 자동차는 차체(Body)와 연결하고 버스, 트럭 같이 프레임이 있는 자동차는 프레임과 연결되어 있으며 차량의 중량을 지지하면서 현가장치의 역할을 담당한다.

또한 차량중량은 현가장치와 타이어를 통하여 노면에 전달되며 노면 요철이나 굴곡이 있는 도로에서도 일정한 접지력을 확보하도록 스프링이 노면 방향으로 작용력을 부여한다.

(2) 충격과 진동완화

주행 중 노면의 요철이나 굴곡, 돌출물에 의하여 타이어가 받는 충격을 스프링 변형에너지로, 그리고 쇼크업소버의 변위(쇼크업소버 내부의 가스나 오일의 내부 마찰)로 흡수하여 완충하여 차량과 승객, 적하물을 보호한다. 차체의 진동을 스프링의 변형, 쇼크업소버의 작용, 판스프링(Leaf Spring)의 경우 판간 마찰에 의하여 일부 흡수되고 진동을 감쇠시킨다.

(3) 타이어와 노면 사이에 작용하는 견인력, 제동력을 부담하고 지지한다.

노면과 타이어 사이에서 작용하는 구동력과 제동력은 스프링에 작용하여 차체 또는 프레임에 전달된다. 판스프링의 경우 구동력과 제동력을 스프링이 전담하여 프레임이나 차체에 전달하지만 프레임이 없는 독립현가방식의 코일스프링은 횡방향에 대한 저항력이 없으므로 로우어 컨트롤 암(Lower Control Arm)이나 스트럿 바(Strut Bar)를 통하여 차체에 구동력과 제동력이 전달된다.

2. 현가장치용 스프링의 종류

현가장치용 스프링은 고장력 특수강의 일종인 스프링강(鋼)을 이용하여 열간 또는 냉간으로 성형하여 열처리(Quenching-Tempering)하며 압축잔류응력(壓縮殘溜應力)을 부여하기 위한 쇼트피닝(Shot Peening) 공정 그리고 내식성(耐蝕性)과 표면 보호를 위한 도장공정을 거쳐 제작된다. 특히 스프링은 피로응력(疲勞應力, Fatigue Stress)을 받는 대표적인 기계요소이며 자동차의 운행 안전에 매우 중요한 부품이므로 내피로성(耐疲勞性)과 피로수명(疲勞壽命)을 고려한 재료 선정과 공정으로 제작되며 현가장치용 스프링의 종류는 다음과 같다.

(1) 코일 스프링(Coil Spring)

스프링강을 코일 모양으로 감아서 만든 것으로 소형차의 독립현가방식에 적용되고 횡방향에 대한 저항력이 없고 진동에 대한 감쇠력이 없으므로 이를 지지하기 위하여 내부에 쇼크업소버를 설치한 맥퍼슨(Macpherson) 타입이 일반적이다.

설치공간이 적고 작은 스프링상수의 스프링을 제작할 수 있다. 코일 스프링의 상하부에서 부등(不等) 피치(Pitch) 형식으로, 스프링의 직경을 다르게 또는 재료의 선경(線徑)을 다르게 하여 스프링 정수의 변화를 주어 승차감과 차체진동에 대응하도록 한 스프링도 있다.

(2) 판 스프링(Leaf Spring)

강제(鋼製) 판을 여러 장 겹쳐서 제작한 스프링이며 설치공간이 크고 큰 스프링 상수의 부가 하중이 큰 스프링을 제작할 수 있고 판간 마찰(板間摩擦)로 자체 감쇠력이 있다.

대형 자동차의 일체 차축식에 주로 적용된다. 판스프링의 경우 프레임의 앞쪽은 스프링 아이(Eye)를 핀으로 고정하고, 뒤쪽은 길이 변화에 대응하도록 셔클을 통하여 프레임에 전달되며 제동력과 구동력은 판스프링의 길이 전후 방향으로 작용하며 모두 판스프링이 부담한다.

(3) 에어 스프링(Air Spring)

고무 실린더 또는 에어백 압축공기를 넣어 피스톤은 로어 암(Lower Arm)의 상하 작용과 함께 움직일 때 압축공기는 스프링 작용을 하게 된다.

압축공기의 압력으로 스프링의 강도와 차고를 조절한다. 설치공간이 크고 별도의 공기 압축기가 필요하므로 버스와 같은 대형 자동차에 적합하다.

(4) 토션 – 바 스프링(Torsion – Bar Spring)

주로 스프링강 환봉재(還奉材)로 제작하며 봉의 비틀림 강성(强性)을 이용하여 스프링 기능을 얻는 것이다.

봉(奉)의 양쪽에는 차체와 로어 컨트롤 암(Lower Control Arm)에 고정되도록 핀 홀 또는 세레이션(Serration)이 가공되어 있으며, 한쪽은 차체에, 다른 한 쪽은 로어 컨트롤 암에 고정된다. 설치 공간이 작아 차량의 실내 공간을 크게 할 수 있고 큰 강성의 스프링을 제작할 수 있으나 감쇠력이 없어 쇼크업소버와 같이 설치된다. 소형트럭이나 미니버스 차량에 주로 적용된다.

(5) 스태빌라이저 – 바(Stabilizer – Bar)

자동차 선회 방향에 따라 자동차는 원심력에 의하여 좌우 방향으로 기울게 되고 주행 중에도 자동차의 롤링(Rolling)이 발생하고 이를 방지하기 위하여 좌우 방향에 저항력을 주기 위한 스프링이다. 대부분의 스태빌라이저 – 바(Stabilizer – Bar)는 ㄷ자 형태이며 중앙부는 고무 댐퍼와 브래킷을 통하여 차체에 고정되고 양단은 로어 컨트롤 암(Lower Control Arm)에 고정되며 재료는 굽힘(Bending)과 비틀림(Torsional) 작용력을 받으면서 스프링 역할을 한다.

코일스프링
(Coil Spring)

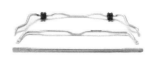

스태빌라이저 – 바/토션바
(Stabilizer – Bar/Torsion Bar)

판스프링
(Leaf Spring)

3. 이상(理想)적인 현가장치의 실현방안

현가장치는 노면으로부터 전달되는 진동과 충격을 완화하고 승차감을 향상하고 차량을 보호하며 접지력을 확보하는 기능을 가지며 현가용 스프링(Suspension Spring), 쇼크업소버(Shock Absorber), 전·후에 설치된 스태빌라이저 바(Front/Rear Stabilizer Bar) 등으로 구성된다.

일반적으로 승차감과 스프링 및 차량 안정성은 서로 상반되어 스프링상수가 커서 강성이 큰 스프링은 롤링(Rolling), 다이브(Dive)현상에는 유리하지만 지나치게 큰 스프링 상수로 미세진동을 흡수하지 못하므로 승차감에는 불리하다.

따라서 이러한 문제를 해결하고 이상적인 현가장치를 구현하기 위하여 현가스프링의 형상변경으로 부등피치 코일스프링, 원추형 코일스프링, 테이퍼 소재 코일스프링을 적용하여 하중에 따라 작용 스프링상수를 다르게 하고자 하였고, 전·후에 스태빌라이저 바를 설치하여 롤링(Rolling)과 다이브(Dive) 현상에 대응하고자 하였다.

그러나 기계·기구적 설계 변경과 개선만으로는 한계가 있으므로 압축공기나 유압유 등의 작동유체(作動流體)를 이용하고 이들의 유량과 압력을 전자적으로 제어하는 전자제어식 현가장치를 구상하고 실현하게 되었다.

전자제어 현가장치에서의 기대효과 및 특징은 다음과 같다.

- 자동차 선회 시 발생하는 롤링(Rolling)을 억제하고 차량 자세를 제어한다.
- 제동 조작 시 발생하는 노즈 다운(Nose Down)을 억제한다.
- 노면의 상태와 차량 하중에 따른 승차감을 제어할 수 있다.
- 노면으로부터 차량 높이를 조정할 수 있다.

전자제어식 현가장치는 차량 하중에 따른 스프링 상수(Spring Constant) 조정, 댐핑력(감쇠력, Damping Force) 조정, 차고를 제어하는 기능이 대표적이며 다양한 센서와 제어장치를 통하여 이상적인 현가장치를 구현하고자 한 것이다.

전자제어식 현가장치에서 제어하고자 하는 주행, 제동, 선회 시에 발생할 수 있는 차량의 자세를 감지하기 위한 센서의 종류와 기능은 다음과 같다.

센서(Sensor)	감지신호 및 기능
차속 센서 (Vehicle Speed Sensor)	변속기의 출력축이나 속도계 구동축에 설치되며 차량의 주행속도를 검출한다.
차고 센서 (Vehicle Height Sensor)	차량의 프레임에 설치되어 노면으로부터 차량의 높이를 검출하고 제어하기 위한 신호로 활용한다.
가속도 센서 (Accelerometer)	액셀페달센서(APS) 또는 스로틀포지션센서(TPS)의 신호를 이용하여 운전자의 가속의도를 감지한다.
브레이크 센서 (Brake Sensor)	브레이크 오일 라인의 압력 또는 제동 등 전기라인으로부터 제동 여부 신호를 검출한다.

중력센서 (Gravity Sensor)	압전(Piezo Electronic)소자를 이용하여 차체의 상하방향운동 가속도를 검출하여 차체의 진동을 감지한다.
조향 각속도 센서 (Steering Angular Velocity Sensor)	조향 휠의 회전각, 조향 각속도를 감지하여 조향각, 조향 속도를 검출한다.

자동차의 진동을 제진(制振)하기 위하여 스프링을 적용하였고 충격을 흡수하여 완화시키는 방법으로 쇼크업소버를 적용해 오면서 기계·기구적으로 이상적인 현가장치를 구현하기 위한 다양한 시도들이 있어왔다. 그러나 기계 기구적인 방법의 한계를 실감하고 승객의 완벽한 승차감, 주행 안정성 확보를 위한 전자제어식 현가장치인 전자제어식 능동 현가장치를 개발, 적용하여 이상적인 현가장치로 실용화하였다. 현재 실용화된 전자 제어식 현가장치의 종류와 특징은 다음과 같다.

(1) 풀 액티브 현가장치(Full Active Suspension System)

가장 이상적인 현가방식으로 인정되고 있으며 저주파에서 고주파까지 넓은 진동 주파수 대역에 능동적으로 대응한다. 그러나 펌프 구동 등으로 소비 동력이 커지고 빠른 응답성과 정밀한 제어를 위하여 복잡한 서보제어(Servo Control)기구를 필요로 한다.

제어 항목	제어방법
롤링 제어 (Rolling Control)	차량의 급선회 시 조향각가속도 센서신호를 받아 일정 이상일 경우 감쇠력을 크게 유지시켜 롤링을 억제하고 일정시간 경과 후 정상의 상태로 복귀시킨다.
다이브 제어 (Dive Control)	급제동 시 차량의 무게 중심이 앞쪽으로 이동하면서 차량의 앞부분은 낮아지고 뒷부분은 높아지는 현상을 제어하며 감쇠력을 증가시키는 방향으로 제어한다.
피칭 제어 (Pitching Control)	노면의 요철이나 굴곡에 의한 피칭을 제어하며 차고 변화와 차량속도를 감지하여 감쇠력을 증가시키는 방향으로 제어한다.
바운싱 제어 (Bouncing Control)	중력센서의 검출신호를 받아 차량의 상하방향 바운싱 진동이 발생하면 감쇠력을 약-중-강으로 제어하여 진동을 억제하고 일정시간 경과 후 정상상태로 복귀한다.
셰이크 제어 (Shake Control)	승하차 등의 급격한 차량 중량 변화 시 발생하는 차체의 흔들림을 제어하며 감쇠력이 커지도록 제어한다.
스쿼트 제어 (Squat Control)	스쿼트는 차량이 급가속 시 차량의 앞부분이 높아지고 뒷 부분이 낮아지는 현상을 말하며 APS 또는 TPS 신호를 받아 가속 여부를 판단하여 댐핑력이 커지도록 제어한다.
차속 감응 댐핑제어 (Vehicle Speed Response Control)	고속 주행 중에는 공기저항을 비롯한 여러 가지 주행저항의 작용으로 차체의 안정성을 저해하므로 차속에 따라 감쇠력을 약-중-강으로 제어하여 차체의 안정성을 확보한다.

(2) 세미 액티브 현가장치(Semi – Active Suspension System)

소형 자동차에 주로 적용 가능하며 소비 마력은 거의 없고 차량의 비정상적 운동과 진동에 대하여 부분적으로 감쇠력을 증감하는 방식의 현가장치이며 차체의 자세 제어는 불가능하다. 감쇠력의 변화를 주기 위하여 감쇠력 가변 쇼크업소버를 적용하여 스카이 훅(Sky Hook Damper)과 같은 기능을 발휘하도록 한 것이 대표적이다.

(3) 슬로우 액티브 현가장치(Slow Active Suspension System)

낮은 주파수의 진동에는 능동적으로 대응하도록 하고 고주파 진동에는 수동적(Passive) 감쇠 방법을 이용하는 것을 말한다.

차량의 자세제어가 가능하지만 적은 동력을 소비하며 저주파 진동에 대응하는 방식이므로 고속 광대역 제어가 가능한 서보(Servo)기구는 불필요하고 비례제어(Proportional Control) 기구가 주로 적용된다.

QUESTION 05 디젤엔진의 확산연소와 예혼합 연소과정 중 NOx가 발생하는 상관관계와 디젤 배기가스 중 NOx의 환원이 어려운 이유를 설명하시오.

디젤엔진은 압축행정에서 공기만을 높은 압축비로 압축하여 디젤 연료의 착화온도 이상으로 고온 고압이 된 공기 중에 분사된 연료분무(Fuel Spray)는 고온 분위기에서 가열되고 자기착화(自己着火, Self Ignition)하여 연소가 시작된다.

1. 확산연소(擴散燃燒)

고압으로 분사된 연료는 분무상태의 연료와 주위 공기가 만나는 경계 부분에서는 $10 \sim 30\,\mu\text{m}$ 정도 되는 연료액적(燃料液滴, Fuel Droplet)으로 연료가 분열되는데, 이 연료액적은 고온의 분위기에 의하여 가열되고 증발하면서 분자량이 작은 메탄(CH_4)이나 에틸렌(C_2H_4)과 같은 탄화수소(Hydro Carbon)로 열분해되어 공기와의 가연 혼합기(可燃 混合氣)로 형성된다. 이 가연(可燃) 혼합기는 착화에 필요한 자기착화온도(自己着火溫度)와 농도에 도달한 특정 부분에서 자기착화(自己着火)하여 이것이 화염핵(火炎核)을 형성하고 이 화염핵으로부터 화염이 연소실 전체로 확산되면서 연소가 이루어진다. 이러한 연소 형태를 확산연소(擴散燃燒, Diffusion Combustion)라고 한다.

연소실의 가연 혼합기는 부분적으로 산소가 부족한 부분이 있을 수 있으며 이 부분에서는 미연탄소(未燃炭素)가 발생할 수 있으며 이와 반대로 이론 혼합비로 구성된 가연 혼합기(可燃混合氣)는 1,700℃ 이상의 고온이 되며 공기 중의 산소와 질소가 열분해 되고 반응하는 열해리(熱解離)현상에 의하여 질소산화물(NOx)이 생성된다. 또한 가연혼합기의 연료 농도가 낮아 연소 온도가 충분히 상승하지 못한 영역에서는 연소반응이 끝까지 진전되지 못하여 부분적으로만 산화된 미연탄화수소(未燃炭火水素)가 발생할 수 있다.

2. 균일 예혼합 압축착화 연소(Homogeneous Charge Compression Ignition)

디젤엔진에서 탄화수소계 연료가 연소할 경우 완전연소 시의 생성물인 이산화탄소(CO_2)와 물(H_2O)뿐만 아니라 불완전연소 생성물인 일산화탄소(CO)와 수소(H_2), 미연탄화수소(HC) 그리고 Soot(매연)이 배출되는데 Soot의 양은 Soot의 생성 및 산화를 위한 시간, 공연비 및 연소 온도에 의해 지배된다.

대기 중의 공기를 흡입해서 압축하는 통상의 디젤엔진에서는 높은 화염 온도로 인해 농후한 공연비의 화염에서는 Soot의 발생이 증가하고 이론 공연비 근처에서는 질소산화물이 발생한다. 이때 특별한 혼합기 형성법을 통해 착화 전에는 균일하고 희박한 예혼합기가 형성될 경우 Soot가 생성되는 농후한 화염이 없음은 물론 화염 온도 역시 억제되어 질소산화물(NOx)의 생성도 저감될 수 있다. 이러한 연소방식을 균일 예혼합 압축착화연소(HCCI)라고 한다. 여기에 배기가스 재순환(EGR)을 통하여 농후한 화염이 존재하더라도 화염온도와 분위기 온도가 낮아 모든 공연비에 대하여 Soot 및 질소산화물(NOx)의 생성이 억제될 정도의 낮은 온도 연소가 가능하다.

즉, 균일 예혼합 압축 착화(HCCI ; Homogeneous Charge Compression Ignition) 연소는 디젤엔진 내에서 착화 전 희박한 균일 예혼합기를 형성해 저온 연소를 구현함으로써 Soot 및 질소산화물(NOx)의 생성을 미연에 방지하여 최종적인 배출량을 저감하고자 하는 연소 방법이다.

예혼합 연소는 흡기 행정 혹은 압축 행정 초기와 같은 이른 시기에 연료를 분사해 균일한 예혼합기를 형성하기 위한 충분한 시간을 확보하는 것이 중요하며 이렇게 할 경우 혼합기의 분포는 희박하면서도 균일하게 되고 착화도 연소실 전체에서 일어나게 되며 Soot와 질소산화물의 생성영역이 존재하지 않게 된다.

기존의 통상적인 디젤엔진 연소가 확산 화염에 의한 연소실 내 가스의 유동 및 후 연소기간이 혼합에 중요한 연소 인자인 데 반해 균일 예혼합 압축 착화 연소에서는 화학반응만이 연소 중에 지배적인 인자로 남게 된다.

3. 질소산화물(NOx)의 환원

엔진의 석유계 연료 연소에 의하여 배출되는 질소산화물(NOx)은 아산화질소(N_2O), 일산화질소(NO)와 이산화질소(NO_2), 무수아질산(N_2O_3)이며 N_2O는 무독성이며 광화학 반응과 관계가 없고 대기 중에 상당량 존재하나 환경오염물질로 간주하지 않는다.

질소산화물(NOx)은 엔진 내에서는 NO 생성이 지배적이며 NO_2는 극히 적은 양이 배출되는 것으로 알려져 있다.

엔진에서 배출되는 NOx 중에서 95%는 NO이며 대기 중으로 방출된 NO는 NO_2로 산화되며 광화학 스모그(Photo Chemical Smog) 현상을 일으킨다.

실제 엔진에서는 희박한 혼합비에서 발생 농도가 증가하는 경향을 나타내는데, 이는 공연비가 높을 경우 연소온도는 최대가 되어 발생 분위기는 최고이지만 연소실에 도입된 산소가 탄화수소연료(C_mH_n)의 산화에 우선적으로 산소(O_2)가 소비되어 버리기 때문인 것으로 알려져 있다. 대기 중에 방출되어 광화학적 반응으로 분리되는 유리산소(O)와 오존(O_3)이 대기 환경오염 물질이다.

이론 혼합비 근처에서의 NO 생성기구는 다음과 같다.

$$O + N_2 \leftrightarrow NO + N$$

$$N + O_2 \leftrightarrow NO + O$$

NO를 직접 분해할 수 있다면 $2NO \leftrightarrow N_2O_2$가 달성되고 가정 바람직한 환원방법이 될 것이나 여러 가지 촉매와 반응 환경을 조성하여도 실제로는 매우 미소한 환원 반응만 일어나고 있다. 이는 반응 물질인 NO의 흡장이 이루어진 후 표면 반응을 통해 생성된 산소 원자(O)가 촉매 표면에서 탈락되지 않고 연속적인 환원을 방해하는 것으로 알려져 있다.

이의 개선을 위하여 CU/ZSM-5 촉매에서 N_2와 O_2가 생성되는 것을 확인하였지만 연속적으로 환원반응을 유도하기 위해서는 500℃ 이상의 고온을 유지할 필요가 있다. 그러나 수증기(H_2O)와 아황산가스(SO_2)에 취약하고 낮은 공간 속도에서만 효과가 있음이 밝혀져 대중적으로 실용화되지는 못했다.

06 QUESTION

자동차의 제품 데이터관리시스템(PDM ; Product Management System) 을 정의하고 적용 목적에 대하여 설명하시오.

1. PDM (제품 데이터 관리, Product Data Management) 시스템의 개요

제조업에서 사용되는 제품 관련 데이터는 여러 가지 다양한 요소들로 구성된다. 이들 데이터는 어떤 형태로든 관리될 필요가 있는데, PDM 시스템은 제품의 기획에서 설계 · 제조 · 인증 및 마케팅 등 제품 개발에 관련되는 모든 데이터를 일원적으로 관리 사용되는 정보시스템이다. 여기에는 관련되는 프로젝트 데이터, 기록 및 문서는 물론 계획서, 기하학적 모델, CAD 도면, 이미지, NC 프로그램 등을 포함한 각 단계별로 필요한 모든 데이터가 포함된다.

즉, PDM(Product Data Management)은 제품 라이프 사이클 전반에 등장하는 각종 데이터 및 정보의 효과적인 생성, 유지 관리 수단을 제공하는 정보시스템으로 필요한 모든 데이터를 원하는 인력에게 알맞은 형태로 적시에 공급하는 것을 목표로 한다.

2. PDM의 정의

PDM은 이러한 제품설계에 관한 모든 제품정보와 업무프로세스를 관리하는 데이터 베이스 시스템이다. 제품개발 공정의 전반에 걸친 각 업무의 품질, 가격, 납기의 개선에 필요한 장부를 정리하고 용이하게 사용할 수 있으며, 일반적으로 PDM 시스템은 다음과 같은 기본 기능을 갖추고 있다.

PDM은 전체 회사뿐 아니라 작업 그룹들을 위해 개발되었는데, 각 공정에서의 철저한 정보 관리와 정보의 공유에 의한 기업 내 각 부서의 동시 병행 처리의 실현으로, 제품 개발 시간을 단축하고, 제품 개발 작업의 효율성 제고로 비용을 줄이며, 전사적 품질 관리를 통한 제품의 품질 향상을 목적으로 한다.

제조업체의 프로세스는 크게 제품 개발 생산에 필요한 정보나 프로세스를 관리하는 제품개발 프로세스(PGP)와 전산처리에 초점을 맞추고 있는 수주-발주 프로세스(OFP) 두 가지로 나눌 수 있다. 수주-발주 프로세스를 위한 정보기술뿐만 아니라 제품 개발 프로세스를 위한 것이 PDM이다. 제품정보관리라고도 하는 PDM 시스템은 제품을 개발하고 생산 및 사후 관리 전반을 지원하는 데 필요한 제품정보를 효율적으로 관리하는 정보 관리를 위한 인프라이다.

3. PDM 시스템의 기능

PDM System은 소프트웨어적으로는 각종 Application Software와 제품 데이터, 각종 Document로 이루어진다. 또한 하드웨어는 Workstation, PC, 그리고 Network 등의 각종 연관 하드웨어로 구성되며, 보통 Heterogeneous 환경으로 된다. 이러한 환경을 관리하는 것은 인간의 능력을 넘어선 것이다. 특히, 지금까지 행하여 온 경험에 기초한 사무적인 관리는 데이터와 프로세스를 어떤 형태든지 디지털 데이터로 저장하고 활용할 수 있도록 개선할 필요가 있는 것으로 인정된다.

PDM System의 대표적 기능은 다음과 같다.

- 데이터 보호 및 접근 관리
- 제품에 관련된 여러 데이터 간의 정합성(整合性)의 유지 및 관리
- Data Flow와 Process에 관한 규칙의 적용
- 각종 통지와 메시지 관리

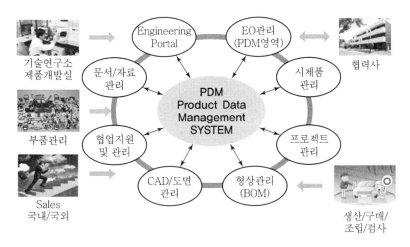

[데이터 관리시스템]

4. PDM System의 활용

PDM System이 대상으로 하는 것은 제품과 부품에 관한 정보를 필요로 하는 설계, 생산기술, 제조, 구매, Marketing, 정보시스템 부문 등 대부분의 부서이다. 또, 경영자와 관리자부터 담당자까지 모두가 PDM 시스템의 사용자가 된다.

기업 내에서 PDM의 사용자와 활용 범위는 다음의 세 그룹으로 분류될 수 있다.

(1) PDM End-User(제품의 개발, 생산하는 현장의 담당자들)
각자의 업무를 하면서 PDM으로부터 정보를 얻는 입장에 있으며 기업 구성원의 거의가 이에 해당한다. 이 End-User는 Shell이라든가 Application의 추가 기능을 통해 데이터의 추가, 검색, 백업과 변경 관리(ECP/ECO) 등의 처리를 한다.

(2) 계획과 조직을 통합하는 관리자 : Security 등 관리정보의 Maintenance를 포함해 일별 작업에 따라 프로젝트관리, 작업할당관리, 작업진척관리, 예산관리, 변경사항 Review, 승인 등을 행하는 책임자이다.

(3) PDM 담당자 : PDM System의 도입 및 보수를 담당. Computer 및 업무 프로세스 양면에 관한 지식이 필요하다.

5. PDM 시스템의 필요성 및 기대효과

제조업체에서 제품과 관련된 다양하고 방대한 데이터 관리는 신제품, 모델 변경, 그리고 관리의 효율성 측면에서 반드시 필요하며 PDM의 적용 필요성을 요약하면 다음과 같다.

① 분산 환경에서의 데이터 정보를 공유할 수 있는 기반이 된다.
② 최근의 현황과 방향을 반영한 올바른 버전의 데이터를 사용할 수 있도록 해준다.
③ 자료 검색과 추적시간을 단축할 수 있다.
④ 기존 데이터의 재활용을 원활하게 할 수 있으며 개발, 생산, 설계변경 등 다양한 측면에서의 시간과 비용을 줄일 수 있다.
⑤ 부서 간의 커뮤니케이션 활성화로 부서 간 협력이 원활하고 불필요한 손실과 비용을 줄일 수 있다.
⑥ 제품 개발기간을 단축하고 점차 짧아지는 제품의 라이프 사이클에 능동적으로 대처가 가능하다.

6. PDM의 구성 요소

① 기능 서비스(Function Service) : 데이터 생성 / 수집 / 폐기 관련 처리
② 워크 플로우 서비스(Workflow Service) : 프로세스 간의 정보 흐름을 제어 / 배분 / 모니터링
③ 재료 서비스(Material Service) : 제품에 관련된 각종 데이터를 보관하는 전자 저장소(Electronic Vault)
④ 커뮤니케이션 서비스(Communication Service) : 사용자나 지역 간 데이터를 전송 및 수신 처리

7. PDM 시스템의 목적과 효과

PDM은 이러한 제품설계에 관한 모든 제품 관련 정보와 업무 프로세스를 관리하는 데이터베이스 시스템이다.

제품개발 공정의 전방에 걸친 각 업무의 품질, 가격, 납기의 개선에 필요한 정부를 정리하고 용이하게 사용할 수 있다. 일반적으로 PDM 시스템은 다음과 같은 효과를 기대할 수 있다.

PDM은 전체 회사뿐 아니라 관련된 작업을 하는 모든 그룹들을 위해 개발되었는데, 각 공정

에서의 철저한 정보 관리와 정보의 공유에 의한 기업 내 각 부서의 동시 병행 처리의 실현으로, 제품 개발 시간을 단축하고, 제품 개발 작업의 효율성 제고로 비용을 줄이며, 전사적 품질 관리를 통한 제품의 생산비용, 제반 관리비용을 저감하고 품질 향상을 목적으로 한다.

제조업체의 프로세스는 크게 제품 개발 생산에 필요한 정보나 프로세스를 관리하는 PGP(제품개발 프로세스)와 전산처리에 초점을 맞추고 있는 OFP(수, 발주 프로세스) 두 가지로 나눌 수 있다. MRP나 ERP 등이 수주-발주 프로세스를 위한 정보기술로 알려져 있으며, 효율적인 제품 개발 프로세스를 위한 것이 PDM시스템이다.

제품 정보 관리라고도 하는 PDM시스템은 제품을 개발하고 생산 및 사후 관리에 필요한 다양한 제품 정보를 효율적으로 관리하는 정보 인프라이다.

MEMO

101회

차량기술사

기출문제 및 해설

Professional Engineer Transportation Vehicles

01 ATF(Automatic Transmission Fluid)의 역할과 요구 성능에 대해 설명
QUESTION 하시오.

1. ATF의 역할

자동변속기에 사용되는 유체(Fluid)를 말하며 ATF의 역할은 다음과 같다.

(1) 토크 – 컨버터(Torque – Converter) 내부에서 펌프(Impeller)와 터빈(Runner) 사이를 유동(流動)하면서 회전력을 전달하는 작동유(作動油)의 역할을 한다.
(2) 자동변속기 내부의 기어와 베어링 등에 윤활작용을 한다.
(3) 밸브, 클러치, 브레이크 등의 유압기구의 작동유 역할을 한다.
(4) ATF는 자동변속기의 마찰 부위를 이동하면서 클러치, 브레이크 등의 마찰로 인한 온도의 상승을 방지하는 냉각작용을 하여 국소부위 온도상승 및 기능 저하를 방지하는 역할을 한다.

2. ATF에 요구되는 성능

자동변속기의 정확한 동작 및 전달효율의 향상과 더불어 내구성 확보를 위한 ATF의 기본적인 요구 성능은 다음과 같다.

(1) 높은 압력에서도 유막이 유지되어 부품 간의 소착을 방지하는 성능과 더불어 마찰부위의 마모를 저감하는 내마모성이 있어야 한다.
(2) 온도의 변화에도 점도의 변화가 적은 성질, 즉 점도지수가 커야 하며 특히 저온에서도 변화가 적어 점도가 낮게 유지되는 저온 유동성이 필요하고 점도는 다수의 유압밸브의 동작에 영향을 주어 정확한 변속제어가 곤란해진다. 점도가 너무 높으면 내부 마찰이 증가하고 관로압력이 증가하여 동력 손실이 커지게 되므로 동력전달효율이 저하된다. 또한, 점도가 너무 낮으면 외부 누설이 증대될 수 있고 펌프효율이 저하되며 마찰부분의 마모가 커질 수 있다.
(3) 클러치 플레이트(Facing) 재질에 적합한 마찰특성을 가져야 한다. ATF의 마찰 특성은 클러치의 마찰계수에 영향을 주며 클러치의 내구성과 변속시간, 변속충격을 일으킬 수 있다.
(4) 자동변속기 동력 전달 손실에 의한 발열과 클러치에서의 마찰열에 의한 온도 상승을 분산시켜주는 청정분산성(淸淨分散性)과 고온으로 장시간 사용하여도 ATF의 기본특성이 변하지 않는 산화안정성(酸化安定性)이 있어야 한다.

(5) 기포의 발생이 없어야 한다. 기포가 발생하면 오일펌프의 효율이 저하되고 유압이 저하되어 동력전달효율이 저하되고 정확한 변속이 곤란해진다.

(6) 각 종 실(Seal) 및 클러치 페이싱 등에 화학적 변화를 주지 않아야 하며 변형을 일으키지 않는 화학적 안정성이 있어야 한다.

(7) 자동변속기의 각 부품에 녹 발생을 방지하는 방청성이 있어야 하고 퇴적물을 만들지 않아야 한다.

02 QUESTION 카본 밸런스(Carbon Balance)법에 대해 설명하시오.

1. 카본 밸런스(Carbon Balance)법의 개요

자동차의 주행연비를 표시하는 방법은 각 나라마다 상이(相異)하며 다양한 방법들이 적용되고 있다.

일반적인 시험방법은 차대동력계(Chassis Dynamometer)가 설치된 항온 항습이 유지되는 시험실에서 일정시간 보관하고 예비 운전을 거친 자동차를 차대동력계 롤러 위에서 (정지)주행하면서 배기가스의 분석을 통하여 연비를 시험한다.

2. 카본 밸런스(Carbon Balance)법으로 연비 측정

석유계 탄화수소연료(가솔린, 디젤)를 사용하는 자동차의 배기가스를 분석하는 방법으로 주행은 대표적인 주행(저항)조건을 모드화시켜 차대동력계에서 시뮬레이션하는 방식이다. 주행하면서 배기가스 중의 이산화탄소(CO_2), 탄화수소(HC)의 단위 주행거리당 배출량을 분석해서 주행거리 대비 연료소비량을 비교하여 주행연비로 표시하는 방법을 카본 밸런스(Carbon Balance)법이라고 한다.

카본 밸런스 연비시험법은 체적유량계 및 중량유량계를 이용하여 물리적인 방법으로 연료 소비량을 계량하는 방법에 비하여 화학적으로 정밀한 분석을 통하여 연비를 측정할 수 있으며 세계적으로 통용되는 연비시험방법이다.

이는 물론 시험실적인 표준화된 방법이므로 실제 주행 연비와는 차이가 난다.

실제 도로 주행에서는 타이어의 변형, 주행 여건, 연료의 품질, 급가속 급제동 등의 운전 습관 등에 따라 연비가 차이가 난다.

03 모노튜브와 트윈튜브 쇼크업소버의 특성을 비교하여 설명하시오.

1. 쇼크업소버(Shock - Absorber)의 종류

쇼크업소버(Shock Absorber)는 주행 중 노면으로부터 오는 충격을 흡수하고 코일스프링과 같이 상하방향의 자유진동을 감쇠하는 기능을 한다.

현재 사용되는 쇼크업소버는 일반적으로 트윈튜브(Twin Tube) 방식과 모노튜브(Mono Tube) 방식으로 구분되며 각 방식의 구조와 특징은 다음과 같다.

(1) 모노튜브(Mono Tube) 방식 쇼크업소버

모노튜브 방식 쇼크업소버는 본체인 통이 단순한 홑겹 구조로 되어 있으며, 통 내부는 오일이 채워진 오일실과 고압의 가스가 충전된 가스실로 나뉘어 그 사이를 자유롭게 움직일 수 있는 프리 피스톤으로 나누어진 구조를 가진다. 피스톤 라드 진입 시의 오일은 프리 피스톤에 압력을 가해서 오일실의 용적을 증가시키며 압입되도록 되어 있다. 쇼크업소버의 감쇠력 조정은 이완되는 쪽과 압축되는 쪽 모두 오일 내를 이동하는 피스톤(피스톤 밸브)에 의해 이루어진다.

구조가 단순하기 때문에 트윈튜브 방식과 같은 지름의 통을 사용하는 경우 통의 지름을 늘려 피스톤 라드를 대경화하는 등의 방법으로 쇼크업소버 본체의 강도를 높이기 쉬운 특징이 있다. 또, 가스압력이 항상 유지되기 때문에 감쇠력이 안정적인 것 등이 장점이다. 다만 고압가스를 완전하게 봉인할 필요가 있는 프리 피스톤이나 팽창/수축 양방향 저항 제어 기구를 가지는 피스톤 등 정밀도가 높은 부품이 필요하게 되기 때문에 비용 측면에서는 트윈튜브 방식에 비해 불리하다.

모노튜브 방식의 특징을 요약하면 다음과 같다.

- 방열성이 양호하여 고속주행이나 험로 주행에도 완충(감쇠) 능력을 유지한다.
- 오일실과 가스실이 분리되어 트윈튜브 방식의 단점인 기포발생 현상이 없다.
- 상하 구분이 없어 설치에 대한 자유도가 크다.
- 피스톤 영역이 크므로 트윈튜브 방식에 비하여 민감하게 반응할 수 있다.
- 중량이 작아 스프링 아래 중량을 줄일 수 있다.
- 강도가 큰 쇼크업소버를 설계할 수 있다.

(2) 트윈튜브(Twin Tube) 방식 쇼크업소버

트윈튜브 방식 쇼크업소버는 본체인 통이 외통과 내통의 이중 구조로 되어 있는 것이 특징이다. 피스톤 라드 진입 시의 오일은 내통의 하부에 설치된 베이스 밸브를 왕복하며 외통과 내통의 틈새로 이동한다. 트윈튜브 방식의 큰 특징은 수축방향의 감쇠력과 팽창방향의 감쇠력이 다른 밸브기구로 제어되는 것이다.

쇼크업소버가 수축되는 경우는 위에서 서술한 대로 오일은 베이스 밸브를 통해 내통의 밖으로 밀려 나오며, 이때의 감쇠력 컨트롤은 주로 베이스 밸브로 이루어진다. 이때 피스톤에 의한 저항은 거의 고정되며 반면 쇼크업소버가 이완되는 경우 감쇠력의 컨트롤은 피스톤에 설치된 피스톤 밸브로 행해지고 베이스 밸브의 저항은 고정된다.

트윈튜브 방식 쇼크업소버는 모노튜브 방식에 비해 쇼크업소버 본체의 전체 길이를 짧게 할 수 있으며 감쇠력 컨트롤이 2개소로 나뉘기 때문에 밸브 기구를 단순화할 수 있고 특히 감쇠력을 외부에서 조정하고자 하는 경우 등에는 유리한 장점이 있다.

트윈튜브 방식의 특징을 요약하면 다음과 같다.

- 피스톤 속도에 따른 감쇠력 조정이 모노튜브 방식에 비해 용이하다.
- 승차감이 좋아 승용차용으로 적합하다.
- 스트럿 타입에 적용이 가능하다.
- 제품 길이가 모노튜브 방식에 비하여 짧다.
- 감쇠력이 작은 쇼크업소버의 설계와 구성에 유리하다.

04 QUESTION 플랫폼(Platform)의 구성부품을 쓰고 플랫폼 공용화의 효과를 설명하시오.

1. 플랫폼(Platform)의 개요

플랫폼은 자동차의 기본이 되는 골격으로 차체구조뿐만 아니라 엔진, 변속기를 포함한 동력전달계통(Power Train) 전체를 의미한다. 이는 자동차의 구조와 성능을 결정하는 요소들이며 'Architecture'라고 통칭되기도 한다.

일반적으로 동력전달계통의 파워트레인 플랫폼(Power Train Platform)과 새시 플랫폼(Chassis Platform)으로 구분되기도 하지만 대개 자동차에서 플랫폼(Platform)이라고 일컫는 것은 새시 플랫폼을 말한다.

새시 플랫폼의 구성은 엔진, 클러치와 변속기(Clutch & Transmission)와 관련 부품들, 현가장치(Suspension), 조향장치(Steering System), 제동계(Brake System), 배기계(Exhaust System) 등을 포함하며 차체(Body)는 자동차의 외형적 디자인과 관련된 어퍼 보디(Upper Body)를 제외한 자동차의 기본 골격인 Side Member, Dash Panel, Floor Panel 등을 포함

한다. 자동차의 설계, 제작사마다 플랫폼에 포함되는 부품과 구조체는 일정하지 않다.

플랫폼을 공유한다는 것은 플랫폼의 개수를 줄이고 차종마다 공유하여 여러 차종에서 같은 플랫폼을 적용하도록 하는 것이 목표이며, 다음과 같은 시너지효과를 기대하고 품질과 성능의 안정, 원가 절감, 제품 가격을 낮추고 시장경쟁력을 확보하고자 하는 것이 궁극적 목적이라고 할 수 있다.

2. 플랫폼(Platform) 공유의 효과

플랫폼 공유로 기대할 수 있는 효과는 다음과 같다.

- 신차종의 개발비용을 절감하며 개발기간을 단축하여 신차종(모델)에 대한 다양화로 시장과 소비자 요구에 민첩하게 대응할 수 있다.
- 생산라인 및 생산설비를 공유할 수 있으며 설비 가동률의 극대화를 통한 원가 절감이 가능하다.
- 공용 부품의 수가 많아지며 대량생산에 따른 부품 단가를 낮출 수 있다.
- 검증된 플랫폼을 적용할 수 있으므로 안정된 품질을 기대할 수 있으며 신차에 대한 품질을 조기에 확보할 수 있다.
- 사후관리(A/S) 부품의 종류와 개수를 줄일 수 있고 관리비용을 절감할 수 있다.

 파킹일체형 캘리퍼의 구조 및 작동원리에 대하여 설명하시오.

1. 파킹일체형 캘리퍼의 구조 및 작동원리

캘리퍼 일체형 방식의 전자식 파킹 브레이크(EPB ; Electronic Parking Brake)는 운전자의 스위치 조작으로 EPB ECU가 경사각 센서(Slop Sensor), 휠 스피드 센서(Wheel Speed Sensor), 도어 접점 센서(Door Contact Sensor) 등의 각종 센서로부터 신호를 받아 모터를 구동한다. 모터의 회전은 감속기를 거쳐 회전방향이 직각으로 변환되고 액추에이터가 후륜의 캘리퍼에 장착되어 디스크에 가압함으로써 제동력을 발휘하게 된다.

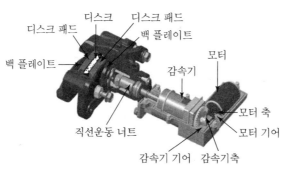

[파킹일체형 캘리퍼의 구조]

캘리퍼 일체형 파킹 브레이크는 핸들-케이블식 주차 브레이크의 불리한 점인 장시간 주차 제동력 작용 시 케이블의 이완에 의한 제동 마찰력의 저하와 설치의 복잡성 등을 해결하고 부품 수를 감축하여 원가 절감과 모터에서 감속기로 동력 전달 시 동력 전달 손실이 최소화 되고 제동성능 향상을 도모할 수 있는 전자식 파킹 브레이크를 실현할 수 있는 주차 브레이크 장치이다.

위의 그림은 전자 제어식 파킹 브레이크의 구조도와 개념도이다. 모터의 회전은 감속기에서 감속되면서 회전력이 증대되고 회전은 직선운동으로 전환되어 디스크 브레이크 캘리퍼 사이에 있는 디스크 패드의 강판을 압박하여 주차 제동력을 확보하는 시스템이다.

06 가솔린기관의 점화플러그가 자기청정온도에 이르지 못할 경우 점화플러그에 나타나는 현상을 설명하시오.

1. 점화플러그의 열가(熱價)

점화플러그의 열특성(熱特性, Heat Range)은 기관의 종류나 사용 상태에 적합한 플러그를 선택하는 것이 중요하다. 특히 플러그의 정상적인 기능과 연소효율을 고려할 때 플러그의 유지온도가 매우 중요하고 적합한 플러그를 적용하여야 한다.

일반적으로 점화 플러그 전극 부분의 유지 온도는 480~530℃ 이상, 850~900℃ 이하이어야 한다.

이 사이의 온도를 일반적으로 점화 플러그의 자기청정온도(自己淸淨溫度, Self Cleaning Temperature)라고 한다. 자기청정온도를 유지하려면 연소실에서 받는 열을 실린더 블록이나 대기 중으로의 방열이 적당하여야 한다. 열의 방산과 정도를 표시하는 점화 플러그의 특성을 열값(熱價, Heat Range)이라고 한다.

일반적으로 점화 플러그의 열값(熱價)은 절연체의 아랫부분의 끝에서부터 아래 실까지의 길이에 따라 정해진다.

열형(熱型)은 발화부 절연체의 길이가 길고 수열 면적이 넓어 수열량이 크고 열방산이 느려 고열가(高熱價)이다. 따라서 조기점화를 일으키기 쉬우나 플러그가 고온 상태로 유지되어 카본의 축적이 적다. 연소실 온도가 비교적 낮은 기관에 적당하다. 열 특성은 플러그의 형상과 중심 전극으로부터의 열의 이동거리에 따라 결정되므로 열형 플러그는 열의 이동통로 길이가 길다. 따라서 전극으로부터 열방산에 요하는 시간이 길어 열적 부하가 작은 저열(저부하)형 기관에 적용된다.

냉형은 열형과는 반대로 절연부의 길이가 짧아서 수열량이 적고 열방산이 빠르므로 저열가이며 저온상태로 유지되어 조기점화를 일으키기 어렵고 카본퇴적 등의 오손이 우려되는 열부하가 큰 고속형 엔진에 적용된다.

2. 점화플러그의 열가(熱價)와 특성

점화 플러그의 자기청정온도(Self Cleaning Temperature)에 이르지 못하면 중심 전극과 접지 전극 사이에 카본이 퇴적되어 점화코일의 3차 전압 강하로 스파크의 강도가 약할 수 있어 실화(失火, Missfire)의 원인이 되기도 한다.

또한 플러그의 온도가 지나치게 높으면 연소실에서 고온열원(高溫熱源)으로 작용하여 조기점화 등 이상연소(異常燃燒)의 원인이 되기도 한다.

구분	수열량	방열량	플러그 온도	적용 엔진	오손에 대한 적응력	조기점화에 대한 적응력
열형 (고열가)	많다.	느리다.	고온	저열/저부하	크다.	작다.
중간형	중간	중간형	중간	–	–	–
냉형 (저열가)	적다.	빠르다.	저온	고속/고부하	작다.	크다.

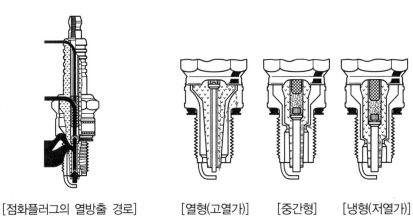

[점화플러그의 열방출 경로]　　[열형(고열가)]　　[중간형]　　[냉형(저열가)]

07 QUESTION 내연기관의 열정산에 대하여 설명하시오.

1. 열정산(熱精算)의 개요

열정산(熱精算)이란 열기관에 도입되고 배출되는 열 에너지의 효용성을 도시한 열평형도로서 연료의 발열량 중 어느 정도가 유효하게 이용되고 어떤 열손실을 일으키고 있는가를 조사하기 위해 열량을 계산하여 그림이나 표로 도시한 것이다.

유출입 열량의 상태를 쉽게 파악하여 변경이나 개선할 문제점 등을 알 수 있다.

에너지 보존법칙인 열역학 제1법칙에 따르면 연료의 총 발열량이 유효일 외에 다른 어떤 형태로 변환되고 배출되는가를 나타내는 것이 열정산(Heat Balance)선도라고 하는데, 이는 기관의 성능평가에 활용되는 기초 자료가 된다.

열기관에 유입된 열에너지는 다음과 같은 형태로 변환되고 배출된다.

- 기관의 축출력으로 변환되어 출력되는 유효일로의 전환열량
- 냉각수, 복사열로의 냉각손실
- 배기가스로 배출되는 배기손실
- 마찰부에서의 마찰열, 고온부분으로부터의 방사열 등으로의 손실열량

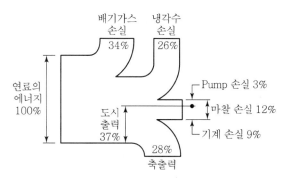

[일반적인 정적연소 열기관의 열정산 선도]

이들을 다른 방법으로 표현하면

$$연료의\ 열에너지\ Q_1 \quad -냉각손실\ Q_c$$
$$-배기손실\ Q_{ex}$$

$$=도시출력\ AW_i(도시열효율=\frac{AW_i}{Q_1})$$

$$-기계적\ 마찰손실\ AW_f$$

$$=순출력\ AW_b(순\ 기계효율=\frac{W_i-W_f}{W_i})$$

$$-보기류\ 구동용\ 동력\ AW_w$$

$$=정미출력\ AW_e(정미기계효율=\frac{W_e}{W_i})$$

기관의 열정산은 기관의 종류, 운전조건이나 환경에 따라 달라지며, 그 배분되는 비율 역시 여러 가지로 달라진다. 일반적으로 유효일에 30%, 배출가스에 30%, 냉각매질에 30%, 그 밖에 10% 내외 정도로 배분된다.

기관에 장착되는 노크센서의 종류와 특성을 설명하시오.

1. 노킹(Knocking)의 개요

노킹에는 디젤기관에서의 디젤노킹과 가솔린노킹이 있으나 디젤기관에서의 노킹은 정상 연소와 크게 다르지 아니하며 쉽게 정상화되는 특징이 있다. 근래 CRDI 엔진의 상용화에 따라 고압분사에 의해 착화지연이 짧아지고 고속 연소가 가능해져서 디젤기관에서의 노킹은 가솔린기관에서의 연소에 비하여 발생의 우려가 적고 그 폐해가 적다.

그러나 가솔린 기관에서의 노킹 발생은 대표적인 이상연소(異常燃燒)이며 출력 저하의 중요한 원인이 된다.

노킹의 발생 원인을 보면 스파크에 의해 점화가 되고 연소가 시작되면 연소실 내에서 기연가스의 온도와 압력이 미연소 가스에 전달되고 연소실의 고온 분위기와 연소실에 존재하는 고온 열원에 의해 혼합기가 자기착화하여 가솔린 혼합기의 순차적인 화염전파연소가 아닌 이상연소가 발생한다. 이러한 원인으로 발생한 노킹은 소음과 진동뿐만 아니라 출력을 저하시키고 연비를 저하시키는 등 그 폐해가 크다.

따라서 노킹이 발생할 경우 연소 상황 개선으로 정상화하기 위한 이론적 방법은 연소실 분위기 온도를 낮추는 방법과 내폭성이 큰 고옥탄가 연료를 사용하는 것이 대책으로서 가능한 방법이나 현실적이고 일반적인 방법으로 점화시기를 지연시키는 방법을 채택하는데 노킹의 발생 여부를 검출하기 위한 것이 노크센서(Knock Sensor)이다. 노크센서는 대부분 실린더 블록에 나사로 고정되어 설치되어 있다. 노크센서의 종류와 특징은 다음과 같다.

(1) 전자유도(電磁誘導)식 노크 센서

전자유도식 코일 속에 철심을 넣고 철심의 끝 면 가까이에 진동자(Vibrator)를 설치하고 철심과의 사이에 작은 틈새(Air Gap)를 만든 구조이다.

실린더 블록의 진동에 의하여 진동자가 진동하면 진동자와 철심의 틈새가 변화하여 자기저항이 변하므로 코일 속의 자속도 변화하고, 전자유도의 원리에 의해 코일에 기전력이 발생하게 된다.

이때, 진동자의 고유 진동수를 엔진의 노킹 시에 발생하는 실린더 블록의 진동수와 일치시키면 노킹 시에 진동자가 공진하여 코일에 커다란 교류전압이 발생한다.

(2) 압전(壓電)식 노크 센서

압전식 노크 센서는 힘이나 압력, 기계적 진동을 받으면 전압을 발생시키는 압전 소자의 압전효과(壓電效果, Piezo Electric Effect)를 이용한 것으로, 공진형과 비공진형이 있다.

공진형은 센서 본체와 진동자 사이에 압전소자를 끼워놓고 진동자의 진동이 압전소자에 가해져 진동을 전압으로 변화시키는 것이다.

진동자는 노크진동과 거의 같은 공진 주파수를 가짐으로써 노킹 발생 시 커다란 전압을 발생시키는 특징이 있다.

비공진형 노크센서는 진동자가 없이 압전 소자로부터 직접 전압을 검출하는 방식이다.

(3) 광대역(廣帶域)형 압전(壓電)식 노크센서

광대역 공진형 압전식 노크센서는 압전소자의 압전효과(Piezo Electric Effect)를 이용한 것이며 넓은 진동 주파수에 대하여 공진해서 전압을 발생하는 것으로 피크 시의 발생 전압은 작지만 노킹 주파수가 조금만 어긋나도 노크센서에서는 비교적 높은 전압을 발생하는 것이 특징이다.

엔진의 회전수 변화에 의한 노킹 주파수 성분의 변화나 엔진 형식의 차이에 의한 노킹 주파수 변화에 대하여 적응 범위가 넓어서 공진 발생을 매칭하기에 유리한 특징이 있다.

이는 진동자(Vibrator)가 엔진 블록의 진동에 의하여 진동하면 압전소자도 같이 진동하여 굽힘 변형에 의하여 압전소자에서 전압이 발생하는 것이다. 진동자의 고유 진동수가 노킹 발생 시의 엔진블록 진동수와 합쳐져 공진하므로 노킹 발생 시에 가장 큰 전압을 발생한다.

EGR(Exhaust Gas Recirculation) 밸브가 고착되어 있을 때 나타날 수 있는 현상을 설명하시오.

1. EGR System의 필요성

배기가스 중의 일부를 다시 흡입하여 흡입계로 재순환시키고 가연(可燃) 혼합기에 혼합하여 다시 연소실로 공급하는 시스템이다.

배기가스를 재순환시키면 새 혼합기의 충전율(充塡率)은 낮아지고 배기가스 중에서 일부 도입된 재순환 가스에는 공기 중의 질소(N_2)보다 열용량이 큰 물(H_2O), 이산화탄소(CO_2)와 같은 불활성 가스가 큰 비율로 포함되어 있으므로 연소 최고온도가 낮아지고 열해리(熱解離, Thermal Dissociation) 현상에 의한 질소산화물(NOx)의 발생을 억제할 수 있다. 또한 부수적인 효과로서 ERG은 펌프 손실을 낮출 수 있고 연소 최고온도 저하에 따른 냉각수로의 열 방출을 줄이며, 배기가스 중에 포함된 불활성 가스의 혼합에 의한 혼합기와 연소가스의 화학적 조성 변화에 의한 비열비($k = Cp/Cv$)의 증가에 따른 연소 사이클 열효율 향상 등의 효과가 있으므로 점화시기를 최적화하면 열효율의 향상 효과도 기대된다.

그러나 ERG량의 제어가 정확하지 않고 지나치게 증가하면 안정된 연소를 저해하며 미연소 가스의 증가로 탄화수소(HC)의 발생이 증가하고 연비도 저하된다.

따라서 질소산화물(NOx)의 배출량을 저감하기 위한 EGR System은 흡입공기량에 따른 적당량의 EGR량을 제어하는 것이 필요하다.

2. EGR(Exhaust Gas Recirculation) System의 구성과 제어

EGR 제어는 흡입부의 진공부압과 배기부 압력의 차이를 이용하는 기계적인 방법은 5~15% 정도의 소량 EGR을 하는 경우에 사용되고 ECU에서 제어하는 전자제어방법은 EGR율 15~35% 정도의 대량 EGR을 하는 경우에 적용한다.

아래 그림은 ECU에 의한 전자제어식 EGR System 구성도이다. 이 시스템은 각종 센서로부터 엔진의 운전 상태를 검출하고 ECU에서 출력되는 신호에 의하여 액추에이터를 작동시켜 EGR 밸브 개도를 제어하는데 EGR밸브의 위치를 검출하기 위한 EGR밸브 위치센서가 장착되어 있다.

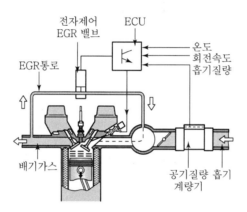

[ECU에 의한 전자제어식 EGR 시스템]

엔진 회전속도와 흡입 공기량에 따른 최적의 EGR량의 데이터는 ECU에 이미 저장되어 있으므로 엔진의 운전조건과 상태에 따라 최적의 EGR량을 결정한다. 또한 EGR 밸브는 특정 조건에서는 연소 안정성과 빠른 웜업(Warm-Up)을 위하여 EGR을 하지 않으며 이러한 EGR-Cut은 시동 시, 저부하 운전 시, 한랭 시동 시 등에 이루어진다.

3. EGR 밸브 고착(固着) 시의 영향과 현상

EGR 밸브는 배기가스 중의 일부를 도입하는 밸브이므로 항상 배기가스 중에 노출되어 있어 쉽게 열화(劣化)되고 고착 등의 고장이 있다. 흡기부의 부압과 배기가스의 차압을 이용하는 기계식이나 ECU에서의 출력신호로 동작하는 전자제어식 모두 EGR 밸브의 고착은 연소의 불안정을 일으키고 질소산화물(NOx)의 발생을 억제할 수 없게 된다. 또한 EGR이 정상적으로 이루어질 때에 비하여 아이들 상태의 불안정과 공연비의 불량으로 출력 부족이 있을 수 있다.

10 QUESTION 기관의 공연비 제어(λ − Control)를 정의하고 특성을 설명하시오.

1. 공연비 제어(λ − Control)

엔진에 흡입되는 공기량에 대하여 연료의 양을 변화시켜 공연비를 제어하는 것을 말한다. 공기비(λ)는 1.0 ± 0.1의 값으로 표시하고 이론 공연비 기준으로 공기의 과잉과 부족을 나타내며 $\lambda = 1.1$은 이론 공연비 대비 10%만큼의 공기 과잉을 말한다.

이론적인 공연비는 (공기중량 : 연료중량) 14.75 : 1이지만 엔진 출력이 최대가 되는 공연비는 이론 공연비보다 농후한 12~13 : 1 정도의 공연비일 때이며, 연료 소비율은 이론 공연비보다 희박한 16 전후의 공연비일 때 가장 낮아진다.

또 배출 가스의 성분에 포함되는 유해 배출가스의 농도도 공연비의 영향을 크게 받는다.

따라서 엔진의 각 운전 상태 및 연소 상태를 센서로 검출하고 센서신호를 ECU에 전달하여 완전하고 최적의 연소상태가 되도록 ECU에서 연료 분사량을 결정하고 분사신호는 인젝터에 듀티(Duty)로 출력된다. 따라서 운전조건과 상황에 따른 최적의 분사량을 제어한다.

기본 분사량은 엔진의 회전속도와 스로틀밸브의 열림 정도(TPS 신호)로 결정되며, 여기에 다음과 같은 여러 가지 상황과 조건을 고려하여 분사량을 결정하고 공연비가 결정된다.

(1) 보정신호에 의한 분사량 보정과 공연비 결정

① 시동보정 : 시동 성능을 향상하기 위하여 시동 시 농후한 공연비로 보정한다.

② 한랭보정 : 한랭 시 조속한 Warm − Up을 위하여 증량 보정한다.

③ 가감속보정 : 가속과 감속 시에 희박 · 농후한 혼합기로 보정하여 운전 상황에 대처하도록 한다.

④ 고온보정 : 고온 분위기면 연료가 팽창 또는 비등하여 공연비가 희박하므로 온도가 높으면 증량 보정한다.

⑤ 고도보정 : 고도가 높으면 공기(산소농도)가 희박하므로 감량 보정을 한다.

(2) 산소센서(O$_2$ Sensor)에 의한 Feed – Back 보정

산소센서는 배기가스 중의 산소 농도를 검출한 전기신호를 ECU에 입력한다. 이론 공연비는 λ = 1, (공기중량)14.75 : (연료중량)1의 상태이며 산소센서에 의한 공연비 보정은 ECU가 산소센서의 출력값을 입력 받아 현재의 공연비가 농후한지 희박한지를 판단하고 이론 공연비에 맞도록 분사량을 제어하여 부하 시에도 엔진의 부하상태(TPS신호)와 RPM에 맞추어 정확한 이론 공연비가 되도록 한다.

이처럼 산소센서의 출력값을 ECU에서 Feed – Back 받아 공연비를 제어하는 것은 폐회로제어(Closed Loop Control)이며 센서의 고장으로 판단되거나 특정 조건이나 상황에서는 공연비 Feed – Back 제어를 하지 않으므로 개회로 제어상태(Open Loop Control)이다. 다음은 공연비 Feed – Back 금지조건 및 상황이다.

- 냉각수 온도가 낮을 때(35℃ 이하)
- 엔진 시동 시
- 시동 후 Warm – Up 보정 시
- 고부하 주행 시(TPS 개도량 80% 이상)
- 연료차단(Fuel – Cut) 시
- 산소센서, 공기량센서, 인젝터 등 공연비에 영향을 주는 센서 고장 시

11 QUESTION 하이브리드 자동차에서 모터 시동 금지조건에 대하여 설명하시오.

1. 하이브리드 자동차(HEV)의 동력 분배

하이브리드 자동차(HEV)는 주행 조건에 따라 엔진과 모터에 적절히 동력을 분배함으로써 전체적인 운전 효율을 향상시킨다.

HEV 목적상 엔진의 동작 비율은 낮추고 모터의 동작 비율은 높이며, HEV는 엔진의 고효율 영역에서는 엔진 출력에 의존하고 출발 및 최고 출력을 요구하는 영역에서는 모터의 동력으로 대응하여 전반적인 주행 효율을 높이는 개념이다.

HEV의 주행 특성을 설명하면 다음과 같다.

- HEV가 정차 중에는 엔진을 정지시키는 아이들 스톱(Idle Stop) 모드로 엔진은 정지하고 연료 소모와 배기가스의 배출을 억제한다.

- 요구 동력이 작은 저속 및 완만한 가속 시에는 모터로 모든 요구 동력을 충족시키는 EV 모드로 주행한다.
- 요구 동력이 일정 수준 이상이 되면 엔진을 가동시켜 HEV 모드로 주행한다.
- 요구 동력이 엔진의 고효율 운전 영역의 출력 범위보다 낮은 경우에는 모터를 통해 발전기로 동작하여 배터리를 충전한다. 따라서 엔진은 고효율 영역에서 정상적으로 가동되고 모터는 발전기로 동작하므로 모터의 가동은 정지된다.
- 위와 반대로 엔진의 고효율 영역에서 출력 이상의 동력을 요구하는 조건에서는 모터는 시동되고 엔진의 출력을 보조한다.
- HEV의 감속 시에는 모터를 이용해 주행 관성 에너지를 모터가 흡수하여 발전기로 작동하여 배터리를 충전하는 회생 제동(Regeneration Braking)을 실시하여 전체적인 주행 효율을 높인다. 따라서 모터는 발전기로 동작하며 모터의 시동은 정지된다.

이처럼 HEV는 배터리의 충전과 방전을 통해 변화하는 요구 동력 대비 엔진의 동력을 가능한 일정하게 유지하는 과정을 Load Leveling이라고 한다.
아래 그림은 HEV의 주행 모드에 따른 엔진과 모터의 시동과 정지 상태를 나타낸 것이다.

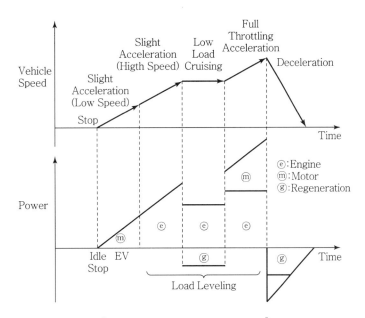

[HEV Load Leveling Schematic]

IPS(Intelligent Power Switch)의 기능과 효과에 대하여 설명하시오.

1. IPS(Intelligent Power Switch)의 기능과 효과

IPS(Intelligent Power Switch)는 자동차에 사용하는 배터리의 전원을 사용하는 각 기기의 기능을 위한 제어용 스위치이며 조건에 따라 소전류로 대전류를 단속하는 접점형 릴레이 (Relay)의 기능과 기준 이상으로 과전류가 흐를 경우 차단해 주는 기능을 하는 지능형 전원 스위치이다.

이는 원가의 절감뿐만 아니라 공간 활용 및 중량을 줄이는 효과와 더불어 기기의 보호 그리고 배터리 전원의 효율적 관리에도 기대하는 바가 크다.

IPS(Intelligent Power Switch)는 배터리와 연결된 기기(부하)에 전기를 공급 또는 차단되 도록 단속하는 메인 릴레이와 각 부하에 연결되어 각 부하의 상태를 모니터링해주는 단자가 구비된 스위치이다.

각 부하에 이상이 발생하였을 경우, 그 정보를 읽어 이를 표시하는 컨트롤러를 포함하고 있으며 전조등을 비롯한 각종 모터, 에어컨, 히터 컨트롤 스위치 등과 연결되어 고장진단과 더불어 부하기기의 보호, 상태 파악에 효과적이다.

IPS(Intelligent Power Switch)의 효과에는 배선의 단순화와 이에 따른 원가 절감, 고장진단 및 정비의 편리성, 각 전기기기의 보호, 배터리 전원의 효과적인 사용과 관리 등이 있다.

다음 그림은 티타니아 산소센서의 파형을 나타낸 것이다. 파형에서 각 번호가 어떤 상태를 나타내는지 쓰시오.

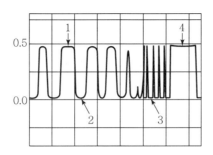

1. 산소센서 파형 분석

배기가스의 저감을 위해서 삼원촉매장치(3-Way Catalytic Converter)를 사용할 경우 혼합기의 농도를 이론 공연비 부근에서 제어하기 위하여 산소센서를 배기 매니폴드에 설치하여 공연비의 농후(Rich), 희박(Lean) 상태를 검출한다.

산소 센서로는 지르코니아 산소센서(Zirconia O_2 Sensor)가 주로 사용된다.

$0\sim0.5V$ 사이에서 출력되며 배기가스 상태가 농후로 판정되면 분사량을 줄이고 이때 보정값은 0%이다. 희박상태로 판정되면 분사량을 늘리는데 보정값은 +방향으로 움직인다.

파형에서 1은 정상 파형의 농후한 상태를 검출한 것이고 보정값은 분사량을 줄이는 방향이며 보정값은 0%이다. 2번은 이와 반대로 희박한 상태의 출력이며 분사량을 늘리는 보정값 +방향으로 보정할 것이다.

3번 부근의 파형은 엔진 회전 속도 파형이 없으나 급가속 구간으로 판정되고 4번은 연속 분사량이 많아 배기가스가 농후한 것으로 판정되는 고부하 구간이며 연속적으로 많은 분사량이 농후한 혼합기를 형성하는 구간이다.

자동변속기 차량이 수동변속기 차량에 비해 경사로 출발이 쉽고 등판능력이 큰 이유를 설명하시오.

1. 자동변속기와 수동변속기 자동차의 구동력 비교

엔진의 출력 토크(Torque)만으로는 자동차를 구동하는 것은 불가능하기 때문에 엔진과 자동차 구동륜 사이에 변속기를 두고 주행 조건에 따른 폭넓은 요구 회전력에 대응한다.

자동차의 발진 시, 등판 주행 시, 급가속 시에는 큰 구동력을 필요로 하고 운전자의 의도에 따라 저부하 고속일 때는 큰 구동력보다는 고속을 요구하므로 구동력은 크게 요구되지 않는다.

실제 자동차의 발진과 주행에는 그림에서 나타낸 이상(理想)적인 요구 특성 선도와 같이 저속에서는 큰 구동력, 고속에서는 작은 구동력이 요구된다.

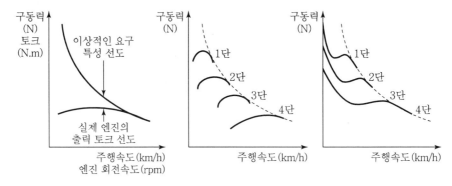

[수동 · 자동변속기의 구동력 – 주행속도 선도]

자동차 엔진의 출력 특성을 보완하기 위하여 변속기를 사용하며 1~4단과 같이 변속비를 조합하여 자동차의 구동력이 이상적인 곡선을 가지도록 하고 있다.

수동 변속기의 경우 변속 단수가 많을수록 이상적인 요구 선도에 근접하며 변속 충격과 변속 시의 출력 손실도 감소할 것이나 구성의 한계, 빈번한 변속 조작의 번거로움 등 여러 가지 이유로 변속 단수를 무한정 늘리는 것은 한계가 있다.

자동변속기는 수동변속기보다 저속 영역에서 이상적인 요구 선도에 근접하며 특히 저속에서 구동력이 큰 것이 가장 효과적인 특성이다. 이와 같은 이유로 근래에는 수동변속기보다 자동변속기를 많이 채택하고 있으며 발진과 저속 시 급격한 큰 구동력 변화가 엔진에 직접 전달되지 않아 발진 시 부드러운 출발이 가능하다.

2. 자동변속기의 특징

(1) 자동변속기의 장점

① 변속 조작이 불필요하고 엔진 스톨(Engine Stall)이 일어나지 않으므로 운전하기가 쉽고 변속에 따른 피로가 적어 안전 주행에 도움이 된다.

② 저속 영역에서의 구동력이 커서 발진이 쉽고 등판능력이 향상된다.

③ 엔진의 토크 전달이 유체를 통하여 이루어지므로 발진, 가속, 감속이 원활하여 승차감에 유리하다.

④ 유체가 댐퍼(Damper)의 역할을 하므로 엔진의 출력을 전달할 때 동력 전달 기구나 바퀴 등 자동차 각 부로 또는 역으로 차륜에서 엔진으로의 진동이나 충격을 유체가 흡수하고 과부하가 작용하여도 직접 엔진으로 전달되지 않기 때문에 엔진이 보호되어 내구성에 유리하다.

(2) 자동변속기의 단점

① 구조가 복잡하고 고가이다.

② 수동 변속기에 비해 가속성능이 떨어지고 최고속도도 낮다.

③ 연비성능이 수동변속기에 비해 불리하다.

02 QUESTION 제동성능에 영향을 미치는 인자에 대하여 설명하시오.

1. 제동성능(制動性能)

자동차의 제동성능은 짧은 정지거리(공주거리 + 제동거리)와 더불어 제동 시의 조향 안정성, 제동륜의 고착(Wheel Lock)과 같은 제동 안정성을 포함한다.
제동성능에 영향을 미치는 인자를 요약하면 다음과 같다.

(1) 제동 토크(Brake Torque)

제동륜에 작용하는 제동 토크는 타이어와 노면 사이에서 작용하는 마찰력을 최대로 이용할 수 있는 범위 이내에 있어야 하며 노면과 타이어 사이의 마찰력보다 제동 토크가 클 경우에는 차륜이 고착(Wheel Lock)되어 스키트(Skit)현상이 발생하여 오히려 제동 거리가 길어지고 조향 안정성이 저하된다.

제동 토크에 영향을 미치고 제동 토크를 증가시키기 위한 구체적 개선방법은 다음과 같다.

- 제동압력과 휠 실린더의 단면적
- 브레이크 디스크 및 드럼의 유효반경
- 제동륜 타이어의 유효반경
- 브레이크 패드 및 슈(Brake Shoe)의 마찰계수
- 마찰부의 평활도 및 고려된 냉각방법

(2) 제동륜의 고착(Wheel Lock)과 슬립률(Slip Ratio)

과도한 제동 토크로 인하여 노면과 타이어 사이에서 발생하는 마찰력보다 클 경우에는 제동륜이 고착(Wheel Lock)되어 스키트(Skit) 현상이 발생하고 노면 위를 미끄러지고 고무제 타이어에는 급격한 온도 상승이 발생하고 타이어 고무의 임계온도(약 420℃)를 초과하여 노면과의 마찰력은 급격히 저하된다. 따라서 제동 마찰력의 저하와 더불어 코너링 포스(Cornering Force)가 저하되어 조향 안정성을 저해하는 요인이 된다.

따라서 근래의 제동 장치에서는 ABS(Anti-Lock Brake System)을 장착하여 제동 시에 발생하는 슬립률(Slip Ratio)을 제어함으로써 제동력과 코너링 포스(Cornering Force)를 제어하여 제동거리 단축, 조향 안정성을 확보하고 있으며 제동 성능 개선에 큰 기여를 하고 있다.

아래 선도는 제동륜의 슬립률에 따른 제동력과 코너링 포스를 도화한 것이며 제동륜의 휠 속도센서(Wheel Speed Sensor)로 제동륜의 회전속도를 검출하여 제동력과 코너링 포스가 훼손되지 않는 범위에서 제동되도록 제동 압력을 제어한다.

슬립률은 주행속도 대비 제동륜의 부분적 고착으로 인한 미끄러지는 비율을 말하며 주행속도 V_d , 제동륜의 원주속도를 U_i 라고 할 때 슬립률(λ)은 다음과 같다.

$$\text{슬립률} \quad \lambda = \frac{V_d - U_i}{V_d} \times 100(\%)$$

슬립률 $\lambda = 0$인 경우는 제동조작 없이 정상 주행의 경우이며 $\lambda = 1$인 경우는 제동륜의 원주속도 $U_i = 0$이며 제동륜이 고착(Wheel Lock)되어 스키트(Skit) 현상이 발생하는 경우를 말한다.

위 선도에 나타난 바와 같이 제동마찰력과 코너링 포스 모두 훼손되지 않고 제동성능을 확보하기 위해서는 슬립률이 10~20% 구간이 되도록 제동압력을 제어하는 것이 유리함을 알 수 있다.

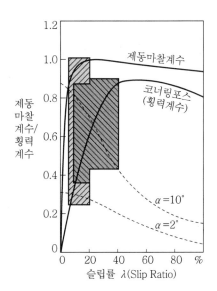

[슬립률 - 마찰계수 - 횡력계수]

03 QUESTION 디젤엔진에서 윤활유의 성질과 첨가제의 종류에 대하여 설명하시오.

1. 엔진 윤활유

기계의 마찰면에 생기는 마찰력을 줄이거나 마찰면에서 발생하는 마찰열을 분산시킬 목적으로 사용하는 유상물질(油狀物質)로 주로 석탄계 광물유가 쓰인다.

기관용 윤활유로서의 기본적인 성질과 요구 조건은 다음과 같다.

(1) 점도지수(粘度指數, Viscosity Index)가 높을 것

점도지수는 온도에 따른 점도변화 정도를 나타낸다. 따라서 저온에서는 점성저항이 작고 고온에서는 유막형성 능력이 유지되도록 점도지수가 높아야 한다.

(2) 유동점(流動点, Pour Point)이 낮을 것

액체가 응고되어 유동이 정지되는 온도를 응고점이라 하고, 응고점보다 2.5℃(5℉) 높은 온도를 유동점이라 한다. 기관 윤활유는 유동점이 낮으면 낮을수록 기관 각 부로의 유동과 유막 형성에 유리하다.

(3) 유성(油性, Oiliness)이 좋을 것

유성이란 윤활유가 금속면에 점착(點着)하는 성질을 말한다. 유성이 좋아야 경계 마찰을 감소시키고 윤활효과가 크다.

(4) 탄소 부착, 퇴적성(炭素 附着, 堆積性, Carbon Formation)이 낮을 것

기관이 정상상태일 경우에도 연소실벽, 배기밸브, 피스톤헤드, 피스톤링 그리고 피스톤 안쪽 면 등에는 카본이 퇴적된다. 윤활유로부터 탄소가 석출되면 찌꺼기가 급속히 축적되어 금속표면의 부식을 유발하고 윤활유 통로를 막게 된다.

(5) 산화 안정성(酸化 安定性, Oxidation Stability)이 좋을 것

윤활유가 산화되면 산(Acid), 교질물(Gum), 찌꺼기(Sludge) 등을 생성하게 된다. 이렇게 되면 점도는 높아지고 유성(Oiliness)은 저하되어 부식이나 마모가 촉진된다.

(6) 부식 방지성(腐蝕 防止性, Anti-Corrosion)이 좋을 것

윤활유의 산화물이나 산화성 연소 생성물 등은 부식을 유발시키거나 촉진시키므로 산화성 분위기로부터 부식방지성능을 필요로 한다.

(7) 인화점(引火點, Flash Point)이 높을 것

윤활과는 직접적인 관련이 없으나, 안전성을 확보하기 위해서는 인화점이 높아 쉽게 착화하거나 연소되지 않아야 한다.

(8) 기포 발생(Foaming)이 적을 것

윤활유에 기포가 생성되면 공급 펌프의 기능이 저하되어 윤활유 순환이 지장을 받게 된다. 따라서 윤활유는 기포 발생에 대해 충분한 저항력을 가지고 있어야 한다.

위에 열거한 특성을 가진 자연의 윤활유는 존재할 수 없으므로 용도와 목적에 따라 기유(基油, Base Oil)의 목적에 맞는 기능을 발휘하도록 다양한 첨가제를 첨가하여 그 성질을 개선시키거나 보완하여 적용한다.
윤활유 첨가제로는 다음과 같은 것들이 주로 사용된다.

① 점도지수 향상제(Viscosity-Index Improver)
② 유동점 강하제(Pour Point Depressants)
③ 탄화 방지제(Resistance to Carbon Formation)
④ 산화 방지제(Oxidation Inhibitors)
⑤ 부식 방지제(Corrosion and Rust Inhibitors)
⑥ 기포 방지제(Foam Inhibitors)
⑦ 청정 분산제(Detergent Dispersant)
⑧ 극압 윤활제(Extreme-Pressure Agent)
⑨ 유성 향상제(Oiliness Carrier)

디젤엔진은 가솔린엔진에 비하여 압축비가 높고 연소 압력이 높아 기관 각 부에 작용하는 하중이 크고 전반적으로 사용 조건이 가혹하다. 또한, 자기 착화하여 연소시키므로 엔진의 열적 부하가 크고 고온으로 유지되므로 멀티그레이드 오일을 사용한다. 또한 디젤 연료를 사용하므로 연료 중에 포함된 황(黃/Sulfur)과 황산화물에 저항하는 특성이 요구되는데, 황산화물을 중화시키는 기능이 있어야 한다.

QUESTION 공기표준 복합 사이클(Sabathe Cycle)에서 최고 온도가 1,811℃이고, 최저 온도가 20℃이다. 최고압력을 42ata, 최저 압력을 1ata, 압축비를 11, k = 1.3이라고 할 때 다음을 구하시오.

1. 공기표준 복합 사이클(Sabathe Cycle)

아래 선도는 디젤엔진의 공기표준 이론 사이클 P−V선도이며 정적 가열, 정압 가열, 정적 방열 과정과 등 엔트로피 압축, 팽창 과정을 가지는 복합형 사이클이다.

여기서 $P_1 = 1\text{ata} = 1\text{kgf/cm}^2$

$\quad\quad P_3 = 42\text{ata} = 42\text{kgf/cm}^2$

$\quad\quad T_1 = 20℃ = 273.15 + 20 = 293.15\text{K}$

$\quad\quad T_4 = 1,811℃ = 273.15 + 1,811 = 2,084.15\text{K}$

(1) 압력(상승)비(α)

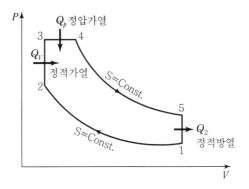

[Sabathe Cycle P−V선도]

과정 1−2에서 $\dfrac{P_2}{P_1} = \left(\dfrac{V_1}{V_2}\right)^k = \varepsilon^k$이므로

$\quad\quad P_2 = \varepsilon^k P_1 = 11^{1.3} \times 1 \times 10^4 = 225,845\,\text{kgf/m}^2$

$\quad\quad\quad = 22.6\,\text{kgf/cm}^2$

압력 상승비 $\alpha = \dfrac{P_3}{P_2} = \dfrac{42}{22.6} = 1.86$

(2) 차단비(σ)

$T_2 = \left(\dfrac{P_2}{P_1} \right)^{\frac{k-1}{k}} T_1$ 이므로

$T_2 = \left(\dfrac{22.6}{1} \right)^{\frac{1.3-1}{1.3}} \times 293.15 = 600\,\mathrm{K}$

$T_3 = \left(\dfrac{P_3}{P_2} \right) T_2 = \alpha\ T_2$ 이므로

$T_3 = 1.86 \times 600 = 1116\,\mathrm{K}$

과정 3−4는 등압가열과정이며 $P_4 = P_3$이다.

$\dfrac{T_3}{V_3} = \dfrac{T_4}{V_4} \qquad \dfrac{V_4}{V_3} = \dfrac{T_4}{T_3}$

여기서 $\dfrac{V_4}{V_3} = \sigma$(차단비 : 등압팽창비)이므로

따라서 차단비(단절비) $\sigma = \dfrac{T_4}{T_3} = \dfrac{2084.15}{1116} = 1.87$

(3) 이론열효율(η_{th})

복합 사이클(Sabathe Cycle)의 이론열효율(η_s)은 다음의 식으로 주어진다.

$\eta_s = 1 - \left(\dfrac{1}{\varepsilon} \right)^{k-1} \cdot \dfrac{\alpha \sigma^k - 1}{(\alpha-1) + k\alpha(\sigma-1)}$

$= 1 - \left(\dfrac{1}{11} \right)^{1.3-1} \times \dfrac{1.86 \times 1.87^{1.3} - 1}{(1.86-1) + 1.3 \times 1.86(1.87-1)}$

$= 1 - 0.53 = 0.47$

따라서 열효율은 47%이다.

(4) 이론 평균유효압력(p_{mth})

이론 평균유효압력은 다음의 식으로 주어진다.

$P_{mth} = \dfrac{W}{V_1 - V_2}$

$= \dfrac{P_1 \cdot \varepsilon^k (\alpha-1) + k\alpha(\sigma-1) - \varepsilon(\alpha\sigma^k - 1)}{(k-1) \cdot (\varepsilon-1)}$

$= \dfrac{1 \times 11^{1.3}(1.86-1) + 1.3 \times 1.86(1.87-1) - 11(1.86 \times 1.87^{1.3} - 1)}{(1.3-1) \cdot (11-1)}$

$= 10.6\,\mathrm{ata}$

(5) 이론 평균유효압력(P_{mth})과 최고압력($P_{\max}$)의 비

$$\frac{P_{\max}}{P_{mth}} = \frac{42}{10.6} = 3.96$$

05 QUESTION 자동차에 작용하는 공기력과 모멘트를 정의하고, 이들이 자동차 성능에 미치는 영향을 설명하시오.

1. 자동차에 작용하는 공기력(空氣力)

자동차에 작용하는 공기력은 차체의 전후로 작용하는 항력(抗力, Drag Force), 옆으로 작용하는 횡력(橫力, Side Force), 위 방향으로 작용하는 양력(揚力, Lift Force)으로 3분력이고 각각의 작용하는 회전 진동 모멘트는 피칭(Pitching), 롤링(Rolling), 요잉(Yawing) 모멘트로 작용한다.

자동차에 작용하는 항력은 공기저항(空氣抵抗)이며 평탄로를 정상 주행하는 자동차에 가해지는 주행 저항(走行抵抗)은 타이어의 변형, 노면의 굴곡에 의한 구름저항과 공기저항이다. 공기저항(空氣抵抗)은 속도의 제곱과 자동차의 전면 투영 면적에 비례하므로 고속이 될수록 주행 저항이 차지하는 비율이 증가하고 공기저항을 줄이면 고속 주행 시 연비 향상과 더불어 최고 속도가 증가할 수 있다.

공기 저항과 피칭 모멘트(Pitching Moment)의 발생 원인은 외부 저항과 내부 저항으로 구분되는데 외부 저항은 차체의 형상에 의한 형상 저항, 돌기부나 부착물에 의해 발생하는 요철 저항, 엔진 냉각을 요하는 라디에이터 등의 통풍 저항과 브레이크 등의 공기 유동에 의한 유동 저항이 있다.

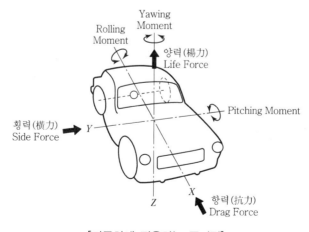

[자동차에 작용하는 공기력]

공기 저항을 줄이기 위해서는 차체 앞부분에 에어-댐(Air Dam)을 설치하고 차체 뒷부분에는 리어 스포일러(Rear Spoiler)를 장착한다. 또한 엔진 냉각풍 및 기타 통풍을 원활하게 하기 위하여 후면 부압을 완화하는 설계와 구조가 효과적이다.

주행 중 상하 공기 흐름에 속도차가 나서 양력이 발생되는 것으로 차량이 고속 주행 시 양력이 크게 발생되며 차량이 들리는 현상으로 조향 안정성에 영향을 준다.

양력(揚力, Lift Force)의 증가는 타이어 코너링 포스(Tire Cornering Force)를 줄이기 때문에 일반적으로 조향 안정성에 악영향을 주지만 차량의 조향 특성에 대한 영향은 전후륜의 양력 분담과 서스펜션 특성에 따라 바뀐다.

자동차 선회 시 발생하는 요잉 모멘트(Yawing Moment)의 발생 원인은 차체에 대하여 수직축(Z축) 둘레에 발생하는 운동이다.

요잉 모멘트(Yawing Moment)의 주요 원인은 차체 형상, 냉각풍, 부적합한 부착물에 의하여 영향을 받고 일반적으로 해치백 차량이 노치백(세단형)보다 유리하다. 또한 리어스포일러를 장착하여 양력과 피칭 모멘트에 대항하도록 하는 것이 효과적이다.

횡력(橫力, Side Force)과 자동차 선회 시 발생하는 롤링 모멘트(Rolling Moment)는 차량의 주행 중 자연풍이 횡측에서 불어올 때 이 횡력에 의하여 조향 안정성에 영향을 받는다. 이를 저감하기 위해서는 차체 형상을 유선형(流線型)화하거나 고속주행 시 풍압의 영향을 덜 받는 낮은 차체의 차량이 유리하다.

피칭 모멘트(Pitching Moment)는 자동차의 측방향 Y축을 중심으로 발생하는 진동으로 주행 중 노면의 굴곡을 고속으로 넘어가거나 급정지할 때에 발생하는 자동차 차체 앞뒤로의 상하 운동을 말한다.

제동 시의 피칭 운동은 자동차의 앞부분이 하강하는 현상으로 노즈 다이브(Nose Dive)라고도 한다.

06 QUESTION AQS(Air Quality System)에 대하여 설명하시오.

1. AQS(Air Quality System)의 개요

Air Quality System은 대기 중의 유해가스를 검출하여 이들 가스가 차실 내로 유입되는 것을 자동으로 차단하고 차실 내의 공기질(空氣質)을 청정하게 유지하기 위한 시스템이다.

운전 중 산소 결핍 또는 유해 가스로 인하여 피로감, 두통, 무기력 등의 원인이 되며 차실 내의 청정공기 유지와 최적의 환기상태를 유지시켜 준다.

2. AQS 센서

AQS 센서는 대기 공기 중의 유해가스 농도를 검출한 신호를 에어컨 컨트롤러(FATC ECU)로 입력시키고 신호 처리하여 외부 공기의 유입 차단 여부를 판단한다.

일반적인 감지 대상 가스는 이산화탄소(CO_2), 질소산화물(NO, NO_2), 황산화물(SO_2), 일산화탄소(CO), 탄화수소(HC) 등이며 각 가스에 반응하는 센서에 의하여 이들의 농도를 검출하고 일정 농도 이상이면 환기장치의 플랩(Flap)을 자동으로 절환하여 유입을 차단한다.

[AQS(Air Quality System)의 구성]

AQS용 센서는 전면부에는 보통 콘덴서 앞 센터 멤버에 설치되어 자동차의 전면부 플랩(Flap)을 통하여 유입되는 유해 가스를 검출하며 근래에는 사이드 미러(후사경)에 센서를 설치하여 창문을 통하여 유입되는 유해 가스를 검출하여 제어하는 시스템도 적용된다.

01
QUESTION

**4WS(4-Wheel Steering System)에서 뒷바퀴 조향각도의 설정방법
에 대해 설명하시오.**

1. 4륜 조향(4-Wheel Steering System)의 개요

4WS란 종래의 차가 전륜만 조향하는 데 비해 후륜도 조향하는 장치를 말한다. 기존 2WS 차
는 고속 선회 시 전륜에는 핸들에 의한 회전으로 코너링 파워가 발생하지만, 후륜은 차체의
횡 미끄러짐이 발생해야만 코너링 파워가 발생하기 때문에 선회 지연(旋回遲延)과 차체 뒤가
과도하게 흔들리는 문제점이 있었다. 하지만 4WS는 고속에서의 차선 변경 시 안정성이 향상
되고, 차고 진입이나 U턴과 같은 좁은 회전 시 회전반경이 작아져 운전이 용이해지고 차량
주행역학의 가장 중요한 목표인 능동적 안전도의 향상과 조향성능(Handling Performance)
과 승차감(Driving Comfort)의 향상을 기대할 수 있다.

즉, 운전자가 조향핸들을 조작함에 따라 앞 차축에서 생기는 코너링포스에 대하여, 동시에
뒷 차축에서도 해당 횡축력(Cornering Force)이 발생하도록 후륜 조향각을 제어함으로써,
궁극적으로는 차체 무게 중심에서의 횡 미끄럼각(Side Slip Angle)을 줄여서 안정된 조향을
하게 하는 장치이다.

또한 원하는 자동차의 횡 미끄럼각
및 요(Yaw) 속도를 얻기 위해 자동
차의 전륜 조향각 및 후륜 조향각을
능동적으로 제어하는 것이다.

자동차의 주행 속도, 핸들 조향각,
요(Yaw) 속도의 함수로서 후륜 조향
각을 제어하는 방법과 후륜 조향각
제어를 통하여 저속 주행의 조종성
과 과속 주행에서 직진 안정성을 대
폭적으로 향상시켰다.

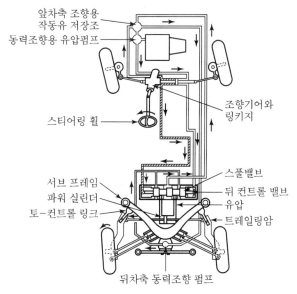

[4륜 조향장치의 구성]

2. 4륜 조향의 적용효과

① 고속 직진성이 향상되어 고속주행 안정성이 확보된다.

② 차선변경이 용이해진다.

③ 쾌적한 고속선회가 가능하다.

④ 저속 회전 시 최소 회전반경이 감소하여 안전성이 확보된다.

⑤ 주차가 편리하여 운전의 편의성이 증대된다.

3. 4륜 조향과 2륜 조향의 비교

2WS는 운전자가 핸들을 조향하면 전륜이 먼저 회전하여 코너링포스가 발생하고, 차체가 선회하면서 후륜타이어가 회전하여 후륜에 코너링포스가 발생하면서 선회가 이루어진다. 그러나 4WS는 운전자가 핸들을 조향하면 전륜과 후륜이 동시에 회전하고 따라서 동시에 코너링포스가 발생되면서 선회가 이루어진다.

4. 작동 원리

① 4WS 컨트롤 유닛은 차속신호에 따라서 적합한 신호를 리어 스티어링 컨트롤 박스의 컨트롤 모터로 보내 컨트롤 요크를 회전시킨다.

② 전륜 조향각에 따라 리어 스티어링 샤프트가 리어 스티어링 컨트롤 박스 내의 베벨기어를 회전시킨다.

③ 컨트롤 요크와 베벨기어의 회전이 위상제어기구 내에서 조합되어 컨트롤 밸브 로드의 스트로크(Strike) 양과 방향을 결정한다.

④ 컨트롤 밸브 내에서 유로가 변환되어 파워 로드가 후륜을 조향한다.

5. 후륜의 조향각도 설정방법

① 중고속 영역에서 전륜과 같은 방향으로 후륜을 조향함으로써 조타 응답성 및 조향 안정성이 향상된다.

② 요(Yaw) 각속도 등의 정보로 후륜을 조향하는 것에 의해 노면 외란이나 횡풍 외란에 대한 안정성이 향상된다.

③ 저속영역에서 전륜과 반대방향으로 후륜을 조향하는 것에 의해 선회 성능의 향상 및 내륜차이를 줄일 수 있다.

6. 4WS 조향방식과 응답 특성

① 전륜 비례 조향각 방식 : 후륜 조향각을 전륜 조향각과 비례시켜 조향하는 방식이다.

② 조향력 피드백 방식 : 조향력을 입력으로 하는 후륜 조향방식으로 후륜 조향각은 전륜의 횡력에 비례해서 조향된다고 생각하는 방식이다.

③ 요(Yaw) 각도 피드백 방식 : 차량 운동의 상태량인 요(Yaw) 각속도에 비례시켜서 후륜을 조향하는 방식이다.

④ 무게 중심 옆미끄럼 각 제로 제어방식 : 무게 중심점 옆 미끄럼 각을 제로(Zero)에 접근시키는 것을 목표로 하는 제어방식이다.

⑤ 모델 폴로잉 방식 : 요(Yaw) 각속도와 횡가속도의 조향 응답 특성을 미리 설정한 가상 모델에 실제의 차량을 충족시켜 일치시키는 방식이다.

타이어 에너지소비효율 등급제도의 주요내용과 시험방법에 대하여 설명하시오.

1. 타이어 에너지소비효율 등급제도

자동차의 주행 안전성과 내구성에 집중하여 개발·생산되던 타이어에 소비자가 에너지 고효율 제품을 선택하여 사용할 수 있도록 에너지효율등급을 표시하는 제도이다.

타이어의 회전저항(마찰력, Rolling Resistance)과 젖은 노면 제동력(Wet Grip)을 측정, 이를 등급화한 것을 말하며 타이어의 회전저항이 적을수록 지면과의 마찰이 줄어 그만큼 연비효율은 높아진다. 또한, 연료 소비를 줄이고 이산화탄소 배출을 낮춰 환경에도 일조하게 된다. 젖은 노면 제동력이 좋을수록 회전저항은 줄이고 제동력은 유지시켜 보다 안전한 주행을 가능케 한다.

적용 대상은 국내에서 생산되거나 수입 판매되는 교체용, 신차용 타이어들로 승용차용과 소형트럭용 타이어가 우선 적용된다.

타이어에서는 불가피하게 구름저항과 마찰을 통하여 대강 연료 소비의 4~7%를 차지하므로 고효율 타이어를 사용함으로써 연료의 소비를 절감하고 유해 배출가스를 저감할 수 있다는 기대로 2012년 11월부터 적용을 시행하고 있는 제도이다.

타이어 효율등급은 타이어의 마찰력(회전저항), 젖은 노면(도로)에서의 제동력을 측정해서 1~5등급으로 나누고 등급표시를 타이어의 트레드(노면 접지부분)에 부착하도록 되어 있다. 일반적인 자동차의 주행에서 1등급과 5등급의 연비 차이는 7% 정도인 것으로 알려져 있으며 등급평가와 구분을 위한 시험방법은 다음과 같다.

(1) 회전저항계수(RRC ; Rolling Resistance Coefficient)에 따른 타이어 에너지소비효율 등급 구분

등급	승용차용 타이어	소형/경트럭용 타이어
1	RRC≤6.5	RRC≤6.5
2	6.6≤RRC≤7.7	5.6≤RRC≤6.7
3	7.8≤RRC≤9.0	6.8≤RRC≤8.0
4	9.1≤RRC≤10.5	8.1≤RRC≤9.2
5	RRC≥10.6	RRC≥9.3

(2) 젖은 노면 제동력 지수(G ; Wet Grip Index)에 따른 타이어 에너지소비효율등급 구분

등급	승용차용 타이어	소형/경트럭용 타이어
1	1.55≤G	1.40≤G
2	1.40≤G≤1.54	1.25≤G≤1.39
3	1.25≤G≤1.39	1.10≤G≤1.24
4	1.10≤G≤1.24	0.95≤G≤1.09
5	G≤1.09	G≤0.94

03 QUESTION 전자제어 가솔린엔진의 연료분사시간을 결정하는 요소를 설명하시오.

1. 가솔린 전자제어식 엔진에서의 연료분사시간

전자제어식 연료분사형 가솔린엔진에서 인젝터를 통한 연료분사시간은 연료 분사량이며 듀티(Duty)라고 한다. 인젝터 코일에의 통전시간(msec)이 듀티이며 통전시간이 길면 분사량도 증가한다.

분사량은 기본 분사량과 보정 분사량 그리고 인젝터에서의 전기·기계적 분사지연을 포함하여 결정된다. 분사량은 여러 가지 센서에 의하여 엔진의 상태와 운전 조건을 검출하여 ECU로 입력되며 ECU에서는 완전연소를 기하기 위하여 이론공연비로 혼합기가 구성되도록 분사량을 결정하여 인젝터 코일의 통전시간(Duty)을 결정한다.

$$\text{기본 분사량} = \text{흡입 공기량 신호} + \text{엔진 회전속도}$$
$$\text{(Air Flow Sensor)} \qquad \text{(Crank Angle Sensor)}$$

분사량 보정＝시동 증량 보정(시동성 향상을 위한 보정—수초간)
　　　　　　＋한랭 시의 Warm—Up 증량 보정(수분간)
　　　　　　＋가속 증량 보정(출력 증강을 위한 증량 보정)
　　　　　　—감속보정(감속 시의 감량 보정 및 연료차단)
　　　　　　＋흡기온 증량 보정
　　　　　　＋인젝터 지연 보정 및 무효 분사시간 보정

일반적으로 분사량은 위와 같은 요소들에 의하여 결정되며 이를 요약하면 다음과 같이 표현할 수 있다.

$$\text{연료 분사량(연료 분사 시간)} = \text{기본 분사량} + \text{분사량 보정} + \text{인젝터 무효분사시간}$$

분사시간(Duty)은 수백msec 정도이며 연비의 향상과 유해 배출가스 저감을 위하여 배기가스 중의 산소농도(O_2 Sensor)를 검출하고 Feed—Back하여 제어함으로써 공연비 제어를 위한 분사량을 조절하기도 한다.

QUESTION 04. 12V 전원을 사용하는 일반 승용차에 비해 고전압을 사용하는 친환경 자동차에서 고전원 전기장치의 안전기준에 대하여 설명하시오.

1. 고전원(高電源) 전기장치의 안전기준

기존의 내연기관 자동차의 전원은 12V 축전지를 이용하여 12V 또는 24V 전압을 사용하고 있으나 전기자동차, 수소연료 자동차 등 친환경 자동차는 에너지 효율성과 고출력 기기에 대응하기 위하여 300~800V의 고전압 축전지를 사용한다.

사용자가 이러한 고전압에 노출되면 감전 등의 위험이 있으므로 차체와 고전압이 완전하게 절연되어 있지 않으면 사용자가 위해를 입을 수 있으며 파손사고로 차체에 고전압이 인가될 경우 큰 전류가 인체에 흐르게 되어 큰 상해를 입게 된다.

따라서 이러한 고전압과 관련한 사고를 미연에 방지하고 안전한 자동차를 만들고자 국내외적으로 고전압 안전에 관한 안전기준과 제품규격을 강화하고 있는 실정이다.

친환경 자동차의 내부 부품 고전압 부품으로 인한 감전을 방지하기 위한 방안으로 국제보호등급(IP Code, International Protection), 고전압 커넥터 및 케이블, 경고표시, 전기적 연속성, 절연저항, 절연저항 모니터링 시스템 및 기타 기능적 안전성 등이 있으며 국내에서는 다음과 같이 전기자동차의 고전원 전기장치에 대한 안전기준을 제정하여 적용하고 있다.

(1) 고전원 전기장치 간 전기배선의 피복(전기배선에 보호기구를 설치한 경우에는 보호기구를 말한다)은 주황색으로 할 것

(2) 고전원 전기장치 간 전기배선이 차실 내 및 차제 외부에 노출되는 부분에는 금속이나 플라스틱 재질의 덮개 등 보호기구를 설치할 것

(3) 고전원 전기장치 간 전기배선은 노출된 활선 도체부가 없고 중간에 이음부가 없을 것

(4) 고전원 전기장치와 전기배선은 접속 시 극성이 바뀌지 않도록 접속단자는 극성이 바뀌지 않는 구조로 하거나 다른 색상으로 표시하여야 하며 색상은 쉽게 지워지거나 분리되지 않도록 할 것

(5) 고전원 전기장치의 외부 또는 보호기구에 식별이 쉽도록 표시할 것

(6) 고전원 전기장치는 공구를 사용하지 아니하면 쉽게 분리, 개방, 분해, 제거되지 않는 구조일 것

(7) 구동 축전지는 다음의 기준에 적합하여야 한다.
   ① 차실과 벽 또는 보호판 등으로 격리되는 구조일 것
   ② 설계된 범위를 초과하는 과충전을 방지하고 과전류를 차단할 수 있는 기능을 갖출 것
   ③ 물리적 · 화학적 · 전기적 및 열적 충격 조건에서 발화하거나 폭발하지 아니할 것

 자동차의 유압계 중 계기식 유압계를 열거하고, 열거된 유압계의 특성을 설명하시오.

1. 계기식 유압계의 종류

유압계(Oil Pressure Gauge)는 오일펌프를 포함한 오일순환 계통의 압력을 검출하는 게이지로서 보통 유체는 온도에 따라 변하기도 하므로 온도 게이지와 함께 사용하는 것이 일반적이다.
계기식 유압계는 유압을 전기적 신호로 검출하는 압력센서와는 다르게 기계적인 방법으로 압력을 검출하는 것이다.
계기식 유압계는 부르동관식, 다이어프램식, 벨로우즈식, 격막식이 주로 사용된다.

(1) 부르동관식(Bourdon Tube Type) 압력계

부르동관 내부로 유압을 도입하여 압력이 상승하면 부르동관이 변형되고 관 말단에 기어가 계기지침 축을 움직여서 압력을 표시하는 압력계이다. 진공압력과 상대압, 절대압력을 측정하기에 적합하다.

구조가 간단하여 고장이 적으며 넓은 범위의 압력을 측정할 수 있으나 설치공간이 크고 내부기기의 마찰 등으로 오차가 비교적 크고 감도가 느리다.

(2) 다이어프램식(Diaphragm Type) 압력계

용기 내부에서 측정압력부와 측정부가 다이어프램으로 분리되어 있으며 측정압력이 다이어프램의 벽을 밀면 그 변형이 섹터기어를 회전시켜서 지침을 움직인다.

미소압력과 차압, 절대압 등의 측정에 적합하고 다이어프램의 특성이 압력계의 특징을 결정한다.

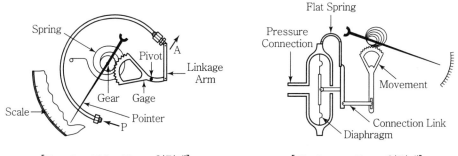

[Bourdon Tube Type 압력계]   [Diaphragm Type 압력계]

(3) 벨로우즈식(Bellows Type) 압력계

고무 및 강판으로 성형된 벨로우즈의 신축성을 이용한 압력계이며 용기 내에 측정 압력이 작용하면 벨로우즈를 길이 방향으로 압축시키고 압축 변형량이 섹터 기어를 회전시켜 지침을 움직여 압력을 지시한다.

미소압력의 계측에 적합하고 절대압, 대기압의 측정에 적합하며 다이어프램의 특수한 설계로 정밀한 압력계를 설계할 수 있다.

(4) 격막식(Diaphragm Seal Type) 압력계

압력 측정 유체가 부식성이 강하거나 고온, 고점도, 슬러리(Slurry) 등이거나 응고하기 쉬운 액체 및 점성유체의 압력 측정에 적합하다.

특히 압력 투입부의 크기를 크게 할 수 있어 큰 점성 유체의 압력 측정에 적합하고 목적에 따라 습식과 건식이 있으며 영점조정 지침이 있어 압력측정 오차를 쉽게 보정할 수 있다.

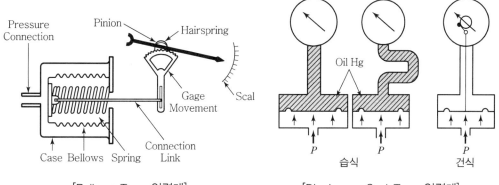

[Bellows Type 압력계]　　　　　[Diaphragm Seal Type 압력계]

06
QUESTION
다음 회로에서 저항 R이 3Ω 또는 30Ω일 때, (A)회로에 흐르는 전류변화
와 전구의 점등상태를 설명하시오.

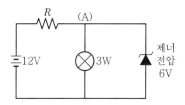

1. 제너다이오드의 특성

6V 제너다이오드는 흐르는 전류가 일정범위에서 변하여도 전압을 일정하게 고정시켜 준다.
항상 6V로 고정시켜주므로 저항에서는 6V의 전위차가 발생한다.

$$\text{저항 } R\text{이 } 3\Omega\text{인 경우 } I_3 = \frac{V}{R} = \frac{6}{3} = 2\,A$$

$$\text{저항 } R\text{이 } 30\Omega\text{인 경우 } I_6 = \frac{V}{R} = \frac{6}{30} = 0.2\,A$$

저항이 3Ω인 경우 전류는 $I_3 = 2A$의 전류가 흐르고 6V의 전압이 전구에서 흐르면 전구에 작용하는 전력 $P_3 = 2A \times 6V = 12watt$가 작용하므로 3W 전구는 필라멘트가 끊어질 것이다.
저항이 30Ω인 경우 전류는 $I_6 = 0.2A$의 전류가 흐르고 6V의 전압이 전구에 흐르면 전구에 작용하는 전력 $P_{30} = 0.2A \times 6V = 1.2watt$가 작용하므로 3W 전구는 정격보다는 작용하는 전력은 작지만 점등될 것이다.

01
QUESTION

상시 4륜구동방식에서 TOD(Torque On Demand) 방식과 ITM(Interactive Torque Management) 방식을 비교하여 설명하시오.

1. TOD(Torque On Demand) 4륜 구동

TOD(Torque On Demand)란 풀타임(Full Time) 4륜 구동장치에서 항상 4륜을 구동하는 것이 아니라 필요에 따라 동력을 배분하는 장치로서 4륜 구동의 불합리한 점을 많이 개선한 4륜 구동방식이다.

평시에는 거의 2WD 후륜구동으로 주행하다가 4륜 구동이 필요한 상황이라고 판단되면 컴퓨터 제어에 의해 운전자가 조작하지 않아도 자동으로 4WD로 전환된다.

TOD시스템은 미국 보그워너(Borg Warner)사의 등록상표이기도 하며 기존의 풀타임 4륜 구동 방식은 엔진과 트랜스미션을 통해 트랜스퍼케이스로 전달되는 유체와 기계 시스템을 이용하여 전륜과 후륜으로 분배하는 것이 주기능이었다.

반면 'TOD' 트랜스퍼 케이스는 전자제어에 의해 전륜과 후륜으로 최적의 동력을 분배한다. 즉, 일률적으로 전·후륜에 동력을 분배하는 것이 아니고, 도로 조건이나 주행 상태에 따라서 전·후륜으로의 구동력 분배가 0 : 100∼50 : 50까지 자동으로 수시 변경된다.

기본적으로 포장도로에서 중·저속 주행을 할 때는 'FR'상태(이론상 후륜 : 100%의 동력이 전달)로 주행을 하다가 후륜의 슬립이 감지되면 적절한 양의 동력이 전륜으로도 전달된다.

TOD컨트롤 유닛은 트랜스퍼 케이스의 프로펠러 샤프트 스피드 센서로부터 전·후륜의 회전속도를 검출하고 ECU로부터 엔진의 출력 상태에 대한 신호를 받아 분석하며 그 값에 따라 전자식 다판 클러치(Electro Magnetic Clutch)의 압착력을 변화시킨다. 전자식 다판 클러치의 압착력이 변화되면 프런트 프로펠러 샤프트가 제어되고 컨트롤 유닛으로 보내지는 입력 값에 따라 전륜으로의 동력전달을 판단하게 된다.

TOD 제어기(Control Unit)로 보내진 차량 속도, 엔진 출력 상태, 차륜의 슬립률 등의 정보에 따라 전자식 다판 클러치의 압착력이 조절된다. 압착력이 크면 큰 동력이 많이 전달되고 압착력이 작으면 클러치의 슬립률이 커져 작은 동력이 전달되므로 입력 신호에 따라 적절한 동력이 전륜으로 분배된다.

도로 주행 시 TOD의 일반적인 작동 특성은 다음과 같다.

(1) 4WD HIGH(High Range Mode)

포장도로에서 고속주행을 할 때는 후륜이 주 구동륜이 되며(약 85%), 측면에서 부는 바람 또는 젖은 노면에서도 충분한 접지력을 유지하도록 하기 위하여 전륜에도 일부 구동력(약 15%)이 분배된다.

비포장도로, 눈길, 빙판길, 진흙길 등에서 코너링을 할 때 필요한 토크를 전륜에도 분배한다. 전륜에 동력(약 30%)이 분배되면 노면 접지력이 상대적으로 높아져서 선회성능과 주행 안정성이 향상된다.

비포장도로, 눈길, 빙판길, 진흙 길 등에서 등판주행 또는 출발을 할 때에는 필요에 따라 50 : 50의 동력을 전·후륜에 분배함으로써 4WD 최대 접지력과 구동력을 발휘할 수 있다.

(2) 4WD LOW(Low Range Mode)

4WD Low Range Mode에서는 전후 추진축에 4WD 최대 구동력을 발휘하도록 하기 위하여 트랜스퍼 케이스의 전자식 다판 클러치를 Lock시킨다. 이때 트랜스퍼 케이스의 시프트 모터도 캠의 회전에 의해 4L 위치로 회전한다. 이렇게 4L모드로 변경이 되면 유성 기어 세트에 의해 추진축의 토크는 1 : 1에서 약 2.5 : 1로 비율이 변경된다.

(3) TOD의 특징

① 주차 및 일반도로 주행 시 2WD와 유사하게 주행하여 연비를 절감할 수 있다.
② 눈길이나 빙판 주행 시 4WD와 유사하게 주행하여 위급상황에 민첩하게 대응할 수 있다.
③ 눈길이나 빙판길 등반 시 4WD로 주행하여 주행능력을 향상, 확보할 수 있다.

2. ITM(Interactive Torque Management) 4륜 구동

TOD(Torque On Demand) 4륜 구동시스템의 토크 분배는 2륜 구동 주행 중 4륜 구동의 필요성을 감지하여 4륜으로 구동력(Torque)를 자동으로 분배하는 것이나 ITM은 전자적으로 제어되는 4륜 구동용 인터랙티브 토크 관리(Interactive Torque Management) 시스템이며 4륜 구동 중 차량의 앞바퀴가 미끄러지는 것을 감지하는 즉시 뒷바퀴에 동력을 공급한다. 이 시스템은 뒷바퀴를 개별적으로 제어해 토크 관리 또는 바퀴 각각의 토크 관리 기능을 제공한다. 또한, ITM 시스템은 기존의 수동·기계적 4륜 구동 시스템에 비해 우수한 조향성, 연비성능 및 향상된 안전도 및 가변성을 제공한다.

경량의 스마트 시스템인 Borg Warner의 4륜 구동 차량용 인터랙티브 토크 관리 시스템은 현재의 기계적 시스템에 비해 연비를 향상시키는 동시에 오염물 배출을 줄일 수 있다.

4WD 자동차의 TOD, ITM 시스템을 사용함으로써 4륜 구동은 연속적으로 이용되지 않고, 필요한 순간에만 이용된다.

특히, 다른 시스템과 달리 인터랙티브 토크 관리 시스템(ITM)은 ABS 시스템 등 다른 시스템과 완전 협조제어로 상호작용이 가능하여 향상된 견인력과 안정성은 극한 오프-로드 조건에서 뛰어난 성능을 발휘한다.

 디젤엔진에서 연료액적의 확산과 연소에 대하여 설명하시오.

1. 디젤엔진의 확산 연소

가솔린엔진에서의 연소 형태를 표현할 때 화염전파연소(火炎傳播 燃燒)라 하고, 디젤엔진의 연소 형태를 확산 연소(擴散燃燒, Diffusion Combustion)라고 한다.

디젤엔진은 압축 행정에서 공기만을 압축하여 고온 고압이 된 공기 중에 분사된 연료 분무(Fuel Spray)는 분위기에 의하여 가열되고 자기착화(自己着火, Self Ignition)하여 연소가 시작된다.

고압으로 분사된 연료는 분무 상태의 연료와 주위 공기가 만나는 경계 부분에서는 $10 \sim 30\,\mu m$ 정도 되는 연료 액적(燃料液滴, Fuel Droplet)으로 분열되는데, 이 연료 액적은 고온의 분위기에 의하여 가열되고 증발하면서 분자량이 작은 메탄(CH_4)이나 에틸렌(C_2H_4)과 같은 탄화 수소(Hydro Carbon)로 열분해되어 공기와의 가연 혼합기(可燃 混合氣)로 형성된다.

이 가연(可燃) 혼합기는 착화에 필요한 자기착화온도(自己着火溫度)와 농도에 도달한 특정 부분에서 자기발화(自己發火)하여 이것이 화염핵(火炎核)을 형성하고 이 화염핵으로부터 화염이 연소실 전체로 확산되면서 연소가 이루어진다. 이러한 디젤엔진에서의 연소 형태를 확산연소(擴散 燃燒, Diffusion Combustion)라고 한다.

연소실의 가연 혼합기는 부분적으로 산소가 부족한 부분이 있을 수 있으며 이 부분에서는 미연 탄소(未然炭素)가 발생할 수 있다. 이와 반대로 이론 혼합비로 구성된 가연 혼합기(可燃混合氣) 영역에서는 1,700℃ 이상의 고온이 되며 공기 중의 산소와 질소가 열분해되고 반응하는 열해리(熱解離)현상에 의하여 질소산화물(NOx)이 생성된다. 또한 가연 혼합기의 연료 농도가 낮아 연소 온도가 충분히 상승하지 못한 영역에서는 연소 반응이 끝까지 진전되지 못하여 부분적으로만 산화된 미연탄화수소(未然炭火水素)가 발생할 수 있다.

아래 그림의 디젤엔진 연소선도에서 보면 열발생률(熱發生率)은 연소실 압력을 기본 데이터로 하여 열역학 제1법칙 개념을 적용하여 산출된 값으로 통상 연소의 진행 정도를 나타낸다.

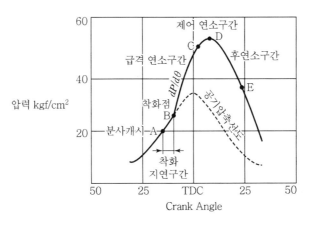

[디젤엔진의 연소선도]

착화지연구간(着火遲延區間)은 분무상태(噴霧狀態)의 연료가 예열·가열되는 구간이며 급격 연소구간은 B점에서 착화가 되면 급격한 연소가 진행되어 열발생률과 압력상승률 $\left(\dfrac{dP}{d\theta}\right)$ 이 최고에 달하는 구간이며 고온에 의하여 질소산화물(NOx)이 생성된다. 실제로는 대부분의 NOx는 연소 최고 압력에 이르기 전에 생성되는 것으로 알려져 있다.

제어연소구간은 확산 연소가 일어나는 구간이며 연료의 분사는 계속되지만 연료와 공기의 혼합 속도가 저하되어 완만한 압력상승률을 보이며 분사량을 제어함으로써 연소 상황을 개선할 수 있으나 분사량 제어가 완전하지 않을 경우 미연탄소가 발생하기 쉽다. 이러한 상태는 연소 종료 시점까지 계속된다.

따라서 디젤엔진의 연소와 성능을 개선하고 배기가스의 배출을 억제하기 위해서는 압축 행정 말기에 짧은 시간 안에 연료를 가능한 미세한 액적(液滴)으로 구성하고 착화하기 쉬운 혼합기가 되도록 하며 착화와 연소를 제어할 수 있는 기술이 중요하다.

위에서 설명한 바와 같이 디젤엔진에서의 기본적인 연소 제어인자는 고압으로 제어되는 연료를 분사하여 연소실에서 미립화(微粒化)된 액적을 만들고 연소실에 일정하게 분포하여 균일하고 쉽게 가열되고 착화하는 혼합기가 형성되어야 한다.

또한 연소실 분위기를 고온 고압으로 유지하도록 흡기와 예열장치, 공기유동과 난류를 유도하여 연소속도를 높여 주는 연소실의 형상 구현 등이 필요하다.

03
QUESTION

차량자세 제어장치(VDC ; Vehicle Dynamic Control)를 정의하고 구성 및 작동 원리에 대하여 설명하시오.

1. 차량자세제어장치(VDC ; Vehicle Dynamic Control)의 정의

차량자세제어(VDC ; Vehicle Dynamic Control)는 스핀(Spin) 또는 언더 스티어(Under Steer) 등의 발생 상황이 되면 이를 감지하여 내측 또는 외측 차륜에 ABS제어 또는 TCS(Traction Control System) 제어를 하여 스핀이나 언더 스티어 발생을 미연에 방지하여 안전을 확보하고자 하는 시스템이다.

언더 스티어(Under Steer)는 선회 주행 시 운전자가 예상하는 선회 라인보다 외측으로 벗어나면서 선회하는 것을 말하며 조향핸들(Steering Wheel)을 지나치게 많이 회전시키거나 과속, 제동 압력 불균형 등이 원인이 되어 조향륜에 원심력이 작용해서 발생한다.

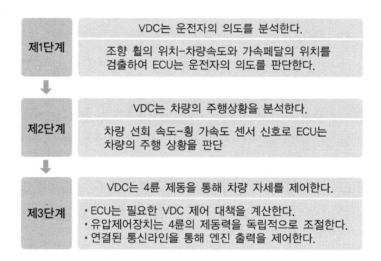

언더 스티어가 심하면 선회 주행 시 주행경로 외측으로 노선을 이탈할 수도 있다.

이와 같은 현상의 반대 상황을 오버 스티어(Over Steer)라고 하며 후륜에 작용하는 원심력이 커서 발생한다.

VDC는 요-모멘트 제어(Yaw Moment Control), ABS제어, TCS제어 등에 의해 스핀방지, 오버 스티어 제어, 굴곡이 심한 도로 주행 시 요잉(Yawing) 발생 방지, 제동 시의 조향 안정성, 가속 시의 조향 안정성 향상 등을 확보할 수 있다.

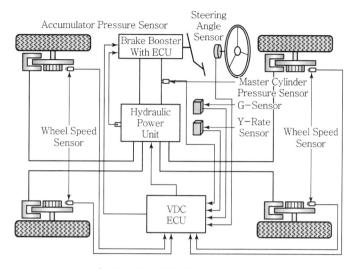

[차량자세제어장치(VDC)의 구조]

VDC는 브레이크 제어식 TCS 시스템에 요-레이트 센서, 횡가속도 센서, 브레이크(마스터 실린더) 압력센서, 조향 휠 각도 센서 등을 추가하여 구성되어 있으며 이러한 센서들이 운전자의 조종 의도를 감지, 판단하고 요-레이트 및 횡 가속도 센서로부터 차체의 자세를 미리 계산하여 운전자가 제동을 하지 않아도 4륜을 개별적으로 자동 제동해서 차량의 자세를 제어함으로써 차량 자세에 대한 안정성을 확보한다.

다음 그림은 VDC를 위한 센서 신호의 입력과 자세 제어를 위한 출력 신호들을 도시화한 것이다.

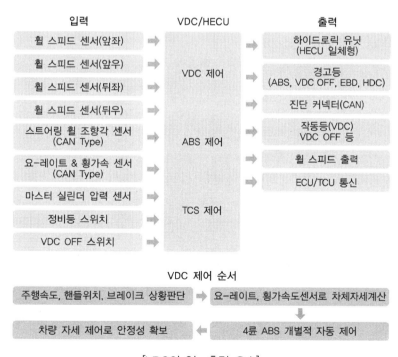

[VDC의 입·출력 요소]

(1) VDC의 구성 개요

VDC 시스템은 ABS/EBD 제어, TCS(Traction Control System) 제어, 요 컨트롤 기능을 포함한다. 컨트롤 유닛(HECU)은 4개의 휠 속도 센서(Wheel Speed Sensor)에서 구형파(Square Wave)로 출력되는 신호를 이용하여 차속 및 4개 차륜의 가감속 상태를 판단하고 ABS/EBD의 작동 여부를 판단한다.

TCS 기능은 브레이크 라인의 압력 제어와 CAN 통신을 통해 엔진에서의 발생 회전력(Torque)을 감소시켜서 구동 휠의 슬립을 방지한다. 요-컨트롤 기능은 요 레이트 센서(Yaw Rate Sensor), 횡가속도 센서, 브레이크 압력센서, 조향 휠 속도센서 등의 신호를 입력받아 계산하고 차량 자세 제어의 기준이 되는 요 모멘트(Yaw Moment)와 감속제어의 기준이 되는 목표 감속도를 결정하며 4개의 차륜 제동 압력 및 엔진의 출력(회전력, Torque)을 제어함으로써 차량의 안정성을 확보한다.

04 자동차의 운전조건 중 아래의 요소가 연료소비율에 미치는 영향을 설명하시오.
QUESTION

1. 점화시기(點火時期)와 연료소비율

혼합가스에 점화되면 화염은 점차적으로 전파되어 전부 연소하여 연소최고압력(P_{max})을 나타낼 때까지는 약간의 시간이 필요하며 이 시간을 착화지연, 연소지연이라고 한다. 이 지연은 점화장치의 성능과 더불어 기관의 온도, 압력, 공연비에 따라 달라진다.

연소 최고압력(P_{max})은 TDC 후 15도 근처에서 나타나는 것이 가장 효과적인 것으로 알려져 있으며 점화는 피스톤의 압축행정 중 TDC 직전에 하는 것이 가장 합리적이다.

따라서 점화시기가 지나치게 늦으면 팽창행정 중에 연소가 계속되며 불완전연소를 일으키고 연소압력도 저하하여 출력이 저하하여 연료소비율은 증가한다. 이와 같이 가솔린 기관에서의 점화시기는 연소최고 압력(P_{max})의 정도와 발생시점에 큰 영향을 주며 발생 토크와 출력에 영향을 주어 연료소비율과 직결되는 요소이다.

전자제어식 가솔린엔진에서는 공연비, 엔진 회전속도, 냉각수 온도, 노킹의 발생 여부 등을 여러 가지 센서로 검출하여 점화시기를 자동적으로 제어하는 시스템 구조를 갖추고 있다. 다음은 엔진의 운전조건 및 상황에 따른 점화시기 보정 조건을 도시화한 것이다.

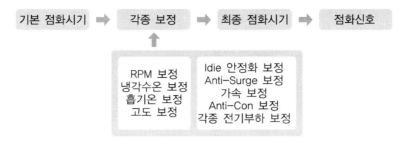

[점화시기 보정]

2. 혼합기 조성(空燃比, EGR율)과 연료 소비율

가솔린엔진의 이론 공연비는 공기중량 : 연료중량 비율이 14.75 : 1이며 농후할수록 연소 최고 압력이 상승하고 연소속도도 빨라진다. 이와 반대로 희박하면 연소최고압력이 저하하고 연소속도 또한 느려진다. 따라서 엔진의 부하 조건에 따른 흡입공기량과 회전속도 같은 운전 조건과 냉각수 온도, 공기 온도, 고도와 같은 엔진의 상태에 따라 능동적으로 이론 공연비를 맞추는 것이 엔진의 최고 출력과 유해 배출가스의 저감에 효과적이다.

그러나 실제에서는 이론 공연비보다 다소 농후한 12~13 : 1 정도의 공연비일 때이며, 연료 소비율은 이론 공연비보다 희박한 16 전후의 공연비일 때 가장 낮아진다.

이미 20 : 1 이상의 희박한 공연비를 적용하는 희박연소 엔진(Lean Burn Engine)이 상용화 되어 적용되었으나 위에서 설명한 바와 같이 연소속도의 저하와 낮은 연소 최고 압력 때문에 공연비 증가율만큼 연료소비율이 낮아지지는 않는다.

따라서 운전조건과 엔진의 상태에 따른 최적의 공연비를 공급하는 것이 최고출력의 향상과 더불어 연료소비율을 낮출 수 있는 방법으로 인정되고 있다.

EGR(Exhaust Gas Recirculation)은 흡입공기에 배기가스의 일부, 적게는 5~15% 정도, 많게는 15~35% 정도를 재도입하여 혼합기와 같이 연소실로 공급하는 시스템으로 연소효율 및 일부 성능의 불리함에도 불구하고 질소 산화물(NOx)의 배출을 억제한다는 목적으로 적용 되는 방법이다.

일반적으로 EGR을 함으로써 혼합기의 착화성과 기관의 출력은 저하하고 EGR을 행하지 않는 기관에 비하여 연료소비율에 영향을 미치므로 NOx의 배출량이 많은 엔진의 상태와 운전 영역을 선정하여 적정량의 EGR율을 제어하는 것이 효과적이다.

엔진 회전속도와 흡입공기량에 따른 최적의 EGR량의 데이터는 ECU에 이미 저장되어 있으며 흡입공기량을 기준으로 한 엔진의 운전조건과 상태에 따라 최적의 EGR량을 결정한다. 또한 EGR 밸브는 특정 조건에서는 연소 안정성과 빠른 웜업(Warm-Up)을 위하여 EGR을 하지 않으며 이러한 EGR-Cut은 시동 시, 저부하 운전 시, 한랭 시동 시 등에 이루어진다.

EGR의 유무나 EGR율은 연소의 불안정을 일으키고 질소산화물(NOx)의 발생량에 영향을 준다. 또한 EGR이 정상적으로 이루어질 때에 비하여 아이들 상태의 불안정과 공연비의 불량으로 출력 부족과 더불어 연료소비율을 높인다.

3. 회전수(回轉數)/부하(負荷)와 연료 소비율

전자제어식(電子 制御式) 연료분사형(燃料 噴射形) 엔진에서의 기본 분사량은 회전속도와 흡입공기량(부하)로 결정된다. 따라서 엔진 회전속도(RPM)가 높고 부하(흡입공기량)가 크면 연료분사량은 증가하며 연료 소비율은 높아진다. 이것은 단순히 회전수와 부하에 따른 판단이며 주행거리 대비 연비를 고려하면 연비는 주행저항(走行抵抗)과 같은 엔진에 작용하는 부하의 정도에 따라 연비가 결정된다.

엔진의 회전속도가 증가하면 출력은 회전속도에 비례하여 증가하나 왕복형 기관에서는 회전속도가 증가하면 연소에서의 문제점과 더불어 피스톤의 평균 운동 속도가 증가하고 왕복부분의 관성력이 증가하여 마모와 저항이 증가하고 기계효율이 저하되어 연비를 저하시킨다.

다음 그림은 전자제어식 연료 분사형 엔진에서의 기본 연료제어에 대한 개요를 도시화한 것이다.

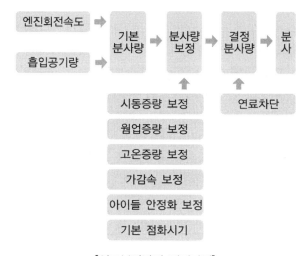

[연료분사량의 결정과정]

05 QUESTION

전자동 에어컨(FATC ; Full Automatic Temperature Control) 장치에 장착되는 입력센서의 종류 7가지를 열거하고, 열거된 센서의 역할을 설명하시오.

1. 전자동 에어컨(FATC ; Full Automatic Temperature Control)

자동차의 고급화 추세에 따라 자동차 실내 에어컨디셔닝(Air Conditioning)에 관해서도 보다 쾌적한 분위기를 조성하기 위한 첨단장치 중의 하나가 전자동 에어컨(FATC ; Full Automatic Temperature Control)이다.

오토 에어컨(Auto Aircon)의 목적이나 기본적인 시스템은 수동 에어컨에 비해 조작 기능만 다를 뿐 크게 다르지는 않다. 예를 들면, 공조온도의 컨트롤인데, 실내 온도를 희망하는 온도로 유지하기 위해서 냉방부하에 따라 냉방능력을 컨트롤하며, 햇볕이 많이 쪼이는 한낮, 또는 아침, 저녁 무렵 등 냉방에 대한 외부 조건의 변화에 따라 냉방능력을 컨트롤할 필요성을 가지며 냉방능력의 컨트롤은 승차원의 냉방 느낌에 따라 컨트롤 판넬에 설치되어 있는 온도 조절스위치를 이용하여 조절하게 되는데, 오토 에어컨은 희망하는 온도를 한 번 에어컨에 지시하여 놓으면 외부조건의 변화에 관계없이 시스템 자신이 냉방능력을 조정하여 항상 지시된 온도로 실내온도를 유지하여 준다.

자동적으로 컨트롤하는 시스템에는 마이크로 컴퓨터(Air Con. ECU)가 활용된다. 차종과 메이커마다 FATC 시스템의 구성은 상이하지만 일반적인 FATC의 센서신호의 입력과 액추에이터 출력 신호는 다음의 그림과 같다.

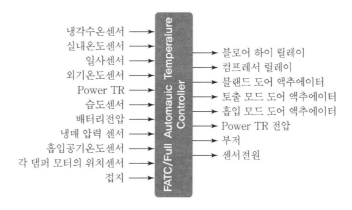

[전자동에어컨(FATC)의 입출력]

(1) 실내 온도 센서(Incar Sensor)

서미스터(NTC저항)로 되어 있으며 센서 흡기구를 통해 흡입된 차의 실내 공기 온도를 감지하고 FATC는 운전자가 설정한 온도와 비교하여 풍량/온도를 자동적으로 제어한다.

(2) 외기 온도 센서(Ambient Sensor)

서미스터로 되어 있으며 외기온도를 감지하는 역할을 한다. FATC는 외기온도와 실내온도 및 운전자의 설정온도와 비교하여 가장 적절한 풍량 및 실내 온도를 유지한다.

(3) 냉각 수온 센서(Water Temperature Sensor)

서미스터로 되어 있으며 엔진냉각수 온도를 감지하는 역할을 하며 FATC에서는 냉각수 온도를 감지하여 난방에 도움이 안 될 경우 풍량 및 풍향을 전면 유리 측으로 제어한다.

(4) 일사 센서(Sun Sensor)

포토다이오드(Photo Diode)에 의해 전면유리를 통하여 실내로 입사되는 일사량을 검출하는 역할을 하고 FATC는 일사량에 따라 온도 및 풍량을 조절한다.

(5) 습도 센서(Humidity Sensor)

외기 중의 습도를 검출한다. FATC는 온도를 조절한다.

(6) 냉매 압력 센서(Coolant Pressure Sensor)

냉매의 압력을 검출하는 센서이며 FATC는 냉매의 압력에 따라 냉매 컴프레서 릴레이를 통하여 컴프레서를 단속하고 풍향과 풍량을 조절한다.

(7) 댐퍼 모터 위치 센서(Damper Motor Position Sensor)

FATC의 명령에 따라 Vent, Foot 측 배출구를 개폐함으로써 풍향이 제어된다. 운전자가 모드 스위치를 이용하여 수동으로 선택하는 경우에는 Vent, Bi-level, Foot, Foot/Def 순으로 선택되고, AUTO를 선택할 경우에는 설정 온도, 외기 온도 및 냉각수 온도에 따라 배출구가 설정된다.

(8) 배터리 전압계(Battery Voltage Meter)

배터리 전압을 검출하여 풍량을 제어하며 배터리의 과방전을 예방한다.

06 **자동차 전조등 광원의 종류와 LED 광원의 원리와 특징에 대하여 설명하**
시오.
QUESTION

1. 자동차 전조등의 광원

최근의 차량용 전조등은 운전자뿐만 아니라 보행자의 안전에도 중요한 장치이며 지능화된 기술이 적용되어 야간에 전면을 조사하여 운전자의 시야를 확보하는 목적을 넘어 안전장치로서의 중요성을 더해가고 있다.

전조등 광원은 1970년대 이전에는 거의 백열 전조등(Incandescent Head Lamp)이 사용되었지만 최근에는 지능형 전조등으로 발전하였으며 각 광원의 종류와 특징은 다음과 같다.

① 백열 전조등(Incandescent Head Lamp) : 저항형 필라멘트를 이용한 광원이며 전구의 수명이 짧고 조명 성능에 한계가 있다.
② 할로겐 전조등(Halogen Head Lamp) : 반사경의 설계 방법에 따라 포물선 반사경(Parabolic Reflector), 타원체형 반사경(Projector) 등으로 구분되며 백열전구에 비하여 에너지 효율이 높고 긴 수명을 가지며 광원 집중도가 높다.
③ HID(High Intensity Discharge) : 가스 방전 전조등(Xenon Head Lamp)이며 높은 광원 효율로 전조등에 적합한 광원으로 평가된다.
④ LED전조등(LED Head Lamp) : 고효율의 광원으로서 LED(Light Emitting Diode)를 사용한 전조등으로 타 광원과는 달리 순간 점등이 가능하고 최고의 휘도를 바로 낼 수 있다. 태양광에 가까운 색온도를 가지므로 빛의 조사부분의 주변부를 어둡게 느끼는 현상이 적어 안정성에 유리하다.

광원	백열전구	할로겐	HID	LED
발광 원리	저항 필라멘트	저항 필라멘트	고전압	전자 Hole 재결합
발광 강도(lm)	800	3,100	40,000	30~60
수명(시간)	1,000	12,000	12,000	20,000
밝기	1,000	1,000~1,500	3,000	3,000
응답성(sec)	0.15~0.25	1~2	응답성 느림	100ns
광원효율	8~14	25	20~40	30~40

2. LED(Light Emitting Diode) 광원의 원리

LED는 발광 다이오드라 불리며 전류에너지를 빛에너지로 변환시켜주어 빛을 발하는 광반도체 소자이다.

LED는 양(+)의 전기적 성질을 가진 P형 반도체와 음(−)의 성질을 가지는 N형 반도체의 이중접합 구조를 가진다. 이때 순방향으로 전압을 가하면 N층의 전자가 P층으로 이동하여 정공과 결합하여 에너지를 열이나 빛의 형태로 방출하게 되는데 빛의 형태로 발산하는 것이 LED(Light Emitting Diode) 광원이다.

LED는 화합물 반도체로서 실리콘, 게르마늄 등 하나의 원소로 이루어진 단원소 반도체와는 다르게 두 가지 이상의 원소로 형성된 반도체이다.

LED는 주로 갈륨비소(GaAs), 갈륨인(GaP), 갈륨비소인(GaGsP), 갈륨질소(GaN) 등의 물질로 만들어지며 어떤 화합물을 사용하느냐에 따라 LED 빛의 색상은 다르게 나타나는 특징이 있다.

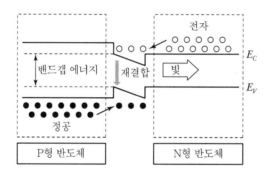

[LED(Light Emitting Diode) 광원의 원리]

3. LED(Light Emitting Diode) 광원 전조등의 특징

LED 광원의 특징은 크게 광학적 · 구조적 · 전기적 · 환경적 측면에서 다음과 같이 설명할 수 있다.

① 광학적으로 기존의 광원에 대비하여 높은 색도를 갖기 때문에 야간 주행 시 뚜렷한 시야를 확보할 수 있다.

② LED 광원은 구조적으로 작은 광원이기 때문에 소형화 · 경량화가 가능하며 이로 인하여 배치가 자유롭고 다양한 디자인이 가능하다.

③ 전기적인 특징으로 점등과 소등 속도가 매우 빠르며 수명이 길고 광량의 유지 특성이 기존 광원 대비 우수하다.

④ 환경적으로 형광등과 같은 수은, 방전용 가스를 사용하지 않기 때문에 친환경적인 조명 광원이며 광량이 뛰어나고 소비전력이 적다.

102회

차량기술사

기출문제 및 해설

Professional Engineer Transportation Vehicles

1교시

PROFESSIONAL ENGINEER TRANSPORTATION VEHICLES

01
QUESTION
차량용 에어컨 압축기 중 가변 – 변위 압축기의 기능에 대하여 설명하시오.

1. 에어컨 압축기 중 가변 – 변위 압축기의 필요성

전동기를 이용하는 일반 냉매용 압축기와는 달리 자동차용 압축기는 엔진의 불규칙한 회전속도, 도로 특성, 온도, 기후 등 다양한 운전 특성에 적합하고 높은 내구성과 넓은 회전수 영역에서 운전이 가능하고 높은 효율이 요구된다.

2. 가변 용량형 압축기의 원리

압축기에서의 압축 냉매의 용량을 제어하여 냉방 용량을 제어하는 방법은 다양하나 압축기의 변위를 제어하여 압축 냉매의 토출량을 제어하는 방법으로는 가변 용량형 사판(斜板)식 압축기가 대표적이다. 이는 사판의 경사각이 냉각 부하에 따라 변화되면서 피스톤의 행정 거리가 변해서 압축기의 토출량이 제어되는 방식으로 사용되는 압력 조절 밸브에 따라 내부 제어형과 외부 제어형이 있다.

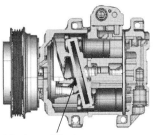   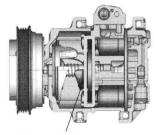

Maximum Displacement   Minimum Displacement

[사판식 가변 – 변위에 의한 용량 가변형 에어컨 압축기]

(1) 내부 제어형 가변 사판(斜板)식 압축기

내부 제어형 압력조절 밸브는 압축기 내부압력에 의해 제어되는 기계식으로 차량 실내의 냉방 부하에 따라 압축기의 흡입 압력이 변화되고, 이로 인해 사판을 미는 힘이 변함에 따라 사판의 각도 변화가 피스톤의 행정거리를 변화시켜 냉동부하에 적합한 냉매를 토출하는 형식의 압축기이다.

(2) 외부 제어형 가변 사판(斜板)식 압축기

외부 제어형 가변 사판식 압축기의 설정 압력에 대한 제어는 솔레노이드 밸브에 의하여 이루어지며 솔레노이드 밸브는 외부의 여러 가지 요인들을 고려하여 ECU에서 동작 여부를 결정한다. 엔진의 부하 상태, 에어컨의 운전 조건, 대기 및 차실 내부 온도 등을 고려하여 가장 적절한 전기 신호를 솔레노이드 밸브에 전달하고 이 신호에 따라 압력제어 밸브는 작동하는 압축기의 흡입 압력을 결정하게 된다.

이에 따라 흡입 압력을 적절하게 제어함으로써 증발온도가 조절되고 증발기 출구 공기 온도를 차량 외부 온도의 변화에 따라 적절한 값으로 변화시킬 수 있다.

따라서 외부 제어형 가변 변위 사판식 압축기는 증발기 출구 온도를 높이기 위해 재열(再熱) 용량을 필요로 하지 않으므로 효율이 우수하며 외부 제어형으로 사판의 각도를 조절하는 가변 변위 용량 변화형 압축기는 압축기의 토출량을 0%까지 제어가 가능하다.

압축기 클러치의 On/Off 동작이 필요 없으며 이로 인하여 압축기의 소형화 · 경량화가 가능하며 주행 시 클러치 동작에 의한 급격한 부하 변동에 따른 충격을 줄이고 연비를 향상시킬 수 있다.

 02 QUESTION 조향축 경사각(Steering Axis Inclination)의 정의 및 설정 목적 5가지에 대하여 설명하시오.

1. 조향축 경사각(Steering Axis Inclination)의 정의

자동차의 전차륜을 앞에서 보았을 때 킹핀(King Pin)의 중심선 또는 킹핀이 없는 독립현가장치 차량의 경우 위 아래 볼 조인트 양끝의 중심선이 노면의 수직선과 이루는 각도를 말한다. 최근의 독립현가방식의 현가장치에서는 킹핀이 없는 경우가 많으므로 흔히 조향축 경사각(Steering Axis Inclination)이라고 부르며 차종에 따라 다르지만 보통 6~9° 정도이다.

2. 조향축 경사각(Steering Axis Inclination)의 작용

(1) 조향 휠의 조작을 가볍게 한다

조향 조작 토크는 타이어 접지 중심에 작용하는 하중과 킹핀의 중심까지의 거리에 비례하므로 킹핀의 아랫부분 각도를 외측 방향으로 향하게 두어 킹핀 경사각이나 캠버에 의한 노면에서의 오프셋 거리를 작게 하여 조향휠의 조작력을 경감시킨다.

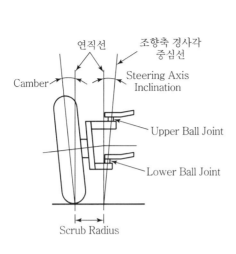

[조향축 경사각(SAI)]

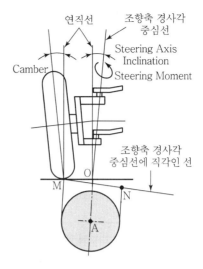

[조향축 경사각의 핸들 복원력]

(2) 주행 및 제동 시 조향 휠에 작용하는 충격을 경감시킨다

주행 중 타이어는 요철에 의하여 충격을 받는 경우 제동 시에는 오프셋량을 반지름으로
하는 킹핀 둘레의 모멘트가 발생한다.

이 모멘트의 좌우 차이가 있으면 조향 휠에 회전 충격이 가해지므로 오프셋을 작게 하는
효과로 충격을 경감시킬 수 있다.

(3) 조향 휠에 복원력을 주어 직진성을 유지하게 한다

조향 휠을 회전시킬 때 타이어의 접지점 M이 조향축 중심선에 대하여 직각인 M-N 상에
원을 그리는 거동을 하며 조향 휠을 회전시키면 타이어의 접지점 M은 아래 방향으로 작
용하므로 노면에 대하여 차체를 들어올리려는 힘으로 작용하고 자동차의 중량에 의하여
조향륜을 직진 상태로 되돌리려는 복원력으로 작용하여 직진성을 유지한다.

(4) 캠버와 함께 스크럽 레이디어스를 형성하여 제동 시 조향 안정성을 유지한다

조향축 경사각(Steering Axis Inclination)과 캠버(Camber)가 이루는 각도를 협각(夾角,
Included Angle)이라 하며, 협각을 이루는 조향축 경사각과 캠버가 이루는 각도 성분이
노면에서의 오프셋(거리)을 스크럽 레이디어스(Scrub Radius)라고 한다. 이는 특히 주
행 중 제동 시 발생할 수 있는 양쪽 차륜의 제동력 차이에 의한 오버 스티어링, 언더 스티
어링을 억제하여 조향 안정성을 확보한다.

(5) 주행 시 발생하는 시미(Shimmy) 진동현상을 억제한다

킹핀 경사각 및 조향축 경사각에 의하여 타이어 중심선과의 오프셋을 최소화하여 주행 시 조향륜에 작용하는 저항력에 의하여 조향축을 중심으로 좌우로 요동하는 시미(Shimmy) 진동현상을 억제한다.

자동차에서 시미(Shimmy) 진동은 주행 중에 조향 휠이 조향축 중심으로 회전방향으로 진동하거나 조향 휠과 차체가 동시에 좌우로 흔들리는 현상으로 나타난다. 그리고 요철노면을 통과 시 조향 휠이 회전방향으로 심하게 진동한다. 시미는 조향 휠이 조향 중심이 되는 킹핀이나 조향 중심축(Steering Axis) 회전방향으로 흔들리는 현상으로 선회 주행 시 조향 휠의 조작을 불편하게 하고 조향조작에 따른 거부감을 주게 된다.

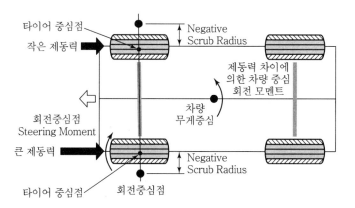

[스크럽 레이디어스에 의한 주행성능]

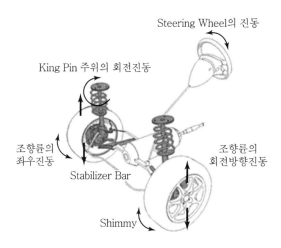

[조향륜의 Shimmy 진동]

03 QUESTION 기존의 풀 타임 4WD(4 Wheel Drive) 대비 TOD(Torque On Demand) 시스템의 장점 5가지에 대하여 설명하시오.

1. 풀 타임(Full Time) 4륜 구동형

4륜 구동에는 운전자의 조작으로 4WD로 절환(切換)되는 파트 타임(Part Time)형과 운전자의 조작 없이 자동으로 2WD에서 4WD로 절환되는 풀 타임(Full Time)형이 있으며 다음과 같이 구분된다.

풀 타임형 Full Time Type	중앙 차동장치형	• 기계식 로크형
		• 비스커스 커플링형
		• 토르센 차동제한 장치형
	토크 온 디맨드형 (Torque On Demand)	• 점성 구동형
		• 하이드로릭 유닛형
		• 전자제어 다판 클러치형
	토크 분배형	• 하이드로릭 컨트롤형
		• 전자-자기식 조절형 (Electronic-Magnetic Control)

2. TOD(Torque On Demand) 시스템의 개요

TOD 컨트롤 유닛은 트랜스퍼 케이스의 프로펠러 샤프트의 스피드 센서로부터 전·후륜의 회전속도를 검출하고 ECU로부터 엔진의 출력 상태에 대한 신호를 받아 분석하고 그 값에 따라 전자식 다판 클러치(Electro Magnetic Clutch)의 압착력을 변화시킨다. 전자식 다판 클러치의 압착력이 변화되면 프런트 프로펠러 샤프트가 제어되고 컨트롤 유닛으로 보내지는 입력값에 따라 전륜으로의 동력전달을 판단하게 된다.

TOD 제어기(Control Unit)로 보내진 차량 속도, 엔진 출력 상태, 차륜의 슬립률 등의 정보에 따라 전자식 다판 클러치의 압착력이 조절된다. 압착력이 크면 큰 동력이 전달되고 압착력이 작으면 클러치의 슬립률이 커져 작은 동력이 전달되므로 입력 신호에 따라 적절한 동력이 전륜으로 분배된다.

3. TOD(Torque On Demand) 시스템의 장점

① 주차 시와 일반도로 저속 주행 시 2WD와 유사하게 주행하여 연비를 절감할 수 있다.
② 눈길이나 빙판 주행 시 4WD와 유사하게 주행하여 위급상황에 민첩하게 대응할 수 있다.

③ 눈길이나 빙판길 등반 시 4WD로 주행하여 주행능력을 향상, 확보할 수 있다.

④ 전후륜으로 일률적으로 토크를 고정 배분하던 기존의 방식에 비해 노면 상황에 따라 또는 전후륜의 슬립 상황에 따라 자동적으로 토크를 0 : 100~50 : 50으로 분배한다.

⑤ ABS, EBD(전자제어식 제동력 분배) 시스템, ASV(지능형 안전자동차) 시스템 등과 같은 다른 제어 장치와 신속한 협조제어가 가능하며 주행 안전성을 확보할 수 있다.

전자제어 현가장치의 자세제어를 정의하고 그 종류 5가지에 대하여 설명하시오.

1. 전자제어 현가(Electronic Control Suspension)장치의 정의

자동차의 진동을 제진(制振)하기 위하여 스프링을 적용하였고 충격을 흡수하여 완화시키는 방법으로 쇼크업소버를 적용해 오면서 기계 · 기구적으로 이상(理想)적인 현가장치를 구현하기 위한 다양한 시도들이 있어 왔다. 그러나 기계 · 기구적인 방법의 한계를 실감하고 승객의 완벽한 승차감, 주행 안정성 확보를 위하여 전자제어식 능동 현가장치를 개발 · 적용하여 이상적인 현가장치로 실용화하였다.

전자제어식 현가장치는 차량 하중에 따른 스프링 상수(Spring Constant) 조정, 댐핑력(감쇠력, Damping Force) 조정, 차고를 제어하는 기능이 대표적이며 다양한 센서와 제어장치를 통하여 이상적인 현가장치를 구현하고자 한 것이다. 전자제어식 현가장치에서 제어하고자 하는 주행, 제동, 선회 시에 발생할 수 있는 차량의 자세를 감지하기 위한 센서들이 적용된다.

2. 전자제어 현가(Electronic Control Suspension)장치의 자세제어

전자제어 현가장치는 자세제어 방법과 제어 범위에 따라 다양하나 가장 이상적인 현가방식으로 풀 액티브(Full Active) 전자제어 현가장치가 적용된다.

이는 저주파에서 고주파까지 넓은 진동 주파수 대역에 능동적으로 대응한다. 그러나 펌프 구동 등으로 소비 동력이 커지고 빠른 응답성과 정밀한 제어를 위하여 복잡한 서보제어(Servo Control)기구를 필요로 한다.

다음은 풀 액티브 전자제어 현가장치의 제어항목에 대한 설명이다.

제어항목	제어방법
롤링 제어 (Rolling Control)	차량의 급선회 시 조향각가속도 센서신호를 받아 일정 이상일 경우 감쇠력을 크게 유지시켜 롤링을 억제하고 일정시간 경과 후 정상의 상태로 복귀시킨다.
다이브 제어 (Dive Control)	급제동 시 차량의 무게 중심이 앞쪽으로 이동하면서 차량의 앞부분은 낮아지고 뒷부분은 높아지는 현상을 제어하며 감쇠력을 증가시키는 방향으로 제어한다.
피칭 제어 (Pitching Control)	노면의 요철이나 굴곡에 의한 피칭을 제어하며 차고 변화와 차량속도를 감지하여 감쇠력을 증가시키는 방향으로 제어한다.
바운싱 제어 (Bouncing Control)	중력센서의 검출 신호를 받아 차량의 상하방향 바운싱 진동이 발생하면 감쇠력을 약-중-강으로 제어하여 진동을 억제하고 일정시간 경과 후 정상상태로 복귀한다.
셰이크 제어 (Shake Control)	승하차 등의 급격한 차량 중량 변화시 발생하는 차체의 흔들림을 제어하며 감쇠력이 커지도록 제어한다.
스쿼트 제어 (Squat Control)	스쿼트는 급가속 시 차량의 앞부분이 높아지고 뒷부분이 낮아지는 현상을 말하며 APS 또는 TPS 신호를 받아 가속 여부를 판단하여 댐핑력이 커지도록 제어한다.
차속 감응 댐핑제어 (Vehicle Speed Response Control)	고속주행 중에는 공기저항을 비롯한 여러 가지 주행저항의 작용으로 차체의 안정성을 저해하므로 차속에 따라 감쇠력을 약-중-강으로 제어하여 차체의 안정성을 확보한다.

 05 QUESTION **진공 부스터 방식 VDC(Vehicle Dynamic Control) 시스템의 입력 및 출력요소를 각각 5가지 쓰시오.**

1. 진공 부스터 방식 VDC(Vehicle Dynamic Control) 시스템의 개요

VDC는 스핀 또는 언더 스티어(Under Steer) 등의 발생을 억제하여 이로 인한 사고를 미연에 방지할 수 있으며 진공 부스터 방식 VDC(Vehicle Dynamic Control) 시스템은 브레이크 제어식, TCS 시스템에 요-레이트 센서(Yaw-Rate), G센서, 마스터 실린더 압력 센서를 추가한 구성이다.

차속, 조향각 센서, 마스터 실린더 압력 센서로부터 운전자의 조종 의도를 판단하고 요-레이트 센서, G센서로부터 차체의 목표 자세를 계산하여 운전자가 별도의 제동을 하지 않아도 4륜을 개별적으로 자동 제동하여 차량의 자세를 제어하며, 차량 모든 방향에 대한 안정성을 확보한다.

즉, 차량에 스핀 또는 언더 스티어 등이 발생하면 이를 감지하여 ABS 연계 제어를 통해 자동적으로 내측 차륜 또는 외측 차륜에 제동을 가해 차량의 자세를 제어한다.

이로 인해 차량의 안정된 상태를 유지하며, TCS연계 제어를 통해 스핀 한계 직전에 자동 감속하며 이미 발생된 경우에는 각 휠별로 제동력을 제어하여 스핀이나 언더−스티어의 발생을 억제하고 안정된 자세를 유지하도록 한다.

VDC는 요−모멘트(Yaw−Moment) 제어, 자동 감속 제어, ABS 제어, TCS 제어 등에 의해 스핀 방지, 오버−스티어 제어, 굴곡로 주행 시 요잉(Yawing) 발생 방지, 제동 시의 조종 안정성 향상, 가속 시 조종 안정성 향상 등의 효과가 있다.

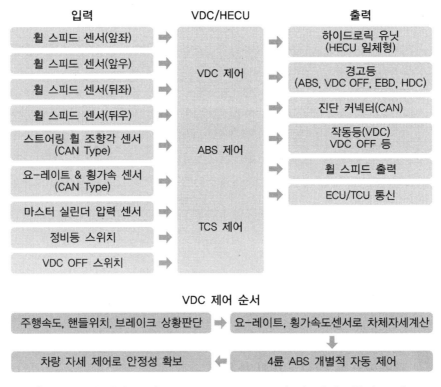

[진공 부스터 방식 VDC(Vehicle Dynamic Control) 시스템의 입출력 요소]

06 QUESTION 무단변속기(CVT ; Continuously Variable Transmission)의 특징에 대하여 설명하시오.

1. 무단변속기(CVT)의 일반적 특징

CVT(Continuously Variable Transmission)는 기존 단수가 있는 변속기에 비하여 다음과 같은 장점이 있다.

① 차량 주행 조건에 알맞도록 변속되어 동력성능이 향상된다.
② 정해진 변속단이 없으므로 변속 충격이 없고 구조가 간단하다.
③ 변속 패턴에 따라 운전하여 연비가 향상된다.
④ 엔진 출력 특성을 최대한 이용하는 파워트레인(Power Train) 통합제어로 엔진 출력의 활용도가 높다.

무단변속기의 단점은 다음과 같다.

① 내구성이 약하며 높은 엔진 출력을 전달하지 못한다.
② 수리비용이 높다.
③ 변속기 이상시 응급조치가 어렵다.

2. CVT의 구동방식에 따른 특징

(1) 트랙션 구동방식(Traction Drive Type)

① 변속 범위가 넓고 효율이 높으며 운전이 정숙하다.
② 큰 추력과 회전면의 높은 정밀도와 강성이 필요하다.
③ 무겁고 전용 오일을 사용해야 한다.
④ 마멸에 따른 출력 저하 가능성이 크다.

(2) 벨트 구동방식(Belt Drive Type)

고정 풀리와 이동 풀리를 입·출력 축에 조합하며 1, 2차 풀리(Primary, Secondary Pulley)의 유효 피치를 변화시켜 벨트 또는 체인이 풀리의 중심과 풀리의 외측 사이를 이동하면서 변속하고 동력을 전달하는 방식이다.

07 BAS(Brake Assist System)의 목적과 장점에 대하여 설명하시오.

QUESTION

1. BAS(Brake Assist System)의 목적과 장점

긴급한 상황에서 급제동 시 제동 페달의 답력(踏力)은 작지만 동작 속도가 빠른 경우에 제동 압력을 최대로 하여 제동력을 증가시키고 제동거리가 단축되도록 한다.

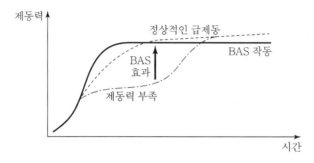

[BAS(Brake Assist System)의 효과]

2. BAS(Brake Assist System)의 동작

브레이크 페달 센서(BPS)의 신호는 ECU에 전송되고 ECU에서 브레이크 페달의 동작이 급속하고 위급상황의 급제동으로 판정되면 부스터의 솔레노이드 밸브를 작동시켜 배력 장치의 대기 포트의 열림을 증가시키고 작동실에 대기를 추가로 공급하게 된다. 이에 따라 배력 장치는 성능을 최대로 발휘하여 제동 압력을 급상승시켜 제동 능력을 크게 증가시킨다.

BAS(Brake Assist System) 동작 시 브레이크는 최대의 제동력을 발휘하고 제동 휠은 고착 (Wheel Lock) 상태가 될 정도의 제동 압력에 도달하지만 ABS 시스템이 동작하여 휠이 고착되는 것을 방지한다.

동작 후 브레이크 동작을 해제하면 페달은 초기 위치로 자동 복귀하고 솔레노이드 밸브도 정상 상태가 되도록 스위치 전원은 차단된다.

08 차고 조절용 쇼크업소버 제어방식에 대하여 분류하고 각각에 대하여 설
QUESTION 명하시오.

1. ECS(Electronic Control System)의 개요

전자제어현가장치(ECS)는 ECU, 각종 센서, 액추에이터 등을 설치하여 노면의 상태, 주행,
운전조건 등과 같은 여건에 따라 차고와 서스펜션의 특성인 스프링 정수와 감쇠력을 자동적
으로 제어하는 현가장치를 말한다.

2. ECS의 목적 및 특징

① 급제동 시 노즈 다운(Nose Down)을 방지한다.
② 급선회 시 원심력에 의한 차체의 기울어짐을 방지한다.
③ 필요에 따라 노면으로부터의 차고를 조절할 수 있다.
④ 서스펜션의 감쇠력을 조절하여 승차감을 조절할 수 있다.

3. 쇼크업소버의 제어와 동작에 따른 분류

차체의 전후좌우의 차고, 조향 핸들의 각도, 가속페달 조작속도(TPS 열림 정도), 주행속도,
노면상태 등을 판단하고 이를 종합하여 쇼크업소버의 압력을 조절하며 감쇠력을 조절하는 제
어방법에 따른 분류는 다음과 같다.

(1) 감쇠력 가변방식

감쇠력 가변방식의 ECS는 쇼크업소버의 감쇠력(Damping Force)을 다단계로 변화시킬
수 있으며 감쇠력만을 제어하는 감쇠력 가변방식은 구조가 간단하고 감쇠력을 Soft,
Medium, Hard 등 3단계로 제어한다.

(2) 복합 제어방식

복합 제어방식은 쇼크업소버의 감쇠력과 차고의 제어가 가능하며 쇼크업소버의 감쇠력은
Soft, Hard 2단계로 제어하며 차고는 Low, Normal, High 3단계로 제어한다.
코일 스프링이 하던 역할을 공기 스프링이 대신하기 때문에 하중 변화에도 일정한 승차감
과 차고를 유지할 수 있다.

(3) 세미 액티브(Semi Active) 제어방식

세미 액티브 방식은 스카이 훅(Sky Hook) 이론에 바탕을 두고 개발된 것이며 역방향 감

쇠력 가변방식 쇼크업소버를 사용해 기존의 감쇠력 가변방식과 복합 제어방식의 제어성
능을 만족할 수 있다.

쇼크업소버의 감쇠력은 쇼크업소버 외부에 설치된 감쇠력 가변용 솔레노이드 밸브에 의
해 연속적인 감쇠력 가변 제어가 가능하고 쇼크업소버 피스톤이 팽창과 수축할 때에는 독
립 제어가 가능하며 ECS에 의해 256단계의 제어가 가능하다.

(4) 액티브(Active) 제어방식

액티브 제어방식은 감쇠력 제어와 차고를 조절할 수 있으며 자동차의 자세 변화에 능동적
으로 대처함으로써 자세 제어가 가능한 장치이다.

쇼크업소버의 감쇠력 제어는 Super Soft, Soft, Normal, Hard 등 4단계로 제어되며 차
고 조절은 Low, Normal, High, Extra High 등 4단계로 제어된다.

자세 제어 기능은 안티 롤(Anti Roll), 안티 바운스(Anti Bounce), 안티 피치(Anti Pitch),
안티 다이브(Anti Dive), 안티 스쿼트(Anti Sqart) 등의 제어를 하며 구조가 복잡하고 가
격이 고가이다.

09 자동차의 조향장치에서 다이렉트 필링(Direct Feeling)에 대하여 설명
하시오.
QUESTION

1. 다이렉트 필링(Direct Feeling)의 정의

자동차를 운전할 때의 운전자가 느끼는 조향 감각을 말하며 조향 조작에 따른 자동차의 조향
상태가 지연(遲延)이나 유격 없이 운전자와의 일체감 정도를 말한다.

자동차의 슬라롬 테스트 같은 조향 성능 및 고속 주행 시험 시 운전자들이 흔히 사용하는 용
어이며 조향 감각이 둔하거나 조향 조작력이 선회 방향이나 속도에 따라 차이를 크게 느낄 때
를 인다이렉트(Indirect)라고도 표현한다.

10
QUESTION

배출가스 정화장치에서 듀얼 베드 모놀리스(Dual Bed Monolith)에 대하여 설명하시오.

1. 듀얼 베드 모놀리스(Dual Bed Monolith)의 정의

모놀리스(Monolith)의 사전적 의미는 하나의 돌로 된 단일체로 돌기둥, 돌 받침대를 의미한다. 자동차에서는 촉매의 형태를 말하며 많은 세라믹 원통이 일체로 구성된 담체(擔體)의 표면에 백금(Pt), 팔라듐(Pd), 로듐(Rd) 등의 촉매를 코팅한 형태를 모놀리스(Monolith)라고 한다. 모놀리스(Monolith)형 촉매 컨버터는 일체형 촉매 컨버터를 말하며 알루미나 등의 입자형 담체를 사용하는 펠리트(Pellet)형 촉매 컨버터에 비하여 촉매의 열화(劣化)와 교환 시기, 비용 등에는 불리하지만 촉매의 성능과 신뢰성이 높고 배기 저항이 작은 장점으로 많이 채용된다.

듀얼 베드 모놀리스(Dual Bed Monolith)는 컨버터의 정화 성능을 향상시킬 목적으로 배기 저항이 적은 모놀리스 촉매 컨버터 2개를 직렬로 나란히 배열한 것을 말하며, 이는 최초의 촉매만으로 정화할 수 없는 배기가스를 2번째의 촉매로 다시 정화할 목적으로 촉매 구성의 한 방법이다.

11
QUESTION

타이어와 도로의 접지에 있어서 레터럴 포스 디비에이션(Lateral Force Deviation)에 대하여 설명하시오.

1. 타이어의 강성

공기가 주입되어 있는 타이어를 원주방향으로 많은 원호 조각으로 나누어 생각하면 각 조각마다 다른 탄성을 가지며 충격을 흡수하는 능력도 다르다.
이처럼 특성이 다른 스프링으로 타이어가 구성되었다고 가정할 때 각 조각이 노면과 접촉할 때 충격 흡수 능력과 변형 상태가 다르고 자동차에는 진동을 발생시키는데, 이를 타이어의 '강성이 불균일하다'라고 말한다.

2. 레터럴 포스 디비에이션(Lateral Force Deviation)

이처럼 타이어의 강성 불균일로 타이어의 불균일한 변형에 의한 변위와 자동차의 하중에 의하여 발생하는 힘은 작용방향에 따라 수직방향으로 작용하는 힘을 Radial Force Variation 이라고 하며 수평방향의 힘을 Lateral Force Variation이라고 한다.

일반적으로 Radial Force Variation이 커지면 타이어의 상하 변형과 변위가 커지며 조향기구를 통하여 핸들과 차체에 상하방향 진동인 셰이크(Shake) 진동을 발생시키고 Lateral Force Variation 값이 커지면 휠을 킹핀(Steering Axis) 중심으로 좌우로 회전 진동시키고 핸들을 회전방향으로 진동하게 하는 시미(Shimmy) 현상을 일으킬 수 있다.

자동차의 조향장치에서 리버스 스티어(Reverse Steer)에 대하여 설명 하시오.

QUESTION 12

1. 자동차의 선회 성능(旋回 性能)

자동차가 선회 주행 시 사이드 슬립(Sid Slip)이 발생하면 휠의 중심면의 방향과 타이어의 진행 방향이 일치하지 않게 된다.

이 휠의 중심 방향과 타이어의 진행 방향과의 각도를 슬립각(Slip Angle)이라고 하며 자동차의 선회 주행 속도가 증가하면 원심력도 증가하여 슬립각도 증가하고 전후 차륜의 슬립각의 차이가 발생하여 선회 반경의 변화가 나타난다.

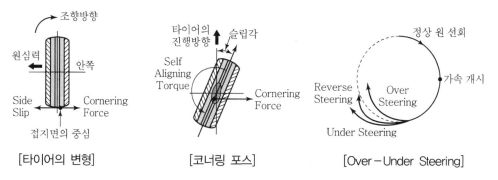

[타이어의 변형]   [코너링 포스]   [Over-Under Steering]

후륜의 슬립각이 전륜보다 큰 경우에는 선회 반경이 작아지는 주행을 하며 이러한 상태를 오버 스티어링(Over Steering)이라 하고 반대로 선회 반경이 커지는 현상을 언더 스티어링 (Under Steering)이라고 한다.

또한 오버 스티어링(Over Steering)과 언더 스티어링(Under Steering)의 중간 정도의 조향 특성을 나타내는 경우는 리버스 스티어링(Reverse Steering)이 있으며 이는 속도의 증가에 따라 일정 속도까지는 언더 스티어링 경향을 보이다가 일정 속도 이상이 되면 오버 스티어링 현상을 나타내는 특징을 가진다.

13 가솔린엔진의 점화장치에서 보조 간극 플러그(Auxiliary Gap Plug)에
QUESTION 대하여 설명하시오.

1. 보조 간극 플러그(Auxillary Gap Plug)

보조 간극 플러그(Auxiliary Gap Plug)는 오손(汚損)에 의한 누전을 방지하기 위하여 중심 전극의 상단부와 단자 사이에 충분한 간극을 두어 안정된 스파크(Spark)를 보장하여 안정된 점화가 되도록 하는 점화 플러그이다.

이그나이터의 2차 코일에서 공급되는 고압의 전류를 손실 없이 강한 불꽃을 발생케 하여 실화(失火/Missfire)되지 않도록 하며 절연저항을 저하시키는 카본을 태워 없애기 위해 보조 GAP을 사용 시 그 효과가 우수하며 절연체와 보조 GAP 사이의 공간은 연소가스를 포함한 카본이 가스 체적에 들어가는 것을 막아준다. 이것이 절연체상에 축적되는 카본 축적을 감소시키는 역할을 한다.

01 **QUESTION** 최근 자동차 산업 분야에도 3D 프린터의 활용이 본격화되고 있다. 3D 프린터의 원리 및 자동차 산업에의 활용방안에 대하여 설명하시오.

1. 3차원 프린터(3 Dimensional Printer)의 원리와 구조

3차원으로 도면화된 물건을 입체적으로 제작하는 장치이며 2차원적으로 프린트하는 기존의 프린트 방식과 작동 원리가 유사하여 3차원 프린터(3D Printer)라고 불린다. 처음에는 형상의 유사성과 정밀도에 치중하여 3차원 성형 재료는 저온 용융이 가능한 플라스틱 소재에 국한되었지만 최근 들어 나일론과 금속, 고무, 투명 재료들로 확대되어가고 있다.

일반적으로 3D 성형을 하는 장치를 통칭하여 3D 프린터라고 하며 다음과 같은 방식이 실용화되고 있다.

① 적층조형방식 : 소프트웨어를 이용해 가루나 액체를 굳힌 레이어(Layer)를 여러 겹으로 쌓아올려 3차원의 형상을 성형하는 방식이다. 재료의 종류에 따라 다르지만 보통 레이어(Layer)의 두께는 0.01~0.08mm로 레이어가 얇을수록 정밀한 형상의 성형이 가능하다.
- FDM방식 – 고체 수지 재료를 용융시켜 0.24mm 정도의 레이어를 적층하여 성형하는 방식이다.
- SLA방식 – 광경화성 액상 표면에 레이저를 조사하여 적층하는 방식으로 정밀한 모형의 성형에 적용된다.

② 3차원 조각기 : 커다란 합성수지를 3차원으로 설계된 도면에 따라 날카로운 바이트로 깎아서 성형한다. 적층 성형방식에 비하여 실제의 곡선을 구현하는 데 유리하며 정밀한 면의 경우 후처리가 필요 없어 유리한 부분이 있다. 그러나 단일색상으로만 성형이 가능하고 깊은 홈이 있는 제품의 성형은 한계가 있으며 주로 외형 성형이 중요한 경우에 적용된다.

2. 3차원 프린터(3 Dimensional Printer)와 자동차 산업

자동차의 개발과정에서 발생하는 다양한 모형과 시제품에 대한 제조공정 단순화, 목업 대비 제작비용과 시간을 단축할 수 있으므로 다양한 모듈 및 부품 등의 개발 과정의 시제품 개발에 활용된다.

자동차의 개발과정에서 모형화되는 시제품은 대시보드에서부터 램프, 에어백, 오디오 장치는 물론 엔진을 포함한 새시부품, 지그(Jig)류에 이르기까지 다양하다.

이들의 모형 시제품을 기존의 주물 및 기계 가공방법으로 제작하려면 디자인 변경 시마다 별도의 금형을 제작해야 하며 시간과 비용이 많이 소요된다. 3D 프린터의 적용은 시제품 제작이 간편해지고 신속한 설계 검증 및 피드백이 가능하여 비용절감과 개발기간을 크게 단축할 수 있다.

3차원 프린터를 자동차 산업에 적용할 때 다음과 같은 특징이 있으며 효과적인 면과 더불어 아직 한계를 보이는 부분도 있다.

① 자동차의 개발 부품은 대부분 기본적으로 3차원으로 설계를 하기 때문에 시제품 제작에 3D 프린터를 적용하는 것에 별도의 준비나 변환 과정을 거치지 않아도 되므로 유리하다.

② 3D 프린터의 개발 초기에는 플라스틱을 주로 적용하였으며 사용 소재의 제한으로 대중적 보급에 한계를 가졌으나 최근에는 소재기술의 발달로 플라스틱뿐만 아니라 금속, 고무, 투명 재질까지 확대되면서 적용 범위가 넓어지고 다양한 자동차 부품의 모형 제작에 적용 가능하다.

③ 수많은 자동차 부품의 설계 변경 시마다 금형을 다시 제작하여 검증하게 되면 제품의 단가 상승과 개발 기간도 길어진다. 그러나 3D 프린터를 이용한 시제품 제작이 간편하고 신속한 설계 반영으로 설계 검증과 수정이 가능해진다.

④ 자동차 부품의 시제품 제조 공정의 간소화 및 비용 절감 효과는 큰 반면 현재 3D 프린터로 제작 가능한 모형물의 크기가 1m 정도이므로 사이즈의 제한이 있으며 적용 소재의 재질에 한계가 있어 제작된 모형 및 시제품에 대하여 조립성 및 구동 성능 등 세부적인 기능 테스트를 검증하는 데 한계가 있다.

⑤ 재질과 관련이 있는 감성 디자인 제품이나 재질에 대한 질감(質感)이 중요시되는 내장 인테리어 부품 등의 검증에는 한계가 있으며 헤드램프 및 등화 관련 부품들은 디자인 개념의 설계 비중이 크고 배광시험이나 다른 부품과의 상호 조립성이 중요하므로 완전 대체는 아직 불가능한 실정이다.

QUESTION 02

타이어의 크기 규격이 P215 65R 15 95H라고 한다면 각 문자 및 숫자가 나타내는 의미에 대하여 설명하시오.

1. 타이어의 규격 표시

타이어의 규격 표시는 메트릭 표기법, 알파 뉴메릭 표기법, 뉴메릭 표기법 등 여러 방법으로 표기하며 최근에는 국제표준화기구(ISO)에서 정한 표기법을 사용하고 있다.

타이어 표기 P215 65R 15 95H	
P	적용 차종(Car Designation) 호칭 PC : Passenger Car / TB : Truck & Bus / LT : Light Truck
215	타이어의 단면 폭 215mm
65	편평비 65% / 편평비$=\dfrac{\text{타이어의 높이}}{\text{타이어의 단면 폭}}\times100(\%)$
R	타이어의 구조 기호 R : 레이디얼 타이어 / B : 바이어스 타이어
15	타이어 내경 기호, 15 Inch
95	하중지수(Maximum Load−Carrying Capacity) 기호(kg단위) 95〜690kg, 105〜925kg, 115〜1,237kg, 125〜1,677kg(최대)
H	최고 속도 기호(Maximum Speed Symbol) S : 180km/h, H : 210km/h, Y : 300km/h

QUESTION 03

휠 얼라인먼트(Wheel Alignment)의 정의와 목적, 얻을 수 있는 5가지 이점에 대하여 설명하시오.

1. 휠 얼라인먼트(Wheel Alignment)의 정의

자동차의 조향륜은 조향 너클과 함께 일체 차축식 현가장치의 킹핀(King Pin) 또는 코일 스프링을 이용한 독립현가방식에서의 볼 조인트(Bal Joint)를 중심으로 좌우로 회전하도록 구성된다. 자동차가 주행 중일 때는 평탄 노면인 경우 스스로 직진 상태를 유지하고 조향 조작 후에는 직진 상태로 복원되는 특성이 요구되며 조향 조작도 경쾌하게 되어야 한다.

이러한 요건들을 충족시키기 위해서는 조향륜의 기하학적인 각도 관계가 필요한 데, 이러한 조향륜의 기하학적인 관계를 앞바퀴 정렬(Front Wheel Alignment)이라고 하며 캠버(Camber), 킹핀각(King Pin Angle) 또는 조향축 경사각(Steering Axis Inclination), 캐스터(Caster), 토인(Toe−In), 토아웃(Toe−Out) 등의 요소가 필요하다.

(1) 캠버(Camber)

조향륜을 앞에서 볼 때 차륜 중심선이 수직선에 대하여 안쪽 또는 바깥쪽으로 기울어지게 설치되어 있다.

이 각도를 캠버(Camber)라고 하며 차종에 따라 다르지만 0.5~1.5° 정도이다. 바깥쪽으로 기울어진 상태를 정(正)의 캠버(Positive Camber), 조향륜의 중심선이 수직선과 일치하는 상태를 0의 캠버(Zero Camber), 수직선에 대하여 안쪽으로 기울어진 상태를 부(負)의 캠버(Negative Camber)라고 하며 캠버를 두어야 하는 이유는 다음과 같다.

① 조향륜이 하중을 받으면 차륜의 아래쪽이 벌어지는 것을 방지한다.
② 조향축 경사와 함께 조향 핸들의 조작력을 작게 한다.
③ 주행 중 차륜이 이탈하는 것을 방지한다.

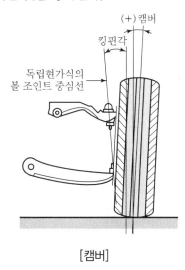

[캠버]

(2) 캐스터(Caster)

조향륜을 옆에서 보았을 때 조향축이 수직선과 일정 각도를 가지고 설치된다. 이것을 캐스터라고 하며 수직선과 이루는 각도를 캐스터 각(Caster Angle)이라고 한다. 이 각이 자동차의 뒤쪽으로 기울어진 상태를 정(正)의 캐스터(Positive Caster), 조향축의 수직선과 일치하는 상태를 0의 캐스터, 윗부분이 앞방향으로 기울어진 상태를 부(負)의 캐스터(Negative Caster)라고 한다. 캐스터 각은 보통 0.5~1° 정도이며 캐스터(Caster)를 두는 이유는 다음과 같다.

① 주행 중 조향륜에 방향성을 준다.
② 조향륜에 복원성을 준다.

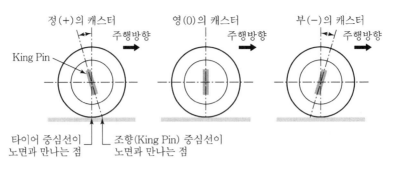

[캐스터]

(3) 토인(Toe – In)과 토아웃(Toe – Out)

조향륜을 위에서 볼 때 휠의 앞쪽이 뒤쪽보다 좁게 되어 있는 데, 이와 같은 상태를 토인 (Toe – In)이라 하며 뒤쪽보다 넓은 경우를 토아웃(Toe – Out)이라 한다.

일반자동차의 토인 값은 2~6mm 정도이며 토인을 두는 이유는 다음과 같다.

① 자동차가 주행할 때는 캠버(Camber) 때문에 옆으로 굴러가려는 경향이 있으며 이를 방지하고 직진성을 주기 위하여 토인이 필요하다.

② 캠버와 토인에 의하여 차륜의 직진이 이루어지므로 토인을 두지 않으면 타이어가 불균형 상태가 되어 사이드 슬립(Side Slip)이 발생하고 타이어는 편마멸하게 된다.

③ 조향 기어 및 링키지 마멸에 의한 토아웃을 방지한다.

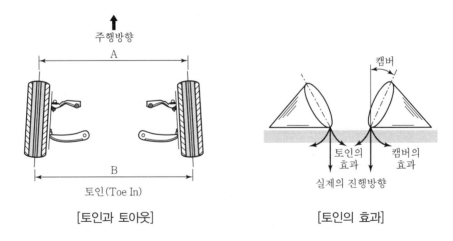

[토인과 토아웃]   [토인의 효과]

(4) 킹핀각(King Pin Angle)/조향축 경사각(Steering Axis Inclination)

조향륜을 앞에서 보면 일체 차축식과 독립현가방식 모두 조향축인 킹핀(King Pin)의 윗부분이 안쪽으로 기울어진 상태이다. 킹핀이 없는 독립형 현가장치를 갖는 요즘의 자동차에서는 위 아래의 볼 조인트(Ball Joint) 선단의 중심점을 연결한 선의 연장선을 킹핀각으로 보며 조향축 기울기(Steering Axis Inclination)라고 한다.

조향축의 중심선과 수직선이 이루는 각도를 킹핀각(King Pin Angle)이라 하며 보통 6~9° 정도로 되어 있다. 킹핀각의 기능은 다음과 같다.

① 캠버와 함께 조향 핸들의 조작력을 경감시킨다.

조향륜에 전후방향의 충격이 있을 때 오프셋량을 반경으로 한 킹핀 둘레의 회전 충격으로 되어 핸들에 전달되나 킹핀에 경사를 두어 접지면에서 타이어의 중심과의 오프셋량을 줄이면 그에 따라 충격량도 감소한다.

② 조향륜에 복원 성능을 주어 직진 위치로 복귀하려는 모멘트를 발생시킨다.

조향 조작 토크는 타이어 접지 중심에 작용하는 하중과 킹핀 중심까지의 거리에 비례하므로 킹핀의 아래 부분 각도를 타이어 방향으로 향하게 두어 킹핀 경사각이나 캠버에 의한 노면에서의 오프셋 거리를 작게 하여 조향 휠의 조작력을 경감시킨다.

③ 캠버와 함께 스크럽 레이디어스를 형성하여 제동 시 조향 안정성을 유지한다.

조향축 경사각(Steering Axis Inclination)과 캠버(Camber)가 이루는 각도를 협각(Included Angle)이라 하며 협각을 이루는 조향축 경사각과 캠버가 이루는 각도 성분이 노면에서의 오프셋(거리)을 스크럽 레이디어스(Scrub Radius)라고 하며 특히 선회주행 제동 시 발생할 수 있는 양쪽 차륜의 제동력 차이에 의한 오버 스티어링, 언더 스티어링을 억제하여 조향 안정성을 확보한다.

④ 주행 시 발생하는 시미(Shimmy) 진동현상을 억제한다.

킹핀 경사각 및 조향축 경사각에 의하여 타이어 중심선과의 오프셋을 최소화하여 주행 시 조향륜에 작용하는 저항력에 의하여 조향축을 중심으로 좌우로 요동하는 시미(Shimmy) 진동 현상을 억제한다.

2. 휠 얼라인먼트(Wheel Alignment)의 효과

각 휠 얼라인먼트는 독립적인 효과를 발휘하는 것보다는 상호작용에 의하여 작용하며 자동차의 조향성능과 주행성능에 영향을 미친다. 이들의 효과를 요약하면 다음과 같다.

① 적재 주행 시 타이어의 접지면을 균일하게 하여 타이어의 편마모를 방지한다.
② 캠버와 킹핀 경사각(조향축 기울기)에 의하여 조향륜에 직진 복원력을 얻는다.
③ 캠버와 함께 스크럽 레이디어스(Scrub Radius)를 형성하여 제동 시 제동력 좌우 차이에서 발생하는 언더 스티어링을 억제하고 조향 안정성을 유지한다.
④ 주행 시 발생하는 시미(Shimmy) 진동현상을 억제한다.
⑤ 토인에 의하여 토아웃을 방지하며 직진성을 유지하고 캠버의 효과에 의하여 주행 중 차륜이 이탈하는 것을 방지한다.

04 QUESTION 서스펜션이 보디와 연결되는 부분에 장착되는 러버 부시의 역할과 러버 부시의 변형에 의해 발생되는 컴플라이언스 스티어(Compliance Steer)를 정의하고 조종안정성에 미치는 영향과 대응방안에 대하여 설명하시오.

1. 서스펜션과 러버 부시(Rubber Bush)

서스펜션 부품의 설치와 거동에 관련된 스트럿(Strut), 상하의 암(Upper, Lower Arm), 멀티 링크(Multi Link) 등 다양한 링키지들로 연결되어 있으며 이들은 현가장치와 차체를 연결하는 연결부에 러버 부시(Rubber Bush)를 통하여 연결된다.

대부분의 러버 부시는 강제(鋼製) 하우징 홀더에 러버를 압입하고 중앙에 연결용 핀이 통과하는 홀이 가공되며 강제(鋼製) 홀더와 핀 사이에 작용하는 하중을 중간의 고무가 탄성 변형하면서 하중을 지지한다.

러버 부시를 두는 목적은 주행 중 발생하는 현가장치가 받는 인장, 압축, 비틀림 등의 하중에 의한 충격을 완화하고 자동차의 NVH(Noise, Vibration, Harshness) 성능을 유지하기 위해서이다.

2. 컴플라이언스 스티어(Compliance Steer)의 정의

자동차가 주행하는 동안에 차륜은 인장, 압축, 비틀림 등의 다양한 동적(Dynamic) 하중을 받지만 서스펜션계는 구조적으로 상하운동을 하도록 설계한다.

이는 주행 중 외부에서 작용하는 가진력(加振力)을 감쇄하고 자동차의 동적 거동에서 유리한 스티어링 효과를 얻기 위한 목적이며 이를 동적 얼라인먼트(Dynamic Alignment)라고 하며 서스펜션계와 조향계의 기하학적 구조와 자동차의 거동에 대하여 복잡한 얼라인먼트의 변화를 가져온다.

(1) 주행 중 서스펜션의 특성

주행 중 서스펜션의 특성은 카이네틱(Kinetic) 거동과 컴플라이언스(Compliance) 거동으로 구분된다. 카이네틱 거동은 서스펜션을 이루고 있는 상하의 암(Upper, Lower Arm)이 고정점을 중심으로 움직이는 거동을 말하며 자동차의 서스펜션계의 형식에 따른 구조에 의해 결정된다.

컴플라이언스(Compliance) 거동은 서스펜션계를 고정하고 지지하는 각 부품의 연결에 사용되는 러버 부시(Rubber Bush)의 외력에 의한 탄성 변형과 이로 인한 동적 거동에 따른 특성 변화를 말한다.

(2) 컴플라이언스 스티어(Compliance Steer)의 특성

조향 조작 시 횡력을 받으면 카이네틱(Kinetic) 특성 변화에 의한 스티어 변화(주로 Toe 변화)와 러버 부시의 탄성 변형에 의한 컴플라이언스 스티어(Compliance Steer) 효과가 나타나는 데, 이것은 러버 부시의 탄성 및 링크들의 연결 위치 방향과 관계되며 설계 시 고려하여 설정하며 기본적으로 전륜은 토아웃, 후륜은 토인이 되도록 서스펜션 구조에 반영한다.

자동차의 주행 중 타이어에는 다양한 저항이 작용하며 전후 방향으로 작용하는 힘은 암(Arm)류의 전후 방향 이동을 가져오고 이 변위는 러버 부시를 변형시키며 타이어를 포함한 휠은 횡방향의 변위를 가져온다. 이로 인해 휠의 조향 효과가 나타나며 이를 컴플라이언스 스티어(Compliance Steer)라고 한다.

컴플라이언스 스티어 효과가 지나치게 크면 조향 안전성에 악영향을 미치는 데, 러버 부시의 탄성과 러버의 열화(劣化) 상태가 영향을 미친다.

QUESTION 05 차량부품 제작공법 중 하이드로 포밍(Hydro Forming)에 대하여 기존의 스테핑 방식과 비교하고 적용부품에 대하여 설명하시오.

1. 하이드로 포밍(Hydro Forming)의 개요

근래 들어 자동차에 대한 요구는 외관, 주행 성능, 승차감, 운전 편의성, 안전성, 연비 및 환경 문제 등 다양한 면으로 확대되고 있다. 이에 부응하기 위하여 차체의 설계, 경량화, 내구성, 외형 디자인 등의 기술에 첨단 가공 및 공정 기술을 개발하고 있는데 하이드로 포밍(Hydro Forming), 용접 블랭킹(Tailer Welded Blanking), 경량 알루미늄 차체 등이 대표적인 예이다.

자동차 새시(Chassis) 부품 및 차체(Body) 부품은 강도뿐만 아니라 외형 디자인에도 관련 있으므로 하이드로 포밍 기술이 적극적으로 도입·적용되고 있다.

하이드로 포밍 기술은 종래의 프레스 성형 방법과는 완전히 다른 개념이며 원형 강관의 내부에 액압(液壓)을 가하여 관재(管材)나 판재(板材)를 팽창시켜 성형하여 원하는 모양의 차체 골격을 제작하는 방식으로 기존의 프레스 가공에서 얻을 수 없었던 차체 강성의 증가, 제조 공정 단축 및 부품수 감소, 금형 비용의 절감 등 다양한 장점이 있다.

차체 부품 중에 Lower Arm, Sub-Frame, Cross Member, Piller류 등 자동차의 차체(Body) 부품과 새시(Chassis)부품들의 공정에 하이드로 포밍 기술이 적용되어 경량화와 품질향상, 강도상승, 원가절감에 기여하고 있다.

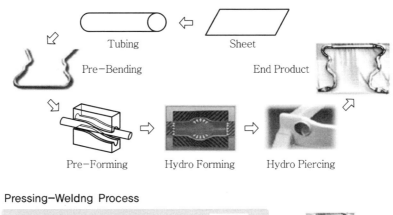

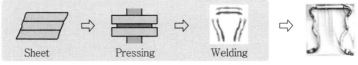

[일반적인 하이드로 포밍(Hydro Forming) 공정]

2. 하이드로 포밍 설계

하이드로 포밍 기술을 적용하기 위한 설계는 제품설계와 공정설계로 구분할 수 있는데, 공정설계는 벤딩(Bending), Pre-Forming, Hydro Forming, Piercing 등 제품에 따라 다양한 공정이 설계되어야 한다.

완성하고자 하는 제품의 설계 시 하이드로 포밍 공법으로의 성형성을 고려하여 설계하여야 하고 하이드로 포밍(Hydro Forming) 공법의 특성상 고압의 물을 이용하므로 공정 시운전에서는 반드시 발생될 제반 문제점들을 금형의 설계에서부터 고려하고 검토하여야 한다.

하이드로 포밍 공정에서 중요한 공정 변수인 내부 압력과 이송(Feed)량을 최적의 성형 조건으로 선정하여야 하고 형상이 급격히 변화되는 복잡한 형상의 제품은 절곡(Bending)부에서 내압의 상승 시 발생할 수 있는 부분적 트임(Burst) 현상은 내부 압력과 이송량이 적정하도록 공정설계를 하여야 한다.

3. 하이드로 포밍의 특징

하이드로 포밍은 강관 및 튜브 형상의 부품 성형에 유리한 공법이며 다음과 같은 특징이 있다.

- 압력을 이용하여 복잡한 형상의 튜브형 부품을 정밀하게 성형할 수 있다.
- 프레스 공정에서의 복잡한 공정을 단순화하여 공정 수를 줄일 수 있다.
- 강도의 증가와 정밀한 성형을 할 수 있다.
- 일체형으로 성형이 가능하므로 부품 수와 금형 비용을 줄일 수 있다.
- 제품의 경량화와 균일한 품질의 제품을 생산할 수 있고 원가를 절감할 수 있다.

QUESTION 06

기존의 콩이나 옥수수와 같은 식품원이 아닌 동물성 기름, 조류(藻類, Algae) 및 자트로파(Jatropha)와 같은 제2세대 바이오디젤 특징, 요구사항 및 기대효과에 대하여 설명하시오.

1. 바이오디젤(Bio-Diesel) 연료의 개요

바이오디젤(Bio-Diesel)은 동물성, 식물성 기름에 있는 지방성분을 경유와 비슷한 물성을 갖도록 가공하여 만든 바이오 연료로서, 바이오에탄올과 함께 가장 널리 사용되며 주로 경유를 사용하는 디젤 자동차에 경유와 혼합하여 사용하거나 그 자체로 차량 연료로 사용된다.

바이오디젤은 BD로 표기하는데 BD 다음의 숫자는 바이오디젤의 비율을 나타낸다. 예로 BD5의 경우 경유 95%에 바이오디젤 5%가 함유된 것을 의미한다.

2. 바이오디젤(Bio-Diesel) 연료의 특징

바이오디젤의 자동차 연료로서의 연소효율성, 연료 경제성, 배기가스의 배출, 사용 안정성과 수급 안정성 등의 장점과 요구사항, 기대되는 장점은 다음과 같다.

(1) 석유계 디젤과 유사한 화학적 성상

바이오디젤의 화학적 성상은 경유와 거의 유사하며 유동점이 −3℃로 경유 (−23℃)보다 높아 동결의 불리한 점이 있으므로 동절기에는 반드시 경유와 혼합하여 사용해야 하며 인화점은 150℃ 이상으로 경유(55℃)보다 높아 안전하다.

(2) 연료소비율의 감소

바이오디젤 100%를 사용할 경우 경유 사용 대비 연비가 5~8% 감소하는 것으로 실험되어 보고되고 있다.

(3) 바이오디젤 연료의 배기가스의 공해저감

바이오디젤의 가장 큰 장점은 유해 배출가스 중의 매연을 저감시킬 수 있다는 점이다. 바이오디젤은 CO의 배출량이 아주 낮으며 BD100의 경우 $CO(-50\%)$, $THC(-93\%)$, $PM(-30\%)$, $SOx(-100\%)$로 석유계 연료의 경유보다 현저히 적게 배출된다.

(4) 수입 연료 대체와 수급 안정성

바이오디젤을 생산하는 데 소요되는 비용은 화석연료를 생산하는 데 드는 비용의 31%에 불과하다. 국내의 경우 식물성 연료를 대량으로 생산하지는 않지만 이미 사용된 식용유를 수거하여 사용할 경우 해외에서 수입하는 화석연료보다 저렴한 가격에 수급이 가능하다.

(5) 사용 편의성

바이오디젤은 기존 경유 차량에 별도의 차량구조 변경 없이 사용할 수 있으며 기존 경유 차량에 주유만 하면 되고 별도의 혼합장치 없이 경유와 혼합하여 사용이 가능하다.

(6) 청정연료/부식성 연료

바이오디젤은 불순물이나 침전물에 대한 용제 역할을 하게 되어 기존 경유에 의한 침전물을 연료탱크, 연료펌프, 연료호스로부터 제거하여 차량의 내구성에 도움이 될 수도 있으나 연료계통의 고무 및 금속 재료를 부식·변형시킬 우려가 있다.

(7) 산화성과 수분함량의 증가

바이오디젤의 대표적인 단점으로 산화 안정성이 경유에 비해 좋지 않아 산도(酸度) 및 수분함량 증가와 같은 연료품질 악화를 유발하여 엔진 연료계 부품의 부식 또는 손상을 발생시킬 수 있으며, 연료분사 인젝터의 막힘이나 연소실 내 침적물 증가의 원인이 될 수 있다.

3. 제1, 2세대 바이오 연료(Bio-Fuel)

바이오 연료는 몇 가지 논쟁의 대상이 되기도 한다. 사탕수수나 옥수수를 대량 생산하기 위해서는 넓은 농지와 많은 물이 필요하며 보조금 없이는 화석연료와 가격 경쟁에서 불리하다는 점 때문이다. 또한, 식량으로 사용할 수 있는 자원이기 때문에 재생 에너지로 활용하기보다 식량으로 활용해야 하는 것이 아니냐는 의문이 제기되며, 많은 논란이 일고 있다. 식량이냐 연료냐에 관하여 양측이 유효한 논쟁을 세계적으로 여전히 지속하고 있기 때문이다.

이러한 논란이 되는 식량자원으로 활용이 가능한 농산물을 이용하여 화석연료와 유사한 연료를 만든 것을 제1세대 바이오 연료라고 칭하며, 논란에서 상대적으로 자유롭기를 원하거나 자유로운 바이오 연료를 제2세대 바이오 연료라고 한다.

제2세대 바이오 연료는 사탕수수나 옥수수 같은 식량 자원이 아닌 지속적으로 공급이 가능한 바이오 매스(Bio-Mass) 자원을 이용하여 만든 연료를 의미한다.

제2세대 바이오 연료의 원료로는 조류(藻類, Algae) 및 자트로파(Jatropha) 등이 각광 받고 있으며 조류는 일반적으로 광합성을 하는 산소 발생형 광합성 생물 중에서 육상 식물을 제외한 것을 말하나 정확히 지명하기는 어렵고 무성(無性)의 단세포 생물로서 미세 조류인 식물성 플랑크톤이 대표적이다.

또한 자트로파(Jatropha)는 야생 낙엽수의 일종으로 검은 씨앗에서 나오는 기름성분이 바이오디젤의 원료로 사용된다.

따라서 제2세대 바이오 연료(디젤)는 식량 자원이 아닌 식물의 줄기나 열매, 잎이나 외피 등을 수확하고 남은 부산물을 이용하거나 잡초와 같은 풀, 산업용 부산물인 나뭇조각이나 펄프 및 효용성이 거의 없는 동물성 기름 등을 활용하여 만든 연료를 말한다.

자동차 타이어의 임팩트 하시니스(Impact Harshness) 및 엔벨로프 (Envelope) 특성을 정의하고 상호관계에 대하여 설명하시오.

1. 타이어의 임팩트 하시니스 및 엔벨로프 특성

타이어 임팩트 하시니스(Impact Harshness)는 타이어의 진동 특성이며 타이어의 엔벨로프 (Envelope) 특성은 타이어 강성(强性)의 영향을 받으며 공기압 및 트레드부의 마모 정도에 따라 달라지는 특성이다.

(1) 타이어의 엔벨로프(Envelope) 특성

타이어가 노면의 작은 돌기(Cleat)를 타고 넘을 경우에 트레드(Tread)부가 작은 돌기를 감싸들이는 특성을 타이어의 엔벨로프(Envelop) 특성이라고 한다.

이처럼 타이어가 작은 돌기를 감싸들이는 능력을 엔벨로핑 파워(Enveloping Power)라 고 하며, 엔벨로프(Envelop) 특성은 특히 저속에서 돌기를 타고 넘을 때 차륜의 좌우방향 진동을 발생시켜 조향륜(핸들)을 회전방향으로 진동을 주는 저속 시미(Shimmy)의 발생 과 스핀축을 중심으로 한 전후 방향의 작용력(Longitudinal Force)과 상하방향의 작용력 (Vertical Force)을 발생시켜 차륜의 진동과 자동차의 NVH(Noise, Vibration, Harshness) 에 영향을 미친다.

엔벨로프 특성은 타이어 트레드부 강성(强性)의 영향을 받으며 타이어의 제조 공정 중에 트 레드부와 월(Wall)부를 단일 재료로 감싸는 공정을 엔벨로프(Envelop)라고 하며, 이때 적용 하는 재료의 종류와 공정 특성이 엔벨로핑 파워(Enveloping Power)에 영향을 준다.

(2) 타이어 임팩트 하시니스(Impact Harshness)

타이어 임팩트 하시니스는 타이어의 진동 특성이며 노면의 돌기 및 요철을 통과하여 주행 할 때 발생하는 비교적 작은 충격에서의 진동 특성을 말한다. 동일 하중과 충격에 대하여 가진력(加振力)은 고속으로 갈수록 전후방향의 힘(Longitudinal Force)은 감소하고 응 답성이 빠르게 나타나며 이와 반대로 상하방향의 힘(Vertical Force)은 고속으로 갈수록 증가하는 특성을 가진다.

또한 전후방향의 가진력이 되는 작용력의 변화는 차량 중량이 고하중으로 갈수록 크기가 증가하며 수직방향의 힘의 변동은 감소하는 특성을 가진다.

또한 저속 시 전후방향, 상하방향의 하중에 의한 작용력은 차량 중량이 저하중일수록 감쇠(Damping)가 빠른 특성을 가진다.

타이어 임팩트 하시니스(Impact Harshness)는 타이어의 엔벨로핑 파워(Enveloping Power)의 영향을 받으며 타이어의 강성(强性)에 따라 임팩트 하시니스는 변화한다.

02 조향 휠에서 발생하는 킥백(Kick Back)과 시미(Shimmy)를 구분하여 설명하시오.

1. 시미(Shimmy) 진동

(1) 시미(Shimmy) 진동의 현상

자동차에서 시미(Shimmy)는 주행 중에 조향 휠이 회전방향으로 진동하거나 조향 휠과 차체가 동시에 좌우로 흔들리는 현상으로 나타난다. 그리고 요철노면을 통과 시 조향 휠이 회전방향으로 심하게 진동한다. 시미는 조향 휠이 회전방향으로 흔들리는 현상으로 선회 주행 시 조향 휠의 조작을 불편하게 하고 조작에 따른 거부감을 주게 된다.

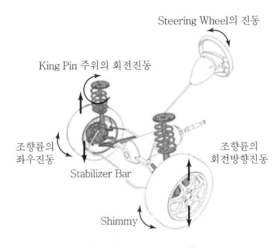

[시미(Shimmy) 진동]

시미가 발생하면 조향 휠의 진동과 함께 차체도 좌우로 진동하게 되며 발생하는 진동은 차량 속도의 증가와 함께 점점 커지게 되므로 조향 휠을 조작하기 어렵게 된다. 시미 진동이 발생하는 주파수는 대략 저주파 영역으로 5~15Hz 정도이다.

(2) 발생 조건과 원인

시미 현상은 자동차가 80km/h 이상 고속으로 주행하는 경우에 주로 발생하여 특정 속도영역에서 발생하는 고속 시미와 비포장로 주행 시나 제동 시 발생하는 저속 시미로 구분된다. 고속 시미 현상은 차량속도가 발생영역을 벗어나게 되면 사라지지만, 저속 시미는 차량속도를 감소시켜도 멈추지 않고 정차할 때까지 계속 발생하게 된다. 시미 현상은 타이어의 편마모, 비정상 타이어 그리고 회전부 불균형력(不均衡力)에 의하여 진동 강제력이 발생함으로써 일어난다. 시미는 타이어의 동적 불균형에 의하여 타이어의 진동 강제력이 발생하고 조향장치가 공진하여 조향 휠을 진동시킨다.

조향장치는 조향 컬럼, 기어박스 및 링크계로 이루어져서 하나의 운동계를 형성하게 된다. 조향 컬럼 끝단에 장착된 조향 휠은 회전방향에 대해 관성 중량으로 움직이므로 특정한 공진 주파수를 갖게 된다. 그러므로 타이어의 가진력과 조향 휠의 회전방향 공진 주파수와 일치하게 되어 조향 휠이 회전방향으로 진동하는 시미 현상이 발생한다.

2. 킥백(Kick Back) 진동

(1) 킥백 진동의 현상

킥백은 요철이 있는 노면을 주행하는 경우에 차륜은 주행방향의 저항과 충격을 받으며 차륜은 주로 전후 방향으로 힘이 작용하며 차륜이 킥(Kick)되는 것과 백(Back)할 때 스티어링 휠(핸들)이 충격적으로 회전 진동하는 것을 말한다.

(2) 발생 조건과 원인

노면의 요철에 의하여 조향륜에 작용하는 충격은 차륜이 주로 전후 방향으로 진동하며 이 진동은 조향 링키지를 통하여 조향 휠(핸들)에 전달된다.

킥백에 의한 진동은 구조가 간단한 기계식 랙 피니언 방식에서 더 크게 전달되며 최근의 자동차는 대부분 동력 조향장치이므로 파워 실린더에서의 완충으로 킥백(Kick Back)의 영향은 크지 않다.

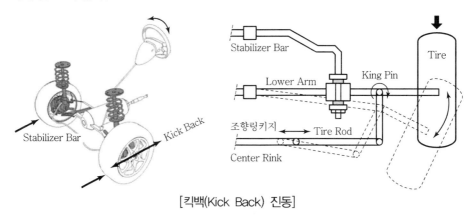

[킥백(Kick Back) 진동]

03
QUESTION

네거티브 스크럽 지오메트리(Negative Scrub Geometry)를 정의하고 제동 시 발생되는 효과에 대하여 설명하시오.

1. 스크럽 레이디어스(Scrub Radius)

자동차의 앞에서 보았을 때 킹핀의 중심 연장선과 타이어의 중심선이 노면에서 오프셋된 거리를 스크럽 레이디어스(Scrub Radius) 또는 킹핀 오프셋(Kingpin Off-set)이라고 하고 정(Positive), 제로(Zero) 및 부(Negative) 스크럽 레이디어스로 분류된다.

스크럽 레이디어스(Scrub Radius)가 작을수록 조향장치의 각 부품에 가해지는 작용력은 작지만, 조향에 필요한 힘(조타력)은 증가하게 된다. 승용자동차에서의 일반적인 스크럽 레이디어스량은 후륜 구동방식에서는 30~70mm, 전륜구동방식에서는 10~35mm 정도이며 차륜의 시미 현상을 감소시키고, 차륜으로부터 조향장치에 전달되는 토크를 작게 유지하기 위해서는 스크럽 레이디어스(Scrub Radius)를 작게 유지하는 것이 유리하다. 스크럽 레이디어스의 효과는 다음과 같다.

(1) 정(+)의 스크럽 레이디어스(Positive Scrub Radius)

타이어의 중심 수직선이 킹핀 중심선의 연장선보다 바깥쪽에 위치하는 상태를 말한다.

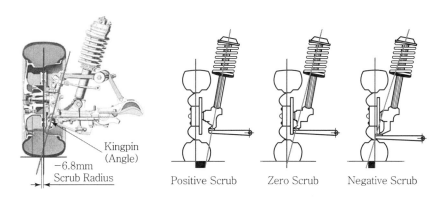

[스크럽 레이디어스]

정(+)의 스크럽 레이디어스는 제동할 때, 차륜이 안쪽으로부터 바깥쪽으로 벌어지도록 작용한다. 노면과 양측 차륜 사이의 마찰계수가 서로 다를 경우에는 마찰계수가 큰 차륜이 접지 마찰력이 커지므로 바깥쪽으로 더 많이 조향되어 자동차가 의도한 조향 노선으로부터 차선을 이탈할 수 있다.

(2) 제로 스크럽 레이디어스(Zero Scrub Radius)

타이어의 중심 수직선과 킹핀 중심선의 연장선이 노면의 한 점에서 어긋남 없이 한 점에서 만나는 상태를 말한다. 조향 시 차륜은 킹핀을 중심으로 원의 궤적을 그리지 않고 두 선이 오프셋 없이 만난 점을 중심으로 직접 조향된다. 따라서 정차 중에 조향할 때, 큰 힘을 필요로 하게 된다. 그러나 주행 중 외력에 의한 조향 간섭은 작다.

(3) 부(−)의 스크럽 레이디어스(Negative Scrub Radius)

타이어의 중심 수직선이 킹핀 중심선의 연장선보다 안쪽에 있는 상태를 말한다.
회전 중심점이 타이어의 중심보다 바깥쪽에 위치하므로 제동 시 차륜은 제동력에 의해 바깥쪽으로부터 안쪽으로 조향되는 효과가 있다.

2. 제동 시 부(−)의 스크럽 레이디어스의 효과

아래 그림에서 제동 시 큰 제동력 F가 작용하는 차륜은 킹핀의 연장선인 회전 중심점 A보다 타이어 중심점 B는 안쪽에 위치하고 모멘트 M이 작용하여 안쪽으로 조향되는 효과가 있으며 노면과 좌우 차륜의 마찰계수가 서로 다를 경우 마찰제동력의 차이가 생기고 제동력이 큰 쪽의 차륜이 안쪽으로 더 크게 조향되는 효과가 나타난다.
또한 자동차에는 무게 중심 G를 중심으로 차륜에 작용하는 모멘트의 반대 방향으로 모멘트 M_g가 작용하며 차체는 안정적인 자세를 유지하고 의도된 주행차선을 유지할 수 있게 된다.

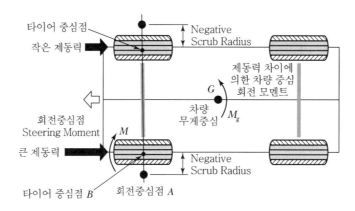

[제동 시 부(−)의 스크럽 레이디어스 효과]

QUESTION 04 PWM(Pulse Width Modulation) 제어에 대하여 설명하고 PWM 제어가 되는 작동기 3가지에 대하여 각각의 원리를 설명하시오.

1. PWM(Pulse Width Modulation) 제어의 정의

일정한 전압에 일정한 주기를 갖는 펄스 열에서 High 레벨의 펄스 폭을 사용자가 지정한 값으로 바꾸어 출력하고 제어하는 파형이며, 아날로그 신호 레벨을 디지털 신호 레벨로 묘사하는 데 매우 유용하다. PWM의 듀티(Duty)는 아날로그 신호의 에너지(크기)를 의미한다.

DC 모터 및 DC 작동기(Actuator)를 제어하거나 특정 아날로그 파형을 PWM 파형으로 변환하여 PWM 주기(Period), PWM 주파수(Frequency)를 제어하며 Duty Cycle은 전체 주기에서 하이 레벨의 펄스 폭의 비율(%)을 말한다.

2. PWM(Pulse Width Modulation) 제어 작동기(Actuator)

자동차에서 PWM(Pulse Width Modulation) 신호로 제어되는 액추에이터는 모터와 코일에 의해 작동하는 솔레노이드(밸브)가 대부분이며 적용 예는 다음과 같다.

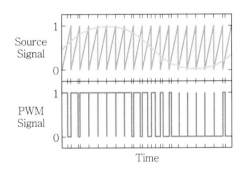 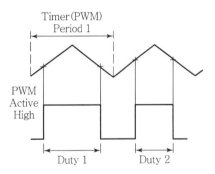

[PWM 제어]

(1) 냉각 팬(Cooling Fan) 제어

ECU에서의 출력 신호를 받아 모터 컨트롤러에서 PWM 신호로 냉각 팬 모터를 제어·구동하며 냉각효율을 향상시키고 엔진의 물 재킷 용량을 최소화하여 웜업(Warm Up) 기간을 단축하고 배출가스의 저감을 도모할 수 있다.

(2) 산소센서 히터(O_2센서 Heater) 제어

산소센서의 응답 시간을 단축하기 위하여 히터가 내장되어 있으며 히터는 엔진 회전수와 흡입 공기량 등의 조건에 따라 ECM에 의해 PWM 제어된다.

이와 같이 히터의 작동에 의해 산소센서 감지부 온도를 정상작동 온도범위인 700℃ 부근으로 유지시켜 배출가스 내 산소량에 따라 신속한 연료 분사량 제어 피드백이 가능하도록 한다.

(3) EGR 밸브

배기가스 재순환장치의 EGR 밸브는 실린더 헤드 옆면에 설치되어 있다. ECM의 PWM 제어 신호에 의해 아마추어 코일이 작동해서 EGR 밸브는 열리고 배기가스를 재순환시켜 높은 연소 온도에 의해 생성되는 질소산화물(NOx)을 억제한다.

(4) 캐니스터 퍼지 솔레노이드 밸브

캐니스터 퍼지 솔레노이드 밸브는 ECM에서 공급되는 PWM 신호에 의해 냉각수 온도, 흡입 공기 온도 등에 따라 작동하며 연료 탱크에서 증발되는 가스를 연소실로 유입시키는 역할을 한다.

 QUESTION 05 자동차의 스프링 위 질량과 스프링 아래 질량을 구분하여 정의하고 주행 특성에 미치는 영향에 대하여 설명하시오.

1. 스프링 위, 아래 질량(Sprung Mass/Unsprung Mass)

현가장치는 자동차의 진동과 주행 안정성을 결정하는 중요한 장치이다.
스프링 및 쇼크업소버로 구성되는 서스펜션(Suspension)은 스프링 위의 새시 질량을 지지하며 서스펜션 아래는 타이어와 휠 그리고 차축 등 구동계 부품의 질량을 포함한다.
스프링을 포함한 서스펜션을 기준으로 위, 아래 질량과 고유 진동을 구분하면 아래의 그림과 같다.

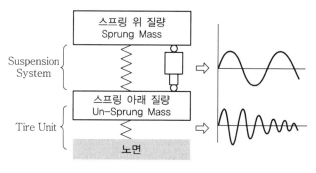

[스프링 위, 아래 질량]

(1) 스프링 위 진동

노면의 요철과 굴곡은 서스펜션계를 통하여 차체의 진동으로 전달되고 자동차의 주행 시 발생하는 각 방향의 힘들은 스프링 위 차체의 진동을 발생한다. 승차감은 자동차에서 느낄 수 있는 진동현상으로 차량 전체가 여러 방향으로 진동하는 현상이다. 즉, 자동차 전체가 하나의 강체(Rigid Body)로 움직이는 현상을 말한다.

자동차는 강재(鋼材)의 프레임(Frame) 및 판재를 연결한 구조물로 차체를 형성하고 있기 때문에 도로 위를 주행하는 것은 한 개의 단일 구조물이 노면 위를 운동하는 것과 같다. 그러므로 자동차가 도로의 요철면을 주행하더라도 차체가 굽어지거나 휘지 않는 강체(剛體, Rigid Body)로서 운동하게 된다.

자동차의 진동을 평가하기 위한 진동 모델은 스프링 상부 질량(Sprung Mass)인 차체의 진동은 세 개의 축을 따라 각각 피칭(Pitching), 롤링(Rolling) 그리고 바운싱(Bouncing)으로 구분할 수 있다.

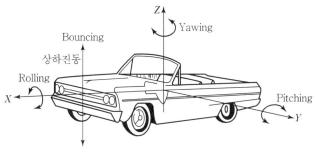

[스프링 위 진동]

① 상하진동(Bouncing)

차체는 스프링에 의하여 지지되어 있기 때문에 Z축 상하방향으로 차체가 충격을 받으면 스프링 정수와 차체의 질량에 따라 정해지는 고유 진동 주기가 생기고 이 고유 진동 주기와 주행 중 노면에서 차체에 전달되는 진동의 주기가 일치하면 공진이 발생하고 진폭이 현저하게 커진다. 탑승자의 승차 안락감을 위하여 고유 진동수를 80~150 cycle/min 정도가 되도록 스프링 정수를 설계한다.

② 피칭(Pitching)

Y축을 중심으로 차체가 진동하는 경우를 말하며 자동차가 노면상의 돌출부를 통과할 때 먼저 앞부분의 상하 진동이 오고 뒷바퀴는 축간거리만큼 늦게 상하 진동을 시작하므로 피칭이 생기게 된다. 뒷부분의 진동 주기가 앞부분의 진동 주기의 1/2만큼 늦어지면 앞뒤의 진동이 반대가 되므로 피칭은 최대가 된다.

③ 롤링(Rolling)

X축을 중심으로 하여 차체의 옆 방향 진동을 말한다. 롤링은 차체 내부의 어떤 점을 중심으로 하여 일어나며 이 점을 롤 중심(Roll Center)이라고 한다.

자동차가 선회 주행할 때 원심력은 자동차의 중심에 작용하며 자동차의 중심은 보통 롤 중심보다 높기 때문에 그 차이(h)와 원심력(F)의 곱인 (F×h)가 롤링을 발생시킨다. 따라서 자동차의 중심이 높을수록, 롤 중심이 낮을수록 롤링의 경사각은 크게 되며 롤링 경사각을 적게 하려면 현가 스프링의 정수를 크게 하고, 스프링 설치 간격을 넓게 하여야 한다.

④ 요잉(Yawing)

Z축을 중심으로 하여 회전운동을 하는 고유 진동을 말하며 고속 선회 주행, 급격한 조향, 노면의 슬립 등에 의하여 발생한다.

(2) 스프링 아래 진동

노면의 요철 등에 의한 차륜의 진동을 포함한 거동은 타이어와 구동계와 제동계 부품 등을 포함하는 스프링 아래 질량(Unsprung Mass)을 진동시키며 노면과 접촉하여 운동하는 타이어와 함께 진동하게 되어 스프링 아래 중량이 클수록 가진력은 증가하며 큰 진동을 발생시킨다.

따라서 스프링 아래 질량이 작을수록 자동차의 진동 평가에 유리하며 스프링 아래 질량에 의한 진동 현상은 상하 방향의 진동인 휠 홉(Wheel Hop)과 길이 방향 축을 중심으로 좌우로 진동하는 휠 트램핑(Wheel Tramping) 등으로 구분하며 스프링 아래 진동은 스프링 위 진동과 연계하여 발생한다.

① Wheel Hop : Z방향의 상하 평행운동을 하는 진동이다.
② Wheel Tramp : X축 중심의 회전운동으로 인하여 발생하는 진동이다.
③ Side Shake : Y축과 평행한 좌우 방향의 진동이다.
④ Fore and Shake : 길이 방향의 X축과 평행한 진동이다.
⑤ Yaw : Z축을 중심으로 한 좌우 차륜의 비틀림 진동이다.

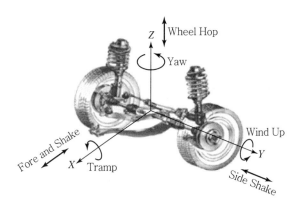

[스프링 아래 진동]

06 QUESTION 그림과 같은 무과급 밀러 사이클에서의 압축비는 8.5, 팽창비는 10.5, 흡입 밸브가 닫힐 때 실린더의 조건은 $T_7 = 60℃$, $P_7 = 110\text{kPa}$이고, 사이클의 최고 온도 $T_{\max} = 3,530℃$, 최고 압력은 $P_{\max} = 9,280\text{kPa}$, $k = 1.35$일 때 다음 항목에 대하여 계산 과정과 계산 값을 쓰시오.

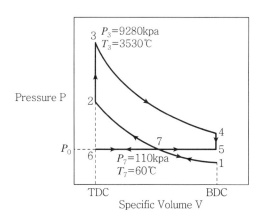

Otto Cycle의 단열압축, 단열팽창 과정과 같으며 압축비와 팽창비가 주어진 조건이므로 다음과 같이 각 점의 상태량을 구할 수 있다.

1. 사이클 동안 최소 실린더 압력(kPa)

최저 압력점은 P_1이며 팽창비를 ε_e, 압축비를 ε_c라 하고 비열비 $k = 1.35$이므로

$$P_1 = \left(\frac{\varepsilon_c}{\varepsilon_e}\right)^k \cdot P_7 = \left(\frac{8.5}{10.5}\right)^{1.35} \cdot 110 = 83\text{kPa}$$

따라서 사이클에서의 최저 압력 $P_1 = 83\text{kPa}$이 된다.

2. 배기밸브가 열릴 때 실린더 내의 압력(kPa)

사이클에서 배기밸브가 열리는 점의 압력은 P_4이며 다음의 식으로 구한다.

$$P_4 = \left(\frac{1}{\varepsilon_e}\right)^k \cdot P_3 = \left(\frac{1}{10.5}\right)^{1.35} \cdot 9,780 = 883\text{kPa}$$

따라서 사이클에서 배기밸브가 열리는 점은 4이며 이때의 압력은 883kPa이다.

01 전자제어 가솔린엔진에서 MBT(Maximum Spark Advance for Best Torque)를 찾기 위하여 수행하는 점화시기 보정 7가지에 대하여 설명하시오.

QUESTION

1. 엔진의 최적 점화 진각 시기(Minimum Advance for Best Torque)

엔진은 최고의 출력 성능을 위해 최적의 점화시기를 설정하는 것이 중요하며 이것은 엔진의 모든 가동 조건에서 상사점을 지난 시점, 즉 ATDC 10~20°에서 항상 연소 최고 압력에 도달하도록 하는 점화 진각을 MBT라고 하며 엔진이 최고 출력을 내기 위해서는 운전 조건에 따른 진각과 지각이 필요하다.

전자제어 엔진에서 MBT의 설정을 위한 요소는 다음과 같으며 조건에 따라 진각과 지각의 필요성을 가진다.

점화시기 제어는 점화시기와 점화 코일의 통전시간을 제어하여 연비, 아이들 안정화, 주행 성능을 향상시키며 각 센서로부터 입력되는 엔진의 운전 상태에 따라 MBT를 설정하기 위하여 각종 보정 신호를 가감(加減)하여 최종 점화시기와 점화 코일의 통전시간을 결정한다.

2. 점화시기(Ignition Timing)

ECU는 엔진운전 상태에 따라 고정 점화시기와 통상 점화시기로 나뉘며, 통상 점화시기는 아이들 점화시기와 주행 중 점화시기로 구분한다.

(1) 고정 점화시기

고정 점화시기에는 시동 시의 점화시기와 조정용 점화 모드가 있다. 시동 시 점화시기는 엔진 회전속도가 500rpm 이하일 때이고, 조정 점화 모드는 테스트 단자 접지 시의 점화시기 조정 모드를 말하며 최적 점화시기는 약 10°로 고정되어 있다.

(2) 통상 점화시기

① 아이들 점화시기

아이들 상태에서는 아이들 스위치가 ON 상태이고 엔진 회전속도가 일정 속도 이하이며 아이들 안정화를 위하여 다양한 조건을 고려하여 점화시기를 결정한다. 일반적으로 아이들 상태에서의 점화시기는 아이들 기본 진각, 냉각 수온, 전기 부하 상태, 노크 지각, 피드백(Feedback) 보정 신호를 고려하여 결정된다.

② 주행 중 점화시기

주행 중에는 흡입 공기량과 엔진의 속도에 의해 결정되는 기본 진각과 냉각 수온, EGR 상태, 노크 발생 여부, 가감속 상태, 흡기 온도 등을 고려하여 점화시기를 결정한다.

③ 최종 점화시기

아이들 시의 기본 진각은 엔진회전 속도에 따라 ECU에 설정되어 있다.

주행 시의 기본 점화 진각도(點火 進角度)는 엔진의 회전 속도와 엔진 부하 상태를 나타내는 흡입 공기량에 의해 결정되며 엔진의 각 상태에 따른 보정 점화 진각도는 ECU에 설정되어 있으며 기본 진각도와 보정 진각도를 보정하여 최종의 점화시기가 결정된다.

3. 전자제어 엔진에서 MBT 설정을 위한 점화시기 보정

전자제어식 가솔린엔진에서 MBT(Maximum Spark Advance for Best Torque)를 설정하기 위한 대표적인 보정 신호와 진각, 지각 보정은 다음과 같다.

보정	엔진상태	보정 목적	보정 방법
냉각수온 보정	아이들 및 주행 시	냉간 상태에서 회전 안정성 확보	냉각수 온도가 낮으면 진각한다.
흡기온도 보정	주행 시	고온 시 노크 발생 억제	흡기 온도 약 20℃ 기준으로 높으면 지각한다.
가속상태 보정	아이들 및 주행 시	급가속 시 농후 혼합기의 노크 발생 억제	가속상태 시 지각 후 일정 시간 후 복귀한다.
노크 보정	아이들 및 주행 시	노크 상태의 정상 회복	노크 검출 시 지각하며 노크 정지 시 복귀한다.
피드백 보정	아이들	아이들 안정화	회전수>목표회전수 : 지각 회전수<목표회전수 : 진각
전기부하 보정	아이들	에어컨 등의 부하 작용 시 토크 증대	아이들 상태에서 부하 작용 시 진각한다.
EGR 보정	주행 시	EGR 작동 시 연소속도가 저하함으로써 출력 향상	EGR 작동 시 진각한다.

02 QUESTION 승용차의 서스펜션 중 맥퍼슨(스트러트)과 더블 위시본 방식의 특성을 엔진 룸 레이아웃 측면과 지오메트리/캠버 변화의 측면에서 비교 · 설명하시오.

1. 승용차 서스펜션(Suspension)의 특징

현가장치의 주요 목적은 노면의 충격과 진동으로부터 차체 및 승객과 화물을 보호하고, 노면에서 발생하는 제동력과 구동력을 차체에 전달하며, 기능적으로 중요한 접지력(接地力, Road Holding)을 확보하는 것이다.

현재 승용차 및 소형 승합자동차에 주로 적용되는 코일 스프링식 독립 현가방식의 종류 및 구조의 특징은 다음과 같다.

(1) 맥퍼슨 – 스트러트(MacPherson – Strut)형

승용차의 전륜 현가방식으로 흔히 적용되는 방식이며 코일 스프링의 내부에 쇼크업소버를 내장한 스트러트의 상단부 시트(Upper Seat)가 차체에 볼트로 고정된다.

하단부는 허브가 직접 연결되어 로어 암(Lower Arm)에 의해 지지되는 구조이다. 이 방식에서는 스트러트 자체가 킹핀의 역할을 겸하고 있는 것이 특징이며, 그 외 일반적인 특징은 다음과 같다.

① 위시본 형식에 비해 구조가 간단하며 구성품 수가 적고 보수가 용이하다.
② 스프링 아래 질량을 적게 할 수 있어 접지력(Road Holding) 확보가 확실하며 승차감이 좋다.
③ 필요한 설치공간이 작아 엔진룸의 유효공간 활용에 유리하다.
④ 구조상 전차륜 정렬(Front Wheel Alignment)의 조정 폭이 크지 않으므로 설계가 대부분 유사하며 제작과 조립 비용이 절감된다.

맥퍼슨 방식 현가장치의 캠버는 쇼크업소버를 포함하는 스트러트 하부의 날개에 연결되는 허브의 조립부품(Ass'y)과 볼트로 연결되며 조립위치에 따라 캠버가 결정된다. 차륜의 거동에 의하여 캠버가 변하지 않으며 캠버의 조정을 위해서는 볼트(캠버 볼트)의 교환으로 조정이 가능하다.

(2) 더블 위시본(Double Wishbone)형

더블 위시본은 일반적인 위시본 형식이 상하의 현가 암 길이에 따라 캠버 및 트레드가 변하고 설치공간을 많이 필요로 한다는 단점을 보완한 형식이며, 설치공간을 작게 하고 큰 힘에 대응하는 구조이므로 대형 승용차에 주로 적용된다.

위 아래 2개의 암이 평행 사변형식의 상하 동작을 해도 캠버 및 캐스터의 변화가 적고 승차감 및 조향 안정성이 좋다는 장점이 있다.

03 **QUESTION** 자동변속기의 효율 개선을 위한 요소기술 개발동향을 발진장치와 오일 펌프 중심으로 설명하시오.

1. 자동변속기의 효율 개선을 위한 요소기술 개발동향

(1) 발진장치 및 댐핑 시스템 개선

자동변속기 효율에 가장 큰 영향을 주는 요소는 발진장치인 토크 컨버터이다. 이는 유체 손실에 의하여 슬립 손실이 큰 장치이므로 록업 클러치를 1,000rpm까지 낮추어 작동시 키고 발진 이후 모든 구간에서 작동시키려는 의도로 개발이 이루어지고 있다.

이와 같이 록업 영역 확대에 따라 심각하게 고려해야 하는 문제는 최근의 엔진 기술 개발 흐름상 엔진으로부터 입력되는 진동이 갈수록 커진다는 점이다. 이를 해결하고자 발진장 치 내의 댐핑 시스템 개발이 활발히 진행되고 있다.

최근에 CPA(Centrifugal Pendulum Absorber)를 장착한 DMF(Dual Mass Flywheel)와 토크 컨버터 기술이 개발·장착되며 Power Shift 방식의 발진장치가 개발·적용되고 있다.

(2) 오일 펌프의 성능 개선

록업 영역이 확대된 최근의 자동변속기에 있어서 효율 개선의 가장 큰 요소는 오일 펌프 이다. 오일 펌프는 변속기 손실의 30~40%를 차지하므로 이의 효율 개선을 위한 다양한 방법들이 시도되고 있다.

오일펌프의 주요 두 가지 기능은 고압-저(低)유량을 요구하는 클러치 시스템과 저압- 고(高)유량을 요구하는 쿨링, 윤활 시스템에 적절한 유량을 공급하는 것이다.

이와 같이 상반된 두 가지 기능을 하나의 펌프로 작동하는 비효율성 문제와 또한 엔진에 의해 직접 구동되는 이유로 엔진의 낮은 회전속도에서는 유량이 부족하고 높은 회전속도 에서는 유량이 너무 많은 문제를 동시에 감안하여 근본적으로 해결하고자 하는 해결 방법 의 모색이 요구되고 있다.

(3) 기타 요소

변속기의 다단화 개발에 따라 자동변속기의 손실 중 클러치에서의 손실 비중은 클러치의 사용 개수 증가에 비례하여 커지게 된다.

여기에서 나타나는 클러치 손실을 줄이기 위하여 도그 클러치(Dog Clutch)를 제한적으 로 사용한 변속기가 적용되어 변속기 사이즈를 줄이는 효과를 보이고 있다.

또한 베어링 손실을 저감하는 저마찰 베어링의 적용하여 기계적 손실을 줄이기 위한 개발 이 진행되고 있다.

(4) 저점도 오일의 개발

변속기에서의 오일은 ATF, CVTF, DCTF 등 다양한 변속기에 다양한 이름으로 불리며 사용된다.

윤활, 냉각, 동력전달, 클러치 제어 등 다양한 기능을 가지고 있으며 특히, 저온 시 매우 큰 손실로서 작동하는 클러치 등의 손실을 줄이기 위한 저온 저점도 오일의 개발이 이루어지고 있다.

QUESTION 04 동력을 발생하는 모터의 종류 중 멀티 스트로크형 모터의 작동원리에 대하여 설명하시오.

1. 멀티 스트로크형 유압 모터(Multi Stroke Hydraulic Motor)의 개요

멀티 스트로크형 유압 모터는 유압 모터의 용량을 증가시키기 위하여 실린더 블록을 1회전시킬 때 피스톤이 2행정 이상을 하는 유압 모터를 말한다.

작동 원리는 커버에 고정된 분배 밸브의 유입 포트로부터 공급된 높은 유압에 의해서 하강 행정에 있는 피스톤을 밀면 피스톤 헤드 부분의 니들 베어링을 통하여 케이싱의 캠 면에 작용하면 그의 반작용에 의해서 실린더 블록과 출력축이 회전한다.

또한 상승 행정에 있는 피스톤으로부터의 낮은 유압유는 분배 밸브의 송출 포트를 경유하여 모터로 배출된다.

따라서 케이싱의 캠은 1회전 중에 4~8회의 캠 작용을 하므로 4~8행정을 하게 된다.

분배 밸브는 출력축과 연동하여 회전하기 때문에 유출입 포트로부터의 유압유는 순서대로 피스톤에 분배되어 연속적으로 유연한 출력 회전을 할 수 있다.

05 자동변속기 다단화의 필요성과 장단점 및 기술동향에 대하여 설명하시오.
QUESTION

1. 이상(理想) 구동력 선도와 자동변속기(ATM)

엔진의 출력 토크(Torque)만으로 자동차를 구동하는 것은 불가능하기 때문에 엔진과 자동차 구동륜 사이에 변속기를 두고 주행 조건에 따른 폭넓은 회전력 요구에 대응한다.

자동차의 발진 시, 등판 주행 시, 급가속 시에는 큰 구동력을 필요로 하고 운전자의 의도에 따라 저부하 고속일 때는 구동력은 크게 요구되지 않는다.

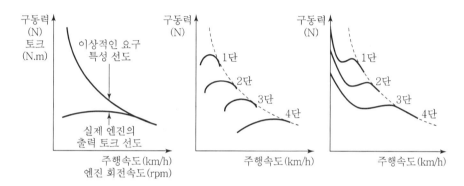

[수동 · 자동변속기의 주행속도와 구동력]

실제 자동차의 발진과 주행에는 그림에서 나타낸 이상(理想)적인 구동력 요구 특성 선도와 같이 저속에서는 큰 구동력, 고속에서는 작은 구동력이 요구된다.

자동차 엔진의 출력 특성을 보완하기 위하여 변속기를 사용하며 1~4단과 같이 변속비를 조합하여 자동차의 구동력이 이상적인 곡선을 가지도록 하고 있다.

수동 변속기의 경우 변속 단수가 많을수록 이상적인 요구 선도에 근접하며 변속 충격과 변속 시의 출력 손실이 감소하지만 구성의 한계, 빈번한 변속 조작의 번거로움 등의 여러 가지 이유로 변속 단수를 무한정 늘리는 것은 한계가 있다.

자동변속기는 수동변속기보다 저속 영역에서 이상적인 요구 선도에 근접하며 특히 저속에서 구동력이 큰 것이 가장 효과적인 특성이다. 이와 같은 이유로 근래에는 수동변속기보다 자동변속기를 많이 채택하고 있으며 발진과 저속 시 급격한 큰 구동력 변화가 엔진에 직접 전달되지 않아 발진 시 부드러운 출발이 가능하다.

(1) 자동변속기의 장점

① 변속 조작이 불필요하고 엔진 스톨(Engine Stall)이 일어나지 않으므로 운전하기가 쉽고 변속에 따른 피로가 적으며 안전 주행에 도움이 된다.

② 저속 영역에서의 구동력이 커서 발진이 쉽고 등판능력이 향상된다.

③ 엔진의 토크 전달이 유체를 통하여 이루어지므로 발진, 가속, 감속이 원활하여 승차감이 향상된다.

④ 유체가 댐퍼(Damper)의 역할을 하므로 엔진의 출력을 전달할 때 동력 전달 기구나 바퀴 등 자동차 각 부로 또는 역으로 차륜에서 엔진으로의 진동이나 충격을 유체가 흡수하고 과부하가 작용하여도 직접 엔진으로 전달되지 않기 때문에 엔진이 보호되어 내구성에 유리하다.

2. 자동 변속기의 변속비와 변속단수

자동 변속기의 감속비를 결정하기 위해서는 우선 당해 자동차에 요구되는 최고속도, 요구 가속능력, 연비 등이 실현되도록 변속비를 결정한다.

또한, 구현할 등판능력으로부터 변속기의 최저단의 변속비를 결정한다.

일반적으로 변속기에서 변속 단수가 많고 고속에서도 큰 구동력을 갖기를 희망하지만 현실적으로는 비용과 사이즈, 중량 등의 문제로 쉽게 구현하지는 못했지만 주행 여건의 개선과 연비, 배기가스 등의 규제 강화로 많은 자동차에 다단형 자동변속기를 구현하여 탑재하고 있다.

그림에서 주행속도가 V_A, V_B, V_C, V_D일 때 최대 구동력은 A, B, C, D이며 이외의 속도에서는 구동력이 감소하고 E, F, G, H에서는 엔진이 최고 출력을 나타내는 점이다.

이들 점을 연결한 선이 이상적인 주행 특성 선도와 부합되도록 변속비를 결정하는 것이 유리하다. 그러나 속도가 각각 V_E, V_F, V_G, V_H일 때는 엔진의 출력을 가장 효과적으로 이용하는 것이되지만, 이외의 속도, 즉 빗금 친 부분의 영역에서는 엔진의 축출력을 효과적으로 이용할 수 없다.

이 부분을 줄여야 엔진의 출력을 효과적으로 유용하게 구동력으로 이용하게 되며 이 부분의 손

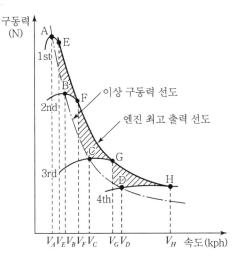

[자동변속기의 구동력 선도]

실을 개선하기 위해서는 변속 단수를 증가시키는 것이 가장 유효한 방법이다. 하지만 변속기의 구조가 복잡해지고 크기와 중량의 증가로 비용과 연비 측면에서 불리하다는 단점이 있다.

3. 다단형 자동변속기의 개발 동향

최근 엔진 기술의 동향은 CD(Cylinder Deactivation), 다운 사이징(Down Sizing), 다운 스피딩(Down Speeding)으로 요약할 수 있다.

따라서 저속 토크가 증대되고 배기가스 및 연비가 향상됨에 따라 변속기의 성능도 이에 맞춰가고 있다. 최근 자동변속기의 개발 동향은 다음과 같다.

〈변속기의 다단화와 효과〉

엔진의 운전 영역 확대를 효율적으로 활용하기 위해 변속기에서는 최고단(Top Gear) 기어비를 더욱 낮추며 이는 기어비의 폭을 확대하는 결과를 가져온다. 확대된 기어폭을 세밀하게 제어하기 위해서는 더 많은 기어단을 제공하는 다단화된 변속기가 필요하다.

그러나 다단화된 자동변속기를 구현하기 위해서는 더 많은 유성기어와 클러치/브레이크를 추가해야 하고, 이는 변속기의 크기와 중량을 증가시켜 탑재성과 다운 사이징에 역행하는 결과를 가져오므로 마그네슘 등의 경량합금 재료의 적용과 새로운 레이아웃을 필요로 한다.

현재는 변속기의 효율 향상을 위하여 다양한 기술이 적용되어 8속, 9속, 10속 등의 고성능 변속기가 개발 적용되고 있다. 이는 변속기의 다단화에 따른 부하 토크의 증대, 손실 증대, 전장 증가, 중량 증가, 원가 증가 등의 근본적인 문제를 해결하고, 엔진의 속도를 최적으로 제어할 수 있는 새로운 변속기 레이아웃을 고안하고 개발하여 미래의 기술 경쟁력에 대비하며 효율 개선을 목적으로 하고 있다.

다단화 효과의 큰 장점은 주행 조건에 따라 원하는 엔진 회전수를 제어할 수 있으며 엔진의 다운 스피딩(Down Speeding)을 가능케 한다는 것이다.

이를 통해 연비를 개선하고 Top 기어비를 낮추어 엔진 회전수를 낮추면 정속 연비를 5~10% 이상 개선할 수 있다.

다단화 효과는 엔진의 성능 변화에 따라 최적화된 기어비 선정이 중요하다.

다음 질문에 대하여 설명하시오.
(1) 엔진을 장시간 운전할 때 실린더가 진원이 되지 않는 이유
(2) 실린더 벽의 마모량이 실린더의 길이 방향으로 모두 같지 않은 이유
(3) 상사점과 하사점에서 피스톤의 마찰력이 0이 되지 않는 이유

1. 실린더의 마모

대부분의 실린더는 라이너를 압입하여 구성되며 피스톤과 실린더 헤드와 함께 연소실을 형성한다.

연소실은 연속적으로 고온과 고압에 노출되며 실린더의 내벽은 피스톤 링과 연속적인 마찰로 윤활유가 적절히 공급되어야 하며 유막의 형성이 불량하면 피스톤과 실린더의 이상(異常) 마모를 초래한다.

일반적인 실린더 벽의 마모 원인은 다음과 같다.

- 실린더와 피스톤 링의 접촉에 의한 마모
- 흡입공기 중의 먼지와 이물질에 의한 마모
- 연소 생성물에 의한 부식
- 연소 생성물인 카본에 의한 마모
- 지나치게 농후한 혼합가스에 의한 윤활유의 희석에 의한 유막 파괴

(1) 엔진을 장시간 운전할 때 실린더가 진원이 되지 않는 이유

이는 실린더의 윗부분은 연소에 의한 열, 연소 압력에 의한 윤활막의 파괴에 의한 마모 증가와 더불어 피스톤의 운동 방향이 바뀌는 과정에서 커넥팅 로드의 옆 방향 흔들림이 커지게 되며 피스톤 슬랩(Slap)이 심해진다.

근래의 엔진의 단행정(短行程, Square Engine)화는 커넥팅 로드의 길이를 짧게 하고 고속화됨으로써 회전에 따른 커넥팅 로드의 변위각은 크게 증가하고 피스톤에 작용하는 측압과 슬랩(Slap)은 더욱 증가된다.

또한 상승행정 시에 피스톤이 하사점에서 상사점으로 이동할 경우 피스톤은 크랭크 축 직각방향으로 흔들리며 실린더에 측압을 발생한다.

이 측압은 크랭크 축 직각방향으로 작용하며 유막의 파괴가 축방향보다 용이하므로 실린더는 고온에서 장시간 노출 운전되면 축 직각방향의 내경이 더 마모되어 진원을 유지하지 못한다.

(2) 실린더 벽의 마모량이 실린더의 길이 방향으로 모두 같지 않은 이유

실린더의 정상적인 마모현상에서도 실린더의 마모가 가장 많은 부분은 실린더의 윗부분(TDC)이며 실린더 내의 마모가 가장 적은 부분은 실린더의 아랫부분(BDC)이고 그 주된

원인은 다음과 같다.

① 상사점 부근에서는 연소압력에 의하여 피스톤 링과 실린더 내벽과의 밀착력이 가장 크며 실린더의 윗부분은 연소에 의한 열, 연소 압력에 의한 유막의 파괴에 의한 마모 증가와 더불어 피스톤의 운동방향이 바뀌는 과정에서 커넥팅 로드의 옆 방향 흔들림이 커지게 된다.

② 상하 운동을 하고 있는 피스톤의 힘을 크랭크 축의 회전력으로 전환시키지 못하고 피스톤이 실린더 보어를 크랭크 축의 직각방향으로 미는 힘으로 작용하는 비율이 커지게 된다.

③ 실린더 상부의 상사점 근처에서는 피스톤의 운동 방향이 바뀌고 피스톤 링의 접촉부분이 피스톤 링 홈에서 아래 방향에서 위 방향으로 바뀌는 피스톤 링의 호흡작용(呼吸作用)으로 마모가 증가한다.

실린더의 상부는 하부보다 더 높은 온도와 압력에 노출되며 고온·고압에 의하여 하부보다 유막의 파괴가 심하며 피스톤 링의 호흡작용으로 상부의 마모는 하부의 마모량보다 크다.

(3) 상사점과 하사점에서 피스톤의 마찰력이 0이 되지 않는 이유

피스톤 링은 압축 링과 오일 링으로 구성되며 압축 링은 연소가스의 누출을 방지하며 실린더 내의 열을 실린더 벽을 통하여 전달하는 역할을 한다.

오일 링은 실린더 벽에 잔류하는 오일을 긁어내려 적절한 유막을 형성한다.

피스톤은 고온의 연소열에 의하여 팽창하고 기밀을 유지하기 위하여 피스톤 링의 마찰면과 실린더 내벽에는 일정 정도의 압력이 유지된다. 너무 크면 마찰이 증가하고 너무 작으면 압축, 연소 압력의 누출이 우려되며 상사점과 하사점에서 피스톤의 운동 방향이 바뀌고 고속운동할 때 발생하는 플러터 현상에 의한 압력 누출은 증가한다.

이를 방지하기 위하여 피스톤 링과 실린더 내벽에는 피스톤 링의 벌어지려는 팽창력이 작용하고 상사점 하사점뿐만 아니라 행정 중간의 모든 위치에서 항상 마찰력이 작용한다.

MEMO

104회

차량기술사
기출문제 및 해설

Professional Engineer Transportation Vehicles

01 차체의 탄성진동에 대하여 설명하시오.
QUESTION

1. 차체의 강체진동과 탄성진동

차체의 진동현상은 진동수 영역에 따라서 강체(剛體, Rigid Body)처럼 움직이는 강체진동과 차체 전체나 일부분이 유연한 탄성체처럼 진동하는 탄성진동으로 구분될 수 있다.

차체의 강체진동은 대략 10Hz 미만의 낮은 진동수 영역에서 발생하는 차체의 진동현상을 의미하는데, 승차감과 깊은 관련을 가지며 차체가 마치 하나의 상자처럼 움직이는 것을 느끼게 되며 현가장치의 스프링 특성과 연관되어 상하방향의 진동(Bouncing), 전후방향의 진동(Pitching), 좌우방향의 진동(Rolling 및 Yawing) 등이 주로 발생하며, 차량의 가·감속 및 선회과정에서 발생하는 차체의 움직임과 연관된다.

반면에 차체의 탄성진동은 차체가 탄성범위 내에서 전체적 또는 국부적으로 진동하는 현상을 뜻하며, 주로 20Hz 이상의 진동수 영역에서 발생하여 차체의 진동현상뿐만 아니라 실내 소음 발생의 주요 원인이 된다.

02 제품개발 및 설계 시 사용되는 PBS(Product Breakdown Structure)의 정의 및 목적을 설명하시오.
QUESTION

1. WBS와 PBS의 개념

(1) 작업 분할 구조도(WBS ; Work Breakdown Structure)의 정의

최종 제품을 얻기 위해 수행되는 작업 내용을 계통도 형태로 구성한 것이며 프로젝트 전체의 범위에 대하여 작성한다. WBS는 작업 분할 또는 계층 분할로 일반화된 이론이다. WBS는 대상 프로젝트를 효율적으로 관리하기 위한 방법을 제시하고 있는데, 이는 이 이론이 갖는 사고의 관점이 프로젝트를 관찰하는 방법을 제시하고 있기 때문이며 종합적으로 작업을 정의하고 관리 가능한 작업의 하부 단위로 분할을 가능하게 하는 기법이다.

각각의 작업 아이템들의 구성체계를 말하며, 일반적으로 각 작업 아이템별로 계획과 집행의 대비가 용이하게 구성되는 것이 바람직하다.

WBS는 업무나 실적을 시간적으로 나열하는 것이 아니고 전체 업무를 점차적으로 작은 업무로 쪼개놓아 세부적으로 구분한 것이며 일정의 기초가 되는 작업을 세분화하는 기법이다.

2. WBS의 구성

(1) 제품 분할 구조도(PBS ; Product Breakdown Structure)

개발, 설계, 생산 프로젝트를 수행하기 위한 업무 분류 및 관리의 기준이 되는 것으로서 최종 제품 및 목적물을 체계적으로 구분한 것이다.

(2) 기능별 분류체계(FBS ; Functional Breakdown Structure)

프로젝트의 최종 제품 및 목적물을 생산하기 위해 수행되는 제반 기능적인 업무나 그 결과물을 체계적으로 구분한 것이다.

3. WBS 구성 목적

① WBS는 고객 및 팀원 간에 용이하고 빠른 의사소통을 가능케 하며 프로젝트 및 업무 내역을 가시화하여 관리하고 관리의 편의성을 제공한다. 또한 프로젝트에 참여하는 팀원의 책임과 역할을 명시하므로 업무의 분장과 책임감 있는 진행을 할 수 있다.

② 프로젝트에 필요한 작업 중에서 최하위 작업까지 정의하고 각 수준에서의 작업 단위와 작업 전체와의 관계를 쉽게 파악할 수 있다.

③ 프로젝트의 순차적인 일정 및 원가의 집계를 용이하게 하고 요약 및 보고의 내용과 체계를 수립할 수 있다.

④ WBS는 프로젝트에 상당히 의존적이며 모든 종류의 프로젝트에 공동인 WBS는 존재하지 않으나 프로젝트 대상에 따라 일반적인 분류기준이 있을 수 있다.

03 QUESTION

VDC(Vehicle Dynamic Control) 장치에서 코너링 브레이크 시스템
(Cornering Brake System)의 기능에 대하여 설명하시오.

1. VDC의 코너링 브레이크 시스템

VDC는 자동차의 자세제어장치로 ABC와 TCS 제어를 포함하며 요(Yaw) 모멘트 제어와 자동
감속 기능을 포함해서 기존 시스템과는 달리 차량의 자세를 제어할 수 있는 것이 특징이다.
VDC는 차량의 요(Yaw) 모멘트 제어를 통해 언더, 오버 스티어를 제어함으로써 차량의 한계
스핀을 억제하여 보다 안정된 차량의 주행 성능을 확보할 수 있는 안전한 시스템이며 차량의
미끄러짐을 감지하여 운전자가 제동 조작을 하지 않아도 자동으로 각 차륜의 브레이크 압력
과 엔진 출력을 제어함으로써 차량의 안전성을 확보하는 장치이다.
VDC의 구성 요소는 운전자가 의도한 스티어링이 되지 않았을 경우 차량의 회전을 감지하여
4개의 휠에 제동력을 분배하여 의도된 대로 차량이 회전하도록 제동하는 장치이며 구성 요소
로는 다음과 같다.

① 요 레이트 센서(Yaw Rate Sensor)
② 조향각 센서 (Steering Angle Sensor)
③ 4바퀴의 회전속도 센서(Wheel Speed Sensor)
④ 제어장치(Control Unit)

코너링 브레이크 시스템(Cornering Brake System)은 급회전 코너링을 안전하게 돕는 CBC
(Cornering Brake Control) 동작이며 차량의 선회 주행 시 브레이크 제어를 통하여 원활한
코너링 및 주행 안전을 도모할 수 있게 한 차량의 코너링 제어 시스템이다.
차량의 속도 상태를 검출하는 차속 센서와 차량의 회전상태 즉, 스티어링 휠의 회전각을 검출
하는 스티어링 앵글 센서 그리고 이를 입력받아 분석, 판단 제어하는 프로세싱 유닛 및 액추
에이터를 이용하여 브레이크 유압을 조절함으로써 차량의 회전 시 주행 안정성을 충분히 확
보할 수 있게 한 차량의 코너링 제어시스템이다.

04 QUESTION 자동차 창유리의 가시광선 투과율 기준에 대하여 설명하시오.

1. 자동차 창유리의 가시광선 투과율 기준

도로교통법에서 자동차의 앞면 창유리 및 운전석 좌우 옆면 창유리의 암도(暗度)가 낮아서 교통안전 등에 지장을 줄 수 있는 정도로서 가시광선의 투과율을 규제하며 요인 경호용, 구급용 및 장의용 자동차 등은 기준에서 제외한다.

도로교통법 시행령에서는 자동차 창유리 가시광선 투과율의 기준을 다음과 같이 규정하고 있으며 기준 미달인 자동차의 창유리는 규제의 대상이 된다.

(1) 앞면 창유리

　　70 퍼센트 미만

(2) 운전석 좌우 옆면 창유리

　　40 퍼센트 미만

05 QUESTION FCWS(Forward Collision Warning System)에 대하여 설명하시오.

1. 전방 추돌 경보 시스템(FCWS)

전방 감지 카메라 및 레이더를 이용하여 앞차와의 추돌위험 상황이 감지되면 위험상황을 경보해주어 운전자에게 위험에 대처하기 위한 시간적 여유를 주는 시스템이다.

또한, 주행 중 사각지대의 차량, 후측방에서 고속으로 접근하는 차량 등을 인지해 경보를 해주는 장치를 후측방 경보시스템(BSD, Blind Spot Detection)이라고 한다.

FCWS는 전방의 도로상황을 카메라로 획득하고 이를 실시간으로 분석하여 운전자의 부주의, 졸음운전, 전방주시 태만 등으로 발생할 수 있는 전방 추돌 위험상황을 미리 감지하여 경보해주는 안전운전을 지원하기 위한 주행보조장치이다.

전방 충돌 경고 시스템은 운전자가 전자식 차량 정보 센터에서 기능 해제를 하는 경우를 제외하고 항상 작동하는 것이 일반적이다.

06 저(低)탄소차 협력금 제도에 대하여 설명하시오.
QUESTION

1. 저탄소차 협력금 제도

자동차 관련 수송부문에서 2020년의 예상 온실가스(CO_2) 배출량(BAU) 99백만톤 CO_2의 34.3%인 34백만 톤을 감축 목표로 CO_2를 과다 배출 및 에너지 낭비를 초래하고 있는 자동차 소비문화를 개선하고자 시행하는 제도이다.

CO_2 저(低)배출 자동차 구매 시 보조금을 지급하고 고(高) 배출차는 부담금을 부과하여 수요 이전을 통해 CO_2를 저감하는 제도로 저탄소차를 구매 시 보조금을 지급하는 제도이다.

저(低)탄소차 협력금 제도의 적용 대상은 승용차 및 10인승 이하 승합차(총 중량이 3.5톤 미만)에 대해 신차 구매 시 구매자에게 1회 적용하여 지급하며 CO_2 배출량에 따라 보조금 − 중립 − 부담금 구간으로 구분하여, 차등적으로 보조금을 지급하고 부담금을 부과하는 제도이다.

07 현가장치에 적용되는 진폭 감응형 댐퍼의 구조 및 특성에 대하여 설명하시오.
QUESTION

1. 진폭 감응형 댐퍼의 구조

작동 유체가 충진되는 외통과 내통이 있으며 내통의 내부에는 피스톤 밸브를 장착한 피스톤 로드가 구성되며, 피스톤 로드 상의 피스톤 밸브의 상부에 구성되어 차량의 휠 스트로크 크기에 따라 감쇠력 특성을 가변시키는 진폭감응 밸브 유닛을 구성하고, 내통의 하부에는 체적 보상을 위한 부동 피스톤 밸브가 구성되어 이루어진다.

진폭 감응 밸브유닛은 피스톤 로드의 하부 한쪽에 체결되어 상기 피스톤 로드와 함께 일정 구간 스프링 홈을 형성하는 플러그는 원통관 형상으로 형성되어 그 내주면(內周面) 중앙의 둘레를 따라서는 스프링 홈에 배치되는 지지단을 형성하여 스프링 홈을 덮는다.

피스톤 로드와 플러그 상에 상하로 이동 가능하게 설치되는 스풀은 스풀의 지지단을 상부와 하부에서 지지하도록 되어 있다. 스프링 홈에 설치되는 상부 및 하부 감응 스프링은 스풀의 외주면(外周面) 상에 일체로 설치되는 진폭 감응 밸브를 포함하는 것이 특징이다.

2. 진폭 감응형 댐퍼의 특징

피스톤 로드 상에 상·하부 감응 스프링에 의해 지지되는 스풀을 구성하여 진폭 감응 밸브와 일체로 하여 진폭 감응 밸브 유닛을 구성한다. 기존의 내·외측 스프링을 배제할 수 있어 진폭 감응 밸브와 스프링 간의 충격음의 발생을 없애고, 충분한 휠 스트로크를 확보하며, 구조를 단순화하여 중량 및 원가를 절감할 수 있도록 한다.

QUESTION 08 친환경 디젤엔진에 적용되는 LNT(Lean NOx Trap)에 대하여 설명하시오.

1. LNT의 개요

EURO-6의 NOx 규제와 더욱 엄격한 북미 Tier2 bin5 대응 기술로는 LNT(Lean NOx Trap)와 SCR(Selective Catalytic Reduction)이 주로 적용되고 있다.

현재 출시된 EURO-6 및 Tier2 Bin5 배출규제를 만족하는 차량은 2L(2000cc 미만)급 이하의 경우 NSC(NOx Storage Catalyst, LNT) 기반으로, 3L(3000cc 미만)급 이하의 경우 SCR을 기반으로 하고 있다.

2. LNT의 기능 및 효과

(1) NOx의 저감을 위한 LNT 촉매의 경우 환원제의 공급은 주 분사시기의 연장이나 후분사를 통하여 쉽게 생성이 가능하나, 환원제를 디젤 연료로 사용함으로써 2~3%의 연비가 악화되는 문제점이 있다. SCR의 경우 Urea-Tank의 장착과 Urea 분사를 위한 Dozing 시스템 그리고 Urea 보급을 위한 인프라가 필요하다.

(2) 소형 클린 디젤 자동차의 NOx 저감을 위한 배기 후처리 장치로는 LNT 촉매의 사용이 다소 유리하다. 그러나 이 시스템은 DOC, CDPF, LNT 촉매를 모두 사용하여야 하며, 또한 LNT 촉매 열화 시 암모니아(NH_3)가 슬립되는 특징이 있다.

(3) EURO-6 배출가스 규제를 만족하는 기술은 각각의 기능을 갖는 CDPF와 LNT 촉매를 일체화하여 NOx와 PM를 동시에 저감한다.

(4) LNT 촉매에서 NOx 저감 시 낮은 반응성(저온 시)과 LNT 촉매의 열화 시 환원과정에서 생성되는 NH_3를 (EURO-6, NH_3 규제치 : 10ppm 미만) SCR의 환원제로 사용하여 NOx 정화율을 향상시키는 배기 후처리 시스템이다.

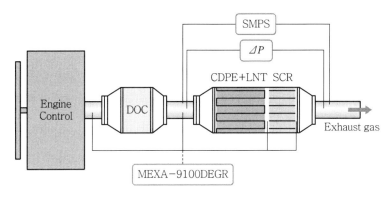

[디젤엔진 배기가스 후처리 시스템의 구성]

디젤 예열장치의 세라믹 글로우 플러그(Ceramic Glow Plug)에 대하여 설명하시오.

1. 세라믹 글로우 플러그(Ceramic Glow Plug)

글로우 플러그(Glow Plug)는 디젤엔진의 시동성을 향상시키기 위한 플러그로서, 적열하여 연소실의 온도를 높이고 착화를 쉽게 한다.

시즈드 형식이나 세라믹의 글로우 플러그가 주로 적용되며 시즈드 형식은 전기를 통하는 보호 금속관 전체가 적열하여 예열작용을 하는 것이다.

세라믹 플러그의 세라믹 재질 발열부는 내부에 내장되어 전기에 의해 발열을 하는 발열선을 포함하며, 실리카나이트나이드(Si_3N_4)를 기본물질로 하여, 알루미나(Al_2O_3), 산화이트륨(Y_2O_3) 및 텅스텐 카바이드(WC)가 첨가되며 텅스텐 카바이드는 상기 알루미나 및 상기 산화이트륨의 질량 합 대비 질량 비율이 1/7~3/7인 것을 특징으로 하며 내구성과 발열성이 우수하다.

10 QUESTION 충전장치의 발전전류 제어시스템에 대하여 설명하시오.

1. 발전전류 제어시스템

기존의 발전기가 적용된 엔진에서는 공회전 상태에서 헤드 램프나 열선 등의 전기부하가 발생하면 엔진 회전수가 순간적으로 약 75~100rpm이 떨어졌다가 상승되는 문제가 발생된다. 이는 발전기의 급격한 발전 부하의 증가 때문에 나타나는 현상이다. 따라서 발전 부하가 증가할 때 엔진 rpm 변동에 따른 엔진의 진동이 발생되므로 승차감이 떨어지고 순간적이지만 불안정한 엔진 rpm으로 인해 배기가스의 배출이 증가한다.

이러한 문제점을 해결하기 위해 ECU에서 발전기의 G 단자를 제어, 차량의 전기 부하 발생 때 외부 부하에 따라 즉각적으로 발전기의 발전 전류를 증가시키지 않고, 서서히 증가시킴으로써 기존 발전기에 비해 엔진 rpm의 떨어지는 양을 약 25~35rpm까지 줄일 수 있는데 이것을 발전 전류 제어라고 하며 LRC(Load Response Control) 타입이라고도 한다.

따라서 발전전류 제어 시스템은 엔진의 급격한 rpm 변동을 방지함으로써 배출가스 저감과 저속에서의 엔진 rpm 안정을 통해 차량의 진동을 억제할 수 있다.

11 QUESTION ISAD(Integrated Starter Alternator Damper)에 대하여 설명하시오.

1. ISAD의 개요

자동차에서 배출되는 유해 배출가스에 의한 환경오염 방지와 연비 향상을 목적으로 개발된 시스템으로 시동 전동기(Start Motor), 발전기(Alternator)를 일체로 제작한 것이다.

ISAD 모터, 시동 및 운전 중 보조 출력장치로 사용되는 대용량 축전지 그리고 제어장치로 구성된다.

(1) 시동 모터(Start Motor)

엔진 시동 시 빠른 시간 내에 엔진을 정상 아이들 속도까지 회전시키므로 일반 엔진의 시동 모터는 시동 시 약 200rpm의 속도로 크랭킹하며 시동 성능을 중요시하여 농후한 혼합기를 필요로 하므로 연료 소비율이 증가하고 배출가스에 대한 대책이 없으므로 ISAD는 이러한 점에 대한 장점이 된다.

(2) 발전기

자동차의 주행마력은 총 주행저항만큼이며 발전기 및 보기류는 여유 구동력으로 구동된다. 발전기는 전기를 생산하여 각 전기장치에 공급하며 잉여 전류는 배터리에 저장된다. ISAD는 기존의 방법에 비하여 효율이 높고 감속 시 회생제동 에너지를 이용하여 전기를 발생시켜 효율을 증가시킨다.

2. ISAD의 기능 및 효과

(1) 엔진의 구동력 보조

가속 및 저속 주행 시, 경사로 등판 주행 시 엔진의 구동력을 보조하여 주행 성능을 향상시키고 시동 꺼짐 현상을 방지한다. 또한 기어가 중립인 상태에서 약 2초 이상 정지 시에는 엔진의 가동이 중지되며 재출발 시 기어를 변속하여 주행 상태로 하면 엔진이 재시동하므로 연료소비율이 향상되고 배기가스의 배출을 억제한다.

(2) 엔진의 진동 흡수

엔진의 각 실린더 폭발 행정에는 일정 시간의 간격이 존재하며 이에 따라 토크 맥동으로 엔진은 진동하게 되는데 ISAD는 모터로 엔진의 토크 맥동을 상쇄하는 위상으로 토크를 발생시키므로 진동효과를 얻을 수 있으며 승차감과 자동차의 NVH를 향상시킨다.

12 QUESTION 차륜정렬 요소 중 셋백(Set Back)과 추력각(Thrust Angle)의 정의 및 주행에 미치는 영향에 대해 설명하시오.

1. 휠 셋백(Wheel Set Back)

① 동일 차축에서 한쪽 차륜이 반대쪽 차륜보다 앞 또는 뒤로 처져 있는 정도를 말한다.

② 일반적으로 셋백의 측정은 뒤차축을 기준으로 하여 뒤차축에 대한 앞차축의 평행도를 말한다.

③ 자동차의 이상적인 휠 셋백은 영(Zero)이지만 제작 공차 때문에 허용값을 둔다.

④ 셋백이 발생하는 원인은 프레임의 변형이 대부분이며 사고 및 충격을 받은 경우 반드시 셋백을 점검하여야 한다.

⑤ 프런트 셋백은 조정할 수 없거나 어려우며 셋백이 있다면 한쪽 차륜이 반대쪽 차륜을 끌어당기는 것을 의미하며 조향 핸들이 쏠리는 현상이 발생하거나 선회 주행 시 좌우 차륜의 선회 반경이 달라져 타이어의 이상 마모가 발생하고 이상 소음을 발생할 수 있다.

⑥ (+) Positive Set Back은 좌측 차륜이 우측 차륜보다 앞쪽에 위치하는 상태를 말하며 (−) Negative Set Back은 우측 차륜이 좌측 차륜보다 앞쪽에 위치한 상태를 말한다.

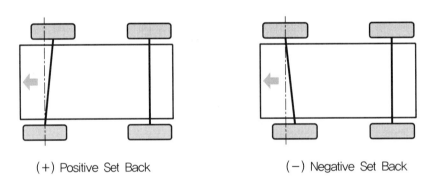

(+) Positive Set Back   (−) Negative Set Back

2. 추력각(Thrust Angle)

스러스트 라인(Thrust Line) 편각차, 지오메트리컬 드라이브 액시스(Geometrical Drive Axis) 또는 추력각(推力角)이라고 한다.

(1) 스러스트 앵글(Thrust Angle) 측정의 목적

① 자동차의 진행선은 후륜의 토(Toe)에 의해서 결정된다. 후륜 토(Toe)의 좌우 차이가 클수록 자동차의 진행선과 자동차의 기하학적 중심선의 각도 차이가 커져서 자동차는 비스듬히 옆으로 비낀 상태로 진행을 한다.

② 자동차의 진행선이 자동차의 기하학적 중심선이 일치할 때(스러스트 앵글 0도)는 문제가 없으나 두 선이 일치하지 않아 스러스트 앵글이 커지면 자동차를 운전할 때 운전 감각과 주행 안정성이 문제가 된다.

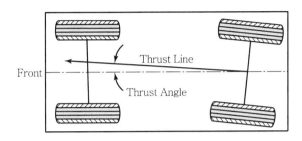

[스러스트 앵글(Thrust Angle)]

(2) 스러스트 앵글(Thrust Angle)의 변화

① 후륜 좌우 토(Toe)의 언밸런스에 의해서 생기며 후륜 좌우 토(Toe)의 언밸런스가 클수록 커진다.
② 전륜의 사고에 의해 프런트 멤버(Front Member)나 로우어 컨트롤 암(Lower Control Arm)의 장착 부분이 어긋나면 후륜의 좌우 토(Toe)에 언밸런스가 생기지 않더라도 스러스트 앵글은 변화한다.
③ 이것은 스러스트 앵글을 측정할 때의 기준선, 즉 기하학적 중심선이 변하기 때문이다.
④ 후륜의 휨, 현가 판(Leaf) 스프링의 센터볼트 절손(折損), U볼트의 풀림에 의해 후차축의 후퇴 등에 의해서도 스러스트 앵글은 커진다.

(3) 스러스트 앵글(Thrust Angle)의 커짐에 따른 폐해

① 자동차가 비낌으로 주행하게 되면 운전감각이 저하되며 심한 경우 주행 안정성이 저하되어 고속 주행 시 위험을 초래한다.
② 핸들의 좌우 센터가 달라진다.
③ 좌우 코너링 시에 한쪽이 오버스티어(Over Steer)가 되고 한쪽은 언더 스티어(Under Steer)현상이 나타나 조향성능이 저하된다.
④ 휠 얼라인먼트(Wheel Alignment) 조정을 해도 실 주행에서는 조향감각이 정상적이지 못하고 주행 안정성이 저하된다.

13 **QUESTION** 전기 자동차에 적용되는 고전압 인터록(Inter Lock)회로에 대하여 설명하시오.

1. 고전압 인터록 회로

2개 이상의 회로에서 한 개회로만 동작을 시키고 나머지 회로는 동작이 될 수 없도록 하는 회로를 인터록 회로라고 한다.

인터록 회로의 사용 목적은 기기 및 작업자의 보호를 위하여 관련 기기의 동작을 금지하기 위한 것으로, 상대동작금지회로 또는 선행동작우선회로라고도 한다. 전기 자동차의 전동기가 정회전과 역회전 동작이 동시에 일어나게 되면 주회로가 단락되어 위험한 상태가 되므로 정·역회전 동작이 동시에 발생하지 않도록 인터록회로를 반드시 설치해야 한다.

2. 인터록 회로의 기능과 목적

① 두 개 이상의 전자 접촉기 또는 릴레이가 동시에 동작하지 않도록 하는 회로
② 출력 접점에서 발생될 수 있는 동작을 미리 차단시켜서 오동작을 방지하는 회로
③ 각각의 길목에 상대방 출력 접점을 직렬로 공유
④ 어느 쪽이든 한 쪽이 동작하고 있을 때는 다른 쪽을 동작하지 않도록 하는 회로
⑤ 어느 쪽이든 먼저 동작한 쪽만 동작시키는 회로

01
QUESTION
전기 자동차 구동 모터의 VVVF(Variable Voltage Variable Frequency) 제어에 대하여 설명하고 구동 모터에 회전수 및 토크제어 원리를 설명하시오.

1. VVVF 제어의 개요

전압과 주파수를 가변하여 교류 전압을 출력하는 것이 가능한 인버터(Inverter)이며, 제어방식으로서는 PWM(Pulse Width Modulation, 펄스 폭 변조) 제어방법을 사용하는 경우가 많다. PWM 제어의 방식에 대해서도 삼각파나 톱니파로 변조를 거는 방식이나, 순시공간 벡터제어, 히스테리시스 컨버터제어 등이 이용되나 가장 간편한 VVVF 인버터의 주회로 구성은 브리지 인버터(Bridge Inverter) 방식이다.

PWM 제어에 의한 정부(正負) 2 레벨의 펄스 전압을 출력하고, 평균전압으로서 목표로 하는 진폭, 주파수의 교류 전압으로 출력한다.

최근에 전기 자동차에 3상 교류 유도 전동기가 흔히 적용되고 있으며 전압, 회전수, 슬립(Slip)을 제어할 수 있는 VVVF 인버터가 개발, 실용화되고 있어 자동차의 특성상 수시로 변화되는 주행 속도와 필요한 회전력을 얻기 위한 전기 자동차의 양산(量産)을 가능케 하였다.

인버터 방식에는 전압형과 전류형으로 구분되며 전압형은 인버터가 전압 제어와 주파수 제어가 모두 가능하지만 전류형은 인버터가 주파수만을 제어하며 전류형의 전압 제어에는 초퍼장치(Chopper Device) 등을 사용한다.

대용량 GTO 사이리스터의 개발로 장치를 소형화할 수 있는 전압형을 주로 사용한다.

2. 모터의 속도와 토크제어

모터의 속도를 제어하기 위해서는 교류 전원의 주파수(f), 모터의 극수(P), 슬립(S)을 제어한다.

$$n = \frac{120 \times f}{P}(1 - S)$$

(1) 극수(P) 제어

모터의 극수를 증가시키면 모터의 회전속도가 감소한다. 극수가 많으면 각 극간 이동에 시간이 소요되므로 모터의 회전속도는 낮아진다. 아래 그림과 같이 연속제어가 불가능하며 극수의 값에 따라 한 점에서 모터 속도가 제어된다.

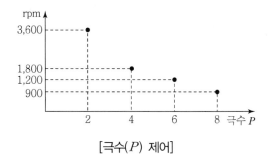

[극수(P) 제어]

(2) 슬립(S) 제어

모터의 속도는 회전자의 속도이며 회전자계의 동기속도의 관계를 슬립이라고 하며 동작 범위 내에서만 속도제어가 가능하며 저속에서의 효율이 저하된다. 아래 그림과 같이 슬립을 제어할 경우 저속 운전 시 손실이 커지게 된다.

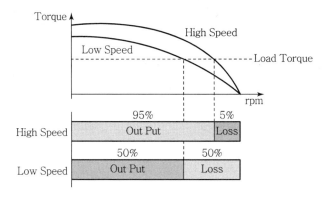

[슬립(S) 제어]

(3) 주파수(f) 제어

모터에 가해지는 주파수를 변화시키면, 극수(P)제어와는 달리 특정 rpm에서 연속적인 속도제어가 가능하고 또한 그림과 같이 슬립(S)제어보다 고효율운전이 가능하게 된다.

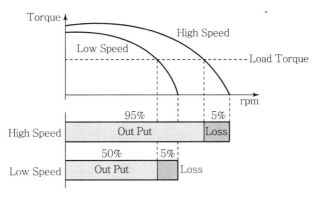

[주파수(f) 제어]

따라서, 이 원리를 이용하여 모터의 속도를 가변하는 것이 인버터이다. 인버터는 교류를 일단 직류로 변환시켜 이 직류를 트랜지스터 등의 반도체 소자의 스위칭에 의하여 교류로 역변환을 한다. 이때에 스위칭에 의하여 교류로 역변환을 하며, 스위칭 간격을 가변 시킴으로써 주파수를 임의로 변화시키는 것이다.

실제로는 모터 운전 시 충분한 토크를 확보하기 위해 주파수뿐만 아니라, 전압도 주파수에 따라 가변시킨다. 따라서 인버터는 VVVF(Variable Voltage Variable Frequency)라 한다.

가솔린 기관 점화 플러그의 열가를 정의하고 열형과 냉형의 차이점을 설명하시오.

1. 점화플러그의 열가(熱價)

점화플러그의 열특성(熱特性, Heat Range)은 기관의 종류나 사용 상태에 적합한 플러그를 선택하는 것이 중요하다. 특히 플러그의 정상적인 기능과 연소효율을 고려할 때 플러그의 유지 온도가 매우 중요하고 적합한 플러그를 적용하여야 한다.

일반적으로 점화 플러그 전극 부분의 유지 온도는 480~530℃ 이상이어야 하고 850~900℃ 이하이어야 한다.

이 사이의 온도를 일반적으로 점화플러그의 자기 청정 온도(自己淸淨溫度, Self Cleaning Temperature)라고 한다. 자기 청정 온도를 유지하려면 연소실에서 받는 열을 실린더 블록이나 대기 중으로의 방열이 적당하여야 하고 열의 방산과 정도를 표시하는 점화 플러그의 특성을 열값(熱價, Heat Range)이라고 한다.

일반적으로 점화플러그의 열값(熱價)은 절연체의 아랫부분의 끝에서부터 아래 씰까지의 길이에 따라 정해진다.

열형(熱型)은 발화부 절연체의 길이가 길어서 수열 면적이 넓어 수열량이 크고 열방산이 느리고 고열가(高熱價)이다. 따라서 조기점화를 일으키기 쉬우나 플러그가 고온 상태로 유지되어 카본의 축적이 적다. 연소실 온도가 비교적 낮은 기관에 적당하다. 열 특성은 플러그의 형상과 중심전극으로부터의 열의 이동거리에 따라 결정되므로 열형 플러그는 열의 이동 통로 길이가 길다. 따라서 전극으로부터 열방산에 요하는 시간이 길어 열적 부하가 작은 저열(저부하)형 기관에 적용된다.

냉형은 열형과는 반대로 절연부의 길이가 짧아서 수열량이 적고 열방산이 빠르므로 저열가이며 저온상태로 유지되어 조기점화를 일으키기 어렵고 카본 퇴적 등의 오손이 우려되는 열부하가 큰 고속형 엔진에 적용된다.

2. 점화플러그의 열가(熱價)와 특성

점화플러그의 자기청정온도(Self Cleaning Temperature)에 이르지 못하면 중심 전극과 접지 전극 사이에 카본이 퇴적되어 점화코일의 3차 전압 강하로 스파크의 강도가 약할 수 있어 실화(失火, Missfire)의 원인이 되기도 한다.

또한 플러그의 온도가 지나치게 높으면 연소실에서 고온열원(高溫熱源)으로 작용하여 조기점화 등 이상연소(異常燃燒)의 원인이 되기도 한다.

구분	수열량	방열량	플러그 온도	적용 엔진	오손에 대한 적응력	조기점화에 대한 적응력
열형 (고열가)	많다.	느리다.	고온	저열/저부하	크다.	작다.
중간형	중간	중간형	중간	–	–	–
냉형 (저열가)	적다.	빠르다.	저온	고속/고부하	작다.	크다.

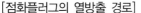
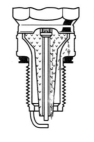
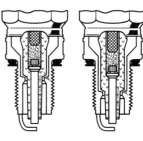

[점화플러그의 열방출 경로]　　[열형(고열가)]　　[중간형]　　[냉형(저열가)]

03
QUESTION

자동차 차체구조설계 시 고려되어야 하는 요구기능을 정의하고 검증방법을 설명하시오.

1. 차체 구조 설계의 개요

자동차 차체 개발 시 기술적 요구사항은 차량의 경량화, 고안전, 승차감 및 편의성, 고성능 등이 있으나 이들을 모두 충족하기에는 서로 상반되는 개념을 가지고 있어 경험 및 시험으로 합리적인 절충이 필요하다.

이러한 개념의 대표적인 것이 차량 경량화 설계 기술과 안전도(Safety) 및 구조 강도(Structural Strength) 설계 기술은 차체의 대표적인 안전과 관련된 구조이므로 도시에 만족하도록 고려하여야 한다.

점차 프레임 리스(Frameless), 모노코크(Monocoque) 보디의 적용이 많아지므로 고강도, 고강성 차체를 설계하기 위해서는 차체의 굽힘 및 비틀림 강성, 내구성, 진동과 소음, 충돌안전, 경량화 등의 조건들이 차체 설계 시 충분히 고려되어야 한다.

2. 차체구조설계 시 요구기능

(1) 차체의 강도 설계

승용차의 차체는 프레스 성형한 수많은 얇은 강판과 보강재를 각종 방법으로 결합한 복잡한 보강구조이다.

차체는 일반적으로 외력 작용점과 주요 강도 부재를 라멘구조에 의하여 보강한 구조이며 외각구조에서 외각은 표면응력을 부담하고 부재는 축력, 굽힘 등의 수직응력을 부담하고 구조 전체로서 강도와 가성을 확보하여야 한다.

(2) 안전 설계

자동차의 설계에서 안전성은 안전기준을 충분히 만족하도록 설계단계부터 배려하며 시계 확보와 시인성 등을 포함한 예방안전, 충돌 시 승객의 보호를 우선으로 하는 충격 흡수 구조로 하며 안전벨트와 헤드레스트 레인트의 위치와 강도를 고려하여야 한다.

(3) 경량화 설계

최근의 자동차는 연비와 유해 배출가스의 저감 그리고 온실가스의 저감을 위하여 경량화 설계가 대세이며 알루미늄과 마그네슘, 고분자 수지 등의 경합금 소재가 많이 적용되는 추세이다.

(4) 방진, 방음 단열구조 설계

자동차의 주행성능 향상에 따라 성능뿐만 아니라 차내에 있어서 쾌적성을 중요시하여 자동차의 NVH가 선택의 중요한 판단 요인이 된다.

(5) 방진과 방수 설계

차내로 먼지나 물이 침입하는 것은 치명적인 설계 오류이며 소비자 불만의 대표적인 품질 결함이므로 차체의 기밀성을 고려하고 차음(遮音)효과와 수밀성(水密性)을 고려하여 차체와 트림 등을 설계한다.

(6) 환기성 설계

차실 내의 공기 정화, 온도 및 습도의 조절, 악취와 같은 오염 물질의 배출을 위하여 환기성을 고려하며 보통 환기구의 위치는 차량의 풍동시험 등을 통하여 압력의 분포를 고려하여 정압부분에는 외기 도입구를, 부압부분에는 내기 배출구를 설치한다.

(7) 방청 설계

차체의 부식은 강도 및 외관 품질을 저하시키고 내구성을 단축시키고 자원 절약 측면에서도 중요한 문제이므로 수명 연장을 고려하기 위하여 차체의 부식 원인의 정확한 파악과 절곡부의 처리, 도장 전처리, 도장 등에 대한 설계가 필요하다.

(8) 성형성과 생산성

자동차의 차체는 무수히 많고 다양한 재질로 구성되므로 각 부재의 공작, 조립성을 고려한 설계가 필요하며 차체 설계 시에는 각 공법과 공정 능력을 이해하고 설계하는 것이 필요하다.

(9) 유지 보수성을 고려한 설계

자동차의 유지 보수성, 정비성은 안전성 유지, 제조사의 신뢰도 등에 영향을 미치므로 이를 고려한 설계가 필요하다.
소음, 배출가스 등에 대한 기능 유지와 유지 보수는 법적으로도 의무화되어 있으며 사고 등에 대한 수리 비용 등을 고려한 설계가 필요하다.

3. 차체 구조 설계의 검증, 평가 방법

(1) 차체의 구조와 강도에 대한 안정성 평가

충돌시험을 통하여 평가할 수 있으며 정면 충돌 및 부분 정면 추돌 후 탑승자의 안전한 정도로 차에의 충격 흡수성과 강도를 검증한다.

① 정면 충돌 시험(Full Lap Test)의 개요

정면충돌(Full Lap) 안전성 평가시험은 국내에서 자동차 안전기준에 관한 규칙에서 구정한 충돌 안전성 평가시험 중의 한 가지이며 운전자석과 전방 탑승자석에 인체 모형을 탑재한 시험차를 법규상의 시험 속도(시속 48km)보다 15% 빠른 시속 56km(에너지로 환산 시 36% 증가)로 콘크리트 고정벽에 정면충돌시켰을 때 머리와 흉부의 충격량을 인체모형에 설치한 센서로부터 측정하여 평가한다.

② 부분 정면 충돌(Off-Set Test) 시험

부분 정면 충돌시험 안정성 평가시험의 한 방법으로서 운전자석과 전방 탑승자석에 인체모형을 탑재한 시험차를 64km로 40% Off-Set 상태로 부분 정면 충돌시켰을 때 머리와 흉부, 상부다리 및 하부다리의 충격량을 인체모형에 설치한 센서로부터 측정하여 평가한다.

(2) 기밀 유지성능과 수밀성의 평가방법은 우천 시나 세차 시의 상태를 재현하는 샤워 테스트, 호스 테스트, 개울 주행 테스트 등을 시행하여 판정한다.

자동차의 제품 개발 시 인간공학적 디자인을 적용하는 목적과 인간공학이 적용된 장치 5가지를 설명하시오.

1. 자동차 인간공학적 디자인의 개념 및 목적

자동차에서 인간공학적 디자인은 인간의 특성을 공학적으로 분석하여 인간이 사용하는 대상의 여러 측면들을 향상시킬 수 있도록 설계하는 디자인이다.

공학적 심리학은 인간의 마음을 이해하고 이러한 이해들을 실제로 자동차의 제반 시스템의 설계에 적용하는 것을 말한다.

인간공학적 디자인은 심리학적 원리와 이론을 결합하여 제품, 시스템, 환경에 치중한 설계에 더 중점을 두고 있다.

자동차의 설계에서 인간공학적 배려는 점차 장거리, 장시간을 운전하게 되고 그에 따른 운전자 및 탑승자의 피로도를 낮추고 쾌적성을 유지함으로써 안전성을 확보하고 운전자의 비효율적인 동작과 기기의 조종을 개선하고 인간의 인지구조를 잘 파악해 유용하게 장치와 시스템을 개선하여 효율성을 높이는 설계 시의 고려를 말한다.

2. 자동차의 인간공학적 설계 적용 시스템

(1) 시트 조정장치의 인간공학적 설계

실내에 설계되어 있는 시트, 공조장치의 버튼들은 제각기 다른 모습을 띄고 있다.

기존의 시트와 공조장치의 조절버튼들은 직접 이리저리 조작을 해보고 그 효과를 체험해봄으로써 익히거나, 매뉴얼을 읽어서 익히게 되는 등의 행태가 많았다.

우선 시트의 경우 기계식 작동이었으나 탑승했을 때를 기준으로 시트의 전후조작은 시트 아래의 쇠로 된 고리나 바(Bar)를 당겨 고정이 풀렸을 때 다리나 엉덩이의 힘으로 시트를 움직여 조절하였다. 그리고 시간이 흘러 시트의 높낮이, 등받이 각도가 조절이 가능해졌는데 이 부분들은 시트의 레버를 밀거나 돌리거나 당겨서 조절이 가능했다.

이후 전자장비의 개발로 전동식 조절이 가능해지면서 편의성 부분에서 큰 발전을 이루었으며 여러 버튼들이 시트나 도어 안쪽에 위치하였고 각 버튼들은 저마다의 시트 이동방향을 맡고 있다. 한 버튼을 아래위로 누름으로 인해 시트가 전후, 상하, 등받이의 각도를 곧게, 혹은 완만하게 조절할 수 있게 되었다.

(2) 공조장치 조작 버튼의 인간공학적 버튼 설계

초기 공조장치의 원형 다이얼 버튼을 통해 냉난방의 선택과 그 정도를 색의 굵기를 통해 표현하였다. 그리고 그 옆의 다이얼버튼으로 그 바람의 세기를 결정하였다. 마지막으로 옆의 다이얼버튼은 바람의 방향 혹은 온도조절용이 아닌 전면, 후면 유리의 김을 제거하는 용도 등으로 선택이 가능하였다.

이 설계는 사용자가 눈으로 버튼을 확인한 뒤 제대로 된 기능을 구사하기에 전달력이 괜찮은 편이다. 누구나 알아볼 수 있는 온도별 색상, 기호화된 사람과 그 사람에게 어떤 방향에서 바람이 향할지 그려져 있는 기호, 바람의 세기를 결정하는 색과 모양 등은 충분히 쉽게 인지하고 작동시킬 수 있는 정도라고 볼 수 있다.

그러나 인간공학적 설계로 개선된 기능은 기존의 고정된 바람세기를 지속적으로 나오게 하는 것이 아니라, 사용자가 원하는 온도를 설정해놓으면 차량이 스스로 실내온도를 그 설정온도에 맞추기 위해 알아서 작동하는 풀-오토 에어컨디셔너가 나왔다. 그리고 그 목표온도에 도달하게 되면 공조장치는 무의미한 작동을 그만두고, 다시 온도의 괴리가 발생하면 자동적으로 작동한다. 자동 공조장치는 이런 단점들을 극복시킨 인간공학적 설계라 할 수 있다.

(3) 차량의 알림 및 스마트 기능의 인간공학적 설계

단순히 열쇠만 있던 이전 세대 차량들은 밤에 불빛도 없는 어두운 주차장에서 자신의 차량을 찾으려면 자신의 손전등, 라이터 등을 이용해 찾거나 어둠을 해치며 차량마다 번호판을 확인해보아야 했다.

현재의 인간공학적 설계를 반영한 자동차는 차량의 위치를 파악하기 위하여 좀 더 빠르고 쉽게 차량을 찾을 수 있도록 설계되어 차량확인이 가능토록 소리, 불빛을 내는 폴딩키 기능, 조금 더 고급사양의 차량들은 차주가 스마트키를 소지한 채로 근처에 접근만 하더라도 소리, 불빛 등을 발산하며 자동으로 잠김이 해제되기도 한다. 그리고 주행이 끝난 뒤 시동을 끄고 하차하여 문을 잠그면 자동으로 여러 등화장치들이 어두운 밤길을 일정시간 동안 비춰주는 에스코트 기능도 탑재되고 있다.

(4) 어댑티브 헤드램프(Adaptive Headlamp)

차량 전면부의 헤드램프는 등화를 하면 램프가 차량의 램프룸 내에 고정되어 있는 위치 그 자리에서만 빛을 발했다. 다시 말해서 그 불빛이 밝히는 방향이 고정되어 있었다. 직진을 할 때에는 앞을 비추었고, 좌우로 코너링을 할 때에는 차량 전면이 코너 내에서 향하고 있는 방향의 정면만을 비추었다. 그래서 어두울 때 코너링 상황에서 진행방향상의 사각이 존재했고 그 부분에 대한 시야확보가 미비해 사고가 발생할 위험이 있었다.

좌우로 코너링을 진행 시 차체 역시 좌우로 움직이고 있고, 여기서 헤드램프는 가고 있는 방향에서의 정면을 비추고 있다. 차체가 단순히 바라보고 있는 방향과 램프가 비추면서 움직이는 방향이 일치하는 것이다. 하지만 빛의 움직임과 각도가 직선적이다 보니 코너링을 진행하면서 실제 운전자가 바라보아야 하고 주의해야 할 각도에서의 조명은 이루어지지 못했다. 코너링의 각도가 급할수록 마주 오는 코너에서 진입하는 차량이나 사람 등의 위험요소는 발견하지 못할 위험성이 높으므로 이를 보완해주기 위해 어댑티브 헤드램프(Adaptive Headlamp)를 적용한다.

(5) 인간 중심 설계 지능형 자동차

인간 중심(Human-Centered) 지능형 자동차란 능동적으로 동작하는 안전장치와 사고 예방 기술 및 사고 시 피해를 경감하는 기술, 운전자의 편의성을 획기적으로 향상시킨 자동차라고 정의할 수 있으며 각 시스템의 목적과 기능이 통합적이고 경계가 모호하지만 이들을 구체적으로 분류하고 정리하면 다음과 같다.

① 예방안전기술(Preventive Safety)

사고가 발생하지 않도록 사전에 예방하는 기술이며 수동안전(ABS, VDC)과 능동안전 (충돌예방시스템 등) 시스템이 있으며 사고의 위험성을 미리 감지하여 예방하고 경고해 주는 시스템이다.

㉮ UWS(Ultrasonic Warning System) : 초음파 센서를 이용하여 근거리 내에 있는 물체를 감지하고 경고하는 시스템

㉯ SOWS(Side Obstacle Warning System) : 고속 주행 시 후측방의 접근 자동차를 검지하여 경고함으로써 차선 변경 시 안전성을 확보

ⓓ LDWS(Lane Departure Warning System) : 전방 영상처리를 통하여 주행 중 차선의 이탈 여부를 검지하고 운전자에게 경고하는 시스템

ⓔ TPMS(Tire Pressure Monitoring System) : 타이어 공기압을 감지하여 운전자에게 알려주어 타이어로 인한 사고를 미연에 방지하는 시스템

ⓕ 스태빌리티 시스템(Stability System) : 섀시 통합제어시스템이 가장 대표적인 기술이며 차량의 동적 특성을 제어함으로써 주행 안정성을 확보하기 위한 시스템

(2) 사고 회피 기술(Accident Avoidance)

사고가 발생하여도 피해를 최소화하기 위하여 능동적으로 자동차를 제어하는 기술이 적용된 시스템이다.

① PCS(Pre-Crash Safety) : 레이더, 카메라 융합을 통해 전후방 교통상황을 판단하여 충돌 사고 가능성이 있을 경우 운전자에게 경고하고 전동 안전벨트 및 헤드레스트 등을 제어하는 시스템

② LKS(Lane Keeping Support) : 차선 이탈 시 Steer-By-Wire시스템을 이용하여 주행 차선을 유지하는 시스템

③ CAS(Collision Avoidance System) : 레이더와 카메라 융합을 통해 전후측방 교통상황 및 주변차량의 상대속도 등을 검지하여 사고 가능성이 있는 경우 Brake-By-Wire, Throttle-By-Wire 시스템과 연동하여 사고를 예방하는 시스템

④ ACC(Advanced Cruise Control) : 전방 레이더를 이용하여 일정 속도를 유지하고 긴급 상황에서는 비상 제동을 수행하는 시스템

(3) 편의성 향상 기술

운전자에게 다양한 정보를 제공하여 주행 중 편의성을 제공하고 궁극적으로는 주행 안전을 확보하기 위한 기술이다.

① HUD(Head Up Display System) : 주행 중 운전자의 시야를 하향하면서 초점을 바꾸어야 하는 지금의 클러스터를 대체하기 위한 디스플레이 시스템

② FW(Full Windshield Display) : 자동차의 전면 유리에 전체에 정보를 디스플레이하는 시스템으로 HUD는 필수 정보를 상시 디스플레이하지만 이와는 다르게 필요한 정보만 필요한 시기에 디스플레이하는 시스템

③ PAS(Parking Assist System) : 카메라와 근거리센서를 융합하여 주차 시 주변 공간과 차량을 검지하고 경보하여 운전자의 주차를 보조해 주는 시스템

④ 스마트 에어컨 시스템(Smart Air Conditioning System) : 운전자 및 탑승자의 체온을 직접 측정하여 각 사람들에게 최적의 온도환경을 제공해 주는 시스템

⑤ 나이트 비전(Night Vision) : 야간 주행 시 운전자의 시각을 대신하여 전방의 영상을 보여주는 시스템

(4) 충돌 안전(衝突安全) 기술

충돌 사고 발생 시 피해를 최소화할 수 있는 기술 등이다.

① 스마트 에어백(Smart Airbag) : 충격의 정도에 따라 에어백의 전개 여부와 탑승자의
탑승 위치를 감지하여 에어백의 전개 위치를 조절하는 시스템
② 보행자 보호시스템 : 사고 시 보행자를 보호하기 위하여 후드 리프팅(Hood Lifting)
시스템, 보행자용 에어백, 액티브 범퍼(Active Bumper)

05 QUESTION 자동차에 적용되는 컨트롤러 간 통신방식과 적용배경에 대하여 설명하시오.

1. 자동차 통신 네트워크의 필요성

자동차에 적용되는 전자제어기기의 발달로 다양한 편의장치가 적용되고 전장품의 수가 많아
짐에 따라 이들의 설치와 제어에 배선도 증가하고 고장도 빈번해지고 고장진단도 매우 복잡
하다.
이러한 문제의 대책으로 전장시스템에 통신 네트워크를 적용하여 제어구조를 집중 제어방식
에서 분산 제어방식의 통신 네트워크방식으로 발전해 왔다.
반도체를 통한 디지털 제어회로와 통신기술의 발달과 자동차의 안정성과 편의성에 대한 요구
가 증가하여 통신 네트워크 적용이 불가피하게 되었다.
또한 자동차의 텔레메틱스화, 지능형 자동차 등에 대한 기술적 요구와 적용은 자동차 전장에
데이터 통신방식의 적용을 앞당겨왔다.

2. 자동차 통신 네트워크 적용의 특징

(1) 다양한 전장품의 적용

CD, AV, DVD, PDA 등의 다양한 전장품의 설치가 가능하며 텔레메틱스화가 가능하여
자동차의 편의성이 증가한다.

(2) 전기, 제어장치의 설치 자유도 증가

복잡한 배선이 없으므로 전자 제어기의 설치 위치에 대한 자유도가 증가하며 제어 스위치
또한 가장 가까운 곳에 설치된 ECM에서 전장품의 작동을 제어할 수 있어 사용 편의성도
증가하며 설계 변경에 용이한 대응이 가능하다.

(3) 지능형 자동차의 개발

고안전지능형 자동차는 다양한 센서와 제어기 그리고 ECM 간의 통신으로 배선을 단순화할 수 있으며 신뢰도 향상에 기여한다.

(4) 전장품의 신뢰도 향상

각 전장품 간의 연결을 위한 배선이 간소화되며 커넥터 수의 감소, 접속점의 감소로 고장빈도가 낮아지고 정확한 신호의 송수신이 가능하며 신뢰도 향상을 가져온다.

(5) 고장진단의 편의성

통신 단자와 진단장비를 연결하여 ECM과 각 센서의 상태를 진단할 수 있으며 종합적이고 정밀한 고장진단과 정비에 대한 정확한 정보를 얻을 수 있어 편의성이 증대된다.

3. CAN 통신과 LIN 통신

(1) CAN 통신(Controller Area Network)

① CAN 통신의 개요

㉮ CAN 통신은 차량의 네트워크용으로 개발되었으며 자동차 전장품의 증가로 배선 및 중량에 대한 문제점이 발생하고 이를 해결하기 위한 방안으로 개발되었다.

㉯ CAN은 지능형 디바이스 네트워크 구축을 위한 높은 무결성의 시리얼 버스 시스템(Serial BUS System)으로서 차량용 통신의 표준으로 부상하였다.

㉰ 편리성과 신뢰성 때문에 자동차에 급속히 적용되었으며 1993년에 ISO국제표준으로 제정되었으며 CAN에 대한 여러 가지 상위레벨 프로토콜이 표준화되었다.

㉱ CAN은 다수의 CAN 장비 간의 효율적인 통신을 가능케 하며 ECU를 통해 제어되는 단일 CAN 인터페이스를 활용하여 여러 장비 간의 통신이 가능하다.

㉲ 이 통신방식은 전기적 노이즈에 강하고 프레임을 하드웨어적으로 처리하므로 소프트웨어 처리가 비교적 단순하다는 장점을 가지고 있다.

② CAN 통신의 특징

㉮ CAN은 자동차 통신용으로 개발되었으므로 가장 보편적인 어플리케이션은 자동차 전장품의 네트워크이다.

㉯ CAN은 전기 레벨, 임피던스, Baudrate 속도 등을 통해서 구분되며 일반적으로 자동차에 적용되는 CAN의 통신방식은 다음과 같이 구분된다.

- High－Speed CAN : 두 개의 와이어로 실행되며 최대 1Mbps의 전송 속도로 통신
- 저속/내고장(Fault－Tolerant) CAN : 저속/내고장 CAN 네트워크 또한 두 개의 와이어로 실행되며 최고 125 kbps의 속도로 통신

- 단일 와이어 CAN 하드웨어 : 최고 33.3kbps(고속 모드에서는 88.3kbps) 속도로 통신
- 소프트웨어 선택 가능한 CAN 하드웨어 : 소프트웨어적으로 CAN 인터페이스 적용이 가능하며 모든 온 보드(On-Board) 트랜시버를 사용 가능

(2) LIN 통신

① LIN 통신의 개요

㉮ LIN 통신(Local Interconnect Network)은 CAN을 토대로 개발된 프로토콜로서 차량 내 Body 네트워크의 CAN통신 말단부 시스템 분산화를 위하여 사용된다.

㉯ LIN 통신은 네트워크상에서 Sensor 및 Actuator와 같은 간단한 기능의 ECU를 컨트롤하는 데 사용되며, 적은 개발 비용으로 네트워크를 구성할 수 있는 장점이 있다.

㉰ LIN 통신은 일반적으로 CAN 통신과 함께 사용되며, CAN 통신에 비하여 사용 범위가 제한적이다.

② LIN 통신의 특징

LIN 네트워크는 1개의 Master 노드와 여러 개의 Slave 노드로 구성되며, Master노드는 Master Task와 Slave Task 두 부분으로 구성되며, Slave 노드는 Slave Task만을 포함하고 있다. Master Task는 LIN 버스상에 어떤 노드가 데이터를 전송할지를 결정하고, Slave Task는 Master Task에서 요청한 데이터 전송을 수행한다. 즉, CAN과 달리 LIN은 Master 노드에서 모든 네트워크 관리를 처리한다.

㉮ 자동차 내의 분기된 시스템을 위한 저비용의 통신 시스템

㉯ Single Wire 통신을 통한 비용 절감

㉰ SCI(UART) Data 구조 기반

㉱ 20kbps까지 통신속도 지원

㉲ 시그널 기반의 어플리케이션 상호작용

㉳ Single Master / Multiple Slave

㉴ Slave 모드에서 크리스탈 또는 세라믹 공진회로(Resonator) 없는 셀프 동기화 (Self Sychronization)

㉵ 사전 계산 가능한 신호전송시간에 따른 예측 가능한 시스템

06 QUESTION 조향장치에서 선회 구심력과 조향특성의 관계를 설명하시오.

1. 자동차의 선회 구심력

자동차가 선회할 때 선회 중심으로부터 바깥 쪽으로 향하여 원심력이 작용하고 이 원심력에 대항하여 자동차의 타이어에는 사이드 슬립(Side Slip)이 발생하고 휠의 중심면의 방향과 타이어의 진행방향이 일치하지 않으며 이 휠의 중심 방향과 타이어의 진행 방향과의 각도를 슬립각(Slip Angle)이라고 한다. 노면과의 접촉저항에 의하여 변형된 타이어의 형상을 변형 전의 처음 상태로 되돌리려고 하는 힘이 작용하고 바퀴의 안쪽으로 향하는 반력으로 작용한다.

이 반력을 선회 구심력(旋回 求心力) 또는 코너링 포스(Cornering Force)라고 한다.

이 선회 구심력의 중심은 타이어의 접지 중심으로부터 조금 뒤쪽에 위치하며 코너링 포스의 작용선은 차축의 방향을 향하므로 타이어를 진행방향으로 되돌리려는 힘이 작용한다. 이와 같은 힘을 셀프 얼라이닝 토크(Self Aligning Torque) 또는 자기 복원 토크라고 한다.

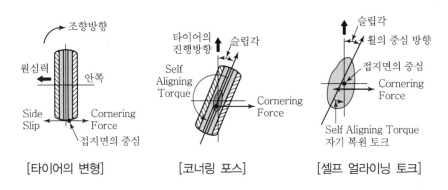

[타이어의 변형] [코너링 포스] [셀프 얼라이닝 토크]

2. 자동차의 선회 시 조향 특성

후륜의 슬립각이 전륜보다 큰 경우에는 선회 반경이 작아지는 선회 주행을 하며 이러한 상태를 오버 스티어링(Over Steering)이라 하고 반대로 선회 반경이 커지는 현상을 언더 스티어링(Under Steering)이라고 한다.

또한 오버 스티어링(Over Steering)과 언더 스티어링(Under Steering)의 중간 정도의 조향 특성을 나타내는 경우로는 리버스 스티어링(Reverse Steering)이 있으며 이는 속도의 증가에 따라 일정 속도까지는 언더 스티어링 경향을 보이다가 일정 속도 이상이 되면 오버 스티어링 현상을 나타내는 특징을 가진다.

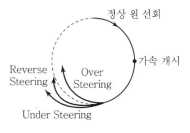

[선회 특성]

01 QUESTION 액티브 후드 시스템(Active Hood System)에 대하여 설명하시오.

1. 액티브 후드 시스템의 개요

사고 시 보행자의 머리부 보호를 위한 방법에는 보행자의 머리가 후드에 충격을 가할 시 에너지를 효과적으로 흡수할 수 있도록 후드의 강성을 조절하는 방법과 후드 주변의 부재 사이의 거리, 특히 엔진 상단부와 후드 사이의 거리를 조절하여 보행자의 머리가 단단한 부재와 접촉을 막는 방법이 있다.

그리고 액티브 후드 시스템(AHS)을 적용하여 보행자의 머리 상해를 저감하는 방법이 있다. 이러한 액티브 후드 시스템은 보행자의 머리부가 관성에 의해 후드 위에서 미끄러져 차량의 윈드 실드 글래스 및 카울에 의한 상해를 저감하는 에어백과는 다르게 사고 직후 후드에 1차적 접촉으로부터의 두부 상해를 저감하는 시스템이다.

액티브 후드 시스템은 충격센서를 이용하는 화약폭발방식과 기계식이 있으며, 화약폭발방식은 순간 동작은 다소 빠르지만 재사용은 불가하다.

기계식은 압축스프링의 탄성력을 이용한 기계적 작동원리를 가지는 리프트장치를 통해 후드를 들어올림으로써 보행자 충돌 시 보행자의 충돌 충격을 크게 완화할 수 있어 안전성을 크게 향상시킬 수 있으며 재사용이 가능하다.

2. 액티브 후드 시스템의 작동조건

엔진 시동 후 차량이 25km/h에서 50km/h 속도로 주행 시, 액티브 후드 시스템은 차량 속도, 충돌 각도, 충돌 힘을 고려하여 작동한다.

차량이 높은 곳에서 추락하거나 보행자가 없는 상황에서 전방에 충격이 감지될 때, 장애물이나 다른 차량에 일정 속도, 일정 충돌 각도 등으로 충돌할 때 액티브 후드 시스템은 작동한다.

3. 액티브 후드 시스템의 비작동 상황

측면 충돌이나 후방 충돌, 전복 상황 그리고 전방 범퍼가 손상되었거나 개조를 할 경우, 보행자가 비스듬히 서 있다가 부딪힌 경우, 보행자가 도로에 누워 있을 경우, 보행자가 충격을 흡수할 수 있는 의복 및 물체를 가지고 있을 경우 액티브 후드 시스템은 동작하지 않는다.

02 전기 자동차에서 고전압 배터리 시스템 및 고전압회로의 구성요소에 대
QUESTION **하여 설명하시오.**

1. 전기 자동차의 배터리

(1) 배터리 셀(Cell)

전기에너지를 충전, 방전해 사용할 수 있는 리튬이온 배터리의 기본 단위이며 양극, 음극, 분리막, 전해질을 사각형의 알루미늄 케이스에 넣어 만든다. 에너지 용량에 따라 5~20Ah급은 HEV용 셀, 20~40Ah급은 PHEV용 셀, 40Ah 이상은 EV용 셀로 구분한다.

(2) 배터리 모듈(Module)

배터리 셀(Cell)을 외부충격과 열, 진동 등으로부터 보호하기 위해 일정한 개수(일반적으로 열 개 남짓)로 묶어 프레임에 넣은 배터리 조립체(Assembly)를 말한다.

(3) 배터리 팩(Battery Pack)

전기 자동차에 장착되는 배터리 시스템의 최종형태. 배터리 모듈 6~10여 개에 BMS(Battery Management System), 냉각 시스템 등 각종 제어 및 보호 시스템을 장착하여 완성된다.

2. 배터리 매니지먼트 시스템 BMS(Battery Management System)

성능, 안전 그리고 긴 사용 수명을 보장하는 배터리 관리 시스템(BMS ; Battery Management System)이 탑재된 배터리 팩은 가볍고 내구성이 좋은 자동차의 전반적인 성능을 결정하는 핵심적인 부품이다. 여러 개의 배터리 셀을 제어하기 위한 배터리 관리 시스템. 셀의 상태를 모니터링하고 자동차의 운행시스템과 연동되어 고전압회로의 연결/해제, 냉각장치 제어 등 배터리 팩 전체를 컨트롤하는 시스템이다.

3. 전기 자동차용 인버터

전기 자동차의 인버터 구동 전원은 보통 DC 200~400V이며, 이것은 리튬이온 등의 배터리 충전 상태(SOC ; State Of Charge)를 고려한 DC 전원 입력범위다. 제어 전원으로 엔진 차량과 같이 12V급 납축전지 배터리를 사용한다.
전기 자동차의 일렉트릭 파워 트레인에 있어 구동력은 엔진 대신 모터를 사용하는데, 모터의 구동력을 트랜스미션으로 휠에 전달한다. 그런데 모터의 토크-속도 최대 능력 곡선은 엔진과 달리 속도에 따라 연속적이기에 전기 자동차에 사용하는 트랜스미션은 엔진 차량처럼 다단일 필요가 없으며, 보통 하나의 일정한 고정 감속비를 가진다.

이러한 감속 특징과 차량에서 필요한 속도와 토크특성을 감안해 전기자동차용 인버터는 최고 12,000rpm까지 모터를 고속으로 제어하는데, 이는 산업용보다 4배 이상의 범위다.

또한, 전기 자동차의 연비 측면에서 가능한 동일한 배터리 에너지로 더욱 먼 거리를 주행해야 하므로 전기 자동차용 인버터는 고효율이 필요하다. 그뿐만 아니라 가혹한 자동차 열악한 환경에서 고신뢰성을 보장해야 한다.

전기 자동차의 인버터는 온도 · 진동 · EMC 특성 · 외함 보호등급 측면에서 전기 자동차용 인버터가 보장해야 할 기본 사양을 맞추려면 회로와 구조 설계가 필요하다. 그뿐만 아니라 자동차라는 한정된 공간 특성과 고연비 달성 측면에서 전기 자동차용 인버터는 고출력 밀도도 필요하다.

전기 자동차는 운전자의 안전이 중요하므로 자동차용 인버터는 자체 · 차량 제어기(VCU)와 연계해 철저한 보호 · 진단 수단을 확보하고 예방적 고장조치기능을 갖춰야 한다.

03 QUESTION 드럼식 브레이크장치에서 리딩 슈(Leading Shoe)와 트레일링 슈(Trailing Shoe)의 설치방식별 작동특성에 대하여 설명하시오.

1. 드럼 브레이크의 리딩 슈와 트레일링 슈

드럼 브레이크에서 슈의 설치방법에 따라 슈는 리딩 슈와 트레일링 슈로 동작하며 리딩 슈는 자기작동을 하여 제동력이 크지만 트레일링 슈의 제동력은 리딩 슈보다 작다. 이러한 특성으로 각 슈가 자기작동을 하도록 슈를 설치하는 것이 효과적이다.

(1) 리딩 트레일링 슈식

대향 피스톤형의 휠 실린더를 1개 적용하며 두 개의 슈는 리딩 슈와 트레일링 슈를 조합한 브레이크이며 리딩 슈의 확장력은 자기작동(Self-Energing Action)하여 증가한다. 그러나 트레일링 슈는 회전하는 드럼에 의하여 드럼으로부터 이탈하도록 작용하므로 트레일링 슈의 제동력은 0.6~0.8배로 감소하고 리딩 슈는 제동작용이 잘되고 제동력은 1.5~2.5배 증가하고 두 슈는 마멸이 달라진다.

구조가 간단하고 안정되며 전후진 시의 제동력이 균일하여 승용차 및 경자동차의 후륜에 주로 적용된다.

(2) 2리딩식

2개의 휠 실린더를 사용하여 두 슈를 모두 리딩 슈로 작동하게 한 형식이며 자기작동 효과를 이용하여 큰 제동력을 얻는 방식이다.

① 단동 2리딩식 : 리딩－트레일링 슈식의 리딩 슈와 트레일링 슈의 마멸을 균일화하여 자기작동효과를 이용하여 큰 제동력을 얻지만 드럼의 회전방향이 반대가 되면 두 슈가 모두 트레일링 슈가 되어 제동력은 크게 저하하는 결점이 있다.

② 복동 2리딩식 : 단동 2리딩 슈식에서 1방향만이 자기작동을 하는 결점을 보완한 것으로 플로팅 2리딩형이라고 한다. 이것은 슈가 2개의 앵커핀에 의하여 떠있는 상태로 지지하며 드럼의 회전방향에 의하여 고정 측이 변하고 전진과 후진 시 모두 두 슈가 모두 리딩 슈로 작동하도록 한 것이다.

(3) 유니 서보식

2 리딩식의 휠 실린더를 생략하여 복잡한 구조를 피하고 플로팅 앵커로 접속하여 자유롭게 슬라이딩되도록 한 것이다.

슈의 지지단은 휠 실린더의 작동방향의 반대 측에 1개소만이며 전진 시 피스톤이 작용하여 리딩 슈가 드럼에 압착하고 수와 드럼의 마찰력으로 드럼과 함께 회전하려는 힘이 작용하여 플로팅 앵커를 통하여 2차 슈의 하단을 밀어 매우 큰 제동력을 얻는다. 제동력의 불안정으로 많이 적용되지는 않는다.

(4) 듀오 서보식

2개의 피스톤을 갖는 휠 실린더 1개를 사용하여 전후진 모두 강력한 제동력을 얻는 방식이다.

두 슈는 피스톤에 의하여 양쪽으로 밀려 두 슈 모두 앵커핀 등으로 고정하지 않고 슈어저스터로 연결된다. 따라서 드럼의 회전방향에 의하여 슈의 고정 측이 변하도록 되어있다. 이 방식에는 고정단의 앵커핀에 의한 것과 휠 실린더가 겸하도록 된 것이다.

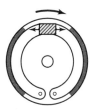
리딩－트레일링식

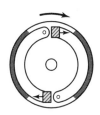
2리딩식

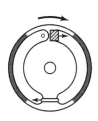
유니서보식

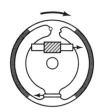
듀오서보식

실린더 헤드 볼트 체결법을 열거하고 이들의 장단점과 특징에 대하여 설명하시오.

1. 실린더 헤드 볼트의 체결 개요

- 실린더 헤드 볼트의 체결은 실린더 헤드, 헤드개스킷, 실린더 블록 간의 체결이며 연소실의 기밀을 유지하는 목적이다.
- 실린더의 헤드부는 피스톤 상부와 함께 연소실을 구성하며 고온과 고압이 작용하며 기밀 유지는 엔진의 성능과 밀접한 관련이 있으며 연소실로의 냉각수 유입, 엔진 오일의 누유 등을 방지한다.
- 따라서 고온, 고압에 견디고 냉각 시 열변형에 대한 고려가 필요하며 균일하게 체결되는 것이 중요하다.

2. 엔진의 실린더 헤드볼트 체결방법

(1) 토크 체결법(Torque Fastening Methods)

일반적으로 사용되는 나사 체결법은 토크법이며 규정 토크로 동일하게 각 볼트를 조이더라도 실제 체결력(축력)은 각 볼트마다 차이가 날 수 있으며 이는 볼트나 너트 머리부가 부재(부품)에 접하는 좌면의 마찰력, 나사부의 마찰력, 볼트의 수축력에 따른 마찰력의 편차 때문이다.

토크 체결법은 규정의 토크 기준치에 맞춰 토크렌치로 조이는 방법을 말하며 볼트나 너트에 가해지는 각 마찰력의 산포 때문에 균일한 체결력을 얻을 수는 없지만 생산성 향상과 작업의 용이성 측면에서는 유리하다.

(2) 탄성역 각도법(Elastic Angle – Controlled Fastening Methods)

마찰력의 편차를 배제하기 위한 방법으로서 각도법이 적용되며 볼트의 탄성역 범위 내에서 일정한 각도로 체결하는 방법을 말하며 볼트의 소성 변형이 없으므로 재사용이 가능하다. 녹이 발생한 볼트 너트나 나사산이 잘 맞지 않는 볼트 너트를 조일 때 실제 부품에 가해지는 체결력은 저하되며 볼트나 너트에 걸리는 마찰력에 힘의 대부분이 걸리게 되어 토크법을 적용하여 체결하는 것은 무의미하다.

볼트나 각 구성부품이 신품일지라도 마찰력의 차이는 존재하며 이를 극복하기 위한 방법으로서 각도법이 적용되고 있다.

(3) 소성역 각도법(Plastic Angle – Controlled Tightening Methods)

볼트가 소성변형 상태에 도달할 때까지 일정한 각도로 체결하는 방법을 말한다. 볼트의 길이가 늘어나 볼트의 직경이 축소되므로 교환이 원칙이나 볼트의 길이가 기준 범위 이내라면 재사용도 가능하다.

소성역 각도법으로 체결작업을 잘못하게 되면 볼트의 변형이 심해져 볼트의 파손이 발생할 수 있다.

05
QUESTION
터보차저 중 2단 터보차저(Dual Stage Turbo Charger), 가변형상 압축기(Variable Diffuser), 전기전동식 터보차저(Electric Turbo Charger)의 작동특성을 설명하시오.

1. 터보차저의 개요

터보차저는 엔진의 체적효율을 높여 토크와 출력을 높이기 위한 방법으로 강제적으로 공기를 압축해 공급하는 장치이다.

왕복형 엔진은 저속과 고속에서 체적효율의 저하로 토크가 저하되는 특성이 있는데, 이를 극복하고 부스트압을 높여 체적효율을 높이고 가능한 연료를 공급하여 엔진의 비출력(比出力)을 높인다. 부스트압이 높고 체적효율이 향상되면 연소실의 실제 압축비는 상승하는 효과가 있으며 완전연소로 열효율이 향상되고 출력이 향상된다.

가솔린엔진의 경우 노킹의 우려가 있으나 엔진의 속도에 따라 과급량의 제어로 부스트압을 조절하는 다양한 과급장치들이 적용되고 있다.

2. 터보차저의 종류와 특징

(1) 2단 터보차저(Dual Stage Turbo Charger)

2개의 터보차저를 장착한 터보 시스템이며 저속형과 고속형 터보차저를 장착해서 저속과 고속운전영역에서 과급효율을 극대화하기 위한 터보 시스템이다.

공기량의 요구가 적은 낮은 회전영역에서는 소형 터보차저만 과급기로 역할을 하며 이 때 대형 터보차저는 단지 바이패스(Bypass)통로 역할만 하고 과급은 하지 않는다. 이는 터보 래그(Turbo Lag)가 발생할 수 있는 저속에서 민첩하게 동작하는 소형 터보차저를 동작시켜 과급의 효과를 얻기 위한 것이다.

회전 영역이 부스트 역치(Boost Threshold) 이상의 엔진회전속도에 도달하면 배기 쪽 밸브(Exhaust Flap)를 조금 열어서 대형 터보차저의 과급을 실행한다.

그러나 과급의 영향 면에서는 소형 터보차저의 비중이 대형 터보차저보다 크며 대형 터보

차저는 보조역할을 한다.

엔진의 고속회전영역에서는 배기 쪽 밸브(Exhaust Flap)를 완전히 열어 대형 차저만으로 과급하게 되며 이는 엔진의 회전속도가 상승하면 배기가스 유량이 많아지기 때문에 더 많은 양의 배기가스를 통과시키고 배출하여야 하기 때문이다.

① 엔진 저속회전영역에서의 동작

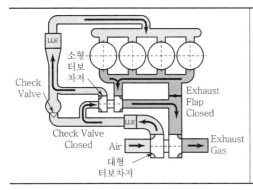

- 저속회전영역(약 1,800rpm 이하)
- 배기플랩 닫힘
- 체크밸브 닫힘

저속영역에서는 배기가스플랩은 닫히고 모든 배기가스는 소형 터보차저만 구동한다. 이때 대형 터보차저는 아이들 회전만하고 공기를 압축하지 않는다.

② 엔진 중속회전영역에서의 동작

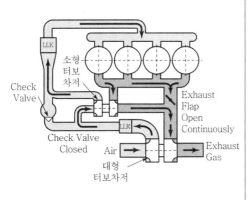

- 중속회전영역(약 1,800~3,000rpm)
- 배기플랩 부하에 따라 열림
- 체크밸브 닫힘

중속영역에서 소형 터보차저와 함께 대형 터보차저는 동작을 시작한다. 플랩은 부하에 따라 열리기 시작하고 배기가스는 소형 · 대형 터보차저 양쪽 모두에 공급된다. 대형 터보차저는 공기를 예압축하고 소형 터보차저에서 공기를 압축하여 공급하므로 부스트압은 상승한다.

③ 엔진 고속회전영역에서의 동작

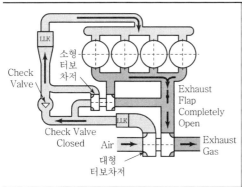

- 고속회전영역(약 3,000rpm 이상)
- 배기플랩 완전히 열림
- 체크밸브 열림

고속영역에서는 대형 터보차저만 동작하여 공기를 압축한다. 소형 터보차저보다 많은 공기를 통과시켜야 하기 때문이며 배기플랩은 완전히 열린다. 배기가스는 대형 터보차저로만 공급되고 최대의 부스트 압력을 형성한다.

(2) 가변 형상 터보차저(VGT ; Variable Geometry Turbocharger)

가변식 베인을 제어하여 과급량이 제어되는 터보차저이며 ECU에서 엔진회전속도, 액셀러레이터 페달 센서, 부스트 압력 센서, 냉각수 온도, 차속센서 등의 신호를 받아 목표로 하는 부스트 압력을 결정하고 이 압력을 형성하기 위하여 진공 솔레노이드 밸브를 작동시키고 진공 압력에 따라 터보차저의 베인 컨트롤 액추에이터가 밀리고 당겨지면서 터보차저의 베인이 움직여 유로가 변경되고 과급량이 제어된다.

엔진의 고속영역에서는 배기가스의 통로가 확대되어 터보차저의 배기 유량이 최대화되며 배압은 감소하며 저속 영역에서는 배기 통로를 축소하여 속도에너지를 최대화하여 저속에서의 부스트압을 확보하고 터보 래그(Turbo Lag)가 감소하여 저속에서의 체적효율을 높여 회전력과 출력이 향상된다.

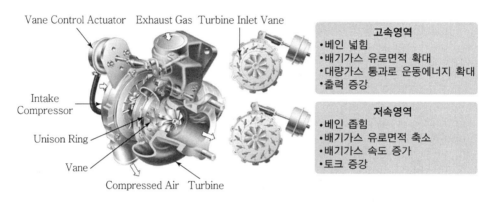

[VGT(Variable Geometry Turbocharger)]

(3) 전기 전동식 터보차저(Electric Turbo Charger)

전기 전동식 터보차저(E-TC, Electric Turbocharger, E-booster)는 고속 모터를 이용하여 컴프레서를 돌려주는 구조를 가지고 있으며 모터의 속도를 직접 제어함으로써 기존의 터보차저에서 가장 문제시되었던 저속 저부하에서의 과급량 부족에 의한 터보 래그(Turbo Lag) 문제를 해결할 수 있다.

전기 전동식 터보차저는 짧은 시간에 부스트압을 향상시킬 수 있으며 가솔린과 디젤엔진에 모두 적용이 가능하다. 하지만 공기를 압축하기 위해서는 전동기의 회전속도는 고속 회전하여야 하고 고성능 베어링과 고성능 터빈, 압축기 기술이 수반되어야만 하고 그 크기도 축소시켜야 하는 등 아직 미진한 부분이 많다.

06 QUESTION 자동차 개발 시 목표원가를 달성하기 위한 경제설계방안을 설명하시오.

1. 목표 원가 달성 방법

이상 목표 원가를 달성하기 위하여 우선 검토되는 것은 신기술과 신공법의 적용 가능성이다. 신기술이나 신공법은 기존의 방법보다 혁신적이므로 제조원가와 품질수준에 큰 변화를 가져온다. 그러나 신기술과 신공법을 적용하기 위한 최고 수준의 엔지니어링 기술력을 필요로 하지만 단시간 내에 갖춘다는 것은 어려운 일이다.

두 번째는 설계능력의 향상에 대한 것으로 설계능력은 경제적 설계를 통하여 목표로 하는 제조 원가를 달성하는 관리기술을 의미한다. 자동차 설계의 원칙만 이해하면 아이디어 발굴이라는 단계를 거쳐서 설계 개선안을 도출할 수 있다.

세 번째는 전략구매에 대한 것으로 제조원가의 상당부분을 차지하는 재료비와 부품비를 보다 효과적으로 관리하기 위해서는 가장 저렴하고 품질이 우수한 제품을 생산하는 세계 최고의 경쟁력을 갖춘 기업을 찾아내고 그 곳에서 구매하는 전략구매방안이 중요하다.

전략구매를 위해서는 자동차 관련 정보력이 중요하다. 즉 전 세계 어느 곳에서 가장 저렴하고 품질이 우수한 제품을 구매할 수 있는가에 대한 정보를 구축하는 것이며 시간적 투자가 필요하다.

이러한 이상적 원가 설계를 위해 가장 단기간에 합리적으로 수행할 수 있는 것이 경제성을 고려한 설계기법의 적용이다.

2. 목표원가를 달성하기 위한 경제설계 방안

(1) 부품 및 재료의 합리적 설계

강도를 확보하면서 효율적으로 원가를 절감한다는 것은 자동차 회사의 목표이지만 어려운 일이다. 저렴한 고강도 재료를 채용하는 경우 기본적인 재료에 대한 강도 특성 데이터를 필요로 하며 재료의 사용 목적에 대한 적합성, 적용에 따른 생산 설비와 공정의 변경 등에 따른 원가의 검토가 있어야 한다.

또한 부품의 변경과 통합으로 일체화하는 것에 대한 주변 부품의 영향, 성능의 변경 등에 대하여 조사와 시험에 따른 인건비와 설비 투자를 포함하는 합리적 설계가 필요하며 면밀한 검토가 필요하다.

(2) 부품의 단순화와 공용화

① 플랫폼(Platform)의 공용화

플랫폼은 자동차의 기본이 되는 골격으로 차체 구조뿐만 아니라 엔진, 변속기를 포함한 동력 전달 계통(Power Train) 전체를 의미한다. 이는 자동차의 구조와 성능을 결정하는 요소들이며 「Architecture」라고 통칭되기도 한다.

일반적으로 동력 전달 계통의 파워 트레인 플랫폼(Power Train Platform)과 새시 플랫폼(Chassis Platform)으로 구분되기도 하지만 자동차에서 일반적으로 플랫폼(Platform)이라고 일컫는 것은 새시 플랫폼을 말한다.

플랫폼을 공유한다는 것은 플랫폼의 개수를 줄이고 차종마다 공유하여 여러 차종에서 같은 플랫폼을 적용하도록 하는 것이 목표이며 다음과 같은 효과적인 시너지효과를 기대하고 품질과 성능의 안정과 원가 절감, 제품 원가를 낮추고 시장 경쟁력을 확보하고자 하는 것이 궁극적인 목적이라고 할 수 있다.

플랫폼(Platform)을 공유함으로써 자동차의 성능에 대한 훼손 없이 다음과 같은 효과를 기대할 수 있어 자동차의 설계에서 활발히 적용되고 있다.

- 신차종의 개발비용을 절감하며 개발기간을 단축하여 신차종(모델)에 대한 다양화로 시장과 소비자 요구에 민첩하게 대응할 수 있다.
- 생산라인 및 생산 설비를 공유할 수 있으며 설비 가동률의 극대화를 통한 원가 절감이 가능하다.
- 공용 부품의 수가 많아지며 대량 생산에 따른 부품 단가를 낮출 수 있다.
- 검증된 플랫폼을 적용할 수 있으므로 안정된 품질을 기대할 수 있으며 신차에 대한 품질을 조기에 확보할 수 있다.
- 사후관리(A/S) 부품의 종류와 개수를 줄일 수 있고 관리비용을 절감할 수 있다.

② 기능성 부품의 일체화

자동차는 수많은 부품의 결합체이며 이들 중에서 기능이 유사하거나 성능을 높일 수 있는 방향에서 부품을 통합, 일체화하여 원가를 절감한다.

시동 전동기(Start Motor)와 발전기(Alternator)를 일체로 제작한 ISAD(Integrated Starter Alternator Damper) 시스템의 적용으로 성능의 개선과 더불어 원가를 절감하는 설계를 도입한다.

(2) 원가절감을 위한 공정설계

① JIT(Just In Time)의 도입

적기 공급생산시스템이며 재고를 쌓아 두지 않고서도 필요한 때 적기에 제품을 공급하는 생산방식이다. 즉 팔릴 물건을 팔릴 때에 팔릴 만큼만 생산하여 파는 방식이다. 다품종 소량생산체제의 구축 요구에 부응, 적은 비용으로 품질을 유지하여 적시에 제품을 인도하기 위한 생산방식이다.

JIT는 자동화와 함께 도요타 생산방식(TPS)의 축을 이루고 있으며 JIT는 혼류 생산 방식으로 변화에 대응하는 유연성을 추구하며 결과적으로 대폭적인 리드타임 단축, 납기 준수, 재고 감소, 생산성 향상, 불량 감소를 가능하게 한다.

JIT 시스템의 도입으로 자동차 회사는 창고 및 관리 인원의 절감과 상품 및 부품의 관리비용을 절감할 수 있으며 철저한 현장 중심의 개선과 낭비 제거를 추구하며 목표 원가를 실현할 수 있는 방안이다.

② 부품의 모듈화 시스템 도입

자동차는 수많은 부품의 결합체이며 관련된 주변의 여러 부품이 결합된 모듈이라는 부품 덩어리를 조립해 자동차를 만든다.

모듈화 방식을 통해 차를 만들면 완제품 제조업체가 전담하던 설계, 생산, 조립, 검사 및 판매에 이르는 전 과정의 일부분을 모듈업체가 분담함으로써 조립 과정에서의 복잡한 과정을 축소하고 생산효율성을 높일 수 있다.

자동차 회사는 품질관리가 용이하고, 효율적 재고관리가 가능해 재고비용을 줄일 수 있어 목표 원가를 실현하는 방안이 된다.

③ 기술혁신을 통한 공정설계

공정의 자동화와 신기술 공법을 적용한 공정의 설계로 원가를 절감할 수 있다. 용접 로봇의 도입과 도장라인의 자동화, 그리고 공정제어의 정보화를 통하여 품질의 안정성 확보와 더불어 원가를 절감하는 설계가 필요하다.

01
QUESTION

친환경적 자동차 제작을 위한 설계기술 5가지 항목을 나열하고 각 항목에 대하여 설명하시오.

1. 친환경 자동차의 개요

자동차의 친환경적 설계를 위하여 다운 사이징(Down Sizing) 설계, 연소방법의 개선, 대체 에너지의 개발과 적용, 고분자 수지 재료의 적용, 그리고 폐차 자재의 리사이클링으로 자원을 보호하는 등 친환경 자동차에 대한 설계 기술과 적용이 활발하다.

2. 친환경적 자동차 설계

(1) 대체 연료의 적용 설계

전 세계적으로 CO_2를 포함한 온실가스, 미세먼지 등에 의한 환경 오염과 인체에 미치는 영향이 크므로 대체 에너지의 개발과 활용에 관심이 높아지고 부분적 실용화로 환경오염 물질의 저감에 효과를 보이고 있다.

전기 자동차 및 하이브리드 자동차의 개발과 실용화는 고유가 시대에 대응하고 환경을 오염시키는 유해 배출가스의 배출을 저감한다.

또한 연료전지(Fuel Cell) 자동차의 개발과 보급은 보다 친환경적이고 석유 에너지의 고갈과 고유가에 대응하는 설계기술로 인정된다.

(2) 다운사이징, 다운 스피딩 설계

다운 사이징(Down Sizing)의 목표는 성능은 그대로 유지하거나 향상하면서 크기와 무게는 줄여 비출력(比出力, Specific Power)을 향상시키는 것으로 핵심요소가 바로 출력과 연비효율의 향상이다.

다운사이징 적용 설계 기술은 필수적으로 엔진 배기량을 줄여야 하며 높은 연비효율과 친환경, 비용절감을 동시에 구현하고자 하는 설계기술이다.

또한, 다운 스피딩(Down Speeding)은 저속영역에서의 토크(Torque) 향상과 더불어 변속기어비의 개선으로 저속에서도 출력 성능과 주행성능을 저하시키지 않는 기술을 총칭하여 다운 스피딩이라고 하며 연비효율 향상과 더불어 온실가스의 저감이 목적이다.

(3) 리사이클링(Recycling)을 고려한 설계 기술

자원의 빈약과 고갈, 경제성, 그리고 지구 온실가스 등의 저감을 위하여 자동차뿐만 아니라 다양한 산업분야에서 리사이클링의 도입이 활발해지고 있다.

자동차는 다양하고 고가의 자원과 소재가 합쳐져 생산되는 것이니만큼 폐차부품의 리사이클링은 고부가가치를 가지며 자원의 절약, 친환경적 차원에서 중요한 의미를 가진다고 할 수 있다. 자동차 부품의 리사이클링을 구분하면 다음과 같다.

① 재제조(再製造, Remanufacturing) : 재제조의 목적은 중고, 폐제품을 새제품과 동일한 품질기준에 맞도록 다시 제조하는 것이다.

폐제품을 체계적으로 회수하여 분해, 세척, 검사, 보수, 조정, 재조립 등의 과정을 거쳐서 원래 신제품의 기능 및 성능과 같은 수준의 성능과 품질이 나오도록 회복시키는 과정을 말한다.

② 재활용(再活用, Material Recycling) : 폐부품을 수거하여 제품의 기능은 상실하더라도 원재료의 잔존 가치를 활용하기 위하여 물리적 가공을 거친 후 재생산될 제품의 원재료로 생산하는 일련의 과정을 말한다.

③ 재이용(再利用, Reusing) : 폐자동차에서 회수한 중고 부품을 원형 그대로 잔존 수명만큼 동일한 용도로 재사용하는 것을 말한다.

(4) 연소의 개선과 배기가스 저감기술을 적용한 설계

GDI(Gasoline Direct Injection)과 CRDI(Common Rail Direct Injection)은 연비성능의 향상과 더불어 높은 출력, 유해 배출가스의 저감에 큰 공헌을 하고 있다.

또한 배기가스의 정화 기술로 배기가스 재순환(EGR) 기술의 적용으로 질소산화물(NOx)의 생성을 억제하고 디젤엔진에서의 DPF(Diesel Particulate Filter), SCR(Selective Catalytic Reduction) 등은 미세 먼지와 유해 배출가스의 정화에 효과적인 설계기술로 인정받고 있다.

또한 터보차저를 장착하여 연소의 개선과 엔진 출력을 향상시키고 유해 배기가스의 배출을 억제할 수 있다.

(5) 보기류의 고성능화 기술을 적용한 설계

발전기를 포함한 에어컨 등의 보기류의 성능을 첨단화하고 이를 적용함으로써 자동차의 성능을 향상시킬뿐만 아니라 유해 배출가스의 저감에 큰 역할을 한다.

① 히트펌프

전기 자동차는 엔진에서 발생하는 폐열을 이용할 수 없기 때문에 자동차 실내를 난방할 수 있는 방안이 필요하다. 따라서 배터리 전력의 소모를 최소화하면서 난방할 수 있는 히트펌프(Heat Pump) 시스템이 대안으로 적용된다.

히트펌프는 저온의 열원으로부터 고온의 열원으로 에너지를 전달함으로써 높은 성능계수를 가지며 성능계수가 1인 전기히터보다 높은 효율을 갖는다. 또한 차량 내에 추가적인 공간이나 비용을 요구하는 전기 히터와는 달리 기존의 에어컨시스템에 방향절환 밸브를 추가함으로써 간단히 히트 펌프 시스템을 구현할 수 있다.

② ISAD(Integrated Starter Alternator Damper)

자동차에서 배출되는 유해 배기가스에 의한 환경오염을 방지와 연비 향상을 목적으로 개발된 시스템으로 시동 전동기(Start Motor), 발전기(Alternator)를 일체로 제작한 것이다.

ISAD 모터, 시동 및 운전 중 보조출력장치로 사용되는 대용량 축전지 그리고 제어장치로 구성된다.

02 QUESTION 차체용 고강도 강판의 성형기술에 대하여 설명하시오.

1. 차체용 고강도 강판의 성형기술

(1) 냉간 프레스(Cold Press Forming) 성형 기술

프레스 성형은 박판 성형 기술 중 가장 광범위하게 사용되는 대표적 기술로, 균질한 제품을 대량생산하는 방법으로 오래도록 사용되어 왔다. 하지만 차체 경량화 및 충돌안전성 확보를 위한 고강도강판의 사용 증가는 기존의 프레스 성형 공정상에 새로운 문제점들을 야기시켰다. 얇은 두께의 고강도강 프레스 성형에 따른 예기치 못한 파단과 스프링백 등이 그것이다. 또한 소재 강도의 증가에 따라 프레스 금형의 수명이 연질강(Mild Steel)을 사용했을 때보다 큰 폭으로 줄어들게 되었다. 이를 해결하고자 고강도강의 판재 성형을 위한 다양한 성형기술이 개발되고 있다.

서보 프레스는 기계식 프레스와는 다르게 서보 모터로부터 슬라이드의 동력 및 속도를 조절하는 방식이다. 서보 프레스를 이용하여 고강도강판의 형상동결성 저하현상을 개선할 것이라 기대되며, 현재 이들에 대한 기초연구가 학계와 산업계 등에서 활발히 진행되고 있다.

(2) 롤 성형(Roll Forming)

고강도 강의 벤딩 성형성을 이용한 롤성형(Roll Forming)은 일렬로 연속되는 형상 롤을 통해서 단계적으로 최종 형상으로 변형시키는 공법이다. 롤 성형은 형상정밀도가 높다는 장점이 있지만 공정특성상 유사한 단면의 상대적으로 길이가 긴 차체 구조용 제품의 생산에 적용된다는 단점이 있다.

초속 수백 미터 이상의 성형 속도를 이용한 초고속 성형 공정도 연구개발 중에 있다. 그 중 전자기적 반발력을 구동력으로 이용하는 전자기 성형(EMF)이 대표적이다. 전자기 성형은 고강도강 판재의 프레스 성형 시파단 위험도가 높은 부분에 대한 국부적인 전자기 성형을 실시한 후 나머지는 일반적인 프레스 성형을 통해 성형을 하는 방식으로 응용할 수 있다. 하지만 대량 생산 설비 구축의 어려움과 높은 생산 단가, 낮은 생산효율 등의 문제로 인해 아직까지 연구실 단위의 기초 연구만이 진행 중에 있다.

(3) 열간 프레스 성형(Hot Press Forming)

직접적으로 고강도강 판재를 성형하는 다른 공법들과는 달리, 열간 프레스성형(Hot Press Forming)은 고온에서 강의 높은 성형성과 냉각 공정에서 발생하는 상 변태를 이용하여 목표하는 고강도 부품을 제조하는 공법이다. 가열로를 이용하여 오스테나이트 변태 온도 이상으로 가열된 판재는 연질의 오스테나이트상의 기질을 가지게 된다. 프레스로 옮겨진 고온 오스테나이트상의 판재는 성형과 동시에 금형에 의한 냉각공정(Die Quenching)을 겪게 된다. 이 과정을 통해 성형된 연질의 오스테나이트상은 급랭에 의해 경질의 마텐자이트상으로 변태하게 된다. 이러한 공정을 통해 초기 강도가 600MPa 정도였던 합금강 판재가 1,500MPa 이상급의 고강도를 확보한 차체 부품으로 성형될 수 있다.

자동차 전기장치에 릴레이를 설치하는 이유, 릴레이 접점방식에 따른 종류와 각 단자별 기능을 설명하시오.

1. 릴레이(Relay)를 사용하는 목적

릴레이란 자동제어부품으로 그 입력은 (전기, 자기, 소리 빛 ,열 등등) 여러 가지의 신호가 단자에 연결되었을 때 그 접점 터미널이 이동하여 회로를 바꿈으로 여러 가지 역할을 하는 것을 말한다.

① 적은 전력으로 보다 큰 전력을 제어할 때
② 제어신호와 접점전원과 서로 GND를 분리하고 싶을 때
③ 하나의 신호로 다수의 전원을 제어할 때

릴레이는 자동차 부문에서 점점 더 광범위하게 적용되고 있다. 모터를 기동하는 것부터 시작하여 경적을 내는 것, 모터를 개폐하는 회로, 전기 발전기 회로, 전압 충전, 깜박이, 램프 밝기를 조절하는 것, 에어컨 조절, 창을 내리 올리는 것 등이다.

자동차는 일반적으로 12V 전원을 사용하는데, 그 설계 코일 전압도 12V이다. 그 전원이 배터리이므로 전압이 일정치가 않고, 주위 조건이 열악하다.

따라서 코일 소비 전류 1.6~2W 정도 범위로 높은 온도 상승과 함께 높다. 조건은 아주 좋지 않아 주위 온도는 −40~100℃이다. 모터 케이스 내에서 사용되는 릴레이는 기름먼지, 물, 소금, 기름의 침식에 잘 견디어야 한다.

또, 심한 진동과 충격에 견디어야 하고, 그 충격은 10g의 지속적 충격과 100g 충격이고, 그 진동의 범위는 10~40Hz 와 Double−Amplitude 1.27mm, 40~70Hz, 0.5g, 70~100Hz, 0.5mm (Double−Amplitude), 100~500Hz, 10g와 다른 여러 가지 비율이 있다.

2. 릴레이의 접점방식에 따른 분류

(1) 전자기 릴레이

입력부의 전류적인 영향으로 그 내부의 기계적인 부품들이 움직여서 출력을 만들어내는 것을 전자기 릴레이라 한다. 이러한 점에서 DC 전자기 릴레이, AC 전자기 릴레이, 마그네틱−레칭 릴레이, 유극성 릴레이, 리드 릴레이가 있다.

① DC 전자기 릴레이 : 입력부의 전류가 DC인 릴레이
② AC 전자기 릴레이 : 입력부의 전류가 AC인 릴레이
③ 마그네틱−레칭 릴레이 : 릴레이의 코일에서 전류가 OFF된 후에도 내부의 전자석 때문에 아마추어가 움직이지 않고 있어서 처음의 전류가 인가된 상태를 유지하고 있는 릴레이
④ 유극성 릴레이 : 입력신호의 극성에 따라 그 출력의 상태를 바꾸는 릴레이
⑤ Reed 릴레이 : 전자관 내부의 구성된 Reed의 움직임에 의하여 접점 Reed와 아마추어 전자석이 전류를 연결시켜 회로를 개폐하는 릴레이

(2) Solid − State 릴레이

릴레이의 입출력 기능이 어떤 기계적인 움직임이 없이 오로지 전자적 요소로만 수행되는 것을 말한다.

(3) Time 릴레이

입력신호가 주어지거나 혹은 제거되었을 때 출력신호가 지연되거나 혹은 일정시간 후에 회로를 연결시켜 주거나 끊어 주는 릴레이를 말한다.

(4) 온도 릴레이

외부 온도가 일정시점까지 상승했을 때 동작하는 릴레이를 말한다.

(5) 속도 릴레이

움직임의 속도가 일정시점에 도달할 때 릴레이가 동작하거나 혹은 끊어주는 릴레이를 말한다.

3. 릴레이의 접점

개폐 접점에는 그 작동방식에 따라 a접점, b접점, c접점이 있으며 각 접점의 기능은 다음과 같다.

① a 접점(Arbeit Contact : 작동 접점) : 열려 있다가 붙는 접점((OFF → ON)
② b 접점(Break Contact : 끊긴 접점) : 닫혀 있다가 열리는 접점(ON → OFF)
③ c 접점 (Change-Over Contact : 변환 접점) : 변환되는 접점

04 QUESTION 가솔린 차량에 적용되는 배기가스 촉매장치의 정화특성과 냉간 시동 시 활성화 시간을 단축시키는 방법을 설명하시오.

1. 촉매(Catalytic Converter)의 정화특성

삼원 촉매(3-Way Catalytic Converter)는 배기가스의 후처리 방식이며 CO와 HC는 산화촉매(Oxidation Converter)를 통과하여 CO_2와 H_2O로 산화되고 NOx는 환원촉매(Reducing Converter)를 통과하여 N_2로 환원된다.

(1) 산화촉매(Oxidation Converter)

산화촉매로는 백금(Pt, Platinum) 또는 백금과 팔라듐(Pd, Palladium)의 혼합물이 주로 적용되며 이들 재료는 귀금속으로 자체의 활성(Activity) 때문에 촉매로서 적합하며 이들 촉매는 산소 분자를 촉매 표면에 화학적으로 흡착시켜 분자 간의 결합을 끊어 CO 또는 HC와 반응하기 쉬운 원자상의 활성종 O^-, O^{2-} 등으로 만들어 산화를 촉진한다.

(2) 환원촉매(Reducing Converter)

배기가스 중의 질소산화물(NOx)을 환원하며 NO는 배기가스 중의 CO, HC, H_2와 반응하여 CO_2, H_2O, N_2, N_2O, NH_3 등으로 환원하는 촉매이며 환원물질인 암모니아 NH_3도 생성되는데 이는 산화촉매에서 산화될 때 다시 NO로 되돌아와 NO의 환원작용을 방해한다. NO의 환원작용은 농후 혼합비에서 반응이 촉진되며 지나치게 농후하면 CO, HC가 잔류하며 NO_3의 생성도 증가한다.

NO의 환원촉매로는 약간 농후한 혼합비에서 백금(Pd)이나 팔라듐(Pd)보다 NH_3의 생성도 억제하는 로테늄(Ru, Ruthenium)과 로듐(Rh, Rhodium)이 적용된다.

다음의 반응식은 NO의 환원반응의 형태를 나타낸다.

$$NO + CO \rightarrow \frac{1}{2}N_2 + CO$$

$$2NO + 5CO + 3H_2O \rightarrow 2NH_3 + 5CO_2$$

$$2NO + CO \rightarrow N_2O + CO_2$$

$$NO + H_2 \rightarrow \frac{1}{2}N_2 + H_2O$$

$$2NO + 5H_2 \rightarrow 2NH_3 + 2H_2O$$

$$2NO + H_2 \rightarrow N_2O + H_2O$$

$$2NH_3 + \frac{5}{2}O_2 \rightarrow 2NO + 3H_2O$$

(3) 삼원 촉매(3 – Way Catalytic Converter)

삼원 촉매(3 – Way Catalytic Converter)는 1단의 촉매로 산화반응과 환원반응이 동시에 이루어지도록 하여 배출가스의 주성분인 CO, HC, NO의 3성분을 동시에 정화하는 것이다.

이 성분들을 변환하기 위해서는 CO, HC, H_2와 같은 환원성 가스와 O_2 같은 산화성 가스의 농도가 적당량 존재하여야 하며 일정 범위 내에 균형 잡혀 있어야 한다. 이 조건을 충족시키기 위한 공기와 연료의 비율인 윈도(Window) 폭이 매우 좁다.

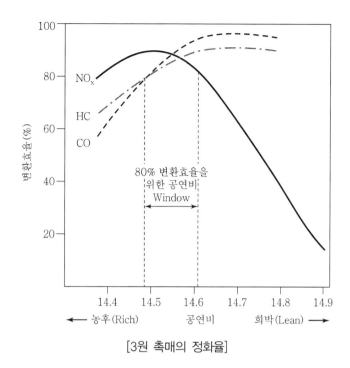

[3원 촉매의 정화율]

그림에서 약 80%의 촉매 변환 효율을 얻기 위한 공연비의 윈도(Window) 폭은 공연비로 약 0.1 정도임을 알 수 있다.

따라서 배기가스의 변환효율을 높이기 위해서는 어떠한 운전조건에서도 공연비는 윈도 (Window) 영역 내에 존재하도록 공연비가 제어되는 것이 중요하다. 공연비 제어를 위한 방법으로는 3원 촉매 앞부분의 산소 농도를 검출하는 센서인 O_2센서를 설치하여 검출된 산소 농도를 피드 백(Feed Back)한다.

2. 촉매의 변환효율(Catalytic Conversion Efficiency)

촉매의 반응효과는 촉매의 재질에 따라 변화하며 산화 촉매의 경우 반응분위기 온도가 250 ~300℃ 정도에서 최고의 변환효율을 보이며 공간 속도의 영향을 받는다. 촉매층은 일정 공간 이상의 용적을 필요로 하며 공간 속도는 다음과 같이 정의한다.

$$촉매의\ 공간속도 = \frac{배기가스의\ 체적\ 유량\ (l/h)}{촉매층의\ 용적\ (l)}\ (단위시간당)$$

촉매의 변환 효율(η_{CT}, Catalytic Conversion Efficiency)은 어떤 성분의 질량 유동률에 대한 촉매 컨버터 내부에서 그 성분이 산화 또는 환원된 질량 유동률의 비율로 정의한다. 탄화수소(HC)에 대한 촉매의 변환 효율을 나타내면 다음과 같다.

$$\eta_{CT/HC} = \frac{\dot{m}_{HC-in} - \dot{m}_{HC-out}}{\dot{m}_{HC-in}} = 1 - \frac{\dot{m}_{HC-out}}{\dot{m}_{HC-out}}$$

3. 냉간 시의 촉매 활성화 시간 단축방안

TLEV(Transient Low Emission Vehicle) 0.125HC를 만족하기 위해서 촉매장치는 적어도 30초 이내에 활성화되어야 하고 LEV(0.075HC)를 만족하기 위해서는 15 이내에 활성 온도 인 350℃에 도달하여야 한다.

냉간 시동 초기 촉매의 온도와 냉각수의 수온을 확인하며 흡입 공기량 센서 데이터보다 공연 비를 농후하게 공급하고 산소 센서로부터 피드백 데이터로부터 보정된 값으로 분사량을 결정 하여 공급한다.

시동 후 약 120초 동안 혼합기의 농도를 농후하게 하여 공급함으로써 촉매의 활성화 시간을 단축한다.

05 QUESTION 최신 산업 기술인 메카트로닉스(Mechatronics), 재료기술, 정보기술, 환경기술 및 에너지 기술에 대하여 자동차에 적용된 사례를 설명하시오.

1. 메카트로닉스와 자동차

메커니즘(Mechanism, 기계공학)과 일렉트로닉스(Electronics, 전자공학)의 합성어이며 기 계의 전자화 또는 전자기기의 기계화를 말한다.

자동차, 우주항공뿐만 아니라 공장 자동화나 로봇, 제어기기 등에 원가 절감과 경쟁력을 높 이는 기반기술로 꼽힌다.

자동차에 적용된 메카트로닉스 기술은 엔진 관련 제어장치와 새시 관련 자동 변속기제어장 치, 전자제어 현가장치, 전자제어 조향장치와 ABS, TCS 등의 전자제어 브레이크장치와 구 동력 제어장치를 비롯하여 SBW(Shift By Wire) 시스템, 전자동 에어컨(FATC ; Full Automatic Temperature Control) 새시 관련 전기/전자장치 등에 다양하게 적용되고 있다.

2. 자동차 첨단 재료기술

자동차의 재료는 연비성능과 안전성의 제고를 목표로 경량화와 고강도화를 지향하여 개발되 고 적용되어 왔다.

탄소섬유 강화 복합재(CFRP)는 보닛과 도어, 일부 차체의 재료로 활용되어 강도적으로 손상됨이 없이 차량의 경량화에 기여하며 마그네슘 합금은 경량이면서 강도의 우수성 때문에 자동차의 휠과 기능성 부품에 적용되고 있다.

세라믹 복합재료는 세라믹에 여러 형태의 강화 물질을 혼합하여 만든 것으로 자동차의 내열성, 내식성이 중요한 부품의 재료로 활용된다.

그 밖에 금속거품(Metal Foams), 샌드위치 시트 패널(Sandwich Sheets) 등도 최신 자동차 재료로 적용되고 있다.

3. 정보 기술

무선제어기술과 통신기술의 발달로 다양한 정보화 기기들이 자동차에 적용되고 있으며 차세대 GPS, 탈선경보 시스템, 졸음운전 감지장치 등 고안전 지능형 차량에 적극적으로 적용되며 텔레매틱스 시스템도 실용화되어 있다.

① 사각지역 감시장치(BSD ; Blind Spot Detection)
② 차선이탈 경고장치(LDWS ; Lane Departure Warning System)
③ 자동비상 제동장치(AEBS ; Advanced Emergency Braking System)
④ 전방충돌 경고장치(FCW ; Forward Collision Warning System)
⑤ 적응순항 제어장치(ACC ; Adaptive Cruise Control)
⑥ 차선유지 보조장치(LKAS ; Lane Keeping Assist System)
⑦ 후방충돌 경고장치(RCW ; Rear-End Collision Warning System)

4. 환경오염 저감기술

근래 온실가스의 저감을 위한 다양한 노력과 규제가 있으며 유해 배출가스의 저감을 위한 기술들이 적용되고 있다.

유해 배출가스의 저감을 위한 OBD-II 강화와 증발가스 제어장치 그리고 디젤엔진에서의 미세먼지 저감을 위한 DPF, P-DPF장치가 적용되고 있다.

또한, 질소산화물을 저감하기 위한 대표적인 배기 후처리 장치로는 SCR(Selective Catalytic Reduction)과 LNT(Lean NOx Trap) 기술이 적용되고 있다.

SCR(Selective Catalytic Reduction)은 요소수 첨가 선택적 촉매반응 제거장치인 Urea-SCR이 실용화되고 있으며 Urea와 같은 별도의 첨가물로부터 공급되는 암모니아(NH_3)를 이용하여 질소산화물을 정화하는 것으로 높은 정화율을 보인다.

5. 대체 에너지 기술

석유에너지의 고갈과 환경오염, 특히 온실가스(CO_2)의 저감을 위하여 석유 에너지의 사용에서 탈피하려는 노력이 강화되고 있으며 하이브리드형 자동차와 전기에너지를 이용하고 수소에너지를 사용하는 연료전지 자동차(FCEV)가 등장하였다.

또한 바이오 에너지와 대형 자동차를 중심으로 천연가스(CNG) 엔진의 실용화가 이루어지고 있다.

06 QUESTION 전기자동차 구동모터에서 페라이트(Ferrite) 자석을 사용하는 모터에 대하여 희토류(Rare Earth) 자석을 사용하는 구동모터의 특징을 설명하시오.

1. 영구 자석형 모터의 개요

모터를 구성하는 여러 가지 부품, 소재 중에서 영구자석은 성능을 규정하는 핵심 부품 중의 하나라고 할 수 있다. 여러 가지 부품 중에서 영구자석은 상대적으로 기술의 발전속도가 빠르고, 가격의 변화 또한 빠른 것으로 판단된다. 과거 매우 고가여서 모터에 적용하기 어려웠던 희토류 자석의 경우에도 현재는 서보모터뿐만 아니라 전기자동차용 모터 등 다양한 용도로 응용범위가 확대되고 있고, 이에 따라 영구자석의 효과적인 이용기술 및 이를 이용한 모터의 최적화 설계기술이 보다 요구되고 있다고 할 수 있다.

2. 페라이트, 희토류 영구자석형 모터

페라이트 자석은 철 산화분말을 주원료로 소결하여 제작하므로 내식성·내산화성이 우월하다. 보자력이 높으므로 감자가 잘 안되며 안정적인 특성을 나타내는 장점이 있다.

기계적 강도가 낮고 열에 의한 감자가 크고 약 100℃ 이상이 되면 자력이 떨어지나 상온이 되면 원래의 자력을 회복한다.

희토류(稀土類, Rare Earth Metal)도 희소금속의 한 종류이며 란탄(Lanthanum) 계열 15개 원소(원자번호 57~71번)와 스칸듐(Scandium), 이트륨(Yttrium)을 합친 17개 원소를 지칭한다. 이들 원소가 워낙 희귀하고, 세분화하는 것이 번거롭기 때문에 이들 원소를 모두 합쳐서 희토류라고 부르고 있다.

희토류에 속한 원소들은 화학적으로 안정되면서도 열을 잘 전달하는 공통점이 있다. 이 때문에 합금이나 촉매제, 영구자석, 레이저 소자 등의 원료로 사용된다.

희토류가 많이 사용되는 용도로는 자기장 자석과 전기모터 풍력발전기의 영구자석과 전기 자동차, 수소 자동차 등으로 희토류가 없으면 자동차 생산을 할 수가 없다. 디스플레이나 LCD에도 사용되며 철 주조 시나 유리 생산과 가전제품 생산 시, 기타 많은 용도로 사용된다.

희토류 자석은 매우 높은 보자력을 갖는 자성재료로서 희토류 원소와 코발트의 합금이 주목되고 있다. 이와 같은 희토류 원소를 함유한 영구 자석으로 알맞은 재료로서 만들어진 자석을 희토류 자석이라고 한다. 대표적인 것으로서 사마륨·코발트 자석, 네오디뮴·철·붕소의 희토류 소결자석 등이 있다

기존에 주로 사용 중인 페라이트 자석 모터보다 희토류 영구자석은 선형성과 자속 밀도를 가지며 고출력을 얻을 수 있으며, 페라이트 자석보다 희토류 자석의 잔류자속밀도가 2배 이상 증가하며 온도 특성이 좋은 모터의 제작이 가능하다.

MEMO

105회

차량기술사

기출문제 및 해설

01
QUESTION

차량의 구름 저항(Rolling Resistance)의 발생 원인 5가지를 나열하고, 주행속도와 구름저항의 관계를 설명하시오.

1. 구름저항의 발생원인

구름저항은 차륜이 평탄로를 주행하는 경우에 발생하는 저항이며 다음과 같은 저항의 영향을 받는다.

① 타이어 접지부의 탄성 변형에 의해 발생하는 저항
② 노면의 탄성 및 소성 변형에 의한 저항
③ 차륜 베어링부의 마찰에 의한 저항
④ 노면의 요철에 의한 저항
⑤ 노면으로부터의 차체 진동에 의한 저항 구동력에 의한 저항

2. 구름저항의 발생

구름저항은 차륜에 작용하는 하중, 노면 상태, 주행 속도 등의 영향을 받지만 주행속도가 크지 않은 경우에는 속도의 영향은 받지 않는 것으로 판단하며 차륜에 작용하는 하중에 비례한다.

$$R_r = \mu W$$

여기서, R_r : 구름저항
μ : 구름저항계수
W : 차량중량

3. 구름저항계수와 주행속도

타이어의 공기압이 정상적일 때 구름저항계수는 노면의 상태에 따라 0.01~0.12 사이의 값을 가지며 주행 속도가 비교적 낮은 0~100km/h 정도에서 구름저항계수는 주행속도에 거의 비례하여 직선적으로 증가하는 경향을 나타낸다.

이때의 주행저항은 노면의 조건에 따른 속도에 대한 구름저항을 μ'라고 하면 다음과 같은 근사식으로 표시할 수 있다.

$$R_r = (\mu + \mu' V) W$$

02 승용 자동차에 런－플랫(Run－Flat Tire)를 장착할 경우, 안전성과 편의성 두 가지 측면으로 나누어 설명하시오.

QUESTION

1. 런－플랫 타이어(Run－Flat Tire)의 구성과 안전성

런 플랫 타이어(Run Flat Tire)는 사이드 월(Side Wall) 또는 비드 충전재와 비드 와이어를 보강하여 타이어의 압력이 저하되더라도 일정 거리의 주행이 가능한 타이어를 말한다. 일반 타이어는 타이어의 내압이 영(Zero)이 되면 붕괴되어 주행이 불가능한 상태가 되지만 런 플랫 타이어는 내압이 영이 되더라도 최고 80km/h의 속도로 150km까지 주행 가능한 것으로 알려져 있다.

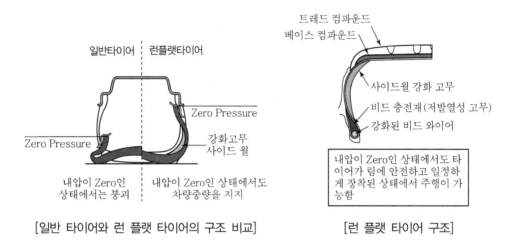

[일반 타이어와 런 플랫 타이어의 구조 비교]　　　　[런 플랫 타이어 구조]

런 플랫 타이어는 크게 사이드 월(Side Wall) 보강형과 서포트 링(Support Ring) 장착형 그리고 사이드 월과 서포트 링을 모두 보강한 런 플랫 타이어가 상용화되어 있다.

2. 런－플랫(Run－Flat Tire)의 편의성

사이드 월을 보강하면 사이드 월이 두꺼워서 승차감이 떨어지고 중량이 커서 연비에도 불리하지만 사고 예방과 주행 중 노상에서 타이어를 교환하지 않아도 되어 편의성이 향상되고 스페어 타이어를 가지고 다닐 필요가 없어 차량 중량의 감소와 연비의 향상에 효과가 있다.
서포트 링 장착형은 서포트 링과 휠이 결합된 형태의 일체형과 서포트 링이 휠에서 분리되어 장착과 탈착이 가능한 분리형으로 구분된다.

03 롤 스티어(Roll Steer)와 롤 스티어 계수(Roll Steer Coefficient)를 설
QUESTION 명하시오.

1. 롤 스티어(Roll Steer)의 개요

차량은 선회 주행 시 원심력에 의해 밖으로 나가려는 힘이 작용하며 타이어의 접지력에 의해
발생하는 코너링 포스(Cornering Force)에 의해 밀리지 않고 차체만 기울어지게 된다.
이때 외륜 측의 스프링은 압축되고, 내륜 측 스프링은 인장되며 이러한 스프링의 압축이나 인
장에 의해서 차륜의 얼라인먼트가 변화한다.
그중에서 토우의 변화는 오버, 언더 스티어링 등의 선회 특성에 영향을 주며 이러한 차체의
기울어짐에 의한 토우 변화를 롤 스티어(Roll Steer)라고 한다.

2. 롤 스티어 계수(Roll Steer Coefficient)

롤 스티어가 발생한 상태에서 롤 각에 대한 조향각의 비율을 계수로 나타낸 것이다.
차량의 언더 스티어를 약화하는 방향을 롤 오버 스티어 플러스(+), 언더 스티어를 강화하는
방향으로 작용하는 것을 롤 언더 스티어(−)로 표시한다.

04 슬립 사인(Slip Sign)과 슬립 스트림(Slip Stream)에 대하여 설명하시오.
QUESTION

1. 슬립 사인(Slip Sign)

슬립 사인은 TWI(Tire Ware Indicator)라고도 하며 그루브(홈)의 깊이가 약 1.6mm 정도가
되면 그루브가 끊어져 보이며 타이어의 마모를 쉽게 판단할 수 있도록 나타나는 표시이며 그
루브가 낮은 마모가 심한 타이어로 주행하게 되면 안전성을 해친다는 것을 경고해주는 표시
이기도 하다.

2. 슬립 스트림(Slip Stream)

고속 주행 중인 자동차의 후부에 발생하는 후류(後流)이며 저압의 영역을 말한다.

슬립 스트림은 저압 영역이며 진공의 상태와 같고 후부를 따르는 자동차는 공기저항이 감소하며 가속 저항이 상승되어 레이싱과 같은 고속 주행의 운전 테크닉으로 여겨진다.

그러나 슬립 스트림 영역 내에서 냉각효과는 현저히 저하되어 엔진이 과열되어 오버 히트되는 현상을 보일 수 있다.

 연소실 내에서 배기 행정 후에 잔류하는 연소가스를 무엇이라고 하며 이것에 의한 장단점을 쓰시오.

QUESTION

1. 잔류(殘留) 가스(Residual Gas)

4사이클 기관의 배기 행정 끝 또는 2사이클 기관의 소기 행정 끝에 실린더 내부에 완전히 다 배출되지 않고 남아 있는 연소가스를 말한다.

일반적으로 잔류 가스는 흡입효율의 저하를 가져오며 불리한 상황을 초래하기도 하지만 다음과 같은 장점으로 밸브의 여닫힘 시기의 제어로 인위적으로 잔류 가스량을 제어하기도 한다.

2. 잔류 가스의 효과

디젤을 연료로 하는 엔진에서는 균질 예혼합 압축 착화(HCCI ; Homogeneous Charge Compression Ignition) 연소방식에서 일정량의 배출가스를 잔류시켜 연소실 온도를 높게 유지한 상태에서 흡입 행정 중에 연료를 분사하고 그 혼합기를 압축함으로써 자기 착화시켜 혼합기 전체가 동시에 연소되기 때문에 연소속도의 향상과 완전연소에 가까운 결과를 낼 수 있다.

일반 가솔린엔진에서는 내부 EGR효과로 출력을 높이면서도 입자상 물질을 발생하지 않고 특히 연소 최고 온도가 낮아 질소산화물(NOx)의 발생을 억제할 수 있으며 삼원 촉매도 사용할 수 있다.

06 QUESTION 엔진에 공급되는 연료량에 대한 냉각수온 보정의 목적 세 가지를 설명하시오.

1. 냉각수온 보정의 목적

(1) 시동 증량 보정

시동 시 증량 보정은 시동성 향상을 위한 증량 보정이며 시동 후 보정은 냉각수의 온도에 일정 시간 동안 증량 보정하여 엔진 회전수의 안정을 도모하기 위한 목적이다.

(2) 웜 업 증량 보정

엔진의 온도가 낮을 때는 연료의 기화가 불량하므로 냉각수온 센서의 신호에 의하여 분사량을 증량 보정한다. 보통 40℃ 이하일 때는 증량 보정하고 40℃ 이상에서는 일정하다.

(3) 웜업 시 가속 증량 보정

엔진 웜업 중에 가속하는 경우 냉각수온에 따른 증량 보정하여 냉간 시의 운전성을 향상한다.

07 QUESTION 엔진에 흡입되는 공기 질량이 고도가 높아짐에 따라 증가한다면 그 원인에 대하여 설명하시오.

1. 고도와 공기 밀도 – 대기 온도

해발 약 11km까지를 대류권이라 하며 보통 대류권까지는 연속적으로 대기 온도는 낮아지며 대류권에서 대기의 온도는 영하 60도 정도에 이른다.
또한 고도가 상승할수록 공기 밀도는 낮아지며 단위 체적당의 질량은 감소한다.
엔진에 흡입되는 공기는 고도 상승에 따른 밀도 저하보다 대기 온도가 낮아지는 효과가 더 큰 영향을 미치므로 실제로 자동차에 흡입되는 공기 질량은 증가할 수 있다.
고도가 높아질수록 터보차저와 인터쿨러가 장착된 자동차에서는 대기 온도의 저하에 따른 냉각효과가 더욱 증가되어 흡입 공기의 질량은 증가할 수 있다.

08 QUESTION 엔진 서지 탱크에 장착되는 PCV(Positive Crankcase Ventilation)나 EGR(Exhaust Gas Recirculation)포트 위치를 정할 때 고려해야 할 사항을 설명하시오.

서지탱크를 통하여 연소실로 공급되는 블로바이가스와 배기가스로 인한 흡기계통의 오염과 그로 인한 각 구성품의 고장 및 엔진효율 저하를 방지할 수 있도록 내부에 활성탄이 충진되어 있다.

EGR 밸브를 통하여 배기가스를 유입하고 PCV 밸브를 통하여 블로바이가스를 유입하여 서지탱크 공급관을 통하여 서지탱크로 배기가스와 블로바이가스를 공급하는 캐니스터가 있다.

EGR 밸브를 통하여 서지탱크로 공급되는 배기가스와 PCV 밸브를 통하여 서지탱크로 공급되는 블로바이가스 중의 불순물을 제거하여 서지탱크 및 흡기계통의 오염을 방지한다.

09 QUESTION 휠 정렬(Wheel Alignment)에서 미끄러운 노면 제동 시 스핀(Spin)을 방지하기 위한 요소와 명칭을 설명하시오.

1. 휠 오프셋(Wheel Off−Set)

휠의 중심과 차량에 휠을 연결하는 부위가 얼마나 떨어져 있는지를 나타내며 휠정렬 허용치의 마이너스 오프셋의 휠을 장착했을 경우 타이어가 바깥쪽으로 튀어나오게 되어 코너링 성능이 좋아지지만, 플러스 오프셋의 휠을 장착했을 경우 타이어가 안쪽으로 들어가게 되어 이를 교정하기 위해 타이어와 연결부 면 사이에 스페이서를 삽입하고 타이어를 체결한다.

미끄러운 노면에서 스핀을 방지하기 위하여 플러스(+) 오프셋을 주는 것이 일반적이다.

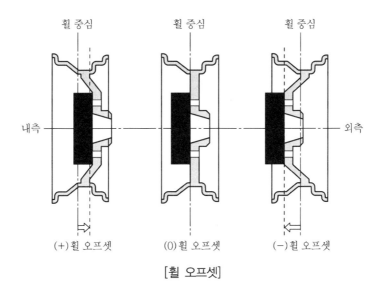

[휠 오프셋]

FATC(Full Automatic Temperature Control)의 기능을 설명하시오.

1. FATC의 개요

자동차 실내 에어 컨디셔닝(Air Conditioning)의 쾌적한 분위기를 조성하기 위한 첨단장치 중의 하나가 전자동 에어컨(FATC ; Full Automatic Temperature Control)이다.

공조 온도의 컨트롤인데, 실내 온도를 희망하는 온도로 유지하기 위해서 냉방 부하에 따라 냉방 능력을 컨트롤하며 냉방에 대한 외부 조건의 변화에 따라 냉방 능력을 컨트롤할 필요성을 가지며 FATC는 외부 조건의 변화에 관계없이 시스템 자신이 냉방 능력을 조정하여 항상 지시된 온도로 실내 온도를 유지하여 준다.

2. FATC의 제어

자동적으로 컨트롤하는 시스템에는 마이크로 컴퓨터(Air Con. ECU)가 활용되며 차종과 메이커마다 FATC 시스템의 구성은 다르지만 일반적인 FATC의 센서 신호의 입력과 액추에이터 출력 신호는 다음과 같다.

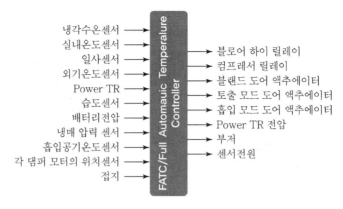

[전자동에어컨(FATC)의 입출력]

 엔진 출력이 일정한 상태에서 가속성능을 향상시키는 방안에 대하여 5 가지를 설명하시오.

1. 가속성능

가속성능은 여유 구동력의 크기에 따라 결정되며 여유 구동력은 최대 구동력과 주행 저항과의 차이로 결정된다.

주행 속도 $V(\text{km/h})$로 평탄로를 주행하는 자동차의 최대 구동력을 $F_{\max}(\text{kg}_\text{f})$, 전 주행 저항을 $R(\text{kg}_\text{f})$라고 할 때 여유 구동력은 $(F_{\max} - R)$이 되며 이 여유 구동력을 전부 가속을 위해 사용하는 경우 가속도 $\alpha(\text{m/sec}^2)$는 차량 중량을 $W(\text{kg}_\text{f})$, 회전 부분 상당 중량을 $\Delta W(\text{kg}_\text{f})$, 중력 가속도 $g(9.8\text{m/sec}^2)$이라 할 때 다음과 같이 나타낼 수 있다.

$$\alpha = \frac{F_{\max} - R}{W - \Delta W}\ g$$

2. 가속성능 향상방안(엔진 출력 일정 상태)

① 차량 중량을 적게 하기 위하여 차체의 경량화와 불필요한 물품의 적재를 피한다.
② 주행 저항을 낮추고 여유 구동력을 증가시키기 위하여 고속주행을 피한다.
③ 총 감속비를 크게 하여 최대 구동력을 증가시킨다.
④ 구동륜의 유효반경을 작게 하여 구동륜의 최대 구동력을 증가시킨다.

⑤ 구동륜의 최대 구동력은 노면과의 마찰계수로 결정되는 점착력 이상으로 커질 수는 없으므로 타이어의 관리로 마찰계수를 확보하며 자동차의 회전 부분 상당 중량을 줄이는 설계가 필요하다.

전자제어 현가장치에서 반능동형 방식과 적응형 방식에 대하여 설명하시오.

1. 반능동형 전자제어 현가장치

쇼크업소버의 운동 특성을 가변시켜 4륜의 감쇠력을 독립적으로 제어함으로써 독립식 현가장치의 장점을 살리고 주행 안정성을 확보하는 방식이다.

각 차륜의 상단 차체에 가속도 센서가 부착되며 각 차륜의 거동을 측정하며 차속 센서와 조향각 센서의 신호를 기준으로 운전자의 급조향 및 차체의 거동을 제어하는 안티 롤 제어를 한다.

감쇠력 제어를 위한 액추에이터 제어에는 스텝 모터를 이용하여 감쇠하는 방법과 솔레노이드 밸브를 사용하여 연속적인 감쇠력 절환이 가능하도록 하는 방식이 적용된다.

2. 적응형 전자제어 현가장치

적응형 현가장치는 주로 공기 스프링을 사용하여 승차감과 주행 안정성을 향상시키기 위하여 스프링 상수와 감쇠력을 변환할 수 있는 기능과 차고 조정 기능을 가지며 자체적으로 고장 진단을 할 수 있다.

① 스프링 상수와 감쇠력 변환 : 주행 상태와 노면 상태에 따라 HARD 또는 SOFT 모드로 현가 특성을 변화시켜 승차감과 주행 안전성을 최적의 상태로 유지한다.
② 차고 조정 : 공기 스프링 내의 공기량을 조정하여 노면 상태와 차속에 따라 차고를 조정하여 승차감과 주행 안정성을 향상한다.
③ 페일 세이프 및 자기진단 : 제어 유닛 내의 마이크로 프로세서를 이용하여 고장진단 및 페일 세이프(Fail Safe) 기능으로 안전을 확보한다.

13 소음기의 배플 플레이트(Baffle Plate)의 역할에 대하여 설명하시오.

QUESTION

1. 소음기의 배플 플레이트

소음기의 속을 작은 방으로 구분하는 판(플레이트)으로서, 배기가스의 흐름을 방해하는 배플은 음파의 간섭이나 압력 변동에 의하여 소리를 작게 하는 효과를 얻는다.

배플 홀은 차량 소음기의 크기를 확대하지 않고 소음(消音) 성능이 향상될 수 있도록 하는 차량 소음기 내부의 다공(多孔)의 판을 말한다.

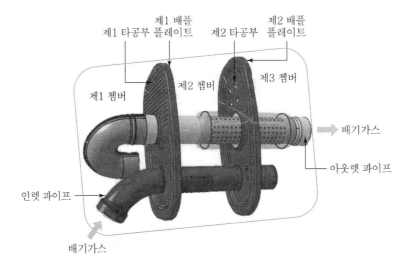

[소음기의 배플 플레이트]

2교시

PROFESSIONAL ENGINEER TRANSPORTATION VEHICLES

01 QUESTION

자동변속기의 동력전달효율에 영향을 미치는 요소 3가지에 대하여 설명하시오.

1. 자동변속기의 동력전달효율에 영향을 미치는 요소

자동변속기 자체에서 연비에 영향을 주는 것을 전달효율이라고 하며 전달효율은 토크 컨버터, 오일 펌프, 터빈이 영향을 미치는 3요소이다.

(1) 토크 컨버터(Torque Converter)

토크 컨버터는 펌프 런너, 터빈 런너, 스테이터 등으로 되어 있으며, 이들이 상호 운동을 하여 토크를 변환 증대시킨다.

터빈의 토크 Tt, 펌프의 토크 Tp, 스테이터의 토크 Ts 라고 하면

$$Tt = Tp + Ts \text{ 이다.}$$

터빈의 회전속도를 Nt, 펌프의 회전속도를 Np 라고 하면 컨버터의 효율 η 는

$$\eta = \frac{Tt}{Tp}\frac{Nt}{Np} \times 100(\%) \text{ 이다.}$$

$$토크비 = \frac{Tt}{Tp} \qquad\qquad 속도비 = \frac{Nt}{Np}$$

토크 컨버터에 의한 토크의 전달 손실은 각 날개에 대한 유입 충돌의 손실과 유체 마찰 및 기타의 손실로 나눌 수 있다.

ATF가 날개에 대해서 유입하는 방향은 속도비 Nt/Np 에 따라 변한다. 따라서 유입방향이 날개의 방향과 일치하였을 때에 충돌 손실이 가장 적고, 유체마찰은 속도비 0에서 최대를 표시한다. 또한 속도비가 커짐에 따라 점차 작아진다.

따라서 충돌 손실이 가장 적은 부근에서 최대의 효율이 얻어져 포물선을 나타내게 된다. 또, 토크비 Tt/Tp 는 다음 그림과 같이 보통 직선적으로 변화하고, C점에서부터 오른쪽에서는 $Tt < Tp$ 가 된다. 물론 C 점에서부터 스테이터는 공전을 시작한다.

이때의 C점을 클러치 점(Clutch Point)이라 하며, 클러치점 이상의 속도비에서는 유체

클러치처럼 작동된다. 즉 토크비＝1로 하여 효율(η)이 저하되는 것을 방지한다.

위에서 이미 설명한 바와 같이 단방향 클러치의 작용에 따르는 클러치점 이하의 토크 변환기로서의 작동 범위와 Clutch Point 이하의 토크 변환기로서의 작동 범위와 클러치점 이상의 유체 클러치로서의 작동 범위는 그 작용이 전혀 다르기 때문에 이 범위를 상(相, Phase)이라고 부른다.

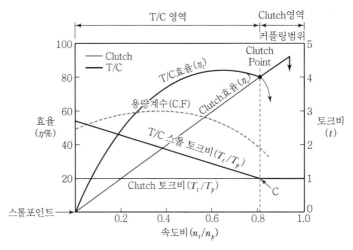

[자동변속기의 성능선도]

토크 컨버터를 이용한 1단에서 최대로 얻을 수 있는 최대 토크비는 약 4 정도이며 이때의 효율은 약 80% 정도이다.

최대 효율을 80% 이상으로 유지하려면 최대 토크비를 2~2.5로 하여야 한다. 또 더 큰 토크비를 얻으려면 2단 또는 3단형으로 하여야 하며 이때의 최대 토크비는 4~6이 된다. 이 최대 토크비는 속도비 Nt/Np가 0으로 터빈이 정지 시 발생하며 이점을 스톨 포인트(Stall Point)라고 하고 이때의 펌프 회전수(엔진 회전수)를 스톨 회전수(Stall RPM)이라고 한다.

(2) 오일 펌프(Oil Pump)

자동변속기가 요구하는 적당한 유압과 유량을 공급하며 변속기의 윤활 및 작동압의 근거가 되고 기존에는 프런트와 리어 펌프 2개를 적용하였으나 이러한 형식은 구조가 복잡하고 공급 유량이 2배로 흐르므로 동력 손실의 원인이 되어 현재는 대부분 프런트 펌프만 적용하는 형식을 사용한다.

자동변속기는 오일 펌프에서의 손실이 가장 크므로 오일 펌프의 압력을 낮게 유지하는 것이 변속기의 전달효율을 높이는 방법이다.

(3) 터빈(Turbine)

엔진의 동력이 플라이휠을 통해 전달되면 토크 컨버터의 펌프 임펠러를 회전시키고 펌프 임펠러가 돌아가면, 유체(미션오일)의 힘이 터빈을 구동한다.

이때 터빈의 회전하는 힘이 변속기 입력축으로 전달되고 펌프 임펠러는 엔진과 연결되어 있고, 터빈은 변속기와 연결되어 있으며 이 둘 사이에 동력을 전달하는 것이 자동변속기 오일(ATF)이다.

토크컨버터 하우징은 펌프 임펠러와 일체로 되어 있고 ATF로 동력을 전달하게 되면 펌프와 터빈에는 아무리 회전 차이가 줄어들어도 10% 정도의 슬립이 존재하게 된다.

이때 발생하는 슬립으로 인한 동력 손실을 방지하기 위해 록업 클러치를 장착하여, 토크 컨버터를 기계적으로 직결시키면 엔진의 동력이 그대로 변속기로 전달되어서 동력 손실이 없어진다.

또한 토크 컨버터는 펌프 런너와 터빈 런너의 날개 형상에 각도를 주었으며 토크의 손실을 막고 토크를 증대시키기 위해 터빈과 펌프 사이에 스테이터가 장착된다.

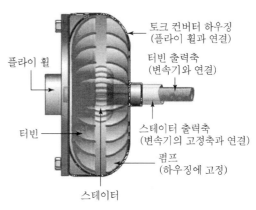

[토크 컨버터의 구조]

02 전자제어 현가장치에서 서스펜션(Suspension)의 특성 절환에 대하여 설명하시오.

QUESTION

1. 전자제어 현가장치의 특성 절환

쇼크업소버의 감쇠력 특성을 가변적으로 제어해 일반 주행 때는 Soft하게, 고속 주행 및 자세 변화 때에는 Hard하게 함으로써 승차감과 주행 안정성을 동시에 확보하기 위해 감쇠력을 제어한다.

전자 제어 서스펜션 시스템은 다음과 같은 장점을 가지고 있다.

① 차량 중량 변화에 따라 Hard와 Soft로 제어하여 승차감 향상
② 가감속 시 또는 조향 시의 자동차 자세의 변화를 대폭 감소
③ 자동차의 운동 특성의 최적화
④ 도로면 및 차속에 적합한 최적의 차고 제어

2. 전자제어 서스펜션의 특성 절환

(1) 감쇠력 제어

전자제어 서스펜션은 도로 및 주행상태에 따라 Soft, Auto-Soft, Medium, Hard로 적절하고 신속하게 절환하여 제어해 승차감과 주행 안정성을 동시에 확보하는 제어를 수행한다.

주행 조건에 따라 ECU가 스텝모터를 이용 기존 쇼크업소버의 오일 통로(오리피스)의 유로 면적을 조절함으로써 감쇠력을 제어한다.

일반 주행 때에 오일의 유로 면적을 크게 해 Soft한 승차감을 유지하며, 고속 주행 및 선회 시, 제동 시에는 오리피스의 유로 면적을 작게 해 Hard하게 제어함으로써 승차감 및 주행 안정성을 확보한다.

스텝 모터는 쇼크업소버의 피스톤 로드에 내장하는 타입 외에 로터리 밸브의 회전축을 컨트롤 로드에 의해 쇼크업소버 상단까지 연장하고 쇼크업소버 밖에서 모터 축에 결합하는 외부 구동방식도 있다.

(2) 차고 제어

차량 중량이 변화할 때 일정한 차고를 유지하기 위해 미리 설정하여둔 목표 차고를 벗어나는 경우 차고를 제어한다.

차고 센서로부터 현재 차고를 ECU가 검출해 목표 차고보다 낮으면 저장 탱크의 압축 공기를 공기 스프링에 공급해 차체를 상승시킨다.

반대로 목표 차고보다 높을 경우 공기 스프링에 있던 압축 공기를 방출시켜 차고를 낮추며 차량 중량의 변화에 상관없이 항상 일정한 차고를 유지하도록 앞뒤 서스펜션을 독립적으로 제어한다.

또한, 고속 주행 시에는 ECU가 자동적으로 차고를 낮추어 공기 저항을 감소시키고 고속 주행에서의 안정성을 향상시키는 Low 모드가 있으나 이는 임의로 선택이 불가능하며 보통의 경우 80km/h를 넘으면 설정된 차고보다 20mm 내려 고속 주행성을 향상시킨다.

(3) 자세 제어

전자제어 서스펜션의 자세 제어는 자동차 주행 중 운전자의 의지와 현가장치에서 일어나는 고유진동(Natural Vibration), 롤링(Rolling), 스쿼트(Squirt), 피칭(Pitching), 바운싱(Bouncing) 등의 진동이 발생하면 감쇠력 가변과 동시에 공기 스프링의 압력을 독립적으로 공급 또는 배기시킨다. 이에 따라 노면에 대해 차체가 흔들림 없는 자세 제어를 실현해 승차감과 주행 안정성을 향상시킨다.

03
QUESTION

드럼 브레이크(Drum Brake)에서 이중 서보 브레이크(Duo-Servo Brake)의 작용에 대하여 설명하시오.

1. 드럼 브레이크의 자기작동

대형 피스톤형의 휠 실린더를 1개 사용하고 리딩 슈(Leading Shoe), 트레일링 슈(Trailing Shoe)를 조합한 브레이크로서 리딩 슈의 확장력은 자기 작동력에 의하여 증가된다.

그러나 회전하는 드럼은 트레일링 슈를 드럼으로부터 떨어지게 작용한다. 따라서 리딩 슈는 작동력이 증가하고 트레일링 슈는 마찰력이 저하된다.

이와 같이 리딩 슈는 모멘트의 작용에 의하여 미는 힘을 가세하여 더 큰 힘이 되어 슈를 압착하며 이를 자기 배력작용(Self-Servo Action) 또는 서보효과라고 한다.

리딩 슈는 자기 작동력, 서보효과에 의하여 제동 토크는 1.5~2.5배 증가하고 트레일링 슈는 0.6~0.8 정도로 감소한다.

2. 드럼 브레이크의 제동 토크

2개의 브레이크 슈가 브레이크 드럼 내면에 압착되어 브레이크 작용을 하면 휠 실린더로부터 F_1, F_2가 작용하고 드럼 내면으로 확장하는 수직력을 P_1, P_2라고 하고 l_1, l_2, l_3를 각 슈의 작용점이라고 할 때 브레이크 제동력은 다음과 같다.

$$Q = Q_1 + Q_2 = \mu P_1 + \mu P_2$$

제동륜이 반시계방향으로 회전하는 경우 모멘트의 평형에 의하여 다음과 같은 식이 성립한다.

$$F_1 l_1 = P_1 l_2 - Q_1 l_3 = P_1 l_2 - \mu P_1 l_3$$

$$F_1 = \frac{P_1}{l_1}(l_2 - \mu l_3) \text{가 되고 같은 방법으로 } F_2 = \frac{P_2}{l_1}(l_2 + \mu l_3)$$

제동륜이 시계방향으로 회전하는 경우 모멘트의 평형에 의하여

$$F_1 = \frac{P_1}{l_1}(l_2 + \mu l_3) \text{가 되고 같은 방법으로 } F_2 = \frac{P_2}{l_1}(l_2 - \mu l_3)$$

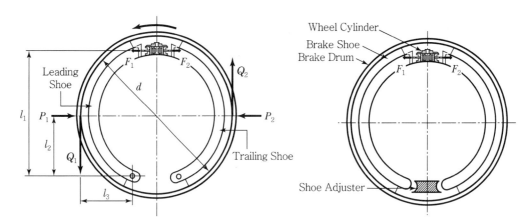

[리딩 슈와 트레일링 슈]

$Q_1 = \mu P_1$ 은 왼쪽의 슈를 한층 더 바깥쪽으로 확장하도록 작용하고 $Q_2 = \mu P_2$ 는 오른쪽의 슈를 안쪽으로 작용하도록 하여 왼쪽 슈가 더 큰 제동력이 작용하고 이를 자기작동 슈 (Leading Shoe)라고 한다.

제동 토크는 다음과 같다.

$$T = Q\,\frac{d}{2} = (Q_1 + Q_2)\,r = (\mu P_1 + \mu P_2)\,r$$

$$T = \mu F l_1 \left(\frac{1}{l_2 - \mu l_3} + \frac{1}{l_2 + \mu l_3}\right) r$$

3. 듀오 서보식 브레이크

2개의 피스톤을 갖는 휠 실린더 1개를 사용하여 전·후진 모두 강력한 제동력을 얻는 방식이다. 두 슈는 피스톤에 의하여 양쪽으로 밀어져 두 슈(Shoe) 모두 앵커 핀 등으로 고정하지 않고 슈 어드저스터(Shoe Adjuster)로 연결된다. 따라서 드럼의 회전방향에 의하여 슈의 고정 측이 변하도록 되어 있다.

듀오 서보 브레이크의 경우 두 슈가 모두 자기 작동 슈로 작동하므로 제동 토크는 다음과 같이 표시된다.

$$T = \mu F l_1 \left(\frac{1}{l_2 - \mu l_3} + \frac{1}{l_2 - \mu l_3}\right) r = \mu F l_1 \left(\frac{2}{l_2 - \mu l_3}\right) r$$

04
QUESTION

디파워드 에어백(Depowered Air Bag), 어드밴스드 에어백(Advanced Air Bag), 스마트 에어백(Smart Air Bag)에 대하여 설명하시오.

1. 에어백의 종류

(1) 디파워드 에어백(Depowered Air bag)

작은 체구의 사람이나 어린 아이들에 대한 보호를 위해 에어백의 팽창력을 20~30% 감소시킨 형태이며 충돌감지센서에 의하여 1단계 점화만 하며 전개와 비전개 상태로만 동작하는 에어백이다.

(2) 스마트 에어백(Smart Air bag)

운전자의 위치와 안전벨트 착용 여부 및 충격 강도를 센서가 감지해 충격의 강약에 따라 에어백의 전개 강도를 조절하는 에어백이다.
충돌가속도 감지 센서와 벨트 작용 여부 감지센서, 좌석위치 감지센서가 있으며 점화 시기 및 팽창압력을 제어하는 에어백이다.

(3) 어드밴스드 에어백(Advanced Air bag)

센서를 이용해 승객의 착석 위치와 체격, 앉은 자세 및 충돌 정도를 판단하며 팽창 여부와 함께 팽창 강도를 제어하는 에어백이다.
충돌가속도 감지센서, 벨트 착용 감지센서, 좌석 위치 감지센서, 승객 구분 센서에 의하여 탑승자의 체형과 착석 자세에 따라 제어하며 팽창압력을 자동 조절하는 에어백이다.

2. 에어백의 비교

다음은 Depowered Airbag, Smart Airbag, Adcanced Airbag의 구성과 특징을 요약한 것이다.

〈에어백의 종류〉

구분		Depowered Airbag	Dual Stage Airbag	Advanced Airbag
개요 및 정의		기존 보급 모델	Advanced Airbag으로 발전하는 중간 단계	FMVSS 적용 규격의 Airbag
성능 및 기능 비교	Airbag	1단계 점화 Single Stage	2단계 점화 Dual Stage	2단계 점화 Dual Stage
	소요	충돌 가속도	충돌 가속도	충돌 가속도

구분		Depowered Airbag	Dual Stage Airbag	Advanced Airbag
성능 및 기능 비교	센서	감지센서	감지센서＋벨트 착용 감지센서 좌석위치 감지센서	감지센서＋ 벨트 착용 감지센서 좌석위치 감지센서 ＋승객 구분센서
	동작 Logic	전개 여부만 판단	벨트 착용 여부와 속도에 따라 점화시기 및 전개압력제어	탑승자의 체형 및 착석 자세에 따라 다양한 제어
특징	장단점	탑승자의 체형 및 압력제어 없이 전개	충돌속도에 따라 에어 팽창압력 제어	충돌속도, 탑승위치, 체격 등을 감지해 팽창압력 자동조절

 QUESTION 05 윤활유에서 광유와 합성유의 특성을 비교하고 합성유의 종류 3가지에 대하여 설명하시오.

1. 광유와 합성 윤활유의 특징

(1) 광유계 윤활유

일반 광유계 기유(Base Oil)를 주원료로 윤활성능을 향상시키기 위한 첨가제를 혼합하여 제조하며 불규칙한 분자구조와 정제과정에서 여과되지 못한 다수의 불순물이 혼입되어 있으며 고온에서 쉽게 산화하고 저온에서 유동성이 저하하는 왁스계 성분 때문에 한랭 시 시동성이 불량하고 심한 마모와 저항을 초래한다.

(2) 합성 윤활유(Synthetic Lubricant)

이상적인 윤활 성능을 보유하도록 화학적 공정을 거쳐 미세하고 규칙적인 분자구조를 가지며 불순물이 전혀 없는 PAO(Poly Alpha Olefin) 합성 기유를 사용한다.

합성 윤활유는 광유계 윤활유로부터 얻기 어려운 높은 점도지수, 낮은 저온 유동성, 고온 산화 안정성 등의 특성을 얻기 위하여 화학적 유기 합성을 통해 분자의 구조와 특성을 증가시킨 윤활유이다.

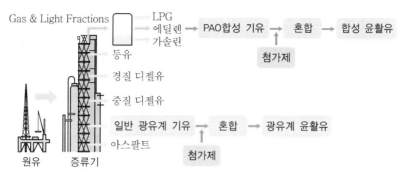

[윤활유 기유의 합성]

(3) 합성윤활유(Synthetic Lubricant)의 종류

합성윤활유는 기유(Base Oil)의 합성방법에 따라 다음과 같이 분류한다.

① Poly α-Olefin(P.A.O) 합성윤활유 : 알파 올레핀을 중합한 다음 수소화 처리하여 제조하는 합성윤활유이며 높은 점도지수, 저온 윤활성 및 산화 안정성이 우수하다.

② 에스테르계 합성윤활유 : 에스테르계 합성윤활유는 열 안정성과 유황 안정성이 가장 높으므로 고온에서 사용되는 가스터빈 엔진유, 초고속 방사유, 압연유 등 폭넓게 사용할 수 있으나 가수분해에 대한 안정성이 낮고 가격이 고가인 단점이 있다.

③ 알킬 벤젠계 합성윤활유 : 합성윤활유 제조를 위한 기유로서 알킬기가 치환된 방향족 탄화수소를 사용한다.

④ 폴리알킬렌글리콜(PAG)계 합성윤활유 : 분자 구조는 옥시알킬렌 단위체들로 결합된 선형 사슬로 이루어져 있으며 낮은 점도로 합성되며 휘발성, 인화점, 용해도, 유동점, 고무 팽윤성 등과 같은 특성은 분자량에 의해서 영향을 받는다.

⑤ 폴리 부텐(PB)계 합성윤활유 : 폴리부텐은 나프타 분해 공정으로부터 생성되는 이소부텐과 노말부텐을 포함한, 기체 상태의 라피네이트 유출물의 중합반응에 의하여 기유를 합성한다. 폴리부텐은 점도지수 향상제로 사용되며 청정 연소, 방청성 그리고 무독성의 합성 윤활유이다.

06 모터 옥탄가(Motor Octane Number)와 로드 옥탄가(Road Octane Number)에 대하여 설명하시오.

1. 옥탄가(Octane Number)

옥탄가는 표준연료에 대한 시험연료의 안티 노크성을 나타내는 척도이다. 노킹이 잘 일어나지 않는, 내폭성이 큰 이소옥탄(Iso – Octane, C_8H_{18})의 옥탄가를 100, 노킹이 잘 발생하는 정헵탄(Normal Heptane, C_7H_{16})의 옥탄가를 0으로 정하여 이를 기준으로 한 체적비로 표시한다. 옥탄가가 90인 표준 연료는 체적비로 이소옥탄 90%와 정헵탄 10%를 혼합한 연료를 말한다.

$$\text{표준 연료의 옥탄가} = \frac{\text{이소 옥탄}}{\text{이소옥탄} + \text{정 헵 탄}} \times 100(\%)$$

2. 옥탄가의 측정과 표시방법

옥탄가를 측정하는 방법에는 리서치법 또는 모터법이 있으며 측정기관으로는 압축비 가변형 엔진인 CFR 기관을 주로 사용한다. 옥탄가의 표시방법으로는 다음과 같은 것이 있다.

- 리서치 옥탄가(Research Octane Number, RON),
- 모터 옥탄가(Motor Octane Number, MON)
- 로드 옥탄가(Road Octane Number)
- 프런트 옥탄가(Front Octane Number)

(1) 리서치 옥탄가(Research Octane Number, RON)

리서치법에 의해서 측정된 옥탄가는 보통 RON으로 표시하며 저속에서 급가속할 때 기관의 안티 노크성을 표시하는 데 적당하다.

(2) 모터 옥탄가(Motor Octane Number, MON)

모터법에 의해서 측정된 옥탄가로서 흔히 MON으로 표시하며 리서치법과 비교하면 혼합기를 약 150℃로 예열하고 기관의 회전속도가 높고, 점화시기를 가변시켜 점화한다는 점 등이 다르다.

시험 조건이 좀 더 가혹해지므로 시험 연료가 열부하를 더 많이 받게 되어 모터 옥탄가(MON)는 고속 전부하, 고속 부분부하, 그리고 저속 부분부하 상태에서의 기관의 안티 노크성을 표시하는 데 적당하다.

모터 옥탄가(MON)는 리서치 옥탄가(RON)보다 다소 낮다. 일반적으로 시판 휘발유의 MON은 RON보다 약 8~10 정도 낮게 나타난다. 이것은 기관의 운전조건이 안티 노크성에 큰 영향을 미친다는 것을 의미한다.

모터 옥탄가(MON)와 리서치 옥탄가(RON)의 차이를 감도(Sensitivity)라고 하며 RON과 MON의 평균값을 안티 노크지수(AKI ; Anti-Knock Index)라고도 한다.

$$감도(\text{Sensitivity}) = RON - MON$$

$$안티노크지수(AKI) = \frac{RON + MON}{2}$$

(3) 로드 옥탄가(Road Octane Number)

실험실에서 1실린더 기관으로 측정한 실험실 옥탄가(Laboratory Octane Number)는 편리한 반면 다기통 자동차 기관에서 직접 측정한 옥탄가보다는 현실적 상황을 반영하지 못하므로 표준 연료를 사용하여 자동차 기관을 운전하는 방법으로 자동차에서 휘발유의 안티 노크성, 또는 로드 옥탄가(Road Octane Number)를 직접 결정할 수 있다. 이때는 기관의 노크 발생 상태를 변화시키기 위하여 점화시기를 변경할 수 있는 방식이 적용된다. CRC(Coordinating Research Council Inc)의 F-27법(Modified Borderline)과 F-28법(Modified Union)을 사용할 경우 표준연료와 시험연료의 노크 발생 경향은 항상 최저 가청(可聽) 수준의 노크로 비교된다.

대부분 자동차의 경우, 여러 운전조건에서 로드 옥탄가는 그 연료의 리서치 옥탄가(RON)와 모터 옥탄가(MON) 사이에 존재한다.

(4) 프런트 옥탄가(Front Octane Number, FON)

프런트 옥탄가(FON)는 연료의 구성 성분 중 100℃까지 증류되는 부분의 리서치 옥탄가(RON)로서, 가속노크에 관한 연료의 특성을 이해하는 데 중요한 자료이다.

EEM(Energy Efficiency Management) 시스템의 작동원리와 구성에 대하여 설명하시오.

1. EEM의 기능과 개요

EEM은 자동차의 전기적 부하와 배터리의 충전상태를 모니터링하여 발전 전압을 제어함으로써 연비 개선을 통한 CO_2의 저감 및 배터리 효율을 높이기 위한 시스템이다.

주행 중에 엔진 ECU는 연료 분사량, 엔진 부하 및 회전수에 따라 엔진에 작용하는 부하 상태를 판단하며 감속 시 발전 전압을 높여 배터리를 충전하며 가속 시에는 발전 전압을 낮추어 충전된 배터리 전원을 소비하여 엔진 출력으로 구동되는 발전기의 부하를 줄여 엔진 연료 소비율을 줄인다.

배터리(−) 측 단자에 장착되는 EBS는 배터리의 전압, 전류 온도 등의 상태를 검출하여 게이트 웨이로 전송하며 게이트웨이는 블로어 모터, 와이퍼, 열선 작동 신호 등의 전기 부하 신호와 같이 엔진 ECU로 전송한다.

엔진 ECU는 게이트웨이로부터 받은 정보와 주행상태에 따른 부하 조건에 적합한 발전 신호를 PWM 신호로 발전기의 L단자로 출력한다.

발전기 레귤레이터는 발전기 조정 PWM 신호 듀티값의 변화에 따라 벨트 풀리와 연동하여 스테이터 코일과 로터 코일의 자기 저항을 변화시켜 스테이터 코일로 유도되는 전압을 조정하며 듀티값이 클수록 발전 전압이 증가하며 엔진 출력 소모도 증가한다.

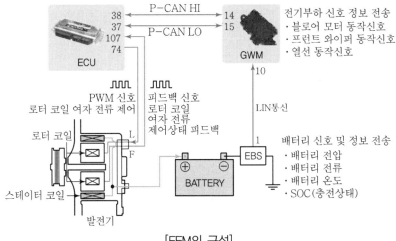

[FEM의 구성]

2. EEM의 구성

(1) EBS(Electronic Battery Sensor)

EBS는 배터리의 전압, 전류, 온도 및 충전상태(SOC ; State of Charge)를 검출하며 충전 부족 상태에서는 ECU는 충전 용량을 제어하고 충전 상태가 되면 발전기 제어를 중지한다.

(2) ECU(Engine Control Unit)

ECU는 게이트 웨이로부터 신호를 받아 배터리의 충전상태를 검출하여 발전기 L단자로 PWM 신호를 출력한다.

주행 조건에 따라 가속 시에는 일시적으로 발전 전압을 줄여 자동차의 부하를 낮추고 연비 및 효율을 높이고 감속 시에는 소모된 배터리 용량을 충전할 수 있도록 발전 용량을 늘리는 역할을 한다.

엔진 ECU의 전압은 헤드 램프와 블로어 스위치, 열선 스위치가 동작할 때는 14.6V로 고정 제어하며 부하 조건에 따라 고정제어 조건은 변경될 수 있다.

(3) GWM(Gate Way Module)

① 프런트 와이퍼 모터 상태를 전송 받아 ECU에 전송한다.
② 헤드 램프, 블로어 모터 속도 신호와 열선의 작동상태를 전송 받아 ECU로 전달한다.
③ EBS로부터 배터리의 전압, 전류, 온도, SOC 상태를 전송 받아 ECU로 전송한다.

(4) 발전기

발전기는 11~15.5V까지 충전 전압을 ECU에 의해 제어할 수 있고 헤드 램프, 블로어 모터, 열선, 와이퍼 작동 신호가 입력되면 전기적 부하가 크므로 14.6V로 충전 전압을 고정하여 배터리를 충전한다.

(5) 배터리

ECU로부터 제어된 발전기 충전 전압을 공급받아 전기를 축전하고 방전하는 기능을 하며 배터리의 충전 용량은 시간 경과에 따라 감소하므로 관리범위는 변화상태에 따라 감소한다. 충전 용량은 초기 시동이 가능하도록 80% 이상 유지되도록 관리하며 80% 이하로 내려가면 EEM 발전 제어를 하지 않는다.

알킬레이트(Alkylate) 연료 사용에 의하여 저감되는 대기 오염에 대하여 설명하시오.

1. 알킬레이트(Alkylate) 연료

석유에서 얻어지는 올레핀(Olefin)과 이소파라핀을 반응시켜 만든 알킬레이트를 포함한 가솔린을 말하며 옥탄가가 높고, 무연 프리미엄 가솔린에 혼합되어 있다.

부틸렌(탄소수 4개의 Olefin, 1−Butene/2−Butene)과 이소부탄(부탄의 이성질체)을 1 : 1로 반응시켜 고옥탄가의 이소옥탄(2,2,4−Trimethyl−Pentane, 옥탄가 100)을 제조하는 공정. Alkylation 공정은 항공기용 고옥탄가 휘발유를 만들기 위해서 개발됐으며, 촉매로 순도 98% 이상의 진한 황산을 사용하는 공정과, HF(플루오르화 수소)를 사용하는 공정으로 나누어진다.

알킬레이션(Alkylation) 공정을 통해서 제조된 고옥탄가의 합성 휘발유를 말하며 알킬레이트는 옥탄가가 높을 뿐만 아니라 올레핀화합물과 방향족화합물을 함유하고 있지 않으며, 증기압 및 유황함량이 낮아 휘발유로서는 최고의 성능을 인정받고 있다.

원료인 이소부탄은 보통 부탄에서 추출하며(일반 부탄에 약 20~25% 정도 함유되어 있음), 부틸렌은 보통 RFCC(Residual Fluid Catalytic Cracker), FCC(Fluid Catalytic Cracking) 공정 및 NCC(Naphtha Cracking Center)에서 생산되므로 Alkylation 공정은 일반적으로 FCC 공정의 부속공정으로 황산을 촉매로 사용하는 경우 폐황산을 재생하는 공정이 포함되는 것이 일반적이다.

2. 알킬레이트(Alkylate) 연료의 대기오염 저감

휘발유의 옥탄가를 높이기 위해 MTBE(Methyl, Tertiary, Butyl, Ether)가 사용됐지만 발암 물질 및 수질 환경 오염 논란이 일고 있어 설자리를 잃어가고 있기 때문이다.

알킬레이트는 증기압이 낮고 옥탄가가 높은 친환경 휘발유 유분으로 황, 올레핀. 아로마틱, 벤젠 등과 같은 유해 물질이 없는 것이 특징이다.

고급 휘발유로 바로 쓸 수 있을 뿐 아니라 휘발유 제조공정에서 휘발유의 옥탄가를 높이기 위해 사용하는 무연 휘발유 첨가제(MTBE) 대용으로 쓸 수도 있다.

03 QUESTION 배광 가변형 전조등 시스템(AFS ; Adaptive Front Lighting System)에 대하여 설명하시오.

1. AFLS의 개요

주행하는 도로, 기후 조건, 주행 상황의 변화에 따라 운전자의 시야를 최대한 확보해주는 지능형 전조등 시스템이며 자동차의 ECU로부터 차속의 변화, 조향각, 트랜스미션 등의 센서 등의 주행 정보에 따라 헤드 램프에 장착된 구동장치를 통해 램프의 조사각을 조절하여 상하 좌우 방향으로 벌브 쉴드 구동장치는 상황에 맞는 빛의 형태로 조절하는 장치이다.

2. AFLS 헤드 램프의 기능별 패턴

(1) 고속도로

일반도로 주행 시보다 더 먼 곳까지 비춰준다.

(2) 국도 및 곡선로

가로등이 설치되어 있거나 주변 밝기가 충분한 곳에서 조명 길이를 줄이는 대신 좌우 폭을 넓혀 시야를 확보한다.

(3) 시가지 및 교차로

교차로에서 추가 광원을 이용해 기존 전조등 빛이 도달하지 않는 좌우 측면부의 시야를 확보한다.

(4) 우천 및 악천후

반대편 차선 차량의 전조등으로 인한 눈부심을 최소화한다.

04 QUESTION 엔진 전자제어 시스템(EMS, Engine Management System)에서 토크, 엔진의 회전속도, 배기가스 온도를 목적에 맞게 유지될 수 있도록 보정하는 방법 중 점화시기 보정방법에 대하여 설명하시오.

1. 점화시기 제어

점화시기 제어는 코일의 통전시간을 제어하여 연비, 아이들 안정성, 주행성능을 향상시킨다. 각 센서로부터 신호에서 엔진의 운행 상태를 검출하여 이 시기에 맞는 각종 보정을 더하여 최종 점화시기와 통전시간을 결정한다.

ECU 엔진 가동상태에 따라 고정점화, 통상점화가 있다. 또 통상점화는 아이들 시 점화와 주행 중 점화로 구분된다.

(1) 고정점화

고정점화는 시동 시 점화와 조정용 점화 모드가 있다. 시동 시 점화는 엔진 회전수가 500rpm 이하 시이며, 조정용 점화 모드는 테스트 단자 접지 시의 점화시기 조정 모드를 말하며 최적 점화 시기는 약 10°로 고정되어 있다.

(2) 통상점화

① 아이들 시 점화

아이들 시는 아이들 스위치 ON 시 그리고 엔진 회전수 일정 이하이며, 아이들 시의 점화시기는 아래의 식으로 결정한다.

점화시기 = 아이들 기본진각 + 냉각 수온 보정진각 + 피드백 보정진각
+ 전기부하 보정진각 + 전기부하 작동 시 보정진각 − 가속 지각 보정
− 노크 지각 보정

② 주행 중 점화

주행 시는 시동 시와 아이들 시 이외 조건이며 주행 시의 점화 시기는 아래 식으로 나타낸다.

점화시기 = 기본진각 + 냉각 수온 보정진각 + EGR 보정진각
− 노크 지각 보정 − 토크 리덕션 지각 보정 − 가속 지각 보정
− 흡기온 지각 보정

③ 통전시간

ECU는 최적 점화시기, 엔진 회전수, 배터리 전압에 따라 이그니션 코일의 통전시간을 제어한다.

④ 최종 점화시기

㉮ 아이들 기본 진각 : 엔진 회전수에 따라 최적의 점화 진각이 ECU에 프로그램되어 있다.

㉯ 기본 진각 : 기본 진각은 종래의 디스트리뷰터의 원심진각장치와 진공진각장치가 하는 작용에 대응되는 기능으로 최적의 점화 진각이 ECU에 프로그램되어 있다. 최적의 점화 진각 값은 부하와 엔진 회전수에 의해 결정된다.

⑤ 전자 제어 엔진에서 점화 시기 보정

전자 제어식 가솔린엔진에서 대표적인 보정 신호와 진각, 지각 보정은 다음과 같다.

〈점화시기의 보정〉

전자제어 가솔린엔진의 점화시기 보정			
보정	엔진상태	보정 목적	보정 방법
냉각 수온 보정	아이들 및 주행 시	냉간상태에서 회전 안정성 확보	냉각수 온도가 낮으면 진각한다.
흡기 온도 보정	주행 시	고온 시 노크발생 억제	흡기 온도 약 20℃ 기준으로 높으면 지각한다.
가속 상태 보정	아이들 및 주행 시	급가속 시 농후 혼합기의 노크 발생 억제	가속 상태 시 지각 후 일정 시간 후 복귀한다.
노크 보정	아이들 및 주행 시	노크 상태의 정상 회복	노크 검출 시 지각하며 노크 정지 시 복귀한다.
피드백 보정	아이들	아이들 안정화	회전수>목표 회전수 : 지각 회전수<목표 회전수 : 진각
전기 부하 보정	아이들	에어컨 등의 부하 작용 시 토크 증대	아이들 상태에서 부하 작용 시 진각한다.
EGR 보정	주행 시	EGR 작동 시 연소속도가 저하함으로 출력 향상	EGR 작동 시 진각한다.

2. 토크, 회전속도, 배기가스 온도와 점화시기

(1) 엔진의 토크와 점화시기

각 엔진은 최고의 성능(Maximum Torque)을 위해 최적 점화시기(MBT ; Minimum Advance for Best Torque)를 설정하는데 그것은 점화플러그에 의해 혼합기가 점화되어 연소되면서 최고 압력에 도달되었을 때와 피스톤이 상사점(TDC)을 막 지난 시점(대략 ATDC 10~20°)이 같도록 엔진의 부하나 속도에 따라 점화시기를 조절하고 있다.

점화 플러그에서 불꽃이 생겨 연소가 시작되고 연소 최고 압력에 도달하기까지는 일정한 시간(점화 지연 시간+화염 전파 시간)이 필요하기 때문에 최적 점화시기를 맞추려면 점화플러그에 점화가 시작되는 시점은 피스톤이 상사점에 올라오기 전(BTDC)이 되어야 하는 것이다.

(2) 엔진의 회전속도와 점화시기

아이들 속도가 목표 회전수보다 높으면 지각시키며 목표 회전수보다 낮으면 진각하여 아이들 속도를 유지한다.

또한, 통상의 경우에 엔진의 회전속도가 높으면 엔진의 형상과 연료의 성상은 일정하므로 MBT를 맞추기 위하여 점화시기를 진각한다.

(3) 배기가스의 온도와 점화시기

점화시기를 지각시킬수록 연소과정이 늦어지고 배기 밸브가 열리는 시점에 가까워져서 배기가스의 온도는 상승한다.

시동 초기 촉매를 활성화 온도까지 빨리 상승시키기 위해서 시동 직후부터 촉매 활성화 온도에 도달하기까지 점화시기를 지각시켜서 제어하는 것이 유리하다.

QUESTION 05 엔진 서지 탱크(Surge Tank)의 설치목적과 효과적인 설계방향을 설명하시오.

1. 서지탱크의 목적

흡기 서지탱크는 흡기 매니폴드와 스로틀 보디 사이에 설치되며 흡입효율의 향상을 위하여 설치되며 흡기 매니폴드와 일체로 제작된다.

흡입 공기의 균일한 분배 및 흡기의 맥동과 흡기 소음을 방지하는 역할을 하고 실질적으로 기관의 출력에 큰 영향을 미친다.

각 실린더의 밸브 여닫힘에 따라 흡입 공기의 맥동이 발생하여 흡입 간섭이 발생하므로 이를 완화하고 각 실린더에 균일한 흡입 공기를 공급하기 위한 장치이며 주로 실린더 체적 이상의 용적으로 설치된다.

터보차처 기관이나 DOHC 기관 등에서는 과도한 흡기의 맥동을 더욱 효과적으로 감소시키기 위해 공명관이나 공기 댐퍼를 설치하기도 한다.

2. 서지 탱크의 효과적인 설계방안

(1) 서지 탱크의 용적(Volume)

서지 탱크의 용적은 맥동 저감과 흡입효율의 향상을 위하여 클수록 유리하나 엔진룸 등의 설치공간 등을 고려하여 기관의 배기량 이상으로 한다.

(2) 서지 탱크와 흡기 매니폴드

서지 탱크는 일반적으로 흡기 매니폴드와 일체로 하여 알루미늄 주물로 제작되고 각 실린더에 균일한 공기가 공급되도록 흡기 매니폴드를 설치할 수 있어야 한다.

(3) 저속, 고속용 흡기관의 구획

흡기 매니폴드에 저속용 흡기관과 고속용 흡기관으로 구획이 가능한 가변 흡기장치를 설치할 수 있도록 설계하고 이러한 경우에도 균일한 공기를 공급할 수 있어야 한다.

(4) 서지 탱크 내부의 격벽

서지 탱크의 내부에 각 포트 별로 기둥을 설치하고 공기의 유동파가 기둥에 부딪혀 박리화될 수 있도록 하여 소음 발생을 억제하며 자동차의 NVH 향상을 도모할 수 있도록 설계한다.

06 일과 에너지의 원리를 이용하여 제동거리를 산출하는 계산식을 나타내고
QUESTION 설명하시오.(단, 제동 초기 속도 : V(km/h), 총 제동력 : F(kgf), 차량
총 중량 : W(kgf), 관성 상당 중량 : ΔW(kgf), 제동거리 : S(m)로 한다.)

1. 자동차의 제동(制動)

제동(制動, Brake)은 주행하는 자동차의 운동에너지를 제동장치의 마찰력으로 흡수하여 열에너지로 방출함으로써 이루어진다. 그러나 항상 자동차의 총 제동력은 충분하며 제동거리를 좌우하는 것은 노면과 타이어 사이의 마찰력이다. 제동륜이 고착(Wheel Lock) 상태가 되면 제동거리가 길어지고 조향 안정성이 저하됨으로 ABS 장치 및 여러 가지 장치로 휠의 고착없이 제동되도록 하여 제동거리를 단축하고 조향 안정성을 확보하고 있다.

제동거리는 공주거리(空走距離)와 제동거리(制動距離)로 구분되며 공주거리와 제동거리의 총합을 정지거리(停止距離)라고 한다.

(1) 공주거리(空走距離)

주행 중 제동의 필요성을 인식한 순간부터 액셀 페달에서 브레이크 페달로 발을 옮겨 제동 토크가 발생할 때까지의 주행거리를 공주거리(空走距離)라고 하며 다음과 같은 식으로 계산된다.

$$\text{공주거리 } S_1 = \left(\frac{1,000}{3,600}\right) V t = \frac{Vt}{3.6} \text{ (m)}$$

여기서, V : 제동 초속도(km/h)
t : 공주시간(sec)

(2) 제동거리(制動距離)

브레이크 페달의 조작으로 제동륜에서 제동 토크가 발생하는 시점에서부터 정지할 때까지의 거리를 제동거리(S_2)라고 하며 다음 식으로 결정된다.

① 제동장치의 총제동력을 고려한 제동거리

주행 중인 자동차의 운동에너지(E)를 제동일로 흡수하는 과정이므로

$$E = \frac{1}{2}\frac{(W+\Delta W)}{g} \times \left(\frac{1,000}{3,600} V\right)^2 = F S_2$$

$$\text{제동거리 } S_2 = \frac{V^2}{254} \times \frac{(W+\Delta W)}{F} \text{ (m)}$$

여기서, V : 제동 초속도(km/h), W : 차량총중량(kgf)
ΔW : 회전부분 상당중량(kgf), g : 중력가속도($=9.8$m/sec^2)

② 휠의 고착(Wheel Lock) 상태에서의 제동거리

휠의 고착(Wheel Lock) 상태에서 제동력(F)은 노면과 타이어 사이의 마찰력에 의하여 발생하는 과정이므로 노면과 타이어 사이의 마찰계수를 μ라 하고 회전부분 상당중량(ΔW)을 무시하면 다음과 같은 관계로 정지거리($S_2{}'$)가 결정된다.

$$E = \frac{1}{2}\frac{W}{g} \times \left(\frac{1,000}{3,600}V\right)^2 = \mu\, W\, S_2$$

제동거리 $\quad S_2{}' = \dfrac{V^2}{254\,\mu}\,(\mathrm{m})$

(3) 정지거리(停止距離)

정지거리(S)는 공주거리(S_1)와 제동거리(S_2)의 총합이므로 다음과 같이 표시된다.

정지거리(S) = 공주거리(S_1) + 제동거리(S_2)

$$S = \frac{V\,t}{3.6} + \frac{V^2}{254} \times \frac{(W + \Delta W)}{F}\,(\mathrm{m})$$

휠의 고착(Wheel Lock) 상태에서 정지거리(S')는 다음과 같다.

정지거리(S') = 공주거리(S_1) + (Wheel Lock) 제동거리($S_2{}'$)

$$S' = \frac{V\,t}{3.6} + \frac{V^2}{254\,\mu}\,(\mathrm{m})$$

01 QUESTION 전기 자동차 교류 전동기 중 유도 모터, PM(Permanent Magnet) 모터, SR(Switched Reluctance) 모터의 특징을 각각 설명하시오.

1. 전기 자동차용 모터

전기 자동차의 구동 시스템 가운데 구동 모터 및 제어기는 토크-속도특성, 냉각특성, 부피 및 무게, 시스템 전압 그리고 가격 등을 종합적으로 고려하여 차량의 요구조건을 만족시킬 수 있도록 선정되는데, 어떤 형태의 전기 자동차이든 차량에서 요구하는 기본적인 사항(고효율, 높은 출력밀도, 고출력, 저소음 및 진동, 제작의 용이성, 경쟁력 있는 가격 등)들은 유사하다고 볼 수 있다.

다음은 전기 자동차용 모터의 일반적 요구사항이다.

- 장착 공간을 고려한 소형, 경량화
- Battery 전원에 상응하는 저전압 및 대전류 특성
- 가속능력 향상을 위한 고출력화
- 1회 충전에 따른 주행 거리 증대를 위한 고효율화
- 저속에서 높은 토크 특성
- 고속운전이 가능한 넓은 정출력 특성
- 안정성 확보를 위한 내구성 및 신뢰성 확보

(1) 유도 모터(Induction Motor)

유도 모터는 고속에서의 효율 특성은 우수하지만 저속, 경부하 시의 효율은 낮으나 교류 유도 모터에 대한 활용도가 급격히 높아지고 있다.

전기 자동차용 유도 모터에서 가장 효율이 좋은 속도 제어법이며 전압과 주파수를 동시에 제어하는 V/f제어법이다.

(2) PM(Permanent Magnet) 모터

현재 전기 자동차용 모터로 적합한 것은 영구자석형 모터와 교류 유도 모터가 대부분이다. 영구자석형 모터의 핵심은 영구 자석의 높은 가격에 따른 제작 비용과 약한 자속 조건에 따른 제어의 어려움이 있다.

효율 면에서는 영구자석형 모터가 뛰어나고 견고성과 신뢰성 측면에서는 유도 모터가 뛰어나다.

(3) SR(Switched Reluctance) 모터

SR 모터는 낮은 제작비, 높은 토크와 높은 효율, 높고 넓은 속도 범위, 직류 직권 모터의 속도-토크 특성을 가지고 있다.

SR 모터의 소음과 진동 문제는 근래 들어 많이 개선되었으며 전기 자동차용 모터로 가격 등의 문제에 유리하므로 향후 다수 채택될 것으로 판단된다.

2. 전기 자동차용 모터의 비교

다음은 유도 모터(IM ; Induction Motor), 영구자석형 모터(PM ; Permanent Magnetic), SR(Switched Reluctance) 모터의 비교표이다.

〈전동기의 비교〉

구분	PM 모터	유도 모터(IM)	SR 모터
효율(%)	95~97	92~95	90 미만
최대속도(×1000 rpm)	4~10	9~15	15 이상
출력 대비 비용	최상	중간	최하
제어장치 비용	최저	중간	최고
견고성(사용 연한)	상	최상	최상
신뢰성(정비 비용)	상	최상	상

 수소 자동차에서 수소 충전방법 4가지와 수소 생산, 제조법에 대하여 설명하시오.

QUESTION

1. 수소 자동차의 수소 충전(공급) 방식

연료전지 자동차의 최대 난관은 연료전지에 수소를 공급하는 방법이며 다음과 같은 방법이 제안되고 있다.

연료전지 자동차에 수소를 충전하는 방법은 압축 수소 저장법, 액체수소 저장법, 수소저장 합금 이용법, 연료 변환(개질)기 이용법이 있으며 각각의 특징은 다음과 같다.

(1) 압축수소 저장법

① 압축수소 저장법은 일반적으로 쓰이는 방법이지만 저장 밀도가 낮아 연료전지 자동차용으로는 적합하지 않다.

② 충전 시 수소 가스의 온도 상승을 억제하여 수소 자동차에 수소 가스의 충전을 효율적으로 충전하여야 하며 수소 가스 공급원으로부터 공급되는 수소 가스를 압축하여 저장 용기에 저장한다.

③ 저장된 수소 가스의 일부를 충전 경로에 도출하여 냉각장치에서 냉각하고, 냉각된 수소 가스로 충전 경로의 배관이나 기기를 냉각한다. 냉각에 사용한 수소 가스를 회수용기에 회수한 후, 저장 용기 내의 수소 가스를 충전 경로를 통해 수소 자동차에 충전한다.

(2) 액체수소 저장법

액체수소 저장법은 수소를 액화점인 −235도 이하로 낮추어 액화시켜 저장하는 방법이며 이때 많은 에너지가 소모되고 저장 시에 기화하지 않도록 단열성이 큰 극저온 용기를 사용해야 한다.

(3) 수소저장 합금 이용법

① 수소저장 합금 이용법은 수소저장 합금과 수소와의 가역반응을 이용하는 것이다. 온도를 낮추거나 수소 압력을 높이면 수소저장 합금에 수소가 흡수되고, 반대의 경우에는 수소를 방출하게 되는 반응을 이용하는 것으로 수소저장 밀도가 높고 안전한 것으로 알려져 있다.

② 수소저장 합금 이용을 위한 수소저장 용기를 제작할 경우 수소저장 용량 및 수소화 반응속도 등의 우수한 특성을 나타내는 수소저장 합금을 개발하는 것이 중요한 과제이다.

(4) 연료 변환(개질)기 이용법

① 연료 변환(개질)기를 연료전지 자동차에 탑재하고 가솔린이나 메탄올 등 탄화수소 연료에서 수소를 추출하여 공급하는 방식이다.

② 수소 저장방식의 경우 유해한 배기가스가 전혀 없는 반면 연료변환방식에서는 가솔린이나 메탄올을 변환할 때 비록 소량이긴 하지만 Carbon Monoxide(CO), Hydro-carbon(HC), NOx 등 유해한 배기가스가 발생한다.

③ 연료전지 자동차 개발업체들이 발표한 차량과 계획을 보면 주로 메탄올 변환방식을 채택하고 있어 배기가스가 적고 쉽게 공급이 가능한 메탄올에서 수소를 추출하는 방법에 더 큰 실현 가능성을 두고 있다.

2. 수소 생산, 제조 방법

(1) 전기 분해에 의한 수소 제조

① 물에 전기를 통과시켜 수소와 산소를 분해하는 방법으로 음극에서는 수소가, 양극에서는 산소가 얻어진다.

② 고순도의 수소를 얻을 수 있으나 전기에너지 비용이 들어 제조 가격이 매우 고가이다.

(2) 광촉매 활용 수소 제조기술

① 광촉매를 기본 작동 원리로 하며 반도체 물질이 태양광을 흡수하면 가전대의 전자가 여기되고 고도의 환원력을 가진 광전자(Photoelectron)와 산화력을 가진 정공(Hole)이 생성된다.

② 정공은 물을 산화하여 산소를 발생시키고 전자는 전선을 통해 음극 쪽으로 이동하여 물을 환원시켜 수소를 발생시킨다.

(3) 생물학적 수소 제조기술

① 물을 직접 분해하는 방법과 물을 기질로 이용한 광합성 미생물에 의한 수소 제조법 등의 간접적인 방법이다.

② 식물체 내 엽록체 및 미생물 효소를 추출하여 균체 외에서 수소를 발생시키는 기술과 광합성 세균의 일산화탄소 전환반응에 의한 수소 제조 기술이 있다.

(4) 열화학적 수소 제조기술

열화학적 사이클에 의한 수소 제조방법은 3,300K 이상의 온도에서 수행되는 직접 열분해에 의한 물 분해 과정 기술이다. 산화 환원이 용이한 매개체 물질을 사용한 화학반응을 이용하여 물을 분해하는 폐(Closed) 사이클을 구성하는 기술이다.

03 QUESTION 엔진의 기계적 조건이 동일할 때, LPG 연료가 가솔린 연료에 비하여 역화 (Back Fire)가 더 많이 발생하는 이유와 방지대책에 대하여 설명하시오.

1. LPG 연료의 역화현상

그림과 같이 Mixer방식의 연료 공급을 채택하는 LPG 기관에서 액체연료는 베이퍼라이저 (Vaporizer)를 지나 기체상태가 된 후 서지 탱크 앞단의 믹서(Mixer)에서 스로틀 밸브를 통해 들어오는 공기와 혼합되어 엔진 실린더로 공급된다.

하지만 흡기 밸브가 열릴 시점에서 엔진의 연소가 지속되거나 엔진 내 잔류열원이 존재하는 경우 흡기 포트로 역류하여 예혼합 연료에 점화됨으로써 핑음을 내며 폭발하는 역화가 발생할 수 있다.

엔진 실린더 가스의 역류는 밸브 오버랩(Valve Overlap) 기간에 발생하는데 흡기관 내 예혼합 연료의 점화에 필요한 열원으로 작용한다.

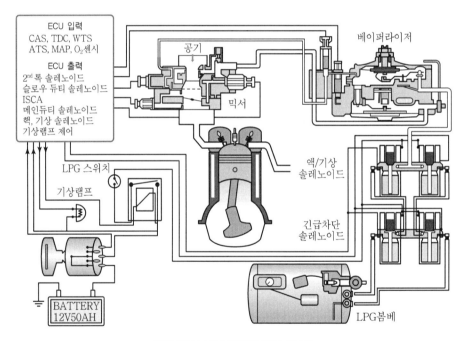

[믹서방식 LPG연료장치의 구성]

(1) 흡기 포트로 연소실의 열원이 역류하는 형태

① 점화장치의 점화 에너지가 충분하지 못하여 밸브 오버랩 기간까지 연소 지연이 나타나서 고온 가스가 흡기 포트로 이동하는 경우

② 직접 점화장치(DLI)에서 연소과정뿐 아니라 가스 교환과정에서도 점화 플러그에서 점화 에너지가 방출하는 경우

③ 가스교환 시 피스톤링과 실린더 틈새에서 고온의 탄소 입자가 흡기 포트로 이동하는 경우

④ 엔진 고 부하 시 잔류가스 자체의 온도가 상승하는 경우

(2) LPG 연료의 연소속도

LPG는 가솔린에 비하여 옥탄가가 높으며 화염 전파속도가 느리므로 연소속도가 느리고 흡기 포트가 열린 오버랩 기간에 연소실의 고온 잔류가스가 흡기로 역류하고 역화가 발생한다.

(3) 점화시기에 의한 역화

일반적으로 LPG 기관은 출력의 향상을 위하여 가솔린에 비하여 점화시기를 진각하나 점화시기의 조절이 적합하지 못한 이유 등으로 연소 지연이 있으면 역화가 발생한다.

(4) 혼합비와 역화

LPG 연료의 희박한 혼합비일수록 역화현상은 증가하며 이는 LPG 연료가 가솔린보다 연소속도가 느린 이유이다.

(5) 점화 요구 전압과 점화플러그

LPG 엔진의 가솔린 기관에 비하여 점화 요구 전압이 높으므로 점화 플러그 간극이 적으며 점화 코일의 성능 저하나 점화플러그의 간극이 확대되면 점화 에너지가 약화되고 연소 지연과 역화의 원인이 된다.

2. LPG 연료의 역화방지대책

LPG 엔진에서의 역화는 믹서에서의 예혼합에 의한 혼합기를 연소실로 도입하는 과정에서 발생하므로 근본적 대책은 가스 상태가 아닌 액체 상태로 연료를 공급하는 LPI 엔진의 적용이 합리적이나 LPG 엔진에서의 역화를 억제하기 위해서는 다음과 같은 개선과 조치가 필요하다.

(1) 점화시기

점화시기를 지각(Retard)시키면 연소실에서 연소 중인 고온 잔류가스가 흡기로 역류하고 역화가 발생하므로 점화시기를 진각(Advance)하여 역화를 억제한다.

(2) 점화 에너지와 점화플러그의 간극

LPG는 가솔린에 비하여 옥탄가가 높고 연소속도가 느리고 특히 희박한 혼합기에서 역화의 우려가 증가하므로 가솔린에 비하여 높은 방전 요구전압을 필요로 하므로 점화 코일의 방전 전압을 높게 유지하고 점화플러그의 간극을 좁게 유지하여 역화를 방지한다.

(3) 적정의 혼합비 유지

희박한 혼합비에서 역화는 증가하므로 혼합비가 지나치게 희박해지지 않도록 유지하는 것이 중요하며 베이퍼라이저의 다이어프램이 목표 위치를 벗어나면 필요한 연료를 공급하지 못하고 공연비가 희박해진다.

(4) 흡기계의 개선

흡기 매니폴드의 출구 쪽에 회전하면서 개폐작용을 하는 차단밸브는 연소실의 흡기 밸브와 연동하여 개폐될 수 있도록 캠축에 설치된 기어와 구동축에 구비된 기어 및 체인으로 이루어진 구동장치를 두어 흡기매니폴드에서 예혼합된 혼합기가 흡기 밸브가 열릴 때 연소실로 도입되도록 한다.

04 QUESTION 전동식 조향장치의 보상제어를 정의하고 보상제어의 종류를 쓰고 설명하시오.

1. MDPS의 보상제어의 정의

MDPS(Motor Drive Power Steering)는 운전자의 조향 의도를 각속도 센서로 감지하고 모터의 구동으로 조향력을 발생하여 조향하므로 조향 초기의 관성력과 마찰력, 진동 등에 의한 순간적 큰 조향력을 필요로 한다. 또한, 모터의 과열에 의한 오작동과 이상(異常)적인 역방향 동작 그리고 아이들 상태에서의 모터 구동으로 전기적 부하 증가로 아이들 회전수 저하를 막기 위한 보상 등으로 정상적인 조향이 되도록 하기 위한 제어를 보상제어라고 한다.

2. 보상제어의 종류

(1) 관성 보상제어

MDPS에 적용되는 모터는 브러시 타입의 모터이며 전기적 관성을 보상하지 않으면 운전자가 조작 후 그 관성에 의해 더욱 조향이 될 수가 있다. ECU는 일정한 상수를 두어 제어할 때 그 값에 적합한 데이터 값을 주어 제어하게 된다. 이것을 관성 보상이라고 하며 속도에 따른 가속도를 정밀하게 제어하기 위한 보상제어이다.

(2) 댐핑 보상제어

댐핑 보상은 모터의 속도에 따른 진동을 흡수하기 위한 제어이다. 모터의 속도를 제어함에 있어 변화하는 값은 모터가 회전하는 각속도의 영향을 받는다.

모터는 속도 보상을 위해 각속도 기준(12.2 rad/sec)에 의해 제어된다. 즉 각속도가 빠를 때와 느릴 때 제어상태가 달라지며 댐핑 보상은 모터의 속도에 맞는 보상을 의미하는 것이다.

(3) 마찰 보상제어

마찰 보상제어는 모터의 구동 시 발생하는 마찰값에 대한 보상이며 구동 초기 관성 저항과 마찰에 대한 보상제어이다. 이 보상값은 모터의 전류에 보상되어 모터의 구동을 원활하게 하며 구동 초기의 관성과 마찰저항을 보상하는 제어이다.

(4) 과열 보호제어

차량 정지상태에서 비정상적인 연속 조타 때 모터에 걸리는 전류가 최대 45A 정도이므로 발생하는 열 또한 많아지는데, 발생한 열은 ECU 내부의 회로 고장을 야기할 수 있다. 따라서 ECU는 내부에 서미스터를 설치해 ECU에 걸리는 온도를 간접 측정하게 된다.

모터에 일정시간 동안 계속해서 작동을 하게 되면 일정 시간 후에 전류를 제한하기 시작한다. 이 전류는 약 8A 정도까지 제한하게 되고 조향 조작이 없는 상태로 최대 20분 정도가 경과하면 정상 상태로 복귀된다. 비정상적인 상태이므로 실 주행 및 주차 상태에서는 문제가 되지 않는다. 이 시간은 ECU 내부에 걸리는 온도에 따라서 시간 제어가 달라진다.

(5) 연동회로 보상제어

운전자는 조향의도에 따라 조향력을 도와주는 모터는 운전자의 조향 의도와 같은 방향으로만 회전하여야 하는데 이상(異常)적인 문제로 역방향으로 회전할 수가 있다. 이를 미연에 방지하는 제어가 연동회로 보상제어이다. 일정 소 전류에서는 양방향성을 두지만 일정 토크에서는 한쪽에 걸리는 회로만 두고 나머지 한쪽을 제한하는 회로이다. 이상 현상에 의해 핸들이 오조작되는 것을 보호하는 보상회로이다.

(6) 아이들 업 보상회로

MDPS는 45A의 전류를 사용하므로 아이들 때 작동을 하게 되면 발전기에 걸리는 부하가 커서 엔진 회전수가 저하될 우려가 있다. 이를 방지하기 위하여 모터에 걸리는 전류가 25A이상이 되는 경우에는 엔진에 아이들 업 신호를 준다. 모터에 걸리는 전류는 다시 25A 이하로 되거나 차의 속도가 5km/h 이상이 될 경우는 아이들 업을 하지 않는다. 엔진 ECU는 걸리는 전압을 접지함으로써 아이들 업 신호를 받도록 되어 있다.

05
QUESTION

브레이크 저항계수와 슬립률을 정의하고 효과적인 제동을 위한 이 두 요소의 상관관계를 설명하시오.

1. 슬립(Slip)률

주행 중 제동 시 타이어와 노면의 마찰력으로 인하여 차륜 속도가 저하되며 이때 차량의 속도와 차륜의 (원주)속도에 차이가 발생하는 것을 슬립(Slip) 현상이라 하며 그 슬립량을 백분율(%)로 표시하는 것을 슬립률이라고 한다.

주행 중 브레이크 페달을 밟으면 브레이크의 마찰로 인한 제동 토크(Brake Torque)가 발생하고 차륜의 회전속도가 감소하며 차륜의 회전에 의한 원주 속도는 차체의 주행방향 속도보다 작아진다.

이것이 슬립현상이며 이 슬립에 의하여 타이어와 노면 사이에 발생하는 마찰력이 제동력이 된다.

제동력은 슬립의 크기에 의존하며 슬립률은 다음 식으로 표시한다.

$$슬립률 = \frac{차체속도 - 차륜(원주)속도}{차체속도} \times 100\,(\%)$$

위 식에서 차체 속도와 차륜(원주) 속도가 같은 경우는 제동 조작 없이 정상 주행상태이며 이 때 슬립률은 영(Zero)이 되며 차륜(원주)속도가 영(Zero)인 경우는 차륜이 완전 고착(Locking)되어 슬립률은 1이 되며 스키트(Skit) 상태가 된다.

이는 차륜은 고착(Locking) 되나 관성에 의하여 차체가 진행하는 것이며 슬립률은 차량의 주행 속도가 빠를수록, 제동 토크가 클수록 증가한다.

2. 브레이크 저항계수

제동력을 수직 하중으로 나눈 값을 브레이크 저항계수라고 하며 노면과 타이어 사이의 마찰계수이다.

타이어와 노면에 작용하는 제동력의 특성은 브레이크 저항계수와 슬립률로 나타낼 수 있으며 슬립률이 20~30%가 되면 브레이크 저항계수는 최대가 되어 타이어와 노면의 정지 마찰계수도 최대가 된다. 그 이상의 경우에는 감소하며 바퀴가 급격하게 고착(Lock)되어 슬립률은 최대가 된다.

브레이크 저항계수는 타이어 트레드의 모양, 공기압 및 노면의 상태에 따라서 변한다.

다음 그림에서 가로축은 타이어의 슬립률이며 슬립률 영(Zero)은 제동 없이 정상 주행 상태이며 슬립률 100%는 차륜이 완전히 고착(Lock)된 상태를 보여준다.

- A : 노면과 타이어의 마찰계수가 높은 제동력 특성곡선
- A′ : 노면과 타이어의 마찰계수가 낮은 제동력 특성곡선
- B : 노면과 타이어의 마찰계수가 높은 코너링 포스 특성곡선
- B′ : 노면과 타이어의 마찰계수가 낮은 코너링 포스 특성곡선

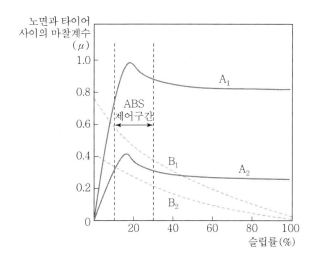

[노면과 타이어의 마찰계수와 슬립률의 관계]

코너링 포스의 특성에 따라서 슬립률이 증가하면 마찰계수는 감소되어 슬립률이 100%가 되는 상태에서는 마찰계수는 영(Zero)이 된다.

이러한 현상은 마찰계수가 높은 노면이나 낮은 노면에서도 마찬가지이다. 따라서 차륜이 고착(Lock, 슬립률 100%) 되면 제동력이 저하되어 제동거리가 길어지고 저하된 코너링 포스 때문에 조종 및 방향 안정성이 상실되어 차량에 스핀(Spin)이 일어날 수 있다.

코너링 포스는 슬립률 영(Zero)에서 최대가 되고 슬립률이 증가할수록 감소하여 슬립률이 100%에서는 거의 영(Zero)이 된다.

따라서 제동륜의 슬립률을 20~30%가 되도록 제동륜을 제어하는 것이 제동거리와 브레이크 저항계수, 노면과 타이어 사이의 마찰계수를 최대로 할 수 있으며 ABS(Anti Lock Brake System)을 도입하여 제동효과를 높이고 코너링 포스를 확보하여 조종 및 조향 안정성을 확보하고 있다.

ABS장치는 제동륜에 작용하는 제동 압력을 제어하여 슬립률을 제어하며 제동륜의 회전속도를 휠 스피드 센서(Wheel Speed Sensor)로 검출하여 ECU에서 제동륜의 압력을 제어한다.

06 **자동차의 리사이클 설계기술에 대하여 리사이클링성 평가 시스템, 재료 식별표시, 유해물질 규제, 전과정 평가(LCA ; Life Cycle Assessment) 등에 대하여 설명하시오.**
QUESTION

1. 전과정 평가(LCA, Life Cycle Assessment)

(1) 전과정 평가(LCA)의 개요

LCA는 제품의 친환경성을 비교 · 분석 · 평가하기 위하여 1970년대에 개발되어 세계적으로 활용되는 대표적인 녹색경영기법이며 제품의 공정별로 발생하는 환경문제를 분석하고 평가할 수 있으며 제품 간의 비교 분석이 가능하다.

(2) 전과정 평가(LCA)의 필요성과 목적

전과정 평가 수행으로 제품의 친환경성을 평가하고 해외제품 환경규제에 능동적으로 대응할 수 있으며 친환경제품 개발 및 친환경 인증의 획득 근거가 되며 LCA의 목표와 기대효과는 다음과 같다.

① 제품의 생산부터 폐기/재활용까지 전 과정에서 물질별 · 공정별 환경 영향을 비교 분석, 평가할 수 있으며 주요 친환경 정도를 객관적으로 도출할 수 있다.
② 친환경 제품 개발 및 설계 시에 환경성 개선의 기준으로 활용 가능한 국내 대기업 납품 및 해외 제품 수출 시 제품의 환경영향 평가근거로 활용할 수 있다.
③ 환경, 탄소 성적 표지 인증 및 친환경제품 인증 획득을 통해 시장 및 소비자에게 긍정적인 평가와 제품 및 기업의 이미지를 제고할 수 있다.

2. 리사이클링성 평가 시스템

자동차 제조 · 수입업자는 자동차관리법에서 규정한 대표 차종 선정기준에 따라 재활용 측면에서 가장 문제가 있는 자동차 1대를 대표 자동차로 선정하여 재활용 가능률을 스스로 평가하여야 한다.
재활용 가능률의 평가는 한국공업 규격, 도로 차량－재활용 가능률 및 회수 가능률－산정법을 규정하고 있다.
총 중량 3.5톤 이하의 트럭과 승용차의 연도별 재활용 목표는 2010년 재활용 가능률 75%/재회수 가능률 80%, 2012년 1월 1일 재활용 가능률 80%/재회수 가능률 90%이다. 모든 차량은 2017년 재활용 가능률 85%/재회수 가능률 95%를 달성해야 한다.

3. 유해물질 처리규제

유해물질로는 납, 6가크롬, 카드뮴, 수은, 브롬계 난연제 등이다. 유럽에서는 4대 중금속 사용 금지 규제에 대한 업계의 자발적 이행을 유도하고 특히, 납 함유 부품의 경우에 기술 검토를 통해 부품별 유예기간을 세분화하고 구체화하고 있다. 우리나라의 경우 EU의 규제안을 적용하고 있다.

북미지역에서는 자동차를 포함한 모든 상품 내 유해물질 함유 저감을 목표로 하는 그린 화학법(Green Chemistry Initiative)이 캘리포니아 주에서 발의되며, 납, 수은, 브롬계 난연제(deca BDE) 관련 규제는 미국 내 주요 주로 급속히 확산되고 있다.

2014년 1월 1일부터 규제 물질 일정 농도 초과 함유의 브레이크 패드 판매를 금지하며 카드뮴 및 화합물 0.01wt%, 6가크롬 – 염화합물 0.1wt%, 납 및 화합물 0.1wt%, 수은 및 화합물 0.1wt%, 석면 0.1wt%이다. 구리의 경우 2021년 1월 1일 이후부터 함유량이 5% 초과 시 판매 금지하고 있다.

4. 재료식별표시

폐기된 차량을 분해할 때 재료별로 구분해 종류를 나누는 작업은 자동화시킬 수가 없으며 분해한 부품을 구분해서 분류하는 작업은 사람이 할 수밖에 없으므로 비전문가가 분류 작업을 하더라도 재료를 종류별로 정확하게 분류, 선별하기 위하여 각 부품 단위별로 재질의 표시를 하도록 국제적 협약이 만들어져 거의 대부분의 부품의 뒷면에는 재질에 대한 표기를 해놓도록 하고 있다.

MEMO

107회

차량기술사

기출문제 및 해설

01
QUESTION

자동차용 회전 감지 센서를 홀 효과식, 광학식, 전자 유도식으로 구분하여 그 특성과 적용 사례를 들어 설명하시오.

1. 자동차용 회전 감지센서

(1) 광학식 회전감지 센서

발광소자로부터 조사(照射)된 빛은 회전 디스크와 고정 슬릿을 투과하여 수광소자에 도달된다. 회전 디스크와 샤프트는 고정되어 회전하므로 수광소자에 조사된 빛의 조도를 변화시킨다. 따라서 수광소자는 광의 조도변화에 따라 정현파 신호를 출력하며 이 정현파를 구형파로 변화하여 출력한다.

회전축의 회전각도에 비례한 펄스(Pulse)를 출력하는 방식으로 신호는 개별적으로 식별되지 않으므로 입력신호에 대한 회전수(량)를 알기 위해서는 그 위치로부터 펄스 수를 세어서 누적 가산한다.

기준위치 선택이 가능하며 회전량의 측정도 가능하다. 원형 슬릿에 2개의 트랙이 서로 90도의 위상이 차이 나도록 홀을 파고 각각의 트랙에 빛을 조사하여 수신된 신호의 위상으로 이동방향을 판단하며 펄스 수에 의하여 회전속도, 각도, 위치 등을 검출한다.

회전축의 회전각도에 대한 출력값은 어떠한 전기적 요소에도 변화되지 않으며 원점 보상이 필요 없고 전기적 노이즈에도 강하다.

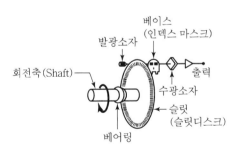

[광학식 회전센서의 구조]

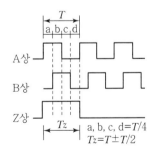

$$a, b, c, d = T/4$$
$$Tz = T \pm T/2$$

[광학식 회전센서의 출력 형태]

(2) 전자유도식 회전속도센서

유도형 회전속도센서는 구리코일이 감긴 연강철심과 영구자석으로 구성되어 있으며, 크랭크축에는 철－자성체의 센서 휠이 고정되어 있다. 크랭크축과 함께 센서 휠이 회전하면 센서 코일의 자속이 변화하고 따라서 교류전압이 유도된다.

이 센서를 이용하여 상사점도 동시에 파악하려면 센서 휠에 기준점 위치를 표시하면 된다. 기준점 위치는 센서 휠에서 기어 이(齒) 사이의 간극을 크게, 일반적으로 기어 이 하나를 제거하여 표시한다.

센서 휠의 간극이 큰 부분이 유도센서 앞을 지나갈 때는 간극이 작은 부분에 비해 자속의 변화가 크기 때문에 높은 교류전압이 유도된다. 그리고 이 전압신호는 회전속도 계측을 위한 신호에 비해 주파수는 작다. 이 전압신호가 크랭크축의 특정 위치를 나타내는 신호로 사용된다.

(3) 홀효과(Hall Effect)식

홀효과(Hall Effect)는 도체에 전류가 흐르는 상태에서 전류의 방향과 수직으로 자기장이 형성될 때 전류가 흐르는 도체 내에서 전류와 수직방향으로 전위차가 발생하는 현상이며 이때 발생하는 전압을 홀(Hall) 전압이라고 한다.

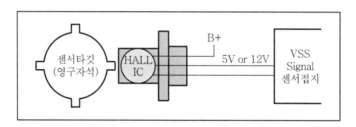

[홀 센서의 구조]

2. 자동차에 적용되는 회전 및 위치 센서

자동차에 적용되는 회전 센서와 위치 센서는 다양하며 센서의 발달에 따라 모양이 단순하고 설치가 용이한 홀효과 센서의 적용이 점차 증가하는 추세이며 자동차에 적용되는 회전, 위치 센서의 종류는 아래와 같다.

(1) 상사점 센서(TDC Sensor)

상사점 센서(TDC Sensor)는 크랭크 포지션 센서(CPS/Crank Position Sensor) 신호와 TDC 센서신호를 비교하여 각 실린더 피스톤의 압축 상사점을 검출한다.

이그니션 키 ON과 동시에 CAM의 위상을 바로 감지한다. TDC 센서는 1개의 홀소자(Hall Sensor)를 가지고 있으며 디지털 신호로 출력한다.

(2) 캠 샤프트 위치 센서(Cam Shaft Position Sensor)

캠 샤프트 위치 센서는 캠축의 위치를 설정할 때 Hall 효과를 이용하며 금속 자성체 재질의 센서 돌기가 캠축에 부착되고 이와 함께 회전한다.

센서 돌기가 캠축 센서의 반도체 웨이퍼를 지나가면 그것의 자기상은 오른쪽 각도에서 반도체 웨이퍼에 있는 전자를 웨이퍼를 통해 흐르는 전류방향으로 전환시킨다.

ECU는 이 전압신호(Hall 전압)를 이용해서 1번 실린더가 압축행정이라는 것을 검출한다.

(3) 차량 속도 센서(Vehicle Speed Sensor)

차속센서는 변속기 하우징에 장착된 홀센서를 이용하여 변속기 내에서 회전하는 Tooth 신호를 검출하여 ECU로 입력한다. 차속센서 신호는 ECU에서 차속을 계산하는 데 이용되며 연료 분사량 및 분사시기 등을 결정하는 데이터로 활용된다.

(4) 휠 스피드 센서(Wheel Speed Sensor)

각 차륜마다 설치되며 각 센서는 차륜의 회전속도와 같은 속도로 회전하는 펄스 링(Pulse Ring)과 짝을 이루고 있다. 유도센서 또는 홀(Hall)센서가 사용된다. 휠 스피드 센서 신호는 ABS 및 TCS 제어신호로 활용된다.

(5) ATM 입출력 속도센서

변속기 입력축 속도센서는 변속 시 유압제어를 위해 입력축 회전수(Turbine rpm)를 리테이너부에서 검출한다. 출력축 속도센서는 출력축의 회전수(T/F Drive Gear rpm)를 T/F 드리븐 기어부에서 검출한다.

02 QUESTION TXV(Thermal Expansion Valve) 방식의 냉동 사이클의 원리를 설명하시오.

1. 감온 팽창밸브(TXV ; Thermal Expansion Valve)식 냉동 사이클의 원리

공기조화 장치를 구성하는 부품의 하나인 팽창밸브(Expansion Valve)는 냉동사이클에서 부하를 조정하는 제어기이다. 이 장치에는 온도감지식 팽창밸브(TXV ; Thermostatic Expansion Valve)와 전자식 팽창밸브(EXP ; Electronic Expansion Valve)가 있으며 이 장치의 역할은 증발기로부터 압축기에 흡입되는 증발 냉매가스의 과열도에 대응하는 냉매의 흐름을 조정하는 역할을 한다. 그리고 온도 감지식 팽창밸브(TXV)는 증발기 출구의 온도를 감지하여 과열도를 맞추기 위하여 냉매가스의 유량을 조절하는 밸브이다.

자동차용 에어컨 시스템에 있어서 TVX의 가장 중요한 목적은 증기화되지 않은 액체 냉매가 압축기로 들어가지 않도록 액체 냉매를 활성화시키는 것이다. 즉, 증발기 출구에 부착된 감온통(Thermal Bulb)에서 감지된 온도가 증발기에서의 냉매 온도인 설정 온도보다 낮으면 TVX 내의 Orifice를 니들 밸브(Needle Valve)가 막게 되어 냉매의 흐름이 차단되고 감지 온도가 설정 온도보다 높으면 감지 온도와 설정 온도의 차에 따라 니들 밸브의 열리는 정도가 달라져서 냉매의 유량이 조절된다.

응축기에서 응축된 액체 냉매는 증발기에서 증발하도록 하여 액체 냉매의 증발잠열을 이용하는 것이 냉동기의 원리이다. 고압의 응축 냉매가 저압의 증발 압력으로 변화되기 위해서는 팽창밸브라는 감압 장치를 통과하게 되고 포화 냉매가 증발기 전역에서 골고루 증발토록 하여 증발기의 효율을 최대한으로 활용하여야 하는데, 이를 위하여 각종 팽창밸브가 적용된다.

팽창밸브의 설계 과정에서 가장 중요한 것은 응축압력의 높고 낮음에 상관없이 증발기 출구의 냉매 압력은 포화 압력을 유지하도록 하는 것이며, 열 교환 면적을 최대한 활용할 수 있는 감온 팽창밸브(TXV)가 적용되고 있다.

자동차용 배터리 1kWh의 에너지를 MKS 단위계인 줄(J)로 설명하시오.

QUESTION 03

1. 에너지 환산

kW는 일률이며 동력(Power)의 단위이다. 따라서 일정 시간 동안의 동력은 에너지이며 1kWh는 1kW의 동력(Power)으로 한 시간 동안에 이루어지는 일량이며 에너지의 양이다. 1Watt는 1초 동안에 1Joule의 일을 할 때의 일률(Power)이며 1Watt = 1Joule/sec로 표시된다.

또한 줄(Joule)은 일량(에너지)의 단위이며 1뉴턴(Newton)의 힘으로 1미터(m)를 이동하였을 때의 일량을 나타내며 1Joule = $1(N) \times 1(m)$로 표시된다.

$$1kWh = 1,000Wh = 1,000W \times 1(hr) = 1,000(J/sec) \times 3,600(sec) = 3.6 \times 10^6 (J)$$

사이클론 엔진(Cyclon Engine)을 정의하고 특성을 설명하시오.

QUESTION 04

1. 사이클론 엔진의 정의와 특성

사이클론 엔진은 기존의 내연기관에서 나타나는 저속과 고속에서의 흡·배기 효율의 저하에 따른 토크 저하를 개선하며 가속 응답성의 향상, 주행성능의 향상, 내구성의 향상을 도모한 엔진을 말하며 종래의 엔진구조를 대폭적으로 개량한 엔진이다.

CYCLONE은 CY(Cybernetics), C(Controlled), L(Long Life), O(Original), N(New), E(Engine)의 약자이며 총합적으로 제어되는 고성능, 긴 내구성의 고성능 엔진을 말한다.

05 **QUESTION** 자동차의 차대번호(VIN)가 [KMHEM42APXA000001]일 때 각각의 의미를 설명하시오.

1. 국제 제작자 식별부호(WMI)의 구분

WMI는 차대번호 중 자동차 제작자의 구분을 위해 첫째 자리 내지 셋째 자리에 표기하는 부호로서 규정에 의하여 주무부 장관이 제작자에게 배정한 차대번호 표기 부호를 말하며 아래의 표와 같이 표기부호의 의미를 가지고 있다.

차대번호(예) KMHEM42APXA000001					
구분기호	K	M	H	E	M	4
표시내용	국가	제작사	차량 구분	차종	세부 차종	차체 형상
구분기호	2	A	P	X	A	000001
표시내용	안전장치	배기량	내수/수출	제작년도	공장 위치	일련번호

06 **QUESTION** 자동차용 점화장치의 점화플러그에서 일어나는 방전현상을 용량방전과 유도방전으로 구분하여 설명하시오.

1. 방전 전압의 구분

점화플러그에 가해지는 전압은 점화코일에서 발생하여 +전극과 −전극 사이의 공기 및 혼합가스의 절연을 파괴하고 전류가 흘러서 불꽃이 발생하며 점화불꽃은 용량방전(容量放電, Capacity Discharge Spark) 불꽃과 유도방전 (誘導放電, Inductive Discharge Spark) 불꽃으로 나누어진다.

용량방전은 점화 2차회로가 가지고 있는 정전용량에 충전되었던 전압에 의하여 발생하는 불꽃으로 짧은 시간 동안만 방전되기 때문에 용량방전만으로는 혼합기에 안정적으로 착화하기 어렵다.

용량방전에 이어서 발생되는 유도방전은 점화코일에 축전된 전자에너지에 의하여 발생되는 불꽃이며 용량방전에 비하여 비교적 긴 시간 동안 유지된다.

아래 그림은 점화 플러그에서 불꽃이 발생할 때의 전압 변화를 나타낸 것이다.

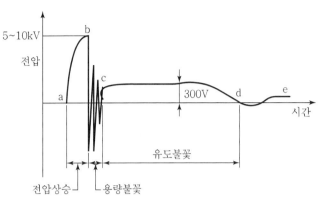

- a~b 구간 : 전압상승 구간
- b~c 구간 : 용량방전 구간
- c~d 구간 : 유도방전 구간

[용량방전과 유도방전]

방전 전압은 여러 가지 조건에 따라 변하는데 다음과 같은 요인에 의하여 변화한다.
① 점화 플러그 전극의 틈새, 모양, 온도 및 극성
② 혼합 가스의 온도, 압축비 및 혼합비
③ 흡입 공기의 온도와 습도
④ 가속상태

디젤엔진의 연소과정을 지압선도로 나타내고 착화지연기간, 급격연소기간, 제어연소기간, 후기연소기간으로 구분하고 그 특성을 설명하시오.

QUESTION

1. 디젤엔진의 연소

디젤엔진의 연소에서는 대기압의 공기를 스로틀링(Throttling) 없이 실린더 내로 흡입하고 높은 압축비로 압축하여 고온, 고압이 된 상태에서 연료를 분사한다.

부하에 따른 출력제어는 연료의 분사량에 따라 결정되며 디젤엔진은 연료의 분사량을 가감하여 출력을 조정하며 가솔린엔진의 점화시기에 상당하는 것이 연료 분사 개시 시기이다.

디젤엔진의 압축비는 보통 15~23 : 1 정도로 가솔린엔진보다 훨씬 높아 압축행정의 말기에는 실린더 내 압력과 온도가 40기압, 700℃ 정도로 연료의 자기착화온도 이상이므로 연료를 분사하면 자기착화한다.

2. 디젤엔진(Diesel Engine)의 연소 압력선도

디젤엔진의 연소도 가솔린엔진과 같이 연료의 분사 즉시 착화, 연소하지 못하고 다음과 같은
과정을 거쳐 연소가 종료된다.

(1) 착화지연기간(着火遲延期間, Ignition Delay Period)

연소선도의 A−B구간이며 분사가 개시되고 자기착화하여 연소가 시작되고 실린더 내에
압력이 상승되기 까지 수 ms의 시간이 소요되며 이것이 착화지연기간(Ignition Delay
Period)이고 연소의 준비기간이다.

(2) 급격연소기간(急激燃燒期間, Rapid Combustion Period)

선도의 B−C구간이며 착화가 되면 지금까지 분사된 연료가 연쇄 반응적으로 급격하게
연소하여 압력이 급상승하며 압력상승률 $dP/d\theta$는 착화지연기간의 분사량이 많을수록
커지며 급격한 연소를 하게 된다.

(3) 제어연소기간(制御燃燒期間, Controlled Combustion Period)

선도의 C−D구간이며 일단 착화하여 화염이 실린더 내에 확산되면 고온이 되므로 분사
된 연료는 분사와 거의 동시에 기화하고 연소하여 연료의 분사율이 연소압력을 결정하므
로 제어연소기간이라고 한다.

(4) 후연소기간(後燃燒期間, After Burning Period)

선도의 D−E구간이며 연료분사는 팽창행정의 상사점 후 $20 \sim 30°$에서 완료되며 분사가
종료되어도 잠시 동안은 실린더 내의 여러 부분에 연소되지 못한 연료가 연소를 계속하는
기간이다.

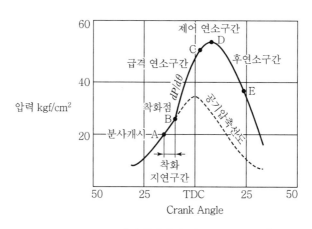

[디젤엔진의 연소−압력 선도]

08
QUESTION
자동차용 ABS(Anti-lock Brake System)에서 제동 시 발생되는 타이어와 노면 간의 슬립 제어특성을 그림으로 그리고 설명하시오.

1. ABS의 슬립제어 원리

(1) 노면과 타이어 사이의 슬립률

제동 시 노면과 타이어 사이의 마찰력으로 인하여 차륜의 회전속도가 감소하며 이때 차량속도와 차륜 원주속도에 차이가 생기는데 이러한 현상을 슬립(Slip) 현상이라고 하며 슬립의 양을 백분율로 나타낸 것을 슬립(Slip)률이라고 한다.

주행하는 자동차에 브레이크를 동작시키면 드럼 또는 디스크와 패드의 마찰로 제동 토크가 발생하고 차륜의 회전속도가 감소하고 차륜의 회전속도는 차체의 주행속도 보다 작아지는데 이를 슬립(Slip) 현상이라 한다.

이 슬립 현상에 의하여 노면과 타이어 사이에 발생하는 마찰력은 제동력이 되며 슬립 정도에 따라 제동능력과 특성이 달라진다.

제동 시 차륜은 Lock되나 차체의 운동에너지에 해당하는 주행관성에 의해 차체가 진행하는 것을 말하며 슬립률은 차량의 주행속도가 빠르고 제동토크가 커질수록 증가한다.

2. 타이어와 노면 간의 슬립 제어특성

$$슬립(Slip)률 = \frac{차체속도(V_a) - 차륜(원주)속도(V_w)}{차체속도(V_a)} \times 100(\%)$$

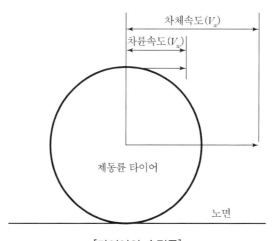

[타이어의 슬립률]

아래의 그림은 슬립률에 따른 제동특성 및 코너링 포스(Cornering Force)를 나타내며 슬립률에 따라 노면과 타이어 사이의 마찰계수(마찰력)와 조향능력과 관련 있는 코너링 포스의 변화 특성을 보여준다.

그림에서 X축은 슬립률(%)을 나타내며 Y축은 노면과 타이어 사이의 마찰계수(마찰력)를 나타낸다.

슬립률 0%는 차륜의 원주속도이며 제동을 하지 않는 정상주행 상태의 차체 진행속도를 나타내고 슬립률 100%는 차륜이 완전히 Lock된 상태임을 나타낸다.

- A_1 : 노면과 타이어 사이의 마찰계수가 높은 제동력 특성 곡선
- A_2 : 노면과 타이어 사이의 마찰계수가 낮은 제동력 특성 곡선
- B_1 : 노면과 타이어 사이의 마찰계수가 높은 Cornering Force 특성 곡선
- B_2 : 노면과 타이어 사이의 마찰계수가 낮은 Cornering Force 특성 곡선

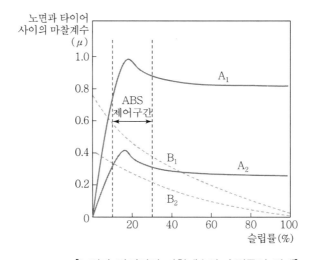

[노면과 타이어의 마찰계수와 슬립률의 관계]

그림에 나타낸 바와 같이 슬립률 약 10~20% 사이에서는 노면과 타이어 사이의 마찰계수가 최대가 되지만 슬립률이 증가하면 마찰계수는 감소하여 제동력이 저하된다.

또한, 조향능력과 관련된 Cornering Force는 슬립률이 증가함에 따라 감소하며 제동륜이 Lock되는 슬립률 100% 상태에서는 제동력 저하와 함께 Cornering Force도 저하되어 조종 및 조향 안정성이 상실되어 차량의 Spin이 발생할 수 있다.

따라서 ABS제어에서는 차륜이 Lock되어 슬립률이 증가하고 마찰계수와 Cornering Force가 감소하는 것을 억제하므로 제동거리를 단축하고 Cornering Force를 확보하기 위하여 제동륜에 작용하는 브레이크 유압을 제어하여 슬립률을 20% 내외로 유지하도록 한다.

09
QUESTION

자동차용 머플러의 기능을 3가지로 나누어 정의하고 가변 머플러의 특성을 설명하시오.

1. 머플러(Muffler)의 기능

① 팽창기능 : 좁은 배기관에서 넓은 공간을 통과시켜 배기가스를 팽창시키면 압력이 낮아진다.

② 공명과 음파 : 공명실 내부로 유입된 음파가 벽에 충돌하고 반사되는 반대 위상의 음파로 소리를 상쇄시키는 원리이다. 그러나 음파의 크기는 소리의 높낮이로서 모든 소음을 상쇄시킬 수는 없다.

③ 흡음기능 : 유리섬유 등 표면적이 큰 섬유 모양의 물질에 음파가 부딪혀 열에너지로 변환하여 흡수한다.

2. 가변 머플러의 특성

가변 머플러는 내부에 가변밸브를 설치하여 저속회전에서는 밸브를 닫아 소음을 억제하고 고속회전에서는 밸브를 열어 소음의 억제와 더불어 배기압력을 낮추는 기능의 머플러이다. 이는 머플러 내부에서 가변밸브를 작동시켜 저압 시와 고압 시에 가스가 흐르는 경로를 길게 또는 넓게 변화시키는 기구이다. 소음을 상쇄시키는 효과를 유지하면서 배압을 낮추어 출력의 손실을 억제하는 효과를 가진다.

QUESTION 10 전기자동차의 직접충전방식에서 완속과 급속충전의 특성을 설명하시오.

1. 전기자동차의 충전방법

전기자동차의 충전은 전기에너지를 전기자동차의 배터리에 공급하여 주행에너지로 사용하도록 충전하는 기능이며 직접충전, 비접촉식 충전, 전지교환방식으로 구분할 수 있으며 현재 실용화된 전기자동차는 대부분 직접충전방식이다.

2. 전기자동차의 직접충전방법

전기자동차 충전구의 충전 단자와 충전기를 직접 연결하여 전력을 공급하며 전기자동차 내부에 장착된 배터리를 일정 수준까지 재충전하는 방식으로 충전방식에 따라 완속충전과 급속충전으로 구분된다.

(1) 완속충전(緩速充電, Slow Charging System)

충전기에 연결된 케이블을 통해 전기자동차에 교류 220V를 공급하여 전기자동차의 배터리를 충전하는 방식이다.

차량에 장착된 약 3kW의 충전기가 인가된 교류 220V를 직류로 변환하여 배터리를 충전하며 배터리 용량에 따라 8~10시간 정도 소요되며 약 6~7kW 전력용량을 가진 충전기가 주로 적용된다.

(2) 급속충전(急速充電, Quick Charging)

충전기와 자동차와 제어신호를 주고받으며 직류 100~600V를 가변적으로 공급하여 전기자동차의 배터리를 충전하는 방식으로 고압, 고용량 충전으로 충전시간이 짧게 소요된다.

11 QUESTION 가상엔진 사운드시스템(VESS ; Virtual Engine Sound System)을 정의하고 동작 가능 조건을 설명하시오.

1. 가상엔진 사운드시스템(VESS)

전기자동차는 전기모터로만 구동되어 엔진 소음이 발생하지 않는 점을 감안하여 저속 주행 또는 후진 시 가상엔진 사운드시스템(VESS ; Virtual Engine Sound System)으로 가상의 엔진사운드를 발생시켜 보행자가 차량을 인식하고 피할 수 있도록 한다.

VESS는 전기자동차와 하이브리드 자동차, 수소연료전지차 등 친환경 자동차들은 엔진 대신 모터로 주행하여 엔진소음이 발생하지 않으므로 보행자들이 소리 없이 다가오는 차량 때문에 위험한 상황이 생기지 않도록 보행자를 보호하는 기능을 한다.

하이브리드 자동차는 배터리를 동력으로 하여 주행하는 경우에 엔진이 정지된 상태이므로 VESS는 가상의 엔진 소리를 스피커를 통하여 출력하여 주변에 차량의 진행을 인식시키며 이는 저속인 0~20km/h 이하로 주행 시와 후진 시에만 동작한다.

12 QUESTION 배터리관제시스템(BMS ; Battery Management System)에서 셀 밸런싱(Cell Balancing)의 필요성과 제어방법을 설명하시오.

1. 배터리관제시스템(BMS)의 기능

BMS는 하이브리드 자동차를 포함한 전기자동차의 2차 전지의 전류, 전압, 온도 등의 여러 가지 상태를 측정하여 배터리의 충전, 방전 상태와 잔여량을 제어하며 전기자동차 내부의 다른 제어시스템과 연동하여 배터리를 최적의 동작환경으로 제어하기 위한 2차전지 제어시스템이다.

따라서 BMS는 단순히 배터리만을 관리하는 장치가 아니라 차량의 주행 모드에 적합한 전기 및 모터 제어 시스템을 제공하며 가속 · 제동 · 공회전 여부, 차량 운행 모드에 맞추어 배터리 성능을 조절한다.

BMS의 주요 기능을 요약하면 다음과 같다.

① 배터리를 구성하는 각 셀의 상태를 제어한다.
② 비상시에는 배터리를 분리한다.

③ 통합된 배터리 내에 셀의 불균형을 조정한다.

④ 배터리에 충전 정보를 제공한다.

⑤ 배터리의 정보를 제공한다.

⑥ 드라이버 디스플레이 및 경보에 대한 정보를 제공한다.

⑦ 배터리의 사용 가능 범위를 예측하고 알려준다.

⑧ 배터리 셀의 충전을 위한 최적의 충전 알고리즘을 제공한다.

⑨ 개별 셀에 충전이 가능한 접근 수단을 제공한다.

⑩ 차량의 주행 모드 변화에 대하여 적절히 대응한다.

2. 셀 밸런싱(Cell Balancing)의 필요성과 제어방법

셀 밸런싱은 배터리의 각 셀에서 발생할 수 있는 과충전, 과방전, 쇼트(단락), 과전류로부터 보호하며 각 셀의 용량편차나 전압편차를 자동적으로 맞춰주는 기능을 한다.

보통 배터리 셀의 편차를 1% 이내로 맞추어야 하며 이를 초과하면 배터리에 무리를 주게 되며 실제 용량이 가장 낮은 용량(셀의 용량×셀의 개수)만큼밖에 사용할 수 없으므로 배터리의 정상 용량만큼 활용이 불가능하다.

고전압 배터리 관리 시스템에서는 셀 밸런싱(Cell Balancing) 기술을 도입하여 셀 간 전압 편차를 감소시키고자 하는 노력이 있어 왔으며 밸런싱 방법으로는 저항(Resistor)에 의한 방전방식의 패시브 셀 밸런싱(Passive Cell Balancing) 방법과 DC 컨버터에 의한 액티브 셀 밸런싱(Active Cell Balancing) 방법이 주로 적용되고 있다.

패시브 셀 밸런싱 방법은, 셀 간 전압 편차에 대한 정보를 실시간 전압측정을 통해 획득하며, 이 값을 기준으로 밸런싱 동작 여부를 결정하게 된다. 즉, 밸런싱에 대한 개시와 종료가 실시간 전압 센싱에 의해 결정되는 전압 피드백 방식을 적용하고 있다.

이는 하나의 고정된 저항값을 가지는 레지스터(Resistor)를 사용함에 따라 정확한 밸런싱을 수행할 수 없는 문제점을 가지고 있으며 큰 용량의 레지스터를 사용하게 되면 밸런싱 시간이 오래 걸리게 되고, 작은 용량의 레지스터를 사용하게 되면, 밸런싱 시간은 줄어들지만 발열이 많이 발생하게 되어 사용기기에 예기치 못한 악영향을 미치게 되는 문제점이 발생하게 된다.

배터리 팩(Battery Pack)의 셀 밸런싱 방법은, 복수 개 셀(Cell)의 전압을 측정하여, 밸런싱(Balancing) 대상 셀을 결정하는 단계와 결정된 밸런싱 대상 셀에 적용되는 밸런싱 시간 및 발열량을 고려하여 셀 밸런싱에 적용되는 특정 저항값을 가지는 레지스터(Resistor)를 결정하는 단계를 거쳐 결정된 레지스터를 통해 밸런싱을 수행한다.

13 QUESTION

자동차 부품에 적용되는 질화처리(窒化處理)의 목적과 적용사례를 설명하시오.

1. 표면경화법(Case Hardening)

표면경화법은 강(鋼)의 열처리법 중 철강의 표면을 경화하는 것으로 주로 내마모성, 피로강도, 내식성, 내소착성 향상을 목적으로 하며 기계부품, 금형, 공구 등의 내구성, 고성능화, 고경량화가 요구되는 요소에 주로 적용한다.

표면경화법에는 강 표면의 화학성분을 변화시켜 경화하는 화학적 표면경화법과 강 표면의 화학성분을 변화시키지 않고 담금질만으로 경화하는 물리적 표면경화법이 있다.

2. 표면경화법의 종류

(1) 침탄법(浸炭法, Carburizing)

경도와 강도가 낮은 저탄소강의 표면에 탄소를 침투시키며 고탄소강으로 만든 다음 담금질(Quenching)하여 표면을 경화하는 방법으로 침탄제의 종류에 따라 다음과 같이 구분한다.

① 고체 침탄법(Pack Carburizing)

목탄, 코크스, 골탄 등을 침탄제로 사용하고 촉진제로는 탄산바륨, 탄산소다, 염화나트륨 등을 사용하여 950℃ 정도로 가열하여 침탄조직을 얻는 방법이다.

② 가스 침탄법(Gas Carburizing)

주로 강(鋼) 제품에 적용되고 천연가스, 메탄, 에탄, 에틸렌, 프로판가스, 일산화탄소, 이산화탄소 등을 침탄제로 사용하여 제품을 변성로 내부에 넣고 질소(N)를 촉매로 하여 침탄시키는 방법이다.

③ 액체 침탄법(Liquid Carburizing)

침탄제로 시안화칼륨, 시안화나트륨, 페로시안화나트륨 등을 사용하며 촉진제로 탄산칼륨, 탄산나트륨, 염화칼륨, 염화나트륨 등을 사용하여 강을 침적하여 경화하며 탄소(C)뿐만 아니라 일부 질소(N)도 표면에 침투하므로 침탄 – 질화법 또는 시안청화법이라고 한다.

(2) 청화법(靑化法, Cyaniding)

청화칼리, 청산소다 또는 페로시안화칼리 또는 페로시안화소다 등 시안화물을 사용하는 경화법이다. 목탄이나 골탄 등을 사용하는 고체 침탄법보다도 비교적 얕은 경화층을 간단히 만들고자 할 때 이용하는 방법이다.

청화법이 보통 고체 침탄법과 다른 점은 침적법은 단순히 탄소(炭素)만을 침투시키는 데 대해 청화물(靑化物) CN에 의한 침탄과 질화의 두 작용을 할 수 있는 것이며 청화법은 담금질 고속도강의 경화법에도 응용된다.

(3) 질화법(窒化法, Nitriding)

암모니아 가스 중에 N의 반응으로 질화층을 만든다. 질화용 강의 표면층에 질소를 확산시켜 표면층을 경화하는 방법으로 질소가 표면에 흡수되어 Fe_4N, Fe_2N 등의 질화물이 생성되어 견고한 표피를 형성한다.

게이지 또는, 측정면의 경화 등에 이용된다. 500~600℃에서, 50~100시간 가열하여 계속해서 가스를 공급하면서 서랭시킨다. 치수 변화가 적고, 담금질을 할 필요가 없다.

(4) 고주파 경화법

고주파 전압의 전류를 이용해 극히 짧은 시간에 표면만 가열하여 표면을 경화시키는 방법이다.

3. 자동차 부품의 표면 질화처리

부품의 표면을 질화(窒化)처리하여 경화하고 강의 내부는 인성(靭性)을 부여하는 목적으로 질화처리하며 자동차 부품의 표면을 경화하여 주로 내마모성, 피로강도, 내식성, 내소착성 향상을 목적으로 하며 크랭크축, 캠축, 기어 및 밸브류 등에 적용한다.

2교시

PROFESSIONAL ENGINEER TRANSPORTATION VEHICLES

01 QUESTION

2-스테이지 터보차저(2-Stage Turbocharger)를 정의하고 장단점을 설명하시오.

1. 2단 터보차저(2-Stage Turbocharger)

저속~고속에서 동작하는 두 개의 터보를 연속적으로 연결한 터보시스템을 시퀀셜 터보차저(Sequential Turbo Charger)라고도 한다.

시퀀셜 터보차저는 흡배기 유로의 구성방법과 제어방법에 따라 직렬(Serial)형과 병렬(Parallel)형으로 구분한다.

직렬형 시퀀셜 터보차저(Sequential Turbo Charger) 시스템은 터빈 휠이 작은 소형 터보 시스템과 휠의 사이즈가 큰 대형 터보 시스템이 조합된 방식의 터보차저이며 Dual(Two) Stage Turbo System이라고도 한다.

소형 터보는 고압 터보(High Pressure Turbo)이며 터보의 휠 사이즈가 작아 회전관성도 작으므로 급가속에 민첩한 반응을 한다.

터보차저의 전후에 바이패스 유로를 만들고 컨트롤 밸브를 설치하여 저속영역에서는 양쪽의 컨트롤 밸브를 닫아 배기 전량을 소형 터보로 보내고 중·고속 영역에서는 두 밸브를 열어 배기가스를 모두 대형 터보로 보내서 저속과 중·고속에서의 부스트압을 확보하는 방식의 터보차저이다.

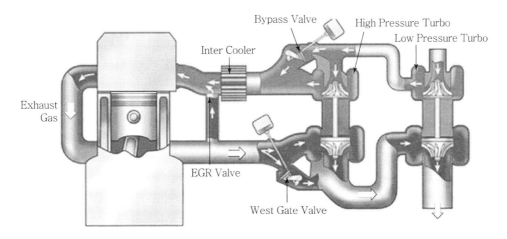

[Sequential Turbo Charger(Serial Type)]

2. 2단 터보차저(2-Stage Turbocharger)의 장단점

저속과 고속에서 소형과 대형의 터보차저가 동작하므로 터보래그(Turbo Lag)를 줄일 수 있어 비출력의 향상을 가져오며 2단 압축으로 공기의 유속과 압력을 높이므로 부스트압을 높일 수 있다.

구조가 복잡하며 넓은 설치 공간을 필요로 하므로 터보래그에 민감하지 않은 대형 트럭 등의 디젤엔진에 주로 적용된다.

 전자제어 토크 스플릿방식의 4WD(4-Wheel Drive) 시스템을 정의하고 특성을 설명하시오.

1. 전자제어 토크 스플릿(Torque Split)

4WD에서 트랜스퍼 케이스에 의하여 구동 토크를 앞뒤 바퀴에 배분할 경우에 적용되며, 앞바퀴 또는 뒷바퀴 중 한쪽을 상시(常時) 구동한다.

비스커스 커플링에서 한쪽의 차축에 회전 차이가 발생할 경우 자동적으로 토크가 배분되는 패시브 토크 스플릿과 전자제어의 마찰 클러치에 의하거나 또는 좌우 차륜의 상황에 따라 토크를 배분하는 액티브 토크 스플릿이 있다.

(1) TOD(Torque On Demand) 4륜구동

TOD(Torque On Demand)란 풀타임(Full Time) 4륜구동 장치에서 항상 4륜을 구동하는 것이 아니라 필요에 따라 동력을 배분하는 장치로서 4륜구동의 불합리한 점을 많이 개선한 4륜구동방식이다.

평시에는 거의 2WD 후륜구동으로 주행하다가 4륜구동이 필요한 상황이라고 판단되면 컴퓨터 제어에 의해 자동으로 4WD로 전환된다.

TOD시스템은 미국 보그워너(Borg Warner)사의 등록상표이기도 하며 기존의 풀타임 4륜구동방식은 엔진과 트랜스미션을 통해 트랜스퍼케이스로 전달되는 유체와 기계 시스템을 이용하여 전륜과 후륜으로 분배하는 것이 주기능이었다.

반면 TOD트랜스퍼 케이스는 전자제어에 의해 전륜과 후륜으로 최적의 동력을 분배한다. 즉, 일률적으로 전·후륜에 동력을 분배하는 것이 아니고 도로 조건이나 주행 상태에 따라서 전·후륜으로의 구동력 분배가 0 : 100~50 : 50까지 자동으로 수시 변경된다.

기본적으로 포장도로에서 중·저속 주행을 할 때는 FR상태(이론상 후륜 : 100%의 동력이 전달)로 주행을 하다가 후륜의 슬립이 감지되면 적절한 양의 동력이 전륜으로도 전달된다.

TOD컨트롤 유닛은 트랜스퍼 케이스의 프로펠러 샤프트 스피드 센서로부터 전·후륜의 회전속도를 검출하고 ECU로부터 엔진의 출력 상태에 대한 신호를 받아 분석하고 그 값에 따라 전자식 다판 클러치(Electro Magnetic Clutch)의 압착력을 변화시킨다. 전자식 다판 클러치의 압착력이 변화되면 프런트 프로펠러 샤프트가 제어되고 컨트롤 유닛으로 보내지는 입력 값에 따라 전륜으로의 동력전달을 판단하게 된다.

TOD 제어기(Control Unit)로 보내진 차량속도, 엔진출력상태, 차륜의 슬립률 등의 정보에 따라 전자식 다판 클러치의 압착력이 조절된다. 압착력이 크면 큰 동력이 많이 전달되고 압착력이 작으면 클러치의 슬립률이 커져 작은 동력이 전달되므로 입력 신호에 따라 적절한 동력이 전륜으로 분배된다.

도로 주행 시 TOD의 일반적인 작동 특성은 다음과 같다.

① 4WD HIGH(High Range Mode)

포장도로에서 고속주행을 할 때는 후륜이 주 구동륜이 되며(약 85%), 측면에서 부는 바람 또는 젖은 노면에서도 충분한 접지력을 유지하도록 하기 위하여 전륜에도 일부 구동력(약 15%)이 분배된다.

비포장도로, 눈길, 빙판길, 진흙길 등에서 코너링을 할 때 필요한 토크를 전륜에도 분배한다. 전륜에 동력(약 30%)이 분배되면 노면 접지력이 높아져서 선회성능과 주행 안정성이 향상된다.

비포장도로, 눈길, 빙판길, 진흙길 등에서 등판주행 또는 출발을 할 때에는 필요에 따라 50 : 50의 동력을 전·후륜에 분배함으로써 4WD 최대 접지력과 구동력을 발휘할 수 있다.

② 4WD LOW(Low Range Mode)

4WD Low Range Mode에서는 전후 추진축에 4WD 최대 구동력을 발휘하도록 하기 위하여 트랜스퍼 케이스의 전자식 다판 클러치를 Lock시킨다. 이때 트랜스퍼 케이스의 시프트 모터도 캠의 회전에 의해 4L 위치로 회전한다. 이렇게 4L모드로 변경이 되면 유성기어 세트에 의해 추진축의 토크는 1 : 1에서 약 2.5 : 1로 비율이 변경된다.

③ TOD의 특징 및 장점은 다음과 같이 요약할 수 있다.

• 주차 시와 일반도로 주행 시 2WD와 유사하게 주행하여 연비를 절감할 수 있다.
• 눈길이나 빙판 주행 시 4WD와 유사하게 주행하여 위급상황에 민첩하게 대응할 수 있다.
• 눈길이나 빙판길 등반 시 4WD로 주행하여 주행능력을 향상, 확보할 수 있다.

(2) ITM(Interactive Torque Management) 4륜구동

TOD(Torque On Demand) 4륜구동 시스템의 토크 분배는 2륜구동 주행 중 4륜구동의 필요성을 감지하여 4륜으로 구동력(Torque)을 자동으로 분배하는 것이나 ITM은 전자적으로 제어되는 4륜구동용 인터랙티브 토크관리(InterActive Torque Management) 시스템이며 4륜구동 중 차량의 앞바퀴가 미끄러지는 것을 감지하는 즉시 뒷바퀴에 동력을 공급한다. 이 시스템은 뒷바퀴를 개별적으로 제어해 토크 관리 또는 바퀴 각각의 토크 관리 기능을 할 수 있다.

또한, ITM 시스템은 기존의 수동·기계적 4륜구동 시스템에 비해 우수한 조향성, 연비 성능 및 향상된 안전도 및 가변성을 가진다.

경량의 스마트 시스템인 BorgWarner의 4륜구동 차량용 인터랙티브 토크관리 시스템은 현재의 기계적 시스템에 비해 연비를 향상시키는 동시에 오염물 배출을 줄일 수 있다.

4WD 자동차의 TOD, ITM 시스템을 사용함으로써 4륜구동은 연속적으로 이용되지 않고, 필요한 순간에만 이용된다.

특히, 다른 시스템과 달리 인터랙티브 토크 관리시스템(ITM)은 ABS 시스템 등 다른 시스템과 완전 협조제어로 상호작용이 가능하여 향상된 견인력과 안정성은 극한 오프-로드(Off-Road) 조건에서 뛰어난 성능을 발휘한다.

DCT(Double Clutch Transmission) 방식 자동변속기를 정의하고 특성을 설명하시오.

1. DCT 방식 자동변속기의 정의

Double Clutch Transmission은 두 개의 클러치를 갖는 수동변속기의 자동화 버전이며 변속기 자체의 내부구조는 수동변속기이다.

일반적인 수동변속기는 엔진에서 동력을 받는 입력축과 구동축으로 동력을 전달하는 출력축이 각각 하나인 2축 구조이나 듀얼 클러치 수동변속기는 1-3-5단이 있는 출력축과 2-4-6단이 있는 출력축이 있어 출력축이 2개이다.

즉, 두 개의 수동변속기가 하나의 하우징 안에 합쳐져서 동력을 전달하는 구조이며 수동변속기의 클러치 조작부와 변속기구를 자동화한 것이 현재의 듀얼 클러치 변속기이다.

듀얼 클러치 변속기의 가장 큰 장점은 빠른 기어 변속이다. 일반적인 변속기는 기어 변속 시 클러치가 우선 동력을 차단하여야 하는데, 이는 수동변속기나 자동변속기 모두 마찬가지이다. 그러나 듀얼 클러치 변속기는 클러치에서의 동력 차단이 없으며 1단 기어의 클러치를 끊는 순간 2단 기어 클러치를 연결하는 방식이다.

2. DCT(Double Clutch Transmission) 방식 자동변속기의 특성

듀얼 클러치 변속기도 단점이 없지는 않다. 자동변속기에 비해 큰 단점은 출발이 어렵다는 것이다. 자동변속기의 토크 컨버터는 순간적으로 토크를 증대시키는 효과가 있어서 출발이 용이하다. 그러나 듀얼 클러치는 그러한 토크 증대가 없으므로 출발 시 클러치 컨트롤도 정밀하여야 하고 엔진도 적절하게 제어하여 토크를 충분히 얻어야 하므로 저속 고토크 엔진과의 조합에 유리하다.

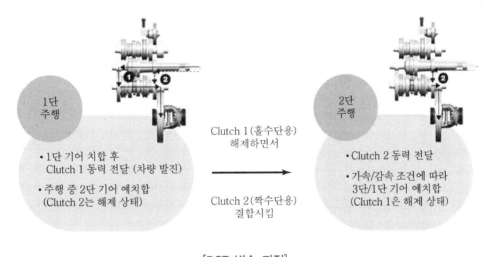

[DCT 변속 과정]

Double Clutch Transmission의 장점은 다음과 같으며 성능의 개선과 더불어 적용이 증가하는 추세이다.

① DCT의 내부구조는 수동변속기이며 복잡한 유성기어 세트를 사용하는 일반 자동변속기에 비하여 구조가 단순하고 전동효율도 높다. 또한 동력이 기계식 클러치를 통하여 직접 전달되므로 자동변속기의 유체 토크컨버터를 통하여 동력이 전달되는 자동변속기보다 전동효율이 높다. 또한 항상 정확한 변속 타이밍에 실수 없이 신속한 변속을 수행하고 전동효율을 높이는 것이 DCT의 최대 장점이다.
② DCT는 두 개의 클러치 세트가 번갈아 동작하면서 동력이 전달되는 구조이므로 연속적인 동력전달이 가능하여 전동효율이 우수하고 변속충격이 적다.
③ DCT는 스포츠 모델에서 중요한 수동변속기와 같은 직결감이며 자동변속기는 토크 컨버

터의 슬립 때문에 동력전달의 연결감이 저하된다.

수동변속기와 동일한 DCT의 직결감은 수동변속기가 대세인 유럽에서 DCT가 더 선호되는 가장 큰 이유이다.

④ DCT의 또 다른 장점은 환경 친화성이며 요즘 새롭게 적용되는 Engine Start−Stop이나 관성주행 시에 클러치를 끊는 코스팅 기능과 같은 새로운 개념을 적용하는데 자동변속기의 토크컨버터 적용에 비하여 유리하다.

04 QUESTION 브레이크 패드의 요구특성과 패드 마모 시 간극 자동조절 과정을 설명하시오.

1. 브레이크 패드의 요구 특성

브레이크 패드는 브레이크 디스크를 압착하여 제동력을 발생하는 부품으로 다음과 같은 특성이 요구된다.

① 제동 시 마찰, 마모가 발생하므로 인체 및 환경오염물질을 방출하지 않아야 한다.
② 높은 작동 온도에서 마찰계수의 저하가 작아야 한다.
③ 브레이크 드럼이나 디스크를 마모시키지 않아야 한다.
④ 연속적인 마찰에서도 브레이크 페이드(Brake Fade) 현상을 일으키지 않아야 한다.
⑤ 브레이크 패드의 마찰계수 불균일과 편마모에 의한 브레이크 저더(Brake Judder)의 발생이 없어야 한다.
⑥ 내구성능이 확보되어야 한다.

2. 패드 간극 자동조절 과정

캘리퍼 실린더에는 실 링(Seal Ring)이 설치되는 그루브(Groove)가 가공되어 있으며 실 링의 내경이 피스톤의 외경보다 약간 작기 때문에 실 링의 압착력으로 피스톤에 조립되어 있다. 브레이크 페달을 밟아 오일의 압력이 증가하면 피스톤은 밖으로 밀려나가게 되고 이때 실 링에는 자신의 접촉 마찰력과 피스톤의 운동에 의해 탄성장력이 발생하게 된다. 실 링에 저장된 이 탄성장력은 브레이크 페달을 해제할 때, 피스톤을 원래의 위치로 복귀시키는 작용을 한다. 그러나 이 복귀작용은 브레이크 회로압력이 완전히 소멸되었을 때만 가능하게 된다. 따라서 드럼 브레이크에서는 필요한 잔압이 디스크 브레이크에서는 필요가 없다.

익스팬더 스프링은 패드와 피스톤이 항상 마찰패드와 접촉상태를 유지하도록 하여 제동할 때는 충격음의 발생을 억제하고 주행 중에는 패드의 떨림과 소음을 방지하고 제동 압력이 소멸될 때 피스톤이 원래의 위치로 복귀하는 것을 돕는다.

피스톤이 자신의 초기위치로 복귀한 상태에서 디스크와 패드 사이의 간극을 공극(Air Gap)이라 한다. 공극은 0.15mm 정도인데 이 값은 디스크의 허용 런-아웃(Run-Out) 0.2mm보다 작아야 제동을 해제한 상태에서도 마찰이 없다. 런-아웃이 공극보다 클 경우에는 디스크와 패드 사이에 약간의 잔류마찰(Residual Friction)이 발생할 수 있다. 그러나 회로 압력이 완전히 소멸된 상태라면 디스크가 자유롭게 회전하는 데 지장이 없다. 그 이유는 디스크 브레이크는 대부분 자기작동작용이 없고, 또 회로 내에 잔압도 존재하지 않기 때문이다.

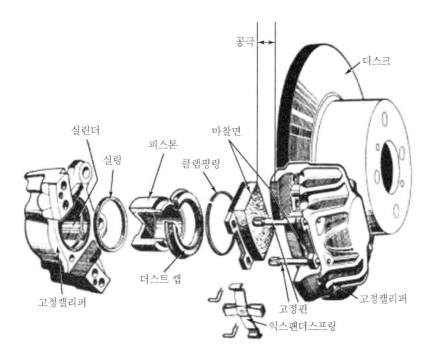

[디스크 브레이크의 패드 간극]

05 **QUESTION** 하이브리드 자동차에서 모터의 에너지 손실, 가솔린엔진 동력전달과정에서 발생하는 에너지 손실을 항목을 들고 설명하시오.

1. 하이브리드 자동차 모터 시스템에서의 에너지 손실

하이브리드 자동차의 구동 모터 및 전기장치에서의 손실은 인버터 전력 반도체 소자의 손실 및 HDC 소자의 손실이 존재한다.

인버터 자체의 손실은 배터리 전압만 사용하여 시스템 전압이 낮은 구동시스템의 경우 크게 증가한다.

(1) 도통 손실

다이오드를 통한 스위칭 작용으로 반복적인 도통 시에는 전압강하에 의한 전력손실이 존재하게 된다.

(2) 스위칭 손실

다이오드에 의한 스위칭 손실은 다이오드 전류에 선형적으로 비례하며 시스템 전압의 증가에 따라 스위칭 소자에 발생하는 손실은 전류에 따라 선형적으로 증가한다.

하이브리드 자동차에서 동일한 구동 모터 용량에서 시스템 전압이 상승되었을 경우 스위칭 손실이 증가할 수 있으나 구동 전류의 감소로 인하여 실제 손실은 크게 증가하지 않는 것으로 인정된다.

(3) 전력 반도체 손실

전력 반도체 스위칭 동작 시 발생하는 손실이며 순방향 저지 상태의 손실과 게이트 구동부 손실은 전체 손실에서 차지하는 비중이 작아서 무시된다.

2. 가솔린엔진 동력전달과정에서 발생하는 에너지 손실

동력분기방식 하이브리드 자동차는 엔진에서 발생하는 동력이 기계부와 전기부로 모두 흐를 수 있기 때문에 전기부에서 발생하는 전기적인 손실과 기계부에서 발생하는 기계적 손실이 있다.

기계적인 손실은 유성기어, 오일펌프, 차동기어의 처닝(Churning) 등에서 발생하며 클러치, 브레이크에서 발생하는 추가적인 손실도 존재한다.

(1) 오일펌프 손실

오일펌프는 오일 팬에 저장되는 자동변속기유(ATF ; Automatic Transmission Fluid)를 흡입하여 변속기 내의 각 요소에 필요한 유량과 유압을 형성하고 공급하는 역할을 한다.

오일펌프는 누유손실(Slip Flow), 전단손실(Viscous Shear Loss), 마찰손실(Friction

Loss) 등의 손실이 존재하지만 이 중 기계적인 토크손실은 전단손실과 마찰손실이다. 전단손실은 오일 펌프 토크 손실 중 유체의 전단응력에 의한 손실로서 주로 기어나 로터의 이끝 그리고 기어나 로터의 측면과 펌프 하우징 혹은 커버 사이에서 발생하며 회전수와 유체의 점도에 비례한다.

(2) 유성기어 손실

유성기어에서 발생한 손실은 유성기어의 기어들 사이에서 발생하는 슬립에 의한 토크손실이 대부분이다.

유성기어에서 슬립은 기어들이 직접적으로 접촉하는 선기어와 플래닛기어 사이, 링 기어와 플래닛기어 사이에서 발생하며 기어 손실은 기어에 작용하는 토크와 기어 간의 상대속도에 비례하여 증가한다.

(3) 클러치와 브레이크 손실

클러치와 브레이크에 의한 손실은 클러치와 브레이크가 결합되지 않았을 때 클러치 판 사이에서 자동변속기 오일(ATF)을 통해 전달되는 드래그 토크에 의해 발생한다.

클러치와 브레이크가 저속으로 회전하고 있을 때는 뉴턴의 점성법칙이 적용되지만 고속에서는 원심력에 의하여 유체막이 소용돌이 형상으로 변형된다.

06 **QUESTION** **차세대 디젤 자동차용 신재생에너지원으로 주목받고 있는 바이오디젤에 대하여 다음 사항을 설명하시오.**
(가) 바이오디젤 생산기술
(나) 바이오디젤 향후 전망

1. 바이오디젤(Bio-Diesel)의 정의 및 특징

바이오디젤(Bio-Diesel)은 동물성 식물성 기름에 있는 지방성분을 경유와 비슷한 물성을 갖도록 가공하여 만든 바이오연료로 바이오에탄올과 함께 가장 널리 사용되며 주로 경유를 사용하는 디젤자동차의 경유와 혼합하여 사용하거나 그 자체로 차량 연료로 사용된다.

바이오디젤을 BD로 표기하는데 BD 다음의 숫자는 바이오디젤의 비율을 나타내고 BD5의 경우 경유 95%에 바이오디젤 5%가 함유된 것을 의미한다.

2. 바이오디젤(Bio-Diesel)의 특징

바이오디젤의 자동차 연료로서의 연소효율성, 연료 경제성, 배기가스의 배출, 사용 안정성과 수급 안정성 등의 특징은 다음과 같다.

(1) 석유계 디젤과 유사한 화학적 성상

바이오디젤의 화학적 성상은 경유와 거의 유사하며 유동점이 -3℃로 경유(-23℃)보다 높아 동결의 불리한 점이 있으므로 동절기에는 반드시 경유와 혼합하여 사용해야 하며 인화점은 150℃ 이상으로 경유(55℃)보다 높아 안전하다.

(2) 연료소비율의 감소

바이오디젤 100%를 사용할 경우 디젤 사용 대비 연비가 5~8% 감소하는 것으로 실험되어 보고되고 있다.

(3) 바이오디젤 연료의 배기가스 공해 저감

바이오디젤의 가장 큰 장점은 유해 배출가스 중의 매연을 저감시킬 수 있다는 점이다. 바이오디젤은 CO의 배출량이 아주 낮으며 BD100의 경우 CO(-50%), THC(-93%), PM(-30%), SO_x(-100%)로 석유계 연료의 경유보다 현저히 적게 배출된다.

(4) 수입연료 대체와 수급 안정성

바이오디젤을 생산하는 데 소요되는 비용은 화석연료를 생산하는 데 소요되는 비용의 31%에 불과하지만 국내의 경우 식물성 연료를 대량으로 생산하지는 않지만 이미 사용된 식용유를 수거하여 사용할 경우 해외에서 수입하는 화석연료보다 저렴한 가격에 수급이 가능하다.

(5) 사용 편의성

바이오디젤은 기존 경유차량에 별도의 차량 구조 변경 없이 사용할 수 있으며 기존 경유차량에 주유만 하면 되고 별도의 혼합장치 없이 경유와 혼합하여 사용이 가능하다.

(6) 청정연료와 부식성 연료

바이오디젤은 불순물이나 침전물에 대한 용제 역할을 하게 되어 기존 경유에 의한 침전물을 연료탱크, 연료펌프, 연료호스로부터 제거하여 차량의 내구성에 도움이 될 수도 있으나 연료계통의 고무 및 금속재료를 부식, 변형시킬 우려가 있다.

(7) 산화성과 수분함량의 증가

바이오디젤의 대표적인 단점은 산화안정성이 경유에 비해 좋지 않으므로 산도(酸度) 및 수분함량 증가와 같은 연료품질 악화를 유발하여 엔진 연료계 부품의 부식 또는 손상을 발생시킬 수 있으며, 연료분사 인젝터의 막힘이나 연소실 내 침적물 증가의 원인이 될 수 있다.

2. 바이오디젤의 생산기술

바이오연료는 몇 가지 논쟁의 대상이 되기도 한다. 사탕수수나 옥수수를 대량 생산하기 위해서는 넓은 농지와 많은 물이 필요하며 보조금 없이는 화석연료와 가격 경쟁에서 불리하다는 점 때문이다. 또한, 식량으로 사용할 수 있는 자원이기 때문에 재생 에너지로 활용하기보다 식량으로 활용해야 하는 것이 아니냐는 의문과 논쟁도 많이 제기되고 있다. 식량이냐 연료냐에 관하여 양측이 유효한 논쟁을 세계적으로 여전히 지속하고 있기 때문이다.

이러한 논란이 되는 식량자원으로 활용이 가능한 농산물을 이용하여 화석연료와 유사한 연료를 만든 것을 제1세대 바이오 연료라고 부르며 논란에서 상대적으로 자유롭기를 원하거나 자유로운 바이오연료를 제2세대 바이오연료라고 한다.

2세대 바이오연료는 사탕수수나 옥수수 같은 식량 자원이 아닌 지속적으로 공급이 가능한 바이오매스(Bio-Mass) 자원을 이용하여 만든 연료를 의미한다.

제2세대 바이오 연료의 원료로는 조류(藻類/Algae) 및 자트로파(Jatropha) 등이 각광받고 있으며 조류는 일반적으로 광합성을 하는 산소 발생형 광합성 생물 중에서 육상식물을 제외한 것을 말하나 정확히 지명하는 것은 어렵고 무성(無性)의 단세포 생물로서 미세 조류인 식물성 플랑크톤이 대표적이다.

또한 자트로파(Jatropha)는 야생 낙엽수의 일종으로 검은 씨앗에서 나오는 기름성분이 바이오디젤의 원료 사용된다.

따라서 제2세대 바이오연료(디젤)는 식량 자원이 아닌 식물의 줄기나 열매, 잎이나 외피 등이나 수확하고 남은 부산물을 이용하거나 잡초와 같은 풀을 이용한다거나 산업용 부산물인 나뭇조각이나 펄프 및 효용성이 거의 없는 동물성 기름 등을 활용하여 만든 연료를 말한다.

3. 바이오디젤의 향후 전망

기존 석유계 화석연료를 대체할 재생에너지(Renewable Energy)로 태양광, 풍력, 바이오에너지 산업 등이 주목받고 있다. 자연 상태에서 생성되는 재생에너지는 최근의 기후변화와 화석연료의 고갈 등의 문제 해결을 위한 수단으로 인식되면서, 국가별로 정책적인 지원이 이루어지고 있어 에너지원에서 차지하는 비중이 크게 확대되는 추세이다.

바이오에너지의 일종인 바이오디젤은 바이오에너지 중에서 가장 현실적이며 생산 단가의 경쟁력으로 국내에서 2006년부터 상용화되기 시작하였다. 정부의 지원정책하에 빠르게 시장이 확대되고 있으며 어느 단일 에너지 자원만으로 석유의 자리를 대체할 수는 없을 것이므로 석유 이후의 에너지 자원은 다변화될 가능성이 크다. 그중 무엇보다 큰 비중을 차지하고 실현 가능한 에너지로 주목받고 있는 것이 바이오디젤 연료이다.

독성이 적고 생분해도가 높아 유출 시 환경오염이 적다는 점도 장점으로 꼽히고 있다. 그러나 성분의 안전성이 떨어지고 장기보관 시 산소, 수분, 열 및 불순물 등의 노화현상이 나타나며 원료생산을 위해 사용되는 비료 및 살충제에 의한 장기적인 환경영향이 일어날 가능성이 있고, 또 원료수급이 원활하지 않을 가능성이 높아 경제성이 낮아질 수 있다는 단점이 제기되고 있다. 하지만 이와 같은 단점에도 불구하고 바이오디젤은 국내 자급이 가능한 재생 가능한 바이오매스자원에 의해 제조할 수 있고 폐식용유도 유효 활용할 수 있으며 지구온난화가스인 CO_2도 대폭 저감할 수 있기 때문에 에너지원의 다양화나 기후변화협약의 대응에도 유리하다는 점 등 많은 장점을 가지고 있다.

3교시

PROFESSIONAL ENGINEER TRANSPORTATION VEHICLES

01 차세대 디젤엔진의 기술개발전략을 연료분사기술, 질소산화물(NOx) 저감, 마찰 및 펌핑손실(Pumping Loss) 저감 측면에서 설명하시오.

QUESTION

1. 차세대 디젤엔진의 기술개발 전략

디젤엔진은 미세먼지를 포함한 유해 배기가스의 저감을 위한 기술의 한계, 연소속도와 고압분사, 분사방법의 개선 등의 방법으로는 한계를 보이고 있으나 1,800bar 이상의 고압연료펌프의 적용 그리고 다중분사를 위한 피에조 인젝터가 개발, 적용이 필요하다.

또한 질소산화물(NOx)의 배출 저감을 위하여 연소기술과 더불어 후처리방식인 DPF 및 Urea-SCR기술의 적용으로 EURO-6기준을 맞추는 것이 필요하다.

2. 디젤엔진의 연료분사기술

(1) 피에조 인젝터(Piezo Injector)

CRDI 디젤엔진은 분사된 연료와 공기가 혼합되는 속도에 의해 연소속도가 결정되므로 이 시간이 짧아지도록 연소실 내부의 유동 특성과 연료의 분사율, 분무형태, 미립화상태가 중요하다. 따라서 연료분무의 특성은 엔진의 소음과 배출가스의 저감 및 연소개선을 통한 연비성능에도 큰 영향을 미치므로 다중분사(Multiple Injection)방식에 대응할 수 있는 정밀하고 빠른 응답 특성의 인젝터의 적용과 더불어 고압분사를 위한 고압연료펌프의 적용이 필요하다.

(2) 피에조 인젝터(Piezo Injector)의 기술

피에조 스택(Piezo Stack)에 물리적 힘을 가하면 가해진 힘의 방향과 크기에 따라 전압이 발생하는데 이것을 압전효과(Piezo Electric Effect)라고 하며 또 피에조 스택에 전압을 가하면 그 극과 크기에 따라 스택의 길이가 변하는데 이를 역압전효과(逆壓電效果 ; Inverse Piezoelectric Effect)라고 한다.

피에조 스택은 제조 과정에서 영구적 극성을 가지도록 만들어지므로 동일 극성의 전류가 같은 방향으로 흐르면 스택이 팽창하여 지름이 축소되고 이와 반대로 피에조 스택과 다른 극의 전류가 같은 방향으로 흐르면 스택의 길이는 줄어들고 지름은 증가한다.

아래 그림은 가해지는 전압의 극에 따라 스택(Stack)의 변화가 발생함을 나타낸 것이며 피에조 스택의 변위는 인장계수, 스택의 층수, 작동 전압에 따라 결정되며 다음과 같은 관계가 있다.

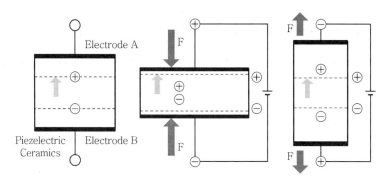

[Inverse Piezoelectric Effect]

스택의 변위 : P_d(m), 인장계수 : C_n(m/V), 스택의 적층수 : N, 인가전압 : V(V)라 하면

$$P_d = C_n \cdot N \cdot V$$

이에 따라 밸브 제어 체적의 오리피스를 열게 되고 내부 압력의 차이가 발생하면 인젝터의 니들(Needle)은 들어 올려져 분사가 이루어진다.

(3) 피에조 인젝터의 효과

역압전효과(逆壓電效果)를 이용한 피에조 인젝터는 빠른 동적 응답성(Response)과 큰 작동력을 나타내는 특성을 가지므로 고압연료에 대한 효과적인 분사시기 및 분사량 제어가 가능하며 충전과 방전이 이루어지면서 전력의 소모가 적다는 장점이 있다.

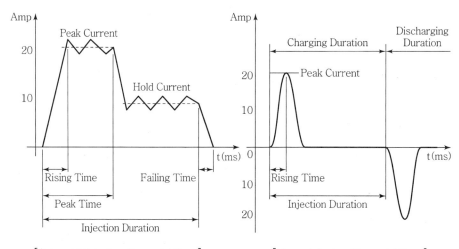

[Solenoid Injector Current Wave]   [Piezo Injector Current Wave]

이러한 특성을 이용한 피에조 인젝터(Piezo Injector)의 적용으로 분사시기와 분사량의 정밀한 제어가 가능해지고 디젤연료의 연소특성을 고려한 다중분사(Multiple Injection)가 가능해져 소음과 진동의 저감, 유해 배출가스의 저감, 연비성능의 향상과 더불어 고출력화가 가능해진다.

(4) CRDI 엔진의 피에조 인젝터를 적용한 다단분사(多段噴射)

다단분사는 분사 단계를 여러 단계로 나누어 분사함으로써 디젤엔진의 급격한 연소를 억제하고 연소상황을 제어하기 위한 방법이다.

분사시기, 분사횟수와 각 단계의 분사에서 분사량의 최적화에 의해서 배기가스의 저감 그리고 연소성능의 개선뿐만 아니라 특히 최근의 승용자동차용 디젤엔진에서의 소음과 진동 감소 측면에서도 크게 개선되고 있다. 이러한 다단분사 방법은 분사량을 제어할 수 있으며 분사시기와 분사횟수를 더 나누어 완전연소와 유해 배기가스의 저감 및 연비성능의 향상을 도모할 수 있다.

아래 그림은 피에조 인젝터를 적용한 커먼레일 시스템의 다단분사의 분사전략에 대한 설명이다.

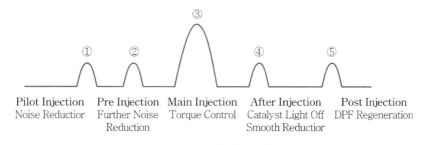

[CRDI 엔진의 다단분사]

① 파일럿 분사(Pilot Injection) : 연료를 미소량 분사하여 연소분위기를 조성하기 위하여 분사
② 사전 분사(Pre-Injection) : 착화지연 시간을 고려하여 실린더 하부까지 완전연소를 유도하기 위하여 주 분사(Main Injection)에 앞서 연료를 분사하는 역할
③ 주 분사(Main Injection) : 가장 많은 연료량의 분사가 이루어지며 이때의 분사량이 엔진 토크와 비례하며 엔진의 최고출력이 결정
④ 후분사(After Injection) : 연소 중에 미처 연소되지 못한 잔류연소를 완전연소되도록 연소실 내 온도를 유지시켜 주는 역할
⑤ 포스트 분사(Post Injection) : 연소 후 배기가스 중의 PM(Particulate Mater)의 저감을 위하여 적은 양의 분사를 하며 배기온도를 높여 디젤엔진 후처리 장치인 DPF(Diesel Particulate Filter)에서의 필터 재생을 유도

3. 질소산화물(NOx) 저감기술

Euro-6 적용 이후 연비규제, 온실가스 감축, 친환경성 개선 등을 종합적으로 고려했을 때 클린디젤 자동차는 기후변화에 대응하는 최적의 친환경차로 평가받고 있다.

특히 대기오염물질 배출도 다른 친환경차와 거의 동등한 수준으로 개선되었으며 연비규제 및 온실가스 감축 측면에서 가장 유리하여 유럽에서도 여전히 클린디젤이 친환경차의 중심이 되고 있다.

디젤엔진에서의 질소산화물(NOx)의 생성을 억제하고 배출을 저감하는 기술로는 여러 가지 방법으로 분사방법의 개선과 연소온도의 저하와 EGR 방법이 적용되어 왔으나 강해지는 배출가스 규제수준을 만족하지 못한다.

따라서 불가피하게 선택된 방법이 후처리 방법으로서 배기가스 속에 있는 NOx를 N₂로 전환하기 위하여 촉매를 이용하는 선택적 촉매환원법(SCR ; Selective Catalytic Reduction)과 비선택적 촉매환원법(SNCR ; Selective Non-Catalytic Reduction)이 있으며 이 중 선택적 촉매환원법(SCR)이 가장 안정적인 기술로 사용되고 있다.

(1) 선택적 촉매 환원법(SCR)의 개요

SCR의 화학적 반응 과정은 선택적 촉매 환원법으로 NOx에 대해 환원제(NH₃ 또는 Urea 등)를 배기가스 중에 분사, 혼합하여 이 혼합가스를 200~400℃ 온도하에서 운전되는 반응기 상부로부터 촉매층을 통과시킴으로써 NOx를 환원하여 인체에 무해한 질소(N_2)와 수증기(H_2O)로 분해하는 공정이다.

이 공정은 환원제가 산소보다는 우선적으로 NOx와 반응하는 선택적 환원 방식이며 촉매는 보통 티타늄과 바나듐 산화물의 혼합물을 사용한다. 촉매는 화학적·물리적 변화에 대한 내구성이 강하고 기체-고체와의 접촉을 위해 높은 표면적을 갖고 있어야 하며 최대의 Activity(활성)와 Selectivity(선택성)을 띤 재질들이 잘 분산되어 있어야 한다.

이 공정에 의한 NOx 제어효율은 촉매의 유형, 주입 암모니아양, 초기 NOx 농도 및 촉매의 수명에 따라 차이는 있지만 최적 운전조건에서 80~90%의 효율성을 갖고 있다.

(2) Urea-SCR(Selective Catalytic Reduction) 후처리 장치

배기 후처리 장치를 적용한 배출물 저감기술은 엔진의 연소과정을 통해 배출되는 배기계에서 장치와 물질을 추가하여 저감하는 것을 말하며 질소산화물을 저감하기 위한 대표적인 배기 후처리 장치로는 SCR(Selective Catalytic Reduction)과 LNT(Lean NOx Trap) 기술이 적용되고 있다.

SCR(Selective Catalytic Reduction)은 요소수 첨가 선택적 촉매반응 제거장치인 Urea-SCR이 실용화되고 있으며 Urea와 같은 별도의 첨가물로부터 공급되는 암모니아(NH₃)를 이용하여 질소산화물을 정화하는 것으로 높은 정화율을 보인다.

고온의 배기관으로 분사되는 UREA 용액은 가수분해 및 열분해 과정을 거치면서 암모니아 가스로 변환되고 최종적으로 질소산화물을 질소(N_2)와 수증기(H_2O)로 변환되는 과정을 거치게 된다. Urea와 NOx의 화학적 반응 과정은 다음과 같다.

$$UREA : (NH_2)_2CO$$

$$4NO + 4NH_3 + O_2 \rightarrow 4N_2 + 6H_2O$$
$$2NO_2 + 4NH_3 + O_2 \rightarrow 3N_2 + 6H_2O$$

$$NO + NO_2 + 2NH_3 \rightarrow 2N_2 + 3H_2O$$
$$4NO + 2(NH_2)_2CO \rightarrow 4N_2 + 4H_2O + 2CO_2$$

LNT(Lean NOx Trap)란 디젤엔진의 통상 연소 상태인 희박(Lean) 조건에서는 촉매에 질소산화물이 흡장된 질소산화물이 포화 상태에 이르게 되면 연료의 후분사(後噴射)를 통하여 농후한 상태로 만들어서 환원제로 탄화수소(HC)를 공급함으로써 흡장되어 있던 질소산화물과 환원반응을 일으킴으로써 질소산화물을 정화시키는 기술이다.

(3) Urea – SCR(Selective Catalytic Reduction)의 특징

디젤엔진 자동차에 요소수 첨가 선택적 촉매반응 제거장치를 부착하여 NOx의 저감에 큰 효과를 보이고 있으나 다음과 같은 장점과 문제점을 가진다.

① Urea – SCR은 반응 후 부산물의 발생이 없고 기기의 구성이 단순하여 엔진 내부 및 주변장치의 큰 변경 없이 설치가 가능하다.
② EGR과 같은 다른 저감장치에 비하여 DPF(Diesel Particulate Filter) 등의 매연 저감장치가 없어도 NOx의 저감효과를 방해하지 않는다.
③ 촉매를 사용함으로써 처리효율을 최대 90%까지 높였으며 250~350℃의 낮은 온도에서 처리가 가능하다.
④ 높은 설치비, 촉매 교환비, 요소수(암모니아) 보충 등으로 유지관리비가 많이 소요되고 관리의 불편이 있다.

4. 마찰 및 펌핑 손실(Pumping Loss)

(1) 마찰 및 펌핑 손실의 개요

피스톤이 실린더 내부를 왕복운동하는 과정에서 혼합가스의 폭발에 의하여 발생한 동력의 일부가 혼합가스를 흡입하고 연소된 가스를 배출하는 과정에서 소비되는 것을 말하며 이를 저감하는 것이 엔진의 이용 가능한 축출력을 향상시키는 효과를 낸다.

디젤엔진은 흡기량 조절을 위한 교축(Throttle) 과정 없이 흡기를 도입하고 연료를 연소실에 분사하므로 펌핑 로스가 적으며 대부분의 디젤엔진은 터보차저를 적용하여 가압된 흡기를 공급하므로 부스압이 높고 펌핑 로스를 낮출 수 있다.

엔진에서의 마찰손실은 피스톤 링의 마찰, 베어링 마찰, 밸브 마찰 등이 대부분을 이루며 전체 출력의 약 3% 내외인 것으로 판단된다.

(2) 마찰 및 펌핑 손실의 저감방안

① 가변 흡기밸브의 채택과 보조밸브 도입

흡기밸브의 열림 시기가 지각될수록 펌핑 손실은 증가하는 경향을 보이므로 가변흡기 밸브의 도입으로 펌핑손실을 저감할 수 있다.

또한 흡기밸브의 내부에 연소실 내 형성되는 부압에 의해 하강하여 개방되는 보조밸브를 설치하여 연소실의 압력이 흡기관의 압력보다 낮을 때 부압에 의해 보조밸브를 동작시켜 연소실 내 부압이 감소하게 되고 흡기행정에서 발생되는 펌핑로스(Pumping Loss)를 저감할 수 있다.

② 터보차저의 성능 개량으로 부스트압 향상

터보차저는 부스트압을 높여 충전효율을 향상시키지만 저속과 고속에서의 터보래그(Turbo Lag)는 불가피한 문제였으나 저속과 고속에서 터보래그와 과급량이 충분한 듀얼 스테이지(Dual Stage) 터보차저를 도입하여 부스트압을 높여 펌핑로스를 저감할 수 있다.

부스트압의 향상으로 흡기 시의 펌핑로스 저감뿐만 아니라 일을 얻는 경우도 될 수 있으므로 고성능 터보차저의 도입이 필요하다.

③ 마찰손실의 저감

단행정 엔진(Over Square Engine)의 도입으로 피스톤의 최고 운동속도를 낮추어 마찰손실을 저감할 수 있다,

캠, 리프터 및 밸브스템의 표면을 경면(鏡面)으로 연마하는 등의 방법과 분자구조를 개선한 합성오일의 생산기술 개발과 일반적 적용으로 마찰손실을 저감할 수 있다.

02
QUESTION

구동모터와 회생제동 발전기의 기능을 겸하는 전기자동차용 전동기를 플레밍의 왼손과 오른손 법칙을 적용하여 설명하고 토크(T)와 기전력의 수식을 유도하시오.

1. 발전제동 및 회생제동의 원리

자동차를 타고 급한 내리막길을 내려갈 때 흔히 엔진브레이크를 사용한다. 평소에는 엔진의 회전력이 바퀴를 회전시켜 자동차가 주행하게 되지만 내리막길에서 엔진의 회전 속도를 바퀴의 회전속도보다 낮게 줄여주면 오히려 엔진이 바퀴의 회전을 방해하여 제동을 해주는 것이다. 평소에 바퀴를 회전시켜 주던 주 전동기는 회로를 약간만 변경시키면 발전기로 변한다. 이때 지금까지 회전하던 방향과 반대방향으로 회전하려는 힘, 즉 제동력이 생기는데 이 원리를 이용하면 기계적 제동장치의 최대 약점인 부품의 마모나 마찰면의 발열 등이 나타나지 않는 전기제동이 가능하다.

전기제동의 원리를 설명이 쉽도록 직류전동기의 예를 들어 설명하면, 차량이 달리고 있을 때는 차단기가 ON되어 있고, 전동기의 고정자와 회전자에 전류가 흐르고 플레밍의 왼손법칙에 의하여 시계방향으로 회전하여 차륜을 돌려 열차가 진행한다. 브레이크를 잡으면 차단기가 OFF되고 회전자가 반대로 접속되어 폐회로가 구성되므로 전동기는 발전기의 역할을 하는데 이때 자속과 힘의 방향을 알기 때문에 플레밍의 오른손법칙에 의해 발전되는 전류의 방향을 구해보면 전동기 역할을 할 때 흐르는 전류의 방향과는 반대임을 알 수 있다. 여기서 다시 전류, 자속의 방향을 이용하여 플레밍의 왼손법칙으로 힘의 작용방향을 구해보면 시계반대방향으로 작용한다. 즉 전동기 역할을 할 때의 회전자 회전방향과 반대방향으로 힘이 작용하여 브레이크 역할을 하는 것이다.

2. 회생제동 모터의 법칙과 토크(T) – 기전력(E)

모터의 회전방향은 그대로인데 토크가 회전방향과 반대방향으로 발생되는 것이다.

모터의 출력은 토크 곱하기 속도로 나타내어지는데, 토크의 방향이 바뀌면, 즉 토크가 음의 값이 되면 출력이 음의 값이 되어 모터가 발전기로 동작을 하게 되고, 이때 발전되는 에너지가 전력변환장치를 거쳐 배터리에 충전된다.

모터로부터 역토크가 발생되므로 당연히 자동차를 추진하는 힘은 약해지고 자동차의 속도도 감소하여 제동효과를 발휘한다.

① 플레밍의 왼손법칙

플레밍의 왼손법칙은 전동기의 원리이며 전자력의 방향과 크기를 나타내며 전자력은 자기장 내에 있는 도체에 전류를 흘릴 때 작용하는 힘의 방향을 나타낸다.

자기장과 도체가 직각인 경우 $F = BIL(\text{N})$

자기장과 도체가 직각이 아닌 경우 $F_\theta = BIL\sin\theta(\text{N})$

전동기의 회전력(Torque) $= F \times r = BIL \times r(\text{N} \cdot \text{m})$

여기서, B : 도체 주변의 자장밀도(Wb/m²)

I : 전류(A)

L : 도체의 길이(m)

θ : 전류의 방향과 자장의 방향과의 사이각

② 플레밍의 오른손법칙

발전기의 원리이며 도체 운동에 따른 유도기전력의 방향을 결정하는 법칙이다.

유도기전력의 크기 $e = BLv(\text{V})$

여기서, v : 도체의 운동 속도(m/s)

L : 도체의 길이(m)

B : 자속밀도(Wb/m²)

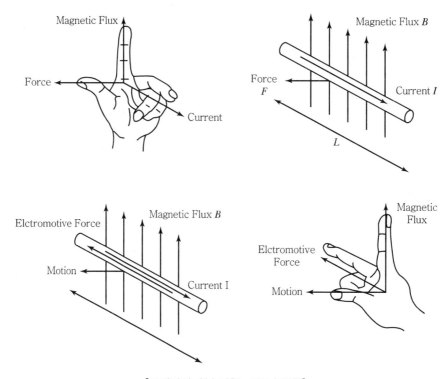

[플레밍의 왼손법칙, 오른손법칙]

03 QUESTION 수소연료전지 자동차에 사용되는 수소연료전지의 작동원리와 특성을 설명하시오.

1. 연료전지(燃料電池/Fuel Cell)의 개념

- 연료가 가진 화학적 에너지를 직접 전기적 에너지로 변환시키는 전지이며 일종의 발전장치이다.
- 화학적으로 산화와 환원 반응을 이용한 점 등은 기본적으로 보통의 화학전지와 유사하지만 정해진 내부 계(係)에서 전지반응(電池反應)을 하는 화학전지와는 달라서 반응물이 외부에서 연속적으로 공급되고 반응물질은 계(係) 외부로 제거된다.
- 기본적으로 수소의 산화반응이지만 저장된 순 수소 외에 메탄, 메탄올, 천연가스, 석유계 연료를 개질반응을 이용하여 수소를 추출하고 전지의 연료로 활용한다.
- 연료전지의 반응은 발열반응이며 사용 전해질의 종류에 따라 작동 온도 300℃를 기준으로 저온형과 고온형으로 구분한다.

2. 연료전지(Fuel Cell)의 발전 원리

- 연료 중의 수소와 공기 중의 산소가 전기적 화학반응에 의해 직접 전기적 에너지로 변화하는 원리이다.
- 연료극(양극)에 공급된 수소는 수소이온과 전자로 분리된다.
- 수소이온은 전해질 층을 통해 공기극으로 이동하고 전자는 외부 회로를 통해 공기극으로 이동한다.
- 공기극(음극) 쪽에서 산소이온과 수소이온이 결합하여 반응 생성물인 물(H_2O)을 생성한다.
- 종합적인 반응은 수소와 산소가 결합하여 발열반응을 일으키고 전기와 물(H_2O)을 생성하는 것이다.

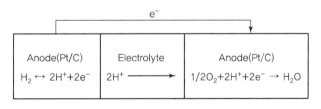

[연료전지의 원리]

3. 연료전지(Fuel Cell)의 특징

- 발전효율이 40~60%이며 열을 회수하여 활용하는 열병합 발전에서는 열효율이 80% 이상이다.
- 순 수소 외에 메탄, 메탄올, 천연가스, 석유계 연료 등 다양한 연료를 이용할 수 있다.
- 석유계 연료를 사용할 때의 CO, HC, NOx, CO_2 등의 유해가스의 생성이 없으며 회전부가 없어 소음이 없고 기계적 손실이 없다.
- 전기적 에너지를 직접 동력원으로 사용하므로 부하 변동에 신속하게 대응할 수 있는 고밀도 에너지로 활용이 가능하다.

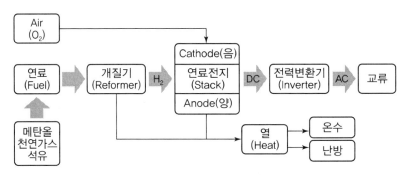

[연료전지의 구성]

4. 연료전지(Fuel Cell)의 구성

① 개질기(Reformer)

수소는 지구상에 다량으로 존재하는 원소이지만 단독으로 존재하지 않고 다른 원소와 결합하여 존재하므로 다양한 수소화합물로부터 수소를 추출하는 장치이다.

② 단위전지(Unit Cell)

연료전지의 단위전지는 기본적으로 전해질이 함유된 전해질판, 연료극(Anode), 공기(산소)극(Cathode), 양극을 분리하는 분리판으로 구성된다.

③ 스택(Stack)

원하는 전기출력을 얻기 위하여 단위전지를 중첩하여 구성한 연료전지반응이 일어나는 본체이다.

④ 전력변환기(Inverter)

연료전지에서의 전기출력은 직류전원(DC)이며 배터리를 충전하거나 필요에 따라 교류(AC)로 변환하는 장치이다.

5. 연료전지(Fuel Cell)의 종류

연료전지(Fuel Cell)는 기본적으로 수소(H_2)와 산소(O_2)의 반응으로 전기를 얻는 장치이므로 수소 연료전지(Hydrogen Fuel Cell)이지만 수소를 얻기 위한 연료에 따라 메탄올(CH_3OH) 전지, 메탄(CH_4) 연료전지 등으로 구분하기도 하지만 사용 전해질과 이에 따른 반응 온도를 기준으로 고온형, 저온형으로 구분한다.

종류	고온형 연료전지		저온형 연료전지		
	용융탄산염 연료전지 MCFC	고체 산화물 연료전지 SOFC	인산형 연료전지 PAFC	고분자형 연료전지 PEMFC	알칼리 연료전지 AFC
전해질	탄산염	세라믹산화물	인산	고분자막	알칼리
반응온도	약 650℃	약 1,000℃	약 200℃	약 80℃	약 80~100℃
적용 분야	대용량 화력 발전소 대체용 (수 MW)	대용량 화력 발전소 대체용 (수 MW)	소규모 화력 발전소 (MW 급 이하)	이동형 발전기 (자동차, 선박 등)	군사용 우주선 및 특수용

차체 수리 시 강판의 탄성, 소성, 가공경화, 열 변형, 크라운을 정의하고 변형 특성을 설명하시오.

QUESTION

1. 차체의 변형

(1) 탄성(彈性, Elasticity)

물체에 외력(外力)을 가하면 형상변형이 발생하고 힘을 제거하면 원래 상태로 돌아가는 특성을 탄성이라고 하고 이러한 변형을 탄성변형이라고 한다.

외력을 받아 물체가 변형되면, 물체 내부에서는 외력에 저항하여 본래 상태로 되돌아가려는 힘(응력)이 생긴다. 이때 외력이 탄성변형의 힘보다 작으면 외부의 힘과 그것에 저항하는 응력은 비례하는데 그 한계를 탄성한계(彈性限界)라고 한다.

(2) 소성(塑性, Plasticity)

외력에 의하여 발생한 변형이 탄성한계를 넘어서면 외력을 제거하여도 완전히 본래 상태로 되돌아가지 않고 변형된 상태로 남게 된다. 이처럼 외력을 제거하여도 본래 상태를 회복하지 못하는 영구변형을 소성변형(塑性變形)이라고 한다.

금속과 같은 고체재료는 탄성한계가 작아 강한 힘을 주면 돌아오지 않는 영구변형이 일어 난다. 이렇게 힘을 주어 모양을 바꿀 수 있는 성질을 가소성(可塑性)이라 하고 이러한 영구변형을 소성변형(塑性變形)이라고도 한다.

영구히 외형을 바꾸려면 탄성한계 이상의 힘을 가해야 한다. 즉 소성변형을 일으켜 형상의 변형을 주려면 탄성변형(한계) 범위 이상의 외력을 가해야 한다.

(3) 가공경화(加工硬化, Work Hardening)

일반적으로 금속은 가공하여 변형시키면 경도(硬度)는 증가하며 경도는 변형의 정도에 따라 증가하지만 일정 가공도(加工度) 이상에서는 일정한데, 이처럼 가공도에 따라 경도가 증가하는 현상을 가공경화(加工硬化)라고 한다.

인장시험(引張試驗)의 응력-변형률 선도에서 탄성한계(0-a 부분)의 끝인 상항복점 (b점, 上降伏點)에서는 미끄럼 현상이 일어나기 시작하며 이것이 일단 끝나면(c점, 下降伏點) 그 이상의 응력에 대해서는 강한 저항을 보인다(c-d 부분).

이 부분에 해당하는 응력이 가해진 재료는 원래의 재료보다 탄성한계나 항복점이 높아져서 소성변형이 일어나기 어렵고 단단한 성질을 가지게 되는데, 이는 가공경화가 원인이다.

이는 외력을 받아 소성변형할 때 입계(粒界) 사이에는 Slip이 발생하고 변형이 진행됨에 따라 Slip에 대한 저항력이 증가하여 변형시키는 데는 보다 큰 외력이 필요하다. 이와 같이 재료를 변형시키는데 변형저항이 증가하는 현상을 가공경화라고 한다.

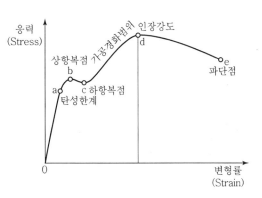

[재료의 응력-변형률 선도]

(4) 열변형(熱變形, Thermal Strain]

열응력으로 생기는 변형이며 일반적으로 금속을 고온에서 급랭시키면 열응력에 의해서 구상(球狀)이 되려고 하며 이와 같은 현상을 열변형이라 한다.

강(鋼)으로 말하면 A_1 변태점 이하의 급랭, 또는 오스테나이트계의 고온 담금질에 의해서 생기는 변형이 이에 해당된다. 열변형과 상대적으로 변태에 기인하는 변형을 변태변형 (變態變形)이라고 한다.

(5) 크라운(Crown)

판 Crown의 결정요소는 열간압연 중 Roll의 휨 변형에 의한 Mechanical Crown과 Roll의 초기 Crown, Roll의 마모 및 열팽창, 피압연재의 초기 단면형상, 폭방향의 Metal Flow 등이 있다.

05 자동차용 클러치 저더(Clutch Judder) 현상과 방지대책을 설명하시오.

QUESTION

1. 클러치 저더(Clutch Judder) 현상

자동차의 운전 중 클러치 작동 시 운전자의 숙련도와는 상관없이 클러치 페달을 조작할 때 클러치 마찰면에서 발생하는 "끼-이"하는 소음이 발생하고 심한 차체 및 동력전달계통의 진동을 일으키는 현상을 저더(Judder)라고 한다. 저더현상은 10Hz 내외의 차량 구동계 고유진동수와 공진현상을 일으키는 마찰진동으로서 환경문제를 일으키는 클러치 페이싱 마찰재의 분진이 분산될 수 있어 필수적으로 억제되어야 할 현상이다.

클러치 저더는 클러치 작동 시 발생하는 열에 의한 디스크의 뒤틀림 변형 등과 같은 마찰면의 접촉 불균일, 탄성 접촉 등에 따라 발생하는 문제점들은 열탄성 불안전성으로 알려져 있다. 이 열탄성 불안정성에 따라 발생하는 국부적인 고온은 마찰재와 압력판의 마찰계수를 저하시키고 심한 경우에는 열균열(Thermal Cracking) 등을 유발한다. 이에 따라 클러치 시스템에 심각한 진동 문제가 야기되고 정숙하고 원활한 운전의 저해 요인이 된다.

2. 클러치 저더(Judder)의 방지대책

일반적으로 클러치 저더는 높은 전달토크에서 빈번하게 발생하며 낮은 전달 토크에서는 클러치 저더의 발생이 적다.

또한 클러치 저더는 클러치 디스크 및 압력판의 열변형(뒤틀림) 등에 의한 접촉 불균일로 토크의 전달이 균일하지 못하여 발생하므로 열변형을 억제하고 디스크 페이싱의 균일한 마찰계수를 유지하는 것이 방지대책이 될 수 있다.

① 디스크 및 압력판의 열변형을 방지하기 위하여 열변형이 적은 내열강을 적용하며 공기의 순환으로 클러치의 냉각을 원활하게 한다.

② 클러치 페이싱 및 압력판의 접촉면 평탄도를 유지하며 고속에서도 동적 평형은 유지되어야 한다.

③ 클러치 페이싱의 마찰재는 일정한 마찰계수를 가져야 하며 마찰열에 충분히 견디는 열특성과 내구성을 가져야 한다.

06
QUESTION

흡기계 소음대책으로 사용되는 헬름홀츠(Helmholtz)방식 공명기의 작동원리와 특성을 설명하시오.

1. 흡기계의 소음

흡기계 소음의 발생기구는 배기소음의 발생 메커니즘과 비슷하며 흡기음과 방사음으로 나뉜다. 흡기음은 흡기구멍으로부터 나는 음이며, 공기를 단속적으로 흡입하는 것에 의해 발생하는 맥동음과 흡입공기가 공기청정기의 입구나 내부를 통과할 때의 난류에 의해 발생하는 기류음으로 분류된다. 흡기계 방사음은 흡기계의 음압변화나 기관의 진동에 의해 흡기계 표면이 진동하여 발생한다.

2. 헬름홀츠(Helmholtz)방식 공명기의 작동원리와 특성

공기를 특정 주파수에서 공진시켜 소리를 흡수하는 작은 공기 통과 홀을 가진 음향장치이며 목 부분(경부 : 頸部)의 공기가 질량으로서 또 내부의 공기가 스프링으로서 작용하여 공명을 일으킨다. 공명하면 목 부분의 공기가 심하게 출입하며 관벽과의 마찰에 의해 열에너지로 변환되면서 흡음이 이루어진다.

3. 헬름홀츠 공명기의 적용

헬름홀츠 공명기(Helmholtz Resonator)는 내부에 기체를 포함하는 닫힌 공간(공동, Cavity) 또는 유로 단면적이 축소된 형태이며 음량 필터, 자동차의 소음기(Muffler)에 응용되며 주행 정숙성을 고려하여 트레드 홈에 이 원리가 적용되기도 한다.

(1) 타이어 트레드 패턴

헬름홀츠 공명기(Helmholtz Resonator) 원리를 기반으로 설계된 하모닉 컴포트 체임버는 타이어 패턴이 내부 숄더에 위치해 공기의 파동이 체임버 안팎으로 이동하면서 도로면과 타이어 사이에서 발생하는 불쾌한 소음을 최소화한 것이다.

안정적인 승차감을 위해 거친 노면에 더 잘 적응할 수 있도록 롤링 트레드 컴파운드인 위스퍼 컴파운드(Wisper Compound)가 사용되며 컴파운드는 타이어 진동을 흡수해 도로마찰에서 발생하는 소음을 분산시킨다. 또한 노면의 미세한 요철에서 타이어가 부드럽게 움직이도록 하는 완충역할을 한다.

(2) 머플러(Muffler)

머플러에서 소음을 저감하는 방직에는 반응형(Reactive) 방식과 에너지 소실형(Dissipative) 방식이 있다. 반응형 방식은 소리가 경계면에서 반향되는 특성 때문에 생기는 위상 차이를 이용하여 특정한 주파수대역을 저감하는 방식으로, 대표적으로 헬름홀츠 공명기, 1/4 파장 공명기, 단순 확장형 공명기와 이것들의 변형된 형태들이 많이 있다. 소실형 방식은 소리에너지의 소멸(Dissipation) 효과를 이용한다. 이 방식에는 흡음재를 사용하여 소리 에너지를 흡수하는 방법과 소리가 파이프 혹은 격막(Baffle)에 타공되어 있는 다공 홀(Peroration)을 통과할 때 생기는 소리 에너지의 손실을 이용하는 방법이 있다. 격막 다공 홀 방식은 소음저감 뿐 아니라, 배기가스가 통과할 때 같은 원리로 생기는 유압손실(Hydraulic Loss) 때문에 배압(Back Pressure)이 증가할 수 있다.

01
QUESTION

SCR(Selective Catalytic Reduction) 시스템을 정의하고 정화효율 특성을 설명하시오.

1. SCR(Selective Catalytic Reduction)의 개요

선택적 환원촉매 SCR 방법은 주로 NOx의 저감을 위하여 적용되는 기술이며 요소(Urea)를 이용하는 방법과 배기가스 중의 탄화수소(HC)를 공급하여 환원시키는 HC-SCR 방법이 있으나 HC-SCR 방법은 구조의 간편성은 유리한 점이나 배기가스 중의 HC의 낮은 농도로 NOx의 환원률, 저감률이 낮다.

대부분의 SCR은 요소(Urea)를 기반으로 하는 방법이 주로 적용되며 고체상태의 Solid-SCR 방법과 Liquid-SCR이 있다.

디젤엔진의 배출가스 규제수준은 점차 높아지고 있으며 엔진의 연소기술의 개선만으로는 규제치를 만족시키기에는 어려움이 많다. 따라서 후처리 시스템에 대한 기술 개발이 요구되고 있다.

디젤엔진에서 주요 저감대상 배출가스는 질소산화물(NOx)과 입자상 물질(PM)인데 입자상 물질은 DPF(Diesel Particulate Filter)의 적용으로 대폭 저감하고 있다.

또한, 질소산화물(NOx)은 LNT(Lean NOx Traps), LNC(Lean NOx Catalysts), SCR(Selective Catalytic Reduction)과 같은 저감기술이 제시되고 있다. 이들 중 Urea-SCR이 가장 NOx의 저감에 유효하며 적용이 활성화되고 있다.

디젤엔진의 질소산화물(NOx)을 저감하기 위해서는 EGR(Exhaust Gas Recirculation) 시스템이 주로 적용되나 저감효과가 일정하지 않고 엔진의 내구성 및 성능저하 문제가 있어 한계임을 인식하고 있다.

이러한 이유로 콤팩트한 Urea-SCR 시스템을 개발로 디젤엔진 자동차에 탑재하여 NOx의 저감효과를 나타내고 있다.

2. 디젤엔진에서의 NOx 생성과정

질소산화물에는 안정한 N_2O, NO, N_2O_3, NO_2, N_2O_5 등과 불안정한 NO_3가 존재하며 대기환경에 문제가 될 만큼 존재하는 것들은 NO 및 NO_2로 통상 이들 물질을 대기오염 측면에서 질소산화물이라고 한다.

NO는 물과 황산에 약간 용해되는 자극성 냄새의 무색 기체로서 비수용성이고 공기와 반응하

여 NO_2로 산화하며 NO_2는 알칼리(Alkali) 및 클로로포름(Chloroform)에 용해되는 자극성 냄새의 적갈색 기체이다. 질소산화물은 연소용 공기 중에 함유되어 있는 N_2가 고온에서 산화하여 발생되며 생성온도는 $1,000℃$ 이상의 고온에서 발생되면 온도가 상승할수록 생성 속도는 급격히 증가하는 경향을 가진다.

질소산화물의 생성 반응은 다음과 같다.

$$CH + N_2 \rightarrow CHN + N$$
$$C + N_2 \rightarrow CN + N$$
$$N + O_2 \rightarrow NO + O$$

3. 질소산화물(NOx) 배출 저감기술

디젤엔진에서의 질소산화물(NOx)의 생성을 억제하고 배출을 저감하는 기술로는 여러 가지 방법으로 분사방법의 개선과 연소온도의 저하와 EGR 방법이 적용되어 왔으나 강해지는 배출가스 규제수준을 만족하지 못한다.

따라서 불가피하게 선택된 방법이 후처리 방법으로서 배기가스 속에 있는 NOx를 N_2로 전환하기 위하여 촉매를 이용하는 선택적 촉매 환원법(SCR ; Selective Catalytic Reduction)과 비선택적 촉매 환원법(SNCR ; Selective Non-Catalytic Reduction)이 있으며 이 중 선택적 촉매 환원법(SCR)이 가장 안정적인 기술로 사용되고 있다.

4. Urea-SCR(Selective Catalytic Reduction) 시스템

배기 후처리장치를 적용한 배출물 저감기술은 엔진의 연소과정을 통해 배출되는 배기계에서 장치와 물질을 추가하여 저감하는 것을 말하며 질소산화물을 저감하기 위한 대표적인 배기 후처리장치로는 SCR(Selective Catalytic Reduction)과 LNT(Lean NOx Trap) 기술이 적용되고 있다.

SCR(Selective Catalytic Reduction)은 요소수 첨가 선택적 촉매반응 제거장치인 Urea-SCR이 실용화되고 있으며 Urea와 같은 별도의 첨가물로부터 공급되는 암모니아(NH_3)를 이용하여 질소산화물을 정화하는 것으로 높은 정화율을 보인다.

고온의 배기관으로 분사되는 UREA 용액은 가수분해 및 열분해 과정을 거치면서 암모니아 가스로 변환되고 최종적으로 질소산화물을 질소(N_2)와 수증기(H_2O)로 변환되는 과정을 거치게 된다.

Urea와 NOx의 화학적 반응 과정은 다음과 같다.

$$\text{UREA} : (NH_2)_2CO$$

$$4NO + 4NH_3 + O_2 \rightarrow 4N_2 + 6H_2O$$

$$2NO_2 + 4NH_3 + O_2 \rightarrow 3N_2 + 6H_2O$$

$$NO + NO_2 + 2NH_3 \rightarrow 2N_2 + 3H_2O$$

$$4NO + 2(NH_2)_2CO \rightarrow 4N_2 + 4H_2O + 2CO_2$$

요소수를 이용한 선택적 환원 촉매(Urea – SCR)는 배기가스 중에 존재하는 질소산화물(NOx)을 저감하는 장치로 요소수용액(Urea Water Solution)을 고온의 배기가스에 분사하면 열분해반응과 가수분해반응이 일어나 NH_3가 발생하고 발생한 NH_3가 촉매 내에서 산화질소와 반응을 일으켜 인체에 무해한 질소(N_2)와 물(H_2O)로 환원시켜 배출하는 방법이다.

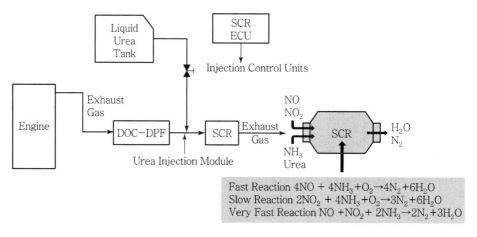

[SCR의 구성]

5. Urea – SCR(Selective Catalytic Reduction) 시스템의 성능

디젤엔진 자동차에 요소수 첨가 선택적 촉매반응 제거장치를 부착하여 NOx의 저감에 큰 효과를 보이고 있으나 다음과 같은 장점과 문제점을 가진다.

① Urea – SCR은 반응 후 부산물의 발생이 없고 기기의 구성이 단순하여 엔진 내부 및 주변 장치의 큰 변경 없이 설치가 가능하다.

② EGR과 같은 다른 저감장치에 비하여 DPF(Diesel Particulate Filter) 등의 매연저감장치가 없어도 NOx의 저감효과를 방해하지 않는다.

③ 촉매를 사용함으로써 처리효율을 최대 90%까지 높였으며 250~350℃의 낮은 온도에서도 처리가 가능하다.

④ 높은 설치비, 촉매 교환비, 요소수(암모니아) 보충 등으로 유지관리비가 많이 소요되고 관리의 불편이 있다.

6. 선택적 촉매 환원법(SCR)의 성능

SCR의 화학적 반응과정은 선택적 촉매 환원법으로 NOx에 대해 환원제(NH_3 또는 Urea 등)를 배기가스 중에 분사, 혼합하여 이 혼합가스를 200~400℃ 온도하에서 운전되는 반응기 상부로부터 촉매층을 통과시킴으로써 NOx를 환원하여 인체에 무해한 질소(N_2)와 수증기(H_2O)로 분해하는 공정이다.

이 공정은 환원제가 산소보다는 우선적으로 NOx와 반응하는 선택적 환원방식이며 촉매는 보통 티타늄과 바나듐 산화물의 혼합물을 사용한다. 촉매는 화학적·물리적 변화에 대한 내구성이 강하고 기체-고체와의 접촉을 위해 높은 표면적을 갖고 있어야 하며 최대의 Activity(활성)와 Selectivity(선택성)을 띤 재질들이 잘 분산되어 있어야 한다.

이 공정에 의한 NOx 제어효율은 촉매의 유형, 주입 암모니아양, 초기 NOx 농도 및 촉매의 수명에 따라 차이는 있지만 최적 운전조건에서 80~90%의 효율성을 갖고 있다.

QUESTION 02

자동차 현가장치에서 서스펜션 지오메트리(Suspension Geometry)를 정의하고 위시본(Wishbone)과 듀얼링크(Dual Link Strut) 형식의 지오메트리 설계 특성을 설명하시오.

1. 서스펜션 지오메트리(Suspension Geometry)의 정의

스프링과 쇼크업소버를 포함하는 서스펜션의 배치형태를 말하며 서스펜션은 링크(암)의 배치에 따라 스윙 암의 길이, 롤 센터의 높이 등이 정해지고 링크의 길이와 각도에 따라 그들의 변화하는 비율과 캠버 변화량이 결정된다.

또한 스티어링 링크 배치에 따라 토(Toe) 각의 변화나 최대 조향각 등도 정해진다.

이들을 총칭하여 서스펜션 지오메트리(Suspension Geometry)라고 한다.

2. 위시본(Wishbone)과 듀얼링크(Dual Link Strut) 형식의 설계 특성

(1) 위시본(Wishbone)형 서스펜션

① 전륜의 현가장치에 적용되는 V자형 암을 말하며 A형의 암이 새의 가슴뼈 모양과 비슷하다고 하여 위시본이라 부른다.

코일 스프링이 상하로 자유롭게 움직이는 형식으로 승차감은 좋지만 비포장도로에서는 소음이 발생할 수 있다.

A형 암을 위아래로 두 개씩 사용하는 서스펜션을 더블 위시본이라고도 하며 2개의 암이 동시에 바퀴를 지지하므로 설계가 자유롭고 강성과 내구성 및 조종 안정성이 우수하고 얼라이먼트 변화나 차량의 자세를 자유롭게 조절할 수 있다.

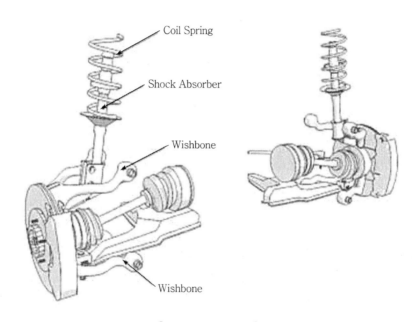

[위시본형 서스펜션]

② 상하 컨트롤 암의 안쪽은 차체에 연결되고 바깥쪽은 바퀴를 장착하고 있는 조향너클에 볼 조인트 이음으로 연결되어 있으며, 상하로 설치된 코일 스프링과 쇼크업소버에 의해 완충 및 상하운동을 하는 형식으로 가장 많이 사용되고 있다.

(2) 듀얼 링크(Dual Link Strut)형 서스펜션

서스펜션의 지오메트리 변화를 보다 적절하게 이루어지도록 하기 위해서는 컨트롤 암이 삼각형이라는 고정 관념을 버리고 상하 링크(Upper/Lower Link)로 두 개 또는 여러 개의 링크로 분해하고 필요하다면 링크를 더 추가하여 더욱 자유롭게 타이어의 자세를 컨트롤할 수 있도록 한 서스펜션 형식이다. 그래서 탄생한 것이 서스펜션을 두 개(Dual) 또는 여러 개의 링크로 구성한 멀티링크 서스펜션(Multi Link Suspension)이다.

구조가 복잡해서 제작비가 비싸고 무게도 많이 나가지만 얼라인먼트 변화를 항상 최적 상태로 제어하여 조종 안정성을 확보할 수 있다.

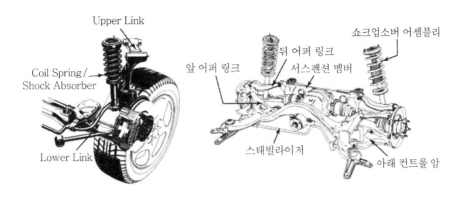

[듀얼 – 멀티링크 서스펜션]

자동차 엔진에서 럼블(Rumble) 소음 발생 원인과 방지대책을 설명하시오.

1. 럼블(Rumble) 소음 발생 원인

엔진의 가동 중에 발생하는 크랭크축의 굽힘 및 비틀림 진동은 자동차의 실내소음과 더불어 소음의 증가에 영향을 미친다.

크랭크축의 고유 진동수는 200∼500Hz 정도이며 이 영역에서 크랭크축의 굽힘, 비틀림 진동이 엔진의 실린더 블록에 영향을 주어 발생하는 소음은 럼블소음이라고 한다. 일반적으로 500Hz 이하의 옥타브 밴드 소음레벨이 과도하게 나타나는 소음을 말한다.

2. 럼블(Rumble) 소음 발생 현상

(1) 크랭크축의 굽힘, 비틀림 진동 – 소음

크랭크축의 진동은 공회전과 같은 낮은 회전수에서 강체운동(Rigid Motion)을 하지만 공회전 속도보다 높은 회전수에서는 크랭크축의 가진원(加振源)은 주로 연소실에서의 연소 폭발에 의한 것으로 엔진 보기류 벨트의 장력 변화 및 연소압력의 크기에 영향을 받는다.

(2) 플라이휠의 굽힘 진동 – 소음

플라이휠의 후단부 굽힘진동에 의한 영향은 엔진의 럼블 소음뿐만 아니라 차량 실내소음에 있어 높은 비중을 차지하며 보통 250~400Hz 정도에서 엔진의 전체 진동과 더불어 구동축의 진동에도 큰 영향을 미친다.

3. 럼블(Rumble) 진동 – 소음 저감대책

(1) 듀얼모드 댐퍼의 설치

크랭크축의 진동은 크랭크축 전단에 토션댐퍼(Torsion Damper)를 설치하여 진동현상을 억제할 수 있으며 럼블 진동, 소음의 저감을 위하여 크랭크축의 선단부 길이를 축소하거나 듀얼 모드 댐퍼를 적용하여 진동을 저감한다.

(2) 보기류 구동 벨트의 단일화

엔진 보기류의 구동을 위한 벨트를 단일화하여 벨트의 장력이 상이하여 발생하는 굽힘진동현상을 억제하여 럼블 진동, 소음을 저감한다.

(3) 2중 질량 플라이휠(Dual Mass Fiywheel) 적용

플라이휠의 굽힘진동을 저감하기 위하여 2중 질량 플라이휠을 적용하여 크랭크축 후단부의 진동을 저감한다.
2중 질량 플라이휠은 두 개의 플라이휠 사이에 댐퍼(Damper)를 설치하여 엔진의 토크 진동(Torsional Vibration) 발생으로 자동차 전체의 진동과 소음을 감소시킬 수 있다.

QUESTION 04 전고체 배터리 기술을 정의하고 기술 실현의 장애요인과 기술개발 동향을 설명하시오.

1. 전(全)고체 배터리(All Solid State Battery)의 개요

전고체 배터리는 고체상태의 전해질을 사용하여 액체 전해질을 사용하는 배터리와 달리 파손 시에도 폭발의 위험성이 낮고 고온이나 고전압 상황에서도 성능 저하가 적다. 현재 전기자동차 배터리로 적용되는 리튬이온 배터리를 대체할 수 있는 배터리로 부상하고 있다.

2. 고체 배터리의 기술

현재까지 우리가 사용하고 있는 리튬이온 2차전지 시스템은 유기액체전해질(Organic Liquid Electrolyte)을 이용하여 설계되어 있다. 이러한 리튬이온 2차전지 설계방식의 경우 액체 전해질의 누수와 낮은 열적 안정성 그리고 외부 충격에도 약하다는 문제점들로 잦은 폭발사고가 잇따르고 있다.

이 같은 안정성 측면을 보완하기 위해 전고상(全固相) 리튬이온 2차전지(All-Solid-State Lithium Ion Batteries)는 무기 고체 전해질(Inorganic Solid Electrolyte)을 이용한 설계방식으로 기존의 리튬이온 2차전지보다 뛰어난 열적, 전기화학적 안정성을 보인다.

기존의 리튬이온 2차전지에 사용되는 유기액체전해질의 경우 4.5V 이상에서 전해액의 분해반응(Decomposition)이 발생하여 높은 작동 전위를 갖는 양극활물질($LiNi_{0.5}Mn_{1.5}O_4$, $LiCoPO_4$)을 구동함에 있어서 사이클 비가역성을 비롯한 전기화학적 특성들이 취약해지는 문제점들이 알려져 있다. 반면, 황화물계 고체 전해질의 경우 10V까지도 안정된 전위영역을 지니고 있어 고전압 양극활물질의 구동을 통한 고출력 리튬이온 2차전지의 설계도 가능하다는 장점이 있다.

이처럼 안정성 측면에서 뛰어난 무기고체 전해질을 이용한 전고상(全固相) 리튬이온 2차전지는 차세대 배터리의 선두 주자로 인정받고 있다.

$LiCoO_2$는 3.7V의 공칭전압과 274mAh에 달하는 이론용량을 가지며, 가역적으로 리튬의 삽입과 탈리튬이 용이하여 상용화된 리튬이온 2차전지에 가장 많이 쓰이는 양극활물질로 잘 알려져 있다. 하지만 양극활물질 $LiCoO_2$는 황화물계 고체 전해질과 반응해 2차상(相)의 생성으로 인한 계면저항(Interface Resistance)이 증가하게 되고, 급격한 전지용량 감소를 가져온다.

3. 고체 배터리 기술의 문제점

전고체(全固體) 전지는 최근 유망한 차세대 전지로 많은 주목을 받고 있지만 액체 전해질과 비교하여 상온에서의 낮은 이온 전도도와 충방전 중의 고체-고체 간 계면반응에 대해서 기초 이해가 부족하여 연구에 어려움이 많다.

현재의 리튬 2차전지보다 더 향상된 성능이 요구되므로 안정적인 이온 전도성을 가지는 고체 전해질 개발이 반드시 선행되어야 한다. 현재까지는 황화물계와 산화물계 고체 전해질 개발이 주를 이루고 있다.

하지만 현재 고체 전해질은 액체 전해질에 비해 상대적으로 낮은 이온 전도도를 보이며, 계면 접촉저항의 증가 및 물과 반응에 의한 황화수소 발생(황화물인 경우) 등의 단점을 극복, 보완하기 위해 많은 연구가 진행되어야 한다.

향후 산업계나 학계에서 고체 전해질에 대한 연구가 활발히 진행된다면, 다양한 용도의 리튬 2차전지에 대한 안정성 높은 전지의 개발이 이루어질 것으로 생각된다.

05
QUESTION

운행 중인 자동차가 혼합비가 희박하여 공기과잉률(λ)이 높게 나타나는 원인 5가지를 설명하시오.

1. 공기과잉률(空氣過剩率, Excess Air Factor, λ)

실제 혼합비와 이론 혼합비(가솔린의 경우 14.7~14.8)와의 비 또는 실제 흡입 공기량과 완전연소를 위한 이론적인 최소 공기량의 비를 공기과잉률이라 한다.

가솔린엔진에서는 공기과잉률 λ = 0.6 ~ 1.2의 범위에 있지 않으면 일반적인 방법의 전기적 스파크로는 연소할 수 없으며 이 혼합비의 범위를 가연범위(可燃範圍)라고 한다.

$$공기과잉률(\lambda) = \frac{실제\ 혼합비}{이론\ 혼합비} = \frac{실제\ 흡입공기량}{완전\ 연소를\ 위한\ 이론\ 최소공기량}$$

자동차에서는 배기가스를 저감시키기 위하여 3원 촉매장치(3-Way Catalytic Converter)를 사용하는 경우 혼합기의 농도를 이론 공연(혼합)비 부근으로 제어할 때 촉매의 정화율은 극대화되므로 혼합비를 이론 공연(혼합)비 근처인 λ = 0.95~1.05로 제어하기 위하여 산소센서를 배기관에 설치하고 산소센서는 배기가스 중의 산소의 농도를 검출한 전기신호를 ECU에 입력한다. 이론 공연비는 λ = 1은 (공기중량)14.75 : (연료중량)1의 상태이며 산소센서에 의한 공연비 보정은 ECU가 산소센서의 출력값을 입력받아 공연비의 농후, 희박 정도를 판단하고 이론 공연비에 맞도록 분사량을 제어하며 부하 시에도 엔진의 부하 상태(TPS신호)와 rpm에 맞추어 정확한 이론 공연비가 되도록 제어한다.

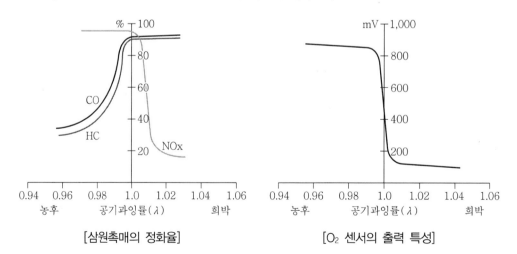

[삼원촉매의 정화율]　　　　　　　[O₂ 센서의 출력 특성]

2. 공기과잉률(λ)이 높게 나타나는 원인

공기과잉률이 높게 나타는 것은 공연비가 희박한 상태임을 말하며 자동차 검사기준에서는 λ = 0.9 ~ 1.1 사이로 규정하고 있다. 이 기준 이하 및 이상의 공기과잉률에서는 배출가스의 농도가 높아지거나 실화(失火, Missfire) 및 연소압력의 저하와 더불어 연비의 저하를 가져온다.

일반적으로 공기과잉률이 높아지는 원인은 다음과 같다.

① 연료라인의 압력이 낮아 분사량이 부족한 상태가 되고 공연비가 희박해지며 공기과잉률이 높아진다.
② 배기관의 손상으로 공기가 유입되고 공기과잉률이 높아진다.
③ 점화플러그의 점화원이 불충분하여 점화, 연소가 이루어지지 않고 미연소 상태에서는 공기과잉률이 높아진다.
④ 흡기다기관 및 진공호스의 불량으로 공기가 유입되고 희박한 혼합기를 형성하므로 공기과잉률이 높게 나타난다.

국내 자동차 안전도 평가에서 좌석안전성 시험 및 평가방법을 설명하시오.

QUESTION 06

1. 좌석안전성평가시험

좌석안전성평가시험이란 후방충돌 시 발생하는 탑승자의 목 상해 방지를 위한 좌석 및 머리지지대의 기능을 평가하여 이에 대한 정보를 소비자에게 제공하고, 또한 제작사에 안전성이 우수한 좌석 개발을 유도하여 안전한 자동차의 보급 및 확산을 유도하기 위함이다.

2. 좌석안전성평가시험 방법

(1) **시험좌석** : 자동차 1열 운전자석 및 전방탑승자석
(2) **시험장비** : 후방충돌용 인체모형(BioRID II)
(3) **시험방법** : 충돌모의시험장비 위에 단품 상태의 좌석을 고정하여 후방 16km/h의 속도로 충돌시킨다.

(4) **목 상해 평가항목** : 후방충돌 시 목 상해와 관련된 7가지 목 상해지수를 측정하여 평가등급을 산정한다.

① 머리지지대 접촉시간 : 후방충돌 시 인체모형의 머리가 머리지지대에 접촉하는 시간이다.

② T_1 가속도 : 척추 첫 번째 마디의 가속도

③ 목 상단부 전단력(Fx)

④ 목 상단부 인장력(Fz)

⑤ 머리 반발속도 : 후방충돌 시 인체모형의 머리가 머리지지대에 부딪힌 후 반발력에 의해 튕겨나가는 속도

⑥ 목 상해지수(NIC) : 머리와 척추 첫 번째 마디인 T_1의 상대속도와 상대가속도의 합성치

⑦ 목 상단부 전단력과 모멘트의 합성지수(Nkm) : 인체모형의 목 상단부에 적용되는 전단력과 모멘트의 합성치

기준항목	하한치	상한치	점수
머리지지대 접촉시간[ms]	57	82	0.0~1.5
T_1 가속도(g)-이하	9.30	13.10	
목 상단부 전단력(Fx)[N]	30.00	190.00	0.0~1.5
목 상단부 인장력(Fz)[N]	260.00	750.00	0.0~1.5
머리 반발속도[m/s]	3.20	4.80	0.0~1.5
목 상해지수(NIC)[m^2/s^2]	11.00	24.00	0.0~1.5
목 상단부 전단력과 모멘트의 합성지수(NKm)	0.15	0.55	0.0~1.5
총점			0.0~9.0

3. 평가점수 산정

목 상해 평가항목당 최고 1.5점씩 부여 총점 10점 기준으로 평가하며 머리지지대 안전성 평가에서 수행한 머리지지대 형상에 대한 점수를 -1~+1점까지 가감점하여 최종 점수를 산정한다.

108회

차량기술사
기출문제 및 해설

1교시

01 차체 재료의 강도(Strength)와 강성(Rigidity)을 구분하여 설명하시오.
QUESTION

1. 재료의 강도(Strength)와 강성(Rigidity)

① 강도(強度)

부재가 하중을 지지할 수 있는 성질을 말하며 부재 및 구조물이 특정한 시험 조건과 방향에서 저항할 수 있는 최대응력을 말한다.

재료에 부하(負荷)가 걸린 경우, 재료가 파단(破斷)되기까지의 변형저항을 그 재료의 강도라고 한다. 굽힘강도(Bending Strength), 인장강도(Tensile Strength), 압축강도(Compressive Strength), 비틀림강도(Torsional Strength) 등이 있다.

② 강성(強性)

부재가 원형을 유지할 수 있는 능력이며 탄성계수에 의해 측정할 수 있으며 변형에 저항하는 능력을 의미한다. 물체에 압력이 가해져도 모양이나 부피가 변하지 않는 물체의 단단한 성질로서 하중(荷重)에 대한 변형저항을 말하며, 횡탄성계수(橫彈性係數)와 종탄성계수(縱彈性係數)로 평가하나 인장강도(引張強度)와는 무관하다.

02 차량의 부식이 발생하는 이유와 전기화학적 부식에 대하여 설명하시오.
QUESTION

1. 차량의 부식 발생

① 자동차의 주요 발청(부식) 부위

자동차의 각 부위 부품은 열악한 사용 환경에서 부식의 우려가 있으며 이의 방지를 위하여 적합한 재료의 선정과 충분한 표면처리를 하여야 한다.

일반적으로 쿼터패널 부식이 가장 많은데 이는 바퀴를 감싸는 부위이므로 운행 중 모래나 돌 등 외부 물질과 접촉이 많아서 나타나는 것으로 판단된다.

다음으로는 프런트 펜더와 도어, 트렁크 리드 순이며 이런 부분은 여닫는 등 간섭에 의한 것으로 판단된다.

② 부식의 주요 원인

대표적인 부식의 원인은 적합하게 재료가 선정되지 못한 경우와 미흡한 표면처리이나 겨울철 제설용으로 살포되는 염화칼슘 및 아황산가스(SO_2), 황화수소(H_2S) 등의 대기 중 공해물질이 원인이다.

③ 주요 부식 부위 발생 원인과 도장 공정상 개선 부분

쿼터 패널 및 프런트 펜더는 방청 부족이고, 도어 및 트렁크 리드는 해당 구조물의 공간으로 침투한 빗물로 인한 부식으로 추정되며 스텝은 표면 이상, 본넷은 패널 접합부의 방청 또는 실링이 부적합하여 발생된다.

자동차 제작사는 내부식성 향상을 위해서 아연도금강판을 사용하고 있으며 방청처리를 하는 것도 필요하다.

강판의 하부부식 외에도 하드웨어(볼트와 너트)의 내식성 증대도 매우 중요하며 이에 대해서는 아연니켈도금을 주로 적용하는 실정이다.

2. 차량의 전기화학적 부식

수분 중에 이종 금속이 공존하면 전위차(電位差)를 발생하여, 천(賤)한 금속은 부극(-극)이 되며, 귀(貴)한 금속은 정극(+극)이 되어서 -극에서 +극으로 전자의 이동이 생기며, 천한 금속이 부식된다. 단일 금속이 물속에 있어도 어떠한 조건 차에 의해서 전위차를 발생하여 부식이 발생한다.

철의 경우, 전위차를 발생하면 환경이 산성인가 알칼리성인가에 따라서 부식된다. 따라서, 부식방지의 방법으로 전위차를 - 쪽으로 해서 불활성으로 하거나, 환경을 알칼리성으로 해서 부동태화(不動態化)로 하거나 도료나 도금에 의해서 금속을 부식 환경으로부터 절연시킨다.

03 **QUESTION** 전기자동차의 축전지 충전방식을 설명하고 정전류, 정전압 방식에 대해 설명하시오.

1. 전기자동차 축전지의 충전

① 표준충전과 급속충전

표준충전은 전지용량의 1/10 정도의 전류로 장시간 충전하는 것을 말하며 완전 충전까지는 이론상 10시간이지만 실제로는 15시간 정도 소요된다.

반면 급속충전은 전지용량 정도의 전류로 단시간에 충전하는 것을 말하며 보통 4~5시간 동안 충전한다.

② 정전류 충전과 정전압 충전

정전류 충전은 일정한 전류로 충전하는 방식이며 정전압 충전은 일정 전압으로 충전하는 방식이다. 충전전압은 전지의 완전충전전압으로 한다.

04 **QUESTION** 전기자동차의 에너지 저장장치에서 비출력(Specific Power) 표시가 필요한 이유에 대하여 설명하시오.

1. 전기자동차의 에너지 저장장치에서의 비출력(Specific Power)

전기자동차의 에너지 저장장치는 2차전지인 축전지를 말하며 대부분의 축전지는 1Cell의 방전전류로 정격을 결정한다.

비출력(Specific Power)은 축전지 중량 1kg당 얻을 수 있는 전력의 양으로 단위는 W/kg이다. 일반적으로 비출력이 크면 비에너지(Specific Energy)는 작아지는데 이는 축전지로부터 많은 전력을 빠르게 방출시키면 사용할 수 있는 에너지가 줄어들기 때문이다.

비출력은 축전지의 성능을 나타내기도 하고 효율이나 효용성 등으로 성능을 나타내는 경우도 있다.

05 QUESTION 레저네이터(Resonator)의 기능에 대하여 설명하시오.

1. 레저네이터(Resonator)의 기능

레저네이터는 공명기로서 저감하려는 주파수와 수식에서 유도된 치수, 형상의 파이프와 상자를 가진 공명기를 흡기 다기관과 연결하여 헬름홀츠의 공명 원리에 의해 음을 감소시킨다. 자동차의 프런트 그릴에 유입된 공기는 긴 덕트를 통하여 흡기 매니폴드로 유도되는데 그 도중에 에어클리너, 레저네이터 체임버(Resonator Chamber), 스로틀 보디가 설치되어 있다. 레저네이터 체임버(Resonance Chamber)는 흡기 밸브의 개폐에 따라 에어클리너의 박스 및 덕트 내의 공기가 진동하여 흡기음이 발생하거나 때로는 흡기를 방해하게 되므로 도중에 공명장치(共鳴裝置)를 설치하고 공진현상(共振現象)을 이용하여 노이즈(Noise)를 제거한다. 덕트 중간에 가지가 뻗은 것처럼 설치되어 있는 상자 모양의 장치로 레저네이터 체임버 또는 사이드 브랜치(Side Branch)라고 하며 흡기 소음을 감쇠시키는 역할을 한다.

06 QUESTION 피스톤 슬랩과 간극의 차이가 엔진에 미치는 영향을 설명하시오.

1. 피스톤 슬랩(Slap)과 간극

피스톤 간극이란 실린더 안지름과 피스톤 최대 바깥지름(스커트 부분의 지름)과의 차이를 말하며 냉간 시에 열팽창을 고려하여 간극을 두며 일반적으로 알루미늄 합금 피스톤인 경우 실린더 안지름의 0.05% 정도이다.

① 간극이 작을 때의 영향
  • 실린더 벽에 형성된 오일의 유막이 파괴되어 마찰과 마멸이 증가한다.
  • 마찰력의 증가로 피스톤과 라이너가 고착된다.

② 간극이 클 때의 영향
  • 블로바이 현상이 발생한다.
  • 압축 압력이 저하한다.
  • 엔진의 출력이 저하된다.
  • 오일이 희석되거나 카본에 오염된다.

- 연료 소비율이 증가한다.
- 피스톤 슬랩이 발생한다.

07 QUESTION 디젤엔진의 DPF(Diesel Particulate Filter) 장치에서 재생시기를 판단하는 방법 3가지를 설명하시오.

1. 디젤엔진의 후처리 장치(DPF)

디젤엔진의 후처리 장치인 DPF(Diesel Particulate Filter)는 디젤엔진의 배출물 중에서 입자상 물질을 필터에 포집하여 연료 추가분사에 의한 강제연소 또는 배기가스의 온도에 의한 자연연소로 재연소시켜 배출하는 시스템이며 필터 체임버 전후 간의 온도, 압력 및 차압으로 필터 재생시기를 판단한다.

2. 디젤 후처리 장치(DPF)에서 재생시기 판단방법과 처리과정

① 필터체임버의 전단부와 후단부의 온도센서(Temperature Sensor)와 필터 전후의 압력차이를 검출하는 차압센서(Differential Pressure Sensor)로 온도와 압력을 상시 계측하고 ECM으로 입력한다.

② 필터가 자연 재생되기 위해서는 일반적으로 600℃의 온도로 10분 이상이 유지되는가를 ECM에서 감시한다.

③ 필터 내에 압력차가 발생하면 DPF 경고등을 점등하는 방식으로 DPF의 상태를 모니터링하도록 한다.

④ 필터에 연소 생성물인 입자상 물질이 누적되면 필터 전후의 압력 차이가 생기며 ECM에서는 입자상 물질을 재연소시키는 프로세스를 시작한다.

⑤ 배기가스 중에 연료를 분사·연소시켜 필터를 재생한다.

08 QUESTION 차량의 에어컨디셔닝 시스템에서 애프터 블로어(After Blower) 기능에 대하여 설명하시오.

1. 에어컨디셔닝 시스템에서 애프터 블로어(After Blower)

자동차 에어컨디셔닝 시스템에서 애프터 블로어(After Blower)는 에어컨을 가동하면서 주행 후 Key를 Off하여 시동을 정지하여도 블로어는 일정 시간 동안 가동되고 자동으로 정지하는 기능을 한다. 에어컨디셔닝 장치의 증발기와 공기 통로 부분에 형성된 습기를 제거하고 온도를 상온으로 맞춰주는 이 기능은 배출공기의 청결상태를 유지하기 위한 것이다.

09 QUESTION 엔진오일의 수명(Oil Life)을 결정하는 인자 3가지에 대하여 설명하시오.

1. 엔진 오일의 수명(Oil Life)

엔진 오일의 수명판정을 위한 대표적인 물리적 성상은 동점도이며 사용시간과 열화에 따라 동점도(動粘度)는 저하한다.

동점도에 영향을 미치는 조건은 노출 온도이며, 오일이 고온에 노출될수록 동점도는 낮아지고 수명을 다했다고 판정한다. 엔진 오일의 점도는 12~13cSt 정도이며 열화될수록 점도는 낮아진다.

다음은 엔진오일의 수명과 교환을 위한 판정 항목, 기준이다.

수명 판정 항목	판정 기준
점도 변화(%)	20~25
전알칼리가(mg KOH/g)	0.5~1.0
펜탄불용해분(wt%)	3.0
수분(vol%)	0.2

QUESTION 10 디젤엔진의 인젝터에서 MDP(Minimum Drive Pulse) 학습을 실시하는 이유와 효과를 설명하시오.

1. MDP 학습

MDP(Minium Drive Pulse) 학습이란 엔진의 장기적인 사용으로 인한 엔진상태의 변화를 인젝터에서 Pilot 분사량 조절로 최적의 엔진상태가 되도록 보정하는 것을 말한다.

엔진의 회전상태는 인젝터에서 분사된 연료의 양과 분사상태에 따라 달라지며 비정상적인 연소 상태를 노크센서의 신호로 받은 ECU는 Pilot 분사시기 및 인젝터 구동시간을 보정하여 최적의 분사와 연소상태로 보정한다.

일반적인 MDP 학습조건은 다음과 같으며 각 조건이 만족되면 자동으로 MDP 학습을 진행한다.

① 냉각수 70℃ 이상
② 주행속도 60km/h 이상
③ 엔진 회전속도 1,500~1,800rpm 이상
④ 특정 조건에서 정속 1~3분 유지 시

 QUESTION 11 튜닝의 종류 중 빌드업 튜닝(Build Up Tuning), 튠업 튜닝(Tune Up Tuning), 드레스업 튜닝(Dress Up Tuning)에 대하여 설명하시오.

1. 튜닝(Tuning)의 종류

자동차 소유자의 개인적 취향과 특별한 필요에 의하여 기존의 기능을 변경하여 성능을 향상시키고자 자동차의 구조나 장치를 부분적으로 변경하거나 부품을 추가하는 작업을 말한다.
모든 튜닝은 자동차 안전기준에 관한 규칙 안에서 이루어져야 하며 안전기준과 관련된 특정 부분의 튜닝은 승인 후 튜닝이 가능하거나 튜닝 후 안전기준에 적합한지 반드시 검사받아야 한다.

① 빌드업 튜닝(Build Up Tuning)
  일반 승합차나 화물자동차를 이용하여 사용 목적에 적합하도록 적재함, 차실 등의 구조를 변경하거나 원래 상태로 변경하는 것이다.
  구급차, 어린이 운송용 승합차, 소방차, 유류 운송용 자동차 등은 사전 승인이 필요하다.

② 튠업 튜닝(Tune Up Tuning)

성능을 향상시키는 목적의 튜닝을 말하며 자동차의 엔진 및 동력전달장치, 주행장치, 조향장치, 제동장치, 연료장치, 차대 연결 및 견인장치, 승차장치, 소음 방지장치, 배출가스 발산장치, 등화장치, 현가장치 등의 튜닝이 있다.

원동기 교체 및 부품교체, 연료탱크 변경 설치, 4륜 구동장치 등에 대한 튜닝은 안전기준에 중대한 변경이 될 수 있으므로 튜닝 후 안전기준 적합 여부를 검사받아야 한다.

③ 드레스업 튜닝(Dress Up Tuning)

자동차 소유자의 취향과 목적에 맞게 자동차를 꾸미기 위한 도색, 장치 추가 변경, 설치 등으로 주로 외관을 변경하는 튜닝이다. 하지만, 배기구의 방향, 번호판, 등화의 색상, 엔진 후드, 에어 스포일러 돌출 등의 튜닝은 할 수 없다.

QUESTION 12 리튬폴리머 축전지(lithium polymer battery)의 특징에 대하여 설명하시오.

1. 리튬폴리머 축전지(lithium polymer battery)의 특징

- 리튬폴리머 배터리(Lithium Polymer Battery)는 리튬이온 기술이 적용된 2차전지이다.
- 리튬폴리머는 액체 전해질이 아닌 폴리머 전해질을 사용하며, 보통 배터리 케이스를 폴리머를 사용하여 제조하므로 주로 사각의 판 형태를 가지고 있다.
- 가볍고 얇게 제조가 가능하지만 구조적 강도는 약한 것이 단점이다.

(1) 리튬폴리머 배터리의 장점

① 높은 에너지 저장 밀도(같은 크기에 비해 더 큰 용량)
② 높은 전압, 3.7V(Ni-Cd, Ni-MH 등에 비해 3배 정도)
③ 수은 같은 환경을 오염시키는 중금속을 사용하지 않는다.
④ 폴리머 상태의 전해질 사용으로 높은 안정성을 갖는다.
⑤ 다양한 형상의 설계가 가능하다.

(2) 리튬폴리머 배터리의 단점

① 제조공정이 복잡하여 가격이 비싸다.
② 폴리머 전해질로 액체 전해질보다 이온의 전도율이 낮다.
③ 저온에서의 사용 특성이 떨어진다.

13 수소자동차의 수소를 생산하기 위하여 물을 전기분해하는 과정을 설명
QUESTION 하시오.

1. 수소 자동차의 물 전기분해 수소생산

수소 에너지는 연소 과정에서 물이 생성되기 때문에 친환경적이고 에너지 밀도가 약 142kJ/g
수준으로 석유(46kJ/g)나 천연가스(47.2kJ/g)에 비해 월등히 우수하다는 특징을 가지며 연료
전지형 수소 자동차의 에너지원으로 적용되고 있다.

물 전기분해를 통해 전기에너지를 물 분자에 가하면 수소와 산소 분자가 생성되며, 전체 반응
식은 아래와 같이 표현된다.

$$2H_2O \leftrightarrow 2H_2 + O_2, E = 1.23V$$

전체 반응은 수소발생반응(HER ; Hydrogen Evolution Reaction)과 산소발생반응(OER ;
Oxygen Evolution Reaction)의 두 가지의 반쪽 반응으로 이루어지며, 수소 발생반응은 환
원전극, 산소발생반응은 산화전극에서 각각 일어난다. 각 산화·환원 반응식은 일반적으로
아래와 같이 표현된다.

$$환원전극 : 2H^+ + 2e^- \leftrightarrow H_2, E_1 = 0$$
$$산화전극 : O_2 + 4H^+ + 4e^- \leftrightarrow H_2O, E_2 = 1.23$$

각 반응의 전위는 표준수소전극(NHE ; Normal Hydrogen Electrode) 기준으로 표현 가능
하며, pH에 따라 전위값이 변화한다. 하지만 전체 반응의 관점에서 보면 pH에 따른 효과는
서로 상쇄되기 때문에, 열역학적으로 물 전기분해는 pH에 관계없이 1.23V에서 일어난다.
그런데 실제로 1.23V를 가하면 반응속도가 매우 느리기 때문에 물 전기분해가 거의 일어나
지 않는다. 따라서 실제로 물 전기분해를 통해 수소를 생산하기 위해서는 1.23V 이상의 과전
압(Overpotential)이 필요하다.

전압이 높을수록 수소와 산소 발생량은 급격히 증가한다. 물 전기분해 시 환원전극에 흐르는
전류와 산화전극에 흐르는 전류가 에너지 보존의 측면에서 같아야 하며, 이때 각 전극에 걸리
는 과전압은 전극재료의 특성에 따라 달라질 수 있다. 또한, 전해질의 전기 전도도나 이온 이
동성에 의한 추가적인 저항요소(Rs)가 발생하며, 이러한 요소들을 고려하여 물 전기분해 시
필요한 전체 과전압은 아래와 같이 표현된다.

과전압이 높을수록 더 많은 양의 수소를 생산할 수 있지만 그만큼 전기에너지 비용도 증가한
다는 문제가 발생하는데, 이때 각 전극의 반쪽 반응에 필요한 과전압을 줄일 수 있다면 낮은
과전압에서도 충분한 양의 수소를 생산해 낼 수 있다.

01 QUESTION 차체응력 측정방법 4가지에 대하여 설명하시오.

1. 응력(Stress) 측정방법

부재(部材)에 작용하는 하중에 의하여 변형(Strain)이 발생하고 물체 및 재료는 응력(Stress)을 받는다. 작용하는 변형(Strain) 및 응력(Stress)을 측정하는 방법은 다음과 같으며 비파괴적으로 변형률, 응력의 집중 상황만 관찰할 수 있는 방법과 작용 응력을 수치적 데이터로 정확하게 측정할 수 있는 방법이 있다.

(1) 광탄성 피막법(Photoelastic Film Method)

광탄성 피막(Photoelastic Film) 응력시험법은 응력 집중도가 큰 부위를 검출하는 시험법이다. 물체에 입사, 반사된 두 편광의 간섭에 의해서 응력 상태와 정도에 따라 만들어지는 무늬를 나타내는 에폭시 수지 등의 투명한 피막재를 시험 대상 물체에 부착시키고 부재의 변형(Strain)에 따른 응력(Stress)을 측정하는 광학적 방법이다.

장점으로는 시험 대상 부재에 인장, 압축, 비틀림 등이 하중을 작용시키면 비교적 넓은 영역의 변형과 응력상태를 정성(定性)적으로 직접 관찰할 수 있다는 점이다. 단점으로는 실험실 내에서 행해야 한다는 것과 비교적 큰 장치를 필요로 한다는 점이다.

(2) 취성 도료법(脆性 塗料法, Brittle Lacquer Method)

취성 도료법(Brittle Lacquer Method)에 의한 응력 측정법은 통상의 도료로는 검출할 수 없는 작은 변형에도 갈라진 균열 틈에 스며드는 묽은 도료를 이용하여 응력(Stress) 집중 부위를 파악하는 방법이다.

도료의 도포 시 어느 정도의 기술력을 필요로 하지만 특별한 계측기를 필요로 하지 않는다. 모든 실부하(實負荷) 조건에서 부재에 발생한 최대 변형에 의해 갈라진 균열 틈에 도료가 잔류하므로 정성(定性)적으로 응력 집중 부위를 검출하는 데 편리한 방법이다.

(3) X – 선 응력측정법

일반적으로 금속재료는 여러 개의 미세한 결정입자가 불규칙하게 집합된 다결정체라 할 수 있다. 이 다결정체에 외력을 가하면 그 물체는 변형하며, 결정격자 간격도 탄성범위에서는 응력에 비례하여 변화한다.

다결정체의 표층부에 특정 X-선을 입사하고, X-선 회절법 중 분말법의 원리에서 격자면 간격을 측정하여 응력을 측정하는 방법이다. 그러므로 이 물체의 표면층 부분에 일정한 파장의 특정 X-선을 입사시켜, X-선 회절법(분말법)의 원리(Bragg의 조건식)를 이용하여 격자 간격을 측정하며, 이것에 탄성론(일반적으로는 평면응력이라 가정한 sin2ϕ법)을 적용하여 응력과 스트레인을 해석하는 방법을 말한다.

(4) 스트레인 게이지법(Strain Gage Method)

작업이 복잡하지만 가장 정밀하게 응력(Stress) 데이터를 정량(定量) 수치적으로 시험할 수 있는 방법이다.

일종의 저항인 스트레인 게이지(Strain Gage)를 응력 측정 부위에 접착제(Adhesive) 및 용접(Spot Welding)으로 부착하고 하중이나 비틀림 등을 작용시켜 스트레인 게이지(Strain Gage)의 변형으로 스트레인 데이터(ε)를 직접 측정하는 방법이다.

스트레인 값을 크게 얻기 위하여 휘트스톤 브리지(Wheatstone Bridge) 회로를 사용하며 후크의 법칙을 이용한 방법이다.

후크의 법칙은 응력(Stress)과 변형률(Strain)의 관계를 나타내는 법칙이며 다음과 같이 표시된다.

$$\sigma(\mathrm{kg/mm^2}) = \varepsilon \cdot E$$

여기서, σ : 작용 응력(Stress)[kg/mm²]
ε : 변형률(Strain)
E : 재료의 탄성계수(Young's Modulus)[kg/mm²]

따라서 스트레인 게이지(Strain Gage)로 변형률(變形率/Strain)을 직접 측정하면 작용 응력(應力, Stress)을 수치적 데이터로 측정 가능하다.

스트레인 게이지의 부착 위치와 방향에 따라 인장, 압축, 비틀림 등의 응력 시험과 측정이 가능하다.

QUESTION 02 자동차 부품의 프레스 가공에 사용되는 강판의 재료에서 냉간압연강판, 열간압연강판, 고장력강판 및 표면처리강판에 대하여 각각 설명하시오.

1. 자동차 부품용 강판(鋼板)의 종류

압연이란 연속주조 공정에서 생산된 슬래브, 블룸, 빌릿 등을 회전하는 여러 개의 롤(Roll) 사이를 통과시켜 연속적인 힘을 가함으로써 늘리거나 얇게 만드는 공정이며, 가공방법에는 고온으로 하는 열간압연(熱間壓延)과 저온에서 실시하는 냉간압연(冷間壓延)이 있다. 열간압연강판, 냉간압연강판 그리고 내식성 향상을 위하여 표면처리한 강판으로 상품화된다.

① 열간압연강판(熱間壓延鋼板)

열간압연강판은 반제품을 가열로에서 1,100~1,200℃의 온도로 재가열하여 압연 Roll을 통과시켜 각종 Size로 성형한 강판으로 자동차 구조용으로는 주로 새시 부품으로 가공하며 Wheel Disc 등의 강도 부재로 적용된다. 프레스 및 기계 가공성이 우수하다.

② 냉간압연강판(冷間壓延鋼板)

강의 재결정 온도 이하에서 두 개의 롤 사이를 통과시켜 가공하는 것으로 표면이 깨끗하고 정밀한 치수의 얇은 두께의 강판을 말한다.

높은 생산성과 낮은 가격의 강판인 반면에 압연 설비 등의 비용이 많이 소요된다는 단점이 있다.

냉간 압연강판은 열연코일을 산세(酸洗)하여 스케일을 제거한 후 냉간상태로 압연한 강판이며 자동차의 외형 패널 등을 프레스 가공으로 성형한다.

③ 고장력 강판(高張力鋼板)

고장력 강판이란 일반적인 연강판과 비교해 인장강도가 크고 피로 수명도 높으며 강도는 보통 300MPa 이상의 강판을 말한다.

연강판보다 얇은 판 두께로 높은 강도의 강판을 얻을 수 있고, 차체의 경량화와 이에 따른 저연비화가 가능하다.

④ 표면처리강판(表面處理鋼板)

내식성(耐蝕性)과 표면 장식효과를 높이고 도장(塗裝)을 생략하기 위하여 여러 가지 표면처리를 한 얇은 강판을 말한다.

차체의 녹을 방지하는 아연도금 강판, 배출가스에 의한 부식을 방지하는 알루미늄 도금 강판, 연료탱크 내부의 녹을 방지하는 턴(Terne) 도금 강판 등이 자동차 부재용 강판으로 적용된다.

03 전기자동차의 축전지 에너지관리시스템(Battery Energy Management System)의 기능에 대하여 설명하시오.

1. 배터리 에너지관리시스템의 정의

EV 및 HEV의 심장부는 복잡한 배터리 관리시스템(BMS ; Battery Management System)이다. 구동 시스템에 필요한 전력을 공급하는 2차전지의 안전성과 신뢰성을 보증하여 주는 역할을 하기 때문이다.

2차전지 셀로 구성된 배터리 팩은 전력량을 축전할 수 있으며 배터리만을 사용할 경우 항속거리가 제한되고 배터리의 용량이 하한에 가까우면 엔진을 구동시켜 전력을 생산한다. BMS는 충전과 방전을 제어하며 항속 주행거리를 증가시킬 수 있다.

배터리의 수명을 연장하기 위해서는 배터리 충전상태(SOC ; State Of Charge)를 일정하게 유지시켜 주는 것이 중요하다. SOC가 너무 낮거나 높은 상태가 계속되면 SOC를 중간 수준으로 유지할 경우에 비해서 배터리의 열화가 빠르게 진행된다. 적절한 SOC의 범위는 일반적인 실험을 중복하여 봄으로써 알 수 있다. 배터리 셀을 과방전시키면 구성부품이 열화되어 회복 불능 상태가 된다. 충전 전압도 적정치를 넘어 충전하게 되면 배터리 셀이 과열되어 불가역적인 구조로 변화되고 만다.

친환경 에너지에 대한 요구 증대와 고유가로 인한 고연비 이동수단이 확대되면서 HEV, EV, E-Bike, E-Scooter 등이 인기를 더해 가면서 기존의 납축전지, Ni-Cd 전지는 환경오염물질의 배출문제와 성능부족이 문제가 되었다.

Li-ion 배터리로 전환되면서 고성능, 고출력이며 중량도 가볍고 수명도 길어서 좋으나 비정상적인 상황에서 발화 및 폭발의 위험성이 문제가 되고 있다. 이러한 안전성과 셀 밸런스를 위해서 필수적인 시스템으로 BMS가 등장하게 되었다.

2. 배터리 관리시스템의 구성

BMS는 BMS ECU 본체와 셀 모듈(CM ; Cell Module) 등 2개의 부분으로 구성되어 있다. 이는 절연형 CAN을 통해서 서로 접속되어 있다. 각 CM은 셀 스택(Cell Stack, 모든 단일 배터리 셀의 서브 스택)에 접속되어 있다. CM은 개개의 단위 셀의 전압을 계측해서 필요에 따라 방전을 개시한다.

HEV는 하이브리드 제어기(HCU ; Hybrid Control Unit), 모터 제어기(MCU ; Motor Control Unit) 등의 차량 내 다른 시스템과의 통신을 통하여 배터리 충전상태(SOC ; State Of Charge), 파워제한, 셀 밸런싱, 냉각제어를 수행한다. HCU는 고전압 배터리의 배터리 충전상태(SOC)를 지속적으로 모니터링하고, SOC에 따라 각 주행모드에서 충전 및 방전을 제어한다.

BMS는 하드웨어적으로 VITM(Voltage, Current, Temperature Measure) 모듈, 셀 밸런싱(Cell Balancing) 모듈, 마이크로프로세서(Micro Processor) 등으로 구성되어 있다.

3. 배터리 관리시스템의 기능

BMS는 전기자동차의 배터리 제어의 최적화를 통하여 주행거리 향상 및 안전성을 확보하여 주는 역할을 하며 배터리 보호와 자가진단을 통한 시스템 신뢰성과 안전성을 확보하여 유지비용을 절감하는 데 기여하고 있다.

① 열에 약한 배터리를 균일 냉각하여 동일한 성능 구현이 가능토록 하여주는 온도관리 제어와 배터리의 각 상태를 판단하여 최적 효율점에서 작동하도록 하는 배터리 충전상태(SOC) 제어로 나눌 수 있다.

② BMS는 시스템의 전압, 전류 및 온도를 모니터링하여 최적의 상태로 유지관리하여 주며, 시스템의 안전운영을 위한 경보 및 사전안전예방조치를 하여준다.

③ 배터리의 충·방전 시 과충전 및 과방전을 막아주며 셀(Cell) 간의 전압을 균일하게 하여줌으로써 에너지 효율 및 배터리의 수명을 높여준다. 데이터의 보전 및 시스템을 진단하여 경보 관련 이력상태의 저장 및 외부 진단시스템 혹은 모니터링 PC를 통한 진단이 가능하다.

④ Li-ion 배터리의 단일 셀의 정격전압은 3.6V, 충전전압은 4.2V이다. 이를 직렬로 접속하여 600V가 넘는 전압을 발생시켜준다. 여러 개의 셀을 직렬로 접속하는 경우 그중 한 개의 셀이라도 고장이 나거나 열화되면 배터리 팩 전체가 영향을 받는다. 그래서 최신의 HEV나 EV에 적용되는 BMS는 개개의 셀에 대한 과충전, 과방전, 과열을 막고 이들의 수명을 최적화시켜 주는 기능을 하고 있다.

⑤ BMS는 모든 셀을 항상 균등한 충전상태로 유지시켜주는 셀 밸런스에 의해 이를 실현하고 있다. 더욱이 BMS는 각종 변화 요소들을 종합 분석하여 남은 주행 가능 거리를 예측하고 그 정보를 차량 ECU에 제공한다.

⑥ BMS는 배터리 전류, 전압, 온도 등의 상태를 실시간으로 모니터링하여 최적의 조건으로 사용할 수 있도록 제어하여 준다. 배터리의 잔존용량 및 교체시기를 예측하여 차량제어에 활용 및 배터리의 성능 균등제어를 통한 시스템 수명을 확보해 준다.

04 차량 에어컨디셔닝 시스템에서 냉매의 열교환 시 상태변화 과정을 순서
대로 설명하시오.

QUESTION

1. 차량용 에어컨디셔닝 시스템 냉매의 상변화

① 압축기(Compressor)

증발기에서 증발된 저온·저압의 기체상태의 냉매는 압축기에 유입된 후 14~15
kgf/cm² 로 압축된다. 이로 인하여 냉매는 압축과 압축열에 의해 고온·고압의 기체상태
로 된다.

② 응축기(Condenser)

압축기에서 온 고온·고압의 가스상(相) 냉매를 엔진의 냉각팬 또는 주행풍을 이용하여
냉각시켜 기체상태의 냉매는 액상으로 변화한다.

③ 수액기(Receiver)

응축기에서 온 냉매를 저장하며 냉매 중의 불순물이나 습기를 제거하며 수액기 내부에는
데시컨트(Desiccant, 제습제)가 들어 있다. 냉매는 데시컨트를 통과하면서 습기가 제거
된다. 냉매 중의 습기는 성능저해 및 고장 원인이 되므로 반드시 제거되어야 한다.

④ 팽창밸브(Expansion Valve) 및 오리피스 튜브(Orifice Tube)

수액기를 통과하여 습기와 불순물이 제거된 액상의 냉매는 팽창밸브나 오리피스 튜브의
작은 구멍을 통과하면서 압력이 급격히 감소한 후 증발기로 유입되어 증발하게 되고 외부
로부터 열을 흡수한다.

⑤ 증발기(Evaporation)

수액기 내부에 있는 액체상태의 냉매를 팽창밸브를 통하여 증발기 내에서 기체로 증발시
킨다. 이때 냉매가 액체에서 기체로 증발하기 위해서는 증발 잠열이 필요하므로 증발기
주위(차실 내)에서 열을 흡수한다. 그러므로 증발기 주위의 온도는 급격히 저하되고 공기
를 유입시켜 증발기를 통과시킨 후 차실 내로 순환시킨다. 차실 내의 공기가 증발기를 통
과할 때 온도가 급격히 저하되어 찬바람이 되므로 차실 내의 온도가 저하된다.

팽창밸브의 냉매가 분출되는 작은 구멍은 증발기 출구의 온도에 따라 자동적으로 구멍의
크기가 변화된다. 즉 증발기 출구에 설치된 온도감지밸브는 증발기에서 나오는 기체의 온
도를 감지한 후, 온도가 설정 온도보다 낮아지면 팽창밸브를 닫아 냉매의 분출량을 적게
하고, 온도가 상승하면 냉매의 분출량이 많아지도록 통과 단면적을 증가시킨다. 이로 인
하여 증발기의 온도가 일정하게 유지되므로 성에가 끼거나 결빙되는 일이 없다.

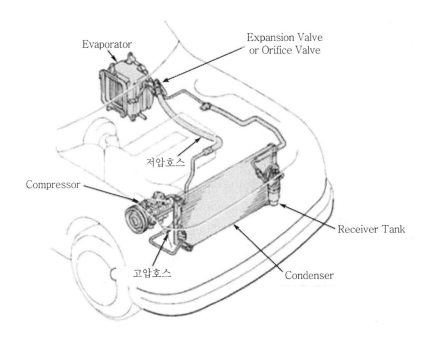

[자동차 에어컨디셔닝 시스템]

EPS(Electric Power Steering) 시스템의 모터 설치에 따른 종류에 대하여 설명하시오.

1. EPS(Electric Power Steering) 시스템의 개요

차량 연비 향상과 소비자의 차량 편의장치의 증가 추세로 인해서 주행모드에 따른 조타력의 조절 및 파킹 어시스트 등의 전자제어 옵션의 추가가 증가하고 있다.

이로 인하여 기존 유압식 조향장치의 유압 제어로는 구현하기 어려워 전자제어식 조향장치 EPS(Electronic Power Steering)를 적용한다.

EPS(MDPS)는 모터의 설치 위치에 따라 C−MDPS, P−MDPS, R−MDPS 3종류가 있으며 그 형태는 아래와 같다.

① C−MDPS (Column Assist Type), P−MDPS (Pinion Assist Type)

핸들축(Column)에 모터를 설치하여 모터가 직접 구동하는 방식으로 장착위치를 컬럼축에 부착하면 C−MDPS, 핸들축 끝의 Pinion 기어에 장착하면 P−MDPS이며, C−

MDPS의 경우 핸들과 가까운 거리에 모터가 부착되어 조향력이 작아 소형차, 중형차에 사용되며 작동 소음이 실내로 유입될 확률이 높고 P-MDPS의 경우는 소음에서는 유리하고 C-MDPS보다는 큰 조향력을 낼 수 있으나 장착위치를 설정하가 어려운 점이 있다.

② R-MDPS (Rack Assist Type)

구동모터가 랙 기어에 장착된 것으로 장착위치는 기존 유압식과 장착위치가 동일하며 C-MDPS에 비해 유압식 파워스티어링의 감성이 흡사하며 큰 조향력을 확보할 수 있으므로 가격이 비싸며 중량이 커서 대형차에 적용된다.

③ MDPS의 장점은 연비 향상 및 조향감을 자유롭게 설계가 가능하며, 자동주차기능 등의 편의성 증대 제품을 개발할 수 있고 친환경적이지만 유압식 대비 조향 이질감이 있고 모터의 소음, 전기적 문제 발생 시 조타력이 무거워지고 기술적 측면과 심리적 불안감이 존재하는 단점이 있다.

Column Type MDPS	Pinion Type MDPS	Direct Rack Drive Type MDPS
• 엔진룸 공간의 확보가 어려울 때 적합 • Rack Type 대비 출력이 작음 • 중형 이하 차종에 적용됨	• 엔진룸 공간을 최소로 차지함 • Rack Type 대비 출력이 작음 • 중형 이하 차종에 적용됨	• 랙 부위에 충분한 공간의 확보가 필요함 • 용량이 크므로 중형 차량에 주로 적용 • 타 차량에 비하여 중량 증가
Column 측 모터장착	Pinion 측 모터장착	모터 중심축에 Rack이 관통된 구조

06 **차량제품의 설계과정 중 기능설계, 형태설계 및 생산설계에 대하여 설명**
QUESTION **하시오.**

1. 제품의 설계과정

제품의 개발과정에서는 예비설계 과정과 상세설계 과정을 거치게 되며 예비설계 과정에서는 제품의 크기, 모양, 색상, 에너지소비 정도, 수명 등과 같은 제품의 개략적인 윤곽을 설계한다. 그 후 상세설계 과정에서는 제품의 완전한 규격과 구성품, 조립도를 확정하며 세부설계는 제품의 구체적 기능, 제품의 형태 및 생산성과 생산비용을 고려한 생산설계를 포함한다.

① 기능설계

제품의 성능에 중점을 두고 설계하는 것이며 소비시장에서 고객의 요구수준인 품질 수준, 신뢰성 및 원가 사이의 관계를 고려한 설계이며 제품의 작동과 관련된 설계로 유지보수성도 포함한 설계이다.

② 형태설계

제품의 외관이나 모양에 중점을 둔 설계이며 소비재의 경우 기능보다 색상, 스타일 및 패션이 더욱 중요한 경우가 있음에 유념하며 판매 촉진효과를 고려하여 설계한다.

③ 생산설계

생산 경제성에 중점을 둔 설계이며 원자재, 인력, 장비 등을 최소한으로 투입하여 최대의 효과를 내도록 생산성을 고려하여 설계하며 단순화, 다양화, 표준화된 모듈로 설계하는 것이 유리하다.

3교시

PROFESSIONAL ENGINEER TRANSPORTATION VEHICLES

01
QUESTION

차량 경량화 재질로 사용되는 열가소성 수지인 엔지니어링 플라스틱 종류를 나열하고 자동차에 적용하는 부품에 대하여 설명하시오.

1. 자동차의 경량화와 엔지니어링 플라스틱

자동차의 경량화 추세에 따라 자동차용 플라스틱의 적용이 증가하는 추세이다. 금속을 사용하던 부품들이 플라스틱으로 대체되는 실정이며 외판과 카시트 프레임, 창문 유리 등도 대체되고 있다.

열가소성 수지인 플라스틱은 범용 플라스틱, 엔지니어링 플라스틱(ENPLA), 슈퍼 엔지니어링 플라스틱(Super ENPLA)의 단계로 나눌 수 있다. 단계가 올라갈수록 물성이 증가하며 금속을 대체할 확률은 높지만 가격도 높아진다.

자동차용으로 가장 많이 사용되는 플라스틱은 범용 플라스틱계인 PP와 PA이다. 이들 외에 엔지니어링 플라스틱인 POM은 금속을 대체할 정도의 물성을 가지며 자동차 경량화 재료로 주목받는다.

절연성이 우수한 엔지니어링 플라스틱인 PBT와 내열 – 전기적 특성이 우수한 슈퍼 엔지니어링 플라스틱인 PPS는 전장재료 및 친환경차(HEV, PHEV, EV) 등에 사용될 것이다.

2. 엔지니어링 플라스틱의 분류

① 범용 플라스틱 : PP, ABS, PE
② 엔지니어링 플라스틱 : 슈퍼 EP만큼 내열성, 기계적 특성을 필요로 하지 않고, 저가격으로 요구를 만족하는 수지로서, 나일론6, 나일론66, 폴리아세탈, ABS 등
③ 슈퍼 엔지니어링 플라스틱 : PEEK, PEKK, PES, PPS 등의 고성능 내열수지
④ 매트릭스 수지 : 높은 내열성, 기계적 물성과 함께 비교적 양호한 성형성, 가공성을 갖는 매트릭스 수지가 신규로 개발되고 있음

3. 엔지니어링 플라스틱의 특징

(1) 범용 플라스틱

① PP(폴리프로필렌)

PP는 성형가공성과 경량에서 균형이 뛰어나 자동차용 플라스틱 중에서 가장 많이 활

용되며 인스트루먼트 패널 등의 내장과 범퍼 등의 외장, 외판, 엔진룸 내 연료 기구부품, 전장품 등에 주로 사용된다.

② ABS(아크릴로니트릴 부타디엔 스티렌)

ABS는 주로 내장과 외판에 사용되며 내장재에는 성형성이 우수한 ABS와 PC/ABS가 주로 사용되며 디자인과 미적 요구가 높아짐에 따라 소재 자체에 대한 착색성과 가공성이 우수한 ABS의 수요가 증가하고 있다.

③ PE(폴리에틸렌)

PE는 연료탱크에 주로 사용되어 경량화로 연비 향상에 기여하고 있으며 기존의 금속제 탱크와 비교하면 형상의 자유도가 높다. PE 부품은 공간이 좁아진 엔진룸 등의 틈새를 이용할 수 있다.

(2) 엔지니어링 플라스틱(ENPLA)

엔지니어링 플라스틱은 1956년 미국의 듀퐁사가 개발한 것으로 금속에 도전하는 플라스틱이라는 목표로 개발하여 많은 부분을 대체하고 있다.

① PA(PA6 : 폴라아미드6, PA66 : 폴리아미드66)

엔지니어링 플라스틱에서는 PA가 가장 많이 활용되며 PA는 범용 플라스틱의 한 종류인 PP에 이어 자동차용 플라스틱 중에서 두 번째로 수요가 많다.

기계적 강도, 내열성, 내마모성, 내약품성, 자기 소화성, 가공성도 우수하여 다른 재료와의 복합재료로 활용도가 높다.

PA는 프런트 엔드 모듈, 루프사이드 몰딩, 휠 커버, 연료탱크, 라디에이터 등에 적용되고 전기저항성이 나쁘다는 단점이 있다.

② PC(폴리카보네이트)

PC는 강도, 내열성. 내환경성 등이 우수하고 투명 엔지니어링 플라스틱으로 정밀 기계부품에 많이 적용된다.

자동차에는 내장, 외장, 외판에 주로 적용되며 창문 유리의 경우 플라스틱화에 따른 경량화 효과가 크다.

③ POM(폴리아세탈)

POM은 강도, 치수 다양성, 내마모성이 뛰어나 엔지니어링 플라스틱 중에서 가장 금속과 가깝다. 단점은 강산(强酸)이나 강알칼리에 취약한 단점이 있고 엔진룸 내부 연료 기구부품, 내장 외장판, 전장품 등에 적용된다.

④ PBT(폴리부틸렌 텔레프탈레이트)

PBT의 주요 용도는 각종 컨넥터류이지만 그 외에도 ECU케이스, 도어록, 모터의 기어하우징, 각종 센서류, 스위치류, 선루프, 와이퍼 블레이드 등에 사용된다.

(3) 슈퍼 엔지니어링 플라스틱(Super ENPLA)

슈퍼 엔지니어링 플라스틱은 150℃ 이상의 온도에서 장기간 사용할 수 있도록 내열성이 확보된 열가소성 수지이다.

① PPS(폴리페닐렌 설파이드)

PPS는 내열성, 내휘발성, 전기적 특성이 강해 전장품이나 엔진 주변 부품 등 자동차의 열악한 환경 부분에서 사용된다. 특히, 가솔린 자동차에서는 PPS의 사용량은 적지만 HEV에서는 가솔린 자동차 대비 3~4배 이상이 될 것으로 보인다.

HEV에서는 하이브리드 장치가 엔진룸에 위치하여 모터, 인버터, 콘덴서와 그 주변 부품이 PPS로 주로 사용된다.

02 QUESTION

전기자동차에 적용되는 DC Motor, 영구자석형 모터, 스위치드 릴럭턴스 모터(SRM)에 대하여 특성을 설명하시오.

1. 구동모터의 타입별 기능별 분류

전기기기는 분류하는 방법에 따라 여러 가지로 나눌 수 있지만 가장 일반적인 방법은 정지기기, 회전기기로 분류하는 방법이다. 회전기기는 전원의 종류에 따라 유니버설 DC 모터와 영구자석(PM)형 DC 모터인 직류기와 콘덴서 유도형/셰이딩 코일형인 단상 유도기, 농형/권선형인 3상 유도기, 브러시리스/스위치드 릴럭턴스/SynRM 모터인 교류기로 분류할 수 있다.

영구자석형 동기모터(PMSM)는 영구자석을 회전자에 어떻게 결합하는가에 따라서 표면 자석형 동기모터(Surface Permanent Magnet Synchronous Motor)와 매입 자석형 동기모터(Interior Permanent Magnet Synchronous Motor)로 분류할 수 있으며 역기전력파형과 입력전류의 형상에 따라 크게 BLAC PM 모터와 BLDC PM 모터로 구분한다.

BLDC PM 모터의 경우 전류의 방향이 변할 때마다 큰 토크리플(Torque Ripple)이 발생하여 제어적으로 문제가 되어 친환경차용 구동모터로는 적합하지 않아 BLAC PM 모터들이 주로 적용되고 있다.

2. 구동모터의 타입별 특징

친환경차에 적용될 수 있는 구동모터로는 직류모터, 유도모터, 영구자석형 모터, 스위치드 릴럭턴스 모터 정도가 대표적이다.

① 직류 전동기(DC Motor)

직류 모터는 속도가 전압에 비례하기 때문에 속도를 증가시키기 위해서는 전압을 제어해야 하며, 기계적인 스위칭 방식의 구조인 브러시와 정류자의 구조로 인해 수명에 제한이 있고 마찰이 심하며 통전 시 스파크(Spark)가 발생하는 문제가 있다. 최대 회전수는 4,000~6,000rpm이며 최대효율은 88~91% 정도이다. 유도기는 전압/주파수 제어를 통해 가ㆍ변속이 용이하며 회전수는 9,000~15,000rpm이다. 최대효율은 94~95% 정도로 낮으며 토크 밀도도 낮아 사이즈 면에서 불리하다.

② 영구자석형 모터(Permanent Magnet Synchronous Motor)

영구자석형 모터는 고효율(최대 95~97%)이면서 저속에서 고토크를 낼 수 있어 저속특성이 우수하나 제어를 위한 드라이브 가격이 비싸고 영구자석의 가격이 비싸다는 단점이 있다. 회전수는 4,000~15,000rpm 정도이고 견고하며 유지보수 측면에서 탁월하다.

③ 스위치드 릴럭턴스 모터(SRM)

스위치드 릴럭턴스 모터는 최근 산업계에서 대두가 되고 있는 비희토류 모터의 하나의 대안이라고 할 수 있는 모터이며 유도전동기보다 성능이 우수하지만 동기 전동기에 비해선 성능이 낮다.

최대 효율은 90% 이상으로 낮은 편이나 고정자/회전자 구조가 간단하고 온도특성도 우수하며 영구자석형 모터에 비해 가격도 저렴하지만 구동 드라이브 가격이 비싸고 소음, 진동이 크다는 단점이 있다.

03 **가솔린엔진의 연소과정에서 층류화염과 난류화염을 구분하여 설명하시오.**

QUESTION

1. 가솔린엔진 연소과정에서의 화염 전파

혼합기의 일부가 전기적 스파크에 의하여 발화온도 이상이 되면 산화반응이 급격히 일어나서 화염핵이 형성되고 이것에 의하여 화염면이 형성되어 화염이 미연혼합기 속으로 화염속도로 진행하여 연소가 이루어진다.

이 화염속도가 연소속도이며 엔진의 출력 성능에 큰 영향을 미치므로 화염전파속도를 높이는 방법을 강구해 왔다.

2. 화염전파속도(연소속도) 향상방안

① Swirl Flow(스월, 선회유동)

실린더 내에서 중요한 대규모 질량운동은 스월이라고 하는 회전운동이다. 흡기가 실린더로 들어올 때, 흡기유동에 접선성분을 부여하도록 흡기계를 구성하면 스월이 발생한다. 스월은 공기와 연료의 혼합을 크게 촉진시키고 연소과정 동안 화염면을 빠르게 확산시키기 위한 기법이기도 하며 연소속도 향상에 효과가 있다.

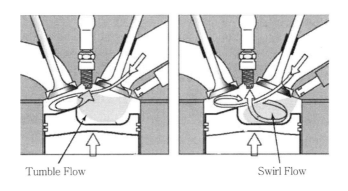

Tumble Flow   Swirl Flow

[Tumble 및 Swirl 유동]

② Tumble Flow(텀블유동)

압축행정 말기에 피스톤이 TDC에 가까워질 때, 연소실의 외측 가장자리 주위의 체적은 갑자기 줄어든다. 실린더 반경 외측의 체적을 차지하고 있는 혼합가스는 이 외측 체적이 거의 영(0)으로 줄어들 때까지 반경 안쪽 방향으로 밀려 들어간다. 혼합가스의 반경 안쪽 방향 운동을 스퀴시(Squish)라고 한다. 스퀴시는 실린더 내부의 다른 질량운동과 합해져 공기와 연료를 혼합하고 신속하게 화염면을 확산시킨다. 피스톤이 TDC에 가까워짐에 따라, 스퀴시운동은 텀블(Tumble)이라고 하는 2차 회전운동을 일으킨다. 텀블은 성층연소로 작동하는 기관에서 공기 – 연료 혼합기의 성층화를 이루는 데 있어서 중요한 변수 중의 하나이다.

③ 층류 화염면과 난류 화염면 비교

층류화염은 가솔린엔진의 정상연소와 같이 화염면이 미연소가스 속으로 순차적으로 전파되면서 연소가 이루어지는 화염면 전파 연소 형태이며 난류 화염면은 스월과 텀블유동에 의한 연소 화염면으로 층류 화염면에 비하여 공기와의 접촉면이 더 넓어 연소효율과 연소속도를 높일 수 있다.

기본적인 디젤엔진의 연소과정 선도를 그려서 설명하시오.

1. 디젤엔진의 연소과정

디젤엔진의 연소에서는 대기압의 공기를 스로틀링(Throttling) 없이 실린더 내로 흡입하고 높은 압축비로 압축하여 고온, 고압이 된 상태에서 연료를 분사한다.

부하에 따른 출력제어는 연료의 분사량에 따라 결정되며 디젤엔진은 연료의 분사량을 가감하여 출력을 조정하며 가솔린엔진의 점화시기에 상당하는 것이 연료분사 개시 시기이다.

디젤엔진의 압축비는 보통 15~23 : 1 정도로 가솔린엔진보다 훨씬 높아 압축행정의 말기에는 실린더 내 압력과 온도는 40기압, 700℃ 정도로 연료의 자기착화온도 이상이므로 연료를 분사하면 자기착화한다.

2. 디젤엔진의 연소압력선도

디젤엔진의 연소도 가솔린엔진과 같이 연료의 분사 즉시 착화, 연소하지 못하고 다음과 같은 과정을 거쳐 연소가 종료된다.

① 착화지연기간(着火遲延 期間, Ignition Delay Period)

연소선도의 A-B 구간이며 분사가 개시되고 자기착화하여 연소가 시작되고 실린더 내에 압력이 상승되기까지 수 ms의 시간이 소요되며 이것이 착화지연기간(Ignition Delay Period)이고 연소의 준비기간이다.

② 급격연소기간(急激燃燒 期間, Rapid Combustion Period)

선도의 B-C 구간이며 착화되면 지금까지 분사된 연료가 연쇄 반응적으로 급격하게 연소하여 압력이 급상승하며 압력상승률 $dP/d\theta$는 착화지연기간의 분사량이 많을수록 커지며 충격적인 연소를 하게 된다.

③ 제어연소기간(制御燃燒期間, Controlled Combustion Period)

선도의 C-D 구간이며 일단 착화하여 화염이 실린더 내에 확산되면 고온이 되므로 분사된 연료는 분사와 거의 동시에 기화하고 연소하여 연료의 분사율이 연소압력을 결정하므로 제어연소기간이라고 한다.

④ 후연소기간(後燃燒期間, After Burning Period)

선도의 D-E 구간이며 연료 분사는 팽창행정의 상사점 후 20~30°에서 완료되며 분사가 종료되어도 잠시 동안은 실린더 내의 여러 부분에 연소되지 못한 연료가 연소를 계속하는 기간이다.

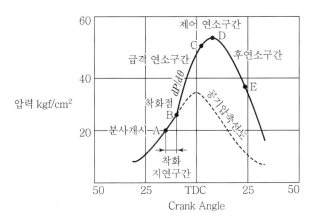

[디젤엔진의 연소 – 압력선도]

자동차에 적용되는 42V 전기시스템의 필요성과 문제점에 대하여 설명하시오.

QUESTION

1. 자동차 42V 전기전자 시스템의 개요

현재의 자동차에는 12V 배터리를 주 전력원으로 하는 전력공급시스템이 사용되고 있지만, 연비가 좋고 안정성이 높으며, 편의성이 추구되는 차세대 자동차에는 이보다 더 효율적인 전력공급 시스템이 필요하게 될 것이다.

42V 전원을 사용하면 냉각수 펌프는 엔진구동방식에 비해 효율성이 뛰어나고 속도 제어가 가능한 전기구동방식을 채택하게 될 것이다.

또한 액티브 서스펜션 시스템은 안전성이나 운전자의 편의를 위해 필요한 시스템이지만 전력 소모가 크기 때문에 기존의 12V 전기 시스템으로는 자동차에 제공하는 것이 불가능하다.

42V 전력전자 시스템은 각 장치별로 다양한 종류의 전압을 공급할 수 있기 때문에 (Multivoltage) 차세대 자동차의 전력공급 시스템으로 사용될 가능성이 높아서 현재 연구가 활발하게 진행되고 있다.

다양한 종류의 전압이 공급될 수 있는 것은, 발전기에서는 42V로 일정한 전압을 공급하지만 각 장치의 컨트롤러들은 자신에게 필요한 전원을 네트워크상의 파워(Power) BUS를 통해 공급받기 때문이다.

또한 앞으로 도입될 지능형 교통 시스템(ITS ; Intelligent Transport System)은 기존의 전자제어기술 중심의 자동차 전자 시스템에 하나의 커다란 변화를 가져올 것으로 예상된다. 21

세기에 지능형 교통 시스템과 연계해 사용될 한 단계 진보된 수준의 미래형 자동차인 지능형 자동차에는 '텔레매틱스(Telematics)'라고 통칭되고 있는 자동차 정보통신(IT)기술이 자동차 전자기술의 새로운 핵심기술로 적용될 것이다.

2. 42V 전기시스템의 필요성

자동차에 전자장비가 증가하면서 42볼트 시스템이 주목받고 있으며 아직 효과에 비해 비용이 커서 자동차 및 부품 메이커들의 대응은 미온적이다.

더욱이 42볼트와는 다른 새로운 차세대 전압표준이 등장할 가능성도 있어 그 전망이 불투명하다는 점도 있다.

① 다양화되는 전자장치 탑재를 효과적으로 지원해 줄 수 있는 42볼트 전장시스템 기술이 주목받고 있다.

- 42볼트 시스템은 환경, 안전, 쾌적성 향상을 위해 다양한 전자장비가 자동차에 탑재되기 시작하면서 증가하는 전력소비 문제를 해결하기 위해 도입되었다.

② 42V 전장시스템을 적용할 경우 경량화, 친환경성 증대 등의 이점이 예상된다.

- 대전력 장비의 사용과 고전압화로 보다 가는 전선으로 전력공급이 가능해 사용 전선을 경량화할 수 있다.
- 연비향상과 배기가스의 저감이 가능하고 고출력 소형 모터를 장착할 수 있어 장비의 소형, 경량화를 실현하는 동시에 제어 자유도가 확대되는 등 성능개선에 상승효과를 가져올 수 있다.

3. 42V 전기시스템의 문제점

다양한 이점에도 불구하고 자동차 메이커와 부품 메이커들은 아직까지 관련 기술 개발에 소극적인 모습을 보이고 있는데 이는 신규투자에 대한 압박이 크고, 기존의 12볼트 계통 부품의 성능 향상이 이루어지고 있어 42볼트화에 따른 비용 대비 효과가 아직은 나타나고 있지 않기 때문이다.

① 자동차 메이커들도 소비전력 증가에 대비해 고전압화를 염두에 두었으나 현 부품의 소비전력을 낮추는 기술이 속속 개발되고 있고 또한 메이커 간 원가절감경쟁이 극심한 상황에서 값비싼 신규 시스템 적용을 결정하기 어려운 분위기이다.

② 부품 메이커도 42볼트화에 대한 대응을 추진하고 있으나 자동차 메이커의 미온적인 대응으로 인해 개발에 대한 부담을 피력하고 있다.

③ 자동차 메이커들은 전장계통의 고전압화가 차량의 성능 향상에 필수적인 요소라는 인식에는 공감하고 있으나, 전기자동차의 대중화로 42볼트화와는 다른 새로운 시스템이 등장할 가능성도 배제할 수 없어 전망이 불투명한 면도 있다.

엔진의 공회전 시 발생하는 진동의 원인과 진동의 전달경로를 나열하고 승차감과의 상관관계에 대하여 설명하시오.

1. 아이들 진동의 개요

아이들 진동은 공회전 시 엔진 회전 상태에서의 진동이며 아이들 러프니스(Idle Roughness)라고도 하며 차체, 스티어링휠, 시프트 레버, 시트, 플로어 등에 전달되는 진동, 소음에 따라 판단할 수 있지만 엔진 회전수, 흡기 매니폴드 부압을 측정하는 것보다 각각의 변동 유무, 흔들림의 정도로 평가하는 경우가 많다.

2. 공전(Idle) 진동 현상

아이들 진동은 엔진의 무부하 공회전 시 발생하는 자동차의 진동을 말하며 엔진 공회전 시 단속적으로 또는 연속적으로 진동이 발생되지만 엔진의 회전수를 상승시키면 즉시 사라지는 특징을 가진다.

자동차의 각 기능부품은 엔진이 회전하고 있는 동안에는 저주파수 대역의 1차 공진 주파수를 가지게 되는데 아이들 운행 시에 차체의 공진 주파수와 일치하여 차체가 진동하는 현상이다. 특히, 조향 휠, 각종 패널 그리고 배기장치의 공진이 두드러지게 나타나며 공진이 발생하는 경우에는 진폭이 증대되어 불쾌감이 가중된다. 또한, 자동 변속기를 장착한 차량에서는 제동 페달을 밟은 상태에서 선택레버를 D 혹은 R 모드로 전환하면 시트, 플로어, 조향 휠 및 대시 패널 등이 급격히 진동하여 승차감을 저하시킨다.

3. 공전(Idle) 진동의 발생조건 및 원인과 전달경로

아이들 진동은 엔진 공회전 시 폭발 및 실화(Missfire) 그리고 압축의 부조화 등에 의해 엔진의 롤링이 커지면 엔진 마운팅을 통하여 차체로 진동이 전달된다. 그리고 동력 전달계통을 통해 롤링이 발생한다. 또한 배기관의 변형이나 배기장치의 행거 고무가 노후 또는 불량하여 고무의 동특성이 바뀌면 엔진의 진동과 배기관이 공진하여 차체로 전달되기도 한다.

그리고 엔진의 상태가 정상이어도 엔진 마운팅 러버가 경화되거나 롤 스토퍼 등이 뒤틀리게 되면 진동 절연 특성이 저하되므로 엔진 진동의 많은 양이 차체로 전달되어 문제가 된다. 특히, 아이들 진동에 의한 가진력과 차체의 공진주파수가 일치하게 되면 조향 휠, 플로어, 각종 차체 패널 및 대시 패널 등의 진폭이 급격히 상승하고 차량 실내소음을 상승시켜 불만감이 고조된다.

공회전 진동 요소	공회전 진동 발생 원인
Engine	• 공회전 시 엔진의 전후, 좌우 진동 발생 • 엔진 조정상태 부조화
Engine Mount	• 마운트 고무의 경화, 변형 및 균열 • 마운트 브래킷 체결볼트의 체결 불량
Exhaust System	• 배기관의 부식 및 변형 • 배기계 행거고무(Hanger Rubber)의 열화 • 체결 볼트의 불량, 느슨한 댐퍼
Damper	• 조향 휠, 크로스 멤버, T/M 크로스 멤버 • 배기계의 댐퍼 및 평형웨이트의 체결 불량

가솔린엔진 연소실의 화염속도 측정을 위한 이온 프로브(Ion Probe)에 대하여 설명하시오.

1. 이온 프로브(Ion Probe)의 기능과 사용 목적

이온 프로브는 주로 헤드 개스킷에 장착되어 연소실 내에서의 화염 전파 특성, 사이클 변동 등을 해석하는 데 사용한다.

이온 프로브는 일정한 바이어스 전압이 가해져 있는 두 개의 도선 사이에 화염이 도달하면 발생하는 이온에 의해 전류가 흐르고 화염의 도달 여부를 검출하는 센서이다.

이온 프로브에서 발생하는 전류 신호는 증폭 – 변환기(Amplifier)를 통과하여 일반적으로 전압 신호로 출력되며 연소실 내 화염의 강도를 검출할 수 있는데 이온의 수, 프로브의 단면적, 바이어스 전압에 비례하여 출력된다.

프로브에 흐르는 전류는 수 μA로 매우 미약하므로 증폭회로를 거쳐 출력되는 것이 일반적이다.

최근 전기자동차의 에너지 저장기로 적용되는 전기 이중층 커패시터 (Electric Double Layer Capacitor)의 작동원리와 특성에 대하여 설명하시오.

1. 전기이중층 커패시터(EDLC ; Electric Double Layer Capacitor) 이론

대전된 물체를 전해질 속에 두었을 때 전하가 표면에서 어떻게 분포되는지를 시각화하기 위한 모델이며 1800년대 헬름홀츠가 처음으로 발견하였다.

헬름홀츠는 대전된 금속판이 전해질 용액 속에 있을 때 전해질에 대응되는 이온이 전하를 Neutralize하기 위하여 표면에 일렬로 기존의 전해질층과 구분되는 하나의 평면을 형성하는 것을 발견하고 전극표면의 전하층과 표면에 일렬로 배열된 전해질 전하층을 헬름홀츠 전기 이중층이라고 명명하였다.

주목할 점은 이 두 층 사이에는 자유전하가 없기 때문에 커패시터의 원리로 전하가 일시적으로 저장될 수 있다는 점이며 아래 그림은 실제로 솔벤트의 영향까지 고려한 EDLC의 작동원리이다.

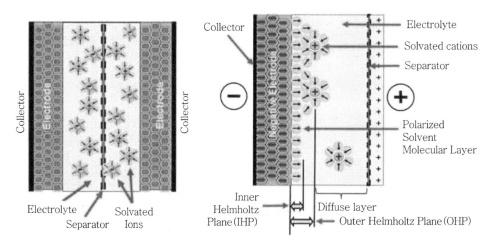

[전기 이중층 커패시터(EDLC)의 구조]

2. 전기이중층 커패시터(EDLC ; Electric Double Layer Capacitor) 작동 원리

EDLC는 기본적으로 Seperator로 분리된 두 전극판, 그리고 그 사이를 채우는 전해질로 구성되었다.

전해질은 양이온과 음이온이 극성 Solvent에 Mixture로 녹아있는 형태이다. 극성 Solvent로 인해 이온들은 Solvated, 즉 용해된 상태로 존재한다. 충전을 위해 양극판에 전압을 걸어주면 판은 음이온으로 대전되어 하나의 층을 만들고 전해질에 녹아있던 양이온도 헬름홀츠의 이론에 따라 일렬로 배열된다.

이때 헬름홀츠의 주장과 달리 이온들이 표면에 단순하게 배열되는 것이 아니라 극성을 띤 Solvent 분자의 Mono-Layer, 그림에서 IHP로 인해 분리가 되며 이 IHP층이 금속표면과 이온의 물리적 흡착을 방해, 서로 대전된 층이 생겨 기존의 커패시터 역할을 하게 된다.

EDLC는 전극과 전극 사이의 대전을 이용한 기존의 커패시터와 달리 전극과 전해질층 사이의 대전을 이용하기 때문에 거리 d가 옹스트롱 단위까지 줄어들어 큰 정전용량을 가질 수 있게 된다.

EDLC의 전극으로는 커패시턴스 증가를 극대화시키기 위하여 무게당 유효면적이 크고 전기전도도가 좋은 탄소전극 재료들을 사용하는데 대표적으로 다공성 활성탄소(AC), CNT 그리고 그래핀이 연구되고 있다.

현재 상용화된 슈퍼 커패시터의 전극으로 가장 널리 사용되는 활성탄소는 작동이 활성화된 탄소를 의미한다. 일반적인 탄소를 부분적으로 태워서 표면적을 최대한 크게 만들면 현미경으로도 보기 힘든 정도의 아주 작은 미세 기공들이 생기게 되며 이로 인하여 유효면적이 크게 확대된다.

실제 활성탄소의 전도도는 금속의 0.003% 정도에 불과하지만 매우 큰 유효면적으로 인해 큰 정전용량을 가질 수 있게 된다. 하지만 큰 유효면적에 비해 정전용량 값은 기대에 미치지 못한다. 이는 활성탄소의 기공 크기 조절이 어렵고 그 배열도 불균일하기 때문에 Wet Ability가 떨어져 EDLC에 필요한 이온과의 접촉이 원활하지 못하기 때문이다. 실제로 기공의 크기가 이온의 크기보다 작아지면 ELDC의 효과를 제대로 보기가 어려워 Pore Size의 조절이 하나의 과제로 남는다.

3. 전기이중층 커패시터(EDLC ; Electric Double Layer Capacitor)의 효과

기존 배터리에는 없는 매우 낮은 내부 저항에 의한 매우 빠른 충전 및 방전 가능성과 수천 패럿의 매우 높은 커패시턴스 값이다.

다른 장점으로는 내구성, 높은 신뢰성, 유지보수가 필요 없음, 긴 수명, 다양한 환경(추위, 더위 및 습함)과 넓은 온도 범위에 걸친 작동 등이 있다. 커패시터에 용액을 사용하면 주기 횟수와 관계없이 5년 내지 6년 내에 저하된다는 점을 제외하고 기능저하 없이 수명이 백만 회 주기(또는 10년 작동)에 이른다. 환경 친화적이고 쉽게 재생이 가능하거나 중화된다. 일반적으로 약 90%의 효율성이고, 방전시간이 초에서 시간 범위에 있다.

기존 전지보다 약 10배 높은 출력 밀도에 도달할 수 있지만 (매우 높은 출력의 리튬 전지만 거의 동일한 출력 밀도에 도달할 수 있다.) 특정 에너지 밀도(저장량)는 약 10배 더 낮다.

EDLC의 전기 전도도가 상대적으로 월등하고 유효면적에 비해 높은 정전용량을 가지므로 에너지 저장기로 활용도가 증가하며 EDLC는 짧은 충전이나 방전주기가 짧은 용도에 특히 적합하다.

 승용자동차의 진동 중 스프링 상부에 작용하는 질량 진동의 종류 4가지에 대하여 설명하시오.

QUESTION

1. 스프링 위·아래 질량 진동

스프링 및 쇼크업소버로 구성되는 서스펜션(Suspension)은 스프링 위의 섀시 질량을 지지하며 서스펜션 아래는 타이어와 휠 그리고 차축 등 구동계 부품의 질량을 포함한다.

스프링을 포함한 서스펜션을 기준으로 위·아래 질량과 고유진동을 구분하면 다음 그림과 같다.

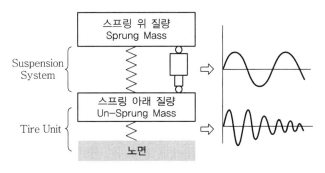

[스프링 위, 아래 질량]

(1) 스프링 위 진동

노면의 요철과 굴곡은 서스펜션계를 통하여 차체의 진동으로 전달되고 자동차의 주행 시 발생하는 각 방향의 힘들은 스프링 위 차체의 진동을 발생한다. 승차감은 자동차에서 느낄 수 있는 진동현상으로 차량 전체가 여러 방향으로 진동하는 현상이다.

① 상하 진동(Bouncing)

차체는 스프링에 의하여 지지되어 있기 때문에 Z축 상하방향으로 차체가 충격을 받으면 스프링 정수와 차체의 질량에 따라 정해지는 고유 진동 주기가 생기고 이 고유 진동 주기와 주행 중 노면에서 차체에 전달되는 진동의 주기가 일치하면 공진이 발생하고 진폭이 현저하게 커진다.

② 피칭(Pitching)

Y축을 중심으로 차체가 진동하는 경우를 말하며 자동차가 노면상의 돌출부를 통과할 때 먼저 앞부분의 상하진동이 오고 뒷바퀴는 축간 거리만큼 늦게 상하진동을 시작하므로 피칭이 생기게 된다.

③ 롤링(Rolling)

X축을 중심으로 하여 차체의 옆 방향 진동을 말한다. 롤링은 차체 내부의 어떤 점을 중심으로 하여 일어나며 이 점을 롤 중심(Roll Center)라고 한다.

(2) 스프링 아래 진동

노면의 요철 등에 의한 차륜의 진동을 포함한 거동은 타이어와 구동계와 제동계 부품 등을 포함하는 스프링 아래 질량(Unsprung Mass)을 진동시키며 노면과 접촉하여 운동하는 타이어와 함께 진동하게 되어 스프링 아래 중량이 클수록 가진력은 증가되며 큰 진동을 발생한다.

① Wheel Hop : Z방향의 상하 평행운동을 하는 진동이다.
② Wheel Tramp : X축 중심의 회전운동으로 인하여 발생하는 진동이다.

③ Side Shake : Y축과 평행한 좌우방향의 진동이다.

④ Fore and Shake : 길이 방향의 X축과 평행한 진동이다.

⑤ Yaw : Z축을 중심으로 한 좌우 차륜의 비틀림 진동이다.

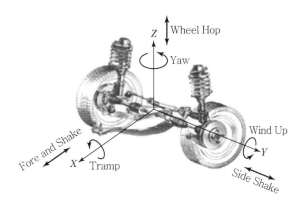

[스프링 아래 질량진동]

DOC – LNT(Diesel Oxidation Catalyst – Lean NOx Trap)을 설명하고 정화특성에 대하여 설명하시오.

1. DOC – LNT의 개요

디젤엔진에서는 CO, HC의 배출은 적으며 질소산화물의 배출이 유해 배출가스로 저감의 대상이며 다양한 NOx 저감장치가 단독 또는 여러 가지의 조합으로 적용되고 있다.

DOC(Diesel Oxidation Catalyst)은 디젤엔진의 산화촉매로서 질소산화물만 산화시키는 촉매이다. LNT(Lean NOx Trap)는 질소산화물을 포집한 후 농후한 공연비를 이용해 불완전 연소시켜 연소 최고온도를 낮춰 질소를 분리해내는 장치로서 단독 사용하면 효과가 낮으므로 DPF(Diesel Particle Filter)와 동시에 사용하는 것이 일반적이다.

디젤엔진의 배기가스 후처리장치인 EGR, DPF, LNT, DOC, LNC, SCR 등을 조합하여 배기가스 규제를 충족시키는데 배기량에 따라 2~3가지의 조합으로 규제를 충족시키기도 하고 여러 가지 방법을 모두 장착해야 충족시키기도 한다.

디젤차량의 배출가스 중 탄화수소와 탄소를 물과 이산화탄소로 바꾸는 산화촉매 변환장치 (DOC ; Diesel Oxidation Catalyst), 분진을 한데 모아 태워버리는 디젤 미립자 필터(DPF ; Diesel Particle Filter), 그리고 질소산화물을 질소와 물로 바꾸는 선택적 환원 촉매(SCR ;

Selective Catalyst Reduction) 등이 장치들 모두 디젤차량의 정화촉매이다.

EURO 배기가스 규제를 충족시킨 차량을 클린디젤이라고 하며 EURO-6 규제가 적용되고 있는 현재는 Euro-6가 클린디젤이고 EURO-3부터 시작하여 배출가스의 규제는 강화되어 왔다.

디젤엔진의 배출가스 규제기준을 맞추기 위하여 다양한 배출가스 기술이 단독 또는 병렬로 설치되고 있으며 EURO 기준에 따른 정화장치의 일반적 설치 종류는 다음과 같다.

EURO-3 : EGR
EURO-4 : EGR+DPF
EURO-5 : EGR+DPF
EURO-6 : EGR+DPF+LNT 또는 SCR+DPF+DOC 또는 SCR+DPF+DOC

2. DOC-LNT의 정화효율

① DOC의 HC 및 CO의 정화효율

DOC의 CO 정화효율은 배기온도 200℃ 이상의 조건에서는 거의 100%를 나타낸다. HC의 정화효율은 380℃의 온도조건에서 최대 80%를 나타내며 DOC의 정화효율은 배기온도 조건에 따라 크게 좌우된다.

이는 활성화 에너지가 상대적으로 높은 온도조건에서 DOC의 환원과 흡장이 활발히 일어나 저감효율이 증가하는 것으로 판단된다.

② LNT의 NOx의 정화효율

환원제를 분사할 때마다 LNT 촉매에 흡장되어 있는 NOx가 환원되지 않은 상태로 과도하게 탈착되어 순간적으로 배기가스 중 NOx 농도가 증가하여 정화율이 낮아지고 환원제의 분사량이 증가하게 되면 최대 NOx 정화율이 증가하며 분사기간에 따라서는 정화율이 차이가 없거나 3초 이상이면 정화율에서 큰 차이가 없다.

연소속도의 증가로 연소효율 향상을 위하여 스월러(Swirler)를 사용하는 경우, 환원제의 공간분포의 균일성이 증가하게 되어 NOx 정화율이 상승한다.

또한 EGR률을 30% 정도로 하여 산소농도를 낮추면 NOx 저감효율이 증가하므로 배출가스 중의 O_2 농도는 LNT의 NOx 정화율에 영향을 미치므로, NOx 정화율을 더욱 향상시키기 위해서는 엔진제어와 EGR 등을 통한 O_2 농도의 저감이 필요하다.

05 QUESTION

Urea-SCR(Selective Catalytic Reduction) 장치에서 질소산화물 저감률에 미치는 인자에 대하여 설명하시오.

1. 선택적 촉매환원법(Selective Catalytic Reduction)의 개요

① 디젤자동차에서 질소산화물을 제거하기 위해, Lean NOx Catalyst, Lean NOx Trap, Hydrocarbon 또는 요소를 환원제로 하는 SCR 기술들이 개발되었으나 이 중 가장 효과적으로 질소산화물 제거를 만족시키는 방법 중의 하나인 요소(Urea)를 환원제로 사용하는 선택적 촉매환원법(Selective Catalytic Reduction)이 실용화되어 있다.

② 선택적 환원촉매 SCR 방법은 주로 NOx의 저감을 위하여 적용되는 기술이며 요소(Urea)를 이용하는 방법과 배기가스 중의 탄화수소(HC)를 공급하여 환원시키는 HC-SCR 방법이 있으나 HC-SCR 방법은 구조의 간편성은 유리한 점이나 배기가스 중의 HC의 낮은 농도로 NOx의 환원율과 저감률이 낮다.

　대부분의 SCR은 요소(Urea)를 기반으로 하는 방법이 주로 적용되며 고체 상태의 Solid-SCR 방법과 Liquid-SCR이 있다.

③ 요소수를 이용한 선택적 환원촉매(Urea-SCR)는 배기가스 중에 존재하는 질소산화물(NOx)을 저감하는 장치로 요소 수용액(Urea Water Solution)을 고온의 배기가스에 분사하면 열분해 반응과 가수분해 반응이 일어나 NH_3가 발생하고 발생한 NH_3가 촉매 내에서 산화질소와 반응을 일으켜 인체에 무해한 질소(N_2)와 물(H_2O)로 환원시켜 배출하는 방법이다.

2. Urea-SCR의 질소산화물 저감에 영향을 미치는 인자

강화된 배기가스 규제를 만족하기 위해 요소 SCR System에서의 DeNOx 성능을 향상시키기 위한 여러 가지 인자들이 고려되어야 한다.

① Urea Dosing Unit, SCR 촉매의 위치 및 SCR 촉매가 질소산화물 제거성능을 향상시키기 위한 중요한 요소로 알려져 있으며 Urea Dosing Unit, SCR 입구온도, SCR 촉매 위치에 따른 입구농도, SCR 촉매 종류를 고려하여야 한다.

② SCR의 질소산화물 제거성능 향상은 요소를 분사하는 인젝터의 특성에 맞는 배기계 설치 최적화 설계와 암모니아 유동 및 배압 확보에 적합한 혼합기(Mixer)의 선택이 필수적이며 시스템 레이아웃 측면에서 요소분해 특성이 좋고 안정적인 시스템인 DOC+DPF+SCR이 필요하다.

③ 배기온도는 SCR의 질소산화물 정화성능에 많은 영향을 주며 SCR 시스템별로 SCR 전단부 온도 영향을 고려하여 평균적인 배출가스 온도는 산화촉매(DOC) 발열반응에 의한 영향으로 DOC+SCR+DPF가 가장 높음을 알 수 있다.

④ 배출가스 중의 HC 농도와 NO_2/NOx 비율조성 특성은 SCR의 질소산화물 정화효율에 크게 기여한다.

⑤ 공간속도(Space Velocity)에 따른 질소산화물 정화율은 엔진의 배출가스 유량과 SCR 촉매의 열화에 따른 질소산화물 정화율 등을 고려한 적절한 SCR 내 공간속도가 유지되는 볼륨 선정이 필요하다.

⑥ SCR 촉매의 종류에 따른 질소산화물 정화성능은 고온 노출 후 암모니아 흡착량 변화가 적은 Cu-Zeolite가 Fe-Zeolite보다 고온 내구성이 우수하며, 또한 질소산화물 정화율에 영향을 미치는 NO_2 Effect가 Fe-Zeolite에 비해 상대적으로 적어 귀금속의 함량을 줄일 수 있으므로 촉매의 선정에 유의하여야 한다.

QUESTION 06 전기자동차의 보급 및 확산을 위하여 가격, 성능 및 환경에 대한 문제점과 해결책에 대하여 설명하시오.

1. 전기자동차의 가격, 성능 및 환경 문제

전기자동차는 유해 배출가스를 배출하지 않아 미래의 자동차 환경문제 및 에너지 문제를 해결할 수 있는 가장 가능성 높은 대안 중 하나이다. 그러나 이러한 기대에 부응하기 위해서는 전기자동차의 높은 가격, 긴 충전시간, 짧은 주행거리 등 기술적으로 해결할 과제도 많이 안고 있다.

자동차는 기술발전 및 첨단화되면서 부품, 소재 등이 점차 전자화 · 전동화되어가고 있으며 특히 전기자동차는 IT, 통신, 전력 등 전기, 전자분야의 핵심기술이 결집된 결정체라고 할 수 있다.

전기자동차의 보급과 확산 전망은 전기자동차의 가격 및 기술수준 외에도 유가 추이, 배출가스 규제, 전기자동차의 개발과 보급에 대한 정책적 지원 등 많은 요인들이 영향을 줄 수 있다.

① 전기자동차의 가격 문제

전기자동차의 가격은 가솔린 및 디젤 자동차에 비하여 월등히 높아서 소비자들의 구매욕구를 만족하기 위해서는 아직 미흡하다는 것이 대부분의 평가이다. 따라서 정부 및 각 지방자치단체에서는 보조금 제도를 채택하여 지원하는 정책을 펴고 있으나 아직 대중적 보급과 확산에는 한계를 보인다.

전기자동차의 가격에서 큰 비중을 차지하는 것은 배터리의 가격이며 이는 기술개발과 대량생산의 문제인 것으로 인식하고 있으며 향후 고체전해질 배터리 및 회생제동기술이 적용된 하이브리드 자동차 등의 보급이 대중화되면 점차 해결될 수 있는 문제로 인식하고 있다.

② 전기자동차의 성능 문제

전기자동차의 기술, 성능 측면의 가장 큰 문제는 배터리의 축전량과 주행거리 그리고 충전시간이 길다는 문제점일 것이다.

현재의 전기자동차는 리튬-이온 배터리가 주류를 이루고 있으나 향후 다양한 충전기술과 배터리 관리기술(Battery Management System), 내구성이 확보된 배터리가 적용될 수 있을 것으로 기대한다.

충전시간이 긴 것은 전기자동차의 가장 큰 문제로 인식되고 있으며 이는 전기자동차 충전장치의 보급과 현재 시험 개발 중인 무선 충전장치(무선전력전송 충전장치)의 개발과 대중적 보급으로 해결될 수 있는 문제로 인식된다.

③ 전기자동차의 환경 문제

현재 대중적인 가솔린 및 디젤자동차는 유해 배출가스의 문제가 크게 대두되고 있으며 여러 가지 배출가스 저감장치를 개발 보급하여 장착되고 있으나 만족할만한 정도의 성과로는 미흡한 실정이다.

근래에 클린디젤정책으로 디젤엔진 자동차의 유해 배출가스 저감을 위하여 DPF, Urea-SCR과 여러 가지 엔진기술을 적용하여 연소상태를 개선하고 있으나 일정 수준 이하로 저감한다는 것은 한계가 있다고 인정되고 있다.

전기자동차는 이러한 문제를 전반적으로 해결할 수 있는 대안으로 부각되고 있으나 가격, 주행거리 및 배터리 충전시간 등의 기술문제가 만족할 만큼 해결되지 못하여 대중적 보급은 아직 미흡한 실정이다.

MEMO

110회

차량기술사
기출문제 및 해설

Professional Engineer Transportation Vehicles

01
QUESTION

내연기관에서 열부하에 대응하기 위한 피스톤의 설계방법 3가지를 설명하시오.

1. 열부하를 적게 받기 위한 피스톤 설계 방법

연소실 내부에서 혼합기가 연소하면 연소 최고온도는 약 2,000~2,500℃ 정도가 되며 이 연소열의 대부분은 피스톤-헤드, 피스톤-링부, 그리고 피스톤-링을 거쳐서 실린더 벽에 전달된다.

피스톤은 열부하에 의해서 팽창되며 열의 방출이 원만하지 않으면 피스톤 소착의 원인이 되기도 한다.

① 캠 그라운드 피스톤(Cam Ground Piston)

피스톤 스커트부는 피스톤 핀 보스나 피스톤 두께 등에 영향을 받으므로 각 부의 온도 변화는 복잡하게 된다.

특히 보스 쪽에는 하중에 의하여 변형이 일어나고 피스톤 핀의 마찰에 의하여 온도가 상승하고 스러스트 쪽은 열팽창이 증가하게 된다.

따라서 상온에서는 보스 방향으로 단축(短軸)을 갖는 타원형으로 가공하여 온도 상승에 따라 보스 방향의 지름이 증가하면 표준 치수가 되도록 하여 엔진의 정상온도에서 진원이 되도록 한다.

피스톤 헤드의 직경을 스커트의 직경보다 작게 하고 또 피스톤 핀 직각방향의 직경보다 피스톤 핀 방향의 직경을 작게 제작한 타원형 피스톤으로 열부하 차이에 의한 팽창량의 차이를 보상하는 방법이 주로 이용된다.

② 스플릿 스커트 피스톤(Split Skirt Piston)

피스톤의 스커트부에 세로방향으로 약간 경사지게 가는 홈을 가공하여 열에 의한 팽창에 따라 피스톤의 치수가 증가하더라도 피스톤이 더 이상 팽창되지 않고 일정한 지름을 유지할 수 있다.

③ 인바 스트럿 피스톤(Invar Strut Piston)

열팽창률이 극히 적은 인바강(Invar Steel)을 지주(支柱)로 주입(鑄入)하여 열팽창에 따른 변형에 대응하도록 제작한 피스톤이다.

인바강은 열팽창률이 일반 탄소강의 1/10 정도이고 니켈을 36% 정도 함유한 내열 특수강이다.

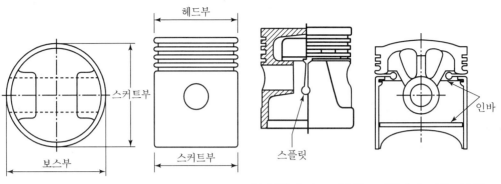

[캠 그라운드 피스톤(Cam Ground Piston)]

[스플릿 스커트 피스톤
(Split Skirt Piston)]

[인바 스트럿 피스톤
(Invar Strut Piston)]

 자동차 전자제어에서 사용하는 주파수, 듀티, 사이클의 용어를 각각 정의하시오.

1. 자동차 전자제어 용어

① 주파수(Frequency)

단위 시간(1초) 내에 주기나 파형이 몇 번 반복하는가를 나타내는 수를 말하며 주기의 역수와 같다. 1초당 1회 반복하는 것을 1Hz라 하며, 진동수는 1cycle/s와 같다.

② 듀티(Duty)

기계나 전기장치의 제어에서 주로 사용하는 용어로 신호(Signal)가 시스템에 전달되는 특정 기간의 백분율이다.

자동차에서는 주로 ECU에서 인젝터를 제어할 때 동작신호의 전달시간(통전시간)을 나타낼 때 사용한다.

③ 사이클(Cycle)

어떤 변화가 주기(반복)성을 가지고 있을 때 전과 동일한 상태로 되돌아오는 과정을 사이클이라고 한다.

전기에서는 일반적으로 교류의 1주기를 말한다. 기호는 c/s(cycle/sec)로 표기하며 국제단위계의 헤르츠(Hz)와 같다.

03 QUESTION 수소연료전지 자동차가 공기 중의 미세먼지 농도를 개선하는 원리에 대하여 설명하시오.

1. 수소연료전지 자동차와 미세먼지

수소연료 전기차는 수소와 대기 중의 공기를 빨아들인 후 수소와 산소의 반응으로 전기에너지를 얻고 모터를 가동하여 주행하므로 물과 청정 공기를 배출하기 때문에 미세먼지를 정화하는 부수적인 역할을 할 수 있다.

한 수소연료 전기차 회사의 실험에 의하면 일반적인 수소연료 전기차 한 대가 1km를 주행할 때마다 대기 중의 미세먼지가 $1m^3$당 최대 20mg까지 줄어드는 효과가 있고 차량을 연간 1만 5,000km 정도를 운행할 경우 성인 2명이 연간 마시는 공기를 만들어낸다. 즉 수소연료 전기차가 달리는 공기청정기 역할을 하는 셈이다.

04 QUESTION 가솔린엔진의 MBT(Minimum Spark Advance for Best Torque)를 정의하고, 연소 측면에서 최적의 MBT 제어 결정방법을 설명하시오.

1. 가솔린엔진 MBT의 정의와 최적 MBT 결정방법

엔진은 최고의 출력성능을 위해 최적의 점화시기를 설정하는 것이 중요하며 이것은 엔진의 모든 가동조건에서 상사점을 지난 시점, 즉 ATDC 10~20°에서 항상 연소 최고 압력에 도달하는 점화진각을 MBT라고 하며 엔진이 최고 출력을 내기 위해서는 운전조건에 따른 진각과 지각이 필요하다.

점화시기제어는 점화시기와 점화코일에의 통전시간을 제어하여 연비, 아이들 안정화, 주행성능을 향상시키며 각 센서로부터 입력되는 엔진의 운전상태에 따라 MBT를 설정하기 위하여 각종 보정신호를 가감(加減)하여 최종 점화시기를 결정한다.

05 수소취성(水素脆性)을 정의하고, 발생원인을 설명하시오.

QUESTION

1. 수소취성

(1) 수소취성(Hydrogen Embrittlement)의 정의

강(鋼)의 조직 내에 수소를 포함하면 연성을 잃는 현상으로 주로 음극 전해탈지, 산세(酸洗), 전기도금 등에 의해서 생긴 수소가 금속, 특히 철강제품의 조직에 침투함으로써 발생한다. 강의 경우 항복강도가 낮은 강철일 때 흡수된 수소가 강의 개재물(介在物) 속에 모여서 이들 수소분자의 압력으로 조직의 결정입계(粒界)를 깨지게 한다. 특히 MnS, Al_2O_3, SiO_2 등의 개재물이 입계균열의 기점이 되고 재료의 강도가 클수록 극미량의 수소에 의해서도 취성이 생기고 취약하게 된다.

수소가 강철에 침입하는 경로를 보면 수소는 원자 중 가장 작아서(1.06 Å) 금속격자(2~3 Å) 사이를 쉽게 원자상태로 뚫고 들어가기 때문이다.

2. 수소취성 방지방법

(1) 공정 전처리 및 예방방법

① 전해탈지(脫脂)에서는 철강의 경우 양극탈지를 택하도록 한다.

② 산(酸)처리를 할 때는 되도록 짧은 시간에 산세(酸洗)하도록 하며 산억제제(Inhibitor 등)을 첨가한다.

③ 고탄소강 등 수소취성에 취약한 재질은 산처리 대신 블라스팅 등 기계적 녹 제거나 특수 알칼리 탈청방법을 선택한다.

④ 아연도금에서는 산성 아연도금이나 특히 메커니컬(Mechanical) 도금을 한다.

⑤ 구리도금에서는 시안화구리보다 피로인산구리도금이 유리하다.

(2) 수소취성 발생 후 처리방법

① 산세 후 가열된 알칼리용액에 넣어서 침입한 수소를 도금하기 전에 제거한다.

② 200℃정도에서 4시간 가량 베이킹(Baking)시킨다. 이 베이킹은 금속의 종류, 피막상태, 도금의 종류, 소재의 두께 등에 따라서 다르다.

예를 들어 아연 도금층은 수소가 통과하기 힘들고 두꺼운 도금이면 수소의 방출이 곤란하므로 베이킹 시간이 길어야 한다.

요소수(Urea)를 사용하는 배기가스 정화장치와 화학반응에 대하여 설명하시오.

1. 디젤엔진의 Urea−SCR(Selective Catalytic Reduction) 후처리 장치

배기 후처리 장치를 적용한 배출물 저감기술은 엔진의 연소과정을 통해 배출되는 배기계에서 장치와 물질을 추가하여 저감하는 것을 말하며 질소산화물을 저감하기 위한 대표적인 배기후처리장치로는 SCR(Selective Catalytic Reduction)과 LNT(Lean NOx Trap) 기술이 적용되고 있다.

SCR(Selective Catalytic Reduction)은 요소수 첨가 선택적 촉매반응 제거장치인 Urea−SCR이 실용화되고 있으며 Urea와 같은 별도의 첨가물로부터 공급되는 암모니아(NH_3)를 이용하여 질소산화물을 정화하는 것으로 높은 정화율을 보인다.

고온의 배기관으로 분사되는 UREA 용액은 가수분해 및 열분해 과정을 거치면서 암모니아 가스로 변환되고 최종적으로 질소산화물을 질소(N_2)와 수증기(H_2O)로 변환되는 과정을 거치게 된다.

Urea와 NOx의 화학적 반응과정은 다음과 같다.

$$UREA : (NH_2)_2CO$$

$$4NO + 4NH_3 + O_2 \rightarrow 4N_2 + 6H_2O$$

$$2NO_2 + 4NH_3 + O_2 \rightarrow 3N_2 + 6H_2O$$

$$NO + NO_2 + 2NH_3 \rightarrow 2N_2 + 3H_2O$$

$$4NO + 2(NH_2)_2CO \rightarrow 4N_2 + 4H_2O + 2CO_2$$

LNT(Lean NOx Trap)란 디젤엔진의 통상 연소상태인 희박(Lean) 조건에서는 촉매에 질소산화물을 흡장된 질소산화물이 포화상태에 이르게 되면 연료의 후분사(後噴射)를 통하여 농후한 상태로 만들어서 환원제로 탄화수소(HC)를 공급함으로써 흡장되어 있던 질소산화물과 환원반응을 일으킴으로써 질소산화물을 정화시키는 기술이다.

07 QUESTION 전륜구동자동차에서 발생하는 택인(Tack-In) 현상을 설명하시오.

1. 택인(Tack-in) 현상

전륜구동차가 코너 선회 시 액셀러레이터 페달에서 발을 떼면(Power Off) 차가 급격히 선회 내측으로 쏠려가는 현상이다. 액셀러레이터를 되돌리고 코너 선회 시 일정한 속도가 급저하하면서 전륜에 구동력과 원심력에 큰 역작용이 생겨서 선회 구심력을 잃고 접지력이 약해져서 발생하는 현상이다.

전륜구동차가 선회 시 전륜의 구동력을 잃거나 접지력이 약해지면 차는 선회 진행방향의 중심을 잃게 되고 선회 경로를 이탈하는 경우가 발생한다.

08 QUESTION 자동차 엔진 재료에 사용되는 인코넬(Inconel)의 특성을 설명하시오.

1. 인코넬(Inconel)의 특성

니켈(Ni)이 주체이고, 15%의 크롬(Cr), 6~7%의 철(Fe), 2.5%의 타이타늄(Ti), 1% 이하의 망간·규소·알루미늄의 내열합금이다.

내열성이 좋고 900℃ 이상의 산화기류(酸化氣流) 속에서도 산화하지 않고, 황을 함유한 대기에도 침식되지 않는다.

신율(伸率), 인장강도(引張強度), 항복점(降伏點) 등의 기계적 성질이 우수하며 600℃ 정도까지 대부분의 물성이 변화하지 않는다.

내식성도 좋아서 유기물, 염류용액에 대해서도 부식하지 않으므로 제트기관의 재료, 원자로의 연료용 스프링, 전열기의 부분품, 고온 온도계용 보호관, 진공관의 필라멘트 등에 사용된다. 내열, 내부식성을 고려하여 자동차 부품의 재료로 적용되기도 하며 밸브 및 밸브 스프링, 터보차저의 부품으로 사용된다.

09 QUESTION 자동차 패킹(Packing)용 재료에서 가류(加硫)처리를 설명하시오.

1. 고무의 가류(加硫)처리

고무에 열을 가하면서 황을 첨가하는 과정을 가황(Vulkanisation)이라고 한다. 천연고무는 열을 가하면 탄성을 잃고 끈적끈적해진다. 이러한 고무의 특성을 개선하기 위하여 유황(硫黃)을 첨가하는데 이를 가류(加硫)처리라고 한다.

자동차 및 동력장치의 축(軸) 등의 방진지지체로서 가류 고무를 사용했을 때 온도변화에 따른 스프링상수, 탄성, 경도 변화가 작아 고무재질의 특성 개선에 효과적인 처리방법이다.

10 QUESTION 자동차가 주행 중 일어나는 슬립 앵글(Slip Angle)과 코너링 포스(Cornering Force)를 정의하고, 마찰과 선회능력에 미치는 영향을 설명하시오.

1. 코너링 포스(Cornering Force)와 슬립 앵글(Slip Angle)

자동차가 선회 주행 시 사이드 슬립(Sid Slip)이 발생하면 휠의 중심면의 방향과 타이어의 진행방향이 일치하지 않게 된다.

이 휠의 중심방향과 타이어의 진행방향과의 각도를 슬립각(Slip Angle)이라고 하며 자동차의 선회 주행속도가 증가하면 원심력도 증가하여 슬립각도 증가하고 전후 차륜의 슬립각의 차이가 발생하여 선회 반경의 변화가 나타난다.

코너링 포스(Cornering Force)는 차륜이 일정 슬립각을 가지고 선회할 때 접지면에 생기는 힘 중에서 타이어 진행방향에 대해 선회 내측방향에 직각으로 작용하는 힘을 말한다.

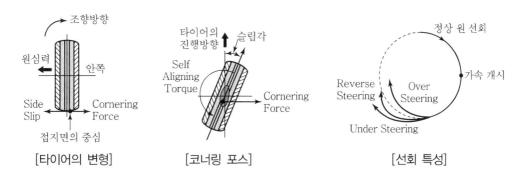

[타이어의 변형]　　[코너링 포스]　　[선회 특성]

2. 선회성능

후륜의 슬립각이 전륜보다 큰 경우에는 선회반경이 작아지는 선회주행을 하며 이러한 상태를 오버 스티어링(Over Steering)이라 하고 반대로 선회반경이 커지는 현상을 언더 스티어링 (Under Steering)이라고 한다.

또한 오버 스티어링(Over Steering)과 언더 스티어링(Under Steering)의 중간 정도의 조향 특성을 나타낸 경우는 리버스 스티어링(Reverse Steering)이 있으며, 이는 속도의 증가에 따라 일정 속도까지는 언더 스티어링 경향을 보이다가 일정 속도 이상이 되면 오버 스티어링 현상을 나타내는 특징을 가진다.

QUESTION 11 서브머린(Submarine) 현상 방지시트와 경추 보호 헤드레스트(Headrest)에 대하여 설명하시오.

1. 서브머린(Submarine) 현상 방지시트

자동차 주행 중에 충돌 및 급제동 시 탑승자의 몸이 안전벨트 아래로 미끄러지는 것을 서브머린 현상이라 하며 서브머린 현상이 일어나면 하반신에 상해를 입을 우려가 있어 서브머린 방지시트에는 무릎 가까운 부위에 린포스먼트를 설치하면 충격을 받아도 앉는 면의 변형이 최소한으로 줄어들어 사람이 앞쪽으로 미끄러지는 것을 방지하게 된다. 에어백과 같이 가스 인플레이터를 내장하여 대퇴부를 들어 올려 서브머린 현상을 방지하는 역할을 하는 형태도 있다.

2. 경추보호 헤드레스트(Headrest)

액티브 헤드레스트(Active Headrest)이며 자동차가 후방추돌 시 헤드레스트가 앞으로 움직여서 탑승자의 목이 뒤로 젖혀지는 것을 방지하여 경추의 심각한 손상(골절 등)을 방지해주는 장치이다.

액티브 헤드레스트는 운전자의 목과 머리부분을 보호하기 때문에 에어백과 함께 사용할 때 효과가 극대화되며 후방 추돌 시 승객의 상체가 시트백에 가해지는 하중을 이용하여 헤드레스트를 전방 및 상향으로 자동 이동시켜 승객의 머리와 목의 상해를 방지하는 장치이다.

세부 종류로는 기계식과 전자식이 있는데 기계식은 헤드레스트 쿠션 자체가 떨어지면서 작동하는 방식이고 전자식은 헤드레스트 포크 자체가 떠오르면서 작동하는 방식이다.

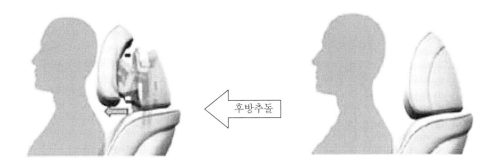

[액티브 헤드레스트]

자동차 엔진에서 체적효율과 충전효율을 정의하고, 체적효율 향상방안에 대하여 설명하시오.

1. 자동차 엔진의 체적효율과 충전효율

체적효율(體積效率, Volumetric Efficiency)은 기관의 배기량인 행정체적에 대한 실제 흡입행정 중 실린더 내에 흡입되는 혼합기량의 비를 말한다.

대기압 및 대기온도에서의 체적효율 η_v는 다음과 같이 표시된다.

$$\eta_v = \frac{(실제 온도, 압력 하에서)실제 흡입되는 혼합기 질량}{배기량(행정 체적)에 해당하는 공기 질량} \times 100(\%)$$

$$= \frac{\rho_a V_a}{\rho_a V_s} \times 100(\%)$$

여기서, V_s : 행정 체적(m³)

V_a : 새로운 공기 체적(m³)

ρ_a : (대기 압력, 온도하에서) 공기 밀도(m³)

엔진의 충전효율(充填效率, Charging Efficiency)은 실제 흡입된 혼합기의 질량과 표준상태(표준대기압 760mmHg, 온도 20℃, 습도 60%)에서 흡입되는 혼합기 질량과의 비를 말한다. 충전효율 η_c는 다음과 같이 표시된다.

$$\eta_c = \frac{(실제\,온도,\,압력\,하에서\,)\,흡입되는\,혼합기\,질량}{표준\,상태에서\,행정\,체적을\,차지하는\,혼합기\,질량} \times 100\,(\%)$$

$$= \frac{\rho_a' V_a}{\rho_a V_s} \times 100\,(\%)$$

여기서, ρ_a' : 건조 공기의 밀도(kg/m³)

ρ_a : 표준 상태에서의 공기의 밀도(kg/m³)

V_a : 새로운 공기의 체적(m³)

V_s : 행정 체적(m³)

2. 체적효율 향상방안

가솔린 및 디젤엔진의 체적효율은 열효율에 큰 영향을 미치는데 이는 공급되는 연료의 완전연소와 연소속도, 연소최고온도, 압력에 영향을 미치기 때문이다. 이의 향상을 위해서는 다음과 같은 방안이 강구되고 있다.

① 도입 공기의 온도를 낮추어 공기밀도를 높이기 위하여 터보차저(Turbo Charger) 부착 엔진은 인터쿨러(Inter Cooler)를 장착하여 흡기 온도를 낮춘다.
② 멀티밸브 시스템을 도입하고 덕트 및 매니폴드를 가능한 한 크게 하며, 구부러진 부분의 반지름을 크게 하는 등 흡기저항을 작게 한다.
③ 밸브 지름과 밸브 리프트(양정)를 크게 하고 밸브 타이밍을 적정(適正)하게 하며 밸브 오버랩(Valve Overlap)을 적절히 이용한다.
④ 흡기 매니폴드의 길이를 엔진이 저속 회전할 때는 길게, 고속 회전할 때는 짧게 하여 관성효과(慣性效果)와 맥동효과(脈動效果)를 잘 이용한다.
⑤ 과급기를 설치하여 흡기압력을 높인다.

13
QUESTION
자동차관리법에서 정하는 자동차 대체부품을 정의하고, 대체부품으로 인증받는 절차에 대하여 설명하시오.

1. 자동차 대체부품의 정의

자동차 대체부품 시장을 활성화하여 소비자의 차량수리비와 보험료 부담을 줄이고, 국내 자동차 부품산업의 발전을 도모하기 위해 대체부품 인증제도를 도입하였다.

자동차 완성차 업체에서 공급하는 순정부품 외에 품질인증을 받은 대체부품을 공급하여 소비자가 안심하고 대체부품을 사용하도록 제도화한 것이다.

대체부품의 생산과 사용이 활성화되면, 자동차 수리비와 보험료가 줄어 소비자의 경제적 부담을 덜어줄 뿐만 아니라 부품업체로서는 독자적인 브랜드를 구축할 수 있는 좋은 기회가 될 것으로 보인다.

2. 자동차 대체부품 인증절차

자동차 대체부품 인증제는 2015년부터 자동차 수리비와 보험금으로 나가는 비용의 절감으로 자동차 소유자의 부담을 줄이겠다는 취지에서 도입·시행되었다.

대체부품 인증제도는 대체부품의 규격과 재료의 물리·화학적 특성이 자동차 제조사에서 출고된 자동차에 장착된 순정품(OEM 부품)과 동일하거나 유사할 경우 인증기관이 성능, 품질을 인증해 주는 제도다.

인증절차는 국토교통부로부터 위임받은 한국자동차부품협회 등의 인증기관에서 자동차 대체부품의 성능과 품질을 확인하여 인증서를 발급하며 인증절차는 다음과 같다.

(신청인) 신청서 제출 → (인증기관) 접수 → 서류심사 → (제조업체) 공장심사 → (시험기관) 인증시험 → 인증서 (발행) 교부

자동차 에어컨용 냉매의 구비조건을 물리적 · 화학적 측면에서 설명하시오.

1. 에어컨 냉매의 구비조건

(1) 물리적 조건

① 증발압력이 대기압 이상일 것 : 증발압력이 대기압 이하이면 에어컨 시스템에 배압이 형성되어 공기 중의 산소, 수분, 먼지 등이 유입되어 압축기의 고장원인이 되며 냉매의 유동성이 불량해질 수 있다.

② 응축압력이 낮을 것 : 응축압력이 높으면 압축기에 부하가 증가하며 응축기의 방열능력이 커지게 되며 압축에서의 전력소모가 커지고 내구성에 불리하다.

③ 임계온도가 낮을 것 : 임계온도는 일정 압력 조건에서 쉽게 액화하는 성질이므로 높은 임계온도에는 고압에서도 액화되지 않는다.

④ 응고온도가 낮을 것 : 응고온도는 냉동사이클의 최저온도보다 낮아야 하며 응고온도가 사이클 압력에 가까울 경우 냉매의 유동성이 불량해지고 사이클 작동 불량을 초래한다.

⑤ 증발잠열이 클 것 : 냉매의 상태는 변하면서 온도는 변하지 않는 것을 증발잠열이라고 하며 적은 양의 냉매로 큰 냉동효과를 얻을 수 있다.

⑥ 점성이 작을 것 : 냉매의 점성이 크면 유동저항이 증가하고 냉매의 유동성이 저하되어 냉방성능을 저해한다.

⑦ 냉매의 비열비($k = C_p/C_v$)가 작을 것 : 비열비가 크면 압축 후 온도상승 및 압축비가 상승하여 압축기가 소손될 수 있다.

(2) 화학적 조건

① 안정성이 클 것 : 높은 온도와 압력에서 반응하지 않고 화학적으로 안정되어야 한다.

② 윤활유에 반응하지 않을 것 : 냉매가 윤활유에 녹으면 냉매의 성질이 상실되고 점성이 증가되어 냉매의 유동성이 저하하고 압축기에 부하로 작용한다.

③ 인화성과 폭발성이 없을 것 : 화염 및 고온에서 쉽게 착화하고 폭발하지 않아야 한다.

④ 부식성이 없을 것 : 금속을 부식시키지 않아야 하고 내구성에 영향을 준다.

02 **QUESTION** 자동차용 터보차저(Turbocharger)가 엔진성능에 미치는 영향을 설명하고, 트윈터보(Twin Turbo)와 2－스테이지 터보(2－Stage Turbo) 형식으로 구분하여 작동원리를 설명하시오.

1. 터보차저(Turbocharger)가 엔진성능에 미치는 영향

과급(過給, Super Charging)은 흡입효율과 공기량을 늘려 연료 분사량을 증가시킴으로써 비출력(比出力)의 향상과 더불어 연료 소비율을 낮추고 완전연소를 유도하여 유해 배출가스의 저감 목적을 가지고 있다.

근래까지는 디젤기관의 터보차저(Turbo－Charger)에 의한 과급과 인터쿨러(Inter Cooler)가 주로 적용되어 큰 효과를 내고 있으나 가솔린엔진에서는 과급이 적극적으로 도입되지 않았다. 다만 가솔린엔진의 흡입효율 향상을 위하여 단행정(短行程) 기관(Square Engine)의 구성으로 밸브 단면적을 키우거나 멀티 밸브 시스템(Multi Valve System)을 적용하는 정도였다.

2. 트윈 터보차저(Twin Turbocharger)

배기량이 큰 다(多) 실린더 엔진에서 주로 사용하는 터보차저 시스템이며 터보차저가 대형화되는 것을 피하고 흡기 매니폴드의 유로(流路)가 길어 터보래그(Turbo Lag)를 줄이기 위하여 대형 터보차저 대신 소형 터보차저 2개를 설치하거나 슈퍼차저와 터보차저 2개를 설치한 시스템이다.

각 터보차저는 흡기의 간섭이 없는 실린더끼리 연결되며 대용량의 터보 하나를 적용하는 것보다 소형 터보차저 2개를 사용하는 것이 저속영역에서 유리하며 6실린더 이상의 대형 엔진에 주로 적용되며 구동방식은 2단 터보차저와 유사하다.

저속에서는 슈퍼차저만 동작하여 과급하고 1,500rpm 이상으로 고속이 되면 슈퍼차저와 터보차저 2개가 모두 구동되어 2.5bar까지 과급을 한다. 그리고 3,500rpm을 능가하는 고속에서는 연비 향상을 위하여 전자 클러치를 해제하고 터보차저만으로 과급을 한다.

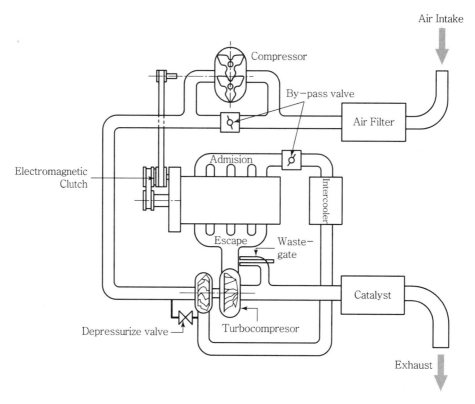

[트윈 터보차저]

3. 2단 터보차저(2-Stage Turbocharger)

일반적으로 자동차 엔진에서는 1개의 터보를 주로 사용하지만 그 이상의 비출력을 얻기 위하여 2개의 저속~고속에 작용하는 터보의 흡기통로와 배기통로를 연속적으로 연결한 터보시스템을 시퀀셜 터보차저(Sequential Turbo Charger)라고도 하다.

시퀀셜 터보차저는 흡배기 유로의 구성방법과 제어방법에 따라 직렬(Serial)형과 병렬(Parallel)형으로 구분한다.

직렬형 시퀀셜 터보차저(Sequential Turbo Charger) 시스템은 터빈 휠이 작은 소형 터보시스템과 휠의 사이즈가 큰 대형 터보시스템이 조합된 방식의 터보차저이며 Dual(Two) Stage Turbo System이라고도 한다.

소형 터보는 고압 터보(High Pressure Turbo)이며 터보의 휠 사이즈가 작아 회전관성이 작으므로 급가속에 민첩한 반응을 하도록 한 것이다.

터보차저의 전후에 바이패스 유로를 만들어 컨트롤 밸브를 설치하여 저속영역에서는 양쪽의 컨트롤 밸브를 닫아 배기 전량을 소형 터보로 보내고 중·고속영역에서는 두 밸브를 열어 배기가스를 모두 대형 터보차저로 보내서 저속과 중·고속에서의 부스트압을 확보하는 방식의 터보차저이다.

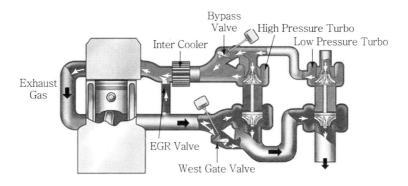

[Sequential Turbo Charger(Serial Type)]

4. 2단 터보차저(Two(Dual) Stage Turbo Charging System)의 동작

(1) 엔진 저속회전영역에서의 동작

- 저속회전영역 : 약 1,800rpm 이하
- 배기플랩 닫힘
- 체크밸브 닫힘

저속영역에서는 배기가스플랩은 닫히고 모든 배기가스는 소형 터보차저만 구동한다. 이때 대형 터보차저는 아이들 회전만 하고 공기를 압축하지 않는다.

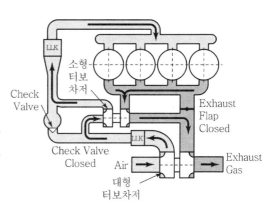

[엔진 저속회전영역]

(2) 엔진 중속회전영역에서의 동작

- 중속회전영역 : 약 1,800~3,000rpm
- 배기플랩 부하에 따라 열림
- 체크밸브 닫힘

중속영역에서 소형 터보차저와 함께 대형 터보차저는 동작을 시작한다. 플랩은 부하에 따라 열리기 시작하고 배기가스는 소형·대형 터보차저 양쪽 모두에 공급된다. 대형 터보차저는 공기를 예압축하고 소형 터보차저에서 공기를 압축하여 공급하므로 부스트압은 상승한다.

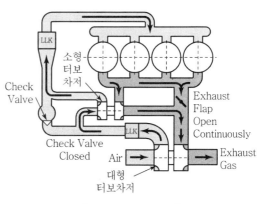

[엔진 중속회전영역]

(3) 엔진 고속회전영역에서의 동작

- 고속회전영역 : 약 3,000rpm 이상
- 배기플랩 완전히 열림
- 체크밸브 열림

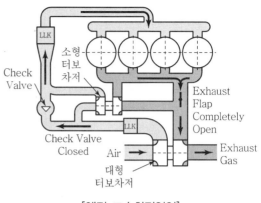

[엔진 고속회전영역]

고속영역에서는 대형 터보차저만 동작하여 공기를 압축한다. 소형 터보차저보다 많은 공기를 통과시켜야 하기 때문이며 배기 플랩은 완전히 열린다. 배기가스는 대형 터보차저로만 공급되고 최대의 부스트 압력을 형성한다.

 자동차 필러(Pillar)의 강성(Stiffness)을 정의하고, 강성을 증가시키는 방법을 구조적 측면에서 설명하시오.

1. 자동차 필러(Pillar)의 정의

필러는 프레임과 차체를 구조적으로 결합하는 유니보디(Uni-body) 방식이 개발되면서부터 중요성이 강조되었으며 루프패널과 차체를 지지하는 기둥을 장착함으로써 필러의 개념이 정의되었다.

필러의 개수는 전장, 디자인 등 다양한 요소의 영향을 받으며 1~4쌍으로 구성되는 것이 일반적이다. 우선 윈드실드와 측면 창문이 만나는 모서리의 섀시 구조물은 프런트 필러(A필러), 1열과 2열을 가르는 부분의 섀시 구조물은 센터 필러(B필러), 뒷좌석 창문과 후면의 유리창이 만나는 모서리의 섀시 구조물은 리어 필러(C필러)라고 부른다.

왜건형 자동차에서는 테일 게이트 부분에 D필러를 두는 경우도 있으며 전장이 6m를 넘는 3열 리무진 차종에서는 E필러를 설치하는 경우도 있다.

그러나 모든 자동차가 복수의 필러 구조를 갖는 것은 아니며 컨버터블의 경우 개방감을 최대화하기 위하여 B필러와 C필러를 두지 않는다. 그러나 B필러와 C필러의 생략은 곧 차체 강성의 약화로 이어져 충돌 안전성이 저해되며 다른 차량들보다 A필러 및 운전석 도어에 초고장력 강판을 적용하는 비율이 높다.

A Pillar   B Pillar   C Pillar   D Pillar

[자동차의 필러(Pillar)]

2. 자동차 필러(Pillar)의 강도

자동차의 실내공간, 즉 캐빈은 필러에 의해 보호받는 모습이며 정면 충돌은 프런트 범퍼와 엔진룸이, 후방충돌은 리어범퍼와 트렁크가 먼저 충격의 일부를 흡수해 주지만 그 이상의 힘이 작용할 때는 필러가 이를 버텨내야 캐빈의 안정성이 확보된다.

어떤 충돌에서 A필러가 무너져버리면 스티어링 휠과 내장재 등이 운전자의 안전을 방해하는 결과를 가져온다.

자동차의 측면은 범퍼와 같이 충격을 흡수하는 공간이 없으므로 충돌에 취약한 곳이다. 따라서 측면 충돌 상황에서는 B필러의 역할이 강조되며 소재 면에서 B필러 전체에 초고장력 강판의 적용이 필수적이다.

필러는 전복사고의 예방과 전복사고가 발생하더라도 중요한 역할을 하며 특히 최근의 자동차들은 차체가 낮고 무게중심을 낮추기 위하여 루프를 얇고 가볍게 제작하는 추세이므로 전복사고 발생 시 A필러와 B필러, C필러가 차량의 무게는 물론 외부 충격으로부터도 보호할 수 있어야 한다.

자동차 충돌 시 안전 확보를 해결하기 위한 방안으로 초고장력 강판을 이용하는 추세이다. 그리고 차체 중량 감소로 인한 연비 향상과 차체 강성 증대로 인한 차량 충돌 시 차체 파손을 억제하여 운전자의 안전을 확보할 수 있는 초고장력 강판의 중요성이 높아지고 있다.

그러나 초고장력 강판을 이용한 냉간 프레스 성형 시에 강판의 인장강도가 높은 이유로 프레스 소성가공 시 인장과 압축이 발생하는 영역부에 대한 스프링백 및 판넬의 주름, 비틀림의 발생이 많다. 이러한 프레스 변형 과다로 필러와 같은 냉간 프레스 성형 제품들의 품질 확보에 어려움이 있고 이는 강도를 저해하는 요소이므로 반드시 해결되어야 할 문제점이다.

04 QUESTION 자동차용 안전벨트(Safety Belt)에 대해 다음을 설명하시오.
(가) ELR(Emergency Locking Retractor)
(나) 시트벨트 프리텐셔너(Seat Belt Pre – Tensioner)
(다) 로드 및 포스 리미터(Load & Force Limiter)

1. 자동차용 안전벨트(Safety Belt)의 기능

① ELR(Emergency Locking Retractor)

안전벨트 내부에는 평시에는 정상적으로 이완되지만 충돌사고 및 경사로 주행 시에는 풀림이 잠기는 장치가 있다. 이것이 ELR(Emergency Locking Retractor) 장치인데 연직 방향으로 향한 무게추를 이용해서 사고 시 관성에 의해 무게추가 앞으로 쏠리면서 톱니형 회전차를 고정시켜 안전벨트 풀림을 고정하는 구조이다.

② 시트벨트 프리텐셔너(Seat Belt Pre – tensioner)

시트벨트에 부착되어 시트벨트의 결점을 보완해 주는 안전장치로, 미리 끌어당기는 힘 또는 그러한 기구를 말한다.

프리텐셔너는 차량이 충돌할 때 벨트가 나오는 출구 쪽에서 역으로 벨트를 당겨 주는 동시에 탑승자의 상체에 가해지는 압박력을 줄여 주기 위해 다시 역으로 되풀어 줌으로써 탑승자의 상해를 최소화하는 기능을 하며 프리 로더(Free Loader)라고도 한다.

프리텐셔너는 충돌 시에 안전벨트의 여유량을 줄여 주어 운전자 에어백의 작동공간을 확보해 주고 운전자를 바른 자세로 고정해 주는 기능을 하여 운전자를 보호하는 기능을 한다.

③ 로드 및 포스 리미터(Load & Force Limiter)

벨트의 장력을 일정 값 이하로 억제하는 장치이며 충돌 시 안전벨트가 탑승자를 관성으로부터 잡아당기지만 그 힘이 너무 크면 탑승자가 부상당하는 경우가 발생한다.

이 힘을 완화하고 제한하기 위한 부품이 로드 및 포스 리미터이며 이완되지 않는 안전벨트는 탑승자의 어깨 등에 부상을 줄 수 있으므로 포스 리미터는 안전벨트가 어느 정도 늘어나는 것을 전제로 하고 있으며, 이것을 허용하기 위해서는 시트 앞쪽에 충분한 공간과 에어백의 설치가 필요하다.

05 QUESTION

핫 스탬핑(Hot Stamping) 공법으로 제작된 초고장력 강판의 B-필러 중간부분이 사고로 인하여 바깥쪽으로 돌출되었다. 수리절차에 대해 설명하시오.

1. 핫 스탬프(Hot Stamping) 공법으로 제작된 B필러의 수리

(1) 핫 스탬핑의 정의

고온 성형과 Quenching(담금질-냉각)을 동시에 수행하는 공법이다. 약 910℃ 이상으로 가열하여 연성화된 철강소재를 프레스로 정밀 성형이 용이한 고온(700~800℃)에서 성형하고 동시에 냉각수가 순환하는 금형에서 급랭한다.

열변형이 적고, 마텐자이트 조직이며 일반 강을 열처리와 냉각을 거쳐 인장강도 1,470~2,000MPa의 초고장력강(AHSS)으로 제조하는 공법이다.

차체의 주요 골격 부품 제조에 적용하는 공법으로 필러, 로커패널, 대시 크로스 멤버, 루프 사이드 패널 등의 프레스 성형에 적용된다.

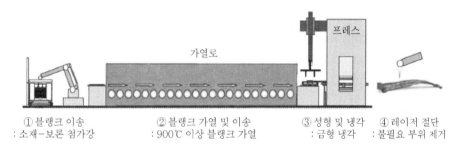

[핫 스탬핑(Hot-Stamping) 공정]

핫 스탬핑 공법은 부품의 열변형이 적고 경량화와 고장력이 요구되는 부품의 성형에 적합한 공법이지만 생산성이 낮고 금형제작비용 등 기타 생산비용이 높기 때문에 제품가격이 상승하는 단점도 있다.

2. 핫 스탬프(Hot Stamping) 공법으로 제작된 B필러의 수리

현재로서는 고장력강에 대한 명확한 수리기법 매뉴얼이 없는 상황이다. 고장력강의 경우 수리보다는 교환에 의한 수리기법이 더 많이 적용될 것으로 보인다.

고장력강의 차체 부품이 손상된 경우 이를 재성형하는 데는 어려움이 따르며 특히 초고장력강의 경우 더욱 어렵고 열을 가하는 것이 허용되지 않는다. 이는 열에 의해 고장력강의 합금구조와 금속조직이 파괴되고 재질이 약화되기 때문이다.

따라서 초고장력강으로 제조된 차체부품은 수리 보수가 아닌 교체가 되어야 하며 교체를 위해서는 각 패널 및 멤버의 결합방법이 교체수리를 위하여 합리적이어야 한다.

06 QUESTION 연료전지자동차의 연료전지 주요 구성부품 3가지를 들어 그 역할을 설명하고, 연료전지스택(Fuel Cell Stack)의 발전원리를 화학식으로 설명하시오.

1. 연료전지(Fuel Cell)의 구성

① 개질기(Reformer)

수소는 지구상에 다량으로 존재하는 원소이지만 단독으로 존재하지 않고 다른 원소와 결합하여 존재하므로 다양한 연료로부터 수소를 추출하는 장치이다.

수소를 함유한 일반 탄수소화합물 연료(LPG, LNG, 메탄, 석탄가스, 메탄올 등)로부터 수소를 많이 포함하는 가스로 변환(H_2 – Rich)하는 장치이다.

② 단위전지(Unit Cell)

연료전지의 단위전지는 기본적으로 전해질이 함유된 전해질 판, 연료극(Anode), 공기(산소)극(Cathode), 양극을 분리하는 분리판으로 구성된다.

③ 스택(Stack)

원하는 전기출력을 얻기 위하여 단위전지를 중첩하여 구성한 연료전지반응이 일어나는 본체이다.

④ 전력변환기(Inverter)

연료전지에서의 전기출력은 직류전원(DC)이며 배터리를 충전하거나 필요에 따라 교류(AC)로 변환하는 장치이다.

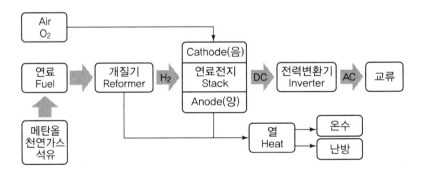

[연료전지(Fuel Cell)의 구성]

2. 연료전지스택(Fuel Cell Stack)의 발전원리

연료전지 본체(Fuel Cell Stack)에서 나오는 수소와 공기 중 또는 저장된 산소로 직류전기와 물 및 열이 발생하는 장치이며 여기서의 수소와 산소의 반응식은 다음과 같다.

$$(-극) : 2H_2 + 2OH^- \rightarrow 2H_2O + 2H^+ + 4e^-$$

$$(+극) : O_2 + 2H^+ + 4e^- \rightarrow 2OH^-$$

$$전체반응 : 2H_2 + O_2^- \rightarrow 2H_2O + DC\ Power$$

01
QUESTION

자동차용 4WD(4 Wheel Drive)와 AWD(All Wheel Drive) 시스템에 대하여 다음을 설명하시오.
(가) 4WD의 특징(연비, 조향성능)
(나) 4WD의 작동원리
(다) AWD의 작동원리

1. 4WD의 특징

4WD(Four Wheel Drive)는 파트 – 타임 방식의 4륜 구동방식이며 운전자가 목적에 따라 2륜과 4륜 구동을 선택할 수 있다. 전륜과 후륜의 동력비율이 5 : 5로 고정되어 있고 Low Gear가 포함되어 있다.

4WD는 강한 추진력으로 오프로드 주행이 가능하고 우수한 노면 접지력으로 미끄러운 험로에서의 안정적 주행에 유리하지만 코너링 시에 후륜 슬립으로 불안정한 조향이 우려되고 고속주행 시 동력계통에 무리한 부하가 작용할 수 있다. 큰 접지 마찰력과 동력 전달계통에서의 저항으로 연비는 불량한 편이다.

AWD(All Wheel Drive)는 풀타임 방식의 4륜 구동형식이며 항상 4륜 모두에 동력이 전달되며 동력전달비율은 주행상황에 따라 변동된다. 고속주행 시 뛰어난 안정성을 보이고 전후륜에 대한 가변적 동력배분으로 코너링 등 주행성능이 우수하다.

2. 4WD(4 Wheel Drive)의 작동원리

(1) 4WD(Part Time)과 AWD(Full Time)

현재 4WD 차는 기본적으로 4WD와 AWD 2개의 시스템으로부터 발전되어 왔다. FR 차를 4WD화시킨 것으로 Off Road 주행 차에 많이 적용되고 있으며, 2WD와 4WD를 필요에 따라 선택할 수 있는 Part Time 방식이 일반적이다.

(2) 4WD의 장점

4개 휠을 모두 구동시켜주는 4WD(4륜구동)는 지상고가 높기 때문에 험한 도로에서의 주행성능은 2WD와 비교할 때 대단히 좋아 승차감과 고속성능 면에서 운전자에게 강한 만족감을 주고 있다.

그런데 최근 이 메커니즘이 급격히 일반 승용차까지 보급되기 시작한 것은 엔진이 고출력화되고 자동차를 레저용으로 사용하는 소비자가 증가하고 있기 때문이다.

고출력 엔진을 탑재한 자동차에서도 타이어는 미끄러져 Wheel Spin을 일으키며, 따라서 자동차는 진행에 방해를 받는다. 4WD에서는 이와 같이 엔진동력을 지면에 전달하는 타이어를 2WD보다 약 2배로 넓혀줌으로써 1개의 타이어가 받는 구동력을 줄여 Tire Spin 현상을 감소시켜 준다.

또한 같은 원리로 엔진브레이크도 4륜이 동시에 작동하기 때문에 강력하며 안정된 감속이 가능하게 된다.

(3) 트랜스퍼(Transfer)

FR 차의 경우 전륜으로 동력을, FF 차의 경우 후륜으로 동력을 분배하는 장치를 트랜스퍼(Transfer)라고 하며, 보통 TM의 바로 뒤에 설치된다.

Full Time 방식의 경우는 주로 전후륜에 동력을 전달하는 분기점으로서의 기능밖에 없지만, Part Time 방식의 경우는 2륜구동과 4륜구동의 선택기능과 트랜스미션으로 감속시키는, 특히 감속비를 크게 하여 큰 회전력을 발생시켜 주는 기능도 가지고 있다. 파트타임 4WD는 트랜스퍼를 매개로 전후의 프로펠러 샤프트가 직접 연결된다.

(4) 센터 디퍼렌셜(Center Differential)

Part Time 방식의 4WD에서의 4륜구동 시 앞축과 뒤축에 모두 같은 회전수가 전달되기 때문에 회전 시 각 타이어의 회전수 차이는 타이어가 미끄러지면서 조절되고 있다. 타이어의 접지상태가 보다 나은 건조한 아스팔트 등에서는 계획대로 타이어가 미끄러져 회전을 방해하는 경우도 발생한다. 이것을 타이트 코너 브레이킹(Corner Braking) 현상이라한다.

네 바퀴가 회전할 때 전륜과 후륜이 그리는 반경이 다르므로 타이어 회전수가 달라진다. 센터 디퍼렌셜이 없는 파트타임 4WD는 전륜의 회전이 같다. 따라서 같이 돌아가는 바퀴가 브레이크 역할을 한다. 회전 반경이 작을수록 안쪽과 바깥쪽의 차이는 타이어 마모의 원인이 된다.

3. AWD(ALL Wheel Drive)의 작동원리

인위적 조작으로 4WD로 바꾸는 파트타임과 달리 항상 네 바퀴 굴림으로 달리는 것이 풀타임 4WD이다. 이 시스템의 장점은 온로드에서도 4WD를 적극적으로 사용할 수 있다는 것이며 앞뒤 축 사이에 디퍼렌셜이 달려 타이트 코너 브레이킹을 막을 수 있는 것도 장점 중 하나이다. 랜드로버의 영구 4WD가 여기에 해당한다. 비스커스 커플링을 갖춘 4WD도 흔히 풀타임이라고 하지만 엄밀한 의미에서는 차이가 있다.

(1) 센터 디퍼렌셜 록(Center Differential Lock)

풀타임 방식은 한 바퀴라도 슬립하면 다른 바퀴에 동력이 전달되지 않아 달릴 수 없게 된다. 그래서 오프로드를 주행하려면 풀타임을 파트타임(직결 4×4)으로 전환해야 한다. 즉 센터 디퍼렌셜의 기능을 멈추는 것이다. 이렇게 하면 온로드와 오프로드 양쪽에서 4WD의 장점을 살릴 수 있다. 다만 무게가 늘어나고 비용은 크게 증가한다.

(2) 비스커스 방식의 센터 디퍼렌셜(Center Differential)

비스커스 커플링을 센터 디퍼렌셜로 사용하고 있는 경우 이 장치는 전축과 후측의 중앙에 부착되어 있다.

FF가 기본인 4WD에서 전륜과 후륜이 같은 회전을 하고 있는 경우 후륜에는 거의 구동력이 전달되지 않는다.

그래서 회전 시, 등판 시 또는 노면 차이에 의해 전후륜에 회전 차이가 발생하면 그 회전 차이의 크고 작음에 따라 비스커스 커플링 안의 입력 쪽 블레이드와 출력 쪽 블레이드 사이의 실리콘 오일에 선단저항이 발생하며 전륜 측에서 후륜 측으로 구동토크가 전달되어 4WD화한다.

이 후륜축으로의 토크 전달은 연속적으로 변화하며, 전후륜의 회전 차이가 큰 만큼, 또한 커플링 내부의 온도가 높은 만큼 직결상태와 유사하게 된다.

따라서 비스커스 커플링을 장착한 4WD 차에서는 타이어의 공기압 관리에 주의하지 않으면 직진 시에도 비스커스 커플링이 토크를 전달하여 발열 발생의 우려가 있다.

점화코일이 2개 있는 4기통 가솔린엔진의 통전순서 제어방법에 대하여 설명하시오.

QUESTION

1. 점화코일이 2개 있는 4기통 가솔린엔진의 통전순서 제어방법

1번·3번 실린더용과 2번·4번 실린더용 2개의 점화코일 각각의 1차 전류를 2개의 파워 트랜지스터(Power TR)에 의해 상호 단속함으로써 1(4)−3(2)−4(1)−2(3) 실린더 순으로 점화가 이루어진다.

점화코일의 1차 전류는 ECU가 제어하며 1차 전류를 단속하였을 때 2개의 스파크 플러그에서 동시에 점화가 된다. 1개의 불꽃은 폭발행정의 실린더에서 다른 1개의 불꽃은 배기행정의 실린더에서 발생한다. 4기통엔진의 경우 1−4실린더, 2−3실린더가 동시에 불꽃을 발생시키는 것이다.

03 ADAS(Advanced Driver Assistance System)를 정의하고, 적용사례 를 설명하시오.

1. ADAS(Advanced Driver Assistance System)의 정의

운전보조장치(ADAS)는 운전자의 편의성과 안전성을 극대화하기 위한 장치를 말한다.

인공지능, 사물 인터넷 등 첨단 정보통신기술이 자동차에 접목되어 운전자의 편의성과 안전성을 극대화한 장치를 말하며 운전자의 판단을 도와 운전자의 대처능력을 향상시키는 장치이다.

운전보조장치(ADAS)는 자동차의 센싱, 3D 매핑 등의 기술을 기반으로 자동차가 사람의 시야와 인지능력을 갖추도록 하는 것이 핵심이며 제어기술을 더하여 발생할 수 있는 사고에 대비하는 시스템을 말한다.

(1) SCC(Smart Cruise Control, 지능형 자동순항시스템)

기존의 크루즈 컨트롤 기능이 진화한 기술로 앞차가 가속하면 정해진 속도까지 가속한 뒤 등속주행은 전방차량과의 거리를 조절해 주는데, 그 원리는 레이더의 역할에 있다. 이 레이더는 전파를 발생시켜 반사되어 돌아오는 전파를 받아들여 거리를 계산하고 주행속도를 조절하여 앞차와의 거리를 유지한다.

(2) AEB(Autonomous Emergency Braking)

레이더와 카메라를 이용하여 전방의 충돌 위험 물체를 감지하고 위험상황 시 경보와 자동 제동 등을 통해 사고를 회피하는 시스템이다.

대부분의 AEB는 차량의 후면 모습과 사람에게만 반응하도록 설정되어 있으며 위험상황을 판단하면 먼저 핸들의 진동이나 경고음이 울려 운전자가 위험을 감지할 수 있도록 한 다음 제동 동작 준비단계에 돌입하여 제동계통의 압력을 높이고 브레이크 패드와 디스크의 간격을 좁힌다. 이런 준비는 운전자의 제동조작이 느리더라도 최대한 제동성능을 발휘하게 만들어 준다.

(3) TSR(Traffic Sign Recognition)

TSR은 주ㆍ야간에 관계없이 전방 카메라로 속도안내표지판을 인식하여 주행도로의 속도를 운전자에게 알려 속도위반을 방지하는 기술이며 TSR의 데이터 유동에 대해서는 두 가지 방법이 있다.

① Bottom-Up : 한 이미지에서 데이터를 추출하고 데이터 구조를 업데이트해야 한다.

② Top-Down : 데이터 구조에 저장된 이전에 축적된 정보를 사용하여 새로운 관련 데이터를 추출해야 한다.

즉, 표지판을 읽을 수 있는 능력을 갖추거나 입력해 놓은 표지판 이미지와 유사성을 추출해내는 능력을 갖춰야 한다.

(4) LKAS(Lane Keeping Asist System)

LKAS는 차선유지보조시스템으로 기능적으로는 LDWS(Lane Departure Wrning Syatem)보다 한 단계 발전되었다. LDWS가 주행 중 차선 이탈이 감지되면 경보음을 울리거나 스티어링 휠에 진동을 일으킴으로써 운전자의 전방 주시 의무를 일깨우는 수단이라면 LKAS는 졸음운전 등으로 운전자가 의도하지 않은 차선 이탈이 발생하거나 예상될 때 조향 휠 제어를 통하여 차선을 유지할 수 있도록 도와주는 자동 차선유지 시스템이다. LKAS는 레이더나 라이더를 직접적으로 쓰이지 않고 차량 윈드 실드에 부착된 카메라를 활용한다.

QUESTION 04 자동차용 엔진의 공연비를 공기 과잉률과 당량비 측면에서 정의하고, 공연비가 화염속도, 화염온도, 엔진출력에 미치는 영향을 설명하시오.

1. 엔진의 공연비(Air – Fuel Ratio)와 공기과잉률

연소되는 혼합기의 공기와 연료의 혼합비율(중량비율)을 공기 – 연료비 또는 공연비라고 한다. 연료 $1kg_f$를 완전연소시키는 데 필요한 이론적 공기중량의 비를 이론공연비라고 하며 가솔린의 경우 공연비는 $\gamma = 14.8$ 정도이다. 일반적으로 이론 공연비보다 농후한 $12 \sim 13.0$ 정도에서 최대 축출력을 나타낸다.

완전연소에 필요한 이론공기량(理論空氣量, Theoretical Air Ratio)에 대한 실제 사용공기량의 비를 공기과잉률(空氣過剩率)이라고 한다.

연공비는 공연비의 역수이며 이론 연공비에 대한 실제 연공비를 당량비라고 한다.

2. 공연비와 화염속도, 화염온도, 출력

공연비에 의하여 연소속도는 달라진다. 가솔린엔진의 경우 일반적으로 최대 출력 공연비(A/F = 12~13) 부근에서 화염전파속도가 최고이며 연소속도가 빠르다. 또한 최대 출력 공연비 부근에서 공기와의 강렬한 접촉으로 연소반응이 활발하여 화염온도가 최고로 높은데 이를 '연소최고온도가 높다'라고 말한다.

출력(토크)이 최대가 되는 경우는 공연비가 희박한 쪽(이론공연비보다 다소 높은 쪽)에 있다. 그 이유는 고온에 의한 동작가스의 열해리의 영향으로 연소온도가 최고가 되는 공연비가 이론공연비보다 농후한 쪽으로 옮겨지고, 농후한 쪽에서는 CO의 생성이 증가하고 동작가스의 분자 증가에 의한 압력의 향상효과가 있기 때문이다.

따라서 최대출력은 이론공연비보다 10% 이상 농후한 12.5~13 근처에서 얻어지고 이 공연비를 출력공연비(出力空燃比)라고 한다.

05 QUESTION 수소연료전지자동차에 사용되는 수소의 제조법 5가지를 열거하고 설명하시오.

1. 수소 제조법

수소(H_2/Hydrogen)는 지구상에 가장 많이 존재하는 원소이지만 다른 원소와 결합해서 존재하므로 필요로 하는 수소를 분리해 내고 저장하는 것은 간단한 공정이 아니다. 다음은 대량으로 수소를 분리하고 생산하는 방법들에 대한 설명이다.

① 수증기 개질법(Steam Reforming) : 탄화수소화합물(C_mH_n) 연료 중에서 비중이 작은 천연가스(Natural Gas/CH_4) 등을 고온에서 니켈 촉매를 이용하여 수증기를 반응시켜 수소와 일산화탄소를 생성하여 밀도가 높은 개질 수소가스를 얻는 방법이다.

② 부분산화법(Partial Oxidation) : 고온에서 탄화수소화합물 원료에 산소를 공급함으로써 부분적으로 산화시키고 개질가스를 얻는 방법이다. 반응온도가 높고 수소 생성 효율이 낮으며 고가의 설비가 필요하다는 단점이 있다.

③ 수전해법 : 물(H_2O)의 전기분해방법을 이용하여 수소를 얻는 방법이다. 비교적 조작이 쉽다는 장점이 있지만 전기에너지 비용이 많이 소요된다.

전기분해가 일어나는 전해조는 대기압에서 작동하여 압축에너지를 줄이기 위해서 압력을 10MPa 이상, 온도는 60~145℃로 높여야 하므로 조작이 어렵다.

④ 열화학분해법 : 800℃ 이상의 고온에서 여러 단계의 화학반응을 거쳐 물을 수소와 산소로 분해하는 방법이다.

⑤ 광촉매법 : 광전기를 발생하는 반도체와 태양광으로 물을 수소와 산소로 분해하는 방법이나 에너지 효율이 낮아 실용화가 어렵다.

06 자동차 점화장치에서 다음의 각 항이 점화 요구전압에 미치는 영향을
QUESTION 설명하시오.

(가) 압축압력 (나) 혼합기 온도

(다) 엔진속도 (라) 엔진부하

(마) 전극의 간극과 온도

1. 점화 요구전압

① 점화플러그를 통한 혼합기에 점화가 이루어지기 위해서는 점화플러그의 중심전극과 접지
전극 사이를 채우고 있는 혼합기의 전기적 절연성을 파괴하는 것이 필요하다.

② 혼합기의 절연성을 파괴하는 데는 충분히 높은 고전압이 필요하며 불꽃방전을 일으켜야
한다.

③ 불꽃방전을 일으키는 데 필요한 전압을 요구전압(Required Ignition Voltage)이라고 한다.

④ 요구 전압은 다음 조건에 따라 달라진다.

- 엔진의 속도(회전속도) • 압축 압력 및 온도
- 엔진에 작용하는 부하(공연비) 정도 • 전극의 간극 및 전극의 온도
- 혼합기 온도 및 습도 • 점화시기

전극의 간극과 전극의 온도의 영향	① 전극의 간극이 크면 방전전압이 높다. ② 전극이 예리하면 방전전압은 낮다.
혼합가스의 온도와 압력의 영향	① 압력이 높으면 방전전압이 높다. ② 가스온도가 높으면 방전전압은 낮아진다.
혼합비(공연비) 및 습도	① 혼합비가 희박하면 방전전압이 높다. ② 습도가 증가하면 방전전압은 높아진다.
점화시기와 엔진 회전속도	① 전부하 조건에서 엔진 회전속도가 높아지면 요구전압은 낮아진다. ② 점화시기가 진각(Advance)될수록 요구전압은 낮아진다.

QUESTION

LSD(Limited Slip Differential)를 정의하고, 회전수 감응형, 토크 감응형의 작동원리에 대하여 설명하시오.

1. 차동제한장치(LSD ; Limited Slip Differential)

미끄러운 길 또는 진흙 길 등에서 주행할 때 한쪽 바퀴가 헛돌며 빠져나오지 못할 경우 쉽게 빠져나올 수 있도록 도와주는 장치를 말하며 차동제한장치(差動制限裝置)라고도 한다. 자동차에는 선회주행 시 엔진의 동력을 좌우 차륜에 차이를 두어 전달하는 장치가 있다. 이를 차동장치(差動裝置)라고 하며 한쪽 바퀴가 진흙탕 또는 모래에 빠지거나 미끄러운 얼음 위에 있을 경우에는 문제가 발생한다.

LSD는 차동장치의 이런 단점을 해결하기 위하여 차동작용이 제한되도록 하는 장치를 말한다. 비스커스 커플링 방식, 토르센 방식, 다판클러치식 등이 있다.

(1) 비스커스 커플링(Viscous Coupling)식

비스커스 커플링(Viscous Coupling)이란 두 개의 회전판 사이에 실리콘 오일 같은 점성이 높은 유체가 있을 때 한쪽 판이 회전하면 유체의 점성에 의해 반대편 판도 따라서 회전하는 원리이다. 양쪽 바퀴 기어 사이에 오일이 들어있고 오일의 내부마찰력에 의하여 구동력 배분과 슬립을 제어한다.

슬립제어능력이 약하지만 소음이 없고 내구성이 우수하여 SUV 차량에 주로 적용된다.

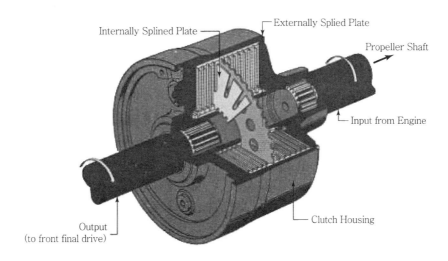

Internally Splined Plate — Externally Splied Plate
Propeller Shaft
Input from Engine
Clutch Housing
Output
(to front final drive)

[비스커스 커플링(Viscous Coupling)식 LSD]

비스커스 커플링식 LSD는 회전차 감응형 LSD의 대표적인 것이며 커플링 자체가 실제 기어의 결합이 없기 때문에 토크를 전달하는 매개체로 오일이 적용되며 커플링의 토크 전달에만 의지하지 않고 펌프 디스크를 이용해서 유압을 증대시켜 차동제한성능을 높이는 형식도 있다.

(2) 토르센(Torsen)식

토르센이란 용어는 토크＋센싱(Torque＋Sensing)의 합성어로 양 바퀴에 걸리는 토크를 감지하고 그에 반응하는 방식이다.

일반적으로는 비스커스 커플링처럼 간접적인 유체마찰을 사용하는 방식과 반대라는 의미로 기어결합에 의한 기계적 마찰저항을 이용한 LSD를 토르센 방식이라 부른다.

복잡한 기어들의 조합으로 기어 간의 마찰저항에 의해 구동력 배분과 슬립을 제어하며 우수한 슬립 제어 능력과 작은 소음이 특징이며, 관리가 편하여 스포츠카에 적용된다.

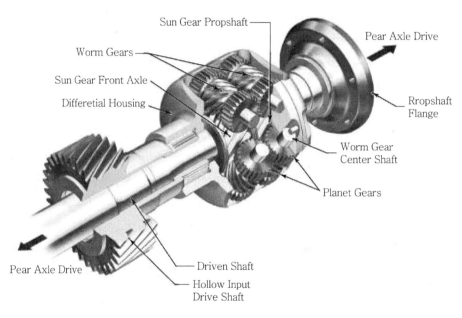

[토르센(Torsen)식 LSD]

토르센 타입은 토크 감응형이며 독립적으로 설치된 사이드 기어의 양측에 반력 차이가 커지면 회전차가 발생하면서 엘리먼트 기어를 역방향으로 회전시키고 기어에 걸리는 힘에 의해 반력이 높은 쪽으로 동력을 전달하는 방식이다.

(3) 다판 클러치식

다판 클러치 LSD는 디퍼렌셜 기어를 가운데 두고 분리되어 있는 좌우의 구동축을 바로 연결한 것이 아니라 각각 다판 클러치를 여러 장 겹쳐서 구동력을 전달하는 방식이다. 다판 클러치식은 슬립제어능력이 가장 강력하여 대형차 및 스포츠카 등에 주로 적용된다.

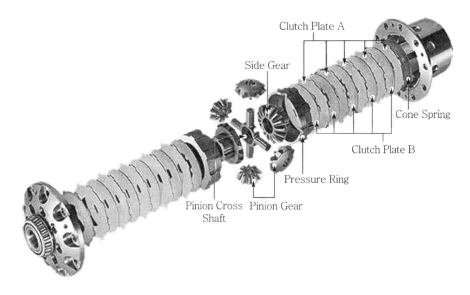

[다판 클러치식 LSD]

토크 감응형 LSD의 대표적 모델이 다판 클러치식이다. 다판 클러치식 LSD는 좌우차륜의 노면상태나 하중의 변화로 트랙션에 차이가 발생하면 그에 따라 발생되는 저항으로 디퍼렌셜 피니언 기어에 힘이 가해지면서 내부의 마찰 디스크와 마찰 플레이트가 압착되면서 마찰력을 발생시켜 차동을 제한하는 방식이다.

2. 전자제어식 차동제한장치(Electro–Magnetic LSD)

전자제어로 차동제한 토크 및 회전속도를 가변 제어하는 방식으로 유압에 의해 다판 클러치를 압착하여 내부 마찰력의 크기를 제어하는 방식과 전자클러치를 이용하여 클러치판을 압착하여 차동제한하는 방식이다.

전자제어로 차동제한 토크를 연속 가변제어하는 형식으로는 유압 다판클러치를 압착하는 힘을 제어하는 방식이 적용되고 다판클러치의 압착력은 유압서보제어기구로 이루어진다.

02 QUESTION 자동차의 현가장치 지오메트리(Suspension Geometry)를 정의하고, 앤티다이브 포스(Anti-dive Force)에 대하여 설명하시오.

1. 현가장치 지오메트리(Suspension Geometry)의 정의

현가장치는 여러 구성요소들이 입체적으로 구성되어 움직이게 되는데, 이런 입체적인 구조는 서로 물리적 상관관계를 가져 복합적 운동을 하게 된다. 이러한 서스펜션의 운동을 결정하는 입체적 구조를 가리켜 서스펜션 지오메트리(Suspension Geometry)라고 한다.

서스펜션은 링크 또는 암, 쇼크업소버 등 다양한 구성요소들이 서로 연결되어 각각의 구성요소들이 다른 요소의 움직임에 영향을 미친다. 이런 구성요소들의 배열상태에 따라 차륜의 움직임이 달라지고, 차의 조종성과 주행안정성 및 승차감에 영향을 미친다.

일반적으로 단순한 구조의 서스펜션보다 복잡한 서스펜션이 승차감과 주행안정성이 뛰어난 편이지만, 서스펜션 지오메트리의 구성요소가 많고 복잡할수록 설계 시 감안해야 할 요소도 많아지고 생산비용도 높아진다. 따라서 자동차 제작사에서는 차량의 경량화, 정비성 등을 고려하여 가능한 단순한 구조로 승차감과 주행안정성을 높일 수 있도록 설계에 노력을 기울이고 있다.

2. 앤티다이브 포스(Anti-dive Force)

노즈 다이브(노즈 다운) 현상의 발생 원인은 제동 시 하중이 앞쪽으로 이동하는 관성법칙에 따른 것이다. 이처럼 하중이 앞으로 이동하면서 차체의 앞부분이 내려가는 힘이 생기는 것은 휠이 지면으로부터 올라가는 반력을 받는 것과 마찬가지이다. 차체를 중심으로 보면 내려가는 힘이지만 휠을 기준으로 보면 위로 올라가는 힘이 되기 때문이다.

제동을 하면 전륜이 지면에 맞닿는 부분에서 뒤로 당기는 힘이 생기되고 이것이 제동력인데 이 힘은 전륜이 아래쪽으로 돌아가는 방향의 모멘트를 만든다. 이는 결국 차체를 들어올리는 방향의 힘이 되고 이를 앤티다이브 포스(Anti-dive Force)라고 한다.

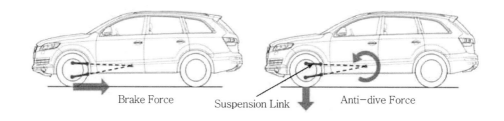

Brake Force   Suspension Link   Anti-dive Force

[앤티다이브 포스]

03 엔진에 설치된 밸런스 샤프트(Balance Shaft)의 역할을 설명하시오.

QUESTION

1. 밸런스 샤프트(Balance Shaft)의 역할

엔진 피스톤의 왕복운동으로 크랭크의 회전운동에 의해 진동이 발생한다. 밸런스 샤프트는 직렬 4기통 엔진의 피스톤 왕복운동과 크랭크 회전각의 차이로 인해 발생하는 2차 관성력을 상쇄시키기 위한 목적으로 엔진의 크랭크샤프트 측면에 장착하는 부품으로 두 개의 불평형 질량을 가진 로터가 크랭크샤프트 회전속도의 2배로 서로 반대 위상을 가지고 회전하는 로터 장치이다.

일반적으로 밸런스 샤프트의 구동방식은 체인과 기어를 사용하는데, 체인구동방식은 고속영역에서 체인에 작용하는 동적 하중으로 인해 제어하기 힘든 단점이 있다.

고속용 밸런스 샤프트의 경우 크랭크샤프트와 헬리컬 기어(Helical Gear)가 연결된 직접 구동방식의 밸런스 샤프트를 설치하는 엔진도 있다.

밸런스 샤프트의 불평형 질량은 일반적으로 베어링을 기준으로 두 개로 분리되어 있으며 축의 끝단에 헬리컬 기어를 통해 동력을 전달하고 2개의 저널 베어링으로 지지되고 있다.

밸런스 샤프트는 피스톤의 상하운동과 크랭크샤프트의 회전운동의 위상이 정확히 일치하여야 2차 관성력의 완전한 상쇄가 가능하다. 이때 크랭크샤프트와 밸런스 샤프트의 운동은 동력 전달계인 체인이나 기어계를 거치면서 전달오차에 의한 위상 차이가 없어야 한다.

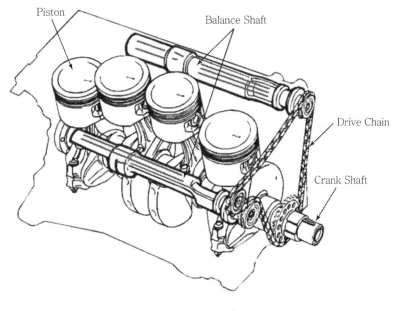

[밸런스 샤프트]

04 **QUESTION** 자동차용 엔진의 응답특성(應答特性)과 과도특성(過度特性)을 개선시키기 위하여 고려해야 할 엔진 설계요소를 흡기 · 배기계통으로 구분하여 설명하시오.

1. 엔진의 응답특성(Response Characteristic)과 과도특성(Transient Response)

자동차 운전 시 속도나 출력 조절을 위해 운전자는 가속페달을 밟거나 떼는데, 가속 페달을 밟을 때 가속(加速)되지 않거나 커브 길에서 차량의 자세와 속도를 제어하고자 액셀러레이터 페달을 미세하게 조정하여도 엔진의 반응이 둔하면 고성능 엔진이라 할 수 없다.

자동차의 엔진의 응답성은 차량의 특성, 특히 차량의 중량이나 감속 기어비의 영향을 크게 받지만 내부적으로는 엔진 흡기계와 연료계, 그리고 배기계의 구조가 영향을 미친다.

엔진의 응답특성(應答特性) 향상을 위해서는 운동부분의 관성력을 작게 하여 각 부품을 경량화하는 것이 중요하다.

운전자가 자동차에 의도를 전달하는 방법은 가속페달이 유일하며 이는 연료의 분사량이 엔진에 분사되고 연소실 내에서 연료가 연소된다.

연소압력은 피스톤에 전달되어 구동륜에 신속(迅速)하게 회전력(Torque)을 전달하고 반응하는 시간적 경과를 엔진의 응답성이라고 한다.

엔진의 운전조건을 변화시킬 때 엔진이 운전조건을 변화시키기 전의 상태에서 변경 후의 상태가 되기까지를 과도상태(過度狀態) 또는 파셜(Partial)이라고 하고, 이때 조건변화에 대하여 출력변화의 시간적 반응특성을 엔진 과도특성(過度特性)이라 한다.

과도특성은 기본적으로 엔진의 회전수 변화, 즉 속도변화를 동반하기 때문에 관성력과 관계가 있으며, 엔진 운동부분의 무게와 엔진에 흡입되는 공기 및 연료가 액셀러레이터 페달의 움직임에 즉시 반응하여 변동 여부가 문제이다.

2. 과도특성과 응답특성을 고려한 흡기 · 배기계 설계

(1) 응답특성, 과도특성을 고려한 흡기계 설계

엔진의 흡기계에서 응답특성을 향상시키기 위해서는 신속하게 높은 흡입효율을 유지하는 것이 필요하다.

왕복운동을 하는 엔진의 특성과 흡기밸브가 존재하므로 연속적인 공기의 유동을 기대하기 어렵고 압력 맥동이 존재하므로 서지탱크(Surge Tank)를 설치하면 밸브의 닫힘에 의한 백압(Back Pressure)을 억제할 수 있다.

흡기매니폴드의 길이를 짧게 설계하고 균일한 분배가 되도록 설계하는 것이 유리하며 멀티밸브 시스템의 도입과 밸브 오버랩(Valve Over Lap)을 두어 흡입효율을 높인다.

또한 흡기 측의 에어필터를 개선하여 흡입공기에 대한 유동저항을 줄이는 설계도 중요한 응답특성의 향상대책이 되며 연소속도의 향상을 위하여 흡기매니폴드에 스월 컨트롤 밸브(SCV)를 설치하여 출력과 응답 · 과도특성 개선을 도모한다.

(2) 응답 · 과도특성을 고려한 배기계 설계

배기계에서 응답 · 과도특성을 저하시키는 것은 연소가스의 배압이 가장 큰 문제이다. 배기계에는 머플러를 포함하여 촉매가 설치되므로 불가피하게 배압이 작용한다. 이의 개선을 위하여 배압을 낮게 유지하는 것이 중요하며 배기관의 형상에 대한 고려와 배압을 고려한 머플러 설계가 필요하다.

자동차의 휠 오프셋(Wheel Off－Set)을 정의하고, 휠 오프셋이 휠 얼라인먼트(Wheel Alignment)에 미치는 영향을 설명하시오.

1. 휠 오프셋(Wheel Off－Set)

휠의 중심과 차량에 휠을 연결하는 부위가 얼마나 떨어져 있는지를 나타내며 휠 정렬 허용치의 마이너스 오프셋의 휠을 장착했을 경우 타이어가 바깥쪽으로 돌출되어 코너링 성능이 향상되지만, 플러스 오프셋의 휠을 장착했을 경우 타이어가 안쪽으로 들어가게 되어 캠버의 변화가 있으므로 이를 교정하기 위해 타이어와 연결부의 면 사이에 스페이서를 삽입하고 타이어를 체결한다.

미끄러운 노면에서 스핀을 방지하기 위하여 플러스(+) 오프셋을 주는 것이 일반적이다.

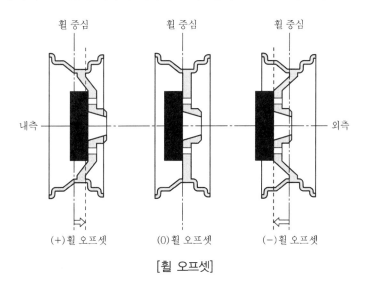

[휠 오프셋]

06 **자동차 차체의 경량화 방법을 신소재 및 제조공법 측면에서 설명하시오.**
QUESTION

1. 자동차 차체의 경량화 개요

차량의 중량은 소비자들이 민감해하는 연비와 더불어 유해 배출가스의 저감, 그리고 디자인 완성도에도 영향을 미친다.

근래 들어 환경문제의 중요성이 크게 대두되어 환경오염으로 인한 사회적 비용 크게 증가한다는 우려와 더불어 경제성에 중점을 두고 각국은 자동차의 기준연비를 강화 설정하여 시행하고 있다. 유럽연합은 25.1km/L, 미국은 21km/L, 한국 역시 2020년까지 24.3km/L의 연비규정을 적용하는 것을 목표하였다.

이러한 목표를 달성하기 위한 1차적 목표는 차량의 경량화이며 재료와 가공기술에서 새로운 방법들이 개발 적용되고 있다.

2. 신소재 적용을 통한 차체 경량화

차체 경량화를 위하여 새롭게 적용되는 신소재는 다양하며 경량화와 재료의 강도가 확보되는 재료로서 알루미늄 차체, 고분자 수지인 엔지니어링 플라스틱, 마그네슘 합금 등의 신소재 부품이 적용되고 있다.

(1) 알루미늄 합금

차체 경량화에 대표적인 것이 알루미늄 및 알루미늄 합금이다. 각 자동차 제조사들이 새시와 주요 부품에 알루미늄을 적극 사용하기 시작한 것은 1970년대 후반 오일 쇼크 이후의 일이다.

알루미늄 및 알루미늄 합금소재 적용의 경량화에 대한 효과는 크지만 소재비용과 가공방법에서 비용이 증가하고 자동차 회사와 소비자의 부담이 증가한다.

(2) 플라스틱

자동차의 경량화 추세에 따라 자동차용 플라스틱 적용이 증가하는 추세이며 금속을 사용하던 부품들이 플라스틱으로 대체되는 실정이며 외판과 카시트 프레임, 창문 유리 등도 대체되고 있다. 적극적인 플라스틱 소재를 적용하여 7~10% 정도의 경량화를 이루었다.

열가소성 수지인 플라스틱은 범용 플라스틱, 엔지니어링 플라스틱(ENPLA), 슈퍼 엔지니어링 플라스틱(Super ENPLA)의 단계로 나눌 수 있다. 단계가 올라갈수록 물성이 증가하며 금속을 대체할 확률은 높지만 가격도 높아진다.

자동차용으로 가장 많이 사용되는 플라스틱은 범용 플라스틱계인 PP와 PA이다. 이들 외에 엔지니어링 플라스틱인 POM은 금속을 대체할 정도의 물성을 가지며 자동차 경량화

재료로 주목받는다.

절연성이 우수한 엔지니어링 플라스틱인 PBT와 내열 – 전기적 특성이 우수한 슈퍼 엔지니어링 플라스틱인 PPS는 전장재료 및 친환경차(HEV, PHEV, EV) 등에 사용될 것이다. 탄소화합물을 이용한 카본파이버, CFRP(Carbon Fiber Reinforced Polymer)는 고분자 복합구조의 물질 안에 탄소를 침투시켜 얻는 재료이다. CFRP는 중량 대비 특수강을 능가하는 강성으로 적용이 점차 증가하는 추세이다.

(3) 마그네슘 합금

마그네슘의 밀도는 알루미늄의 2/3 정도로 $1.8g/cm^3$ 정도이며 비강도가 금속 중 가장 크고 Stiffness가 우수하고 전자 차폐성과 진동 흡수성이 우수하고 기계가공성이 우수하다. 그러나 마그네슘 합금은 산화성이 크고 폭발에 대한 위험성과 내열성, 내식성이 떨어지므로 선별적으로 적용되고 있다.

자동차부품으로는 다이캐스팅으로 Key Lock Set, Air Bag Case, Steering Core, Cylinder Cover, Bracket 등에 적용되고 있다.

(4) 고장력강

고장력 강판이란 일반적인 연강판과 비교해 인장강도가 크고 피로수명도 높으며 강도는 보통 300MPa 이상의 강판을 말한다.

연강판보다 얇은 판 두께로 연강판과 같은 강도를 얻을 수 있고, 차체의 경량화와 이에 따른 저연비화가 가능하다.

3. 차체 경량화를 위한 제조공법

(1) 핫 스탬핑(Hot Stamping) 공법

고온 성형과 Quenching(담금질 – 냉각)을 동시에 수행하는 프레스 공법이다. 약 910℃ 이상으로 가열하여 연성화된 철강소재를 프레스로 정밀 성형이 용이한 고온(700~800 ℃)에서 성형하고 동시에 냉각수가 순환하는 금형에서 급랭시킨다.

열변형이 적고, 마텐자이트 조직이며 일반 강이 열처리와 냉각을 거쳐 인장강도 1,470~2,000MPa의 초고장력강(AHSS)으로 제조하는 공법이다. 차체의 주요 골격 부품에 제조에 적용하는 공법으로 필러, 로커패널, 대시 크로스 멤버, 루프 사이드 패널 등의 프레스 성형에 적용된다.

핫 스탬핑 공법은 부품의 열 변형이 적고 경량화와 고장력이 요구되는 부품의 성형에 적합한 공법이지만 생산성이 낮고 금형제작비용 등 기타 산출비용이 높기 때문에 제품가격이 상승하는 단점도 있다.

(2) 하이드로 포밍(Hydro Forming) 공법

자동차 섀시(Chassis) 부품 및 차체(Body) 부품은 강도뿐만 아니라 외형 디자인과도 관련 있으므로 하이드로 포밍 기술이 적극적으로 도입 적용되고 있다.

하이드로 포밍 기술은 종래의 프레스 성형방법과는 완전히 다른 개념이며 원형 강관의 내부에 액압(液壓)을 가하여 관재(管材)나 판재(板材)를 팽창시켜 성형하여 원하는 모양의 차체 골격을 제작하는 방식으로 기존의 프레스 가공에서 얻을 수 없었던 차체 강성의 증가, 제조 공정 단축 및 부품수 감소, 금형 비용의 절감 등 다양한 장점이 있다.

차체 부품 중에 Lower Arm, Sub-frame, Cross Member, Pillar류 등 자동차의 차체(Body) 부품과 섀시(Chassis) 부품들의 공정에 하이드로 포밍 기술이 적용되어 경량화와 품질향상, 강도상승, 원가절감에 기여하고 있다.

(3) 맞춤형 블랭킹(TWB ; Tailor Welded Blanks)

서로 다른 재질 및 두께의 강판을 목적에 맞게 재단 후 접합부분을 레이저로 용접하는 기술이다. 이미 이 기술은 차량의 전후 도어프레임 등의 다양한 부품에 적용되고 있다. 기존 방법에 비하여 10~20%의 경량화 효과를 나타내고 있다.

111회

차량기술사

기출문제 및 해설

Professional Engineer Transportation Vehicles

01 QUESTION **카셰어링(Car Sharing)과 카헤일링(Car Hailing)에 대하여 설명하시오.**

1. 카셰어링(Car Sharing)

카셰어링(Car Sharing)은 자동차 한 대를 공유해서 나눠 타는 것으로 현재는 지방자치단체나 기업에서 차량을 소유하고 회원 및 동호인으로 가입한 사람들이 자동차 필요시 약정된 금액을 지불하고 일정 시간 동안만 자동차를 운행한다.

2. 카헤일링(Car Hailing)

카헤일링(Car Hailing)은 자신이 소유한 자가용 차량을 영업용 택시로서가 아니라 주로 신청이나 요청에 의하여 시간적 여유가 있을 때 직접 운전을 하면서 영업을 하는 것이다.
주로 SNS를 기반으로 소통이 이루어지게 되며 우리나라에서는 기존의 영업 업체와의 갈등과 안전문제의 대두로 카헤일링은 금지되어 있는 실정이다.

02 QUESTION **피스톤 링 플러터(Flutter)가 엔진성능에 미치는 영향과 방지대책을 설명하시오.**

1. 피스톤 링 플러터(Piston Ring Flutter)

왕복형 엔진 피스톤의 상단부에는 압축링 및 오일링이 설치되어 있는데, 엔진의 회전속도가 높아지면 피스톤 링이 링 홈 내에서 상하 방향이나 반지름 방향으로 진동하는 현상을 피스톤 링 플러터(Piston Ring Flutter)라고 한다.

2. 피스톤 링 플러터(Piston Ring Flutter)의 영향

① 링의 기밀이 불량해지고 가스의 누출로 링 주변의 유막을 끊어 윤활이 불량해지고 링이나 실린더 벽을 마모시킨다.

② 블로바이 가스가 증가하고 엔진출력이 저하된다.

③ 윤활유가 연소실로 유입되어 윤활유 소비량이 증가한다.

④ 피스톤의 열은 링을 통하여 실린더 벽으로 배출이 어려워 피스톤의 온도가 상승한다.

⑤ 블로바이 가스에 의하여 윤활유에 퇴적물이 혼입되어 정상윤활이 어려워진다.

3. 피스톤 링 플러터(Piston Ring Flutter)의 방지대책

① 피스톤 링의 장력을 높여서 면압을 증가시킨다.

② 링 이음부는 배압이 적으므로 링 이음부의 면압이 높아지도록 설계한다.

③ 얇고 가벼운 링을 적용하여 관성력을 감소시킨다.

④ 실린더 벽에서 긁어내린 윤활유를 이동시킬 수 있는 홈을 랜드부에 설치한다.

⑤ 링 홈의 상하간격을 넓게 하거나 링 홈을 너무 깊게 설계하지 않는다.

⑥ 단면이 쐐기 형상으로 되어 있는 키스톤 링을 사용한다.

 앞 엔진 앞 바퀴 굴림 방식(FF 방식)의 차량에서 언더스티어(Understeer)가 발생하기 쉬운 이유를 설명하시오.

1. 언더스티어(Understeer)

조향각을 일정하게 하고 선회 주행 시 차량의 속도를 높일 경우 원심력에 의하여 슬립앵글이 커지고 선회반경이 조향각보다 회전각도(선회반경)가 커지는 현상이다.

차량이 선회 시 타이어에 발생하는 원심력이 타이어와 노면 사이에서 발생되는 마찰력(코너링 포스)보다 커져서 타이어가 미끄러지는 현상이다.

2. FF 차량의 언더스티어(Understeer)

FF 차량은 차량의 전부(前部)에 엔진을 포함한 변속기, 차동기 등이 집중되어 있고 전륜은 구동과 제동 그리고 조향을 모두 담당한다.

가속 선회 시 전륜에 작용하는 마찰력이 저하되고 접지력도 낮아져서 원심력의 증가로 코너
링포스가 작아져 언더스티어 현상이 발생한다.

가솔린엔진보다 디젤엔진이 대형엔진에 더 적합한 이유를 연소 측면에서 설명하시오.

1. 디젤엔진이 대형엔진에 적합한 이유

디젤엔진은 실린더에 공기만 유입하여 압축착화하는 형식이다. 따라서 흡입된 공기를 높은
압축비로 압축하여야 연료의 착화온도 이상이 되어 정상적인 연소가 이루어진다. 높은 압축
비를 위하여 기관의 길이가 길어지고 피스톤의 운동속도가 느리고 회전수가 낮으나 큰 회전
력(Torque)을 얻는다.
엔진 중량은 가솔린엔진에 비하여 무겁고 각 부품이 견고하게 제작되는 이유 등으로 디젤엔
진은 대형엔진에 적합하다.

자동차관리법에 규정된 자동차부품 자기인증을 설명하고, 자기인증이 필요한 부품 7가지를 나열하시오.

1. 자동차부품 자기인증제

자동차부품 자기인증제는 부품 생산·수입 업체가 자동차에 사용되는 주요 16개 부품에 대해
정부가 정한 안전기준에 적합하다는 것을 스스로 인증하고 '자기 인증 마크'를 붙이는 제도다.

2. 자기인증이 필요한 부품

자기인증이 필요한 주요 부품은 16개이며 타이어, 림, 브레이크 파이프, 등화장치, 브레이크
액, 창유리, 안전벨트, 유아용 보호장구 등이다.

06 QUESTION 압전 및 압저항 소자의 특성과 자동차 적용 분야에 대해 설명하시오.

1. 압저항(Piezo Resistance) 효과

반도체 결정에 압력을 가하면 전기저항이 변화하는 현상을 Piezo Resistance Effect라고 한다. 이러한 특성을 고려하여 전기저항형 부품으로 제작된 것이 압저항이다. 자동차에서 압저항은 주로 연료 및 오일 등의 유체압력을 검출하는 센서로 적용되며 압저항 센서는 온도특성이 우수하고 소형으로 적용에 유리하다.

2. 압전소자(Piezo Electric)

압전소자는 압력을 가하면 전압이 출력되며 이를 압전효과(Piezoelectric Effect)라고 하며 반대로 압전소자에 전압을 가하면 팽창·수축하는 물리적 특성을 역압전효과(逆壓電效果, Inverse Piezoelectric Effect)라고 한다. 이 효과를 이용하여 연료분사장치의 압전 인젝터(Piezo Injector)와 노크센서(Knock Sensor) 등에 주로 적용된다.

07 QUESTION 전기자동차용 모터의 종류와 특성을 비교 설명하시오.

1. 전기자동차용 모터의 종류

자동차용 전기모터는 사용전원 및 브러시의 유무에 따라 DC모터(Direct Current Motor)와 AC모터(Alternating Current Motor), 브러시가 없는 BLDC(Brushless Direct Current Motor) 등으로 크게 3가지가 사용된다.

① DC모터는 가장 광범위하게 사용되는 모터이나 전력을 공급하는 카본 브러시가 있어 마찰열이 발생되어 1~2년에 한 번씩 브러시를 교환해주어야 하는 단점이 있다.

② AC모터는 교류를 전원으로 하여 구동되는 모터로서 가격이 비교적 저렴하고 수명이 길어 유지보수가 쉽다는 장점이 있으나 제어가 DC모터보다 어렵다는 단점이 있다.

③ BLDC모터는 DC모터의 단점을 보완하여 만든 모터로서 모터 베어링의 수명 동안 부품 교체가 없어 오랜 시간 사용할 수 있고 효율이 높아 다양한 출력의 모터가 개발되고 있으나 가격이 높고 정격출력이 1.2배를 넘지 못해 정격출력 범위를 초과할 경우 모터에 열이 발생하는 단점이 있다.

08 QUESTION 토크 스티어(Torque Steer)를 정의하고 방지대책에 대해 설명하시오.

1. 토크 스티어(Torque Steer)의 정의

전륜구동인 자동차에서는 엔진이 가로배치이므로 양쪽 구동축(Drive Shaft)의 길이가 다르고 최고출력으로 급가속을 할 경우에 앞바퀴 양쪽의 구동력에 차이가 생겨 스티어링이 불안정해지고 차의 가속 진행방향이 틀어지는 현상이다.

후륜구동 자동차의 경우에는 일반적으로 디퍼렌셜이 정중앙에 위치해 좌우 구동축 길이가 동일하고 조향을 앞바퀴에서 담당하기 때문에 토크 스티어 현상은 발생하지 않는다.

2. 토크 스티어(Torque Steer)의 방지대책

전륜구동 차의 토크 스티어 현상을 방지하기 위해서는 휠 얼라인먼트 조정이나 인터미디어트 샤프트 설계방법 개선 등으로 해결할 수 있다.

근본적인 방법은 좌우 구동축의 길이를 같게 하여 토크 전달의 균형을 유지하는 것이 효과적이며 차동장치의 위치를 낮게 설치하여 양쪽 구동축의 전달 각도를 줄이는 것이 필요하다.

09 QUESTION 초저탄소자동차(ULCV ; Ultra Low Carbon Vehicle)의 정의와 기술개발 동향에 대해 설명하시오.

1. 초저탄소자동차(ULCV ; Ultra Low Carbon Vehicle)의 정의

온실가스 저감을 위한 캘리포니아주의 저공해차 도입계획에 따라 저공해차의 단계적 증산과 자동차용 대체연료메이커에 대해 저공해 연료의 공급을 의무화하고 있다. 저공해차는 잠정저공해차(TLEV), 저공해차(LEV), 초저공해차(ULEV), 무공해차(ZEV)의 4단계로 구분하고 단계적인 저공해차 공급계획과 저공해차 판매비율의 가이드라인을 제시하고 있다.

미국 캘리포니아주를 중심으로 무공해자동차 의무보급규정인 ZEV(Zero Emission Vehicle) 규제를 2005년부터 실시하고 있으며 총 9개 주에서 적용하고 있는 제도이다.

ZEV 규제는 자동차 메이커 판매 물량의 일정 부분을 무공해 및 저공해 자동차인 FCEV(Fuel Cell Electric Vehicle), EV(Electric Vehicle), HEV(Hybrid Electric Vehicle), PHEV(Plug

—In Electric Vehicle), SULEV(Super Ultra Emission Vehicle) 자동차의 의무 판매로 규정하고 있다.

2012년부터 2014년 동안 전체 판매물량의 12%(FCEV/EV 0.9~3%, PHEV 2.1%, HEV 최대 3%, SULEV 최대 6%)를 무공해 및 저공해 자동차로 판매하여야 한다는 규제이다.

2. 기술개발 동향

미국 캘리포니아주의 ZEV 규제에 따라 자동차 메이커들은 하이브리드 자동차를 비롯하여 배터리를 이용하는 전기차, 연료전기 수소전기차의 기술개발에 집중하고 있다.

특히 기존 전기차에 사용되는 리튬이온 배터리의 충전시간과 주행거리 문제, 안전성 문제를 개선하기 위하여 배터리 관리 시스템(BMS)를 포함하여 고체전해질 배터리 등의 개발에 주력하고 있다.

또한 수소연료전지 전기차의 개발과 보급에 있어서 새로운 기술의 개발과 보급, 그리고 경제성 우위 확보를 위하여 각국의 회사들이 경쟁하고 있다.

QUESTION 10 자동차에 사용되는 에너지(연료)의 종류 5가지를 쓰고, 각각의 특성에 대해 설명하시오.

1. 자동차에 사용되는 에너지(연료)의 종류

① 가솔린(Gasoline)

기화성(氣化性)이 크고 저위발열량(低位發熱量)이 11,000~11,500kcal/kg, 비중(比重) 0.69~0.77, 인화점(引火點) −50℃~−43℃, 착화점(着火點) 400~500℃이다. 가솔린은 엔진의 노킹(knocking)을 억제할 수 있어야 하는 성질이 요구되며 엔진의 노킹 발생에 대한 저항을 나타내는 수치로 옥탄가(Octane Number)를 사용하고 있다. 가솔린은 옥탄가 향상을 위하여 첨가제를 추가하고 옥탄가 향상제인 테트라에틸납 대신 MTBE (Methyl, Tertiary, Butyl, Ether)를 대체 물질로서 첨가하여 무연 휘발유(無鉛揮發油)라고 한다.

② 경유(Diesel)

경유(輕油, Light Oil, Diesel Fuel)는 착화온도(着火溫度)가 가솔린보다 낮아 고속 디젤

기관인 디젤자동차의 연료로 사용되고 있다.

저위발열량(低位發熱量) 10,500~11,000kcal/kg, 비중(比重) 0.84~0.89, 인화점(引火點) 45~80℃, 착화점(着火點) 340℃이며 황 성분의 함량이 높아 현재 저유황 경유나 바이오디젤과 같은 황 함량이 적거나 없는 경유로 대체하여 디젤자동차에 사용되고 있다. 디젤연료의 세탄가(Cetane Number)는 연료의 압축 자기착화성이 중요한 특성이며 한랭 시동성, 배출가스 및 연소소음 등 자동차의 성능이나 대기환경에 영향을 미치는 중요한 특성이다.

③ 액화석유가스(LPG ; Liquefied Petroleum Gas)

석유(石油)나 천연가스의 정제과정에서 얻어지며 저위발열량(低位發熱量) 11,850~12,050kcal/kg, 기체비중(氣體比重) 1.52이며, 다른 연료에 비해 발열량이 높고 무색무취의 연료이므로 누설될 때 쉽게 인지하여 사고를 예방할 수 있도록 불쾌한 냄새가 나는 메르캅탄(Mercaptan)류의 화학물질을 섞어서 공급한다.

LPG는 프로판(C_3H_8, Propane)과 부탄(C_4H_{10}, Butane)이 주성분으로 이루어져 있고 동절기에는 증기압(蒸氣壓)을 높여주기 위해서 프로판 함량을 증가시켜 사용한다.

④ 등유(燈油, Kerosene)

저위발열량(低位 發熱量) 10,700~11,300kcal/kg, 비중(比重) 0.77~0.84, 인화점(引火點) 40~70℃, 착화점(着火點) 450℃인 연료로 무색이며 특유한 냄새가 나는 액체로서 기화가 어렵고 연소속도가 느리며 완전연소가 불가능하다. 대부분 난방용 연료로 사용되나 등유기관 및 디젤기관의 연료로 부분적으로 사용된다.

⑤ 수소(H_2, Hydrogen)

수소연료전지 전기자동차에 사용되며 수소를 탱크에 저장하고 대기 중의 공기를 도입하여 공기 중의 산소와 반응시켜 전기를 얻는 자동차의 연료이다.

11 엔진의 다운사이징(Eengine Downsizing)에 대해 배경 및 적용기술 측면에서 설명하시오.

QUESTION

1. 엔진의 다운사이징(Eengine Downsizing)

다운사이징(Down Sizing)의 목표는 성능은 그대로 유지하거나 향상하면서, 크기와 무게는 줄여 비출력(比出力/Specific Power)을 향상시키는 것으로 핵심요소가 바로 출력과 연비효율의 향상이다.

다운사이징을 하려면 필수적으로 엔진 배기량을 줄여야 하며 높은 연비효율과 친환경, 비용 절감을 동시에 구현해야 한다.

또한, 다운 스피딩(Down Speeding)은 저속영역에서의 토크(Torque) 향상과 더불어 변속기 어비의 개선으로 저속에서도 출력성능과 주행성능을 저하시키지 않는 기술을 총칭하여 다운 스피딩이라고 하며 연비효율 향상과 더불어 온실가스의 저감이 목적이다.

다운사이징의 대표적 방법은 과급기를 설치하는 것이며 작은 배기량에서 흡기를 과급함으로 써 연소효율 개선으로 연소압력을 높여 엔진의 출력을 높이는 방법이다.

소형 디젤엔진의 과급기로는 터보차저(Turbo Charger)가 주로 설치되며 배기가스의 유동 에너지를 이용하여 과급하므로 흡입되는 공기의 온도를 높여 공기가 팽창하는데 충전효율을 높이기 위하여 인터쿨러(Inter Cooler)를 설치한다.

특히, 가솔린엔진 다운사이징을 위하여 가솔린 직분사(Gasoline Direct Injection) 방식을 적용하여 연소효율을 높여 출력을 향상하는 방법이 적용된다.

12 QUESTION 터보래그(Turbo Lag)를 정의하고, 이를 개선하기 위한 기술(또는 장치)에 대해 설명하시오.

1. 터보래그(Turbo Lag)

배기가스의 유동에너지를 이용하여 흡기를 압축하는 터보차저의 단점으로는 엔진 회전보다 터빈이 초기에 움직이는 시간적인 차이가 발생한다. 초기의 반응속도가 떨어지며 시간적인 차이가 발생하는 것을 터보래그(Turbo Lag)라고 한다.

터보래그를 개선하기 위하여 트윈터보의 경우는 엔진에 따라 초기에 하나의 터빈이 회전하다 가 일정 회전속도를 넘으면 또 다른 터빈이 회전하면서 많은 압축공기를 보내는 투 스테이지 터보차저(Two Stage Turbo Charger) 엔진도 있다.

대형 엔진에서는 엔진의 동력으로 구동되는 슈퍼차저(Super Charger)와 터보차저(Turbo Charger)를 동시에 설치한 듀얼 터보차저(Dual Turbo Charger)를 설치하여 저속에서는 슈 퍼차저를 가동하고 일정 속도 이상의 고속에서는 터보차저를 가동시켜 터보래그 문제를 개선 한다.

인클루디드 앵글(Included Angle)을 정의하고, 좌우 편차 발생 시 문제점에 대해 설명하시오.

1. 인클루디드 앵글(Include Angle)

인클루디드 앵글(Include Angle)은 킹핀 경사각(Kingpin Angle)과 캠버각(Camber Angle)을 합한 각도를 말하며 협각(夾角)이라고 한다.

타이어 중심선과 킹핀 중심선이 노면 위나 아래에서 만날 때, 이 만나는 점이 노면 밑에 있으면 토-아웃(Toe-Out), 노면 위에 있으면 토-인(Toe-In) 경향이 생기고 이에 따라 타이어의 변형이 발생된다.

차체의 높이가 높아지거나 낮아져도 인클루디드 앵글은 일정하다. 특히 독립현가방식에서는 킹핀 경사각이 커지면 캠버는 줄어들고 킹핀 경사각이 작아지면 캠버각은 커지는데, 이것은 캠버각이 변하면 킹핀각도 변한다는 것을 의미한다. 두 각을 측정하면 너클이나 스트럿(Strut)의 굽힘 변형이나 유격(Clearance)이 커짐을 판단할 수 있다.

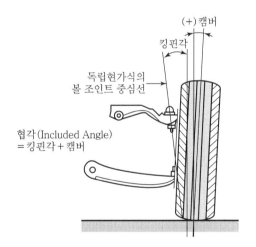

[인클루디드 앵글(Include Angle)]

01 **"자동차 및 자동차부품의 성능과 기준에 관한 규칙"에 따른 차로이탈 경고장치(LDWS ; Lane Departure Warning System)의 의무장착기준을 설명하고 그 구성품과 작동조건에 대하여 설명하시오.**

1. 차로이탈 경고장치 설치기준(안전기준)

길이 11미터를 초과하는 승합자동차와 차량총중량 20톤을 초과하는 특수자동차에는 차로이탈 경고장치를 설치하여야 한다. 다만, 다음 각 호의 어느 하나에 해당하는 자동차는 그러하지 아니하다.

① 4축 이상 자동차

② 피견인자동차

③ 덤프형 화물자동차, 특수용도형 화물자동차, 구난형 특수자동차 및 특수작업형 특수자동차

④ 시내버스운송사업(일반형으로 한정한다.) 및 농어촌버스운송사업 및 마을버스운송사업에 사용되는 자동차

2. LDWS의 구성품

① 차로이탈 경보장치 유닛

카메라 유닛이 포함되어 있고 카메라 영상신호를 연산해서 차로를 인식하고 분석하여 경보하는 역할을 한다.

② (계기판)경보장치

차로 인식 표시 및 차량 주행 상태, 운전자의 설정 상태 등 주행 중 차량의 상태를 영상으로 보여준다.

③ 스위치

차로이탈경보 스위치를 이용하여 LDWS를 ON/OFF할 수 있다.

3. LDWS의 동작조건

① 차로이탈 경보장치 스위치가 ON 상태가 되어야 하고 ON 상태에서 계기판에 LDWS 표시 등이 점등되어야 한다.

② LDWS 기능이 설정되어 있고 차속이 60km/h 이상이 되면 동작한다.

③ 운전자가 차로변경을 알리기 위하여 좌우 방향지시등을 동작시킬 경우 LDWS는 경보하지 않는다.

④ 좌우 방향지시등을 OFF 후 차로이탈 경보기능은 정상 동작한다.

⑤ 비상등을 동작시킬 경우에도 LDWS는 경보하지 않는다.

⑥ 차로를 변경할 때는 반드시 방향지시등 스위치를 작동하고 차로를 변경하고 방향지시등 스위치를 주행방향으로 작동하지 않고 차로를 변경하면 경보가 울린다.

⑦ 차량이 차폭의 30% 이상 차선 이탈하면 차로변경을 위해서 차로를 이탈하는 것으로 판단하고 경보를 자동 해제한다.

QUESTION 02 자동차에서 발생되는 소음을 분류하여 설명하고 각 소음에 대한 방지대책을 설명하시오.

1. 소음의 발생 원인

자동차의 소음원(騷音源)은 엔진 블록, 냉각계통, 배기계통, 구동계통, 타이어 및 기타 소음 발생원이 있으며 특수목적으로 제작된 자동차를 제외하고는 소음의 발생원과 그 종류는 거의 유사하다. 그러나 자동차의 크기나 구조에 따라 소음원의 크기는 차종에 따라 다를 수 있고 따라서 소음을 저감하기 위한 대책이 다르다.

각 소음원이 차외소음(車外騷音)에 대하여 어느 정도의 영향을 끼치는지를 파악한다는 것은 소음저감대책을 세우는 데 매우 중요하다. 소음발생기준을 법으로 규제하고 구체적으로 자동차 안전기준에 측정방법과 소음강도를 정하고 관리함에 따라 과거에 비하여 현저히 낮아지고 있으며 자동차 진동문제와 더불어 자동차 설계에서부터 승차감과 안락성, 편의성 제고와 상품의 NVH(Noise, Vibration, Harshness) 경쟁력이라는 측면에서 매우 중요하게 고려하는 항목이 되고 있다.

자동차에서 발생할 수 있는 각 소음 발생원의 소음 발생원인 및 저감대책은 다음과 같다.

(1) 엔진 소음

엔진 자체와 발전기, 컴프레서, 냉각수 펌프 등의 보기류(補機類)로부터 방사되는 소음이다. 실린더 내에서 반복되는 폭발적 연소에 기인하는 연소소음과 왕복운동 부분의 관성력이나 밸브기구, 타이밍 체인이나 벨트, 기어 등의 작동에 의한 충격음에 의한 기계소음으로 나뉜다.

(2) 냉각계통의 소음

냉각계통의 소음은 팬에서 발생되는 것이 가장 지배적이며, 팬 소음은 다시 팬의 날개가 공기에 주는 압력 변동에 의해 생기는 회전음과 유로(流路)나 날개 끝부분 등에 생기는 공기의 난류(亂流)에 의한 와음(渦音)으로 분류된다.

(3) 배기계통의 소음

배기계통의 소음은 배기음과 방사음으로 나뉜다.

배기음은 배기관 끝에서 대기 중으로 배기가스가 팽창하면서 발생하는 소음이며, 이것은 다시 엔진의 배기행정에 따라 배기가스가 주기적으로 압출되는 것에 의해 발생하는 맥동음(脈動音)과 배기계통 내부를 흐르는 배기가스의 흐름이 균일하지 못하여 발생하는 기류음(氣流音)으로 분류된다.

방사음은 배기가스의 흐름 자체나 엔진의 진동으로 배기관이나 소음기 자체의 표면이 진동하여 발생한다.

(4) 흡기계통의 소음

흡기계 소음의 발생 기구는 배기소음의 발생 메커니즘과 유사하며, 흡기음과 방사음으로 구분된다. 흡기음은 흡기계에 있는 크고 작은 흡기구로부터 발생하며, 공기를 단속적으로 흡입하고 교축(較縮)하는 과정에서 공기의 유속 차이에 의해 발생하는 맥동음과 흡입 공기가 공기청정기(Air Filter)의 입구나 내부의 밸브 등을 통과할 때의 난류와 교축과정에서 발생하는 기류음으로 분류된다. 흡기계 방사음은 흡기계의 음압변화나 엔진의 진동에 의해 흡기계통 부품들의 표면이 진동하여 발생한다.

(5) 구동계통의 소음

구동계 소음은 클러치, 변속기, 추진축, 구동 차축 등의 회전마찰 진동음과 자체의 진동이나 충격에 의한 기계음과 방사되는 소음이며, 구동계가 무겁고 긴 대형 차량에서는 무시할 수 없는 소음이다.

(6) 현가, 제동계통의 소음

주로 자동차의 주행 중에 발생하는 소음이며 현가장치(Suspension System)와 제동장치(Brake System)에서 발생하는 소음이다.

판스프링의 판간마찰(板間摩擦)과 쇼크업소버에서의 마찰음이나 오일 및 가스 유동음(流動音), 그리고 코일스프링의 선간 마찰음, 스태빌라이저-바(Stabilizer-Bar) 등의 연결 링크와 고무제 부시(Bush)에서의 미끄럼 마찰음이다.

제동계통의 브레이크에서는 브레이크 패드(Pad)나 슈(Shoe)의 마찰음이 대부분이며 마찰재의 마찰계수의 변화, 드럼 및 디스크의 편마모 등이 발생 원인이다.

(7) 타이어 소음

타이어 소음은 자동차의 주행 중에 타이어와 노면의 마찰음과 타이어 트레드 패턴의 홈 속의 공기가 방출될 때 내는 소음이다.

(8) 주행 공기 마찰음

자동차가 공기 중을 고속으로 주행할 때의 공기의 충돌과 자동차 표면 부착물의 저항으로 공기의 맥동과 충격으로 발생하는 바람소리와 같은 소음이다. 또한 경음기의 경적음도 자동차의 소음원이다.

2. 소음의 방지대책

위에서 설명한 바와 같이 자동차의 소음은 진동과 밀접한 관련이 있으며 소음방지대책 또한 단순할 수 없으며 일반적으로 진동을 감쇄시킬 수 있는 방법, 차폐방법, 흡음방법이 있다.

(1) 방음(防音)을 고려한 구조개선 및 방진(防振) 설계

강성(剛性)의 향상, 저소음 재료의 채택, 진동을 감쇠시키는 진동흡수 댐퍼의 사용 및 방진고무를 삽입하는 등 설계단계에서부터 저소음화를 위한 방법이 효과적이다.

(2) 차음식(遮音式) 방음

발생한 소음을 전파되지 않도록 하는 차폐방법으로 소음 발생원 측과 소음이 전달되는 공간 사이를 밀폐하여 분리하는 격벽을 두고 음파의 전달을 차단하는 방음방식이다.

(3) 흡음식(吸音式) 방음

공기의 유동(流動)에 의한 표면 마찰이나 유동음을 다공질(多空質) 재료의 적절한 배치 및 부착으로 음의 운동에너지를 열에너지로 변화시켜 음을 흡수하는 방식이다.

03
QUESTION

타이어의 구름저항을 정의하고, 구름저항의 발생원인 및 영향인자를 각각 5가지 설명하시오.

1. 타이어의 구름저항(Rolling Resistance)

차량의 주행 시 타이어는 연속적으로 노면과의 마찰로 저항을 받게 된다. 차량의 중량과 노면의 굴곡으로 타이어는 변형되고 구름저항으로 작용한다.

구름저항은 차량의 중량이 클수록 증가하고 공기압이 낮을수록 증가하며 노면의 굴곡이 심한 험로일수록 주행저항은 증가한다.

2. 구름저항(Rolling Resistance)의 발생원인 및 영향인자

① 타이어의 구조

차량의 하중은 타이어에 모두 작용하며 하중에 대하여 변형이 적은 타이어의 구조가 필요하다. 레이디얼 타이어는 트레드 고무층 바로 밑에 설치된 코트에 의하여 트레드부의 강성을 높이고 특히 고속에서 변형을 감소시키고 구름저항이 감소된다.

② 트레드 패턴(Tread Pattern)

타이어의 트레드는 제동력, 구동력, 조종성, 안정성을 향상시키고 타이어의 방열, 소음발생의 감소, 승차감의 향상 목적으로 다양한 패턴을 설치하고 있다.

리브(Rib)형 패턴은 원주방향으로 연속한 홈을 여러 개 설치한 것으로 구름저항이 적고 사이드 슬립에 대한 저항이 크다.

③ 타이어에 작용하는 하중

구름저항은 타이어에 작용하는 하중에 비례하여 증가하므로 차량의 하중을 최소한으로 유지하고 운행하는 것이 유리하다.

④ 타이어 공기압력

타이어 공기압이 낮으면 타이어의 변형이 증가하고 구름저항이 증가하므로 적정의 공기압을 유지하는 것이 유리하며 타이어 압력을 상시 모니터링하는 타이어 공기압 경보장치(TPMS ; Tire Pressure Monitoring System)를 설치하여 주행안전성과 타이어의 내구성 등을 관리한다.

⑤ 타이어의 두께와 접지면적

타이어를 두껍게 하고 트레드의 접지면적을 크게 하면 노면과의 마찰력은 커진다. 그러나 동시에 타이어 자체가 구르지 않으려고 하는 힘, 즉 구름저항도 증가되는 것이 타이어를 계속 크게 할 수 없는 가장 큰 이유이다. 크고 두꺼운 타이어를 잘 구르게 하려면 크기가 작고 폭이 좁은 타이어를 구르게 할 때보다 더 큰 힘이 필요한 것이 사실이다.

04 터보차저(Turbo Charger)를 장착한 차량에 인터쿨러(Intercooler)를 함께 설치하는 이유를 열역학적 관점에서 설명하고, 인터쿨러의 냉각방식별 장단점을 설명하시오.

1. 터보차저(Turbo Charger)와 인터쿨러(Intercooler)

터보차저는 엔진의 체적효율을 높여 토크와 출력을 높이기 위한 방법으로 강제적으로 공기를 압축해 공급하는 장치이다.

왕복형 엔진은 저속과 고속에서 체적효율의 저하로 토크가 저하되는 특성이 있는데, 이를 극복하고 부스트압을 높여 체적효율을 높이고 적합한 연료를 공급하여 엔진의 비출력(比出力)을 높인다. 부스트압이 높고 체적효율이 향상되면 연소실의 실제 압축비는 상승하는 효과가 있으며 완전연소로 열효율이 향상되고 출력이 향상된다.

인터쿨러는 터보차저에서 가압 후 고온이 된 공기를 냉각시켜 공기밀도를 높여 체적효율을 향상시키고 분사량을 늘려 엔진출력을 향상시키는 장치다.

터보차저와 인터쿨러가 적용된 엔진은 자연흡기 엔진에 비해 출력이 30% 이상 향상되고, 회전력(Torque)이 향상된다.

내연기관의 단점인 저속에서의 낮은 회전력과 낮은 출력 문제를 해결하며 엔진의 다운 사이징(Down Sizing)도 가능하고 유해배기가스의 배출도 감소된다.

2. 인터쿨러(Intercooler)의 냉각방식

터보차저를 통과하며 고온이 된 공기의 온도를 낮춰 흡입되는 공기밀도를 높이기 위한 쿨러(Cooler)이다.

인터쿨러는 공랭식과 수랭식이 적용되고 있는데, 공랭식은 주행하는 자동차의 자연 순환풍을 이용하여 가열된 공기를 냉각하는 방식으로 소형이고 냉각효과가 우수하다.

수랭식은 주로 대형 차량에 적용되며 냉각수를 이용하여 가열된 공기를 냉각하는 방식이며 터보차저를 통과한 공기와 냉각수가 순환 냉각되는 라디에이터와 별도의 펌프가 필요하다.

3. 냉각방식에 따른 장단점

공랭식 인터쿨러는 주행 시 유입되는 공기로 냉각하는 방식이므로 구조는 간단하지만 특히 저속에서 냉각효율이 현저하게 저하되며 주로 소형 엔진에 적용된다. 수랭식 인터쿨러는 엔진의 냉각용 라디에이터 및 별도의 전용 라디에이터를 설치하여 흡입공기를 통과시키므로 크기가 커진다. 구조가 복잡하지만 저속에서도 냉각효과가 좋으며 수랭식과 공랭식을 겸용으로 적용하는 경우도 있다.

05
QUESTION

수소연료전지(Fuel Cell) 자동차의 연료소비량 측정법 3가지와 연비 계산법을 설명하시오.

1. 수소연료전지 자동차 연료소비율 측정방법

수소연료전지 자동차는 대중적 상용화되지 못하고 있으나 가까운 미래에는 일반 소비자들이 구매할 수 있도록 양산체계가 갖추어질 전망이다.

자동차의 연료소비율은 경제성 및 에너지 효율화 측면에서 매우 중요하므로 소비자들에게 수소연료전지 자동차에 대한 정확한 연료소비율 정보를 전달하기 위해서 이에 대한 측정방법의 연구가 다양하게 진행되고 있다. 수소연료전지 자동차의 연료소비율 측정방법은 크게 중량측정법, 유량측정법, PVT 측정법의 3가지로 구분되고 장단점이 있으나 세 가지 방식 모두 수소소비량을 측정할 수 있는 방식으로 활용되고 있다.

(1) 중량 측정법

중량 측정법은 시험 자동차의 연료소비율 시험 전후의 연료 탱크 무게를 측정하여 수소사용량을 산정하는 방법이다. 이 방법은 측정 원리상 수소사용량의 측정방법과 계산방법이 가장 쉬우면서도 정확한 측정결과를 얻을 수 있는 장점이 있다.

(2) 유량 측정법

유량 측정법은 유량계를 사용하여 수소 연료라인에서 직접 소비유량을 측정하는 방법이다. 장점은 실시간으로 수소사용량의 측정이 가능하다는 것이지만 공급되는 수소유량과 압력에 따라 적정한 유량센서를 선택하여야 오차를 줄일 수 있다.

(3) PVT 측정법

PVT 측정법은 내부용적이 알려져 있는 수소 연료탱크의 시험 전후 압력과 온도를 측정하고 해당 온도와 압력에 맞는 적절한 압축인자(Compression Factor)를 사용함으로써 수소연료 사용량을 측정하는 방법이다. 수소고압용기 내 시험 전후에 압력강하, 온도를 측정하는 방법이며 측정위치와 안정화 시간 등 오차가 발생할 수 있다.

별도의 측정장비가 필요 없이 수소고압용기의 온도와 압력센서를 이용하기 때문에 실제 도로에서 운행을 하면서 수소 사용량을 측정할 수 있다는 장점이 있다.

구분	중량 측정방식	유량 측정방식	PT 측정방식
측정원리	시험 전후 수소고압용기의 중량 측정 연료소비량 $W = G_b - G_a$	수소 유량 측정 $W = \left(\sum b\right) \times \dfrac{m}{22.414}$	가스상태방정식 $PV = nRT$ 를 이용한 온도, 압력 측정 후 수소 소비량 계산 $W = m(n_1 - n_2)$ $= \dfrac{mV}{R}\left(\dfrac{P_1}{z_1 T_1} - \dfrac{P_2}{z_2 T_2}\right)$
측정장비	중량계	유량계 Flowmeter	온도, 압력센서
장점	수소 소비중량을 직접 측정하여 오차가 작다.	정속주행시험 시 실시간 측정 가능	탱크에 설치된 센서 사용으로 사용법이 간단
단점	실시간 측정이 용이하지 않고 주행상태에서 시험 전후 탱크 중량 측정이 어려움	자동차의 진동을 고려해야 함	타 측정방식에 비해 높은 측정 편차가 있고 측정 전 안정화 시간이 필요함

2. 연료에 따른 자동차의 연료소비량 측정법

자동차의 연료에 따른 자동차의 연료소비량 측정법은 다음과 같다.

- 내연기관 자동차의 경우 탄소 균형법(Carbon Balance)을 적용하여 측정
- 하이브리드 자동차의 경우에는 기존의 내연기관에서 사용되었던 탄소 균형법과 배터리 충전상태에 따른 전류수지를 고려하여 산출
- 전기자동차의 경우에는 1회 충전으로 가능한 주행거리와 AC 에너지 충전량(kWh) 관계로부터 산출
- 수소연료전지 자동차의 경우에는 소모된 수소 사용 중량(kg)을 측정하여 산출

구분	내연기관자동차 Engine Vehicle	하이브리드자동차 HEV	수소연료전지 FCEV	배터리 전기차 BEV
연료	휘발유, 경유 LPG, CNG	휘발유, 경유 LPG, 전기	수소	전기
측정방식	탄소균형법	탄소균형법 에너지소비량 보정	중량측정법 유량측정법 PVT 측정법	AC 전기충전량
연비 표시	km/L	km/L	km/kg	km/kWh
특징	배기가스 중의 탄소성분으로 연료 소비량 계산	석유연료 소비량과 전기사용량으로 보정	수소 소비량으로 연비 표시	전기에너지 사용량으로 연비 표시

06 BLDC모터(Brushless DC Motor)를 정의하고, 구조 및 장단점을 설명
QUESTION 하시오.

1. BLDC모터(Brushless DC Motor)의 정의

코일을 기계적인 마찰 브러시가 아닌 트랜지스터로 변환하는 것으로 브러시가 없기 때문에
스파크가 발생하지 않고 가스 폭발의 위험도 없다.
보통 자기센서를 모터에 내장하여 회전자가 만드는 회전자계를 검출하고, 이 전기신호를 고
정자의 코일에 전하여 모터의 회전을 제어할 수 있도록 한 모터이다.

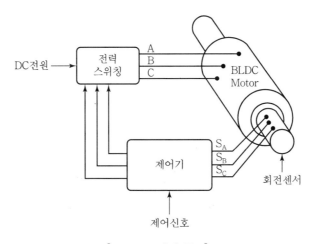

[BLDC 모터의 구조]

2. BLDC모터(Brushless DC Motor)의 장점

① 브러시에 의한 정류가 없고 모터의 회전속도는 설치방식과 마그넷 마운팅에 작용하는 원
   심력에 의해서만 제한되므로 고속회전이 가능하다.
② 모터의 회전속도는 로터 위치 센서로 측정하고 제어한다.
③ 회전소음이 작고 전자기 적합성이 우수하다.
④ 브러시가 없으므로 내구성이 우수하다.
⑤ 구조가 간단하고 소형이며 경량으로 제작이 가능하다.

3. BLDC(Brushless DC Motor)의 단점

① 브러시 대신 전력공급회로가 설치되므로 구조가 복잡하고 가격이 고가(高價)이다.
② 복합 전력전자회로와 별도의 제어장치가 필요하다.
③ 과부하에서 발열 우려가 있어 최대 출력이 제한된다.

3교시

PROFESSIONAL ENGINEER TRANSPORTATION VEHICLES

01
QUESTION
자동차부품 제작에 적용되는 핫 스탬핑(Hot – Stamping), TWB(Taylor Welded Blanks), TRB(Taylor Rolled Blanks) 공법과 적용사례에 대하여 설명하시오.

1. 핫 스탬핑(Hot – Stamping) 공법과 적용사례

고온 성형과 Quenching(담금질 – 냉각)을 동시에 수행하는 공법이다. 약 910℃ 이상으로 가열하여 연성화된 철강소재를 프레스로 정밀성형이 용이한 고온(700~800℃)에서 성형하고 동시에 냉각수가 순환하는 금형에서 급랭시킨다.

열변형이 적고, 마텐자이트 조직이며 일반 강을 열처리와 냉각을 거쳐 인장강도 1,470~2,000MPa의 초고장력강(AHSS)으로 제조하는 공법이다.

핫 스탬핑 공법은 부품의 열변형이 적고 경량화와 고장력이 요구되는 부품의 성형에 적합한 공법이지만 생산성이 낮고 금형제작비용 등 기타 산출비용이 높기 때문에 제품가격이 상승하는 단점도 있다.

핫스탬핑 공법은 차체의 주요 골격부품에 제조에 적용하는 공법으로 필러, 로커패널, 대시 크로스 멤버, 루프 사이드 패널 등의 프레스 성형에 적용된다.

2. TWB(Taylor Welded Blanks) 공법과 적용사례

두께와 재질이 서로 다른 두 개의 강판(鋼板)을 레이저로 용접하여 형상을 만들고 필요한 크기로 레이저로 절단하여 원하는 형태의 제품으로 가공하는 공법이다.

자동차 부품에 TWB 제품을 적용하면 차량 중량의 10%가량을 줄여주기 때문에 차량의 경량화가 가능하고 연비 저하와 차체의 강성이 증가하여 안전성을 높일 수 있다. TWB 공법은 차체 프런트 도어, 범퍼, 필러 등의 가공에 적용된다.

3. TRB(Taylor Rolled Blanks) 공법과 적용사례

TRB 공법은 TWB(Tailor Welded Blanks) 공법을 개선한 공법으로 TWB는 두께가 서로 다른 판재를 용접해서 불필요한 판재의 두께를 절약하면서 경량화를 실현한 강판부품 제조공법이다. 공정에서 핵심인 용접부에서 두께 변화에 따른 노치효과 (Notch Effect)가 발생하여 용접부에 물리적 특성 저하가 나타나므로 용접 없이 판재를 성형할 공법이 필요해졌는데 그 결과가 TRB 공법이다.

TRB 공법은 서로 다른 두께를 가진 판재를 용접 없이 롤 사이의 유격을 달리해서 압연 성형하는 공법이다. 용접 때문에 품질이 나빠지는 일이 없어 판재 두께를 달리하면서 성형할 수 있다. 즉 판재 두께를 필요에 따라 최적화할 수 있으므로 경량화가 가능하며 접합이나 절단 공정이 필요하지 않아 생산단가도 절약할 수 있다.

TRB 공정은 보강재를 넣어야 할 부품에는 보강재 대신 판재 두께를 두껍게 설계함으로써 보강재를 없앨 수 있어 공정수를 크게 줄일 수 있고 중량감소, 비용절감효과도 있다.

 자율주행 자동차가 상용화되기 위하여 해결해야 할 요건을 기술적, 사회적, 제도적 측면에서 설명하시오.

1. 자율주행 자동차의 정의

운전자가 브레이크. 핸들, 가속페달 등을 조작하지 않아도 자동차 스스로 도로의 상황을 파악하여 자동으로 목적지까지 찾아갈 수 있는 자동차를 말하며 운전자의 손, 발, 눈이 자유로운 상황을 말한다.

자율주행 자동차의 핵심기술은 상황인지 → 판단 → 제어의 단계로 구분된다. GPS와 카메라 등을 활용하여 주변의 정보를 인식하고(인지단계), 주행 전략을 결정하여(판단단계), 엔진과 방향을 제어(제어단계)하여 주행하는 것이다.

2. 자율주행 자동차의 기술적 과제

자율주행 자동차의 기술 단계에는 총 4단계의 레벨이 있으며 이 레벨은 전 세계적으로 자동차의 자율주행 기술에 등급을 부여하는 미국도로교통안전국(NHTSA)이 정한 기준에 따른다.

〈자율주행 자동차의 기술 단계〉
- Level 0 : 운전자에 의해 완벽하게 제어되는 차량 – 직접운전
- Level 1 : 1개 이상의 특정 제어기능을 갖춘 자동화 시스템 – 직접운전, 운전보조장치
- Level 2 : 2개 이상의 특정 제어기능을 갖춘 자동화 시스템(주행상황 항상 주시)
- Level 3 : 가속, 주행, 제동 모두 자동으로 수행하는 자동화 시스템(자동운전 결정, 필요시 운전자 개입)
- Level 4 : 100% 자율주행(운전자는 목적지 입력만 개입)

자율주행 자동차의 완전한 기술적 개발을 위해서는 IT기술과 인공지능기술의 적극적인 접목이 필요하며 우수한 성능의 센서기술 또한 선행되어야 할 과제이다.

자율주행 자동차가 실현되기 위해서는 다양한 기술이 필요하며, 그 기술적 범위는 다음 그림과 같이 나타낼 수 있다.

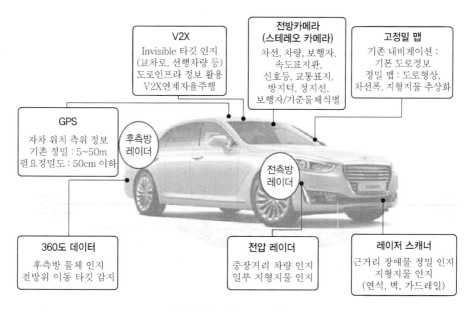

[자율주행 자동차의 기술분야]

3. 자율주행 자동차의 사회적 과제

자율주행 자동차의 상용화를 위해서는 안전문제가 소비자들에게 완전하게 인식되어야 한다. 기존 자동차의 성능은 운전자의 운전습관과 기술에 의해서 많은 부분이 해결되었기 때문에 이런 상황에서 자율주행 자동차의 안전성과 신뢰성이 인식되기 위해서는 기술적으로 보다 완전한 자율주행 자동차의 실현이 필요하다.

또한 자율주행 자동차의 기술적 보완을 위해서는 전용도로의 확충과 기존도로의 선형 개선 등의 사회적 인프라 구축이 필요하며 도로상의 표지판과 안내판 등의 확충과 보완이 필요한 실정이다.

4. 자율주행 자동차의 법적, 제도적 보완

미국 및 유럽에서는 개발 중인 자율주행 자동차의 일반도로 주행을 허가하여 기술의 개발과 축적을 간접적으로 지원하고 있다. 국내에서는 자율주행 자동차의 시험전용도로가 설치되어 있는 실정이다.

이 밖에 자율주행 자동차의 안전기준 마련과 자율주행 자동차가 주행하는 도로의 안전성 등급 지정, 도로교통 관련법 보완, 운전자의 면허제도 등도 마련되어야 한다.

03
QUESTION

뒷바퀴 캠버가 변하는 원인과 이로 인하여 발생하는 문제 및 조정 시 유의사항에 대하여 설명하시오.

1. 뒷바퀴의 캠버의 목적

FR 차의 리어 캠버는 고정식의 바퀴(Rigid Axle, 차축식 현가방식)에서는 통상 0으로 타이어는 연직방향으로 서 있다. 이것은 구조상 부득이한 것이며 FF 차에서는 후륜이 구동륜이 아니므로 후륜의 설계는 상당한 자유도가 있다.

따라서 고정식의 후축임에도 불구하고 선회할 때 접지력 확보를 위하여 미리 후축의 각도를 마이너스 캠버로 설정한 자동차도 있다.

독립현가식 후륜 현가의 자동차에서는 후륜에 하중이 작용하면 캠버가 마이너스의 방향으로 변하는 것이 많다. 이것은 선회 시의 원심력에 의한 자동차의 기울기에 따라 발생하는 후륜의 캠버 변화를 수정하여 후륜의 접지력을 확보할 목적으로 설치한 것이다.

2. 캠버의 변화

독립 현가식 후륜 현가의 자동차에서는 통상 차 높이가 내려가면 뒷바퀴의 캠버는 마이너스로 후륜의 토(Toe)는 아웃이 된다. 휠 얼라인먼트를 조정할 때는 차 높이나 하중의 변화에 의해 후륜의 캠버가 어떻게 변하는지 잘 알고 있어야 한다.

차 높이의 변화에 의한 캠버 변화를 조사하는 데는 휠 얼라인먼트의 점검을 할 때 리어 범퍼에 올라가거나 내려서서 하여 후륜의 캠버를 점검하면 된다.

또는 뒷문의 발판에 올라가서 자동차가 기울어졌을 때 후륜 캠버의 변화를 파악해 두는 것도 필요하다.

3. 후륜 캠버의 변화로 발생하는 문제점

후륜 캠버는 후륜의 토(Toe)와 더불어 타이어 마모에 큰 영향을 미친다. 플러스 캠버와 토인이 조합되면 타이어 트레드의 외측이 마모되기 쉽고 마이너스 캠버와 토(Toe) 아웃이 조합되면 타이어 트레드 내측이 마모되기 쉽다.

일반적으로 독립 현가식 후륜 현가에서 후륜의 캠버와 토는 차 높이에 따라 변화한다.

차 높이가 상승하면 후륜의 캠버와 토(Toe)는 플러스 쪽으로, 차 높이가 내려가면 후륜의 캠버와 토(Toe)는 마이너스 쪽으로 이동한다.

주행 중 후륜의 캠버가 크게 변하면 타이어에도 이상 마모가 생기고 주행 중의 안전성에도 문제가 생긴다.

후륜의 캠버는 차 높이에 따라 달라지므로 주행 중에 자동차의 자세가 크게 변하는 것은 불리하다. 따라서 후륜의 쇼크업소버 기능이 저하되면 자동차의 상하운동이 격심해지고 주행 중에 후륜 캠버나 토(Toe)의 변화가 커지고 타이어의 이상 마모를 초래한다.

4. 후륜 캠버 조정 시 유의사항

후륜의 캠버도 전륜의 캠버와 같이 좌우 차이가 있으면 차륜이 쏠려서 조향핸들의 쏠림이 캠버가 큰 쪽으로 발생한다.

캐스터와 캠버가 0에 가까우면 SAI도 작은 값의 자동차에서는 후륜의 캠버에 좌우 차이가 있을 때는 전륜의 휠 얼라인먼트에 불량이 없더라도 핸들에 쏠림이 생길 때가 있다.

전륜 자체가 강한 직진성을 가지고 있는 FR 차에서는 후륜 캠버의 좌우 차이는 핸들 흐름에 그다지 영향을 주지는 않으나 휠 자체의 직진성이 비교적 약한 FF 차에서는 좋은 직진성을 얻기 위하여 후륜 캠버의 좌우차는 되도록 작게 하고 타이어의 폭도 고려하여 조정한다.

타이어의 편평비가 다음 각 항목에 미치는 영향을 설명하시오.
(1) 승차감 (2) 조종안정성 (3) 제동능력 (4) 발진가속성능 (5) 구름저항

1. 타이어의 편평비(Aspect Ratio)

타이어의 편평비는 타이어 단면에 대한 높이의 비율로서 고성능 타이어일수록 편평비가 낮아진다. 편평비가 작은 광폭 타이어는 접지면적이 늘어나 횡방향의 접지면적이 크므로 ① 승차감과 연비는 저하되고 ② 고속주행, 선회 시에는 사이드 슬립이 작고 조종안정성은 향상되며 ③ 접지폭이 넓어 제동능력은 향상된다.

④ 발진 및 가속 시에는 큰 토크의 전달과 함께 접지력의 확보가 필요하므로 접지면적이 넓어 발진 및 가속 성능은 향상된다. ⑤ 편평비가 낮으면

$$편평비(\%) = \frac{단면높이(H)}{단면폭(W)} \times 100$$

[타이어의 편평비]

노면과 타이어의 마찰력이 커지고 구름저항은 증가한다.

따라서 편평비가 낮은 광폭 타이어라고 전체적인 성능이 향상되는 것은 아니므로 차량의 출력 특성을 벗어난 규격 외의 타이어를 장착하면 주행 안정성이 떨어질 뿐만 아니라 회전저항이 증가하여 연비성능과 조향성능, 가속성능이 저하된다.

 05 QUESTION 엔진 및 변속기 ECU(Electronic Control Unit)의 학습제어에 대하여 설명하시오.

1. 학습제어(Adaptive Control)

자동차의 엔진에는 Air Flow Sensor, Temperature Sensor 등 다양한 센서들이 적용되고 있으며 센서의 열화상태, 기상조건, 사용연료 등의 변화로 인하여 엔진의 변화를 보정하기 위해 사용되는 제어기술이다.

따라서 엔진은 제어성능의 변수를 기억하고 그 기억값에 따른 최적의 제어상수를 스스로 설정하는 것이다.

엔진 학습제어는 공연비 보정, 노킹 보정, 아이들 속도 보정, TPS 열화 보정 등에 사용되고 ECU에 룩업 테이블 매핑에 있는 정보를 조금씩 조정함으로써 적응 학습제어를 하게 된다.

아이들 제어에서 ECU의 목표 아이들 속도가 1,000rpm이라고 할 때 엔진의 여러 가지 원인에 의해 규정 아이들 속도가 변하게 되면 ECU는 적응 학습제어를 통하여 룩업 테이블에서 구한 적당한 데이터를 가지고 엔진 회전수를 높이려고 할 것이다.

그래서 규정 목표 회전수가 되도록 ISA를 통하여 듀티(Duty)율을 정하게 되는 것이다.

엔진의 다른 원인으로 회전수가 높아지면 낮추는 제어를 할 필요가 있는 것이며, 모든 적응 학습제어는 최대와 최소 학습을 연속적으로 하도록 되어 있다.

또한 연료분사장치의 인젝터가 부분적으로 막혀 산소센서에서 혼합비가 희박하게 인식이 되면 인젝터의 분사시간을 조정하여 감소된 연료를 보상하게 된다. 그러나 현재의 보상연료는 임시적인 허상연료라는 것을 숙지하여야 한다. 분사시간이 길어졌지만 실제 분사시간은 그렇지 않다는 것이다.

공회전 시에 연료압력 조절기의 진공호스를 빼면 순간적으로 연료압력이 증가하여 산소센서는 혼합비를 농후하게 검출하고 ECU는 분사시간을 줄여 희박하게 만들어 정상적인 공연비를 얻을 수 있도록 한다.

모든 학습량을 초기화하기 위해서는 배터리를 떼거나 아니면 정상적 학습을 수행할 때까지 주행해야 한다.

일부 차종은 배터리 탈거 후에 일정한 시간 동안 주행을 하여야 정상적인 학습이 되기도 한다. 특히 자동변속기가 그러한데, 이러한 경우에는 전 영역에서 운전을 해야만 TCU가 모든 운전조건에서 정상적인 운행이 되도록 학습한 데이터를 가지고 운전이 된다.

06 QUESTION

자동차 에어컨 장치에서 냉매의 과열과 과랭을 정의하고 과열도가 설계치보다 높거나 낮을 때의 현상에 대하여 설명하시오.

1. 냉동 시스템에서 냉매의 과열(Super Heating)

(1) 과열(Super Heating)의 정의

증발기 내부는 액체 냉매와 기체 냉매가 혼합된 저압의 포화 냉매로 되어 있다. 팽창변 통과 직후의 냉매는 90% 이상이 액체 냉매인데 증발기를 통과하면서 실내에서 열을 흡수ㆍ증발하여 기체 냉매로 변한다. 이론대로 한다면 증발기 출구, 압축기 입구에서의 냉매상태는 완전히 기체화되어 압축기에서의 압축에는 지장이 없어야 한다. 그러나 급격한 실내 부하변동이 있을 경우 증발기를 완전히 통과한 냉매에도 약간의 액체 상태가 있을 수 있는데, 이 액체 상태의 냉매가 압축기로 들어가면 압축기에 부하로 작용할 우려가 있다.

이를 방지하기 위해 증발기를 통과한 냉매가 압축기로 가는 과정에서 약 5℃ 정도 온도가 상승하게 하여, 액체 냉매가 없도록 하는 것이 냉매의 과열이다.

증발기 내에서의 포화온도가 7℃라면 압축기에 들어가는 과열 냉매온도를 12℃ 정도로 해야 하는데 여기서의 온도 차이 5℃가 과열도이다.

이 과열도는 냉매가 증발기에서 압축기로 가는 과정(압축기 흡입관)에서 일어나도록 하여야 하고 냉방기 설계에서 이 5℃의 과열도를 유지할 때 설계용량이 나오도록 해야 한다.

(2) 과열도가 설계치보다 높은 경우

냉매를 너무 적게 주입하면 증발기의 마지막 부분까지 포화냉매로 가득 차지 못하고, 증발기 내부에서부터 냉매가 과열되고 증발기 후반 부분은 과열 냉매가 차 있게 되는데 이 부분은 증발기의 역할을 못 하게 되므로 이 냉방기의 냉동능력은 당연히 설계된 용량보다 부족하게 된다.

과열도가 10℃라면, 5℃ 때보다 기체냉매의 부피가 늘어나므로 압축기가 순환시키는 냉매의 양이 상대적으로 줄어들어 전체 냉동능력은 더 저하된다. 압축기가 더 높은 온도에서 운전을 하게 되어 압축기 모터효율도 떨어지게 된다.

2. 냉동시스템에서 과랭(Sub Cooling)

(1) 과랭(Sub Cooling)의 정의

응축기에서 방열로 액화될 때의 온도를 포화 응축온도라 하는데, 이때 포화응축온도가 가령 51℃라면, 이 응축된 액체 냉매의 온도가 51℃보다 낮아져 46℃ 정도로 되는 것을 과랭이라 한다.

그러나 응축기에서 과랭된 부분은 이미 액체 냉매로 되어 있어 액체 상태의 냉매가 차지하고 있는 응축기 부분은 응축역할을 못하기 때문에 이 부분만큼 응축기의 용량을 증가시켜 제작하여야 한다.

(2) 과랭도가 설계치보다 낮은 경우

과랭된 액체냉매의 온도가 46℃라면 과랭도가 5℃가 되는 것이다. $p-h$ Diagram상으로는 냉동효율이 올라가나 응축기의 생산비가 높아지므로 5℃ 정도의 과랭도를 유지하면서 용량에 맞도록 설계하여야 한다.

과랭도는 반드시 5℃로 유지할 필요가 없고 시스템 전체의 밸런스가 맞으면서 규정대로의 냉방능력만 나오면 과랭도가 다소 높거나 낮아도 무관하다.

4교시

PROFESSIONAL ENGINEER TRANSPORTATION VEHICLES

01
QUESTION

자동차의 제원 중 적하대 오프셋을 정의하고, 적재상태에서 적하대 오프셋과 축중의 관계를 설명하시오.

[가정]
- 승원 중심과 앞차축 중심 일치
- 적재량의 무게중심과 적하대의 기하학적 중심 일치

1. 적하대 오프셋과 축중

하대 내측 길이의 중심(하중 중심이 중앙에 있지 아니한 경우에는 그 하중의 중심점)에서 후차축의 중심(후차축이 2개인 경우는 전후 차축의 중앙, 하중 중심이 두 차축의 중앙에 있지 아니한 경우에는 그 하중 중심점)까지의 차량 중심점 방향의 수평거리를 적하대 오프셋이라고 한다. 다만, 탱크로리 등의 형상이 복잡한 경우에는 용적 중심을, 견인자동차의 경우에는 연결부(오륜)의 중심을 하대 바닥면의 중심으로 한다.

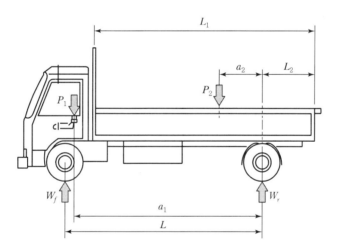

W_f : 공차 시 전축중, W_r : 공차 시 후축중, L : 축간거리

L_1 : 적재함 내측 길이, L_2 : 후축에서 적재함 후단 내측까지의 거리

a_1 : 승원 중심에서 후축까지의 거리, a_2 : 적재하중 중심에서 후축까지의 거리

P_1 : 승원하중, P_2 : 화물중량

O_s : $\dfrac{L_1}{2} - L_2 = a_2$ (적하대 오프셋)

2. 적차 상태의 전 · 후 축중

$$차량 \ 총중량 \quad W = W_f + W_r + P_1 + P_2$$

$$전축중 \quad W_F = W_f + \frac{P_1 a_1 + P_2 a_2}{L} = W - W_R$$

$$후축중 \quad W_R = W_r + \frac{P_1(L-a_1) + P_2(L-a_2)}{L} = W - W_F$$

승원 중심과 앞차축 중심이 일치하고 적재량의 무게중심과 적하대의 기하학적 중심이 일치하는 경우 적차 시 전 · 후 축중은 다음과 같다.

$$전축중 \quad W_F = W_f + P_1 + \frac{P_2 a_2}{L} = W - W_R$$

$$후축중 \quad W_R = W_R + \frac{P_2(L-a_2)}{L} = W - W_F$$

QUESTION 02 바이오 연료의 종류를 쓰고, 각각에 대하여 설명하시오.

1. 바이오에너지(Bio Energy)

바이오에너지란 식물과 미생물의 광합성에 의하여 생성되는 식물체, 균체와 이를 먹고 살아가는 동물체를 포함하는 생물 유기체와 같은 바이오매스(Biomass) 자원을 에너지화한 것을 의미하며 우리나라 대체에너지 개발 및 이용보급촉진법 제2조 2항의 정의에 의하면 바이오에탄올(Bio-Ethanol), 바이오가스(Bio-Gas), 바이오디젤(Bio-Diesel)을 포함한다.
자동차용 연료로 적용되는 바이오연료(Bio-Fuel)의 특성과 환경, 에너지 경제성 측면에서의 효과는 다음과 같다.

① 바이오디젤(Bio-Diesel)

바이오디젤은 동물성 · 식물성 기름에 있는 지방성분을 경유와 비슷한 물성을 갖도록 가공하여 만든 바이오연료로 바이오에탄올과 함께 가장 널리 사용되며 주로 경유를 사용하는 디젤 자동차의 경유와 혼합하여 사용하거나 그 자체로 차량연료로 사용된다.
바이오디젤의 제조반응은 알칼리(또는 산, 효소) 촉매하에서 3개의 메탄올(알코올류) 중 1개의 메탄올과 동 · 식물성 유지의 지방성분인 트리글리세리드가 전이 에스테르반응에 의해 디글리세리드와 1개의 지방산 메틸에스테르를 생성하며 순차적으로 모노글리세리드, 글리세린이 생성되면서 각각 지방산 메틸에스테르가 만들어져 총 3개의 지방산 메틸에스테르가 생성되는데 이것이 바이오디젤이다.

② 바이오에탄올(Bio-Ethanol)

바이오에탄올은 설탕이나 녹말로 만든 옥탄가가 높은 알코올로, 석유를 소모하는 제품에 사용할 수 있는 중요한 대체연료로 고려되고 있다. 자동차에 사용된 최초의 연료 중 하나인 바이오에탄올은 가솔린과 혼합하거나 단독으로 자동차 연료로 사용할 수 있어 바이오디젤과 더불어 대표적 재생자원 에너지로 꼽힌다.

화학식은 CH_3CH_2OH이며 수소 원자 1개가 히드록시기로 치환된 대표적인 1가 알코올이다. 비중은 0.789, 폭발한계는 3.3~19%(Vol.%)이다. 바이오에탄올은 가솔린연료의 대체에너지로 각광받고 있으며 옥탄가가 높고 산소를 가지고 있어 휘발유의 대체연료로 적합하다.

③ 바이오메탄올(Bio-Methane)

바이오에탄올은 주로 식물체나 균체와 같은 바이오매스(Bio-mass)를 이용하여 합성 추출하지만 바이오메탄올은 유기성 폐기물로부터 발생하는 합성가스나 바이오가스로부터 생산이 가능하다. 합성된 바이오메탄올은 자동차 연료나 화학물질의 원료 등의 탄소원(炭素源)으로 활용이 가능하다.

바이오메탄은 대부분 천연가스, 석탄이나 바이오매스로부터 생산하지만 이산화탄소(CO_2)에 재생성 수소를 첨가하여 화학적으로 합성하여 생산하기도 한다.

또 메탄(CH_4)을 생물학적 산화에 의한 메탄올로 전환하기도 하지만 고온, 고압이 필요하고 수율이 낮아 경제성이 낮다. 화학식은 CH_3OH이며 가솔린과 혼합하여 엔진구조 변경 없이 엔진의 연료로 사용할 수 있다.

④ 바이오가스(Bio-Gas)

바이오가스는 미생물 등을 이용하여 하수나 동물의 분변 등을 분해할 때 생산되는 가스들을 의미하며 생물반응에 의해 생성되는 연료용 가스의 총칭이다. 주요한 것으로는 메탄과 수소가 있다. 메탄은 폐기물처리에 의해 얻을 수 있는 에너지원으로 유망하지만, 온실효과 가스라는 점에서 환경 속에 누출되지 않게 하는 연구가 필요하다.

바이오가스는 적정 과정을 통하여 메탄가스 또는 수소가스로 바꿀 경우 석유에너지 소비의 일부를 보충할 수 있는 대체자원으로 활용이 가능하다.

03 QUESTION 자동차 주행성능선도를 그리고, 이를 통해 확인할 수 있는 성능항목을 설명하시오.

1. 주행성능선도(Performance Diagram)

자동차 주행속도에 대한 구동력 곡선, 주행저항곡선 및 각 변속에 있어서의 엔진 회전속도를 하나의 선도로 나타낸 선도이다.

주행하는 자동차의 구동력, 주행속도, 주행저항 등과 같이 주행에 관한 성능을 선도로 나타낸 것을 주행성능선도라고 한다.

그림에서 차량이 50km/h의 속도로 평탄로를 주행하는 경우 주행저항은 가로축의 c점으로부터 세운 수직선과 주행저항곡선과의 만나는 점 a를 구하면 된다.

이때 $\overline{ca}$는 주행저항이고 4속일 때의 구동력은 c점으로부터 수직선과 4속의 구동력 곡선과의 만나는 점 b이므로 주행저항보다 큰 값이 된다. 이때 구동력은 $\overline{cb}$이므로 구동력점 b로부터 주행저항 a를 빼면 여유구동력 $\overline{ab}$가 되고 가속할 수 있는 능력, 여유구동력이 된다.

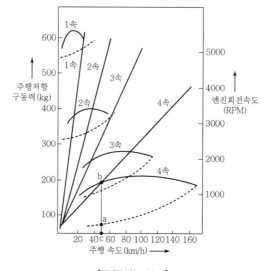

[주행성능선도]

04 QUESTION 기관으로부터 발생하는 소음의 종류와 저감대책에 대하여 설명하시오.

1. 기관에서의 발생 소음

기관에서의 소음은 흡·배기계 소음과 냉각팬 등의 유체소음과 압력변동에 의한 연소소음, 밸브기구 및 연료분사장치 등에 의한 기계소음, 기관의 외부로부터의 방사소음 등이 있으며 소음 발생 원인과 대책은 다음과 같다.

(1) 유체소음의 저감대책

유체소음은 흡·배기관계의 소음과 냉각팬 소음이나 흡·배기계의 경우는 주기적으로 흡·배기가 반복되는 데서 방사되는 소음이다. 이 소음의 기본주파수는 연소 폭발횟수임을 고려하여 음향관계와 같이 취급하여 흡·배기 소음기의 용량과 구조를 실험적으로 변경하면서 음향의 감쇠대책이 취해져 있다.

냉각팬의 경우 공기역학적인 소음(회전음, 와류음)과 기계소음과의 복합소음이며 팬의 날개 수와 회전속도의 곱이 기본 주파수임을 고려하여 대책을 세운다. 날개의 형상 고려와 함께 외경을 작게 하고 날개 수를 증가시키며 회전속도를 낮추고 슈라우드(Shroud)를 설치하여 팬의 소음을 저감한다.

(2) 연소소음의 저감대책

실험적으로 얻어진 주파수 분석결과를 기초로 하여 연료분사계와 연소실 형상 개선으로 최대압력(P_{max})을 최대한 저하시키고 압력상승률($dp/d\theta$)을 낮게 함과 동시에 연소실 주변의 벽의 강성을 증가시켜 방사소음을 저감할 필요가 있다.

(3) 기계소음의 저감대책

기계소음의 대부분은 밸브장치로부터의 소음이며 이를 저감시키기 위해서는 밸브를 구성하는 각 부품의 고유진동수를 높인다. 캠 프로파일을 변경하여 폴리다인 캠(Polydyne Cam) 등을 채택하고 밸브간극을 최소화하기 위하여 유압태핏을 채택한다.

분사장치에서는 인젝터에서의 소음이 있으나 이는 기관의 출력과 관계되므로 주의할 필요가 있다.

(4) 방사소음의 저감대책

기관의 외표면 각부로부터의 진동감쇠효과(Damping Effect), 즉 발생소음에 대한 흡음효과나 차음효과가 우수한 점성이 있는 탄성물질로 도포하거나 보강판을 부가하면 흡음 및 차음 효과가 좋다. 근본적인 대책으로는 벽을 두껍게 하거나 립(Rib)에 의한 보강, 재질의 변경 등으로 내공진성(耐共振性)을 도모하는 것이 필요하다.

(5) 엔클로저(Enclosure) 대책

소음의 종합적인 대책으로서 다양한 대책에도 예정의 소음저감목표에 도달하지 못하면 소음발생원을 부분적으로 둘러싸는 부분포위(Partial Enclosure)나 기관실 전부를 둘러싸는 전체포위(Total Enclosure)에 의한 차음대책이 필요하다.

05 QUESTION 엔진을 시동할 때 걸리는 크랭킹 저항을 3가지로 분류하고 설명하시오.

1. 엔진의 크랭킹 저항

엔진을 시동하기 위해서는 크랭크축을 최저 시동 회전수 이상으로 구동하여야 하며 스타트 모터의 구동력은 피니언과 링 기어를 통하여 엔진의 크랭크축을 회전시킨다.

스타트 모터는 엔진의 구동, 시동을 위하여 일정 이상의 회전력(Torque)과 속도(RPM)를 가져야 하는데 정지된 엔진의 관성력, 압축압력, 마찰저항, 보기류의 구동력 등이 스타트 모터의 저항으로 작용한다.

엔진의 시동 시 스타트 모터에 작용하는 크랭킹 저항은 다음과 같이 구분할 수 있다.

(1) 정지 엔진의 관성저항(慣性抵抗)

크랭크축과 커넥팅 로드의 운동에 의해 운동부분에 작용하는 힘으로 왕복운동하는 피스톤, 커넥팅 로드 등이 운동질량으로 작용하며 관성력은 총 운동질량과 구동 각속도의 제곱에 비례한다.

(2) 압축압력저항(壓縮壓力抵抗)

압축압력에 의한 저항은 실린더의 압력 P, 실린더 체적 V일 때 $P \times V$로 주어지며, 크랭크축 회전 각도에 따라 일정 주기로 변동된다.

실제 4 – 행정 기관에서는 실린더 수가 n 개일 때 $4\pi/n(\text{rad})$마다 압축 및 팽창 행정이 있으며 시동 전의 크랭킹 시에는 팽창행정이 없으므로 다기통 엔진에서는 압축시키기 위한 일과 압축공기의 팽창일은 상쇄된다. 그러나 흡배기 밸브의 여닫힘 타이밍과 관련이 있으므로 압축시키기 위한 일이 공기팽창 일보다 크고 구동모터에는 저항력으로 작용한다.

(3) 마찰저항(摩擦抵抗)

피스톤 링과 실린더라이너 내벽, 피스톤핀, 크랭크핀, 크랭크축의 저널과 여러 가지 베어링에서 마찰저항이 작용한다. 또한 마찰부분에는 고유마찰력과 더불어 마찰부분에 존재하는 윤활유의 점도에 의한 저항도 존재한다.

크랭킹 저항은 위에서 서술한 3가지가 저항의 합성으로 작용하나 그 작용은 매우 복잡하고 변동도 크다.

이 밖에도 보기류(補機類)에 의한 저항과 자동변속기의 토크 컨버터의 저항도 작용한다.

06 **QUESTION**

디젤사이클에서 이론공기사이클과 실제 사이클의 열효율에 차이가 나는 이유에 대하여 설명하시오.

1. 이론공기사이클과 실제 사이클

이론공기사이클은 작동 유체가 공기이며 실제 사이클에서는 연료와 공기의 혼합기가 작동 유체이므로 사이클 열효율은 다음과 같은 여러 가지 영향으로 차이가 있다.

① 작동유체는 연료, 공기 및 잔류가스로 된 혼합기이다.
② 사이클로의 흡수열은 혼합기의 연소에 의해서 발생되는 열이다.
③ 시스템의 비열은 혼합기의 연소온도에 따라 변한다.
④ 연소가스는 1,500℃ 이상의 고온에서 열해리(熱解離, Thermal Dissociation)를 일으켜 해리열을 빼앗고 열의 손실이 생긴다.

실제로는 이들의 영향을 받게 되므로 실제 엔진의 실린더 내에서 얻어지는 실제 사이클의 일은 이론공기 사이클의 일량보다 적어지는데, 그 이유로는 다음과 같은 것들을 생각할 수 있다.

① 연소는 이론처럼 반드시 정적이나 정압하에서 이루어지지 않는다.
② 배출가스에 적지 않은 열량이 손실된다.
③ 반드시 완전연소가 이루어지는 것은 아니다.
④ 연소가스의 열의 일부를 연소실 벽을 통하여 냉각수에 빼앗긴다.
⑤ 흡기나 배기 행정에서의 일은 펌프일(Pumping Work)로서 어느 경우나 부(負)의 일로 된다.
⑥ 매 사이클마다 이루어지는 연소가스와 신기(新氣) 사이에서 유체가 교환될 때 유동손실이 동반된다.
⑦ 사이클 선도의 각 점에서는 둥글게 되고 일량은 그만큼 감소된다.

MEMO

113

차량기술사

기출문제 및 해설

Professional Engineer Transportation Vehicles

01 드래그 토크(Drag Torque)에 대하여 설명하시오.

QUESTION

1. 드래그 토크(Drag Torque)

① 부하가 작용하지 않는 상태에서 동력전달계통을 회전시키는 데 필요한 토크를 말하며 동력전달계통의 회전저항을 말한다.

② 변속기나 종감속 기어의 맞물림 손실(저항), 벨트류에서의 마찰저항, 베어링의 마찰손실 또는 브레이크의 끌림에 의해 발생하는 저항, 휠 베어링의 회전(구름)저항 등을 포함한다.

③ 자동차 및 장치의 효율에서는 기계손실(마력), 마찰손실(마력) 또는 동력전달효율로 나타낼 수 있다.

02 리어 엔드 토크(Rear End Torque)에 대하여 설명하시오.

QUESTION

1. 리어 엔드 토크(Rear End Torque)의 정의

정지 후 출발하는 구동 초기에 구동축에 작용하는 토크(Torque)로 구동륜의 회전방향과 반대방향으로 작용하는 회전력이 발생하는데 이것을 리어 엔드 토크(Rear End Torque)라고 한다. 일체 차축식의 판스프링(Leaf Spring) 형식인 경우 판스프링이 회전력을 감당하며, 코일스프링 현가방식인 경우 차축과 토크 튜브가 회전력을 감당한다.

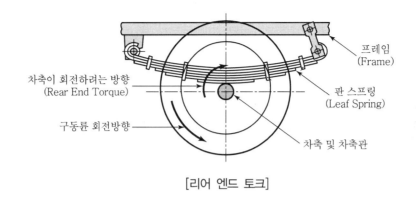

[리어 엔드 토크]

03 QUESTION 자동차의 접근각(Approach Angle)에 대하여 설명하시오.

차륜의 접지점과 차량 앞뒤 끝단 하부를 연결하는 선과 노면과의 경사각도를 말하며 앞차륜은 접근각(Approch Angle) 또는 앞 오버행각(Front Overhang Angle), 뒤 차륜은 이탈각(Departure Angle)이라고 한다.

[자동차의 접근각]

04 자동차 배터리에서 전해액의 역할을 설명하시오.

QUESTION

1. 납산 축전지의 전해액

전해액은 순수한 황산과 증류수를 혼합하여 희석한 묽은 황산(H_2SO_4)을 사용하며 양극판의 과산화납(PbO_2)과 음극판의 해면상납(Pb)의 작용물질과 접촉하여 화학작용을 하므로 전류를 충전 또는 방전하는 전류전도작용을 한다.

전해액의 비중은 1.260을 주로 사용하며 한랭지일수록 높은 비중의 전해액을 사용한다. 전해액은 충·방전이 이루어지지 않을 때라도 온도에 따라 비중이 변하는데, 온도가 올라가면 낮아지고 내려가면 높아진다. 일반적으로 전해액의 온도가 1℃ 변화함에 따라 비중은 0.0007씩 변하므로 임의의 온도에서의 비중을 표준온도 20℃로 환산하려면 다음 식으로 구할 수 있다.

$$S_{20} = S_t + 0.0007(t - 20)$$

여기서, S_{20} : 표준온도 20℃에서의 비중

S_t : t℃에서의 비중

t : 전해액의 온도(℃)

전해액의 온도가 낮아지면 비중은 높으나 황산과 극판 작용물질의 화학작용이 활발하지 못하여 용량이 저하되며 납(산) 축전지의 충·방전 화학식은 다음과 같다.

(순납)		(묽은황산)		(과산화납)	방전	(황산납)		(물)		(황산납)
Pb	+	$2H_2SO_4$	+	PbO_2	$\rightleftarrows$	$PbSO_4$	+	$2H_2O$	+	$PbSO_4$
(−)		(전해액)		(+)	충전	(−)		(전해액)		(+)

05 QUESTION 최적의 점화시기를 적용해야 하는 이유를 연소관점에서 설명하시오.

1. 최적의 점화시기

가솔린엔진에서 공연비가 일정하여도 점화시기(Ignition Timing)가 달라지게 되면 실린더 내의 압력은 달라지며 점화시기를 진각할수록 최고압력이 형성되는 시기가 상사점(TDC)에 가까워지고 또 그 압력도 높아진다.

이론상으로는 상사점에서 최고압력 파형이 수직으로 상승할 때 출력이 가장 커지게 된다.

그러나 실제 엔진에서는 40~60CA의 연소기간이 필요하고 점화시기를 지나치게 진각(Advance)하면 상사점 전의 연소비율이 커져서 압축일의 증대로 출력이 저하한다.

실제 엔진의 점화시기는 피스톤이 압축 상사점에 있을 때 화염전파가 연소실 내의 1/2까지 확산되는 점화시기로 조정하는 것이 필요하다. 이러한 이유로 출력과 열효율이 최대가 되는 점화시기를 MBT(Minimum Spark Advance for Best Torque)라고 한다.

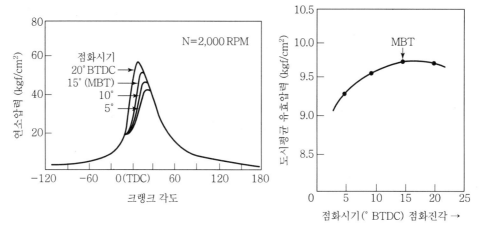

[최적의 점화시기(MBT)]

06 QUESTION 차량에서 세이프티 존 보디(Safety Zone Body)의 필요성을 설명하시오.

1. 세이프티 존 보디

차체의 구조는 충돌 시 탑승자의 안전 공간을 확보하는 세이프티 존(Safety Zone)과 쉽게 변형되어 충돌 에너지를 효율적으로 흡수하는 크러셔블 존(Crushable Zone), 크럼플 존(Crumple Zone)으로 구성되어 있다.

우물 정(井)자 구조의 서브 프레임(Sub – Frame)을 장착하여 하중을 분산시키는 구조이며 충돌 시 충격을 최대한 완화할 수 있도록 고장력강판 비율을 대폭 확대 적용한 차체구조이다. 자동차가 충돌할 경우 충돌 에너지는 차제의 변형으로 흡수되며 차량의 구조와 승객의 충격을 완화하도록 설계한 부분(Zone)이며 크러셔블 존(Crushable Zone)이라고 한다. 여러 가지 형상구조와 재료를 채택하여 견고한 세이프티 셀 구조를 갖도록 하며 정면, 측면 및 후부 충돌 시 차체의 보호와 승객을 보호해 주는 사이드 인트루전 도어빔뿐 아니라 차량의 앞뒤 쪽에 충격공간(Crush Zone)이 마련되어 충격에너지를 분산시켜 차의 실내를 보호하며 승객을 안전하게 보호한다.

근래에는 보행자 보호를 위한 충돌 기준이 강화되고 있으며 점차 크러시 존에 대한 적극적 대책을 요구하는 실정이다.

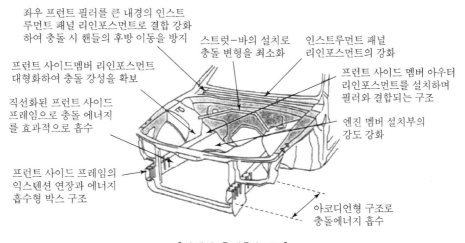

[차체의 충격흡수구조]

07 **재료의 기계적 성질에서 가단성과 연성에 대하여 설명하시오.**

QUESTION

1. 재료의 가단성(可鍛性, Malleability)과 연성(延性, Ductility)

재료가 외력을 받아 탄성한계를 넘으면 변형은 원래의 상태로 돌아오지 않는다. 재료의 이러한 성질을 소성변형(塑性變形)이라고 하며 연성, 전성 및 인성의 일부분은 소성에 속한다. 소성변형은 응력이 탄성한계를 넘을 때 나타나며 소성을 다시 분류하면, 인장력을 받아서 늘어나는 연성과 해머로 두들기거나 때릴 때 넓어지는 성질인 전성(展性)으로 구분한다. 연성과 전성(展性, Malleability)을 총칭해서 가단성이라 한다.

 08 **자동차의 론치 컨트롤(Launch Control) 기능을 설명하시오.**

QUESTION

1. 론치 컨트롤(Launch Control)

론치 컨트롤은 스톨 스타트(Stall Start) 상태에서 엔진의 회전속도를 높여 차량을 급출발시키는 기술이며 초기에는 F1 머신에서 급출발을 위하여 적용하던 기술이다.

웅덩이에 빠진 차량을 탈출시키는 목적으로 적용된 것으로 보이지만 실제로는 스포츠카 모드로 운전하기를 희망하는 수요자들의 역동적 드라이빙을 가능케 하여 급출발을 목적으로 스포츠카와 일부 고급 차종에 적용된다.

론치 컨트롤 기능을 사용하기 위하여 자동차의 제어모드를 스포츠모드에 두고 브레이크를 밟은 상태에서 가속하면 엔진의 회전속도가 3,000~4,000rpm 정도의 고속으로 유지되고, 브레이크를 해제하고 가속페달을 밟으면 폭발적으로 가속하며 출발한다.

09 경계마찰(Greasy Friction)에 대하여 설명하시오.
QUESTION

1. 경계마찰(Greasy Friction)

경계마찰은 한 쌍의 마찰면이 얇은 유막을 사이에 두고 마찰운동을 하지만 유막의 점도가 낮거나 작용하중이 지나치게 크면 불완전한 윤활상태가 된다.

이러한 유막을 경계로 하여 발생되는 마찰형태를 말하며 엔진의 시동 시 실린더 벽과 피스톤 링 사이의 마찰이 경계마찰이며 유막이 완전히 형성되지 못한 상태에서 두 물체 사이에 마찰이 발생하는 현상을 말한다.

10 엔진오일 교환주기를 판단하는 요소에 대하여 설명하시오.
QUESTION

1. 엔진오일의 수명(Oil Life) 판정기준

엔진의 윤활유는 사용하는 데 따라서 성능이 저하되고 기관 각부에 슬러지나 바니시(Varnish)가 퇴적하는 외에 베어링의 부식, 마찰손실을 증대시키는 원인이 된다.

윤활유의 열화도 및 교환을 위한 판정기준은 다음과 같다.

(1) 점도변화

점도는 증가와 저하가 있다. 증가는 오일의 산화(酸化), 블로바이 가스에 의한 연소생성물의 혼입 등으로 일어난다. 저하는 미연소 연료의 혼입, 포리마라고 하는 유동점 강하제나 점도지수 향상제의 전단분해에 의해 일어난다.

(2) 산가(酸價)

산가의 증가는 오일의 산화에 의한 유기산(有機酸)의 생성, 또는 연소생성물의 혼입에 의해서 일어난다.

(3) 염기가(알칼리가)

오일의 산화에 의하여 생성하는 유기산이나 연소생성물 중에서 NOx와 물이 반응하여 황산(黃酸)이나 아황산(亞黃酸)으로 되어 오일에 혼입되면 기관의 부식이나 마멸의 원인이 된다.

(4) 용제불용해분(溶劑不溶解分)

오일의 산화생성물, 그을음이나 카본 등의 불완전연소생성물, 금속마멸분 먼지 등이 있고 그 양이 오일의 오손(汚損), 열화(劣化)의 지표가 된다.

(5) 금속성분 함유량

금속마멸분말로부터의 철, 알루미늄, 동, 주석, 먼지로부터의 각종 금속이 증가된다.

오일 교환주기 판정항목		교환기준치
점도 변화(%)		±20∼25
전산가 증가(mgKOH/g)		±1.5∼2.0
잔류전염기가(mgKOH/g)		0.5∼1.0
불용해분	펜탄 불용해분(wt.%)	1.0∼1.5
	벤젠 불용해분(wt.%)	0.5∼1.0
	레진분(wt.%)	0.5∼1.0
금속함유량(철분)(ppm)		100∼120
연료희석률(vol.%)		5∼7

 11 엔진에서 냉각장치의 근본적인 존재 이유를 설명하시오.

QUESTION

1. 엔진의 냉각장치가 필요한 이유

열은 고온물체에서 저온물체로 자연적으로 이동하지만 저온물체에서 고온물체로는 그 자신만으로는 이동할 수 없다. 열의 기계적인 일로의 변환은 열이 고온물체에서 저온물체로 이동한다는 현상에 입각한 과정에서만 가능한 것이다.

이 사실을 법칙화한 것이 열역학 제2법칙이다. 이 법칙은 여러 가지 표현으로 나타내는데 대표적인 것은 "열은 그 자신만으로는 저온물체에서 고온물체로 이동할 수 없다."라는 Clausius의 정의와 "열기관에서 작동유체가 일을 하기 위해서는 그것보다 더 낮은 저온 물체를 필요로 한다."라는 Kelvin의 이론이 있다.

여시서, Clausius의 표현은 열의 이동의 방향성을, Kelvin은 열에너지를 일(Energy)로 바꾸는 데는 고온물체와 저온물체 사이에서 열에너지를 이동시켜야 한다는 사실을 말하는 것이다.

어떤 열원에서 열에너지를 취하여 그 에너지 모두를 연속적인 일(Energy)로 변환시키고 그 외에 아무 변화도 남기지 않는 열기관을 제2종의 영구기관(Perpetual Motion of the Second Kind)이라고 한다.

열기관이 연속적으로 일을 하기 위해서는 Kelvin의 표현과 같이 작동유체가 일을 한 후 이보다도 더 낮은 저온물체에 열에너지의 일부를 줄 필요가 있다. 즉 작동유체가 고온열원에서 받아들인 에너지의 일부는 불가피하게 저온물체에 버리게 된다. 이 버리는 양만큼은 일에너지로 변환될 수 없고 열에너지를 100% 일에너지로 변환시킬 수도 있다. 따라서 제2종의 영구기관은 존재할 수 없다.

불가피하게 저온열원에 버리게 되는 열에너지의 양이 많을수록 이 열기관의 에너지 효율은 저하되며 버려지는 에너지는 엔트로피(Entropy)의 증가로 나타난다.

이러한 원리로 엔진에서는 버려지는 열에너지를 흡수할 냉각장치가 필요하며 이것은 낭비가 아니라 불가피한 것이지만 최소화하여 유효한 일에너지를 많이 얻는 것이 효율 높은 엔진을 만드는 방법이다.

그림의 주파수는 몇 Hz인지 설명하시오.

1. 파형의 주파수

주파수(Frequency)는 단위시간(1초) 내에 주기나 파형이 몇 번 반복하는가를 나타내는 수를 말하며 주기의 역수와 같다. 1초당 1회 반복하는 것을 1Hz라 하며, 진동수는 1cycle/s와 같다.

그림에서 1div는 1ms이며 1사이클의 주기는 8ms (0.008sec)이다.

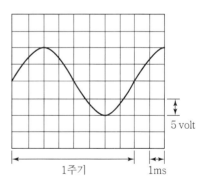

따라서 1sec 동안에는 $\dfrac{1}{0.008} = 125$ 번의 주기가 나타날 것이고 주파수는 125Hz가 된다.

13 QUESTION 가솔린엔진에서 압축행정을 하는 이유를 설명하시오.

1. 가솔린엔진의 압축행정

가솔린엔진은 일반적으로 기화기 또는 흡기관 내에 연료분사기구에 의하여 이론공연비 부근의 예(可燃)혼합기가 형성된다. 따라서 기관의 부하, 즉 연료공급량에 비례하게 공기를 제어 공급하여야 하고 이를 위해 흡기의 스로틀 밸브가 사용된다.

이렇게 하여 형성된 예(可燃)혼합기는 실린더 내 흡입 · 압축 행정을 거쳐 상사점이 되기 약간 전에 전기적 점화에 의하여 화염전파로 연소된다.

따라서 연소속도를 제어할 수 없으며 이때 피스톤의 위치는 상사점이고 연소실 체적은 거의 변화가 없으므로 정적 연소가 이루어지는 것이 가솔린엔진의 특징이다.

다음은 가솔린엔진의 연소특성이다.

① 실린더 내에 공급된 예(가연)혼합기의 양에 비례하여 연소온도와 압력이 높아지고 출력은 예(可燃)혼합기의 공급량으로 제어한다.

② 압축비는 노킹의 문제로 제한되지만 압축비를 높이면 열효율이 향상된다.

③ 연소의 속도는 혼합비, 압축비 등에 의하여 결정되고 인위적으로 제어할 수 없으며 최고압력의 크랭크 각도는 점화시기에 의해 결정된다.

따라서 가솔린엔진에서의 압축행정은 일정의 혼합비를 가진 예(可燃)혼합기의 연소온도와 연소압력을 최고로 유지하기 위하여 행해지는 과정이다. 또한 압축행정에서 압축비가 높을수록 열효율은 높아지고 출력은 향상된다.

2교시

PROFESSIONAL ENGINEER TRANSPORTATION VEHICLES

01 QUESTION 디젤엔진의 배출가스 국제표준시험법(WLTP)에 대하여 설명하시오.

1. WLTP(Worldwide Harmonized Light Vehicles Test Procedure) 시험방법

현재 사용 중인 실내시험방법(NEDC ; New European Driving Cycle)은 시험주행 패턴이 단순하여 배출가스 측정값이 실주행과 차이가 있고, 폭스바겐 사건 등과 같이 시험모드 인식을 통한 임의 설정이 용이하다는 취약점이 있으므로 새로운 기준을 정하게 되었다.

WLTP는 국제연합 유럽경제위원회(UNECE) 내 자동차 국제표준화포럼(WP.29) 주도로 각국(유럽, 일본, 한국)의 주행 데이터를 수집하여 개발한 새로운 실내주행시험법이다. 배출가스의 배출기준은 동일하지만 보다 까다로운 조건에서 배출가스를 측정하는 방법으로, 급가속과 급감속 구간은 물론이고 초고속 주행 구간에서도 실험하도록 하였다. 시험시간도 20분에서 30분으로 늘어나고 운행거리는 11km에서 23.25km로, 평균속도는 34km/h에서 46.5km/h로, 최고속도는 120km/h에서 131km/h로 향상되었다.

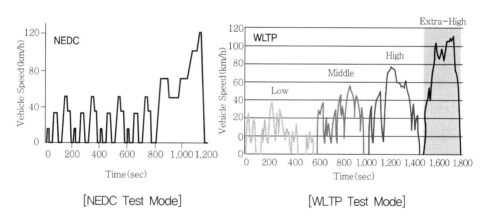

[NEDC Test Mode]　　　　[WLTP Test Mode]

2. 한-EU 경유차 배출허용기준-시험법

WLTP의 경우 EU는 휘발유차, 경유차의 배출가스. 연비에 모두 적용하고 국내는 한-EU FTA에 따라 경유차 배출가스에만 적용(휘발유차 배출가스 및 연비는 한-미 FTA에 따라 미국과 동일)한다.

구분		내용	적용시기	법제화현황
실도로 배출허용기준 및 시험방법 신설	질소 산화물 (NOx)	실내인증기준의 2.1배 이하 (2020년부터 1.5배 이하)	신규인증 : '17.9 기존차 : '19.9	EU : 개정 완료 한국 : 개정 완료
	입자 개수 (PN)	실내인증기준의 2.1배 이하	신규인증 : '17.9 기존차 : '18.9	EU : '17.7 법제화 완료 한국 : 입법예고 완료
실내시험방법 변경(개선)		NEDC → WLTP 모드로 변경 (기준치는 동일)		

 동력성능에서 마력(Horse power)과 회전력(Torque)을 각각 정의하고 설명하시오.

1. 마력(Horse Power)과 회전력(Torque)

회전력(Torque) T는 회전 모멘트이며 [FL] 차원을 가진다. SI 단위로는 Nm, 공학단위로는 $kg_f \cdot m$ 단위를 가진다.

마력(馬力)은 동력(動力, Power)이며 일률의 단위를 가진다. SI 단위로는 kW, W(watt)를 사용하고 영단위로는 hp(Horse Power)를 사용한다.

$1\,hp = 75 kg_f\,m/sec$로 정의하면

$$1\,kW = 1,000W = 1,000\,J/sec = 1,000\,Nm/sec = 102 kg_f\,m/sec$$

$$1hp = 735W = 0.735kW$$

회전접선력 : $F(kg_f)$, 회전속도 : $n(rpm)$, 회전반경 : $R(m)$일 때 회전일을 $W(Work)$라고 하면

$$W = F(kg_f) \times S(m) = F \times 2\pi R (kg_f \cdot m)$$

1초 동안의 일(W')을 생각하면

$$W' = \frac{F \times 2\pi R \times n}{60} (kg_f \cdot m/sec)$$

가 되며 동력이다.

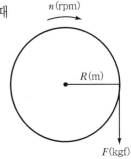

회전력 $T = F(\mathrm{kg_f}) \times R(\mathrm{m})$이므로

$$W' = \frac{2\pi n T}{60}(\mathrm{kg_f} \cdot \mathrm{m/sec})$$

$1\mathrm{hp} = 75(\mathrm{kg_f} \cdot \mathrm{m/sec})$이므로 동력(Power) $P = \dfrac{2\pi n T}{75 \times 60} = \dfrac{nT}{716.2}(\mathrm{hp})$, 또한 $1\mathrm{kW} = 102$

$(\mathrm{kg_f} \cdot \mathrm{sec})$이므로 동력(Power) $P = \dfrac{2\pi n T}{102 \times 60} = \dfrac{nT}{974}(\mathrm{kW})$이다.

따라서 $1\mathrm{hp} = 0.735\mathrm{kW}$이다.

03 QUESTION 차체 설계 시 강도와 안전 측면에서 고려하여야 할 사항에 대하여 설명하시오.

1. 차체 설계

자동차 차체에서 중요한 것은 강도, 강성, 내구성이다. 차체 설계에서 차체의 계획시점으로부터 고려해야 하는 것들은 안전의 항목, 쾌적성에 관련되는 방음, 방진, 단열, 환기의 각 항목, 차체의 내구성에 큰 영향이 있는 방청, 우천, 악로 등이다.

자동차의 차체 설계에서 고려할 강도와 안전성에 대한 내용은 다음과 같다.

(1) 차체의 강도설계

자동차 차체는 프레스 성형한 수많은 강판과 보강재를 용접으로 결합한 복잡하게 연결된 외각구조이다. 차체 설계에는 내구성, 강도, 안전성, 그리고 차체의 경량화 등을 총합한 최적 설계가 요구된다.

① 차체 설계 시 고려사항

현재의 차체 구조는 일반적으로 외력작용점과 주요 강도부재(강도상 차량의 안전운행을 위하여 필요한 부재)를 라멘구조에 의하여 보강한 외각구조로 되어 있다.

본래 외각구조에서 외각은 표면응력을 분담하고 부재는 축력, 굽힘 등의 수직응력을 분담하는데, 구조 전체로서 강도와 강성을 확보하는 것이 목적이다.

우선 차체에 작용하는 하중을 파악하고 있다는 전제로 외각구조의 각부 강성을 결합 방법까지 고려하면서 균형있게 설계할 필요가 있다.

② 차체의 부하

차체의 부하는 차체 전체에 작용하는 전체부하, 부재에 국부적으로 작용하는 부분부

하로 구분하고, 각각 정적(靜的) 부하와 동적(動的) 부하로 구분할 수 있다. 그러나 차체의 부하 대부분이 동적 부하이고, 다양한 운전조건, 도로조건, 적하(積荷)조건 등에 대응할 수 있도록 부하를 선정하여야 하므로 충분히 주의할 필요가 있다.

③ 설계의 모델화

차체 구조는 복잡한 외각구조이고, 또 하중 조건에 대해서도 여러 가지 하중이 복잡하게 작용하고 있으므로 실제의 차체 구조를 직접적으로 해석하는 것은 거의 불가능하다. 따라서 구조를 물리적인 타당성을 잃지 않는 범위에서 단순화한 모델로 변환하여 유한요소법과 같은 해석기법을 활용하는 것이 유리하다.

(2) 안전설계

모터라이제이션(Motorization)의 발전과 함께 자동차 관련 교통사고는 증가의 경향에 있기 때문에, 각국에서 자동차 사고에 대한 인식이 높아지고 자동차의 안전기준이 강화되고 있다. 따라서 차체 설계에 있어서 안전성은 안전기준을 충분히 만족하도록 설계 단계부터 고려할 필요가 있다.

(3) 예방안전설계

① 시계(視界)

운전자가 안전운전을 하기 위해서는 넓은 시계의 확보가 가장 중요한 조건의 하나이고, 전방시계(직접시계) 및 후사경에 의한 간접시계는 안전기준으로 규정되고 있다.

② 시인성

자동차 운행 시 자동차와 자동차 사이 또는 자동차와 보행자 사이에 서로의 위치와 움직임의 정보를 정확하게 전달 및 확인할 수 있도록 하기 위하여 램프류의 위치, 밝기 등을 규정하고 있고 조작 및 식별이 용이한 위치에 두도록 규정하고 있다.

(4) 충돌 시의 안전

승객의 보호를 위하여 충돌 시에 승객의 두부(頭部)에 가해지는 충격력을 될수록 적게 하도록 충격범위는 에너지 흡수구조로 해야 하고, 머리가 뒤로 젖혀져서 목뼈가 손상되는 것을 방지하도록 헤드 레스트레인트(Head Restraint)의 위치 및 장착부위 강도도 규정하고 있다.

(5) 추돌 후의 안전

추돌 후의 연료누설과 화재 방지에는 연료누설을 방지하는 것과 발화하기 어렵게 하는 것이 유효하다. 연료누설 방지를 위해 연료탱크 및 주유구의 배치는 충분히 고려하고 차량화재가 발생한 경우 피해의 최소화를 위해 내장재의 난연화가 규정되어 있다.

04 QUESTION 차량에 적용하는 광통신(Optical Communication) 시스템의 원리와 장점을 설명하시오.

1. 광통신의 원리

일반적인 통신에는 구리로 만든 전선을 사용하는 것이 보통이나 광통신은 광섬유를 사용하는 통신방법이다.

광섬유는 빛을 1초 동안에 수억~수십억 회나 점멸하면서 통과하므로 같은 굵기의 구리 전선에 비해 수만 배 이상의 정보를 전달할 수 있다.

광통신 케이블은 육지뿐만 아니라 바닷속에도 설치하여 대륙 사이의 통신에 이용하며 약해진 광신호를 증폭시키기 위하여 중계기를 130~140km마다 설치하여 광신호를 일정하게 유지시킨다.

광통신은 기상변화 및 전파교란에도 영향을 받지 않고, 무엇보다도 안전하게 정보를 전달할 수 있다.

2. 광통신 시스템의 기본 구조

광통신 시스템은 송신부(Transmitter), 정보채널(Information Channel), 그리고 수신부(Receiver)로 구성된다. 전송하고자 하는 정보는 우선 송신부에서 적절한 형태로 변조된 후에 정보 채널을 통하여 수신부로 전송된다.

메시지원은 문자, 음성, 화상과 같은 비전기신호를 전기신호로 변환하며 전자소자로 구성된다. 변조기는 메시지원에서 변환된 전기적 신호를 적절한 형태로 변조한다. 반송원(Carrier Source)은 신호를 전송하게 될 광선을 발생시키는 광원을 의미하며, 현재는 광원으로는 발광다이오드와 레이저 다이오드가 주로 사용된다. 송신부의 채널 변환기는 주로 라디오 방송이나 TV 방송의 전송 안테나와 같이 변조기에 의해 변조된 광파를 정보채널에 전송하는 역할을 한다. 정보채널은 송·수신부 간에 정보를 전송해주는 경로 혹은 물리적 매체를 의미하며, 광통신계에서 정보채널은 크게 도파로형(導波路形, Waveguide Type)과 비도파로형(Non-Waveguide Type)으로 분류되며, 비도파로형은 무선통신이나 TV 방송과 같이 어떤 특정한 전송매체를 사용하지 않고 대기 중으로 전송되는 채널을 의미한다.

수신부의 채널 결합기는 정보채널의 광신호를 검파기에 직접적으로 전송하는 역할을 한다. 검파기는 전기통신의 복조기(複調器)와 같이 전송된 신호에서 정보신호를 검출하는 역할을 하며 광통신에서는 광검파기가 이를 수행한다. 신호처리기는 신호의 증폭과 여파를 담당하게 된다. 메시지 출력부는 신호처리기에서 증폭 내지 여파된 전기신호를 음성이나 영상과 같은 비전기 신호로 변환시킨다.

3. 광통신의 장점

① 광전송 시스템은 기존의 동축 혹은 무선 전송시스템에 비해 많은 이점이 있다. 즉 다른 전송 시스템에 비해 전송용량, 신뢰성 및 보안성이 매우 높고 무중계 거리가 매우 길며 크기와 무게 및 시스템 가격이 월등히 낮아 성장 가능성이 무한하다.

② 최근 실용화되고 있는 광섬유의 전송용량은 수 Gbps에 이르고 있으며 수십 내지 수백 Gbps 전송용량의 광섬유의 실용화도 이루어졌다.

③ 전송용량의 증대는 결국 기존의 음성 및 데이터 전송에 HDTV와 같은 광대역을 필요로 하는 서비스의 전송도 가능하게 하여 B−ISDN 시대의 도래를 가져올 것이다.

05 엔진의 가속과 감속을 밸브의 양정으로 제어하는 원리를 설명하시오.
QUESTION

1. 밸브의 양정을 제어하는 원리

흡입 공기량을 스로틀밸브가 아니라 밸브의 양정(Lift)으로 제어하는 것이다.

기존 밸브제어는 캠축이 직접적으로 밸브를 눌러 열어주는 방식이지만 밸브양정 제어 시스템은 중간 레버 및 유압장치로 밸브의 양정을 제어하는 원리이다.

엔진의 회전속도가 고속일 경우에는 흡기밸브의 개방시간이 길어져서 출력이 증가한다. 그러나 저속에서는 밸브−오버랩(Valve Overlap)이 길어지면 소기효율과 체적효율이 저하되고 미연탄화수소(HC)의 배출이 증가하고 동시에 잔류가스에 의한 엔진 부조현상이 나타난다. 그러므로 광범위한 회전속도 범위에 걸쳐 체적효율을 향상시키고 엔진의 최대 문제점인 저속부터 고속까지의 토크특성 개선과 연비 향상을 위해서 엔진의 회전속도와 부하에 따라 밸브의 열림 시기와 밸브양정을 제어한다.

밸브 제어장치를 도입하는 목적은 다음과 같다.

① 아이들 속도 안정화

② 연비 개선 및 유해 배출가스 저감을 위한 내부 EGR 제어

③ 저속부터 고속까지 토크특성 및 출력성능 개선

밸브의 양정(Valve Lift)을 제어하는 방식으로는 다음과 같이 여러 방법이 실용화되어 있다.

① 엔진의 회전속도에 따라 저속 캠과 고속 캠을 이용하여 밸브양정을 제어하는 방식이며 저속에서는 흡기량이 적어 양정이 작은 캠이, 고속에서는 흡기량 향상을 위하여 양정이 큰 캠이 흡기, 배기 밸브를 동시에 개폐하는 방식이다.

② 흡기, 배기 캠축을 제어하면서 동시에 흡기밸브의 양정을 최소부터 최대까지 연속적으로 제어하는 방식이다.

③ 배기 캠축은 제어하지 않고 흡기밸브의 행정을 연속적으로 제어하는 방식이다.

2. 가변 밸브 제어 엔진

밸브 개폐시기는 물론이고 밸브의 양정을 엔진의 작동상태에 따라 제어하기 위하여 다음과 같은 가변 밸브 제어장치가 실용화되었다.

(1) 가변 밸브 타이밍 엔진(VVT ; Variable Valve Timing Engine)

엔진 회전속도에 따라 흡기 밸브를 여닫는 타이밍과 양정을 변경할 수 있는 형식이며 연비와 출력이 향상된다.

(2) 연속 가변 밸브 타이밍 엔진(CVVT ; Continuously Variable Valve Timing Engine)

연속 가변 밸브 타이밍 시스템으로 엔진 회전속도 및 엔진 부하에 따라 흡기 캠 샤프트의 위상을 변화시켜 흡기밸브의 개폐시기를 연속적으로 변경하는 시스템이며 밸브 오버랩 양을 변화시켜 유해 배기가스의 생성을 억제하기 위해 적용된다.

(3) 연속 가변 밸브 리프트(CVVL ; Contiuously Variable Valve Lift)

밸브 개폐 타이밍을 연속적으로 제어하고 밸브 리프트의 높이를 제어하여 엔진에 공급되는 흡입 공기량을 최적화하여 엔진 성능을 향상시키고 유해 배기가스의 생성을 억제하고 가속성능, 연비, 출력을 향상시키는 효과를 얻는다.

06 전기식 파워 스티어링(Electric Power Steering) 시스템의 장단점과 작동 원리를 설명하시오.

QUESTION

1. EPS(Electric Power Steering)의 작동원리

차량 연비 향상과 소비자의 차량 편의장치 선택 증가 추세로 인해 주행모드에 따른 조타력의 조절 및 파킹 어시스트 등의 전자제어 옵션의 추가가 증가하고 있다. 이로 인하여 기존 유압식 조향장치의 유압제어로는 성능을 구현하기 어려워 전자제어식 조향장치 EPS(Electronic Power Steering)의 적용이 증가하는 추세이다.

모터의 회전력으로 조향하는 EPS(MDPS) 형식과 유압식에 모터를 조합한 전기식 유압 파워 스티어링(EHPS ; Electric Hydraulic Power Steering)도 적용되며 ECU로부터 차속, 조향 각속도 신호를 입력받아 모터의 회전수를 제어한다.

제어유닛과 ECU는 CAN 통신을 통하여 정보를 입력받으며 제어된 모터의 회전수는 조향력의 변화를 의미한다. 조향각 속도에 비례하여 상승하고 차속에 반비례하여 차속이 증가하면 감소한다.

2. EPS(Electric Power Steering)의 장점

스티어링 전동화를 위한 EPS(Electric Power Steering) 적용의 장점은 스티어링 유압펌프의 구동손실을 줄일 수 있고 스티어링 시스템을 간소화할 수 있다는 것이다.

또한, 경량화가 가능하며 유압계의 관리가 불필요하고 유압식 파워 스티어링에 비해 조향조작의 민첩성과 고속과 저속에서의 조향 안정성을 확보할 수 있다.

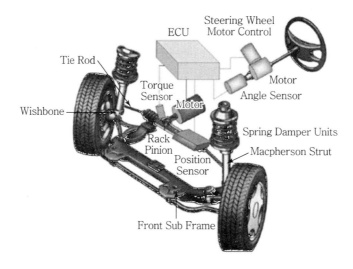

[EPS의 구조]

3. EPS(Electric Power Steering)의 단점

기존 유압식 파워스티어링에 익숙해 있던 운전자들은 전기모터로 구동되는 EPS의 운전조향 감이 저하된다. 조향 후 자기 복귀력이 작거나 복귀 속도가 느려 조향 조작 시 당황하는 경우가 있다.

운전 중 노면 요철 등의 정보가 부분적으로 핸들을 통하여 운전자에게 피드백(Feed Back)되는데 EPS의 경우 노면의 정보가 전달되지 않으며 스티어링 컬럼을 직접 구동하는 방식인 C-MDPS에서는 더 심하게 나타나는 경향이 있다. EPS가 아직은 초기 도입 단계이므로 기술적 안정성을 확보하여 소비자의 신뢰를 얻는 것이 중요하며 EPS의 소비 전력은 700~1,000W 정도이며 운전 중 연속적으로 모터가 구동되므로 자동차의 전기장치와 배터리에 작용하는 전기적 부하가 증가한다.

01
QUESTION
자동차 주행 중 발생하는 시미(Shimmy) 현상의 원인을 설명하시오.

1. 시미(Shimmy) 현상

(1) 시미 진동의 현상

자동차에서 시미는 주행 중에 조향 휠이 회전 방향으로 진동하거나 조향 휠과 차체가 동시에 좌우로 흔들리는 현상으로 나타나는데, 요철 노면 통과 시 조향 휠이 회전방향으로 심하게 진동한다. 조향 휠이 회전방향으로 흔들리는 시미 현상은 선회 주행 시 조향 휠의 조작을 불편하게 하고 조작에 따른 거부감을 주게 된다.

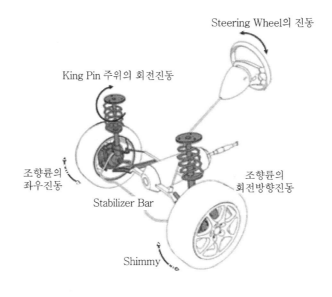

[시미(Shimmy) 진동]

시미가 발생하면 조향 휠의 진동과 함께 차체도 좌우로 진동하며, 발생하는 진동은 차량속도의 증가와 함께 점점 커지게 되므로 조향 휠을 조작하기가 어려울 수도 있다. 시미 진동이 발생하는 주파수는 대략 저주파 영역으로 5~15Hz 정도이다.

(2) 발생 조건과 원인

시미 현상은 자동차가 80km/h 이상 고속으로 주행하는 경우에 주로 발생하여 특정 속도 영역에서 발생하는 고속 시미와 비포장로 주행 시나 제동 시에 발생하는 저속 시미로 구분된다.

고속 시미 현상은 차량속도가 발생 영역을 벗어나게 되면 사라지지만, 저속 시미는 차량 속도를 감소시켜도 멈추지 않고 정차할 때까지 계속 발생된다.

시미 현상은 타이어의 편마모, 비정상 타이어 그리고 회전부 불균형력(不均衡力)에 의하여 진동 강제력이 발생함으로써 일어나는데, 타이어의 동적 불균형에 의하여 타이어의 진동 강제력이 발생하고 조향장치가 공진하여 조향 휠을 진동시키는 것이다.

조향장치는 조향 컬럼, 기어박스 및 링크계로 이루어져서 하나의 운동계를 형성하게 된다. 조향 컬럼 끝단에 장착된 조향 휠은 회전 방향에 대해 관성중량으로 움직이므로 특정한 공진 주파수를 갖게 된다. 그러므로 타이어의 진동 강제력과 조향 휠의 회전 방향 공진 주파수가 일치하게 되어 조향 휠이 회전 방향으로 진동하는 시미 현상이 발생한다.

QUESTION 02 자동차 동력성능시험의 주요 항목 4종류를 설명하시오.

1. 자동차의 동력성능시험

자동차의 성능시험은 주행성능과 동력성능으로 구분하고 동력성능은 가속성능, 최고속도, 연비 및 등판성능을 포함한다.

(1) 가속성능(加速性能) 시험

엔진의 출력과 관계된 성능 중 하나이며 동력성능 중 자동차의 실용성 측면에서 가장 중요한 것의 하나로서, 자동차가 주행속도를 점차로 높여 가속할 때의 단위 시간당 속도상승률을 의미한다.

자동차성능시험기준에 따르면 정지상태에 있는 자동차가 발진하여 급가속상태로 최초 400m를 주행하는 데 소요되는 시간으로 나타내는 경우가 많다.

(2) 최고속도(最高速度) 시험

자동차가 연속적으로 주행할 수 있는 최고 속도 및 그때 각부의 작동상태를 시험하는 것으로 보통 2km 이상의 평탄한 직선도로에서 최소한 2구간의 주행시간을 측정하여 최고 속도를 시험한다.

(3) 연료소비율(燃料消費率) 시험

자동차 연료의 경제성을 시험하는 것이며 시험방법에 따라 다양하게 표시한다. 에너지소비효율, 연료소비율은 자동차에서 사용하는 단위 연료에 대한 주행거리이며 km/L, km/kWh, km/kg으로 나타낸다.

시험방법 및 기준은 "자동차의 에너지소비효율, 온실가스 배출량 및 연료소비율 시험방법 등에 관한 고시"로 규정되어 있다.

(4) 등판성능(登板性能) 시험

자동차가 규정된 최대 적재상태에서 최저속단, 최대 출력으로 경사로를 오를 수 있는 최대 경사각도를 말한다.

03 QUESTION 자동차의 공기조화장치에서 열부하에 대하여 설명하시오.

1. 자동차 공기조화장치의 열부하(熱負荷)

공기조화장치에서 열부하는 차실 내의 온도를 상승시키는 요인들이다. 승차인원에 의한 부하, 자동차 고온부에 의한 대류부하, 외기의 환기에 의한 부하, 태양으로부터의 복사부하 등이 공기정화장치에 열부하로 작용한다.

(1) 승차인원에 의한 부하

차실에 승차원이 탑승한 상태이며 항시 체온을 일정하게 유지하기 위한 현열과 잠열을 방산한다. 실내의 건구온도와 상대습도에 의해 변화한다.

(2) 자동차 고온부에 의한 대류부하

모터, 고온 배관 또는 다른 열 발생 부품의 열 발산에 의한 열부하이며 부품의 단열과 방열작업이 철저히 이루어져야 한다.

(3) 외기 환기에 의한 부하

차창을 열고 외기를 도입할 경우 도입 풍량에 의한 열부하이다.

(4) 태양으로부터의 복사열 부하

차체가 태양으로부터 받는 복사열은 차실 내부 온도를 상승시키며 공기조화장치에는 열부하로 작용한다.

(5) 침입공기에 의한 부하

자동차의 사용 편의성을 위하여 창문을 다수 설치하는 추세이며 공기의 침입과 소음 유입의 방지를 위하여 창문은 방풍, 방수, 방음 목적으로 기밀을 유지하도록 설치된다. 차창과 차체 사이의 틈새 및 고속주행에서 실내로 침입하는 공기에 의한 열부하이다.

주행저항 중 공기저항의 발생 원인에 대하여 설명하시오.

1. 공기저항의 발생원인

차량의 주행 중에는 구름저항, 가속저항, 공기저항, 등판저항 등의 주행저항이 발생하며 차량의 출력을 조절하면서 주행저항을 이기고 주행하게 된다.

차량의 주행 중에는 공기저항이 가장 큰 저항으로 작용하며 차량의 전면 투영면적과 주행속도의 제곱에 비례하여 작용한다.

공기저항의 대부분은 압력저항이며, 차체의 형상에 따라 기류의 박리에 의해 발생하는 맴돌이 형상저항과 주행하는 자동차의 양력에 의한 유도저항이 작용한다.

자동차 공기저항은 압력저항이 주된 것이지만 그중 형상저항이 전체의 60%를 차지한다.

① 형상저항 : 차체형상에 의해 결정되며 전 투영면적에 적용되는 풍압이 크게 작용한다. (항력)
② 유로저항 : 고속이 되면 차체를 들어 올리려는 힘이 발생한다. (양력)
③ 마찰저항 : 공기의 점성 때문에 차체 표면과 공기 사이에 발생한다.
④ 표면저항 : 차체 표면에 있는 요철이나 돌기 등에 의해 발생한다.
⑤ 내부저항 : 엔진 냉각 및 차량 실내 환기를 위해 들어오는 공기 흐름에 의해 발생한다.

05 CAN(Communication Area Network) 통신과 X－By－Wire System 에 대하여 설명하시오.

QUESTION

1. X－by－Wire System

X－by－Wire System은 복잡한 유압 및 기계장치를 전기적 신호로 대체한 장치이다.

다양한 X－By－Wire System은 차량의 소음, 진동 등의 NVH 문제도 해결 가능하고 자동차의 설계와 생산에도 유리하다. 각 부품의 모듈화로 부품의 공유화에 유리하며 설계 자유도가 향상된다.

이를 구현하기 위하여 배선을 단순화하고 제어기를 액추에이터 근처에 설치하고 ECU에서 통신으로 제어가 가능하도록 한 것이 통신기술이며 1 : 1 통신으로 제어하는 기술이 CAN (Communication Area Network) 통신이다.

이러한 기술을 적용하여 스로틀 밸브와 가속페달의 연결을 기계적 케이블이 아닌 전기적으로 동작하도록 한 것을 Throttle－by－Wire, 조향장치에 적용한 것을 Steer－by－Wire라고 하고 제동장치에 적용한 것을 Brake－by－Wire라고 한다.

이 밖에도 자동차의 다양한 부품에 X－by－Wire 기술이 적용되고 있는데, 그 내용은 다음과 같다.

종류	X－by－Wire System의 구성 및 기능
Throttle－by－Wire	운전자의 가속 의지 정보를 엔진제어장치에 전기적 신호로 전달하며 센서를 포함한 가속페달로 구성된다. 엔진의 스로틀을 제어하는 것은 가속페달의 힘이 아니라 스로틀 밸브 액추에이터가 담당하는 시스템이므로 기계적 케이블은 필요치 않다.
Brake－by－Wire	인텔리전트 브레이크 시스템의 일종으로 Brake Power Adjust, ABS, Traction Control, 차량안정성 강화 제어, 자동제동 및 페달 Feeling 조정 등을 하나의 브레이크 모듈에서 제공한다.
Front Steer－by－Wire	운전자와 전륜 사이의 기계적 접촉을 없앤 것으로 차량 전방의 코너 부위에 액추에이터를 설치하고 이것을 제어모듈로 제어하여 차량을 조향하는 시스템이다.
Rear Steer－by－Wire	센서를 적용하여 전륜의 위치와 차량속도를 기준으로 후륜을 조향하는 시스템이다.
Roll－by－Wire	차량 전·후부에서 실시간으로 Roll 강성 제어를 위한 것이다. 이 시스템에 의해 차량 전방의 충격은 감소되고 휠의 연동성이 향상되어 Roll 각이 감소한다.

2. CAN(Communication Area Network) 통신

CAN통신은 ECU 간 디지털 직렬통신을 제공하기 위해 개발된 자동차용 통신 시스템이며 대표적으로 자동차에 적용되는 X - by - Wire System의 개발과 적용이 가능하도록 하였다.

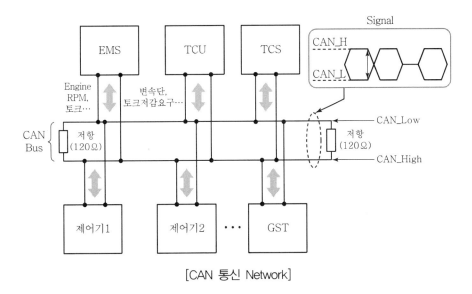

[CAN 통신 Network]

CAN 통신의 장점은 다음과 같다.

① 배선의 감소와 경량화가 가능하다.(각 ECU 간의 정보를 네트워크로 공유)
② 액추에이터의 전장품을 가까운 곳에 배치할 수 있고 ECU 제어가 용이하다.
③ 시스템의 신뢰성이 향상된다.(고장률이 적고 정확성이 증대된다.)
④ 스캐너 등 진단장비를 이용하여 센서 출력, 데이터, 자기진단 등 정비가 용이하다.
⑤ 스파크 발생에 의한 전기적 노이즈에 강하며 고속 통신이 가능하다.
⑥ 각종 컨트롤 유닛을 2개의 통신선(CAN Hi, CAN Low)으로 연결하고 적은 하네스로 많은 정보의 각 유닛 간 공유가 가능하다.

06
QUESTION

디젤엔진에서 착화지연의 주요 원인 5가지를 설명하시오.

1. 디젤엔진에서의 착화지연

착화지연 기간은 압축선도상에서 연료가 착화되어 현저한 압력상승이 인정될 때까지를 말한다. 디젤엔진의 성능을 좌우하는 중요한 성질은 디젤연료의 착화성(Ignitability)이며, 착화성의 양부는 착화지연(Ignition Delay)을 지배하게 된다.

착화지연이 길어지면 디젤 노크(Diesel Knock)가 발생하는데 착화되기 전까지 분사된 연료가 급격히 연소하여 압력상승률이 증가하고 그 충격력으로 진동이 심해지고 소음이 발생하며 엔진 각부에 응력을 증가시킨다.

따라서 디젤 연료의 착화성은 엔진의 성능에 큰 영향을 미치며 착화지연을 줄이기 위하여 연료 측면과 기계적 측면에서 다양한 방법들이 강구되고 실용화되어 있다.

착화지연의 중요한 원인은 다음과 같다.

① 낮은 세탄가(CN ; Cetane Number)

디젤 연료의 세탄가는 연료의 착화성 지수이며 너무 낮으면 착화지연이 길어지고 엔진의 출력이 저하된다.

② 낮은 연소실 온도

연소실의 온도가 낮으면 착화성이 저하되고 착화지연이 길어지며 디젤 노크를 일으키기 용이하므로 엔진의 시동성과 착화지연을 줄일 목적으로 흡기를 가열하는 경우도 있다.

③ 연료의 높은 착화온도

디젤 연료의 착화온도는 가솔린 연료의 착화온도보다 낮으며 디젤 연료는 자기착화 엔진에 적합한 연료이나 착화온도가 높으면 착화지연이 길어진다.

④ 낮은 압축압력

디젤엔진은 가솔린에 비하여 압축비가 높아 상사점 근처에서 디젤 연료의 착화온도 이상으로 온도가 상승하는데 압축압력이 낮으면 온도가 낮아지고 착화지연이 길어진다.

⑤ 낮은 흡기압력

흡기압력이 낮으면 압축압력이 낮아지고 착화지연이 길어지므로 터보차저로 흡기의 압력을 높이고 충전효율을 높여 연소를 개선하고 출력을 높인다.

01 사고기록장치(EDR ; Event Data Recorder)에 대하여 설명하시오.

1. EDR(Event Data Recorder)

EDR은 자동차 사고기록장치로 운전자의 가속페달, 제동페달, 조향핸들 조작과 엔진 회전속도(RPM), 주행속도, 안전벨트 착용 여부 등을 사고 전 5초 동안 0.5초 단위로 기록한다.

유사한 것으로 DTG(Digital Tacho Graph)가 있는데, 자동차 운행정보를 기록하는 기기로 차량속도와 엔진 회전속도(RPM), 브레이크 사용기록, 위치정보, 운전시간 등 각종 차량운행 데이터를 초 단위로 저장한다.

EDR에 기록 · 저장된 데이터는 독일 BOSCH사의 CDR(Crash Data Retrieval) TOOL을 사용하여 분석하는 것으로 알려져 있다.

02 고전압 배터리의 구성품을 열거하고 PRA(Power Relay Assembly)의 기능을 설명하시오.

1. 고전압 배터리의 구성 요소

HEV, PHEV, EV의 고전압 배터리는 고출력 대용량 배터리 시스템으로 기본적으로 모터를 구동시켜 주행하게 하는 에너지원이다. 전기자동차의 경우 전기 충전속도가 느리고 한 번의 충전으로 가능한 주행거리가 매우 중요한 문제이며, 열악한 환경에서 작동하는 자동차에서 배터리 수명 역시 중요한 문제이다.

배터리의 가장 작은 단위인 배터리 셀은 기본적으로 하나당 $3.6 \sim 3.7V_{dc}$의 전압이며 여러 개의 셀이 쌓여서 배터리 모듈이 되고 배터리 모듈이 쌓여 배터리 팩이 된다.

일반적인 전기차의 경우 셀 수가 96개이기 때문에 공칭전압은 $3.7V_{dc} \times 96 \rightarrow 360V_{dc}$가 된다.

배터리 시스템은 기본적 구성과 각각의 구성품의 역할은 다음과 같다.

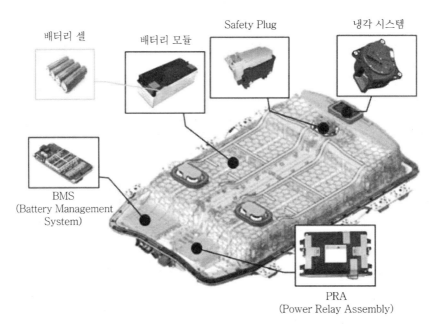

[고전압 배터리의 구성품]

(1) PRA(Power Relay Assembly)

고전압 릴레이이며 고전압 배터리의 전력을 모터로 공급 및 차단하는 역할을 한다. 또한,
릴레이 구동 전 고전압 돌입 전류에 의한 인버터 손상을 방지하기 위해서 프리 차지 릴레
이를 통해 초기 충전을 하며 DC 전압으로 급속충전하기 위한 급속충전 릴레이도 구성되
어 있다. 추운 겨울 전기자동차 충전 시 효과적 충전을 위해 승온 히터가 장착되어 있는데
PRA에 장착되어 있는 릴레이로 고전압 전원을 공급한다.

(2) Safety Plug

부품 정비 및 수리 시 작업자의 감전사고를 예방하기 위해 고전압 배터리 연결 회로를 차
단시키는 역할을 한다.

(3) 냉각팬(Cooling Fan)

배터리가 동작하여 어느 온도 이상이 되면 팬을 구동시켜 배터리 케이스 내부 공기 흐름
을 이용하여 냉각한다. 반대로 혹한기에는 배터리의 성능을 위해 승온 시스템을 작동시켜
고전압 배터리가 일정 수준의 온도를 유지할 수 있게 한다.

(4) BMS(Battery Management System)

배터리의 각 셀 밸런스를 유지하고 온도제어 및 방전, 열화도 등을 제어하는 전기에너지
관리시스템이다.

03 디젤엔진의 IQA(Injection Quantity Adaptation)에 대하여 설명하시오.
QUESTION

1. 디젤엔진의 IQA(Injection Quantity Adaptation)

각 인젝터(Injector) 간 연료 분사량 편차를 보정하기 위하여 전부하, 부분부하, 아이들, 파일럿 운전상태에서 인젝터에서의 유량을 측정하여 편차에 따른 분사량(분사기간)을 보정하기 위한 것이다.

각 실린더 간 분사량 편차를 감소시키고 배기규제에 대응하고, 엔진의 정숙성 향상, 분사량 예측 최적제어가 가능하다는 장점이 있다.

인젝터의 기계적 특성치를 ECU에 개별적으로 입력하는 방식이며 ECU는 입력된 각각의 인젝터 특성 정보에 맞는 최적화 맵으로 정밀 제어가 가능하다.

다중분사로 레일 압력이 순간적으로 변하고 실제 분사량도 변하므로 레일 압력을 예측하고 연료 분사량을 보정하는 것이며 각 실린더별 분사량 편차를 최소화하기 위한 것이다.

즉, IQA 인젝터는 인젝터에서의 분사량 차이에 대한 정보를 ECU에 인젝터별로 제어함으로써 보다 정밀하게 연료 분사량을 제어하는 것이다.

각 인젝터의 특성 정보는 인젝터 메이커에서 제공하는 특성 데이터를 ECU에 입력하는 방식이다.

04 자동차 주행 중 발생할 수 있는 소음 · 진동의 종류를 나열하고 각각의 특성을 설명하시오.
QUESTION

1. 자동차의 소음 · 진동

운전자 및 승객에게 불쾌감을 주는 진동 · 소음의 발생 메커니즘에는 엔진, 동력전달계, 타이어, 서스펜션, 차체, 시트, 인스트루먼트 패널 등이 연관되어 있다. 따라서 일부분만의 대책으로 완전을 기하는 것은 불가능하고, 차량 전체적으로 양호한 진동 특성이 되도록 배려할 필요가 있다. 특히, 자동차에 있어서는 많은 경우에 공진현상을 동반하고 때로는 진동원으로부터 공진개소 쪽이 문제가 되는 경우도 있다. 따라서 소음 · 진동 문제를 해결하는 것은 쉽지 않고, 설계 단계로부터 엔진, 서스펜션, 타이어 등의 진동 특성과 차체의 고유 진동수의 관련성을 잘 검토하는 것이 중요하다.

소음 · 진동현상은 그 발생원(發生源)인 주파수역이 광대역이고 차체의 특성도 원인의 하나이다. 차체의 진동형태와 특성은 다음과 같다.

2. 자동차의 소음 · 진동 특성

(1) 차체의 진동 · 소음 특성

① 골격진동

카 셰이크의 원인이 되는 골조를 포함한 차체 전체의 저주파 진동이다. 굽힘진동 모드(Mode)의 노드($i\frac{1}{2}$, Node)가 2개인 것을 1차진동, 3개인 것을 2차진동이라 하고 비틀림 진동모드에서는 노드가 1개인 것을 1차진동, 2개인 것을 2차진동이라 한다. 차체는 단면이 일정한 보(Beam)와 다르게 형상이 복잡하므로 일반적으로 3차 이상은 명확한 판별이 어렵다.

② 패널진동

차체의 면을 이루는 강판이 마치 큰 북의 북면처럼 진동하는 현상이다. 공진이 일어나 강하게 진동하는 경우이며 부밍음의 원인이 된다.

(2) 카 셰이크(Car Shake)

주행 시 차체, 스티어링, 시트에 발생하는 5~30Hz 정도의 불쾌한 저주파 진동을 카 셰이크라 한다. 휠과 타이어의 조합인 차륜의 밸런스와 진원도가 나쁜 경우 등일 때 휠이 진동하여 발생한다. 스프링 아래 공진, 엔진 마운트의 공진, 차체의 일차 공진으로 인해 발생하기도 한다.

이를 방지하기 위해 차체와 다른 진동계로 공진하지 않도록 하고, 기계 임피던스를 높여야 한다. 따라서 저속에서 공진하지 않도록 차체의 일차 진동수를 약 20Hz 이상으로 변경해야 한다.

(3) 부밍(Booming)음

일반적으로 주행 중 차속이 증가하면 차내 소음이 증가하며, 특정 차속에 이르면 급격히 소음이 커져 공명현상을 일으키는 경우가 있는데 이를 부밍음이라 한다. 부밍음의 주파수는 약 30~200Hz 정도이며 크고 불쾌감을 주는 소리이다.

차실의 형상에 의해 결정되는 공동 · 공명은 간단히 변경할 수 없다. 공명 시의 패널 진동을 줄이기 위하여 공진점 이동이나 진동 자체를 억제하는 등의 제진대책, 흡음제로 차실 내의 소음을 흡수하고 레벨을 낮추는 흡음대책, 공동 · 공명 시 차실 내 진동모드 등의 방법으로 저감대책을 세운다.

(4) 로드 노이즈(Road Noise)

거친 포장 노면으로 인한 충격에 의하여 타이어가 진동하고 그 진동이 서스펜션을 거쳐서 차체에 전달되어 차내 소음이 되는 것이 로드 노이즈이다. 주파수는 차속과 관계없고 진동 원인 타이어의 측벽면과 트레드 면의 고유진동수와 관련이 있으며 30~60Hz 및 80~200Hz에 집중된다.

(5) 바람소리

고속주행 시 창 주위에 발생하는 소음인 바람소리는 윈드 노이즈(Wind Noise)와 윈드 스로브(Wind Throb)로 분류할 수 있다.

① 윈드 노이즈(Wind Noise)

윈드 노이즈는 2,000~8,000Hz의 고주파음이다. 원인은 닫혀있는 창틈으로부터 새어나가는 공기음, 보디 외면의 요철에 의해서 발생하는 소용돌이에 의한 바람 가르는 소리 등이다.

② 윈드 스로브(Wind Throb)

윈드 플래터라고도 하는데, 차의 창을 열고 고속주행 중에 발생하는 비교적 저주파(15~20Hz)의 공기진동현상이다. 이 현상은 차실을 공명통으로 하는 헬름홀츠의 공명상자에서 그 발생 메커니즘을 연상할 수 있다.

(6) 차음(車音)

소음진동은 차의 진동특성이 크게 영향을 주고 있으나 이외에도 차체의 진동특성과 무관하게 직접 차내로 투과되는 소음도 있다. 이 소음 중 중요한 것은 엔진 소음으로 이들의 차음과 흡음도 차체 설계상 중요한 과제이다.

엔진 소음의 차내 침입 개소는 대시패널 및 프런트 플로어부가 주이므로 이 부위에 각종 차음재 및 흡음재를 사용한다. 그 효과는 고주파역에서 발휘되고 저주파의 음압 레벨의 저감은 곤란하나, 귀로 느끼는 고주파가 감소하므로 정숙하게 느낄 수 있다.

자동차에서 전기에너지관리(Electric Energy Management)시스템의 구성을 설명하시오.

1. 전기관리시스템(EEM)

배터리로 구동되는 전기자동차(하이브리드 자동차 포함)에서 파워 트레인의 중요한 구성요소 중 하나가 EEM(Electric Energy Management System)이다.

이 시스템은 에너지 저장 시스템(ESS)의 성능을 전체적으로 컨트롤하며 일반적 기능으로는 전압 및 전류 모니터링, 충방전 시 셀 밸런싱, 전하 상태 파악 및 전체 팩 안전성 관리 등이다. 자동차 배터리 관리 시스템은 엄격한 시험과 성능관리가 요구되는데, 이 요구사항들로는 반드시 실시간 작업수행, 빠른 전하 및 방전 조건에서의 수행, 자동차 내에서 다른 시스템과 통신해야 하는 조건이 있다. 테스트해야 하는 주요 EEM 모듈의 기능은 다음 그림과 같다.

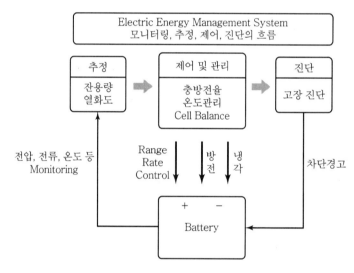

[전기 관리 시스템(EEM)]

06
QUESTION

람다 컨트롤(λ Control)에 대하여 설명하시오.

1. 람다 컨트롤(λ Control)

람다(λ)는 공기 과잉률을 기호로 표현한 것이다. 이론상 연료가 완전연소하는 이론공연비를 $\lambda = 1$이라 하고 실제 공급된 공기량이 어느 정도인가를 나타내는 지표이다.

공연비가 1보다 클 때 공연비는 희박하게 되고 연소효율과 유해배기가스의 배출에 큰 영향을 미친다.

가솔린엔진의 경우 삼원촉매를 사용하여 배기가스를 정화하는 엔진에서는 산소 센서를 사용하여 항상 λ가 1이 되도록 흡입 공기량과 엔진의 회전수에서 계산된 적정 연료를 공급한다.

일정한 운전 상태에서는 문제가 없지만, 엔진 회전수가 변하는 과도 상태나 고부하에서는 λ값이 1보다 작은 농후한 혼합 가스가 필요하므로, 이때는 람다 컨트롤을 하지 않는 것이 일반적이다.

따라서 미리 엔진 ECU에 엔진의 부하 상태에 따라 가장 적합한 λ값을 설정·기억시켜 공연비를 조절하도록 되어있다.

배기가스에서 O_2 센서로 잔류 산소량을 검출하고 CO, HC, NOx의 정화율은 공기과잉률 $\lambda = 1$ 근처에서 최고를 나타내므로 공연비가 1이 되도록 조절한다.

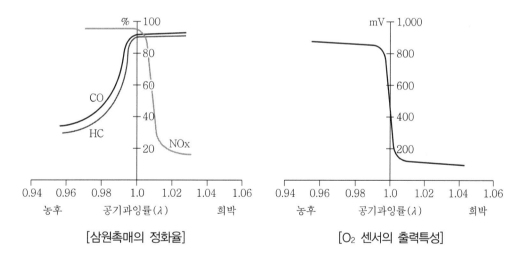

[삼원촉매의 정화율]　　　　　[O_2 센서의 출력특성]

MEMO

114

차량기술사

기출문제 및 해설

01
QUESTION

타이어 공기압 경보장치의 구성부품을 나열하고 작동을 설명하시오.

1. 타이어 공기압 경보장치(TPMS ; Tire Pressure Monitoring System)

자동차 타이어의 공기압이 너무 높거나 낮으면 예기치 못한 대형 사고로 이어질 수 있어 주기적인 관리가 필요하다. 특히 타이어는 교체 주기가 상대적으로 길고 육안으로 공기압 구분이 쉽지 않다는 점에서 안전관리에 둔감해질 수밖에 없다. 이러한 타이어의 결함을 막고 연비 저하를 방지하기 위해 타이어에 장착하는 안전장치가 TPMS(Tire Pressure Monitoring System)이다.

TPMS는 타이어 내부에 센서를 장착하여 공기압과 온도를 측정하고 이 정보를 무선으로 전송하여 실시간으로 타이어 압력상태를 운전자에게 경보하는 시스템이다. 반도체 전용 칩으로 구성된 센서는 정확한 압력 측정이 가능하다.

TPMS는 1개 이상의 타이어에 공기압이 규정보다 낮음을 감지하면 운전자에게 경고를 보내고 계기판에 타이어 저압 경고등을 점등시킨다. 타이어에 부착된 전파식별(RFID) 센서는 타이어의 내부 또는 공기주입구에 설치되며 타이어의 압력과 온도를 감지한 후 무선으로 모니터로 전송하며 전원장치(배터리), 센서, 안테나 등으로 구성된다.

타이어 공기압, 온도 모니터는 식별 가능한 데이터 및 소리로 운전자에게 경보하며 어느 하나의 타이어라도 규정압력 이하가 나타나면 지시하고 경보한다.

02
QUESTION

타이어의 호칭기호 중 플라이 레이팅(PR, Ply Rating)에 대하여 설명하시오.

1. 플라이 레이팅(PR ; Ply Rating)

플라이 레이팅은 타이어의 강도를 나타내는 지수로서 레이팅 숫자가 높을수록 고하중에 견딜 수 있도록 설계된 타이어이다.

종전의 면(綿) 코드지를 사용했을 때에는 카커스(Carcass)를 이루는 코드층의 층수만 표시하였고 강도가 높은 레이온, 나일론, 폴리에스터 등의 코드지가 적용됨으로써 실제로 적용되는 코드층의 수가 현저하게 줄어들었다. 따라서 실제 코드층의 수는 적지만 과거 면(綿) 코드지 사용 시 코드층 몇 매 형태와 같은 강도를 지닌다는 것을 나타내기 위하여 플라이 레이팅이라는 강도 표시법이 사용되었다. 예를 들어 6PR이란 실제 코드층 수는 6매가 아니지만 면(綿) 코드지 6매를 사용한 타이어와 같은 강도를 가진다는 의미이다.

플라이(Ply)와 플라이 레이팅(PR)이 혼동되기 때문에 로드 레인지(Load Range)를 사용하기도 하는데 플라이 레이팅(PR)과 로드 레인지(LR)의 상관관계는 다음과 같다.

Load Range	Ply Rating	Load Range	Ply Rating
A	2	G	14
B	4	H	16
C	6	J	18
D	8	L	20
E	10	M	22
F	12	N	24

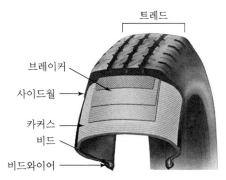

트레드

브레이커

사이드월

카커스

비드

비드와이어

[타이어의 구조]

예를 들어 플라이 레이팅이 6PR이면 카커스에 실제 코드층이 2매(Ply)로 구성되었지만 면(綿) 코드층이 6매(Ply)인 타이어와 같은 강도를 지닌다는 의미이며 로드 레인지(Load Range) "C"로 나타낸다.

03 기관 유닛부에 서미스터를 사용하고 있는 밸런싱 코일 형식(Balancing Coil Type) 전기식 수온계의 작동방법을 설명하시오.

QUESTION

1. 밸런싱 코일 형식(Balancing Coil Type) 전기식 수온계

밸런싱 코일은 계기부와 기관 유닛부로 구성되어 있으며, 유닛부에는 서미스터를 두고 있다. 서미스터는 전기저항이 저온에서는 크고, 온도가 상승함에 따라 감소하는 특성이 있는 소자이며 수온이 낮을 때에는 코일 L_2의 흡인력이 약하다. 그러므로 온도계 지침이 C 쪽에 머문다. 온도가 상승하면 저항은 감소하여 전자석에 흐르는 전류가 변화하고 L_2의 흡인력이 커지므로 지침은 두 전자석의 흡인력이 평형이 되는 위치에 정지하여 수온을 지시한다.

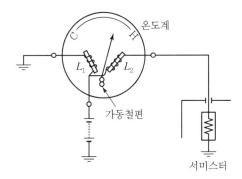

[밸런싱 코일식 수온계]

04 스마트키 시스템의 구성부품을 나열하시오.

QUESTION

1. 스마트키(Smart Key) 시스템

차량과 키의 양방향 통신에 의해 키를 몸에 지니고 접근하는 것만으로도 잠금장치를 해지할 수 있고 시동도 걸 수 있는 최첨단 시스템입니다.
처음에는 고급 차종 위주로 적용되기 시작했으나 현재는 대부분의 자동차가 기본 사양으로 채택하는 추세이다.

스마트키 시스템은 보통 스마트 ECU, 리시버(Receiver), 실내 안테나, 실외 안테나로 구성되어 있으며 많은 기능을 포함하고 있으므로 소비자가 기능을 선택할 수 있도록 개발되고 있다. 그러나 키의 분실이나 망실 시 추가 복사가 불가능하고 고유 암호를 등록해야 하는 등 절차가 복잡하고 비용이 많이 드는 불편이 따른다.

현재 적용되는 스마트키의 주요 기능은 다음과 같다.

① 전자키를 도어핸들에 터치하거나 키를 소지하고 일정 거리 이내로 접근하면 잠금을 해제하는 자동 오픈 기능
② 열쇠를 삽입하지 않고 버튼을 누르거나 돌려서 엔진 시동을 할 수 있는 스타트 기능
③ 엔진에 설정된 암호가 일치해야 시동이 걸리는 이모빌라이저(Immobilizer)를 장착하여 복제 키 또는 단순조작만으로 엔진 시동을 할 수 없게 하는 도난방지기능
④ 키를 소지하고 차량 곁으로 접근하면 자동으로 라이트를 켜서 운전석 앞을 비추는 웰컴(Welcome) 기능
⑤ 문을 잠그지 않고 자동차에서 일정 거리 이상 이탈하였을 경우 일정 시간이 지나면 문이 잠기는 오토로크(Auto Lock) 기능

05 소리발생장치(AVAS ; Acoustic Vehicle Alert System)에 대하여 설명하시오.
QUESTION

1. 소리(경고음)발생장치(AVAS ; Acoustic Vehicle Alerting System)

전기자동차와 같은 저소음 자동차에 내연기관 자동차의 엔진음과 같은 경고음을 발생시키는 장치를 말하며 보행자가 자동차의 움직임을 청각으로 감지하게 하여 사고를 방지하는 역할을 한다.

소리발생장치는 출발시점부터 20km/h 이상(30km/h 이하)까지 경고음을 발생하며 속도에 따른 음색의 변화로 보행자가 자동차의 접근이나 가·감속 상태 등을 쉽게 인지할 수 있도록 하는 안전장치이다.

AVAS는 보행자의 위치나 움직임, 주변 소음 등을 종합적으로 인지하여 적절한 소리를 보행자의 방향으로 보낼 뿐 아니라 운전자에게도 들리도록 한다. 전기자동차 법규에 따라 AVAS는 2018년부터 미국 등을 시작으로 모든 전기차에 의무적으로 장착하여야 한다.

06 전조등의 명암한계선(Cut-off Line)에 대하여 설명하시오.

QUESTION

1. 전조등의 명암한계선(Cut-off Line)

전조등의 Cut-off Line은 동그란 렌즈를 가지고 있는 프로젝션(Projection) 타입의 전조등이 갖는 특징 중 하나로 전조등을 켜고 벽에 비추어 봤을 때 밝기가 일정한 선(Line)이 형성되면서 아랫부분은 밝고 윗부분은 어두운 상태가 되는 것이다.

이는 상대편 차량 운전자나 앞차의 운전자 또는 도보로 이동 중인 사람들을 고려하여 설정한 것으로 전조등의 광선 중심이 너무 위로 향하면 눈부심으로 운전과 보행을 방해하기 때문에 프로젝션 렌즈와 라이트 벌브(전구) 사이에 아래로 둥근 반원의 가로막을 설치하여 반사판에 반사된 빛이 위로 확산되지 못하도록 제어하기 위해 만든 것이다.

전조등의 Cut-Off Line은 ECE(UNECE ; United Nations Economic Commission Europe) 타입과 SAE(Society Automotive Engineers) 타입이 있는데 ECE 타입은 오른쪽 부분이 위로 확산되는 형태이고 SAE 타입은 일직선으로 이어지는 형태이다.

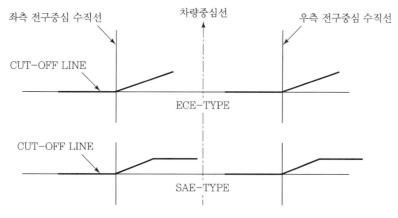

[전조등의 명암한계선(Cut-off Line)]

07 QUESTION 생산 적합성(COP ; Conformity of Production)에 대하여 설명하시오.

1. 생산 적합성(COP ; Conformity of Production)

유럽 공동체의 자동차용 인증제도이며 검사 대상인 제품의 기술기준에 적합하게 생산할 능력이 있는가를 100% 현장검사를 실시하여 평가하는 것이 특징이다.

형식승인은 서류심사 및 시험검사기관의 검사와 형식승인 신청자 제조공장에서의 시험검사 결과를 종합적으로 검토하여 합격 시 형식허가서를 발급한다.

생산 적합성(COP)의 승인절차는 다음과 같다.

- 신청서 제출 : 주관기관에 자동차 형식승인 신청서 및 제반 서류를 제출
- 주관기관은 시험검사기관에 신청자로부터 입수된 서류를 송부하고 형식시험을 요청
- 시험검사기관은 유럽연합(EU) 지침에 의거 샘플의 시험검사를 실시
- 시험검사기관은 시험성적을 나타내는 형식시험 보고서를 작성
- 시험검사기관은 주관기관에 보고서를 송부
- 주관기관의 형식 인가 여부를 결정 : 주관기관은 시험검사기관으로부터 송부된 형식시험 보고서를 기초로 형식 허가 여부 결정
- 형식 인가와 동시에 형식승인번호 발급

08 QUESTION 지능형 최고속도제어장치(ISA ; Intelligent Speed Assistance)에 대하여 설명하시오.

1. 지능형 최고속도제어장치(ISA ; Intelligent Speed Assistance)

지능형 속도제어(ISA) 장치는 일반 도로 및 어린이 보호구역(스쿨 존) 같은 속도제한구역에서 주행속도를 제한하기 위한 기능이다. 주행속도를 제한하기 위한 ISA 장치의 경우 라이다 및 영상센서 등의 데이터를 분석하여 자동변속 또는 제동에 의하여 최고속도를 제한하는 것이 일반적이다.

다음은 정부(국토교통부)가 자동차안전도평가(KNCAP ; Korean New Car Assessment Program)에서 시행하고 있는 지능형 최고속도 제어장치(ISA ; Intelligent Speed Assistance)의 평가기준이다.

① 속도제한알림기능 : 도심, 지방 및 고속국도에서 임의 선택한 교통표지판을 대상으로 실시
② 속도경고기능시험 : 설정속도보다 낮은 속도에서 킥다운시켜 급가속, 속도 유지 후 다시 현재 속도보다 낮은 속도로 제한속도 설정
③ 속도제한기능시험 : 설정속도보다 낮은 속도에서 킥다운이 발생하지 않도록 하여 최대한 가속, 속도 유지 후 다시 현재 속도보다 낮은 속도로 제한속도 설정

09 QUESTION 자동차 CAN 통신시스템에서 종단저항(Termination Resistor)을 두는 이유를 설명하시오.

1. CAN 통신시스템에서 종단저항(Termination Resistor)의 목적

CAN 통신시스템에서 종단저항을 사용하는 이유는 고속선로에서 발생할 수 있는 반사파(Standing Wave) 때문이며 임피던스를 조정하기 위해서이다.

CAN 통신을 하는 경우 고속이든 저속이든 원활한 통신 상태를 유지하기 위해서는 선로상에 종단저항을 설치해야 하며 저항값은 시작점과 끝점에 각각 120Ω을 설치하여 선로 양단에서 측정 시 60Ω 정도가 되어야 한다. 이 값은 선로의 길이와 저항 등에 따라 달라질 수 있으며 시스템에 따라 저항값은 차이가 있을 수 있다.

종단저항은 CAN 통신시스템에서 통신 실패를 방지하기 위하여 연결하며 통신 실패는 어떤 파동의 특성이 다른 매질의 경계면을 만났을 때 그 경계면에서 반사되어온 파동과 합쳐져서 발생하는 정지된 파동이다. 진행하는 파동인 진행파(Traveling Wave)는 특정 점에서 그 크기가 사인파의 진폭이 변하듯이 차동으로 계속 움직여야 정상이다. 그러나 어떤 경계면에서는 파동이 반사되어 돌아오면 그 반사되어 돌아온 파와 진행하던 파가 합쳐지면서 계속 변화하던 파동의 크기가 변하지 않고 특정 값을 가지는 정상파동이 발생된다.

이러한 이유 때문에 CAN BUS상에 종단저항이 정상적으로 설치되어 있지 않으면, 즉, 임피던스가 규격 외로 설치되어 있다면 어떤 형태로든 속도나 전송거리에 문제가 발생할 수 있다.

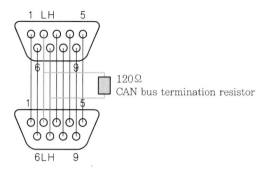

[CAN 통신시스템의 종단저항]

엔진의 성능선도에서 탄성영역(Elastic Range)에 대하여 설명하시오.

QUESTION

1. 엔진의 성능선도에서 탄성영역(Elastic Range)

최대 토크(Max. Torque)를 발생시키는 회전속도에서 최대출력(Max. Power)을 발생시키는 회전속도까지를 기관의 탄성영역(Elastic Range)이라 한다. P_{max} 점 이상의 회전속도에서 출력이 감소하는 출력은 충전률을 개선함으로써 토크를 증가시키고 보상할 수 있다.

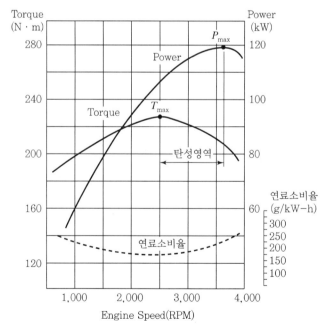

[엔진의 탄성영역]

위의 그림은 엔진의 일반적인 성능선도이며 저속 및 고속에서 토크 및 출력이 저하하는 것으로 나타난다. 이는 저속과 고속에서 충전효율이 저하되어 연료의 공급량이 낮아지고 연소 최고압력이 낮아지기 때문에 나타나는 현상이다.

이를 개선하기 위하여 밸브오버랩(Valve Overlap), 과급 및 멀티 밸브시스템(Multi Valve System) 등의 적용으로 충전효율을 높이는 방법이 실용화되어 있다.

전기자동차의 동력원으로 사용 가능한 인휠모터(In-wheel Motor)의 장점에 대하여 설명하시오.

QUESTION

1. 인휠모터(In-wheel Motor)의 장점

엔진이나 하이브리드 자동차, 그리고 하나의 모터로 구동력을 얻는 방식은 동력전달계통을 통하여 각 휠에 동력을 제어하여 전달한다. 따라서 복잡한 동력전달기구와 각 휠에 동력 및 속도를 제어하기 위한 장치가 필요하며 동력전달효율이 저하된다.

이러한 불합리한 점을 개선하는 방법으로 각 휠별로 동력을 발생하는 인휠(In-wheel) 모터를 적용하는 방법이 개발되어 있다. 인휠 모터(In-wheel Motor)는 각 휠에서 필요한 동력을 발생하므로 동력 및 속도제어의 단순성과 효율이 우수하다는 것과 별도의 동력전달장치가 필요치 않다는 것이 장점이다.

인휠 모터(In-Wheel Motor)의 또 하나의 장점은 한정된 공간을 최대한 이용할 수 있다는 점으로, 차체 디자인의 자유도가 크며 자동차의 실내공간을 넓게 활용할 수 있다.

[인휠 모터(In-wheel Motor)]

12 점화코일의 시정수에 대하여 설명하시오.

QUESTION

1. 점화코일의 시정수(時定數)

점화코일의 시정수는 코일이 정상전류를 회복하는 데 걸리는 시간을 말하며 회전속도가 증가할수록 1차 전류는 감소하여 2차 코일에 발생하는 전압이 낮아진다. 따라서 고속에서도 일정수준의 고전압을 얻기 위해서는 1차 전류가 빠른 속도로 제한 수준까지 상승하도록 하여야 한다. 이를 위해서는 1차 코일의 전기저항과 철심(Core)의 자기저항(Magnetic Resistance)을 감소시키거나 1차 코일의 권수를 적게 하는 방법 등이 적용된다.

점화코일의 시정수는 다음 식으로 나타낸다.

$$\tau = \frac{L_1}{R_1}$$

여기서, τ : 시정수(sec)
L_1 : 1차 코일의 인덕턴스(H)
R_1 : 1차 코일의 저항(Ω)

시정수(τ) 값이 작을수록 1차 전류의 회복속도가 빠르게 되고 1차 유도전압을 낮추기 위해서는 1차 코일의 권수를 적게 하여야 한다. 그러나 1차 코일의 권수를 적게 하면 1차 코일의 인덕턴스가 감소하여 2차 전류가 감소하게 되므로 1차 전류를 크게 하거나 권수비를 높게 하여야 한다.

1차 전류를 크게 하기 위해서는 1차 코일의 저항을 감소시켜야 하지만 1차 전류가 커지면 1차 코일에 열이 많이 발생하여 코일의 저항이 증가하게 되어 결국 2차 전압이 강하하게 된다. 따라서 1차 코일 자체의 저항을 줄이는 대신에 점화코일 외부의 1차 회로 내에 별도로 1~2Ω 정도의 1차 저항을 설치하여 코일의 온도 상승을 억제하는 방법이 주로 이용된다.

13 QUESTION 비공기식 타이어(Non - pneumatic Tire)에 대하여 설명하시오.

1. 비공기식 타이어(Non - pneumatic Tire)

일반적으로 자동차에 사용되는 타이어는 공기압 타이어이다. 이러한 내부 공기압 구조의 자동차용 타이어는 타이어의 구조가 복잡할 뿐만 아니라 주행 중에 펑크가 발생하여 사고를 야기하는 것과 같은 안전 문제가 있다.

비공기압 타이어는 통상적인 공기식 타이어와는 탄성 이용방법의 메커니즘으로 완전히 다른 구조로 이루어져 있으며 공기식과 달리 압축공기를 전혀 이용하지 않는 설계방식이기 때문에 펑크의 위험으로부터 자유로우며 구조 설계에서 휠의 림으로부터 전달되는 비드부, 사이드월부, 숄더부, 트레드부 등에서 발생되는 소음진동학적, 차량진동학적, 유체역학적 역할을 기능 및 특성별로 강화 설계할 수 있기 때문에 타이어의 기능과 목적을 최적화할 수 있다.

비공기식 타이어는 타이어의 부하를 지지하는 보강된 환형 밴드와, 휠 또는 허브 간의 부하력을 인장된 상태에서 전달하는 다수의 웹 스포크를 포함하는 형식이다.

비공기압 타이어(NPT)의 경우 공기압이 없기 때문에 하중을 지지하기 위해서 휠(Wheel)과 트레드 고무 사이에 복잡한 스포크(Spoke) 구조를 적용하고 있다. 특히 차량의 하중이 높기 때문에 스포크의 구조는 큰 크기와 높은 강성이 요구된다.

01
QUESTION

**"자동차 및 자동차부품의 성능과 기준에 관한 규칙"에서 명시하는 긴급
제동신호장치의 차종별 작동기준을 설명하시오.**

1. 긴급제동신호장치의 작동기준

(1) 긴급제동신호 발생기준

순번	자동차 구분	발생기준
1	1) 승용자동차 2) 차량총중량 3.5톤 이하 　 화물자동차 및 특수자동차	• 50km/h 초과의 속도에서 주 제동장치 작동 시 제동 　 감속도 6.0m/s^2 이상일 때 발생될 것 • 2.5m/s^2 미만으로 감속되기 이전에 긴급제동신호 　 가 소멸될 것
2	1) 승합자동차 2) 차량총중량 3.5톤 초과 　 화물자동차 및 특수자동차	• 50km/h 초과의 속도에서 주 제동장치 작동 시 제동 　 감속도 4.0m/s^2 이상일 때 발생될 것 • 2.5m/s^2 미만으로 감속되기 이전에 긴급제동신호 　 가 소멸될 것
3	바퀴잠김방지식 주제동장치 장착 자동차	제1, 2호의 기준에 따르거나 바퀴잠김방지식 주 제동 장치가 최대 사이클로 작동하는 경우에 발생되고, 최대 사이클을 종료하였을 때 소멸될 것

(2) 긴급제동신호에 의한 등화의 작동기준

① 긴급제동신호 발생 신호주기($4.0 \pm 1.0\text{Hz}$, 필라멘트 광원은 $4.0\,^{+0}_{-1.0}\text{Hz}$)에 따라 제동
등 또는 방향지시등이 점멸될 것

② 긴급제동신호에 의한 등화는 다른 등화와 독립적으로 작동할 것

③ 긴급제동신호에 의한 등화는 신호 발생 여부에 따라 자동으로 점등 또는 소등되는 구
조일 것

02
QUESTION

정부(국토교통부)가 자동차안전도평가(KNCAP ; Korean New Car Assessment Program)에서 시행하고 있는 사고예방 안전장치의 종류를 나열하고 각각에 대하여 평가항목을 설명하시오.

1. 자동차안전도평가제도(KNCAP)

자동차의 안전성 확보를 위하여 정면충돌 안전성, 부분정면충돌 안전성, 측면충돌 안전성, 기둥측면충돌 안전성, 어린이충돌 안전성, 보행자 안전성, 사고예방 안전성 등 22개 항목을 평가하고 있다.

특히 2018년도부터 자동차 기술에 전기, 전자 등 첨단기술이 융합된 첨단안전장치에 대한 평가항목을 확대 도입함으로써 보다 많은 자동차에 사고예방 안전장치가 장착되어 사고를 예방하도록 유도하고 있다.

또한 해당 자동차의 안전도에 대한 소비자의 이해도를 높이고자 22개 평가항목의 평가결과를 종합한 "안전도 종합등급"을 산정하여 소비자에게 제공하고 있다.

2. 사고예방 안전성 분야의 평가 대상 장치

① 전방충돌경고장치
② 차로이탈경고장치
③ 좌석안전띠경고장치
④ 차체의 일차 진동수를 비상자동제동장치(고속 모드)
⑤ 비상자동제동장치(시가지 모드)
⑥ 조절형 최고속도 제한장치
⑦ 비상자동제동장치(보행자 감지 모드)
⑧ 적응순항제어장치
⑨ 사각지대감시장치
⑩ 차로유지지원장치
⑪ 지능형 최고속도 제한장치
⑫ 후측방접근경고장치
⑬ 첨단 에어백 장치

3. 사고예방 안전성 분야의 평가방법

(1) 전방충돌경고장치

시험 대상 자동차는 초기속도 72km/h로 전방의 목표대상차와 150m 이상 충분한 간격을 두고 주행하며 목표대상차는 시험조건에 따라서 정지, 감속(0.3g)주행, 저속(32km/h)주행을 수행하여 시험대상차는 정지, 감속주행, 저속주행 중인 목표 자동차에 접근할 때 적어도 TTC(Time To Collision) 2.0~2.4초 이전에 경고의 발생 여부를 확인하며 7회 시험을 실시하여 적어도 5회가 충돌경고 기준을 만족하여야 한다.

(2) 차로이탈경고장치

직선 시험차로의 중심선을 시속 65km±3km로 주행 중 차선을 가로질러 차로 이탈을 유발시켜 자동차의 전륜이 차선의 외측 모서리를 30cm 초과하기 이전에 발생하는 경고기능을 확인한다.

(3) 좌석안전띠경고장치

자동차 주행이 시작되는 시점에서 좌석안전띠 경고장치가 작동을 시작해야 하며, 주행 중 30초 이하의 짧은 정차 발생 시 경고장치가 다시 작동할 필요는 없으며 앞좌석의 경우 초기경고와 최종경고 요건을 모두 만족해야 한다.

(4) 조절형 최고속도 제한장치

① 속도경고기능시험 : 도심도로, 지방도로, 고속국도를 모사하는 속도로 제한속도를 설정 후 설정속도보다 낮은 속도에서 저단변속이 발생할 정도로 급가속시키고 속도 유지 후 다시 현재 속도보다 낮은 속도로 제한속도를 설정

② 속도제한기능시험 : 도심도로, 지방도로, 고속국도를 모사하는 도심도로, 지방도로, 고속국도를 모사하는 속도로 제한속도 설정 후 설정속도보다 낮은 속도에서 저단변속이 발생하지 않는 범위 내에서 최대한 빨리 가속시키고 속도 유지 후 다시 현재 속도보다 낮은 속도로 제한속도를 설정

(5) 비상자동제동장치(보행자 감지 모드)

① 5% 및 75% 오프셋 충돌 : 성인 보행자가 5km/h의 속도로 대상 자동차 중심의 25% 및 75% 위치에 충돌하도록 이동

② 보행자 정면충돌 : 성인 보행자가 8km/h의 속도로 대상 자동차 중심위치에 충돌하도록 이동

③ 어린이 정면충돌 : 어린이 보행자가 5km/h의 속도로 이면 주차된 자동차 사이에서 출발하여 대상 자동차 중심위치에 충돌하도록 이동

(6) 적응순항제어장치

적응순항제어장치의 작동모드, 운전자 설정모드, 경고장치 등을 제작사가 제출한 기술자료 및 취급설명서를 확인하여 평가하며 ACC의 구조 및 기능을 확인하고, 자동차 취급설명서 및 주의표식 만족 여부를 확인(작동 설정 및 해제, 주행 중 제어, 지시장치, 경고장치 등)

(7) 사각지대감시장치

① 사각지대 감시장치의 사용방법 및 작동기준
- 표시영역에 대한 사각지대 경고 작동 여부
- 조건에 따른 경고 제공 여부, 경고 활성화 조건(속도 및 시간)

② 제작사 제출 자료 확인
- 자동차 취급설명서
- 기술자료(시험성적서 등)

(8) 차로유지지원장치

① 직선도로 : 65±3km/h로 주행 중 횡이탈속도 0.2m/s ~ 0.5m/s의 범위 내에서 좌·우측 차로 이탈 실시(각 차선당 4회, 4개 차선)
② 곡선도로 : 직선구간에서부터 65±3km/h로 차량을 주행시키다가 조향핸들을 놓아 자유상태를 곡선부(선회반경 800m)로 진입 실시(선회방향당 2회)

(9) 지능형 최고속도 제한장치

① 속도제한알림기능 : 도심, 지방 및 고속국도에서 임의 선택한 교통표지판 대상 실시
② 속도경고기능시험 : 설정속도보다 낮은 속도에서 킥다운시켜 급가속, 속도 유지 후 다시 현재 속도보다 낮은 속도로 제한속도 설정
③ 속도제한기능시험 : 설정속도보다 낮은 속도에서 킥다운이 발생하지 않도록 하여 최대한 가속, 속도 유지 후 다시 현재 속도보다 낮은 속도로 제한속도 설정

(10) 후측방접근경고장치

① 목표차 시험속도 10km/h 및 30km/h로 좌·우 방향 정속주행
② 대상차의 경고발생시점, 최소 2개 이상 경고신호 발생 여부 및 신호방향성, 경고지속시간 등 측정

(11) 첨단 에어백 장치

① 운전자석 에어백 정적전개시험 : 자동차를 충돌시키지 않고 에어백을 강제로 전개시켜 인체모형의 상해값을 측정

② 전방탑승자석 에어백 성능 요건 : 제작사에서 제공하는 시험성적서를 검토하여 인정

③ 안전기준의 시험방법과 조건을 만족해야 함

④ 첨단 에어백 경고라벨이 실내에 부착되어 있거나, 첨단 에어백 경고문구가 사용자 취급설명서 등에 표기되어 있어야 함

자동변속기에서 다음 사항을 설명하시오.

(1) 히스테리시스(Hysteresis)　　(2) 킥다운(Kick Down)

(3) 킥업(Kick Up)　　(4) 리프트 풋업(Lift Foot‒up)

1. 히스테리시스(Hysteresis)

시프트 업, 시프트 다운에서는 스로틀 밸브의 개도가 같아도 차량의 속도에 차이가 있으며, 변속점 부근의 주행에서 기어 변속이 빈번히 이루어져 주행이 불안정한 것을 방지한다.

히스테리시스는 스로틀 밸브의 개도와 차량의 주행상태에 따라 변속점의 시프트 업이 시프트 다운보다 높게 설정되도록 하여 원활한 변속이 되도록 하는 것이며, 기어변속에 의한 충격을 완화시켜 변속을 부드럽게 하고 승차감을 향상한다.

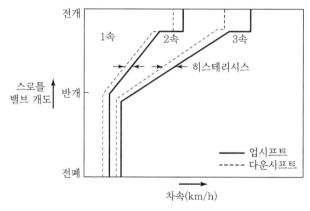

[히스테리시스]

2. 킥다운(Kick Down)

주행 중 가속페달을 완전히 끝까지 밟았거나 킥다운 스위치가 작동할 때 또는 가속페달 위치 센서의 신호에 의해 감지된다. 킥다운 상태가 감지되면 기어가 1단 또는 2단 낮은 단으로 하향 변속되고 킥다운되면 엔진은 해당 기어단에서 가능한 한 최대 회전속도로 가속되어 자동차의 가속응답능력을 향상시키게 된다.

3. 킥업(Kick Up)

킥업은 킥다운된 후 계속해서 스로틀 밸브의 열림 정도를 유지할 경우 기어가 상단으로 바뀌는 것을 말한다. 즉 킥다운 후 업시프트되는 현상이다.

4. 리프트 풋업(Lift Foot-up)

정속주행 중의 업시프트를 리프트 풋업(Lift Foot-up)이라 한다. 주행 중에 가속페달을 놓으면 업시프트되는 것이다.

04
QUESTION

엔진의 효율을 향상시키기 위한 다음 냉각장치에 대하여 설명하시오.
(1) 분리냉각장치   (2) 실린더헤드 냉각장치
(3) 흡기 선행 냉각장치

1. 분리냉각장치

분리냉각장치는 냉각수 유동을 실린더 헤드와 실린더 블록으로 별도로 분리하여 흐르도록 이원화한 구조로서 실린더 블록 출구에 2차 서모스탯을 설치하여 냉각수 온도를 상승시키고 블록 내의 냉각수 유동을 단속함으로써 실린더 보어의 금속면 온도를 제어하고자 하는 방식이다. 이러한 분리냉각은 실린더 보어의 금속면 온도가 필요 이상으로 과랭되고 있는 저속 저부하 운전조건에서 금속면 온도를 높게 유지함으로써 마찰 저감 및 냉각수로의 전열량을 감소시켜 노크(Knock)를 억제하고 연비와 출력을 향상하며, 미연배기가스(HC)의 배출을 억제한다는 측면에서 효과를 나타낸다.

2. 실린더 헤드 냉각장치

실린더 헤드의 냉각장치는 실린더 헤드와 블록의 뒤틀림을 방지하고 냉각수 및 오일의 누출을 방지함과 더불어 피스톤의 링부 마모를 방지하여 엔진 성능을 향상할 수 있다.

기존 엔진의 냉각장치구조는 충분한 냉각효과를 갖지 못하므로 실린더 블록과 실린더 헤드의 결합부분에 전체 온도분포상 가장 높은 온도를 유지하게 되므로, 그 결합부의 냉각이 충분히 이루어지지 않는 것에 의해 실린더 블록 및 실린더 헤드의 보어(Bore) 뒤틀림 등에 의해 개스 킷이 훼손되고 냉각수와 오일이 누출되는 원인이 되고 피스톤의 링부 마모가 심하여 전체적으로 엔진 성능이 저하되는 등의 폐단이 있다.

엔진 실린더 헤드 냉각장치는 연소실이 각 기통 수에 따라 파이는 실린더 헤드의 저면에 연소실의 주위를 따라 이어지는 냉각수 이동 홈을 형성하여 냉각효과를 증대시킨다.

따라서 실린더 헤드와 블록의 뒤틀림을 방지할 수 있으며 개스킷 등의 훼손 염려가 없어 냉각수 및 오일의 누출을 방지할 수 있다.

연소열이 집중되는 실린더 블록과 실린더 헤드의 접합면에 냉각효과를 증대시키는 효과가 있으며 보어의 뒤틀림이나 헤드 개스킷의 훼손을 방지하고 실린더 블록과 실린더 헤드의 냉각효과를 증대시킬 수 있어 엔진 성능을 향상할 수 있다.

3. 흡기 선행 냉각장치

흡입되는 공기에 저온의 연료를 분사하면 연료가 증발하면서 발생하는 증발잠열을 흡수하여 공기를 급속히 냉각시킨다. 따라서 공기의 체적효율이 향상되어 엔진출력의 향상, 완전연소와 더불어 유해배기가스 저감에 효과가 있다.

또한 저온의 공기 흡입으로 안티노크(Antiknock)성이 향상되므로 압축비를 증가시킬 수 있고 점화시기를 진각(Advance)시킬 수 있으므로 엔진 성능의 향상을 가져온다.

따라서 GDI 엔진은 흡입행정 시 흡입되는 공기에 연료를 직접 분사함으로써 체적효율 증가, 압축비의 증대 및 점화시기 진각 등으로 엔진 출력을 향상시킬 수 있다.

05 FlexRay 통신시스템의 특징과 CAN(Controller Area Network) 통신
시스템과의 차이점을 비교하여 설명하시오.

QUESTION

1. FlexRay 통신시스템과 CAN 통신시스템

자동차에서 무수히 많은 제어장치의 센서와 액추에이터 사이의 데이터 교환은 주로 CAN
(Controller Area Network)을 통하여 이루어지는데 높은 대역폭을 필요로 하지 않거나 고
성능이 필요하지 않은 간단한 통신의 경우에는 LIN(Local Interconnect Network)을 통하
여 이루어진다.

또한 자동차들의 보다 높은 연결성과 편리성을 위하여 제어 유닛들 사이에 네트워크 크기뿐
만 아니라 무선데이터 서비스 장치들 사이 데이터 교환을 위한 다른 네트워크의 장착이 크게
증가하고 있다. 이러한 네트워크들은 대량 데이터의 신속한 교환에 맞게 설계되어야 한다.
제어 유닛들 간에 교환되는 데이터의 양이 증가하면서 FlexRay 프로토콜이 개발되었다.
FlexRay는 자동차 제조업체와 주요 부품 공급업체가 협력하여 개발한 내고장성(Fault Tolerant)
고속 버스 시스템이며 X-by-Wire 시스템에 적용하기 위한 오류 허용성 및 시간 확정적인
성능을 제공한다.

FlexRay는 비용을 낮추고 열악한 통신환경에서 최상의 성능을 구현하도록 제작되었으며, 차
폐되지 않은 트위스트 쌍 케이블을 사용하여 노드를 연결한다. FlexRay는 각각 하나 또는 두
개의 쌍으로 구성된 단일 및 듀얼 채널 구성을 지원하며 각 와이어 쌍에 대한 차동신호는 많
은 비용이 드는 차폐 없이도 네트워크 외부 노이즈의 영향을 적게 받으며 또한 대부분의
FlexRay 노드에는 일반적으로 트랜시버와 마이크로프로세서에 전원을 공급하기 위해 전원
과 접지 와이어가 있다.

다음은 각 통신 시스템의 주요한 특징이다.

BUS	LIN	CAN	FlexRay
속도	40kbit/s	1Mbit/s	10Mbit/s
외이어(코어 수)	2	2	2 or 4
주요 적용장치	차체 전자기기(미러, 파워시트, 액세서리)	파워트레인 (엔진, 변속기, ABS)	고성능 파워트레인, X-by-Wire, 액티브 서스펜션, 크루즈 컨트롤

06 자동차 방음재료에 대하여 설명하시오.

QUESTION

1. 자동차 방음재료의 종류와 특징

일반적으로 방음재는 차음재와 흡음재, 제진재(방진재)로 구분한다. 차음재는 모든 소리와 진동을 차단하는 기능의 재료이며 흡음재는 음파(진동)을 흡수하는 기능의 재료이다.

에너지절약, 환경보존 등을 목적으로 하여 미국에서 검토되는 CAFE 규제를 중심으로 자동차 연비규제에 대응하기 위한 중요 과제의 하나로 다양한 경량화 기술이 적용되고 있으며 방음재의 중량에 세심한 선정과 적용이 필요하다.

승용차 방음재료의 적용부위를 보면 Dash부, Floor부, 천장 및 Hood, 트렁크 룸 내의 리어 패널에는 제진재료와 차음재료가, 룸파티션 패널에는 차음재료가 주로 쓰인다.

흡음재료는 주로 엔진룸과 차 실내의 천장에 사용되는데 원래 설치공간이 필요하지만 가볍기 때문에 다른 방음재와 비교하면 경량화에는 그다지 관계없는 재료이다.

차음재만으로는 효과적인 방음을 기대하거나 좋은 소리를 기대할 수 없으므로 흡음재를 함께 사용하는 경향이 있으며 주로 (충진재에는) 값이 싼 유리섬유(글라스울)를 사용하기도 하지만 환경적인 측면을 고려하여 폴리에스터 제품을 사용하기도 한다.

벽 외부 마감용으로도 폴리에스터 제품이 사용되는데 내부와 다른 점은 한쪽 면을 딱딱하게 처리하여 흡음재 자체로 마감하거나 딱딱한 면에 전체적으로 부착할 수 있도록 한다는 것이다. 이 밖에 흔히 사용하는 흡음재료는 프로파일폼과 고가 재료인 나무를 소재로 한 목모보드와 다양한 컬러를 지닌 아트보드 등이 있다.

01
QUESTION

전기자동차용 리튬이온(Li-ion)전지, 리튬황(Li-S)전지, 리튬공기 (Li-air)전지에 대하여 설명하시오.

1. 전기자동차용 리튬전지

(1) 리튬이온(Li-ion)전지

리튬이온전지는 리튬이온이 양극, 전해질, 음극 사이를 왕복하면서 삽입과 탈리를 통해 충방전의 전기작용을 하는 이차전지이다.

리튬이온전지는 환원전극 양극(Cathode), 산화전극 음극(Anode), 분리막(Separate), 전해질(Electrolyte), 전극(Current Collector)으로 구성되며, 리튬이온은 충전 시 Cathode에서 Anode로 이동하고 방전 시 Anode에서 Cathode로 이동한다.

양극활물질로는 천이금속 산화물 등이, 음극활물질로는 Graphite 등이, 전해질로는 $LiPF_6$ 등의 리튬염을 유기용재에 녹인 것이 주로 사용된다.

양극활물질로는 리튬-니켈-코발트-알루미늄(NCA), 리튬-니켈-망간-코발트(NMC), 리튬-니켈-망간 스피넬(LMO) 및 리튬인산철(LPF) 등이 사용된다.

음극활물질로는 탄소/Graphite가 주로 사용되지만 안전성과 신뢰성 향상을 위하여 리튬-Titanate(LTO)가 사용되기 시작하였으며 최근에는 실리콘이나 주석 등이 개발되고 있다.

리튬이온전지는 에너지 밀도가 높고 기억효과(완전히 방전되지 않은 상태에서 재충전할 경우 전지의 용량이 줄어드는 현상)도 없기 때문에 전기자동차용 전지로 주로 사용되고 있다.

(2) 리튬황(Li-S)전지

양극과 음극 간의 상호작용은 전지의 수명이나 성능을 결정하는 중요한 요소이다. 리튬황 전지의 음극은 황으로 구성되어 있다. 리튬이온전지에서 주로 사용되는 음극 소재인 코발 트와는 다르게 황은 거의 무제한적인 양이 존재하며 그 가격 또한 매우 저렴하다는 장점 이 있다. 그러나 문제는 황 또한 액체 전해질과 상호작용하기 때문에 전지의 성능을 저하 시킬 수 있고, 최악에는 그 능력을 완전히 잃게 할 수 있다는 것이다. 이러한 과정을 늦추 기 위하여 다공성 탄소를 사용하는데, 다공성 탄소의 홀들을 수정하여 황이 전해질과 결 합하는 속도를 늦추고 그곳에 안정적으로 안착할 수 있도록 한다.

(3) 리튬공기(Li-air)전지

리튬공기전지는 300~3,000mAh/g의 지속적인 Cathode 방전용량을 가지는데, 기존의 리튬이온전지의 방전용량은 120~150mAh/g에 불과하다. 리튬공기전지는 Intercalation Cathode 대신에 전해질 및 Lithium Anode와 결합한 촉매성 Air Cathode를 사용하고 있으며, 이론적으로 매우 높은 에너지 용량을 갖고 있다. 하지만 리튬공기전지의 심각한 문제점 중 하나는 고형 반응물(Li_2O 혹은 Li_2O_2)이 유기전해질에서 용해되지 않기 때문에 방전 과정에서 공기전극을 막아 버리는 것이다. 만약 공기전극이 완전히 막히면, 대기의 산소는 더이상 환원되지 않는다.

금속 리튬은 Anode로 사용되고 있으며 리튬염을 포함하고 있는 유기전해질은 Anode 측에 이용되고 있다. 리튬-이온 고체전해질은 두 가지 전해질 용액 사이에 위치하여 Cathode와 Anode 측을 구획하는 역할을 한다. 알칼리성의 수용성 겔은 Cathode 측의 수성 전해질에 사용되고 있으며, Cathode는 다공성 탄소와 저렴한 산화물 촉매로 구성되어 있다.

방전반응은 다음과 같이 진행된다. (충전 반응은 이의 역반응)

① Anode에서의 반응 : $Li \rightarrow Li^+ + e^-$
② Cathode에서의 반응 : $O_2 + 2H_2O + 4e^- \rightarrow 4OH^-$

02 디젤엔진의 노크특성과 경감방법에 대하여 설명하시오.
QUESTION

1. 디젤엔진의 연소

디젤엔진의 연소에서는 대기압의 공기를 스로틀링(Throttling) 없이 실린더 내로 흡입하고 높은 압축비로 압축하여 고온·고압이 된 상태에서 연료를 분사한다.

부하에 따른 출력 제어는 연료의 분사량에 따라 결정되며 디젤엔진은 연료의 분사량을 가감하여 출력을 조정하며 가솔린엔진의 점화시기에 상당하는 것이 연료 분사 개시시기이다.

디젤엔진의 압축비는 보통 15~23 : 1 정도로 가솔린엔진보다 훨씬 높아 압축행정의 말기에는 실린더 내 온도와 압력이 700℃, 40기압 정도로 연료의 자기착화온도 이상이므로 연료를 분사하면 자기착화한다.

디젤엔진의 연소도 가솔린엔진과 같이 연료의 분사 즉시 착화, 연소하지 못하고 다음과 같은 과정을 거쳐 연소가 종료된다.

① 착화지연기간(着火遲延期間/Ignition Delay Period)

연소 선도의 A-B 구간이며 분사가 개시되고 자기착화하여 연소가 시작되고 실린더 내에 압력이 상승되기까지 수 ms의 시간이 소요된다.

② 급격연소기간(急激燃燒期間/Rapid Combustion Period)

선도의 B-C 구간이며 착화가 되면 지금까지 분사된 연료가 연쇄반응적으로 급격하게 연소하여 압력이 급상승하며 연소 개시 전에 분사량이 많을수록 충격적인 연소를 하게 된다.

③ 제어연소기간(制御燃燒期間/Controlled Combustion Period)

선도의 C-D 구간이며 일단 착화하여 화염이 실린더 내에 확산되면 고온이 되므로 분사된 연료는 분사와 거의 동시에 기화하고 연소한다.

④ 후연소기간(後燃燒期間/After Burning Period)

선도의 D-E 구간이며 연료 분사는 팽창행정의 상사점 후 20~30°에서 완료되며 분사가 종료되어도 잠시 동안은 연소를 계속하는 기간이다.

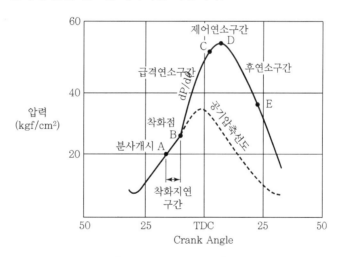

[디젤엔진의 연소선도]

2. 디젤노크(Diesel Knock)의 특성

분사된 연료가 착화지연기간이 길어져 착화 후 일시에 급격히 연소하여 높은 압력 상승률을 나타내며 이로 인한 소음과 진동·충격, 기관의 온도 상승, 연비 저하를 일으키는 이상연소(異常燃燒)를 디젤노크라고 한다.

디젤엔진의 연소선도에서 착화지연기간(A-B)이 길어지면 분사된 연료는 급격연소기간(B-C)에서 급격한 연소가 이루어지며 압력상승률($dP/d\theta$)이 높아지고 소음과 진동을 발생시켜 엔진 각 부품에 큰 응력(應力)을 작용시킨다.

그러나 디젤 노크는 정상연소와 크게 다르지 않으며 연소 초기에 발생하는 것이 특징이고 연소실의 온도상승, 흡입공기의 온도상승 등에 의하여 착화지연기간이 짧아지면 쉽게 정상연소로 복귀한다.

3. 디젤노크의 경감방법

가솔린노크와 디젤노크의 발생 원인은 서로 상반되고 그 대책 또한 상반된다. 일반적으로 가솔린노크는 자기착화를 억제하는 방향에서 대책이 수립되어야 하고 디젤노크는 쉽게 자기착화하여 착화지연기간을 단축하는 방향에서 대책이 수립되어야 한다. 아래의 표는 가솔린노크, 디젤노크의 일반적인 저감대책을 나타낸다.

노킹 저감 인자	가솔린노킹	디젤노킹	구체적 저감 방법
연소 시 착화 지연	길다.	짧다.	착화(분사) 후 착화까지의 시간
연료의 착화 온도	높다.	낮다.	고옥탄가(고세탄가) 연료 사용
흡기의 온도/압력	낮다.	높다.	연소실 분위기, 착화온도와 관련
연소실 분위기	저온/저압	고온/고압	내폭성(착화성)과 관련
압축비	낮다.	높다.	연소실 분위기(온도/압력)와 관련
옥탄(세탄)가	높다.	높다.	연료의 내폭성(착화성) 지수
회전속도	높다.	낮다.	노킹 발생 시간적 여유와 관련

03 보조제동장치의 필요성, 종류, 작동원리에 대하여 설명하시오.
QUESTION

1. 보조제동장치의 필요성

보조제동장치는 휠 브레이크의 제동으로는 부족한 제동력을 얻기 위하여 여러 가지 방법으로 주행 중 큰 운동관성을 가진 자동차의 운동에너지를 저감, 흡수하는 장치이다. 주로 대형 자동차의 주 제동장치의 제동부하를 줄이고 안전한 제동장치를 구현하기 위한 것이 보조제동장치이다.

2. 보조제동장치의 종류와 작동원리

보조제동장치는 엔진, 배기 브레이크를 포함하여 별도의 장치를 설치한 브레이크가 적용된다. 다양한 보조제동장치의 종류와 작동원리를 요약하면 다음과 같다.

보조제동장치의 종류		명칭	작동원리	감속도
엔진브레이크 (Engine Cycle 이용)	흡기, 배기행정 이용 (배기 브레이크)	배기 Brake	배기관 폐쇄	~ 0.02g
	압축, 팽창행정 이용 (압축 Eng. Brake)	Jake Brake	압축상사점 근처에서 배기밸브 개방	0.03 ~ 0.06g
		Dyna Retarder	Jake 브레이크와 유사. Cam Shaft에 부가적으로 LIFE 추가	0.03 ~ 0.06g
Engine과 별도의 장치 장착	와전류식 (渦電流式)	Eddy Current Retarder	T/M과 Axle 사이에 설치	0.08 ~ 0.12g
	영구자석식 (永久磁石式)	영구자석 Retarder	T/M, Rear Axle P/Shaft 사이에 설치	0.1 ~ 0.15g
	유체식 (流體式)	유체식 Retarder	T/M 내부에 설치	0.1 ~ 0.15g
			T/M 외부에 설치	0.1 ~ 0.15g
			토크컨버터 역이용	0.1 ~ 0.15g

자율주행자동차에 통신 적용의 필요성 및 자동차에 적용되는 5G의 특징을 설명하시오.

1. 자율주행자동차 통신의 필요성

자율주행자동차의 핵심기술은 크게 주변 환경을 인식하는 다음과 같은 다양한 종류의 정밀기술이 필요하다.

① 센서를 비롯한 인식한 정보를 판단, 최적의 조건으로 제어
② 전장품의 제어장치(Electronic Control Unit, ECU)
③ 임베디드 소프트웨어(Embedded Software)

④ 전자신호를 적합한 기계적 신호로 변환하는 액추에이터(Actuator)

⑤ 차량 통신을 위한 V2X(Vehicle to Everything)

V2X는 자율주행자동차와 도로 등의 인프라에 적용 가능한 모든 형태의 통신방식을 의미한다. 신뢰성 있는 통신기술을 적용한 자율주행자동차 간(Vehicle to Vehicle, V2V) 및 도로 인프라(Vehicle to Infrastructure, V2I)와의 주행정보 교환 등을 목적으로 한 통신은 반드시 필요하다.

또한 자율주행자동차에서의 통신은 각 자율주행자동차에서 수집한 정보와 인프라에서 지원되는 정보의 공유를 통해 도로 실제 상황 정보를 100%에 가깝게 반영함으로써 안전성과 효율성을 극대화하는 것이 가능하다.

이외에도 자동차—보행자 간 통신(V2P) 및 보다 높은 효율성을 위한 차량—네트워크 간 통신(V2N)이 반드시 필요하다.

2. 자율주행자동차를 위한 5G의 특징

5G의 G는 무선 네트워크 "Generation(세대)"의 G이다. 현재 실용화된 5G는 더 많은 데이터의 고속 전송, 낮은 대기시간 및 최고의 신뢰성을 가진다.

자율주행자동차는 매일 차량당 테라바이트의 데이터를 처리할 것으로 예상하며 이는 차량 주변의 환경에 대한 정보를 식별하는 수많은 센서[카메라, 라이더(Lidar) 및 레이더]에 의존한다. 자율주행자동차는 통신 연동형과 차량 내부 인공지능형 두 가지로 나뉘며 인공지능형은 교통 시스템 내 처리할 부분도 많으므로 통신 서비스를 필요로 한다.

5G는 초고용량 실감형 데이터 서비스, 매초 실시간 처리 서비스, 증강현실 서비스, 매초 연결 통신 서비스가 가능하며 구체적으로 5G 이동통신으로 가능한 서비스는 단순한 통신을 넘어 자율주행자동차와 VR에서 발전하고 있다.

이러한 5G의 활성화를 통해서 HD 해상도의 4배인 4K UHD 영상과 16배에 달하는 QUHD 등의 초고용량 영상 콘텐츠 전달이 가능하여 5G에서 네트워크 지연시간이 줄어들며 IOT 디바이스의 활성화가 가능해지고 이러한 효과로 자율주행자동차의 기술적 진전이 확보된다.

따라서 5G는 자율주행차가 머신러닝—교통관제—네트워크 기반으로 주행 시 대량 정보를 쌍방향으로 전달하는 안전하고 효율적인 주행에 필수적인 네트워크 시스템이다.

05
QUESTION

배기가스 재순환장치(EGR ; Exhaust Gas Recirculation system)가
작동하지 않는 조건을 4가지만 쓰고, 듀얼루프(Dual Loop) EGR을 설
명하시오.

1. 배기가스 재순환장치(EGR)의 개요

배출되는 NOx의 대부분은 이론공연비에 가까운 혼합기의 고온 연소 분위기에서 NO 형태의
성분이 주로 발생하며 연소 초기, 연소 최고압력에 도달하기 전에 NO 생성이 완료되는 것으
로 알려져 있다.

이를 저감하기 위해서는 분사시기나 점화시기를 지각(遲角)하는 것과 배출가스 중 일부를 연
소실로 재도입하는 것이 효과적인 것으로 인정되고 있으며 다량의 질소 원소는 무해한 N_2 형
태로 배출된다.

EGR 시 재순환되는 배출가스의 주성분은 N_2, CO_2 및 수증기이며 이들은 연소과정에 영향을
미치며 NOx의 생성을 저감한다.

EGR은 NOx의 저감대책으로는 효과가 있으며, 배기가스를 냉각시켜 재순환시키면 효과가
더욱 큰 반면에 혼합기의 착화성을 불량하게 하고 엔진의 출력을 감소시킨다. 또 EGR률이
증가함에 따라 배기가스 중의 CO, HC 그리고 연료소비율은 증가한다. 이외에도 EGR률이
너무 높을 경우에는 엔진의 운전 정숙도가 불량해지므로 NOx의 배출량이 많은 운전영역에
서만 선택적으로 적정량의 배기가스를 재순환시킨다.

일반적으로 정상 작동온도이면서 동시에 부분부하 상태이고 또 공기비가 $\lambda \approx 1$일 경우에 한
해서 EGR시킨다. 최대 EGR률은 HC의 배출량과 연료소비율, 엔진의 운전정숙도 등에 의해
제한을 받으며 15~20% 정도이다.

2. 배기가스 재순환장치(EGR)가 작동하지 않을 조건

EGR 제어 시스템은 EGR 밸브의 위치를 검출하여 EGR을 제어한다. 엔진 회전속도와 흡입
공기량에 따른 최적 EGR량은 ECU에 저장되어 있고 이에 의하여 솔레노이드에 통전하는 듀
티비 제어를 한다.

듀티비는 엔진 회전수와 부하에 따른 기본 듀티와 냉각수 온도 및 배터리 전압에 의한 보정량
으로 결정된다.

또한 EGR 밸브는 특정 조건에서 연소가 불안정해지는 것을 방지하기 위하여 EGR을 하지 않
으며 이것을 EGR Cut이라고 한다. 엔진의 시동 시, 저속 저부하 영역, 냉각수 온도가 일정
온도보다 낮거나 높은 경우가 EGR Cut의 조건이다.

3. 듀얼루프 EGR(Dual Loop EGR)

듀얼루프 EGR은 고압과 저압 EGR로 구성되며 Euro-6 디젤엔진 배기가스 기준에 대비하여 본격적으로 적용되기 시작하였다.

고압 EGR은 배기 매니폴드 부분에서 EGR 밸브의 개방을 통해 들어온 배기가스가 EGR 쿨러를 통해 다시 흡기 측으로 도입되는 형식으로 연소과정의 종료 후 터보차저 이전의 고압의 배기가스가 도입되어 흡기 측으로 유입된다.

저압 EGR은 터보차저를 지나서 나온 배기가스 중 일정량이 다시 흡기 쪽으로 유입되는데 터보차저 이전으로 유입되는 형식이다.

즉, 배기가스가 터보차저를 거치면서 압력이 낮아지므로 저압 EGR 밸브를 설치하여 일정량을 다시 흡기 쪽으로 유입시키는 형식이다.

보통 DPF 하단에 위치하며 EGR 밸브의 작동에 따라 이 부분에서 배기가스가 재순환되고 EGR 쿨러를 거쳐서 흡기 매니폴드 쪽으로 유입되는 것이 일반적이다.

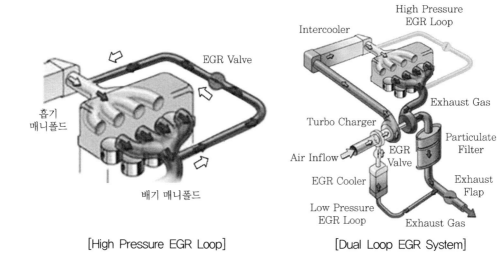

[High Pressure EGR Loop]　　　　　　[Dual Loop EGR System]

06 다음 감광식 룸램프의 타임차트를 보고 작동방식을 설명하시오.

QUESTION

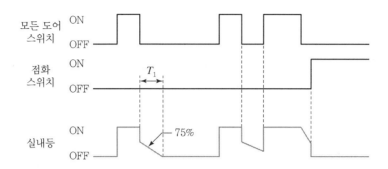

1. 감광식 룸램프의 타임차트

자동차 ETACS의 기능이며 차량의 도어를 열었을 때 실내등이 점등되어 승차 및 하차의 편의를 제공한다. 이때 도어를 닫더라도 엔진 시동 및 출발 준비를 할 수 있도록 수 초 동안 실내등 OFF를 지연한다.

감광식 룸램프의 타임차트에서 룸램프의 동작은 다음과 같다.

① 도어가 열릴 때(도어 스위치 ON) 실내등을 점등(ON)하고 도어가 닫히면(도어 스위치 OFF) 즉시 75% 감광 후 서서히 감광하고 시간 T_1(5~6초) 후에 완전 소등한다.
② 감광 작동 중 점화 스위치를 ON으로 하면 즉시 감광 작동을 멈추고 OFF한다.
③ 도어 스위치 ON 시간이 보통 0.1초 이하인 경우는 감광작동을 하지 않도록 구성된다.

01
QUESTION

4륜구동장치(4WD) 시스템에서 나타나는 타이트 코너 브레이크(Tight Corner Brake) 현상에 대하여 정의하고 특성을 설명하시오.

1. 타이트 코너 브레이크(Tight Corner Brake) 현상의 정의

포장도로에서 4륜구동 상태(ATT : LOW 위치, EST : 4LO 또는 4H 위치)에서 저속으로 급선회할 경우 조향이 어렵게 되며 차량이 울컥거리는 현상이 발생하고 정상주행이 곤란하게 된다. 이러한 현상을 타이트 코너 브레이킹(Tight Corner Breaking) 현상이라고 한다. 이 현상은 4개의 타이어가 각각의 회전속도 차이에 의해 브레이크를 동작시킨 상태와 같게 되어 나타난다. 이것은 4륜구동차량 특유의 현상으로 차량 자체의 이상은 아니다.

싱시 4륜구동 차량은 Auto 위치에서 김퓨터가 자동제어를 실시하지만 저속으로 급신회할 경우에는 미세하게 울컥거리는 현상이 나타나기도 한다.

타이트 코너 브레이킹은, 차량이 선회 시 좌우의 회전반경 차이는 액슬 하우징(Axle Housing)에 차동기어가 있어 해결되지만, 전륜과 후륜의 회전반경 차이를 보정해줄 수 있는 센터차동기어가 없어 앞바퀴와 뒷바퀴가 똑같은 회전량으로 선회하려고 하기 때문에 나타나는 현상이다. 이로 인해 발생하는 심한 부하가 구동축이나 미션에 작용하게 되고 이를 극복하기 위해서는 네 바퀴 중 어느 하나는 반드시 슬립(Slip) 내지 스핀(Spin)을 일으킬 수밖에 없으나 그렇지 못할 경우 구동축이나 미션이 큰 부하를 받고 정상적인 선회주행이 어렵다.

따라서 마찰력이 작은 비포장길, 눈길, 빗길 등에서는 이와 같은 타이트 코너 브레이킹 현상이 발생해도 잘 느끼지 못하지만 타이어와 노면의 마찰력이 큰 건조한 포장도로에서는 차량이 브레이크가 걸린 것처럼 울컥울컥하면서 정상적으로 선회주행을 하지 못하게 된다.

02 QUESTION 냉동사이클의 종류 중 CCOT(Clutch Cycling Orifice Tube) 방식과 TXV(Thermal Expansion Valve) 방식에 대하여 각각 설명하시오.

1. 냉동사이클 중 CCOT 방식과 TXV 방식

CCOT(Clutch Cycling Orifice Tube) 방식과 TXV(Thermal Expansion Valve) 방식의 차이점은 어큐뮬레이터와 리시버 드라이어의 설치 위치이다.

어큐뮬레이터의 주요 기능은 리시버 드라이어와 유사하지만 리시버 드라이어는 TXV 타입이라 고압 측에 설치되는 데 반하여 어큐뮬레이터는 CCOT 타입에서 저압 측에 위치하는 점이 다르다.

(1) 어큐뮬레이터의 기능

① 저장 및 2차 증발 : 냉동사이클의 부하 변동에 대응해 냉매 순환량도 변동되어야 하므로 적절한 냉매를 저장하며 그 변동에 대응하도록 한다.

② 액체 분리 : 증발기에서 증발된 냉매는 때에 따라서 완전 증발이 일어나지 못하고 일부 액체 냉매를 포함하는 경우가 있는데 어큐뮬레이터는 혼합 냉매 중 기체만 컴프레서로 유입되도록 한다.

③ 수분 흡수 : 건조제를 사용하여 냉매 중의 수분을 흡수한다.

④ 오일 순환 : 출구 측 파이프 하단에 오일 회수용 필터를 설치, 컴프레서 오일의 순환을 용이하게 한다.

⑤ 증발기 동결 방지 : 저항 스위치를 설치해 저압 측 압력이 규정치보다 낮아지는 경우에 컴프레서의 작동을 일시 정지시켜 동결을 방지한다.

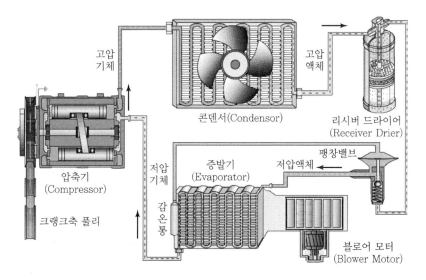

[에어컨 사이클의 구성도]

(2) 리시버 드라이어(Receiver Drier)의 기능

리시버 드라이어는 철제 또는 알루미늄제 원통형 본체에 필터, 건조제, 파이프, 사이트 글래스 등으로 구성되어 있다. 입구 측 파이프로 유입된 액체냉매는 필터와 건조제를 통과하면서 이물질 및 수분이 제거되고 본체 바닥 부근까지 내려와 있는 출구 측 파이프를 통하여 팽창밸브 쪽으로 배출된다.

① 저장장치 : 냉동사이클의 부하 변동에 대응해 냉매 순환량도 변동되어야 하므로 적절한 양의 냉매를 저장하며, 그 변동에 대응하도록 한다.
② 기포분리 : 응축기로부터 토출된 액체 냉매가 기포를 포함하고 있는 경우, 냉방성능의 저하를 초래하게 되므로 기포와 액체를 분리하여 액체 냉매만 팽창밸브로 보낸다.
③ 수분흡수 : 건조제와 필터를 사용하여 냉매 중의 수분 및 이물질을 제거한다.

자동변속기에 적용되는 유성기어장치의 증속, 감속, 후진, 직결에 대하여 설명하시오.

QUESTION 03

1. 자동변속기에 적용되는 유성기어장치의 원리

기어 A, B 두 개를 하나의 링크 C로 연결하여 원주를 따라 회전할 수 있도록 하고, 링크 C를 고정하고 A 기어를 회전시키면 B 기어는 반시계 방향으로 회전한다.
이때 변속비는 '구동 기어 A의 잇수/피동 기어 B의 잇수'로 변속비는 2가 된다.
또한 A 기어를 고정하고 링크 C를 회전시키면 B 기어는 C와 함께 A 기어 원을 따라 회전한다. 이는 링크 C를 회전시킴으로써 B 기어가 회전하는 것이므로 링크 C를 구동 기어로 보면 링크 C의 1회전은 B 기어가 A 기어 주위를 1회전하는 것과 B 기어가 A 기어 주위를 자전하는 변속비를 합한 것이 된다.
따라서 변속비는 링크 C를 기어로 보면 C 기어의 잇수＝A 기어의 잇수＋B 기어의 잇수가 되며 B 기어의 변속비는 공전의 1회전＋자전의 A/B 회전이 된다. 따라서 변속비는 3.0이 된다.
링크 C를 고정할 경우 B는 2배의 증속회전(토크는 1/2로 감소)을, 링크(기어)를 회전시키면 B기어는 3배의 증속 회전(토크는 1/3로 감소)을 한다.

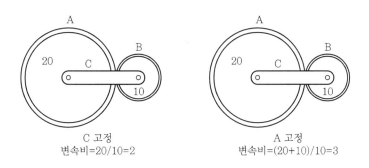

C 고정
변속비=20/10=2

A 고정
변속비=(20+10)/10=3

2. 유성기어장치의 구조와 변속비

(1) 증속 및 감속

토크 컨버터는 토크 증대비가 2~3 정도이며 구동륜이 필요로 하는 토크 변환범위를 얻을 수 없고 토크의 증대, 후진 등을 위하여 보조변속기가 필요하며 유성기어장치를 적용하여 유압으로 제어하여 필요한 변속비를 얻는다.

유성기어 변속기(Planetary Gear Transmission)는 유성(遊星/Planet)의 운동으로서 기어의 자전과 공전을 이용하여 변속하는 장치이다.

유성기어장치는 중심의 선기어(Sun Gear), 유성기어(Planetary Pinion), 링기어(Ring Gear), 캐리어(Carrier)로 구성되며 유압제어에 의하여 이들을 고정, 구동시켜서 변속비를 얻는다.

다음 그림은 변속비를 얻는 개념이다.

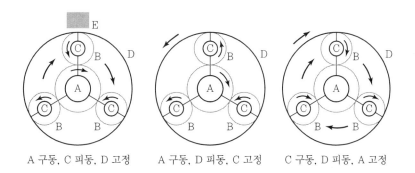

A 구동, C 피동, D 고정   A 구동, D 피동, C 고정   C 구동, D 피동, A 고정

다음 표는 유성기어장치 3요소의 조합방법에 따른 변속상태를 나타낸다.

경우	3요소의 조합방법	피동축의 회전상태		
		피동축	회전속도(rpm)	
1	선기어 A 고정 유성 피니언 케이지 C 회전(구동)	링기어 D	증속	$n_D = \dfrac{Z_A + Z_D}{Z_D} \times n_c$
2	선기어 A 고정 링기어 D 회전	유성 피니언 케이지 C	감속	$n_c = \dfrac{Z_D}{Z_A + Z_D} \times n_D$
3	유성 피니언 케이지 C 고정 선기어 A 회전	링기어 D	역전감속	$n_D = \dfrac{-Z_A}{Z_D} \times n_A$
4	유성 피니언 케이지 C 고정 링기어 D 회전	선기어 A	역전증속	$n_A = \dfrac{-Z_D}{Z_A} \times n_D$
5	링기어 D 고정 선기어 A 회전	유성피니언 케이지 C	감속	$n_C = \dfrac{Z_A}{Z_A + Z_D} \times n_A$
6	링기어 D 고정 유성 피니언 케이지 C회전	선기어 A	증속	$n_A = \dfrac{Z_A + Z_B}{Z_A} \times n_C$

(2) 후진

후진상태에서 동력은 선기어에서 캐리어로 전달되며 작동유압은 후진 클러치와 3단 클러치에 동시에 작용하고 후진 클러치가 작동하면 링기어는 고정되고 3단 클러치가 작동하면 선기어는 구동된다. 유성기어는 링기어 내부에서 선기어 회전방향과는 반대방향으로 회전하고 캐리어와 연결된 출력축은 역전하고 자동차는 후진한다.

(3) 직결

직결상태에서는 2단 클러치와 3단 클러치가 작동하므로 동력은 컨버터에서 선기어와 링기어에 동시에 전달되며 2차 선기어의 밴드 브레이크는 풀린다.
링기어와 선기어의 회전속도가 같으므로 중간에 끼어있는 유성기어는 자전운동을 할 수 없으므로 유성기어장치 전체가 하나가 되어 회전하게 되며 보통 3단의 고속주행 상태이다.

자동차 수리비의 구성 요소인 공임과 표준작업시간에 대하여 설명하시오.

1. 자동차 수리비의 공임과 표준작업시간

'정비작업 표준정비시간 공임제도'란, 정비작업시간당 공임 및 표준정비시간을 자동차 정비사업장 내에 게시하도록 하는 제도이다. 소비자들로 하여금 차량 수리 시 제작사에서 제시한 기준에 맞는 양질의 정비서비스를 받을 수 있도록 하여 정비요금의 투명성의 제고 및 정비요금이 과다 청구되는 것을 방지할 수 있다. 즉, 소비자와 정비업체 간 건전한 서비스를 유도할 목적으로 국토교통부에서 2015년 1월 8일부터 시행한 제도이다.

자동차 표준정비시간표는 다음과 같은 기준으로 산출하였다.

① 자동차 표준정비시간표는 일반정비공장에서 직접 실측하여 정비 현장의 실제상황을 표준화하여 반영한 것으로 현장감 있는 시간으로 실측자료 및 계절적 요인에 따른 준비율과 여유율을 반영하여 정하고 자동차 제작사 및 외국의 산출방법을 참고로 차량별 작업의 난이도 등을 고려하여 정비시간을 산출한 것이다.

② 표준정비시간표는 손상차량 및 고장차량의 복원 수리 시 작업에 소요되는 표준정비시간이 명시되어 있고 수리공정에 대한 작업시간 및 소요비용 산출과 정비현장 작업공정 관리계획 수립 및 효율산출을 위한 참고자료로 활용되도록 제작되었다.

③ 탈착교환의 표준정비시간은 차량의 조립구조와 부품 보급형태에 적합하도록 각 작업 항목별 특성에 맞게 정비시간을 산출하였으며 보수도장 정비시간은 실제 정비시간으로 책정하였다.

④ 작업순서와 작업방법은 자동차기술인협회에서 작성한 보고서를 기준으로 표준조건을 준수하여 제작사 수리 매뉴얼을 참고하여 정비시간을 책정하였다.

⑤ 자동차 소재 및 기술 변화에 따른 실제 표준정비시간을 산출하여 기존의 작업시간에 대한 많은 부분을 보완, 개선하였으며 현재 자동차 제작 시 적용된 기술에 맞는 수준의 정비작업 장비 및 재료를 적용하여 산출하였다.

"자동차 및 자동차부품의 성능과 기준에 관한 규칙"에 명시된 어린이 운송용 승합자동차에 관련된 안전기준 중 좌석의 규격, 승강구, 후사경, 후방 확인을 위한 영상장치, 정지표시장치에 대하여 각각 설명하시오.

1. 어린이 운송용 승합자동차에 관련된 안전기준

(1) 좌석의 규격

어린이 운송용 승합자동차의 어린이용 좌석의 규격은 가로·세로 각각 27cm 이상, 앞좌석 등받이의 뒷면과 뒷좌석 등받이의 앞면 간의 거리는 46cm 이상이어야 한다.

어린이 운송용 승합자동차에 규정에 따른 접이식 좌석을 설치할 때는 외부에서 이를 조작할 수 있도록 하여야 한다.

(2) 승강구

① 제1단의 발판 높이는 30cm 이하이고, 발판 윗면은 가로의 경우 승강구 유효너비(여닫이식 승강구에 보조발판을 설치하는 경우 해당 보조발판 바로 위 발판 윗면의 유효너비)의 80% 이상, 세로의 경우 20cm 이상일 것

② 제2단 이상 발판의 높이는 20cm 이하일 것. 다만, 15인승 이하의 자동차는 25cm 이하로 할 수 있으며, 각 단(제1단을 포함)의 발판은 높이를 만족시키기 위하여 견고하게 설치된 구조의 보조발판 등을 사용할 수 있다.

③ 승하차 시에만 돌출되도록 작동하는 보조발판은 위에서 보아 두 모서리가 만나는 꼭짓점 부분의 곡률반경이 20mm 이상이고, 나머지 각 모서리 부분은 곡률반경이 2.5mm 이상이 되도록 둥글게 처리하고 부드러운 재료로 마감할 것

④ 보조발판은 자동 돌출 등 작동 시 어린이 등의 신체에 상해를 주지 아니하도록 작동되는 구조일 것

⑤ 각 단의 발판은 표면을 거친 면으로 하거나 미끄러지지 아니하도록 마감할 것

(3) 후사경

① 어린이 운송용 승합자동차(원동기가 운전석으로부터 앞쪽에 위치해 있는 자동차는 제외한다.)에는 차체 바로 앞에 있는 장애물을 확인할 수 있는 간접시계장치를 추가로 설치하여야 한다.

② 어린이 운송용 승합자동차의 좌우에 설치하는 간접시계장치는 승강구의 가장 늦게 닫히는 부분의 차체(승강구가 없는 차체 쪽의 경우는 승강구가 있는 차체의 지점과 대칭인 지점을 말한다.)로부터 자동차 길이방향의 수직으로 300mm 떨어진 지점에 직경 30mm 및 높이 1,200mm의 관측봉을 설치하고, 운전자의 착석기준점으로부터 위로 635mm의 높이에서 관측봉을 확인하였을 때 관측봉의 전부가 보일 수 있는 구조로 하여야 한다.

③ 간접시계장치에 추가로 평균곡률반경이 200mm 이상이고 반사면이 10,000mm² 이 상인 광각 실외 후사경 또는 영상장치를 설치하여야 한다.

④ 기준에 적합한 간접시계장치를 보조하는 후사경 보조용 영상장치를 설치할 수 있다.

(4) 후방확인용 영상장치

아래의 자동차에는 자동차 후방 끝단 중심으로부터 좌우 1,000mm 및 후방 300mm부터 2,000mm까지의 영역에 설치된 직경 30mm 및 높이 500mm의 관측봉 전부가 보일 수 있는 영상장치 또는 보행자에게 자동차가 후진 중임을 알리거나 운전자에게 자동차 후방 보행자의 근접 여부를 알리는 후진경고음 발생장치를 설치하여야 한다.

① 대형 화물자동차
② 대형 특수자동차
③ 밴형 화물자동차
④ 특수용도형 화물자동차로서 박스형 적재함이 있는 자동차
⑤ 어린이운송용 승합자동차

(5) 정지표시장치

① 어린이 운송용 승합자동차의 앞과 뒤에는 정지표시장치 기준에 따른 어린이 보호표지를 붙이거나 뗄 수 있도록 하여야 한다.

〈정지표시장치의 구조〉
• 정지표시장치는 어린이가 승하차 중임을 알리는 표시부와 이를 차체에 장착하는 지지부로 구성될 것
• 지지부는 주행 중 정지표시장치가 차체에서 떨어지지 아니하도록 견고하게 부착되고, 예리한 돌출부분이나 모서리가 없는 구조일 것. 이 경우 외부 충격 시 정지표시장치의 지지부 일부가 접혀야 하고, 표시부는 교체를 위한 탈부착이 가능한 구조로 할 것
• 정지표시장치의 표시부는 양쪽 면으로 이루어질 것

② 어린이 운송용 승합자동차의 좌측 옆면 앞부분에는 정지표시장치 작동기준에 따른 정지표시장치를 설치하여야 한다. 이 경우 좌측 옆면 뒷부분에 1개를 추가로 설치할 수 있다.

〈정지표시장치의 표시부 작동기준〉
• 어린이의 승하차를 위한 승강구가 열릴 때에는 자동으로 차체와 수직인 방향으로 펼쳐질 것
• 어린이의 승하차를 위한 승강구가 닫힐 때에는 자동으로 차체와 나란한 방향으로 접힐 것

QUESTION 06 | SAE(Society of Automotive Engineers) 기준 자율주행자동차 레벨에 대하여 설명하시오.

1. 자율주행자동차 레벨

SAE 기준 자율주행자동차의 자동화 및 안전도를 기준으로 한 레벨 등급은 Level 0~5로 구분하며 자율주행 가능 정도를 나타내고 등급이 상승할수록 자동차의 제어권이 운전자에서 차량으로 이동한다.

Level 0 : 사람이 100% 차량의 제어를 담당하는 단계이며 주변 환경 및 위기 대처 모두 인간이 담당한다.

Level 1 : 가속과 제동까지 시스템이 보조할 수 있는 단계이며 주변 환경 및 위기 대처는 모두 인간의 몫이다.

Level 2 : 가속, 제동, 조향까지 시스템이 조작할 수 있는 단계이며 주변 환경 및 위기 대처는 아직까지 인간의 몫이다.

Level 3 : (부분적) 전자동 제어가 가능하며 주변 환경까지 감시하나 위기 대처는 인간의 몫이다.

Level 4 : 완전 제어 가능한 단계이며 완전한 의미의 '자율주행' 시스템이다.

Level 5 : 핸들조차 필요 없고, 사람도 필요가 없는 '무인'자율주행자동차이다.

	SAE Level	Name	Steering Acceleration Deceleration	Monitoring of Driving Environment	Fallback Performance	System Capability (Driving Modes)
Human Driver Monitors Environment	0	No Automation	Human	Human	Human	n/a
	1	Driver Automation	Human System	Human	Human	Some Driving Modes
	2	Partial Automation	System	Human	Human	Some Driving Modes
Automated Driving System Monitors Environment	3	Conditional Automation	System	System	Human	Some Driving Modes
	4	High Automation	System	System	System	Some Driving Modes
	5	Full Automation	System	System	System	All Driving Modes

[SEA 기준 자율주행자동차의 Level]

116

차량기술사

기출문제 및 해설

Professional Engineer Transportation Vehicles

1교시

PROFESSIONAL ENGINEER TRANSPORTATION VEHICLES

01
QUESTION

자동차에 설치되는 휴대전화 무선충전기의 충전원리에 대하여 설명하시오.

1. 무선전력전송(Wireless Power Transfer)의 종류

(1) 전자기유도방식

전자기유도방식은 변압기 1~2 코일 간의 유도현상을 이용한 방식으로 수 MHz의 주파수를 사용하며 효과적인 전송거리는 수 mm 이하이다.

전자기유도방식은 비접촉(Non-Contact)전력전송 또는 밀착-결합(Tightly-Coupled) WPT(Wireless Power Transfer)라고 불리며 다양한 분야에서 상용화 되어 있다.

(2) 전자기공진방식

전자기공진방식은 전자기유도현상의 특수한 경우를 이용한 것이다. 공진코일이라는 것을 사용하며 송수신 안테나 간의 공진현상을 이용한 방식이다.

전자기공진방식은 자기공진 커플링(Magnetic Resonant Coupling) 또는 고공진자기유도(High Resonant Magnetic Induction) 또는 느슨한 결합(Loosely-Coupled) WPT라고 불린다.

(3) 마이크로웨이브방식

마이크로웨이브방식은 전자파 안테나를 통해 직접 송수신하는 방식으로, 수 GHz의 높은 주파수를 사용하며 전송거리도 수 km 이상이고 전송효율은 1마일에서 84% 정도이다.

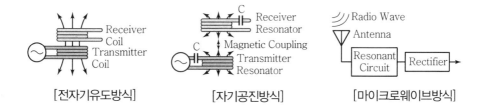

[전자기유도방식]   [자기공진방식]   [마이크로웨이브방식]

2. 폰 충전 장치의 전자기유도(Magnetic Induction)방식 무선전력전송

(1) 전자기유도방식 무선전력전송의 원리

전자기유도방식은 현재는 무선전력전송기술 중에서 가장 기본적인 기술이다. 기본적인 회로는 많은 권수를 가지는 두 개의 코일과 적정 길이의 반경을 갖는 철심으로 구성된다. 전력을 송신하는 부분에 연결된 코일을 1차 코일, 전력을 수신하는 코일을 2차 코일이라 하며 두 코일의 중앙에는 철심이 위치하고 코일 간의 거리를 유지하는 형태로 회로가 구성된다. 우선 송신 측인 1차 코일에 전류를 흘려주면 이 전류에 의해 1차 코일 주변에 자기장이 형성되고 이때 2차 코일의 주변에 형성된 자기장은 다시 2차 코일에 직접 전류의 흐름을 유도하고 유도된 전류의 흐름에 의해 수신단으로 전력이 전달된다.

(2) 전자기유도의 원리

전자기유도란 도체의 주변에서 자기장을 변화시켰을 때 전압이 유도되어 전류가 흐르는 현상이다. 유도기전력의 크기는 코일을 관통하는 자속(자기력선속)의 시간적 변화율과 코일의 감은 횟수에 비례한다는 것이 전자기유도법칙이고 패러데이법칙으로 알려져 있다. 유도기전력은 다음과 같은 식으로 표시되며 자력, 자력(자석)의 접근속도, 코일의 권수에 따라 유도기전력은 변화한다.

$$e = - \frac{N \Delta \phi}{\Delta t} [\text{V}]$$

여기서, e : 유도기전력[V]

N : 코일 권수

Δt : 시간[sec]

$\Delta \phi$: 자기장 변화량[Weber]이다.

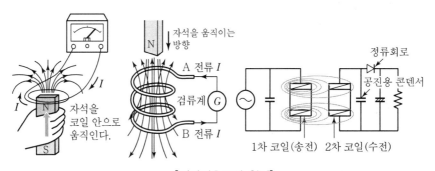

[전자기유도의 원리]

02 암모니아 슬립(Ammonia Slip)에 대하여 설명하시오.
QUESTION

1. 암모니아 슬립(Ammonia Slip)의 정의

암모니아 슬립은 선택적 배기가스 환원 후처리 장치인 SCR에서 분사된 암모니아(NH_3)가 NOx와 충분히 혼합하지 못하고 잔류하는 상태를 말한다.

SCR의 적용을 위해서는 촉매 및 SCR/암모니아, 암모니아/NOx의 혼합, 온도 그리고 NOx의 농도와 다른 조건들이 고려되어야 한다.

이 중에서 암모니아와 배출가스와의 균일한 혼합은 암모니아 슬립(NH_3 Slip)의 제약을 극복하면서 얻을 수 있는 최대 NOx 변환효율에 큰 영향을 미친다. 불균일한 혼합은 국부적으로 암모니아의 농도가 매우 높은 영역이 존재하므로 이 영역에서 모두 변환되는 NOx와 달리 반응을 못 하고 남은 여분의 암모니아는 슬립을 일으키고 그대로 대기 중으로 배출된다.

차량에 SCR을 적용할 경우 요소의 분사위치와 모노리스 입구와의 거리가 매우 짧아 요소 수용액의 충분한 증발과 열해리(Thermolysis) 반응이 일어날 잔류시간이 부족하므로 SCR 성능이 저하될 수 있다.

03 자동차 에너지소비효율등급 라벨에 표시된 복합연비의 의미에 대하여 설명하시오.
QUESTION

1. 에너지소비효율등급 라벨 표시

에너지소비효율(연비 : km/L)은 1리터의 연료로 얼마의 거리(km)를 주행할 수 있는지 표시하는 것이다.

등급별로 고유한 색을 지정, 또한 경형자동차 라벨을 별도로 지정하여 공영주차장 요금 할인 등에서 보다 편리하게 경차를 식별토록 하고 있으며 복합연비의 표시는 1~5등급으로 구분한다.

(1) 도심연비(도심주행 에너지소비효율)

도심주행 모드(FTP-75)로 측정한 에너지소비효율을 5-Cycle 보정식에 적용하여 산출한 연비이다.

(2) 고속도로연비(고속도로주행 에너지소비효율)

고속도로주행 모드(HWFET 모드)로 측정한 에너지소비효율을 5 − Cycle 보정식에 적용하여 산출한 연비이다.

(3) 복합연비

도심연비와 고속도로연비에 각각 55%, 45%의 가중치를 적용하여 산출한 연비로 복합연비를 기준으로 자동차의 연비등급을 부여한다. 배기량에 상관없이 복합연비가 높은 차량에 높은 등급(1등급)을 부여하고 복합연비가 낮은 차량에 낮은 등급(5등급)을 부여한다.

04 블로바이(Blow − by), 블로백(Blow − back), 블로다운(Blow − down)에 대하여 설명하시오.
QUESTION

1. 블로바이(Blow − by), 블로백(Blow − back), 블로다운(Blow − down)

모두 피스톤과 실린더 사이, 연소실과 밸브 사이의 간극에서 누출되는 미연소 가스 또는 연소 가스이며 연소실에서 연소하거나 정상적으로 배기관을 통하여 배출되지 못하고 대기중으로 배출되는 현상이다. 환경오염의 문제로 이를 흡수하여 재연소시키는 방법들이 적용된다.

(1) 블로바이(Blow − by)

압축행정 또는 팽창행정에서 피스톤링의 링엔드 등에서 크랭크케이스로 누출된 미연소 및 연소 가스를 말한다.

(2) 블로백(Blow − back)

고RPM 영역에서 순간적으로 RPM을 낮추면 과급기에 의해 압축되어 연소실로 향하던 공기가 스로틀 밸브에 의해서 차단되어 역류하면서 흡입기가 되돌아나가는 현상을 블로백이라고 한다.

(3) 블로다운(Blow − down)

폭발행정 끝부분에서 실린더 내의 압력에 의해 배기가스가 배기밸브의 간극을 통해 배출되는 현상이다.

QUESTION 05 휠의 정적불균형과 동적불균형에 대하여 설명하시오.

1. 휠의 정적불균형과 동적불균형

(1) 휠의 정적불균형

휠의 한 부분에 중량이 작용하면 휠이 회전 시 그 중량이 원심력으로 작용하는데, 중량이 위쪽에 위치하면 휠을 위로 들어 올리는 힘으로 작용하고 아래쪽에 위치하면 노면을 두드리는 현상을 말한다.

휠의 회전이 빨라지면 휠이 상하로 진동하고 휠에 시미(Shimmy) 현상을 일으키며 이때 발생하는 차체의 진동은 트램핑(Tramping) 현상으로 나타난다.

(2) 휠의 동적불균형

휠을 회전시키고 앞에서 보았을 때 회전하고 있는 상태에서의 평형을 말한다. 휠이 좌우로 흔들리는 현상으로, 회전하는 휠이 좌우로 진동하게 된다.

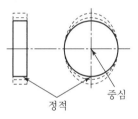

[휠의 정적불균형]

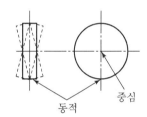

[휠의 동적불균형]

06 저속전기자동차의 안전기준 및 운행기준에 대하여 설명하시오.

QUESTION

1. 저속전기자동차의 안전 및 운행 기준

저속전기자동차(NEV ; Neighborhood Electric Vehicle)는 최고속도 시속 60km 이내, 차량총중량 1,100kg 이하의 전기자동차를 말한다.

현행 자동차안전기준에 관한 규칙에 따른 제동장치, 조향장치, 범퍼 등의 기준을 그대로 저속전기자동차에 적용할 경우 자동차 등록 자체가 어렵기 때문에 자동차 안전기준을 달리 정할 수 있다고 규정하고 있다.

제한최고속도 시속 60km 이하의 도로 중 시장·군수·구청장이 지정하는 도로에 한해서는 저속전기자동차의 운행이 가능하도록 하고 있다.

또한, 자동차 검사대행자와 민간 지정정비사업자가 자동차 검사를 실시한 후 그 결과를 자동차 소유자에게 반드시 통보하도록 했으며 자동차 리콜(제작결함시정) 통지방법 중 우편발송을 법률로 규정하고 있다.

현재 시·도지사가 등록번호판 발급대행자 지정방법 및 대행기간을 조례로 정할 수 있도록 개선해 합리석으로 제노를 운용할 수 있도록 하고 있다.

07 자동차 배터리의 CCA에 대하여 설명하시오.

QUESTION

1. 배터리의 저온시동능력(CCA ; Cold Cranking Ampere)

자동차 배터리의 저온시동능력(CCA ; Cold Cranking Ampere)은 혹한조건($-18℃$)에서 자동차의 시동에 필요한 전류를 공급할 수 있는 능력으로, 방전종지전압까지 30초 동안 공급할 수 있는 최대 전류량(Ampere)을 말한다.

저온시동능력(CCA)은 배터리 용량(Ah)이 높을수록 같이 비례해서 높아진다.

08 전기자동차에서 인버터(Inverter)와 컨버터(Converter)의 기능에 대하여 설명하시오.
QUESTION

1. 인버터(Inverter)와 컨버터(Converter)의 기능

(1) 인버터

인버터는 직류전력을 교류전력으로 변환하는 장치(역변환 장치)이다. 직류 모터를 사용하는 전기차는 인버터가 필요 없지만 고성능 교류 모터를 사용하기 위해서는 직류를 교류로 바꾸는 장치가 필요하므로 주파수와 전압 및 회전수와 토크를 자유롭게 변화시킬 수 있는 인버터가 필요하다.

(2) 컨버터

컨버터는 인버터와 반대로 교류를 직류로 변환하는 장치이다. 신호 또는 에너지의 모양을 바꾸는 장치로, 회로망·변환기라고도 한다.
전기자동차에는 회생제동 시스템이 적용되므로 속도를 줄일 때 교류 모터가 교류발전기로 변환되고 이때 발전하는 회생제동력을 조정하는 역할을 한다.

09 전기자동차에 사용되는 PTC 히터에 대하여 설명하시오.
QUESTION

1. PTC 히터

온도가 상승하면 전기저항이 급격히 커지는 반도체소자로, 안전한 발열체이며 온도에 따라 저항이 달라지면 스위치 작용을 하므로 과전류나 고온에서는 자체적으로 전기를 차단한다.
전기자동차는 일반적인 내연기관 차량과는 달리 고온의 냉각수가 없으므로 겨울철 차량 난방을 할 때 PTC(Positive Temperature Coefficient) 히터를 이용한다.
내연기관 자동차도 PTC 히터를 추가 장착한 경우가 있으나 엔진이 가열되기 전까지만 동작한다.
전기자동차는 PTC 히터 또는 히트 펌프 시스템을 별도로 가지고 있는데 PTC 히터는 전기에너지를 이용하여 발열하는 시스템이다. 따라서 1회 충전당 주행거리가 중요한 전기자동차 입장에서는 전기를 많이 사용하는 시스템이므로 최근에는 효율이 좋은 히트 펌프 시스템과 PTC 히터를 같이 적용하고 있는 실정이다.

10 LPI 엔진에서 ECU가 연료 조성비를 파악하기 위하여 필요한 센서와 신호에 대하여 설명하시오.

QUESTION

1. LPI 엔진(Liquid Propane Injection Engine)의 개요

LPI 엔진은 LPG 연료를 고압의 액상으로 유지하면서 엔진의 인젝터를 통하여 각 실린더로 분사해주는 장치를 갖춘 엔진이다.

기존의 LPG 엔진은 액체 상태의 연료가 베이퍼라이저에서 기화되어 기체 상태가 된다. 이 기체 LPG는 스로틀 보디에 위치한 믹서에서 공기와 혼합되고 이 혼합된 기체가 엔진의 각 연소실에 늘어가 폭발하면서 엔진이 구동된다.

LPI 엔진은 연료펌프에서 나온 액상의 LPG가 전자적인 신호에 따라 액체 상태로 분사되어 연소되고 각 실린더마다 위치한 흡기 매니폴드에 연료를 분사한다. 기체 상태의 연료는 연료 공급량 제어가 어려운 반면 액체 상태의 연료는 그 양을 쉽게 제어할 수 있고, 각 실린더 별 제어가 가능하기 때문에 엔진의 성능이 더욱 최적화된다.

2. LPI 엔진의 연료 조성을 위한 센서

(1) 연료 압력 센서(Fuel Pressure Sensor)

연료 공급 파이프라인에 설치되어 있으며, 검출된 압력은 전압 신호로 엔진의 ECU에 입력되어 인젝터의 연료 보정 신호로 이용된다.

(2) 스로틀 포지션 센서(Throttle Position Sensor)

스로틀 밸브의 개방각도를 감지하는 가변저항이다. 스로틀 보디의 스로틀 밸브 샤프트와 함께 회전하므로 스로틀 포지션 센서의 출력전압이 변하면 ECU(Electronic Control Unit)가 이 전압 변화를 기초로 하여 엔진의 가감속 상태를 판단하고, 그에 따라 필요한 연료분사량을 제어한다.

(3) 흡입 공기량 센서(Air Flow Sensor)

AFS가 흡입 공기량을 검출하여 ECU로 보내면 ECU에서는 LPG의 분사량과 점화 시기를 결정하고 고도 및 에어컨 가동 여부에 따라 보정하여 분사한다.

(4) 흡기 온도 센서(Air Temperature Sensor)

흡기의 온도를 검출하여 LPG 분사량 및 분사시기를 보정한다.

11 QUESTION FF 형식의 자동차가 좌회전 선회 중 언더스티어가 발생할 경우 ESP(Electronic Stability Program)가 휠을 제동하는 방법에 대하여 설명하시오.

1. 선회 주행 중 언더스티어가 발생할 경우 ESP가 휠을 제동하는 방법

각종 센서들이 구동바퀴의 속도, 제동압력, 조향 핸들의 각도 및 차체의 기울어짐 등을 파악해 그 정보를 ESP 장치로 보내면 ESP는 이러한 정보들을 검색하고 차량의 미끄러짐 상태를 초기에 파악하여 차량의 바퀴 중 적합한 브레이크를 작동시켜 선회 주행 중인 자동차의 자세를 안정시킨다.

ESP 차체자세제어장치는 스핀(Spin)이나 언더스티어(Under Steer) 현상의 발생을 억제하여 사고를 방지한다. 이 장치는 기존의 ABS, TCS, EDB 장치의 기능에 ESP 기능이 더해진 장치이며 ESP는 차량에 스핀이나 언더스티어가 발생하면 이를 감지해 자동으로 내측 또는 외측 차륜에 제동을 가해 차량의 자세를 제어함으로써 차량의 안정된 자세를 유지한다. 이 제어는 기존의 ABS 장치와 연계하여 이루어진다.

12 QUESTION 가솔린엔진의 비동기연료분사에 대하여 설명하시오.

1. 동기분사와 비동기분사

가솔린엔진의 연료분사 시기의 결정 방법에 따라 동기분사와 비동기분사가 있으며, 비동기 분사는 크랭크샤프트의 회전각에 동기되지 않는 임시적인 분사이다.

주행 중 가속할 경우 일반적인, 가속 보정을 통하여 가속을 위한 추가적인 연료를 분사하는 가속증량보정은 동기분사이며 이 동기분사에 의한 가속증량보정으로도 충족될 수 없는 급가 속에 소요되는 연료분사는 비동기분사이다.

급가속 조건은 주로 가속페달에 의한 스로틀 밸브 열림각의 변화량으로 검출한다. 급가속에 의해서 엔진으로 흡입되는 공기량이 급격하게 변하면 이미 결정된 분사량으로는 공연비를 맞출 수 없으므로 신속하게 추가 연료를 분사하여야 하므로 크랭크축의 회전각과 무관하게 분사하게 된다.

13 QUESTION 자동차 브레이크 패드의 에지(Edge)에 표시된 코드(예 JB NF92 FF)에서 FF의 의미를 설명하시오.

1. 브레이크 패드의 마찰계수 표기

첫 번째 F는 Normal Friction Coefficient(정상마찰계수)이며 두 번째 F는 Hot Friction Coefficient(고온마찰계수)를 나타낸다. 아래 표는 코드 문자별 마찰계수이다.

코드 문자	마찰계수
C	0.15 미만
D	0.15~0.25
E	0.25~0.35
F	0.35~0.45
G	0.45~0.55
H	0.55 이상
Z	미분류

2교시

01
QUESTION

디젤엔진에서 EGR(Exhaust Gas Recirculation)에 의해서 NOx가 저 감되는 원리를 설명하시오.

1. EGR(Exhaust Gas Recirculation)의 NOx 저감 원리

배기가스재순환(Exhaust Gas Recirculation)은 디젤엔진에서 NOx 배출을 제어하는 효과 적인 방법이다. EGR은 재순환된 배기가스에 의한 열흡수(Heat Absorption)뿐만 아니라, 연소실 내의 산소 농도의 저감을 통하여 NOx의 생성을 감소시킨다. EGR 방법을 채용하기 위하여 고압 EGR(High−Pressure Loop EGR), 저압 EGR(Low−Pressure Loop EGR) 및 혼합 EGR(Hybrid EGR) 등 여러 가지 방법들이 제안되고 있다.

냉각(Cooled) EGR을 사용하면 NOx를 더욱 저감시킬 수 있다. 냉각 EGR은 EGR 냉각기 (Cooler)에 엔진 냉각수를 흘려보냄으로써 재순환된 배기가스를 냉각시켜 흡기로 유입시킨다.

2. NOx의 저감 원리

EGR은 엔진 배기가스의 일부를 흡기로 재순환하여 엔진의 연소실로 재유입시키며, 엔진으 로 유입되는 신기(新氣)에 포함되어 있는 산소 일부를 불활성가스(Inert Gas)로 대치하여 NOx의 생성률을 저감하는 방법이다. 또한 연소과정 중의 열을 흡수하도록 함으로써 연소최 고온도를 낮추어 NOx의 생성을 억제한다.

일반적으로, 다음의 원리가 EGR에 의한 NOx 저감효과의 주요 메커니즘으로 이해되고 있다.

① 연소실의 산소 농도 저하 : 재순환된 불활성 가스에 의해 엔진으로 들어오는 신기의 일부 를 치환함으로써 연소실의 산소 농도를 낮추고 연소최고온도를 낮춘다.

② 열흡수 원리 : 재순환되는 배기가스에 존재하는 CO_2의 열용량(Thermal Effect) 및 CO_2 의 열해리(Chemical Effect) 반응에 의해 연소과정 중의 온도와 압력을 감소시킨다. 이는 EGR이 열흡수매질(Heat Sink)로 작용함으로써 연소최고온도를 낮추는 것을 말한다.

QUESTION 02 무게가 16,000N, 앞바퀴 제동력이 좌우 각각 3,600N, 뒷바퀴 제동력이 좌우 각각 1,200N인 자동차가 120km/h 속도에서 급제동할 경우 멈출 때까지의 거리와 시간을 구하시오.(단, 중력가속도 g = 10m/s²이다.)

1. 제동거리(S)

제동거리는 주행 중인 자동차의 운동에너지(E)를 제동일로 흡수하는 과정이므로 다음과 같은 식으로 계산되며 공주시간은 없는 것으로 한다.

$$E = \frac{1}{2}mV^2 = FS\text{에서}$$

무게 $W = 16,000\text{N}$

속도 $V = 120\text{km/h}$

총제동력 $F = (3,600 \times 2) + (1,200 \times 2) = 9,600\text{N}$

중력가속도 $g = 10\text{m/sec}^2$이므로

$$\frac{1}{2}\left(\frac{16,000}{10}\right)\left(\frac{120 \times 1,000}{3,600}\right)^2 (\text{J}) = 9,600 \times S\,(\text{J})$$

제동거리 $S = 92.58\text{m}$

2. 제동시간(t)

감속도 a로 주행하면 제동거리 S에서 $v_2 = 0$이므로

$$2aS = (v_2)^2 - (v_1)^2$$
$$= 0 - (v_1)^2$$

$$a = \frac{(v_1)^2}{2S} = \frac{\left(\dfrac{120 \times 1,000}{3,600}\right)^2}{2 \times 92.58}\,(\text{m/sec}^2)$$

따라서, 감속도 $a = 6.0\text{m/sec}^2$

속도 $V =$ 감속도(a)×시간(t)이므로

$$\text{제동시간 } t = \frac{V}{a} = \frac{\left(\dfrac{120 \times 1,000}{3,600}\right)}{6.0} = 5.55\text{sec}$$

48V 마일드 하이브리드 시스템(Mild Hybrid System)을 정의하고 작동 방식에 대하여 설명하시오.

1. 48V 마일드 하이브리드 자동차의 정의

각국의 연비 규제(한국 : 20km/L, 일본 : 20.3km/L, 미국 : 23.9km/L, 유럽 : 26.5km/L)에 따라 디젤자동차를 위한 시스템으로 개발한 것이 마일드 하이브리드 자동차이다.

48V 하이브리드 자동차는 전기모터가 구동에 적극적으로 개입하는 일반 하이브리드 자동차와는 달리 출발, 가속 시 필요한 동력을 모터가 보조한다.

차가 멈출 때 제동 에너지를 회수해서 전력을 생산하고 배터리를 충전하는 회생제동 시스템이 장착되어 에너지효율이 15% 정도 향상되어 연비 규제에 대응할 수 있다.

2. 48V 마일드 하이브리드 자동차의 작동원리

48V 마일드 하이브리드 자동차는 기존 내연기관 차량의 구조 변경을 최소화하여 구현이 가능하기 때문에 시스템의 복잡도가 낮고 가격 경쟁력이 있다는 장점이 있다.

하지만 일반 하이브리드 자동차에 비해 낮은 배터리 용량과 제한된 성능의 모터를 가지고 있다. 이는 연비 향상에 영향을 주는 EV Mode가 상대적으로 제한적임을 의미하므로 모터의 동력 보조가 적절하게 사용되는 것이 중요하다.

마일드 하이브리드 자동차는 기존의 12V 배터리에 48V 전원의 배터리가 추가되는 시스템이다. 기본적인 구조는 TMED 타입의 병렬형 하이브리드 자동차 구조와 같으며, 다른 점은 고전압 배터리(DC 270V 이상)가 아닌 48V 전원의 배터리를 사용하여 HEV 모터와 HSG(Hybrid Starter Generator)를 동작시킨다는 것이다. 270V 대신 48V를 쓰는 이유는 60V 이하의 48V 전원이 인간에게 신체적으로 위험을 주지 않으며 배선 부분을 많이 변경하지 않고 적용할 수 있는 전압이기 때문이다. 고전압 배터리 대신 48V 배터리를 쓰면(12V 배터리도 사용) 안전장치 등의 복잡한 구조 변경이 필요 없어서 유리하며 HEV 모터와 HSG를 통해 하이브리드 연비도 향상시킬 수 있다.

일반 전장품에는 12V 전원을 공급하고 모터 등에는 48V의 전원을 사용하여 12V와 48V를 구분하여 배선한 두 가지 전원의 자동차이다.

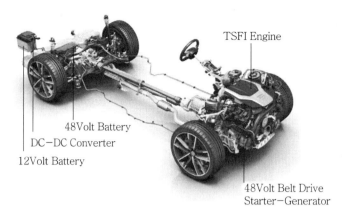

48Volt Battery

DC−DC Converter

12Volt Battery

TSFI Engine

48Volt Belt Drive
Starter−Generator

[48V 마일드 하이브리드 자동차의 구조]

자동차 시트벨트 구성요소 중 안전성과 안락성 향상을 위한 부품 4가지를 설명하시오.

1. 로드 리미터(Load Limiter)

전방으로부터 강한 충격이 있을 때 상반신의 이동과 시트벨트의 구속이 서로 상반되어, 경우에 따라서는 가슴에 강한 압박을 받을 수 있다. 이런 경우에 벨트에 허용되는 최대하중 이상의 힘으로 구속되지 않도록 하여 압박으로부터 가슴 부위를 보호하는 기능을 하는 장치이다.

2. 프리텐셔너(Pretensioner)

전방으로부터 강한 충격을 받을 때 순간적으로 시트벨트를 잡아당겨서 구속 효과를 높이는 장치로 상반신의 전방 이동을 최소화해서 부상을 줄이기 위한 것이다.

3. 텐션 리듀서(Tension Reducer)

운전 중 안전벨트의 착용이 의무화되었지만 안전벨트를 맬 경우 답답하고 작은 동작도 불편하다는 불만이 있다. 이를 해결하기 위한 것이 벨트를 잡아당기는 힘을 줄여주는 텐션 리듀서이다. 벨트 착용 시 처음 몇 초 동안은 답답할 수 있지만 시간이 지나면 벨트를 의식하지 못할 정도로 벨트의 장력이 조절된다.

4. 프리세이프 시스템(Pre - safe System)

위험 상황이 생기면 안전벨트가 스스로 진동하며 미리 경고를 주거나 충돌 전후에는 시트벨트를 되감아 승객을 보호한다. 급제동이나 미끄럼이나 충돌을 감지하면 안전벨트를 완전히 되감아 탑승자를 보호하고, 급선회나 빙판길 제동일 때도 운전자의 전방 또는 측면으로의 쏠림을 방지해준다. 이러한 것은 레이더 센서와 휠에 설치된 차량속도 센서 및 스티어링 각도 센서의 감지로 동작한다.

전기자동차의 탑재형 충전기(On Board Charger)와 외장형 충전기(Off Board Charger)를 설명하고 탑재형 충전기의 충전전력 흐름에 대하여 설명하시오.

1. 탑재형 충전기와 외장형 충전기의 구분

탑재형과 외장형은 충전기의 탑재 위치에 따라 구분한다.

외장충전장치(Off Board Charger)는 보통 급속충전기로서 입력은 교류 3상 380V이고, 출력은 직류 100~450V 정도이다. 외부의 전력공급설비로부터 전력을 공급받는 스탠드와 이와 연결된 케이블 및 직류 접속의 전기자동차 커플러를 가진 일체의 충전시스템으로 직류 대전류로 축전지를 단시간(30분 이내)에 직접 충전하는 방식의 충전기를 말한다.

전기자동차에 탑재되어 있는 탑재형 충전기(On Board Charger)는 완속충전기이며 그 자동차에만 충전되도록 설계된 충전기를 말한다. 충전케이블에 가해지는 전압은 교류 단상 220V이며 전력공급설비로부터 전력을 공급받아 충전한다.

완속충전기(전력공급기)는 충전기 내부 회로를 통해 전력을 제어한다. 차량 내부에 설치된 충전기에 전력을 보내면 차량 내부의 컨버터(Converter)가 교류(Alternating Current) 전기를 직류(Direct Current)로 정류하여 고전압(약 400V) 전기로 바꾸어 충전을 한다.

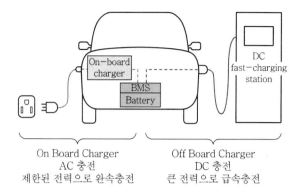

On Board Charger
AC 충전
제한된 전력으로 완속충전

Off Board Charger
DC 충전
큰 전력으로 급속충전

[On Board Charger / Off Board Charger]

2. 탑재형 충전기의 구성

탑재형 충전기(On Board Charger)에서는 AC 전력이 충전 포트를 통하여 입력되면 탑재 충전기의 컨버터에서 DC 전력으로 변환되고 충전 스위치를 거쳐 BMS의 제어에 따라 배터리에 충전된다.

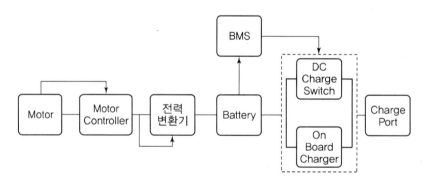

[탑재형 충전기의 충전전류 흐름]

QUESTION 06 자동차의 배출가스 인증을 위한 RDE(Real Driving Emission) 시험의 도입 배경에 대하여 설명하시오.

1. RDE(Real Driving Emission) 시험의 개요

RDE(Real Driving Emission) 시험은 환경에 영향을 줄 수 있는 CO_2, CO, NOx, HC 및 PM 등의 배출가스 테스트로, 섀시 다이너모미터를 이용한 실내 모드 테스트에서 벗어나 시내와 국도, 고속도로 및 경사로가 포함된 실제 형태의 도로를 주행하면서 측정하는 방법이다. 자동차 제조사들의 배출가스 조작 사건은 자동차 업계에 많은 변화를 가져왔다. 실험실에서의 배출가스 측정이 강화되고 실제 도로에서의 테스트가 추가되었다.

유럽은 그간 배출가스와 연비 측정을 위해 NEDC(New European Driving Cycle)를 사용했다. NEDC는 1980년대부터 도입된 것으로 주행상황을 반영하는 데는 한계가 있기 때문에 새롭게 도입된 기준이 WLTP(Worldwide Harmonized Light Vehicle Test Procedure)이다. 4개 부문으로 구성된 WLTP는 각기 다른 평균속도로 진행된다. 저속, 중속, 고속, 초고속으로 구분해 각각의 환경에서 정지와 제동, 가속 테스트를 진행한다. 각각의 테스트 사이클도 기존 20분에서 30분으로 확대됐으며, 테스트 거리는 11km에서 23.25km로 연장됐다. 주행 거리 유형도 도심 37%, 교외 63%의 두 가지 타입에서 도심 13%와 교외 87%로 변경됐으며, 하이퍼포먼스 구간을 포함해 4가지 유형으로 변경되었다. 평균속도는 NEDC의 34km/h에서 WLTP의 46.5km/h로 변경됐다. 최고속도 테스트의 경우 기존 120km/h에서 131km/h로 강화됐다. 또한 WLTP에서는 섀시 다이너모미터 테스트와 저항 조건에 기어 변속, 차량중량, 연료품질, 외부온도, 타이어 유형, 타이어 압력까지 고려된다.

그러나 WLTP는 보다 강화된 테스트임에도 실제 환경에서의 배출값을 정확하게 측정하기 어려운 한계가 있었다. 그래서 도입된 것이 실주행 테스트(RDE 시험)이다. 실주행 테스트는 휴대용 방출 측정 시스템(PEMS)을 통해 측정된다.

RDE의 실주행 테스트는 다양한 차량 조건과 도로 상황에서의 오염물질 배출량과 이산화탄소 배출량을 측정하는 것이 목적이다. 2017년 9월 RDE 1단계가 시행됐으며, 2018년 유럽 전역에 적용되었다. 2020년에는 강화된 질소산화물 규제를 적용한 RDE 2단계가 시행된다.

자동차의 스프링 위 질량과 스프링 아래 질량을 정의하고 각각의 질량 진동에 대하여 설명하시오.

1. 스프링 위 질량과 스프링 아래 질량 진동

차량은 스프링을 기준으로 위에는 차체가 연결되고 아래에는 휠과 타이어 및 허브가 연결된다. 각각의 질량에 의하여 진동이 발생하며 차체의 진동은 현가장치(Suspension)인 스프링을 중심으로 스프링 위 진동과 스프링 아래 진동으로 구분한다.

차체는 섀시 스프링에 의하여 지지되어 있기 때문에 X, Y, Z 축을 중심으로 진동이 발생하며 독립적으로 진동이 발생하는 것이 아니라 반드시 복합적으로 발생한다.

(1) 스프링 위의 진동

① 상하 진동(Bouncing)

Z축 상하 방향으로 차체가 충격을 받으면 스프링 정수와 차체의 중량에 따라 정해지는 고유 진동 주기가 생기고 이 고유 진동 주기와 주행 중 노면에서 차체에 전달되는 진동의 주기가 일치하면 공진이 발생하고 진폭이 현저하게 커진다. 탑승자의 승차 안락감을 위하여 고유 진동수를 80~150cycle/min 정도가 되도록 스프링 정수를 설계한다.

② 피칭(Pitching)

Y축을 중심으로 차체가 진동하는 경우를 말하며 자동차가 노면상의 돌출부를 통과할 때 먼저 앞부분의 상하 진동이 오고 뒷바퀴는 축간거리만큼 늦게 상하 진동을 시작하므로 피칭이 생기게 된다. 뒷부분의 진동 주기가 앞부분의 진동 주기의 1/2만큼 늦어지면 앞뒤의 진동이 반대가 되므로 피칭은 최대가 된다.

③ 롤링(Rolling)

X축을 중심으로 한 차체의 옆 방향 진동을 말한다. 따라서 자동차의 중심이 높을수록, 롤 중심이 낮을수록 롤링의 경사각은 크게 되며 롤링 경사각을 작게 하려면 현가 스프링의 정수를 크게 하고, 스프링 설치 간격을 넓게 하여야 한다.

④ 요잉(Yawing)

Z축을 중심으로 하여 회전운동을 하는 고유 진동을 말하며 고속 선회 주행, 급격한 조향, 노면의 슬립 등에 의하여 발생한다.

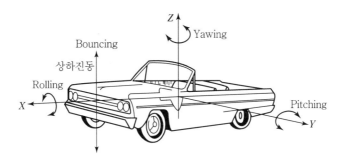

(2) 스프링 아래 진동

스프링 아래 진동은 스프링 위 진동과 연계하여 다음과 같이 발생한다.

① 상하 진동(Wheel Hop)

Z 방향의 상하 평행운동을 하는 진동이다.

② 휠 트램프(Wheel Tramp)

X축을 중심으로 한 회전운동으로 인하여 생기는 진동이다.

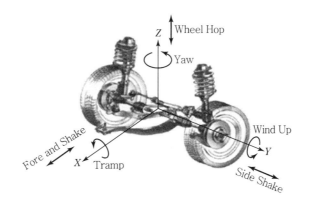

02 디젤자동차 DPF 필터의 자연재생과 강제재생 방법에 대하여 설명하시오.

1. DPF의 재생 원리

PM(Particulate Matter)은 Soot와 Ash로 구성되며 주성분은 탄소이다. 연소실 후단에 DPF가 설치되며 배기가스가 세라믹 담체(필터)를 통과하면서 PM이 걸러지는 구조를 갖는다. DPF를 재생(Regeneration)하는 구조는 PM 입자가 필터의 벽면에 포집된 뒤 지속적으로 퇴적되는데, 퇴적 후 필터의 여과성능 개선을 위해 퇴적물(탄화물)을 연소시키는 과정을 말한다.

2. DPF의 재생 방법

(1) 자연재생방식(Passive Type)

① 자체적으로 연소시킬 만큼 충분한 산소가 포함되어야 하며 600℃ 이상에서 가능하므로 최대 출력상태에서 재생한다.

② PM 저감효율 증가를 위해서는 PM의 연소온도를 낮추거나 배기가스의 온도를 높여야 한다.

③ 150~250℃에서 배기가스를 산화시키기 위하여 백금족 금속계 촉매가 산화 촉매(DOC) 및 필터의 벽면에 코팅되어 있어서 재생효율을 높일 수 있다.

④ PM의 연소되는 온도를 낮추는 방법으로 세슘 또는 금속화합물의 첨가제를 첨가해서 PM의 연소온도를 400~450℃로 낮출 수 있다.

⑤ 배기가스의 온도를 높이기 위해서는 DPF 전에 DOC를 추가하여 DPF로 유입시켜 배기가스 온도를 높인다.

⑥ 통상 고출력 상태에서 배기가스의 연소열만으로 PM을 연소시켜서 배출한다.

(2) 강제재생방법(Active Type)

① 배기가스가 자연재생이 불가능한 250℃ 이하 영역 및 잔여 PM 제거를 위하여 배기온도를 강제로 550~600℃ 정도로 상승시켜 PM을 연소시키고 재생한다.

② 경유 버너가 작동하여 배기가스 온도를 직접 상승시킨다. 경유 버너의 점화기 작동에 의해서 분사된 경유가 버너 내에서 착화되어 화염이 형성되고 이에 의해 배기가스 온도가 상승한다.

03 하이브리드 자동차의 모드 5가지를 설명하시오.

1. 하이브리드 자동차의 작동 원리

하이브리드 자동차는 연료 소모는 최소화하고 주행 성능은 극대화하기 위하여 출발, 저속주행, 가속주행, 고속주행, 감속주행, 정지 등 5가지 모드별로 모터 주행과 엔진 주행을 적절히 조합하여 주행한다.

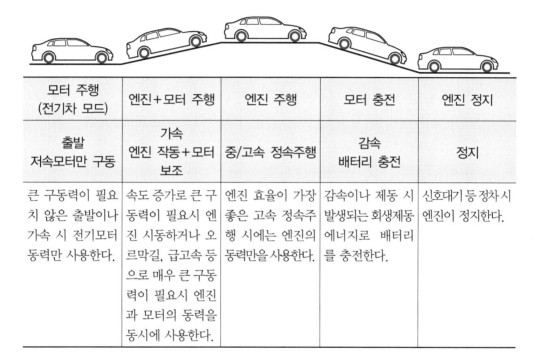

모터 주행 (전기차 모드)	엔진+모터 주행	엔진 주행	모터 충전	엔진 정지
출발 저속모터만 구동	가속 엔진 작동+모터 보조	중/고속 정속주행	감속 배터리 충전	정지
큰 구동력이 필요치 않은 출발이나 가속 시 전기모터 동력만 사용한다.	속도 증가로 큰 구동력이 필요시 엔진 시동하거나 오르막길, 급고속 등으로 매우 큰 구동력이 필요시 엔진과 모터의 동력을 동시에 사용한다.	엔진 효율이 가장 좋은 고속 정속주행 시에는 엔진의 동력만을 사용한다.	감속이나 제동 시 발생되는 회생제동 에너지로 배터리를 충전한다.	신호대기 등 정차 시 엔진이 정지한다.

04 QUESTION 차체의 손상 분석에서 차체 손상의 종류 5가지를 설명하시오.

1. 차체 손상의 종류

① 사이드 스위핑(Side Sweeping)

자동차가 서로 교행하면서 발생한 접촉사고에서 발생하는 손상으로 차체의 강판이 많이 찌그러지는 손상이다.

② 사이드 대미지(Side Damage)

피해 차의 측면에 거의 직각으로 충격이 가해진 손상이며 플로어, 센터 필러와 보디 등의 손상을 말한다. 교차로 사고에서 흔히 발생하는 손상이다.

③ 리어 엔드 대미지(Rear End Damage)

추돌사고 등으로 주로 발생하는 손상이며 충격이 강하면 리어 사이드 멤버, 플로어, 루프 패널 등도 손상을 준다.

④ 프런트 엔드 대미지(Front End Damage)

자동차의 전방에서 가해지는 충격으로 센터 멤버, 후드 리지, 프런트 필러까지 변형, 손상되고 보디는 트위스트, 상하굴곡 등의 변형과 손상을 가져온다.

⑤ 롤 오버(Roll Over)

추락이나 전복 등의 사고로 자동차가 한 바퀴 이상 굴러서 바퀴가 다시 지면에 닿은 상태로 필러, 루프, 보디 패널 등의 변형과 손상이 발생한다.

05 자율주행자동차의 운전지원 시스템(ADAS)에서 카메라(Camera), 레이더(Radar), 라이다(LiDAR)의 개념과 적용되는 기술에 대하여 설명하시오.

1. 자율주행자동차의 운전지원 시스템(카메라, 라이다, 레이더)

(1) 카메라(Camera)

카메라는 충돌방지(AEB), 차선유지(LKA), 주차보조 등 자율주행 레벨 2 이상의 다양한 환경에서 활용되는 필수장치이다. 일부 국가에서의 장착 의무화로 인해 비중이 증가하고 있다.

초고화질 광각 카메라와 같은 하드웨어 개발에 더해, 자율주행을 위한 사물 식별이나 거리 탐지와 같은 소프트웨어적 이미지 처리기술 또한 강조되고 있다.

CMOS 기반의 이미지 센싱 칩이 그 기초가 되며 이미지 센싱 칩은 신호처리를 종합하는 프로세서에 연결된다.

〈자율주행자동차의 주요 구성기술〉

구성기술	내용
환경인식	• 레이더, 카메라 등의 센서 사용 • 정적장애물(가로등, 전봇대 등), 동적장애물(차량, 보행자 등), 도로표식(차선, 정지선, 횡단보도 등), 신호등을 인식
위치인식 및 매핑	• GPS/INS/Encoder, 기타 매핑을 위한 센서 사용 • 자동차의 절대/상대 위치 추정
판단	• 목적지까지의 경로 및 장애물 회피 경로 계획 • 차선유지, 차선변경, 좌우회전, 추월, 유턴, 급정지, 주정차 등 주행상황별 행동 판단
제어	• 운전자가 지정한 경로대로 주행하기 위해 조향, 속도변경, 기어 등 액추에이터 제어
인터랙션(HCI)	• 인간 자동차 인터페이스(HVI, Human Vehicle Interface)를 통해 운전자에게 경고 및 정보를 제공, 운전자의 명령을 입력 • V2X(Vehicle To Everything) 통신을 통하여 인프라 및 주변 차량과 주행정보 교환

(2) 라이다(LiDAR ; Light Detection and Ranging)

라이다는 전자파 대신 직진성이 강한 고출력 펄스 레이저를 발산하여 폭과 거리, 높낮이까지 반영한 사물의 형상 데이터를 얻을 수 있고 정확도가 높다. 빛을 발산하는 이미터(Emitter)와 수신하는 리시버, 스캔한 이미지를 처리하는 프로세서로 구성되어 있다.

라이다는 기본적으로 3차원 형상을 이미지 데이터화하는 장치로서 카메라와 기능적으로 겹치지만 고출력 레이저를 통해 사물의 거리, 속도, 온도, 분포 등 다양한 물리적 특성 측정이 가능하여 자율주행차에 적용되기 시작했다.

자동차에서는 360도를 살피는 스캐닝 방식과 120도 이내의 상황만 파악하는 플래시 방식으로 구분된다. 라이다는 차량 주변 360도 전 방위를 정밀하게 측정할 수 있는 센서로 매우 유용하나 높은 가격과 날씨에 따른 취약점(우천, 폭설 시 난반사)이 있어 실용화에 한계가 있다. 기존 360도 회전식 스캔 장비는 진동 등 외부 환경에도 정밀도를 유지해야 하며 내구성 또한 높이기 위해 제조 비용이 많이 들었으나, 최근에는 고정형(Solid State) 라이다를 개발, 적용하는 추세이다. 고정형 라이다는 회전식 대비 인지 각도는 줄어드나, 구조가 단순하고 크기가 작아 장착이 용이하며 가격이 낮고 부족한 인지 각도는 차량 앞 그릴 및 헤드 램프, 사이드 미러 등에 여러 개를 부착하여 커버할 수 있다.

(3) 레이더(Radar)

레이더는 전자파를 발산해 반사되어 돌아오는 신호를 통해 주변의 사물과 거리, 속도, 방향 등의 정보를 얻으며 주파수에 따라 단거리~장거리에 있는 물체를 파악할 수 있다.

레이더는 정밀도(분해능)는 떨어지는 데 반해, 빛이나 기후의 영향을 거의 받지 않아 카메라와 라이다의 단점을 보완하며 감도가 우수하다.

점차 크기와 무게를 줄인 콤팩트형으로 출시되고 있으며, 측정각이나 측정거리를 확대하는 방향으로 기술이 개발되고 있다.

또한 측정각은 과거 8도에서 현재 40도로 크게 확대되었으며, 단거리와 장거리 측정 전환이 가능한 멀티 레이더도 개발, 적용되는 실정이다.

구분	활용파	형체인식	외부영향	검출거리	비용
레이더 (Rader)	전자파	정확한 형체인식 불가	없음	길다.(200m)	저가
라이다 (LiDAR)	레이저	정확한 형체인식 가능	있음	짧다.(12m)	고가

2. 자율주행자동차의 운전지원 시스템(ADAS) 기술

자율주행자동차는 운전자가 핸들과 가속페달, 브레이크를 조작하지 않아도 위성항법장치(GPS)를 통해 목적지까지 주행하는 자동차이다.

이의 기술적 완성을 위해서는 차간거리를 유지해주는 HAD 기술, 차선이탈경보 시스템(LDWS), 차선유지지원 시스템(LKAS), 후측방경보 시스템(BSD), 어드밴스드 스마트 크루즈 컨트롤(ASCC), 긴급제동 시스템(EBD) 등 다양한 기술이 적용되고 있다.

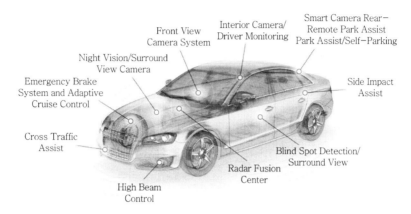

[자율주행자동차의 운전지원 시스템(ADAS) 기술]

06 고전압을 사용하는 친환경 자동차에서 고전원 전기장치를 정의하고 충돌안전시험 기준에 대하여 설명하시오.

1. 고전원 전기장치의 정의

현재 보급되고 있는 친환경차의 종류는 하이브리드 자동차(HEV), 플러그인하이브리드 자동차(PHEV), 전기자동차(BEV), 수소연료전기자동차(FCEV) 등이 있으며 모두 고전원 전기장치에 의해 차량을 구동한다는 공통점이 있다.

현재 보급되는 전기차는 대부분 400V 시스템을 사용하고 있으며 향후 800V 시스템은 물론 전기차의 항속거리 증대와 고출력화를 위해 kV급 배터리 시스템이 사용될 것으로 예상된다.

2. 고전원 전기장치의 충돌시험기준

전기자동차가 충돌 후에도 특히 배터리 등의 고전원 장치로부터 승객의 안전성을 확보하기 위하여 자동차안전기준의 연료장치 충돌시험기준을 규정하고 있다.

전기자동차 및 하이브리드 자동차(승용자동차와 4.5톤 이하 승합자동차)는 충돌시험 후 다음과 같이 고전원 전기장치의 충돌시험기준에 적합하여야 한다.

① 화재 및 폭발이 발생하지 않을 것
② 전해액 누출량 : 30분 동안 5L 이하일 것
③ 전해액 누출 : 차실로 유입되지 않을 것
④ 구동 축전지(장치 중 일부 포함) : 차실 내로 침입하지 않을 것
⑤ 고전원 활선 도체부와 노출 도전부(전기적 새시)와의 절연저항값은 100Ω/V(DC), 500Ω/V(AC) 이상일 것

공기과잉률(λ)에 따른 삼원촉매장치의 배기가스 정화효율 그래프를 도시하고 λ−Window와 산소센서(O₂ Sensor)의 기능에 대하여 설명하시오.

1. 삼원촉매장치(3−Way Catalytic Converter)의 정화효율

삼원촉매장치는 1단의 촉매로 산화반응과 환원반응이 동시에 이루어지도록 하여 배출가스의 주성분인 CO, HC, NO의 3성분을 동시에 정화하는 것이다.

이 성분들을 변환하기 위해서는 CO, HC, H_2와 같은 환원성 가스와 O_2 같은 산화성 가스의 농도가 적당량 존재하여야 하며 일정 범위 내에 균형 잡혀 있어야 하는데, 이 조건을 충족시키기 위한 공기와 연료의 비율인 윈도(Window) 폭이 매우 좁다.

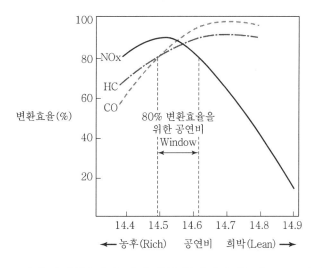

위 그림에서 약 80%의 촉매변환효율을 얻기 위한 공연비의 윈도(Window)의 폭은 공연비로 약 0.1 정도임을 알 수 있다.

따라서 배기가스의 변환효율을 높이기 위해서는 어떠한 운전 조건에서도 공연비는 윈도 (Window) 영역 내에 존재하도록 공연비가 제어되는 것이 중요하며 공연비 제어를 위한 방법으로 삼원촉매 앞부분의 산소 농도를 검출하는 센서인 O_2 센서를 설치하여 검출된 산소 농도를 피드백(Feed Back)한다.

2. 산소센서(O₂ Sensor)의 역할과 공기과잉률

배기가스 중의 산소 농도를 검출하여 혼합비(混合比)를 윈도(Window) 이내로 관리하기 위하여 삼원촉매 앞부분의 배기관에 O₂ 센서를 설치하여 연료 분사량을 보정하도록 하여 이론 공연비 근처의 혼합비인 공기 과잉률 λ = 1 정도를 유지하도록 산소 농도 검출 신호를 피드백한다. 자동차 배출가스에 대한 관리가 더욱 엄격해짐에 따라 최근에는 O₂ 센서의 기능과 역할 보전을 위하여 O₂ 센서의 열화도까지 검출하여 진단하도록 의무화됨에 따라 삼원촉매 후방에도 O₂ 센서를 설치하고 산소 농도를 비교하여 촉매의 성능을 확보하려 한다.

혼합기를 이론 혼합비 부근으로 제어하기 위하여 O₂ 센서를 배기 매니폴드에 설치하여 공연비(空燃比)의 농후도(濃厚度)를 검출한다. 센서로는 지르코니아 O₂ 센서(Zirconia O₂ Sensor)와 티타니아 O₂ 센서(Titania O₂ Sensor)가 실용화되어 적용된다.

지르코니아 O₂ 센서는 고온에서 센서 내외면의 산소 농도 차이가 크면 기전력이 발생한다. 대기와 배출가스의 산소 농도 차이가 발생하면 산소 농도가 높은 대기 측에서 배출가스 측으로 산소 이온이 이동하여 전극 간의 기전력이 발생한다.

아래 그림은 공기 과잉률 변화에 따른 삼원촉매의 산화, 환원 변환효율을 나타내며 이론 공연비(공기 과잉률 λ = 1) 근처에서 변환효율이 최고임을 알 수 있다.

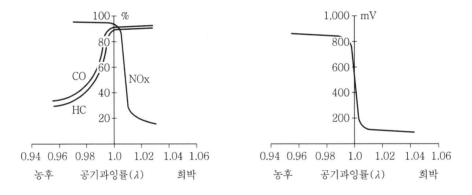

이론 공연비 근처에서 출력이 급격히 변화하며 O₂ 센서는 이론 공연비 기준전압과 비교하여 농후, 희박 상태를 판정한다.

농후한 공연비로 판정되면 분사량을 감소시켜 피드백 보정계수를 계단형 구형 신호로 변환하여 분사량을 감량 보정한다.

공연비가 희박하면 배기가스 중의 산소 농도가 증가하며 O₂ 센서의 출력신호인 기전력이 낮아지고 희박한 공연비로 판정하여 ECU에서 증량 보정하여 공연비가 이론 공연비 근처에 존재하도록 하며 삼원촉매의 작용과 기능을 활성화한다.

02 FATC(Full Automatic Temperature Control) 자동차 에어컨에 대하여 설명하시오.
QUESTION

1. FATC(Full Automatic Temperature Control) 개요

FATC는 여러 가지 외부환경조건을 감안하여 차량 실내온도환경을 운전자의 설정에 따라 자동으로 제어하는 장치이다.

시스템 자체가 냉방능력을 조정하여 항상 설정된 온도로 실내온도를 유지하고 컨트롤 시스템에는 마이크로 컴퓨터(AIR CON ECU)가 사용되고 있다.

2. FATC의 특징

(1) 배출 풍온/풍량 자동제어

마이크로 프로세서를 이용하여 배출 풍온 및 배출 풍량을 자동으로 제어한다.

(2) 난방기동제어

겨울철에 히터가 가열되기 전에 찬 공기 배출에 따른 운전자의 불쾌감을 최소화하기 위해 바람의 세기 및 공기 배출 방향을 자동 조절한다.

(3) 매연차단제어

매연을 감지하여 자동으로 외부 공기의 실내 유입을 차단함으로써 실내로 외부의 매연이 유입되지 않도록 제어한다.

(4) 제습제어

높은 습도 조건에서는 에어컨 자동 동작 및 외기 전환을 통해 유리창의 김서림 현상을 방지하고 운전자의 쾌적도 향상을 추구한다.

(5) 연료절감

최적의 에어컨 작동조건을 자동으로 설정함으로써 과도한 에어컨 작동에 따른 연료 소모를 방지한다.

3. FATC의 작동원리

설정온도, 실내온도, 외기온도, 일사량의 강도를 감지하여 차량 실내의 온도, 토출 바람의 세기와 방향, 에어컨의 ON/OFF 및 실내외 공기순환 상태 등을 자동으로 제어하여 최적의 차량 실내환경을 조절한다.

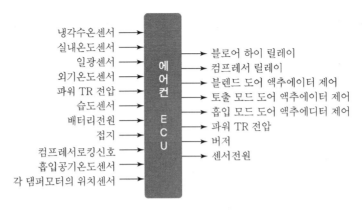

[FATC의 입출력 신호]

X-By-Wire 시스템에 대하여 설명하시오.

QUESTION

1. X-by-Wire System

X-by-Wire System은 복잡한 유압 및 기계장치를 전기적 신호로 대체한 장치이다.

다양한 X-By-Wire System은 차량의 소음, 진동 등의 NVH 문제도 해결 가능하고 자동차의 설계와 생산에도 유리하다. 각 부품의 모듈화로 부품 공유화에 유리하며 설계 자유도가 향상된다.

이를 구현하기 위하여 배선을 단순화하고 제어기를 액추에이터 근처에 설치하고 ECU에서 통신으로 제어가 가능하도록 한 것이 통신 기술이며 1 : 1 통신으로 제어하는 기술이 CAN (Communication Area Network) 통신이다.

이러한 기술을 적용하여 스로틀 밸브와 가속페달 연결을 기계적 케이블이 아닌 전기적으로 동작하도록 한 것을 Throttle-by-Wire, 조향장치에 적용한 것을 Steer-by-Wire라고 하고 제동장치에 적용한 것을 Brake-by-Wire라고 한다.

이 밖에도 자동차의 다양한 부품에 X-by-Wire 기술이 적용되고 있으며 아래와 같다.

종류	X-by-Wire SYSTEM의 구성 및 기능
Throttle-by-Wire	운전자의 가속 의지 정보를 엔진제어장치에 전기적 신호로 전달하며 센서를 포함한 액셀페달로 구성된다. 엔진의 스로틀을 제어하는 것은 액셀페달의 힘이 아니라 스로트 밸브 액추에이터가 담당하는 시스템이므로 기계적 케이블은 필요치 않다.
Brake-by-Wire	인텔리전트 브레이크 시스템의 일종으로 Brake Power Adjust, ABS, Traction Control, 차량안정성 강화 제어, 자동 제동 및 페달 Feeling 조정 등을 하나의 브레이크 모듈에서 제공한다.
Front Steer-by-Wire	운전자와 전륜 사이의 기계적 접촉을 없앤 것으로 차량 전방의 코너 부위에 액추에이터를 설치하고 이것을 제어 모듈로 제어하여 차량을 조향하는 시스템이다.
Rear Steer-by-Wire	센서를 적용하여 전륜의 위치와 차량속도를 기준으로 후륜을 조향하는 시스템이다.
Roll-by-Wire	차량 전, 후부의 실시간 Roll 강성 제어를 위한 것이다. 이 시스템에 의해 차량 전방의 충격은 감소되고 휠의 연동성이 향상되어 Roll각이 감소한다.

04 표면처리강판의 정의, 종류, 자동차 분야의 적용 동향에 대하여 설명하시오.

QUESTION

1. 표면처리강판의 정의

표면처리강판이란 냉연강판이나 열연강판에 아연 등을 도금하여 내식성을 향상시킨 제품이다. 제조방법에 따라 전기아연도금강판과 용융아연도금강판으로 나뉘며 최근에는 자동차용으로 용융아연도금강판이 많이 사용되고 있다. 용융아연도금강판은 열처리된 강판을 용융아연도금욕을 통과시켜 만든 제품으로 우수한 내식성을 나타낸다.

도장성이나 가공성·용접성 등을 보완하기 위하여 아연도금층을 재가열하여 도금층을 아연과 철의 화합물로 만들어 주게 되는데 이것을 합금화 용융아연도금강판이라고 부른다. 최근에는 아연도금강판의 가공성을 향상시키기 위한 윤활강판과, 자동차사의 도장공정을 단축하기 위하여 아연도금강판 표층에 수지 등을 이용한 프리프라임(Pre-Primed) 강판, 프리실링(Pre-Sealing) 강판, 프리페인트(Pre-Painted) 강판 등과 같은 수지 피복 강판의 개발이 진행되었다.

2. 표면처리강판의 종류

표면처리강판은 전기도금강판, 용융도금강판, 유기피복강판 등으로 분류된다. 강판의 방청성을 높이기 위해 실시되는 표면처리로 대표적인 것은 주석도금과 아연도금이다. 주석도금은 석도강판이라 불리는 내식성, 가공성, Soldering성 등이 좋아 예로부터 식료품 캔 및 음료수 캔에 이용된다.

아연도금은 값이 싸므로, 건재, 자동차 차체, 가전부품에 다량 적용되었다. 최근에는 도장공정의 생략 및 프레스 현장의 작업환경을 개선하기 위해 아연도금 위에 유기피막을 한 유기복합도금을 넓게 사용한다.

(1) 용융아연도금강판

토목, 건축뿐만 아니라 자동차 및 전기설비 등 여러 산업 분야에서 사용한다. 내식성이 뛰어날 뿐만 아니라 성형성, 용접성, 도장성 등이 뛰어난 품질 특성을 가지고 있다.

금속가구, 가전제품 내외판, 도장강판 소재, 자동차 내판, 연료탱크 등으로 사용된다.

(2) 전기아연도금강판

도장성과 내식성, 용접성, 가공성이 매우 우수한 것이 특징이며 전기아연도금강판은 자동차, 가전기기 부문에서 널리 사용되며 가전기기 내외판, 도장강판, 건축 내외장재, 금속가구, 승용차 내외판에 사용된다.

(3) 화성처리강판

주로 EG재나 GI재를 하지 강판으로 사용하여 도장성 향상을 위한 인산염처리, 내식성 강화를 위한 크로메이트 처리, 특수기능을 부여하기 위한 수지처리 등이 있으며, 수지처리강판에는 자동차용 유기피복강판과 가전용 내지문강판, 윤활강판, 흑색강판 등이 개발되어 있다. 수지처리는 크로메이트 처리 후 실시하는 이액형이 일반적이나 최근에는 원가절감을 위해 크로메이트 용액과 수지를 혼합한 일액형도 개발되고 있다. 도장 및 Laminate 강판은 Minimized GI재를 하지 강판으로 사용하며, 전처리로서 인산염이나 크로메이트 혹은 접착제 처리한다.

〈표면처리강판의 종류별 특징〉

분류	명칭	특징	용도
전기도금	전기도금 : Sn 도금	내가공성, 내식성, Soldering성	식용 캔
	전기아연도금강판	가공성	전기부품, 자동차 차체
	전기아연니켈강판	내식성, 가공성	전기부품, 자동차 차체

	용융아연도금강판	내식성	전기부품, 건재
용융도금	합금화 용융아연도금강판	내식성, 용접성	자동차 차체 부품
	알루미늄도금강판	내열성, 내식성	자동차 배기계 부품
	턴시트 : Pb−Sn 도금	내식성, 가공성, Soldering성	자동차 연료탱크
유기피복	도장강판, 라미네이트강판	내식성, 외관가공성, 도장 생략	전기부품, 용기, 건재, 자동차 차체

3. 표면처리 강판의 자동차 분야 적용 동향

자동차용 용융아연도금강판의 도금은 성분설계 외에 프레스 도금층의 형성, 산화−환원 가열법에 의한 선택산화, 농축 억제, 내부 산화물의 생성에 의한 표면 농화량의 저감 등 성분 제약을 완화하는 도금 전처리의 검토를 실시하여 향후에 종합특성이 뛰어난 고강도 합금화 용융아연도금강판이 개발되었다. 진공증착, 특히 물리증착법(PVD)은 기존의 표면처리강판 제조기술인 용융도금과 전기도금법에 비해서 다양한 물질계를 도금할 수 있으며, 도금부착량 제어가 용이하고 여러 형태의 합금 및 다층도금을 적용할 수 있다는 장점이 있다.

05
QUESTION
고분자 전해질 연료전지(Polymer Electrolyte Membrane Fuel Cell)의 장단점에 대하여 설명하시오.

1. 고분자 전해질 연료전지(PEMFC ; Polymer Electrolyte Membrane Fuel Cell)

고분자 전해질 연료전지는 전해질로 H^+(수소이온)을 전도할 수 있는 나피온(Nafion)이라는 고분자 전해질막을 사용한다. 나피온(Nafion)은 비닐처럼 보이나 내부에는 많은 미세기공을 가지고 있어 수소이온과 양이온을 전도할 수 있는 특징을 가지고 있다.

고분자 전해질막을 중심으로 양쪽에 다공질의 산화전극과 환원전극이 부착되어 있는 형태로 되어 있으며 아래 그림에 개략적인 구조를 나타내었다. 산화전극에서는 연료로 사용되는 수소의 전기화학적 산화가 일어나서 전자가 발생하며, 환원전극에서는 산화제인 산소가 전자를 소모하면서 전기화학적인 환원이 일어나 이로부터 전기에너지가 발생한다.

단위 전지를 적층하면 전압을 높일 수 있고, 단위 전지의 면적을 크게 하면 전류 생성량을 늘릴 수 있으므로, 요구되는 성능에 따라 연료전지 시스템을 구성할 수 있다. 반응에서 사용되는 기체는 상압에서부터 5~6기압까지의 압력하에 사용된다. 상온에서부터 물의 비등점인 100℃ 이하의 온도 범위에서 운전된다.

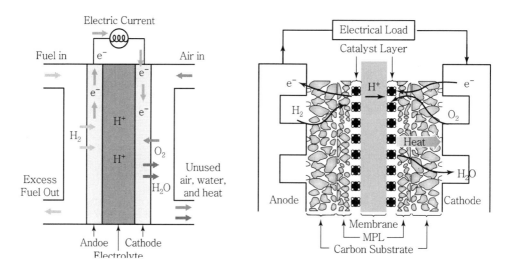

[PEMFC의 구조와 동작 개념]

PEMFC의 연료로는 99.99%이상의 수소(H)를 사용해야 하며 일산화탄소 농도는 1ppm 이하가 유지되어야 한다. CO 농도가 높거나 황(S)이 연료에 포함되어 있으면 백금 표면 촉매 활성점에 선택적으로 피독(Poisoning)현상이 발생하여 성능이 현저히 낮아진다.

① 연료극 반응(Anode)

$$H_2 \rightarrow 2H^+ + 2e^-$$

$$E = 0.00V$$

② 공기극 반응(Cathode)

$$\frac{1}{2}O_2 \ + \ 2H^+ + 2e^- \ \rightarrow \ H_2O$$

③ 전체 반응

$$H_2 + \frac{1}{2}O_2 \rightarrow H_2O$$

연료전지 스택을 구성하는 단위 전지의 구성부품 구조는 연료극, 공기극과 전해질이 접합되어 있는 전해질 · 전극 접합체(Membrane Electrode Assembly)이다.

2. 고분자 전해질 연료전지(PEMFC)의 특징

고분자 전해질 연료전지는 비교적 저온에서 작동하고 구조가 간단하다는 장점을 지닌다. 빠른 시동과 우수한 내구성이 특징이며, 수소 외에도 메탄올이나 천연가스를 연료로 사용할 수 있어 자동차나 휴대용 전원에 적합한 시스템이다. 자동차 외에도 군수(軍需), 잠수함, 우주선용 전원으로도 응용할 수 있는 등 응용범위가 매우 다양하다.

무공해 자동차인 전기자동차는 배터리 충전 시 많은 시간이 요구되고 에너지 밀도가 낮아 주행가능 거리가 짧으며 배터리 내구성이 짧다는 문제점을 가지고 있다. PEMFC는 이러한 전기자동차 배터리의 단점을 보완하는 정도의 동력원으로 적용되고 있다.

선회 시 발생하는 휠 리프트(Wheel Lift) 현상을 정의하고, 선회한계속도를 유도하시오.

1. 휠 리프트(Wheel Lift) 현상의 정의

급선회주행 시 선회 외측으로 작용하는 원심력의 증가로 선회 내측의 휠이 노면과 떨어지는 현상이다. 이는 원심력이 자동차 휠의 점착마찰력보다 크기 때문에 나타나는 현상이며 전복될 때의 속도를 전복 임계속도라고 한다.

2. 임계속도의 계산

선회주행하는 자동차의 원심력(F_c)

$$F_c = \frac{mv^2}{r} \rightarrow v = \sqrt{\frac{F_c \cdot r}{m}}$$

여기서, m : 자동차의 질량(kg)
v : 주행속도(m/sec)
r : 선회반경(m)

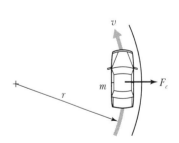

타이어와 노면의 점착마찰력(F_a)

$$F_a = \mu_a \times G$$

여기서, μ_a : 점착마찰계수
G : 차량총중량(N)

휠 리프트가 발생하지 않기 위해서는 자동차의 중심고가 낮아야 하고 다음의 조건을 만족해야 한다.

원심력 $F_c \leq$ 점착력 F_a

$$v_{\max} = \sqrt{\frac{\mu_a \cdot G \cdot r}{m}}$$

노면과 타이어 사이의 점착력은 임계속도에 영향을 준다. $v_{\max}$ 는 평탄한 노면에서 노면과 타이어 사이의 점착력만을 고려한 임계속도이며 전복임계속도는 노면의 횡단구배(경사각)와 자동차의 윤거, 자동차의 중심고의 영향을 받는다.

117

차량기술사
기출문제 및 해설

Professional Engineer Transportation Vehicles

금속재료의 성형가공법에서 하이드로포밍(Hydro – Forming)에 대하여 설명하시오.

1. 하이드로포밍(Hydro – Forming) 성형가공법

복잡한 모양의 자동차 부품을 만들 때 일정한 형태의 틀에 튜브를 프레스와 금형으로 고정시키고 고압의 액체를 주입하여 튜브의 형태를 변형시키는 성형가공법이다.

성형하고자 하는 제품의 무게의 변화 없이 높은 강성을 발휘하도록 개발된 가공법이며 기존의 프레스나 주물, 용접성형 방법의 제품에 비하여 내구성 좋고 균일한 형태의 정밀한 제품의 대량생산이 가능한 공법이다.

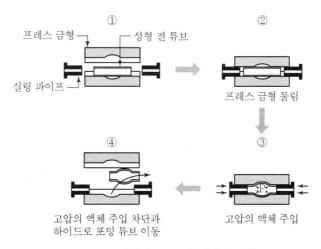

[하이드로포밍 성형가공법]

02 전기유압식 브레이크(Electric Hydraulic Brake)에 대하여 설명하시오.
QUESTION

1. 전기 브레이크(Brake by Wire)의 분류

전기식 제동장치는 그 구현방식 및 발전단계에 따라 전기유압식(EHB ; Electric – Hydraulic Brake)과 전기기계식(EMB ; Electric – Mechanical Brake) 및 그 혼합형인 Hydro EMB로 구분된다.

2. 전기유압식 브레이크(Electric Hydraulic Brake)

전기유압식(EHB)은 by – Wire 시스템 구조이지만 유압을 매개체로 사용하므로 습식(Wet Type)으로도 불린다.

EHB는 기존의 유압식 제동장치와 전기기계식(EMB)의 중간단계로 볼 수 있으며 브레이크 페달에 장착된 제동감지센서에 의해서 운전자의 제동 동작이 감지되며 ECU는 유압제어부를 제어함으로써 각 제동륜의 캘리퍼에 적절한 유압을 발생시켜 제동이 이루어지는 구조이다.

3. 전기기계식 브레이크(Electric Mechanical Brake)

전기기계식(EMB)은 완전한 Brake – by – Wire로 볼 수 있으며 유압의 사용 없이 친환경 시스템으로 전동 캘리퍼 및 디스크를 적용하므로 건식(Dry Type)으로 불린다. 이 방식은 모터에 의하여 캘리퍼를 작동시키고 비교적 큰 제동력이 필요한 전륜의 경우 쐐기(Wedge)형 구조로 전자 웨지 캘리퍼(Electro Wedge Brake)가 개발되어 적용되고, 전륜에 비하여 작은 제동력이 필요한 후륜의 경우 EMB 형식이 적용되고 있다.

03 **QUESTION** 브레이크다운 전압(Break Down Voltage)에 대하여 설명하시오.

1. 브레이크다운 전압(Break Down Voltage)

역방향으로 전류가 흐르기 시작할 때의 역방향 전압으로서 역방향 전압이 서서히 증가하여 일정 전압에 도달한 시점에서 공유 결합된 가전자가 역방향 전압 에너지에 의해 자유전자로 변화되어서 전류가 흐르기 시작한다.

이 시점에서 제너 다이오드에 역방향 전압이 제너 전압보다 높게 가해지면 급격히 전류가 흐르기 시작한다.

04 **QUESTION** 엔진의 비동기분사(Asynchronous Injection)에 대하여 설명하시오.

1. 동기분사와 비동기분사

가솔린엔진의 연료분사 시기의 결정방법에 따라 동기분사와 비동기분사가 있으며, 비동기분사는 크랭크샤프트의 회전각에 동기되지 않는 임시적인 분사이다.

주행 중 가속할 경우 일반적인 가속보정을 통하여 가속을 위한 추가적인 연료를 분사하는 가속증량보정은 동기분사이며 이 동기분사에 의한 가속증량보정으로도 충족될 수 없는 급가속에 소요되는 연료분사는 비동기분사이다.

급가속 조건은 주로 가속페달에 의한 스로틀 밸브 열림각의 변화량으로 검출한다. 급가속에 의해서 엔진으로 흡입되는 공기량이 급격하게 변하면 이미 결정된 분사량으로는 공연비를 맞출 수 없으므로 신속하게 추가 연료를 분사해야 하므로 크랭크축의 회전각과 무관하게 분사하게 된다.

05 차량의 주행 중 발생하는 스워브(Swerve) 현상에 대하여 설명하시오.

QUESTION

1. 스워브(Swerve) 현상

자동차의 주행 중에 브레이크를 작동시켰을 때 차체의 뒤쪽이 흔들리는 현상이다. 제동할 때 차륜의 회전이 정지하면 관성에 의해서 미끄럼이 발생하며 후륜이 자동차의 진행 방향에서 벗어나는 현상을 말한다.

06 금속의 프레팅 마모(Fretting Wear)에 대하여 설명하시오.

QUESTION

1. 프레팅 마모(Fretting Wear)

접촉하고 있는 두 표면의 작지만 주기적인 상대운동에 따른 표면 손상으로 일어나는 마모현상이며 미동마모(微動磨耗) 또는 미습동마모라고도 한다.

프레팅 마모가 발생하면 금속 표면에 산화가 발생하고 균열로 발전하여 부품의 피로강도가 저하하든가 치수 정밀도가 나빠지므로 이런 경우에는 마모산화(Wear Oxidation), 마찰산화(Friction Oxidation), 분자마모(Molecular Attrition), 프레팅 코로션(Fretting Corrosion), 프레팅 피로(Fretting Fatigue)라고도 한다.

압입축, 스프링축, 리벳이음, 판스프링, 구름베어링 등에 진동이 가해질 때 주로 발생하고 프레팅 마모를 억제하기 위한 방법으로 부품의 표면경도 향상, 표면거칠기(조도) 향상, 안정된 윤활유 적용, 표면도금 등이 있다.

07 **QUESTION** 가솔린 GDI(Gasoline Direct Injection) 엔진의 장단점에 대하여 설명 하시오.

1. 가솔린 GDI 엔진의 개요

GDI 엔진은 연료를 연소실에 직접 분사하는 방식으로 연료를 공급한다.

일반 엔진의 공기와 연료의 혼합비는 14.7 : 1인데, 린번엔진의 혼합기 질량비는 최대 22~ 23 : 1까지 희박하게 할 수 있고, GDI 엔진은 25~40 : 1이라는 극히 희박한 혼합비로 연소 가 가능하다.

이 엔진은 실린더 안에 스월(Swirl)과 텀블(Thumble) 같은 소용돌이를 발생시키는 것이 특 징인데, 이 소용돌이는 인젝터에서 분사된 가솔린을 효율적으로 점화플러그 주변으로 모아 혼합기가 완전히 연소될 수 있게 한다. 또 노킹을 일으키기 쉬운 플러그 주변에 연료를 직접 분사하면 흡기온도가 증발잠열에 의해 낮아지므로 혼합기의 충전효율이 높아지고, 압축비를 높게 유지할 수도 있어 연소효율이 높다.

이론적으로는 가솔린 분사량과 분사시기, 혼합비 등을 폭넓게 조정할 수 있어 정속주행 시의 희박연소, 출력 향상, 이산화탄소 배출 감소 등을 모두 실현할 수 있게 된다.

2. 가솔린 GDI 엔진의 장단점

(1) GDI 방식의 장점

① 내부 냉각효과를 이용할 수 있다.

연료를 실린더 내에 직접 분사하기 때문에 연료가 모두 연소실 내에서 기화하는데, 이 로 인한 증발잠열로 연소실 내 냉각이 일어나고 공기의 충진효율을 높여 출력이 증가 한다.

② 층상급기모드를 통해 EGR 비율을 많이 높일 수 있다.

③ 부분부하 영역에서는 혼합비를 제어하므로, 평균유효압력을 크게 높일 수 있다.

층상급기모드에서는 스로틀 밸브를 완전히 열기 때문에 교축손실이 거의 없어 효율은 높아지고, 출력은 증가하고, 연료소비율은 낮출 수 있다.

④ 직접분사식은 기관이 냉각된 상태일 때 또는 가속할 때 간접분사식보다 혼합기를 덜 농후하게 해도 된다. 이를 통해 연료소비율을 낮추고 유해배출물을 저감하고 흡기다 기관 벽에 분사된 연료가 응축되어 발생하는 손실을 방지할 수 있다.

(2) GDI 방식의 단점

① 제작 및 제어와 관련된 비용이 높다.

② 층상급기모드에서는 공기비 $\lambda = 2.7 \sim 3.4(40 : 1 \sim 50 : 1)$의 희박한 혼합기를 사용하기 때문에 NOx의 배출이 현저하게 증가한다. 3원촉매장치만으로는 생성된 NOx를 모두 환원시킬 수 없다.

③ 연료분사압력이 50~120bar 정도로 높다

탄소섬유 강화 플라스틱(Carbon Fiber Reinforced Plastic)에 대하여 설명하시오.

QUESTION

1. 탄소섬유 강화 플라스틱(Carbon Fiber Reinforced Plastic)

가볍고 강도가 좋은 플라스틱을 만들기 위하여 탄소섬유(Carbon Fiber)를 첨가하여 강화시킨 복합재료(Composite Materials)의 일종이다.

일반적으로 탄소섬유 강화 플라스틱의 굽힘강도는 유리섬유 강화 플라스틱(GFRP)의 두 배이고 크리프 변형량은 1/2 정도이며 내열강도가 우수하다.

탄소섬유 강화 플라스틱은 스포츠용품뿐만 아니라 선체(船體), 자동차 부품, 항공기 부품의 재료 등에 적용되고 있으며 탄소섬유(Carbon Fiber)는 레이온, 아크릴 섬유 또는 피치섬유를 탄화 소성하여 얻어지는데 보다 내열성을 요하는 경우에는 폴리아미드 수지를 사용하기도 한다.

09 커먼레일 디젤엔진에 에어 컨트롤 밸브(Air Control Valve)를 장착하는
QUESTION 이유를 설명하시오.

1. 에어 컨트롤 밸브(Air Control Valve)

디젤엔진에서 배기가스의 저감은 분사량, 분사시기, 분사압력의 정밀한 제어와 산화촉매,
ERG 밸브와 에어 컨트롤 밸브에 의해서 이루어진다.

에어 컨트롤 밸브(ACV)는 흡입공기량을 이론 공연비 부근으로 제어하여 배기가스를 저감시
키는 기능을 한다.

또한, 디젤엔진의 에어컨트롤밸브(ACV)는 다음과 같은 기능을 갖는다.

① 기존의 CRDI 엔진에 장착된 스로틀 플랩의 기능으로 시동 OFF 시 흡입공기를 차단해서
디젤링(Run-On) 현상을 방지한다.

② 정확한 EGR 제어를 위한 것으로 배기가스 재순환 시 ACV를 작동시켜 흡입공기량을 제어
한다.

NOx의 강화된 배출규제를 만족하기 위하여 EGR 율을 흡입공기량 전체의 50% 정도까지
제어하고 있으며 ACV 제어로 정확한 EGR 양을 재유입시키고 NOx의 배출을 억제한다.

③ ACV는 CPF 재생 시 배기온도의 상승을 위하여 작동하며 흡입공기량을 낮춰 공연비를 농
후하게 하는 것이다. 공연비가 농후해지면 배기가스온도가 상승하며 높은 온도에 의해
CPF 내에 퇴적된 PM과 매연을 연소시킨다.

10 환경친화적 특성을 가진 연료전지의 장점과 단점을 각각 설명하시오.

QUESTION

1. 연료전지(Fuel Cell)의 장점과 단점

(1) 장점

① 친환경에너지

연료전지의 최종 배출물이 물(H_2O)이므로 유해 배출가스의 배출이 없다.

② 높은 에너지 효율

40～80%의 에너지효율을 가지며 부분부하율이 좋다.

③ 열 · 전기에너지 등 다양한 에너지원으로 활용 가능

열병합발전에서의 열과 전기, 자동차 등의 동력 에너지원으로 활용이 가능하다.

④ 소음 · 진동이 없는 에너지원

소음과 진동 없이 에너지를 발생시키는 장치로 환경오염이 없다.

(2) 단점

① 수소의 활용과 저장에 대한 안전성

폭발성이 큰 수소의 경우 저장과 운송에서 안전성의 우려가 대두되며 안전관리를 위한 비용이 증가할 수 있다.

② 높은 수소 원가와 연료공급 인프라의 부족

석유연료 또는 대기 중의 공기에서 수소를 추출하는 비용이 고가이며 수소연료를 공급하는 인프라가 부족하다.

③ 비출력과 낮은 출력밀도

내연기관과 같은 동력원에 비하여 일정 출력을 위한 장치의 중량이 크고 단위 중량당, 단위 체적당 출력이 낮아 설치공간과 중량이 커진다.

④ 작동온도와 촉매 문제

작동온도가 연료전지의 출력에 영향을 미치며 예열을 위한 에너지의 소모가 전체적으로 효율을 낮추며 고가의 촉매를 필요로 한다.

11
QUESTION

전자식 스로틀 제어(Electric Throttle Control) 세척방법과 주의할 부분에 대하여 설명하시오.

1. 전자식 스로틀 제어(Electric Throttle Control) 세척방법

전자식 스로틀밸브 제어장치는 APS(Accelerator Pedal Position Sensor)를 통해 운전자의 가속의지인 가속페달의 변위를 검출하여 제어 수단에 제공한다. 제어 수단은 가속페달의 변위와 엔진 회전수, 냉각수 온도, 변속단의 조건 등에 따라 토크 맵을 적용하여 요구 토크 양을 결정한 다음 스로틀 보디(Throttle Body)에 장착되는 직류 모터를 구동시켜 스로틀 밸브의 개도를 조정한다.

TPS는 브러시(풀랩)와 저항체로 구성되어 있는데, 스로틀 밸브의 위치가 변경됨에 따라 축에 연결된 브러시부(풀랩)가 회전하면서 브러시가 접촉되어 있는 저항체의 위치가 변경되어 저항값의 변화를 발생시키며, 제어 수단은 저항값의 변화를 인식하여 스로틀 밸브의 위치를 인식하게 된다.

스로틀 밸브는 연소실과 밸브를 통하여 연결되므로 카본으로 인한 고착 증상으로 시동 꺼짐 현상, RPM의 불안전정, 출력부족 현상이 발생하므로 일정 시간마다 청결을 위한 세척이 필요하다. 전용 세정제, 압축공기 등을 이용하여 세정하는 것이 원칙이며 스로틀 밸브 축의 위치이동과 변형 등에 주의하여야 한다.

12 **QUESTION** 카본 브레이크 로터(Carbon Brake Rotor)에 대하여 설명하시오.

1. 카본 브레이크 로터(Carbon Brake Rotor)

카본섬유 강화복합재료로 성형한 브레이크 로터이며 비중은 1.6~1.9로 철계 재료에 비하여 현저히 작으며 브레이크 재료의 열흡수량은 철계 재료와 비교하면 2.5배 정도, 고온강도는 약 2배 정도이다.

카본섬유와 피치계 또는 페놀계 등의 모재(母材)를 1,000℃ 이상의 고온으로 소성하여 흑연화하는 것으로서 내열성은 카본 복합재의 특성이다. 경량화 내열 브레이크 재료로서 항공기, 레이싱카(Racing Car, F1) 등에 주로 사용되고 있다.

13 **QUESTION** 브레이크 오버라이드 시스템(Brake Over-Ride System)에 대하여 설명하시오.

1. 브레이크 오버라이드 시스템(Brake Over-Ride System)

자동차의 전자제어장치가 제동신호와 가속신호를 동시에 보낼 때 제동신호를 우선적으로 처리하여 자동차를 강제로 멈추게 하는 소프트웨어 장치를 말한다.

이는 급발진 사고의 많은 부분이 운전자의 브레이크 및 엘셀러레이터의 조작 실수임을 고려한 급발진 사고를 방지하기 위한 안전장치이다.

미국의 경우 의무 장착을 권고하지만 국내에서는 아직은 브레이크 오버라이드 시스템의 장착에 대한 조치는 없는 상태이다.

01 전기자동차 급속충전장치에 대하여 설명하시오.

1. 전기자동차 충전기의 유형

전기자동차의 충전기는 한국전력과 같은 전기공급자로부터 송전받은 전기를 전기자동차의 배터리에 공급하는 역할을 하며 직접충전, 비접촉식 충전, 전지교환 방식으로 구분할 수 있다.

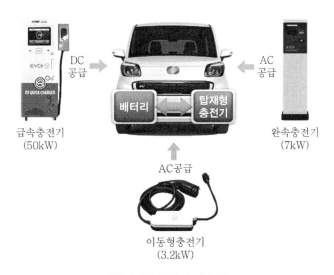

[전기자동차의 충전방식]

(1) 직접충전 – 급속충전과 완속충전

전기자동차의 충전구와 충전기를 직접 연결하여 전력을 공급하며 전기자동차 내부에 장착된 배터리를 일정 수준까지 재충전하는 방식을 직접충전이라 한다.

충전시간과 충전전력에 따라 완속충전과 급속충전으로 구분된다.

① 완속충전

충전기에 연결된 케이블을 통하여 전기자동차에 교류 220V를 공급하여 전기자동차의 배터리를 충전하는 방식이다.

차량에 장착된 3kW의 충전기가 인가된 교류전류 220V를 직류로 변환하여 배터리를 충전하며 배터리의 용량에 따라 8~10시간 정도 소요되며 약 6~7kW의 전력용량을 가진 충전기가 주로 적용된다.

② 급속충전

충전기가 자동차와 제어신호를 주고받으며 직류 100~450V를 가변적으로 공급하여 전기자동차의 배터리를 충전하는 방식으로 고압, 고용량 충전으로 충전시간이 적게 소요된다.

배터리용량에 따라 15~30분 정도 소요되며 충전기는 고용량의 직류 전력을 공급하여야 하므로 50kW급이 주로 사용된다.

구분	전압		공급용량	충전시간
	입력	출력		
급속충전	교류 3상 380V	직류 450V	50kW	15~30분
완속충전	교류 단상 220V	교류 단상 220V	6~7kW	5~6시간

(2) 비접촉식(무선전력전송) 충전방식

기존의 주차장 바닥 하부에 교류를 발생시키는 급전선로를 자성재료(코어)와 함께 매설하고 자동차 바닥부에는 지하에서 발생하는 교류에 의한 자기장을 받아 유도전류를 발생시켜 에너지를 전달받는 무선전력전송에 의해 정류기를 거쳐 배터리를 충전한다.

무선전력전송방식은 전자기 유도방식과 전자기 공진방식이 주로 사용되고 주차 상태에서뿐만 아니라 운행 중에도 연속적으로 무선전력전송에 의한 충전이 가능한 기술도 실용화되고 있다.

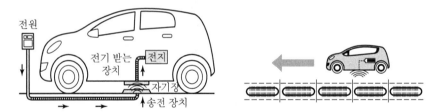

[무선전력전송에 의한 전기자동차 충전]

금속의 전기적인 부식현상에 대하여 설명하시오.

1. 금속의 전기적 부식현상

강재(鋼材)에 온도, 응력, 습기 등의 환경적 불균일에 의해 전위차가 생기면 전자가 움직이게 되고 전자의 요동에 따라 전지(電池)가 형성되어 전류가 흐른다.

이 전류를 부식전류라 하며 이 전류의 이동으로 금속의 부식을 초래하여 강도 저하, 응력 증가 등으로 열화되는 현상이다.

(1) 국부 전지부식(Micro Cell)

부분적인 범위에서 발생하며 금속 내부의 불순물, 표면상태, 외부 접촉물질의 불균일 등으로 미소전지가 형성되고 금속의 국부적인 부식을 발생시킨다.

(2) 거시적 전지부식(Macro Cell)

거대 전지의 형성으로 인한 금속의 부식현상이며 이종토양, 통기차, 콘크리트/흙 관통, 이종금속, 신구관 접속 등에 의하여 부식을 발생시킨다.

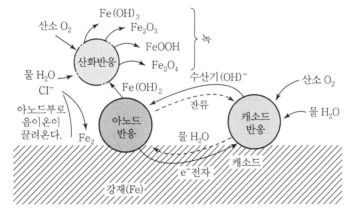

[금속의 전기부식 현상]

03 차축의 롤 센터(Roll Center)에 대하여 설명하시오.

QUESTION

1. 차축의 롤 센터(Roll Center)

롤 센터는 선회 시 차체의 모멘트 센터이며 차체에 축력(Lateral Force)이 작용하면 차체의 회전 중심이 된다. 전차축과 후차축이 각각 자신의 롤 센터를 가지고 있다.

모멘트 센터는 차량을 정면이나 후면에서 보았을 때 자동차의 길이 방향 중심축선상에 위치한다.

차량의 선회 시 차체는 이 롤 센터(Roll Center)를 중심으로 기울어지고 스프링 및 스태빌라이저 바, 로암 등의 서스펜션은 링크(암)에 따라 컨트롤되므로 그 배치를 보아 롤 센터를 찾아낼 수 있다.

보통 전륜의 롤 센터는 거의 지면상에 위치하고 후륜은 이보다 높게 위치한다.

앞뒤 롤 센터를 이은 선을 롤 축이라고 하고 차체는 선회 시 이 축을 중심으로 기울어지게 된다. 다른 모든 조건이 동일한 차에서는 롤 센터가 낮은 쪽이 선회 시 더 크게 기운다.

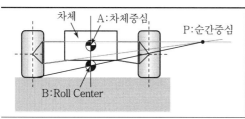	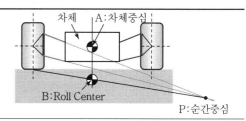
롤 센터가 올라가면 서스펜션이 롤을 하기 힘든 상태가 되고 롤 스피드가 느려져서 롤을 이용한 그립의 한계점에 도달하기가 어려워진다.	롤 센터가 내려가면 서스펜션이 롤을 하기 쉬운 상태가 되고 롤 스피드가 빨라져서 롤을 이용한 그립의 한계점에 쉽게 도달하게 된다.

[롤 센터의 이동]

04 바이오 에탄올(Bio Ethanol)에 대하여 설명하시오.

1. 바이오 에탄올(Bio Ethanol)

바이오 에탄올은 설탕이나 녹말로 만든 옥탄가가 높은 알코올이다. 화학식은 CH_3CH_2OH이며 비중은 0.789, 폭발한계는 $3.3 \sim 19\%(Vol.\%)$로서 석유와 유사한 성상을 가진다.

따라서 바이오 에탄올은 가솔린 연료의 대체 에너지로 각광받고 있으며 옥탄가가 높고 산소를 가지고 있어 주로 휘발유의 함산소화합물로 사용되었으나 바이오 연료라는 측면에서 중요성이 높아지고 있다.

기존 차량의 큰 개조 없이 사용이 가능한 것으로 알려져 있으나, 에탄올 혼합비율이 증가할수록 차량 연료계통상의 부식 발생 우려 등으로 인해 엔진 및 연료시스템과 관련된 부품의 개선이 요구되므로, 통상적으로 일반 가솔린 차량에 10% 이상의 에탄올 배합은 피할 것을 권고하고 있다.

자동차 연료공급 측면에서도 에탄올은 수분 분리 문제로 인해 기존 가솔린과는 별도의 수송·저장·출하시설을 구축하여야 하고, 주유소의 설비를 보완하여야 한다. 또한 에탄올 혼합에 의한 가솔린 증기압 상승효과 및 기타 품질문제 해결이 요구된다.

결과적으로 에탄올을 자동차연료로 사용하기 위해서는 자동차 연료와 관련된 인프라 보완 및 구축이 필수적이므로 초기 도입 단계에서는 상당한 비용을 발생시킬 것으로 예상된다. 자동차 연료로서 에탄올의 특징은 다음과 같다.

(1) 바이오 에탄올의 장점

① 고옥탄가의 가솔린 대체 연료로서 연소효율이 높다.

② 가솔린에 비하여 이산화탄소(CO_2)의 배출이 저감된다.

③ 석유 에너지의 대체 에너지로서 석유 에너지 고갈에 대응할 수 있다.

(2) 바이오 에탄올의 단점

① 공급, 저장, 운송 및 유통 단계의 수분관리에 어려움이 있다.

② 자동차, 주유기, 저장탱크, 송유관의 고무 및 금속 재료의 부식/팽윤/변형 등을 발생시킨다.

③ NOx 및 알데히드의 배출농도가 증가되는 등 대기오염을 유발한다.

④ 대중적 보급을 위한 인프라 구축 비용이 많이 소요된다.

05 경사로 저속주행제어(Downhill Brake Control)에 대하여 설명하시오.

QUESTION

1. 경사로 저속주행제어(DBC ; Downhill Brake Control)

급경사로 하강 주행 시 브레이크 제어를 통해 브레이크 페달 작동 없이도 일정 속도를 유지하도록 제어하는 장치이다.

주행속도를 약 10km/h 이하로 제어하며 운전자는 제동조작 없이 조향핸들 조작에 집중하도록 하는 실용화된 안전장치이다. 일반적으로 차체의 경사(Tilt)를 검출하는 센서와 브레이크, 액셀러레이터의 동작을 검출하는 센서 신호와 작동 스위치의 조작신호로 장치의 동작을 수행하고 해제한다.

다음은 경사로 저속주행장치의 작동 조건이다.

구분	경사로 저속주행장치(DBC)의 작동 조건
작동대기	차속 40km/h 이하인 상태에서 DBC 버튼을 동작시키면 작동대기 상태로 진입하고, 차속 50km/h 이하까지 작동대기 상태를 유지시켜 준다.
작동	작동대기 상태에서 다음의 조건이 충족되면 작동상태로 진입한다. • 주행로가 일정 경사각 이상일 것 • 브레이크 또는 가속페달을 밟지 않은 상태일 것
작동해제	다음과 같은 조건에 해당될 경우 작동대기 상태가 해제된다. • 버튼을 눌러 DBC 동작을 해제할 경우 • 가속페달을 밟아 차속 50km/h 이상이 될 경우
	다음과 같은 조건일 경우 작동대기상태는 유지되나 DBC는 동작하지 않는다. • 브레이크를 동작시키거나 가속페달을 일정한 힘 이상으로 밟는 경우 • 주행로가 일정 경사각 이하일 경우

06 QUESTION 세이프티 파워 윈도(Safety Power Window)에 대하여 설명하시오.

1. 세이프티 파워 윈도(Safety Power Window)

요즘 자동차에 설치된 파워 윈도는 Auto Up/Down 기능으로 편리하지만 한번 작동시키면 유리가 완전히 상승하거나 하강해야만 작동이 멈춘다. 부주의로 신체의 일부가 유리창에 끼면 상해를 입을 위험이 많다.

이러한 위험에 대비하는 자동차 안전기준에 관한 규칙에서는 파워 윈도를 설치한 자동차에 대하여 물체의 끼임이 감지될 경우 다음과 같은 안전기준을 규정하고 있다.

① 창유리 등이 닫히기 시작하기 전의 위치로 돌아갈 것
② 창유리 등이 반강체 원통에 닿거나 하중을 가한 위치로부터 125mm 이상 열릴 것
③ 창유리 등이 200mm 이상 열릴 것

세이프티 파워 윈도(Safety Power Window)는 모터 내부에 있는 검출 센서를 통하여 유리의 작동방향, 현재위치, 유리창의 움직임 여부 등을 검출, 판단해서 유리창의 움직임을 정지시키거나 반대 방향으로 움직이게 하는 첨단 안전장치이다.

01 디젤 미립자 필터(DPF)의 가열단계와 재생단계를 각각 설명하시오.

QUESTION

1. 디젤 미립자 필터(DPF ; Diesel Particulate Filter)

디젤엔진의 배기가스 중 PM(입자상 물질)을 물리적으로 포집하고 연소시켜 제거하는 배기가스 후처리장치의 일종이다.

미세먼지를 저감하는 장치며 필터라는 장치 이름에서 알 수 있듯이 DPF는 먼저 엔진 연소실에서 나온 배기가스 가운데 미립자를 걸러낸다. 걸러진 미립자들은 DPF 안에 일정 시간 동안 저장되고, 일정 조건이 충족되면 이렇게 모아둔 미립자들을 가열하여 연소시켜 재생한다.

미립자를 태워 없애는 것은 엔진의 가동을 위해 사용되는 것과 동일한 연료이며 DPF에 직접 분사하지 않고 연소실 내에서 분사해 배기와 함께 DPF로 흘러 들어가도록 한다.

2. 디젤 미립자 필터(DPF)의 미립자 가열과 재생

DPF는 엔진에서 배출되는 매연의 배출을 저감하기 위해 부착하는 장치이다. 엔진에서 발생하는 탄화수소 등의 입자상 물질을 필터에서 포집하고 일정량 이상 쌓이면 필터 전후에 압력차가 발생하는데 이를 제어장치가 감지해서 배기온도를 높여 포집된 미립자를 가열한다.

필터의 재생이 이뤄지기 위해서는 포집된 미립자에 연료를 분사하여 600℃ 이상의 온도가 10분 이상 유지되어야 하며 미립자들은 이때 연소되어 배출된다. 따라서 저속 운행을 위주로 하는 차량의 경우 재생이 잘 이뤄지지 않아 DPF 안에 미립자가 누적되어 연비 및 출력의 저하를 가져오는 문제가 발생할 수도 있다.

매연 여과장치 기술은 크게 PM 포집기술과 필터 재생기술로 나누어지며 시스템은 기본적으로 필터, 재생장치, 제어장치의 3부분으로 구성되어 있다.

DPF의 기능은 다음과 같다.

① 배기계에 설치해 배출가스 중의 PM을 필터로 포집 후 재연소시킨다.
② 대형 디젤 자동차에 적용한다.
③ 자연 재생식은 포집된 매연을 배기가스를 이용하여 재연소시키는 방식으로 재생하며 일정 온도 이상의 배출가스 온도 유지가 필요하다.
④ 필터 소제 등 사후 관리가 필요하다.

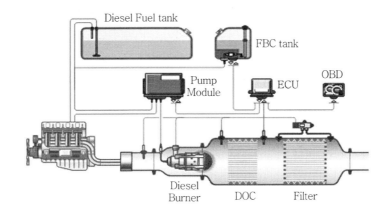

[DPF의 구성도]

02 QUESTION 지능형 에어백의 충돌안전 모듈에 대하여 설명하시오.

1. 지능형 에어백(Advanced Airbag)의 개요

에어백의 전개를 위하여 적용되는 센서는 다음과 같다.

① 정면 충돌 센서(FIS ; Front Impact Sensor)
② 압력 측면 충돌 센서(P-SIS ; Pressure Side Impact Sensor)
③ 중력 측면 충돌 센서(G-SIS ; Gravity Side Impact Sensor)

디파워드(Depowered) 에어백은 충돌 가속도 센서만 있으므로 에어백의 일방적 전개(展開) 여부만 제어된다.

듀얼 스테이지(Dual Stage) 에어백은 벨트 착용 감지 센서에 의해서 탑승 여부를 판단하고, 에어백의 전개 여부를 조절하며, 2단 점화 방식으로 탑승자의 착석 위치에 따라 에어백의 팽창압력을 조절한다.

어드밴스드(Advanced) 에어백은 스마트(Smart) 에어백에 유아시트 및 어린이 안전을 위한 승객 구분 센서를 적용, 승객 유무 및 유아탑승 여부, 착좌위치, 시트벨트 착용 여부, 충돌사고의 심각도 등을 고려해 에어백의 전개를 제어하는 장치이다. 충돌 시 에어백 팽창압력에 의한 승객의 2차 상해 감소를 목적으로 한 장치이며 4세대, 지능형 에어백이라고 하며 미연방 자동차 안전기준(FMVSS)의 기준에 부합하는 에어백이다.

2. 지능형 에어백의 충돌안전 모듈(Advanced Crash Safety Module)

ACSM-5는 지능형 에어백의 충돌안전 모듈이다. Advanced Crash Safety Module의 앞머리를 따서 ACSM이고, 현재 5세대까지 진화하여 ACSM-5라 부른다.

ACSM-5의 주요 기능은 다음과 같다.

① 탑승자에게 중요한 사고 상황 감지기능
② 충돌 시 탑승자를 안전벨트로 구속(에이백이 전개될 때 안전벨트를 당겨 구속하여 탑승객의 사상을 최소화한다.)

이 모듈은 에어백의 가스발생기와 센서에 직접 연결되어 충돌 시 안전벨트 텐셔너와 에어백 전개 유무, 사고의 방향과 심각성을 판단하여 모든 유형의 사고에 대처한다. 충돌 시 이 모듈을 통해서 가스발생기 등(벨트텐셔너, 에어백, 머리받침)을 어떻게 전개할지 결정하고 연료 펌프를 비활성화시켜 차량 가동을 차단한다.

ACSM 모듈은 정해진 규격 이상의 충격을 받으면 다음과 같이 모듈로 신호를 보내고 저장하는 기능도 한다.

① BDC(Body Domain Controller)라는 모듈로 신호를 전송하여 실내램프 및 위험경고표시를 작동시킨다.
② 직통회선을 통해 TCB(Telematic Communication Box)로 신호를 전송하여 차량의 위치 및 비상호출을 자동으로 전송한다.
③ ACSM 모듈에 읽기 전용 데이터 메모리에 기록되고 이 데이터는 사고 조사에 활용된다.

3. 지능형 에어백의 특징

다음은 Depowered Airbag, Dual Stage Airbag, Smart(Advanced) Airbag의 구성과 특징을 요약한 표이다.

구분		Depowered Airbag	Dual Stage Airbag	Smart(Advanced) Airbag
개요/정의		기존 보급 모델	Advanced Airbag으로 발전하는 중간 단계	FMVSS 적용 규격의 Airbag
성능 및 기능 비교	점화 단계	1단계 점화 Single Stage	2단계 점화 Dual Stage	2단계 점화 Dual Stage
	소요 센서	충돌가속도감지센서	충돌가속도감지센서 + 벨트착용감지센서, 좌석위치감지센서	충돌가속도감지센서 + 벨트착용감지센서, 좌석위치감지센서 + 승객구분센서

성능 및 기능 비교	동작 Logic	전개 여부만 판단	벨트착용 여부와 속도에 따라 점화시기 및 전개압 력 제어	• 탑승자의 체형 및 착 석 자세에 따라 다양 한 제어 • 안전벨트의 탑승자 구 속으로 위험 경감
특징	장단점	탑승자의 체형 고려 및 압력 제어 없이 전개	충돌속도에 따라 에어 팽 창압력 제어	• 충돌속도, 탑승위치, 체격 등을 감지해 팽 창압력 자동조절 • 경고표시 및 데이터 전송, 엔진 가동 정지

03
QUESTION

고전압장치(High Voltage System)의 주요 부품에 대하여 설명하시오.

1. 전기자동차의 고전압장치

전기자동차의 고전압장치는 배터리를 비롯하여 배터리 매니지먼트 시스템(BMS), 모터 속도
제어용 인버터 등으로 구성된다.

(1) 전기자동차의 배터리

① 배터리 셀(Cell)

전기에너지를 충전, 방전해 사용할 수 있는 리튬이온 배터리의 기본 단위이며 양극,
음극, 분리막, 전해질을 사각형의 알루미늄 케이스에 넣어 만든다. 에너지 용량에 따
라 5~20Ah 급은 HEV용 셀, 20~40Ah 급은 PHEV용 셀, 40Ah 이상은 EV용 셀로
구분한다.

② 배터리 모듈(Module)

배터리 셀(Cell)을 외부충격, 열, 진동 등으로부터 보호하기 위해 일정한 개수(일반적
으로 열 개 남짓)로 묶어 프레임에 넣은 배터리 조립체(Assembly)를 말한다.

③ 배터리 팩(Battery Pack)

전기 자동차에 장착되는 배터리 시스템의 최종형태이다. 배터리 모듈 6~10여 개와

BMS (Battery Management System), 냉각 시스템 등이며 각종 제어 및 보호 시스템을 장착하여 완성된다.

(2) 배터리 매니지먼트 시스템(BMS ; Battery Management System)

성능, 안전 그리고 긴 사용 수명을 보장하는 배터리 관리 시스템(BMS ; Battery Management System)이 탑재된 배터리 팩은 가볍고 내구성이 좋은 자동차의 전반적인 성능을 결정하는 핵심적인 부품이다. 여러 개의 배터리 셀을 제어하기 위한 배터리 관리 시스템은 셀의 상태를 모니터링하고 자동차의 운행시스템과 연동되어 고전압회로의 연결/해제, 냉각장치 제어 등 배터리 팩 전체를 컨트롤하는 시스템이다.

(3) 전기자동차용 인버터

전기자동차의 인버터 구동 전원은 보통 DC 200~400V이다. 이것은 리튬이온 등의 배터리 충전상태(SOC ; State Of Charge)를 고려한 DC 전원 입력범위이고, 기타 제어 전원으로는 엔진 차량과 같이 12V 급 납축전지 배터리를 사용한다.

전기자동차의 일렉트릭 파워 트레인에 있어 구동력은 엔진 대신 모터를 사용하는데, 모터의 구동력을 트랜스미션으로 휠에 전달한다. 그런데 모터의 토크-속도 최대 능력 곡선은 엔진과 달리 속도에 따라 연속적이므로 전기자동차에 사용하는 트랜스미션은 엔진 차량처럼 다단일 필요가 없으며, 보통 하나의 일정한 고정 감속비를 가진다.

이러한 감속 특징과 차량에서 필요한 속도와 토크 특성을 감안해 전기자동차용 인버터는 최고 12,000rpm까지 모터를 고속으로 제어하는데, 이는 산업용의 4배 이상인 범위다.

또한, 전기자동차의 연비 측면에서 가능한 한 동일한 배터리 에너지로 더욱 먼 거리를 주행해야 하므로 전기자동차용 인버터는 고효율이 필요하며 자동차의 열악한 환경에서 높은 신뢰성을 보장해야 한다.

온도, 진동, EMC 특성, 외함 보호등급 측면에서 전기 자동차용 인버터가 보장해야 할 기본 사양을 맞추려면 정밀한 회로와 구조 설계가 필요하며 자동차라는 한정된 공간 특성과 고연비 달성 측면에서 전기자동차용 인버터는 고출력 밀도도 필요하다.

전기자동차는 운전자의 안전이 중요하므로 자동차용 인버터는 자체 및 차량 제어기(VCU)와 연계해 철저한 보호, 진단 수단을 확보하고 예방적 고장 조치 기능을 갖춰야 한다.

04 탄성소음, 비트소음, 럼블소음에 대하여 각각 설명하시오.
QUESTION

1. 주행 중 타이어에서의 발생 소음

주행 중 타이어와 노면 사이에서 발생하거나 타이어 자체 및 서스펜션계의 진동과 트레드 사이를 통과하는 공기에서 주로 발생하며 소음의 주파수와 차체에 전달되는 진동의 형태에 따라 다음과 같이 구분한다.

(1) 탄성소음(Elasticity Noise)

타이어와 노면의 마찰 시 고유진동수가 공진하여 발생하는 공기 전달 소음이며 타이어의 국부적 강성 변동과 불균일로 인한 가진력이 원인이다.

(2) 스퀼소음(Squeal Noise)

차량이 건조하고 평탄한 노면에서 급발진, 급제동, 급선회를 하면 타이어의 트레드가 노면에서 반복적으로 미끄러지면서 발생하는 공기 전달 소음이다.
선회주행 시의 코너링 스퀼, 급발진, 급제동 시의 브레이킹 스퀼이 있으며 스퀼은 타이어 트레드부의 탄성진동에 의하여 발생하는 500~1,000Hz의 고주파음이다.
스퀼소음은 타이어 트레드 패턴의 형상과 구성물질의 성분, 노면의 상태 등이 트레드 패턴의 탄성진동에 영향을 주어 발생한다.

(3) 로드소음(Road Noise)

차량이 주행할 때 노면의 요철에 의하여 타이어의 탄성진동이 서스펜션과 차체를 통하여 차실 내로 전달되는 소음이며 대부분 구조전달이다.
일반적으로 저편평비 타이어는 로드소음에 불리하며 서스펜션의 탄성도를 낮춰서 전달되는 진동을 저감하며 진동을 피할 수 있는 차체의 강성을 선택하는 것이 효과적이다.

(4) 비트소음(Beat Noise)

타이어의 소음과 엔진 및 구동계의 소음이 간섭되어 발생하는 울림현상의 소음이며 타이어의 형상과 강성의 불균일에 의한 소음이다.
70~80km/h 주행속도에서 가장 심하게 나타나고 주파수는 60~120Hz이다.

(5) 섬프소음(Thump Noise)

타이어의 국소적인 불균일에 의해 발생하는 단속적인 소음이며 서스펜션이나 차체 등에 진동을 일으킨다.

일반적으로 50km/h 정도의 주행속도에서 상하력의 변동 및 전후력의 변동, 진폭 변화가 심해지고 비트소음이 되거나, 심해지면 차체에 대한 타음이 되기도 하며 주파수는 5~50Hz이다.

(6) 패턴소음(Pattern Noise)

주행 중 타이어 패턴 홈에서의 펌핑작용으로 기주공명 현상에 의해 증폭된 공기 전달 소음을 말한다. 타이어의 회전과 노면과의 접촉으로 패턴 홈에서 공기를 압축하고 배출할 때 발생하는 소음이며 타이어의 트레드부 마모형태에 따라 소음의 발생 상황은 달라진다. 타이어의 회전속도와 패턴의 형태에 따라 발생 주파수는 달라지며 600~1,000Hz의 주파수를 가진다.

(7) 하시니스(Harshness)

하시니스는 차량이 단발적인 노면의 요철이나 포장도로의 연결부위 등을 주행할 때 충격적인 진동과 소음을 일으키는 현상이다.

이는 차량이 평탄로가 아닌 곳을 주행할 때 발생한다는 점에서는 로드소음과 같지만 단시간에 진동과 충격적인 소음이 발생한다는 점이 다르다.

이는 지나치게 강성이 큰 레이디얼 타이어의 사용을 피하고 서스펜션계의 탄성도를 낮추어 차체로 전달되는 진동을 저감시키는 대책이 유효하다.

피에조 인젝터(Piezo Injector)를 정의하고 연료분사량 보정에 대하여 설명하시오.

1. 피에조 인젝터(Piezo Injector)

CRDI 디젤엔진은 분사된 연료와 공기가 혼합되는 속도에 의해 연소속도가 결정되므로 이 시간이 짧아지도록 연소실 내부의 유동특성과 연료의 분사율, 분무형태, 미립화상태가 중요하다. 따라서 연료 분무의 특성은 엔진의 소음과 배출가스의 저감 및 연소 개선을 통한 연비성능에도 큰 영향을 미치므로 다중분사(Multiple Injection)방식에 대응할 수 있는 정밀하고 빠른 응답 특성의 인젝터의 적용과 더불어 고압분사를 위한 고압연료펌프의 적용이 필요하다.

2. 피에조 인젝터(Piezo Injector)의 기술

피에조 스택(Piezo Stack)에 물리적인 힘을 가하면 가해진 힘의 방향과 크기에 따라 전압이 발생하는데 이것을 압전 효과(Piezoelectric Effect)라고 하며 또 피에조 스택에 전압을 가하면 그 극과 크기에 따라 스택의 길이가 변하는데 이를 역압전효과(逆壓電效果/Inverse Piezoelectric Effect)라고 한다.

피에조 스택은 제조 과정에서 영구적 극성을 가지도록 만들어지므로 동일 극성의 전류가 같은 방향으로 흐르면 스택이 팽창하여 지름이 축소되고 이와 반대로 피에조 스택과 다른 극의 전류가 같은 방향으로 흐르면 스택의 길이는 줄어들고 지름은 증가한다.

아래 그림은 가해지는 전압의 극에 따라 스택(Stack)의 변화가 발생함을 나타낸 것이며 피에조 스택의 변위는 인장계수, 스택의 층수, 작동 전압에 따라 결정되며 다음과 같은 관계가 있다.

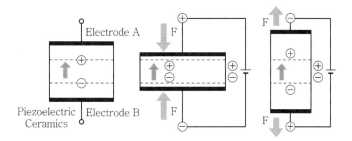

스택의 변위 : P_d(m), 인장계수 : C_n(m/V), 스택의 적층 수 : N, 인가전압 : V(V)라 하면

$$P_d = C_n \cdot N \cdot V$$

이에 따라 밸브 제어 체적의 오리피스를 열게 되고 내부 압력의 차이가 발생하면 니들은 들어 올려져 분사가 이루어진다.

3. 피에조 인젝터의 효과

역압전효과(逆壓電效果)를 이용한 피에조 인젝터는 빠른 동적 응답성(Response)과 큰 작동력을 나타내는 특성을 가지므로 고압 연료에 대한 효과적인 분사시기 및 분사량 제어가 가능하며 충전과 방전이 이루어지면서 전력의 소모가 적다는 장점이 있다.

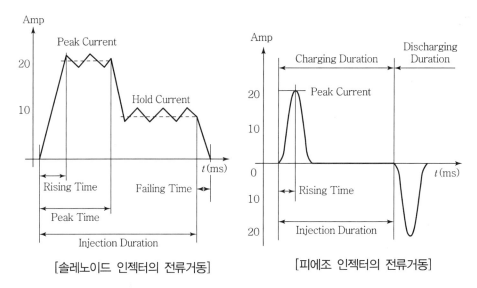

[솔레노이드 인젝터의 전류거동] [피에조 인젝터의 전류거동]

이러한 특성을 이용한 피에조 인젝터(Piezo Injector)의 적용으로 분사시기와 분사량의 정밀한 제어가 가능해지고 디젤 연료의 연소 특성을 고려한 다중 분사(Multiple Injection)가 가능해져 소음과 진동의 저감, 유해 배출가스의 저감, 연비성능의 향상과 더불어 고출력화가 가능해진다.

4. CRDI 엔진의 피에조 인젝터를 적용한 다단분사(多段噴射)

다단분사는 여러 분사단계로 나누어 분사함으로써 디젤엔진의 급격한 연소를 억제하고 연소 상황을 제어하기 위한 방법이다.

분사의 시기와 횟수, 각 단계의 분사량 최적화에 의해서 배기가스를 저감하고 연소 성능을 개선하며, 특히 최근의 승용 자동차용 디젤엔진에서의 소음과 진동도 크게 개선하고 있다. 이러한 다단분사방법은 분사량을 제어할 수 있으며 분사 시기와 분사 횟수를 더 나누어 완전연소와 유해 배기가스의 저감 및 연비성능의 향상을 도모할 수 있다.

아래 그림은 피에조 인젝터를 적용한 커먼레일 시스템의 다단분사의 분사전략에 대한 설명이다.

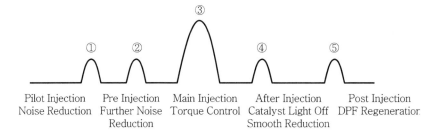

① 파일럿 분사(Pilot Injection) : 연료를 미소량 분사하여 연소 분위기를 조성하기 위하여 분사
② 사전 분사(Pre-Injection) : 착화 지연 시간을 고려하여 실린더 하부까지 완전연소를 유도하기 위하여 주 분사(Main Injection)에 앞서 연료를 분사하는 역할
③ 주 분사(Main Injection) : 가장 많은 연료량의 분사가 이루어지며 이때의 분사량이 엔진 토크와 비례하며 엔진의 최고 출력을 결정
④ 후분사(After Injection) : 연소 중에 미처 연소되지 못한 잔류 연소를 완전연소되도록 연소실 내 온도를 유지시켜 주는 역할
⑤ 포스트 분사(Post Injection) : 연소 후 배기 가스 중의 PM(Particulate Matter)의 저감을 위하여 적은 량의 분사를 하며 배기온도를 높여 디젤엔진 후처리 장치인 DPF(Diesel Particulate Filter)에서의 필터 재생을 유도

5. 연료분사량 보정

피에조 인젝터는 분사응답성 향상. 출력 및 배출가스 최적화를 구현하였고 구동전압이 200볼트에 도달하므로 감전이 될 수도 있다.

피에조 세라믹에 전압을 가하여 길이의 변화를 통한 연료제어를 하는 것이며 압전체(Piezo Electrics)의 압전직접효과를 이용한 것이다.

분사량 보정을 위하여 아래와 같은 보정으로 각 행정 분사마다 5회 분사, 파일럿 분사 2회 - 주 분사 - 후분사 2회를 가능하게 해준다.

• IVA(Injector Voltage Adjustment) : 피에조 인젝터 전압 보정
• IQA(Injector Quantity Adaptation) : 인젝터 간 연료 분사량 편차 보정
• ZFC(Zero Fuel Quantity Correction) : 최소 연료량 보정기능
• PWC(Pressure Wave Correction) : 레일 압력 섭동량 보정기능

엔진의 액티브 사운드 디자인(Active Sound Design)에 대해 설명하시오.

QUESTION

1. 엔진의 액티브 사운드 디자인(Active Sound Design)의 목적

차량 내부에서의 소음 및 진동은 차량을 평가하는 주요 요소 중 하나이다. 그중에서도 엔진음은 차량의 특성을 반영하는 데 있어 중요한 역할을 한다. 차량 엔진의 소형화, 전동화 등의 흐름에 따라 사용자 기호에 맞는 엔진음을 만들어 낼 필요가 있다. 따라서 차량 내에 추가적인 소리를 더하거나 기존의 엔진음을 줄임으로써 더욱 다양한 소리를 만들어낼 수 있어야 한다.

2. 엔진의 액티브 사운드 디자인(Active Sound Design) 컨트롤 유닛

ASD-컨트롤 유닛은 차량 상태에 따른 컨트롤을 통해 원래의 엔진 사운드에는 없는 음향 요소를 생성한다. 이 음향 요소는 오디오 시스템 스피커를 통해 출력되며 원래의 소음과 함께 차량 실내공간에서 전체적으로 바람직한 방식으로 중첩된다.

음향 센서가 적용된 차량의 경우 순수 전기차 주행모드 시 또는 연소 엔진과 함께 가동되는 주행모드에 대해 차량상태에 따라 제어되는 외부 음향을 지원한다.

음향 센서는 스피커와 같은 원리로 작동되며 ASD-컨트롤 유닛을 직접적으로 트리거링 한다.

3. 엔진의 액티브 사운드 디자인(Active Sound Design) 컨트롤 유닛의 기능

ASD-컨트롤 유닛에는 사운드 패턴 생성을 위한 차량 및 엔진 고유의 알고리즘이 저장되어 있으며 ASD-컨트롤 유닛의 주요 기능은 ASD-신호를 합성하는 것이다.

직접식 디지털 사운드 프로세서는 아날로그 신호를 생성하며 이 신호는 오디오 신호와 합성되고 이 경우 ASD-컨트롤 유닛은 흡음장치 역할을 한다.

ASD-컨트롤 유닛은 이 추가 신호를 주행상태 및 가속페달 위치에 적합하게 변경한다.

또한, ASD-컨트롤 유닛은 ASD-신호(⑩ 엔진 회전속도, 주행속도, 가속페달 위치, 부하 신호, 변속단계) 계산을 위해 CAN 버스를 통해 다양한 매개변수를 수신한다.

4교시

PROFESSIONAL ENGINEER TRANSPORTATION VEHICLES

01 QUESTION 클린디젤엔진의 핵심기술에 대하여 설명하시오.

1. 클린디젤엔진의 핵심 기술

디젤엔진은 커먼레일 분사 시스템과 같은 분사 시스템의 개발과 적용으로 큰 성장을 이루었지만 소음과 진동, 스모크 문제로 부정적인 인식이 강하므로, 친환경적 경쟁력을 확보하기 위하여 배기가스 규제에 적극적으로 대응할 필요가 있다.

배기가스 후처리장치의 기술 발달과 전 세계적인 CO_2 규제에 대응하기 위하여 높은 효율을 가진 디젤엔진의 개발이 필요하며 이러한 목적과 목표의 달성을 위하여 클린디젤(Clean Diesel)이라는 명칭의 신기술들이 개발되고 있고 연소시스템, 흡배기시스템, 배기후처리장치, 정밀제어 등이 핵심적인 기술이다.

고압분사가 가능하면서도 효율이 좋은 고압연료펌프, 반응속도가 빠르고 다공의 노즐을 가지는 인젝터, 추가과급압력 증대가 가능한 터보차저, 다량의 EGR 공급이 가능하면서도 냉각 효율이 좋은 EGR 쿨링시스템, NOx저감을 위한 저온연소에 유리한 저압축비 연소실의 적용이 효과적이다.

(1) 연소시스템(Combustion System)

유해 배출물의 기본적인 생성은 연소실 내부의 연소현상에서 비롯한다. 이의 개선을 위하여 다양한 방법들이 개발, 적용되고 있으며 HCCI(Homogeneous Charge Compression System Ignition)나 PCCI(Premixed Charge Compression Ignition) 등의 저온연소 시스템을 개발하여 기존의 디젤엔진에서 피할 수 없었던 NOx와 PM의 발생을 억제할 수 있다.

기존의 디젤엔진에서 NOx와 Soot의 발생은 연소온도와 공연비의 문제이므로 HCCI 같은 저온 연소 기술의 적용으로 NOx의 저감과 다량의 EGR과 Soot 발생을 억제하기 위하여 국부적인 당량비를 감소시켜야 하므로 예혼합 상태를 조성하는 것이 연소의 핵심 기술이다.

솔레노이드 방식의 커먼레일 인젝터는 정밀한 분사량의 제어가 어려우므로 피에조 타입의 다단분사 인젝터가 적용되고 분사압력도 1,600~1,800bar 수준으로 향상되었다.

또한, 효율이 좋은 고압연료펌프, 반응속도가 빠르고 다공의 노즐을 가지며 냉각 효율이 좋은 EGR 쿨링시스템 등의 적용이 클린디젤의 개발에 유효하다.

① HCCI(Homogeneous Charge Compression System Ignition)로 저온연소시스템을 적용하여 NOx와 PM의 발생을 억제
② 1,600~1,800bar 정도의 고압분사
③ 연소온도와 공연비의 문제 해결을 위하여 다량의 EGR과 당량비를 감소
④ 다단분사가 가능한 피에조 인젝터와 냉각효율이 좋은 EGR 쿨링시스템 적용

(2) 흡배기시스템

NOx의 저감을 위하여 연소온도를 낮추기 위해 수랭식 EGR 쿨러를 적용하고 있으며 터보차저가 장착된 디젤엔진에는 기존의 EGR공급방식은 터빈 전단의 배기가스를 흡기로 유입하는 HP-EGR(High Pressure-EGR)을 적용하지만 대부분의 클린 디젤엔진에서는 LP-EGR(Low Pressure-EGR)을 적용하여 터빈 후단에 DPF를 설치하고 이 DPF 후단의 낮은 압력의 정화된 배기가스를 컴프레서 전단으로 유입시켜 길어진 EGR 경로로 인해 분배성이 향상되고 낮은 온도의 배기가스가 인터쿨러까지 거치면서 연소온도가 더욱 낮아져 NOx의 생성을 억제한다.

또한 터보차저는 기존의 WGT(West Gated Turbocharger)에 비하여 베인 개도를 운전조건에 따라 변경하여 효율을 증대시킨 VGT(Variable Geometry Turbocharger)의 적용이 일반적이다.

슈퍼클린 디젤엔진에서는 효율을 더욱 증대시킨 2단 터보차저가 적용되고 회전속도에 따라 효율의 저하 없이 충분한 과급으로 비출력을 향상시킨다.

① NOx의 저감을 위하여 연소온도를 낮추려고 수랭식 EGR 쿨러를 적용
② LP-EGR(Low Pressure-EGR)을 적용하여 분배성이 향상되고 낮은 온도의 배기가스가 연소온도를 더욱 낮추고 NOx의 생성을 억제
③ 베인 개도를 운전조건에 따라 변경하여 효율을 증대시킨 VGT(Variable Geometry Turbocharger)와 2단 터보차저가 적용되고 충분한 과급으로 비출력을 향상

(3) 배기 후처리 장치

배기 후처리 장치는 연소과정에서 생성된 유해 배기가스를 배기계에 별도의 장치를 추가 설치하여 정화하는 시스템이며 클린 디젤엔진에서는 NOx의 저감을 위하여 SCR(Selective Catalytic Reduction)과 LNT(Lean NOx Trap) 기술이 적용되고 있다.

SCR 후처리 장치는 고온의 배기관으로부터 분사되는 Urea 용액은 가수분해 및 열분해 과정을 통해 암모니아 가스로 변환이 되고 최종적으로 NOx를 질소와 수증기로 변환시키는 후처리 장치이다.

LNT란 디젤엔진의 통상 연소상태인 Lean(희박) 조건에서는 촉매에 NOx를 흡장하고 흡장된 NOx가 포화상태에 이르면 연료의 후분사를 통해 Rich(농후) 상태로 만들어서 환원제를 공급함으로써 흡장되어 있던 NOx와 환원반응을 일으켜 NOx를 정화하는 기술이다.

(4) 클린디젤엔진을 위한 정밀제어기술

클린디젤엔진에서의 정밀제어기술로는 연소압(燃燒壓) 기반 제어가 있으며 이는 엔진의 과도 운전 구간에서 연소실 내의 연소압력을 실시간으로 측정하고, 목표로 하는 제어 인자를 계산한 다음 목표로 하는 수준이 되도록 제어하기 위한 것이다.

이는 연료의 주 분사시기와 같은 변수를 피드백 제어하기 위한 것이며 EGR을 사용하는 경우 과도 엔진 운전 구간에서 불완전연소 가능성을 피하고 완전연소를 위한 제어를 하는 것이다.

복잡한 클린디젤엔진의 전자제어 시스템은 기존의 단순한 Open – Loop나 PID 제어방식보다 정밀한 제어성능을 가지는 모델 기반 제어방식을 적용한다.

이러한 제어방식은 기존의 제어방식과는 달리 예측되는 물리적 특성값을 제어하고자 하기 때문에 특히 과도운전과 같은 조건에서 보다 빠른 정밀 제어성능을 기대할 수 있게 된다.

① 연소압(燃燒壓) 기반 제어기술로 과도 운전 구간에서 연소실 내의 연소압력을 실시간 으로 측정

② 목표로 하는 제어 인자를 계산한 다음 목표로 하는 수준이 되도록 제어

③ 단순한 Open – Loop나 PID 제어방식보다 정밀한 제어성능을 가지는 모델 기반 제어 방식을 적용

④ 물리적 특성값을 제어하고자 하기 때문에 과도운전과 같은 조건에서 보다 빠른 정밀 제어성능을 기대

차량 충돌시험 방법 중 측면충돌시험 방법과 평가항목에 대하여 설명하시오.

1. 측면충돌시험 방법

① 60km/h±1km/h의 속도로 중량이 1,400kg±20kg인 측면충돌 이동벽을 그 진행방향과 자동차의 길이방향 중심선이 90도가 되도록 자동차의 운전자 측 옆면 충돌중심선에 차량 길이방향과 차량 수직방향으로 ±25mm 이내로 일치되도록 충돌시킨다. 측면충돌 충격흡수용 변형 구조물은 강화된 측면충돌 변형 이동벽의 특성을 따른다.

② 충돌기준선은 측면충돌 이동벽의 충돌 접촉면 중심을 지나는 수직면과 시험자동차의 운전자 측 옆면에 규정에 따른 인체모형의 착석기준점으로부터 후방으로 250mm를 지나는 수직면을 일치시킨다.

2. 측면충돌시험의 평가방법

측면충돌 안전성에 대한 평가는 상해등급, 충돌 시 문열림 여부, 충돌 후 문열림 용이성, 충돌 후 연료장치의 연료누출 여부 등 4개 사항으로 하며 평가방법은 다음과 같다.

(1) 상해등급

운전자석에 착석시킨 인체모형이 머리, 흉부, 복부와 골반에 받게 되는 상해값을 측정한 후 인체 각 부위별로 점수를 부여하며 인체 각 부위의 점수는 상해값에 따라 보간법으로 산출한다.

(2) 문열림

① 충돌시험 중 문(뒷문 승강구 및 개방향 천장 등을 포함한다)이 열리면 탑승자가 밖으로 튕겨 나갈 수 있으므로 충돌하는 순간에 문이 열렸는지 여부를 확인하여 충돌 후 문이 열린 개수로 평가한다.

② 충돌한 후에는 문이 쉽게 열려야 탑승자 스스로 밖으로 나오거나 외부에서 쉽게 구조할 수 있으므로 다음 각 충돌 후 충돌되는 측 반대편 문의 열림을 평가하여 문이 45도 이상(미닫이식 문은 500mm 이상) 열리지 않는 경우(750N 이상 적용) 또는 문의 잠금장치가 해제되지 않은 경우에는 '문 열 수 없음'으로 표기한다.

(3) 충돌 후 연료장치의 안전성

연료장치 안전성은 「자동차 및 자동차부품의 성능과 기준에 관한 규칙」에 따른 연료장치의 기준으로 연료장치는 자동차의 움직임에 의하여 연료가 누출되지 아니하는 구조일 것을 적용한다.

03 승용자동차의 엔진 마운트 종류 3가지를 설명하시오.

QUESTION

1. 엔진 마운트(Engine Mount)의 기능

엔진 마운트는 엔진과 미션의 무게를 지탱하는 역할과 파워트레인에서 발생하는 진동을 흡수하는 역할을 하는 부품이다. 엔진에서는 연소가스의 팽창하는 힘과 운동하는 힘인 관성에 의해 진동이 발생하게 되는데 이러한 진동을 완화하거나 흡수하는 역할과 함께 엔진과 미션의 무게를 지탱하는 역할을 한다.

2. 엔진 마운트의 설치 위치

엔진마운트를 장착하는 방법으로는 3점지지 방식과 4점지지 방식이 있다. 전륜구동의 경우 엔진마운트를 전면과 후면, 좌우 면에 하나씩 설치하는 4점지지 방식을 사용하며, 후륜구동의 경우에는 좌우 측과 후면(변속기 쪽)에 하나씩 설치하는 3점지지 방식을 적용한다. 대체로 엔진의 좌우 측에 장착되는 엔진 마운트는 유압식이며 전후 측에 장착되는 것은 고무 재질의 엔진마운트이다. 또한 엔진 마운트는 엔진의 진동이 가장 적은 부분에 설치하는데, 진폭이 작아져 승차감이 좋아지고 설치에 대한 부담을 줄일 수 있기 때문이다.

3. 엔진 마운트의 종류

(1) 고무제 엔진 마운트

가장 일반적으로 사용되던 엔진 마운트로서 가황 고무로 경도를 조절하여 성형, 제작한다. 단일 탄성을 가진 고무 재질로 제작하므로 엔진과 파워트레인으로부터 전달되는 진동을 능동적으로 감쇠하지 못하는 단점이 있으며, 내구성이 약하고 엔진을 포함한 큰 중량을 담당하므로 열화가 쉽게 일어난다.

(2) 유압식 엔진 마운트

공전 시 엔진의 진동에 의해 상부 체임버의 유체에 발생된 진동은 고무막에만 작용하고, 고무막이 변형되면서 이 진동을 감쇠, 흡수한다. 또한 고무막 아래에 있는 공기 쿠션(Insulating Air Cushion)의 마그넷 밸브가 열려있기 때문에 공기 쿠션과 대기통로 사이에서 공기가 출입을 반복하면서 진동감쇠기능을 보완한다.

주행 시에는 공기 쿠션의 마그넷 밸브가 닫히면서 대기통로를 폐쇄한다. 그러면 상부 체임버에서 생성된 유체의 진동은 플라스틱 보디(Plastic Body)에 가공된 작동유 통로를 통해 아래 체임버로 전달되고 아래 체임버의 바닥에 설치된 고무 벨로즈가 변형되면서 진동을 흡수, 감쇠한다.

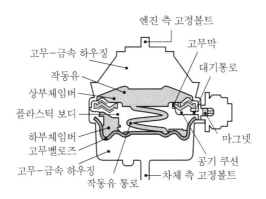

(3) 전자제어 엔진 마운트

엔진의 부하 상태를 각종 센서로 감지하고, 롤 인슐레이터의 감쇠력과 스프링 상수를 자동으로 변경함으로써 공회전과 통상 주행 시의 소음 및 가감속 시와 변속 시의 쇼크가 발생할 경우 양호한 승차감을 얻게 하는 시스템이다.

통상 주행 시(공회전을 포함) 발생하는 미소 진동은 롤 인슐레이터의 스프링 상수 및 감쇠력을 작게 하여 차단한다.

자동 변속기(A/T) 기어 변속 시는 롤 인슐레이터의 스프링 상수와 감쇠력을 크게 하여 쇼크를 저감한다.

또한, 프런트 쪽 롤 스토퍼의 상하를 고무 부시로 지탱한 복동식의 쇼크업소버를 이용하여 통상 주행 시(공회전을 포함) 등에 발생하는 미묘한 진동과 가감속 시 및 A/T 기어 변속 시에 발생하는 큰 힘은 쇼크업소버로 흡수한다.

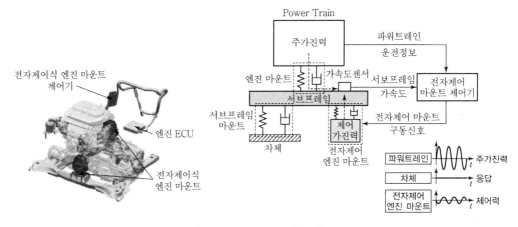

[전자제어식 엔진 마운트]

04 자동변속기에서 오일 온도의 관리방법에 대하여 설명하시오.

QUESTION

자동변속기 내부의 기계적 마찰은 오일의 온도를 상승시키며 지나치게 높은 오일의 온도는 오일을 열화시킨다.

자동변속기 차량에는 오토미션오일 쿨러가 장착되어 있어 정상적인 경우 엔진 냉각수 온도 이상으로 온도가 과열되지는 않는다. 만약 오토미션오일 쿨러가 없다면, 미션오일 온도가 지나치게 올라가서 오일이 열화되고 성질이 변하여 동력전달을 정상적으로 못 하게 된다.

오토미션오일의 적정 온도가 냉각수와 같기 때문에 대부분 경우 오토미션오일이 냉각수 라디에이터 내부를 통과하는 식으로 냉각이 이루어진다. 그러나 라디에이터 내부를 통과하는 냉각관의 크기가 작아서, 오토미션오일 쿨링의 효과가 그다지 크지 않고 미션 슬립이 일어나거나 쿨러의 막힘으로 오일의 순환이 어려워저 온도가 상승할 수 있다.

따라서 고급 차량에서는 냉각수 라디에이터 일체형의 오토미션오일 쿨링관을 사용하지 않고 별도의 공랭식 미션오일 쿨러를 사용하고 있다. 이 외장형 쿨러로 오토미션오일의 온도를 일정하게 유지시켜 과열로 인한 오토미션오일의 열화를 방지하고, 온도 및 점도를 일정하게 유지시킨다.

05 전기자동차가 환경에 미치는 영향에 대하여 설명하시오.
QUESTION

1. 전기자동차 – 깨끗하게 정제된 에너지

전기자동차의 정확한 정의는 충전 배터리, 즉 이차전지를 동력원으로 구동되는 자동차이다. 전지의 전기가 전부 방전되면 재충전해서 쓸 수 있는 것이 이차전지이다. 에너지 측면에서 보면 전기는 원래 대단히 "깨끗하게 정제된" 에너지이다. 그래서 깨끗한 전기에너지를 이용해서 구동되는 전기자동차는 공해성이든 아니든 가스는 일절 배출하지 않는다. 그러므로 전기자동차는 화석연료 자동차에 비해 월등하게 친환경적으로 보인다.

2. 전기의 생산에 따른 환경 영향

하지만 문제는 전기가 어떻게 만들어지는가에 있다. 우리나라의 경우 일부의 전기가 수력, 풍력, 조력, 태양광 등에 의해 생산되지만, 이들 에너지의 점유율은 약 1% 수준밖에 안 된다. 다시 말해 우리나라 전기의 약 60%는 화력발전으로, 나머지 약 40%는 원자력발전에 의해 생산된다. 화력발전소에서 전기를 만들기 위해서는 화석연료를 태워서 생기는 연소 에너지로 발전기 터빈을 돌려야 한다. 원자력 발전소에서 전기를 만들기 위해서 방사능 물질의 붕괴에서 발생하는 열 에너지를 이용해서 발전기 터빈을 돌려야 된다. 이 두 에너지원은 100% 친환경적이지는 않다. 화석연료에서는 CO, CO_2가 부생하며, 원자력 발전소에서는 폐기물이 발생한다. 우리가 전기를 쓰려면 이런 부생물질을 감내하지 않으면 안 된다.

결국 엄밀히 따져 보면, 우리나라에서 쓰는 전기의 60%는 CO, CO_2를 부생시키는 것이며, 나머지 40%는 방사능 폐기물을 발생시키는 대가인 것이다. 이렇게 볼 때 전기도 결코 100% 친환경적인 에너지라고 볼 수 없고, 전기자동차도 친환경적인 것이 아니다. 더 심하게 말하면 서울시의 전기자동차로 인한 친환경성은 화력 발전소와 원자력 발전소 인근 환경오염의 대가인 것이다.

다시 말해 전기도 많건 적건 환경오염의 기반 위에서 만들어진 산물이다. 그러므로 전기자동차가 100% 친환경적이라고 이야기하는 것은 잘못이다.

06 QUESTION

금속의 응력 측정법에서 광탄성 피막법, 취성 도료법, 스트레인 게이지법에 대하여 설명하시오.

1. 응력(Stress) 측정방법

부재(部材)에 작용하는 하중에 의하여 변형(Strain)이 발생하고 물체 및 재료는 응력(Stress)을 받는다. 작용하는 변형 및 응력을 측정하는 방법은 다음과 같으며 비파괴적으로 변형률, 응력의 집중 상황만 관찰할 수 있는 방법과 작용응력을 수치적 데이터로 정확하게 측정할 수 있는 방법이 있다.

(1) 광탄성 피막법(Photoelastic Film Method)

광탄성 피막(Photoelastic Film) 응력시험법은 응력집중도가 큰 부위를 검출하는 시험법이다. 물체에 입사, 반사된 두 편광의 간섭에 의해서 응력 상태와 정도에 따라 만들어 지는 무늬를 나타내는 에폭시 수지 등의 투명한 피막재를 시험 대상 물체에 부착시키고 부재의 변형(Strain)에 따른 응력(Stress)을 측정하는 광학적 방법이다.

장점은 시험 대상 부재에 인장, 압축, 비틀림 등의 하중을 작용시키면서 비교적 넓은 영역의 변형과 응력상태를 정성(定性)적으로 직접 관찰할 수 있다는 점이다. 단점은 실험실 내에서 행해야 한다는 것과 비교적 큰 장치를 필요로 한다는 점이다.

(2) 취성 도료법(脆性 塗料法/Brittle Lacquer Method)

취성 도료법(Brittle Lacquer Method)에 의한 응력 측정법은 통상의 도료로는 검출할 수 없는 작은 변형에도 갈라진 균열 틈에 스며드는 무른 도료를 이용하여 응력(Stress) 집중 부위를 파악하는 방법이다.

도료의 도포 시 어느 정도의 기술력을 필요로 하지만 특별한 계측기를 필요로 하지 않다. 모든 실부하(實負荷) 조건에서 부재에 발생한 최대 변형에 의해 갈라진 균열 틈에 도료가 잔류하므로 정성(定性)적으로 응력집중 부위를 검출하는 데 편리한 방법이다.

(3) X – 선 응력 측정법

일반적으로 금속재료는 여러 개의 미세한 결정입자가 불규칙하게 집합된 다결정체라 할 수 있다. 이 다결정체에 외력을 가하면 그 물체는 변형되며, 결정격자 간격도 탄성범위에서는 응력에 비례하여 변화한다.

X – 선 응력 측정법은 다결정체의 표층부에 특성 X – 선을 입사하고, X – 선 회절법 중 분말법의 원리에서 격자면 간격을 측정하여 응력을 측정하는 방법이다. 물체의 표면층 부분에 일정한 파장의 특성 X – 선을 입사시켜, X – 선 회절법(분말법)의 원리(Bragg의 조건식)를 이용하여 격자 간격을 측정하며, 이것에 탄성론(일반적으로는 평면응력이라 가정한 $\sin 2\phi$ 법)을 적용하여 응력과 스트레인을 해석하는 방법을 말한다.

(4) 스트레인 게이지법(Strain Gage Method)

작업이 복잡하지만 가장 정밀하게 응력(Stress) 데이터를 정량(定量) 수치적으로 시험할 수 있는 방법이다.

일종의 저항인 스트레인 게이지(Strain Gage)를 응력 측정 부위에 접착제(Adhesive) 및 용접(Spot Welding)으로 부착하고 하중이나 비틀림 등을 작용시켜 스트레인 게이지(Strain Gage)의 변형으로 스트레인 데이터(ε)를 직접 측정하는 방법이다.

스트레인 값을 크게 얻기 위하여 휘트스톤 브리지(Wheatstone Bridge) 회로를 사용하며 후크의 법칙을 이용한다.

후크의 법칙은 응력(Stress)과 변형률(Strain)의 관계를 나타내는 법칙이며 다음과 같이 표시된다.

$$\sigma(\mathrm{kg/mm^2}) = \varepsilon \cdot E$$

여기서, σ : 작용 응력(Stress)[kg/mm²]
ε : 변형률(Strain)
E : 재료의 탄설계수(Young's Modulus)[kg/mm²]

따라서 스트레인 게이지(Strain Gage)로 변형률(變形率/Strain)을 직접 측정하면 작용 응력(應力/Stress)을 수치적 데이터로 측정할 수 있으며, 스트레인 게이지의 부착 위치와 방향에 따라 인장, 압축, 비틀림 등의 응력 시험과 측정이 가능하다.

119

차량기술사

기출문제 및 해설

Professional Engineer Transportation Vehicles

01 온실가스 배출과 관련하여 Off – Cycle 크레디트(Credit)에 대하여 설명하시오.

QUESTION

1. Credit 제도

자동차 제작사가 1년 동안 국내에 판매한 전체 승용차의 평균연비를 조사하여 특정 기준에 도달하는가를 점검하는 것이며 온실가스 배출을 저감하기 위하여 자동차의 연비를 향상시킬 목적으로 시행된다.

크레디트 제도는 제작사들의 신기술 개발과 적용을 장려하고 효과적인 연비 개선 방안을 마련하게 하려는 데 목적이 있다.

(1) Super Credit

저배출 차량의 판매량을 배가하여 제작사의 평균연비 실적을 개선하는 효과를 가진다. 온실가스 배출량 50g/km 미만이나 연비 44.7km/L(휘발유 차), 51.8km/L(경유 차), 34.4km/L(LPG 차) 초과인 고효율 차량은 대당 2대, 전기차 및 수소차는 3대, 경차는 1.2대, 수동변속기 차량은 1.3대로 적용한다.

(2) Off – Cycle Credit

자동차의 연비시험방법을 통해 효과를 측정할 수 없으나 실제 도로 주행에서는 연비 향상에 영향을 미치는 기술의 감축량을 평균연비 실적에 반영하는 에코 이노베이션 기술에 의한 크레디트(Credit)이다.

제조사는 기술에 대한 크레디트를 받기 위해 온실가스 저감량을 증명해야 하며 Off – Cycle 저감기술 증명을 위한 방법으로는 EPA 5 – Cycle 방법이 있다. 5 – Cycle로는 저감기술 증명이 어려울 경우 제조사가 별도의 방법을 EPA로부터 승인받아 진행할 수도 있다.

에코 이노베이션 허용기술은 에어컨 냉매 누기 감소 기술, 에어컨 효율 개선 기술, 폐열회수장치 등 19가지가 있으며 이는 제작사 평균연비 실적에 최대 14g/km 또는 3.5km/L까지 반영할 수 있다.

02 리튬이온 폴리머 배터리에 적용되는 셀 밸런싱(Cell Balancing)의 필요
QUESTION 성과 제어방법에 대하여 설명하시오.

1. 셀 밸런싱(Cell Balancing)의 필요성

셀 밸런싱은 배터리의 수명과 직결된다.

일상적인 방법으로 배터리를 20% 이하로 방전 후 100%로 완속 충전을 시행하라고 추천하는 것은 BMS(또는 셀 밸런서)의 셀 밸런스 기능을 이용하여 셀 간 전압 차를 줄이는 것이다. BMS(Battery Management System)의 셀 밸런싱 기능은 매우 낮은 전류로 밸런싱을 하기 때문에 장시간 셀 밸런싱을 해야 하므로 별도의 방법으로 셀 밸런싱을 하기도 한다.

배터리 셀 상태의 균일화를 이루기 위해서 수동소자 및 능동소자를 연결해 배터리 셀 평형상태를 유지시켜 효율성을 향상하고 수명을 유지한다.

2. 셀 밸런싱(Cell Balancing)의 종류

(1) 패시브 밸런싱(Passive balancing)

저항 회로를 이용하여 높은 전압의 셀을 방전시키는 방법으로 액티브 밸런싱보다 구조가 단순하지만 충전된 셀을 고의로 방전시키는 작업을 반복하므로 전압이 높은 배터리 셀에 무리가 갈 수 있는 구조다.

(2) 액티브 밸런싱(Active balancing)

많은 소자를 이용하여 전압이 낮은 셀을 찾아 충전하는 방법으로 회로가 복잡하고 소자가 많이 들어가 비용이 올라가지만 셀 입장에서는 패시브 밸런싱에 비하여 더 안정적인 방법이다.

03
QUESTION

밀러 사이클 엔진(Miller Cycle Engine)의 적용이 증가하고 있는 이유에 대하여 설명하시오.

1. 밀러 사이클 엔진(Miller Cycle Engine)

밀러 사이클 엔진은 앳킨슨 사이클 엔진과 동일하나 흡기행정의 압축비를 줄이기 위해 복잡한 샤프트 구조 대신 밸브 타이밍을 조절하여 압축비를 조절한다는 점이 다르다.

일반적인 4행정 엔진은 흡기 시 피스톤이 하사점에 도달하는 동시에 흡기밸브가 닫히지만 밀러 사이클 엔진은 하사점에 도달하고 피스톤이 다시 일정 위치까지 상승한 뒤 닫힌다. 이 과정에서 한번 흡입되었던 연료가 다시 역류하므로 결과적으로 흡기 압축비는 줄어들게 된다.

열효율의 저하를 동반하는 배기 재순환(EGR ; Exhaust Gas Recirculation), 선택적 촉매 환원(SCR ; Selective Catalytic Reduction) 등의 에미션(Emission) 저감 방법과 달리 밀러(Miller) 사이클은 부가적인 장치 없이 에미션 저감과 열효율의 향상(밀러 효과)을 동시에 가능하게 한다는 점에서 주목받고 있다.

흡입밸브닫힘시기 조정을 통해 앳킨슨(Atkinson) 사이클을 실용화한 밀러 사이클을 적용하기 위해서는 열효율을 보상하기 위한 과급과 압축 초기 온도의 감소를 위한 중간 냉각이 필수적으로 요구된다. 이때 과급 효율, 온도 효율의 향상은 밀러 사이클의 효용성을 증가시킨다. 밀러 사이클 엔진은 앳킨슨 사이클에 비해 구조가 간단하다는 장점이 있다.

하지만 흡기를 다시 역류시키는 구조이기 때문에 배기량에 비해 출력이 낮은 편이고, 앳킨슨 사이클 엔진과 마찬가지로 저속토크가 약한 단점이 있어 CVT나 과급기를 같이 적용하여야 한다.

밀러 사이클 엔진은 흡기밸브의 닫힘 타이밍을 늦춰 압축행정을 줄여 연료와 펌핑 로스(Pumping Loss)를 절감하므로, 기존 오토엔진에 비해 출력은 떨어지지만 연비가 좋아지는 특징이 있다.

2. 밀러 사이클 엔진(Miller Cycle Engine)의 적용 증가 이유

근래 들어 밀러 사이클 엔진의 적용이 증가하는 이유는 과거의 성능 중심에서 실용적인 연비 중심으로의 관심 이동과 하이브리드 자동차의 등장과 관련이 있다.

과거에는 출력이 떨어진다는 이유로 폭넓게 사용되지 못하였지만 근래에는 HEV 모터를 통해 동력 보조가 가능하고 연비도 향상시킬 수 있으며 온실가스의 규제 정책과 관련되어 밀러 사이클 엔진의 적용이 확대되는 것이다.

04 QUESTION 트윈 터보 래그(Twin Turbo Lag)에 대하여 설명하시오.

1. 트윈 터보 차저(Twin Turbo Charger)의 터보 래그(Turbo Lag)

터보 래그(Turbo Lag)는 가속 페달을 밟는 순간부터 엔진의 출력이 목표에 도달할 때까지의 시간적 지연을 말한다.

트윈 터보 차저는 2개의 터보 차저를 장착한 터보 시스템이며 저속형과 고속형 터보 차저를 장착해서 저속과 고속 운전 영역에서 과급효율을 극대화하기 위한 터보 시스템이다.

공기량의 요구가 적은 낮은 회전 영역에서는 소형 터보 차저만 과급기로 역할을 하며 이때 대형 터보 차저는 단지 바이패스(Bypass) 통로 역할만 하고 과급은 하지 않는다. 이는 터보 래그(Turbo Lag)가 발생할 수 있는 저속에서 민첩하게 동작하는 소형 터보 차저를 동작시켜 과급의 효과를 얻기 위한 것이다.

회전 역영이 부스트 역치(Boost Threshold) 이상의 엔진 회전 속도에 도달하면 배기 쪽 밸브(Exhaust Flap)를 조금 열어서 대형 터보 차저의 과급을 실행한다. 그러나 소형 터보차저의 비중이 대형 터보 차저보다 크며 대형 터보차저는 보조역할을 한다.

엔진의 고속 회전 영역에서는 배기 쪽 밸브(Exhaust Flap)를 완전히 열어 대형 차저만으로 과급을 하게 되며 이는 엔진의 회전 속도가 상승하면 배기가스 유량이 많아지기 때문에 더 많은 양의 배기가스를 통과시키고 배출하여야 하기 때문이다.

2. 트윈 터보 차저(Twin Turbo Charger)의 동작

(1) 엔진 저속회전 영역에서의 동작

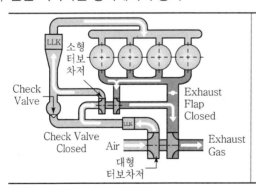

- 저속회전 영역(약 1,800rpm 이하)
- 배기 플랩 닫힘
- 체크밸브 닫힘

저속 영역에서는 배기가스 플랩은 닫히고 모든 배기가스는 소형 터보 차저만 구동한다. 이때 대형 터보차저는 아이들 회전만 하고 공기를 압축하지 않는다.

(2) 엔진 고속회전 영역에서의 동작

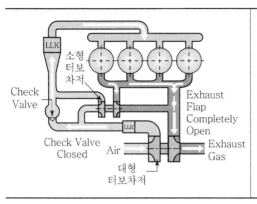

- 고속회전 영역(약 3,000rpm 이상)
- 배기플랩 완전히 열림
- 체크밸브 열림

고속 영역에서는 대형 터보 차저만 동작하여 공기를 압축한다. 소형 터보 차저보다 많은 공기를 통과시켜야 하기 때문이며 배기 플랩은 완전히 열린다. 배기가스는 대형 터보 차저로만 공급되고 최대의 부스트 압력을 형성한다.

급유연료증기(ORVR ; Onboard Refueling Vapor Recovery) 적용 배경에 대하여 설명하시오.

1. ORVR(Onboard Refueling Vapor Recovery System)

자동차 연료탱크에 연료 주유 시 증발 가스가 발생하게 되는데 이의 대기 중으로의 발산을 제한하기 위한 시스템(법규)이다.

증발 가스 손실분은 연료탱크 내의 공기가 대기 중으로 배출될 때 발생하는 것으로 휘발유의 성분 중 벤젠, 톨루엔 등 방향족 화합물이 50%를 차지하고 있어 인체에 유해할 뿐 아니라 광화학 스모그의 주요 원인이 되고 있다.

현재 법규상 연료 1Gallon(약 3.7L)당 0.2g(0.053g/L)으로 규제하고 있다.

환경부는 석유화학 관련 산업에 휘발성유기화합물질(VOC) 방지시설 설치를 의무화하고 환경기준도 마련하고 있다.

휘발성유기화합물질(VOC) 저장시설인 주유소에 설치된 저장탱크에 유류를 적하할 때 배출되는 휘발성유기화합물질은 탱크로리나 자체 설치된 회수설비를 이용하여 대기로 직접 배출되지 아니하도록 하여야 한다.

또한 저장탱크에 설치된 가지관 또는 숨구멍 밸브 등은 외부로 휘발성유기화합물질의 배출이 최소화될 수 있도록 적정한 조치를 취해야 한다고 규제하고 있다.

06
QUESTION

자동차용 LPG를 여름용과 겨울용으로 구분하는 이유에 대하여 설명하시오.

1. 자동차용 LPG

LPG는 액화 석유 가스이며, 일반적으로는 석유 채굴 시 유전에서 원유와 함께 분출하거나 석유를 정제할 때와 석유화학 공장에서 나프타를 분해할 때 나오는 가스를 −200℃에서 냉각, 혹은 상온에서 7~10기압의 고압으로 압축하여 액화시킨 연료이다.

LPG는 액화·기화가 용이하고, 기체가 액체로 변하면 체적이 작아진다. 상온(15℃)에서 액화하면 프로판은 1/260의 부피로, 부탄은 1/230의 부피로 줄어들어 저장과 운송에 편리하다. 일반적으로 프로판 가스라 불리고 프로판(C_3H_8)과 부탄(C_4H_{10})을 주성분으로 하는 액화한 석유계 연료이며, 기화한 것도 포함한다.

프로판(C_3H_8)과 부탄(C_4H_{10})의 성분과 물성의 비교는 다음과 같다.

구분	프로판	부탄	구분		프로판	부탄
분자식	C_3H_8	C_4H_{10}	완전연소 공연비		15.1	15.49
비중/공기	1.522	2.006	증기압(kg/cm²)/20℃		8.35	2.10
비점(℃)	−42.1	−0.5	옥탄가		125	91
발열량(kcal/kg)	12,030	11,690	조성 (mol.%)	여름	10 이하	85 이상
연소범위(vol.%)	2.1~9.5	1.8~8.4		겨울	15~35	60 이상

자동차용 LPG의 증기압은 프로판과 부탄의 혼합 비율과 온도에 따라 변한다. 증기압이 낮아지면 기화가 어려우므로 계절에 따라 프로판과 부탄의 혼합비율을 조정하여 필요한 증기압을 확보해야 한다.

따라서 온도가 낮은 겨울철에는 증기압이 낮은 부탄의 함량이 더 많도록 LPG의 함량을 조성해야 하는데 일반적으로 겨울철에는 부탄 70%, 프로판 30% 정도의 조성으로 한다.

〈LPG 2호의 계절별 품질기준〉

LPG 2호	단계	적용기간	품질기준(mol%)
프로판 함량	생산단계	겨울용 11~3월	25 이상~35 이하
		여름용 4~10월	10 이하
	유통단계	겨울용 12~3월	25 이상~35 이하
		여름용 5~10월	10 이하
		간절기 4, 11월	여름용, 겨울용 동시 적용

07 하이브리드 차량(Hybrid Vehicle)에 적용된 모터의 리졸버 센서
QUESTION (Resolver Sensor)의 역할에 대하여 설명하시오.

1. 리졸버 센서(Resolver Sensor)의 역할

하이브리드 및 전기자동차에서 리졸버 센서(Resolver Sensor)는 구동 모터 회전자의 절대위
치를 검출하여 모터 제어기(Motor Control Unit)에 전달하는 역할을 한다.

구동 모터를 효과적으로 제어하기 위해서는 모터 회전자(영구자석)의 절대위치를 항상 검출
하고 있어야 하며 회전자의 위치 및 속도 정보를 기준으로 MCU는 구동모터의 큰 토크를 제
어할 수 있다.

하이브리드 자동차의 리졸버 센서로는 가변 릴럭턴스형(Variable – Reluctance Type)이 주
로 적용된다.

08 하이브리드 자동차에서 회생제동 시스템(Brake Energy
QUESTION Re – Generation System)을 적용하는 이유에 대하여 설명하시오.

1. 회생제동 시스템(Brake Energy Re – Generation System)

회생제동(回生制動)은 제동 및 감속 시 주행 중인 자동차의 운동에너지를 전기에너지로 회생
(回生)하여 배터리에 저장한 후 출발 시 등 필요할 때 재사용하므로 연비를 크게 향상시킬 뿐
만 아니라 모터의 구동력으로 차량의 출발 시 많이 발생하는 유해 배출가스의 배출도 크게 저
감한다.

브레이크를 밟는 것은 자동차는 '일시 정지', 하이브리드는 '충전'이라는 개념이다. 하지만 일
반 브레이크 성능을 모두 만족시키면서 모터 발전량 변화에 대응할 수 있는 브레이크 유압 제
어는 복잡한 조건을 만족하여야 하며 유압식 부스터와 브레이크 액추에이션 유닛으로 구성된
회생제동을 위한 협조제어 브레이크 시스템을 필요로 한다.

또한, 발전량은 모터/발전기의 역률과 발전 효율에 영향을 받으며 최근에는 충전효율을 높이
기 위하여 배터리 대신 커패시터(축전기, Capacitor)를 사용한다.

09 QUESTION EGR By-Pass Valve를 장착하는 이유에 대하여 설명하시오.

1. EGR By-Pass Valve의 장착 이유

EGR 바이패스 밸브는 EGR 고온 가스를 EGR Cooler를 통과하지 않고 바이패스 통로를 통하여 엔진의 흡기 매니폴드로 보내기 위한 우회로이다. 저온 시동 시 일정 온도에 도달할 때까지는 EGR Cooler를 거치지 않고 배기가스를 바로 흡기로 도입하도록 설계된 것이다.

보통 온도의 높고 낮음은 냉각수 온도를 기준으로 하며 EGR 바이패스 밸브는 50℃ 정도를 기준으로 바이패스 밸브를 열고 닫는다.

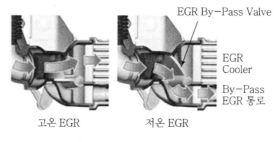

고온 EGR   저온 EGR

[EGR By-Pass Valve]

10 QUESTION 디젤 미립자 필터(DPF)에 누적된 Soot는 NO_2와 O_2로 태워질 수 있다. 이 두 가지 방식에 대하여 화학식을 제시하고 요구되는 조건과 특징에 대하여 설명하시오.

1. 디젤 미립자 필터(DPF)

디젤 미립자 필터(Diesel Particulate Filter)는 디젤이 완전연소하지 않아 생기는 탄화수소 찌꺼기 등 유해물질을 모아 필터로 걸러낸 뒤 550℃ 이상의 고온으로 재연소시켜 오염물질을 줄이는 저감장치다.

디젤 차량의 배기가스 중 미세매연입자인 PM을 포집(물질 속 미량 성분을 분리하여 모음)한 뒤 재연소시켜 제거하는 배기가스 후처리 장치(매연저감장치)이다.

2. DPF의 작동 원리

DPF는 배기가스 중 발생하는 입자상 물질(PM)을 촉매필터에 포집한 후 일정한 조건에서 배기가스의 온도를 높여 제거하는 과정을 거치는데 재생(연소 과정) 원리를 통해 배기가스를 처리한다. 우선 배기가스 중의 PM(미세매연입자)이 필터 벽면에 포집된다. 배기가스에는 이렇게 쌓인 PM을 자체적으로 연소시킬 만큼 충분한 양의 산소가 포함되어 있고 이 연소 과정을 재생이라 한다.

DPF의 화학적 반응과정은 다음과 같다.

- NO의 산화에 의한 NO_2 생성 : $NO + O_2 \rightarrow NO_2$
- NO_2 및 O_2에 의한 Soot 연소 : $Soot + NO_2 \rightarrow NO + CO_2$

$$Soot + O_2 \rightarrow CO_2$$

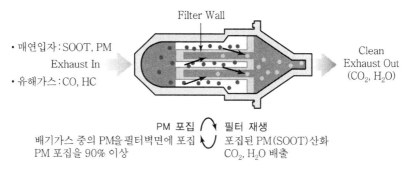

[DPF의 재생과정]

자연재생식은 포집된 매연을 배기가스를 이용하여 재연소시키는 방식으로 재생하며 일정 온도(550℃) 이상의 배출가스 온도 유지가 필요하다.

11 QUESTION 자동차의 하부 부식 원인을 설명하고 방청대책에 대하여 설명하시오.

1. 자동차의 하부 부식 원인

자동차 하부 부식은 철강재료의 산화로 발생하며 도로에 존재하는 돌이나 기타 물질과의 충돌로 인한 도장 재료의 파괴 및 도금한 재료의 도막 손상으로 발생한다.

특히 겨울철에 노면에 제설제로 많이 사용하는 염화칼슘은 철강의 부식속도를 일반 대기 중에서의 부식보다 5배 정도 빠르게 하여 부식을 일으킨다.

하부 부품 중에서 쉽게 부식, 열화되는 것은 머플러이다. 재료 자체가 얇은 철판재이며 고온과 산화성 배기가스에 의하여 쉽게 산화, 부식되며 부식이 진행된 머플러는 소음과 진동의 원인이 되기도 한다.

2. 자동차 하부 부식의 방청대책

가장 흔한 하부 부식의 방청대책은 각 부품을 전문 코팅제로 도포하는 방법으로, 하부 부품을 아연도금 및 피막 등으로 표면처리 하는 것이다.

제조사는 용접 부위의 부식을 방지하는 방법으로 도막이 견고한 분체도장 및 실리콘 등을 도포하는 방법으로 하부 부식을 방지하는 노력을 한다.

특히 겨울철 이후에 하부에 부착되어 있는 염화칼슘 등의 물질을 청결히 제거할 수 있도록 하부 세차를 하는 것도 중요한 방청대책이다.

12 QUESTION 스터드리스 타이어(Studless Tire)가 스파이크 없이 접지력을 유지하는 요소에 대하여 설명하시오.

1. 스터드리스 타이어(Studless Tire)

트레드에 홈을 깊게 성형하여 적설 시 지면과의 접착력을 향상시킨 타이어이다.

스터드리스 타이어의 경우, 스터드 핀을 사용하지 않고 컴파운드와 패턴의 기술력만으로 겨울철 주행 성능을 최대한 높인 타이어이며 국내에서 판매되고 있는 겨울용 타이어는 대부분 스터드리스 타이어로, 눈길뿐만 아니라 겨울철 젖은 노면과 마른 노면에서 안전한 주행이 가능하다.

강의 표면경화의 목적과 방법에 대하여 설명시오.

QUESTION

1. 표면경화(表面硬化)의 목적

강(鋼)의 사용 목적에 따라 내부는 인성이 크고 외부만 경도가 큰 것을 필요할 때 표면만 경화 처리하는 것으로서, 피로강도를 증가시키고 표면의 손상이나 결함을 없애고자 할 때 표면을 경화 처리한다.

2. 강의 표면경화의 종류

(1) 침탄경화법(浸炭硬化法)

강의 담금질 효과는 탄소량에 비례하므로 연강의 표면에 탄소를 침투시켜 담금질하면 표면은 경강(硬鋼)이 되고, 내부는 연강으로 남아 있게 된다.

이와 같이 침탄하여 담금질하는 것을 침탄경화라 한다. 침탄에는 고체침탄과 가스침탄이 있으며 주로 저탄소강을 대상으로 한다.

(2) 질화법(窒化法 ; Nitriding)

질소가 고온의 강에 작용하여 경도가 큰 질화철을 형성하며, 표면에만 작용하게 하면 표면은 내마모성이 커지고, 내부는 원소재의 성질을 갖게 된다.

이 방법은 담금질할 필요가 없이 질화층이 생기는 것만으로 큰 경도가 얻어진다. 강을 NH_3 Gas 분위기에서 500℃ 정도로 50~100시간 정도 장시간 가열하면 Fe_2N 및 Fe_4N 의 질화층이 형성된다.

(3) 청화법(靑化法 ; Cyaniding)

철을 청화물 CN과 작용시켜 침탄과 질화가 동시에 진행되는 표면경화법으로서, KCN 및 NaCN을 주성분으로 하고 융점을 낮게 하기 위하여 KCL, NaCl, K_2CO_3, Na_2CO_3 등을 첨가한 액 중에서 일정 시간 침지(浸漬)하여 가열하고 물 또는 기름에 담금질한다. 이를 액체침탄법(Liquid Carburizing)이라고 한다.

(4) 화염(火焰)담금질

이 방법은 담금질 효과를 나타낼 수 있는 C : 0.35~0.7%의 탄소강이나 합금강을 산소 Acetylene Gas 등의 화염을 이용하여 국부적으로 가열하고 공기나 물로 냉각하는 것이다. 물체의 형상 및 치수, 목표로 한 경도 등에 따라 화염의 크기, 이동 속도, 담금 시간 등이 정해져야 한다.

(5) 고주파(高周波)담금질

고주파유도전류에 의하여 가열물의 표면만을 담금질 온도로 가열하여 냉각시키는 방법으로서 주파수가 높을수록 표면에 과전류(過電流)가 집중하므로 가열물이 클수록 저주파를 이용하는 것이 좋다. 유도코일 자체가 가열되어 녹는 것을 방지하기 위하여 파이프를 통하여 냉각수로 냉각한다. 가열물과 유도 코일의 접촉에 의한 방전을 막기 위하여 적당한 간격을 유지해야 한다.

2교시

PROFESSIONAL ENGINEER TRANSPORTATION VEHICLES

01 QUESTION 차량 생산 방식에서 모듈(Module)화의 종류 및 장단점을 설계 및 생산 측면에 대하여 설명하시오.

1. 자동차 부품의 모듈(Module)화의 정의

자동차 부품의 모듈이란 기능상 성격이 비슷한 또는 연관성 있는 부품들이 함께 조립된 부분 조립품을 말한다.

기능 부품을 통합하는 모듈화를 통해, 하나의 모듈을 구성하는 부품 수가 줄어, 이로 인해 관리비용이 감소하고 각종 물류비용이 절약될 뿐만 아니라, 품질 관리가 쉬워져 조립 생산성이 향상되는 효과를 얻는다.

더불어 모듈 업체가 연구개발 단계부터 모듈화 효과까지 책임 수행하게 되어 기존 완성차 업체에서 수행할 때에 비해 모듈 부품의 기능을 통합하여 부품 수를 현저하게 줄일 수 있다. 또한 조향기어와 프레임을 일체화하는 것처럼 부품의 공용화는 물론 경량화도 함께 추진할 수 있어 원가 절감 및 생산 시간, 조립공 수를 크게 절감한다.

특히 모듈화 생산 시스템인 직서열(JIS ; Just in Sequence) 방식을 통해 재고 부담을 없애고 재고 비용 역시 줄일 수 있다. 이 방식은 고객의 주문이 들어오면 그 주문에 맞춰 생산하는 시스템으로, 실시간으로 완성차 생산 정보를 완성차 라인과 공유, 생산되는 공정에 맞는 서열 정보로 모듈 부품을 생산하기 때문에 완성된 제품을 별도로 보관할 필요를 없앨 수 있다.

2. 자동차 부품 모듈의 종류

(1) 섀시모듈(Chassis Module)

- 차량 하부에서 뼈대를 이루는 부품들 중 유관 부품들을 통합하여 자동차 업체에 공급하는 부품 단위
- 생산성 향상 및 품질 향상 등의 극대화 가능

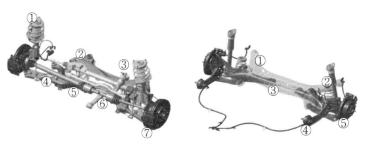

[Front Chassis Module] [Rear Chassis Module]

(2) 콕핏모듈(Cockpit Module)

- 편의장치, 주행정보, 제어장치를 제공하고 실내 승객의 안전을 보호하는 직접적인 역할을 하는 부품들의 조립품
- 인스트루먼트 패널, 카울 크로스 바, 공조시스템, 에어백 등의 부품을 패키지 및 기능으로 통합 설계, 조립하여 완성차 생산 라인에 공급하는 제품 단위

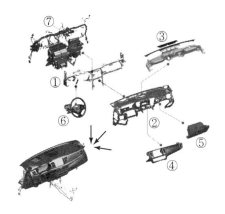

[Cockpit Module]

(3) FEM(Front End Module)

- 라디에이터, 헤드램프, 범퍼 빔, 캐리어, AAF(Active Air Flap) 등 엔진룸 앞쪽 기능 부품들을 통합하여 완성차 업체에 공급하는 제품 단위
- 부품 통합화, 생산성 향상, 품질 향상
- 보행자 보호 및 저속 충돌 안전 개선, 공력 개선, 전장기능 부품의 통합화, 신소재 적용을 통한 중량 개선

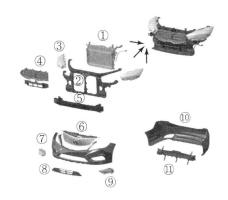

[Front End Module]

3. 자동차 부품 모듈화의 장단점

(1) 모듈화의 장점

① 부품 통합에 따라 완성차 업체의 라인에서 조립을 행하는 부품이 대폭 감소해 조립 효율의 향상을 기대할 수 있어 생산성이 향상됨

② 1차 공급부품업체의 감축으로 관리 비용과 제조 비용을 줄일 수 있음

③ 개발 기간을 단축할 수 있음

④ 설계의 일관성을 유지할 수 있음

⑤ 소수의 모듈 부품에 의해 자동차의 생산이 가능하게 됨으로써 공정이 간소화되고 품질 개선과 균질화를 달성할 수 있음

⑥ 거래 부품업체의 수가 축소됨으로써 한 Module Supplier가 특정 부품의 모듈을 집중 생산하게 되어 해당 Module Supplier는 규모의 경제를 추구할 수 있음

⑦ 유력 Module Supplier를 완성차 업체가 확보하면 현재 추진 중인 글로벌 체제의 구축이 용이함

⑧ 완성차 업체에게 있어 모듈화의 최대 장점은 무엇보다 완성차 업체가 Module Supplier의 개발 능력을 최대한 끌어내 활용할 수 있다는 점이라 볼 수 있음

(2) 모듈화의 단점

① 모듈화가 되면 기존 라인에 대한 변경이 요구되고, 변경에 따른 투자비용이 초기에 발생함

② 다품종 소량생산이 어려워짐

③ 부품 업체 축소와 대형화에 따른 인적 구조조정이 불가피함

④ 모듈화를 위한 표준화 작업이 요구됨

⑤ 완성차 기업이 Module Supplier에 조립을 전부 아웃소싱하는 경우 완성차 업체의 존재 이유에 대한 주도권 상실, R&D의 공동화를 초래할 위험성을 내포하고 있음

차량자세제어장치(ESC ; Electronic Stability Control)의 기능과 구성 부품에 대하여 설명하시오.

QUESTION

1. 차량자세제어장치(ESC ; Electronic Stability Control)의 기능

차량의 Wheel 속도, Yaw Moment, Steering Wheel 각도 등을 감지하여 각 바퀴의 제동력을 최적 제어함으로써 차량의 주행 안정성을 확보하는 장치이며 눈길, 빗길 등에서 차량의 미끄러짐 방지를 통해 사고를 예방한다.

2. 차량자세제어장치(ESC)의 구성 부품

(1) Wheel Speed Sensor

전후좌우 각 휠의 회전속도를 감지하여 ESC ECU에 전달한다.

(2) Steering Angle Sensor

조향핸들의 회전각도를 감지하여 운전자의 의도 및 요구되는 효율을 계산하는 데 사용된다.

(3) Yaw Rate & Lateral G – Sensor

차체의 요율과 횡가속도를 측정하여 노면상태 추정 및 요모멘트를 산출하는 데 사용된다.

(4) ECU

각 휠의 회전속도, 조향각, 요율, 횡가속도 데이터를 이용하여 차량의 자세 제어를 위한 최적의 제동압력 및 엔진 제어 값을 산출한다.

(5) Hydraulic Unit

ECU의 유압제어 명령에 따라 유압모터를 작동시키고 각 휠에 필요한 유압을 전달한다.

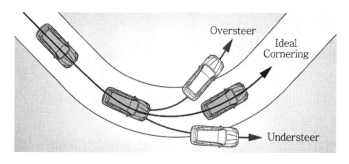

[차량자세제어장치(ESC)의 효과]

03 48V 마일드 하이브리드 자동차에 대하여 설명하시오.
QUESTION

1. 48V 마일드 하이브리드 자동차의 개발배경

각국의 연비 규제(한국 : 20km/L, 일본 : 20.3km/L, 미국 : 23.9km/L, 유럽 : 26.5km/L)
에 따라 디젤자동차를 위한 시스템으로 개발한 것이 마일드 하이브리드 자동차이다.
48V 하이브리드 자동차는 전기모터가 구동에 적극적으로 개입하는 일반 하이브리드 자동차
와는 달리 출발, 가속 시 필요한 모터 동력이 보조한다.
차가 멈출 때 제동 에너지를 회수해서 전력을 생산하고 배터리를 충전하는 회생제동 시스템
이 장착되어 에너지 효율이 15% 정도 향상되어 연비 규제에 대응할 수 있다.

2. 48V 마일드 하이브리드 자동차의 작동원리

마일드 하이브리드 자동차는 기존의 12V 배터리에 48V 전원의 배터리가 추가되는 시스템이
다. 기본적인 구조는 TMED 타입의 병렬형 하이브리드 자동차 구조와 같으며 다른 점은 고전
압 배터리(DC 270 이상)가 아닌 48V 전원의 배터리를 사용하여 HEV 모터와 HSG(Hybrid
Starter Generator)를 동작시킨다는 것이다.
270V 대신 48V를 쓰는 이유는 60V 이하의 전압 48V 전원이 인간에게 신체적으로 위험을
주지 않으며 배선 부분을 많이 변경하지 않고 적용할 수 있는 전압이기 때문이다.
고전압 배터리 대신 48V 배터리를 쓰면(12V 배터리도 사용) 안전장치 등의 복잡한 구조 변
경이 필요 없어서 유리하며 HEV 모터와 HSG를 통해 하이브리드 연비도 향상시킬 수 있다.
일반 전장품에는 12V 전원을 공급하고 모터 등에는 48V의 전원을 사용하여 12V와 48V를
구분하여 배선한 두 가지 전원의 자동차이다.

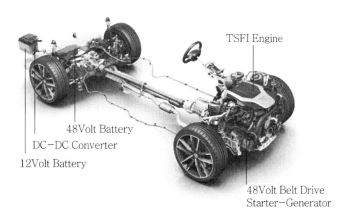

[48V 마일드 하이브리드 자동차의 구조]

04 QUESTION 사고기록장치(Event Data Recorder)에 대하여 설명하시오.

1. 사고기록장치(Event Data Recorder)

사고기록장치(EDR)란 자동차의 에어백제어모듈(ACM)이나 엔진제어모듈(PCM)에 내장된 데이터 기록용 저장장치이다. 사고 영상을 기록하지는 않지만 사고 전 일정 시간 동안의 주행 속도, 엔진 회전수, 가속페달 변위, 스로틀 밸브 변위, 제동스위치 ON/OFF, 조향핸들 각도 등의 운행정보와 충돌 시의 속도변화, 가속도(Acceleration), 전복각도(Rollover Angle), 에 어백 전개정보 등의 데이터가 기록된다.

또한 EDR에 기록된 실차 충돌데이터는 차량의 충돌 및 안전성 평가에도 유용하게 활용될 수 있으며, 사고조사 측면에서도 고의사고, 과실판단, 속도위반, 충돌해석, 충돌의 치명도 평가, 탑승자의 상해위험성 평가, 사고회피 가능성, 사고와의 인과관계, 연쇄추돌과정, 차량결함, 교통사고 재구성 등 사고의 원인과 요인에 대한 과학적인 응용 분석이 가능할 것으로 판단된다.

2. EDR의 작동조건

자동차 사고로 에어백이 전개되거나 안전벨트 프리텐셔너(Pre-Tensioner)가 작동된 경우에는 EDR에 사고정보가 저장된다. 여기서 안전벨트 프리텐셔너란 충돌 시 안전띠를 순간적으로 되감아 탑승자의 신체를 좌석(Seat)에 안전하게 고정시켜주는 장치를 말한다. 에어백이 전개되지 않은 경우에도 일정 크기 이상의 물리적인 충격 신호(Event)가 발생한 경우에는 사고정보가 기록된다.

① 국내 및 미국의 법규에서는 충돌 후 0.15초(150ms) 시간 동안에 발생된 속도 변화의 누계가 8km/h 이상인 경우에는 EDR에 사고기록이 저장되도록 요구하고 있다.

② EDR의 작동기준이 되는 속도변화(Delta-V)란 충돌 시 매우 짧은 시간 동안에 발생된 차량의 속도변화량을 말한다. 정면 충돌 시 차량은 차체 전면이 파손되면서 급격히 감속되고, 추돌된 차량은 후미 충격에 의해 급격히 가속되면서 속도변화를 발생시키게 된다.

③ 충돌 시 차량에 발생하는 속도변화는 보통 에어백 제어모듈에 내장된 가속도 센서에 의해 측정되고, 그 측정된 시간과 가속도 변화를 통해 속도변화를 연산하게 된다.

3. EDR에 기록되는 데이터

EDR에는 크게 충돌 전 정보(Pre Crash Data), 충돌 후 정보(Post Crash Data), 차량 시스템 상태 정보(System Status Data)가 기록된다. 충돌 전 정보는 주로 사고 발생 전 5초 동안의 각종 운행정보가 1초에 2회씩 기록된다. 대표적인 기록정보로는 차량속도, 엔진 회전수, 가속페달 변위, 스로틀 밸브 변위, 제동스위치 ON/OFF, 조향핸들 각도, ABS 브레이크 작동 정보 등이 있다.

EDR에 기록되는 정보와 관련하여 국내와 미국의 법규에서는 반드시 기록되어야 할 필수 운행정보와 선택적으로 추가 기록할 수 있는 정보를 구분하여 표시하고 있다. 필수 운행정보에는 진행방향 속도변화 누계, 자동차속도, 스로틀 밸브 또는 가속페달 변위, 제동페달 작동 여부, 시동횟수, 운전석 안전띠 착용 여부, 운전석 에어백 전개시간 등 15개 항목이 있으며, 선택적으로 추가할 수 있는 정보로는 측면방향 속도변화, 전복각도, 엔진 회전수, 조향핸들 각도 등 30개 항목이 설정되어 있다.

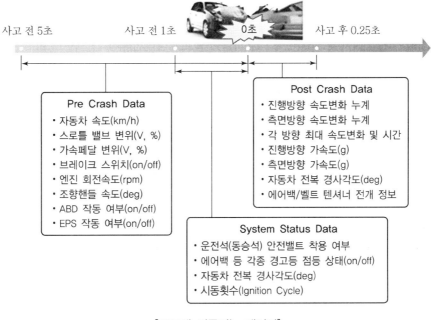

[EDR에 기록되는 데이터]

QUESTION 05 디젤엔진의 FBC(Fuel Quantity Balancing Control)에 대하여 설명하시오.

1. FBC(Fuel Quantity Balancing Control)의 개요

FBC는 CRDI 엔진의 실린더 간 폭발압력의 차이로 인한 엔진의 회전속도 변화를 검출하여 평균값을 구해서 각 실린더에 분사되는 연료량을 보정하는 센서와 그 과정을 말한다.
보통 실린더 내의 연소압력을 측정하여 회전속도 균일화를 목적으로 하며 피에조 타입의 압력센서를 적용한다.

2. FBC(Fuel Quantity Balancing Control)의 효과

연소압력이 높은 디젤엔진에서 각 연소실에서의 폭발압력의 불균일은 진동을 발생시키고 저속에서는 아이들 속도가 불안정해지는 것을 방지한다.

QUESTION 06 전기자동차의 개발 목적과 주행 모드에 대하여 설명하시오.

1. 전기자동차의 개발 목적

석유자원의 고갈에 대비하고 세계적으로 환경오염의 문제가 대두되면서 환경오염에 대한 규제가 점차 강화되고 내연기관에서 다량으로 배출되는 온실가스 문제로 새로운 대체에너지에 대한 관심이 많이 증가하였다.
석유에너지를 사용하는 자동차에 비하여 저공해 친환경자동차 개발에 대한 세계 각국의 노력이 매우 크다.
1990년대 이후 일반적으로 생산되는 자동차에 비해 유해가스 배출량이 비교적 적은 하이브리드 자동차를 비롯해서 배터리를 이용한 충전형 전기자동차 그리고 수소연료를 이용한 연료전지자동차까지 매년 괄목할 만한 성장과 생산, 보급이 이루어지고 있다.

2. 전기자동차의 주행성능

일반적으로 운전자들이 느끼는 차량의 주행능력은 주행 초기 가속능력인 경우가 많다. 전기자동차에 적용되는 모터의 경우 내연기관보다 주행 초기의 가속능력이 크다.

내연기관은 특정 RPM하에서 적정 출력을 발휘하므로 출발 시 해당 RPM에 도달하기 위해서는 변속이 필요하지만 전기자동차의 경우 초기 발진 시부터 최대 토크를 낼 수 있으므로 초기 가속성능은 좋다고 평가된다.

전기자동차는 감속기가 있어 주행 초기 급가속을 하지 않도록 제어하며 내연기관 변속기 대비 구조가 간단하고 부드럽게 감속이 가능하다.

(1) 출발/가속

전기모터 특유의 우수한 발진 토크로 주행 초기의 가속력을 높여준다. 중저속에서의 가속성능이 뛰어나다.

특히 내연기관과 비교하면 엔진 특유의 엔진 분당 회전수(RPM) 증가에 따른 변속이 불필요하며, 선형적인 동력 전달이 가능한 특성으로 인해 상승구배 경사로에서의 주행성능도 우수하다.

동급 내연기관의 엔진과 동일한 출력의 모터 사양을 비교해보면 0km/h에서 100km/h 도달 속도, 이른바 제로백이 더 짧다.

(2) 감속

액셀페달에서 발을 떼거나 브레이크를 밟으면 회생제동 시스템이 활성화되어 모터가 발전기로 전환되어 전력을 생산하고 이 전력은 배터리를 충전하므로 특히 제동과 출발 횟수가 많은 도심에서의 주행효율성을 높여준다.

(3) 완속충전

충전기에 연결된 케이블을 통하여 전기자동차에 교류 220V를 공급하여 전기자동차의 배터리를 충전하는 방식이다.

차량에 장착된 3kW의 충전기가 인가된 교류전류 220V를 직류로 변환하여 배터리를 충전하며 배터리의 용량에 따라 8~10시간 정도 소요되며 약 6~7kW의 전력용량을 가진 충전기가 주로 적용된다.

(4) 급속충전

충전기가 자동차와 제어신호를 주고받으며 직류 100~450V를 가변적으로 공급하여 전기
자동차의 배터리를 충전하는 방식으로 고압, 고용량 충전으로 충전시간이 적게 소요된다.
배터리 용량에 따라 15~30분 정도 소요되며 충전기는 고용량의 직류 전력을 공급하여
야 하므로 50kW 급이 주로 사용된다.

구분	전압		공급용량	충전시간
	입력	출력		
급속충전	교류 3상 380V	직류 450V	50kW	15~30분
완속충전	교류 단상 220V	교류 단상 220V	6~7kW	5~6시간

소성가공의 종류를 설명하고 그중에서 냉간압연의 제조방법과 압하력
을 줄이는 방법에 대하여 설명하시오.

1. 소성가공(Plastic Working)

고체재료에 힘을 가해 소성변형(塑性變形)을 발생시켜 필요한 모양으로 성형하는 가공법이
다. 소성가공은 고분자 재료의 가공에도 응용되지만 주로 금속재료의 가공에 사용되는 가공
법이다.

고온에서 성형하는 열간소성가공과 상온 및 저온에서 성형하는 냉각성형 방법으로 소성가공
을 한다.

소성가공의 종류에는 다음과 같은 것이 있다.

(1) 단조가공(鍛造加工)

재료를 노(爐) 안에 넣어 가공할 부분을 일정하게 가열시킨 후 여러 가지 공구나 기계로
주어진 모양으로 압력을 가해 가공, 성형하는 방법이다.

(2) 압연가공(壓延加工)

고온이나 저온의 재료를 회전하는 두 개의 롤러 사이를 통과시켜 판재 및 형재(型材)를 만
드는 가공법이다. 가공온도에 따라 열간가공과 냉간가공이 있다.

(3) 프레스 가공

여러 가지 금형을 설치하여 판재를 원하는 치수로 자르거나 원하는 모양으로 성형, 가공
하는 데 사용되는 기계를 프레스라고 하며, 프레스를 사용하여 가공하는 작업을 프레스
가공이라 한다.

(4) 인발가공(引發加工)

고정된 다이스의 뚫린 구멍에 봉상(棒狀)의 재료를 넣고 반대쪽으로 나온 부분을 잡아당
겨 재료의 단면적을 축소시키는 가공법이며 가는 관이나 가는 봉을 만드는 데 사용된다.

(5) 전조가공(轉造加工)

담금질하여 단단하게 만든 다이스나 롤러를 재료에 강하게 누르면서 굴려, 재료의 표면을
변형시켜 성형하는 가공법이다. 나사나 기어 등 성형하는 데 적용된다.

2. 냉강압연 제품의 특징 및 제조방법

냉간압연 제품의 특징은 다음과 같다.

- 가공성이 우수하다.
- 표면이 미려하다.
- 치수정도 및 형상이 뛰어나다.
- 용접성이 우수하다.
- 내식성이 우수하다.
- 0.1mm 이하의 박강판 제조가 가능하다.

냉간압연 생산공정은 '산세 → 냉간압연 → 표면청정 → 소둔 → 조질압연 → 정정'의 순서로 이루어지며 각 공정에 대한 설명은 다음과 같다.

(1) 산세

표면 스케일 제거, 결함부 제거, 코일의 대형화 및 연속화, 프리코트 오일 도포, 사이드 트리밍 등

(2) 냉간압연

산세된 열연판을 열간압연으로 생산할 수 없는 얇은 두께의 제품까지 압연하며 두껍고 높은 정밀도와 미려한 판 표면을 가진 제품 생산

(3) 표면청정

냉간압연된 스트립 표면에는 압연유, 기계작동유, 철분, 분진 등의 이물질이 다량으로 부착되어 생긴 오염을 제거

(4) 소둔

회복, 재결정 및 결정립 성장의 단계를 거쳐 내부응력을 제거하여 경도, 항복점, 인장강도를 하락시키고 가공성을 향상

(5) 조질압연

소둔을 마친 코일의 기계적 성질을 개선하고 동시에 표면조도를 부여하고 형상을 개선하며 항복점 연신(延伸)을 방지

(6) 정정

조질압연을 거친 코일은 냉간압연 최종공정인 정정 Line에서 수요자의 주문에 맞도록 처리된다. 정정공정에는 되감기공정, 절단공정, 코일준비공정, 전단공정 등이 있다.

3. 압연 시 압하력(壓下力)을 줄이는 방법

압하력은 압연공정에서 압연롤러가 재료를 누르는 힘이며 이를 줄이기 위해서는 다음과 같은 방법이 필요하다.

① 반지름이 작은 롤러를 사용한다.
② 압하율을 작게 한다.
③ 롤러와 소재 사이의 마찰력을 감소시킨다.
④ 소재에 후방장력을 부여한다.
⑤ 압연속도를 낮춘다.

전자제어 디젤엔진을 탑재한 차량 개발 시 해발고도가 높은 곳에서 고려해야 하는 엔진제어 항목에 대하여 설명하시오.

1. 해발고도에 따른 엔진제어

고도가 높을수록 기압과 공기의 밀도가 낮아져서 실제 흡입되는 공기 중의 산소는 희박하다. 이러한 정도를 검출하는 것은 대기압센서(BPS ; Barometric Pressure Sensor)이다. BPS의 검출 신호로 연료 분사량과 분사시기를 결정하며 그 결정과정은 다음과 같다.

(1) 분사량의 결정

운전자의 의지에 따른 액셀 개도량은(흡입 공기량)과 엔진회전수로 기본 분사량을 결정하며 기온, 냉각수 온도, 대기압, 공기량에 따른 최대 분사량이 존재한다.

기본 분사량과 최대 분사량 중에 ECU에서 최소치를 선택한 후 각 실린더 간 보정, 회전보정, 분사압력 등을 고려한 보정을 거친 후 마지막으로 인젝터 구동시간(최종분사량)을 계산한다.

고도가 높은 상태에서는 흡입되는 공기 중의 산소 농도가 희박하므로 분사된 연료가 완전 연소되도록 하기 위하여 연료 분사량을 줄이는 방향으로 제어한다.

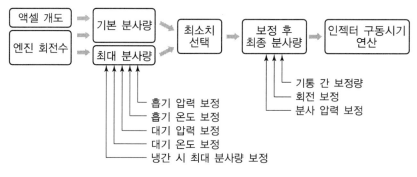

[분사량의 결정과정]

(2) 연료의 분사시기의 결정

엔진의 회전속도와 달리 연소는 동일한 시간 동안 이루어지므로 속도가 느릴 때와 빠를 때의 분사타이밍을 바꿔 줄 필요가 있으며 보통 아이들 시기에는 TDC 후에 분사가 이루어지고 회전속도가 빠를 때는 TDC 이전에 분사를 하여야 정해진 연소시간을 맞출 수 있다.

분사시기의 제어 흐름은 엔진 회전수와 연료 분사량을 기준으로 한 분사시기를 정한 후 환경조건(흡기압력, 온도, 대기압 등)을 반영하여 분사시기를 정하는 것이다.

고도가 높으면 산소농도는 희박하므로 연소시간을 확보하기 위하여 연료 분사시기는 진전(빠르게)시키는 것이 합리적이다.

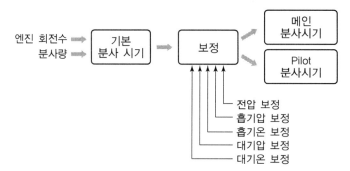

[분사시기의 결정과정]

03 QUESTION 자율주행 자동차에 적용된 V2X(Vehicle To Everything)에 대하여 설명하시오.

1. 자율주행 자동차 V2X(Vehicle To Everything)의 정의

자율주행 자동차에서 V2X는 유무선망을 통하여 다른 차량 및 도로 등 인프라가 구축된 사물과 교통정보 등을 교환하는 통신기술이다.

V2X는 V2V, V2I, V2P, V2N과 같은 개념을 모두 합친 개념이라고 볼 수 있다.

용어	기능 설명
V2V(Vehicle to Vehicle)	차량 간 통신 : 일정 범위 내에 있는 자동차들 간에 위치, 속도, 교통상황 등의 정보를 교환하여 교통사고를 예방하는 시스템
V2I(Vehicle to Infra)	차량과 도로 인프라 간의 통신
V2P(Vehicle to Pedestrian)	차량과 보행자 간의 통신
V2N(Vehicle to Nomadic Devices)	차량과 개인 단말기 간의 통신

2. 자율주행 자동차 V2X(Vehicle to Everything)의 기능

① V2V(Vehicle to Vehicle)는 현재의 도로상황 내 운전자들이 자신을 중심으로 도로의 흐름에 맞춰 운전하기 때문에 사고의 발생은 없다. 자율주행을 위해서 차량 간의 정보 교환을 통해 전반적인 흐름을 맞춤으로써 교통사고를 예방할 수 있다.

② V2I(Vehicle to Infra)은 차량에 설치된 통신 단말기와 정보를 서로 교환할 수 있는 일종의 기지국을 도로 곳곳에 설치하여 차량으로부터 주행정보를 수집하고 이를 중앙 서버에서 분석하여 교통상황 및 사고 정보 등을 다른 차량에 제공하는 기술이다.

V2I 통신기술은 주로 V2V 통신기술과 결합하여 ITS/C-ITS 시스템에서 실시간 교통정보 및 돌발 상황 파악을 통해 교통사고 및 정체를 미연에 방지할 수 있다.

③ V2P(Vehicle to Pedestrian)는 차량과 보행자 간의 통신으로 차량과 모바일 기기를 지닌 보행자나 자전거 탑승자가 서로 정보를 교환하여 차량과 보행자가 가까워지면 양쪽 모두에게 경고를 줘서 교통사고를 방지할 수 있다.

④ V2N(Vehicle to Nomadic Devices)은 차량 내 주요 기기와 각종 모바일 기기를 연결하는 기술이다. V2N을 이용하면 운전자의 모바일과 연결되어 차량 상태에 대한 모니터링도 가능해진다.

04 QUESTION 차량 통신에서 광케이블(Optical Fibers)을 적용했을 때의 특징에 대하여 설명하시오.

1. 광케이블 통신의 개념

광파이버 케이블을 통해 반도체 레이저로 만든 발광체로 통신하는 것을 광파이버 통신이라고 한다.

반도체 레이저로 만든 발광체는 전류가 흐르면 빛을 발하게 되는데, 전화, FAX 등의 단말기로부터 나온 전기신호는 이 발광체를 통해 흐르게 되며, 전류의 강약과 빛의 강약이 거의 비례하기 때문에 빛의 강약으로 신호가 보내진다.

디지털 전송에서는 빛을 보낼 때와 보내지 않을 때를 1과 0으로 표시하게 된다.

빛을 받으면 빛의 강약에 비례하여 전류가 흐르게 되므로 광신호의 강약을 전기신호로 되돌린다.

케이블 속에 들어있는 중계기는 전송 시 약해진 전기신호를 증폭하기 때문에 중계기 설치 간격은 구리선인 경우는 수 km이었지만 광파이버는 80km 이상까지 연장할 수 있다. 중계 간격의 연장은 중계기 수를 대폭 줄일 수 있어 건설과 보수에 드는 비용을 대폭 절감할 수 있다.

2. 광파이버의 종류와 구조

(1) Single-mode Optical Fiber(SMF)

① 장거리 고전송, 단일모드 1,310nm 파장에 최적화, 1,550nm 파장에서도 사용 가능함

② 근거리 통신망, 데이터 전송 케이블, 장거리 무중계 전송용, 제어 케이블, CATV 케이블

③ 균일한 광학특성 및 저손실, 1,310nm/1,550nm 전송 가능, 접속손실 최소화, 마이크로벤딩에 강함

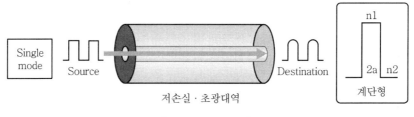

[단일모드 광섬유]

(2) Multi−mode Optical Fiber(MMF)

① 850nm/1,300nm 파장에서 사용, 근거리 통신망에 적합, 옥내용 광케이블, LAN 광케이블, 데이터 광케이블, 분배용 광케이블

② 코어지름 $50\mu m$/$62.5\mu m$, 2중 코팅형, 접속손실 최소화, 850nm/1,300nm 전송 가능

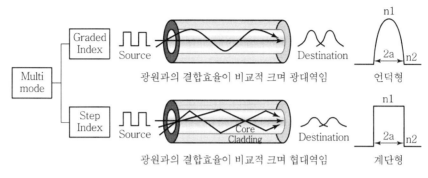

[멀티모드 광섬유]

3. 차량 통신에서 광케이블(Optical Fibers) 적용 시의 특징

자율주행자동차 및 첨단 기술이 적용되는 근래의 자동차에는 여러 가지 센서 및 제어기 그리고 5G를 기반으로 하는 다양한 기기들과의 데이터 통신이 필수적인데 이에 광케이블의 적용이 일반화되어 있다. 광케이블을 적용할 경우의 특징은 다음과 같다.

(1) 넓은 전송대역폭과 큰 전송용량

광케이블은 동축케이블에 비해 수백 배의 전송대역을 가지고 음성, 데이터, 영상 등의 데이터를 쉽게 전송하는 것이 가능하다.

(2) 적은 전송 손실에 의한 장거리 전송 가능

광케이블에 입사한 광은 장거리까지 전파되어도 손실이 없어 데이터의 오류가 적다.

(3) 가늘고 가벼우며 플렉시블함

가늘고 가벼우며 잘 구부러져서 자동차와 같은 협소한 곳에서의 배선에 적합하다.

(4) 무유도성

광케이블은 주파수 간섭과 전자기 간섭 등을 받지 않으므로 자동차 및 발전소 등에서의 유도전류에 의해 장애가 발생하지 않는다.

(6) 긴 수명

20~50년 이상의 긴 수명을 가지며 공기 중에서 부식되는 금속에 비해서 유리하다.

05
QUESTION

디젤엔진용 연료로 바이오디젤(Bio-Diesel)의 적용 비율이 높아지는 추세이다. 바이오디젤의 원재료에 의한 종류, 바이오디젤을 엔진에 적용 시 고려하는 사항에 대하여 설명하시오.

1. 바이오디젤(Bio-Diesel)의 정의

바이오디젤(Bio-Diesel)은 동물성, 식물성 기름에 있는 지방 성분에 알코올과 촉매를 넣고 반응시켜 디젤 연료와 유사한 물성을 갖도록 가공하여 만든 것이다.

경유를 사용하는 디젤 자동차에서 경유와 혼합하여 사용하거나 그 자체로 차량 연료로 사용된다.

바이오디젤의 성상은 BD로 표기하는데 BD 다음의 숫자는 바이오디젤의 비율을 나타낸다. BD5의 경우 경유 95%에 바이오디젤 5%가 함유된 것을 의미한다.

바이오디젤의 제조 반응은 알칼리 촉매를 이용하여 3개의 메탄올(알코올류) 중 1개의 메탄올과 동물성, 식물성 유지의 지방 성분인 트리글리세리드가 전이되는 에스테르 반응에 의해 디글리세리드와 1개의 지방산 메틸에스테르를 생성하고 순차적으로 모노글리세리드, 글리세린이 생성되면서 각각 지방산 메틸에스테르가 만들어져 총 3개의 지방산 메틸에스테르가 생성되도록 하는 것이다.

바이오디젤의 촉매로 산 촉매와 염기 촉매를 모두 사용할 수 있으나 반응활성이 우수한 염기 촉매를 주로 사용하여 반응시킨다.

2. 원재료에 따른 바이오디젤의 종류

바이오디젤은 원재료인 자트로파, 팜유, 유채유, 대두유 등에서 대량 생산되고 있다. 현재는 디젤 차량의 활용도가 높은 유럽을 중심으로 생산과 활용이 많으며 경제성과 유해 배출가스의 저감을 위한 연료를 사용되고 있다.

① 자트로파유는 Jatropha curcas라 하는 인도 등의 열대우림에서 자생하는 씨앗의 기름성분이며 전통적으로는 비누 제조의 원료와 등불의 연료로 사용되었다. 자트로핀이라는 알칼로이드가 함유되어 치료제로도 사용되었고 진한 푸른색의 나무껍질은 염색, 어망제조 등에 사용하였다. 바이오디젤은 기름 제거 후 남는 자트로파를 사용하여 만드는데 연소효율이 높고 유해 가스의 배출도 적다고 알려져 있다.

② 팜나무의 씨앗에서 추출한 팜유는 이미 오래전부터 식품의 조리용으로 사용되었으며, 대두유 다음으로 많이 생산되고 소비된다. 베타카로틴 함유로 가열 전 적색을 띠나 가열 시 베타카로틴이 즉시 파괴되어 투명해진다.

팜유의 낮은 가격은 바이오디젤 생산에서 매력적인 부분이며, 팜나무가 많이 자라는 말레이시아는 중국과 인도의 에너지 수요에 맞추어 팜나무 재배를 늘리고 바이오디젤 생산 계획을 수립하여 투자하고 있다.

③ 유채 씨앗에서 생산되는 바이오디젤은 유럽에서 이미 자동차연료로 사용하고 있으며, 기존의 유가와 맞춘 가격 책정 등 정책적 지원으로 생산량과 소비량이 늘어 유채의 재배 면적도 증가하고 있으나 바이오디젤 생산 원료 중 채산성이 비교적 낮다는 단점이 있다.

④ 대두는 이미 종자개량이 이루어졌으며 유전자와 재배기술이 다양하게 연구되어 재배되고 있어 생산성이 높으나 식용유 목적의 생산이 우선이므로, 바이오디젤의 생산에서는 경쟁력이 크지 않다.

⑤ 미세조류에 의한 방법은 생물공학기술을 이용하여 물에서 자라는 미세조류를 분리하고 대량으로 배양하여 바이오디젤을 생산하는 방법이다.

미세조류 배양 시 이산화탄소를 소비하고, 배양조 안에서 물과 빛에 의해 세포가 증식하게 된다. 기술의 발전으로 미세조류 배양조의 규모와 형태를 다양하게 조절하여 지역의 조건에 제한받지 않는 대량 생산이 가능하며, 추출기술과 고농도배양을 통해 생산성을 높일 수 있다.

⑥ 동식물성 폐유를 재활용하여 생산하는 바이오디젤은 처리가 곤란한 폐기물량을 감소시킨다는 목적과 생산기술 개발 및 생산설비 투자에 의미가 있다.

3. 바이오디젤을 엔진에 적용 시 고려 사항

바이오디젤은 유해 배기가스의 저감과 같은 장점이 많지만 엔진에 적용할 때 다음과 같은 사항을 고려해야 한다.

① 바이오디젤은 불순물이나 침전물에 대한 용제 역할을 하게 되어 기존 경유에 의한 침전물을 연료탱크, 연료펌프, 연료호스로부터 제거하여 차량의 내구성 향상에 도움이 되지만 연료 계통 고무제품의 열화와 금속재료의 부식, 변형 우려가 있다.

② 바이오디젤의 대표적인 단점으로 인정되는 산화 안정성이 경유에 비해 좋지 않다는 점은 산도(酸度) 및 수분함량 증가와 같은 연료품질의 악화로 엔진 연료계 부품의 부식 또는 손상을 발생시킬 수 있으며, 연료분사 인젝터의 막힘이나 연소실 내 침적물 증가의 원인이 될 수 있다.

06 내연기관에서 흡기 관성효과와 맥동효과에 대하여 설명하시오.

QUESTION

1. 흡기 관성(慣性)효과

혼합기가 실린더에 유입되고 있는 상태에서 흡기 밸브가 닫히면 혼합기의 관성 때문에 흡기 매니폴드 내의 혼합기가 멈추지 않고 그대로 계속 흐르려고 하는 경향을 가진다. 그러면 뒤따르는 공기에 의해 앞에 있는 공기가 밸브 앞에서 밀려가게 된다. 즉 포트 부분의 공기 밀도가 높아진다는 뜻이다. 그때 알맞은 타이밍에 밸브가 열리도록 하면 밀도가 높은 다량의 공기가 실린더에 원활히 유입하는 것이 가능하다. 이것이 관성효과이며 여러 가지 방법으로 압축기를 사용하여 밀도가 높아진 공기를 엔진에 공급할 때에 과급이라는 단어를 사용하여 관성과급(慣性過給)이라 한다.

2. 흡기 맥동(脈動)효과

엔진에 흡입되는 혼합 가스나 공기는 관성에 따라 흡기관 내를 일정한 상태로 흐르려 하지만, 흡기 밸브가 열리는 것은 흡기행정뿐이므로 흐름이 막혔다가 흐르는 주기적인 움직임인 맥동을 한다.

기류가 멈추어 관성에 의하여 기압이 높아진 순간에 흡기 밸브가 열리면, 보다 많은 혼합 가스나 공기를 실린더 내에 유입시킬 수 있다.

이 원리에 의하여 엔진의 출력이 올라갔을 때 흡기 맥동효과를 얻었다고 한다.

포트 부분의 공기 밀도가 높아진다는 것은 그 뒤를 따르는 공기의 밀도가 상대적으로 낮아진다는 뜻이므로 이 부분에 압력진동 즉, 소리가 발생하게 되고 이 진동은 음속(音速)으로 매니폴드를 통과한다. 그리고 매니폴드 끝에서 반사되어 다시 포트 쪽으로 되돌아오지만 이 음파의 밀도가 높은 부분이 포트 쪽으로 왔을 때 알맞은 타이밍으로 밸브가 열려 있으면 관성효과와 같은 방법으로 밀도가 높은 공기를 실린더에 유입하는 것이 가능하다. 이것이 맥동효과이다.

따라서 엔진의 회전수에 따라 매니폴드의 길이 변화를 생각하게 되었다. 요컨대 같은 시간 사이에 밸브가 개폐되는 횟수가 많은 고속회전일 때에는 매니폴드 길이를 짧게 하여 주기를 짧게 하고 반대로 회전속도가 낮을 때는 흡기관의 길이를 길게 하여 주기를 길게 변화시키면 회전수의 넓은 범위에서 흡기의 관성효과를 얻을 수 있다는 뜻이다. 이것이 가변 흡기시스템으로 가변 관성 과급시스템이나 가변 흡기 제어 등으로 불리는 경우도 있다.

흡기 매니폴드 길이의 컨트롤에는 여러 가지 타입이 있지만 매니폴드를 두 개의 그룹으로 나누어 연결이 가능하도록 하고 고속 시에는 나누고, 저속 시에는 전체 매니폴드를 연결하여 실질적인 매니폴드 길이를 길게 하는 방식과 매니폴드에 바이패스 통로를 설치하여 저속 시에는 공기를 바이패스 통로로 흐르게 하고, 고속 시에는 바이패스 통로를 닫아 그 길이를 조정하는 방식이 적용되고 있다.

01 **자동차 도장(Painting)에 대하여 아래의 사항을 설명하시오.**
QUESTION
(1) 자동차 도장 목적
(2) 자동차 도장 공정
(3) 하도 및 전처리 방법

1. 자동차 도장의 목적

(1) 차체의 보호

자동차 차체 및 주요 섀시의 주재료는 거의 철강재이다. 철강재를 그대로 자연에서 사용할 경우 공기 중의 수분이나 산소 및 특정 가스와 반응하여 녹이 발생하므로 도장의 첫째 목적은 녹 발생 방지이다.

(2) 자동차의 미관 향상

자동차의 형상은 평면, 곡면 및 직선, 곡선 등 여러 가지 면과 선을 가지고 있다. 이와 같이 복잡한 형상의 물체에 도장하여 입체적인 색채감을 내고 자동차의 미관을 향상시킨다.

(3) 상품성의 향상

다양한 자동차가 운행되고 있지만 소비자는 보다 좋은 느낌과 친밀함을 가지는 컬러의 자동차에 호감을 가지므로, 상품으로서의 가치를 향상시키는 것도 도장의 목적 중의 하나이다.

(4) 자동차 인지

소방차나 페트롤카, 도로 연수용 차, 앰뷸런스 등과 같이 특수한 용도로 이용되는 자동차를 적정의 컬러와 패턴으로 쉽게 인지되도록 하는 것도 중요한 목적이다.

2. 자동차 도장 공정

다음은 일반적인 공정의 예이다.

(1) 화성 처리

① 탈지 1 : 과잉의 유기용제에 의한 탈지

② 탈지 2 : 약알칼리 또는 에멀션화제에 의한 탈지 방지. 50~60℃, 2~3분

③ 수세 : 1~2단, 각 단 40~50℃ 1~2분간

④ 화성피막 : 인산아연계 미결정 생성형의 처리제, 2~3분

⑤ 수세 : 1~2단, 각 단 40~50℃ 1~2분간

⑥ 순수세 : 탈이온수(비저항 ; $5 \times 10^5 \Omega$), 5~8분

⑦ 수절건조 : 130~140℃(공기온도), 5~8분간

(2) **전착도장** : 통전입조 2단 승압 200~300V, 전몰 시간 3분간

(3) **소부건조** : 170~180℃(공기온도), 25~30분간

(4) **실링** : 방음재, 실러 등 도장

(5) **전착도장면** : 부분 보수 도장, 보수용 프라이머 스프레이 도장

(6) **소부건조** : 160~170℃, 8~10분간

(7) **중도도장** : 정전 도장, 30~40℃

(8) **소부건조** : 140~150℃(오븐 내 온도), 30~35분간

(9) **수연마** : 자동 및 수동 샌더, 최종 수세는 탈이온수 사용

(10) **중도도장면** : 부분 보수 도장 보수용 서페이서 도장

(11) **상도도장** : 솔리드 컬러 2회 도장, 30~40μm 메탈릭 컬러 2회, 클리어 2회의 wet on wet 도장, 40~45μm

(12) **소부건조** : 135~140℃, 25~30분간

(13) **외관검사 및 부분보수**

3. 전처리 및 하도 방법

(1) 전처리 방법

① 처리 목적

차체 공장에서 차체 제작 시 묻은 방청유, 이물질, 불순물 등을 깨끗이 세척한 후 차체 표면을 화학 약품(인산아연)으로 처리하여 차체의 내식성과 페인트 부착성을 향상시키는 데 그 목적이 있다.

② 전처리 공정의 Flow

전처리 공정은 일반적으로 아래와 같은 공정으로 이루어지며 대별하면 탈지 Zone과 화성피막 Zone으로 되어 있다.

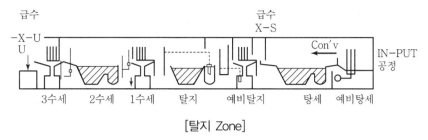

[탈지 Zone]

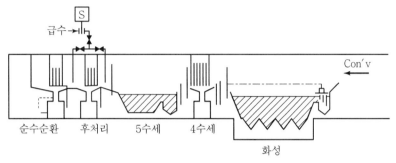

[화성피막 Zone]

(2) 하도 방법

표면 처리를 한 차체는 하도 도장 공정으로 보내서 프라이머를 전착 도장한다.

전착도장은 도료 속에 차체를 침전기켜서 자동차의 차체를 플러스(+)로 하고 또 하나의 전극을 마이너스(−)로 해서 직류 전류를 통함으로써 전기분해(Electrolysis), 전기영동 (Electro−Phoresis), 전기석출(Electro−Deposition), 전기침투(Electro−Osmosis) 와 같이 전기 화학적으로 도막을 형성시키는 방법이므로 차체 표면의 오목, 볼록한 부분 이나 모서리 부분까지 균등한 도막이 형성된다. 보통 전압은 220V 전후로 통전 시간 3∼ 5분, 도막 두께 15∼30μm 이다.

전착도료의 종류로는 ①양이온 에폭시 전착도료 ②양이온 아크릴 전착도료 ③음이온 에 폭시 전착도료 등이 주로 사용되며 전착도장의 일반적인 공정은 탈지−수세−표면조정 −화성피막−수세−전착도장−UF수세−Oven이다.

02 자동차 개발과 관련하여 품질에 대하여 아래 항목들을 설명하시오.
QUESTION
(1) 품질의 개요
(2) 품질의 종류 : 시장품질, 설계품질, 제조품질
(3) 품질의 중요성

1. 품질의 개요

자동차의 품질이란 그 자동차를 사용하였을 때의 상태로서 자동차의 좋고 나쁨을 나타내는 성질, 역할, 성능 등이 어떠한가를 기준으로 말한다.

즉 고객의 요구사항에 대한 이행 정도이다. 따라서 좋은 품질이란 고객이 그 자동차를 사용했을 때 고객이 바라는 기능을 충분히 발휘하는 것이다. 따라서 작업표준과 자동차 관리법과 안전기준을 준수하여 만든 자동차, 검사에 합격한 자동차만이 품질이 우수한 자동차는 아니다. 고객의 관점에서 시장 품질(市場品質), 설계품질(設計品質), 제조품질(製造品質)의 조화를 이루어야 품질 좋은 자동차로 평가 받을 수 있다.

2. 품질의 종류

(1) 시장품질(Market Quality)

고객이 원하는 품질을 말하며 스타일이 산뜻한 것, 내장이 화려한 것, 값이 싼 것, 안전한 것 등 시장에서 고객이 요구하는 것을 조사하여 정해지는 품질이다.

시장에서 고객이 사용하는 관점에서 사용품질(使用品質)이라고도 한다.

(2) 설계품질(Quality of Design)

고객의 요구 수준(市場品質)을 정확히 알고 자사의 능력을 파악하여 어떤 자동차를 제작할 것인가를 정하는 즉, 목표로 하는 품질을 설계품질(設計品質)이라고 하며 기획품질(企劃品質)이라고도 한다,

(3) 제조품질(Production Quality)

설계품질을 목표로 제조과정에서 실제 만들어진 완성품의 품질을 제조품질 또는 적합품질이라고 한다. 설계품질대로 만드는 것은 어려운 일인데 기계설비, 작업자, 작업방법, 원자재의 4가지 요소(4M)의 차이가 완성 품질의 산포를 크게 하기 때문 이다.

3. 품질의 중요성

오늘날의 글로벌 경쟁상태에서는 소비자의 요구를 만족시키거나 기대수준 이상으로 충족시키는 것이 기업 성공의 핵심이다.

소비자들의 제품 선택의 폭은 과거보다 많이 자유로워지고 넓어졌으며 소비자의 선택은 기업의 성공과 실패를 좌우하는 데 결정적인 역할을 한다.

즉, 고객의 중요성이 그만큼 증대되고 있는 동시에 고객의 취향은 빠르게 변하고 자동차의 선택 기준도 빠르게 변한다는 것이며 이는 정보가 빠르게 폭넓게 퍼지는 사회 환경과 정보기기의 발달이 이루어졌기 때문이다.

이러한 고객들의 욕구변화를 충족하지 못하면 글로벌 경쟁에서 생존할 수 없다. 따라서 자동차 산업의 기업이 성공하기 위한 기본적인 조건이 제품과 서비스의 품질이다.

고객의 요구는 점차 다양해지고 품질의 낙오를 인정하지 않는 추세에서 기업은 경영 전반에서 품질관리 계획을 도입하는 것이 매우 중요하며 기업의 궁극적인 목표를 소비자 제일주의에 두는 경영이 필요하다.

특히 2만 개 이상의 부품으로 조립되는 자동차에서 하나의 부품이 불량이면 자동차 전체가 불량이라는 인식으로 점차 불가능할 정도의 품질 수준을 요구받고 있으므로 전사(全社), 전원(全員)이 품질과 품질관리의 중요성을 인식하여야 한다.

QUESTION 03 배출가스 내 NOx를 저감하는 기술인 선택적 환원 촉매(SCR) 중 Cu - Zeolite SCR 촉매를 사용하는 경우, NOx 저감효율을 증대시키는 방안에 대하여 설명하시오.

1. SCR(Selective Catalytic Reduction)의 개요

SCR의 화학적 반응 과정은 NOx에 대한 선택적 촉매 환원법으로 환원제(NH_3 또는 Urea 등)를 배기가스 중에 분사, 혼합하여 이 혼합가스를 $200{\sim}400℃$ 온도하에서 운전되는 반응기 상부로부터 촉매층을 통과시킴으로써 NOx를 환원하여 인체에 무해한 질소(N_2)와 수증기(H_2O)로 분해하는 공정이다.

이 공정은 환원제가 산소보다는 우선적으로 NOx와 반응하는 선택적 환원 방식이며 촉매는 보통 티타늄과 바나듐 산화물의 혼합물을 사용한다. 촉매는 화학적, 물리적 변화에 대한 내구성이 강하고 기체-고체와의 접촉을 위해 높은 표면적을 갖고 있어야 하며 최대의 Activity(활성)와 Selectivity(선택성)을 띤 재질들이 잘 분산되어 있어야 한다.

이 공정에 의한 NOx 제어효율은 촉매의 유형, 주입 암모니아양, 초기 NOx 농도 및 촉매의 수명에 따라 차이는 있지만 최적 운전 조건에서 80~90%의 효율성을 갖고 있다

2. Cu-Zeolite SCR 촉매를 사용하는 경우 NOx 저감효율 증대 방안

디젤엔진의 특성으로 인하여 NOx는 국부적인 고온연소 영역에서 주로 생성되며 입자상 물질은 확산연소 영역에서 생성된다.

LNT와 Urea-SCR 촉매는 디젤엔진에서 NOx를 저감시키기 위한 후처리 장치로 개발된 것이다.

Cu-SCR 촉매인 $5Cu-ZrO_2$ 촉매의 NOx 저감효율을 높이기 위한 촉매 온도는 300℃ 이상으로, 약 50% 수준으로 de-NOx 성능이 향상된다.

Zeolite 촉매는 200℃에서 40%, 350℃에서 65%로 NOx 정화성능이 향상된다.

또한, Cu 이온의 제올라이트의 결정화합물인 Al과의 이온 교환율이 증가함에 따라 기타 촉매에 비해 20~40% de-NOx 성능이 향상된다.

일반적으로 촉매의 반응속도가 빨라지려면 주 촉매(Cu) 입자의 크기가 작고 골고루 잘 분산되어 있어 촉매의 활성이 좋아져야 한다.

Zeolite 기반의 SCR 촉매는 물리적으로 큰 표면적을 가지므로 CO를 저온에서 흡착하고 온도가 상승하면 활성화에너지가 낮은 CO를 산화시키므로 de-CO 성능도 향상된다.

QUESTION 04 친환경 자동차에 적용된 수소연료전지(Hydrogen Fuel Cell)에 대하여 설명하시오.

1. 수소연료전지(Hydrogen Fuel Cell)의 개념

① 연료가 가진 화학적 에너지를 전기적 에너지로 직접 변환시키는 전지이며 일종의 발전장치이다.

② 화학적으로 산화와 환원 반응을 이용한 점 등은 기본적으로 보통의 화학전지와 유사하지만 정해진 내부 계(係)에서 전지반응(電池反應)을 하는 화학전지와는 달라서 반응물이 외부에서 연속적으로 공급되고 반응 물질은 계(係) 외부로 제거된다.

③ 기본적으로 수소의 산화반응이지만 저장된 순 수소 외에 메탄, 메탄올, 천연가스, 석유계 연료를 개질반응을 이용하여 수소를 추출하여 전지의 연료로 활용한다.

④ 연료전지의 반응은 발열반응이며 사용 전해질의 종류에 따라 작동 온도 300℃를 기준으로 저온형과 고온형으로 구분한다.

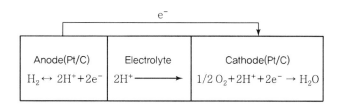

2. 수소연료전지의 발전 원리

① 연료 중의 수소와 공기 중의 산소가 전기적 화학반응에 의해 직접 전기적 에너지로 변화하는 원리이다.

② 연료극(양극)에 공급된 수소는 수소이온과 전자로 분리된다.

③ 수소이온은 전해질 층을 통해 공기극으로 이동하고 전자는 외부 회로를 통해 공기극으로 이동한다.

④ 공기극(음극) 쪽에서 산소이온과 수소이온이 결합하여 반응 생성물인 물(H_2O)을 생성한다.

⑤ 종합적인 반응은 수소와 산소가 결합하여 발열반응을 일으키고 전기와 물(H_2O)을 생성하는 것이다.

3. 수소연료전지의 특징

① 발전효율이 40~60%이며 열을 회수하여 활용하는 열병합발전에서는 열효율이 80% 이상 가능하다.

② 순 수소 외에 메탄, 메탄올, 천연가스, 석유계 연료 등 다양한 연료를 이용할 수 있다.

③ 석유계 연료를 사용할 때의 CO, HC, NOx, CO_2 등의 유해가스의 생성이 적다. 회전부가 없어 소음이 없고 기계적 손실이 없다.

④ 전기적 에너지를 직접 동력원(動力源)으로 사용하므로 부하 변동에 신속하게 대응할 수 있는 고밀도 에너지로 활용이 가능하다.

4. 수소연료전지의 종류

연료 전지(Fuel Cell)는 연료전지의 연료인 수소를 얻는 방법에 따라 수소(H_2)연료전지, 탄화수소(C_mH_n) 개질형 연료전지, 메탄올(CH_4) 개질형 연료전지 등으로 구분된다. 이들의 각 특징은 다음과 같다.

① 수소(H_2)연료전지 : 저장된 수소를 연료로 하므로 배출가스는 수증기와 산소를 소비한 공기뿐이며 셀 성능이 우수하고 별도의 개질기를 수반하지 않으므로 시스템이 간소하다.

② 탄화수소(C_mH_n) 개질형 연료전지 : 석유계 연료인 가솔린, 경유, LPG 등의 연료를 사용하며 연료의 개질반응이 약 800℃ 정도로 고온이므로 에너지 소비가 따르며 촉매의 내구성 등에 문제가 있다.

③ 메탄올(CH_3OH) 개질형 연료전지 : 메탄올을 개질하여 연료로 사용하며 개질반응 온도가 낮아 수소를 얻기가 용이하며 탄화수소 연료전지에 비하여 발전효율이 높다.

5. 수소연료전지의 구성

(1) 개질기(Reformer)

수소는 지구상에 다량으로 존재하는 원소이지만 단독으로 존재하지 않고 다른 원소와 결합하여 존재하므로 다양한 연료로부터 수소를 추출하는 장치이다.

(2) 단위전지(Unit Cell)

연료전지의 단위전지는 기본적으로 전해질이 함유된 전해질 판, 연료극(Anode), 공기(산소)극(Cathode), 양극을 분리하는 분리판으로 구성된다.

(3) 스택(Stack)

원하는 전기 출력을 얻기 위하여 단위전지를 중첩하여 구성한 연료전지 반응이 일어나는 본체이다.

(4) 전력변환기(Inverter)

연료전지에서의 전기 출력은 직류전원(DC)이며 배터리를 충전하거나 필요에 따라 교류(AC)로 변환하는 장치이다.

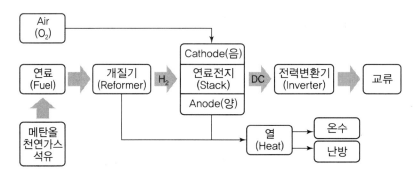

[수소연료전지의 구성도]

05
QUESTION

적응순항제어장치(ACC ; Adaptive Cruise Control)의 기능과 적용부품에 대하여 설명하시오.

1. 적응순항제어장치(ACC ; Adaptive Cruise Control)의 정의

운전자의 설정조건에 따라 주행차선의 전방에 있는 자동차를 자동으로 감지하여 그 자동차의 속도에 따라 자동적으로 가·감속하여 안전거리를 유지하고 목표 속도로 자동 주행하기 위한 장치이다.

2. 적응순항제어장치(ACC)의 기능

① 운전자가 설정한 속도로 주행하며 앞차와 거리를 유지하며 가속과 감속하는 시스템이다.
② 기존 스마트크루즈컨트롤의 정속주행 기능과 차간거리유지 기능에 선행 차량 정지 시 자동정차 후 자동출발(선행 차량 3초 이내 출발 시) 하는 기술이 더해진 기술이다.
③ 앞 범퍼에 부착된 장거리 레이더 센서와 앞 유리에 부착된 카메라가 전방 200m 이내 물체(차량, 사람)를 감지하면 수집된 정보를 종합하여 차간거리와 속도를 계산하고 가속 페달 또는 브레이크 페달이 이를 수행하는 방식으로 작동한다.

3. 적응순항제어장치(ACC) 적용 부품

(1) Radar

전방에 전자기파를 송출하고 물체에 부딪쳐 반사되는 신호를 분석하여 목표물의 상대거리와 각도, 상대속도를 산출한다.

(2) Camera

이미지 센서를 이용하여 영상을 출력하고 인공지능(AI) 분석기술을 통해 전방 사물(차량, 사람)을 인식한다.

(3) HMI

클러스터에 전방 사물 인식 상태표시 및 버튼을 이용한 상대거리, 기준속도를 설정한다.

(4) ESC Module

상대거리 및 기준속도에 따라 가속 시 엔진제어, 감속 시 브레이크 압력제어를 수행한다.

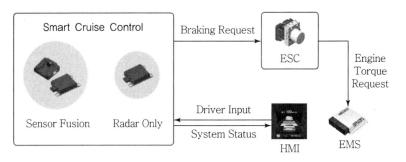

[적응순항제어장치의 기능 및 구성부품]

 캠프리(Cam Free) 엔진의 작동 개요와 구조상 특징과 장단점에 대하여 설명하시오.

1. 캠프리 엔진의 개요

흡배기 밸브를 일정한 타이밍에 맞춰 작동할 수 있도록 하는 캠과 캠축이 없으며 캠의 양정을 위하여 일렉트릭 액추에이터(Electric Actuator)의 구동으로 작동된다.

캠의 양정을 위해 기계적인 방법이 아닌 전자식으로 흡배기 밸브가 여닫힌다.

이러한 방법이 적용된 캠프리 엔진은 회전력과 출력이 크게 향상되어 연비가 상승하며, 캠과 관련된 부품이 없으므로 중량이 20kg 정도 줄어들고 부피도 줄어든다.

2. 캠프리 엔진의 작동 구조

흡배기 밸브 캠축 작동은 타이밍 체인이나 벨트로 구동되며 엔진에 따라 일정한 주기를 가지고 개폐작업이 이루어진다. 캠프리 엔진은 각 밸브에 전동 액추에이터가 설치되어 개별적인 제어가 가능하며 밸브의 열림 시기를 전자적으로 자유롭게 제어 가능하다.

3. 캠프리 엔진의 장점

흡기와 배기의 타이밍을 엔진의 가동 상황에 맞춰 가변적으로 제어할 수 있어 엔진 효율을 극대화할 수 있다.

기존의 CVVT, CVVL 등의 가변 밸브 제어기술보다 상황에 맞게 밸브 개폐 타이밍을 변경할 수 있고 이로 인해 캠을 구동하기 위한 동력의 손실을 피할 수 있고 밀러 행정 엔진이나 앳킨슨 행정 엔진 또한 대체할 수 있다.

결과적으로 캠프리 엔진을 적용함으로써 연비 향상, 출력 및 토크 향상 등 전반적인 엔진의 성능 향상을 기대할 수 있다.

4. 캠프리 엔진의 단점

각 밸브에 전자식 액추에이터가 필요하므로 개별적인 고장을 일으킬 수 있으며 엔진의 부조화로 인한 성능 및 구동 문제를 야기할 수 있으므로 내구성 있고 동작이 확실한 전자식 액추에이터의 설계와 생산, 적용이 필요하다.

MEMO

120

차량기술사
기출문제 및 해설

01 자동차관리법에서 국토교통부령으로 정하는 자동차의 무단해체 금지에 해당하지 않는 사항에 3가지를 설명하시오.

QUESTION

1. 자동차의 무단해체 금지에 해당하지 않는 사항

자동차관리법 제35조에서는 다음의 경우 이외에는 교통부령으로 정하는 장치를 해체하여서는 아니 된다고 규정하고 있다.

① 자동차의 점검 · 정비 또는 튜닝을 하려는 경우
② 폐차하는 경우
③ 교육 · 연구의 목적으로 사용하는 등 국토교통부령으로 정하는 사유에 해당되는 경우

02 자동차 차체의 진동현상에 대하여 설명하시오.

QUESTION

1. 차체의 진동

차체의 진동은 현가장치(Suspension)인 스프링을 중심으로 스프링 위 진동과 스프링 아래 진동으로 구분한다.
차체는 섀시 스프링에 의하여 지지되어 있기 때문에 그림과 같이 상하 진동 외에 X, Y, Z 축을 중심으로 진동이 발생하며 독립적으로 진동이 발생하는 것이 아니라 반드시 복합적으로 발생한다.

(1) 스프링 위의 진동

① 상하 진동(Bouncing)
차체는 스프링에 의하여 지지되어 있기 때문에 Z축 상하 방향으로 차체가 충격을 받으면 스프링 정수와 차체의 중량에 따라 정해지는 고유 진동 주기가 생기고 이 고유 진동 주기와 주행 중 노면에서 차체에 전달되는 진동의 주기가 일치하면 공진이 발생하

고 진폭이 현저하게 커진다. 탑승자의 승차 안락감을 위하여 고유 진동수를 80~150 cycle/min 정도가 되도록 스프링 정수를 설계한다.

② 피칭(Pitching)

Y축을 중심으로 차체가 진동하는 경우를 말하며 자동차가 노면상의 돌출부를 통과할 때 먼저 앞부분의 상하 진동이 오고 뒷바퀴는 축간거리만큼 늦게 상하 진동을 시작하므로 피칭이 생기게 된다. 뒷부분의 진동 주기가 앞부분의 진동 주기의 1/2만큼 늦어지면 앞뒤의 진동이 반대가 되므로 피칭은 최대가 된다.

③ 롤링(Rolling)

X축을 중심으로 한 차체의 옆 방향 진동을 말한다. 따라서 자동차의 중심이 높을수록, 롤 중심이 낮을수록 롤링의 경사각은 크게 되며 롤링 경사각을 작게 하려면 현가 스프링의 정수를 크게 하고, 스프링 설치 간격을 넓게 하여야 한다.

④ 요잉(Yawing)

Z축을 중심으로 하여 회전운동을 하는 고유 진동을 말하며 고속 선회 주행, 급격한 조향, 노면의 슬립 등에 의하여 발생한다.

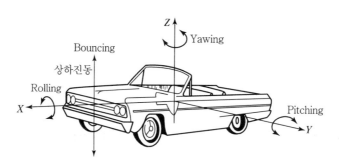

(2) 스프링 아래 진동

스프링 아래 진동은 스프링 위 진동과 연계하여 발생한다.

① 상하 진동(Wheel Hop)

Z 방향의 상하 평행운동을 하는 진동이다.

② 휠 트램프(Wheel Tramp)

X축을 중심으로 한 회전운동으로 인하여 발생하는 진동이다.

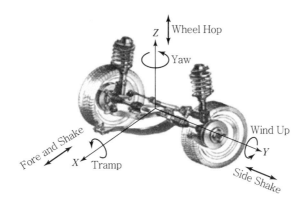

03
QUESTION

ISG(Idle Stop & Go) 장착 차량에 적용한 DC/DC Converter에 대하여 설명하시오.

1. ISG(Idle Stop & Go)장착 차량의 DC/DC Converter

Idle Stop & Go 시스템은 공회전 제어 시스템이며 정지 시 엔진의 공회전을 막기 위하여 엔진을 자동으로 정지시키고 출발 시 가속페달을 밟으면 모터에 의해 엔진을 재구동시키는 방식으로 고온 시동이므로 시동 시 유해 배출가스 발생이 적고 공회전에 의한 연료소비를 줄일수 있어 대부분의 하이브리드 자동차에서 적용하는 전동화(電動化) 시스템이다.

DC/DC 컨버터(전압 안정기)는 공회전 후 재가동 시 영향을 받는 오디오, 내비게이션 등의 입력 전원을 일정하게 유지시켜 이산화탄소의 배출 감소와 연비 개선에 기여하는 친환경 부품이다.

04 커먼레일 디젤엔진의 연료분사장치인 인젝터에서 예비분사를 실시하지 않는 경우에 대하여 설명하시오.

1. 커먼레일 디젤엔진의 연료분사

(1) 예비분사(Pilot Injection)

주분사가 이루어지기 전에 연료를 분사하여 연소할 때 연소실의 압력 상승을 부드럽게 하여 연소, 착화가 잘 이루어지도록 하기 위한 연료분사이다.

(2) 주분사(Main Injection)

엔진의 출력에 대한 에너지는 주분사로부터 나온다. 주분사는 착화 분사가 실행되었는지를 고려하여 연료량을 계측한다. 주분사의 기본값으로 사용되는 것은 기관 회전력(가속 페달 위치 센서의 값), 기관 회전 속도, 냉각수 온도, 대기 압력 등이다.

(3) 사후분사(Post Injection)

사후분사는 디젤 연료(탄화수소)를 촉매 변환기에 공급하기 위한 것이며, Soot을 연소시키기 위하여 DPF의 재생이 필요할 때 또는 질소산화물을 환원하기 위하여 LNT에 HC가 필요할 때 이루어진다. 사후분사의 계측은 20ms 간격으로 동시에 실행되며, 최소 연료량과 작동 시간을 계산한다.

2. 커먼레일 디젤엔진의 예비분사를 실시하지 않는 경우

주분사 전에 이루어지는 예비분사는 소량이며 초기 착화를 원활하게 하기 위하여 하는 분사이며 압축압력은 예비반응과 부분연소 때문에 조금 증가하고 주분사의 착화지연이 감소한다. 예비분사에 의하여 연소압력 상승률은 감소되며 원활한 연소를 유도한다.
예비분사를 실시하지 않은 경우는 다음과 같은 현상이 발생할 때이다.

① 예비분사가 주분사를 너무 앞지르는 경우
② 회전수가 규정(3,200RPM) 이상인 경우
③ 분사량이 너무 적은 경우
④ 주분사 분사량이 충분하지 않은 경우
⑤ 엔진에 오류가 발생된 경우
⑥ 연료압력이 100Bar 이하인 경우

05
QUESTION

자동차 커넥티비티(Connectivity)에 대한 개념과 적용된 기능에 대하여 설명하시오.

1. 커넥티비티(Connectivity)

정보통신기술과 자동차를 연결한 것으로 양방향 인터넷 모바일 등이 가능한 편의 장치이다. 서로 다른 기종을 연결하여 호환성을 향상시키는 시스템을 말하며 스마트폰으로, 외부차량, 교통 인프라, 스마트 홈 등 다양한 기기와 연결이 가능하도록 한다.

커넥티드카는 인터넷 클라우드 서버를 기반으로 한 네트워크 연결을 통해 이동 중 생성하는 데이터를 다양한 연결 대상과 실시간 양방향 통신이 가능한 자동차를 말한다.

5G 기술의 대중화로 차량 및 고객 데이터를 활용해 결제, 스마트홈, 주차 등 안전 및 편의 관련 다양한 서비스를 제공한다.

현재 Car Play, Android Auto 등 스마트폰 커넥티비티 서비스, 긴급출동, 도난차량 추적, 리모트 파킹 이외에 텔레매틱스 서비스, 뉴스 · 날씨 · 음악 등 인포테인먼트 서비스를 제공하고 있다.

[자동차 커넥티비티(Connectivity)의 구성]

06 QUESTION

후석승객알림(ROA ; Rear Occupant Alert) 적용 배경 및 기능에 대하여 설명하시오.

1. 후석승객알림(ROA ; Rear Occupant Alert)

근래 자동차 뒷좌석에 아이를 두고 내려 크고 작은 사고가 발생하고 있다. 이러한 사고를 예방할 수 있는 안전기술이 후석승객알림 기술이다.

후석승객알림(ROA)은 운전자의 하차 시 후석 승객 탑승 여부를 감지하여 후석에 탑승 상태로 있는 경우 경보음과 메시지를 발송해 안전사고가 발생하는 것을 예방하는 기술이다.

이 기능은 운전자가 시동을 끄고 운전석 문을 열었을 때 클러스터에 뒷좌석 확인 메시지가 표시되고 경고음이 나오면서 시작된다.

운전자가 하차한 뒤 문이 잠길 경우 실링(Ceiling)에 장착된 센서가 뒷좌석에 승객의 탑승 여부를 감지한다.

만약 운전자가 차량을 벗어난 후에 승객의 움직임이 감지되면 먼저 차량 외부에 경고음이 울려 퍼진다. 동시에 차량 램프에 비상등이 점멸되고 운전자와 주변 사람들에게 위급한 상황임을 알린다. 여기서 그치지 않고 차량과 연결된 스마트폰에 뒷좌석에 사람이 탑승하고 있음을 알린다.

07 QUESTION

긴급제동장치(Autonomous Emergency Braking)의 제어 해제조건과 한계상황(환경적 요인, 카메라 및 레이더 감지 한계)에 대하여 설명하시오.

1. 긴급제동장치(AEB ; Autonomous Emergency Braking)의 개요

긴급제동장치(AEB) 기술은 충돌 경고에도 운전자가 반응하지 않으면 주행을 자동으로 멈추는 기술이다.

현재 AEB는 안전성이 업그레이드됨과 동시에 모든 자동차에 확산 적용되며 의무화 과정을 밟는 중이다. 그만큼 사고 예방에 효과적이라는 것이 입증됐기 때문이다.

AEB는 레이더와 카메라의 감지 신호로 작동하며 작동의 전제 조건은 바로 자동차와 사람이다. 전방에 나타나는 물체가 다양할 수 있고, 이때마다 브레이크가 작동하면 오히려 위험한 상황이 발생할 수 있기 때문이므로 레이더가 물체를 감지하면 형상을 분석해 자동차나 사람의 유무를 확인한다. 이후 순간적으로 추돌 및 충돌 가능성을 판단해 경고음을 울리고 운전자가 브레이크를 밟으면 자동차 스스로 제동력을 높여 속도가 줄어든다. 만약 운전자가 경고음에도 반응하지 않으면 위험 상황으로 판단해 주행을 자동으로 멈춘다.

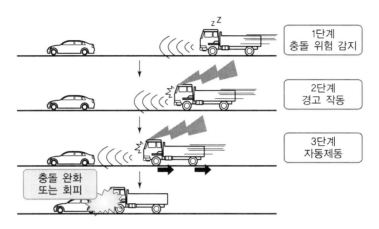

[긴급 자동제동장치의 작동원리]

2. 긴급제동장치(AEB)의 제어해제조건과 한계상황

긴급제동장치(AEB)의 작동해제조건은 차량의 주행속도가 과속일 경우이다. 전방 차량 감지의 경우 급제동으로 인한 피해를 방지하기 위하여 75km/h 이상의 속도일 때 급제동이 금지되고 전방 보행자를 감지해야 하는 경우 65km/h 이상의 속도일 때 보행자 경보 및 제동제어가 동작하지 않는다.

기어의 위치가 P, R인 경우에도 AEB는 동작하지 않으며 운전자가 사고를 회피하려고 급격한 조향이나 가속페달을 밟아 탈출을 시도할 경우에도 AEB는 동작이 해제된다.

레이더 및 카메라로 차량이나 사람을 감지하기 어려운 경우 AEB의 동작은 한계를 보인다. 레이더 및 카메라가 오염된 경우, 비나 눈이 많이 오는 경우, 심한 요철로를 지나는 경우, 앞차량의 형태가 특이한 경우, 터널 등의 진입으로 조도의 변화가 큰 경우, 차량의 주행 상태가 불안한 경우, 급격한 커브길, 사람이 빠르게 접근할 경우 등은 AEB의 환경적 요인 및 레이더 및 카메라의 감지 한계상황으로 볼 수 있다.

08 자율주행 자동차의 V2X 통신에 대하여 설명하시오.

QUESTION

1. 자율주행 자동차 V2X(Vehicle To Everything) 통신의 정의

자율주행 자동차에서 V2X는 유무선망을 통하여 다른 차량 및 도로 등 인프라가 구축된 사물과 교통정보 등을 교환하는 통신기술이다.

V2X는 V2V, V2I, V2P, V2N과 같은 개념을 모두 합친 개념이라고 볼 수 있다.

용어	기능 설명
V2V(Vehicle to Vehicle)	차량 간 통신 : 일정 범위 내에 있는 자동차들 간에 위치, 속도, 교통상황 등의 정보를 교환하여 교통사고를 예방하는 시스템
V2I(Vehicle to Infra)	차량과 도로 인프라 간의 통신
V2P(Vehicle to Pedestrian)	차량과 보행자 간의 통신
V2N(Vehicle to Nomadic Devices)	차량과 개인 단말기 간의 통신

2. 자율주행 자동차 V2X(Vehicle to Everything) 통신의 기능

① V2V(Vehicle to Vehicle)는 현재의 도로상황 내 운전자들이 자신을 중심으로 도로의 흐름에 맞춰 운전하기 때문에 사고의 발생은 없다. 자율주행을 위해서는 차량 간의 정보 교환을 통해 전반적인 흐름을 맞춤으로써 교통사고를 예방할 수 있다.

② V2I(Vehicle to Infra)은 차량에 설치된 통신 단말기와 정보를 서로 교환할 수 있는 일종의 기지국을 도로 곳곳에 설치하여 차량으로부터 주행정보를 수집하고 이를 중앙 서버에서 분석하여 교통상황 및 사고정보 등을 다른 차량에 제공하는 기술이다.

V2I 통신기술은 주로 V2V 통신기술과 결합하여 ITS/C-ITS 시스템에서 실시간 교통정보 및 돌발 상황 파악을 통해 교통사고 및 정체를 미연에 방지할 수 있다.

③ V2P(Vehicle to Pedestrian)는 차량과 보행자 간의 통신으로 차량과 모바일 기기를 지닌 보행자나 자전거 탑승자가 서로 정보를 교환하여 차량과 보행자가 가까워지면 양쪽 모두에게 경고를 줘서 교통사고를 방지할 수 있다.

④ V2N(Vehicle to Nomadic Devices)은 차량 내 주요 기기와 각종 모바일 기기를 연결하는 기술이다. V2N을 이용하면 운전자의 모바일과 연결되어 차량 상태에 대한 모니터링도 가능해진다.

09
QUESTION

차체 부품 성형법 중에서 하이드로포밍(Hydro – Forming)에 대하여 설명하시오.

1. 하이드로포밍(Hydro – Forming) 성형가공법

복잡한 모양의 자동차 부품을 만들 때 일정한 형태의 틀에 튜브를 프레스와 금형으로 고정시키고 고압의 액체를 주입하여 튜브의 형태를 변형시키는 성형가공법이다.

성형하고자 하는 제품의 무게의 변화 없이 높은 강성을 발휘하도록 개발된 가공법이며 기존의 프레스나 주물, 용접성형 방법의 제품에 비하여 내구성 좋고 균일한 형태의 정밀한 제품의 대량생산이 가능한 공법이다.

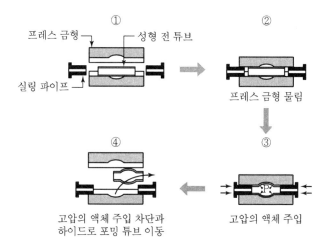

[하이드로포밍 성형가공법]

10 오일리스 베어링(Oilless Bearing)의 제조법과 특징에 대하여 설명하시오.

QUESTION

1. 오일리스 베어링(Oilless Bearing)의 제조법과 특징

오일리스 베어링은 장시간 급유하지 않아도 사용 가능한 베어링을 말한다. 중부하용의 대형보다는 작용하중이 작은 소형에 적합하며 소결금속으로 다공질 오일리스 메탈 재질로 된 슬리브를 성형하고 가열 후 윤활유를 침투시켜 소결하여 제조하는 미끄럼 베어링의 일종이다.

재질이 다공질이므로 내압에 한계가 있고 충격에 약하여 속도가 빠르지 않은 소형 기계에 주로 사용된다.

소결금속은 구리 분말에 흑연을 혼합하여 소결한 것이 일반적이며 소결금속 외에 주철을 열처리하거나 나일론, 테플론 등의 고분자 재료를 사용하기도 한다.

11 하이브리드자동차 배터리의 셀 밸런싱 제어에 대하여 설명하시오.

QUESTION

1. 셀 밸런싱(Cell Balancing)의 필요성

셀 밸런싱은 배터리의 수명과 직결된다.

일상적인 방법으로 배터리를 20% 이하로 방전 후 100%로 완속 충전을 시행하라고 추천하는 것은 BMS(또는 셀 밸런서)의 셀 밸런스 기능을 이용하여 셀 간 전압차를 줄이는 것이다.

BMS(Battery Management System)의 셀 밸런싱 기능은 매우 낮은 전류로 밸런싱을 하기 때문에 장시간 셀 밸런싱을 해야 하므로 별도의 방법으로 셀 밸런싱 하기도 한다.

배터리 셀 상태의 균일화를 이루기 위해서 수동소자 및 능동소자를 연결해 배터리 셀 평형상태를 유지시켜 효율성을 향상하고 수명을 유지한다.

2. 밸런싱(Cell Balancing)의 종류

(1) 패시브 밸런싱(Passive balancing)

저항 회로를 이용하여 높은 전압의 셀을 방전시키는 방법으로 액티브 밸런싱보다 구조가 단순하지만 충전된 셀을 고의로 방전시키는 작업을 반복하므로 전압이 높은 배터리 셀에 무리가 갈 수 있는 구조이다.

(2) 액티브 밸런싱(Active balancing)

많은 소자를 이용하여 전압이 낮은 셀을 찾아 충전하는 방법으로 회로가 복잡하고 소자가 많이 들어가 비용이 올라가지만 셀 입장에서는 패시브 밸런싱에 비하여 더 안정적인 방법이다.

QUESTION 12 하이브리드 방식 중 패럴렐 타입(Parallel Type)에서 TMED(Transmission Mounted Electric Device) 형식에 사용되는 하이브리드 기동 발전기(Hybrid Stater Generator)의 기능을 설명하시오.

1. 병렬식 하이브리드(Parallel Hybrid)의 개요

병렬식 하이브리는 TMED(Transmission Mounted Electric Device) 방식과 FMED(Flywheel Mounted Electric Device) 방식으로 분류한다.

FMED 방식은 변속기와 모터 사이에 클러치 제어를 통해 동력이 전달되며, 모터는 엔진의 보조 동력용으로 사용되고 모터 동력으로만 주행하는 EV 모드가 없어 Soft Type Hybrid라고 한다.

TMED는 모터와 엔진 사이에 클러치가 설치되며 클러치 제어를 통해 모터의 동력으로만 주행하는 EV 모드가 가능하다. 모터의 동력만으로 구동되는 EV 모드가 가능하여 TMED 방식은 Hard Type Hybrid라고도 하며 엔진의 시동을 위한 HSG(Hybrid Starter Generator)가 있다.

2. 하이브리드 기동발전기(Hybrid Stater Generator)의 기능

하이브리드 기동발전기는 크랭크 풀리와 구동 벨트로 연결되며 엔진을 시동시킬 때 동력원이 되며 엔진의 기동 후에는 발전기로서 동작하여 배터리를 충전한다.

HSG는 시동 제어와 엔진속도 제어, 소프트 랜딩 제어, 발전 제어가 된다.

13 전기자동차의 인휠 드라이브 구동방식에 대하여 설명하시오.

QUESTION

1. 인휠 드라이브 구동방식

인휠(In-wheel) 모터는 차량 바퀴 내부에 구동 모터를 장착해 독립적으로 구동하는 시스템이다. 전기차나 수소 전기차에 인휠 모터 4개를 설치하면 곧 사륜 구동 차가 되는 형식이다. 네 개의 바퀴를 각각 제어하는 것이 가능하며 특히 코너링 시 안전성이 우수하고 동력전달과정에서 낭비되는 에너지가 없어 연비 개선 효과도 크다.

인휠 시스템은 자동차 바퀴가 스스로 차를 움직이고 멈추게 하는 기능을 하므로 기존 차량의 변속기나 토크컨버터, 드라이브 샤프트, 차동기어 등과 같은 동력장치가 필요 없어 동력 손실을 줄일 수 있고, 별도의 엔진이나 구동장치가 필요치 않아 차량이 가볍고 차체의 내부용적이 크고 활용도가 좋다는 장점을 가지고 있다.

인휠 시스템을 차체자세제어장치(ESC)와 결합하면 선회 시 차량 조정 가능 영역을 확대시켜 차량의 안정성을 증대시킨다. 또한 주차보조시스템(SPAS)과 결합 시 전후진 변속을 자동화할 수 있고 선회반경을 축소해 성능 개선 효과도 누릴 수 있다.

인휠 모터 시스템의 구동 방식은 모터 자체의 구동 제어, 전동 브레이크 동작(Brake By Wire) 제어, 전동 조향(Steer By Wire), 전동 댐퍼(E-damper) 등이 있으며 구동과 제동 그리고 스티어링은 바퀴 내부에 독립적으로 제어되는 모터가 있으므로 가능한 구동 방식이다.

01 QUESTION 자동차관리법 시행령에서 안전기준에 적합해야 할 자동차의 구조와 장치에 대하여 설명하시오.

1. 자동차 안전기준에 관한 규칙

자동차관리법 제29조에서는 자동차의 구조 및 장치의 안전기준에 대하여 다음과 같이 규정하고 있다.

① 자동차는 대통령령으로 정하는 구조 및 장치가 안전 운행에 필요한 성능과 기준(자동차안전기준)에 적합하지 아니하면 운행하지 못한다.

② 자동차에 장착되거나 사용되는 부품ㆍ장치 또는 보호장구(保護裝具)로서 대통령령으로 정하는 부품ㆍ장치 또는 보호장구(자동차부품)는 안전운행에 필요한 성능과 기준(부품안전기준)에 적합하여야 한다.

2. 자동차의 안전기준에 적합해야 할 구조 및 장치

자동차안전기준에 관한 규칙에서는 안전해야 할 구조로 길이, 너비, 높이에서부터 최소회전반경 등의 안전기준이 규정되어 있고 원동기 및 동력전달장치, 조종장치, 제동장치 등에 대한 안전기준이 규정되어 있다.

다음은 안전기준에서 규정한 대표적인 구조 및 장치를 열거한 것이다.

- 자동차의 길이ㆍ너비 및 높이
- 최저지상고
- 차량총중량
- 중량분포
- 최대안전경사각도
- 최소회전반경
- 접지부분 및 접지압력
- 원동기 및 동력전달장치
- 주행장치
- 조종장치
- 조향장치
- 제동장치
- 자동차 안정성 제어장치
- 완충장치
- 연료장치
- 전기장치
- 고전원 전기장치
- 구동축전지
- 연결장치 및 견인장치
- 승차장치
- 운전자의 좌석
- 승객좌석의 규격

- 좌석안전띠장치
- 승강구
- 통로
- 가스운송장치
- 소음방지장치
- 전조등

- 어린이보호용 좌석부착장치
- 비상구
- 물품적재장치
- 창유리
- 배기가스 발산방지장치
- 안개등

 전기자동차의 장단점과 직류모터와 교류모터에 대하여 설명하시오.

QUESTION

1. 전기자동차의 장단점

(1) 저기자동차의 장점

① 대기오염 저감

화석연료를 사용하는 자동차는 불가피하게 온실가스를 배출하지만 전기자동차는 직접적인 유해 가스의 배출이 없어 친환경적이다.

② 저렴한 유지비와 관리의 용이성

충전비용이 유류비 대비 1/3 정도이므로 유지비가 저렴하고 각종 세금도 저렴하다. 또한 엔진오일, 기어오일 등이 불필요하므로 소모품 비용을 줄일 수 있으며 회생제동으로 감속과정의 에너지를 이용하여 배터리를 충전하므로 에너지 효율이 좋고 브레이크의 마찰 동작이 적어 관련 부품의 내구성도 향상된다.

내연기관 자동차의 완전한 관리를 위해서는 냉각수 및 여러 가지 오일류 등을 관리하여야 하며 정기적인 교환도 필요한데 전기자동차는 이에 비하여 유지 관리가 편리하다는 장점이 있다.

③ 소음 저감

가솔린 및 디젤 자동차의 엔진은 내연기관이므로 연소 시 발생하는 폭발음에 의한 소음이 크다. 또한 동력전달장치 등의 복잡성 때문에 각부의 마찰과 진동에 대한 소음도 전기자동차에서는 현저히 작다.

④ 제어성능

전동기를 동력원으로 운행되는 전기자동차는 제어가 쉽고 일관적인 성능을 나타낸다. 시동을 켜고 출발 시 일정 속도에 도달하기까지의 시간이 걸리는 내연기관 자동차에 비해서 짧다. 전기자동차는 큰 가속도를 순간적으로 낼 수 있고 제어가 쉽고 정확하다.

(2) 전기자동차의 단점

① 긴 충전시간

충전 시간이 단축되기는 하지만 내연기관 자동차의 주유 시간에 비하면 여전히 길다. 급속과 완속 충전 방법이 있는데 급속충전의 경우 30분 정도면 80%까지는 충전이 가능하다, 완속충전의 경우 5~8시간이 소요되며 가정에 충전 콘센트를 갖추어야 한다.

② 충전소 인프라의 부족

일반 주유소에 비하면 아직은 충전소 인프라가 부족한 실정이다. 이동 시 충전 시간과 장소를 고려해야 하므로 이용자의 불편이 발생할 수 있다.

③ 겨울철의 성능

겨울철에 전기자동차는 통상적으로 주행가능거리가 20~30% 저하한다. 이는 배터리의 성능이 약해서라기보다는 난방에 소모되는 에너지가 크기 때문이다. 이에 대한 대처로서 히팅팩, 윈터백 등의 옵션 사항으로 대응하고는 있으나 비용의 증가는 피할 수 없다.

④ 구입가격 및 수리비용

동일 차종이라 해도 EV 버전과 가솔린 버전의 가격 차이는 크다. 가솔린 차량보다 부품 수가 적은 대신 주요 부품의 가격이 고가인 경우가 많고 배터리 가격은 차량 가격의 거의 30% 수준이다. 평상시의 유지비는 적지만 고장에 대한 우려와 수리비용의 부담은 클 수밖에 없다.

2. 직류모터와 교류모터

(1) 직류모터(DC Motor)

DC 모터는 전압을 가하면 브러시와 정류자를 통해 회전자 도선 속에 전류가 흐르며 이 전류는 주변 자석(고정자)과의 상호작용으로 플레밍의 왼손법칙에 따라 연속적으로 회전하면서 자기장의 크기에 따라 회전력을 발생시키고 회전한다.

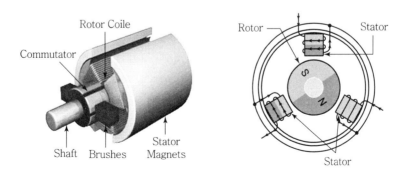

[DC Motor의 구조]

DC 모터의 특징은 다음과 같다.

① 인가전압에 대한 회전 특성이 직선적으로 비례한다.
② 입력전류에 대한 출력토크가 직선적으로 비례한다.
③ AC 모터에 비해 제어하기 편하다.
④ 가해주는 전압에 따라 속도가 변화된다.
⑤ 브러시가 있기 때문에 AC 모터에 비해 수명이 짧다.
⑥ AC 모터보다 보수가 필요하다.

(2) 교류모터(AC Motor)

교류전원을 받아 움직이는 모터로 교류와 직류의 큰 차이점은 방향성이다. 교류의 경우 파형이 있기 때문에 그 파형을 이용하여 자기장을 만들고 회전자를 움직인다.
유도전동기와 동기전동기로 나뉘며 동기전동기는 다시 영구자석 동기전동기와 비영구자석 동기전동기로 나뉜다.
교류모터의 특징은 다음과 같다.

① 고속에서 순간 토크가 크다.
② 무게당 토크가 크므로 소형 경량화할 수 있다.
③ 큰 힘을 필요로 하는 기계에 사용된다.
④ DC 모터보다 수명이 길다.
⑤ DC 모터보다 강한 힘을 낼 수 있다.
⑥ 소음이 DC 모터에 비해 비교적 적다.
⑦ DC 모터에 비해 속도나 방향을 제어하기 어렵다.

가솔린 자동차의 배기가스 저감을 위한 후처리장치의 효율 향상 기술에 대하여 설명하시오.

1. 가솔린엔진의 후처리장치 : 삼원촉매장치(3-Way Catalytic Converter)

가솔린엔진의 배기가스 정화를 위한 후처리장치는 삼원촉매 방식이며 CO와 HC는 산화촉매(Oxidation Converter)를 통과하여 CO_2와 H_2O로 산화되고 NOx는 환원촉매(Reducing Converter)를 통과하여 N_2로 환원된다.

(1) 산화촉매(Oxidation Converter)

산화촉매로는 백금(Pt, Platinum) 또는 백금과 팔라듐(Pd, Palladium)의 혼합물이 주로 적용되며 이들 재료는 귀금속으로 자체의 활성(Activity) 때문에 촉매로서 적합하며 이들 촉매는 산소 분자를 촉매 표면에 화학적으로 흡착시켜 분자 간의 결합을 끊어 CO 또는 HC와 반응하기 쉬운 원자상의 활성종 O^-, O^{2-} 등으로 만들어 산화를 촉진한다.

(2) 환원촉매(Reducing Converter)

배기가스 중의 질소산화물(NOx)을 환원하며 NO는 배기가스 중의 CO, HC, H_2와 반응하여 CO_2, H_2O, N_2, N_2O, NH_3 등으로 환원하는 촉매이며 환원물질인 암모니아 NH_3도 생성되는데 이는 산화촉매에서 산화될 때 다시 NO로 되돌아와 NO의 환원작용을 방해한다. NO의 환원작용은 농후 혼합비에 따라 반응이 촉진되며 지나치게 농후하면 CO, HC가 잔류하며 NO_3의 생성도 증가한다.

NO의 환원촉매로는 약간 농후한 혼합비에서 백금(Pt)이나 팔라듐(Pd)보다 NH_3의 생성을 억제하는 루테늄(Ru, Ruthenium)과 로듐(Rh, Rhodium)이 적용된다.

다음의 반응식은 NO의 환원 반응의 형태를 나타낸다.

$$NO + CO \rightarrow \frac{1}{2}N_2 + CO$$

$$2NO + 5CO + 3H_2O \rightarrow 2NH_3 + 5CO_2$$

$$2NO + CO \rightarrow N_2O + CO_2$$

$$NO + H_2 \rightarrow \frac{1}{2}N_2 + H_2O$$

$$2NO + 5H_2 \rightarrow 2NH_3 + 2H_2O$$

$$2NO + H_2 \rightarrow N_2O + H_2O$$

$$2NH_3 + \frac{5}{2}O_2 \rightarrow 2NO + 3H_2O$$

(3) 삼원촉매(3-Way Catalytic Converter)

삼원촉매는 1단의 촉매로 산화반응과 환원반응이 동시에 이루어지도록 하여 배출가스의 주성분인 CO, HC, NO의 3성분을 동시에 정화하는 것이다.

이 성분들을 변환하기 위해서는 CO, HC, H_2와 같은 환원성 가스와 O_2 같은 산화성 가스의 농도가 적당량 존재하여야 하며 일정 범위 내에 균형 잡혀 있어야 하는데, 이 조건을 충족시키기 위한 공기와 연료의 비율인 윈도(Window) 폭이 매우 좁다.

2. 삼원촉매의 효율 향상 방안

현재의 가솔린엔진에서는 CO, HC, NOx의 성분을 동시에 하나의 촉매로 정화하는 삼원촉매 변환기(Three Way Catalyst)를 적용하고 있다.

삼원촉매는 일산화탄소(CO)와 탄화수소(HC)를 정화하는 산화촉매와 질소산화물(NOx)을 저감하는 환원촉매로 구성된다.

촉매제로는 백금(Pt)과 로듐(Rh)이 사용되며 배기가스의 유해성분을 변환하기 위해서는 일산화탄소(CO)와 탄화수소(HC) 같은 환원성 가스와 산소(O_2) 같은 산화성 가스의 농도가 적당량 존재해야 하고 일정 범위 내로 균형을 유지해야 한다.

삼원촉매는 이론공연비 영역인 윈도(Window) 구간에서 CO, HC, NOx의 세 가지 성분에 대한 높은 정화율을 나타낸다. 따라서 이들 세 가지 유해성분의 정화율을 최고로 높이기 위해서는 항상 이론공연비 영역에서 공연비를 제어하는 것이 효과적이다.

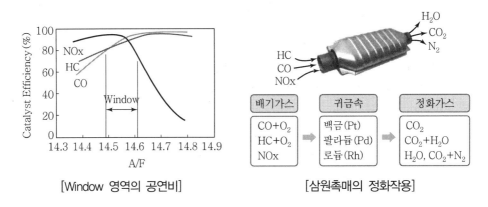

[Window 영역의 공연비]   [삼원촉매의 정화작용]

3. 촉매의 변환효율(Catalytic Conversion Efficiency)

촉매의 반응효과는 촉매의 재질에 따라 변화하며 산화촉매의 경우 반응 분위기 온도 250~300℃ 정도에서 최고의 변환효율을 보이며 공간속도의 영향을 받는다. 촉매층은 일정 공간 이상의 용적을 필요로 하며 공간속도는 다음과 같이 정의한다.

$$촉매의 \ 공간속도 = \frac{배기가스의 \ 체적유량(L/h)}{촉매층의 \ 용적(L)} \ (단위시간당)$$

촉매의 변환효율(η_{CT}, Catalytic Conversion Efficiency)은 어떤 성분의 질량 유동률에 대한 촉매 컨버터 내부에서 그 성분이 산화 또는 환원된 질량 유동률의 비율로 정의한다. 탄화수소(HC)에 대한 촉매의 변환효율을 나타내면 다음과 같다.

$$\eta_{CT/HC} = \frac{\dot{m}_{HC-in} - \dot{m}_{HC-out}}{\dot{m}_{HC-in}} = 1 - \frac{\dot{m}_{HC-out}}{\dot{m}_{HC-out}}$$

 04 QUESTION **내연기관에서 배기열 재사용 시스템(Exhaust Gas Heat Recovery System)에 대하여 설명하시오.**

1. 배기열 재사용 시스템(Exhaust Gas Heat Recovery System)

가솔린엔진은 배기열 재사용 장치인 EGHR(Exhaust Gas Heat Recovery)가 적용되어 시동을 건 후 엔진이 작동할 때 발생하는 배기구의 열을 이용, 엔진의 온도를 높여 추운 날씨에 하이브리드 자동차의 연비가 하락하는 현상을 최소화한다.

일반적으로 차량 시동 직후의 콜드 컨디션(냉간 시)에서는 연비가 좋지 않다. 차량이 시동 직후 정상 컨디션까지 온도를 올리기 위해 RPM이 높게 올라갔다가 차츰 안정화되는 것도 이 때문이다.

냉간 시동 시 RPM이 상승하는 이유는 산소센서 작동온도에 빠르게 도달하게 하기 위해서이다. 산소센서의 소자(지르코니아)가 화학반응을 일으켜 이를 전기적 신호로 ECU에 보내 공연비 조절을 하기 위해서는 약 600℃ 이상의 온도가 되어야 하므로 배기계의 온도를 빨리 상승시키기 위해 RPM이 상승하는 것이다.

차량의 시동 시 예열을 하는 것은 불편하고 권하지도 않는 사항이므로 배기열 회수장치가 이것의 대안으로 설계되었다. 시동 초기라고 해도 배기로 방출되는 배기가스는 600℃ 이상의 고온이다. 따라서 버려지는 배기가스 열로 냉각수를 가열하면 차량의 이상적인 컨디션(조건)이 신속하게 만들어진다. 이 장치는 본연의 임무가 끝나면 배기가스 통로의 밸브를 열어서 배기가스와 냉각수의 열교환을 차단한다.

배기열 재사용 장치인 EGHR(Exhaust Gas Heat Recovery)의 개발과 실용화로 연비의 개선과 더불어 유해 배출가스의 저감에도 큰 효과를 나타내고 있다.

05
QUESTION

차량중량 W(kgf)인 자동차가 시속 V(km/h)로 운전하는 중에 제동력 F(kgf)의 작용으로 인하여 제동거리 S(m)에서 정지하였을 때(이때 공주시간은 t 시간으로 함) 단계적으로 제동된 과정과 각 과정에서의 거리와 최종 정지거리를 산출하는 식을 쓰고 설명하시오.

1. 자동차의 제동(制動, Brake)

제동은 주행하는 자동차의 운동에너지를 제동장치의 마찰력으로 흡수하여 열에너지로 방출함으로써 이루어진다. 그러나 항상 자동차의 총 제동력은 충분하며 제동거리를 좌우하는 것은 노면과 타이어 사이의 마찰력이다. 제동륜이 고착(Wheel Lock) 상태가 되면 제동거리가 길어지고 조향 안정성이 저하되므로 ABS 장치 및 여러 가지 장치로 휠의 고착 없이 제동되도록 하여 제동거리를 단축하고 조향 안정성을 확보하고 있다.

제동거리는 공주거리와 제동거리로 구분되며 공주거리와 제동거리의 총합을 정지거리라고 한다.

(1) 공주거리(空走距離)

주행 중 제동의 필요성을 인식한 순간부터 액셀 페달에서 브레이크 페달로 발을 옮겨 제동 토크가 발생할 때까지의 주행거리를 공주거리라고 하며 다음과 같은 식으로 계산된다.

$$공주거리 \ S_1 = \left(\frac{1,000}{3,600}\right) Vt = \frac{Vt}{3.6} \text{(m)}$$

여기서, V : 제동 초속도(km/h)
t : 공주시간(sec)

(2) 제동거리(制動距離)

브레이크 페달의 조작으로 제동륜에서 제동 토크가 발생하는 시점에서부터 정지할 때까지의 거리를 제동거리(S_2)라고 하며 다음 식으로 결정된다.

① 제동장치의 총제동력을 고려한 제동거리
주행 중인 자동차의 운동에너지(E)를 제동일로 흡수하는 과정이므로

$$E = \frac{1}{2} \frac{(W + \triangle W)}{g} \times \left(\frac{1,000}{3,600} V\right)^2 = F S_2$$

$$제동거리 \ S_2 = \frac{V^2}{254} \times \frac{(W + \triangle W)}{F} \text{(m)}$$

여기서, V : 제동 초속도(km/h), W : 차량 총중량(kgf)
$\triangle W$: 회전부분 상당중량(kgf), g : 중력가속도($= 9.8$m/sec^2)

② 휠의 고착(Wheel Lock) 상태에서의 제동거리

휠의 고착 상태에서 제동력(F)은 노면과 타이어 사이의 마찰력에 의하여 발생하는 과정이므로 노면과 타이어 사이의 마찰계수를 μ라 하고 회전부분 상당 중량($\triangle W$)을 무시하면 다음과 같은 관계로 제동거리($S_2{'}$)가 결정된다.

$$E = \frac{1}{2} \times \frac{W}{g} \times \left(\frac{1,000}{3,600} V \right)^2 = \mu\, W\, S_2$$

제동거리 $S_2{'} = \dfrac{V^2}{254\,\mu}\,(\text{m})$

(3) 정지거리(停止距離)

정지거리(S)는 공주거리(S_1)와 제동거리(S_2)의 총합이므로 다음과 같이 표시된다.

정지거리(S) = 공주거리(S_1) + 제동거리(S_2)

$$S = \frac{V\,t}{3.6} + \frac{V^2}{254} \times \frac{(W + \triangle W)}{F}\,(\text{m})$$

휠의 고착(Wheel Lock) 상태에서 정지거리($S{'}$)는 다음과 같다.

정지거리($S{'}$) = 공주거리(S_1) + Wheel Lock 제동거리($S_2{'}$)

$$S{'} = \frac{V\,t}{3.6} + \frac{V^2}{254\,\mu}\,(\text{m})$$

06 QUESTION 수소전기자동차에서 수소연료소비량 측정방법에 대하여 설명하시오.

1. 수소연료전지자동차 연료소비량 측정방법

수소연료전지자동차는 대중적으로 상용화되지 않고 있으나 가까운 미래에는 일반 소비자들이 구매할 수 있도록 양산 체계가 갖추어질 전망이다.

자동차의 연료소비율은 경제성 및 에너지 효율화 측면에서 매우 중요하므로 소비자들에게 수소연료전지자동차에 대한 정확한 연료소비율 정보를 전달하기 위해서 이의 측정방법에 대한 다양한 연구가 진행되고 있다. 수소 연료전지 자동차의 연료 소비율 측정방법은 크게 중량측정법, 유량측정법, PVT 측정법의 3가지로 구분되고 장단점이 있으나 세 가지 방식 모두 수소 소비량을 측정할 수 있는 방식으로 활용되고 있다.

(1) 중량 측정방식

중량 측정법은 시험 자동차의 연료 소비율 시험 전후의 연료 탱크 무게를 측정하여 수소 사용량을 산정하는 방법이다. 이 방법은 측정 원리상 수소 사용량의 측정과 계산이 가장 쉬우면서도 정확한 측정 결과를 얻을 수 있는 장점이 있다.

(2) 유량 측정방식

유량 측정법은 유량계를 사용하여 수소연료 라인에서 직접 소비 유량을 측정하는 방법이다. 장점은 실시간으로 수소 사용량의 측정이 가능하다는 것이지만 공급되는 수소 유량과 압력에 따라 적정한 유량 센서를 선택하여야 오차를 줄일 수 있다.

(3) PVT 측정방식

PVT 측정법은 내부 용적이 알려져 있는 수소 연료 탱크의 시험 전후 압력과 온도를 측정하고 해당 온도와 압력에 맞는 적절한 압축 인자(Compression Factor)를 사용함으로써 수소연료 사용량을 측정하는 방법이다. 수소고압용기 내 시험 전후에 압력, 온도를 측정하는 방법이며 측정 위치와 안정화 시간 등에 따라 오차가 발생할 수 있다.

별도의 측정 장비가 필요 없고 수소고압용기의 온도와 압력 센서를 이용하기 때문에 실제 도로에서 운행을 하면서 수소 사용량을 측정할 수 있다는 장점이 있다.

구분	중량 측정방식	유량 측정방식	PVT 측정방식
측정원리	• 시험 전후 수소고압용기의 중량 측정 • 연료소비량 $W = G_b - G_a$	수소 유량 측정 $W = (\sum b) \times \dfrac{m}{22.414}$	• 가스 상태방정식 $PV = nRT$를 이용한 온도, 압력 측정 후 수소 소비량 계산 • $W = m(n_1 - n_2)$ $= \dfrac{mV}{R}\left(\dfrac{P_1}{z_1 T_1} - \dfrac{P_2}{z_2 T_2}\right)$
측정장비	중량계	유량계 Flowmeter	온도·압력 센서
장점	수소 소비중량을 직접 측정하여 오차가 작다.	정속주행 시험 시 실시간 측정 가능	탱크에 설치된 센서 사용으로 사용법이 간단
단점	실시간 측정이 용이하지 않고 주행 상태에서 시험 전후 탱크 중량 측정이 어려움	자동차의 진동을 고려해야 함	타 측정방식에 비해 높은 측정 편차가 있고 측정 전 안정화 시간이 필요함

01
QUESTION

하이브리드 자동차를 동력장치 배치방식(시리즈 타입, 패럴렐 타입, 파워스플릿 타입)에 따라 설명하시오.

1. 하이브리드 자동차의 동력장치 배치방식

(1) 시리즈(직렬) 타입

엔진과 인버터, 모터가 직렬로 설치된 시스템으로 엔진은 발전기 역할만 하며 전기자동차처럼 모터의 동력으로만 주행하는 방식이다.

전기자동차에 발전용 엔진을 넣었다고 생각할 수 있으며 전기차의 장점을 주로 가지고 있는데 배터리 충전량이 충분하다면 엔진이 가동되지 않아 소음이 적고 엔진과는 다르게 모터의 특성상 출발 초기부터 최대 토크를 낼 수 있어 가속 성능이 우수하다.

충전과 모터 구동이 동시에 가능하며 엔진과 바퀴가 직접 연결될 필요가 없어 변속기가 없거나 2단 정도로만 체결하는 등 다른 하이브리드 방식에 비해서 설계가 자유로운 편이다. 엔진은 발전기 역할만 하므로 어떤 운전 상황이든 항상 엔진의 RPM이 최고 효율 구간으로 유지된다. 급가속, 급정지, 신호대기 등 주행 상황과 상관없이 엔진은 항상 연비 주행 상태이므로 엔진 효율 자체는 우월하다.

엔진의 동력을 그대로 이용하지 않고 전기로 변환하는 과정을 거치기 때문에 차량의 전체적인 에너지 효율은 떨어진다. 따라서 이러한 이유로 배터리 용량을 늘리고 외부 전원으로 충전이 가능하도록 만드는 경향이며 플러그인 하이브리드로 발전했다.

(2) 패럴렐(병렬) 타입

일반적으로 엔진과 변속기 사이에 모터를 설치한 구조다. 출발할 때나 저속에선 모터로 가속하고 일정 속도 이상이 되면 엔진 클러치가 붙어 엔진의 동력을 추가 이용하여 주행한다.

기존 자동차와 파워트레인 구조가 유사하여 직병렬 하이브리드에 비해 구조가 단순하고 차량 무게도 가볍다는 장점이 있다.

다만 직병렬 하이브리드에 비해 모터 출력이 낮아 모터만으로 가속 가능한 속도가 높지 않다. 이 때문에 도심보다 중저속 주행이 많은 시내주행 효율을 일정 수준 이상 높이기가 어렵다. 오히려 정속주행으로 엔진 효율을 높일 수 있는 고속주행 연비가 시내주행 연비보다 더 좋은 결과를 보여주기도 한다.

하나의 모터가 발전기 역할도 같이 하므로 발전기로 돌려 배터리를 충전하면 모터로 사용할 수가 없고, 모터로 써서 주행에 힘을 추가하면 발전기로 동작할 수 없다. 따라서 모터의 동력을 이용할 때는 엔진이 가동되더라도 배터리 충전을 하지 못하는 단점이 있다.

(3) 파워스플릿(동력분기) 타입

직렬형, 병렬형 두 가지 방식의 혼용이다. 병렬형 하이브리드처럼 엔진이 직접 자동차를 구동하지 않아도 직렬형 하이브리드처럼 모터의 동력만으로도 주행이 가능하다. 병렬형 하이브리드와 달리 2개의 모터가 들어가며 시스템에 따라 구동용, 발전용 모터가 각각 설치되거나 모터가 구동과 발전을 모두 할 수 있게 제어되도록 한다. 따라서 모터로 주행 중에도 발전기를 돌려 배터리를 충전할 수 있다.

내연기관만 사용했을 때보다 높은 연비를 보이며 별도의 변속기는 탑재되지 않아 2개의 모터가 변속기를 대신해 기어비를 변화시키는 방식으로, e-CVT라 한다.

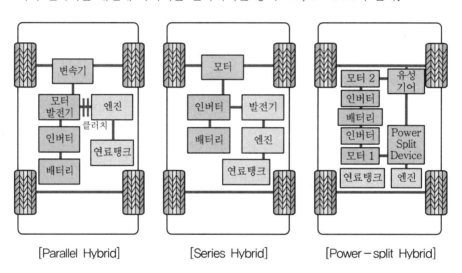

[Parallel Hybrid]　　　　　　[Series Hybrid]　　　　　　[Power-split Hybrid]

02
QUESTION

디젤 HCCI(Homogeneous Charge Compression Ignition) 엔진의 특징을 설명하고 조기분사 및 후기분사 연소기술에 대하여 설명하시오.

1. 디젤 HCCI(Homogeneous Charge Compression Ignition) 엔진

HCCI 디젤엔진은 예혼합기를 연소실에 도입한 후 직접 분사되는 디젤 연료의 연소로 예혼합기의 연소를 촉진시키는 방법이며 기존 디젤엔진의 연소 특성인 불균일한 공연비 분포와 국부적인 고온 연소 등의 문제점을 해결하여 낮은 연소 온도를 유도하여 NOx의 생성을 억제하며 저온희박연소를 구현하여 입자상 물질(PM)의 배출을 동시에 저감하는 것이다.

HCCI 엔진은 연소방식으로부터 고효율, 저공해를 실현하는 엔진으로 인정받고 있으나 HCCI 엔진에서는 연료의 착화가 연료 고유의 성질에 의존하게 되므로 착화시기의 제어가 정밀해야 한다.

2. 조기분사 및 후기분사 연소기술

조기분사인 BTDC 180도 분사의 경우 분사 후 점화시기까지 연료의 증발시간이 충분하므로 혼합기가 연소실 전체에 분포할 수 있으며 균일한 혼합기의 형성으로 국부적인 고온 연소가 없으므로 NOx를 저감하고 입자상 물질(PM)의 배출도 줄일 수 있다.

후기분사 모드인 분사시기 BTDC 60도 분사에서는 연료의 유동과 연료의 분포가 불균일하여 연소 온도의 국부적인 상승과 함께 NOx의 배출이 상승하며 입자상 물질의 배출도 증가한다. 디젤 연료의 분사에서는 균일한 연료 분사와 HCCI 같은 희박연소의 구현이 중요하다. 스월(Swirl)과 텀블(Thumble) 유동으로 분사 연료의 분포와 연소속도를 향상시키는 것이 중요하다.

03
QUESTION

자동차 등화장치에 적용되고 있는 HID(High Intensity Discharge) 램프와 LED(Light Emitting Diode) 램프의 개요 및 특징에 대하여 설명하시오.(단, HID 램프의 특징은 할로겐 램프와 비교하여 설명할 것)

1. HID, LED 램프의 비교

(1) HID(고전압 방출, High Intensity Discharge) 램프

HID는 전류를 흘려보내 대전할 때 빛을 내는 가스 입자를 활용한 방식으로 형광등과 유사한 원리로 작동한다. 기존 할로겐 전구와 비교했을 때 적은 소비전력으로 3배 이상 밝은 자연색에 가까운 백색광을 내며 눈에 부담도 없어 장시간 운전에 유리한 것이 특징이다.

하지만 일반 전조등보다 넓은 범위로 빛을 반사하는 HID는 반대편 차량 운전자의 시야를 방해하므로 광축을 자동으로 조절하는 장치도 함께 설치하는 것이 편리하다.

(2) LED(발광 다이오드, Light Emitting Diode) 램프

전류가 흐르면 빛을 내는 반도체인 발광다이오드(LED ; Light Emitting Diode)이다. LED 전조등은 일반 할로겐 램프나 HID 전조등에 비해 전력 효율이 높고 수명이 길며 또 발광 시스템이 차지하는 부피 자체가 적어 다양한 디자인이 가능하다.

그러나 광원 한 개의 밝기에 한계가 있어 여러 개를 사용해야 하다 보니 많은 열을 발생시켜 이를 냉각할 장치가 필요하고 가격이 다소 비싸다는 단점이 있다.

(3) 할로겐 램프

텅스텐 필라멘트를 고정하고 할로겐 가스를 관 안에 주입해 빛을 내는 전등이다. 일반적으로 가장 많이 사용되는 램프라고 할 수 있으며 할로겐 램프 H1, H2와 같이 H 뒤에 숫자가 붙은 형태이며 헤드라이트의 명칭, 광량, 기능의 발전에 따라 H 뒤에 다른 숫자들을 붙이는 방식이다.

자동차의 전조등으로는 H4와 H7이 주로 적용되며 LED전구에 비하여 사용 수명이 짧고 전력의 소모가 크다는 것이 단점이다.

04 전기자동차에서 고전압을 사용하는 이유를 설명하고 BEV(Battery Electronic Vehicle) 차량의 충전방식 중 완속, 급속, 회생제동을 설명 하시오.

1. 전기자동차에서 고전압을 사용하는 이유

전기자동차에서 요구하는 모터의 특성은 높은 효율이다. 작고 가벼운 모터에서 큰 토크를 이용하며 열 발생이 적고 제어가 쉬워야 한다. 저속전기자동차에는 10kW 이하의 공랭식 모터가 사용되고 고속전기자동차에는 그 이상 용량의 모터가 사용되며 고성능 전기자동차일수록 고전압의 모터를 사용한다. 모터의 특징 중 하나는 고회전과 토크 제어이다. 내연기관과 달리 별도의 윤활이 필요 없고 회전속도가 빠르며 처음부터 높은 토크가 나온다는 특징이 있어 저속 전기자동차들은 별도의 변속기 없이 감속기만으로도 속도제어가 가능하다.

전기자동차에서 모터는 단순한 주행뿐만 아니라 제동 시 회생제동 기능으로 발전을 통한 에너지 회수, 저항 브레이크 역할도 함께 하기 때문에 매우 중요한 부분이다.

2. 완속충전, 급속충전, 회생제동

전기자동차의 배터리 충전방법은 DC 전원에 의한 급속충전, AC 전원에 의한 완속충전, 그리고 회생제동에 의한 충전이다.

DC 급속충전은 AC 충전에 비해 배터리에 더 많은 전력을 공급하고 충전할 수 있다. 그 이유는 AC 전원을 DC로 변환해야 충전이 가능하므로 AC 충전은 충전기나 전류 변환시스템이 필요하고 이러한 장비(OBC)가 차량 내부에 있어야 하므로 중량과 크기에 제한이 따르기 때문이다.

이러한 기능의 장비를 외부 충전기에 설치한 경우가 DC 전원에 의한 급속충전이며 전기자동차 배터리를 충전하는 방법 중에서 가장 빠른 방법은 외부에서 DC 전원을 이용하고 BMS로 제어하여 배터리를 충전하는 것이다.

전기자동차의 회생제동은 액셀을 밟아 자동차를 가속하면 배터리의 전기가 공급되면서 모터가 회전력을 발생시켜 주행하지만 액셀에서 발을 떼면 그 순간부터는 주행하던 자동차의 주행 에너지에 의해 모터가 전력을 생산하는 발전기가 되는 것이다.

모터 내부에는 회전하면서 운동에너지를 만드는 회전체와 회전체를 돌리는 고정체가 있다. 고정체는 전기에너지를 가해서 회전체를 돌리고 이와 반대로 회전체에 운동에너지가 가해지면 전기가 발생하는 발전기의 역할을 한다.

이렇게 생산된 전력은 변환기를 거쳐 배터리를 충전하는 에너지로 활용된다.

05 QUESTION 자동차 부품검사에 활용되는 비파괴 검사방법에 대하여 설명하시오.

1. 비파괴 검사방법

비파괴검사(Non−destructive Test)는 재료나 제품의 형상과 기능의 손상 없이 재료에 전기, 자성, 방사선, 열, 빛 같은 물리적 에너지를 적용하여 조직의 이상이나 결함의 존재로 인해 적용된 에너지의 성질과 특성이 변화하는 것을 적당한 변환자를 이용하여 변화 정도를 측정함으로써 결함의 여부와 그 정도를 검사하는 것이다.

(1) 방사선 투과법(Radiography Testing : RT)

방사선 투과 검사는 X−선, 감마선 등의 방사선을 시편에 투과시켜 X−선 투과 필름에 상을 형성시켜 시편 내부의 결함을 검출하는 방법으로 내부 결함을 검출하는 비파괴 검사법으로 가장 널리 사용된다.

(2) 초음파 탐상법(Ultrasonics Testing : UT)

초음파 음향 인덕턴스가 다른 경계면에서 반사, 굴절하는 현상을 이용하여 시험편의 내부에 존재하는 불연속을 탐지하는 방법으로 대형 시험체도 검사가 가능하다.

(3) 자분 탐상법(Magnetic Particles Testing : MPT)

검사용 시험편을 자화시키면 불연속부에서 누설자속이 발생하고 그 위에 자분(磁粉)을 도포하면 자분이 집속되는 검사법으로 철강대와 같은 강자성체 재료의 표면에 자속이 누설하고 결함의 양쪽에 자극이 발생하여 국부적인 자장을 형성케 한다. 국부자장에 의한 결함부의 누설자속을 자분이나 검사코일에 의해 검출하여 결함의 위치와 크기를 알 수 있다.

(4) 와전류법(Eddy Current Testing : ECT)

전자유도에 의해 와전류를 발생하며 시험편 표층부에 존재하는 결함에 의해 발생한 와전류의 변화를 측정하여 결함을 탐지하는 검사법으로 파이프와 봉, 강판 등 전도체의 재료 표면과 표면 근처의 결함 검출과 물성 측정에 이용된다.

(5) 액체 침투 탐상법(Liquid Penetrants Testing : LPT)

표면으로 열린 결함을 탐지하는 기법으로 침투액이 모세관 현상에 의하여 침투하게 한 후 현상액을 적용하여 육안으로 식별하는 기법이며 용접부와 단조품 등의 표면 개구 결함의 검출에 주로 적용된다.

(6) 음향 탐상법(Acoutic Emission Testing : AET)

물체의 균열이나 국부적인 파단으로부터 방출되는 응력파(Stress Wave Emission)를 센서로 검출하는 기법이다. 피동적으로 신호를 수신하여 결함 여부를 검출하는 비파괴검사법이다.

전기자동차용 전력변환장치의 구성 시스템을 도시하고 설명하시오.

1. 전기자동차용 전력변환장치의 구성

전기자동차가 기존의 자동차들과 가장 다른 점은 전기에서 구동력을 얻어 차를 움직이는 것이다. 따라서 전기를 충전하고 자동차에 맞는 전력을 공급해주는 기술이 핵심기술이다.

전기자동차에는 구동용 시스템에 필요한 전원을 공급하는 역할을 담당하는, 고전압으로 이루어진 대용량 배터리팩 탑재가 필수적으로 요구된다. 따라서 전기에너지를 공급받아 고전압 배터리를 충전해줄 수 있는 OBC(On-Board Charger)가 필요하며, 차량에 탑재되어 있는 조명장치 등 대부분의 전장부품이 고전압이 아닌 12V로 동작하기 때문에 고전압을 저전압으로 변환하는 LDC(Low DC-DC Converter) 또한 필수적으로 요구된다. OBC와 LDC는 컨버터, 인버터, 배터리 등과 함께 전력변환제어기를 이룬다.

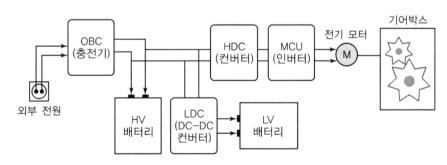

[전기자동차용 전력변환장치의 구성]

명칭	설명
OBC	외부 교류전원(AC)을 승압하고 직류전원(DC)으로 변환하는 전력변환기이며 220V의 AC 전압을 72V의 DC 전압으로 변환하여 충전한다.
LDC	차량 내의 저전압 배터리 충전과 전장장치에 전력공급을 위한 전력변환제어기이며 전장부품이 사용하는 12V로 변환하여 저장한다.
HDC	모터의 출력 증대 및 효율을 위해 고전압 배터리의 직류전원을 승압하여 MCU에 전달하는 전력변환제어기이며 72V의 전압을 모터를 구동시킬 300V로 변환한다.
MCU	HDC로부터 전달받은 출력전압에 따라 DC 전압을 AC 전압으로 모터에 인가하는 인버터 역할과 제동할 때 모터의 회생에너지를 배터리로 전달하여 충전하는 전력변환제어기이며 DC 전압을 AC 전압으로 바꾸어 모터에 인가한다.

※ 전압의 구체적 수치는 차종에 따라 다를 수 있다.

2. 전력변환제어기의 주요 요구사항

만약 전력변환제어기에 문제가 생긴다면, 배터리의 충전 및 방전 실패, 인버터의 전동기 구동을 위한 전압 출력 실패 등의 원인이 될 수 있다. 특히 차량용 전력변환장치는 계절적, 기후적 온도 및 환경 그리고 운전 상태의 급격한 변동에 취약하게 노출되어 있어 상대적으로 높은 고장 확률을 가지고 있다. 따라서 제어기를 동작하게 하는 소프트웨어를 정확하게 설계하고 고장 진단 알고리즘 등을 통해서 보완해주는 것이 중요한 요구사항이다.

01 트랙션 컨트롤(Traction Control)의 기능과 제어방법에 대하여 설명하시오.

QUESTION

1. 트랙션 컨트롤(Traction Control)의 기능

TCS(Traction Control System)는 구동륜에 작용하는 구동력을 컨트롤하는 시스템을 말한다. TCS는 미끄러운 노면에서의 발진과 가속 시 미묘한 액셀 조작을 불필요하게 한다. 가속성능과 가속 시 선회성능이 좋아지므로 일반 노면에서의 가속에서도 안정적으로 커브를 선회할 수 있고, 목표로 하는 코스를 트레이스하는 것이 가능하다. 그리고 선회 가속 시 조타량 및 액셀 조작 빈도를 저감할 수 있다.

2. 트랙션 컨트롤(Traction Control)의 제어

트랙션 컨트롤은 Wheel Speed Sensor로 각 휠의 속도를 검출하고 속도 차이를 판단하여 각 휠의 속도차를 검출하면 엔진의 ECU로 속도를 억제하는 신호를 보낸다.

또한 ABS를 작동시켜 다른 휠보다 회전수가 많은 휠의 속도를 억제하여 4륜이 모두 같은 회전속도를 가지도록 하여 자동차의 거동을 안정시킨다.

다음의 Block Diagram은 트랙션 컨트롤의 제어 수순을 보여준다.

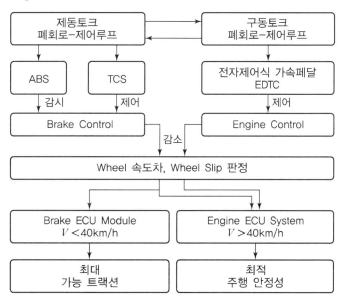

[트랙션 컨트롤의 제어 수순]

02 QUESTION 자동차용 안전벨트(Safety Belt)에 대하여 다음 사항을 설명하시오.
가. Load Limiter
나. 프리텐셔너(Pretensioner)
다. Tension Reducer
라. 프리세이프 시스템

1. 로드 리미터(Load Limiter)

전방으로부터 강한 충격이 있을 때 상반신의 이동과 시트벨트의 구속이 서로 상반되어, 경우에 따라서는 가슴에 강한 압박을 받을 수 있다. 이런 경우에 벨트에 허용되는 최대하중 이상의 힘으로 구속되지 않도록 하여 압박으로부터 가슴 부위를 보호하는 기능을 하는 장치이다.

2. 프리텐셔너(Pretensioner)

전방으로부터 강한 충격을 받을 때 순간적으로 시트벨트를 잡아당겨서 구속 효과를 높이는 장치로 상반신의 전방 이동을 최소화해서 부상을 줄이기 위한 것이다.

3. 텐션 리듀서(Tension Reducer)

운전 중 안전벨트의 착용이 의무화되었지만 안전벨트를 맬 경우 답답하고 작은 동작도 불편하다는 불만이 있다. 이를 해결하기 위한 것이 벨트를 잡아당기는 힘을 줄여주는 텐션 리듀서이다. 벨트 착용 시 처음 몇 초 동안은 답답할 수 있지만 시간이 지나면 벨트를 의식하지 못할 정도로 벨트의 장력이 조절된다.

4. 프리세이프 시스템(Pre-Safe System)

위험 상황이 생기면 안전벨트가 스스로 진동하며 미리 경고를 주거나 충돌 전후에 시트벨트를 되감아 승객을 보호한다. 급제동이나 미끄럼이나 충돌을 감지하면 안전벨트를 완전히 되감아 탑승자를 보호하고, 급선회나 빙판길 제동일 때도 운전자의 전방 또는 측면으로의 쏠림을 방지해준다. 이러한 것은 레이더 센서와 휠에 설치된 차량속도 센서 및 스티어링 각도 센서의 감지로 동작한다.

03
QUESTION

엔진의 흡기 및 배기 저항을 줄여 체적효율을 증대시키기 위한 튜닝 방법을 설명하시오.

1. 흡배기계의 튜닝

흡배기계의 튜닝은 엔진의 흡입효율을 증가시켜 출력을 증강시키는 목적으로 이루어진다. 배기계는 배압을 줄여 출력을 증가시키기 위한 여러 가지 튜닝을 한다.

(1) 흡배기계의 튜닝

① 에어필터 성능 향상

기존의 에어필터는 청정공기를 도입한다는 목적으로 흡기저항이 있더라도 작은 메시의 필터를 적용하고 있으나 흡기저항을 줄이기 위하여 흡기저항이 거의 없는 스트레이너 개념의 필터를 적용하여 튜닝한다.

② 흡기파이프 성능 향상

굴곡진 흡기파이프를 직선형 대구경의 파이프로 교체하여 튜닝함으로써 흡입효율을 향상시키고자 튜닝한다.

③ 스로틀보디의 대구경화

스로틀보디의 직경을 크게 하여 대용량의 흡기가 도입되도록 튜닝한다.

④ 흡기밸브의 리프트 양정 증대

하이리프트 캠 샤프트로 교체하여 흡기밸브의 양정을 크게 하여 밸브에서의 유로 면적을 확대하여 흡입효율을 향상시키는 튜닝을 한다.

⑤ 터보차저 및 슈퍼차저의 부착

배기가스로 흡입공기를 압축하고 흡기로 도입하여 흡기압력을 높게 유지하는 터보차저와 엔진의 회전력을 이용하여 흡입공기를 압축하여 도입하는 슈퍼차저를 설치하여 튜닝함으로써 흡입효율을 향상하고 출력을 증대한다.

⑥ 배기관의 배압 저하

촉매에서 배기저항이 발생하는 것을 감안하여 배기관을 직경을 크게 하거나 특수한 형태로 제작하여 튜닝을 하고 배기의 소음을 줄이기 위한 배기통의 소음 저감용 다공 파이프 및 흡음재를 삭제하여 배압을 줄이는 튜닝을 한다.

04 QUESTION 자동차의 경량화 방법 및 효과를 소재 사용과 제조공법 측면에서 설명하시오.

1. 자동차 경량화(輕量化)의 개요

경량화는 자동차의 보급이 일반화되고 이미 자동차가 본격적으로 생산되면서부터 시작된 목표이며, 자동차 제작사 간 경쟁으로 인한 자사 자동차의 성능과 가격 경쟁력 확보를 위하여 요구되는 목표였다.

근래 들어 연료비의 향상과 대기오염의 문제가 대두되면서 자동차 경량화에 대한 요구는 더욱 강화되고, 경량화가 다양한 규제에 대처하기 위한 대표적인 수단이 되기도 한다.

가장 간단하게 생각할 수 있는 재료의 경량화부터 부품의 구조 설계 측면의 경량화와 차체의 형상을 변경하는 디자인의 경량화까지 대두되고 있는 실정이다.

(1) 기본설계에 의한 경량화

① 부품 수의 감소와 부품의 다기능화

- 설계 구상 단계에서부터 고려되는 경량화 대책이며 부품 수의 감소와 부품의 다기능화로 경량화한다.
- 전륜구동 자동차가 가장 대표적인 결과이며 전륜구동 자동차를 구현함으로써 후륜구동 자동차에 비하여 부품 수가 많이 감소하고 경량화되었다. 일부 불합리한 점이 있음에도 불구하고 연비와 원가 절감에 크게 기여하였다.
- 현가장치(Suspension System)에서는 중소형 자동차를 대상으로 코일스프링을 적용한 독립현가 방식의 맥퍼슨 스트럿(MacPherson Strut)을 적용하여 부품 수의 감소와 다기능화를 만족하면서 원가 절감에 큰 효과를 나타냈다.

② 동력전달 기능 부품에 최신 기술 적용

- 오버헤드 캠축 타입에 동력전달 요소로 적용되던 기어에서 체인으로 다시 코그드 벨트(Cogged Belt)를 채용하여 소음과 진동 저감과 더불어 원가절감 효과를 보고 있다.
- 동력원의 변경으로 섀시 부품의 경량화가 가능한데 유압(Hydraulic), 공압(Pneumatic) 구동장치를 이용하여 강재(鋼材)를 사용하던 기능 부품의 동력원을 변경하여 경량화할 수 있다.

  브레이크 및 조향계의 동력 전달 방법을 유체화(流體化)하여 기능의 향상과 더불어 경량화하고 있다.

2. 경량화 재료 사용

(1) 고강도 철강 재료의 적용

금속 재료의 다양한 기능에 맞는 특수강화(特秀鋼化)와 더불어 고강도강(高强度鋼)이 개발되어 이들의 적정한 채택으로 부품의 콤팩트화 및 경량화가 가능하다.

(2) 고강도 비철금속의 적용

알루미늄 합금 재료의 활용으로 자동차 경량화에 커다란 변혁이 왔다고 할 정도로 기여한 바가 크다. 엔진의 피스톤, 실린더 헤드부터 여러 가지 엔진 부품과 트랜스미션 케이스, 종감속장치의 하우징 및 차륜(림)에 이르기까지 많은 부품에서 경량화가 이루어졌다.
마그네슘 합금의 개발과 적용은 알루미늄보다 더 낮은 비중 때문에 엔진의 다양한 내열부품(耐熱部品)에서 주물가공 하는 케이스와 하우징 등에 경량화를 이루고 있다.

(3) 고강도 플라스틱(FRP) 및 카본 보강 플라스틱(CFRP)의 적용

최근 들어 바이오 플라스틱 및 고분자 소재 기반의 다양한 강화 플라스틱을 적용하여 강도에 손상 없이 경량화를 구현하고 있다.

(4) 세라믹 재료의 도입

세라믹 재료를 이용하여 터보차저를 비롯한 엔진의 각 내열용 부품에 적용이 많이 시도되었으며 경량화와 내구성에 큰 발전을 가져올 것이다.

(5) 티타늄 재료의 적용

엔진 밸브를 비롯한 내열용 재료에 내열성과 내마모성 그리고 비중이 작은 티타늄 재료를 적용하여 자동차의 경량화를 도모한다. 근래에는 가공, 용접 기술 발달로 자동차 부품에도 충분히 적용할 수 있다고 판단된다.

(6) 클레이나노 재료

몬모릴로나이트라는 점토광물질을 초미세입자로 분산시켜 만든 경량 신소재이다.
무게는 가볍지만 외부로부터 발생하는 충격에 강하다. 차체의 범퍼나 실드 몰딩에 적용하여 20% 이상의 경량화가 가능하다.

(7) 클래드 메탈

알루미늄과 구리로 이루어진 금속 재료이며 전장부품 간 전류통로 역할을 하는 버스바에 적용할 경우 기존 부품 대비 45% 이상의 경량화가 가능하다.

3. 제조공법에 의한 경량화

(1) 핫 스탬핑(Hot Stamping) 공법

고온 성형과 Quenching(담금질 – 냉각)을 동시에 수행하는 프레스 공법이다.

약 910℃ 이상으로 가열하여 연성화된 철강 소재를 프레스로 정밀 성형이 용이한 고온(700~800℃)에서 성형하고 동시에 냉각수가 순환하는 금형에서 급랭한다.

열 변형이 적고, 마텐자이트 조직이며 일반 강을 열처리와 냉각을 거쳐 인장강도 1,470 ~2,000MPa의 초고장력강(AHSS)으로 제조하는 공법이다.

차체의 주요 골격 부품 제조에 적용하는 공법으로 필러, 로커패널, 대시 크로스 멤버, 루프 사이드 패널 등의 프레스 성형에 적용된다.

핫 스탬핑 공법은 열 변형이 적고 경량화와 고장력이 요구되는 부품의 성형에 적합한 공법이지만 생산성이 낮고 금형제작비용 등 기타 산출비용이 높기 때문에 제품 가격이 상승한다는 단점도 있다.

(2) 하이드로포밍(Hydro Forming) 공법

자동차 섀시(Chassis) 부품 및 차체(Body) 부품은 강도뿐만 아니라 외형 디자인과도 관련이 있으므로 하이드로 포밍 성형기술이 적극적으로 도입, 적용되고 있다.

차체 부품 중에 Lower Arm, Sub – frame, Cross Member, Piller류 등 자동차의 차체(Body) 부품과 섀시(Chassis) 부품들의 공정에 하이드로 포밍 기술을 적용하고 있으며 이는 종래의 프레스 성형방법과는 완전히 다른 개념이다. 원형강관의 내부에 액압(液壓)을 가하여 관재(管材)나 판재(板材)를 팽창시켜 성형하여 원하는 모양의 차체 골격을 제작하는 방식으로 기존의 프레스 가공에서 얻을 수 없었던 차체 강성의 증가, 제조공정 단축 및 부품 수 감소, 금형 비용의 절감, 원가절감 등 다양한 장점이 있다.

(3) 맞춤형 블랭킹(TWB ; Tailor Welded Blanks)

서로 다른 재질 및 두께의 강판을 목적에 맞게 재단 후 접합부분을 레이저로 용접하는 기술이다. 이미 이 기술은 차량의 전후 도어프레임 등의 다양한 부품에 적용되고 있다. 기존 방법에 비하여 10~20%의 경량화 효과를 나타내고 있다.

전기자동차에 사용되는 전자파 차폐기술에 대하여 설명하시오.

1. 전자파의 차폐 원리

전자파는 전자기파(Electromagnetic Wave)로서, 공간상에서 전기장이 시간적으로 변화하면 그 주위에 자기장이 발생하고 자기장이 시간적으로 변화하면 그 주위에 전기장이 발생하는데, 이때 전계와 자계가 서로 유도하여 파(Wave)의 진행방향과 직각을 이루고 전파되는 합성 파동을 말한다.

전자파는 인근 전자기기와의 상호 교란 작용(Electromagnetic Interface)으로 오작동의 원인이 된다.

전자파의 차폐성능은 차폐효율(Shielding Efficiency)로 나타내며 이는 전자파가 물질을 통과할 때 감소되는 상대적인 크기이다.

2. 전자파 차폐기술

금속 재료는 높은 전기전도도로 전자파를 반사시켜 우수한 차폐효율을 갖지만 전자제품이나 복잡한 자동차 등에서는 경량화 문제로 적용이 어려워 고분자 소재의 사용이 증가하고 있다. 그러나 고분자 소재는 전기전도도가 낮아 차폐효과가 낮아서 무전해 도금, 금속 등의 양도체로 표면처리, 고분자와 충전재를 혼합하여 압축·방사, 또는 알루미늄·코발트·금 등의 전기전도성 입자를 표면에 코팅하는 방법을 사용한다.

(1) 금속피막 형성법

고분자 또는 섬유의 표면에 알루미늄, 구리, 니켈이나 은 등의 금속피막을 형성시켜 전자파 차폐 성능을 부여하는 방법으로서 차폐효과도 좋고 대량 가공도 가능하다. 금속피막 형성법은 처리기술에 따라 진공증착법, 무전해도금방법, 스퍼터링 방법으로 구분된다.

(2) 금속박막 라미네이팅법

알루미늄이나 구리와 같은 금속을 $5 \sim 20 \mu m$ 정도 박막으로 제조한 다음 원단에 라미네이팅하는 방법으로 전자파 차폐율이 90dB 이상으로 높게 나타난다.

그러나 금속의 강연성으로 고분자나 섬유 등의 유연성이 저하되는 단점이 있어 의류용 등으로 사용이 불가능하므로 특수 용도로 일부 사용된다.

(3) 도전성 수지 코팅법

은, 구리(Cu), 니켈(Ni) 같은 금속이나 산화아연(ZnO)과 같은 금속화합물, 또는 카본 블랙과 같은 미립자 등을 수지에 혼합하여 원단 표면에 코팅하는 방법이다.

섬유와의 접착력이 우수하며 30% 정도 도전성 물질을 넣어 전자파 차폐 성능을 향상시키기도 하며 주로 정전기 제거용 소재로 사용된다.

(4) 금속 섬유 사용법

차폐 성능이 우수한 금속을 직경 $5 \sim 20 \mu m$ 정도의 굵기가 되도록 섬유로 만들어 직물에 혼합하는 방법으로 $40 \sim 90 dB$의 우수한 차폐 효과가 있어 자동차 및 통신기기의 차폐방법으로 사용된다.

06 자동차 연료로서 바이오디젤에 대하여 설명하시오.
QUESTION

1. 바이오디젤(Bio-Diesel)의 개요

바이오디젤은 동물성, 식물성 기름에 있는 지방 성분을 경유와 비슷한 물성을 갖도록 가공하여 만든 바이오 연료로, 바이오 에탄올과 함께 가장 널리 사용되며 주로 경유를 사용하는 디젤자동차의 경유와 혼합하여 사용하거나 그 자체로 차량 연료로 사용된다.

바이오디젤의 제조 반응은 알칼리(또는 산, 효소) 촉매하에서 3개의 메탄올(알코올류) 중 1개의 메탄올과 동식물성 유지의 지방 성분인 트리글리세리드가 전이 에스테르 반응에 의해 디글리세리드와 1개의 지방산 메틸에스테르를 생성하며 순차적으로 모노글리세리드, 글리세린이 생성되면서 각각 지방산 메틸에스테르가 만들어져 총 3개의 지방산 메틸에스테르가 생성되는데 이것이 바이오디젤이다.

2. 바이오디젤(Bio-Diesel)의 특징

바이오디젤의 자동차 연료로서의 연소효율성, 연료 경제성, 배기가스의 배출, 사용 안정성과 수급 안정성을 디젤과 비교한 장단점은 다음과 같다.

(1) 바이오디젤의 장점

① 석유계 디젤과 유사한 화학적 성상이나 한랭 시 동결의 우려가 있다.

② 경유 대비하여 연료 소비율이 최대 5~8% 감소한다.

③ 유해 배기가스의 배출이 크게 저감된다.

④ 기존 디젤 차량의 구조 변경 없이 사용할 수 있어 사용 편의성이 좋다.

(2) 바이오디젤의 단점

① 청정연료이나 연료 라인의 고무 등에 대하여 부식성이 있다.

② 산화 안정성이 낮고 수분 함량이 증가할 수 있다.

③ 수입 연료 대체 효과가 있으나 곡물 가격 등에 의하여 수급 안정성이 낮다.

MEMO

122

차량기술사
기출문제 및 해설

Professional Engineer Transportation Vehicles

1교시

01 자동차의 길이, 너비, 높이에 대한 안전기준과 측정 시 기준을 설명하시오.

1. 자동차의 길이, 너비 및 높이

(1) 자동차의 길이 · 너비 및 높이는 다음의 기준을 초과하여서는 아니된다.
  ① 길이 : 13m(연결자동차의 경우에는 16.7m를 말한다.)
  ② 너비 : 2.5m(후사경 · 환기장치 또는 밖으로 열리는 창의 경우 이들 장치의 너비는 승용자동차에 있어서는 25cm, 기타의 자동차에 있어서는 30cm. 다만, 피견인 자동차의 너비가 견인자동차의 너비보다 넓은 경우 그 견인자동차의 후사경에 한하여 피견인 자동차의 가장 바깥쪽으로 10cm를 초과할 수 없다.)
  ③ 높이 : 4m

(2) 규정에 의한 자동차의 길이, 너비 및 높이는 다음의 상태에서 측정하여야 한다.
  ① 공차상태
  ② 직진상태에서 수평면에 있는 상태
  ③ 차체 밖에 부착하는 후사경, 안테나, 밖으로 열리는 창, 긴급자동차의 경광등 및 환기장치 등의 바깥 돌출부분은 이를 제거하거나 닫은 상태

02 SAE(Society of Automotive Engineers)에서 정한 자율주행 자동차 레벨에 대하여 설명하시오.

1. 자율주행 자동차의 정의

운전자가 브레이크, 핸들, 가속페달 등을 조작하지 않아도 자동차 스스로 도로의 상황을 파악하여 자동으로 목적지까지 찾아 갈 수 있는 자동차를 말하며 운전자의 손, 발, 눈이 자유로운 상황을 말한다.

자율주행 자동차의 핵심기술은 상황인지 → 판단 → 제어의 단계로 구분된다. GPS와 카메라 등을 활용하여 주변의 정보를 인식하고(인지단계), 주행 전략을 결정해(판단단계), 엔진과 방향을 제어(제어단계)하여 본격적인 주행을 시작하는 것이다.

2. 자율주행 자동차의 기술적 단계

자율주행 자동차의 기술 단계에는 총 6단계의 레벨이 있으며 이 레벨은 전 세계적으로 자동차의 자율주행 기술에 등급을 부여하는 SAE(Society of Automotive Engineers)에서 정한 자율주행 자동차 레벨이다.

〈자율주행 자동차의 기술 단계〉

Level	SAE 분류 기준	설명
Level 0	비자동화 No Automation	운전자가 모든 주행기능을 수행
Level 1	운전자 보조 Driver Assistance	주행기능을 수행하는 운전자의 탑승하에 시스템이 조향 혹은 가감속 등의 일부 주행기능을 함께 수행
Level 2	부분 자율주행 Partial Automation	조향 및 가감속장치를 감시 중인 운전자의 탑승하에 시스템이 조향 및 가감속 등의 주행기능을 대신 수행
Level 3	조건부 자율주행 Conditional Automation	조건 외 상황에서의 주행 제어권 이양에 대비한 운전자의 탑승하에 시스템이 조향 및 가감속 등의 주행기능을 수행
Level 4	고도 자율주행 High Automation	극도로 예외적인 상황에 대비한 운전자의 탑승하에 시스템이 모든 주행기능을 수행
Level 5	완전 자율주행 Full Automation	운전자 없이도 모든 상황에 대응할 수 있는 완전한 시스템이 모든 주행기능을 수행

자율주행 자동차의 완전한 기술적 개발을 위해서는 IT 기술과 인공지능기술 그리고 통신기술의 적극적인 접목이 필요하며 우수한 성능의 센서기술 또한 선행되어야 할 과제이다.

03 엔진의 탄성영역(Elastic Range of Engine)을 가솔린 기관의 성능선도
QUESTION 로 나타내고 설명하시오.

1. 엔진의 탄성영역

아래 그림은 일반적인 내연기관 엔진의 성능선도를 나타낸 것이다. 저속과 고속에서 토크는
저하되는데 이것은 내연기관 엔진의 특징이며 이는 저속과 고속에서 흡입효율의 저하가 원인
이다. 이의 개선을 위하여 멀티밸브, 터보 차저, 가변밸브시스템 등의 기술이 개발, 적용되고
있다.

기관은 최대 토크점(T_{max})의 회전속도와 최대 출력점(P_{max})의 회전속도 사이를 엔진의 탄
성영역(Elastic Range of Engine)이라고 하며 이 구간이 넓을수록 유리한 엔진이라고 할 수
있다.

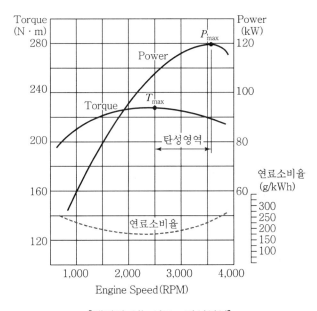

[엔진의 성능선도 – 탄성영역]

04 엔진의 터보차저(Turbocharger)에서 터보 래그(Turbo Lag) 현상과
이를 개선하기 위한 방법에 대하여 설명하시오.

1. 터보 래그(Turbo Lag)

운전자가 가속을 위하여 액셀을 밟으면 터보차저가 즉시 동작하여 큰 출력을 내는데 이것은
터보차저에서의 흡입공기량을 증가시키고 흡입공기량에 맞는 다량의 연료가 분사되어 연소
하기 때문이다.

그러나 운전자의 액셀 밟음보다 다소 느리게 엔진의 출력이 증가되는 것은 터보차저에서의
흡입공기량 증가에 다소 시간이 걸리는 터보 래그(Turbo Lag) 때문이다.

터보 래그를 줄이기 위한 기술은 가변 구조 터보차저, 즉 VGT(Variable Geometry
Turbocharger)인데 VGT는 배기가스가 빠른 속도로 터빈의 날개에 닿도록 터빈의 날개에
닿는 각도를 조절하는 것이다. 또한 주로 디젤 대형 엔진의 경우 트윈터보차저를 적용하여 저
속과 고속에서의 과급을 원활히 하는 방법도 적용되고 있다.

05 내연기관에서 충진효율과 체적효율을 비교하여 설명하고 체적효율 개
선방안을 설명하시오.

1. 충진효율과 체적효율

충진효율은 표준대기상태(760mmHg, 0℃)에서 행정체적에 대한 실제 흡입된 공기량의 중
량 비율을 말하며 체적효율은 흡입관의 온도, 압력 상태에서 행정체적에 대한 실제 흡입된 공
기의 중량 비율을 말한다.

엔진에서 체적효율 향상을 위한 방안으로는 다음과 같은 것들이 적용되고 있다.

① 멀티밸브시스템의 적용
② 밸브 오버랩(Valve Overlap)의 적정화
③ 터보차저 및 슈퍼차저의 적용
④ 가변밸브시스템의 적용

06
QUESTION
조향 휠에 발생하는 시미(Shimmy)와 킥백(Kick Back)을 설명하시오.

1. 시미(Shimmy) 진동

(1) 시미 진동 현상

자동차에서 시미는 주행 중에 조향 휠이 회전 방향으로 진동하거나 조향 휠과 차체가 동시에 좌우로 흔들리는 현상으로 나타난다. 또한 요철 노면을 통과 시 조향 휠이 회전 방향으로 심하게 진동한다. 시미는 조향 휠이 회전 방향으로 흔들리므로 선회 주행 시 조향 휠의 조작을 불편하게 하고 조작에 따른 거부감을 주게 된다.

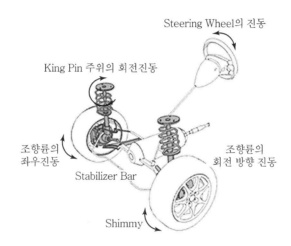

시미가 발생하면 조향 휠의 진동과 함께 차체도 좌우로 진동하게 되며 발생하는 진동은 차량 속도의 증가와 함께 점점 커지게 되므로 조향 휠을 조작하기가 어렵게 되기도 한다. 시미 진동이 발생하는 주파수는 대략 저주파 영역으로 5~15Hz 정도이다.

(2) 발생 조건과 원인

시미 현상은 자동차가 80km/h 이상 고속으로 주행하는 경우에 주로 발생하여 특정 속도 영역에서 발생하는 고속 시미와 비포장로 주행 시나 제동 시 발생하는 저속 시미로 구분된다.

고속 시미 현상은 차량속도가 발생영역을 벗어나게 되면 사라지지만, 저속 시미는 차량속도를 감소시켜도 멈추지 않고 정차할 때까지 계속 발생하게 된다. 시미 현상은 타이어의 편마모, 비정상 타이어 그리고 회전부 불균형력(不均衡力)에 의하여 진동 강제력이 발생함으로써 일어난다. 타이어의 동적 불균형에 의하여 타이어의 진동 강제력이 발생하고 조향장치가 공진하여 조향 휠을 진동시킨다.

조향장치는 조향 컬럼, 기어박스 및 링크계로 이루어져서 하나의 운동계를 형성한다. 조향 컬럼 끝부분에 장착된 조향 휠은 회전방향에 대해 관성 중량으로 움직이므로 특정한 공진 주파수를 갖게 된다. 그러므로 타이어의 진동 강제력과 조향 휠의 회전 방향 공진 주파수와 일치하게 되어 조향 휠이 회전 방향으로 진동하는 시미 현상이 발생한다.

2. 킥백(Kick Back) 진동

(1) 킥백 진동 현상

킥백은 요철이 있는 노면을 주행하는 경우에 차륜은 주행 방향의 저항과 충격을 받으면서 주로 전후 방향으로 힘이 작용하여 차륜이 킥(kick)되는 것과 백(back)할 때 스티어링 휠(핸들)이 충격적으로 회전 진동하는 것을 말한다.

(2) 발생 조건과 원인

노면의 요철에 의하여 조향륜에 작용하는 충격은 차륜을 주로 전후 방향으로 진동하며 이 진동은 조향 링키지를 통하여 조향 휠(핸들)에 전달된다.

킥백에 의한 진동은 구조가 간단한 기계식 랙 피니언 방식에서 더 크게 전달되는데, 최근의 자동차는 대부분 동력 조향장치이므로 파워 실린더에서의 완충으로 킥백의 영향이 크지 않다.

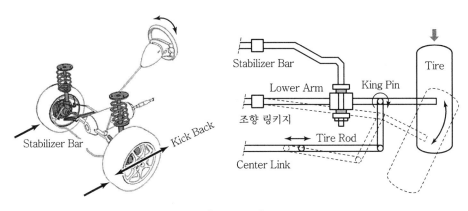

[킥백 진동]

냉간 시 엔진의 밸브간극을 열간 시보다 작게 하는 이유와 밸브간극이 규정값보다 클 때 나타나는 현상을 설명하시오.

1. 밸브간극

밸브의 간극은 냉간 시에 열간 시보다 작아야 하고 열간 시에는 냉간 시보다 커야 한다. 그 이유는 밸브(스템)의 열팽창 때문이며 냉간 시보다 열간 시에 열팽창에 의하여 길이가 늘어나므로 열간 시에는 밸브간극을 크게 유지한다.

열팽창에 의한 길이의 변화를 작게 하기 위하여 밸브 스템에 질소 가스를 충진한 것도 있으며 티타늄 재질의 밸브기구도 개발되었다.

밸브간극이 규정보다 크면 밸브의 양정이 작아져서 밸브의 열림이 작아지고 흡배기 효율이 저하할 수 있다. 또한 고속에서 밸브의 충격이 심해지고 충격음이 발생하며 밸브 스프링의 공진점이 낮아지고 밸브 서징(Surging)을 일으킬 수도 있어 밸브 스프링의 파손도 발생할 수 있다.

 자동차의 선회성능과 타이어 사이드 슬립(Side Slip)에 대하여 설명하시오.

1. 자동차의 선회성능

자동차가 선회할 때 선회 중심으로부터 바깥쪽을 향하여 원심력이 작용한다.

이때 원심력에 대하여 자동차는 타이어 사이드 슬립(Side Slip)이 일어난다.

또한 선회할 때는 노면으로부터 타이어의 형상을 처음의 상태로 되돌리려고 하며 바퀴의 안쪽으로 향하는 반력이 생긴다. 이 반력을 선회 구심력 또는 코너링 포스(Cornering Force)라 한다.

자동차의 선회 중에 사이드 슬립이 발생하면 휠 중심면의 방향과 타이어의 진행 방향이 일치하지 않게 된다. 이 휠의 중심 방향과 타이어의 진행 방향과의 각도를 슬립각(Slip Angle)이라 한다.

자동차의 선회 속도를 증가시키면 원심력도 증가하여 슬립각도 증가하고 앞뒤 바퀴의 슬립각의 차이가 생겨서 선회 반지름의 차이가 생긴다.

리어 휠의 슬립각이 프런트 휠보다 클 때는 선회 반지름이 작아지는데 이러한 현상을 오버 스티어(Over Steer)라 하고 그 반대로 조향 선회 반지름이 커지는 현상을 언더 스티어(Under Steer)라고 한다.

2. 타이어의 사이드 슬립(Side Slip)

자동차가 선회할 때 극히 낮은 속도에서는 원심력이 거의 0에 가까워 구심력도 필요하지 않으나 선회 속도가 증가할수록 자동차에 작용하는 원심력이 증가하여 사이드 슬립 현상이 발생한다.

타이어의 사이드 슬립은 타이어의 회전면과 진행 방향이 일치하지 않는 경우를 말하며 사이드 슬립의 발생은 자동차가 선회운동 시 원심력에 의해 차체는 바깥쪽으로 밀리지만 타이어는 노면과의 마찰에 의해 그 접촉면이 움직이지 않기 때문에 발생한다.

이러한 사이드 슬립에 의해 원심력과 평형이 되는 구심력이 발생하며 안정된 자동차의 선회운동이 가능하게 된다.

차로이탈경고장치(LDWS ; Lane Departure Warning System)에 대하여 설명하시오.

QUESTION

1. 차선이탈경고장치의 개요

차로이탈경고장치(LDWS ; Lane Departure Warning System)는 전방의 차선을 인식하여 차선 이탈 위험이 예측되는 경우 경고하는 기능을 한다.

자동차 안전기준에서 의무 장착하도록 규정되어 있으며 여객화물 운송사업자 차량 중 길이 11m 초과 승합차, 차량 총 중량 20톤 초과 화물 특수차로 한정되어 있으나 길이 11m 이하 차량은 장착 대상에서 제외된다.

LDWS를 구현하기 위해서는 차량 전방에 장착된 카메라를 통해 주행 차선만을 정확하게 인식할 수 있는 기술이 필요하다. 도로에는 이정표와 같은 다양한 표시가 존재하고 다양한 색상의 차선이 존재하기 때문에 차선을 잘 구분하여 인식해야 한다. 차선을 인식하는 조건은 기본적으로 흰색, 황색, 청색에 대해 인식하며, 차선은 직선이고 평행하며 일정한 크기와 폭을 가지고 있어 하나의 소실점에서 만나게 된다는 기하학적 모델링을 기반으로 한다. 차선은 야간, 터널, 빗길에서도 인식이 가능하다.

구분	차선이탈경고장치 의무화 차량	
	차종별	세부 용도별
화물차	4축 이상	차축 4개 이상(가변축 포함)
	특수 용도형	윙보디, 냉동차, 크레인 자동차, 유압 적하기 자동차
특수차	4축 이상	차축 4개 이상(가변축 포함)
	구난형	레커차
	특수 작업형	이삿짐 사다리차, 고소작업차

2. 차로이탈경고장치(LDWS)의 구성품

(1) 차선이탈경고장치 유닛

도로 영상 촬영용 카메라가 포함되어 있으며 입력되는 카메라의 영상 신호를 분석해서 차선 인식 및 주행 차량의 전방 상황을 인식하여 경고하는 기능을 한다.

카메라의 영상처리로 차선을 인식하는 과정은 '도로 영상 입력 차선을 강조하는 필터링 – 차선으로 예상되는 구성 포인트를 추출 – Candidate Point를 이용하여 차선을 인식' 과정을 거친다.

(2) 경고장치 표시 게시판

차선 인식 표시 및 차량의 주행상태, 운전자의 설정 상태 등 주행 중 차량의 상태를 영상으로 보여준다.

(3) 스위치

차선이탈경고 스위치를 이용하여 LDWS를 가동 · 정지시킬 수 있다.

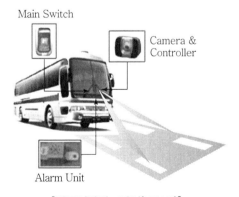

[차로이탈경고장치(LDWS)]

3. 차로이탈경고장치(LDWS)의 동작 조건

차로이탈경고장치 스위치 가동(ON) 상태에서 계기판에 LDWS 표시등이 점등된다.

① LDWS 기능이 설정되어 있고 차속이 60km/h 이상일 때 동작한다.
② 운전자가 차선을 변경하려고 좌우 방향지시등을 동작시키는 경우나 비상등을 동작시킬 경우에는 경고하지 않는다.
③ 방향지시등 스위치를 주행 방향으로 작동하지 않고 임의로 차선을 변경하면 경고가 발생한다.
④ 차량이 차폭의 30% 이상 차선을 넘어갈 경우 차선 변경을 위하여 차선을 이탈하는 것으로 판단하고 경고를 해제한다.

10 QUESTION 자동차 안정성 제어장치(ESP ; Electronic Stability Program)에 대하여 설명하시오.

1. 자동차 안정성 제어장치(ESP ; Electronic Stability Program)의 개념

ESP(Electronic Stability Program)는 ABS(Anti-lock Brake System)와 TCS(Traction Control System) 계통을 통합 제어해 차량의 안정을 꾀하는 장치이다. DSC, ESC, VDC 등의 여러 가지 명칭으로 불린다.

ESP는 개별적인 장치라기 보다는 일종의 시스템이라고 할 수 있으며 특히 사고가 발생한 뒤에 작동하는 수동적 안전시스템과 달리 사고가 발생하기 전에 작동해 사고 자체를 방지하는 능동적인 안전 시스템이다.

ABS와 TCS 계통은 물론 사고로 이어질 만한 상황을 사전에 탐지해 차량의 움직임을 안정시키고 안전한 주행을 유지하게 하는 역할을 한다.

자동차 바퀴 회전을 감지하는 휠 스피드 센서, 차량의 회전 정도를 감지하는 자이로 센서, 가속도 센서와 압력센서 등이 적용된다. 이 고감도 센서들은 핸들의 방향과 차체의 움직임을 감지해 엔진 출력을 제어하며 자동으로 변속하거나 전자 장비 및 기계장치를 통해 차체의 자세를 제어한다.

2. ESP의 원리

ESP는 고감도 센서를 통해 스티어링 휠의 상태를 분석하여 운전자가 가고자 하는 진행 방향과 차량의 실제 진행 방향을 비교한 뒤 일치하지 않을 때 차량의 진행 방향을 조정한다.
ESP는 여러 가지 센서로 구성되는데 자동차 바퀴의 회전을 감지하는 센서와 차량의 회전 정도를 감지하는 센서, 가속도 센서 등이 적용된다. 더불어 스티어링 각도 센서와 가속페달 센서, 압력센서 등도 필요하다.

3. 자동차 자세 제어장치의 종류

ESP는 개별적인 장치라기 보다는 다음의 장치들을 하나의 시스템화하여 차체의 안전성을 유지하는 장치를 말하며 사고 발생 이전에 능동적으로 대처하여 안전을 확보하고자 하는 것이다.

(1) ABS(Anti-lock Brake System)

급제동 시 바퀴가 잠기는 현상을 방지하는 장치이다. 급브레이크를 밟을 경우 차량은 움직이고 있지만 바퀴는 멈춰버리기 때문에 차량이 미끄러지거나 옆으로 밀려나 차량을 제어하기 힘들어지는데 ABS는 빠른 속도로 브레이크의 작동과 해제를 반복해 안정적인 제동이 가능하도록 해준다.

(2) TCS(Traction Control System)

자동차의 제동력과 엔진에서 바퀴로 연결되는 힘을 조절하는 장치이며 특히 눈길이나 진흙탕에 빠졌을 때 헛돌고 있는 바퀴에만 브레이크를 작동시키거나 헛도는 바퀴의 동력을 다른 바퀴에 배분하여 안정성을 높여준다.

(3) EBD(Electronic Brake Force Distribution)

승차 인원이나 적재하중에 맞추어 앞뒤 바퀴에 적절한 제동력을 자동으로 배분해 브레이크 성능을 안정적으로 발휘하게 해주는 전자식 제동력 분배 시스템이다. EBD는 ABS의 성능을 향상시키고 안전성을 높이기 위한 장치로 브레이크 압력이 노면에 유효하게 전달되도록 자동차의 적재 상태와 감속에 의한 무게 이동에 맞춰 최대의 제동력을 가지도록 앞뒤에 제동력을 배분한다.

11 QUESTION 비상자동제동장치(AEBS ; Autonomous Emergency Braking System)에 대하여 설명하시오.

1. 비상자동제동장치(AEB ; Autonomous Emergency Braking)의 개요

비상자동제동장치(AEB) 기술은 충돌 경고에도 운전자가 반응하지 않으면 주행을 자동으로 멈추는 기술이다.

현재 AEB는 안전성이 업그레이드됨과 동시에 모든 자동차에 확산 적용되며 의무화 과정을 밟는 중이다. 그만큼 사고 예방에 효과적이라는 것이 입증됐기 때문이다.

AEB는 레이더와 카메라의 감지신호로 작동하며 작동의 전제 조건은 바로 자동차와 사람이다. 전방에 나타나는 물체가 다양할 수 있고, 이때마다 브레이크가 작동하면 오히려 위험한 상황이 발생할 수 있기 때문이므로 레이더가 물체를 감지하면 형상을 분석해 자동차나 사람의 유무를 확인한다. 이후 순간적으로 추돌 및 충돌 가능성을 판단해 경고음을 울리고 운전자가 브레이크를 밟으면 자동차 스스로 제동력을 높여 속도가 줄어든다. 만약 운전자가 경고음에도 반응하지 않으면 위험 상황으로 판단해 주행을 자동으로 멈춘다.

2. 비상자동제동장치(AEB)의 제어해제조건

비상자동제동장치(AEB)는 차량의 주행속도가 과속일 경우 작동조건에서 벗어난다. 전방 차량 감지의 경우 급제동으로 인한 피해를 방지하기 위하여 75km/h 이상의 속도일 때 급제동이 금지되고 전방 보행자를 감지해야 하는 경우 65km/h 이상의 속도일 때 보행자 경보 및 제동제어가 동작하지 않는다.

기어의 위치가 P, R인 경우에도 AEB는 동작하지 않으며 운전자가 사고를 회피하려고 급격한 조향이나 가속페달을 밟아 탈출을 시도할 경우에도 AEB는 동작이 해제된다.

12 바이오디젤(Bio – Diesel) 연료의 종류와 사용상 문제점을 설명하시오.

QUESTION

1. 바이오디젤(Bio – Diesel)의 정의

바이오디젤은 식물성 기름에 있는 식물성 유지와 알코올을 에스테르화 반응시켜 합성한 물질이다. 경유와 비슷한 물성을 갖도록 가공하여 만든 바이오 연료로 바이오 에탄올과 함께 가장 널리 사용되며 주로 경유를 사용하는 디젤 자동차의 경유와 혼합하여 사용하거나 그 자체로 차량 연료로 사용된다. 바이오디젤은 일반 디젤과 혼합하여 사용하며 BD5, BD20으로 표시하는데 이는 바이오디젤의 혼합비율을 나타낸다.

바이오디젤은 크게 식물유제 바이오디젤과 수지제 바이오디젤로 분류되며 사용 재료 물질의 이름으로 분류하기도 한다.

2. 바이오디젤(Bio – Diesel)의 특징

바이오디젤의 자동차 연료로서의 연소효율성, 연료 경제성, 배기가스의 배출, 사용 안정성과 수급 안정성을 디젤과 비교한 장단점은 다음과 같다.

(1) 바이오디젤의 장점

① 석유계 디젤과 유사한 화학적 성상이나 한랭 시 동결의 우려가 있다.

② 경유 대비하여 연료 소비율이 최대 5~8% 감소한다.

③ 유해 배기가스의 배출이 크게 저감된다.

④ 기존 디젤 차량의 구조 변경 없이 사용할 수 있어 사용 편의성이 좋다.

(2) 바이오디젤의 단점

① 청정연료이나 연료 라인의 고무 등에 대하여 부식성이 있다.

② 산화 안정성이 낮고 수분 함량이 증가할 수 있다.

③ 수입 연료 대체 효과가 있으나 곡물 가격 등에 의하여 수급 안정성이 낮다.

13 자동차에 적용되는 CAN 통신의 장점과 특징에 대하여 설명하시오.

QUESTION

1. CAN(Communication Area Network) 통신

CAN통신은 ECU 간 디지털 직렬통신을 제공하기 위해 개발된 자동차용 통신 시스템이며 대표적으로 자동차에 적용되는 X−by−Wire System의 개발로 적용 가능하도록 하였다.

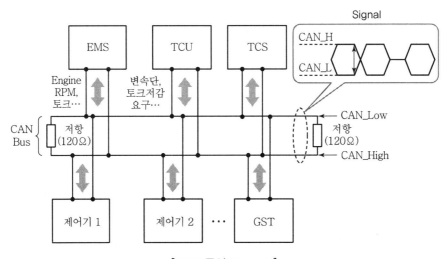

[CAN 통신 Network]

(1) CAN 통신의 장점

① 배선의 감소와 경량화가 가능하다.(각 ECU 간의 정보를 네트워크로 공유)
② 액추에이터의 전장품을 가까운 곳에 배치 가능하고 ECU 제어가 용이하다.
③ 시스템의 신뢰성이 향상된다.(고장률이 적고 정확성이 증대된다.)
④ 스캐너 등 진단장비를 이용하여 센서 출력, 데이터, 자기진단 등 정비가 용이하다.
⑤ 스파크 발생에 의한 전기적 노이즈에 강하며 고속 통신이 가능하다.
⑥ 각종 컨트롤 유닛을 2개의 통신선으로(CAN High, CAN Low)으로 연결하고 있고 작은 하네스로 많은 정보의 각 유닛 간 공유가 가능하다.

QUESTION 01 자동차 배기장치(Exhaust System)의 기능을 쓰고 소음기의 종류와 각각의 특성에 대하여 설명하시오.

1. 배기장치의 기능

배기장치의 목적은 엔진 연소에 의해 만들어진 소리와 배기가스의 온도를 낮춰주고 자동차 밖으로 배출되는 물질들을 통제하는 것이다.

자동차는 연료를 연소시키는 결과로 동력을 얻지만 유해 가스들을 배출해 내는데 배기장치에 설치한 촉매변환장치는 이들 유해 가스를 대기에 영향이 적도록 처리하는 역할을 한다.

2. 소음기의 종류

배기가스의 음파(Sonic Wave)를 감쇠시킬 목적으로는 소음기가 적용되며 감쇠작용은 간섭 원리에 따른 감쇠기 또는 공명기를 추가하여 개선시킨다.

(1) 반사 소음기(Reflection Muffler)

반사 소음기는 음파가 진행하는 통로에 장애물을 설치하여 음파가 진행 방향을 바꾸거나 반사되도록 한다. 이때 음파의 일부는 감쇠되고 소멸된다. 또한 파이프의 단면적을 급격히 변화시켜 소음을 저장하거나 반사시켜 소음을 감쇠, 저감시킨다.

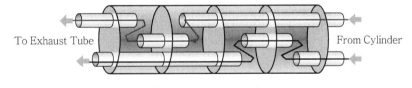

To Exhaust Tube   From Cylinder

[반사 소음기의 구조]

(2) 간섭 소음기(Interference Muffler)

소음기 전반부에서 배기가스를 여러 갈래로 나누어 통과시킴으로써 길이가 다른 통로를 거쳐 소음기 후반부에서 다시 합쳐지게 하는 방법이며 소음이 다시 합쳐질 때 그리고 일부는 처음 분기될 때 감쇠된다.

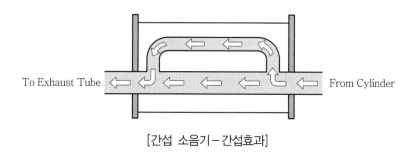

[간섭 소음기 – 간섭효과]

(3) 간섭 – 반사 복합 소음기(Interference – Reflection Combination Muffler)

간섭 – 반사 복합 소음기는 그림 [반사 소음기의 구조]와 같이 길이가 서로 다른 다수의 소음관과 칸막이 된 공간이 연결되어 있으며 반사작용으로 소음을 감쇠시키는 것 외에 추가적으로 불쾌하게 느껴지는 음진동(Sound Vibration)을 감쇠시킨다.

(4) 흡수 소음기(Absorption Muffler)

음파가 다공질의 흡음재를 통과하도록 하여 소음에너지는 흡음재에 흡수되고 마찰에 의해 열로 변환되는 원리를 이용한 소음기이다.
흡수 소음기는 유동저항이 작다. 따라서 배압이 작아야만 되는 배기장치에 사용된다.

(5) 흡수 – 반사 복합 소음기(Reflection – Absorbtion Muffler)

흡수 – 반사 복합 소음기에서 반사소음기는 중간대역 주파수와 저주파수의 소음을 감쇠시키는 효과가 좋으며 흡수소음기는 고주파수 대역의 소음을 흡수하는 능력이 우수하므로 두 가지를 하나의 하우징 내에 복합시켜 사용한다.

02 QUESTION

DPF(Diesel Particulate Filter)의 원리와 DOC(Diesel Oxidation Catalyst), 차압센서, 온도센서의 기능에 대하여 설명하시오.

1. DPF(Diesel Particulate Filter)의 원리

DPF 시스템은 배기가스 내의 입자상 물질(PC ; Particulate Contaminants)이 대기로 방출되는 것을 방지하기 위한 장치이며 필터 본체와 2개의 배기가스 온도센서(EGTS) 및 DPF 차압센서(DPS)로 구성되어 있다. 필터 본체는 촉매 어셈블리에 포함되어 있으며, 입자상 물질(PC)을 일정 부분 걸러낼 수 있도록 벌집 형태의 구조로 되어 있다. 배기가스가 DPF를 통과할 때, 입자상 물질(PC)은 DPF 내에 퇴적되며, 나머지 가스물질(CO_2, NO)은 DPF를 통과하여 머플러를 통하여 대기로 배출된다. 이렇게 DPF에 퇴적된 입자상 물질이 오래된 차량들에서 많이 볼 수 있는 검은 매연(PM 또는 Soot)이다.

(1) DPF 재생

DPF 내에 매연이 일정 기간 또는 많은 양이 퇴적되면 DPF 내 매연을 연소시켜 대기 중에 배출하여야 한다. 매연의 양을 측정하는 DPF 차압센서(DPS)가 엔진 제어 유닛에 신호를 주면, 차량 주행거리 및 시뮬레이션 데이터를 이용하여 매연량을 계산하고 미리 엔진 컨트롤 유닛에 매핑되어 있는 값과 비교하여 DPF 재생 모드가 필요하면, 엔진컨트롤 유닛은 DPF 재생을 시행한다.

DPF 재생은 자동으로 진행되는데 DPF 내 매연을 연소시키기 위하여 엔진컨트롤 유닛은 배기행정 시 연료를 2회에 걸쳐 추가 분사하여 배기가스의 온도를 매연 연소가 가능한 온도(600℃) 이상으로 상승시킨다. 이때 배기가스 열에 의하여 매연은 연소되고 DPF 내에는 재(Ash)만 남게 된다.

(2) DPF 재생조건

① DPF 내 일정량 이상의 매연(Soot) 또는 입자상 물질(PC) 퇴적 시, 재생을 실시한다.
② 차량의 주행조건 또는 환경조건에 따라 재생 주기는 달라질 수 있다.
③ 재생 불완전 종료 시(주행하다 재생 중 운행 중지 등) 재생 주기가 변동된다.
④ ②와 같은 이유로 재생이 중지될 때에는 일정 조건을 만족하면 재생 모드로 재진입한다.

2. DOC(Diesel Oxidation Catalyst)

디젤산화촉매(DOC)기술은 가솔린엔진에서 삼원촉매가 개발되기 이전에 사용되던 산화촉매(이원촉매) 기술과 기본적으로 동일한 기술이기 때문에 기술 효과나 성능은 이미 입증되어 있는 기술이다. 산화촉매는 백금(Pt), 팔라듐(Pd) 등의 촉매효과로 배기 중의 산소를 이용하여 탄화수소, 일산화탄소를 제거하는 기능을 한다.

디젤엔진에서 탄화수소(HC), 일산화탄소(CO)의 배출은 크게 문제가 되지 않으나 산화촉매에 의해 입자상 물질의 구성성분인 탄화수소(HC)를 저감하면 입자상 물질(PM)을 10~20% 저감할 수 있다. 그러나 경유에 포함된 유황 성분에 대해서도 산화작용을 하여 SO_3(Sulfate) 배출을 증가시켜 입자상 물질이 증가하므로 산화촉매의 사용에는 저유황 연료의 사용이 필수적이다.

디젤엔진은 부분부하에서 배기가스 온도가 낮기 때문에 산화촉매도 저온활성을 좋게 할 필요가 있으나 저온활성이 좋은 촉매는 저온 시부터 설페이트(Sulfate) 발생이 시작되므로 전체적으로 발생량이 많아질 염려가 있다. 따라서 촉매 성분 조정에 의해 저온 활성화와 설페이트 제어를 함과 동시에 엔진 사용 부하와 회전수에 맞게 촉매온도 특성을 선택하는 것이 중요하다.

DOC의 기능은 다음과 같다.

① 배출가스 매연 중 용해성 유기화합물(SOF)을 제거한다.
② 중·소형 차량까지 적용이 가능하다.
③ 촉매를 이용해 매연을 변환시키는 장치이므로 별도의 사후 관리가 필요하다.
④ 차종별로 배출가스 특성이 상이하여 인증받은 자동차에 한해 적용한다.

3. 차압센서, 온도센서의 기능

매연의 포집 정도를 측정하는 DPF의 차압센서(DPS)가 필터의 포집량이 증가하여 압력차도 크게 나타나면 엔진 제어 유닛에 신호를 주어 차량 주행거리 및 시뮬레이션 데이터를 이용하여 재생 여부를 판단하게 된다.

03 QUESTION

차륜 정렬 요소 중 셋백(Setback), 후륜 토(Toe), 스러스트 각(Thrust Angle)의 정의 및 주행에 미치는 영향에 대하여 설명하시오.

1. 셋백(Setback)

셋백은 좌우 차륜의 중심이 어긋난 경우이며 좌우 차륜의 평형도를 말한다. 셋백이 있으면 주행 시 직진 성향이 낮아지며 독립형 서스펜션보다는 일체식 차축이 적용된 자동차에서 발생할 수 있다.

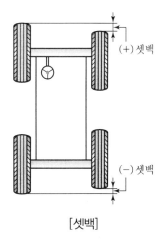

(+) 셋백

(−) 셋백

[셋백]

2. 후륜 토(Toe)

후륜 토(Toe)는 좌우 독립적으로 조정할 수 있으며 타이어의 마모 정도와 차체의 운동성능에 영향을 준다. 독립현가식인 트레일링 암 서스펜션의 경우 직진 시에는 토 제로이나 선회 시에는 바깥쪽은 토 인, 선회 안쪽은 토 아웃되는 성향이며 선회성능이 향상된다는 장점이 있다. 후륜 토 값을 크게 주면 직진 성향이 저하되고 타이어의 편마모를 초래하며 선회주행 시 주행 안정성이 훼손된다. 보통 후륜 토를 조정할 때는 스러스트 라인도 고려하여 조정하여야 한다.

3. 스러스트 각(Thrust Angle)

(1) 스러스트 앵글(Thrust Angle)의 정의

스러스트 앵글(Thrust Angle)은 스러스트 라인(Thrust Line) 편각차, 지오메트리컬 드라이브 액시스(Geometrical Drive Axis), 추력각(推力角)이라고 한다.

자동차의 진행선(Thrust Line)은 자동차 진행 방향과 자동차의 기하학적 중심선이 이루는 각도를 말한다.

일반적으로 크게 중요하게 다루지 않으나 고속주행이 빈번한 도로에서의 스러스트 앵글은 중요한 점검 요소이며 허용 범위도 각도 ±10분 정도로 매우 좁은 범위로 한정하고 있다.

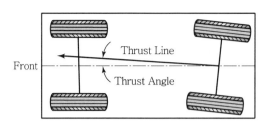

[Thrust Angle]

(2) 스러스트 앵글(Thrust Angle)의 측정 목적

① 자동차의 진행선은 후륜의 토(Toe)에 의해서 결정된다. 후륜 토(Toe)의 좌우 차이가 클수록 자동차의 진행선과 자동차의 기하학적 중심선의 각도 차이가 커져서 자동차는 비스듬히 옆으로 비낀 상태로 진행한다.

② 자동차의 진행선이 자동차의 기하학적 중심선과 일치할 때(스러스트 앵글 0°)는 문제가 없으나 두 선이 일치하지 않아 스러스트 앵글이 커지면 자동차를 운전할 때 운전 감각과 주행 안정성이 문제가 된다.

(3) 스러스트 앵글(Thrust Angle)의 변화

다음의 경우에 스러스트 앵글이 변화한다.

① 후륜 좌우 토(Toe)의 언밸런스에 의해서 생기며 후륜 좌우 토(Toe)의 언밸런스가 클수록 커진다.

② 전륜의 사고에 의해 프런트 멤버(Front Member)나 로어 컨트롤 암(Lower Control Arm)의 장착 부분이 어긋나면 후륜의 좌우 토(Toe)에 언밸런스가 생기지 않더라도 스러스트 앵글은 변화한다.

③ 이것은 스러스트 앵글을 측정할 때의 기준선, 즉 기하학적 중심선이 변하기 때문이다.

④ 후륜의 휨, 현가 판(Leaf) 스프링의 센터볼트 절손(折損), U 볼트의 풀림에 의한 후차축의 후퇴 등에 의해서도 스러스트 앵글은 커진다.

(4) 스러스트 앵글(Thrust Angle) 증가에 따른 폐해

① 자동차가 비낀 상태로 주행하면 운전 감각이 저하되며, 심한 경우 주행 안정성이 저하되어 고속 주행 시 위험을 초래한다.

② 핸들의 센터가 좌우로 틀어진다.

③ 좌우 코너링 시 한쪽이 오버 스티어(Over Steer)가 되고 한쪽은 언더 스티어(Under Steer) 현상이 나타나 조향성능이 저하된다.

④ 휠 얼라인먼트(Wheel Alignment)를 해도 실주행에서 조향이 정상적이지 못하고 주행 안정성이 저하된다.

04
QUESTION

전자제어 제동력 배분장치(EBD ; Electronic Brakeforce Distribution)의 기능, 필요성, 제어효과에 대하여 설명하시오.

1. 전자제어 제동력 배분장치(EBD ; Electronic Brakeforce Distribution)

EBD는 승차인원이나 적재하중에 맞추어 제동륜에 적절한 제동력을 자동으로 배분함으로써 안정된 제동 성능을 발휘할 수 있게 하는 전자식 제동력 분배 시스템이다.

고정식 비례유압밸브(Proportioning Valve) 대신 ABS와 함께 장착된다. ABS 성능을 향상 시키고 안전성을 높이기 위하여 브레이크 압력을 노면에 유효하게 전달하려면 차량의 적재 상태와 감속에 의한 무게 이동에 따라 제동륜에 제동력을 적절하게 조절하여 분배해야 하는 데, EBD는 통상적으로 ABS와 함께 작동하며 후륜 제동력을 확보하기 위하여 전후 차륜의 속도 차이를 검출한 뒤 ABS의 액추에이터를 통해 후륜에 최적의 제동력을 분배한다.

따라서, EBD가 없는 차량들은 브레이크를 밟는 정도에 따라 정해진 비율에 맞춰 앞뒤 배분 을 제어하도록 되어 있으나, EBD가 장착된 차량은 브레이크를 밟는 정도뿐만 아니라 제동 시 차량 상태, 노면 상태에 따라 브레이크 앞뒤 배분을 제어함으로써 보다 향상된 제동능력을 발휘하고 제동거리가 최소화된다.

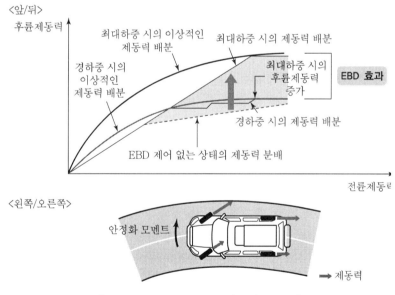

[전자제어 제동력 배분장치(EBD)의 성능]

05 자율주행자동차에 적용되는 V2X(Vehicle To Everything)에 대하여
QUESTION 설명하시오.

1. 자율주행 자동차 V2X(Vehicle To Everything)의 정의

자율주행 자동차에서 V2X는 유무선망을 통하여 다른 차량 및 도로 등 인프라가 구축된 사물과 교통정보 등을 교환하는 통신기술이다.

V2X는 V2V, V2I, V2P, V2N과 같은 개념을 모두 합친 개념이라고 볼 수 있다.

용어	기능 설명
V2V(Vehicle to Vehicle)	차량 간 통신 : 일정 범위 내에 있는 자동차들 간에 위치, 속도, 교통상황 등의 정보를 교환하여 교통사고를 예방하는 시스템
V2I(Vehicle to Infra)	차량과 도로 인프라 간의 통신
V2P(Vehicle to Pedestrian)	차량과 보행자 간의 통신
V2N(Vehicle to Nomadic Devices)	차량과 개인 단말기 간의 통신

2. 자율주행 자동차 V2X(Vehicle to Everything)의 기능

① V2V(Vehicle to Vehicle)는 현재의 도로상황 내 운전자들이 자신을 중심으로 도로의 흐름에 맞춰 운전하기 때문에 사고의 발생은 없다. 자율주행을 위해서는 차량 간의 정보 교환을 통해 전반적인 흐름을 맞춤으로써 교통사고를 예방할 수 있다.

② V2I(Vehicle to Infra)은 차량에 설치된 통신 단말기와 정보를 서로 교환할 수 있는 일종의 기지국을 도로 곳곳에 설치하여 차량으로부터 주행정보를 수집하고 이를 중앙 서버에서 분석하여 교통상황 및 사고 정보 등을 다른 차량에 제공하는 기술이다.

V2I 통신기술은 주로 V2V 통신기술과 결합하여 ITS/C-ITS 시스템에서 실시간 교통정보 및 돌발 상황 파악을 통해 교통사고 및 정체를 미연에 방지할 수 있다.

③ V2P(Vehicle to Pedestrian)는 차량과 보행자 간의 통신으로 차량과 모바일 기기를 지닌 보행자나 자전거 탑승자가 서로 정보를 교환하여 차량과 보행자가 가까워지면 양쪽 모두에게 경고를 줘서 교통사고를 방지할 수 있다.

④ V2N(Vehicle to Nomadic Devices)은 차량 내 주요 기기와 각종 모바일 기기를 연결하는 기술이다. V2N을 이용하면 운전자의 모바일과 연결되어 차량 상태에 대한 모니터링도 가능해진다.

06 QUESTION 직렬식, 병렬식, 복합식 하이브리드 자동차의 정의와 장단점을 설명하시오.

1. 하이브리드 자동차의 형식

하이브리드 자동차란 두 개 이상의 전혀 다른 전원을 사용하여 차량을 추진하는 자동차로 일반적으로 가솔린, LPG, 디젤 등을 사용하는 내연기관과 배터리로 작동되는 전기모터가 혼합되어 구성된다.

(1) 직렬형 하이브리드 자동차(Series HEV)

주로 전기모터만 이용해서 구동력을 제공하고 엔진은 주로 배터리를 충전하는 데 동력을 공급한다. 따라서 엔진의 출력이 크지 않아도 된다. 전기모터와 배터리 중량이 커지고 설치 공간이 커진다.

(2) 병렬형 하이브리드자동차(Parallel HEV)

주로 엔진의 동력으로 자동차를 구동하고 모터는 보조 동력원 역할을 한다.
큰 동력을 필요로 할 때는 전기모터를 구동하여 엔진의 구동력과 같이 사용하므로 큰 출력을 낼 수 있다. 전기모터가 구동하지 않을 때는 발전기가 되어 배터리를 충전하고 주행 중 동력의 교체에 복잡한 제어가 필요하다.

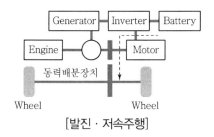

[발진 · 저속주행]

발진과 저속에서는 모터로만 주행하며, 후진 시에도 모터만 역회전시켜 운전

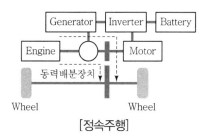

[정속주행]

정상주행 시는 엔진동력을 두 개의 경로로 분할하며 바퀴를 직접 구동하거나 발전기를 구동하여 발생한 전력으로 모터를 구동

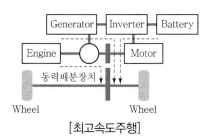

[최고속도주행]

가속 시에는 축전지의 전력을 합하여 모터에 구동력을 추가

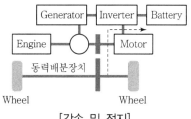

[감속 및 정지]

감속 및 제동 시는 제동력을 회수하여 축전지에 저장

(3) 복합식 하이브리드 자동차(Combined HEV)

한 개의 엔진과 두 개의 모터로 구동되며 직렬형, 병렬형의 기능을 모두 가지고 있다. 두 개의 모터 중 하나의 모터는 엔진의 동력을 전기로 전환하는 발전기 역할을 하며 배터리를 충전하거나 전기모터를 구동하여 동력을 얻는 데 사용된다.

엔진, 모터와 발전기를 효율적으로 이용하므로 효율이 우수하고 연비가 좋다.

2. 전기주행(EV/Electric Vehicle) 모드에 따른 종류

(1) 소프트타입 하이브리드 자동차(Soft Type HEV)

소프트타입은 전기모터가 1개이며 전기모터는 엔진을 어시스트하는 방식이고 모터가 1개이므로 작동 시 구동과 충전이 동시에 이루어질 수 없는 시스템이다. EV(전기주행) 모드가 없는 방식이다.

(2) 하드타입 하이브리드 자동차(Hard Type HEV)

하드타입은 전기모터가 2개이며 차량은 엔진 또는 모터에 의해 개별적으로 구동된다. 모터가 2개이므로 EV(전기주행) 모드가 가능하고 운전 모드에 따라 모터는 충전과 구동이 동시에 가능하다.

(3) 병렬형 하드타입 하이브리드(Parallel Hard Type HEV) 시스템의 개요 및 특징

병렬형 하드타입 하이브리드 시스템은 엔진과 모터 사이에서 동력 단속을 담당하는 엔진 클러치를 적용해 더욱 간단한 구조와 작은 모터 용량으로도 구동효율을 극대화할 수 있다. 특히 다양한 주행 상태에서 엔진과 모터 구동의 정밀제어기술인 엔진 클러치를 설치하여 연비효율을 크게 향상한다. 차량 출발 및 저속주행 시에는 엔진 클러치가 개방된 엔진 정지 상태에서 모터만으로 구동하는 전기주행 모드(EV Mode)로 주행하고, 고속주행이나 오르막길에서의 가속 시에는 엔진 클러치가 연결되어 엔진과 모터를 동시에 구동하는 하이브리드 모드로 주행한다.

제동 시 손실되는 에너지를 전기에너지로 변환하는 회생제동 시스템을 통해 배터리를 충전하고, 차량 정차 시 엔진과 모터가 자동으로 멈춰 유해 배출가스의 배출을 억제하고, 재출발 시 다시 모터만으로 구동하는 전기주행 모드(EV Mode)로 출발하며 연비효율이 우수하다.

자동차관리법령에서 정한 튜닝(Tuning)에 대하여 설명하시오.
(1) 튜닝의 정의
(2) 튜닝 승인 기준 및 튜닝 승인 제한 기준

1. 튜닝의 정의

자동차의 성능 개선, 미려한 미관 등을 위하여 구조 · 장치의 일부를 변경하거나 자동차에 부착물을 추가하는 것을 말한다.

2. 튜닝 승인 기준 및 제한 기준

튜닝승인신청을 받은 때에는 튜닝 후의 구조 또는 장치가 안전기준 그 밖에 다른 법에 따라 자동차의 안전을 위하여 적용하여야 하는 기준에 적합한 경우에 한하여 승인하여야 한다. 다만 다음의 경우에는 튜닝 승인이 제한된다.

(1) 총중량이 증가되는 튜닝

(2) 승차정원 또는 최대적재량의 증가를 가져오는 승차장치 또는 물품적재장치의 튜닝. 다만, 다음의 어느 하나에 해당하는 경우는 승인 가능하다.
  ① 승차정원 또는 최대적재량을 감소시켰던 자동차를 원상회복하는 경우
  ② 차대 또는 차체가 동일한 자동차로 자기인증되어 제원이 통보된 차종의 승차정원 또는 최대적재량의 범위 안에서 승차정원 또는 최대적재량을 증가시키는 경우
  ③ 튜닝하려는 자동차의 총중량의 범위 내에서 캠핑용 자동차로 튜닝하여 승차정원을 증가시키는 경우

(3) 다음의 어느 하나에 해당하는 자동차의 종류가 변경되는 튜닝에 해당하는 경우는 승인 가능하다.
  ① 승용자동차와 동일한 차체 및 차대로 제작된 승합자동차의 좌석장치를 제거하여 승용자동차로 튜닝하는 경우(튜닝하기 전의 상태로 회복하는 경우를 포함한다.)
  ② 화물자동차를 특수자동차로 튜닝하거나 특수자동차를 화물자동차로 튜닝하는 경우

(4) 튜닝 전보다 성능 또는 안전도가 저하될 우려가 있는 경우의 튜닝

02 VCR(Variable Compression Ratio) 엔진의 특징에 대하여 설명하시오.
QUESTION

1. VCR(Variable Compression Ratio) 엔진

VCR 엔진은 압축비를 운전상황에 따라 변경할 수 있는 엔진으로, 저속 저부하에서는 높은 압축비로 운전하여 열효율을 높이고 고속 고부하에서는 낮은 압축비로 운전하여 열효율을 높이고자 개발된 엔진이다.

현재의 가솔린엔진은 고부하 연소 시 발생하는 노킹 문제로 약 11 : 1 정도의 압축비로 제한되지만 VCR 엔진은 저속 저부하 시 교축(Throttling) 손실에 의한 노킹의 우려가 적으므로 저속 저부하 영역에서는 높은 압축비, 약 13~14 : 1 정도로 운전하고 고부하 시에는 6 : 1 정도의 낮은 압축비로 운전하여 고출력을 얻고 저연비를 실현하는 엔진이다.

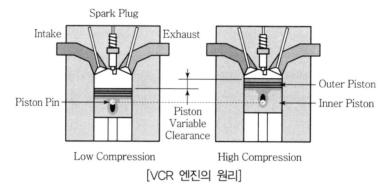

[VCR 엔진의 원리]

현재 VCR 엔진으로 개발된 것은 압축비를 변경하기 위하여 2개의 편심 샤프트를 이용하여 실린더 헤드를 엔진 블록에 대하여 이동시키는 형식이며 이 방법이 기계적으로도 안정적이고 마찰조건을 일정하게 유지하여 높은 압력에 적합하다.

압축비가 16.2~20 : 1로 변경될 때 부분부하 범위에서 연료소비가 4% 정도 감소하고 고부하 시 압축비가 11 : 1로 감소하면 NOx 및 매연 배출도 감소한다. 터보차저와 결합하여 적용하면 출력이 15~20% 증가하는 결과를 얻을 수 있다.

압축비를 가변하기 위하여 다양한 방법들이 제안되고 시도되고 있으며 다음과 같은 방법들이 있다.

① 실린더 헤드 이동을 이용한 방식
② 보조 체임버 추가 방식
③ 크랭크샤프트 회전축 가변을 이용한 방식
④ 2단계 커넥팅 로드 방식
⑤ 멀티링크 메커니즘 방식

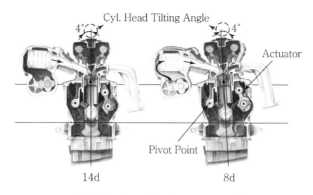

[실린더 헤드 이동방식 VCR 엔진]

VCR 엔진의 특징은 다음과 같다.

① VCR 엔진으로 압축비를 높게 설정하면 배기손실이 감소되고 배기가스 재순환의 한계가 향상되어 연비가 크게 향상된다.
② VCR 엔진은 단행정이며 출력 성능을 필요로 하는 차량에 적합하며 최대 부하 조건에서 사용하는 차량은 터보차저를 같이 적용하면 더 유리하다.
③ 기존의 일반 엔진에 비하여 기구가 복잡하고 마찰부가 증가하여 손실이 발생할 수 있으며 핵심적으로 중요한 압축비를 가변하기 위한 다양한 방법들이 제안되고 있지만 각각의 장단점이 존재한다.

차량 주행 시 쏠림 현상의 발생 원인을 설명하시오.(단, 사고나 충격에 의한 변형은 제외함)

QUESTION

1. 차량 주행 시 쏠림 현상의 발생 원인

쏠림 현상은 주행 시 직진성을 가지지 못하고 좌우 측으로 주행하는 성향으로, 조향핸들이 한쪽으로 돌아가는 현상을 말하며 그 이유는 다양하다.

출발 및 주행 중 차량쏠림 현상은 운전자에게 상당한 긴장감과 불안감을 주므로 급격한 선회주행 시 차체쏠림을 줄여주는 전자제어식 현가장치인 전동식 차체쏠림 제어 시스템을 적용한다. 주행 중 차체쏠림은 안전운행에 중요한 위험이 되며 다양하고 복합적 원인에 의해 나타나는데 대표적인 원인을 요약하면 다음과 같다.

① 좌우 타이어 공기압이 맞지 않거나 한쪽 타이어가 손상된 경우 쏠림 현상이 나타날 수 있으며 한쪽 타이어의 이상 마모나 노후도 쏠림의 원인이 될 수 있다.

② 휠 얼라인먼트가 정렬되지 않으면 쏠림 현상이 일어날 수 있다.

휠 얼라인먼트는 타이어의 위아래 방향을 확인하는 캠버(Camber), 전후 방향을 확인하는 토(Toe), 타이어와 서스펜션의 앞뒤 기울기를 확인하는 캐스터(Caster)로 나뉠 수 있으며 쏠림 현상의 경우 한 가지 원인이 아닌 복합적인 원인일 수 있으므로 스러스트 각이나 셋백 등을 정밀하게 점검하는 것이 좋다.

③ 시미(shimmy)나 킥백(Kick Back) 현상에 의한 주행 중 앞바퀴의 가로 흔들림으로 쏠림 현상이 나타날 수 있어 안전 운전에 영향을 미친다.

④ 등속 조인트는 미션과 바퀴를 연결해주는 부품으로서 주행 중 노면의 굴곡과 높이에 따라 축의 위치가 달라진다. 등속 조인트에는 유연한 각도 변환을 위한 베어링이 부착되어 있으며, 허브 베어링을 중심으로 조향기능을 담당하는 너클과 연결되어 있어 조향기능에 영향을 미친다. 등속 조인트가 노후되거나 손상될 경우 연결부에 유격이 발생하여 바퀴의 제어력이 떨어진다. 따라서 등속 조인트의 결함이 발생할 경우, 차량의 쏠림 현상과 함께 소음이 발생한다.

⑤ 로어암은 차량의 하체에 장착되어 앞바퀴의 조향을 담당하는 너클을 받쳐주는 역할을 하는데, 너클과의 연결부에는 고무 재질의 부싱(Bushings)과 볼 조인트가 있어 차체 충격과 소음 감소 기능을 담당하고 있다. 만일 부싱의 손상이나 문제가 발생할 경우 소음과 함께 주행 방향에 영향을 미친다.

 QUESTION 04 CGW(Central Gate Way)에 대하여 설명하시오.

1. CGW(Central Gate Way)의 개념

CGW는 차량 내 서로 다른 통신 네트워크 간의 정보를 교환하는 라우팅 기능과 CGW와의 진단통신(D-CAN)을 통해서만 자동차 네트워크 접속을 가능케 한다.

또한 외부 기기를 이용한 자동차 통신 네트워크 접속, 침입 및 해킹을 통한 메시지 유출을 방지하는 네트워크 보안 관리기능, 통신 제어기 불량으로 CAN신호 송신 오류에 대한 고장진단을 수행한다.

이처럼 CGW는 자동차에서 모든 정보를 통해 감시되고 통제되는 것이며 서로 다른 네트워크에 연결된 제어기들 사이에 통신이 가능하도록 연결해주는 저속 CAN(Controller Area Network) 통신 제어기이며 연결되는 제어기들은 다음과 같다.

- M－CAN(Multimedia－Controller Area Network) : 멀티미디어 통신
- B－CAN(Body－Controller Area Network) : 보디 전장 통신
- C－CAN(Chassis－Controller Area Network) : 섀시 전장 통신
- P－CAN(Power Train－Controller Area Network) : 파워트레인 통신
- D－CAN(Diagnostic－Controller Area Network) : 시스템 진단 통신

QUESTION 05 국내 자동차안전도 평가방법(NCAP ; New Car Assessment Program) 중 정면충돌시험에 대하여 설명하시오.

1. 정면충돌안전성 시험

새로 출시되는 자동차에 대해 정면충돌시험을 통해 안전성을 평가하고, 그 결과를 소비자에게 공개하는 제도이다.

정면충돌시험에서는 탑승자의 상해 정도, 충돌 때 문이 열리는지, 충돌 후 문이 제대로 열리는지, 충돌 후 연료가 새는지의 4개 항목을 평가한다. 제동성능시험에서는 제동거리와 제동안정성에 대한 평가가 이루어진다.

일반적으로 탑승자의 상해 정도에 따라 5개 등급으로 나뉘는데, 차를 시속 56km로 콘크리트 고정벽에 정면충돌시켜 안전성을 시험, 평가한다.

(1) 정면충돌안전성 시험방법

① 충돌속도 : [56.3±0.8]km/h로 고정벽 정면충돌 시 차량 내 탑승객 충돌안전성평가
② 탑승객 : 운전자석, 전방탑승자석 및 2열 탑승자석 모두 성인 여성 인체모형(Hybrid III Dummy) 착석
③ 측정 인체상해 : 머리, 목, 가슴, 상부다리의 상해 정도 등급 구분

(2) 시험조건

① 시험자동차는 시험장치를 설치한 상태에서 다음과 같아야 한다.
- 시험자동차는 차량중량과 확보된 수화물 공간에 36kg와 예비 타이어를 적재한 후 필요한 인체모형의 무게를 포함한 중량으로 시험
- 평탄면에 시험자동차를 놓고 연료탱크에서 연료를 제거한 후 엔진이 멈출 때까지 엔진을 작동시킨 후 제작사가 제시한 연료탱크용량의 90%에 해당하는 무게의 물을 시험자동차의 연료탱크에 적재
- 시험 시 시험자동차 차체상의 임의의 기준점 높이는 시험자동차의 타이어 공기압 등을 제작사가 제시한 표준공기압으로 조정

② 시험자동차의 조정 가능한 운전자석, 운전자석 옆으로 나란히 되어 있는 좌석 및 전방 탑승자석의 뒷좌석에 여성 인체모형 III를 착석

③ 조정 가능한 조향핸들과 좌석안전띠 부착장치를 조정

④ 개방이 가능한 모든 창문 및 환기구는 완전히 열린 상태

⑤ 문은 걸쇠가 걸린 상태로 완전히 닫히고 잠금장치는 작동되지 않는 상태

⑥ 계측기기는 충돌시험 시 인체모형의 움직임에 영향을 주지 않을 것

⑦ 시험자동차의 주차제동장치는 해제하고 변속기는 중립에 위치

(3) 정면충돌 시험방법

① 고정충돌벽 전면에는 [19±1]mm 두께의 합판을 부착하여 시험한다.

② 인체모형을 시험자동차의 지정 착석위치에 각각 착석시킨 후 시험자동차의 진행 방향에 수직인 고정 충돌벽에 [56.3±0.8]km/h의 속도로 시험자동차를 정면충돌시키며 시험자동차를 시험 속도까지 이르게 한 장치로부터 고정충돌벽 전면 600mm 이내에서 연결 후크가 풀어져야 한다.

③ 정면충돌 후 인체모형의 상해값 및 연료누설 등을 측정 기록한다.

(4) 평가방법

정면충돌안전성에 대한 평가는 상해등급, 충돌 시 문열림 여부, 충돌 후 문열림 용이성, 충돌 후 연료장치의 연료누출 여부 등 4개 사항으로 하며 평가한다.

중상을 입을 가능성이 10% 이하면 1등급, 20% 이하면 2등급, 35% 이하면 3등급, 45% 이하면 4등급, 45% 이상이면 5등급이다.

06
QUESTION

탄소섬유 강화 플라스틱(CFRP ; Carbon Fiber Reinforced Plastic)의 소재 특성과 차량 경량화 적용 사례를 설명하시오.

1. 탄소섬유 강화 플라스틱(Carbon Fiber Reinforced Plastic)

가볍고 강도가 좋은 플라스틱을 만들기 위하여 탄소섬유(Carbon Fiber)를 첨가하여 강화시킨 복합재료(Composite Materials)의 일종이다.

일반적으로 탄소섬유 강화 플라스틱의 굽힘강도는 유리섬유 강화 플라스틱(GFRP)의 두 배이고 크리프 변형량은 1/2 정도이며 내열강도가 우수하다.

탄소섬유 강화 플라스틱은 스포츠용품뿐만 아니라 선체(船體), 자동차 부품, 항공기 부품의 재료 등에 적용되고 있으며 탄소섬유(Carbon Fiber)는 레이온, 아크릴 섬유 또는 피치섬유를 탄화소성하여 얻어지는데 보다 내열성을 요하는 경우에는 폴리아미드 수지를 사용하기도 한다.

2. 탄소섬유의 종류

탄소섬유 강화 플라스틱(Carbon Fiber Reinforced Plastic)의 복합재료로서 중심이 되는 탄소섬유의 종류는 다음과 같으며 이를 플라스틱에 보강하여 사용할 경우 다소 다른 특성의 탄소섬유 강화 플라스틱이 된다.

(1) Cellulose계 탄소섬유(Rayon계 탄소섬유)

레이온계 탄소섬유는 기본적으로 셀룰로오스를 레이온으로 재가공하여 얻은, 레이온 섬유를 전구체로 제조된 탄소섬유를 의미한다. 하지만 PAN과 같이 전구체의 물성을 자유자재로 조절하기 어려운 문제점으로 PAN계 탄소섬유와 같이 널리 상용화되지 못한다.

(2) PAN계 탄소섬유

PAN계 탄소섬유는 우주항공용 고강도 탄소섬유로서 PAN은 현재까지 알려진 모든 탄소섬유의 전구체 중 가장 경제성이 높은 전구체로서 그 목적에 따라 습식, 건식, 또는 용융방사법 등을 통해 미세한 섬유로 제작된다.

(3) 피치계 탄소섬유

피치계 탄소섬유는 스포츠 및 산업용 범용 섬유라고 할 수 있다. 피치계 탄소섬유는 다른 계통의 섬유와는 달리 콜타르 및 석유 잔류물로부터 얻어지는 저가의 탄소계 물질인 피치를 직접 용융방사하여 얻은 저물성의 피치섬유를 전구체로 하는 섬유이다. 피치는 높은 경제성(저가)과 구조제어의 용이성으로 상업적으로 많이 사용되고 있다.

3. 탄소섬유강화 플라스틱(CFRP)의 특징

① 높은 인장강도를 가진다.(철강의 5~10배)
② 높은 내식성으로 수중, 해양 등에서도 부식이 없다.
③ 응력부식, 지연파괴가 없다.
④ 피로저항이 높다.
⑤ Creep, Relaxation 등 장기 변형 손실이 없다.
⑥ 비중이 철의 1/5 수준이므로 가볍다.
⑦ 환경오염이 없고 열팽창이 적어 치수 정밀도가 뛰어나고 화학적 안정성을 가진다.
⑧ 인장강도와 탄성계수는 뛰어나지만 압축강도와 충격강도는 금속재료에 비하여 다소 약하다.

4. 탄소섬유강화 플라스틱(CFRP)의 자동차 적용

CFRP로 만든 부품은 기존에 사용되던 강판과 철을 대신해 차체 프레임과 루프 등에 적용되고 있다.

자동차 사이드보디, 트렁크 뚜껑, 서스펜션 모듈, 뒤틀림·진동 방지 부품 등 가공 편의성을 고려하여 다양한 부품에 적용된다.

01 QUESTION 일과 에너지의 원리를 이용하여 정지거리 산출식을 구하시오.

[단, 제동초속도 V(km/h), 제동력 F(kgf), 차량중량 W(kgf), 제동거리 S_1(m), 공주거리 S_2(m), 회전부분 상당중량 ΔW(kgf), 공주시간 t(sec), 중력가속도 g(m/sec²)]

1. 자동차의 제동(制動) 시 정지거리

제동(制動/Brake)은 주행하는 자동차의 운동에너지를 제동장치의 마찰력으로 흡수하여 열에너지로 방출함으로써 이루어진다. 그러나 항상 자동차의 총 제동력은 충분하며 제동거리를 좌우하는 것은 노면과 타이어 사이의 마찰력이다. 제동륜이 고착(Wheel Lock) 상태가 되면 제동거리가 길어지고 조향 안정성이 저하되므로 ABS 장치 및 여러 가지 장치로 휠의 고착없이 제동되도록 하여 제동거리를 단축하고 조향 안정성을 확보하고 있다.

제동거리는 공주거리와 제동거리로 구분되며 공주거리와 제동거리의 총합을 정지거리라고 한다.

(1) 공주거리(空走距離)

주행 중 제동의 필요성을 인식한 순간부터 액셀 페달에서 브레이크 페달로 발을 옮겨 제동 토크가 발생할 때까지의 주행거리를 공주거리라고 하며 다음과 같은 식으로 계산된다.

$$공주거리 \ S_1 = \left(\frac{1,000}{3,600} \right) Vt = \frac{Vt}{3.6} \, (m)$$

여기서, V : 제동 초속도(km/h)

t : 공주시간(sec)

(2) 제동거리(制動距離)

브레이크 페달의 조작으로 제동륜에서 제동 토크가 발생하는 시점에서부터 정지할 때까지의 거리를 제동거리(S_2)라고 하며 다음 식으로 결정된다.

① 제동장치의 총제동력을 고려한 제동거리

주행 중인 자동차의 운동에너지(E)를 제동일로 흡수하는 과정이므로

$$E = \frac{1}{2} \frac{(W + \Delta W)}{g} \times \left(\frac{1,000}{3,600} V \right)^2 = F S_2$$

$$제동거리 \ \ S_2 = \frac{V^2}{254} \times \frac{(W + \triangle W)}{F} (\mathrm{m})$$

여기서, V : 제동 초속도(km/h), W : 차량 총중량($\mathrm{kg_f}$)

$\triangle W$: 회전부분 상당중량($\mathrm{kg_f}$), g : 중력가속도($= 9.8 \mathrm{m/sec^2}$)

② 휠의 고착(Wheel Lock) 상태에서의 제동거리

휠의 고착 상태에서 제동력(F)은 노면과 타이어 사이의 마찰력에 의하여 발생하는 과정이므로 노면과 타이어 사이의 마찰계수를 μ라 하고 회전부분 상당 중량($\triangle W$)을 무시하면 다음과 같은 관계로 제동거리(S_2')가 결정된다.

$$E = \frac{1}{2} \times \frac{W}{g} \times \left(\frac{1,000}{3,600} V \right)^2 = \mu \, W S_2$$

$$제동거리 \ \ S_2' = \frac{V^2}{254 \, \mu} (\mathrm{m})$$

(3) 정지거리(停止距離)

정지거리(S)는 공주거리(S_1)와 제동거리(S_2)의 총합이므로 다음과 같이 표시된다.

$$정지거리(S) = 공주거리(S_1) + 제동거리(S_2)$$

$$S = \frac{V \, t}{3.6} + \frac{V^2}{254} \times \frac{(W + \triangle W)}{F} (\mathrm{m})$$

휠의 고착(Wheel Lock) 상태에서 정지거리(S')는 다음과 같다.

$$정지거리(S') = 공주거리(S_1) + \mathrm{Wheel \ Lock} \ 제동거리(S_2')$$

$$S' = \frac{V \, t}{3.6} + \frac{V^2}{254 \, \mu} (\mathrm{m})$$

02
QUESTION

자동차에 사용되는 레이더와 라이더를 설명하고 장단점을 비교 설명하시오.

1. 레이더와 라이더의 특징

레이더(Rader)는 전자파를 발산해 반사되어 돌아오는 신호를 통해 주변의 사물과 거리, 속도, 방향 등의 정보를 얻으며 주파수에 따라 단거리~장거리에 있는 물체를 파악할 수 있다. 라이다(LiDAR)는 전자파 대신 직진성이 강한 고출력 펄스 레이저를 발산하여 폭과 거리, 높낮이까지 반영한 사물의 형상 데이터를 얻을 수 있고 정확도가 높다.

라이더는 카메라와 기능적으로 겹치지만, 3차원 형상을 이미지 데이터화하는 장치로서, 자동차에서는 360도를 살피는 스캐닝 방식과 120도 이내의 상황만 파악하는 플래시 방식으로 구분된다.

구분	활용파	형체인식	외부영향	검출거리	비용
레이더 (Rader)	전자파	정확한 형체인식 불가	없음	길다.(200m)	저가
라이다 (LiDAR)	레이저	정확한 형체인식 가능	있음	짧다.(12m)	고가

AEB 시스템에서 라이더는 레이저 광선을 발산하여 돌아오는 시간을 측정해서 앞 차와의 거리를 계산하며 낮은 속도와 짧은 거리에서 큰 효과를 발휘한다.

그러나 레이더 및 카메라 방식은 음파를 발산하거나 카메라를 통해 전방을 살피면서 브레이크 시스템을 조작한다. 빠른 속도에서 사용할 수 있고 측정 거리가 긴 점이 장점이다.

03 QUESTION 수소전기자동차(Fuel Cell Electric Vehicle)의 에너지 발생 원리와 장단점을 설명하시오.

1. 수소 연료전지(燃料電池/Fuel Cell)의 개념

① 연료가 가진 화학적 에너지를 전기적 에너지로 직접 변환시키는 전지이며 일종의 발전장치이다.

② 화학적으로 산화와 환원 반응을 이용한 점 등은 기본적으로 보통의 화학전지와 유사하지만 정해진 내부 계(係)에서 전지반응(電池反應)을 하는 화학전지와는 달라서 반응물이 외부에서 연속적으로 공급되고 반응물질은 계(係) 외부로 제거된다.

③ 기본적으로 수소의 산화반응이지만 저장된 순 수소 외에 메탄, 메탄올, 천연가스, 석유계 연료를 개질반응을 이용하여 수소를 추출하고 전지의 연료로 활용한다.

④ 연료전지의 반응은 발열반응이며 사용 전해질의 종류에 따라 작동 온도 300℃를 기준으로 저온형과 고온형으로 구분한다.

2. 수소 연료전지(Fuel Cell)의 발전 원리

① 연료 중의 수소와 공기 중의 산소가 전기적 화학반응에 의해 직접 전기적 에너지로 변화하는 원리이다.

② 연료극(양극)에 공급된 수소는 수소이온과 전자로 분리된다.

③ 수소이온은 전해질 층을 통해 공기극으로 이동하고 전자는 외부 회로를 통해 공기극으로 이동한다.

④ 공기극(음극) 쪽에서 산소이온과 수소이온이 결합하여 반응 생성물인 물(H_2O)을 생성한다.

⑤ 종합적인 반응은 수소와 산소가 결합하여 발열반응을 일으키고 전기와 물(H_2O)을 생성하는 것이다.

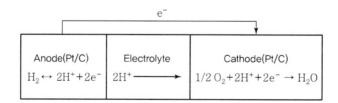

3. 수소 연료전지(Fuel Cell)의 특징

① 발전효율이 40~60%이며 열을 회수하여 활용하는 열병합발전에서는 열효율이 80% 이상 가능하다.

② 순 수소 외에 메탄, 메탄올, 천연가스, 석유계 연료 등 다양한 연료를 이용할 수 있다.

③ 석유계 연료를 사용할 때의 CO, HC, NOx, CO_2 등의 유해가스의 생성이 없으며 회전부가 없어 소음이 없고 기계적 손실이 없다.

④ 전기적 에너지를 직접 동력원으로 사용하므로 부하 변동에 신속하게 대응할 수 있는 고밀도 에너지로 활용이 가능하다.

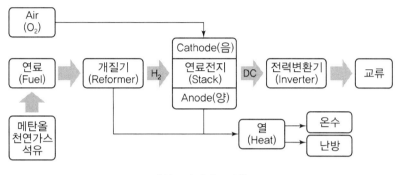

[연료전지의 구성]

4. 수소 연료전지(Fuel Cell)의 구성

(1) 개질기(Reformer)

수소는 지구상에 다량으로 존재하는 원소이지만 단독으로 존재하지 않고 다른 원소와 결합하여 존재하므로 다양한 수소화합물로부터 수소를 추출하는 장치이다.

(2) 단위전지(Unit Cell)

연료전지의 단위전지는 기본적으로 전해질이 함유된 전해질판, 연료극(Anode), 공기(산소)극(Cathode), 양극을 분리하는 분리판으로 구성된다.

(3) 스택(Stack)

원하는 전기출력을 얻기 위하여 단위전지를 중첩하여 구성한 연료전지 반응이 일어나는 본체이다.

(4) 전력변환기(Inverter)

연료전지에서의 전기출력은 직류전원(DC)이며 배터리를 충전하거나 필요에 따라 교류(AC)로 변환하는 장치이다.

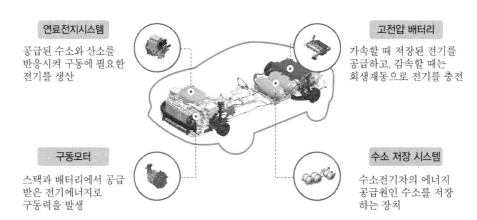

연료전지시스템

공급된 수소와 산소를 반응시켜 구동에 필요한 전기를 생산

고전압 배터리

가속할 때 저장된 전기를 공급하고, 감속할 때는 회생재동으로 전기를 충전

구동모터

스택과 배터리에서 공급받은 전기에너지로 구동력을 발생

수소 저장 시스템

수소전기차의 에너지 공급원인 수소를 저장하는 장치

[수소전기자동차(Fuel Cell Electric Vehicle)의 구성]

5. 수소 연료전지(Fuel Cell)의 종류

연료전지(Fuel Cell)는 기본적으로 수소(H_2)와 산소(O_2)의 반응으로 전기를 얻는 장치이므로 수소(Hydrogen) 연료전지지만 수소를 얻기 위한 연료에 따라 메탄올(CH_3OH) 연료전지, 메탄(CH_4) 연료전지 등으로 구분하거나 사용 전해질과 이에 따른 반응온도를 기준으로 고온형, 저온형으로 구분한다.

종류	고온형 연료전지		저온형 연료전지		
	용융탄산염 연료전지 MCFC	고체 산화물 연료전지 SOFC	인산형 연료전지 PAFC	고분자형 연료전지 PEMFC	알칼리 연료전지 AFC
전해질	탄산염	세라믹 산화물	인산	고분자막	알칼리
반응온도	약 650℃	약 1,000℃	약 200℃	약 80℃	약 80~100℃
적용 분야	대용량 화력 발전소 대체용 (수 MW)	대용량 화력 발전소 대체용 (수 MW)	소규모 화력 발전소 (MW 급 이하)	이동형 발전기 (자동차, 선박 등)	군사용 우주선 및 특수용

6. 수소전기자동차의 특징

(1) 충전장치

수소의 열량은 동일 중량당 내연기관 연료의 약 3배이다. 전기차 특유의 고효율이 결합되면서 주행거리가 늘어나며, 출시되는 수소차량들은 1kg당 100km의 주행거리를 가진다. 내연기관 차량의 연료탱크 대신 수소를 저장하는 탱크를 탑재한 수소전기차는 내연기관 차량과 유사한 수준의 항속거리를 제공하고, 수소 충전 시간 또한 내연기관 차량의 주유

시간과 동등하다. 또한 수소전기차는 전력계통을 상용-전원발전기로 활용 가능하여 차량 외부로 전력을 공급할 수 있어 비상시 유용하다.

(2) 배기가스가 없는 공기정화 기능

수소 연료전지 자동차는 수소와 산소를 전기 화학 반응시켜 전기를 얻어 움직이는 차량으로 부산물로 물을 배출하며 전기모터 구동으로 소음이 적다는 장점이 있다.

공기 중 먼지와 CO 등 화학물질을 제거한 후에 연료전지에 공급하고 다시 배기구로 깨끗한 공기를 내보내는데 이를 통해 공기 중 먼지나 화학물질은 3단계 공기정화 시스템을 통해 초미세먼지의 99.9% 이상이 제거, 정화되기 때문에 공기정화기로서의 기능을 수행한다.

가솔린엔진의 흡입 공기 계측 방식에 대하여 설명하시오.

QUESTION

1. 가솔린엔진의 흡입 공기량 계측

가솔린엔진에서 흡입 공기량 계측의 목적은 도입되는 공기량에 따라 완전연소를 위한 적정의 연료를 분사하기 위해서이다. 이렇게 공기량을 계측하고 적정한 연료 분사량을 공급하여 출력과 연비 그리고 유해가스의 배출을 억제한다.

흡입 공기량을 계측하는 방식은 다양하며 근래는 유입 공기량을 직접 질량유량으로 계측하여 ECU에 전달함으로써 완전연소를 위한 적정의 연료를 분사하여 연소시킨다.

2. 흡입 공기량 계측 방식

흡입공기량을 검출하는 센서는 공기량 센서(Air Flow Sensor)이다. 전자화 엔진 초기의 흡기의 진공도를 검출하여 흡입 공기량을 계량하는 Map Sensor 방식에서 현재의 핫 와이어 타입까지 다양하게 발전하여 왔다.

(1) MAP Sensor

MAP Sensor 방식은 체적 유량 검출 방식으로 공기가 유입될 때 흡기다기관 내부의 진공 정도를 전기적 신호로 검출하여 ECU에서 전달하는 기능을 한다.

흡기다기관의 진공 변동에 따른 흡입 공기량을 간접적으로 검출하여 ECU에 전달하여 엔진의 부하에 따른 연료의 분사량과 점화시기를 조절한다.

(2) Vane or Measuring Plate Type

체적 유량 검출 방식인 베인, 메저링 플레이트 센서는 에어 클리너와 스로틀 밸브 사이에 설치되어 흡입 공기량을 직접 계측하며, 메저링 플레이트식이라 한다.

흡입 공기량에 따라 회전 이동하는 베인의 회전각도를 검출하고 이를 ECU에 전달하는 방식이다.

(3) Karman Voltex Type

카르만 소용돌이 효과, 카르만 와류 효과라고 부르며 유입되는 공기가 저항체를 지나면서 뒤에 발생하는 와류의 정도를 검출하는 체적 유량 검출 방식이다.

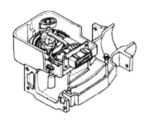 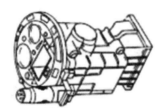 

[Vane Type]   [Karman Voltex Type]   [Hot Wire Type]

(4) Hot Film - Mass Air Flow Type

Hot Film 타입의 센서는 2개의 저항이 설치된 병렬회로 2개로 브리지 회로를 구성하며, 정밀한 공기의 유입량을 검출하는 질량 유량 검출 방식이다.

유입되는 공기 중에 Hot Film을 둔다. 상대적으로 온도가 낮은 공기와 열교환이 이루어지고 온도가 높은 물체의 온도가 낮아지며 저항값이 변화하는데, 온도를 일정하게 유지시키기 위해 전기를 공급하여 공급되는 전기량을 통해 물체의 저항값의 변화를 알 수 있고, 저항값의 변화를 전압으로 나타내어 물체가 위치한 공간을 통과한 공기량을 알 수 있다.

(5) Hot Wire - Mass Air Flow Type

Hot Wire 방식 센서의 원리는 Hot Film 방식 타입 센서의 원리와 동일하다.

Hot Wire - Mass Air Flow 방식 센서는 2개의 저항이 설치된 병렬회로 2개로 브리지 회로를 구성한다.

1개의 회로에 설치된 2개의 저항은 일정한 고정값을 갖게 한다. 다른 하나의 회로의 첫 번째 저항은 백금선으로 일정한 저항값이 유지되도록 한다.

유입되는 공기에 의해 백금선의 온도가 낮아지며 저항값이 변화하면 두 번째 저항에 걸리는 전압도 변화하므로 두 번째 저항에 걸리는 전압을 시그널 전압으로 이용한다.

Hot Wire는 온도에 따라 저항값이 빠르게 변화되는 특징이 있으며 질량 유량 계측 방식이다.

05
QUESTION

전륜 변속기 1속에서 엔진의 회전수가 2,500rpm일 때 차량 속도를 계산하시오.
– 입력축 기어 : 주축 잇수 18개, 부축 잇수 36개
– 출력축 기어 : 주축 잇수 28개, 부축 잇수 20개
– 종감속비 1.88, 타이어 제원 : 215/55R 17
(단, 1inch는 2.5cm, π는 3.14, 답은 소수 둘째 자리까지 계산할 것)

1. 차량의 주행속도 계산

(1) 변속비 $= \dfrac{\text{입력축 부축 잇수}}{\text{입력축 주축 잇수}} \times \dfrac{\text{출력축 부축 잇수}}{\text{출력축 주축 잇수}} = \dfrac{36}{18} \times \dfrac{20}{28} = 1.40$

(2) 총 감속비 $=$ 변속비 $\times$ 종감속비 $= 1.40 \times 1.88 = 2.69$

(3) 타이어의 회전속도 $n = \dfrac{\text{엔진 회전수}}{\text{총감속비}} = \dfrac{2,500}{2.69} = 929.37 (\text{rpm})$

(4) 타이어
- 림의 직경 17인치 $= 17 \times 25 = 425 (\text{mm})$
- 타이어의 편평비 55%, 타이어 너비 215(mm)
- 타이어의 외경$(d) = 425 + (215 \times 0.55) \times 2 = 661.5 (\text{mm})$

(5) 주행속도(타이어의 원주속도) $V = \dfrac{\pi d n}{1,000 \times 60}$

$$= \dfrac{3.14 \times 661.5 \times 929.37}{1,000 \times 60}$$

$$= 32.17 (\text{km/h})$$

06 QUESTION 압축천연가스 자동차에 대하여 설명하시오.
가. 천연가스 연료의 특징
나. 저장방식에 의한 천연가스 자동차의 종류
다. 압축천연가스 자동차의 연소방식

1. 압축천연가스 자동차의 개요

내압용기에 기체 상태의 천연가스를 200~250bar로 압축, 저장하여 엔진 연료로 사용하는 방식으로 대부분의 천연가스 자동차가 사용하는 방식이며 액체 상태(−162℃)의 천연가스를 초저온 용기에 저장하여 연료로 사용하는 방식도 있다.

자동차 배출가스로 생긴 대기오염이 사회문제로 나타나자 이를 해결할 방법으로, 특히 대형 경유 시내버스의 배출가스를 대체할 목적으로 천연가스 전용 대형 자동차를 개발하였다.

2. 천연가스 연료의 특징

① 디젤 차량과 비교 시 매연 100% 저감, Nox 65% 저감
② 가솔린 차량과 비교 시 CO_2 10~20%, CO 80~90% 배출량 감소
③ 저온 시동성이 우수하며, 천연가스는 옥탄가 130으로 가솔린(100)보다 높아 높은 압축비에 유리한 연료
④ 질소산화물 등 오존 영향물질을 70% 이상 저감
⑤ 디젤엔진에 비하여 연소 소음이 작음
⑥ 공기보다 가벼워(0.6배) 외부 유출 시 신속히 확산되어 폭발 우려가 없음
⑦ 연소하한계가 다른 연료에 비해 높고 자연발화 온도도 높기 때문에 안전함
⑧ 연료장치에는 과류방지밸브, 용기밸브, 주밸브 같은 안전장치를 장착함
⑨ 내압용기는 20.7MPa 압력에도 충분한 강성을 가지도록 설계되었음
⑩ 화재가 발생하면 용기 안전밸브가 작동하여 용기 안에 있는 충전 가스를 빠르게 배출하여 용기 압력 상승을 막아 파열을 막음

3. 연료의 저장방식에 따른 천연가스 자동차의 종류

(1) 압축천연가스 자동차

기체 상태의 천연가스를 200~250bar로 압축하여 엔진 연료로 사용하는 방식이며 현재 대부분의 천연가스 자동차가 이에 해당한다.

(2) 액화천연가스 자동차

천연가스를 $-162℃$에서 액화한 천연가스(LNG)를 초저온 단열 용기에 저장하여 연료로 사용하는 방식이다.

(3) 흡착천연가스 자동차

활성탄 같은 흡착제에 천연가스를 $30\sim60kg/cm^2$ 가압 저장하여 사용하는 방식이다.

4. 압축천연가스 자동차의 연소방식

(1) 전소(Dedicated) 자동차

천연가스만을 연료로 사용하는 방식으로 천연가스에 최적으로 맞춘 엔진을 만들 수 있어 출력성능과 배출가스 저감능력이 좋아 가장 많이 사용한다.

(2) 겸용(Bi-Fuel) 자동차

천연가스와 휘발유 또는 LPG를 저장하여 그중 한 가지를 선택하여 연료로 사용하는 방식이며 천연가스 충전 환경이 좋지 않을 때 사용하기 적합하다.

(3) 혼소(Dual-Fuel) 자동차

압축천연가스와 경유를 따로 저장하여 두 가지 연료를 혼합하여 사용하는 방식이다.

MEMO

부록

차량기술사
기출문제

Professional Engineer Transportation Vehicles

국가기술자격 기술사 시험문제

기술사 93회 · 제1교시(시험시간 : 100분)

분야	기계	종목	차량기술사	수험번호		성명	

※ 다음 문제 중 10문제를 선택하여 설명하시오.(각 10점)

[문제 1] 하이브리드(Hybrid) 자동차의 연비 향상 요인을 설명하시오.

[문제 2] 디젤엔진에서 EGR(Exhaust Gas Recirculation)의 배출가스 저감 원리를 희석, 열, 화학적 효과 측면에서 설명하시오.

[문제 3] 자동차 리타더(Retarder) 브레이크의 종류 및 특징을 설명하시오.

[문제 4] 자동차의 부밍 소음(Booming Noise)의 원인과 대책을 설명하시오.

[문제 5] 승용차에 사용되는 보행자 피해 경감장치에 대하여 설명하시오.

[문제 6] 자동차용 엔진이 고속과 저속에서 축 토크가 저하되는 원인을 설명하시오.

[문제 7] 메탄올 연료전지(Fuel Cell)에 대하여 설명하시오.

[문제 8] 자동차의 휠 얼라인먼트에서 스크럽 레이디어스(Scrub Radius)를 정의하고 정(＋), 제로(0), 부(－)의 스크럽 레이디어스 반경의 특성을 설명하시오.

[문제 9] 디젤엔진의 후처리제어장치에서 차압센서와 배기가스 온도센서의 기능을 설명하시오.

[문제 10] 자동변속기의 댐퍼 클러치(록업 클러치)가 작동하지 않는 경우를 5가지 이상 설명하시오.

[문제 11] 전자제어 스로틀 시스템(ETCS ; Electronic Throttle Control System)의 페일 세이프(Fail Safe) 기능을 설명하시오.

[문제 12] 자동차에서 X(종축방향), Y(횡축방향), Z(수직축방향) 진동을 구분하고 진동현상과 원인을 설명하시오.

[문제 13] 동일한 자동차 B, C가 브레이크가 풀린 채 정지하고 있다. 이때 같은 모델의 자동차 A가 2.5m/s의 속도로 B와 충돌하면 이후 B와 C가 다시 충돌하게 되어 결국 3대의 자동차가 연쇄 충돌한다. 이때 B와 C가 충돌한 직후의 C의 속도(m/s)를 구하시오.(단, B, C 사이의 거리는 무시하며, 범퍼 사이의 반발계수(e)는 0.75이다.)

국가기술자격 기술사 시험문제

기술사 93회   제2교시(시험시간 : 100분)

분야	기계	종목	차량기술사	수험번호		성명	

※ 다음 문제 중 4문제를 선택하여 설명하시오.(각 25점)

[문제 1] 최대동력시점(Power Timing)이 ATDC10°인 4행정 사이클 가솔린엔진이 2,500rpm
으로 다음과 같이 작동할 때 최적 점화시기, 흡배기 밸브의 총 열림 각도를 계산하고 밸
브 개폐시기 선도에 도시하시오.

- 점화신호 후 최대 폭발압력에 도달하는 시간 : 3ms
- 흡기밸브 열림 : BTDC 15°
- 배기밸브 열림 : BBDC 30°
- 흡기밸브 닫힘 : ABDC 20°
- 배기밸브 닫힘 : ATDC 30°

[문제 2] 하이브리드 전기자동차용 배터리를 니켈수소, 리튬이온, 리튬이온 폴리머 전지로 구분
하고 각각의 특성을 설명하시오.(단, 자기방전, 수소가스의 발생, 장단점을 중심으로)

[문제 3] 가솔린엔진에서 증발가스 제어장치의 OBD(On Board Diagnostic) 감시 기능을 6단계
로 구분하고 설명하시오.

[문제 4] 가변밸브 타이밍 시스템(VVT ; Variable Valve Timing System)의 특성과 효과에 대
하여 설명하시오.

[문제 5] 스털링 엔진(Stirling Engine)의 작동 원리와 특성을 설명하고 P−V선도로 나타내
시오.

[문제 6] 점화플러그의 불꽃 요구 전압(방전전압)을 압축압력, 혼합기 온도, 공연비, 습도, 급가
속 시에 따라 구분하고 그 사유를 설명하시오.

국가기술자격 기술사 시험문제

기술사 93회   제3교시(시험시간 : 100분)

분야	기계	종목	차량기술사	수험번호		성명	

※ 다음 문제 중 4문제를 선택하여 설명하시오. (각 25점)

[문제 1] 자동차의 공기저항을 줄일 수 있는 방법을 공기저항계수와 투영면적의 관점에서 설명하시오.

[문제 2] 자동차의 대체연료 중 바이오디젤, 바이오 에탄올, DME, 수소 연료의 전망과 문제점에 대하여 설명하시오.

[문제 3] 직접분사식 가솔린엔진이 간접분사식보다 출력성능, 연료 소모, 배기가스, 충전효율, 압축비 면에서 어떤 특성을 보이며, 그 원인이 무엇인지 설명하시오.

[문제 4] 전자제어 디젤엔진의 커먼레일 시스템에서 다단분사(Multi-Injection)를 5단계로 구분하고 다단분사의 효과와 그 원인을 설명하시오.

[문제 5] 휘발유, 경유, LPG, 하이브리드 자동차의 에너지 소비효율을 FTP-75모드 측정법에 따라 설명하시오.

[문제 6] 가솔린엔진의 연소에서 연소기간에 영향을 미치는 요인을 다음 측면에서 설명하시오. (공연비, 난류, 연소실 형상, 연소압력과 온도, 잔류가스)

국가기술자격 기술사 시험문제

기술사 93회   제4교시(시험시간 : 100분)

분야	기계	종목	차량기술사	수험번호		성명	

※ 다음 문제 중 4문제를 선택하여 설명하시오.(각 25점)

[문제 1] 가솔린과 디젤엔진의 연소과정을 연소압력과 크랭크 각도에 따라 도시하고 연소특성을 비교하여 설명하시오.

[문제 2] 자동차 부식(Corrosion)에 대하여 정의하고 부식 환경과 형태에 대하여 설명하시오.

[문제 3] 연료분사 인젝터의 솔레노이드 인젝터(Solenoid Injector)와 피에조 인젝터(Piezo Injector)를 비교하고 그 특징을 설명하시오.

[문제 4] 전자제어 점화장치의 점화 1차 파형을 그리고 다음 측면에서 설명하시오.
        (1) 1차 코일의 전류 차단 시 자기유도전압
        (2) 점화플러그 방전 구간
        (3) 점화 1차 코일의 잔류에너지 손실 구간
        (4) 방전 후의 감쇠진동 구간

[문제 5] 피스톤링에서 스커핑(Scuffing), 스틱(Stick), 플러터(Flutter) 현상을 설명하고 발생 원인과 방지책을 설명하시오.

[문제 6] 자세제어장치(VDC, ESP)의 입·출력 요소를 유압과 진공방식에 따라 구분하시오.

국가기술자격 기술사 시험문제

기술사 95회   제1교시(시험시간 : 100분)

분야	기계	종목	차량기술사	수험번호		성명	

※ 다음 문제 중 10문제를 선택하여 설명하시오.(각 10점)

[문제 1] 엔진의 압축비와 연료공기비가 연비에 어떻게 연관되는지 설명하시오.

[문제 2] LPG의 주요 성분은 무엇이고 여름과 겨울에 성분은 어떻게 구성하며 그 이유는 무엇인지 설명하시오.

[문제 3] 플러그인 하이브리드 차량(Plug-In Hybrid Vehicle)과 순수 전기차(Battery Electric Vehicle)의 장단점에 대해 비교하시오.

[문제 4] CNG 차량과 LPG 차량의 장단점을 비교하시오.

[문제 5] 프리 크래시 세이프티(Pre-Crash Safety)에 대하여 설명하시오.

[문제 6] 회생 브레이크 시스템(Brake Energy Re-generation System)에 대하여 설명하시오.

[문제 7] 슬라롬 시험(Slalom Test)에 대하여 설명하시오.

[문제 8] 하시니스(Harshness)에 대하여 설명하시오.

[문제 9] 슈퍼 소닉 센서(Super Sonic Sensor)를 이용한 현가장치에 대하여 설명하시오.

[문제 10] 리타더 브레이크(Retarder Brake)에 대하여 설명하시오.

[문제 11] 자동차의 응력 측정법에서 광탄성 피막법(Photoelastic Film Method), 취성 도료법(Brittle Lacquer Method), 스트레인 게이지법(Strain Gage)에 대하여 설명하시오.

[문제 12] 인터그레이터(Integrator)와 블록 런(Block Learn)에 대하여 설명하시오.

[문제 13] 자동차의 연료소비율과 관련된 피베이트(Feebate) 제도에 대하여 설명하시오.

국가기술자격 기술사 시험문제

기술사 95회   제2교시(시험시간 : 100분)

분야	기계	종목	차량기술사	수험번호		성명	

※ 다음 문제 중 4문제를 선택하여 설명하시오.(각 25점)

[문제 1] 한국 정부는 최근에 이산화탄소의 저감 목표를 설정하였다. 2020년 목표가 무엇인지 설명하고 차량 부문에서 이를 달성하기 위하여 정부, 기업, 소비자가 취해야 할 역할에 대하여 설명하시오.

[문제 2] 연비를 개선하기 위하여 다운 사이징(Down Sizing)과 다운 스피딩(Down Speeding)이 채택되고 있다. 연비가 개선되는 원리를 예를 들어서 설명하시오.

[문제 3] 밸브 타이밍(Valve Timing)에 대해 설명하고 타이밍이 엔진에 미치는 영향에 대하여 설명하시오.

[문제 4] 터보차저에서 용량 가변 터보차저(VGT ; Variable Geometry Turbo Charger), 시퀀셜 터보차저(Sequential Turbo Charger), 트윈 터보차저(Twin Turbo Charger)의 특징과 작동원리를 설명하시오.

[문제 5] 액티브 전자제어 현가장치(AECS ; Active Electronic Control Suspension)의 기능 중 스카이 훅 제어(Sky Hook Control), 퍼지 제어(Fuzzy Control), 프리뷰 제어(Preview Control)에 대하여 설명하시오.

[문제 6] 4WS(4-Wheel Steering)의 제어에서 조향각 비례 제어와 요-레이트(Yaw Rate) 비례 제어에 대하여 설명하시오.

국가기술자격 기술사 시험문제

기술사 95회   제3교시(시험시간 : 100분)

분야	기계	종목	차량기술사	수험번호		성명	

※ 다음 문제 중 4문제를 선택하여 설명하시오.(각 25점)

[문제 1] 스파크 점화기관에서 노킹(Knocking)의 발생 원인과 방지를 위하여 엔진 설계 시 고려할 사항을 설명하시오.

[문제 2] 압축착화기관에서 커먼레일(Common Rail)을 이용하여 연료를 분사 할 때 연비, 배출가스, 소음이 개선되는 이유를 설명하시오.

[문제 3] 자동차 프레임 중 백본형(Back Bone Type), 플랫폼형(Platform Type), 페리미터형(Perimeter Type), 트러스형(Truss Type)의 특징을 각각 설명하시오.

[문제 4] 자동 중심 조성 토크(SAT ; Self Aligning Torque)에 대하여 설명하시오.

[문제 5] 오버 스티어(Over Steer), 언더 스티어(Under Steer) 발생 시 차량 주행 안정 장치 제어 시스템(Vehicle Stability Management System)에 대하여 설명하시오.

[문제 6] 지능형 안전 자동차에서 주요 시스템 10가지를 설명하시오.

국가기술자격 기술사 시험문제

기술사 95회   제4교시(시험시간 : 100분)

분야	기계	종목	차량기술사	수험번호		성명	

※ 다음 문제 중 4문제를 선택하여 설명하시오. (각 25점)

[문제 1] GDI(Gasoline Direct Injection) 엔진에서 희박 연소를 할 때 삼원촉매를 사용하기 어려운 이유와 NOx를 줄일 수 있는 방법을 설명하시오.

[문제 2] 대형 디젤 차량에 적용되는 유레아 SCR(Urea Selective Catalytic Reduction)의 작동원리와 장단점에 대하여 설명하시오.

[문제 3] 자동차에 사용하는 마그네슘 합금의 특성과 장단점에 대하여 설명하시오.

[문제 4] 자동차에 적용되는 연료전지(Fuel Cell)에 대하여 설명하시오.

[문제 5] 풀랩(Full Lap) 충돌과 오프셋(Off-Set) 충돌에 대하여 설명하시오.

[문제 6] 차동제한장치(LSD ; Limited Slip Differential)에서 토센(Torsen)형의 주요 특성에 대하여 설명하시오.

국가기술자격 기술사 시험문제

기술사 96회   제1교시(시험시간 : 100분)

분야	기계	종목	차량기술사	수험번호		성명	

※ 다음 문제 중 10문제를 선택하여 설명하시오.(각 10점)

[문제 1] 이중 점화장치에 대하여 설명하시오.

[문제 2] 일반 타이어의 림 종류와 구조에 대하여 설명하시오.

[문제 3] 스크럽 레이디어스(Scrub Radius)에 대하여 설명하시오.

[문제 4] 리튬 – 이온 배터리에 대하여 설명하시오.

[문제 5] 엔진에서 내부 EGR을 정의하고 효과를 설명하시오.

[문제 6] 가솔린엔진에서 옥탄가, 공연비, 회전수, 압축비 및 점화시기가 이상연소에 미치는 영향을 설명하시오.

[문제 7] 압축 천연가스(CNG), 액화 천연가스(LNG), 액화 석유가스(LPG)의 특성을 비교 · 설명하시오.

[문제 8] 새차 증후군의 발생 원인과 인체에 미치는 영향을 설명하시오.

[문제 9] 윤활장치에서 트라이볼로지(Tribology)를 정의하고 특성을 설명하시오.

[문제 10] 전동식 전자제어 동력조향장치(MDPS ; Motor Drive Power Steering)를 정의하고 특성을 설명하시오.

[문제 11] AMG(Absorptive Mat Glass) 배터리와 그 특성을 설명하시오.

[문제 12] 엔진의 회전수가 저속 또는 고속 운행 시에 오버랩이 작은 경우와 큰 경우를 특성(출력, 연소성, 공회전 안정성) 면에서 설명하시오.

[문제 13] 자동차 제조물 책임법(PL)과 리콜(Recall)제도를 비교하여 설명하시오.

국가기술자격 기술사 시험문제

기술사 96회   제2교시(시험시간 : 100분)

분야	기계	종목	차량기술사	수험번호		성명	

※ 다음 문제 중 4문제를 선택하여 설명하시오. (각 25점)

[문제 1] 로터리 엔진(Rotary Engine)의 작동원리와 극복해야 할 문제점에 대하여 설명하시오.

[문제 2] 공기식 브레이크의 작동원리와 제어밸브에 대하여 설명하시오.

[문제 3] 연료전지 자동차의 전지를 고온형과 저온형으로 구분하고 특징을 설명하시오.

[문제 4] 타이어의 회전저항(Rolling Resistance)과 젖은 노면 제동(Wet Grip) 규제에 대응한 고성능 타이어 기술을 설명하시오.

[문제 5] 자동차용 엔진 재료 중 CGI(Compacted Graphite Cast Iron)를 정의하고 장점에 대하여 설명하시오.

[문제 6] 자동차의 소음 중 엔진과 냉각장치의 소음 저감대책을 설명하시오.

국가기술자격 기술사 시험문제

분야	기계	종목	차량기술사	수험번호		성명	

※ 다음 문제 중 4문제를 선택하여 설명하시오.(각 25점)

[문제 1] 하이브리드 자동차에서 회생제동을 이용한 에너지 회수와 아이들 – 스톱(Idle – Stop)에 대하여 설명하시오.

[문제 2] 4WD(Wheel Steering) 시스템에서 조향각 비례제어와 요 – 레이트(Yaw – Rate) 비례제어에 대하여 설명하시오.

[문제 3] 지능형 자동차 적용 기술을 예방안전, 사고회피, 자율주행, 충돌안전 및 편의성 향상 측면에서 설명하시오.

[문제 4] 지능형 냉각 시스템(Intelligent Cooling System)의 필요성과 제어방법을 설명하시오.

[문제 5] 배기가스 재순환장치(EGR)의 NOx 저감원리를 열적 효과, 희석 효과 및 화학적 효과 측면에서 설명하시오.

[문제 6] 자동차 부품 리사이클링 재제조(Remanufacturing), 재활용(Material Recycling) 및 재이용(Reusing)을 정의하고 설명하시오.

국가기술자격 기술사 시험문제

분야	기계	종목	차량기술사	수험번호		성명	

※ 다음 문제 중 4문제를 선택하여 설명하시오.(각 25점)

[문제 1] 수소 자동차의 수소 탑재법의 특징과 수소 생성방법의 종류에 대하여 설명하시오.

[문제 2] 랭킨 사이클을 이용한 배기 열 회수 시스템을 정의하고 기술 동향을 설명하시오.

[문제 3] 타이어 소음을 패턴(Pattern), 스퀼(Squeal), 험(Hum), 럼블(Rumble) 및 섬프 노이즈 (Thump Noise)로 구분하고 그 원인을 설명하시오.

[문제 4] EPB(Electronic Parking Brake)의 기능과 작동원리를 설명하시오.

[문제 5] 차체 제조기술에서 액압 성형(Hydro Forming) 방식을 정의하고 장점을 설명하시오.

[문제 6] 차세대 전기 자동차에서 인 휠 모터(In Wheel Motor)의 기능과 특성을 설명하시오.

국가기술자격 기술사 시험문제

기술사 98회   제1교시(시험시간 : 100분)

분야	기계	종목	차량기술사	수험번호		성명	

※ 다음 문제 중 10문제를 선택하여 설명하시오.(각 10점)

[문제 1] 아래 회로에서 스위치가 ON 또는 OFF일 때 TR_1, TR_2, 표시등이 어떻게 작동하는지 설명하시오.

[문제 2] AQS(Air Quality System)의 특성과 기능을 설명하시오.

[문제 3] 배터리 세이버(Battery Saver)의 기능을 설명하시오.

[문제 4] CFRP(Carbon Fiber Reinforced Plastic)에 대하여 설명하시오.

[문제 5] 스페이스 프레임 타입(Space Frame Type) 차체의 구조와 특징을 설명하시오.

[문제 6] 셀프 실링(Self Sealing) 타이어와 런 플랫(Run Flat) 타이어를 비교 · 설명하시오.

[문제 7] SBW(Shift by Wire) 시스템에 대하여 설명하시오.

[문제 8] 디젤엔진이 2,000rpm으로 회전할 때 상사점 후방 10도 위치에서 최대 폭발 압력이 형성된다면 연료 분사 시기는 언제 이루어져야 하는지 계산하시오.(단, 착화지연 시간은 1/600초이며, 다른 조건은 무시한다.)

[문제 9] LPG 자동차의 연료 탱크에 설치된 충전밸브에서 안전밸브와 과충전 방지밸브의 기능을 설명하시오.

[문제 10] 병렬형 하드 타입 하이브리드 자동차의 특징을 설명하시오.

[문제 11] TPMS(Tire Pressure Monitoring System)에서 로 라인(Low Line)과 하이 라인(High Line)을 비교 · 설명하시오.

[문제 12] 자동차의 연비 향상을 위하여 오토 스톱(Auto Stop)이 적용된다. 오토 스톱의 만족 조건 5가지를 설명하시오.

[문제 13] 터보 차저(Turbo Charger)와 슈퍼 차저(Super Charger)의 장단점을 설명하시오.

국가기술자격 기술사 시험문제

기술사 98회   제2교시(시험시간 : 100분)

분야	기계	종목	차량기술사	수험번호		성명	

※ 다음 문제 중 4문제를 선택하여 설명하시오.(각 25점)

[문제 1] 오토 헤드 램프 레벨링 시스템(AHLS ; Auto Head Lamp Leveling System)의 기능과 구성 부품에 대하여 설명하시오.

[문제 2] 저압 EGR 시스템의 구성 및 특성을 기존의 고압 EGR과 비교하여 설명하시오.

[문제 3] 동력조향장치(Power Steering System)에 대하여 종류별로 구분하고 구성요소 및 작동원리를 설명하시오.

[문제 4] 자동차 연비를 나타내는 방법에서 복합 에너지 소비 효율과 5−Cycle 보정식에 대하여 설명하시오.

[문제 5] 엔진 토크 12.5kgf · m, 총 감속비 14.66, 차량 중량 900kgf, 타이어 반경 0.279m인 자동차의 최대 등판 각도를 계산하시오.(단, 마찰 저항은 무시한다.)

[문제 6] HEV(Hybrid Electric Vehicle), PHEV(Plug−In Hybrid Electric Vehicle), EV (Electric Vehicle)의 특성을 설명하시오.

국가기술자격 기술사 시험문제

기술사 98회   제3교시(시험시간 : 100분)

분야	기계	종목	차량기술사	수험번호		성명	

※ 다음 문제 중 4문제를 선택하여 설명하시오.(각 25점)

[문제 1] 차선 변경 보조 시스템(BSD ; Blind Spot Detection System & LCA ; Lane Change Assistant System)의 특징과 구성에 대하여 설명하시오.

[문제 2] 플러그인 하이브리드 자동차에 요구되는 배터리의 특징과 BMS(Battery Management System)에 대하여 설명하시오.

[문제 3] 가솔린 노킹(Gasoline Knocking)과 디젤 노킹(Diesel Knocking)의 원인과 저감대책에 대해 설명하시오.

[문제 4] 4륜 구동방식의 특성과 장단점을 2륜 구동방식과 비교하여 설명하시오.

[문제 5] 가변 밸브 타이밍 장치(CVVT ; Continuous Variabe Valve Timing)를 적용한 엔진에서 운전 시 밸브 오버랩을 확대할 경우 배출가스에 미치는 영향과 그 이유를 설명하시오.

[문제 6] GDI 시스템에서의 최적 혼합기 형성 및 최적 연소가 가능하도록 하는 운전 모드 중 층상 급기, 균질 혼합기, 균질 – 희박 급기, 균질 – 층상 급기, 균질 – 노크 방지 모드에 대하여 설명하시오.

국가기술자격 기술사 시험문제

기술사 98회   제4교시(시험시간 : 100분)

분야	기계	종목	차량기술사	수험번호		성명	

※ 다음 문제 중 4문제를 선택하여 설명하시오. (각 25점)

[문제 1] 다음 그림은 IC식 전압 조정기를 이용한 자동차 충전장치의 작동회로를 나타낸 것이다. 전압조정회로에 대하여 설명하시오.

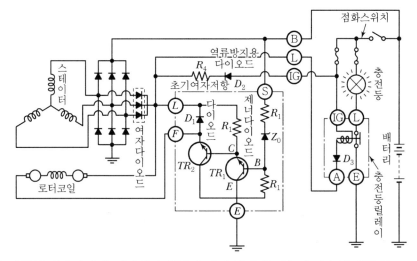

[문제 2] 자동차 엔진 소음을 저감하기 위하여 엔진 본체에 적용된 기술의 예를 들고, 그 특성을 설명하시오.

[문제 3] 타이어 설계 시 타이어가 만족해야 할 주요 특성과 대표적인 트레이드 오프(Trade - Off) 성능에 대하여 설명하시오.

[문제 4] 자동차의 연비 향상 및 배출가스 저감을 위하여 재료 경량화, 성능 효율화, 주행저항 감소 측면에서의 대책을 설명하시오.

[문제 5] 고안전도 차량기술 중, 사고예방기술, 사고회피기술, 사고피해저감기술을 예로 들고 그 특성을 설명하시오.

[문제 6] VSM(Vehicle Stability Management) 장치의 주기능 및 부가기능에 대하여 설명하시오.

국가기술자격 기술사 시험문제

기술사 99회					제1교시(시험시간 : 100분)		
분야	기계	종목	차량기술사	수험번호		성명	

※ 다음 문제 중 10문제를 선택하여 설명하시오.(각 10점)

[문제 1] 지능형 냉각시스템의 특징을 기존 냉각방식과 비교하여 설명하시오.

[문제 2] 친환경 차량에 적용하는 히트펌프 시스템(Heat Pump System)을 정의하고 특성을 설명하시오.

[문제 3] 자동차 암전류의 발생 특성과 측정 시 유의사항을 설명하시오.

[문제 4] 전자제어 무단변속기(CVT) 시스템에서 ECU에 입력과 출력되는 요소를 각 5가지씩 기술하고 기능을 설명하시오.

[문제 5] MF(Maintenance Free) 배터리가 일반 배터리에 비해 다른 점을 납판의 재질과 충·방전 측면에서 설명하시오.

[문제 6] 자동차에서 적용하는 헤밍(Hemming) 공법과 적용 사례를 설명하시오.

[문제 7] 자동차 하도 도장의 목적과 특성에 대하여 설명하시오.

[문제 8] 동일한 배기량인 경우 디젤과급이 가솔린과급보다 효율적이며 토크가 크고 반응이 좋은 이유를 설명하시오.

[문제 9] 전자식 파킹 브레이크(EPB ; Electronic Parking Brake)의 제어모드 5가지를 들고 설명하시오.

[문제 10] 타이어의 코니시티(Conicity)를 정의하고 특성을 설명하시오.

[문제 11] CNG 용기를 4가지로 구분하고 각각의 구조와 특징을 설명하시오.

[문제 12] 엔진 흡기관의 관성 및 맥동효과를 최대화하는 방안을 설명하시오.

[문제 13] 자동차용 엔진의 과열과 과랭의 원인을 설명하시오.

국가기술자격 기술사 시험문제

기술사 99회   제2교시(시험시간 : 100분)

분야	기계	종목	차량기술사	수험번호		성명	

※ 다음 문제 중 4문제를 선택하여 설명하시오.(각 25점)

[문제 1] 디젤엔진이 가솔린엔진보다 연비가 좋은 이유를 P-V선도를 그려서 비교하고 설명하시오.

[문제 2] 차량에서 아이들 진동, 평가 및 문제점 개선방법에 대하여 설명하시오.

[문제 3] 자동차 제조에서 적용되고 있는 단조(Forging)를 정의하고 단조방법을 3가지로 분류하여 설명하시오.

[문제 4] 자동차 브레이크 제어장치에서 PV(Proportioning Valve), BAS(Brake Assist System), EDB(Electronic Brake Force Distribution) 시스템의 필요성과 작동원리를 설명하시오.

[문제 5] 내연기관에 비해서 연료전지 자동차의 효율이 높은 이유를 기술하고 연료 저장기술방식을 구분하여 설명하시오.

[문제 6] 자동차용 DCT(Double Clutch Transmission)에 대하여 정의하고 전달효율과 연비 향상효과에 대하여 설명하시오.

국가기술자격 기술사 시험문제

기술사 99회 제3교시(시험시간 : 100분)

분야	기계	종목	차량기술사	수험번호		성명	

※ 다음 문제 중 4문제를 선택하여 설명하시오.(각 25점)

[문제 1] 어드밴스 에어백(Advanced Air-Bag)의 구성장치를 기술하고, 일반 에어백과의 차이점을 설명하시오.

[문제 2] 엔진을 시동할 때 걸리는 크랭킹 저항을 3가지로 분류하고 설명하시오.

[문제 3] 자동차용 부축 기어식 변속기에서 변속비를 결정하는 요소를 자동차 속도로부터 유도하여 설명하시오.

[문제 4] 밀러 사이클(Miller Cycle) 엔진의 특성과 자동차에 적용되는 사례를 설명하시오.

[문제 5] 자동차 소음을 구분하여 특성을 설명하고 자동차 시스템별로 소음 발생 원인과 방지책을 설명하시오.

[문제 6] 바이오 연료를 자동차에 적용할 때 환경과 연료 절약 측면에서 득과 실에 대하여 설명하시오.

국가기술자격 기술사 시험문제

기술사 99회   제4교시(시험시간 : 100분)

분야	기계	종목	차량기술사	수험번호		성명	

※ 다음 문제 중 4문제를 선택하여 설명하시오. (각 25점)

[문제 1] 타이어의 발열 원인과 히트 세퍼레이션(Heat Separation) 현상을 설명하시오.

[문제 2] 자동차에 적용하는 텔레매틱스(Telematics)를 정의하고 시스템의 기능을 설명하시오.

[문제 3] 차량속도를 높이기 위해 종감속 기어비(Final Gear Ratio) 설정 및 주행 저항의 감소방법에 대하여 설명하시오.

[문제 4] 현가장치의 주요 기능을 3가지로 구분하고 이상적인 현가장치를 실현하기 위한 방안을 설명하시오.

[문제 5] 디젤엔진의 확산연소와 예혼합 연소과정 중 NOx가 발생하는 상관관계와 디젤 배기가스 중 NOx의 환원이 어려운 이유를 설명하시오.

[문제 6] 자동차의 제품 데이터관리시스템(PDM ; Product Management System)을 정의하고 적용 목적에 대하여 설명하시오.

국가기술자격 기술사 시험문제

분야	기계	종목	차량기술사	수험번호		성명	

※ 다음 문제 중 10문제를 선택하여 설명하시오.(각 10점)

[문제 1] ATF(Automatic Transmission Fluid)의 역할과 요구 성능에 대해 설명하시오.

[문제 2] 카본 밸런스(Carbon Balance)법에 대해 설명하시오.

[문제 3] 모노튜브와 트윈튜브 쇼크업소버의 특성을 비교하여 설명하시오.

[문제 4] 플랫폼(Platform)의 구성부품을 쓰고 플랫폼 공용화의 효과를 설명하시오.

[문제 5] 파킹일체형 캘리퍼의 구조 및 작동원리에 대하여 설명하시오.

[문제 6] 가솔린기관의 점화플러그가 자기청정온도에 이르지 못할 경우 점화플러그에 나타나는 현상을 설명하시오.

[문제 7] 내연기관의 열정산에 대하여 설명하시오.

[문제 8] 기관에 장착되는 노크센서의 종류와 특성을 설명하시오.

[문제 9] EGR(Exhaust Gas Recirculation) 밸브가 고착되어 있을 때 나타날 수 있는 현상을 설명하시오.

[문제 10] 기관의 공연비 제어(λ −Control)를 정의하고 특성을 설명하시오.

[문제 11] 하이브리드 자동차에서 모터 시동 금지조건에 대하여 설명하시오.

[문제 12] IPS(Intelligent Power Switch)의 기능과 효과에 대하여 설명하시오.

[문제 13] 다음 그림은 티타니아 산소센서의 파형을 나타낸 것이다. 파형에서 각 번호가 어떤 상태를 나타내는지 쓰시오.

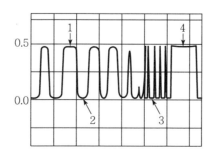

국가기술자격 기술사 시험문제

기술사 101회   제2교시(시험시간 : 100분)

분야	기계	종목	차량기술사	수험번호		성명	

※ 다음 문제 중 4문제를 선택하여 설명하시오.(각 25점)

[문제 1] 자동변속기 차량이 수동변속기 차량에 비해 경사로 출발이 쉽고 등판능력이 큰 이유를 설명하시오.

[문제 2] 제동성능에 영향을 미치는 인자에 대하여 설명하시오.

[문제 3] 디젤엔진에서 윤활유의 성질과 첨가제의 종류에 대하여 설명하시오.

[문제 4] 공기표준 복합 사이클(Sabathe Cycle)에서 최고 온도가 1,811℃이고, 최저 온도가 20℃이다. 최고압력을 42ata, 최저 압력을 1ata, 압축비를 11, k＝1.3이라고 할 때 다음을 구하시오.

[문제 5] 자동차에 작용하는 공기력과 모멘트를 정의하고, 이들이 자동차 성능에 미치는 영향을 설명하시오.

[문제 6] AQS(Air Quality System)에 대하여 설명하시오.

국가기술자격 기술사 시험문제

분야	기계	종목	차량기술사	수험번호		성명	

※ 다음 문제 중 4문제를 선택하여 설명하시오.(각 25점)

[문제 1] 4WS(4-Wheel Steering System)에서 뒷바퀴 조향각도의 설정방법에 대해 설명하시오.

[문제 2] 타이어 에너지소비효율 등급제도의 주요내용과 시험방법에 대하여 설명하시오.

[문제 3] 전자제어 가솔린엔진의 연료분사시간을 결정하는 요소를 설명하시오.

[문제 4] 12V 전원을 사용하는 일반 승용차에 비해 고전압을 사용하는 친환경 자동차에서 고전원 전기장치의 안전기준에 대하여 설명하시오.

[문제 5] 자동차의 유압계 중 계기식 유압계를 열거하고, 열거된 유압계의 특성을 설명하시오.

[문제 6] 다음 회로에서 저항 R이 3Ω 또는 30Ω일 때, (A)회로에 흐르는 전류변화와 전구의 점등상태를 설명하시오.

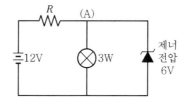

국가기술자격 기술사 시험문제

기술사 101회   제4교시(시험시간 : 100분)

분야	기계	종목	차량기술사	수험번호		성명	

※ 다음 문제 중 4문제를 선택하여 설명하시오.(각 25점)

[문제 1] 상시 4륜구동방식에서 TOD(Torque On Demand) 방식과 ITM(Interactive Torque Management) 방식을 비교하여 설명하시오.

[문제 2] 디젤엔진에서 연료액적의 확산과 연소에 대하여 설명하시오.

[문제 3] 차량자세 제어장치(VDC ; Vehicle Dynamic Control)를 정의하고 구성 및 작동 원리에 대하여 설명하시오.

[문제 4] 자동차의 운전조건 중 아래의 요소가 연료소비율에 미치는 영향을 설명하시오.

[문제 5] 전자동 에어컨(FATC ; Full Automatic Temperature Control) 장치에 장착되는 입력 센서의 종류 7가지를 열거하고, 열거된 센서의 역할을 설명하시오.

[문제 6] 자동차 전조등 광원의 종류와 LED 광원의 원리와 특징에 대하여 설명하시오.

국가기술자격 기술사 시험문제

기술사 102회   제1교시(시험시간 : 100분)

분야	기계	종목	차량기술사	수험번호		성명	

※ 다음 문제 중 10문제를 선택하여 설명하시오. (각 10점)

[문제 1] 차량용 에어컨 압축기 중 가변 – 변위 압축기의 기능에 대하여 설명하시오.

[문제 2] 조향축 경사각(Steering Axis Inclination)의 정의 및 설정 목적 5가지에 대하여 설명하시오.

[문제 3] 기존의 풀 타임 4WD(4 Wheel Drive) 대비 TOD(Torque On Demand) 시스템의 장점 5가지에 대하여 설명하시오.

[문제 4] 전자제어 현가장치의 자세제어를 정의하고 그 종류 5가지에 대하여 설명하시오.

[문제 5] 진공 부스터 방식 VDC(Vehicle Dynamic Control) 시스템의 입력 및 출력요소를 각각 5가지 쓰시오.

[문제 6] 무단변속기(CVT ; Continuously Variable Transmission)의 특징에 대하여 설명하시오.

[문제 7] BAS(Brake Assist System)의 목적과 장점에 대하여 설명하시오.

[문제 8] 차고 조절용 쇼크업소버 제어방식에 대하여 분류하고 각각에 대하여 설명하시오.

[문제 9] 자동차의 조향장치에서 다이렉트 필링(Direct Feeling)에 대하여 설명하시오.

[문제 10] 배출가스 정화장치에서 듀얼 베드 모놀리스(Dual Bed Monolith)에 대하여 설명하시오.

[문제 11] 타이어와 도로의 접지에 있어서 레터럴 포스 디비에이션(Lateral Force Deviation)에 대하여 설명하시오.

[문제 12] 자동차의 조향장치에서 리버스 스티어(Reverse Steer)에 대하여 설명하시오.

[문제 13] 가솔린엔진의 점화장치에서 보조 간극 플러그(Auxiliary Gap Plug)에 대하여 설명하시오.

국가기술자격 기술사 시험문제

기술사 102회　　　　　　　　　　　　　　　　　　제2교시(시험시간 : 100분)

분야	기계	종목	차량기술사	수험번호		성명	

※ 다음 문제 중 4문제를 선택하여 설명하시오.(각 25점)

[문제 1] 최근 자동차 산업 분야에도 3D 프린터의 활용이 본격화되고 있다. 3D 프린터의 원리 및 자동차 산업에의 활용방안에 대하여 설명하시오.

[문제 2] 타이어의 크기 규격이 P215 65R 15 95H라고 한다면 각 문자 및 숫자가 나타내는 의미에 대하여 설명하시오.

[문제 3] 휠 얼라인먼트(Wheel Alignment)의 정의와 목적, 얻을 수 있는 5가지 이점에 대하여 설명하시오.

[문제 4] 서스펜션이 보디와 연결되는 부분에 장착되는 러버 부시의 역할과 러버부 시의 변형에 의해 발생되는 컴플라이언스 스티어(Compliance Steer)를 정의하고 조종안정성에 미치는 영향과 대응방안에 대하여 설명하시오.

[문제 5] 차량부품 제작공법 중 하이드로 포밍(Hydro Forming)에 대하여 기존의 스테핑 방식과 비교하고 적용부품에 대하여 설명하시오.

[문제 6] 기존의 콩이나 옥수수와 같은 식품원이 아닌 동물성 기름, 조류(藻類, Algae) 및 자트로파(Jatropha)와 같은 제2세대 바이오디젤 특징, 요구 사항 및 기대효과에 대하여 설명하시오.

국가기술자격 기술사 시험문제

기술사 102회   제3교시(시험시간 : 100분)

분야	기계	종목	차량기술사	수험번호		성명	

※ 다음 문제 중 4문제를 선택하여 설명하시오.(각 25점)

[문제 1] 자동차 타이어의 임팩트 하시니스(Impact Harshness) 및 엔벨로프 (Envelope) 특성을 정의하고 상호관계에 대하여 설명하시오.

[문제 2] 조향 휠에서 발생하는 킥백(Kick Back)과 시미(Shimmy)를 구분하여 설명하시오.

[문제 3] 네거티브 스크럽 지오메트리(Negative Scrub Geometry)를 정의하고 제동 시 발생되는 효과에 대하여 설명하시오.

[문제 4] PWM(Pulse Width Modulation) 제어에 대하여 설명하고 PWM 제어가 되는 작동기 3가지에 대하여 각각의 원리를 설명하시오.

[문제 5] 자동차의 스프링 위 질량과 스프링 아래 질량을 구분하여 정의하고 주행 특성에 미치는 영향에 대하여 설명하시오.

[문제 6] 그림과 같은 무과급 밀러 사이클에서의 압축비는 8.5, 팽창비는 10.5, 흡입 밸브가 닫힐 때 실린더의 조건은 $T_7 = 60\,℃$, $P_7 = 110\text{kPa}$이고, 사이클의 최고 온도 $T_{\max} = 3,530\,℃$, 최고 압력은 $P_{\max} = 9,280\text{kPa}$, k = 1.35일 때 다음 항목에 대하여 계산 과정과 계산 값을 쓰시오.

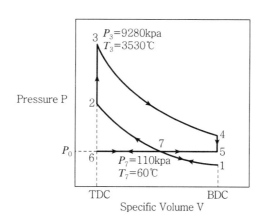

국가기술자격 기술사 시험문제

기술사 102회 　　　　　　　　　　　　　　　　　　제4교시(시험시간 : 100분)

분야	기계	종목	차량기술사	수험번호		성명	

※ 다음 문제 중 4문제를 선택하여 설명하시오.(각 25점)

[문제 1] 전자제어 가솔린엔진에서 MBT(Maximum Spark Advance for Best Torque)를 찾기 위하여 수행하는 점화시기 보정 7가지에 대하여 설명하시오.

[문제 2] 승용차의 서스펜션 중 맥퍼슨(스트러트)과 더블 위시본 방식의 특성을 엔진룸 레이아웃 측면과 지오메트리/캠버 변화의 측면에서 비교 · 설명하시오.

[문제 3] 자동변속기의 효율 개선을 위한 요소기술 개발동향을 발진장치와 오일 펌프 중심으로 설명하시오.

[문제 4] 동력을 발생하는 모터의 종류 중 멀티 스트로크형 모터의 작동원리에 대하여 설명하시오.

[문제 5] 자동변속기 다단화의 필요성과 장단점 및 기술동향에 대하여 설명하시오.

[문제 6] 다음 질문에 대하여 설명하시오.

　　　(1) 엔진을 장시간 운전할 때 실린더가 진원이 되지 않는 이유

　　　(2) 실린더 벽의 마모량이 실린더의 길이 방향으로 모두 같지 않은 이유

　　　(3) 상사점과 하사점에서 피스톤의 마찰력이 0이 되지 않는 이유

국가기술자격 기술사 시험문제

기술사 104회   제1교시(시험시간 : 100분)

분야	기계	종목	차량기술사	수험번호		성명	

※ 다음 문제 중 10문제를 선택하여 설명하시오.(각 10점)

[문제 1] 차체의 탄성진동에 대하여 설명하시오.

[문제 2] 제품개발 및 설계 시 사용되는 PBS(Product Breakdown Structure)의 정의 및 목적을 설명하시오.

[문제 3] VDC(Vehicle Dynamic Control) 장치에서 코너링 브레이크 시스템(Cornering Brake System)의 기능에 대하여 설명하시오.

[문제 4] 자동차 창유리의 가시광선 투과율 기준에 대하여 설명하시오.

[문제 5] FCWS(Forward Collision Warning System)에 대하여 설명하시오.

[문제 6] 저(低)탄소차 협력금 제도에 대하여 설명하시오.

[문제 7] 현가장치에 적용되는 진폭 감응형 댐퍼의 구조 및 특성에 대하여 설명하시오.

[문제 8] 친환경 디젤엔진에 적용되는 LNT(Lean NOx Trap)에 대하여 설명하시오.

[문제 9] 디젤 예열장치의 세라믹 글로우 플러그(Ceramic Glow Plug)에 대하여 설명하시오.

[문제 10] 충전장치의 발전전류 제어시스템에 대하여 설명하시오.

[문제 11] ISAD(Integrated Starter Alternator Damper)에 대하여 설명하시오.

[문제 12] 차륜정렬 요소 중 셋백(Set Back)과 추력각(Thrust Angle)의 정의 및 주행에 미치는 영향에 대해 설명하시오.

[문제 13] 전기 자동차에 적용되는 고전압 인터록(Inter Lock)회로에 대하여 설명하시오.

국가기술자격 기술사 시험문제

기술사 104회   제2교시(시험시간 : 100분)

분야	기계	종목	차량기술사	수험번호		성명	

※ 다음 문제 중 4문제를 선택하여 설명하시오.(각 25점)

[문제 1] 전기 자동차 구동 모터의 VVVF(Variable Voltage Variable Frequency) 제어에 대하여 설명하고 구동 모터에 회전수 및 토크제어 원리를 설명하시오.

[문제 2] 가솔린 기관 점화 플러그의 열가를 정의하고 열형과 냉형의 차이점을 설명하시오.

[문제 3] 자동차 차체구조설계 시 고려되어야 하는 요구기능을 정의하고 검증방법을 설명하시오.

[문제 4] 자동차의 제품 개발 시 인간공학적 디자인을 적용하는 목적과 인간공학이 적용된 장치 5가지를 설명하시오.

[문제 5] 자동차에 적용되는 컨트롤러 간 통신방식과 적용배경에 대하여 설명하시오.

[문제 6] 조향장치에서 선회 구심력과 조향특성의 관계를 설명하시오.

국가기술자격 기술사 시험문제

분야	기계	종목	차량기술사	수험번호		성명	

※ 다음 문제 중 4문제를 선택하여 설명하시오. (각 25점)

[문제 1] 액티브 후드 시스템(Active Hood System)에 대하여 설명하시오.

[문제 2] 전기 자동차에서 고전압 배터리 시스템 및 고전압회로의 구성요소에 대하여 설명하시오.

[문제 3] 드럼식 브레이크장치에서 리딩 슈(Leading Shoe)와 트레일링 슈(Trailing Shoe)의 설치방식별 작동특성에 대하여 설명하시오.

[문제 4] 실린더 헤드 볼트 체결법을 열거하고 이들의 장단점과 특징에 대하여 설명하시오.

[문제 5] 터보차저 중 2단 터보차저(Dual Stage Turbo Charger), 가변형상 압축기(Variable Diffuser), 전기전동식 터보차저(Electric Turbo Charger)의 작동특성을 설명하시오.

[문제 6] 자동차 개발 시 목표원가를 달성하기 위한 경제설계방안을 설명하시오.

국가기술자격 기술사 시험문제

기술사 104회

제4교시(시험시간 : 100분)

분야	기계	종목	차량기술사	수험번호		성명	

※ 다음 문제 중 4문제를 선택하여 설명하시오.(각 25점)

[문제 1] 친환경적 자동차 제작을 위한 설계기술 5가지 항목을 나열하고 각 항목에 대하여 설명하시오.

[문제 2] 차체용 고강도 강판의 성형기술에 대하여 설명하시오.

[문제 3] 자동차 전기장치에 릴레이를 설치하는 이유, 릴레이 접점방식에 따른 종류와 각 단자별 기능을 설명하시오.

[문제 4] 가솔린 차량에 적용되는 배기가스 촉매장치의 정화특성과 냉간 시동 시 활성화 시간을 단축시키는 방법을 설명하시오.

[문제 5] 최신 산업 기술인 메카트로닉스(Mechatronics), 재료기술, 정보기술, 환경기술 및 에너지 기술에 대하여 자동차에 적용된 사례를 설명하시오.

[문제 6] 전기자동차 구동모터에서 페라이트(Ferrite) 자석을 사용하는 모터에 대하여 희토류(Rare Earth) 자석을 사용하는 구동모터의 특징을 설명하시오.

국가기술자격 기술사 시험문제

제1교시(시험시간 : 100분)

분야	기계	종목	차량기술사	수험번호		성명	

※ 다음 문제 중 10문제를 선택하여 설명하시오.(각 10점)

[문제 1] 차량의 구름 저항(Rolling Resistance)의 발생 원인 5가지를 나열하고, 주행속도와 구름저항의 관계를 설명하시오.

[문제 2] 승용 자동차에 런-플랫(Run-Flat Tire)를 장착할 경우, 안전성과 편의성 두 가지 측면으로 나누어 설명하시오.

[문제 3] 롤 스티어(Roll Steer)와 롤 스티어 계수(Roll Steer Coefficient)를 설명하시오.

[문제 4] 슬립 사인(Slip Sign)과 슬립 스트립(Slip Stream)에 대하여 설명하시오.

[문제 5] 연소실 내에서 배기 행정 후에 잔류하는 연소가스를 무엇이라고 하며 이것에 의한 장단점을 쓰시오.

[문제 6] 엔진에 공급되는 연료량에 대한 냉각수온 보정의 목적 세 가지를 설명하시오.

[문제 7] 엔진에 흡입되는 공기 질량이 고도가 높아짐에 따라 증가한다면 그 원인에 대하여 설명하시오.

[문제 8] 엔진 서지 탱크에 장착되는 PCV(Positive Crankcase Ventilation)나 EGR(Exhaust Gas Recirculation)포트 위치를 정할 때 고려해야 할 사항을 설명하시오.

[문제 9] 휠 정렬(Wheel Alignment)에서 미끄러운 노면 제동 시 스핀(Spin)을 방지하기 위한 요소와 명칭을 설명하시오.

[문제 10] FATC(Full Automatic Temperature Control)의 기능을 설명하시오.

[문제 11] 엔진 출력이 일정한 상태에서 가속성능을 향상시키는 방안에 대하여 5가지를 설명하시오.

[문제 12] 전자제어 현가장치에서 반능동형 방식과 적응형 방식에 대하여 설명하시오.

[문제 13] 소음기의 배플 플레이트(Baffle Plate)의 역할에 대하여 설명하시오.

국가기술자격 기술사 시험문제

기술사 105회   제2교시(시험시간 : 100분)

분야	기계	종목	차량기술사	수험번호		성명	

※ 다음 문제 중 4문제를 선택하여 설명하시오.(각 25점)

[문제 1] 자동변속기의 동력전달효율에 영향을 미치는 요소 3가지에 대하여 설명하시오.

[문제 2] 전자제어 현가장치의 서스펜션(Suspension)의 특성 절환에 대하여 설명하시오.

[문제 3] 드럼 브레이크(Drum Brake)에서 이중 서보 브레이크(Duo–Servo Brake)의 작용에 대하여 설명하시오.

[문제 4] 디파워드 에어백(Depowered Air Bag), 어드밴스드 에어백(Advanced Air Bag), 스마트 에어백(Smart Air Bag)에 대하여 설명하시오.

[문제 5] 윤활유에서 광유와 합성유의 특성을 비교하고 합성유의 종류 3가지에 대하여 설명하시오.

[문제 6] 모터 옥탄가(Motor Octane Number)와 로드 옥탄가(Road Octane Number)에 대하여 설명하시오.

국가기술자격 기술사 시험문제

기술사 105회 　　　　　　　　　　　　　　　　　　제3교시(시험시간 : 100분)

분야	기계	종목	차량기술사	수험번호		성명	

※ 다음 문제 중 4문제를 선택하여 설명하시오.(각 25점)

[문제 1] EEM(Energy Efficiency Management) 시스템의 작동원리와 구성에 대하여 설명하시오.

[문제 2] 알킬레이트(Alkylate) 연료 사용에 의하여 저감되는 대기 오염에 대하여 설명하시오.

[문제 3] 배광 가변형 전조등 시스템(AFS ; Adaptive Front Lighting System)에 대하여 설명하시오.

[문제 4] 엔진 전자제어 시스템(EMS, Engine Management System)에서 토크, 엔진의 회전속도, 배기가스 온도를 목적에 맞게 유지될 수 있도록 보정하는 방법 중 점화시기 보정방법에 대하여 설명하시오.

[문제 5] 엔진 서지 탱크(Surge Tank)의 설치목적과 효과적인 설계방향을 설명하시오.

[문제 6] 일과 에너지의 원리를 이용하여 제동거리를 산출하는 계산식을 나타내고 설명하시오. (단, 제동 초기 속도 : $V(\text{km/h})$, 총 제동력 : $F(\text{kg}_\text{f})$, 차량 총 중량 : $W(\text{kg}_\text{f})$, 관성 상당 중량 : $\Delta W(\text{kg}_\text{f})$, 제동거리 : $S(\text{m})$로 한다.)

국가기술자격 기술사 시험문제

제4교시(시험시간 : 100분)

분야	기계	종목	차량기술사	수험번호		성명	

※ 다음 문제 중 4문제를 선택하여 설명하시오.(각 25점)

[문제 1] 전기 자동차 교류 전동기 중 유도 모터, PM(Permanent Magnet) 모터, SR(Switched Reluctance) 모터의 특징을 각각 설명하시오.

[문제 2] 수소 자동차에서 수소 충전방법 4가지와 수소 생산, 제조법에 대하여 설명하시오.

[문제 3] 엔진의 기계적 조건이 동일할 때, LPG 연료가 가솔린 연료에 비하여 역화(Back Fire)가 더 많이 발생하는 이유와 방지대책에 대하여 설명하시오.

[문제 4] 전동식 조향장치의 보상제어를 정의하고 보상제어의 종류를 쓰고 설명 하시오.

[문제 5] 브레이크 저항계수와 슬립률을 정의하고 효과적인 제동을 위한 이 두 요소의 상관관계를 설명하시오.

[문제 6] 자동차의 리사이클 설계기술에 대하여 리사이클링성 평가 시스템, 재료 식별표시, 유해 물질 규제, 전과정 평가(LCA ; Life Cycle Assessment)등에 대하여 설명하시오.

국가기술자격 기술사 시험문제

기술사 107회   제1교시(시험시간 : 100분)

분야	기계	종목	차량기술사	수험번호		성명	

※ 다음 문제 중 10문제를 선택하여 설명하시오.(각10점)

[문제1] 자동차용 회전 감지 센서를 홀 효과식, 광학식, 전자 유도식으로 구분하여 그 특성과 적용 사례를 들어 설명하시오.

[문제2] TXV(Thermal Expansion Valve)방식의 냉동 사이클의 원리를 설명하시오.

[문제3] 자동차용 배터리 1kWh의 에너지를 MKS 단위계인 줄(J)로 설명하시오.

[문제4] 사이클론 엔진(Cyclon Engine)을 정의하고 특성을 설명하시오.

[문제5] 자동차의 차대번호(VIN)가 [KMHEM42APXA000001]일 때 각각의 의미를 설명하시오.

[문제6] 자동차용 점화장치 점화플러그에서 일어나는 방전현상을 용량방전과 유도방전으로 구분하여 설명하시오.

[문제7] 디젤엔진의 연소과정을 지압선도로 나타내고 착화지연기간, 급격연소기간, 제어연소기간, 후기연소기간으로 구분하고 그 특성을 설명하시오.

[문제8] 자동차용 ABS(Anti-Lock Brake System)에서 제동 시 발생되는 타이어와 노면간의 슬립 제어특성을 그림으로 그리고 설명하시오.

[문제9] 자동차용 머플러의 기능을 3가지로 나누어 정의하고 가변 머플러의 특성을 설명하시오.

[문제10] 전기자동차의 직접충전방식에서 완속과 급속충전의 특성을 설명하시오.

[문제11] 가상엔진 사운드시스템(VESS : Virtual Engine Sound System)을 정의하고 동작 가능 조건을 설명하시오.

[문제12] 배터리관제시스템(BMS : Battery Management System)에서 셀 밸런싱(Cell Balancing)의 필요성과 제어방법을 설명하시오.

[문제13] 자동차 부품에 적용되는 질화처리(窒化處理)의 목적과 적용사례를 설명하시오.

국가기술자격 기술사 시험문제

분야	기계	종목	차량기술사	수험번호		성명	

※ 다음 문제 중 4문제를 선택하여 설명하시오.(각25점)

[문제1] 2-스테이지 터보차저(2-Stage Turbocharger)를 정의하고 장, 단점을 설명하시오.

[문제2] 전자제어 토크 스플릿방식의 4WD(4-Wheel Drive) 시스템을 정의하고 특성을 설명하시오.

[문제3] DCT(Double Clutch Transmission)방식 자동변속기를 정의하고 특성을 설명하시오.

[문제4] 브레이크 패드의 요구특성과 패드 마모 시 간극 자동조절과정을 설명하시오.

[문제5] 하이브리드 자동차에서 모터의 에너지 손실, 가솔린엔진 동력 전달 과정에서 발생하는 에너지 손실을 항목을 들고 설명하시오.

[문제6] 차세대 디젤자동차용 신재생에너지원으로 주목받고 있는 바이오디젤에 대하여 다음 사항을 설명하시오.

    (가) 바이오디젤 생산기술
    (나) 바이오디젤 향후 전망

국가기술자격 기술사 시험문제

제3교시(시험시간 : 100분)

분야	기계	종목	차량기술사	수험번호		성명	

※ 다음 문제 중 4문제를 선택하여 설명하시오.(각25점)

[문제1] 차세대 디젤엔진의 기술개발전략을 연료분사기술, 질소산화물(NOx) 저감, 마찰 및 펌핑손실(Pumping Loss) 저감 측면에서 설명하시오.

[문제2] 구동모터와 회생제동 발전기의 기능을 겸하는 전기 자동차용 전동기를 플레밍의 왼손과 오른손 법칙을 적용하여 설명하고 토크(T)와 기전력(E)의 수식을 유도하시오.

[문제3] 수소연료전지 자동차에 사용되는 수소연료전지의 작동원리와 특성을 설명하시오.

[문제4] 차체수리 시 강판의 탄성, 소성, 가공경화, 열 변형, 크라운을 정의하고 변형 특성을 설명하시오.

[문제5] 자동차용 클러치 저더(Clutch Judder) 현상과 방지 대책을 설명하시오.

[문제6] 흡기계 소음대책으로 사용되는 헬름홀츠(Helmholtz)방식 공명기의 작동원리와 특성을 설명하시오.

국가기술자격 기술사 시험문제

기술사 107회   제4교시(시험시간 : 100분)

분야	기계	종목	차량기술사	수험번호		성명	

※ 다음 문제 중 4문제를 선택하여 설명하시오. (각25점)

[문제1] SCR(Selective Catalytic Reduction) 시스템을 정의하고 정화효율 특성을 설명하시오.

[문제2] 자동차 현가장치에서 서스펜션 지오메트리(Suspension Geometry)를 정의하고 위시본(Wishbone)과 듀얼링크(Dual Link Strut) 형식의 지오메트리 설계 특성을 설명하시오.

[문제3] 자동차 엔진에서 럼블(Rumble) 소음발생 원인과 방지대책을 설명하시오.

[문제4] 전고체 배터리 기술을 정의하고 기술개발 동향을 설명하시오.

[문제5] 운행 중인 자동차가 혼합비가 희박하여 공기과잉률(λ)이 높게 나타나는 원인 5가지를 설명하시오.

[문제6] 국내 자동차 안전도 평가에서 좌석 안전성 시험 및 평가 방법을 설명하시오.

국가기술자격 기술사 시험문제

분야	기계	종목	차량기술사	수험번호		성명	

※ 다음 문제 중 10문제를 선택하여 설명하시오. (각10점)

[문제1] 차체 재료의 강도(Strength)와 강성(Rigidity)을 구분하여 설명하시오.

[문제2] 차량의 부식이 발생하는 이유와 전기 화학적 부식에 대하여 설명하시오.

[문제3] 전기 자동차의 축전지 충전방식을 설명하고 정전류, 정전압 방식에 대해 설명하시오.

[문재4] 전기자동차의 에너지 저장장치에서 비출력(Specific Power) 표시가 필요한 이유에 대하여 설명하시오.

[문제5] 레저네이터(Resonator)의 기능에 대하여 설명하시오.

[문제6] 피스톤 슬랩과 간극의 차이가 엔진에 미치는 영향을 설명하시오.

[문제7] 디젤엔진의 DPF(Diesel Particulate Filter)장치에서 재생시기를 판단하는 방법 3가지를 설명하시오.

[문제8] 차량의 에어컨디셔닝 시스템에서 애프터 블로어(After Blower)기능에 대하여 설명하시오.

[문제9] 엔진오일의 수명(Oil Life)을 결정하는 인자 3가지에 대하여 설명하시오.

[문제10] 디젤엔진의 인젝터에서 MDP(Minimum Drive Pulse)학습을 실시하는 이유와 효과를 설명하시오.

[문제11] 튜닝의 종류 중 빌드업 튜닝(Build Up Tuning), 튠업 튜닝(Tune Up Tuning), 드레스업 튜닝(Dress Up Tuning)에 대하여 설명하시오.

[문제12] 리튬폴리머 축전지(Lithium Polymer Battery)의 특징에 대하여 설명하시오.

[문제13] 수소자동차의 수소를 생산하기 위하여 물을 전기분해하는 과정을 설명하시오.

국가기술자격 기술사 시험문제

분야	기계	종목	차량기술사	수험번호		성명	

※ 다음 문제 중 4문제를 선택하여 설명하시오. (각25점)

[문제1] 차체응력 측정방법 4가지에 대하여 설명하시오.

[문제2] 자동차 부품의 프레스 가공에 사용되는 강판의 재료에서 냉간압연강판, 열간압연강판, 고장력강판 및 표면처리강판에 대하여 각각 설명하시오.

[문제3] 전기 자동차의 축전지 에너지관리 시스템(Battery Energy Management System)의 기능에 대하여 설명하시오.

[문제4] 차량 에어컨디셔닝 시스템에서 냉매의 열교환 시 상태변화 과정을 순서대로 설명하시오.

[문제5] EPS(Electric Power Steering)시스템의 모터 설치에 따른 종류에 대하여 설명하시오.

[문제6] 차량제품의 설계과정 중 기능설계, 형태설계 및 생산설계에 대하여 설명하시오.

국가기술자격 기술사 시험문제

기술사 108회　　　　　　　　　　　　　　　　　제3교시(시험시간 : 100분)

분야	기계	종목	차량기술사	수험번호		성명	

※ 다음 문제 중 4문제를 선택하여 설명하시오.(각25점)

[문제1]　차량 경량화 재질로 사용되는 열가소성 수지인 엔지니어링 플라스틱 종류를 나열하고
　　　　자동차에 적용하는 부품에 대하여 설명하시오

[문제2]　전기자동차에 적용되는 DC Motor, 영구자석형 모터, 스위치드 리럭턴스 모터(SRM)에
　　　　대하여 특성에 대하여 설명하시오.

[문제3]　가솔린기관의 연소과정에서 층류화염과 난류화염을 구분하여 설명하시오.

[문제4]　기본적인 디젤기관의 연소과정 선도를 그려서 설명하시오.

[문제5]　자동차에 적용되는 42V 전기시스템의 필요성과 문제점에 대하여 설명하시오.

[문제6]　엔진의 공회전 시 발생하는 진동의 원인과 진동의 전달경로를 나열하고 승차감과의 상
　　　　관관계에 대하여 설명하시오.

국가기술자격 기술사 시험문제

기술사 108회   제4교시(시험시간 : 100분)

분야	기계	종목	차량기술사	수험번호		성명	

※ 다음 문제 중 4문제를 선택하여 설명하시오.(각25점)

[문제1] 가솔린엔진 연소실의 화염속도 측정을 위한 이온 프로브(Ion Probe)에 대하여 설명하시오.

[문제2] 최근 전기자동차의 에너지 저장기로 적용되는 전기 이중층 캐퍼시터(Electric Double Layer Capacitor)의 작동원리와 특성에 대하여 설명하시오.

[문제3] 승용 자동차의 진동 중 스프링 상부에 작용하는 질량 진동의 종류 4가지에 대하여 설명하시오.

[문제4] DOC−LNT(Diesel Oxidation Catalyst−Lean NOx Trap)을 설명하고 정화특성에 대하여 설명하시오.

[문제5] Urea−SCR(Selective Catalytic Reduction)장치에서 질소산화물 저감률에 미치는 인자에 대하여 설명하시오.

[문제6] 전기자동차의 보급 및 확산을 위하여 가격, 성능 및 환경에 대한 문제점과 해결책에 대하여 설명하시오.

국가기술자격 기술사 시험문제

분야	기계	종목	차량기술사	수험번호		성명	

※ 다음 문제 중 10문제를 선택하여 설명하시오. (각10점)

[문제1] 내연기관에서 열 부하에 대응하기 위한 피스톤의 설계방법 3가지를 설명하시오.

[문제2] 자동차 전자제어에서 사용하는 주파수, 듀티, 사이클의 용어를 각각 정의하시오.

[문제3] 수소연료전지 자동차가 공기 중의 미세먼지 농도를 개선하는 원리에 대하여 설명하시오.

[문제4] 가솔린엔진의 MBT(Minimum Spark Advance for Best Torque)를 정의 하고, 연소 측면에서 최적의 MBT제어 결정방법을 설명하시오.

[문제5] 수소취성(水素脆性)을 정의하고, 발생 원인을 설명하시오.

[문제6] 소수(Urea)를 사용하는 배기가스 정화장치와 화학반응에 대하여 설명하시오.

[문제7] 전륜구동자동차에서 발생하는 택인(Tack-In)현상을 설명하시오.

[문제8] 자동차 엔진 재료에 사용되는 인코넬(Inconel)의 특성을 설명하시오.

[문제9] 자동차 패킹(Packing)용 재료에서 가류(加硫)처리를 설명하시오.

[문제10] 자동차가 주행 중 일어나는 슬립 앵글(Slip Angle)과 코너링 포스(Cornering Force)를 정의하고 마찰과 선회능력에 미치는 영향을 설명하시오.

[문제11] 서브머린(Submarine)현상 방지시트와 경추보호 헤드레스트(Headrest)에 대하여 설명하시오.

[문제12] 자동차 엔진에서 체적효율과 충전효율을 정의하고, 체적효율 향상방안에 대하여 설명하시오.

[문제13] 자동차관리법에서 정하는 자동차대체부품을 정의하고, 대체부품으로 인증 받는 절차에 대하여 설명하시오.

국가기술자격 기술사 시험문제

분야	기계	종목	차량기술사	수험번호		성명	

※ 다음 문제 중 4문제를 선택하여 설명하시오.(각25점)

[문제1] 자동차 에어컨용 냉매의 구비조건을 물리적, 화학적 측면에서 설명하시오.

[문제2] 자동차용 터보차저(Turbocharger)가 엔진성능에 미치는 영향을 설명하고, 트윈터보
(Twin Turbo)와 2−스테이지 터보(2−Stage Turbo)형식으로 구분하여 작동원리를
설명하시오.

[문제3] 자동차 필러(Pillar)의 강성(Stiffness)을 정의하고, 강성을 증가시키는 방법을 구조적
측면에서 설명하시오.

[문제4] 자동차용 안전벨트(Safety Belt)에 대해 다음을 설명하시오.

(가) ELR(Emergency Locking Retractor)
(나) 시트벨트 프리텐셔너(Seat Belt Pre−Tensioner)
(다) 로드 및 포스 리미터(Load & Force Limiter)

[문제5] 핫 스탬핑(Hot Stamping) 공법으로 제작된 초고장력 강판의 B−필러 중간부분이 사고
로 인하여 바깥쪽으로 돌출되었다. 수리 절차에 대해 설명하시오.

[문제6] 연료전지자동차의 연료전지 주요 구성부품 3가지를 들어 그 역할을 설명하고, 연료전지
스택(Fuel Cell Stack)의 발전원리를 화학식으로 설명하시오.

국가기술자격 기술사 시험문제

기술사 110회 제3교시(시험시간 : 100분)

분야	기계	종목	차량기술사	수험번호		성명	

※ 다음 문제 중 4문제를 선택하여 설명하시오.(각25점)

[문제1] 자동차용 4WD(4 Wheel Drive)와 AWD(All Wheel Drive) 시스템에 대하여 다음을 설명하시오.

    (가) 4WD의 특징(연비, 조향성능)

    (나) 4WD의 작동원리

    (다) AWD의 작동원리

[문제2] 점화코일이 2개 있는 4기통 가솔린엔진의 통전순서 제어방법에 대하여 설명하시오.

[문제3] ADAS(Advanced Driver Assistance System)를 정의하고, 적용사례를 설명하시오.

[문제4] 자동차용 엔진의 공연비를 공기 과잉률과 당량비 측면에서 정의하고, 공연비가 화염속도, 화염온도, 엔진출력에 미치는 영향을 설명하시오.

[문제5] 수소연료전지자동차에 사용되는 수소의 제조법 5가지를 열거하고 설명하시오.

[문제6] 자동차 점화장치에서 다음의 각 항이 점화 요구전압에 미치는 영향을 설명하시오.

    (가) 압축압력

    (나) 혼합기온도

    (다) 엔진속도

    (라) 엔진부하

    (마) 전극의 간격과 온도

국가기술자격 기술사 시험문제

기술사 110회   제4교시(시험시간 : 100분)

분야	기계	종목	차량기술사	수험번호		성명	

※ 다음 문제 중 4문제를 선택하여 설명하시오.(각25점)

[문제1] LSD(Limited Slip Differential)를 정의하고, 회전수 감응형, 토크 감응형의 작동원리
에 대하여 설명하시오.

[문제2] 자동차의 현가장치 지오메트리(Suspension Geometry)를 정의하고, 앤티다이브 포스
(Anti－Dive Force)에 대하여 설명하시오.

[문제3] 엔진에 설치된 밸런스 샤프트(Balance Shaft)의 역할을 설명하시오.

[문제4] 자동차용 엔진의 응답특성(應答特性)과 과도특성(過度特性)을 개선시키기 위하여 고려
해야할 엔진 설계요소를 흡기, 배기계통으로 구분하여 설명하시오.

[문제5] 자동차의 휠 오프셋(Wheel Off－Set)을 정의하고, 휠 오프셋이 휠 얼라인먼트(Wheel
Alignment)에 미치는 영향을 설명하시오.

[문제6] 자동차 차체의 경량화 방법을 신소재 및 제조공법 측면에서 설명하시오.

국가기술자격 기술사 시험문제

분야	기계	종목	차량기술사	수험번호		성명	

※ 다음 문제 중 10문제를 선택하여 설명하시오.(각10점)

[문제1] 카셰어링(Car Sharing)과 카헤일링(Car Hailing)에 대하여 설명하시오.

[문제2] 피스톤링 플러터(Flutter)가 엔진성능에 미치는 영향과 방지대책을 설명하시오.

[문제3] 앞엔진 앞바퀴굴림 방식(FF방식)의 차량에서 언더스티어(Understeer)가 발생하기 쉬운 이유를 설명하시오.

[문제4] 가솔린엔진보다 디젤엔진이 대형엔진에 더 적합한 이유를 연소측면에서 설명하시오.

[문제5] 자동차관리법에 규정된 자동차부품 자기인증을 설명하고, 자기인증이 필요한 부품 7가지를 나열하시오.

[문제6] 압전 및 압저항 소자의 특성과 자동차 적용분야에 대해 설명하시오.

[문제7] 전기자동차용 모터의 종류와 특성을 비교 설명하시오.

[문제8] 토크 스티어(Torque Steer)를 정의하고 방지대책에 대해 설명하시오.

[문제9] 초저탄소자동차(ULCV, Ultra Low Carbon Vehicle)의 정의와 기술개발 동향에 대해 설명하시오.

[문제10] 자동차에 사용되는 에너지(연료)의 종류 5가지를 쓰고, 각각의 특성에 대해 설명하시오.

[문제11] 엔진의 다운사이징(Eengine Downsizing)에 대해 배경 및 적용기술 측면에서 설명하시오.

[문제12] 터보 래그(Turbo Lag)를 정의하고, 이를 개선하기 위한 기술(또는 장치)에 대해 설명하시오.

[문제13] 인클루디드 앵글(Included Angle)을 정의하고, 좌우 편차 발생 시 문제점에 대해 설명하시오.

국가기술자격 기술사 시험문제

분야	기계	종목	차량기술사	수험번호		성명	

※ 다음 문제 중 4문제를 선택하여 설명하시오.(각25점)

[문제1] "자동차 및 자동차부품의 성능과 기준에 관한 규칙"에 따른 차로이탈경고 장치(LDWS, Lane Departure Warning System)의 의무장착 기준을 설명하고 그 구성품과 작동조건에 대하여 설명하시오.

[문제2] 자동차에서 발생되는 소음을 분류하여 설명하고 각 소음에 대한 방지대책을 설명하시오.

[문제3] 타이어의 구름저항을 정의하고, 구름저항의 발생원인 및 영향인자를 각각 5가지 설명하시오.

[문제4] 터보차저(Turbo Charger)를 장착한 차량에 인터쿨러(Intercooler)를 함께 설치하는 이유를 열역학적 관점에서 설명하고, 인터쿨러의 냉각방식 별 장단점을 설명하시오.

[문제5] 수소연료전지(Fuel Cell) 자동차의 연료소모량 측정법 3가지와 연비 계산법을 설명하시오.

[문제6] BLDC모터(Brushless DC Motor)를 정의하고, 구조 및 장단점을 설명하시오

국가기술자격 기술사 시험문제

분야	기계	종목	차량기술사	수험번호		성명	

※ 다음 문제 중 10문제를 선택하여 설명하시오. (각25점)

[문제1] 자동차부품 제작에 적용되는 핫 스탬핑(Hot-Stamping), TWB(Taylor Welded Blanks), TRB(Taylor Rolled Blanks) 공법과 적용사례에 대하여 설명하시오.

[문제2] 자율주행자동차가 상용화되기 위하여 해결해야 할 요건을 기술적, 사회적, 제도적 측면에서 설명하시오.

[문제3] 뒷바퀴 캠버가 변화하는 원인과 이로 인하여 발생하는 문제 및 조정 시 유의사항에 대하여 설명하시오.

[문제4] 타이어의 편평비가 다음 각 항목에 미치는 영향을 설명하시오.
    (1) 승차감
    (2) 조종안정성
    (3) 제동능력
    (4) 발진가속성능
    (5) 구름저항

[문제5] 엔진 및 변속기 ECU(Electronic Control Unit)의 학습제어에 대하여 설명하시오.

[문제6] 자동차 에어컨 장치에서 냉매의 과열과 과랭을 정의하고 과열도가 설계치보다 높거나 과랭도가 설계치보다 낮을 때의 현상에 대하여 설명하시오.

국가기술자격 기술사 시험문제

기술사 111회   제4교시(시험시간 : 100분)

분야	기계	종목	차량기술사	수험번호		성명	

※ 다음 문제 중 4문제를 선택하여 설명하시오.(각25점)

[문제1] 자동차의 제원 중 적하대오프셋을 정의하고, 적재상태에서 적하대오프셋과 축중의 관계를 설명하시오.

　　　　[가정]
　　　　• 승원중심과 앞차축 중심 일치
　　　　• 적재량의 무게중심과 적하대의 기하학적 중심 일치

[문제2] 바이오연료의 종류를 쓰고, 각각에 대하여 설명하시오.

[문제3] 자동차 주행성능선도를 그리고, 이를 통해 확인할 수 있는 성능항목을 설명하시오.

[문제4] 기관으로부터 발생하는 소음의 종류와 저감대책에 대하여 설명하시오.

[문제5] 엔진을 시동할 때 걸리는 크랭킹 저항을 3가지로 분류하고 설명하시오.

[문제6] 디젤 사이클에서 이론 공기 사이클과 실제 사이클의 열효율에 차이가 나는 이유에 대하여 설명하시오.

국가기술자격 기술사 시험문제

기술사 113회   제1교시(시험시간 : 100분)

분야	기계	종목	차량기술사	수험번호		성명	

※ 다음 문제 중 10문제를 선택하여 설명하시오.(각10점)

[문제1] 드래그 토크(Drag Torque)에 대하여 설명하시오.

[문제2] 리어 엔드 토크(Rear End Torque)에 대하여 설명하시오.

[문제3] 자동차의 접근각(Approach Angle)에 대하여 설명하시오.

[문제4] 자동차 배터리에서 전해액의 역할을 설명하시오.

[문제5] 최적의 점화시기를 적용해야 하는 이유를 연소관점에서 설명하시오.

[문제6] 차량에서 세이프티 존 보디(Safety Zone Body)의 필요성을 설명하시오.

[문제7] 재료의 기계적 성질에서 가단성과 연성에 대하여 설명하시오.

[문제8] 자동차의 론치 컨트롤(Launch Control)의 기능을 설명하시오.

[문제9] 경계마찰(Greasy Friction)에 대하여 설명하시오.

[문제10] 엔진오일 교환주기를 판단하는 요소에 대하여 설명하시오.

[문제11] 엔진에서 냉각장치의 근본적인 존재 이유를 설명하시오.

[문제12] 그림의 주파수는 몇 Hz 인지 설명하시오.

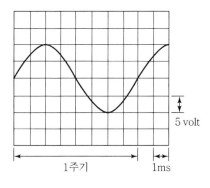

[문제13] 가솔린엔진에서 압축행정을 하는 이유를 설명하시오.

국가기술자격 기술사 시험문제

기술사 113회   제2교시(시험시간 : 100분)

분야	기계	종목	차량기술사	수험번호		성명	

※ 다음 문제 중 4문제를 선택하여 설명하시오. (각25점)

[문제1] 디젤엔진의 배출가스 국제표준시험법(WLTP)에 대하여 설명하시오.

[문제2] 동력성능에서 마력(Horse power)과 회전력(Torque)을 각각 정의하고 설명하시오.

[문제3] 차체 설계 시 강도 측면과 안전측면에서 고려하여야 할 사항에 대하여 설명하시오.

[문제4] 차량에 적용하는 광통신(Optical Communication)시스템의 원리와 장점을 설명하시오.

[문제5] 엔진의 가속과 감속을 밸브의 양정으로 제어하는 원리를 설명하시오.

[문제6] 전기식 파워 스티어링(Electric Power Steering) 시스템의 장단점과 작동원리를 설명하시오

국가기술자격 기술사 시험문제

분야	기계	종목	차량기술사	수험번호		성명	

※ 다음 문제 중 4문제를 선택하여 설명하시오.(각25점)

[문제1] 자동차가 주행 중 발생하는 시미(Shimmy)현상의 원인을 설명하시오.

[문제2] 자동차 동력성능시험의 주요항목 4종류를 설명하시오.

[문제3] 자동차의 공기조화 장치에서 열 부하에 대하여 설명하시오.

[문제4] 주행저항 중 공기저항의 발생 원인에 대하여 설명하시오.

[문제5] CAN(Communication Area Network)통신과 X-By-Wire System에 대하여 설명하시오.

[문제6] 디젤엔진에서 착화지연의 주요 원인 5가지를 설명하시오.

국가기술자격 기술사 시험문제

기술사 113회 　　　　　　　　　　　　　　　　　　제4교시(시험시간 : 100분)

분야	기계	종목	차량기술사	수험번호		성명	

※ 다음 문제 중 4문제를 선택하여 설명하시오. (각25점)

[문제1]　사고기록장치(EDR, Event Data Recorder)에 대하여 설명하시오.

[문제2]　고전압배터리의 구성품을 열거하고 PRA(Power Relay Assembly)의 기능을 설명하시오.

[문제3]　디젤엔진의 IQA(Injection Quantity Adaptation)에 대하여 설명하시오.

[문제4]　자동차 주행 중 발생할 수 있는 소음, 진동의 종류를 나열하고 소음, 진동 특성에 대하여 설명하시오.

[문제5]　자동차에서 전기에너지관리(Electric Energy Management)시스템의 구성을 설명하시오.

[문제6]　람다 컨트롤(λ Control)에 대하여 설명하시오.

국가기술자격 기술사 시험문제

기술사 114회   제1교시(시험시간 : 100분)

분야	기계	종목	차량기술사	수험번호		성명	

※ 다음 문제 중 10문제를 선택하여 설명하시오.(각 10점)

[문제1] 타이어 공기압 경보장치의 구성부품을 나열하고 작동을 설명하시오.

[문제2] 타이어의 호칭기호 중 플라이 레이팅(PR ; Ply Rating)에 대하여 설명하시오.

[문제3] 기관 유닛부에 서미스터를 사용하고 있는 밸런싱 코일 형식(Balancing Coil Type) 전기식 수온계의 작동방법을 설명하시오.

[문제4] 스마트키 시스템의 구성부품을 나열하시오.

[문제5] 소리발생장치(AVAS ; Acoustic Vehicle Alert System)에 대하여 설명하시오.

[문제6] 전조등의 명암한계선(Cut-Off Line)에 대하여 설명하시오.

[문제7] 생산 적합성(COP ; Conformity of Production)에 대하여 설명하시오.

[문제8] 지능형 최고속도제어장치(ISA ; Intelligent Speed Assistance)에 대하여 설명하시오.

[문제9] 자동차 CAN 통신시스템에서 종단저항(Termination Resistor)을 두는 이유를 설명하시오.

[문제10] 엔진의 성능선도에서 탄성영역(Elastic Range)에 대하여 설명하시오.

[문제11] 전기자동차의 동력원으로 사용 가능한 인휠모터(In-Wheel Motor)의 장점에 대하여 설명하시오.

[문제12] 점화코일의 시정수에 대하여 설명하시오.

[문제13] 비공기식 타이어(Non-Pneumatic Tire)에 대하여 설명하시오.

국가기술자격 기술사 시험문제

기술사 114회   제2교시(시험시간 : 100분)

분야	기계	종목	차량기술사	수험번호		성명	

※ 다음 문제 중 4문제를 선택하여 설명하시오.(각 25점)

[문제1] "자동차 및 자동차부품의 성능과 기준에 관한 규칙"에서 명시하는 긴급제동신호장치의 차종별 작동기준을 설명하시오.

[문제2] 정부(국토교통부)가 자동차 안전도평가(KNCAP ; Korean New Car Assessment Program)에서 시행하고 있는 사고예방 안전장치의 종류를 나열하고 각각에 대하여 평가항목을 설명하시오.

[문제3] 자동변속기에서 다음 사항을 설명하시오.

    (1) 히스테리시스(Hysteresis)
    (2) 킥다운(Kick Down)
    (3) 킥업(Kick Up)
    (4) 리프트 풋업(Lift Foot Up)

[문제4] 엔진 효율을 향상시키기 위한 다음의 냉각장치에 대하여 설명하시오.

    (1) 분리냉각장치
    (2) 실린더 헤드 냉각장치
    (3) 흡기 선행 냉각장치

[문제5] FlexRay 통신시스템의 특징과 CAN(Controller Area Network) 통신시스템의 차이점을 비교하여 설명하시오.

[문제6] 자동차 방음재료에 대하여 설명하시오.

국가기술자격 기술사 시험문제

분야	기계	종목	차량기술사	수험번호		성명	

※ 다음 문제 중 4문제를 선택하여 설명하시오.(각 25점)

[문제1] 전기자동차용 리튬이온(Li-ion)전지, 리튬황(Li-S)전지, 리튬공기(Li-air)전지에 대하여 설명하시오.

[문제2] 디젤엔진의 노크 특성과 경감방법에 대하여 설명하시오.

[문제3] 보조제동장치의 필요성, 종류, 작동원리에 대하여 설명하시오.

[문제4] 자율주행자동차에 통신 적용의 필요성 및 자동차에 적용되는 5G의 특징을 설명하시오.

[문제5] 배기가스 재순환장치(EGR ; Exhaust Gas Recirculation system)가 작동하지 않는 조건을 4가지만 쓰고, 듀얼루프(Dual Loop) EGR을 설명하시오.

[문제6] 다음 감광식 룸램프의 타임차트를 보고 작동방식을 설명하시오.

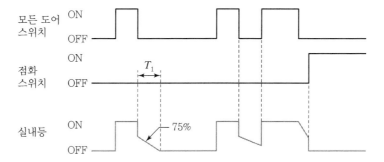

국가기술자격 기술사 시험문제

기술사 114회 제4교시(시험시간 : 100분)

분야	기계	종목	차량기술사	수험번호		성명	

※ 다음 문제 중 4문제를 선택하여 설명하시오.(각 25점)

[문제1] 4륜구동장치(4WD) 시스템에서 나타나는 타이트 코너 브레이크(Tight Corner Brake) 현상에 대하여 정의하고 특성을 설명하시오.

[문제2] 냉동사이클의 종류 중 CCOT(Clutch Cycling Orifice Tube) 방식과 TXV(Thermal Expansion Valve) 방식에 대하여 각각 설명하시오.

[문제3] 자동변속기에 적용되는 유성기어장치의 증속, 감속, 후진, 직결에 대하여 설명하시오.

[문제4] 자동차 수리비의 구성 요소인 공임과 표준작업시간에 대하여 설명하시오.

[문제5] "자동차 및 자동차부품의 성능과 기준에 관한 규칙"에 명시된 어린이 운송용 승합자동차에 관련된 안전기준 중 좌석의 규격, 승강구, 후사경, 후방 확인을 위한 영상장치, 정지표시장치에 대하여 각각 설명하시오.

[문제6] SAE(Society of Automotive Engineers) 기준 자율주행자동차 레벨에 대하여 설명하시오.

국가기술자격 기술사 시험문제

| 분야 | 기계 | 종목 | 차량기술사 | 수험번호 | | 성명 | |

※ 다음 문제 중 10문제를 선택하여 설명하시오.(각 10점)

[문제1]　자동차에 설치되는 휴대전화 무선충전기의 충전원리에 대하여 설명하시오.

[문제2]　암모니아 슬립(Ammonia Slip)에 대하여 설명하시오.

[문제3]　자동차 에너지소비효율등급 라벨에 표시된 복합연비의 의미에 대하여 설명하시오.

[문제4]　블로바이(Blow-by), 블로백(Blow-back), 블로다운(Blow-down)에 대하여 설명하시오.

[문제5]　휠의 정적불균형과 동적불균형에 대하여 설명하시오.

[문제6]　저속전기자동차의 안전기준 및 운행기준에 대하여 설명하시오.

[문제7]　자동차 배터리의 CCA에 대하여 설명하시오.

[문제8]　전기자동차에서 인버터(Inverter)와 컨버터(Converter)의 기능에 대하여 설명하시오.

[문제9]　전기자동차에 사용되는 PTC 히터에 대하여 설명하시오.

[문제10]　LPI 엔진에서 ECU가 연료 조성비를 파악하기 위하여 필요한 센서와 신호에 대하여 설명하시오.

[문제11]　FF 형식의 자동차가 좌회전 선회 중 언더스티어가 발생할 경우 ESP(Electronic Stability Program)가 휠을 제동하는 방법에 대하여 설명하시오.

[문제12]　가솔린엔진의 비동기연료분사에 대하여 설명하시오.

[문제13]　자동차 브레이크 패드의 에지(Edge)에 표시된 코드(예, JB NF92 FF)에서 FF의 의미를 설명하시오.

국가기술자격 기술사 시험문제

기술사 116회 　　　　　　　　　　　　　　　　　제2교시(시험시간 : 100분)

분야	기계	종목	차량기술사	수험번호		성명	

※ 다음 문제 중 4문제를 선택하여 설명하시오.(각 25점)

[문제1] 디젤엔진에서 EGR(Exhaust Gas Recirculation)에 의해서 NOx가 저감되는 원리를 설명하시오.

[문제2] 무게가 16,000N, 앞바퀴 제동력이 3,600N, 뒷바퀴 제동력이 1,200N인 자동차가 120km/h 속도에서 급제동할 경우 멈출 때까지의 거리와 시간을 구하시오.(단, 중력 가속도 g =10m/s²이다.)

[문제3] 48V 마일드 하이브리드 시스템(Mild Hybrid System)을 정의하고 작동방식에 대하여 설명하시오.

[문제4] 자동차 시트벨트 구성요소 중 안전성과 안락성 향상을 위한 부품 4가지를 설명하시오.

[문제5] 전기자동차의 탑재형 충전기(On Board Charger)와 외장형 충전기(Off Board Charger)를 설명하고 탑재형 충전기의 충전전력 흐름에 대하여 설명하시오.

[문제6] 자동차의 배출가스 인증을 위한 RDE(Real Driving Emission) 시험의 도입 배경에 대하여 설명하시오.

국가기술자격 기술사 시험문제

분야	기계	종목	차량기술사	수험번호		성명	

※ 다음 문제 중 4문제를 선택하여 설명하시오.(각 25점)

[문제1] 자동차의 스프링 위 질량과 스프링 아래 질량을 정의하고 각각의 질량 진동에 대하여 설명하시오.

[문제2] 디젤자동차 DPF 필터의 자연재생과 강제재생 방법에 대하여 설명하시오.

[문제3] 하이브리드 자동차의 모드 5가지를 설명하시오.

[문제4] 차체의 손상 분석에서 차체 손상의 종류 5가지를 설명하시오.

[문제5] 자율주행자동차의 운전지원 시스템(ADAS)에서 카메라(Camera), 레이더(Radar), 라이다(LiDAR)의 개념과 적용되는 기술에 대하여 설명하시오.

[문제6] 고전압을 사용하는 친환경 자동차에서 고전원 전기장치를 정의하고 충돌안전시험 기준에 대하여 설명하시오.

국가기술자격 기술사 시험문제

기술사 116회   제4교시(시험시간 : 100분)

분야	기계	종목	차량기술사	수험번호		성명	

※ 다음 문제 중 4문제를 선택하여 설명하시오.(각 25점)

[문제1] 공기과잉률(λ)에 따른 삼원촉매장치의 배기가스 정화효율 그래프를 도시하고 λ - Window와 산소센서(O_2 Sensor)의 기능에 대하여 설명하시오.

[문제2] FATC(Full Automatic Temperature Control) 자동차 에어컨에 대하여 설명하시오.

[문제3] X-By-Wire 시스템에 대하여 설명하시오.

[문제4] 표면처리강판의 정의, 종류, 자동차 분야의 적용 동향에 대하여 설명하시오.

[문제5] 고분자 전해질 연료전지(Polymer Electrolyte Membrane Fuel Cell)의 장단점에 대하여 설명하시오.

[문제6] 선회 시 발생하는 휠 리프트(Wheel Lift) 현상을 정의하고, 선회한계속도를 유도하시오.

국가기술자격 기술사 시험문제

기술사 117회   제1교시(시험시간 : 100분)

분야	기계	종목	차량기술사	수험번호		성명	

※ 다음 문제 중 10문제를 선택하여 설명하시오.(각 10점)

[문제1] 금속재료의 성형가공법에서 하이드로포밍(Hydro-Forming)에 대하여 설명하시오.

[문제2] 전기 유압식 콤비 브레이크(Electric Hydraulic Brake)에 대하여 설명하시오.

[문제3] 브레이크다운 전압(Break Down Voltage)에 대하여 설명하시오.

[문제4] 엔진의 비동기분사(Asynchronous Injection)에 대하여 설명하시오.

[문제5] 차량의 주행 중 발생하는 스워브(Swerve) 현상에 대하여 설명하시오.

[문제6] 금속의 프레팅 마모(Fretting Wear)에 대하여 설명하시오.

[문제7] 가솔린 GDI(Gasoline Direct Injection) 엔진의 장단점에 대하여 설명하시오.

[문제8] 탄소섬유 강화 플라스틱(Carbon Fiber Reinforced Plastic)에 대하여 설명하시오.

[문제9] 커먼레일 디젤엔진에 에어 컨트롤 밸브(Air Control Valve)를 장착하는 이유를 설명하시오.

[문제10] 환경친화적 특성을 가진 연료전지의 장점과 단점을 각각 설명하시오.

[문제11] 전자식 스로틀 제어(Electric Throttle Control) 세척방법과 주의할 부분에 대하여 설명하시오.

[문제12] 카본 브레이크 로터(Carbon Brake Rotor)에 대하여 설명하시오.

[문제13] 브레이크 오버라이드 시스템(Brake Over-Ride System)에 대하여 설명하시오.

국가기술자격 기술사 시험문제

기술사 117회   제2교시(시험시간 : 100분)

분야	기계	종목	차량기술사	수험번호		성명	

※ 다음 문제 중 4문제를 선택하여 설명하시오. (각 25점)

[문제1]   전기자동차 급속충전장치에 대하여 설명하시오.

[문제2]   금속의 전기적인 부식현상에 대하여 설명하시오.

[문제3]   차축의 롤 센터(Roll Center)에 대하여 설명하시오.

[문제4]   바이오 에탄올(Bio Ethanol)에 대하여 설명하시오.

[문제5]   경사로 저속주행제어(Downhill Brake Control)에 대하여 설명하시오.

[문제6]   세이프티 파워 윈도(Safety Power Window)에 대하여 설명하시오.

국가기술자격 기술사 시험문제

기술사 117회   제3교시(시험시간 : 100분)

분야	기계	종목	차량기술사	수험번호		성명	

※ 다음 문제 중 4문제를 선택하여 설명하시오.(각 25점)

[문제1] 디젤 미립자 필터(DPF)의 가열단계와 재생단계를 각각 설명하시오.

[문제2] 지능형 에어백의 충돌안전 모듈에 대하여 설명하시오.

[문제3] 고전압장치(High Voltage System)의 주요 부품에 대하여 설명하시오.

[문제4] 탄성소음, 비트소음, 럼블소음에 대하여 각각 설명하시오.

[문제5] 피에조 인젝터(Piezo Injector)를 정의하고 연료분사량 보정에 대하여 설명하시오.

[문제6] 엔진의 액티브 사운드 디자인(Active Sound Design)에 대해 설명하시오.

국가기술자격 기술사 시험문제

기술사 117회   제4교시(시험시간 : 100분)

분야	기계	종목	차량기술사	수험번호		성명	

※ 다음 문제 중 4문제를 선택하여 설명하시오.(각 25점)

[문제1] 클린디젤엔진의 핵심기술에 대하여 설명하시오.

[문제2] 차량 충돌시험 방법 중 측면충돌시험 방법과 평가항목에 대하여 설명하시오.

[문제3] 승용자동차의 엔진 마운트 종류 3가지를 설명하시오.

[문제4] 자동변속기에서 오일 온도의 관리 방법에 대하여 설명하시오.

[문제5] 전기자동차가 환경에 미치는 영향에 대하여 설명하시오.

[문제6] 금속의 응력 측정법에서 광탄성 피막법, 취성 도료법, 스트레인 게이지법에 대하여 설명하시오.

국가기술자격 기술사 시험문제

분야	기계	종목	차량기술사	수험번호		성명	

※ 다음 문제 중 10문제를 선택하여 설명하시오.(각 10점)

[문제1] 온실가스 배출과 관련하여 Off-Cycle 크레디트(Credit)에 대하여 설명하시오.

[문제2] 리튬이온 폴리머 배터리에 적용되는 셀 밸런싱(Cell Balancing)의 필요성과 제어방법에 대하여 설명하시오.

[문제3] 밀러 사이클 엔진(Miller Cycle Engine)의 적용이 증가하고 있는 이유에 대하여 설명하시오.

[문제4] 트윈 터보 래그(Twin Turbo Lag)에 대하여 설명하시오.

[문제5] 급유연료증기(ORVR ; Onboard Refueling Vapor Recovery) 적용 배경에 대하여 설명하시오.

[문제6] 자동차용 LPG를 여름용과 겨울용으로 구분하는 이유에 대하여 설명하시오.

[문제7] 하이브리드 차량(Hybrid Vehicle)에 적용된 모터의 레졸버 센서(Resolver Sensor)에 대하여 설명하시오.

[문제8] 하이브리드 자동차에서 회생제동 시스템(Brake Energy Re-Generation System)을 적용하는 이유에 대하여 설명하시오.

[문제9] EGR By-Pass Valve를 장착하는 이유에 대하여 설명하시오.

[문제10] 디젤 미립자 필터(DPF)에 누적된 Soot는 NO_2와 O_2로 태워질 수 있다. 이 두 가지 방식에 대하여 화학식을 제시하고 요구되는 조건과 특징에 대하여 설명하시오.

[문제11] 자동차의 하부 부식 원인을 설명하고 방청대책에 대하여 설명하시오.

[문제12] 스터드리스 타이어(Studless Tire)가 스파이크 없이 접지력을 유지하는 요소에 대하여 설명하시오.

[문제13] 강의 표면 경화의 목적과 방법에 대하여 설명시오.

국가기술자격 기술사 시험문제

기술사 119회   제2교시(시험시간 : 100분)

분야	기계	종목	차량기술사	수험번호		성명	

※ 다음 문제 중 4문제를 선택하여 설명하시오.(각 25점)

[문제1] 차량 생산 방식에서 모듈(Module)화의 종류 및 장단점을 설계 및 생산 측면에 대하여 설명하시오.

[문제2] 차량자세제어장치(ESC ; Electronic Stability Control)의 기능과 각 부품의 역할에 대하여 설명하시오.

[문제3] 48V 마일드 하이브리드 자동차에 대하여 설명하시오.

[문제4] 사고기록장치(Event Data Recorder)에 대하여 설명하시오.

[문제5] 디젤엔진의 FBC(Fuel Quantity Balancing Control)에 대하여 설명하시오.

[문제6] 전기자동차의 개발 목적과 주행 모드에 대하여 설명하시오.

국가기술자격 기술사 시험문제

분야	기계	종목	차량기술사	수험번호		성명	

※ 다음 문제 중 4문제를 선택하여 설명하시오. (각 25점)

[문제1] 소성가공의 종류를 설명하고 그중에서 냉간압연의 제조방법과 압하력을 줄이는 방법에 대하여 설명하시오.

[문제2] 전자제어 디젤엔진을 탑재한 차량 개발 시 해발고도가 높은 곳에서 고려해야 하는 엔진 제어 항목에 대하여 설명하시오.

[문제3] 자율주행 자동차에 적용된 V2X(Vehicle To Everything)에 대하여 설명하시오.

[문제4] 차량 통신에서 광케이블(Optical Fibers)을 적용했을 때의 특징에 대하여 설명하시오.

[문제5] 디젤엔진용 연료로 바이오디젤(Bio-Diesel)의 적용 비율이 높아지는 추세이다. 바이오디젤의 원재료에 의한 종류, 바이오디젤을 엔진에 적용 시 고려하는 사항에 대하여 설명하시오.

[문제6] 내연기관에서 흡기 관성효과와 맥동효과에 대하여 설명하시오.

국가기술자격 기술사 시험문제

기술사 119회   제4교시(시험시간 : 100분)

분야	기계	종목	차량기술사	수험번호		성명	

※ 다음 문제 중 4문제를 선택하여 설명하시오.(각 25점)

[문제1] 자동차 도장(Painting)에 대하여 아래의 사항을 설명하시오.
       (1) 자동차 도장 목적
       (2) 자동차 도장 공정
       (3) 하도 및 전처리 방법

[문제2] 자동차 개발과 관련하여 품질에 대해 아래 항목들을 설명하시오.
       (1) 품질의 개요
       (2) 품질의 종류 : 시장품질, 설계품질, 제조품질
       (3) 품질의 중요성

[문제3] 배출가스 내 NOx를 저감하는 기술인 선택적 환원 촉매(SCR) 중 Cu-Zeolite SCR 촉매를 사용하는 경우, NOx 저감효율을 증대시키는 방안에 대하여 설명하시오.

[문제4] 친환경 자동차에 적용된 수소연료전지(Hydrogen Fuel Cell)에 대하여 설명하시오.

[문제5] 적응순항제어장치(ACC ; Adaptive Cruise Control)의 기능과 적용 부품에 대하여 설명하시오.

[문제6] 캠프리(Cam Free) 엔진의 작동 개요와 구조상 특징과 장단점에 대하여 설명하시오.

국가기술자격 기술사 시험문제

기술사 120회

제1교시(시험시간 : 100분)

분야	기계	종목	차량기술사	수험번호		성명	

※ 다음 문제 중 10문제를 선택하여 설명하시오.(각 10점)

[문제1] 자동차관리법에서 국토교통부령으로 정하는 자동차의 무단해체 금지에 해당하지 않는 사항에 3가지를 설명하시오.

[문제2] 자동차 차체의 진동현상에 대하여 설명하시오.

[문제3] ISG(Idle Stop & Go) 장착 차량에 적용한 DC/DC Converter에 대하여 설명하시오.

[문제4] 커먼레일 디젤엔진의 연료분사장치인 인젝터에서 예비분사를 실시하지 않는 경우에 대하여 설명하시오.

[문제5] 자동차 커넥티비티(Connectivity)에 대한 개념과 적용된 기능에 대하여 설명하시오.

[문제6] 후석승객알림(ROA ; Rear Occupant Alert) 적용 배경 및 기능에 대하여 설명하시오.

[문제7] 긴급제동장치(Autonomous Emergency Braking)의 제어 해제조건과 한계상황(환경적 요인, 카메라 및 레이더 감지 한계)에 대하여 설명하시오.

[문제8] 자율주행 자동차의 V2X 통신에 대하여 설명하시오.

[문제9] 차체 부품 성형법 중에서 하이드로포밍(Hydro-Forming)에 대하여 설명하시오.

[문제10] 오일리스 베어링(Oilless Bearing)의 제조법과 특징에 대하여 설명하시오.

[문제11] 하이브리드자동차 배터리의 셀 밸런싱 제어에 대하여 설명하시오.

[문제12] 하이브리드 방식 중 패럴렐 타입(Parallel Type)에서 TMED(Transmission Mounted Electric Device) 형식에 사용되는 하이브리드 기동발전기(Hybrid Stater Generator)의 기능을 설명하시오.

[문제13] 전기자동차의 인휠 드라이브 구동방식에 대하여 설명하시오.

국가기술자격 기술사 시험문제

기술사 120회　　　　　　　　　　　　　　　　　제2교시(시험시간 : 100분)

분야	기계	종목	차량기술사	수험번호		성명	

※ 다음 문제 중 4문제를 선택하여 설명하시오.(각 25점)

[문제1]　자동차관리법 시행령에서 안전기준에 적합해야 할 자동차의 구조와 장치에 대하여 설명하시오.

[문제2]　전기자동차의 장단점과 직류모터와 교류모터에 대하여 설명하시오.

[문제3]　가솔린 자동차의 배기가스 저감을 위한 후처리장치의 효율 향상 기술에 대하여 설명하시오.

[문제4]　내연기관에서 배기열 재사용 시스템(Exhaust Gas Heat Recovery System)에 대하여 설명하시오.

[문제5]　차량중량 W(kgf)인 자동차가 시속 V(km/h)로 운전하는 중에 제동력 F(kgf)의 작용으로 인하여 제동거리 S(m)에서 정지하였을 때(이때 공주시간은 t 시간으로 함) 단계적으로 제동된 과정과 각 과정에서의 거리와 최종 정지거리를 산출하는 식을 쓰고 설명하시오.

[문제6]　수소전기자동차에서 수소연료소비량 측정방법에 대하여 설명하시오.

국가기술자격 기술사 시험문제

기술사 120회　　　　　　　　　　　　　　　　　　제3교시(시험시간 : 100분)

분야	기계	종목	차량기술사	수험번호		성명	

※ 다음 문제 중 4문제를 선택하여 설명하시오.(각 25점)

[문제1] 하이브리드 자동차를 동력장치 배치방식(시리즈 타입, 패럴렐 타입, 파워스플릿 타입)
에 따라 설명하시오.

[문제2] 디젤 HCCI(Homogeneous Charge Compression Ignition) 엔진의 특징을 설명하고
조기분사 및 후기분사 연소기술에 대하여 설명하시오.

[문제3] 자동차 등화장치에 적용되고 있는 HID(High Intensity Discharge) 램프와 LED
(Light Emitting Diode) 램프의 개요 및 특징에 대하여 설명하시오.(단, HID 램프의
특징은 할로겐 램프와 비교하여 설명할 것)

[문제4] 전기자동차에서 고전압을 사용하는 이유를 설명하고 BEV(Battery Electronic Vehicle)
차량의 충전방식 중 완속, 급속, 회생제동을 설명하시오.

[문제5] 자동차 부품검사에 활용되는 비파괴 검사방법에 대하여 설명하시오.

[문제6] 전기자동차용 전력변환장치의 구성시스템을 도시하고 설명하시오.

국가기술자격 기술사 시험문제

기술사 120회   제4교시(시험시간 : 100분)

분야	기계	종목	차량기술사	수험번호		성명	

※ 다음 문제 중 4문제를 선택하여 설명하시오.(각 25점)

[문제1] 트랙션 컨트롤(Traction Control)의 기능과 제어방법에 대하여 설명하시오.

[문제2] 자동차용 안전벨트(Safety Belt)에 대하여 다음 사항을 설명하시오.
       가. Load Limiter
       나. 프리텐셔너(Pretensioner)
       다. Tension Reducer
       라. 프리세이프 시스템

[문제3] 엔진의 흡기 및 배기 저항을 줄여 체적효율을 증대시키기 위한 튜닝 방법을 설명하시오.

[문제4] 자동차의 경량화 방법 및 효과를 소재 사용과 제조공법 측면에서 설명하시오.

[문제5] 전기자동차에 사용되는 전자파 차폐기술에 대하여 설명하시오.

[문제6] 자동차 연료로서 바이오디젤에 대하여 설명하시오.

국가기술자격 기술사 시험문제

분야	기계	종목	차량기술사	수험번호		성명	

※ 다음 문제 중 10문제를 선택하여 설명하시오.(각 10점)

[문제1] 자동차의 길이, 너비, 높이에 대한 안전기준과 측정 시 기준을 설명하시오.

[문제2] SAE(Society of Automotive Engineers)에서 정한 자율주행 자동차 레벨에 대하여 설명하시오.

[문제3] 엔진의 탄성영역(Elastic Range of Engine)을 가솔린 기관의 성능선도로 나타내고 설명하시오.

[문제4] 엔진의 터보차저(Turbocharger)에서 터보 래그(Turbo Lag) 현상과 이를 개선하기 위한 방법에 대하여 설명하시오.

[문제5] 내연기관에서 충진효율과 체적효율을 비교하여 설명하고 체적효율 개선방안을 설명하시오.

[문제6] 조향 휠에 발생하는 시미(Shimmy)와 킥백(Kick Back)을 설명하시오.

[문제7] 냉간 시 엔진의 밸브간극을 열간 시보다 작게 하는 이유와 밸브간극이 규정값보다 클 때 나타나는 현상을 설명하시오.

[문제8] 자동차의 선회성능과 타이어 사이드 슬립(Side Slip)에 대하여 설명하시오.

[문제9] 차로이탈경고장치(LDWS ; Lane Departure Warning System)에 대하여 설명하시오.

[문제10] 자동차 안정성 제어장치(ESP ; Electronic Stability Program)에 대하여 설명하시오.

[문제11] 비상자동제동장치(AEBS ; Autonomous Emergency Braking System)에 대하여 설명하시오.

[문제12] 바이오디젤(Bio-Diesel) 연료의 종류와 사용상 문제점을 설명하시오.

[문제13] 자동차에 적용되는 CAN 통신의 장점과 특징에 대하여 설명하시오.

국가기술자격 기술사 시험문제

기술사 122회 제2교시(시험시간 : 100분)

분야	기계	종목	차량기술사	수험번호		성명	

※ 다음 문제 중 4문제를 선택하여 설명하시오.(각 25점)

[문제1] 자동차 배기장치(Exhaust System)의 기능을 쓰고 소음기의 종류와 각각의 특성에 대하여 설명하시오.

[문제2] DPF(Diesel Particulate Filter)의 원리와 DOC(Diesel Oxidation Catalyst), 차압센서, 온도센서의 기능에 대하여 설명하시오.

[문제3] 차륜 정렬 요소 중 셋백(Setback), 후륜 토(Toe), 스러스트 각(Thrust Angle)의 정의 및 주행에 미치는 영향에 대하여 설명하시오.

[문제4] 전자제어 제동력 배분장치(EBD ; Electronic Brake-Force Distribution)의 기능, 필요성, 제어효과에 대하여 설명하시오.

[문제5] 자율주행자동차에 적용되는 V2X(Vehicle To Everything)에 대하여 설명하시오.

[문제6] 직렬식, 병렬식, 복합식 하이브리드 자동차의 정의와 장단점을 설명하시오.

국가기술자격 기술사 시험문제

기술사 122회 　　　　　　　　　　　　　　　　　　제3교시(시험시간 : 100분)

분야	기계	종목	차량기술사	수험번호		성명	

※ 다음 문제 중 4문제를 선택하여 설명하시오.(각 25점)

[문제1] 자동차관리법령에서 정한 튜닝(Tuning)에 대하여 설명하시오.
　　　　(1) 튜닝의 정의
　　　　(2) 튜닝 승인 기준 및 튜닝 승인 제한 기준

[문제2] VCR(Variable Compression Ratio) 엔진의 특징에 대하여 설명하시오.

[문제3] 차량 주행 시 쏠림 현상의 발생 원인을 설명하시오.(단, 사고나 충격에 의한 변형은 제외함)

[문제4] CGW(Central Gate Way)에 대하여 설명하시오.

[문제5] 국내 자동차안전도 평가방법(NCAP ; New Car Assessment Program) 중 정면충돌 시험에 대하여 설명하시오.

[문제6] 탄소섬유 강화 플라스틱(CFRP ; Carbon Fiber Reinforced Plastic)의 소재 특성과 차량 경량화 적용 사례를 설명하시오.

국가기술자격 기술사 시험문제

기술사 122회   제4교시(시험시간 : 100분)

분야	기계	종목	차량기술사	수험번호		성명	

※ 다음 문제 중 4문제를 선택하여 설명하시오.(각 25점)

[문제1] 일과 에너지의 원리를 이용하여 정지거리 산출식을 구하시오.
[단, 제동초속도 V(km/h), 제동력 F(kg$_f$), 차량중량 W(kg$_f$), 제동거리 S_1(m), 공주거리 S_2(m), 회전부분 상당중량 ΔW(kg$_f$), 공주시간 t(sec), 중력가속도 g(m/sec^2)]

[문제2] 자동차에 사용되는 레이더와 라이다를 설명하고 장단점을 비교 설명하시오.

[문제3] 수소전기자동차(Fuel Cell Electric Vehicle)의 에너지 발생 원리 장단점을 설명하시오.

[문제4] 가솔린엔진의 흡입 공기 계측 방식에 대하여 설명하시오.

[문제5] 전륜 변속기 1속에서 엔진의 회전수가 2,500rpm일 때 차량 속도를 계산하시오.
– 입력축 기어 : 주축 잇수 18개, 부축 잇수 36개
– 출력축 기어 : 주축 잇수 28개, 부축 잇수 20개
– 종 감속비 1.88, 타이어 제원 : 215/55R 17
(단, 1인치는 2.5cm, π는 3.14, 답은 소수 둘째자리까지 계산할 것)

[문제6] 압축천연가스 자동차에 대하여 설명하시오.
가. 천연가스 연료의 특징
나. 저장방식에 의한 천연가스 자동차의 종류
다. 압축 천연가스 자동차의 연소방식